INLEIDING
TOT DE
ALGEMEENE
GEOGRAPHIE,
BENEVENS EENIGE
STERREKUNDIGE
EN ANDERE
VERHANDELINGEN.
DOOR
NICOLAAS STRUYCK.

TE AMSTERDAM,
By *ISAAK TIRION*,
MDCCXL.

VOORREDEN

VAN DEN

SCHRYVER.

et nut, en de noodzaakelykheid der GEOGRAPHIE behoeve ik niet veel uit te breiden, alzoo het byna ieder een bekend is, en men zelfs in 't Nederduitfch verfcheide Boeken daar over heeft; dog om dat deeze meerendeels alleen wydloopig verhandelen de Landfchappen en Steeden, die in de byzondere Regeeringen gevonden worden, en van 't overige weinig of niets fchryven, zoo heb ik een kort opftel van eene *Algemeene Geographie* gemaakt, op dat men daar door eenigzins een algemeender kennis van de geheele Aarde zou verkrygen, en meen myn Landsgenooten geen ondienft te zullen doen, met

het

VOORREDEN.

het zelve in 't Ligt te geeven. Ik noem myn Geschrift een *Inleiding tot de Algemeene Kennis van 't Aardryk*, om dat 'er nog een menigte Zaaken zyn, die ik aan 't onderzoek van andere overlaat, het zy om die uit te vinden, of om ze te verbeteren. Van verscheide Aanmerkingen, die daar in voorkwamen, heb ik voegzaamheidshalven, om dat ze wat breed uitliepen, byzondere Verhandelingen gemaakt, die agter geplaatst zyn; waar in men zal gelieven aan te merken, dat deeze het eerst gedrukt zyn; daar na *De Inleiding tot de algemeene Aardrykskunde*; vervolgens *'t Aanhangsel op de Lyfrenten*.

De eerste Verhandeling dient *tot een Algemeene Kennis van de Comeeten*; waar in ik voornaamentlyk zoek aan te toonen, dat dezelve regelmaatig, binnen een vastgestelden tyd, om de Zon loopen, en dat zulks ook 't gevoelen was van de oude Egiptische Hemelloopkenders, en van de aldervoornaamste Griekfche Wysgeeren, in den lang voorleden tyd. De Engelfche Sterrekundige hebben nu reets de omloop van drie Comeeten ontdekt. Ik heb getragt, om van nog andere den omloop te vinden, en dan uit de Geschiedenissen aan te wyzen, dat de Comeeten, daar de tyd van bepaald is, in dewelke zy om de Zon loopen, ook byna geduurig op hun beurt gezien zyn: maar om dat verscheide groote Hemelloopkundige zomtyds veel missen in den tyd, wanneer, in de voorgaande Eeuwen, de Comeeten verscheenen zyn, zoo ben ik dikwils verpligt geweest, om eenige hunner verhaalen geloof te weigeren, en zelfs tegen te spreeken; niet om hunnen roem te verminderen; dog alleen ter bevordering van de Konst: want of zy schoon in eenige dingen misgetast mogten hebben, zoo beneemt dat in 't minst de agting niet, die alle regtschaapen Kenders voor hun hebben; 't zyn meerendeels Sterrekundige van den eersten rang, Mannen, die een onverwelkelyken lof verdienen, door hunne Schriften en Waarneemingen, die zy, tot groot nut van de Hemelsloop, gedaan hebben; dog hun gezag moet egter zoo ver niet strekken, dat men, zonder onderzoek, alles wat zy geschreeven hebben, behoeft aan te neemen: *Homerus* zelve sluimert wel eens; wy zyn alle Menschen, en kunnen wel eens missen; de Menschelyke zwakheid gaat zomtyds zoo ver, dat wy dikwils

meenen

VOORREDEN.

meenen, dat andere verdoold zyn, en dat in zaaken, daar wy zelfs in dwaalen: indien door verkeerde berigten, overyling, of zelfs door onkunde, (want een Menfch kan alles niet weeten) dit op myn Gefchrift ook toepaffelyk is, en men my zulks met befcheidentheid aantoont, dat zal myn aangenaam zyn, en zal 't zelve met leerzaamheid aanneemen, en tragten te verbeteren, beoogende maar alleen de waare Kennis van de Wiskonft, en van de Hemelsloop; zoo wyft men, tot nut van de Zeevaart, in de Zeekaarten, de Klippen en Ondieptens aan, daar de Scheepen op verzeild zyn, op dat andere die myden, en daar niet op vervallen. Eene geringe gelykheid, die twee Staartfterren, ten opzigt van hunnen loop, met malkander hadden, deed nu onlangs eenige Sterrekundige befluiten, dat het een en de zelfde Comeet was. Dog om op geen loffe grond te bouwen, zoo wys ik een Voorftel aan, waar door men van een Comeet, daar men maar een, of twee Waarneemingen van heeft, kan onderzoeken, of dit ook een van de Staartfterren is, daar men de weg reets van bepaald heeft, 't zy dat men de grootte en ftand van de Ellips weet, of maar, by wyze van onderftelling, de Parabole, die, zonder veel te miffen, voor de waare weg van de Comeet kan genomen worden.

De tweede Verhandeling is over *den Loop van Jupiter*, volgens de Wetten van de Zwaarte-kragt, en zal kunnen dienen tot een grondflag, om den loop van deeze Planeet, en van Saturnus, vaft te ftellen. Op deeze manier kan men al de Waarneemingen, die *Flamfteed* over Jupiter gedaan heeft, onderzoeken, en de verandering van de weg bepaalen, die voorkomt door de aannadering, de zaamenkomft, en de afwyking van Saturnus. Indien de Sterrekundige, die Jaargelden of loon van de Vorften trekken, verpligt waren, 's Jaarlyks eenige naukeurige waargenomen plaatzen van de Planeeten op te geeven, in 't kort zou men van alle de Dwaalfterren, de oude en nieuwe Waarneemingen veel nader met de Uitreekeningen kunnen doen overeen komen, als men tot nog toe gedaan heeft.

De volgende Verhandeling leid ons op tot de kennis *van de Oude Maaten*; waar in aangetoond word, dat men voortyds de grootte

VOORREDEN.

van de Aarde byna zoo naukeurig geweeten heeft, als tegenwoordig; dat al de voornaamfte Wiskonftenaars, van den ouden Tyd, daar in volmaakt overeen komen, en dezelve op geen ruwe manier bepaald hebben, als men tot nog toe gemeend heeft.

Het vierde betreft de *Maans Dampkring*; veel Sterrekundige geloofden wel, dat de Maan daar meede omringd was; dog de bewyzen waren niet kragtig: ik geef een ander Verfchynzel op, ten voordeele van hun, die de gemelde Dampkring toeftemmen.

Dan laat ik, tot nut van de Chronologie, of de Tydreekening, volgen, *'t Onderzoek over eenige oude Eclipzen*; waar toe my aanleiding gaf, de groote verwarring in de Verduiftering, die *Thales* voorzeid heeft, daar zoo veel geleerde Mannen om overhoop gelegen hebben, en waar van de ftryd, in plaats van af te neemen, nog van tyd tot tyd toenam. Door de onvoorzigtige behandeling van dit Voorval, en door andere, van de zelfde natuur, wierd het gezag van de Hemelsloop niet weinig gekrenkt, als of dezelve niet in ftaat was, om, in diergelyke zaaken, 't regte wit te treffen. Om de tyd in veel Hiftorien en Chronyken vaft te ftellen en te verbeteren, voeg ik nog verfcheide Verduifteringen daar by, die door andere niet bereekend zyn.

Verders ontmoet men een *korte Hiftorie van de Comeeten*. Ik hebbe in den Text het wezentlykfte gefteld, dat ik uit de Schryvers heb kunnen befluiten, daar af laatende de Verdigtzelen, die voor een Eeuw of twee de Sterrenwikkers by de oude Comeeten gevoegd hebben. De Waarneemingen van de Staartfterren, die eenigzins het zyn, zullen kunnen dienen, om de Omloop van dezelve te vinden; dog het waar te wenfchen, dat men van de oudfte Comeeten naukeuriger berigten had, van hunnen loop, de tyd, en de plaats in de Lugt, daar men die gezien heeft. De beroemde Sterrekundige, *Johannes Hevelius*, heeft, van 2292 Jaaren voor Chriftus, tot 519 Jaaren na Chriftus, niet meer als van vyf Comeeten kunnen vinden de Maanden, in welke dezelve te zien waren; maar als men die ter toets brengt, dan vind men, dat maar van één de Maand bekend is, te weeten, van die, dewelke *Ariftoteles* verhaalt, die gezien wierd, doe de Zon omtrent het Winterfche Keerpunt was: de andere vier moet men verwer-

pen

VOORREDEN.

pen (*a*). Van 34 Comeeten, die *Ricciolus* meld, van 480 voor, tot 519 Jaaren na Chriftus, heeft hy van geen andere de Maand gevonden, als alleen van de bovengemelde uit *Ariftoteles*. Het is dikwils uitneemend moeijelyk voor my geweeft, om door zoo veel onzekere en tegenftrydige berigten heên te zien: ik heb wel getragt, om dezelve te ontwarren, en de waare Tydreekening te herftellen; maar of my dit gelukt is, daar van zal ik het oordeel liever aan de Kenders overlaaten.

Op 't laatfte, zoo fchroom ik niet, om myne *Giffingen over de Menfchen* daar by te voegen, hoedanig dat die ook zyn: dit gefchied om andere aan te moedigen, op dat ze daar verder onderzoek na doen; daar is hoop, dat dit in 't vervolg nog tot een ordentelyk zaamenftel zal kunnen gebragt worden. Ik zal my hier niet ophouden, om 't nut aan te wyzen, waar toe zulks zou kunnen dienen; dog maar alleen zeggen, dat, als men de Trap van de Sterffelykheid wel bepaald heeft, dat men dan de Lyfrenten naukeurig genoeg kan uitreekenen. Onder het afdrukken van dit laatfte, heb ik gelegentheid gekreegen, om de Lyfrenten door nieuwe

---

(*a*) De eerfte, die 1200 Jaaren voor Chriftus zou gezien zyn, ftelt *Hevelius* in Auguftus; maar de Maand is daar onmoogelyk van te bepaalen: de Sterrenwikkers fchynen die genomen te hebben uit het innecmen van Troyen. De tweede, daar hy de Maand van ftelt, is uit *Ariftoteles*; maar in deeze is men in het Jaar zelfs niet volkomen zeker: de derde verhaalt *Seneca* (Queft. Nat., lib. 1.) onder de Vuuren, die uit den Hemel vallen, en fchielyk wederom verdwynen; hy fchryft, dat men een Verfchynzel zag, van grootte als de Maan, in de Macedonifche Oorlog tegen *Perfeus*; verders bepaalt hy geen tyd: vooreerft is het twyffelagtig, of dit wel een Comeet geweeft is; en ten anderen is 't onmooglyk, om de Maand en Dag, doe dit Verfchynzel gezien wierd, vaft te ftellen. *Hevelius* brengt het zelve op 166 Jaaren voor Chriftus, den 4den September; *Rockenbag* een Jaar laater, op den zelfden Dag; de Maand en Dag is genomen uit *Titus Livius*, die verhaalt, dat 's nagts, voor de Nonas van September, de Maan verduifterde, en dat de volgende dag *Perfeus* door *Paulus Æmilius* overwonnen wierd; maar de Maand en Dag is volgens de oude Roomfche Almanach; de Maan-Eclips is gebeurd, volgens de Juliaanfche Styl, 168 Jaaren voor Chriftus, den 21ften Juny; ook is deeze Verduiftering 't Verfchynzel niet geweeft: in de vierde is het Jaar, 380, niet wel, en de Maand Mey in geen goede Schryvers te vinden; de befchryving is te zaamengefteld uit de Comeeten, die in de Jaaren 390 en 418 gezien zyn: de vyfde, of die van 't Jaar 418, daar vind men niet van dat dezelve den 14den Auguftus zig vertoonde, maar wel den 19den July, en dat men die omtrent de Maand Juny 't eerft gezien heeft.

VOORREDEN.

nieuwe ondervindingen op te maaken, en laat zulks in een *Aanhang* daar op volgen; hoewel het, volgens de Les van *Horatius*, geen tien Jaaren in een hoek gelegen heeft, heb ik het evenwel hier bygevoegd, alzoo ik my vleide, daar door nog iets verder gekomen te zyn, als men tot nog toe geweeft is. En dit is het geen, 't welk ik over dit Werk te zeggen had; gebruik het zelve tot een goed einde, en Vaar wel.

Amſterdam, den 25 November, 1739.

KORTE INHOUD.

INLEIDING
TOT DE ALGEMEENE
GEOGRAPHIE.

Van de Geographie in 't algemeen.

	I. Hoofdſtuk.
De Bepaaling, Verdeeling enz. van de Geographie. Bladz.	1
De Oudheid van de Geographie.	3
De Voortreflykheid van de Geographie.	3
Van de Oude Maten.	4

Van 't Zamenſtel des Werelds.

	II. Hoofdſtuk.
Van de Vaſte Sterren.	5
Van de Zon.	6
Van de groote Lighamen in ons Zamenſtel.	8
Van de Gedaante en Grootte der Aarde.	9
Van de Beweging der Aarde.	11
Hoe de Aarde en Planeten om de Zon lopen.	12
De Tyd in welke ze om de Zon lopen.	13
De Afſtand tuſſchen de Zon en de Planeeten.	14
De Uitmiddelpuntigheid.	15
De ſchuinsheid van de Wegen der Planeten.	16
Van de Grootheid der Planeten.	16
Dat de Planeten duiſtere Lighamen zyn en om de Zon drayen.	17
Hoe de Planeten ſchynen te dwaalen.	18
De Veelheid der Stoffe in eenige Planeten.	18
De Gedaante en Omwenteling om ieders As.	19
Van de Aarde.	22
Van de Satelliten of Omloopers.	22
Van de Maan.	23
Van de Omloopers van Jupiter.	27
Van de Ring en Omloopers van Saturnus.	29
Het Zamenſtel der Weereld volgens zommige verklaard.	31

* *

De

KORTE INHOUD.

De Verdeeling der Aarde.

III. Hoofdstuk.
De Bekende Deelen.	33
Het Onbekende.	36
De Verdeeling der Aarde uit de Regeering Oorspronkelyk.	38
Verdeeling van Europa.	42
—— van Asia.	44
—— van Africa.	46
—— van America.	48
Van eenige Benamingen in de Aardrykskunde gebruiklyk.	49

Van de Menschen.

IV. Hoofdstuk.
Van het Getal der Menschen.	51
Van de byzondere Religien, en wel van de Jooden.	—
Van de Christenen.	—
Van de Mahometanen.	52
Van de Heidenen.	53
Van de Taalen en Spraaken.	—

Van de Bergen.

V. Hoofdstuk.
De Schikking der Bergen.	54
De Verscheidenheid der Bergen.	56
De Hoogte der Bergen.	—
Van 't Hoog land.	61
Van de Verandering die de Bergen onderhevig zyn.	62
Van de Brandende Bergen.	63

Van de Mynen.

VI. Hoofdstuk.
Van de Goudmynen.	71
Van de Zilvermynen.	75
Van de Kopermynen.	79
Yzermynen.	82
Quixzilvermynen.	—
Andere Mynen.	83

Van de Bosschen, Moerassen, Woestynen en Planten.

VII. Hoofdstuk.
De Bosschen en het Hout.	85
Woestynen en Moerassen.	86
Planten.	—

Van

KORTE INHOUD.

Van de Dieren.
VIII. Hoofdstuk.

Van de Dieren in 't Algemeen.	87
De Infecten.	88
De Vogels.	93

De Aarde van Binnen.
IX. Hoofdstuk.

De Aarde van Binnen.	94

Van 't Water.
X. Hoofdstuk.

't Water in 't Algemeen.	95
De Water-dieren.	97
De Verdeeling der Wateren, als van de groote Zeën.	101
De Zeeboezems of Golven.	
De Straaten.	103
De Eb en Vloed.	104
De Diepte der Zee.	107
De Rivieren.	108
De Meeren, Fonteinen enz.	114

Van de Aardkloots Dampkring.
XI. Hoofdstuk.

Van de Dampkring.	116
Van de Straalbuiging.	118
Van de Regenboog.	120
Van de Wind.	123

Van 't Betrekkelyke Deel der Aardrykskunde.
XII. Hoofdstuk.

Van 't Jaar en deszelfs Getyden.	128
Hoe Zomer en Winter veroorzaakt word.	130
Van eenige Punten en Linien aan den Hemel en op de Aarde.	131
De Breedte van een Plaats, hoe te vinden.	137

Van 't Vergelykend Deel der Aardrykskunde, en in 't byzonder de verscheiden wyzen, om de Lengte der Plaatzen te vinden.
XIII. Hoofdstuk.

Door de Zon Eclipzen.	140
Door de Maan Eclipzen.	141
Door de Maanbergen.	142
Door de Omloopers van Jupiter.	
Door de Vaste Sterren.	143
De Legging van eenige Plaatzen volgens de Breedte en Lengte.	
Hoe de Afstand tusschen twee Plaatzen te bepaalen.	154
Van de Aardsche Globe	155
Van 't maaken der Kaarten.	

KORTE INHOUD.

XIV. Hoofdstuk.

Van de Scheepvaart.

Deszelfs nuttigheid en 't geen daar toe vereifcht word.	156
Van de Zwaarte en 't meten der Schepen.	—
Van de Zeilſteen.	158
Van 't Compas.	159
Kort begrip van de Konſt der groote Zeevaart.	165

XV. Hoofdstuk.

Van de Sinus, Tangens en Secans, en van de Logarithmus Tafel.

Van de Sinus, Tangens en Secans,	171
Van de Logarithmus Tafel.	174

De tweede Afdeeling van dit Werk behelſt de navolgende Verhandelingen.

I. Inleiding tot de Algemeene kennis der Comeeten of Staartſterren. bl. 1

II. Aanmerkingen over den Loop van Jupiter. 30

III. Verhandeling van de Grootte der Aarde, zoo als die door de Oude en Hedendaagſche gevonden is. 53

IV. Onderzoek over de Maans Atmosphæra of Dampkring. 68

V. Onderzoek over eenige Zon en Maan Eclipzen, dienende tot Opheldering van de Hiſtorien en de Chronologie. 77
Waar agter bygevoegt is een Lyſt van de Zon en Maan Eclipzen uit de Geſchiedeniſſen daar de Chronologiſten niets van melden of die zy niet door de Tafels onderzogt hebben, en hier berekend zyn. 153

VI. Korte Beſchryving van alle de Comeeten, uit de Geſchiedeniſſen by een verzameld tot op onzen tyd, benevens de Tafels die tot het uitrekenen der Comeeten nodig zyn. 163

VII. Giſſingen over den Staat van 't Menſchelyk geſlagt. 321

VIII. Uitrekening van de Lyfrenten. 345

IX. Aanhangſel op de Giſſingen over den Staat van 't Menſchelyk Geſlagt, en de Uitrekening der Lyfrenten. 361

INLEIDING
TOT DE ALGEMEENE
GEOGRAPHIE,
OF
AARDRYKS-BESCHRYVING.

I. HOOFDSTUK.

1. De Bepaaling, Verdeeling, enz. van de Geographie.

De Geographie is eene befchryving van de Aarde, en derzelver deelen, gedaante, plaats, grootheid en beweging; als ook van de Hemelfche Verfchyningen, die daar toe betrekkelyk zyn. Zommige egter neemen dit in veel bepaalder zin, en verftaan daar door maar alleen de befchryving en verdeeling der Geweften: andere breiden dit veel wyder uit, en voegen daar by de Staat der Regeering, de Koophandel, de zeeden en gewoontens der Volkeren, of andere zaaken, die merkwaardig zyn: en al was het, dat men wilde ftellen, dat dit zoo eigentlyk daar niet toe behoorde, zoo kan dog zulks verfchoond worden, om 't nut en 't vermaak dat men daar in vind; want een bloote optelling der Geweften, met de naamen en legging der Steeden, zou aan veel Menfchen niet behaagelyk voorkomen.

1. Geographie en derzelver bepaaling.

Inleiding tot de algemeene Geographie,

En verdeeling; De Geographie word verdeeld in de algemeene, en byzondere. De algemeene befchouwt de Aarde in 't algemeen, en verklaart haare eigenfchappen ten opzigte van de byzondere Geweften: de byzondere Geographie befchryft de gefteltheid en legging van ieder Oord op zig zelfs: deeze verdeelt men wederom in de Land- en Plaats-befchryving.

In Algemeene, De algemeene Geographie kan men in drie deelen onderfcheiden: 1. 't Volftrekte, of onafhankelyke. 2. 't Betrekkelyke. En 't 3de 't Vergelykende. In 't eerfte word gehandeld van 't Lichaam der Aarde, van haare deelen en byzondere eigenfchappen; als daar is de gedaante, grootte, beweeging; ook van de Landen, Zeën, Rivieren, enz. In 't betrekkelyke deel ziet men de toevallen, die voortkomen door de Hemelfche Lichaamen, als Zon, Maan, enz. En in 't laatfte deel die zaaken, dewelke voortfpruiten uit de verfcheide legging Plaatzen, de een tegen de ander vergeleeken.

En Byzondere. De byzondere Geographie kan men ook op drie verfcheide wyzen aanmerken: 1. Ten opzigt van de Aarde. 2. Van den Hemel. 3. Van de Menfchen. In 't eerfte geeft men agt op de Grensfcheidingen, de legging van de Plaatzen, de gedaante en grootte van de Landen, de Bergen, Mynen, Boffchen, Moeraffen, Woeftynen en Planten; van de Wateren, en de Dieren die op 't Land en in 't Water leeven. In 't tweede neemt men in aanmerking, hoe ver ieder Plaats van den Evenaar legt, of van de Pool; Zomer en Winter; de lengte van dagen en nagten, enz. In 't derde onderzoekt men 't getal der Menfchen in de voornaamfte Landen en Steeden; de Regeering, de Godsdienft, de Staat van 't Kerkelyke, de Zeeden en Gewoontens, de plegtigheden van Trouwen en Begraaven; de Taalen en Spraaken by ieder gebruikelyk, de trap der Sterffelykheid, de gedenkwaardigfte Gefchiedeniffen, enz.

Order. Van de byzondere Geographie zal ik onder de algemeene laaten invloeien; dog om de kortheid van 't geen, 't welk de Menfchen betreft, de meefte zaaken niet eens aanroeren, en van eenige maar als in 't voorbygaan iets melden; want dit alles na te vorfchen zou een veel grooter werk vereifchen.

De grond van de Geographie. De Reckenkonft, de Meetkonft, en de Sterrekonft, zyn de gronden daar alles op ruft: de eerfte Konft is byna iedereen bekend; de tweede is tegenwoordig ook vry gemeen; om hun, die de derde

Konft

of Aardryks-beschryvinge.

Konst niet verstaan, te gemoet te komen, zal ik in 't 2de Hoofdstuk een Kort Begrip van 't Zamenstel der Wereld geeven.

2. De Oudheid van de Geographie.

2. Gelyk alle andere Konsten en Weetenschappen, schynt de Geographie van geringe beginzelen eerst opgekomen, zoo dat de oorspronk daar van niet nagespeurd kan worden; en zoo de Egiptenaaren de eerste uitvinders daar niet van zyn, ten minsten kan men die als de eerste opbouwers daar van aanmerken; want het verhaal van *Apollonius* (a) voorby gaande, om 't geschil over de Tydreekening te myden, leest men, dat *Sesostris*, de Koning van Egipten, die van de Joden *Sesac* genoemd wierd (b), omtrent 965 Jaaren voor Christus, na dat hy veel Landen overheerd had, tot Colchos liet blyven de Geographische Tafelen van zyn overwinningen (c). Onder de Grieken wil men, dat *Homerus* de eerste is geweest die kennis van deeze Weetenschap had (d): omtrent 570 Jaaren voor Christus leefde *Anaximander*, de Leerling van *Thales*, die 't eerst een Kaart van 't Aardryk maakte, en 't Land en de Zee daar in afteekende (e); *Aristagoras de Melezier*, als hy die van Sparte tot het Oorlogen aanried, vertoonde hen een kopere Tafel daar in de omtrek van de geheele Aarde gesneeden was (f): na dien tyd had men verscheide Schryvers daar over (g), waar onder *Strabo* en *Ptolomeus*, wier Werken nog voor handen zyn.

3. De Voortreffelykheid van de Geographie.

Ik oordeel, dat het niet noodig is, om door lange redeneeringen de Uitmuntentheid van de Geographie aan te toonen; 't blykt van zelfs genoeg, en het zou niet dan een Lofreden van deeze Weetenschap schynen, als dit door een menigte van Voorbeelden aangeweezen wierd. Met regt noemt men de Geographie en de Chronologie

A 2

(a) *Argon.*, lib. IV vers 279.
(b) 't 1ste Boek der Chron., XIVde cap., 25 vers. 2 Paral., XII cap., 2 vers.
(c) I. *Newton*, Chron. Abreg., pag. 22., Par. 1728.
(d) *Strabo*, lib. 1, pag. 5. (e) *Diog.*, Laërt. vit. Anaxag., pag. 81.
(f) *Herod.*, lib. 5, cap. 49; dit geschiede omtrent 500 Jaaren voor Christus.
(g) *Voss.*, de Scient. Mathem., pag. 246 & seq.

Inleiding tot de algemeene Geographie,

logie de Oogen van de Hiftorien (h); want hoe kan men een regt denkbeeld van de Gefchiedeniffen hebben, als men deeze kennis daar buiten fluit? kan de Koophandel die wel miffen? heeft een Staatkundige dezelve niet van nooden? Godgeleerde, Natuurkundige, en andere Mannen van geleerdheid, komt dezelve alzins te pas; en boven dit alles, zoo leid dezelve ons op om te zien met welk een wonderlyke wysheid dat de Aarde gemaakt is.

4. *Van de oude Maaten.*

Van de oude Maaten. Om een verbeelding te maaken, hoe groot of uitgeftrekt iets is, ten opzigt van een andere bepaalde grootheid, zoo gebruikt men Maaten: de voornaamfte, in de oude Tyd, waren Mylen, Stadien en Voeten; dog een groot onderfcheid is tuffchen de een en de ander. In byna alle de Schryvers van de Aardrykskunde vind men, dat verfcheide zoorten van Mylen verdeeld wierden in Geometrifche paffen, die ieder vyf Geometrifche voeten hadden; dog ik vind niet dat iemand ooit de waare grootte van de Geometrifche voet bepaald heeft: byna in alle de Geographifche Boeken vind men, dat de Duitfche Myl is 4000 Geometrifche paffen, of 20000 van die voeten; maar dan is de Geometrifche voet die van Alexandrien in Egipten: andere neemen de Roomfche voet daar voor; wederom andere de Paryfche; zoo dat hier een groote verwarring is. De Engelfche Myl was voortyds 1000 paffen of fchreeden, ieder van vyf voeten, of acht ftadien: een ftadie van *Drufus* van 600 voeten, die men voortyds in Duitsland gebruikte, is dan byna zoo groot geweeft als de tegenwoordige Engelfche *Furlong* of Stadie; dog deeze laatfte is ruim twee voeten grooter: van de hedendaagfche Engelfche Mylen zyn ruim $69\frac{1}{2}$ in een graad: indien dezelve door de tyd niets veranderd waren, dan zouden 'er $69\frac{3}{17}$ Mylen in een graad gaan; zoo dat, volgens deeze reekening, de Engelfche Myl nu omtrent zeven Engelfche voeten grooter is: van dit alles zal men hier na breeder vinden, in onze *Verhandeling van de Grootte der Aarde* (i).

II. HOOFD-

(h) *Vallemont*, tom. 1, in de Voorreeden. (i) Zie de Verhand. van de Grootte der Aarde, van pag. 53 tot pag. 67.

Afbeeld. I

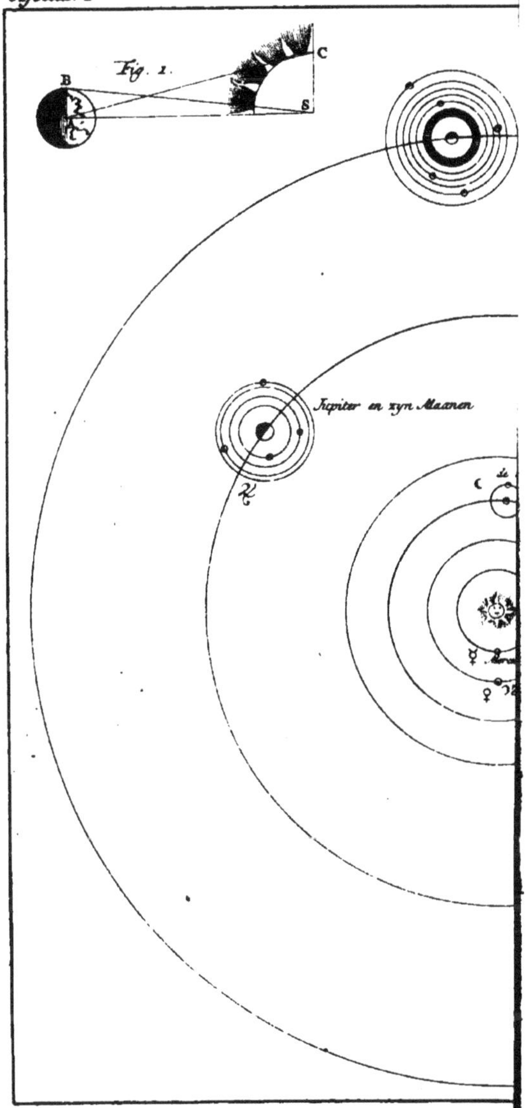

Fig. 1.
B
C
S
Jupiter en zyn Maanen

II. HOOFDSTUK.

Van 't Zamenstel des Werelts.

1. *Van de Vaste Sterren.*

In die onmeetelyke ruymte, daar wy een gedeelte van zien, zyn een overgroote menigte van Lichaamen, die Ligt uit zig zelfs hebben, en door ons Sterren genoemd worden, dewelke ieder zoo wyd van malkander staan, dat het naauwlyks door onze gedagten is te begrypen, en, byna alle, hun stand behouden, die de een ten opzigte van de andere heeft; ten minsten voor zoo veel als men tot nog toe kan merken, en daarom door de naam van Vaste Sterren bekend zyn. {1. Van de Vaste Sterren.}

De menigte van de Vaste Sterren is onmogelyk te bepaalen; hoe langer Verrekykers dat men gebruikt, hoe grooter getal dat men ontdekt; alleen in 't Beeld van Orion heeft iemand, door een Verrekyker, byna 2000 Sterren geteld (*k*): door een van 12 voeten zag *D. Hook* in 't Zevengesternte 78 Sterren; door een Verrekyker van 7 voeten heb ik zelfs meer als 70 daarin gemerkt: in de Kin van de Reus zyn drie kleine Sterren, die voor het oog digt by malkander staan; deeze vond ik, door de laatstgemelde Verrekyker, verzeld van nog 22 andere, die nog kleinder waren. *Gallileus* heeft vier Sterren minder (*l*). {'t Getal is niet te bepaalen.}

Wat de afstand van de Vaste Sterren aangaat, die kan men tot nog toe met geene zekerheid weeten; de weg van de Aarde om de Zon is te klein, om een merkelyk verschilzigt te maaken. De voortreffelyke Wiskonstenaar, *Christiaan Huigens*, besloot door onderstellingen, daar men evenwel niet zeker op kan gaan, dat de Ster Syrius, in den mond van den grooten Hond, 27664 maal verder van de Zon is, dan de Aarde (*m*): de Heer *Bradley*, tegenwoordig {De afstand van de Vaste Sterren.}

(*k*) *Anton. Mar.* de Reita in Rad suo Sid., pag. 197.
(*l*) Observ. Sidereæ, pag. 32, tab. 3, Lond. 1653.
(*m*) In zyn Wereldbeschouwing, pag. 194.

Inleiding tot de algemeene Geographie,

Profeſſor in de Hemelsloop, te Oxford, vind het verſchilzigt van de Aardkloots kring, ten opzigt van een Ster in de Draak, die *Bayer* met γ tekent, door middel van een lootregt hangende Verrekyker, niet meer dan een ſecunde; dan zou dezelve wel 400000maal verder van de Zon zyn, als de Aarde (*n*): maar om dat het zeker is, dat de eene Vaſte Ster veel verder van de Aarde is als de andere, zoo waar het te wenſchen, dat men aan Syrius, en andere voornaame Sterren, dit ook op de zelfde manier onderzogt.

2. *Van de Zon.*

2. De Zon.
2. Onder de Vaſte Sterren is 'er een, die ons, wegens zyn nabyheid, veel grooter en aanmerkelyker voorkomt, dan de andere, dewelke de Zon genoemd word.

De Zons afſtand van de Aarde.
Dat de Zon ver van de Aarde is, blykt genoeg uit de Waarneemingen van alle Sterrekundigen: Laat in de Iſte Afbeelding, Fig. 1, A de Aarde, en S de Zon verbeelden: indien de hoeken BAS en CSA regt zyn, en getrokken de lynen AC en BS; dan ſtellen de beroemdſte der hedendaagſche Hemelloopkundigen, tot nader ondervinding, want met de uiterſte netheid kan men dit nog niet weeten (*o*), dat de hoek BSA is 10 ſecunden van een graad (*p*); daar uit vind men, dat de afſtand tuſſchen de Zon en de Aarde AS, moet zyn 20626½ Aardkloots halve middellynen: het is om te verwonderen, hoe dat *Poſſidonius* zoo na met de hedendaagſche overeen komt; want volgens het verhaal van *Plinius*, ſtelde hy, dat de Zon van de Aarde was 502000040 ſtadien (*q*); 40 Roomſche ſtadien zyn een Duitſche myl (*r*); dan is de afſtand OI 12 millioenen

(*n*) Philoſph. Tranſ., Nom. 406, Dec. 1728, pag. 660.

(*o*) Hoe dat dit in 't vervolg van tyd nader zal gevonden worden, kan men nazien in onze *Korte Beſchryvinge van alle de Cometen*, pag. 166 en 167.

(*p*) De omtrek van alle de ronden, groot of klein, verdeelt men in 360 gelyke deelen; ieder deel noemt men een graad, die wederom verdeelt word in 60 minuuten; ieder minuut in 60 ſecunden, en zoo voort.

(*q*) *Plinius*, lib. 2, cap. 23, pag. 12, verhaalt uit *Poſſidonius*, dat van de Aarde tot daar de Lugt geheel zuiver is, (dat is, boven onze Dampkring,) ten minſten is veertig ſtadien; en dan vervolgt hy: *Sed à turbido ad Lunam vicies centum millia ſtadiorum, inde ad Solem quinquies millies*: dit laatſte is verkortender wyze geſchreeven; men moet daar door verſtaan: *Quinquies millies, centena millia ſtadiorum*.

(*r*) Om dat *Plinius* even van te vooren gewag maakt van de Roomſche Stadie: de lengte van de Roomſche Myl word gevonden in de *Verhandeling van de Grootte der Aarde*, pag. 59.

of Aardryks-beſchryvinge.

lioenen, 550 duizend en 1 Duytſche mylen, of de hoek BSA nagenoeg 14 ſecunden; dog wil men, dat de afſtand tuſſchen de Zon en de Maan uyt Egipten afkomſtig is, en dat het ſtadien van Alexandrien waren, dan zou, volgens zyn ſtelling, de Zon van de Aarde zyn, ruim 15 millioenen en 60000 Duytſche mylen, of de hoek BSA nog geen 12 ſecunden.

De Zons ſchynbaare half-middellyn, als die in middel-afſtand is, bepaalen de Sterrekundige op 16 min., 6 ſec. (*s*), dat is de hoek CAS; dan vind men, als 't verſchilzigt op 10 ſecunden genomen word, dat de Zons middellyn is ruim 193 Aardkloots halve middellynen; zoo dat de Zon 900 duizend maal meer plaats beſlaat als de Aarde. De Zons grootte.

Wie ſtaat niet verbaaſt over zulk een groot Lichaam, daar zoo veel ontelbaare ligtſtraalen van afvloeijen, met zulk een ſnelte, dat dezelve in 7 of 8 minuten tyd van de Zon tot ons komen: de loop van de ligtſtraalen is altyd regtliniefſch, niet als het water of 't geluid, 't welk, wanneer eenig beletzel tuſſchen 't zelve geſteld word, daar agter om gaat: als men de Zons ſtraalen belet regtliniefſch voort te gaan, zoo ſtuiten dezelve weder om, niet alleen met de zelfde *hoek* als de invallende ſtraal, maar ook in 't zelfde vlak met de *gemelde hoek*; welke wederomkaatzing geſchied eer dat de ſtraalen de oppervlaktens van de Lichaamen aanraaken (*t*). Ligtſtraalen van dezelve.

Dat de Zons ſtraalen niet alle even buigzaam zyn, blykt als die uit de Lucht komen door eenig doorſchynend Lichaam: dit is de oorzaak van de verſchillen der verwen die wy gewaar worden; waren alle deeze ſtraalen eveneens, daar zou maar een couleur in de Werelt zyn (*v*). Zyn niet alle even buigzaam.

Vergaart men, als de Zon ſchynt, de Zonneſtraalen, door behulp van een groote Brandſpiegel, dan ziet men, dat hier op Aarde geen Lichaamen daar tegen kunnen beſtaan; want Leyen, Tichelen, Aarde, Potten, Puinſteen, Smeltkroezen, die anders zoo duurzaam zyn tegen 't Vuur, dat Goud en Zilver daar in geſmolten word, in 't Brandpunt gehouden, zullen in weinig tyd in een zoort van Glas veranderen (*x*); Lood en Tin begint terſtond te rooken, Kragt van dezelve.

(*s*) *Whiſton* Tabul. Aſtron., pag. 364.
(*t*) Korte inhoud van de Philoſ. Leſſen door *Deſagulters*, pag. 156, Amſt. 1731.
(*v*) *Newton* traité d'Optique, liv. 1, part. 2, pag. 161, Amſt. 1720.
(*x*) Act. Erud. menſ. Jan. 1687, pag. 53.

6 *Inleiding tot de algemeene Geographie*,

Profeffor in de Hemelsloop, te Oxford, vind het verfchilzigt van de Aardkloots kring, ten opzigt van een Ster in de Draak, die *Bayer* met γ tekent, door middel van een lootregt hangende Verrekyker, niet meer dan een fecunde; dan zou dezelve wel 400000maal verder van de Zon zyn, als de Aarde (*n*): maar om dat het zeker is, dat de eene Vafte Ster veel verder van de Aarde is als de andere, zoo waar het te wenfchen, dat men aan Syrius, en andere voornaame Sterren, dit ook op de zelfde manier onderzogt.

2. *Van de Zon.*

2. De Zon. 2. Onder de Vafte Sterren is'er een, die ons, wegens zyn nabyheid, veel grooter en aanmerkelyker voorkomt, dan de andere, dewelke de Zon genoemd word.

De Zons afftand van de Aarde. Dat de Zon ver van de Aarde is, blykt genoeg uit de Waarneemingen van alle Sterrekundigen: Laat in de Ifte Afbeelding, Fig. 1, A de Aarde, en S de Zon verbeelden: indien de hoeken BAS en CSA regt zyn, en getrokken de lynen AC en BS; dan ftellen de beroemdfte der hedendaagfche Hemelloopkundigen, tot nader ondervinding, want met de uiterfte netheid kan men dit nog niet weeten (*o*), dat de hoek BSA is 10 fecunden van een graad (*p*); daar uit vind men, dat de afftand tuffchen de Zon en de Aarde AS, moet zyn 20626½ Aardkloots halve middellynen: het is om te verwonderen, hoe dat *Poffidonius* zoo na met de hedendaagfche overeen komt; want volgens het verhaal van *Plinius*, ftelde hy, dat de Zon van de Aarde was 502000040 ftadien (*q*); 40 Roomfche ftadien zyn een Duitfche myl (*r*); dan is de afftand OI 12 millioenen

(*n*) Philofph. Tranf., Nom. 406, Dec. 1728, pag. 660.

(*o*) Hoe dat dit in 't vervolg van tyd nader zal gevonden worden, kan men nazien in onze *Korte Befchryvinge van alle de Cometen*, pag. 166 en 167.

(*p*) De omtrek van alle de ronden, groot of klein, verdeelt men in 360 gelyke deelen; ieder deel noemt men een graad, die wederom verdeelt word in 60 minuuten; ieder minuut in 60 fecunden, en zoo voort.

(*q*) *Plinius*, lib. 2, cap. 23, pag. 12, verhaalt uit *Poffidonius*, dat van de Aarde tot daar de Lugt geheel zuiver is, (dat is, boven onze Dampkring,) ten minften is veertig ftadien; en dan vervolgt hy: *Sed à turbido ad Lunam vicies centum millia ftadiorum, inde ad Solem quinquies millies*: dit laatfte is verkortender wyze gefchreeven; men moet daar door verftaan: *Quinquies millies, centena millia ftadiorum*.

(*r*) Om dat *Plinius* even van te vooren gewag maakt van de Roomfche Stadie: de lengte van de Roomfche Myl word gevonden in de *Verhandeling van de Grootte der Aarde*, pag. 59.

lioenen, 550 duizend en 1 Duytſche mylen, of de hoek BSA nagenoeg 14 ſecunden; dog wil men, dat de afſtand tuſſchen de Zon en de Maan uyt Egipten afkomſtig is, en dat het ſtadien van Alexandrien waren, dan zou, volgens zyn ſtelling, de Zon van de Aarde zyn, ruim 19 millioenen en 60000 Duytſche mylen, of de hoek BSA nog geen 12 ſecunden.

De Zons ſchynbaare half-middellyn, als die in middel-afſtand is, bepaalen de Sterrekundige op 16 min., 6 ſec. (s), dat is de hoek CAS; dan vind men, als 't verſchilzigt op 10 ſecunden genomen word, dat de Zons middellyn is ruim 193 Aardkloots halve middellynen; zoo dat de Zon 900 duizend maal meer plaats beſlaat als de Aarde. *De Zons grootte.*

Wie ſtaat niet verbaaſt over zulk een groot Lichaam, daar zoo veel ontelbaare ligtſtraalen van afvloeijen, met zulk een ſnelte, dat dezelve in 7 of 8 minuten tyd van de Zon tot ons komen: de loop van de ligtſtraalen is altyd regtlinieſch, niet als het water of 't geluid, 't welk, wanneer eenig beletzel tuſſchen 't zelve geſteld word, daar agter om gaat: als men de Zons ſtraalen belet regtlinieſch voort te gaan, zoo ſtuiten dezelve weder om, niet alleen met de zelfde *hoek als de invallende ſtraal,* maar ook in 't zelfde vlak met de *gemelde hoek;* welke wederomkaatzing geſchied eer dat de ſtraalen de oppervlaktens van de Lichaamen aanraaken (t). *Ligtſtraalen van dezelve.*

Dat de Zons ſtraalen niet alle even buigzaam zyn, blykt als die uit de Lucht komen door eenig doorſchynend Lichaam: dit is de oorzaak van de verſchillen der verwen die wy gewaar worden; waren alle deeze ſtraalen eveneens, daar zou maar een couleur in de Wereld zyn (v). *Zyn niet alle even buigzaam.*

Vergaart men, als de Zon ſchynt, de Zonneſtraalen, door behulp van een groote Brandſpiegel, dan ziet men, dat hier op Aarde geen *Lichaamen* daar tegen kunnen beſtaan; want Leyen, Tichelen, Aarde, Potten, Puinſteen, Smeltkroezen, die anders zoo duurzaam zyn tegen 't Vuur, dat Goud en Zilver daar in geſmolten word, in 't Brandpunt gehouden, zullen in weinig tyd in een zoort van Glas veranderen (x); Lood en Tin begint terſtond te rooken, *Kragt van dezelve.*

(s) *Whiſton* Tabul. Aſtron., pag. 364.
(t) Korte inhoud van de Philoſ. Leſſen door *Deſaguliers*, pag. 156, Amſt. 1731.
(v) *Newton* traité d'Optique, liv. 1, part. 2, pag. 161, Amſt. 1720.
(x) Act. Erud. menſ. Jan. 1687, pag. 53.

8   *Inleiding tot de algemeene Geographie,*

rooken, en zelfs alle Metaalen kunnen op deeze wys tot het gemelde Glas veranderd worden (*y*).

Vlekken in de Zon. In een donkere kamer, met behulp van een Verrekyker, ontdekt men zomtyds vlekken in de Zon, die niet altyd op de zelfde wys blyven, maar wederom verdwynen; van tyd tot tyd komen wederom andere te voorfchyn: egter gaan dezelve zoo fchielyk niet weg, of men meent daar uit te kunnen befluiten, dat de Zon niet geheel ftil ftaat, maar in omtrent 25 dagen om zyn As wentelt.

3. *De groote Lichaamen in ons Zamenftel.*

3. Van de Lichaamen in ons Zamenftel. 3. Om de Zon loopen, in een onbedenkelyke fyne Stoffe, veel andere duiftere Lichaamen, en, om zommige van deeze laatfte, wederom andere; het zyn eigentlyk drie verfcheide zoorten: het eerfte zyn de Hoofd-planeeten of Dwaalders; aldus genoemt, om dat, ten opzigt van de Vafte Sterren, ze niet alleen onder dezelve voor ons oog fchynen voort te gaan, maar ook zomtyds een vertooning maaken, als of ze ftil ftonden, en wederom te rug liepen; tot nog toe, als men de Aarde uitfluit, heeft men vyf van die zoogenaamde Dwaalfterren ontdekt; dog tegenwoordig word byna van alle Sterrekundige de Aarde ook als een van de Hoofd-planeeten aangemerkt; daar zyn 'er dan zes in 't geheel, die onder de benaamingen, uit het Heidenfch godendom ontleend, al voor lang bekend zyn; van de Zon af zyn die in order als volgt: *Mercurius, Venus, de Aarde, Mars, Jupiter,* en *Saturnus,* als in de Ifte Afbeelding, Fig. 2, te zien is, daar het Zamenftel verbeeld word; als of men 't zelve van boven ziet, omtrent uit het Afpunt van de Zons weg; de Comeeten zyn daar niet in getekend, alzoo men dezelve naderhand in een andere byzondere Figuur zal vinden.

Satelliten. Het tweede zoort van Lichaamen zyn de Satelliten, of Omloopers van de Hoofd-planeeten, die ook wel Maanen genoemt werden; tot nu toe heeft men tien van dezelve ontdekt, waar onder de Maan, die om het Aardryk loopt, te weeten, vier Maanen om Jupiter, en vyf om Saturnus. *Galilæus Galilæi,* de beroemde Sterre-

---

(*y*) Die van de wonderlyke Eigenfchappen, die 't Vuur heeft, gelieft te zien, kan naleezen de *Beginzelen der Chymie,* door de Heer Prof. *Boerhaven,* 't eerfte Deel; of, uit hem, de *Beginzelen der Natuurkunde,* door de Heer Prof. *Muffchenbroek,* van 434 tot pag. 451, Leiden 1736.

of Aardryks-beschryvinge.

Sterrekundige van den Groot-Hartog van Florencen, heeft het eerst, door een Verrekyker, de Maanen van Jupiter gezien: in 't Jaar 1610, den 7 January zag hy drie van de zelve, en zes dagen daar na zag hy die alle vier (z). *Christiaan Huigens* ontdekte in 't Jaar 1655. de waare hoedaanigheid van die overgroote breede en platte Ring de welke om Saturnus gevonden word, die tot verwondering aan alle Sterrekundige verstrekt: ook zag hy toen de 4de Maan van deeze Planeet: in 't Jaar 1671. ontdekte de vermaarde Sterrekundige *Jan Dominicus Cassini*, de 3de en 5de omlooper van Saturnus, en in 't Jaar 1684. de 1ste en de 2de (a), om de twee laatste te zien, worden groote Verrekykers vereischt.

't Derde zoort van Lichaamen in ons zamenstel: zyn de Comeeten; 't getal daar van is niet bekend: waar van hier na breeder. *Van de Comeeten.*

4. *Van de gedaante, en grootte der Aarde.*

De Aarde heeft ten naasten by de gedaante van een Ronde-kloot; *De gedaante en grootte der Aarde.* dog is eigentlyk aan de Poolen platter, hier was een stryd over, die by na 50 Jaaren geduurd heeft: (b) de beroemde Newton vond dat de zwaarheid na de Poolen toe vermeerderde, en besloot daar uit dat de Aarde een Spheroide was, diens kortste middelyn gestrekt was na de Poolen; overtreffende de langste halve middelyn de kortste 17½ Engelsche mylen: de Fransche Sterrekundige door hun afmeetingen, die gedaan wierden op order van Louis XIV., beslooten dat de korste middelyn strekte na den Æquinoctiaal; dog tegen dit laatste bragten de voornaame Wiskonstenaars *Newton, en Huigens*, in, dat dan het water van de Zeën de landen omtrent den Evenaar zouden overstroomen. Om dit geschil te eindigen, zoo zond de tegenwoordigen Koning van Vrankryk Louis XV. verscheiden Sterrekundigen van de Fransche Academie, eenige om een graad van de Aarde onder de Linie, en na de kant van de Zuidpool te meeten; en andere na de Noordzyde onder de Polaare Circel. Na dat de laastgemelde omtrent een Jaar in Bothnien en Lapland geweest hadden, om hunne waarneemingen te doen, zoo zyn dezelve den

---

(z) *Nuncius Sidereus*, pag. 33 en 35, Lond. 1653.
(a) Histoire de l'Academie des Scienc. 1712. pag. 130.
(b) Als te zien is in onze *Verhandeling van de Grootte der Aarde*, pag. 63.

Inleiding tot de algemeene Geographie,

den 9de Juny in 't Jaar 1737. wederom na Stockholm vertrokken: de grootte van een graad onder de Pool Cirkel, door middel van Tornea op 't Eiland Swentzar en Kittis, een berg benoorden het dorp Pello, is gevonden 57438 Toifes; (c) Tornea leid op 65 grad. 50 min. 50. fec: Noorder breedte, en Kittis op 66 grad: 48 min. 20 fecunden Noorder breedte: volgens de Tafel van de Hr. *Caſſini* (d) zou een graad van de Aarde onder de Pool cirkel 950, of als men de verſtroying van 't ligt meede reekent, wel 1000 toifes met de voornoemde waarneeming verſcheelen. (e) De Hr. *Celſius* Profeſſor in de Sterrekonſt te Upzal in Sweeden, die by de waarneemingen in 't Noorden tegenwoordig geweeſt is, heeft aangetoond dat de waarneemingen van de Hr. *Caſſini*, zoo wel aan den Hemel als op de Aarde, in 't Zuiden van Vrankryk gedaan, niet kunnen dienen, om de Figuur van de Aarde te bepaalen. (f) Te Pello vonden de Franſche Sterrekundige de lengte van de ſlinger die de Secunden aanwyſt 3 voet 8,057 linien Paryſche maat; en te Parys was de lengte van zoodaanig een ſlinger, volgens de waarneemingen van Mr. *de Mairan*, 3 voet 8,117. Linien; (g) en eindelyk de Obſervatien in 't Noorden gedaan, vergeleeken met de geen die de andere Franſche Sterrekundige onder de linie gedaan hebben, zoo was 't beſluit niet alleen dat de Aarde platter aan de Poolen was, maar zelfs nog veel platter als de Vermaarde Newton bepaald heeft: door een waarneeming met een ſlinger die te London een Secunde aanwees, gedaan in 't Jaar 1731, in Jamaica aan de Swarte rivier op 18 graden Noorder breedte, vond men volgens de gronden van Newton onderſtellende de Denſiteit gelykformig, in alle de deelen van de Aarde, dat de halve middellyn aan de Poolen 20½ Engelſche myl minder zou zyn, als die aan den Æquator: (h) als men de lengte van 2 byzondere graaden op de Aarde (die wat ver van malkander zyn) naukeurig gemeeten heeft; of maar twee kleine gelyke boogen in de

Meri-

(c) Mefure du Degré du Méridien au Cercle Polaire, pag. 70, Par. 1738.
(d) Suite des Memoires de Mathemat. & de Phyſ. Ao. 1718., pag. 300., Amſt. 1723.
(e) Mefure du Degré du Meridien, par *M. de Maupertuis*, pag. 125, Par. 1738.
(f) De Obſervationil us pro figura Telluris determinanda in Gallia habitis disquifitio, auctore Andrea Celſio in Acad. Upſ. Aſtr. Prof. Reg., pag. 20, Upſ. 1738.
(g) Mefure du Degré du Méridien, par *M. de Maupert*, pag 180, Par. 1738.
(h) Philoſ, Tranſ., No. 432, pag 311.

Meridiaan, en men de lengte van die het digſt aan de Pool is gelyk *a* ſtelt en de andere $=b$, de Sinus van de Polus hoogte daar de boog op gemeeten is, die 't digſt aan de Pool was $=c$, en de Sinus van de Polus hoogte daar de boog gemeten is die 't digtſt na den Evenaar is $=d$, de ſtraal r, de mylen die de halve middellyn der Aarde door de Poolen minder is, als die door den Æquinoƈtiaal; $=x$, en e de mylen die deeze laatſtgemelde halve middellyn lang is, dan zal x nagenoeg zyn $= \dfrac{\overline{a-b}:err}{3a:cc-dd}$, of $x =$ 2maal Log. $r +$, Log. $e +$ Log. $\overline{a-b} -$ Log. $3a -$ Log. $\overline{c+d} -$ Log. $\overline{c-d}$.

Wanneer men dan de waarneemingen heeft van de Sterrekundigen die nog in Peru zyn: en daar door van graad tot graad de lengte uitreekent, dan zal men de omtrek van de Aarde nog naukeuriger weeten als tegenwoordig. Althans men kan genoegzaam vaſtſtellen, dat de Omtrek van de Aarde over de Poolen heen niet veel zal verſcheelen van 8000 Hollandſche mylen ieder van 1500 Roeden Rhynlandſche maat (*i*).

5. De beweging der Aarde.

Philolaus van Croton, een tydgenoot van Plato, en *Ecphantes* beide Pythagoriſten. *Hicetus* de Syracuſer (*k*) en *Heraclides* van Pontus hebben 't eerſt onder de Grieken geleerd dat de Aarde draayde, (*l*) 't welk naderhand door *Ariſtarchus* van Samos gevolgd wierd, (*m*) en in laater tyden door de beroemde mannen *Galilæus Galilæi* (*n*);

De Aarde loopt.

Nico-

(*i*) Men kan hier over nazien de *Verhandeling van de Grootte der Aarde*, pag. 62 en 67.
(*k*) Andere noemen hem *Nicetas*.
(*l*) *Plutarch*, Cap. 11 & 12, de Plac, Philoſ., Lib. 3. Tom. 2, Laërtius in Philolaus pag. 528. *Cicero* in zyn Acad. Queſt. Lib. 4, Memoir. de Litterat. Tom. 2, pag. 16, Stanley, Philoſ., en Poëtiſche Oudheeden, pag. 322, van dit gevoelen waaren ook *Democritus*, *Seleucus*, *Cleanthes* en *Leucippus*: ziet *Voſſius*, de Scient. Mathem., pag 150, uit *Theophraſt*.
(*m*) Plutarchi de Facie, in Orbe Lunæ, de Vertaaling van *J.* Kepler, pag. 106, Frankf. 1634.
(*n*) *Syſtem. Coſm.*, dit gevoelen ſtont de Roomſche Kerk niet aan, daarom deed Paus Urbanus de 8ſte Galileus deeze ſtelling afzweeren in 't Jaar 1633. Ricciol., Almag., Tom. 2, Lib. 9, Seƈt. 4, pag. 499. Alhoewel uit een van de Gedigten van

den

Nicolaus Copernicus (*o*), en de Kardinaal *Cusanus* (*p*), welk gevoelen by alle verftandige in de konft zoodaanig is doorgedrongen, dat de uitfteekende Wiskonftenaar *Chriftiaan Huigens* daar van zeid, dat al het geen 't welk tegen 't loopen van de Aarde ingebragt word „ door „ *Galilæus* (*q*) *Keplerus* (*r*) *Gaffendus*, (*s*) en veel andere is beant- „ woord; door welker aantooningen de Zwaarigheeden die nog „ overig waaren der maate zyn weggenoomen, dat thans ter tyd „ alle Sterreloopkundige, indien zy niet van een al te traag ver- „ nuft, of uit menfchelyke overheering al te ligt geloovig zyn: „ zonder de minfte twyffeling vaft ftellen, dat de Aarde draayt, „ en een van de dwaalfterren is (*t*) :" voeg hier nog by dat door de loop der Cometen aan deeze Stelling eene nieuwe kragt gegeven werd. (*v*)

6. Hoe de Aarde de Planeeten en Cometen om de Zon loopen.

De loop van de Aarde, de Planeeten en Cometen om de Zon.

De loop van ieder gefchied in een Ellips of Ovaal, het eene brandpunt is de Zons Centrum, de beweging daar van kan men aanmerken, als of die te zamen gefteld was uit twee andere bewegingen: de eerfte is de regtliniefche, waar meede de zelve tragten te loopen volgens de raaklynen van de kromme, die ieder befchryft: de tweede is die de welke de voornoemde lichaamen na de Zon trekt; en in 't gemeen de Centertrekkende kragt genoemd word, over de welke de beroemde *Newton* vraagt of dit niet zou kunnen voortkoomen om dat de middel ftof (*Milieu etherée* in 't Franfch) in de Zon, Sterren, Planeeten en Cometen veel ylder en dunder is, als op de plaatzen daar buiten. (*x*) Het gemeen Centrum van de zwaarheid ruft, dog

---

den gemelden Paus, blykt dat hy zelfs van dat gevoelen was, *Vallemont* in zyn Sphere du Monde, verhaalt dat Mr. *Godeau* in zyn Hiftoire de l'Eglife VIII. Siecle Liv. I, Artic. 43, pag. 294, Tom. 5, fchryft dat de gemelde Cenfure meer Politiek als Apoftoliek was. Evenwel is 'er een Decreet, waar in men vind, de Roomfche Kerk ftaat toe, dat het gevoelen van Copernicus ten opzigt van 't Draayen der Aarde gebruikt en geleerd word, onder voorwaarde van het aan te merken en te leeren, als een hypothefe, vid. Decret. 21, Sacræ Congregat. Indicis, pag. 214 & 215, Rom. 1667. *Vallemont*, la Sphére du Monde, pag. 334.
(*o*) Revol., Lib. 1. (*p*) De Doctrin. Ignor. Lib. 2, Cap. 12.
(*q*) Syftema, Cofmicum. (*r*) Epitome Aftron. Coperni.
(*s*) Tom. 3. de motu impreffo à motore tranflate, van pag. 478 tot pag. 563.
(*t*) Wereldbefchouwer, pag. 18, volgens de vertaaling van *Rabus*.
(*v*) *Newton*, Philof. Natur. Princip. Mathem., pag. 478, Amft. 1714.
(*x*) Traité d'Optique, pag. 494, Amft. 1720.

of Aardryks-beschryvinge.

dog de Zon beweegt zig geduurig; maar deszelfs middelpunt wykt niet ver af van 't gemeene middelpunt der zwaarheid: op 't verst geen Zons middellyn, 't welk voorvalt, als alle de Planeeten aan eene zyde van de Zon zyn.

De schrandere *Keplerus* onderstelde dat de Inhouden die door de Hemelsche lichaamen beschreeven worden, met de straalen uit het middelpunt van de Ster of Planeet daar zy omloopen, evenreedig zyn met de tyden die daar toe gebruikt worden: (y) 't geen naderhand door den Ridder *Newton* beweezen is. (z) Laat in de tweede afbeelding Fig. 1. S de Zon zyn: ABDC de weg van een Planeet die daar om loopt, als de inhoud SCD zoo groot is als de inhoud ASB, dan moet de Planeet zoo veel tyd gebruiken, om van D tot C, als om van B tot A te loopen; de Zon word in 't brandpunt van 't lang-rond gevonden, 't welk de Aarde een Planeet of Comeet om de Zon beschryft, en 't middelpunt der Aarde of van ieder Hoofdplaneet is 't brandpunt van de weg of wegen der Omloopers die de zelve omringen.

Wet van de beweeging.

IIde Afbeeld. Fig. 1.

7. *De tyd in de welke de Aarde en Planeeten om de Zon loopen.*

Door de Sterrekundige waarneemingen word de middelloop om de Zon ten opzigt van de vaste sterren gevonden als volgt, door de middelloop word verstaan, als de Planeet met een en de zelfde snelte voortgaat, dit onderstaande zyn de uitkomsten, als de tyd van een groote meenigte omloopen, door 't getal der omloopen gedeeld word.

De tyd der Omloopen.

	Dag.	Uur.	Min.	Sec.	
Saturnus	10759	6	36	26	
Jupiter	4332	12	20	25	
Mars	686	23	27	30	(a)
De Aarde	365	6	9	30	
Venus	224	16	49	24	
Mercurius	87	23	15	45½	(b)

8. De

(y) De Motib. Stell. Mart. Epitom. Astron.
(z) Philos. Natur. Princip. Math., pag. 375.
(a) *Keil*, introduct. ad ver. Astron., pag. 439. Oxon. 1718. & pag. 469. Lugd. Bat. 1725.
(b) De Heer *Halley*, om de Tafels over deeze Planeet met de Waarneemingen te

Inleiding tot de algemeene Geographie,

8. *De afstand tusschen de Zon en de Planeeten. &c.*

De afstand tusschen de Zon en de Planeeten.
Begeert men te weeten hoe ver dat de Planeeten zomtyds van de Aarde zyn: zoo is 't noodig eerst hun afstand van de Zon te bepaalen: door de uitvinding van *Johannes Keplerus* weet men dat de Teerlingen van de middelafstanden tusschen de Planeeten en de Zon in de zelfde reeden zyn als de vierkanten der tyden die ieder gebruikt, om zyn weg te loopen (*c*): de middelafstand is de helft van de langste middellyn van de Ellips die de Planeet om de Zon loopt, als de middelafstand tusschen de Zon en de Aarde gesteld word op 100000 gelyke deelen; dan is de middelafstand tusschen de Zon en de Planeeten aldus:

Saturnus	-	953806
Jupiter	-	520116
Mars	- -	152369
Venus	- -	72333
Mercurius	-	38710

(*d*)

Nu kan men tot nader ondervinding ieder deel stellen op 177¼ Duitsche myl, of 233 Hollandsche mylen: zoo dat als Saturnus in middelafstand met de Zon is, en in tegendeel met de Aarde, de Aarde meede in middelafstand onderstelt wordende, hy meer als 245 millioenen Hollandsche mylen van de Aarde is; een afstand zoo groot, dat een Lichaam 't welk 600 Parysche voeten in een secunde tyd zonder vertraagen voortvloog, nog meer als 225 Jaaren werk zou hebben om deezen weg te volbrengen: door de Centertrekkende kragt alleen, als de regtlinische kragt ophield, zou Saturnus in omtrent 1900 dagen uit zyn weg in de Zon vallen (*e*).

9. De

te doen overeenkomen, bepaald de weg in de Philos. Transf., No. 386, pag. 235 en 236 aldus, de middelloop van 't punt des Æquinoctiaals, in 100 Jaaren 2 teekens, 14 grad., 2 min., 13 sec., daar uit is het bovenstaande getrokken; verders is de aanvangtyd op het begin van 't Jaar 1723. Oude Styl, in Sagittarius 19 grad., 9 min., 31 sec., van 't punt des Æquinoctiaals; de plaats van 't Aphelium op die tyd in 't zelfde teeken, 13 grad., 3 min., 34 sec.; de beweeging daar van 7 minuuten in 8 Jaaren, met de Order der Teekenen; 't vlak van de Planeetsweg onbeweegelyk onder de vaste Sterren; de klimmende knoop 15 grad., 41 min. van de eerste Ster van Aries; de helling van de Kring 6 grad., 59 min., 20 sec.; de grootste Æquatie die door de Uitmiddelpuntigheid veroorzaakt word, 23 grad., 42 min., 37 sec.

(*c*) *Kepler*, Epitom. Astron., Lib. 4, pag. 501. Frankf. 1635.
(*d*) *Newton*, Philos. Nat. Princ. Math., pag. 361, Amst. 1714.
(*e*) *Wuiston*, Prælect. Phys. Math., pag. 149, Cant. 1710.

Afbeeld. II.

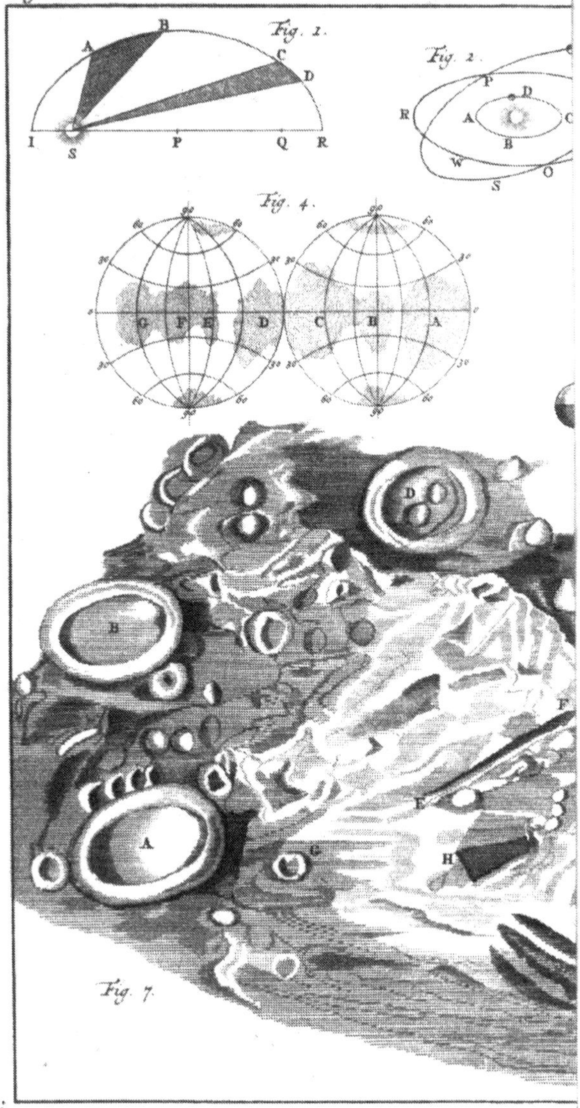

Fig. 1.
A
B
C
D
I
S
P
Q
R
Fig. 2.
Fig. 4.
Fig. 7.

of Aardryks-beschryvinge. 15

9. De Uitmiddelpuntigheid.

De eene tyd zyn wy verder van de Zon als de ander; de Sterre- Uitmid-
kundige vinden, dat de Aarde in 't end van December digter by de delpun-
Zon is als omtrent het end van Juny, als in de IIde afbeelding fig. 1. tigheid
IP of PR 100000 gelyke deelen gesteld word: dan blykt door de en verste
waarneemingen dat SP omtrent 1692 van die deelen is; dit noemt IIde Af-
men de Uitmiddelpuntigheid: dan is SQ het verschil tusschen IS Fig. 1.
en SR, zynde omtrent 3384 deelen; dat de Aarde de eene tyd nader aan de Zon is als de andere, dat is meer als 788000 Hollandsche
mylen; 't welk de Aarde als 't by ons Winter is, digter aan de Zon
komt als Zomers (*f*): de uitmiddelpuntigheid der Planeeten word
gesteld als volgt, in deelen daar van 100000, de middelafstand tusschen de Zon en de Aarde zyn:

    Saturnus - -   54700   (*g*)
    Jupiter - -   25257   (*h*)
    Mars - -   14100   (*i*)
    Venus - -   517   (*k*)
    Mercurius -   7970   (*l*)

De Uitmiddelpuntigheid blyft altyd niet het zelfde, maar is eenige
verandering onderworpen.

Als de Ellips IBR de weg van een Planeet is, RI de langste mid- Stand
dellyn, dan noemt men R 't *Aphelium* of verste punt, en I 't *Peri*- der
helium of naaste punt, de strekking van de verste punten uit de Zon punten.
te zien, word gesteld als volgt: van Jupiter is op 't begin van 't IIde Af-
Jaar 1713, en van Mercurius op 't begin van 't Jaar 1723 beide Oude Fig. 1.
Styl, volgens de tyd van London.

                Satur-

___

(*f*) Het schryven van *Hubner* in zyn onderwys van de Globe pag. 697, in de druk
van 1707, of pag. 728, in de druk van 1711, heeft geen grond, hy drukt zig aldus uit:
„ Verders zyn de Zonnestraalen zoo veel te heviger, hoe nader de Zon by de Aard-
„ bodem is, en wanneer God toeliet dat de Zon eenige duizend mylen lager daalde,
„ zou de hitte onverdraaglyk worden, of de Zonne door Gods Almogende Wil,
„ eenige duizend mylen hooger opgevoerd wordende, zou de koude onuitspree-
„ kelyk zyn.
(*g*) *Whist.*, Tab. Astr., pag. 382.   (*h*) Door my zelfs bepaald.
(*i*) *Whist.*, Tab. Astron., pag. 410.   (*k*) Vid. pag. 424.
(*l*) Volgens de Heer *Halley*.

16 *Inleiding tot de algemeene Geographie*,

```
          Tek.    o     '      "
Saturnus -  7  :  28 :  30  :  —    ⎫
Jupiter   -  5  :  10 :   7  :  20 (m) ⎪
Mars    -   4  :   1 :  12  :  —    ⎬ van de eerste Ster van Aries.
de Aarde  -  2  :   8 :  44  :  10   ⎪
Venus   -   9  :   5 :  —  :  —    ⎪
Mercurius -  7  :  13 :  49  :  14 (n) ⎭
```

In de twee bovenste Planeeten staan de verste punten stil, ten opzigt van de vaste Sterren, de heen en weerslingeringen uitgezonderd, die voortkomen door de werkingen van de een op de andere, maar de onderste meent men dat voortgaan van wegens de Zwaarte-kragt der bovenste, en dat na die zyde daar in men de Planeeten zou zien vorderen, als men die uit de Zon beschouwde.

10. *De Schuinsheid van de Wegen der Planeeten.*

De knoopen en helling.

Als de weg die 't middelpunt der Aarde beschryft, een zigtbaare linie naliet, en een vlakte verbeeld werd door deeze linie en de Zons middelpunt, zoo loopen de Planeeten niet volmaakt in deeze vlakte, maar wyken een weinig na buiten, en hun wegen doorsnyden de zelve in twee punten als P en O (ziet de IIde afbeelding Fig. 2.) die men de Noord en Zuidknoop noemt, als de Planeet van S na O loopt, dan is O de klimmende en P de nederdaalende knoop, de hoek VPQ, is de helling van de Planeetsweg, de plaats van ieders Noordknoop uit de Zon te zien, als men die onbeweegelyk stelt ten opzigt van de vaste Sterren, is als volgt te reekenen van de eerste Ster van Aries.

IIde Afbeeld. Fig. 2.

```
          Tek.  gr.  min.                             o    '    "
Saturnus -  2 :  22 : 30                            2 : 30 : 50
Jupiter   -  2 :   8 : 46                            1 : 18 : 50 (o)
Mars    -   0 :  19 : 10  De Helling der kringen   1 : 50 : 45
Venus   -   1 :  15 : 16                            3 : 22 :  0
Mercurius -  0 :  15 : 41                            6 : 59 : 20 (p)
```

11. *De grootheid der Planeeten.*

Grootheid der Planeeten

Zoo lang als men de afstand tusschen de Zon en de Aarde niet volkomen weet; zoo kan ook de waare grootte der Planeeten niet bepaald

(*m*) Volgens myn vinding.   (*n*) Volgens de Heer *Halley*.
(*o*) Volgens myn vinding.   (*p*) Volgens de Heer *Halley*.

of Aardryks-beschryvinge. 17

paald worden; zelfs zyn de Sterrekundige over de Proportien van die grootheden nog niet eens. Als de Zons middelyn op 10000 gesteld word, zoo word de middelyn van Saturnus genomen op 889; van Jupiter, 1077; de Aarde, 104 (*q*): dan beslaat Jupiter ruim 1100maal meer plaats als de Aarde. *Flamsteed* stelt Jupiter en Saturnus byna eveneens als hier boven gemeld is; en de Zons middelyn op 1000 neemende, zoo is, by hem, de middelyn van Mars nagenoeg 6, van de Aarde 10½, van Venus 10½, en van Mercurius 5½ (*r*). *Christiaan Huigens* stelt de middelyn van Jupiter 20maal grooter als de middelyn van de Aarde (*s*); dog dit schynt my veel te groot.

12. *Dat de Planeeten duistere Lichaamen zyn, en om de Zon drayen.*

Dat de Planeeten geen ligt uit zig zelfs hebben, maar dat van de Zon ontfangen, blykt vooreerst aan Saturnus, om dat men de schaduw van den Ring op de Planeet zelfs ziet; op Jupiter ziet men zomtyds de schaduw van de Omloopers, die hem omringen; Mars vertoont zig in de quartier-standen gebult; 't ligt van Venus neemt als de Maan toe en af: Ook heeft *Jeremias Horroxius*, in 't Jaar 1639, den 24. November, Oude Styl, deeze Planeet als een duistere plek op de Zon gezien (*t*). Mercurius heeft men, in de tyd van 100 Jaaren, reets verscheidenmaalen op de Zon gezien; en nog de laatstemaal, in 't Jaar 1736, den 11. November, Nieuwe Styl (*v*). *De Planeeten zyn duistere Lichaamen.*

Om dat men nu de twee laatstgemelde Planeeten over de Zon ziet loopen, en dat dezelve noit in tegenstand met de Zon komen; want Venus wykt op zyn verst omtrent 48 graaden; en Mercurius omtrent 28 graaden van de Zon: zoo volgt, dat de weg van die Planeeten, tusschen de Zon en de Aardkloots-weg beslooten is. Mars, Jupiter en Saturnus ziet men geduurig in tegenstand met de Zon komen; maar noit op de Zon: en daar uit blykt, dat hun kringen verder van de Zon zyn als de Aardkloots-kring. *De onderste en opperste Planeeten.*

13. *Hoe*

(*q*) Philosoph. Natural. Princip. Mathem., pag. 371; Amst. 1714.
(*r*) *Whiston*, Prælection. Astron., pag. 85, Cantab.
(*s*) De Autom., pag. 447, Lugd. Batav. 1703: ook in zyn Wereldbeschouwer, pag. 19.
(*t*) *Jerem. Horrox.*, Observ. Cœlest., pag. 393, Lond. 1678.
(*v*) Act. Erudit. Mens. Aug., Ao. 1737, pag. 371.

18 *Inleiding tot de algemeene Geographie,*

13. *Hoe de Planeeten schynen te dwaalen.*

De Planeeten schynen te dwaalen.

IIde Afbeeld. Fig. 3.

Als men de loop van de Planeeten onder de Vaste Sterren beschouwt, dan zal men dezelve zomtyds na 't Westen zien voortgaan, dan wederom na 't Oosten, met een ongelyke snelheid, en van tyd tot tyd ook schynende stil te staan. Om de reden hier van te begrypen, zoo laat in de IIde Afbeelding, Fig. 3, S de Zon zyn, AWBCD de Aardkloots weg, OPRV de kring van Jupiter; indien de Aarde omtrent D of A is, en Jupiter in O gezien word, by de Vaste Ster T, zoo kan men, terwyl de Aarde van D na A loopt, weinig beweeging aan de Planeet bemerken; dezelve schynt stil te staan, als Jupiter in I, en de Aarde omtrent Q is: wanneer nu de Aarde van A, door W, tot B gevorderd is, en de Planeet in die tyd van O tot P, en men een lyn verbeeld van A, door O, tot de Vaste Ster T; ook een andere van B tot de zelfde Ster; zoo is, van wegens de onmeetelyke afstand der Vaste Sterren, BT nagenoeg evenwydig aan AT, of de Planeet schynt te rug gegaan, omtrent zoo veel als de hoek TBP bedraagt, en vertoont zig aan de regter zyde van de Ster; maar de Aarde wederom in A zynde, als de Planeet nu in R gekomen is, dan schynt die voorwaarts geloopen, en word aan de linker of aan de andere zyde van de Vaste Ster gezien; en daar uit blykt, dat, of schoon de Planeet zyn weg in een geschikte order vervolgt, dat al die vertooningen maar voortkomen door het loopen van de Aarde en van de Planeet. Het is by ons de plaats niet, om de loop der Planeeten op de eenvoudigste manier te aanschouwen; en op de Omloopers zou 't niet minder moeijelyk zyn, om 't waare Zamenstel uit te vinden: de Sterrekundige merken de loop van de Planeeten aan, als of men die uit de Zon zag; en op die wys de plaats, op een gegeeve tyd, gevonden hebbende, zoo word door de stand, daar de Aarde dan in is, uitgerekend, by welke Vaste Sterren de Planeeten met ons oog gezien moeten werden.

14. *De Veelheid der Stoffe in eenige Planeeten.*

De Veelheid der Stoffe.

Van al de Planeeten is de Veelheid der Stoffe tot nog toe niet te weeten; maar alleen van die, dewelke een of meer Omloopers hebben. Stelt men de middel-afstand, tusschen Venus en de Zon, *a*; de wyd-

of Aardryks-beschryvinge.

wydte, die de vierde Omlooper van Jupiter, van 't middelpunt af is, b, de tyd, in dewelke dat Venus om de Zon loopt, c; en de tyd, die de voornoemde Satelliet van nooden heeft, om zyn omloop te volbrengen d; zoo is de Veelheid van de Stof in de Zon, tot de Veelheid van de Stof in Jupiter, als $a'dd$ tot $b'cc$ (x); dat is, als de Logarithmus van $3a + 2d$ tot de Log. van $3b + 2c$: ftelt men, dat de Veelheid van de Stof in de Zon, is 1000000; dan zal die in Jupiter zyn, 924,8; in Saturnus, 422,3; en in de Aarde, 4,4 (y). Deelt men nu de Veelheid der Stoffe door de Vierkanten der afftanden, als men die neemt op 10000, 1077, 889 en 104, (gelyk te zien is, daar van de Grootheid der Planeeten gehandeld word,) dan vind men de zwaarheid in de oppervlakte: als men die in de Zon op 10000 ftelt, op Jupiter nagenoeg 797, op Saturnus 534½, en op de Aarde 407¼ (z): wanneer men deeze laatfte getallen deelt door de middelynen, zoo vind men de proportie van de *Denfiteit*, of Digtheid der Stoffe, in de Zon 10000, in Jupiter 7404, in Saturnus 6011, in de Aarde 39214. Uit de gedaante van Jupiter befluit men, dat de *Denfiteit* van deeze Planeet grooter is omtrent het Vlak van den Æquator, als by de Poolen.

15. *De Gedaante en Omwenteling om ieders As.*

De Planeeten hebben een byna ronde gedaante; dog zyn evenwel niet volmaakt rond: in Jupiter is de langfte middelyn, volgens de Evennagt Linie, tot de middelyn die door de Poolen gaat, als 12 tegen 13 (a). Op deeze Planeet kan men door een Newtoniaanfche Verrekyker van 7 voeten, of door andere groote Verrekykers, verfcheide duiftere banden zien, die byna evenwydig loopen: door een kleine plek meent men ontdekt te hebben, dat dezelve in 9 uur., 56 min., om zyn As drayt (b).

De gedaante en omwenteling der Planeeten: eerft van Jupiter.

(x) *Gregor.* Aftron. Phyf., pag. 266, Oxon. 1702.
(y) '*s Gravef.* Elem. Phyf., pag. 164, Lugd. Batav. In de Natuurkunde, uit de ondervindingen opgemaakt, door J. T. *Desaguliers*, vind men, pag. 81, in de aantekeningen, dat, volgengs de voorfchreeve proportie, de Stof in Jupiter zou zyn 937,2, en die in Saturnus, 331.
(z) De laatft aangetrokken plaats.
(a) Uit de Waarneemingen van J. *Pound*: ziet de Natuurkunde, uit de ondervindingen opgemaakt, door J. T. *Desaguliers*, pag. 456, Amft. 1736.
(b) Memoir. de Mathem. & Phyf., 1692, pag. 5, de Druk van Parys.

20 *Inleiding tot de algemeene Geographie,*

Mars. De Planeet Mars fchynt als met een damp overtrokken; daar zyn ook eenige vlekken in: door een Verrekyker van *Campani*, lang 34 voeten, zag Mr. *Maraldi*, in 't Jaar 1704, in October, en in 't Jaar 1719, in May, geheel andere vlekken als de Sterrekundige *J. Dom. Caſſini* voortyds in Italien op deeze Planeet zag (c); miſſchien ziet men zomtyds een zoort van Wolken: *M. Roemer* zag dezelve over een Vaſte Ster loopen; de Ster verbleekte eer die bedekt wierd. Men heeft uit de voortgang van eenige plekken beſlooten, dat die om zyn As draayt in 24 uur., 48 min. (d): 't Horizontaale Verſchilzigt van Mars vond Mr. *Caſſini*, de Vader, 26 of 27 ſec.; dan zou de Zons Verſchilzigt ruim 13 ſec. zyn.

Venus. In Venus zyn ook plekken; de laatſtgemelde Sterrekundige meende, dat die in 23 uuren om zyn As draayt (e); maar *Franciſcus Blanchini* heeft Venus te Romen waargenomen, en de plekken over de geheele Planeet afgetekend, als te zien is in de IIde IIde Afbeeld. Afbeelding, Fig. 4, aan welke hy de volgende naamen geeft: Fig. 4. A, de Zee van *Joannes de Vyfde*, Koning van Portugaal; B, de Zee van *Henricus*, de Infant; C, de Zee van *Emanuël*; D, de Zee van de Prins *Conſtantin*; E, de Zee van *Columbus*; F, die van *Veſpucius*; en G, de Zee van *Galilæus*; de Poolen zyn daar even als by ons, altyd na één oord van de lugt geſtrekt; de Noordpool is omtrent 15 graaden boven 't vlak van de Ecliptica verheeven, en ſtrekt na de Sterren in 't kleine Paard, die met *a* en *b* getekend zyn; en de Zuidpool na de Waterſlang, een weinig beneden 't Hart van dezelve, met een Zuider Breedte van 15, of miſſchien wel 20 graaden; de vlakte van Venus regthoekig door de As van de omwenteling, ſnyd de evenwydige aan de Aardkloots weg, in de 20ſte graad van Leo of Aquarius (f): hy beſluit uit den voortgang van de voornoemde plekken, dat deeze Planeet in 24 dagen en 8 uuren om zyn As draayt. Uit het voorgaande kan men

---

(c) Memoir. de l'Acad., 1706, pag. 96; en die van 't Jaar 1720, pag. 198, de Druk van Amſt.

(d) *Chriſt Huig.* Wereldbeſchouwer, pag. 33, Rott. 1699.

(e) In een Brief van *Melchior de Briga*, aan *Blanchini*, pag. 90, *Heſp. & Poſph. Nov. Phænom.*, vind men, uit Nel. Gran. Giornal. di Europa, parte V., 1667, dat de Newtoniaanen dit zoo bepaald hebben; maar dit is zoo niet: Mr. *Caſſini* heeft dit het eerſt geſchreeven; als te zien is in de Philoſ. Tranſ., No. 32, pag. 617.

(f) Heſp. & Poſphor. nova Phenom., pag 67, Rom. 1728.

men dan opmaaken, hoe lang de dagen en nagten op ieder van de byzondere plaatzen in Venus zyn, met welk een gezwindheid dat daar de Zaizoenen veranderen, en andere byzonderheden, die ik, om de kortheid, voorby gaa. Dog Mr. *Jacques Caſſini* tragt (g) de omwenteling, zoo als die door *Blanchini* bepaald is, kragteloos te maaken, om die, dewelke zyn Vader gevonden heeft, voor goed te doen keuren. In 't Jaar 1726, den 26ſten February, met helder weêr, zagen *Blanchini*, en verſcheide andere Perzoonen, te Romen, van 's avonds ten 5 uur., 45 min., tot 6 uur., 15 min., drie onderſcheide vlekken in Venus, door een Verrekyker van *Campani*, lang 88 Roomſche palmen, dat is byna 63 voeten, Rhynlandſche maat; ziet de IIde Afbeelding, Fig. 5: maar alzoo, na die tyd, het Paleis van *Barbarin* 't gezigt van Venus belette, zoo wierd de Verrekyker verplaatſt, en men zag die Planeet, uit het gemelde Paleis, van 's avonds ten 8 uur., 40 min., tot 9 uuren; doe vond men de plekken nagenoeg in de zelfde ſtand, zoo als die ten 5 uur., 30 min., gezien waren: indien nu Venus in 23 uuren om zyn As draayde, dan zouden deeze plekken omtrent 47 graaden verloopen moeten zyn: de Heer *Caſſini* zegt, dat het wel zou kunnen zyn, om dat de ſchynbaare loop der vlekken, in die tyd, van 't Zuiden na het Noorden was, dat in de 2 uur., 25 min., dat men Venus niet gezien heeft, de plek E na het Zuidelyk deel van Venus B geloopen is, dat die uit F zyn plaats vervult heeft, dat die van G in plaats van F gekomen is, en dat een nieuwe plek uit A wederom in G zig vertoond heeft, en dat alle drie de plekken wederom net als de voorgaande te zien waren; (dog dit ſchynt geheel gevallig:) 't beſluit is, dat Venus in 23 uur, 20 min, om zyn As draayt; dat is 25 maal ſnelder als *Blanchini* heeft. De laatſtgemelde Schryver is kort na 't uitgeeven van zyn Boek geſtorven, en kan dit niet verantwoorden: maar als ik ſtel, dat de Heer *Caſſini* gelyk heeft, zoo komt het my vreemd te vooren, dat *Blanchini*, in de Waarneemingen van den 14, 16, 18 en 20ſten February, ook in die van Mey en Juny, 1726; in die van July, Auguſtus en September, 1727; en die van January, 1728, de ſnelle voortgang der plekken, volgens de ſtelling van den Heer *Caſſini*, niet eens, in zoo veel Obſervatien,

IIde Afbeeld.
Fig. 5.

(g) In de Mem. van de Franſche Acad. van 't Jaar 1732, van pag. 264 tot pag. 284.

gemerkt heeft. Deeze twift was wel uit Wereld te helpen, indien de tegenwoordige Eigenaar van de Verrekyker, die *Blanchini* gebruikt heeft, door de een of andere voornaame Standsperzoon verzogt wierd, om te Romen met dezelve de Planeet Venus, door Sterrekundige, eenige tyd te laaten waarneemen; dit kon wel van zulke verzogt worden, dat men het niet wel zou kunnen weigeren. In de Landen, die Noordelyker als Romen leggen, schynt de Lugt te dik, en Venus is te veel in de Dampen van den Horizont, om die flaauwe plekken te zien: Mr. *Jacques Caſſini* heeft noit te Parys de vlekken in Venus kunnen zien, dewelke zyn Vader in Italien waargenomen heeft. Door een reflecteerende Newtoniaanſche Verrekyker van 7 voeten, heb ik te Amſterdam noit eenige vlekken in Venus kunnen zien, en evenwel zullen dezelve daar wel in zyn.

Van de Aarde.

De Aarde. De Aarde, ten opzigt van de Vaſte Sterren, draayt eens om haar As in 23 uur., 56 min., dat is, als men na de Zon reekent, in 24 uuren, en vordert ondertuſſchen één graad in zyn weg; zynde dit een loop, die de onkundige, in de waare Sterrekonſt, aan de Zon toeëigenen, om dat zy maar na de uiterlyke ſchyn oordeelen, en niet begrypen, wat voor een reeks van verwarringen en ſtrydige dingen uit die ſtelling voortvloeien: want wil men, dat de Aarde deeze dagelykſche omwenteling niet heeft, maar ſtil ſtaat, en keurt men dan de afſtand van de Vaſte Ster in den Draak voor goed, zoo als de Heer *Bradley* die bepaald heeft, dan zou moeten volgen, dat de gemelde Ster in één ſecunde tyd omtrent 136 millioenen Hollandſche mylen zou moeten voortgaan, en hoe verder dat de Sterren van ons af waren, hoe ſnelder dat die zouden moeten loopen.

In hoe veel tyd Mercurius om zyn As draayt, of Saturnus, als mede zyn Ring, is tot nog toe onbekent.

16. Van de Satelliten of Omloopers.

De Omloopers zyn duiſtere Lichaamen. Door de zelfde Wet, daar de Hoofdplaneeten en Comeeten mede om de Zon gaan, draayen ook de Satelliten om de Planeeten daar zy by behooren; het zyn alle duiſtere Lichaamen, die hun ligt van de Zon ontfangen: want aan de Maan blykt het, om dat men

of Aardryks-beschryvinge. 23

men 't ligt daar van ziet toe- en afneemen; en in de Omloopers van Jupiter en Saturnus, om dat men de schaduw daar van op de Hoofdplaneeten ziet.

17. *Van de Maan.*

De Omlooper die tot de Aarde behoort is de Maan, dewelke, van wegens de nabyheid, en 't nut dat wy daar van trekken, ons, behalven de Zon, 't aanmerkelykste toeschynt van al de andere Hemelsche Lichaamen: dezelve loopt nagenoeg in een lang-ronde weg om de Aarde, in omtrent 27 dagen, 7 uur., $43\frac{1}{2}$ min.; onderwyl is de Aarde iets verloopen; zoo dat van de eene Zamenstand, tusschen de Zon en de Maan, ('t welk wy de Nieuwe Maan noemen,) tot de andere, als men die door malkander reekent, nagenoeg is 29 dagen, 12 uur., 44 min. (*h*): dog de Maans weg blyft niet altyd de zelfde, maar word door de Zons kragt zoodanig beroerd, dat zy de Sterrekundige geen kleine moeite geeft, om haar loop op een volmaakte wys na te speuren: om hier van overtuigd te worden, kan men nazien het derde Boek van den vermaarden *Izak Newton,* wegens het Zamenstel des Werelds. Indien de Maans weg, in de *geheele* omloop, die zy met de Aarde om de Zon doet, zigtbaar bleef, en men die uit de Poolen van de Ecliptica beschoude, dan zou die een byna ronde Figuur vertoonen, met ruim 12 golven, waar van de digtste tot de verste plaats, in ieder golf, ten opzigt van de Zon, is omtrent $\frac{1}{178}$ ste deel van de wydte tusschen de Zon en de Aarde; en zelfs, als men 't naukeurig neemt, zoo loopt de Aarde zoodaanig een kring met flaauwe golven, terwyl dat het gemeen middelpunt der zwaarheid, tusschen de Aarde en de Maan, byna een Ellips om de Zon beschryft: het verst dat de Aarde aan ieder zyde buiten de Ellips komt, is omtrent $\frac{1}{2}$ van deszelfs middellyn, dat is omtrent $\frac{1}{1717}$ ste deel van de middel-afstand tusschen de Zon en de Aarde.

Het is ligt om te begrypen, hoe dat het ligt van de Maan toe- en afneemt: want laat in de IIde Afbeelding, Fig. 6, A de Aarde zyn, de Zon in de verlengde van AH, na de zyde van G; indien nu DEF de Maans weg is; als dan de Maan in E is: dan zien wy tegen de duistere zyde, en zeggen, dat het Nieuwe Maan is: in F

Hoe 't ligt van de Maan toe- en afneemt. IIde Afbeeld. en Fig. 6.

(h) Newton Philos. Nat. Princip. Mathem., pag. 400.

en D ziet men een halve verligte zyde; dit noemt men quartier Maan: in M vertoont zig de geheele verligte zyde; en dan is het volle Maan: als in een donkere kamer een brandende kaars gezet word, die de Zon verbeeld, en wy op eenige afstand van dezelve ons plaatsen; zoo nu een ronde kloot, 't welk de Maan zal verbeelden, rondom ons gedraagen word, zoo ziet men de verscheide verligte Phases, even als men die van tyd tot tyd aan de Maan gewaar word; men kan 't verligte deel, op een gegeeve tyd, na de Nieuwe Maan, door middel van een Ellips, nagenoeg aftekenen (*i*).

Maans afstand, grootte, &c. *Posidonius* stelde de Maan, boven 't gewest der Wolken, twee millioenen Roomsche stadien (*k*), dat is 50000 Duitsche mylen (*l*); de middelpunten van de Aarde en de Maan zullen, volgens die stelling, van malkander zyn, 51096 Duitsche mylen; 't welk met de hedendaagsche Waarneemingen vry wel overeen komt: want het Verschilzigt in den Zigt-einder, als de Maan nieuw of vol is in de middel-afstand, reekenen de hedendaagsche Sterrekundige 57½ min.; dan vertoont zig de Maans middelyn 31¼ min.: dog in de quartieren mede in de middel-afstand zynde, zoo is 't Verschilzigt 56½ min., en de Maans schynbaare halve middelyn 31 min.,

IIde Afbeeld. Fig. 6. 3 sec. (*m*): nu is in de IIde Afbeelding, Fig. 6, bekend AC de grootste halve middelyn van de Aarde, zynde nagenoeg 859½ Duitsche myl; de hoek CBA is 't Verschilzigt; de hoek BAC is regt; dan vind AB, dat is de Maans middel-afstand in nieuw of vol, 51380 Duitsche mylen, en in de quartieren, 52135 van de zelfde mylen; door de afstand en schynbaare halve middelyn van de Maan, vind men deszelfs halve middelyn nagenoeg 235½ Duitsche myl; de grootste middelyn van de Maan verlengd zynde, die gaat door 't middelpunt van de Aarde, dezelve overtreft de kortste middelyn 175 voeten, Parysche maat (*n*). Uit het voorgaande volgt, dat de plaats, die de Maan beslaat, omtrent 48½maal minder is, als de plaats, of de uitgestrektheid, die de Aarde in zig begrypt; de toenecmende zwaarheid in de oppervlakte van de Aarde, is omtrent

3 maal

(*i*) *Keil* Introduct. ad ver. Astr., pag. 102, Lond. 1718.
(*k*) *Plinius*, lib. 2, cap. 23, pag. 12.
(*l*) De Verhandeling van de Grootte der Aarde, pag. 59.
(*m*) *David Gregor.* Astron. Phys. & Geom., pag. 336.
(*n*) *Newton* Philos. Natural. Princip. Mathem., pag. 432, Amst. 1714.

of Aardryks-beschryvinge.

jmaal meer als de toeneemende Zwaarheid in de Oppervlakte van de Maan; de Denfiteit van de Maan is tot de Denfiteit van de Aarde na genoeg als 21 tegen 17: om dat de Maans middelyn na genoeg tot de Aardkloots middelyn is als 20 tegen 73, zoo volgt, dat de Aarde ruim 39maal meer ftof in zig begrypt als de Maan (*o*).

Als men de Maan met groote Verrekykers befchouwd, dan word men veel plekken, ook diepe groeven en putten daar in gewaar: door een Verrekyker van omtrent 107 voeten, Rynlandfche maat, vertoonde zig aan Mr. *Blanchini* een gedeelte van de Maan, als te zien is in de IIde Afbeelding, Fig. 7; de Waarneeming is in 't Jaar 1727, den 22ften September gedaan. *Joannes Hevelius* heeft van dag tot dag al de plekken van dezelve afgetekend, en die ook als een Landkaart vertoond, met de benaamingen van de Landen en Zeën, als op de Aarde (*p*); dog in 't gemeen geeft men aan de Vlekken de naamen van de voornaamfte Sterrekundige en Wysgeeren: door een Verrekyker van 26 voeten, heb ik, in 't midden van eenige putten of kuilen, een zoort van berg of koepeltje gezien; de fchaduw in de putten, en de toppen van de verligte bergen en hoogtens, in 't duiftere deel van de Maan, zag ik nog veel duidelyker door een reflecteerende Newtoniaanfche Verrekyker van 7 voeten, gemaakt door *George Hearne*.

In de Maan zyn ongemeene hooge Bergen; het Appeninfch Gebergte aldaar, fchynt omtrent van de zelfde hoogte te zyn als de Piek van Canarien op de Aarde; de uitreekening der hoogte van 't gemelde Maan-gebergte, (daar men de uitkomft van vind in de *Verhandeling van de Maans Dampkring* (*q*),) is gegrondveft op de lengte van 't verligte deel des Bergs, op 't laatfte quartier in het duiftere deel van de Maan, dat ik neem op $\frac{1}{77}$ deelen van de Maans middelyn, 't welk is tuffchen $\frac{1}{71}$ deel, zoo als *Hevelius* 't zelve begroot (*r*), en $\frac{1}{71}$ deel, zoo als ik uit zyn Figuur heb afgemeeten (*s*). De Heer *Defaguliers* meent, dat 'er verfcheide Bergen in de Maan zyn, die de hoogte van vier Engelfche mylen hebben (*t*).

Plekken in de Maan.

't IIde Afbeeld. Fig. 7.

Bergen in de Maan.

D   Men

(*o*) *Newton* Philof. Natural. Princip. Mathem., pag. 430, Amft. 1714.
(*p*) *Joan. Hevel.* Selenog., pag. 227.   (*q*) Pag. 71.
(*r*) *Joan. Hevel.* Selenog., pag. 266.   (*s*) Idem, pag. 266.
(*t*) Korte Inhoud van de Philofophifche Leffen, pag. 64, Amft. 1731.

en D ziet men een halve verligte zyde; dit noemt men quartier Maan: in M vertoont zig de geheele verligte zyde; en dan is het volle Maan: als in een donkere kamer een brandende kaars gezet word, die de Zon verbeeld, en wy op eenige afstand van dezelve ons plaatzen; zoo nu een ronde kloot, 't welk de Maan zal verbeelden, rondom ons gedraagen word, zoo ziet men de verscheide verligte Phases, even als men die van tyd tot tyd aan de Maan gewaar word; men kan 't verligte deel, op een gegeeve tyd, na de Nieuwe Maan, door middel van een Ellips, nagenoeg aftekenen (*i*).

Maans afstand, grootte, &c. *Posfidonius* stelde de Maan, boven 't gewest der Wolken, twee millioenen Roomsche stadien (*k*), dat is 50000 Duitsche mylen (*l*); de middelpunten van de Aarde en de Maan zullen, volgens die stelling, van malkander zyn, 51096 Duitsche mylen; 't welk met de hedendaagsche Waarneemingen vry wel overeen komt: want het Verschilzigt in den Zigt-einder, als de Maan nieuw of vol is in de middel-afstand, reekenen de hedendaagsche Sterrekundige 57½ min.; dan vertoont zig de Maans middelyn 31⅓ min.: dog in de quartieren mede in de middel-afstand zynde, zoo is 't Verschilzigt 56⅓ min., en de Maans schynbaare halve middelyn 31 min.,

IIde Afbeeld. Fig. 6. 3 sec. (*m*): nu is in de IIde Afbeelding, Fig. 6, bekend AC de grootste halve middelyn van de Aarde, zynde nagenoeg 859½ Duitsche myl; de hoek CBA is 't Verschilzigt; de hoek BAC is regt; dan vind AB, dat is de Maans middel-afstand in nieuw of vol, 51380 Duitsche mylen, en in de quartieren, 52135 van de zelfde mylen; door de afstand en schynbaare halve middelyn van de Maan, vind men deszelfs halve middelyn nagenoeg 235⅓ Duitsche myl; de grootste middelyn van de Maan verlengd zynde, die gaat door 't middelpunt van de Aarde, dezelve overtreft de kortste middelyn 175 voeten, Parysche maat (*n*). Uit het voorgaande volgt, dat de plaats, die de Maan beslaat, omtrent 48½maal minder is, als de plaats, of de uitgestrektheid, die de Aarde in zig begrypt; de toenecmende zwaarheid in de oppervlakte van de Aarde, is omtrent 3maal

---

(*i*) *Keil* Introduct. ad ver. Astr., pag. 102, Lond. 1718.
(*k*) *Plinius*, lib. 2, cap. 23, pag. 12.
(*l*) De Verhandeling van de Grootte der Aarde, pag. 59.
(*m*) *David Gregor.* Astron. Phys. & Geom., pag. 336.
(*n*) *Newton* Philos. Natural. Princip. Mathem., pag. 432, Amst 1714.

of Aardryks-befchryvinge.

maal meer als de toeneemende Zwaarheid in de Oppervlakte van de Maan; de Denfiteit van de Maan is tot de Denfiteit van de Aarde na genoeg als 21 tegen 17: om dat de Maans middelyn na genoeg tot de Aardkloots middelyn is als 20 tegen 73, zoo volgt, dat de Aarde ruim 39maal meer ftof in zig begrypt als de Maan (*o*).

Als men de Maan met groote Verrekykers befchouwd, dan word men veel plekken, ook diepe groeven en putten daar in gewaar: door een Verrekyker van omtrent 107 voeten, Rynlandfche maat, vertoonde zig aan Mr. *Blanchini* een gedeelte van de Maan, als te zien is in de IIde Afbeelding, Fig. 7; de Waarneeming is in 't Jaar 1727, den 22ften September gedaan. *Joannes Hevelius* heeft van dag tot dag al de plekken van dezelve afgetekend, en die ook als een Landkaart vertoond, met de benaamingen van de Landen en Zeën, als op de Aarde (*p*); dog in 't gemeen geeft men aan de Vlekken de naamen van de voornaamfte Storrekundige en Wysgeeren: door een Verrekyker van 26 voeten, heb ik, in 't midden van eenige putten of kuilen, een zoort van berg of koepeltje gezien; de fchaduw in de putten, en de toppen van de verligte bergen en hoogtens, in 't duiftere deel van de Maan, zag ik nog veel duidelyker door een reflecteerende Newtoniaanfche Verrekyker van 7 voeten, gemaakt door *George Hearne*.

Plekken in de Maan.

IIde Afbeeld. Fig. 7.

In de Maan zyn ongemeene hooge Bergen; het Appeninfch Gebergte aldaar, fchynt omtrent van de zelfde hoogte te zyn als de Piek van Canarien op de Aarde; de uitreekening der hoogte van 't gemelde Maan-gebergte, (daar men de uitkomft van vind in de *Verhandeling van de Maans Dampkring* (*q*),) is gegrondveft op de lengte van 't verligte deel des Bergs, op 't laatfte quartier in het duiftere deel van de Maan, dat ik neem op $\frac{1}{17}$ deelen van de Maans middelyn, 't welk is tuffchen $\frac{1}{21}$ deel, zoo als *Hevelius* 't zelve begroot (*r*), en $\frac{1}{11}$ deel, zoo als ik uit zyn Figuur heb afgemeeten (*s*). De Heer *Desaguliers* meent, dat 'er verfcheide Bergen in de Maan zyn, die de hoogte van vier Engelfche mylen hebben (*t*).

Bergen in de Maan.

D   Men

(*o*) *Newton* Philof. Natural. Princip. Mathem., pag. 430, Amft. 1714.
(*p*) *Joan. Hevel.* Selenog., pag. 227.   (*q*) Pag. 71.
(*r*) *Joan. Hevel.* Selenog., pag. 266.   (*s*) Idem, pag. 266.
(*t*) Korte Inhoud van de Philofophifche Leffen, pag. 64, Amft. 1731.

26 *Inleiding tot de algemeene Geographie,*

Zon en Maan-Eclipzen. Men weet dat de Aarde door de Zon verligt word, en daarom een fchaduw na moet laaten: wanneer de Maan, die om de Aarde loopt, in de Aardkloots-fchaduw vervalt, ('t welk niet gefchieden kan als omtrent de tyd van de volle Maan,) dan zeggen wy dat een verduiftering aan de Maan gebeurt; maar als omtrent de tyd van de nieuwe Maan, de Maan zig tuffchen ons en de Aarde zoodanig bevind, dat dezelve ons belet een gedeelte, of de geheele Zon te zien, dit noemt men een verduiftering aan de Zon; als de Maan, in zulk een geval, zoo digt by ons is, dat dezelve zoo groot, of grooter als de Zon fchynt, indien de linie, die uit Zons middelpunt door de Maans middelpunt verbeeld word getrokken te zyn, de Aarde ontmoet, dan zullen zy, die op de plaatzen zyn, daar deeze lyn over loopt, de Zon, by helder weêr, geheel zien verduifteren; dog 't alderlangft, dat op Aarde de Zon geheel verduifterd kan worden gezien, is omtrent ¼ uur: maar als de Maan op 't verft van ons af is, dan vertoont zy zig merkelyk kleiner als de Zon; en 't gebeurd wel, dat men de Maan op zulk eene wyze voor de Zon ziet ftaan, dat het geen, 't welk de Zon grooter fchynt, zig opdoet als een verligte Ring.

Waarom dat de Eclipzen niet alle Maanden voorvallen. Indien de Maans weg net in 't zelfde vlak was, 't welk de Aardkloots weg met de Zon maakt, dan zou alle nieuwe Maanen de Zon, en alle volle Maanen de Maan verduifterd worden; maar om dat de Maans weg met het gemelde vlak een hoek maakt van ruim 5 graaden, zoo moet de meeften tyd de nieuwe Maan oogfchynelyk boven of beneden de Zon voorbygaan, zonder dezelve te verduifteren; en op de tyd der volle Maan moet veeltyds de Maan de Aardkloots fchaduw voorby loopen, zonder dezelve aan de een of aan de andere zyde te raaken, en bygevolg geen verduiftering in de Maan. Het nut dat uit de Eclipzen kan getrokken worden, zoo voor de tydreekening, als om de lengte der plaatzen te vinden, daar zal in 't vervolg van gehandeld worden.

De Maan draayt om haar As. De Punten, daar de Maans weg 't vlak van de Ecliptica fnyd, noemt men de Noord- en Zuid-knoopen, of ook wel 't Draakenhoofd en Draaken-ftaart; deeze Punten ftaan niet ftil, maar loopen te rug, zoo dat de Maan omtrent 27 dagen en 5 uuren van nooden heeft om wederom by de zelfde Knoop te komen; in deeze tyd wentelt zy eens om, op een fpil, die altyd in éénen ftand blyft,

en

of Aardryks-beschryvinge.

en boven 't vlak van de Zons weg omtrent 87¼ graad verheven is; zoo dat nagenoeg altyd de zelfde zyde na ons is toegekeerd; dog evenwel niet volmaakt, alzoo aan beide de kanten over en weêr eenige plekken moeten verdwynen, en aan de andere zyde wederom eenige andere te voorschyn komen, 't welk men *Libratio*, *Balanceering*, of waggeling noemt: dit kunnen de Sterrekundige door uitreekening nagaan en vertoonen (*v*).

Van de Omloopers van Jupiter.

De kringen van de Omloopers van Jupiter worden uit de Aarde van de zyde gezien, en alhoewel de een wat meer helling als de ander heeft, zoo verscheelen de vlakken van hun wegen niet heel veel met het vlak van de Ecliptica; de 4de Omlooper maakt, volgens Mr. *Maraldi*, een hoek met dezelve van 4 graad., 33 min. (*x*); de 3de Omlooper een hoek van 3 graad., 12 min. (*y*). In 't Jaar 1724, den 30sten Augustus, Nieuwe Styl, 's avonds ten 9 uuren, 10 min., zag ik, door een Verrekyker van 7 voeten, twee Satelliten aan de Oostzyde, en twee aan de Westzyde; de twee kleinste waren maar omtrent ½ minuut van malkander; te 10 uuren scheenen die maar één Ster te zyn, die zig iets grooter vertoonde, als ieder Omlooper te vooren gezien was; na die tyd quamen wolken. De Tyden der Omloopen en Middel-afstanden van Jupiter zyn aldus bepaalt:

	dag.	uur.	min.	sec.		halve Diamet. van Jupiter.	
De eerste	1 :	18 :	27 :	34		5,667	
De tweede	3 :	13 :	13 :	42	De Afstand van	9,017	(*z*)
De derde	7 :	3 :	42 :	36	Jupit. Centrum.	14,384	
De vierde	16 :	16 :	32 :	9		25,299	

Als de Zons Verschilzigt op 10 secunden gesteld word, dan zal de afstand, tusschen de 4de Omlooper en 't Middelpunt van Jupiter, zyn omtrent 261 Aardkloots halve middellynen; op 't verst komt deeze Omlooper van Jupiters middelpunt af, uit de Zon te zien, omtrent 8 min. en 21¼ sec. van een graad (*a*).

(*v*) Memoir. de l'Acad. de 1721, van pag. 155 tot pag. 164.
(*x*) Histoire de l'Academie des Scienc., 1729, pag. 90, Amst.
(*y*) Histoire de l'Acad., 1732, pag. 119.
(*z*) Philos. Natur. Princip. Math., pag. 359, Amst. 1714.
(*a*) 't Zelfde Boek, pag. 371.

28 *Inleiding tot de algemeene Geographie,*

De snelheid der Satelliten.

De snelheid daar de Satelliten mede om hun Hoofd-planeeten gaan, hangt af van de veelheid der Stoffe, die in de Planeet is, en van hun afstand; onze Maan vordert in haar weg om de Aarde, in ieder minuut tyd, omtrent 8 Duitsche mylen, of in een secunde tyd ruim ½ van een Hollandsche myl: de hier boven bepaalde afstand van de 4de Satelliet voor goed keurende, dan volgt, dat dezelve in zyn kring ruim 7maal snelder loopt als onze Maan, en de eerste Satelliet omtrent 15maal snelder (*b*).

Eclipzen van de eerste Satelliet.

In een weinig meer als ieder omloop, moet de eerste Satelliet in de schaduw van Jupiter vervallen; want Jupiter loopt, uit de Zon te zien, in de tyd dat de Satelliet een verduistering ondergaat, volgens de middeloop, nagenoeg 8¼ minuut: dit geteld by 360 graaden; de zom is 360 graaden, 8¼ minuut: dit vordert de eerste Omlooper in zyn weg, in 1 dag, 18 uur., 28 min., 36 sec.; in hoe veel tyd dan 8¼ min., 't welk dezelve, na één omloop, nog van zyn Zamenstand af is? men vind 1 min., 2 sec.: dit getrokken van ieder Eclips, na de middeloop, zynde 1 dag, 18 uuren, 28 min., 36 sec., zoo vind men de tyd van ieder omloop: dog als men Tafels maaken wil, om deeze Eclipzen te voorzeggen, zoo dient men eerst de loop van Jupiter volmaakt genoeg te weeten, en dan de tyd tusschen ieder Eclips nog veel naukeuriger; want als maar ½ secunde tyd daar in gemist word, dat zou in 50 Jaaren, in dewelke meer als 10000 van die Eclipzen geschieden, als de aanvangtyd wel gestelt was, meer als 17 min. verscheelen: de middeloop van ieder Eclips, der eerste Satelliet, stelt men tegenwoordig 1 dag, 18 uur., 28 min., 35 sec, 57¼ tertien.

De grootheid der Satelliten van Jupiter.

De grootheid van deeze Satelliten kan men nog niet naukeurig weeten: Mr. *Maraldi* meent, dat de middelyn van de 3de Satellit van Jupiter ₇₁deel, en de middelyn van de andere, ieder ₇₁deel van Jupiters middelyn zyn; of dat ieder byna half zoo groot is als de middelyn van de Aarde (*c*). Uit de Waarneemingen van *Flamsteed* schynt te volgen, dat de Satelliten, voornaamentlyk de 1ste

en

(*b*) In de Aantekeningen, die *Lamb. ten Kate, Hermansz.,* gemaakt heeft, op een Boek van Dr. *Cheyne,* door hem Uitgetrokken en Vertaalt; 't welk de Titel voert, van *De Schepper in zyn Bestier te kennen in zyne Schepzelen,* vind ik, pag. 105, dat de eerste Satelliet van Jupiter 1000maal, en de eerste Satelliet van Saturnus omtrent 700maal snelder loopt als de Maan: de misslag is in de snelte van de Maan.

(*c*) Memoir. de l'Acad. Royale des Scienc. de 1734, pag. 504, Amst. 1738.

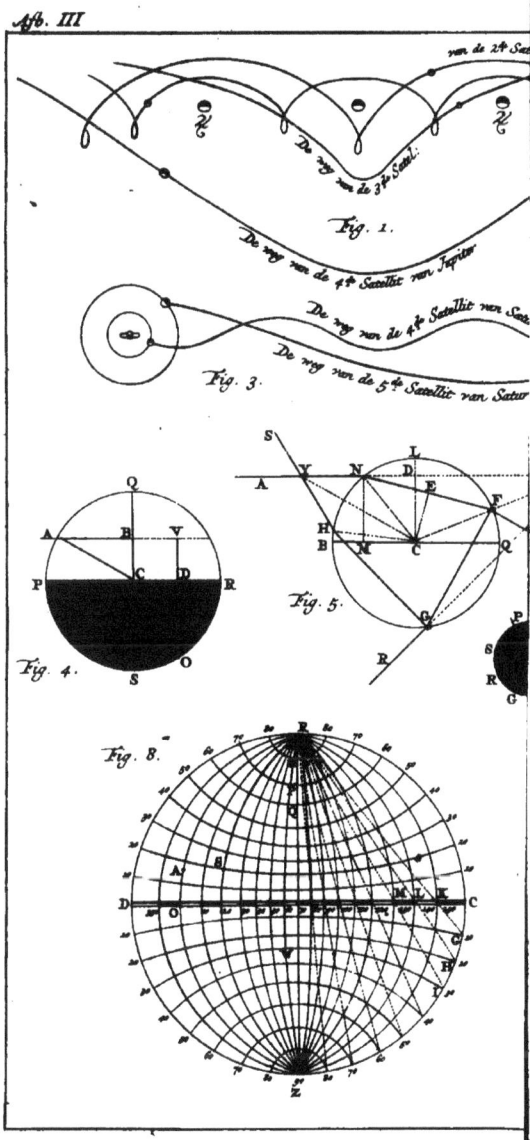

en 2de, kleinder zyn als Mr. *Maraldi* ftelt; want *Flamfteed* zag in 't Jaar 1682, den 20ften December, Oude Styl, 's morgens ten 4 uuren, 37 min., 44 fec., dat het ligt van de 2de Satelliet begon te verminderen; en 1 min., 5 fec., na die tyd, verdween dezelve; 'twas helder en ftil weêr; hy noemt dit een nette Waarneeming (*d*). Indien men nu ftelt, dat ⅔ van de middelyn des Satelliets in de fchaduw was toen hy de verandering van 't ligt begon te merken; dan volgt, dat deeze Satelliet omtrent $\frac{1}{71}$ deel kleinder zou zyn als onze Maan. Het is niet zeker, om door de tyd, die verloopt als de Satelliten de oppervlakte van Jupiter fchynen te raaken, en door hunne verdwyning, de grootte der Omloopers te bepaalen; want het Ligt van Jupiter, en waarfchynlyk ook de Straalbuiging in deszelfs Dampkring, kunnen daar verandering in maaken: ftelt men nu, dat de 1fte en 2de Satelliet even groot zyn; dan zou, volgens myn onderftelling, de middelyn der 1fte Satelliet, te zien van de oppervlakte van Jupiter, omtrent $\frac{1}{71}$ deel zig grooter vertoonen als die van onze Maan.

Indien de wegen, die de Omloopers om de Zon befchryven, zigtbaare ftreepen nalieten, en men die van boven befchouwde, uit een *punt*, ('twelk hoog genoeg was,) dat men zig verbeelden kan in een perpendiculaar, uit de Zon getrokken op het vlak van de Ecliptica, dan zouden het Krullynen fchynen, als te zien is in de IIIde Afbeelding, Fig. 1; de eerfte en tweede hebben oogen, en de andere niet.

De wegen zyn Krullynen.

IIIde Afbeeld. Fig. 1.

Van de Ring en Omloopers van Saturnus.

Uit de Aarde ziet men de Ring en Omloopers van Saturnus ook van de zyde; de middelyn van Saturnus is tot de buitenfte middelyn van de Ring, volgens *Huigens*, als 4 tegen 9, of, volgens Mr. *Caffini*, als 11 tegen 5; de breedte van de Ring, is gelyk aan de wydte, die tuffchen de oppervlakte van Saturnus en den binnenkant van den Ring gevonden word; op de kant is de Ring niet heel dik, als blykt uit de fchaduw, die men zomtyds op Saturnus gewaar word; in 't midden van dezelve kan men, door een Newtoniaanfche Verrekyker van 7 voeten, een duiftere ftreep zien (*e*), als vertoond word

De Ring en Omloopers van Saturnus.

(*d*) Hiftor. Cœleft., vol. 1. Obferv. Comitum Jovialum, pag. 357, Lond. 1725.
(*e*) Philof. Transfact., Num. 376, pag. 311, & Num. 128, pag. 690.

Inleiding tot de algemeene Geographie,

IIIde Af- word in de IIIde Afbeelding, Fig. 2. Of nu de gemelde Ring dient
beeld. om meer ligt op Saturnus te brengen, of tot andere eindens, zal
Fig. 2. ik hier niet onderzoeken; ten minften, het fchynt my niet toe, dat
dezelve uit een groote menigte van Satelliten zou beftaan, zoo als
nu eenige willen: al de vertooningen van den Ring, en wanneer
dat Saturnus zonder dezelve moet gezien worden, kunnen de hedendaagfche Sterrekundige op een verftaanbaare wyze uitleggen (ƒ);
de hoek, tuffchen de weg van Saturnus en de Ring, is omtrent
31 graaden; de doorfnydingen of de knoopen, wierden in 't Jaar
1717 gefteld in Pisces en Virgo 20 graad., 26 min. (g).

De tyd De wegen van de vier eerfte Satelliten zyn nagenoeg in 't zelfde
der Om- vlak met de Ring; de weg van de 5de Satelliet helt maar 13 graaden,
loopen
en Af- of wat meer, met de weg van Saturnus (h): de Ring en de vier
ftand. eerfte Satelliten hebben omtrent de zelfde knoop; maar de knoop
van de 5de Satelliet is omtrent 15 graaden voor dezelve, dat is omtrent 5 graaden in de bovengemelde Teekens: deeze Satelliet word
zomtyds onzigtbaar; men meent, dat dit komt van een zwarte
vlak die dezelve heeft, even als de 4de Omlooper van Jupiter.
De Tyden der Omloopen en Afftanden zyn als volgt:

	dag.	uur.	min.	fec.		♄ halve middelynen.
De eerfte	1 :	21 :	18 :	26½		45,99
De tweede	2 :	17 :	41 :	10¼		58,93
De derde	4 :	12 :	25 :	10	Afftand van ♄ middelp.	82,28 (i)
De vierde	15 :	22 :	41 :	28		190,76
De vyfde	79 :	7 :	46 :	0		555,94

De 4de Omlooper komt, volgens *Huigens*, op 't verft van Saturnus, uit de Zon te zien, 3 min., 20 fec.; als men het Verfchilzigt van de Zon op 10 fecunden ftelt, dan is deszelfs verfte afftand
van 't middelpunt van Saturnus 190 17/47 Aardkloots halve middelynen:
men is gewoon, deeze afftand te ftellen op 18 halve middelynen
van Saturnus (k); en dan reekent men de afftanden van de andere
Satelliten, door de tyden van de omloopen, in agt neemende, dat
de

(ƒ) *David Gregori* Aftron. Phyf., prop. 70, pag. 394 en 395, Oxon. 1702.
(g) Memoir. de l'Acad. de 1717, pag. 200.
(h) De zelfde Memorien, pag. 197 en 128.
(i) Philof. Tranfact., Num. 356, pag. 782.
(k) Philof. Tranfact., Num. 356, pag. 782.

of Aardryks-beschryvinge.

de Cubicquen van hun middel afftanden, in de zelfde reeden zyn als de vierkanten van de tyden der Omloopen; maar, volgens die ftelling, is de middelyn van Saturnus ruim 11 fecunden, daar, volgens *Newton*, nog meer als 2 fecunden af moet, voor het doolende ligt (l); dan zou de afftand, tusschen 't middelpunt van Saturnus en de 4de Satelliet, zyn ruim 22 halve diameters van Saturnus: om deeze onzekerheid, heb ik de afftanden gefteld in Aardkloots halve middelynen, 't welk een kenbaarder en vafter maat is; de twee laatfte Cyffers, daar 't punt voor ftaat, zyn 100fte deelen van de laatftgemelde halve middelyn.

De eerfte Satelliet loopt omtrent 11maal fnelder als onze Maan; De fnel-de tweede 10maal; de derde byna 5½maal; en de vyfde ruim heid. 3maal fnelder als de Maan, die om ons loopt.

De eerfte Satelliet van Saturnus befchryft, als men van boven ziet, De ge-een weg met kleine oogen; dog de andere loopen golfswyze: in daante de IIIde Afbeelding, Fig. 3, word een gedeelte van de wegen ver-gen. toond, die de 4de en 5de Omlooper om de Zon doen. IIIde Af-beeld. Fig. 3.

Hoe eenige 't Zamenftel des Werelts uitleggen.

Ik zal hier al de Gevoelens niet ophaalen, die men in voorige 't Za-tyden daar over gehad heeft: die van de Egiptenaaren, van *Plato* menftel en van veel andere, voorby gaande, zoo neem ik dat van *Ptolo-*Ptolo-*meus*, die ftelde dat de Aarde ftil ftond; dat om dezelve draayde, meus. eerft de Maan, dan Mercurius, Venus, de Zon, Mars, Jupiter en Saturnus: om reeden te geeven van 't ftil ftaan, 't voor- en agter-uitloopen der Planeeten, zoo bedagten de Ouden Epicyclen of In-ronden, die zy op deszelfs wegen verbeeldden, daar de Planeeten in voortgingen; maar door het toe- en afneemen van 't ligt in de on-derfte Planeeten, en om dat die noit in tegenftand met de Zon komen, zoo blykt klaar, dat men die ftelling verwerpen moet.

Ticho Brahe ftelde de Aarde onbeweeglyk in 't middelpunt van Ticho ons Zamenftel; daar na volgde de Maan, die om de Aarde loopt; Brahe. en dan de Zon, die de Planeeten met zig zou omvoeren; die on-dertuffchen haar weg om de Zon vervorderden, terwyl de Zon om de Aarde loopt: buiten dat, eigende hy aan alle deeze Lichaamen,
als

(l) Philof. Natur. Princip. Mathem., pag. 371, Amft. 1714.

Inleiding tot de algemeene Geographie,

als ook aan de Vaste Sterren, een andere beweeging toe, die men de dagelykſche noemde; waar door dezelve in een Etmaaal, of 24 uuren, van 't Oosten na 't Westen zouden omloopen; behalven, dat de Vaste Sterren nog eens, in omtrent 25000 Jaaren, rond gaan: maar volgens deeze stelling, zou dat groote Lichaam der Zonne, in één ſecunde tyd, meer als 1200 Duitſche mylen moeten voortvliegen: wat voor een kragt zou vereiſcht worden, om zulk een groot Lichaam met die ſnelheid te doen voortgaan? De Comeet van 't Jaar 1681, als die op 't verſt van de Zon af is, zou dan, in één ſecunde tyd, meer als 160000 Duitſche mylen moeten vorderen; 't geen een verbaazende ſnelheid is: en buiten dat, zou de Zon, 's Jaarlyks, een wonderlyke weg om de Aarde loopen, als een ſchroef, of als een touw, 't welk naaſt malkander op een ſtok, of op een gedeelte van een ronde kloot, op- en afgewonden word: wat voor aardige krullynen zouden de Planeeten beſchryven, als men hun loop, volgens die ſtelling, verbeelde, en de waare afſtanden in agt neemt? *Keplerus* heeft dit het eerſt van de Planeet Mars afgetekent (*m*), en Mr. *Caſſini* van al de andere Planeeten (*n*).

Semi-Tichoni-cum.
Dog die overgroote ſnelte ontvlugten *Longomontanus*, en andere, met te ſtellen, dat het middelpunt der Aarde ſtil ſtond; maar dat de Aarde in 24 uuren om zyn As draayde.

Ik zal my niet ophouden, om de ongerymdheden van deeze Stellingen aan te toonen, en hoe dat men al de Verſchynzelen kan uitleggen, als men ſtelt, dat de Aarde draayt, om dat dit laatſte gevoelen tegenwoordig genoegzaam in 't algemeen is aangenomen.

III. HOOFD-

(*m*) De Motib. Stellæ Martis, pag. 4.
(*n*) *Suite* des Memoir. de l'Acad. des Scienc. de 1709, pag. 328.

III. HOOFDSTUK.

De Verdeeling van de Aarde.

De Oppervlakte van de Aarde beftaat uit Land en Water; het Land, dat aan alle zyden met Water omringd is, noemt men een Eiland: de Landen worden wederom in twee deelen onderfcheiden; eerft, de Bekende; ten 2den, de Onbekende: het Bekende wederom in vier deelen; *Verdeeling van de Aarde.*

1. *Europa.* 2. *Afia.* 3. *Africa.* 4. *America.*

De drie eerfte zyn al in oude tyden bekend geweeft, en maaken te zaamen een groot Eiland; het laatfte is voor ruim 200 Jaaren eerft ontdekt; 't welk mede een groot Eiland is, en aan de andere zyde van de Aarde legt.

1. De Bekende Deelen.

Europa grenft aan Afia; de reft is aan de Zee: als men de Kaart van Europa leid, dat het Weften omhoog komt, dan verbeeld het zelve eenigzins een Juffrouw. *Europa.*

De Eilanden, die men daar onder reekent, kunnen in drieërhande onderfcheiden worden: 1. De Groote; 2. De Middelmaatige; 3. De Kleine. *Eilanden.*

Onder de Groote kan men tellen: 1. Engeland en Schotland, dat te zaamen een Eiland uitmaakt; 2. Ysland.

Onder de Middelmaatige komt voor 1. Yrland; 2. Sardinien; 3. Sicilien; 4. Candia; 5. Corfica.

Onder de Kleine: 1. Zeeland in Deenemarken; en dan in de Middelandfche Zee, 2. Majorca; 3. Minorca; 4. Yvica; 5. Malta; 6. Corfu; 7. Cephalonia; 8. Zante; 9. Negropont; 10. Rhodus; 11. Stalamine; 12. Metelino; 13. Scio, en een menigte van andere. Als in de Zee veel Eilanden digt by malkander leggen, noemt men ze *Achipelagus.*

De Grootte van Europa is omtrent $\frac{1}{17}$ deel van des Aardkloots Oppervlakte.

Afia.   *Afia* grenft aan Europa, en is met een kleine Landftreek, die men (*Ifthmus*, of) een Land-engte noemt, vaft aan Africa; de reft is aan de Zee.

Eilanden.   De groote Eilanden zyn: 1. Niphon, of Japan; 2. Borneo; 3. Sumatra; 4. Java; 5. Celebes; 6. Mindanao; 7. Lucon; waar by men zou kunnen voegen, Puchochotfchi, onlangs door de Mufcoviters, boven Japan, ontdekt.

Veel middelmaatige Eilanden zyn omtrent Afia, die ik alle niet zal optellen; maar alleen de voornaamfte: 1. Bongo, een van de Japanfche Eilanden; 2. Hainan; 3. Formofa; 4. Gililo; 5. Ceram; 6. Timor; 7. Cylon, bekend wegens de Kaneel, die daar groeit.

De kleine Eilanden zyn in groote menigte by de Philippynen; Beooften dezelve, wil men, dat de nieuwe Philippynen leggen, dewelke uit 87 Eilanden zouden beftaan (*a*).

Onder de kleine Eilanden zyn de Molukfe, beroemd wegens de Speceryen, als Amboina, Banda, Ternate, Tidor, Batjhan, enz.: ongemeen veel zyn de Maldives; dezelve leggen in 13 of 14 hoopen by malkander: de Reizigers verhaalen, dat de Gebieder daar van, zig de Titul geeft, van Heer of Koning van 12000 Eilanden. Als dit waar is, dan zal hy waarfchynlyk, in dit geval, de gewoone grootfpreekende trant van de Oofterfche Volkeren gebruiken.

Afia is omtrent 5 maal grooter als Europa, of ten naaftenby ,⅐ deelen van der Aardkloots Oppervlakte.

Africa

(*a*) In een Kaart van *Guillaume de l'Ifle*, gedrukt te Parys, met Privilegie, in de Maand July, in 't Jaar 1714, vind men dezelve beneeden de Eilanden van Marianes of de Ladrones, en tuffchen Mindanao; dog ik weet niet, hoe dat men op zulke loffe berigten, deeze Eilanden, zoo als by de gis, in een Kaart kan leggen: de geheele zekerheid is niet anders, als dat een Scheepje, waar in 19 Mannen en 10 Vrouwen, (zes menfchen waren 'er geftorven,) door de Oosten-paffaad-wind vervoert van hun Eilanden, na 70 dagen op Zee geweeft te hebben, in 't Eiland Samal, boven Mindanao, te land gekomen zyn, den 28ften December, 1696. 't Getal van hun Eilanden verbeeldden de verftandigfte onder die Menfchen, met Steentjes op een Tafel, en voegden daarby, de naamen, grootte, en afftand: hun taal had geen overeenkomft met die van de Eilanden Marianes: zie Philofoph. Tranfact., Num. 317, van pag. 189 tot pag. 199. Het komt my voor, dat alle deeze Eilanden niet wel in de Kaart leggen; want als die wel geplaatft waren, zou *Wodes Rogers*, doen hy, in 't Jaar 1710, van Guam na Ternate zeilde, tuffchen dezelve moeten geweeft zyn: ziet zyn Reis, pag. 341. 't Schynt dat die Menfchen gekomen zyn van de Eilanden, dewelke men vind tuffchen de Linie en 10 graad. Noorder Breedte, omtrent 20 graaden Beooften de Ladrones.

of Aardryks-beschryvinge.

Africa is met de voornoemde Land-engte aan Asia vast, en leid, Africa. buiten dat, rondom aan de Zee.

Onder de Eilanden, die daarby gereekend worden, is maar een Eilan- van de grootste zoort, te weeten, Madagascar. den.

Onder de kleine Eilanden is: 1. Socotora; 2. St. Thomas, onder de Linie; 3. De Eilanden van Cabo Verde; 4. De Canarische Eilanden.

De grootte van Africa is omtrent $\frac{2}{17}$ deelen van des Aardkloots Oppervlakte.

America word verdeeld in 't Zuider en Noorder, die door een Ame- Land-engte aan malkander vast zyn: in 't Noorden is alles nog rica. niet bekend.

De grootste Eilanden zyn: 1. Terra Neuf; 2. Cuba; 3. St. Do- Eilan- mingo; 4. 't Grootste Eiland van Terra de Feu. den.

Onder de middelmaatige kan men tellen: 1. Jamaica; 2. La Trinité; 3. Portrico; 4. Assomption (*b*); 5. Eenige Eilanden van Terre de Feu (*c*); 6. Chiloë.

Van de kleinste zoort zyn 'er een groote menigte: 1. De Lucayes; 2. De Antilles, waar onder Barbados, S. Christoffel, Martenique, Dominica, &c.; 3. Die langs het vaste Land leggen, als *Curacao*, en andere; 4. Die aan de Mond van de Rivier Orinoque; 5. Die aan de Amazonen-vloed; 6. De nieuwe ontdekte Eilanden van Anican (*d*); 7. Een groot getal andere, aan 't Zuideinde van America.

De grootte is nog niet te weeten, om dat alles nog niet ontdekt is; het bekende daar van is omtrent 7maal grootter als Europa, of $\frac{21}{117}$ deelen van des Aardkloots Oppervlakte.

E 2   2. Het

(*b*) De Noordkust is in 't Jaar 1705, door een Fransch Schip ontdekt, en de Zuidzyde, in de Jaaren 1706 en 1711, door twee andere Fransche Scheepen: de legging, volgens *Frezier*, is tusschen 51 en 52 graaden Zuider Breedte, en tusschen 317 en 321 graaden Lengte: zie Relation du Voyage de la mer du Zuid., pag. 507, Amst. 1717.

(*c*) Een Fransch Schip, genaamt *S. Barbe*, vond in 't Jaar 1713. een nieuwe doortogt of straat in 't Land van Terre de Feu.

(*d*) Ontdekt door *Fouquet*, een Capitein van St. Malo.

2. Het Onbekende.

't Onbekende. Het onbekende word aldus genoemt, om dat diep in 't Land nog noit Europifche Volken geweeft zyn; een gedeelte van de Buitenkuft is maar alleen door de Zeelieden gezien: in twee deelen kan dit onderfcheiden worden: 1. In de Arctifche Landen, die omtrent de Noordpool leggen; 2. In 't Zuid-land.

De Arctifche Landen. De Arctifche Landen, waarin oud en nieuw Groenland, 't zelve fchynt aan America vaft te zyn; 2. 't Land van James, dat afgebeeld word als of het drie Eilanden waren; 3. Nova Sembla (e); 4. Spitsbergen.

't Zuidland. Het Zuidland kan bequamelyk in drie deelen aangemerkt worden: 1. Nieuw Holland, en 't geen daar aan vaft fchynt; 2. Nieuw Zeeland; 3. De verdere Eilanden, daar omtrent, en in de groote Zuidzee gelegen.

Nieuw Holland. Nieuw Holland; hier is byna niet meer van ontdekt als de helft der Buytenkuften, die eenige benaamingen gegeeven zyn; als 't Land van de Eendragt (f), de Wits Land (g), Edelsland (h), 't Land van de Leeuwin (i), 't Land van Nuits (k), Carpentaria, Arnhems, en Diemensland; op zommige plaatsen is Nieuw Holland, van 't Zuiden na 't Noorden, omtrent 300 Duitfche mylen breed; en, van 't Weften na 't Ooften, ten minften 450 Duitfche mylen lang, en zelfs nog veel langer, indien men ftelt, dat het Land van St. Efprit wel in de Kaart legt, en mede een deel van Nieuw Holland uitmaakt: men weet nog niet, of

An-

(e) Voortyds wierd dit als een Eiland gefteld; dog, volgens een berigt uit Mofcovien, zou 't zelve aan Afia vaft zyn: zie de Philofoph. Tranfact., Num 101, pag. 3. Zoo vind men 't ook in een Kaart van *de l'Ifle*, te Parys gedrukt, in 't Jaar 1714. De Burgermeefter *Witzen*, die dit in de laatftgemelde Tranfactie had laaten zetten, bekend, in Num. 193, pag. 494, dat hy beter onderregt was, en dat het een Eiland is. Op de laatfte wys is 't zelve ook in een Kaart van geheel Rusland, in 't Jaar 1726 uitgekomen. Zeer zelden fmelt het Ys tuffchen 't gemelde Eiland en 't vafte Land, zelfs niet in 't midden van de Zomer, ten zy dat een Noordooften ftorm de Ysbergen van malkander fcheid.
(f) Dit wierd den 25ften October, in 't Jaar 1616, ontdekt door Schipper *Dirk Hatig*.
(g) Ontdekt in 't Jaar 1618. (h) Ontdekt in 't Jaar 1619.
(i) Ontdekt in 't Jaar 1622.
(k) Dit is in 't Jaar 1627, den 26ften January, ontdekt door 't Schip 't Vergulde Zeepaard van Middelburg.

of Aardryks-beschryvinge.

Anthoni van Diemens Land een Eiland is, of een gedeelte van Nieuw Holland.

Nieuw Zeeland is in 't Jaar 1642, den 13den December, ontdekt door *Abel Tasman*; 't scheen een goed en vrugtbaar Land te zyn, dat niet ontbloot was van Inwoonders; de Zuidelykste hoek, aan de Westzyde, vertoonde zig hoog en bergagtig (*l*); de streek, die hy langs zeilde, terwylze dit Land in 't gezigt hadden, was, van 't Zuiden na 't Noorden, een uitgestrektheid van omtrent 114 Duitsche mylen: hier verlieten zy 't zelve, zonder aan Land geweest te zyn (*m*); en na dien tyd vind ik niet, dat iemand van de Europeaanen dit Land bezogt heeft, tot in 't Jaar 1714, in September, doe zou een Fransch Kapitein, *Jean Michel Mirlotte*, die onlangs te Duinkerken overleeden is, van de Ladrones of Dieven Eilanden Zuidwaarts aan gezeild hebben, en den Zuidhoek van dit Land te boven gekomen zyn, en van daar na 't Zuidoosten gestevend, daar niemand, uit deeze Gewesten, nog gezeild had; en, na de ontdekking van verscheide Eilanden, van koers veranderende, eindelyk het hooge Land van Chili in 't gezigt gekreegen hebben (*n*): maar zou men op deeze Reisbeschryving wel volkomen staat kunnen maaken? ten minsten, ik vind daar verscheide berigten in, daar ik t'eenemaal aan twyffel.

In de groote Zuidzee zyn veel Eilanden, waar van ik 'er maar eenige zal aantrekken. 1. Nieuw Brittannien: dit zag men voortyds als een hoek van Nieuw Guinée aan; dog nu weet men, dat het een Eiland is (*o*). 2. Salomons Eilanden: aldus van de Spanjaarden genoemt, als St. Isabella, en andere; dog daar is weinig zekerheid van; de een plaatst die hier, de andere daar. Onder de kleine Eilanden zyn Amsterdam, Rotterdam, en veel andere.

Zoo dat de bekende Landen ruim ¼ van de Aardkloots Oppervlakte uitmaaken, en dat men kan gissen, dat al het Land, in 't geheel, omtrent ⅐, en 't Water byna ⅔ deel van de Aardkloots Oppervlakte beslaat.

Nieuw Zeeland.

Eilanden.

Grootte van 't Land en Water.

E 3   Het

(*l*) Dezelve legt op 42 graad., 10 min., Zuider Breedte.
(*m*) 't Waren twee Schepen van de Oostindische Compagnie: uit deeze reis weet men, dat Nieuw-Holland een Eiland is.
(*n*) *A New Voyage round the World, by a course never sailed before*, Lond. 1715.
(*o*) Reize van *Dampier* na 't Zuidland, pag. 79.

Het Land, ten opzigt van 't Water, blyft nagenoeg, dog niet altyd volmaakt, in de zelfde gedaante; zwaare Stormen en Aardbeevingen maaken zomtyds, dat de Landen overstroomd worden: op eenige plaatzen neemt het Land af, door het woeden van de Zee, en op andere plaatzen neemt het zelve wederom toe.

De Verdeeling der Aarde, uit de Regeering oorspronkelyk.

Verdeeling der Aarde, uit de Regeering oorspronkelyk.

Die de Staat van 't Menschelyk Geslagt beschouwt, zal ligtelyk kunnen begrypen, dat daarin eene Regeering vereist word, om die geene, die hun pligt niet betragten, daar toe te noodzaaken. In 't begin had ieder Huisvader gezag over zyn gezin; maar in 't vervolg van tyd, de menschen op Aarde meerder wordende, verdeelden ze zig, om beter te kunnen bestaan, in verscheiden hoopen, en zogten, na hun goedvinden, woonplaatzen; men vond het gemakkelyker, dat veel menschen op eene plaats by malkander woonden, indien het Land het noodzaakelyke kon uitleveren, als dat ieder huishouden verre van andere afgescheiden, in 't byzonder zig geneerde: de gemeenschap der goederen kon ook niet lang stand houden; en om dat dan de sterkste de zwakste geen overlast zouden doen, of van het hunne berooven, was de Regeering noodzaakelyk. Nu was 't niet genoeg, dat in ieder zaamenwooning een redelyke order was; maar zy diende met hunne Nabuuren ook in vreede te leeven, of andere over zig hebben, die de Gebieders van de naaste Zaamen-wooningen in Toom hielden, door de magt, daar de Gemeente hun mede onderstuunde, of in handen gaf: en op deeze wys zyn de Groote en Magtige op Aarde gekomen, die, voor het meeste gedeelte, de Regeering in hunne Geslagten Erffelyk gemaakt hebben; waar van zommige door verkiezing, andere door openbaar geweld, dikwils niet zonder groote bloedstorting, tot die waardigheid geraakt zyn. Men noemt dezelve Keizers, Koningen, Hartogen, enz. De Regeeringen zyn van driederlei zoort: 1. De Monarchale, of daar een Perzoon eigenwillig het Gebied voert; 2. De Aristocratische, daar de Voornaamste uit het Volk, of den Adel regeeren; 3. De Democratische, daar het Volk alleen het bewind der zaaken in handen heeft; dog de voornoemde Regeeringen vind men ook door mal-

malkander gemengd: de twee laatſte zoorten noemt men Republicquen, of Gemeenebeſten.

De gewigtigſte Zaamen-wooningen, voornaamentlyk op de Grenzen van ieders Gebied, zyn veeltyds met Wallen, of Muuren en Gragten omvangen, om eenen vyandlyken aanval te wederſtaan, of om andere redenen; deeze worden Steden genoemt; als ze open zyn, Vlekken; en die door de konſt gemaakt worden, om met Krygsknegten te bezetten, Veſtingen, of Schanſſen: hoe die op 't bequaamſt verſterkt en verdedigd, en als ze door andere ingenomen zyn, op welk een manier dat die wederom bemagtigd worden, zulks leeren ons de Ingenieurs of Krygsvernuftelingen. Die zig op 't Platte Land geneeren, woonen in Dorpen, Buurten, en byzondere Wooningen; dog in Aſia, Africa, en 't Noorder America vind men Volkeren onder Tenten, die geen vaſt verblyf hebben, maar op veel plaatzen omzwerven.

Steden, enz.

Maar alles blyft niet in eenen ſtand; de Heerſchappyen gaan op en onder; de grootſte en volkrykſte Steden veranderen dikwils in Puinhoopen en eenzaame Plaatzen; en van geringe beginzelen, waſſen andere zomtyds aan tot een merkelyke grootte (*p*).

De Verdeeling van de Aarde, ten opzigt van de Regeering, blyft niet altyd het zelfde; de naamen van Landen en Steden, al is 't ſchoon dat de laatſte in weezen blyven, veranderen zomtyds; daarom word, in 't gemeen, de beſchryving daar van in drie deelen aangemerkt: 1. In de Oude; 2. In de Midden-tyd; 3. Zoo als die tegenwoordig is. Maar om dat veel Schryvers daar uitneemend geleerd en wydloopig van gehandeld hebben, zoo zullen wy dit hier niet herhaalen, alzoo ons beſtek zulks niet toelaat, en alleen de voornaamſte der hedendaagſche Verdeelingen ſtellen. Uit het overgroot getal van Steden teken ik maar eenige weinige van de voornaamſte aan; de Grenzen van de Ryken, en de legging van de plaatzen, ten opzigt van malkander, ziet men 't beſt uit de Afbeel-

(*p*) Die dit begeert te onderzoeken, moet zyn toevlugt tot de Hiſtorien neemen: en om hier van een voorbeeld te zien, behoeft men zyn oog maar te ſlaan op de verandering, die in 100 Jaaren tyd, in 't getal der Huyzen, in alle de Steden van geheel Holland, en op het Platte Land van Weſtvriesland en 't Noorderquartier, is voorgevallen, genomen uit de Tellingen, die gedaan zyn in de Jaaren 1692 en 1732.

't Zuider-

Inleiding tot de algemeene Geographie,
beeldingen of Kaarten, die in groote menigte voorhanden zyn; dog alle niet van ééne waarde: door de nieuwe ontdekkingen vind men

't Zuiderquartier.

		In 't Jaar 1632. In de Steeden.	In 't Jaar 1732. In de Steeden.	In 't Jaar 1732. op 't Platte Land en de Dorpen.	De Steeden vermeerdert.	De Steeden vermindert.
1	Dordregt	3386	3954	7545	568	
2	Haarlem	6490	7963	2155	1473	
3	Delft	4842	4870	4368	28	
4	Leyden	8374	10891	9357	2517	
5	Amsterdam	16051	26035	3065	9984	
6	Gouda	2452	3974	2311	1522	
7	Rotterdam	5048	6621	3445	1573	
8	Gornichem	1609	1398	405	—	211
9	Schiedam	1383	1504	206	121	
10	Schoonhoven	661	558	1884	—	103
11	Den Briel	1082	940	2442	—	142
12	's Gravenhage	3160	6163	778	3003	
13	Woerden	675	397	770	—	278
14	Oudewater	618	562	120	—	56
15	Geertruidenberg	433	456	440	23	
16	Heusden	652	537	1376	—	115
17	Naarden	474	480	1147	6	
18	Weesp	347	494	194	147	
19	Muiden	163	190	15	27	
20	Vianen	—	483	646		
21	Asperen	180	147	—		33
22	Woudrichem	166	158	1088		8
23	Heukelom	107	113	—	6	
24	Goereé	206	162	128	—	44
25	Vlaardingen	518	691	559	143	
26	Geervliet	169	96	1937	—	73
27	Sevenbergen, enz.	—	—	384		
28	Clundert	134	120	167	—	14
		59410	79957	46932		

De Huizen van Sevenbergen zyn niet uitgedrukt in 't bezonder, maar met die op het Platte Land te zaamen; ook niet die van de Clundert, die ik op 120 stel.

In

of Aardryks-beschryvinge.

men; dat verscheide oude Kaarten, voornaamentlyk van ver afgelegen Landen, veel gebreeken hebben, daarom maaken de Liefhebbers

In 't voorgaande, onder de Telling van 't Jaar 1632, zyn niet begreepen de volgende Steedtjes of Vlekken; maar in 't Jaar 1732 zyn die onder de Dorpen geteld. 't Getal der Huizen op de Dorpen in Zuidholland, vind men in de Kronyk van Medenblik, volgens de Telling van 't Jaar 1632, van pag. 188 tot pag. 213; maar om dat eenige daar uitgelaaten zyn, en zommige op een verwarde wys verhaald worden, als te zien is, pag. 201 en 203, zoo heb ik ze niet gesteld:

	In 't Jaar 1632.	't Jaar 1732.	
Beverwyk	333	440	+ 107
Nieupoort	154	142	— 10
's Gravesande	107	103	— 4
Heenvliet	113	112	— 1

De Huizen in alle de Steeden, hier vooren gemeld, zyn in 100 Jaaren tyd omtrent ⅓ deel vermeerderd: in 't Jaar 1732 was het getal van al de Huizen in Zuidholland, zoo wel in de Steeden als op de Dorpen en het Platte Land, te zaamen 126889, waar onder 517 Moolens.

Westvriesland en 't Noorderquartier.

	In 't Jaar 1632. In de Steeden.	In 't Jaar 1632. Op de Dorpen en 't Platte Land.	In 't Jaar 1732. In de Steeden.	In 't Jaar 1732. Op de Dorpen en 't Platte Land.	Steeden en Dorpen vermeerderd.	Steeden en Dorpen verminderd.
Alkmaar	2795	7990	2581	8500	296	
Hoorn	2715	2320	2807	1860		368
Enkhuizen	3895	3230	2605	2949		1571
Edam	828	1027	1141	1646	932	
Monnikendam	1267	3315	679	6638	2735	
Medenblik	815	2073	711	1834		343
Purmerend	457	1271	630	1992	894	
	12772	21226	11154	25419	4857	2282
	21226		25419			

't Jaar 1632 Huiz. 33998 36573 Huizen in 't Jaar 1732.

Dat de Huizen op 't Platte Land, onder Monnikendam, zoo vermeerderd zyn, komt voornaamentlyk van Ooftzaanen, Zaandam en Westzaanen; want in 't Jaar 1632 zyn geteld in Ooftzaanen en Ooftzaandam 984 Huizen; honderd Jaaren daar na waren daar 1954 Huizen, waar onder 165 Moolens: In 't Jaar 1632 waren te West-

hebbers een verzaameling van de alderbefte (*q*): Dog zomtyds meent men iets te verbeteren, en men maakt het erger: by voorbeeld, op de Globe van *Blaauw*, die in 't Jaar 1634 gemaakt is, word California gefteld aan 't vafte Land van America, en byna in alle de Kaarten, dewelke na dien tyd uitgekomen zyn, als een Eiland; in een Kaart van *G. de l'Ifle*, die te Parys, in 't Jaar 1714, uitgekomen is, aan 't vafte Land: dat dit zoo weezen moet, blykt uit de Zendelingen der Jefuiten, die in 't Jaar 1697 in California gekomen zyn (*r*). Het is noodig, dat men de voornaamfte groote, en zelfs ook minder verdeelingen, die uit de Regeering oorfpronkelyk zyn, in de Kaarten weet te vinden, om dan de legging, en verdere gelegentheden, uit de Geographifche Woordenboeken op te zoeken, dewyl deeze ons wyzen op de verdeelingen, die uit de Regeering voortkomen.

Verdeeling van Europa.

Verdeeling van Europa. *Europa* word in 't gemeen in negen ftukken verdeeld; drie zyn na 't Noorden, drie in 't midden, drie na 't Zuiden: de Noordelyke zyn;

1. Het Koninkryk van Groot-Brittannien; dat is Engeland, Schotland, en Yrland (*s*); dezelve worden door een Koning geregeerd,

Weftzaanen en Weftzaandam 889; en honderd Jaaren daar na vond men daar 3249 Huizen, waar onder 355 Moolens. Het toeneemen der Huizen op 't Platte Land, onder Purmerend, is meeft gekomen door de Beemfter; daar waren in 't Jaar 1632 maar 78 Huizen; in 't Jaar 1732 wierden daar 502 Huizen gevonden: Crommenie, Crommeniedyk en Affendelft zyn te zaamen, in 100 Jaaren, 349 Huizen vermeerderd. De vermeerderen omtrent Edam, komt van de Wormer, en de Purmer. In geheel Holland wierden, in 't Jaar 1732, gevonden 163462 Huizen, waar onder 1279 Moolens.

(*q*) De Heer *Boendermaaker*, te Amfterdam, had de befte Kaarten, die hy kon vinden, met de Afbeeldingen van de Steeden, enz. verzaameld in 103 Folianten, die, na zyn dood, in 't Jaar 1722, gekogt wierden, door den Graaf van *Tarouca*, voor 8900 guldens; dog dezelve zyn in 't Huis van Prins *Maurits*, in 's Gravenhage, by ongeluk verbrand.

(*r*) Philof. Tranfact., Num. 318, van pag. 231 tot pag. 240; pag. 209 is een Kaart daar dit in vertoond word.

(*s*) In de *Gisfingen over de Staat van 't Menfchelyk Geflagt*, pag. 326, word verhaald, dat Cap. *South* het getal der Inwoonders van Yrland begroot op 1034102; maar zekerlyk zyn daar veel meer, alzoo men onlangs de Huizen geteld heeft, en in 2293 Parochien gevonden 394148 Huizen; zoo dat het getal der Inwoonders, in Groot-Brittannien, niet veel verfcheelen zal van 9 of 10 millioenen.

geerd, die zyn Hof te London houd, de grootste plaats van geheel Engeland (s): de tegenwoordige Koning bezit in Duitsland het Hanoverfche.

2. De Landen van de Noordfche Koningen; als de Koning van Deenemarken en Noorwegen, die zyn woonplaats heeft op 't Eiland Zeeland, in de Stad Coppenhagen, en de Koning van Zweeden, die zyn Hof te Stokholm houd.

3. Mofcovien of Rusland, in Europa; hier is een Keizer of Keizerin: de voornaamfte Steeden zyn Mufcow en Petersburg; op de laatfte plaats is tegenwoordig 't Hof.

4. Vrankryk: dit is een magtig Koningryk; de voornaamfte Stad is Parys.

5. Duitsland: dit word geregeerd door een Keizer, die te Weenen zyn Hof houd; die van een groot vermogen zou zyn, indien al de Landen van 't Keizerryk t'eenemaal onder hem ftonden; dog de Keurvorften zyn eerder Bondgenooten, als Onderdaanen van den Keizer, hoewel die hun opperfte Regter is: ook behooren niet onder den Keizer, de Gemeene-beften van de Vereenigde Nederlanden en Zwitzers; die worden ieder door hun eigen volk geregeerd.

6. Poolen: dit Ryk is tot nog toe niet Erffelyk; de Koningen worden hier verkooren: tnffchen Duitsland en Poolen is Pruiffen, 't welk een Koning heeft, die zyn Hof houd te Berlin; dezelve is ook Keurvorft van Brandenburg.

7. Spanjen: de Koning houd zyn Hof te Madrid; aan de Weftzyde van dit Ryk is de Koning van Portugaal, die te Liffabon zyn Zeetel heeft.

8. Italien: dit heeft byna de gedaante van een Laars; hier zyn verfcheide Heeren; een gedeelte van 't bovenfte bezit de Hartog van Savoyen, die tegenwoordig ook Koning van Sardinien is: dan vind men 't Groothartogdom van Tofcaanen, waarin Florence; verders de Kerkelyke Staat, daar de Paus het Geeftelyk en Wereldlyk Gebied voert, die zyn Hof heeft in het oude en vermaarde Romen: dan zyn daar nog de Republiquen van Venetien, Genua,

(s) Over de grootte van London kan men nazien de Memorien der Franfche Academie van 't Jaar 1730, pag. 815.

en Lucca, 't benedenfte deel is 't Koninkryk van Napels, 't welk nu aan de Koning van beide de Sicilien behoort.

9. Turkyen, in Europa: waar onder in 't gemeen gereekend word Hongaryen, hoewel de Keyzer van Duitsland een gedeelte daar van toekomt; ook telt men daar onder Wallachyen en Moldavien: de Turkfche Keizer houd zyn Hof te Conftantinopolen, op de Grenfen, by Afia.

Verdeeling van Afia.

Van Afia. Afia kan in de volgende agt deelen onderfcheiden worden:

1. Sina, waar onder het Sineefch Tartaryen; de legging is aan de Oostzyde van Afia: in dit Ryk zyn veel volkryke Steeden en Dorpen; de Hoofdftad is Peking (t), voortyds Kiamning: 't Sineefch Tartaryen word van het eigentlyke Sina afgefcheiden, door een Muur van een wonderlyke lengte, die niet overal in een effen vlakte gebouwd is, maar op zommige plaatsen over hooge Bergen, dezelve is nog weinig gefchonden, niettegenftaande die omtrent 19½ Eeuw geftaan heeft (v).

2. Indoftan, of 't Land van den Grooten Mogol; waar in de Steeden Agra, Delhy; de Vorft, die dit wyd uitgeftrekte Land regeert, is zeer magtig: aan de Zuidzyde van 't zelve Ryk is 't Koninkryk van Golconda; ook dat van Carnate; 't Land der Malabaren, en de Kuft van Cormandel: in de twee laatfte Landftreeken zyn verfcheide Steeden en Veftingen, die aan de Nederlandfche Ooftindifche Compagnie behooren, dewelke aan de Zeekant leggen; als Cochin, enz.: de Portugeezen bezitten Goa; de Engelfche, Bombay, op een klein Eiland; de Deenen, Tranquebar en Madras.

3. De Staaten tuffchen Sina en Indoftan; als de Koninkryken van Ava, Siam, Tunquin, en Cochinchina.

4. Tar-

(t) De Platte Grond van Pekin is 1¼ vierkante Franfche myl; dat is omtrent 3½maal zoo groot als Parys, (*Obferv. fait. a la Chine*, Par. 1729, tuffchen pag. 136 en 137.) maar dezelve is niet heel digt bebouwd, en beftaat uit de Chineefche en Tartarifche Stad. *Hubner*, in de Nederduitfche Drukken van de Jaaren 1707, 1711 en 1722, pag. 618, 645 en 649, ftelt de omtrek van Pekin, 25 Duitfche mylen: maar dit gelykt nergens na; wat plaats zou dit zyn?

(v) Monarch. Sini. Tab. Chron., pag. 16.

of Aardryks-beschryvinge.

4. **Tartaryen** op zig zelfs: dit heeft verscheide Heeren, waar onder veele, die maar in Tenten omzwerven.

5. **Persien**, waarin de Hoofdstad Ispahan; voorts is daar Tauris (*x*), Erivan, en veel andere plaatzen (*y*).

6. **'t Asiatisch Turkyen**, waar onder Arabien ook kan gereekend worden, hoewel maar een gedeelte aan den Turkschen Keyzer behoort.

7. **Moscovien**, in Asia, behoort aan 't Russische Ryk, en beslaat de Noordzyde van Asia: het is een ongemeen groot Land; dog niet heel volkryk; men vind daar weinig Steeden van belang: aan de Oostzyde van het zelve, is onlangs door de Moscoviters ontdekt, het Land van Kamtschatka; 't welk ten deelen door haar in bezit genomen is.

8. **De Eilanden**, omtrent Asia: de magtigste Vorst is de Keizer van Japan, die zyn Hof houd op 't Eiland Niphon, in de Stad Miaco; voorts heeft men daar Jedo, en andere groote Steeden: de Eilanden, Hainan en Formosa, behooren aan de Sineezen, of ten minsten is 't laatste onder de bescherming van 't Sineesche Ryk: Lucon, of Manilla, als ook de Marianes, of de Eilanden van Maria,

(*x*) In de Nieuwspapieren; ook in de Geographie van *Hubner*, vond ik, dat deeze plaats, in 't Jaar 1721, den 9den April, geheel is omgekeerd, (op een Armenische Kerk na, met omtrent 1000 Menschen,) en met over de 250000 Zielen verzonken: maar de Aardbeeving is zoo zwaar niet geweest, als te zien is uit de *Histoire de la derniere Revolution de Perse*, pag. 390, Paris 1728; want in 't Jaar 1725 hebben de Turken deeze Stad ingenomen, en zouden daar meer als 200000 Menschen in gedood hebben; (ziet pag. 358.) doch zulke onzekere tydingen heeft men wel meer uit die Landen: want ik vind in de Dictionaire van *Jan de Ray*, pag. 518, Amst. 1680, dat Erivan in 't Jaar 1679, omtrent de Maand Juny, door een schrikkelyke Aardbeeving is weggezonken, en dat de plaats, daar de Stad met verscheide Dorpen gestaan heeft, een Poel of Water is geworden: maar dat dit niet waar is, blykt klaar uit Mr. *Pitton de Tournefort*, die in 't Jaar 1701, den 8sten Augustus, te *Erivan* is gekomen, als te zien is in zyn *Voyage du Levant*, lettre 19, van pag. 197 tot pag. 202, Lyon. 1718. Hy doet de beschryving daar van niet als van een nieuwe Stad, die zedert het Jaar 1679 zou gebouwd zyn; maar die door de Turken in 't Jaar 1582 ingenomen is, daar *Chardin*, in zyn Reis na Persien, van meld.

(*y*) Tusschen de Caspische en Zwarte Zee, of tusschen Moscovien, Turkyen en Persien, zyn eenige kleine Vorsten, die, door de wisselvalligheid des Oorlogs, dan aan de een, dan aan de ander van de voornoemde Ryken moeten gehoorzaam zyn; als *Mingrelien*, Imiritte, waarin Cotatis, daar *Hubner*, in zyn Geographie, pag. 602, de Druk van 1707, en pag. 627, in die van 't Jaar 1717, van schryft, dat het een groote en welbewoonde Stad is; daar men uit de Reizigers weet, dat het een open Vlek is, daar omtrent 190 Huizen in gevonden worden.

die in verscheide Kaarten de Ladrones genoemt worden, behooren onder de Spaansche. De Nederlandsche Oostindische Compagnie heeft, op 't Eiland Java, de Stad Batavia, daar de Gouverneur Generaal van Neêrlands Indiën zyn verblyf houd: op dit zelfde Eiland is de Soesoehoenan, of de Keizer van Java, 't welk een redelyk magtig Vorst is; ook heeft men daar de Koning van Bantem: op Sumatra is 't bekendste Koningryk, Achem; op 't Eiland Borneo zyn die van Borneo en Benjermasen; op 't Eiland Celebes is bekend, de Koning van Macassar, die in zyn Hoofdplaats, Macasser, even als die van Bantem, een Vesting heeft, die met Zoldaaten bezet is, dewelke in dienst van de gemelde Compagnie zyn: de geheele Buiten-kust van 't Eiland Ceylon, behoort ook aan die Compagnie; binnen in 't Land, te Candy, is een Keizer, die gezag over de rest heeft: de kleine Koningen en Vorsten van de Molukfche Eilanden, zyn meerendeels Leenmannen van de bovengemelde Compagnie.

Verdeeling van Africa.

Van Africa.

Africa kan men in de volgende deelen onderscheiden:

1. Egipten: de Noordzyde daar van legt aan de Middelandsche Zee, en de Oostzyde is aan de Roode Zee: dit Ryk is al van ouds bekend geweest; hier bloeide weleer de Geleertheid; tegenwoordig is het onder 't Gebied van den Turkschen Keizer; de voornaamste plaats, in laag Egipten, is Cairo (z); in hoog Egipten, Girge (a): zelden heeft men Regen in dit Land; en al Regent het, zoo is 't meesten-tyd niet meer als een fyne Stof-regen, die niet lang duurt (b): niet heel ver van Cairo zyn de ongemeene groote Pirami-

---

(z) In de *Methode pour Etudier la Geographie*, tom. 3, pag. 10, Ed. 1718; ook in *Morery*, in 't Artikel van Cairo, word de ingebeelde grootte van deeze Plaats wederleid: Hoe kan het zaamengaan, dat daar 16000 Straaten en maar 23000 Huizen in zyn, als *Hubner* verhaalt? Men moet Groot Cairo onderscheiden van Oud Cairo, 't welk ¼ uur daar van af is, en van het Dorp Gize, over Oud Cairo.

(a) *Paul. Lucas* Voyage du Levant, pag. 75.

(b) *Hubner*, pag. 637, in de Druk van 1707, en pag. 663, in die van 't Jaar 1711, fchryft, dat het nooit in Egipten Regent; maar *Paul. Lucas*, in zyn Reis, tom. 2, pag. 6, Amft. 1720, verhaalt, dat in 't Jaar 1717, tuffchen den 8ften en 9den February, veel Regen viel: van de Stof-regen verhaalt *Maillet*, in zyn befchryving van Egipten.

miden, die onder de zeven Wonderen des Werelds gerekend wierden (c).

2. Nubien: dit grenst aan Hoog-Egipten.

3. Abiſſinien, 't welk nog meer na 't Zuiden is; waarin Gondar (d): de Vorſt, die hier Regeert, word zomtyds ook Keizer genoemd, en geeft zig zelf een hoogdravende Titel; dog de Galles en Turken hebben veel van zyn Gebied afgenomen; zoo dat hy nu als in 't Land beſlooten is, en daarom heeft men in 't kort weinig berigt daar van gehad.

4. Barbaryen: dit is Beweſten Egipten, aan de Noordzyde van Africa; aan de Weſtkant is een Vorſt, die zig de Keizer van Fez en van Marocco noemt: voorts zyn daar onder de beſcherming van den Turkſchen Keizer, de Gemeenebeſten van Algiers, Tunis en Tripoli, bekend wegens hun Zee-rooveryen; 't Landſchap Barca, daar veel Woeſtynen in zyn, behoort onder 't Gebied van de Turken.

5. Nigritien; waarin de Koningryken van Tombut, Ghana, Bournon, enz.

6. Guinée: hier zyn de Koningryken van Ardra, Benin, en verſcheide andere; de Engelſchen, Hollanders, en de Deenen, bezitten eenige plaatzen aan de Zeekant; de voornaamſte plaats, die de Nederlandſche Weſtindiſche Compagnie bezit, is George del Mina: dit Land is voor de Europeanen niet gezond.

7. Congo: hier is een Koningryk van die naam, en verſcheide andere, als Angola, Loango, enz.; men noemt dit ook wel Laag Guinée.

8. 't Land van Sanguebar, dat op de Ooſtzyde van Africa, aan de Zeekant is; daar nevens is 't Koningryk van Adel; en daar agter zou 't Land van de Koning Gingero zyn, daar men nog geen nette berigten van heeft.

9. 't Caffersland; waar onder men begrypen kan, de Keizerryken

(c) In deezen tyd, na den 6den October, kan de Noordzyde van de grootſte Pyramide, net op de middag, niet meer van de Zon beſcheenen worden: zou deeze Pyramide dan ook gediend hebben, om de Egiptenaaren aan te wyzen, dat hun Zaaytyd voorhanden was?

(d) Door een Brief uit Mocha, aan de Kardinaal *Sacripanti*, wegens drie Roomſche Geeſtelyken, die in 't Jaar 1717, den 3den Maart, te Gondar geſteenigd zyn, blykt, dat de laatſtgemelde plaats, op die tyd, de Reſidentie van den Koning *Tuſtos* was, en na hem, van den Koning *David*.

ryken van Monomotapa, en Moné-emugi, of Nimeamaye; van dit laatſte Ryk heeft men weinig zeker beſcheid: op de Zuidhoek van Africa heeft de Nederlandſche Ooſtindiſche Maatſchappy een Volkplanting (*e*), de Kaap de Goede Hoop genoemd.

Verdeeling van America.

Van America. *America* word niet op eenderley manier verdeeld; men merkt in het zelve twee ſtukken aan; als 't Noorder, en 't Zuider America: 't voornaamſte van 't Noordelyke deel word bezeten door de Spanjaarden, Franſchen en Engelſchen. Dit kan men wederom in vier ſtukken onderſcheiden:

1. Canada, of Nieuw Vrankryk; waar onder ik reeken 't Land van Labrador.

2. Louiſana, of 't Land van de Miſſiſipi (*f*); 't benedenſte deel noemde men voortyds Florida.

3. 't Engelſch America: dit beſlaat een groot gedeelte van de Ooſtzyde; waarin de Landſchappen Nieuw-Jork, Nieuw-Jerſey, Penſilvanien, Mariland, Virginien, en Carolina.

4. Nieuw Spanjen; waarin Mexico, daar een Onderkoning, van wegens de Koning van Spanjen, zyn verblyf houd.

Het Zuider America kan men in zeven deelen onderſcheiden:

1. Terre Firme: dit is aan de Noordzyde (*g*); waarin Carthagena.

2. Peru; waarin Lima; 't welk de Hoofdplaats is, daar de Onderkoning zyn Hof houd.

3. Chili: de drie gemelde deelen behooren aan den Koning van Spanjen.

4. 't Land der Amazoonen: dit word door de Inwoonders zelfs geregeerd.

5. Paraguay, of de Provincien van Rio de la Plata, betaalen Schatting aan den Koning van Spanjen.

6. Bra-

(*e*) Deeze Colonie dient voornaamentlyk om ververſching te leveren aan de Scheepen van de Nederlandſche Ooſtindiſche Compagnie, die in de heén en wederom reis hier aankomen.

(*f*) In 't Jaar 1718, in Juny, is te Parys een Kaart van dit Land gedrukt.

(*g*) De Nederlanders bezitten in Guiana, aan de Rivier Zuriname, de Stad Parimaribo, waar omtrent veel Plantagien zyn van Zuiker, Tabacq, Coffy, enz.

of Aardryks-beschryvinge.

6. Brazil: de geheele Zeekant bezitten de Portugeezen (*h*).

7. 't Magellanifche Land: daar is niet veel byzonders in, en word van de Spanjaarden onder Chili gereekend.

Ik zal van de voornaamfte Eilanden van America, alleen maar aantoonen, wie dezelve bezitten: de Spaanfche hebben Cuba en P. Rico; St. Domingo behoort aan de Franfchen en de Spanjaarden; den Engelfchen behoort Terra Neuf, en onder de Antilles, de Barbados (*i*) en St. Chriftoffel (*k*); de Hollandfche Weftindifche Compagnie heeft Curacao; op St. Vincent woonen de Charibeenen en Negers, en op St. Dominica, de eerfte Natie alleen.

Al deeze Verdeelingen van de Aarde, als niet uit de Natuur, of op de Plaatzen zelfs zigtbaar zynde, worden in de Kaarten, voornaamentlyk op 't Vafte Land, door geftippelde Linien aangetoond, die zoo dikmaals veranderen, als de Vorften, na dat de verfchillen vereffend zyn, dit onder malkander goedvinden.

Eenige Benaamingen, in de Aardrykskunde gebruikelyk.

Cherfonefus, in 't Grieks; *Peninfula*, in 't Latyn; een half of byna Eiland, in 't Nederduitfch, noemt men een Land, _{Byna Eilanden.} meerendeels met Water omringd, 't welk maar door een klein gedeelte aan 't Vafte Land gehegt is; eenige van dezelve zyn langwerpig; andere komen nader aan de ronde gedaante; de langwerpige zyn:

1. Jutland, in Deenemarken.
2. Malacca, in Ooftindiën.
3. Corea, by Sina.

G   4. Kamt-

(*b*) In de Geographie van *Hubner*, pag. 656, Amft. 1707, en pag. 678, in de *Druk* van 't Jaar 1711, vind men, dat de Portugeezen de Hollanders uit Brazil verdreeven hebben; dog dat de laatftgemelde zig daar ten deele herftelden: en in een Nederduitfche vertaaling van *Hubners* volmaakte Geographie, gedrukt te Leiden, in 't Jaar 1732, heeft men, dat de Hollanders nog het Recif bezitten: maar dit is niet waar; zedert het Jaar 1654 hebben zy daar niets bezeeten. In 't laatftgemelde Werk, dat uit drie Deelen beftaat, zyn veel beuzelagtige Vertellingen, en taftelyke Onwaarheden: by voorbeeld, in Amfterdam, verhaalt hy, dat 50000 Huizen zyn, en 4000 Steene Bruggen.

(*i*) Een naukeurige befchryving van dit Eiland, vind men in het tweede Deel van 't Brittannifch Ryk in America, van pag. 1 tot 146, in Amfterdam 1711.

(*k*) Door de Vreede van Utrecht hebben zy 't geheele bezit verkreegen.

4. Kamtfchatka, agter Japan.
5. Jucatan, in America.
6. California, aan de Weftzyde van America; en veele andere: zelfs zou men Italien; ook Zweeden en Noorwegen, daar onder kunnen betrekken.

Die meerder na de ronde gedaante hellen, zyn:
1. Peloponnefus, hedendaags Morea.
2. Taurica Cherfonefus, of de Crim; zynde een gedeelte van Klein Tartaryen.
3. Africa, hoewel een der groote deelen van 't Aardryk, is zelfs een byna Eiland.
4. Het Zuider America; en verfcheide andere; daar zommige ook Arabia en Camboya onder tellen.

Land-engtens. De voornaamfte Land-engtens zyn:
1. Die van Sues, dewelke Africa aan Afia vaftmaakt.
2. De Land-engte van Darien, die 't Noorder en Zuider America aan malkander hegt.
3. Die van Corinthen, tuffchen Morea en 't Europifche Turkyen.
4. Or of Precop, die 't byna Eiland, Crim, aan Tartaryen vaft houd.
5. De Hals van Tenafferim, die 't byna Eiland, Malacca, aan Indiën verbind.

Kuften. Daar 't Land van de Zee affcheid, noemt men Strand of Oever; dit laatfte word ook van Land gezegd, 't welk aan de kant van een Rivier legt: een lange uitftrekking aan 't Strand, voornaamentlyk, als die omtrent regtliniefch is, noemt men een Kuft; als de Kuft van Malabar, van Cormandel, van Zanguebar, van Holland, enz.

IV. HOOFD-

IV. HOOFDSTUK.

Van de Menschen.

't Getal der Menschen, op de Aarde, gist men te zyn, omtrent 500 Millioenen: van dit getal sterven alle uuren omtrent 2000 Menschen, of na genoeg, in 2 secunden tyd, sterft telkens één Mensch. Men ziet hier door, welk een verandering dat het Menschelyk Geslagt, op de Aarde, onderworpen is: wy weeten nog heel weinig van de wonderlyke Bestiering, die tot onderhoud van het zelve dient; in voorige tyden heeft men daar geen acht op geslagen; nu begint men dit meer te onderzoeken. *Van de Menschen.*

De natuurlyke reden leert aan alle Menschen, dat 'er één God is, die alles geschapen heeft en onderhoud; daarom word de Godsdienst by alle Volken geoeffend; dog op verscheide Manieren, en met byzondere Plechtigheden: In vier voorname Religien kan men de hedendaagsche onderscheiden: 1. De Joodsche; 2. De Christelyke; 3. De Mahometaansche; 4. De Heydensche: de drie laatste zyn de Heerschende Godsdiensten; de eerste word maar op zommige plaatzen toegelaaten: ieder van de gemelde Religien zyn wederom in een menigte van Secten verdeeld. *Religien.*

De Christelyke kan men tot drie Hoofd-Religien, of Kerken, brengen: 1. De Roomsche; 2. De Griekse; 3. De Protestanten: dit zyn de Luthersche, de Gereformeerde, enz. *De Christenen.*

De Regeering van de Roomsche en Griekse Kerk is na de wys van een Alleen-Heersching geschikt; daar die der Protestanten meer zweemt na een Gemeene-best. 't Opperhoofd van de Roomsche Kerk heeft zyn verblyf te Romen; onderfteund door Kardinaalen, Aards-Bisschoppen, Bisschoppen, en andere Prelaaten: deeze Religie word, met uitsluiting van andere, geleerd door geheel Italien, Vrankryk, Spanjen, Portugaal, en in alle Landen, die de Koningen, van de drie laatstgemelde Ryken, in de andere deelen van 't Aardryk bezitten: de Keizer van Duitsland, en de Koning van Poolen, zyn van de Roomsche Kerk; 't Volk, in eenige van de Zwitsersche Cantons, zyn ook de laatstgemelde Kerk toegedaan.

gedaan. De Lutherfche Religie word omhelft door de Koningen van Deenemarken en Zweeden; ook door de meefte Volken, die in 't Noorden van Duitsland woonen: van de Gereformeerde Religie zyn de Koningen van Engeland en Pruiffen, de Regeering in de Vereenigde Nederlanden (a); als ook de Regeering van eenige der Zwitzerfche Cantons; ook zyn hier plaatzen, daar beneffens de laatfte, ook de Roomfche Religie in gebruik is, en daar de Regeering, even als te Maaftrigt, tuffchen deeze beiden verdeeld is. Die van de Griekfe Kerk, is de Heerfchende in Mofcovien; dog egter niet eens met de Griekfe Chriftenen, die nog in een groot getal, door toelaating van den Turkfchen Keizer, in zyn Gebied hun Godsdienft oeffenen (b).

De Mahometaanen.
De Mahometaanfche Religie, die voor omtrent 1100 Jaaren opgekomen is, verdeelt men in twee voornaame Secten; als die van Omar, en van Aly; de eerfte worden Sunni, en de andere Rafi, of ook Kialis genoemd: de Turkfche Keizer en de Groote Mogol zyn navolgers van Omar; dog de Koning van Perfien, en zyn Onderdaanen, houden 't met Aly: ik reeken niet de twee laatfte Geweldenaars, die uit Candahar gekomen zyn, dewelke Perfien een korten tyd geregeerd hebben, die waren van 't zelfde geloof als de Groote Mogol: byna al de Koningen in Oostindien, die op de Eilanden woonen, zyn Mahometaanen; als ook verfcheide

voor-

(a) In 't Gebied van de Vereenigde Nederlanden zyn 1572 Gereformeerde Predikanten; in Holland alleen zyn 551: in de zeven Vereenigde Provintien zyn omtrent 400 Priefters; waar onder 74 Priefters, dewelke de Stellingen van Janfenius toegedaan zyn: 't Vierdendeel, van alle de Priefteren, zyn geordende Perzoonen, de andere zyn Wereldlyke Heeren: De Lutherfche hebben 40 Gemeentens, en 52 Predikanten, behalven die van de Saltzburgers; de Remonftranten, 34 Gemeentens, met 43 Predikanten, waar van 30 Gemeentens, en 38 Predikanten in Holland zyn: de Gemeentens der Doopsgezinden zyn, in alle de Provintien, omtrent 186; 't getal der Leeraars omtrent 312: 't is ligtelyk om te begrypen, waarom dit laatfte getal zoo veel is, na maate van de grootte der Gemeentens; of anders kan men de reden vinden, in de *Staat der Vereenigde Nederlanden*, Ifte Deel, pag. 78, gedrukt by *Ifaak Tirion*, daar dit voorgaande uit getrokken is. In een Manufcript, dat ik gezien heb, reekent iemand, dat in de Generaliteyt zyn 84 Steeden, 1495 Dorpen, en 1573 Gereformeerde Predikanten; waar van 349 zyn in de Steeden, (waar onder ook den Haag geteld is:) in 53 Steeden van de Vereenigde Nederlanden, zyn 84 Walfche Predikanten. 't Getal van alle de Menfchen, gis ik te zyn, omtrent 2¼ millioen.

(b) *Ricaut* begroot het getal op 146000; dog 't fchynt my toe, dat daar meer moeten zyn.

of Aardryks-beschryvinge.

voornaame Vorsten der Tartaaren: ook is deeze Religie ver in Africa doorgedrongen; zoo dat de meeste Vorsten en Volken die aangenomen hebben.

Door de Heidensche Religie verstaat men in 't gemeen, alle de Godsdiensten, buiten de drie, die hier vooren gemeld zyn: ten opzigt van Asia, zoo heeft dezelve voornaamentlyk zyn zetel, in Sina, Japan en Tartaryen; de groote Opper-Priester, of Lama, der Tartaren, die men voorgeeft, dat nooit sterft, houd zyn verblyf te Poutala, aan de Westzyde van Sina, by de Stad Lassa, in 't Koningryk Barantola (c): ook zyn in Africa verscheide Heidenen, welker Religie weinig overeenkomst heeft met die van Asia; nog een ander zoort heeft men in America, omtrent de Amazoonen Vloed, en diep in Brazil. Heidenen.

Van de voornaamste Taalen en Spraaken, hoe die voortgekomen, en hoe ver dat die uitgestrekt zyn, zal ik maar kortelyk dit zeggen: dat, wat de Taal-verspreiding, over Europa, aangaat, men agt, dat die van drie voorname takken afkomstig is; als de Kimbrische, of Oude Noordsche, waar uit het Oude Zweeds, Deens, en Noords gesprooten is; de Theutonische, of Oud Duitsche, daar 't Hoog- en Nederduits, en 't Zwitsers van afkomt; de Keltische, of 't Oude Grieks, en 't Oude Latyn, waar uit het Latyn is voortgebragt; 't welk, alhoewel verstorven, nogtans, in Europa, de algemeene Taal der Geleerden is; daar van is afkomstig, 't Italiaansch, 't Spaansch, 't Portugeesch, 't Fransch, enz. (d). In Asia en Africa, onder de Mahometaanen, is de Taal der Geleerden, 't Arabisch; in China heeft men 't Oud en Nieuw Chinees; in Tartaryen, 't Mongous en Montcheaux; op veel Eilanden, in Indiën, is 't Hoog en Laag Maleyts bekend. Taalen.

G 3   V. HOOFD-

(c) *Ysbrand Ides* Reize na China, pag. 201, Amst. 1710.
(d) Aanleiding tot het verhevene der Nederlandsche Spraake, door *L. ten Kate*, Amst. 1723, daar, tusschen pag. 62 en 63, een Kaart vertoond word, van de Taal-*verspreiding* over Europa.

V. HOOFDSTUK.

Van de Bergen.

1. *De Schikking der Bergen.*

Bergen en verheven Plaatzen. Een hoogte op de Aarde, die ver boven de plaatzen, die daar omtrent zyn, uitfteekt, noemt men een Berg; als dezelve niet hoog is, een Heuvel, of ook wel een verheven vlakte, als die boven plat is: zoodanig een vind men in 't Noorder America, by de Meeren van Huron, en de Kat, 't welk omtrent 70 Franfche mylen lang, en 4 van die mylen breed zou zyn.

Keetens van Bergen. Eenige Bergen ftrekken zig als een lange keeten uit; andere zyn alleen hier en daar verftrooit. De voornaamfte aaneenfchaakelingen van Bergen zyn:

In Europa. 1. De Alpes, die Italien van de nabuurige Landen afzonderen: dezelve breiden zig lang en breed uit; 't begin is omtrent het Graaffchap Nice; 't einde in Croatien: een Tak loopt midden door Italien, daar wederom veel andere uitloopen; verfcheide andere Takken gaan door Duitsland en Vrankryk, tot in Spanjen. De Bergen, die Vrankryk van Spanjen fcheiden, worden de Pyrenéen genoemd; welke laatftgemelde, als met Spruiten, door geheel Spanjen voortgaan; Boheemen is byna omringd door een reeks van Bergen: in 't Europifche Turkyen is een lange keeten van Bergen, die een vervolg van de Alpes fchynen: een aaneenfchaakeling van Bergen fcheid ook Noorwegen van Zweeden.

In Afia. 2. In 't Afiatifche Turkyen is bekend, het gebergte van Taurus, 't welk door Caramanien gaat, en met veel Takken uitloopt: in Perfien, dat van Joilak Perjan, dat zig ver na 't Oosten uitftrekt, en 't Mogols Land van Tartaryen affcheid; een voornaame Tak gaat eerft na 't Noorden, dan Noordweft, en daar na weder Noordelyk; voortyds noemde men deeze gebergtens Imaus: een andere Tak loopt na China, en 't Oostelyk Tartaryen, daar dezelve zig in verfcheide Takken verdeelt; een van die loopt tot in Kamtfchatka.

of Aardryks-beschryvinge.

3. In Africa, agter Barbaryen, munt uit, 't Atlantifche gebergte, *In Africa.* 't welk zig uitftrekt tot aan Egipten en Nubiën; ook heeft men in Laag Ethiopien, by Monomotapa, de Maanbergen, die zig met veel Takken uitbreiden.

4. In 't Noorder America is, aan de Noord Rivier, een dubbelde, *In America.* en op zommige plaatzen een drie- en viervoudige keeten met Bergen, die byna Zuiden en Noorden leggen; agter Nieuw Jork begint een reeks van Bergen, die agter de Engelfche Weftindiën tot aan Miffifipi loopt, dewelke twee voornaame Takken heeft; waar van de een agter Carolina is, en de ander na de Oostelyke hoek van de Mexicaanfche Golf.

Een ongemeene lange reeks van Bergen is in 't Zuider America, aan de Weftzyde, die Cordilleres of Andes genoemd worden, ook wel Sierras Nevadas de los Andes, om dat die altyd met Sneeuw bedekt zyn, dewelke zig 800 Duitfche mylen uitftrekken, en nog veel langer, als men een Tak daar van mede reekent, die tot in Terra Ferme, by Caracas loopt.

In veel Eilanden en Geweften, op 't Vafte Land, die in de Zee *Op de Eilanden, enz.* uitloopen, zyn reien van Bergen, die dezelve in twee ftukken verdeelen; als in Sumatra, Lucon, 't Ooftelyk gedeelte van de Celebes, op de Kuft van Malabar, in Siam, en 't byna Eiland Malacca, in Laos, en Cochinchine, enz.: op alle deeze plaatzen is de ftrekking van de Bergen meeft Zuiden en Noorden; in andere Eilanden zomtyds van 't Ooft na 't Weft; en daar is byna geen Eiland of Vaft Land, dat niet met Bergen voorzien is.

De Bergen zyn niet maar by geval ter neêrgezet; want op de *De Schikking der Bergen niet by geval.* Aarde zyn geen onnoodige, nog oncierlyke dingen gefchapen; ik weet niet, hoe dat *Thomas Burnet* zulks durft zeggen (*a*). Dit fchynt my toe eene waanwysheid; en op deeze wys loopt men gevaar, om uit zyne gedagten uit te wiffen, de hooge Eerbied, die men aan 't Opper-Weezen fchuldig is (*b*). In 't tegendeel, de groote Wysheid van den Schepper, blinkt wonderlyk in dezelve uit, alzoo

---

(*a*) In zyn Theor. Sacra, cap. 8, daar vind men deeze uitdrukkinge: *Tellus noftra cum exigua fit, eft etiam rudis; et in illa exiguitate multa funt fuperflua multaque inelegantia.*

(*b*) Tot een hulpmiddel, tegen zoodanige Schryvers, kan men leezen, *Robert Boyle*, over de hooge Eerbiedigheid aan God; in 't Nederduits, in 't Jaar 1698, tot Rotterdam gedrukt.

alzoo die in zulk eene uitsteekende order, met zoo veel nut geplaatst zyn, zoo wel op 't Vaste Land als op de Eilanden, dat zoo veele Beeken, kleine en groote Rivieren, als met Takken en Aderen na beneden vloeien, die zoodanig door alle Landen verspreid zyn, na maate het daar noodig is, dat daar in eene onnadenkelyke wetenschap gevonden word: Menschen, Vee, en de meeste groeibaare dingen worden 'er door verquikt, en zouden, zonder deeze voorzorg, niet in stand kunnen blyven; want was de Aarde overal even hoog, de Wateren, in de Rivieren, konden in geen geduurige beweeging zyn, en moesten bederven: wy zullen ons dan wel wagten, om met *Burnet*, iets in 't gestel van de Aarde te berispen (c); 't menschelyk verstand kan al de eind-oogmerken van den Wyzen Schepper niet begrypen.

2. De Verscheidentheid der Bergen.

De verscheidentheid der Bergen.

1. Eenige Bergen zyn hoog; zommige middelmaatig; andere laag.
2. Eenige zyn steenagtig; andere van kryt, als in Moscovien, aan de Rivier de Don, en in Engeland; zommige van Aarde; andere van Zand, die ook Duinen genoemd worden: deeze laatste zoort vind men langs de Hollandsche Kust, die aldaar de laage Landen voor 't overstroomen der Zee bevryden.
3. Eenige Bergen zyn in de Zomer met Sneeuw bedekt; andere zyn op die tyd zonder Sneeuw.
4. Verscheide Bergen branden en rooken; andere zyn zonder vuur.
5. In zommige Bergen vind men Metaalen, als Goud, Zilver, Koper, Yzer, Tin, en Lood; andere zyn zonder Metaalen.
6. Eenige Bergen zyn met Bosschen verciert; andere zyn zonder Boomen.

3. De Hoogte der Bergen.

De Hoogte der Bergen, volgens de Ouden.

Al voor lang tragte men de Hoogte der Bergen te weeten: *Dicearchus*, de Leerling van *Aristoteles*, die in de Wiskonst zeer ervaaren was, had last van de Vorsten, om dit te onderzoeken: hy vond de perpendiculaare hoogte van den Berg Pelion, (nu Petras) in Macedonien, 10 stadien (d); zyn dit Grieksche geweest, dan is het

(c) 't 10de Cap. (d) *Plin.*, lib. 2, cap. 65, pag. 26.

of Aardryks-beschryvinge.

het $\frac{2}{11}$ van een Duitsche myl, of 6850 Parysche voeten; de Berg Cyllenem, in Arcadien, byna 15 stadien (e), of $\frac{17}{15}$ van een Duitsche myl; Satabyrium, in 't Eiland Rodes, 14 Stadien (f). *Plutarchus* verhaalt, dat *Xenagoras*, *Eumely* Zoon, de hoogte, van den Berg Olympus vond, 10 stadien, 96 voeten (g), dat is 6960 van de hedendaagsche Parysche voeten; en *Cleomedes* meende, dat geen Berg de hoogte van 15 stadien te boven ging (h).

Ricciolus is ver het spoor byster, als hy meent, dat op de Aarde Bergen zyn, die de hoogte hebben van 457 stadien (i), en dagt, dat het wel weezen kon, dat men Bergen vond, die de hoogte hadden van 512 Roomsche stadien (k), dat is 12½ Duitsche mylen, of 1280maal de hoogte van de Wester-kerks Tooren binnen Amsterdam: wat zou men zoodanig een berg ver kunnen zien? De zelfde Schryver, die maar omtrent 30 Duitsche mylen van 't Alpische Gebergte woonde, giste, dat daar Bergen onder gevonden wierden, die de hoogte hadden van 96 Grieksche stadien, of omtrent 12 Italiaansche mylen (l), dat is meer als 2 Duitsche mylen; en bygevolg wel 4maal hooger, als dezelve nu gevonden worden.

De Hoogte der Bergen volgens *Ricciolus*.

De hoogte van de Bergen, op de Aarde, te meeten, schynt, in den eerste opslag, voor een Wiskonstenaar, niet moeielyk; maar verscheide zwaarigheden doen 'er zig in op: twee manieren komen hier toe in aanmerking; te weeten, door de Meetkonst, en door 't daalen van 't Quikzilver in de Barometer. Wat de eerste manier aangaat: de Straalbuiging, als men de hoek van onderen meet, doet de Bergen altyd hooger schynen, als ze inderdaad zyn; en zelden vind men by de Bergen vlaktens, die waterpas en groot genoeg zyn, om daar door de hoogtens af te meeten: op de plaatzen, van waar men onder op de grond gemeeten had, moest men tekens stellen, en vinden ook, welk een hoek dat dezelve maakten, van boven te zien; en nog beter was het, dat twee perzoonen dit op den zelven tyd deeden, om hier door eenigzins de grootheid der Straalbuiging te bepaalen: maar of men nu de hoogte van den Berg, boven de plaats van de Waarneeming gevonden heeft,

Hoe nu de hoogte der Bergen gevonden word.

H

(e) Gemin. in Elem., cap. 14. (f) Gemin. in Elem., cap. 14.
(g) In *Paulus Æmilius*. (h) Lib. 1, Cycl. Theor., pag. 169.
(i) Geograph., lib. 6, cap. 20, pag. 210. (k) Loc. cit.
(l) Geograph., lib. 6, pag. 205 en 211.

Inleiding tot de algemeene Geographie,

heeft, zoo is daarom nog niet bekend, hoe hoog die boven de oppervlakte van de Zee is: hier toe zal, in 't vervolg van tyd, de Barometer kunnen dienen; want de zwaarte van de Lugt is op de hooge Bergen veel minder als aan den Oever van de Zee; daarom zal het Quikzilver, in de Barometer, op de hooge Bergen, zoo hoog niet kunnen ryzen, als aan de voet van de zelve, of aan den Oever van de Zee. Verscheide voornaame Wiskonstenaars, als de Heeren *Halley*, *Cassini*, *Mariotte*, *Fueillée*, en *Scheuchzer*, hebben Tafels opgemaakt, om door het daalen van de Barometer, of door de hoogte van de zelve, de perpendiculaare hoogte der Bergen, boven de oppervlakte der Zeer, te vinden: Ik zal die hier laaten volgen; de duimen en voeten zyn Parysche maat:

Hoogte van 't Quikzilver in de Barometer.	De hoogte, boven de oppervlakte der Zee, in voeten, volgens				
Duimen.	*Halley*	1 *Cassini*	*Mariotte*	*Feuillée*	*Scheuchz.*	2 *Cassini*
28	0	0	0	0	0	0
27	921	798	771	852	790	780
26	1876	1740	1571	1992	1610	1614
25	2869	2826	2403	3420	2465	2514
24	3902	4056	3266	5136	3356	3492
23	4979	5430	4171	7150	4285	4554
22	6104	6948	5113	9442	5256	5772
21	7282	8610	6100	12022	6264	7038
20	8517	10416	7140	14890	7617	8430
19	9828	12366	—	18046	8454	9972
18	11184	14460	—	21490	9633	11682
17	12631	16698	—	25222	10879	

De Tafel van den Heer *Halley* is in Engelsche maat opgegeeven (*m*); ik heb die volgens de Fransche maat uitgereekend: de Tafel van *Feuillée* is gegrond op een Waarneeming, door hem in Peru gedaan, by Lima; daar vond hy de hoogte van een Berg, door de Meetkonst, 877 Parysche voeten; op den Top van den Berg was 't Quikzilver hoog, 26 duim, 6½ linie, en onder aan den voet van den Berg, 27 duim, 5 linien (*n*). *Jan Jacob Scheuchzer* heeft,

---

(*m*) Philosoph. Transact., Num. 386, pag. 215.
(*n*) Journal des Observations Phys. & Mathem., par *Louis Feuillée*, pag. 450 en 451, Par. 1714.

heeft, in 't Jaar 1709, in Zwitzerland, en aldaar in 't Landſchap Sargans, by Pfeffers, daar Mineraale Wateren zyn, van den Top eens Bergs, tot op den Bodem, een lootlyn laaten vallen, die lang was 714 Paryſche voeten; en door herhaalde Waarneemingen, vond hy 't Quikzilver in de Barometer, aan de voet van den Berg, 25 duim., 9½ linie, en op den Top 24 duim., 11½ linie (o): hier door door heeft de Heer *Jan Scheuchzer*, de voorgaande Tafel opgemaakt; maar het komt my voor, dat hy de Bergen veel te laag ſtelt, en *Feuillée* veel te hoog; te weeten, zulke Bergen, die aanmerkelyk verheven zyn: ook is 'er onderſcheid in de zwaarte van de Lugt, of ſchoon de plaatzen in de oppervlakte van de Aarde zyn; de geſteldheid der Dampkring onder de Linie, is anders, als onder de Poolen: dog veel meer, en nog netter Waarneemingen worden vereiſcht, en wel voornaamentlyk van de hooge Bergen in Peru en Chili, eer dat men iets zekers hier uit kan beſluiten; de lugt is een geduurige verandering onderworpen, en daar dryven, boven aan de Bergen, veel Wolken, eveneens als hier beneden op de Aarde; dus blyft het Quikzilver in de Barometer, op den Top van een Berg, niet altyd even hoog; want op Snowdon-hill, een van de hoogſte Bergen van 't Landſchap Wallis, in Engeland, heeft Mr. *Adams* gevonden, dat het ſtil ſtond op 25$\frac{7}{11}$ Engelſche duimen (p); *John Caswel*, op 25$\frac{7}{11}$ (q); en de Heer *Halley*, op 26$\frac{7}{11}$ van de voornoemde duimen (r): door de driehoeksmeeting, is de hoogte van die Berg bepaald, op 3720 Engelſche, of 3487½ Paryſche voeten.

Ik zal hier de hoogte, boven de oppervlakte der Zee, van eenige Bergen, laaten volgen, zoo als die door de driehoeksmeeting gevonden zyn; en by eenige van dezelve ſtellen, hoe hoog het Quikzilver was, in de Barometer, op den Top van den Berg.

De hoogte van eenige Bergen boven de oppervlakte der Zee.

P. *Feuillée* heeft, door de Meetkonſt, de hoogte, regt op en neêr, van de Piek van Canarien, gevonden 13278 Paryſche voeten; op den Top des Bergs ſtond het Quikzilver, in de Barometer,

(o) Philoſoph. Tranſact., Num. 405, pag. 544.
(p) Godgeleerde Sterrekunde van *Derham*, pag. 114, Leid. 1728, in de Aantek.
(q) Philoſoph. Tranſact., Num. 181, pag. 109.
(r) Philoſoph. Tranſact., Num. 229, pag. 566.

Inleiding tot de algemeene Geographie,

17 duim., 5 linien; en vier dagen te vooren was het zelve, aan den Oever van de Zee, op 27 duim., 9¼ Linie (s).

Bergen in Auvergne.	Hoogte van de Barometer.		
	Parysch. voet.	duim.	linie.
Le Pui de Dome, by Clermont	4902		
La Courlande	5094	23 :	10
La Coste	5154	23 :	4
Le Pui de Violent	5160		
Le Cantal	5958		
Le Mont d'Or	6288		
La Maffane in 't Rouffillon	2448	25 :	5
Bugarach in Languedoc	3903	24 :	2
Van de Pyreneefche Bergen.			
St. Bartholemy, in 't Land van Foix	7107	21 :	0¼
Du Mouffet	7518	20 :	10¾
Le Canigou	8646	20 :	0¼
In Avignon.			
De Berg Venteux	6216		
In Provence.			
Een Berg digt aan de Zee	1070	26 :	7½
De Berg Clairet	1662		

De Heer *Scheuchzer* heeft van de volgende Bergen de hoogte bepaald, door het daalen van 't Quikzilver in de Barometer; dog my dunkt, dat dezelve te laag zyn gesteld:

Bergen in Zwitserland.	Parysch. voet.	duim.	linie.	
Guppen ob Schwanden, in 't Canton Glariis	3971	23 :	4	
Joch, in 't Landschap Engelberg	5926	21 :	4	
St. Bernards Berg	4365	22 :	11	
De Capucynen, op den Berg van St. Gothard	5255	22 :	0	(t)
Op den Top van den Berg	6264	21 :	0	
Zur Dauben, op de Berg Gemmi	6012	21 :	3	
Mullenen, aan de Voet van Gemmi	1962	25 :	7	
Stella, in de Schamzer Valley	9585	18 :	1½	

Deeze

(s) Memoir. de l'Acad. Royal. des Scienc., Ao. 1733, pag. 60: uit deeze Memorien, en uit het vervolg van 't Jaar 1718, zyn de hoogtens van de volgende Bergen.
(t) Philosoph. Transact., Num. 406, pag. 584 & seq.

of Aardryks-beschryvinge.

Deeze laatste Berg is de hoogste van geheel Zwitzerland; de hoogte van de Barometer heb ik daar by gesteld, volgens 't gevoelen van *Scheuchzer*: hier uit zou ik besluiten, dat de alderhoogste Berg in Zwitzerland, omtrent ½ Duitsche myl boven de oppervlakte van de Zee is. De hoogste Bergen van de Alpes van Cæsar, die in Opperwallis Land beginnen, dewelke door 't Canton Ury gaan, en zoo Oostwaarts aanloopen, dwars door 't Land van de Grizons, na den kant van Tirol, zyn boven de oppervlakte van de Zee, van 7500 tot 8000 Paryfche voeten: Zur Dauben is de hoogste plaats, daar men, over de Berg Gemmi, in Wallisland kan komen, om, uit de Fruttinger Valley, in 't Canton Bern, na de Mineraale Wateren, te Leuk, in Wallisland, te gaan; zynde boven Mullenen, omtrent 18maal hooger, als de Tooren van de Wester Kerk tot Amsterdam; welke Tooren hoog is, 261 Amsterdamsche voeten (*v*), dat is zeer na $\frac{1}{132}$ deel van een Duitsche myl; zynde net een derdendeel van de lengte, die ieder zyde van de grootste Piramide, by Cairo, heeft. Men heeft de Tafelberg, aan de Kaap de Goede Hoop, in Africa, gemeeten, en dezelve, boven de oppervlakte van den grond, gevonden 298 roeden, Rhynlandsche maat (*x*), dat is ruim 15maal hooger, als de Tooren van de Wester Kerk tot Amsterdam: naar alle waarschynelykheid zal men in 't kort ook de hoogte van de Andes, in Peru, weeten. De hoogste Berg, die men tot nog toe op de Aarde gevonden heeft, is de Piek van Canarien; dezelve is omtrent $\frac{1}{1113}$ deel van des Aardkloots halve middelyn hoog.

Dat het eene Land hooger, boven de oppervlakte der Zee, verheven is, als 't ander, blykt door 't geduurig neêrvloeien van 't Water in de Rivieren; zoo is Boheemen hooger als 't Holsteynse, als te zien is uit de Rivier de Elve, die uit Boheemen tot in Holsteyn, by Hamburg, afloopt: dat Zwitzerland, en 't Land der Grisons, zeer hoog is, blykt uit den Rhyn, de Rhone, en andere Rivie-

Hoog Land.

(*v*) *Commelin*, Beschryving van Amsterdam, 1ste Deel, 4de Boek, pag. 473.
(*x*) *Valentyn*, 't 5de Deel, pag. 8, in de Beschryving van de Kaap de Goede Hoop: Dit is afgemeeten door *Nicolaas de Graaf*; dog de Heer *Valentyn* schynt deeze meeting te verwerpen, en verhaalt, dat andere die net afgemeeten hebben, en de hoogte gevonden hebben 1857 Rhynlandsche roeden: maar dit is t'eenemaal ongerymd; dan zou dezelve ruim 94maal hooger als de Tooren van de Wester Kerk moeten zyn, dat is meer als 1½maal zoo hoog als de Piek van Canarien.

Rivieren, die daar uit voortkomen: door de hoogte van 't Quikzilver in de Barometer, bepaalt de Heer *Scheuchzer*, dat Zurich, een bekende plaats in Zwitzerland, 1264 Paryfche voeten, boven de oppervlakte van de Zee is (y); deeze plaats is van den mond des Rhyns aan den Oceaan, omtrent 80 Duitfche mylen; zoo dat, in ieder Duitfche myl, de Rhyn, Noordwaarts aan, tot in Holland, omtrent 16 voeten nederdaalt: maar na de Middelandfche Zee is de helling van 't Land, als men ftelde, dat het zelve regtliniefch afliep, in ieder duitfche myl, omtrent 28 voeten; in de Alpes fan Porta, omtrent de oorfpronk van de Agter-Rhyn, $5\frac{1}{2}$ uur van Splugen, in 't Land der Grifons, is de grond boven de oppervlakte der Zee, volgens den gemelden Heer *Scheuchzer*, 5926 Paryfche voeten; dat is meer als 12maal de hoogte van de grootfte Pyramide, by Cairo, of 25maal hooger als de Tooren van de Wefter Kerk tot Amfterdam: Splugen zelfs 3971 Paryfche voeten; zoo dat de Rhyn, in de lengte van $5\frac{1}{2}$ uur, aldaar, perpendiculaar, 1955 Paryfche voeten laager is: hier door ziet men, met welk een fchuinte deeze Landen afloopen. Het Zuider America is aan de Weftzyde ongemeen fteil, daalende fchuin af na de Noord- en Ooftzyde, als blykt uit het nedervloeien van de Rivier der Amazoonen, en Rio de la Plata.

Bergen zyn verandering onderworpen. De Bergen zyn zoo beftendig niet, of ze zyn verandering onderworpen: de Gefchiedeniffen geeven ons te kennen, dat in 't Jaar 1538, in Italien, by de Stad Pozzuolo, de Berg Monte Nuovo nieuwelyks te voorfchyn quam; en in 't Jaar 1546, is, by de Liparifche Eilanden, een Berg verzonken (z). Het Vlek Pleurs, en 't Dorp Schilan, in 't Land der Graauwbunders, is, in 't Jaar 1618, den 25ften Auguftus, door een gedeelte van een Berg, die afbrak, verpletterd (a); in 't Jaar 1714, in de Maand Juny, tuffchen 2 en 3 uuren, na de middag, met een helder en fchoon weêr, viel het Weftelyk gedeelte van den Berg Diableret, in Wallisland, na beneden, en wierp 55 Boeren-hutten om ver, verplettende 15 Perzoonen, en meer als 100 Offen en Koeyen; ook veel klein Vee:
de

(y) Philofoph. Tranfact., Num. 406, pag. 582.
(z) *Die Merkwurdigen Wercke Gottes, von Val. Ernft. Lofchern*, pag. 495, Dresd. 1724.
(a) *Gotfrieds* Kronyk, van col 886 tot col. 889, Leid. 1702. Hy trekt elf Schryvers aan, die dit verhaalen.

of Aardryks-beschryvinge. 65

de afgevallen steenen waren op zommige plaatzen wel 30 roeden hoog op malkander, en besloegen een groote wydte; in 't vallen ging, door de Stof, een dikke duisternis op; 't scheen dat de grond van de plaats, daar het afbrak, verrot was; want aan geen Sulpher, of andere brandstoffen, of onderaardsche beweegingen, kon men dit geval toeschryven (b). In 't Jaar 1733, den 25sten Juny, is in Auvergne een Berg gezonken; in 't Jaar 1737, den 24sten Augustus, zag een Meisje, 't welk het Vee hoedde, omtrent het Stedeken Bregents, in het Landgoed Gorbag, niet ver van Lindau, een groote Steen van den Berg Ebnet afrollen; waarop zy haar Moeder riep: kort daar na quamen nog meer Steenen na beneden, zoo dat zy het Vee na een andere plaats bragten; de Berg begon te kraaken, 't welk duurde tot den 25sten Augustus, 's morgens; doe verzonk de Berg t'eenemaal, met zig sleepende 6 morgen Zaailand, en 3 of 4 morgen Houtgewas; zoo dat daar een opening quam van 600 voeten lang, en 500 voeten breed, dewelke zeer diep en yslyk was om te zien; het kraaken hield den 4den September nog niet op, en in de grond quamen op dien dag nog verscheide nieuwe openingen: de aanschouwers, die van de omleggende plaatzen daar na toe gekomen waren, zagen den Berg hoe langer, hoe dieper wegzinken. Dog de voornaamste veranderingen, in de Bergen, komen door de Aardbeevingen, dewelke men meent, dat veroorzaakt worden door de onderaardsche Vuuren, die zomtyds een groot geweld maaken, als te zien is aan de brandende Bergen, waar van wy nu de voornaamste eens zullen beschouwen.

4. *Van de Brandende Bergen.*

De Brand van deeze Bergen gaat niet altyd met een en de zelfde kragt voort; zomtyds rooken ze maar, en schynen ook wel geheel op te houden, dog van tyd tot tyd ziet men die op nieuws beginnen; ook barsten wel vlammen uit Bergen, daar in de Historien geen kentekenen van gevonden worden, dat voor dien tyd meer geschied is: op 't Eiland Lancerotte, een der Canarische Eilanden, is, in 't Jaar 1730, den 1sten September, een Berg in de brand geraakt, daar veel vuur uit gekomen is, 't welk groote schaade deed,

Branddende Bergen.

(b) Histoire de l'Acad. de Sciene., Ao. 1715, pag. 5.

deed (c); de hoogste Berg, by Grueres, in het Canton Fryburg, in Zwitzerland, is, in 't Jaar 1738, in Augustus, schielyk, met een groot gedruis, opengeborsten, en wierp Vlammen en groote Steenen uit.

In Europa en de Eilanden daar omtrent. 1. Etna, tegenwoordig Monte Gibello, in 't Eiland Sicilien, is een van de alderbekendste: de oudste Schryvers, die van dit Eiland gewag maaken, verhaalen al van deezen brandenden Berg; waar uit men besluiten kan, dat dezelve wel 3000 Jaaren gebrand heeft, en wie weet, hoe lang voor dien tyd het eerste begin geweest is? Van deszelfs verwoestingen vind men een menigte berigten (d).

2. In

(c) Miscel. Phys. Med. Mathem, pag. 1339, Erfurt 1734.
(d) Ziet *Virgilius*, in zyn Æneas, 't IIIde Boek, pag. 222, Amst. 1660; aldus door *Joost van Vondel* in Nederduits Digt overgebragt:

―――― „ Etna, steil en hoog, hier by geleegen,
„ Bederft al 't Land rontom, en blixemt aller wegen,
„ En dondert gruwelyk. by wylen berst hy ook
„ Ten hemel met een wolke, en zwarten rook en smook,
„ En dwarrelende vlaag van pek en gloênde vonken,
„ Schiet roode klooten vier en gloed uit zyn spelonken
„ Naar boven, lekt de lugt en starren met den brant
„ En vlamme van zyn tong. hy braakt zyn ingewant,
„ Geheele rotzen, van hem afgescheurt, met eenen
„ Ter keele uit, haspelt, krack op krack, gesmolte steenen
„ En klippen in de lucht, en barrent sterk en styf
„ Van onder op. ―――― ――――

426 Jaaren voor Christus, in de Herfst, brande, met een groot geweld, de Berg voor de derdemaal, zedert dat de Grieken Sicilien bezaten, en beschaadigde de Landstreek Catanea: zie Thucid. Histor., lib. 3, pag. 251, Ed. Steph. 1587. Gemeenlyk is de Brand verzeld met zwaare Aardbeevingen; zomtyds werpt dezelve, onder een yzelyke rook en vlam, met een vervaarlyk geluid en gekraak, groote Steenen in de Lugt; waar by nog komen brandende Zulpherstroomen, die van den Berg na beneden afloopen, dewelke alle verbrandbaare Stoffen, die zy ontmoeten, aansteeken. 139, 135, en wederom 126 Jaaren voor Christus, wierp dezelve groote vlammen uit; zie Jul. Obseq. Prodig., lib. v., pag. 77, 84 en 95, Lugd. Bat. 1720: ook onder de Burgerlyke Oorlogen, tusschen *Cæsar* en *Pompejus*; 't welk men vind by *Appian*. de Bel. Civ., lib. 5, pag. 738, Ed. Steph. 1592: omtrent 32 Jaaren voor Christus ging dit wederom den ouden gang; zie *Dion*. Rom. Histor., lib. 1, pag. 484. In 't Jaar 1169 brande dezelve ongemeen, en de Aardbeevingen kosten aan 1500 Menschen 't leeven; zie *Fazel*. de Reb. Sicul., dec. 1, lib. 2, cap. 2. In 't Jaar 1669, van den 7den tot den 28sten Maart, woedde deeze Berg vervaarlyk; drie openingen borsten daar in, daar een groote menigte van Vuur en Zand uit voortquam; 't was of men een vuurige Slagregen, twee mylen in 't rond, zag; zie *Kircherus* in zyn Onderaardsche Wereld, van pag. 233 tot pag. 238, Amst. 1682, tusschen pag. 126 en 227

is

of Aardryks-befchryvinge.

2. In **Italien**, niet ver van Napels, is de Berg Vefuvius; hedendags **noemt** men die Monte di Somma, die al voor lang als een **brandende Berg** te boek ftond (e): in *Moreri* vind men 20 voornaame **branden** opgetekend (f); in *Ricciolus* 15 (g): indien men **de moeite wilde** neemen, om de Hiftorien na te flaan, men zou nog meer andere vinden: een geweldige uitwerping van vuur gefchiede in 't Jaar 79, in de Herfft (h), in dewelke de vermaarde Plinius verftikte, als hy door nieuwsgierigheid te digt aan den Berg genaderd was (i). By Pouzzol is de Berg Solfatara, die veeltyds rookt, en ook zomtyds brand.

3. De Berg Hecla, in 't Eiland Ysland, heeft mede al lang gebrand: in 't Jaar 1104 wierp die veel vuur uit; en wederom in 't Jaar 1222 (k); dog na het Jaar 1692 heeft dezelve in langen tyd niet gebrand: de geheele grond is 'er Zwavel- en Salpeteragtig, zoo dat dezelve in 't Jaar 1729 in de brand geraakte, en, in 't gebied Hunswig, het Dorp Mytoafn verteerde (l).

4 en 5. By Sicilien, in de Liparifche Eilanden, zyn twee
bran-

is de Afbeelding van de Berg, zoo als die zig in 't Jaar 1637 vertoonde. De voortekenen hoort men in 't gemeen aan 't onderaardfch gerugt; dog deeze ongevallen hadden nog geen vergelyking, by de geene, die dit Eiland, in 't Jaar 1693, in January, overgekomen zyn, doe fchudde en daverde alles fchrikkelyk, de Aarde fpleet van een, en 't vuur quam door de openingen; in Catania lieten omtrent 16000 Menfchen 't leeven; 't getal der overgebleevene was niet meer als 914; zie Philofoph. Tranfact., Num. 384, pag. 153: volgens een Lyft, daar van opgemaakt, mifte men, na de Aardbeeving, in Sicilien, 59963 Menfchen, van 254935, die men reekende dat in 54 plaatzen van 't Eiland waren; zie Philofoph. Tranfact., Num. 202, van pag. 827 tot pag. 838, en Num. 207, van pag. 1 tot 10. 't Getal, dat door de Aardbeeving om 't leeven quam, wierd op meer als 40000 begroot; de andere fneuvelden door een fterfte, die daar op volgde, of zyn uit het Land vertrokken. Indien iemand, den 8ften January in Sicilien geweeft zynde, op dien dag daar uitgezeild, en den 12den van die Maand daar wederom ingekomen was, die zou dit Eiland, op veel plaatzen, niet gekend hebben.

(e) De Afbeelding, in 't Jaar 1638 getekend, vind men in de Voorreeden van *Kircherus*.
(f) De Druk van Amft. 1701.
(g) In zyn Chronol., pag. 321 en 322, Bon. 1669.
(h) *Johan. Xiphil.* Epitom. Dion., pag. 225, Ed. Steph. 1592.
(i) De Jonge *Plinius*, 't 6de Boek, de 16de Brief.
(k) *Hevel.* Cometog., pag. 825; ex *Erafm. Barth.* de Comet., pag. 88; & *Barthol.* ex *Petr. Refen.* in Edda Island.
(l) Volgens een berigt uit Hamburg, van den 8ften December, in 't Jaar 1729.

brandende Bergen; de een op Strombylus (*m*), en de andere op Hiera.

6. De Piek van Canarien, op 't Eiland Teneriffe, is van *Scaliger*, *Cadamuſtus*, en andere, onder de brandende Bergen geteld (*n*): in 't Jaar 1720, in de Maand van December, heeft dezelve ook gebrand (*o*). Mr. *Edens* zag in 't Jaar 1715, den 14den Auguſtus, verſcheide groote Rotzen, die, in een brand, van den Berg afgeworpen waren; ook een ſtraal van vuur, die na beneden daalde: uit verſcheide plaatzen van den Berg ging rook op; een rol van Aarde, boven uit het hol van den Berg, door de vlam van een kaars aangeſtooken, brande als Zwavel: 4 of 5 uuren van deezen Berg zyn nog andere Bergen, die voortyds brandden (*p*).

7. Onder de Eilanden van Cabo Verde, is 'er één, del Fuego genoemd, alwaar mede zoodanig een Berg gevonden word, die in 't Jaar 1712, in February, brande (*q*); ook in 't Jaar 1730.

In Aſia en de Eilanden.

1 en 2. In Perſien, tuſſchen Yesd en Coubeſtan, is de brandende Berg Albours, en omtrent 20 Duitſche mylen, Zuid ten Weſten, van Iſpahan, is de brandende Berg Adervan.

3 en 4. In Tartaryen, tuſſchen de Rivieren Chatanga en Lena, zyn twee brandende Bergen.

5 en 6. Ook vind men twee Vuurbraakers in 't Land van Kamtſchatka, te weeten, de Ooſtelyke, en de Zuidelyke Volcan.

7. In Japan, by Miaco, is de Berg Sjurpurama, die dikwils geweldig brand, en daar zomtyds groote Zulpherſtroomen uitvlieten (*r*).

8 en 9. Ook zyn twee andere brandende Bergen aan de Zuidzyde van Japan, de een tuſſchen de Eilanden Bungo en Tanaxcima, en de andere bezuiden Jedo, op 't Eiland Barneveld.

10. Op 't Eiland St. Paul, tuſſchen de Kaap de Goede Hoop en
't Zuid-

(*m*) De Afbeelding is te zien in de Voyage au Levant, par *Corn. de Bruin*, Delft 1700, tuſſchen pag. 16 en 17.
(*n*) *Kircherus* Onderaardſche Wereld, pag. 221; *Ricciol.*, en andere.
(*o*) Hiſtoire de l'Acad., Ao. 1722, pag. 16.
(*p*) Philoſoph. Tranſact., Num. 345, pag. 318. & ſeq.
(*q*) *Frezier* Relat. du Voyage de la Mer du Zud, pag. 24, Amſt. 1717.
(*r*) 't Gezantſchap na Japan, door *Montan.*, pag. 416, Amſt. 1669.

't Zuidland, is een Berg die zomtyds brand; in 't Jaar 1696 zag men nog tekenen van de verwoesting (s).

11. Op Sumatra is een brandende Berg, die de Inwoonders Balalvanas noemen.

12. Op 't Eiland Java, tusschen Cheribon en Samarang, is een Berg die altyd brand: men verhaalt, dat omtrent het midden van 't Eiland, aan de Zuidzyde, nog vyf andere zyn, die zomtyds vuur en rook uitwerpen.

13. In de Molukse Eilanden zyn verscheide brandende Bergen; als bewesten Neira, en benoorden Banda, is, op het Eiland Goenong-Apy, een Berg, die in 't Jaar 1586 al gebrand heeft (t).

14. Ook is een brandende Berg op 't Eiland Ternate, die de hoogte heeft van 367 roeden en 2 voeten (v).

15. De Berg Aboe, op 't Eiland Sangir, brande in 't Jaar 1711, in December schrikkelyk, 't welk een menigte van Menschen 't leeven koste (x).

16. Benoorden Teralta is, op een klein Eiland, een brandende Berg (y).

17. Een groote Vuurberg is op het Eiland Damme, tusschen Teralta en *Timor-Laoet* (z).

18. Op 't Eiland Sjauw is een Berg die geweldig brand en blaakt; in 't Jaar 1712, in January, borst die met een yslyke slag (a).

19. Op

(s) Dag-Register van een Reis, na 't Zuidland gedaan, in 't Jaar 1696, pag. 10, Amst. 1701.
(t) Philosoph. Transact., Num. 228, pag. 531. Het gantsche Eiland is maar een schuine opgaande Berg; de hoogte is 559 treeden, als te zien is in *Valentyn's* Beschryving van Banda, daar, van pag. 15 tot pag. 26, veel branden van dezelve verhaald worden, en hoe verscheide Perzoonen, die op den Top geklommen zyn, dezelve gevonden hebben.
(v) Philosoph. Transact., Num. 216, pag. 42. *Valentyn's* Beschryving van de Moluccos, van pag. 5 tot pag. 10, daar vind men een Afbeelding van deezen Berg, en een beschryving van deszelfs gelegentheid, door Perzoonen, die op den Top geweest zyn: Ternate legt op 0 graad., 50 min. Noorder Breedte, 7 uur., 50 min. in lengte, beoosten Amsterdam; dit zou uit een Maan-Eclips besloten zyn.
(x) *Valentyn*, Beschryving van de Moluccos, van 53 tot pag. 55: deeze brand duurde van den 10den tot den 16den December; alleen in Candahar bleeven dood, 2030 Menschen; in twee andere Negryen, 130 Menschen.
(y) *Valentyn*, Beschryving van Banda, pag. 46.
(z) De zelfde Beschryving, pag. 45.
(a) *Valentyn* van de Moluccos, pag. 58; de slag hoorde men zeer ver.

19. Op Makjàn is een brandende Berg, die in 't Jaar 1646 vervaarlyk brande, en vaneen fcheurde, zoodanig, dat de klooven nog te zien zyn (*b*).

20. De brandende Berg Gamma-Canore, op 't Eiland Gililo, borft in 't Jaar 1673, den 20ften May, met een groot geweld: eenige meenen, dat deeze Berg een onderaardfche gemeenfchap heeft met de Bergen op Ternate en Makjan (*c*).

21. Op 't Eiland Celebes, in de Landftreek Manado, van de groote Oefterbergen af tot aan Gorontale, zyn verfcheide brandende Bergen, daar 'er zomtyds een van fpringt: de Aardbeevingen hebben hier, zedert 70 Jaaren, groote verwoeftingen gemaakt; zoo wierd eens een groot ftuk Land langs een Rivier, daar duizende van Klappusboomen op ftonden, omgekeerd, dat men veele met de wortels om hoog zag; de weg wierd onkenbaar, en de loop van de Rivier veranderde (*d*).

22. De Berg Wawany, op 't Eiland Amboina, brand ook zomtyds (*e*).

23. *Willem Schouten* zag in 't Jaar 1616, den 7den July, een brandende Berg op een Eiland, by nieuw Guinée (*f*); dezelve brande ook doe *Abel Tasman* daar voorby zeilde (*g*).

De Sineezen hebben de Bergen, in hun Land, naukeurig befchreeven, en verhaalen, dat in 't Landfchap Suchuen, by de Stad Mui-cheu, de Berg Peping is, welkers Top, 's nagts, als een ontfteeken kaars-ligt zig vertoont (*h*): in 't Landfchap Kiangfi, zou, in 't gebied van Xin-cheu, de Berg Lingfung zyn, op dewelke, na dat het 's daags geregend heeft, des nagts altyd een groote vlam flikkert; maar niet by droog weêr (*i*): het is zeer fchynbaar, dat op deeze Berg veel fyne Zwavel- en Yzer-deelen onder malkander vermengd zyn, die men weet, dat, door het bydoen van Water, na verloop van eenigen tyd, branden (*k*).

Kir-

(*b*) *Valentyn* van de Moluccos, pag. 90. (*c*) *Valentyn* Molukfe Zaaken, pag. 331.
(*d*) *Valentyn* van de Moluccos, pag. 64. Philofoph. Tranfact., Num. 216, pag. 51.
(*e*) Philofoph. Tranfact., Num. 228, pag. 530.
(*f*) Auftr. Navig., pag. 106, Amft. 1648.
(*g*) Uittrekzel uit de Reis door *Montanus*, pag. 584, Amft. 1671.
(*h*) De Sineefche Atlas van *Martini*, pag. 87. (*i*) De zelfde Atlas, pag. 112.
(*k*) *Boerhaven* Elem. Chym., Memoir. de l'Acad. des Scienc., Ao. 1700, pag. 131, de Druk van Amft. 1706.

of Aardryks-beschryvinge. 69

Kircherus stelt, uit de berigten der Roomsche Geestelyke, in In Africa, agt brandende Bergen; te weeten, één in Abiſſinien; één in Lybien; vier in Angola, Congo, en Guinée; en twee in Monomotapa (*l*): dit kan wel zyn; maar de nette plaats is my niet bekend.

America heeft niet weinig brandende Bergen; in 't Noorder America zyn de volgende:

In America en de Eilanden.

1. Van Kolima, op 18 gr., 36 m., N. Br.
2. Van Bernal.
3. Van Soconefa.
4. Las Milpas.
5. Sapotilan.
6. Sacatepeqque.
7. Van Atilan.
8. Van Guatimalo.
9. Van Sonfonate.
10. Van Ifalcos.
11. Een kleine brandende Berg.
12. Vejo, of de oude brandende Berg.
13. Van Anion.
14. Van Leon.
15. Van Telica.
16. Van Granada.
17. Van Bombaco.
18. Op 't Eiland St. Chriſtoffel (*m*).

In 't Zuider America heeft men de volgende:

1. De Berg van St. Marthe in Terra Firma.
2. Een in Quito. De volgende zyn in Chili:
3. Van Copiapo.
4. Van Coquimbo.
5. Van Huape.
6. Van Ligua.
7. Van Peteroa.
8. Van Chillian.
9. Van Antoco.
10. Van Notuco.
11. Van Sina.
12. Van Villa Ricca.
13 en 14. Nog twee andere.
15. Van Ozorno.
16. Van Chuanauca.
17. Van Quechucabi.
18. Een andere over 't Zuidend van Chiloë.
19. In Terre de Feu (*n*).

Daar zyn ook Vlaktens die branden; als het Phlegræiſche Veld, by Napels (*o*): ook vind men brandende Holen; als in Africa (*p*), en in Tartaryen, by de Stad Jekutskoy (*q*): zommige openingen, daar by wylen vuur uit komt, zyn onder Water, zoo dat men op eenige tyden het Water ziet kooken, en de vlam, vermengt met rook en ſteenen, daar uit komen; ook worden wel nieuwe Eilanden daar door opgeworpen: al van oude tyden af heeft men in de

Vlaktens en Holen, die branden.

Archi-

(*l*) *Kircherus* Onderaardſche Wereld, 't 4de Boek, pag. 221, Amſt. 1682.
(*m*) *Philoſoph. Tranſact.*, Num. 209, pag. 99.
(*n*) *Frezier* Reize na de Zuidzee, tuſſchen pag. 506 en 507.
(*o*) *Kircherus* Onderaardſche Wereld, pag. 223. (*p*) *Leo Africanus*, pag. 439.
(*q*) *Ysbrant Ydes* Reize na China, pag. 47.

Archipel, by 't Eiland St. Erini, of Santorin, nieuwe Eilanden en Klippen zien opryzen (r); zelfs nog in 't Jaar 1707 (s). *P. Ricard* verhaalt, dat op 't gemelde Eiland, by de Poort van 't Kafteel, een Infcriptie gevonden word, waarin men leeft, dat die veranderingen daar al 55maal zyn voorgevallen (t). In 't Jaar 1720, tusfchen den 7den en 8ften December, is by St. Michiel, onder de Vlaamfche Eilanden, een nieuw Eiland opgekomen; dog in 't Jaar 1722 was het zelve reets veel afgenomen (v).

Holen en Spelonken.
Op eenige plaatzen zyn Holen en Spelonken: in Italien is een klein Hol, genaamt Grotta del Cane, vermaard wegens de fenynige damp die daar is; in 't Eiland Antiparos is een wonderlyk Hol of Grot, vercierd met een wit doorfchynend zoort van Marmer, 't welk zig als Planten of Bloemen vertoond, daar van de uiterfte einden of uitfpruitzels zig opdoen als Bloemkoolen (x): de Holen der Bergen, in Sina, en de yslyke dieptens die by zommige Bergen zyn, gaan wy om de kortheid voorby.

Behalven de Holen die uit de Natuur zyn, vind men 'er ook door Menfchen handen gemaakt, om door dit wroeten in de Aarde, de Metaalen, en andere dingen, die in de Menfchelyke zaamenleeving van gebruik zyn, daar uit te haalen.

VI. HOOFD-

(r) *Strabo*, lib. 1, pag. 39, Ed. 1587. *Senec.* Nat. Quef., lib. 6, cap. 21. *Plinius*, lib. 2, cap. 87, pag. 31, volgens de uitgaave van *Hardouin*. *Juftinus*, lib. 30, cap. 4, pag. 223, Lugd. 1594. *Dion. Caff.*, lib. 60, Sext. *Aurel. Victor* de *Cæfar.* in Claud., pag. 218, Amft. 1625; *Theophanes*, *Cedrenus*, en andere. Het klein brandend Eiland is ruim 150 Jaaren voor deezen tyd opgekomen.
(s) Hiftoire de l'Acad., Ao. 1708, pag. 29.
(t) *Kircherus* Onderaardfche Wereld, pag. 223.
(v) Hiftoire de l'Acad., Ao. 1722, pag. 16 en 17.
(x) Voyage du Levant, par *Tournefort*, pag. 226, Lyons 1717.

VI. HOOFDSTUK.

Van de Mynen.

Op de Aarde heeft men reeds zoo veel Mynen, van Metalen, en andere Stoffen, ondekt, dat het te lang zou zyn, om die alle aan te wyzen; ik zal maar eenige van de voornaamste aantrekken. Van de Mynen.

Het dierbaarste onder de Metalen is 't Goud, de deelen daar van zyn digt in een gedrongen; want geen zwaarder Metaal heeft men tot nog toe ontdekt: evenwel kan men 't Water door de porien van 't Goud heen perssen; want een goude ronde kloot, van binnen met Water gevuld, door een Hamer tot een andere gedaante willende slaan, om de binnenste holte, daar 't Water in beslooten was, kleiner te maaken, zag men 't Water aan alle kanten van 't Goud als zweet uitbreeken (*a*). Dat ook het Goud duurzaam is, weet men door de ondervinding, en dat door het vuur weinig daar van vervliegt, blykt, om dat een once Goud, een half Jaar lang, in een geduurige gestookte Glasblaazers Oven gehouden, zoo dat het altyd kookte, of vloeibaar was, geen grein verteerde (*b*). 't Goud.

Voor een lange reeks van Jaaren zyn de Goud-Mynen al bekend geweest: *Plinius* stelt *Cadmus van Phenicien*, als een der eerste Ontdekkers; die ook het smelten en fynmaaken daar van, by den Berg Pangæus, zou uitgevonden hebben (*c*). Goud-Mynen.

In America zyn veel Goud-Mynen: in 't gemeen vind men, volgens 't verhaal van *Frezier*, in 5000 pond Minerale Stoffe, van 4 tot 6 oncen Goud, daar doorgaans twee oncen afgaat voor de onkosten: dog op zulke berigten kan men niet zeker zyn; men diende, uit de Boeken van de Mynen, zelfs te hebben, hoe veel Goud of Zilver, in een bepaalde tyd, daar uitkomt, en hoe veel dat de onkosten daar van geweest zyn. Het is zeer zeldzaam dat men groote stukken Goud vind; evenwel heeft men een stuk gevonden In America.

(*a*) Korte Inhoud van de Philos. Lessen, door *Desaguliers*, pag. 94, Amst. 1731.
(*b*) Boerhaave Elem. Chym. (*c*) *Plinius*, lib. 7, cap. 56, pag. 140.

van ruim 64 marken, en een ander van 45 marken (*b*); dit laatfte hield op eene plaats 11, op een andere plaats 18, en wederom op een andere plaats 21 caraaten fyn (*c*): ligtelyk zyn deeze ftukken, door Menfchen, of door het vuur der brandende Bergen, zoodanig te zaamen gefmolten. In 't Jaar 1706 heeft men Goud-Mynen ontdekt in Chili, by Copiapo, daar in 5000 pond omtrent 12 oncen Goud gevonden wierd; in 't Jaar 1713 werkte men 'er met zeven Moolens (*d*): ook zyn in 't zelfde Landfchap de Goud-Mynen van Tiltil; dog deeze zyn niet heel ryk (*e*): in Peru zyn ook eenige Goud-Mynen; te weeten, in de Provincie van Guanaco, na de zyde van Lima; in die van Chicas, by de Stad Tarya, twee mylen van de la Pas: wat voor Schatten dat uit America in Spanjen komen, blykt door de Azogues-Scheepen van Vera Crus, die in 't Jaar 1734, den 3den Auguftus, te Cadix aangekomen zyn, medebrengende, zoo voor den Koning, als voor byzondere Perzoonen, 4926743 Piafters in Goud en Zilver; de Flotille, die in 't Jaar 1735, den 8ften September, tot Cadix aangekomen is, bragt mede 3614458 Piafters aan Goud en Zilver, behalven 4463 mark gewerkt Zilver (*f*). Aan de Zuidzyde van Brazil; ook agter St. Salvador, hebben de Portugeezen, zedert het Jaar 1680, ryke Goud-Mynen ontdekt (*g*): in 't Jaar 1733 is in Portugaal, van Rio de Jainairo, gekomen, 528 marken Staaf-goud, 2124 marken Stof-goud, 2675 marken Zilver, en nog 6 millioenen, 407000 Cruzaaden in Goud en Zilver; in 't volgende Jaar wederom omtrent 13 millioenen guldens aan Goud en Zilver (*h*).

In Afia. In Afia zyn eenige Goud-Mynen; als op 't Eiland Sumatra, Borneo, en andere plaatzen; maar de meefte kunnen de onkoften naauwlyks goedmaaken, die men doen moet, om 't zelve daar uit te

---

(*b*) Frezier, pag. 191 en 292. In de Memoir. van de Franfche Academie, van 't Jaar 1718, word verhaald, dat dit ftuk 50 marken weegt.
(*c*) Frezier op de zelfde plaats.
(*d*) Frezier, Relation de Voyage de la Mer du Zud, pag. 244 en 245.
(*e*) Frezier, pag. 184.
(*f*) 't Goud, Zilver, en andere Koopmanfchappen, die de Flotille en Affogues-Scheepen, in 't Jaar 1737, meede gebragt hebben, wierd begroot op 17 millioenen Piafters.
(*g*) Atlas Maritimus & Commercialis, pag. 333, Lond. 1728.
(*h*) Maandelyke Poftryder van September, in 't Jaar 1734, pag. 349 en 350.

te haalen. In 't Jaar 1682, den 5den January, zyn 22 Bergwerkers, met 345, zoo Slaaven als Slaavinnen, gekomen by de Silladifche Goud-Myn Tambag, op Sumatra, gezonden zynde door de Nederlandfche Oostindifche Compagnie, om te onderzoeken, of men dezelve ook met voordeel kon bewerken: van den 5den January tot den 20sten Juny, is daar uit gelevert 18687 pond Erts, waarin gevonden wierd 297 marken, en ruim 5 oncen, zoo Goud als Zilver; 't welk waard was 14226 Hollandfche guldens: men zou dit eerder een Zilver-Myn, als een Goud-Myn kunnen noemen; want uit de gemelde waarde volgt, dat onder ieder 100 pond Erts omtrent $1\frac{1}{2}$ mark Zilver, en 1 once Goud gevonden wierd: maar om dat de Lugt, voornaamentlyk voor de Europeaanen, daar ongezond was, en veel Menfchen stierven; ook dat de Erts begon te verminderen, zoo heeft men die verlaaten (*h*). De Sineefche Mynen vind men in de Kaarten van de Sineefche Atlas, door *Martini* (*i*); de Japanfche Goud-Mynen zyn niet regt bekend: in ouden Tyden vond men ook Goud in de Rivier de Ganges, in Indiën; en in de Pactolus, in Natoliën (*k*): in de Philippynfche Eilanden, by Manille, zegt men, dat ook Goud gevonden word (*l*).

Men fchryft ook, dat 'er verfcheide Goud-Mynen in Africa zyn, tuffchen de Rivieren Senegal en Gambië, of tuffchen de 13 en 14 graaden Noorder breedte en 9 graaden lengte, te reekenen van 't Eiland Fero.

In Africa.

Dog voornaamentlyk fchynen in Guinée veele Goud-Mynen te zyn, alzoo een menigte van Stof-goud in de Rivieren gevonden word: Mr. *Houston* verhaalt, dat de Europeaanen, 's Jaarlyks, daar omtrent 40000 oncen van medebrengen (*m*), of, zoo andere reekenen, 7000 marken (*n*); dat is, met het Goud dat na de Colonien gaat, de waardy van omtrent 3 millioenen guldens.

Stofgoud.

K   Men

(*b*) *Oft-Indifche Reife-Befchreibung, oder Diarium, von Elias Heffen*, Leipz. 1699, van pag. 167 tot 177.
(*i*) Dog men weet niet, of die alle wel wezentlyk zyn; of die bewerkt worden, of niet.
(*k*) *Plinius*, lib. 33, cap. 4, pag. 699.
(*l*) Atlas Maritimus & Commercialis, pag. 216, Lond. 1728.
(*m*) In zyn Befchryving van Kuft van Guinée, in 't Jaar 1725, te London gedrukt.
(*n*) Atlas Maritimus & Commercialis, pag. 270, Lond. 1728.

In Europa.

Men verhaalt, dat in Spanjen, in de Provincien van Eftramadura en Andalufien, Goud- en Zilver-Mynen ontdekt zyn, omtrent het Jaar 1725, als Guadalcanal; en 16 mylen van daar, Rio Tinto; welke laatfte Myn 10 mylen van Sevilien is (o): Oudtyds, onder de Regeering van Keizer Nero, wierd 'er een Goud-Myn in Dalmatien gevonden (p). In voorige tyden heeft men al Goud in de Rivieren gevonden; als in de Taag, in Spanjen; in de Po, in Italiën; en de Marixa, in Romanien (q): en tegenwoordig word nog, onder 't Zand, in verfcheide Rivieren van Europa, kleine korrels Goud gevonden:

1. Als in den Rhyn, van Straatsburg tot Philipsburg; de eerfte Stad heeft daar van omtrent twee mylen onder haar gebied, en koopt 's Jaarlyks, van de geen die daar na zoeken, 4 of 5 oncen, tegen 16 livres, Franfch geld, ieder once: dit Goud houd $21\frac{1}{2}$ caraaten fyn (r).

2. In de Rhone, in 't Land van Gex, vind men Goud dat 20 caraaten fyn houd (s).

3. In de Ceze, die in de Sevennes zyn oorfpronk heeft, vind men ftukjes Goud, die nog iets grooter zyn als de voorgaande, dewelke 18 caraaten, 8 gryn fyn houden (t).

5. In de Ariege, in 't Land van Foix, by Pamiers, word ook Goud gevonden, dat het fynfte van allen is; want het houd 22 car., 6 gryn (v).

In 't geheel weet men, tot nu toe, 10 Rivieren of Beeken, in Vrankryk, daar eenig goud in gevonden word (x).

In Hongaryen zyn verfcheide Goud-Mynen; de rykfte is by Chremnitz, daar men, volgens 't berigt van *Brown*, al 1000 Jaaren in gewerkt heeft (y); ook word in 't Zilver, dat men uit de Mynen, by Schemnitz, trekt, omtrent een agtendeel Goud gevonden (z).

Dat

(o) Atlas Maritimus & Commercialis, pag. 63, Lond. 1728.
(p) *Plinius*, lib. 22, cap. 3, pag. 697.
(q) *Plinius*, lib. 33, cap. 4, pag. 699.
(r) Hiftoire de l'Acad., Ao. 1718, pag. 87 en pag. 108.
(s) De zelfde Hiftoire, pag 87 en 108. (t) Op de zelfde plaats.
(v) 't Zelfde, pag. 108. (x) In de Memoir. van 't Jaar 1718, pag. 89.
(y) *Eduard Browns* Reize, pag. 164 en 165.
(z) De zelfde Schryver, pag. 169.

of Aardryks-beschryvinge.

Dat al voor langen tyd het Zilver in betaaling toegewogen is, **Zilver.** vind men in de Heilige Schrift (*a*): keurt men, in dit geval, de Reekening van *Marsham* voor goed, dan zou, omtrent 3600 Jaaren voor deezen tegenwoordigen tyd, *Abraham* de Akker van *Ephron* gekogt, en met Zilver betaald hebben (*b*). *Plinius* schryft, dat *Erichtonius*, of *Eacus*, de Uitvinders van de Zilver-Mynen zyn (*c*): de eerste, meent men, dat omtrent 400 Jaaren laater geleefd heeft als Abraham (*d*); zoo dat dit maar de eerste ontdekkers onder de Grieken zullen geweest zyn, en de Uitvinders van Mynen, voor dien tyd, nog onbekend, schoon ze reeds by andere Volkeren al gevonden waren. Voor omtrent 26 Eeuwen liet *Phidon*, de Koning van Argia, in 't Eiland Egine, 't eerst zilvere Munt slaan (*e*): de beroemde *Newton* stelt dit 596 Jaaren voor Christus, na de gemeene Tyd-reekening (*f*). 269 Jaaren voor Christus, wierd tot Romen voor de eerstemaal de zilvere Munt gangbaar (*g*).

De bekendste Zilver-Myn, in America, is die van Potosi, daar **Zilver-** men reets een ongelooflyken Schat uitgegraven heeft (*h*); dog nu **Mynen.**

be-

(*a*) Genes. 23. vers 16. (*b*) Canon Chron., pag. 21, Franck. 1696.
(*c*) *Plinius*, lib. 7, cap. 56, pag. 149. (*d*) Canon Chron., pag. 97.
(*e*) Lib. 8, pag. 247.
(*f*) Chron. des Ancien. Royaum., pag. 41, Par. 1728.
(*g*) *Plinius*, lib. 33, cap. 3, pag. 697, Aur. Allob. 1606.
(*h*) *Eduard Brown* in zyn Reis, pag. 255, Amst. 1696, heeft uit *Alberto Alonzo Barba*, Bisschop van Potosi, dat uit de Zilverberg, by die plaats, reets tusschen de 4 en 5 honderd millioenen Stukken van Agten, aan Zilver, gekomen waren: waarop de voornoemde *Brown* laat volgen, om de onmogelykheid daar van aan te toonen, dat van dit Zilver wel zoodanig een Berg zou kunnen gemaakt worden, als die, daar men 't zelve uit gegraaven heeft; en als die Stukken van Achten op de grond nedergeleid wierden, zoo digt nevens malkander geschikt, als 't mogelyk was, dat zy dan de ruimte van 60 Mylen in 't vierkant zouden beslaan; 't welk een *duistere* uitdrukking is: maar al staat men toe, dat 'er 500 millioenen Stukken van Agten uit de Berg gekomen zyn, kan men door de uitreekening doen blyken, dat dit maar een klomp zou maaken, wanneer men dezelve de gedaante van een Teerling gaf, daar van ieder zyde lang zou zyn, 35 voeten, Rhynlandsche maat: als men de laatstgemelde Stukken van Agten, in 't vierkant, nevens en onder malkander leide, de middelpunten regt onder malkander, zoo men dezelve volmaakt rond steld, en de middelyn van ieder, 4 voet, Rhynlandsche maat, dan volgt, dat 'er maar $\frac{1}{14}$ste part van een Hollandsche vierkante myl plaats van nooden is, om al deeze Stukken van Agten op te leggen; maar om dezelve naast malkander te plaatzen, zou een lengte van 2641 Duitsche mylen vereischt worden.

begint dezelve geheel afteneemen: voortyds werkte men hier met 120 Moolens; in 't Jaar 1713 waren 'er maar 40; en nog heeft men voor de helft zomtyds geen werk (*i*): men verhaalt, dat onder 100 pond Myn-ftoffe nu maar 1½ once Zilver gevonden word (*k*); 't welk, volgens *Frezier*, de onkoften naulyks zou kunnen goedmaaken (*l*): in de Provintie van Tarama zyn de onkoften van ieder 100 ponden Zilver, dat uit de Mynen komt, omtrent ½ once Zilver (*m*): in Duitsland bewerkt men Zilver-Mynen, daar in ieder 100 pond maar ½ once Zilver gevonden word (*n*). De rykfte Zilver-Myn, die in Jaar 1713 in 't Zuider America bekend was, is by Orure, omtrent 80 mylen van Arica (*o*). In 't Jaar 1712 ontdekte men te Ollachoa, by Cusco, een ongemeene ryke Zilver-Myn; dog een Jaar daar na leverde dezelve niet meer uit als de andere (*p*): 70 mylen van Potofi zyn de Zilver-Mynen van Lipes, daar al voor lang veel Zilver in gevonden is; 12 mylen van 't Eiland Iquique zyn in 't Jaar 1713 Zilver-Mynen ontdekt (*q*); by Puno zyn ook Zilver-Mynen daar in gewerkt word (*r*): men verhaalt, dat in 't Noorder America, in 't Jaar 1736, by Senoza, 200 mylen ten Noordweften van Mexico, in een Gebied, genoemt Corodegohi, tuffchen twee Heuvels, veel Zilver gevonden is; onder andere, een groote klomp Natuurlyk Zilver.

In Europa zyn ook Zilver-Mynen, en zelfs in de koude Landen, als in Zweeden (*s*): Ik zal hier laaten volgen, hoe veel ponden Zilver (de Oncen en Engels verzuimende om de kortheid) dat in 14 agtereenvolgende Jaaren, uit de gemelde Mynen gegraven zyn, en de waarde daar agter voegen, als ook de onkoften, in Keizerlyke Daalders; dog de gedeeltens reken ik niet: hier uit kan men zien, hoe veel 's Jaarlyks met de gemelde Mynen gewonnen of verlooren is.

Jaaren

(*i*) Voyage de la Mer du Zud, pag. 253. Voortyds, zegt men, dat in 100 pond Mineraale Stoffe, van deeze Myn, 10 of 12 oncen Zilver gevonden wierd. *Eduard Browns* Reize, pag. 255.
(*k*) Meth. pour Etud. la Geograph., tom. 3, pag. 206.
(*l*) Voyage de la Mer du Zud, pag. 279. (*m*) Idem, pag. 280.
(*n*) *Browns* Reize, pag. 255.
(*o*) *Frezier* Voyage de la Mer du Zud, pag. 291, Amft. 1717.
(*p*) Idem loc. cit. (*q*) Idem, pag. 256. (*r*) Idem, pag. 308.
(*s*) Tuffchen de 60 en 70 graaden Noorder Breedte,

of Aardryks-beschryvinge.

Jaren.	Ponden Zilver.	Waarde in Keiz. Daald.	Onkosten in Keiz. Daald.	Winst in Keiz. Daald.	Verlies in Keiz. Daald.	
1711	15483	172145	107442	64702		
1712	15490	174157	113265	60892		
1713	12630	141247	126940	14307		
1714	12689	148316	135057	13259		
1715	9037	108154	137001	——	28847	
1716	12744	154194	125417	28777		
1717	21793	276428	138975	137453		(t)
1718	19685	257149	157189	99960		
1719	14824	193948	167626	26322		
1720	12760	168992	169363	——	371	
1721	13671	178181				
1722	16884	222285				
1723	16722	210273				
1724	14384	186796				

Zomtyds vind men in de Zilver-Mynen Natuurlyk Zilver; in de onderstaande Mynen heeft men gevonden als volgt:

               ℔ Natuurlyk Zilver.
In 't Jaar 1719 in de Myn van de H. Andreas —— —— 279
     1727 den 13den Maart in de Myn Cronprintzen 245
      —— in Segen Gottes —————————— 304
     1726 in Willen Gottes ——————————— 150
      —— Gottes Hulff in der Noth ———— 850
      —— Sachsen ——————————————— 1638
      —— Segen Gottes ——————————— 323
      —— Noves Gluch ———————————— 1246
      —— Frederici 4to. —————————— 334

 Te Kongsbergen, in Noorwegen, is ook een Zilver-Myn; dog daar is in geen Eeuw natuurlyk Zilver in gevonden: in Zweeden, 7 mylen beoosten Upsal, is mede een Zilver-Myn (v); in Boheemen zyn omtrent 30 Mynen, waar onder eenige daar men al 700 Jaaren in zou gewerkt hebben; in zommige, quam uit 100 ponden Myn-stoffe omtrent 1 once Zilver, en tusschen 1 pond en een half
        K 3   pond

(t) *Emanuel* Swedenborgii Regnum Subterraneum, Dresdæ & Lipziæ 1734, uit de Voorreden.
(v) Philosoph. Transact., Num. 388, pag. 313.

pond Koper (*x*): in 't geheel vind men daar, 's Jaarlyks, omtrent 2 of 3000 pond Zilver, en omtrent 40maal zoo veel Koper (*y*); ook zyn te Hartz, in 't Hanoverfche, eenige Zilver-Mynen: verfcheide Zilver-Mynen zyn in Hongaryen; als te Schemnitz, en op andere plaatzen (*z*).

In 't Jaar 1171 wierden de Zilver-Bergwerken in Meiffen ontdekt: een Voerman, die gewoon was Zout na Boheemen te brengen, vond, niet ver van de plaats daar nu Freiberg, in Meiffen, legt, een Mineraal-Steen, die hy op zyn wagen leide, en na Goslar bragt, dewelke beproefd zynde, zoo vond men daar Zilver en Lood in (*a*).

In 't Jaar 1471 wierd in Saxen de Zilver-Aderen te Schneberg ontdekt (*b*).

In 't Jaar 1491 ontdekte men in de Meisnifche Gebergtens de Zilver-Mynen van ter Glashutten, Schreckenberg en Annaberg (*c*).

In 't Jaar 1519 vond men, op de Grenzen van Boheemen en Saxen, een Zilver-Myn, daar van de Ryksdaalders geflagen wierden, die men Joachims Daalders noemt (*d*).

Te Schwats, in Tyrol, zyn ook Zilver-Mynen: doe Keizer *Karel de 5de* deeze bezag, zoo vereerde hem de Bergheer met een dikke zilvere Penning, die 1700 gulden waardig was (*e*).

In Servien, omtrent de Stad Kiratouum, heeft men, omtrent het Jaar 1370, veel Zilver getrokken uit de Mynen die daar zyn (*f*). Na de kant van Macedonien; daar men la Cavalle heeft; ook omtrent die plaats, daar men meent dat Troyen geftaan heeft, zyn Zilver-Mynen (*g*).

In

(*x*) *Eduard Browns* Reize, pag. 245.
(*y*) *Emanuel* Swedenborgii Regnum Subterraneum, pag. 159.
(*z*) *Eduard Browns* Reize, pag. 157; in de Danub. Pannon. Myfi., tom. 3, door de Graaf *Marfigli*, tuffchen pag. 18 en 19, vind men twee Geographifche Kaarten, daar de plaats van de Goud-, Zilver-, en Koper-Mynen, enz. die in Hongaryen zyn, vertoond werden.
(*a*) *Gotfrieds* Hiftorifche Kronyk, 6de Boek, col. 1142.
(*b*) *Philippi Melanchton* Opera, par. 5, Chron., lib. 5, pag. 677, Witeb. 1601.
(*c*) *Gotfrieds* Kronyk, col. 1437.
(*d*) De zelfde Schryver, col. 1440. (*e*) Idem, col. 1482.
(*f*) *Ducæ Michaelis* Nepot. Hiftor. Byzant., pag. 7, Par. 1651. *Joan. Leunc.* Pandect. Hiftor. Turc., pag. 420, Par. 1650.
(*g*) Memoir. de l'Academ., Ao. 1732, pag. 44.

In Spanjen, omtrent Sevilien, is de Myn van Cazalla, daar men, omtrent het Jaar 1725, in 100 pond, vond 3 oncen Zilver (*h*).

Men vind dikwils Zilver Aderen in de Koper-, en zelfs ook in de Yzer-Mynen: in het midden van een Yzer-Myn, die Noormarken genoemd word, in Wermland (*i*), wierd, in 't Jaar 1726, Natuurlyk Zilver gevonden; in ieder honderd pond 77 marken; dog de rykheid van deeze Myn duurde niet lang; dezelve verminderde en de Ader wierd hoe langer hoe naauwer, tot dat die, in 't Jaar 1727, in Augustus, verdween; doe vond men wederom Yzer: dit was voor 70 of 80 Jaaren nog eens gebeurd (*k*).

Al voor lang is het Koper bekend geweest: by de Romeinen, onder *Servius Tullus*, wierd het gemunt Koper voor geld gangbaar (*l*). Een menigte van Koper-Mynen vind men in Europa, daar van ik de voornaamste maar zal aantoonen. {Koper.}

In Zweeden heeft men, by Fahlun, de groote Koperberg, omtrent 27 Duitsche Mylen na 't Noordwesten van Stokholm, daar men al meer als 1000 Jaaren in gewerkt heeft, van 't Jaar 1636 tot het Jaar 1663 ingeslooten, is daar uitgekomen 36:002 Schippond, 15 Lispond, 2 pond Koper (*m*); dat is ieder Jaar, door malkander, 35262 centenaars, Amsterdams gewigt: indien men stelde, dat dit 1000 Jaaren agtereen zoo gebeurd was, dan zou uit die Myn gekomen zyn een stuk zuiver Koper, de gedaante van een Teerling hebbende, daar van ieder zyde zou zyn omtrent 400 voeten, Rhynlandsche maat. {Mynen in Zweeden.}

De Zweedsche Koper-Myn, Nya-Kopparbergs-Grufwan, is in 't Jaar 1624 ontdekt; de eene tyd gaf die meerder, de andere tyd minder: in 't Jaar 1661 kreeg men daar uit 900 Schippond; zomtyds 300, 400, 500, en 600: ook ontdekte men een Zilver-Ader daar in, waar in ieder 100 pond niet meer als 1 of 1½ lood Zilver was.

In

(*b*) Atlas Maritimus & Commercialis, pag. 63, Lond. 1728.
(*i*) Deeze Myn leid op de Noorder Breedte van 61 graaden.
(*k*) *Emanuelis* Swedenborgii Regnum Subterraneum Sive Minerale de Ferro, pag. 67 en 68, Dresdæ & Lipsiæ 1734.
(*l*) *Plinius*, lib. 33, cap. 3, pag. 697.
(*m*) *Emanuelis* Swedenborgii Regnum Subterraneum Sive Minerale Cupro & Orichalco, pag. 14. Ieder Schippond is in Zweeden 320 pond; dat maakt, volgens de gemelde Schryver, 272 pond Hollands; of, volgens *le Negoce d'Amsterdam*, pag. 447, maakt dit 273¼ pond Amsterdams gewigt.

In 't Jaar 1696 is ontdekt de Myn Fin-grufwan, daar men, in ieder 100 pond, 8 of 9 pond Zulpher, en 15 of 16 pond Koper vond (*n*). In 't Jaar 1638 vond men de Myn Haralds-Grufwan, daar was een Zilver-Ader in, uit dewelke men 10 lood Zilver kreeg uit ieder 100 pond Erts. Nog zyn in Zweeden de Koper-Aderen, Garpenberg, Schilau, Cleve, en Loberg (*o*).

Noorwegen. In Noorwegen zyn verscheide Koper-Mynen: te Tolgen komt uit ieder 100 Schippond Erts omtrent 9 Schippond Koper (*p*). In 't Jaar 1722 vond men, in 't Landschap Aggerhus, de Kopermyn Faudahl.

Te Meldahl of Lecken heeft men, omtrent het Jaar 1654, ontdekt drie Koper-Mynen; 1. Ofwer-grufwan; 2. Badstugu-grufwan; 3. Nya Badstugu-grufwan: ziet hier het Koper dat men in drie Jaaren daarin gevonden heeft, als ook de Koolen en 't Hout die men daar toe gebruikt heeft:

Jaaren.	Tonnen Erts.	Zuiv. Koper Schipp.L:sp.		Laften Koolen.	Maaten Hout.	
1722	6697	566	: 5	7452	252	
1723	5926½	478	: 10	7051	227½	uit de Ovens van Swarkme.
1724	6192	401	: 5	7284	201	
1722	3452½	263	: 5	3491	155	
1723	2819½	210	: —	2698	142	(*q*)
1724	3799	215	: 5	4171½	174	

Dit laatste is uit de Ovens van Grydzetter: Uit ieder Myn pleeg men, in 12 uuren tyds, te kunnen graaven 12 tonnen Erts; dog nu maar 6, 7 of 8.

In 't Jaar 1665 ontdekte men, in Noorwegen, de Koper-Myn Heftesletten; in 't Jaar 1691 die, dewelke men *Christiaan de Vyfde* noemt; in 't Jaar 1707 die van *Frederik de Vierde*, of *Wangryts*; in 't volgende Jaar Nya Storwards-grufwan; in 't Jaar 1710 de geen, die men Myre noemt (*r*); in 't Jaar 1712 vond men, in 't Bisdom Drontheim, een Koper-Myn op den Berg Hogaubswaurden.

In

(*n*) *Emanuelis* Swedenborgii Regnum Subterraneum Sive Minerale Cupro & Orichalco, pag. 66.
(*o*) Idem, pag. 100, 105, 110 en 113.
(*p*) Idem, pag. 125. (*q*) Idem, pag. 130. (*r*) Idem, pag. 115.

of Aardryks-befchryvinge.

In Duitsland zyn veel Koper-Mynen; ik zal maar eenige daar In Duits-
van aantrekken: die van Eisleben is in 't Jaar 1199 ontdekt; tegen- land.
woordig komt 'er in een Jaar 1000 of 1200 centenaars uit; in ieder
100 pond word van 9 tot 15 lood Zilver gevonden; van 't
Jaar 1692 tot het Jaar 1695 ingeflooten, is 'er in gevonden 4684
centenaars en 33 pond Koper, met 1411 pond en 5 lood Zilver (s).
Uit de Boheemfche Koper-Mynen zou 's Jaarlyks omtrent 1000 centenaars Koper, beneffens 2 of 3 duizend pond Zilver komen.
In 't Landgraaffchap Thuringen, te Sangerhauzen, zyn 9 Koper-
Aderen of Mynen; in 't Graaffchap Hennenberg, te Ilmenau, is
één Koper-Myn; by Goslar is de Myn Rammelsberg; omtrent
Pabel, 9 mylen van Infpruk, zyn Mynen daar Koper en Zilver in
gevonden word.

In 't Bisdom Trier, te Muffen, is een Myn, daar men, in
100 pond Erts, gevonden heeft 16 lood Zilver, 42 pond Lood,
12 pond Yzer of Staal, en 34 pond Koper; maar ik geloof niet,
dat dit lang van duur geweeft is.

In Hongaryen, by Neufol, heeft men de Koper-Mynen van
Herngrund (t): voor omtrent 100 Jaaren, is te Agort, in 't Gebied van Venetien, een Koper-Myn gevonden; in Zwitzerland,
in 't Canton Glarus, heeft men een Koper-Myn in de Berg Morshen-
burg: voor 40 Jaaren ontdekte men in de Pyreneefche Bergen, en
aldaar, in de Berg Bowvrein, een Koper-Myn (v).

In Engeland, omtrent Briftol, is een Koper-Myn (x); een an- In Brit-
dere, twee mylen van Mommouth, in Walles (y); in Cornwal is tannien.
een Koper-Myn, daar ook Tin in gevonden word: in 't Jaar 1724
heeft men in Schotland, omtrent Blacford, twee mylen van Edenburg, een Koper-Myn ontdekt; en twee mylen van Sterling,
een andere; ook zou in Yrland, by Waterfort, een Koper- en
Lood-Myn ontdekt zyn.

In Rusland zyn verfcheide Koper-Mynen; als in Permia, omtrent In Rus-
de land.

(s) *Emanuelis* Swedenborgii Regnum Subterraneum Sive Minerale Cupro &
Orichalco, pag. 174.
(t) Danub. Pann. Myf., tom. 3.
(v) *Emanuelis* Swedenborgii Regnum Subterraneum Sive Minerale Cupro &
Orichalco, pag. 141.
(x) Idem, pag. 135. (y) Idem, pag. 138.

de Rivier Cama, en 't Kloofter Piscoy; uit die van Cathrina-Berg komt 's Jaarlyks 3000 poed Koper; dat is, volgens ons gewigt, omtrent 960 centenaars.

In America. In Penfilvanien, te Nieuw Jerfey, is een ryke Koper-Myn, daar uit 100 pond Erts 30 pond Koper komt; ook is 'er een in Nieuw Jork: in 't Zuider America zyn ook verfcheide Koper-Mynen; een voornaame is drie mylen in 't Noordooften van Coquimbo; ook is een andere vyf mylen benoorden de gemelde plaats (z): twaalf mylen van Pampas du Paraguay is een ryke Koper-Myn ontdekt (a).

In Afia en Africa. Ook komt Koper, in ftaafjes, uit Japan; in koeken, uit Barbaryen (zynde de Mynen bezuiden St. Cruz); en in kleine ftukjes, uit Angola.

Yzermynen. In Zweeden en Mofcovien zyn veel Yzer-Groeven: verfcheide Yzer-Werken zyn in Siberien; uit dat geen, 't welk men Cathrina-Berg noemt, komt, als 'er een geheel Jaar, zonder ophouden, in gewerkt word, 10000 poed raauw Yzer, of omtrent 4000 poed zuiver Yzer; dat is omtrent 1280 centenaars, Amfterdams gewigt (b).

Quikzilver. Ook vind men verfcheide Mynen daar Cinaber uit gehaald word, daar men Quikzilver in vind: *Plinius* verhaalt, dat 'er Cinaber-Mynen in Spanjen waren (c); 't geen, waarfchynelyk, die van Almaden geweeft zyn, in de Provintie de la Mancha, daar nog tegenwoordig veel Quikzilver in gevonden word, 't welk de Spanjaarden na Mexico brengen.

Te Idria, in 't Landfchap Friuli, is een Quikzilver-Myn, die omtrent 230 Jaaren in 't bezit van den Keizer van Duitsland is geweeft: 't Quikzilver, dat, zonder behulp van Vuur, door Water, met een Zeef, gefcheiden word, noemt men Maagden Quik; 't gebeurt wel, dat men droppels Quikzilver in de Mynen ziet vallen, of dat het met een zeer dunne ftraal loopt; maar dit is ongemeen,

en

(z) *Frezier* Voyage de la Mer du Zud, pag. 233. (a) Idem, pag. 145.
(b) *Emanuelis* Swedenborgii Regnum Subterraneum Sive Minerale de Ferro, pag. 165, Dresdæ & Lipfiæ 1734.
(c) Lib. 7, cap. 33: de manier, hoe dat men het Quikzilver doet te voorfchyn komen, vind men in de Memoirien van de Franfche Academie, van 't Jaar 1719, van pag. 461 tot pag. 478.

of Aardryks-beschryvinge.

en duurt niet lang: in 't Jaar 1663 werkte men in de gemelde Myn met omtrent 280 Mannen; een gemeen Arbeider verdiende omtrent de waarde van 6 ſtuivers Hollands geld 's daags: de onkoſten, die de Keizer daar 's Jaarlyks aan doet, bedraagen niet boven de 28000 Florynen. Ziet hier 't gewigt van 't Quikzilver, dat in de drie onderſtaande Jaaren daar uit gehaald is:

	In 't Jaar 1661 pond	1662 pond	1663 pond	
Gemeen Quikzilver	198481	225066	244119	(d)
Maagden Quik	6194	9612	11862	
	204675	234678	255981	

Tuſſchen de Steeden Chremnitz en Nieufol, in Hongaryen, by het Dorp Lila, word Quikzilver gevonden: in 't Zuider America, omtrent 60 mylen van Piſco, is Guancavelica, daar men een ryke Quikzilver-Myn heeft, uit dewelke het Quikzilver komt, dat in de Goud- en Zilver-Mynen van Peru gebruikt word (e).

Tin-Mynen heeft men in Engeland; als in Devon en Cornwal (f); ook in Boheemen; in Indiën, by Malacca: ook zyn in Engeland Loodmynen, in Somerſetshire (g); in Opper-Carinthien, by Bleyberg, zyn Lood-Mynen daar reets 1100 Jaar in gewerkt zou zyn (h). By Aaken is een Myn daar Calmey in gevonden word; welke Stoffe gebruikt word om rood in geel Koper te veranderen (i); ook een andere in Carinthien (k): in 't Weſten van Engeland, omtrent Mendip, zyn verſcheide Calmey-Mynen (l): op eenige plaatzen vind men groote klompen Zout; als by Epieres, in Hongaryen (m). 't Zou al te langwylig zyn om aan te wyzen, waar dat men al de verſcheide zoorten van Steenen, Verfſtoffen, en andere dingen vind, die in de Menſchelyke zaamenleeving van ge-

Andere Mynen.

L 2

(d) Philoſoph. Tranſact., Num. 2, pag. 25.
(e) Voyage de la Mer du Zud, par *Frezier*, pag. 321.
(f) Philoſoph. Tranſact., Num. 69, pag. 2096.
(g) Philoſoph. Tranſact., Num. 28, pag. 525.
(h) Natuur- en Konſt-Kabinet van *Ranouw*, 4de Deel, pag. 159.
(i) *Browns* Reize, pag. 280. (k) Idem, pag. 281.
(l) Philoſoph. Tranſact., Num. 260, pag. 474.
(m) *Eduard Browns* Reize, pag. 177.

gebruik zyn, en tot nut of cieraad verftrekken; ik zal maar alleen nog iets van de Diamanten zeggen: Voortyds wierden die maar alleen in Afia gevonden; voornaamentlyk in 't benedenfte deel van Indoftan: omtrent het Jaar 1677 werkte men, in 't Koningryk Golconda, in 23 Diamant-Mynen (*o*); in 't Koningryk Vifiapour, in 15 Mynen (*p*); ook vind men die in 't Eiland Borneo: dog nu komen veel Diamanten uit Brazil; want in 't Gouvernement, daar de Goud-Mynen zyn, in 't Landfchap do Serro do Frio, by de Hoofdftad, is een plaats, die de Inwoonders Cay de Merin noemen, daar is een kleine Rivier, genoemt do Milho Verde, daar al voor lang eenig Goud op de grond, onder 't Zand, gevonden is: door het zoeken, na dit Goud, vond men eenige Steentjes, die als onnut verworpen wierden, tot dat, in 't Jaar 1718, het aan de omleggende Inwoonders bekend wierd, dat het Diamanten waren; en daarop gong een menigte van Menfchen daar na zoeken (*q*): zedert heeft men de Mynen ontdekt, en in 't Jaar 1734 een Compagnie daar van opgeregt; en op dat de Diamanten niet te laag in prys zouden vallen, wierd verboden, om daar meer na te zoeken (*r*); dog in 't Jaar 1734 heeft de Vloot van Rio de Janeiro medegebragt 1146 oncen aan diverfe zoort van Diamanten, en een van 115½ caraat: daarop heeft men wederom op nieuws verboden, op leevens-ftraf, om daar verder, buiten de order van den Koning, na te graaven. Turkoizen worden op twee plaatzen in Perfien gevonden; ook in Spanjen; in Boheemen; in Silefien, en in Languedocq, by Simore: Mr. de *Reaumur* meent, dat dezelve zouden voortkomen van verrotte Beenderen van Dieren (*s*).

VII. HOOFD-

(*o*) Philofoph. Tranfact., Num. 136, pag. 908. (*p*) Ibidem, pag. 913.
(*q*) Philofoph. Tranfact., Num. 421, pag. 199.
(*r*) De voornaamfte Voorwaarden zyn, dat men maar 5 of 6 honderd Slaaven in de Mynen zal laaten werken, of maar zoo veel Diamanten laaten graaven of verkoopen, als van nooden is, om de Prys in ftand te houden; al wie deze Diamanten bezitten moeten dezelve in de Munt brengen, om, volgens waardeering, aan de Compagnie voor Obligatien over te doen, of gereed geld daar voor te ontfangen; van die zulks niet doet, worden de Diamanten verbeurd verklaard: de Koning zal voor 't fluiten van de Mynen genieten 10 ten honderd van de Winft: de gemelde Koning is die van Portugaal.
(*s*) Memoir. de l'Academ., Ao. 1715, van pag. 229 tot pag. 268, de Druk van Amfterdam.

of Aardryks-befchryvinge.

VII. HOOFDSTUK.

Van de Boſſchen, Moeraſſen, Woeſtynen, en Planten.

Op zommige plaatzen van 't Aardryk zyn een groote menigte van Boomen digt by malkander opgewaſſen; dit noemt men Boſſchen: in Duitsland heeft men het Boheemer Woud, het Thuringer Woud, het Zwarte Woud, enz.; in Moſcovien zyn een groote menigte van wyduitgeſtrekte Boſſchen; men vind die ook in alle de voornaame deelen der Aarde, ieder met Boomen, na de eigenſchappen der Landſtreeken, voorzien; als Eyke-, Denne-, Beuke-, Sparre-, Eſſche-, Ype-, en veel andere zoorten van Boomen, te lang om hier op te tellen. *Van de Boſſchen.*

Hoe wonderlyk is het Hout, als men een dun ſchyfje daar van door een vergrootglas beſchouwd? in de Olme, Beuke, Eſſche, en Willige, ziet men een groote menigte van Horizontaale en regtopgaande openingen, van verſcheide wydtens, in een nette geſchikte order, door dewelke de zappen loopen, die tot voedzel en aanwas dienen (*a*). *Hout door 't vergrootglas.*

Stelt men de zwaarte van een lighaamlyke of Cubiſche voet Regenwater op 1000, dan zal de evenredigheid van 't gewigt, in verſcheide zoorten van Hout, dat de zelfde plaats beſlaat, zyn als volgt: *Zwaarte van 't Hout.*

Paardevleeſch	2695	Taxushout	760
Olyvenhout	1482	Peereboomenhout	746
Guajaci	1333	Eſſchenhout van een Tak	734
Granadille	1313	Zwarte Kriekenhout	653
Ebbenhout	1177	Lindenhout	639
Zuikerkiſtenhout	1051	Nooteboomenhout	631
Palmboomenhout	1031	Karſſeboomenhout	623
Eikenhout van de Stam	929	Cederhout	613
Sakerdanehout	867	Olmenhout	600
Beukenhout	854	Elzenhout	588
Eſſchenhout van de Stam	845	Dennenhout	550
Apelboomenhout	781	Grenenhout	536

(*b*)

(*a*) *Anthoni van Leeuwenhoek*, in zyn Brief van den 12den January 1680, van pag. 17 tot pag. 32, Leiden 1695.
(*b*) *Muſſchenbroek*, Introd. ad Cohær. Corp., pag. 671, Lugd. Bat. 1729; en in zyn Beginzelen der Natuurkunde, van pag. 377 tot pag. 379, Leiden 1736.

Woeste plaatzen en Moerassen. Ook zyn op de Aarde woeste plaatzen: dit word eigentlyk en oneigentlyk genomen; eerst, als de grond onvrugtbaar is; en 't laatste, als een Land geen Inwoonders heeft: de woeste plaatzen kan men onderscheiden in Zandachtige, Heiachtige, Steenachtige Moerassige. De Woestynen van Africa zyn veel Zandachtig; tusschen Sina en Tartaryen is de groote Zand-woestyn Goby, of Xamo; ook zyn daar uitsteekende groote Moerassen; dat is Land met Water vermengt, zoodaanig, dat het niet bebouwd, of bewoond kan worden, of van nut kan zyn: in Arabiën zyn Steen- en Zandachtige Woestynen; onder de laatste word de bekendste gemeenlyk de Zand-Zee genoemt: aan de Noordzyde van de Caspische Zee is een Zand-Woestyn, en daar omtrent, als ook in Tartaryen, zyn ongemeene groote Moerassen; in Peru, van Copiapo tot Atacamo, is het byna t'eenemaal woest (c); in Duitsland heeft men, onder anderen, de Lunenburger Heide; by Nimwegen, de Mookerheide: in de Provincie van Overyssel zyn veel Moerassen; na de kant van Braband, tusschen Venlo en Helmont, is een lange Moerassige streek Land, die men de Peel noemt.

Van de Planten. Geeft men acht op de Planten; wat al onderscheid merkt men daar in? zommige verstrekken tot voedzel aan Menschen en Beesten; veele verlustigen ons door Bloemen met schoone couleuren, en aangenaame reuk; wederom andere hebben een geneezende kragt; en zelfs zou men kunnen zeggen, dat 'er geen Plant is, die niet tot nut aan eenig leevendig Schepzel verstrekt. *Jos. Pit. de Tournefort* verdeelde al de Planten, die hem bekend waren, in 14 zoorten van Bloemen; waar van hy afdaalde tot 698 geslagten, begreepen in 10202 byzondere Planten (d). Het is bekend, dat de Heer *Vaillant*, en andere Kruidkenders, de verdeeling op een andere manier maaken (e); dog ik stel dit maar om een schets te geeven van de groote menigte der Planten, die men op de Aarde vind; en alle zyn die nog niet bekend: andere reekenen 12 of 13000 Planten (f); de Heer *Musschenbroek* stelt het getal wel 15000 (g).

VIII. HOOFD-

(c) *Frezier*. Voyage de la Mer du Zud, pag. 247.
(d) Histoire de l'Acad. de Scienc., Ao. 1708, pag. 181 en 186.
(e) Memoir. de l'Acad. van 1718, 1719, 1720 en 1721.
(f) *Reaumur* Mem. pout Serv. a l'Hist. des Insect., tom. 1, pag. 2.
(g) Beginzelen der Natuurkunde, pag. 8, Leiden 1739.

VIII. HOOFDSTUK.

Van de Dieren.

De Dieren in 't algemeen aanmerkende, vind men een groot onderfcheid in dezelve, zoo ten opzigt van de grootte, gedaante, en andere hoedanigheden; de groote Land-Dieren, wilde en tamme, als Elephanten, Leeuwen, Tygers, Paarden, enz. zyn ieder een bekend, of men kan die by de Schryvers van de Natuurkunde vinden (*a*), daarom zal ik dezelve voorbygaan, en maar een weinig langer ftilftaan op de alderkleinfte zoort van Dieren, als zynde veel onbekender, en komende de meefte Menfchen zoo aanmerkelyk niet voor; dog ieder Dier, hoe klein dat het ook zy, is van nut, en voldoet het oogmerk daar het toe gefchaapen is; maar tot nog toe zyn de meefte eind-oogmerken, waar dat dezelve toe dienen, aan de Menfchen onbekend. Door de ondervindingen der hedendaagfche Wysgeeren blykt, dat geen Dier uit verrotting voortkomt, als *Ariftoteles*, en andere ftelden, alle worden die van haar's gelyken voortgebragt: hoe zouden ook by geval al die verwonderenswaardige Ledemaaten, die op ontelbaare manieren met de uitterfte wysheid gefchikt zyn, zoo kunnen te zaamen loopen, dat die tot het leeven, en wat daar verder aan van nooden is, dienftig zouden zyn: Ik zal my niet inlaaten, om de bewysredenen op te geeven, die tegen het voortkomen der Dieren, uit een gevallige zaamenftremming, ftryden, om dat byna alle de Geleerden van deezen tyd, die ongegronde ftelling der Ouden verwerpen. Zulke die ftellen, dat wel eenige kleine Dieren door voortteeling van haar's gelyken, maar ook andere uit verrotting voortkomen, werpen ons zomtyds tegen, hoe dat een breede en platte Worm, die in 't Menfchelyk Lighaam, zomtyds ter lengte van 40 ellen (*b*), en nog langer groeit (*c*), door zyn's gelyken word voortgebragt?

of

(a) *Plinius, Aldrovandus, Gesnerus, Jonfton*, en andere.
(b) *Tulp* Obfervat., mod. 1, lib. 2, cap. 42, Amft. 1642.
(c) *Barth.* Act. Med., vol. 2, Obfervat. 47: de Figuur van deeze Wormen vind men in de Philofoph. Tranfact., Num. 146, pag. 113.

of eigentlyk maar, waar de Voorzaat van zoodanig een Worm zig onthoud, om daar uit te begrypen, hoe die in den Menfch komt? Maar of fchoon men eenige Schepzels ziet, waar van in den eerften opflag niet te begrypen is, waar van het Dier afkomftig is, zoo moet men evenwel zyn toevlugt niet tot de verrotting neemen: in één van die Wormen, die 14 voeten lang was, telde men 507 Leeden. Ik ben van gedagten, dat de Menfchen die krygen door het drinken van koud water uit de Rivieren daar Vifch in zwemt, daar deeze Worm eigen aan is; want men vind dezelve in Snoek, Aal, Bley, Braaffem, Voorn, en andere Viffchen; ook gebeurt het, dat de Offen van deeze Worm geplaagt worden (d): ten anderen, zou men die Worm in 't lyf kunnen krygen door 't onzindelyk behandelen van raauwe Vifch. Ik heb een hond gezien, die geen huisvefting had, dewelke ik meer als eens, by gebrek van ander voedzel, raauwe Vifch heb zien eeten, die naderhand een groote Worm van dit zoort quyt raakte.

Infecten. Ik zal hier noch 't een en 't ander van de Infecten, die weleer een groot deel myner Liefhebbery uitmaakten, byvoegen; men noemt ze Infecten of gekurven Diertjens, en ook wel bloedelooze, dog ten onregten; want dezelve hebben een vogt in zig, 't welk men in de Kikvorfchen en andere Dieren ziet omloopen, als men die door 't Vergrootglas befchouwt, even op die wys als 't bloed in de menfchen omloopt. Ziet men op derzelver getal, dat is ontelbaar; flaat men zyn oog op de verfcheidentheid der zoorten, die zyn zeer veel; in ieder geflagt ontdekt men nieuwe wonderen; zommige hebben twee oogen, andere agt (e), andere zyn met een groote menigte van oogen voorzien, om na alle kanten de voorwerpen te ontdekken (f): de Rupfen, en ook veel Wormen, veranderen in vliegende Schepzels, om haar geflagt voortezetten, en des te beter haare nakomelingen te plaatzen, op dat die geen gebrek zouden hebben. Van de Rupfen komen Dag- en Nagtkapellen: hier onder zyn eenige, die doorzigtige vleugels als glas hebben; men meent reets aan de Rupfen te kunnen zien, of dit

laatfte

(d) Philof. Tranfact., Num. 146, pag. 123.
(e) Mart. Lifter de Aran. Octon oculis, van pag. 21 tot pag. 91.
(f) Leeuwenhoek 5de vervolg der Brieven, de 85fte Brief, pag. 7.

IV Afbeelding

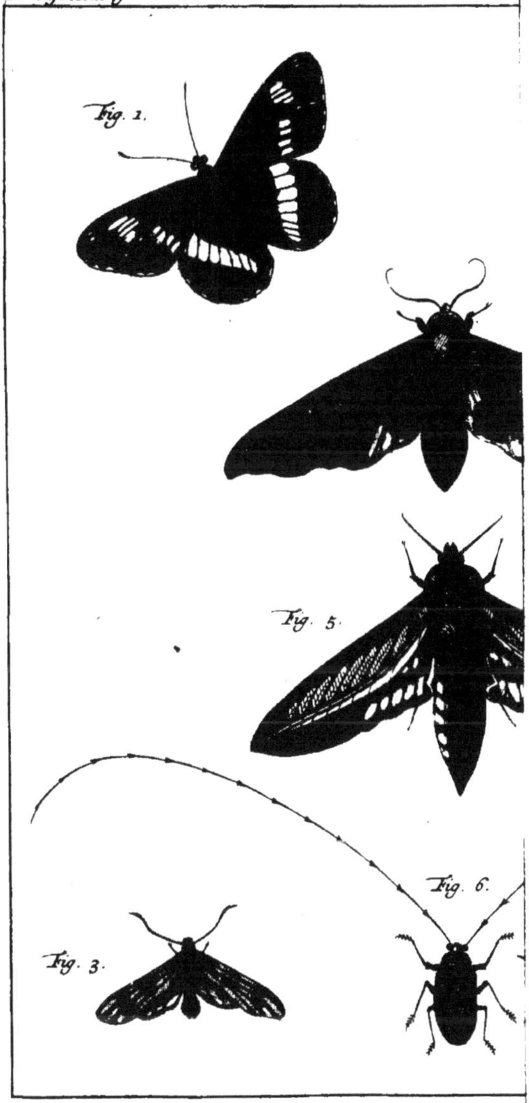

Fig. 1.

Fig. 5

Fig. 3.   Fig. 6.

of Aardryks-befchryvinge.

hatfte zoort daar uit zal komen of niet (g); en aan verfcheide Rupfen kan men bekennen of de Kapel, die daar uit zal komen, van 't mannelyk of vrouwelyk geflagt zal zyn. Zommige Wormen veranderen in Torren en andere vliegende Schepzels; andere wederom niet, en komen als de Slangen voort. Hoe heerlyk zyn verfcheiden van couleur, eenige met goud en zilver, andere met hoog rood, en met veel ftreepen, ftippen en verdeelingen van andere verwen verfierd; wederom andere als met gepolyft zilveragtig weêrfchynend Hemelsblaauw (h), 't welk door geen verf regt kan nagebootft worden. De vleugels van de Dag- en Nagt-kapellen door een vergrootglas ziende, zoo doen zig fierlyke pluimen, wonderlyke fchubben, aardige veeren en hairen op (i), die in een gefchikte ordere op de vleugels hangen. Wat heeft men, zedert men keurlyke Vergrootglazen heeft gehad, in dit ftuk niet al uitvindingen gedaan, daar de Ouden niets van geweeten hebben. *Anthony van Leeuwenhoek* ontdekte zelfs ontallyke levendige Schepzels, die wel na Aalen geleeken, in 't zaad der Menfchen en Dieren van 't mannelyke zoort (k).

Als men de Rupfen, hier onder tel ik die niet minder als agt, en niet meer als zeftien pooten hebben (*), in deeze Landen opvangt, zal onder de Kapellen, die daar uit voortkomen, omtrent het agtftendeel Dag-kapellen zyn. Alle Kapellen, die knopjes boven aan de Sprieten of Hoorens hebben, of welker Hoorens na een knods gelyken, die op 't dunft digt aan 't lyf van de Kapel is, of ook, die de gedaante van Ramshoorens hebben, vliegen by dag: ziet de IVde Afbeelding, Fig. 1, 2, 3 zyn Dagkapellen. De Hoorens der Nagt-kapellen loopen na vooren fpits toe, en zyn op 't dikft by 't lyf (l); ziet de IVde Afbeelding, Fig.

De verfcheide zoorten van Kapellen.

(g) Ik meen hier niet de kleine Vliegen, welker Wormen de Poppen der Rupfen opeeten; maar die, dewelke, volgens de vaftgeftelde Order, daar altyd uit moeten voorkomen.
(h) *Maria Sybilla Merian* over de Surinaamfche Infecten, de 53fte verandering, Amfterdam 1719.
(i) *Anthony van Leeuwenhoek* 3de vervolg der Brieven, pag. 469, Delft 1693.
(k) Ziet doorgaans de Werken van *Anthony van Leeuwenhoek.*
(*) Een van deeze laatfte zoort ziet men in de IVde Afbeelding, Fig. 7.
(l) Memoires de *Reaumur*, tom. 1, pag. 330, Amft. 1737.

Fig. 4: dog als men alle de zoorten van Kapellen vergadert, dan zal men omtrent tweemaal meer Nagt- dan Dag-kapellen hebben: de reden hier van is, om dat de ongemeene Dag-kapellen ligter gevangen worden, alzoo die dikwils wyd en zyd vliegen, dan derzelver Rupfen, die in de digte Boffchen, of wyd uitgeftrekte Heiden zoo ligt niet ontdekt worden, van wegens haar zeldzaamheid; en al vind men eenige, zoo zyn die altyd niet in ftaat om in Kapellen te veranderen. Van de Rupfen, die in de Weftindiën opgevangen worden, komen van vyf in 't gemeen twee Dag- en drie Nagt-kapellen. Onder de Uitlandfche, die ons toegezonden worden, zyn veel meer Dag- als Nagt-kapellen; zoo dat uit een gelyk getal van Rupfen, in de Weftindiën, omtrent driemaal meer Dag-kapellen komen, als hier te Lande. Ik heb de Uitlandfche Afiatifche Kapellen, die uit Amboina, Cylon, en andere plaatzen van Indië; de Afrikaanfche, uit Guinée, van de Kaap de Goede Hoop; de Amerikaanfche, van Surinaamen, Nieuw-Engeland, Mexico, de Miffifipi, &c. uit het Kabinet van de Heer *Jacob ten Kaate*, als ook de Inlandfche, die ik zelfs gezogt heb, doen aftekenen, volgens de eigen grootte en couleur, en verzameld 350 Dag- en 181 Nagt-kapellen, alle van verfcheide zoort; waarin men dient aan te merken, dat, al is het mannetje van een andere couleur en gedaante als het wyfje, dat ik evenwel dit maar voor één zoort reeken. By voorbeeld, de Kapellen van de Rupfen, die in Amfterdam de Lindeboomen zomtyds kaal eeten, daar van is 't mannetje donker bruin, 't wyfje is veel grooter, met witte vleugels, en bruine ftreepen en ftippen; evenwel is dit maar één geflagt. Ziet hier 't getal der verfcheide zoorten, die reets in de gedrukte Boeken gevonden worden; de vyf bovenfte zyn door *Zwammerdam* geteld, en de andere door my; dog in zommige Afbeeldingen is het bezwaarlyk te onderfcheiden of het Dag- of Nagt-kapellen zyn; ook kunnen eenige wel tot het zelfde geflagt behooren, daar, om de groote verfcheidentheid van couleur als anders, zulks niet van te vermoeden was; zoo dat de optelling wel iets, dog van weinig belang, zou kunnen miffen; de onderfte rey zyn de myne:

Inland-

of Aardryks-beschryvinge.

	Inlandsche		Uitlandsche		Tezaamen
	Dag-kap.	Nagt-kap.	Dag-kap.	Nagt-kap.	Kapellen.
Aldrovandus	—	—	—	—	118
Moufetus	—	—	—	—	86
Hoefnagel	—	—	—	—	50 (*m*)
Goedaart	8	77	—	—	85
Zwammerdam	45	111	9	3	168
Blankaart	5	11	10	—	26 (*n*)
Merian	16	160	32	50	258 (*o*)
Pettiver	23	26	40	24	113 (*p*)
Albin	16	136	—	—	152 (*q*)
Onze	52	101	298	80	531

In Oost- en West-Indiën vind men doorgaans grooter Kapellen, als in onze Landen; uit Amboina komt een groote donker bruine Dag-kapel met witte plekken en verdeelingen, als meede ééne, welker grond groen is, met zwart op zommige plaatsen, die zeer fraay is, en wel na Fluweel gelykt, behalven andere, die op de vleugels schoone hoog-roode plekken hebben, met veele andere couleuren, streepen en stippen zodanig versiert, dat het een lust is om dezelve te zien; van de zelfde plaats komt ook een Nagt-kapel, welker *couleur* wel na rood-aarde gelykt; men vind dezelve ook by Malacca (*r*): de vleugels, dwars over 't lyf, zyn te zaamen byna 10 duim breed, en, volgens de lengte van 't lyf, ruim 4 duim Rhynlandsche maat. In de Nagt-kapellen worden de mannetjes van de wyfjes meerendeels onderscheiden door de Hoorens, en in de Dag-kapellen door plekken, streepen, en andere kentekenen. Men heeft alle de geslagten nog niet ontdekt: op plaatzen, daar andere Planten groeijen, zyn veeltyds ook andere Kapellen; zoo vind men by Haarlem, aan de Duinen, Dag-kapellen, *die boven op de vleugels geel zyn*, met zwarte vlekken, en van

on-

(*m*) *Johan. Zwammerdam* Histor. Insect. Generalis, pag. 130, 128 en 134, Utrecht 1669.
(*n*) Schouwburg der Rupsen, Wormen, &c. Amst. 1688.
(*o*) *Maria Sybilla Merian* der Rupsen begin, &c. Amst. 1717; van de Surinaamsche Insecten, in Folio, Amst. 1719.
(*p*) Gazophilacii Naturæ & Artis *Jac. Pettiver*, Lond. 1702, par. 1 en 2.
(*q*) Insectorum Angliæ Nat. Hist. *El. Albin*, Lond. 1731.
(*r*) *Pettiver* Gazoph., Tab. 8, Fig. 7.

onderen als met Paarlemoere plaaten of plekken beleid, die men te Amſterdam te vergeefs zou zoeken; zommige vind men in verſcheide Geweſten: de Nagt-kapel, die in de IVde Afbeelding, Fig. 5 vertoond word, dewelke men te Livorno vind, en van *Pettiver* genoemd word, *Acciptrina Livornica per belle Striata* (s), is ook van Liſſabon gebragt, daar dezelve by de Jasmyn Bloemen vliegt: Ik heb die, daar de aftekening na gedaan is, te Amſterdam, op 't Rusland, in een huis gevangen. In de Weſt-Indiën zyn dezelve kleinder; daar zyn 'er ook, die geen Purper op de onderſte vleugels hebben. Een gemeene, dog net verdeelde Dag-kapel, die men hier de Diſtelvink noemt, vind men ook in Nieuw Engeland, en aan de Kaap de Goede Hoop, in Africa: buiten Amſterdam, even voorby Zeeburg, heb ik twee zoorten van zeer ſchoone geele Dag-kapellen gevangen, de eene heeft geele vlekken in de rand, de ander niet; dit dient om wyfjes van de mannetjes te onderſcheiden: in Engeland heeft men de eerſte zoort gevonden, hoewel die daar zeldzaam zyn (t); en aan de Kaap de Goede Hoop, in Africa, de andere (v). De Dag-kapel van de Venkel, die zwavel-geel en zwart is, verſiert met blaauwe en geele vlekken (x), is by Amſterdam ongemeen; ik heb maar een daar van gekreegen, die tuſſchen Amſterdam en Zeeburg, door myn Vader met een netje gevangen was; in Vrankryk zyn die meer (y): by Amſterdam heeft men ook de Koningsmantel, de Nagt-kapellen van de Liguſtrum, de Purpere Nagt-kapellen, daar men de Rupſen van vind op de *Gallio Albo*, in 't Nederduitſch, *Wald-ſtroo met witte Bloemen*, en zomtyds ook op de Wyngaard. Behalven de voorgaande, zyn daar nog een menigte van andere, te lang om hier aan te haalen.

Torren en Vliegen. Wat vind men in de Ooſt- en Weſt-Indiën Torren van een wonderlyke grootte? de meeſte vliegen by Nagt: in deeze Landen onthouden zig, in de Run, Wormen, daar Caſtanje-bruine Torren van voortkomen; 't mannetje heeft een Hoorn, 't wyfje niet.

Wie

(s) *Pettiver* Gazoph. Nat. & Artis, Tab. 12, Fig. 9.
(t) *Pettiv.*, Tab. 14, Fig. 11. (v) *Pettiv.*, Tab. 9, Fig. 11.
(x) Men noemt dezelve *Page de la Reine*.
(y) Memoires pour ſervir a l'Hiſtoire des Inſect., par Mr. *Reaumur*, tom. 1, par. 2, pag. 18, Amſt. 1737.

Wie kan begrypen, waar die wonderlyke lange Hoorens toe dienen, dewelke een zoort van vliegende Bokjes hebben? ziet de IVde Afbeelding, Fig. 6. Men ziet in 't gemeen de kleine Torretjes en Vliegen als onnutte Schepzels aan; maar waren die weggenomen, men zou in korten tyd bemerken, hoe noodzaakelyk die zyn, om alles op de **Aarde** in ftaat te helpen houden, zoo als 't tegenwoordig is, lang voor ons geweeft is, en ligtelyk nog langen tyd na ons blyven zal. 't Hout, dat opgewaffen is, en niet verbrand word, moet altyd geen Hout blyven, maar wederom veranderd worden tot die Stof, daar het in 't vervolg van tyd toe zal moeten dienen; daarom zyn geduurig ontelbaare millioenen van Wormen beezig om het zelve als in een fyn meel te veranderen. De Wormen, die de Vliegen, in 't geftorven vleefch van Beeften, op Vifch, en andere bedorven dingen, door middel van haar Eyeren, brengen, werken ook tot dat zelfde einde, en eeten, in een korten tyd, het Vleefch, Vifch, enz. t'eenemaal weg, dat men daar niet meer van ziet; ook zal ligtelyk daar door belet worden een groote ftank, die men anders van de doode krengen te verwagten had.

De Sprinkhaanen komen zomtyds met zulke zwermen, dat, zoo Sprinkzy neêr komen op Landen, daar hun voedzel op is, het zelve in haanen, een zeer korten tyd kaal eeten; waar na zy verder voortvliegen, enz. en 't Gewas alom bederven. Aan de Kaap de Goede Hoop, in Africa, zyn groote en fraay gecouleurde Sprinkhaanen: onder de Uitlandfche is een geelachtige met groote vleugels, wier lyf alleen 4½ duimen, Rhynlandfche maat, lang is. Ziet men de wandelende Bladen, die in de Weft-Indiën zyn, de Scharminkels, en veel andere wonderlyke Dieren, aan, men is als opgetoogen in verwondering, als men in overweeging neemt, waar of al die verfcheide gedaantens toe noodig zyn. De Onderzoekers der Natuur hebben nog Eeuwen werk, om het Nut, de Aart, en Eygenfchap van deeze kleine Dieren uit te vinden.

Hoe veel verfcheide zoorten van Vogels zyn op de Aarde? Van de de Struis gebruikt zyn vleugels om fnel te loopen, andere om te Vogels. vliegen; eenige hebben een aangenaamen zang; zommige hebben pooten, die zoodanig voorzien zyn, dat zy daar vaardig meede kunnen zwemmen; dit noemt men Water-vogels. Daar is geen einde

94 *Inleiding tot de algemeene Geographie*,
einde aan, als men al die wonderen in 't byzonder zou befchouwen; in 't geringfte deel van ieder, ziet men volkomen de Wysheid van den Schepper uitblinken (z).

IX. HOOFDSTUK.

De Aarde van Binnen.

De Aarde van Binnen. Hoe de Aarde van binnen is kan men alleen weeten digt aan haare Oppervlakte; maar verder na 't Middelpunt is dit t'eenemaal onbekend. Te Amfterdam heeft men, in 't Jaar 1605, in 't Oude Mannenhuis, een Put geboord, ter diepte van 232 voeten; eerft vond men Aarde, Veen, Kley en Zand; na ruim 90 voeten diepte, vond men Zand vermengd met Hoorens en Schelpen; de Schelpen duurden nog tot 132 voeten diepte, doe had men 66 voeten harde Kley; verders 5 voeten Zand met Steentjes vermengd; en de laatfte 29 voeten alleen Zand (a). Hoe de gefteldheid der Aarde is, veel verder binnenwaarts, weet niemand, en zal waarfchynelyk voor altyd aan de Menfchen verborgen blyven. Ik verbeelde my, dat de ftelling van de Heer *Halley* weinig begunftigers zal vinden (b), daar hy de buitenfte fchors der Aarde, daar wy op woonen, 500 Engelfche mylen dikte toefchryft; dan zou, na zyn meening, wederom een andere Middel-ftof volgen van de zelfde wydte; vorders wederom een dop of fchors zoo dik als de voorgaande, daar leevendige Schepzels op zouden zyn; nog eens een Middel-Stof van de gemelde wydte; dan wederom een fchors van dikte als de voorgemelde, met Schepzels voorzien; verders nog een Middel-ftof; en eindelyk een ronde kloot van omtrent
2000

(z) Die hier meer van begeert, kan nazien *Derham* Godgeleerde Natuurkunde; *Ray*, Gods Wysheid in de Schepzelen geopenbaard; en over de gedaante der Vogelen, de Afbeeldingen van *Eleazer Albin*.
(a) *Commelin* Befchryving van Amfterdam, pag. 153, Amft. 1694.
(b) Philofoph. Tranfact., Num. 195, van pag. 572 tot pag. 578; 't geen ook in 't Nederduitfch Vertaald is, onder de Tytel van *Keurige Mengelftoffen der Natuurkunde*.

of Aardryks-beschryvinge.

1000 Engelsche mylen middelyns, als vooren voorzien. Waarlyk dit zouden de Elizeesche Velden wel schynen: wat voor gewigt kunnen de Digters, *Virgilius* en *Claudianus*, aan deeze zaak byzetten? dewelke de Schryver aantrekt, om het ligt dat hy van nooden had, op dat alle die Schepzels niet in een geduurige duisterheid zouden zwerven. Wat my aangaat, ik neem geen vermaak in zulke wonderlyke gissingen.

X. HOOFDSTUK.

Van 't Water.

1. Van 't Water in 't algemeen.

De Aarde, buiten 't Water aangemerkt, heeft een ongelyke gedaante, vol dieptens en kuilen, dewelke met Water gevuld zyn, zoodanig, dat het Land daar door omvangen word; de wydste plassen daar van, noemt men de Zee; derzelver oppervlakte, als men de onevenheid der Golven niet in agt neemt, heeft nagenoeg de gedaante van een ronden kloot: en of schoon het Water uit al de Rivieren tot in de Zee nedervloeit, zoo word egter de Zee niet volder; want het Water in de Rivieren komt voort door de Dampen; die uit de Zee in de Lugt opgetrokken worden, op zoodanig een wys, dat het Zout in de Zee blyft; welke Dampen door koude, en door middel van hooge Bergen, in Mist en Regen neêrdaalen. Hoe noodzaakelyk het Regenwater aan Menschen, Vee en Planten is, blykt door de dagelyksche ondervinding: welke aaangename Bloemen kan men tegenwoordig op vlessen, alleen door middel van Regenwater, doen voortkomen, die haar wortels, in plaats van in de Aarde, in 't Water schieten. *Robert Boyle* liet eenige Aarde droogen, daar na weegen, doe plante hy daar eenige Graantjes van een Indiaansche Pompoen in; en schoon by deeze Aarde niets gedaan wierd als Water of Regen, zoo quam daar egter een Gewas uit voort van 14 ponden: doe de Aarde op nieuws gedroogt en gewoogen was, zoo kon men byna niet

Van 't Water.
1. *Van 't Water in 't gemeen.*

niet merken, dat die iets van zyn gewigt verlooren had (*a*). Zoo heeft *van Helmont* 200 pond Aarde, die gedroogd was, in een Bak gedaan, en daar in een Willige Boom, 5 ponden zwaar; hy begoot deeze Aarde met Regenwater; en om te beletten, dat geen andere Aarde daarby quam, dekte hy de Bak toe door een een Tinne Dekzel met gaten; 5 Jaaren daar na woog de uitgetrokken Boom, met al zyn Bladeren, 169 ponden, 3 oncen, en de Aarde was niet veel meer als 2 oncen verminderd: by 't gewigt van deeze Boom is niet gereekend al de Bladeren, die in 4 Herfsten daar afgevallen waren (*b*). Welke wyduitgestrekte Zeën zyn niet van nooden om zoo veel Dampen op te geeven, dat zulke ruime streeken Lands, als op Aarde zyn, overal bevogtigd worden, op dat de Gewassen kunnen groeijen, en niet ontallyke leevendige Schepzels van honger sterven, of van dorst versmagten, en daar boven nog, om zoo veel Rivieren te doen voortvloeijen, die voor Menschen en Vee ten uitterften noodzaakelyk zyn? zoo dat het schryven van *Burnet* gantsch geen grond heeft, als hy zig aldus uitdrukt: *Dimidiam Terræ superficiem inundat Oceanus, magna ex parte, ut mihi videtur inutilis* (*c*): neen, het meestendeel der Zee is niet *Onnut*; was dezelve kleinder, daar zouden geen Dampen genoeg opryzen. De Eigenschap van 't Water is ook geschikt na de afstand, die de Aarde van de Zon heeft: dit blykt uit de Thermometer; want indien de Aarde opgevoerd wierd tot de Kring van Saturnus, dan zou al het Water bevriezen; en zoo dezelve nederdaalde tot de Weg van Mercurius, zoo zou 't Water in Dampen uitwaassemen (*d*): was 't Water van de Zee niet zout, het zelve zou bederven, en veel eerder toevriezen; digt aan de Linie is het zelve zouter dan by de Poolen. Ik gaa, om de kortheid, veel andere Eygenschappen voorby, die door de hedendaagsche Proefneemingen uitgevonden zyn, en zal maar alleen de Zwaarte van 't Regenwater, 't welk tot de Zwaarte van 't Zeewater by ons is als 100 tegen 103, in vergelyking van eenige andere vaste Lichaamen,

(*a*) *Derham* Godgeleerde Natuurkunde, pag. 67, uit *Boyle* Chym., pag. 114.
(*b*) *Nieuwentyd* regt Gebruik der Wereldbeschouwing, pag. 390; ook *Derham* op de hier vooren aangetrokken plaats.
(*c*) Theor. Sac., lib. 1, cap. 8.
(*d*) *Newton* Philos. Nat. Princip. Math., lib. 3, pag. 372, Amst. 1714.

men, hier nederstellen (e); waar by ik niet in agt neem, 'tgeen de Lichaamen des Zomers ligter zyn als 's Winters:

Regenwater	1000	Zweeds Koper		8784
Fyn Goud	19640	Yzer		7645
Fyn Zilver	11091	Engels Tin		7471
Quikzilver	13593	Malaks Tin		7364
Lood	11325	Rots-Kristal		2669
Japans Koper	9000	Salpeter		2150

De Heer Professor *Boerhaven* vond de zwaarte van zuiver Goud, na de voorgaande proportie, 19238; de zwaarte van 't Quikzilver, als het eens overgehaald is, tegen 't Water, als 1357 tegen 100; maar doen 't Quikzilver 511maal overgehaald was, wierd de reeden van de zwaarte, tegen 't Water, gevonden als 1411 tegen 100 (f).

2. *Van de Water-Dieren.*

De Wateren zyn niet van levendige Schepzels ontbloot: Wat al Visschen verstrekken de Menschen voor spys en andere gebruiken? Al de Dieren te beschryven, die zig in de Zee en Rivieren bevinden, van de Walvisch af tot de kleinste toe, zou byna zonder end zyn; dog om dat dezelve in 't Water behooren, zoo kan ik die niet in 't geheel voorby gaan. Schynt het niet onbegrypelyk, hoe zoo veel Visschen voedzel krygen? dog voor de groote zyn wederom kleinder tot spys geschapen: by voorbeeld, de Cabeljaauw jaagt de Schelvisch en andere kleine Visschen na tot zyn aas; op deeze wys zoekt de Schelvisch de Wyting, en die wederom nog kleinder Visch; waar onder de Garnaal (g): de Steur die leeft niet van wind en water, zoo als zommige voortyds meenden, maar van andere Visjes; want in deszelfs maag worden stukken van Garnaalen gevonden (h): dat de Garnaal wederom op andere ongemeene kleine Visjes aast, blykt, om dat een Onderzoeker van deeze

---

(e) De meeste van deeze zyn uit de Beginzelen der Natuurkunde van de Heer *Musschenbroek*, pag. 377 & seq.: men vind die wat anders in de Philosoph. Transact., Num. 383, pag. 114 en 115.
(f) Philosoph. Transact., Num. 430, pag. 165.
(g) *Anthony van Leeuwenhoek* 6de vervolg der Brieven, pag. 151.
(h) *Anthony van Leeuwenhoek*, pag. 183, Delft 1697.

deeze dingen, een Feſton van Hoorens en Schelpen gemaakt heeft, die hy in de maag der Garnaalen gevonden had. Hebben de Menſchen konſten ontdekt om fraaije huizen te bouwen? veel Viſſchen zyn met wooningen voorzien, die door verſcheide aangenaame couleuren en wonderlyke nette verdeelingen 't menſchelyk oog behaagen, als blykt uit de Hoorens en Schelpen, die in een groote menigte door de Liefhebbers van deeze vreemdigheden bewaard worden: men vind een zoort, wier Wooning of Hooren haar voor een Schip of Schuit verſtrekt, daar zy meede kunnen zeilen, en by ſtil weêr dezelve voortroeijen met Riemen, die de Natuur haar medegedeeld heeft, en in geval van gevaar ſcheppen zy water en zinken (i): een ongemeene gedaante hebben zommige; ziet de Zee-Starren met 4, 5 en 9 punten (k): aanſchouwt de Dieren, die men 't Hoofd van Meduſa noemt; is 't niet een wonder om te zien? als een bloem vind men die in 't Water uitgebreid, met een overgroote menigte van voeten (l). En of nu ſchoon de eene Viſch de andere eet, zoo zyn de Geſlagten van ieder in veele Eeuwen nog niet verdelgt. Wat komen dezelve ook in menigte voort! hoe veel grynen zyn in de Kuit van een Cabeljaauw? 't getal van levendige Schepzels in de Hom van die Viſſchen, uitgereekend door *Anthony van Leeuwenhoek*, gaat het menſchelyk begrip te boven (m): zommige Dieren, na dat zy eenige tyd in 't Water gezwommen hebben, veranderen van gedaante, en krygen Vleugels, waar mede zy met een ongemeene ſnelligheid de Lugt doorklieven, gelyk de Rombouten of Puiſtebyters, Juffers, en Muggen doen; terwyl de eerſte zoort, in 't najaagen der Muggen, zelfs door de Zwaluwen en andere Vogels vervolgt worden, die zy veeltyds met een wonderlyke vaardigheid ontduiken. Wat hebben de Water-Torren niet wonderlyke Pooten of Riemen, om ſnel mede te zwemmen? onder de geene, die uit het Water opryzen, is het Haft of Oever-aas aanmerkelyk, 't welk, volgens 't verhaal van *Zwammerdam*, als het 's morgens voor de eerſtemaal begint te vliegen, met den avondſtond zyn leeven al geeindigt

(i) Amboin. Rariteit-kamer, 2de Boek, pag. 63, Amſt. 1705.
(k) *Rumph.* Amboin. Rariteit-kamer, 1ſte Boek, pag 40.
(l) *Rumph.* Amboin. Rariteit-kamer, pag. 42.
(m) In zyn Ontleeding en Ontdekking, pag. 16.

eindigt heeft (*n*). Om 't Hout, dat onder water gevonden word, tot fynder ftof te maaken, zyn weeke flymachtige Wormen gefchapen, die met twee harde Werktuigen aan 't hoofd, van gedaante als Schelpen, het zelve vylen of rafpen; deeze Wormen leggen in een dunne koker: al voor lang heeft men die in de Weft-Indiën gekend; voor omtrent 150 Jaaren zouden dezelve veel fchade aan de Paalen en Dyken in Zeeland gedaan hebben (*o*); in 't Jaar 1666 zyn die ook te Amfterdam geweeft (*p*); in 't Jaar 1720 in Vrankryk (*q*); onlangs heeft men die wederom, eerft in Zeeland, en daar na in Texel vernomen; in 't Jaar 1731, den 15den September, zag men by Noord-Holland, in de Zuider Zee, eenige Paalen dryven, die op de Dyk gebragt wierden, en men bevond naderhand, dat die van de Wormen t'eenemaal doorboord waren (*r*): na dien tyd zyn deeze Wormen zoo uitneemend vermenigvuldigt, dat de Zeedyken van Holland daar door in geen gering gevaar geweeft zyn, om door te breeken: zedert dien tyd, tot nu toe, zynde 't Jaar 1738, zyn dezelve nog niet t'eenemaal weg geweeft; ligtelyk heeft men die al lange Jaaren in deeze Landen gehad, maar niet in zoodanig een menigte; dog dat men, om de weinige fchaade, die zy toen deeden, daar zoo niet op gelet heeft. De Heer *De Reaumur* verhaalt, dat 'er een klein Dier in 't water is, 't welk in een langwerpige Hooren woond, dat de Moffelen uitzuigt, 't welk zig op de Moffel zou vaft maaken, en daar een druppel vogt op laaten vallen, die zoo fcherp of kragtig zou zyn, dat die bequaam was om de Moffelfchelp te doorbooren, zoodanig, dat een rond gat daar in komt (*s*); maar ik vind eenige zwaarigheid hier in: zou die fcherpe ftof dan niet fchaadelyk zyn aan het Dier dat de Moffel uitzuigt? zou 't niet waarfchynelyker zyn, dat het laatftgemelde Dier het gat in de Schelp open rafpt of vylt, op die wys als de Hout-Wormen, daar ik zoo eeven van verhaald heb,

'tHout

(*n*) Ziet zyn Befchryving van 't Haft, Amft. 1675.
(*o*) Lettre de Mr. *Maffuet*, pag. 59, Amft. 1733. Hy trekt de Nederlandfche Hiftorien van *P. Corn. Hooft* aan; dog de nette plaats waar dit ftaat weet ik niet.
(*p*) Lettre de Mr. *Maffuet*, pag. 59, uit de Journ. des Scavans van 't Jaar 1666, Febr. 15, pag. 273.
(*q*) Hiftoire de l'Acad., Ao. 1720, pag. 34.
(*r*) Poftryder van October, en Lettre de Mr. *Maffuet*, pag. 143.
(*s*) Hiftoire de l'Acad. Royal. des Scien, pag. 34, Ao. 1708.

't Hout doen? Geeft men agt op de kleine Dieren; hoe veel verscheide zoorten heeft men daar van? de veelheid van haar getal verstrekt tot verwondering. *Anthony van Leeuwenhoek* meende meer als een millioen leevendige Schepzels gezien te hebben in een druppel Peper-water, of eigentlyk was dit by wyze van uitreekening zoo beslooten: als dit ongelooflyk voorquam aan de geen, daar hy dit aan geschreeven had, zoo bevestigde hy dit door agt getuigens, dewelke hy dit ook had laaten zien (*t*); ieder van deeze Beesjes is omtrent 120000maal kleiner als een gemeen Zantkoorentje (*v*): de Myt van Kaas, die men voor Land-Dieren zou aanmerken, heeft iemand, van den 20sten February tot den 15den Maart, in 't Water zien leeven (*x*); en zelfs meent men Dieren in 't Water gevonden te hebben, die 300maal minder lengte hadden als de Myt van Kaas; dan zou, ten opzigt van de lighaamlyke inhoud, als men deeze Dieren gelykformig stelt, de een 27 millioenenmaal grooter zyn als de ander (*y*): dog om dat zommige geen nette verbeelding van de grootheid der getallen by zig zelfs kunnen opmaaken, en daarom 't gezegde ligtelyk als valsch en ongegrond zouden verwerpen, zoo zal ik dit een weinig ophelderen: Als men een Vloo, daar van ik de lengte stel te zyn $\frac{1}{12}$deel van een duim Rhynlandsche maat, vergelykt met een Elephant, daar ik de lengte van neem $10\frac{1}{2}$ voet Rhynlandsche maat; als men deeze Dieren (die ten opzigt van 't Lighaam eenigzints na malkander zweemen) volkomen gelykformig stelt, dan is 't Lighaam des Elephants 3375 millioenenmaal grooter als 't Lighaam van de Vloo. *Anthony van Leeuwenhoek* ontdekte in 't Peper-water drie verscheide groottens van Dieren, daar van de lengtens nagenoeg tot malkander waren als 1, 10 en 50; de grootste van deeze drie daar was de lengte 12maal minder van als een grof Schuurzand (*z*). In de loode Gooten, daar 't Regen-water doorloopt, zyn kleine Water-Dieren, dewelke zig zelfs als met een vlies kunnen overtrekken; eenige daar van

---

(*t*) In 't vyfde vervolg der Brieven, pag. 171, Delft 1696.
(*v*) Korte inhoud van de Philosoph. Lessen door *J. Theoph. Desaguliers*, pag. 4.
(*x*) *Joblot*. Descript. & Usag. de pluf. nouv. Microscop., par. 2, chap. 19, pag. 49, Par. 1718.
(*y*) Hist. de l'Acad. Roy. des Scien., pag. 11, Amst. 1718.
(*z*) Ondervinding van den zelfden, pag. 59, Delft 1694.

of Aardryks-beschryvinge.

van vyf Maanden in 't droog gebleeven zynde, doe men die wederom in 't Water stelde, waar van men verzekerd was, dat 'er zig geen leevendige Beesten in bevonden, zoo zag men die voort wederom zwemmen (*a*). Is men verbaast over de grootte der Zon, en over de wyde afstand van de Vaste Sterren? niet minder moet men versteld staan, als men agt geeft op de kleinheid der Ledemaaten van de Diertjes, die voor het bloote Oog onzigtbaar zyn: maar ons bestek laat niet toe, om al de wonderen, die men in deeze Dieren reets ontdekt heeft, hier aan te haalen; ook ga ik de Zee-Gewassen, en andere zeldzaamheden voorby.

3. *De Verdeelingen der Wateren.*

De Oceaan of groote Zee word in verscheide deelen onderscheiden, als in Zeën, Zee-boezems of Golven, en Straaten.

(1.) *Van de groote Zeën.*

1. De groote Zuid-zee, aan de Westzyde van America.
2. De Indische Zee, aan de Zuydzyde van Asia.
3. De Atlantische Zee, tusschen America, Africa, en Europa.

De groote Zuidzee, digt aan 't Land, by 't Zuider America, noemt men de Vreedzaame Zee: de Atlantische Zee word wederom verdeeld in de Noord-zee, en de Ethiopische Zee.

(2.) *Van de Zee-boezems of Golven.*

Als de Zee diep in 't Land dringt, dit noemt men een Zee-boezem of Golf; tweederley zoort kan men daar in aanmerken; 1. Die langwerpig zyn en na 't ovaal of rond gelyken, met een naauwe opening. 2. Die een wyde opening hebben, en nader aan 't half rond komen: de eerste zal ik in 't vervolg tekenen met een L., en de tweede met W.

1. De Middelandsche Zee is een groote Golf, tusschen Europa en Africa; 't Oostelyk gedeelte is tegens Asia: men verdeelt dezelve in verscheide andere Zeën en Golven, dewelke hunne benaamingen meest ontleenen van de Landen die daar omtrent zyn: zommige tellen

3. Van de Verdeelingen der Wateren.

(1.) Van de Zeën.

(2.) Van de Golven of Zee-boezems.

(*a*) De zelfde Schryver, 't 7de vervolg der Brieven, pag. 413.

tellen 32 Zeën; te weeten, veertien na de Landen van Europa, agt na die van Afia, en tien na de zyde van Africa (b). De voornaamfte Golven, in de Middelandfche Zee, zyn:

1. De Zwarte Zee, van zommige de Golf van Conftantinopolen genoemt. L.

2. De Golf van Venetien, tuffchen Italien en 't Europifche Turkyen. L.

3. De Golf van Sidra, by Barbaryen. W.

4. De Golf van Lions, by Vrankryk. W.

Behalven de voorgaande zyn daar nog veel andere kleine Golven; voornaamentlyk by Morea: als die van Lepante L., Engia L., Napoli di Romania W., enz.; by 't Afiatifche Turkyen is de Golf van Satalia.

2. De Oost-zee, Sinus Codanus of Mare Balthicum, is zelfs een Golf L.; daar men wederom in heeft, de Bothnifche Golf L., de Golf van Finland L., en die van Riga. W.

3. De Witte Zee, in Mofcovien, by Archangel, is een Zeeboezem van de Noord-zee L, als ook de Zuider Zee, tuffchen Holland en Friesland. L.

4. De Roode Zee of Arabifche Zee-boezem, tuffchen Africa en Arabien. L.

5. De Perfiaanfche Golf, tuffchen Perfien en Arabien. L.

6. De Golf van Bengaalen, in Indien. W.

7. De Golf van Siam. W.

8. De Golf van Cochinchina. W.

9. De Golf van Cang, in Sina. L.

10. De Golf van Kamtfchatka, tuffchen 't Land van de zelfde naam: veel andere Golven, die kleiner zyn, als die van Camboya, enz. gaan wy voorby. De vier voornaamfte Golven, in 't Noorder America, zyn:

1.		Mexico - L.
2.	De Golf van	Honduras W.
3.		S Laurent L.
4.		California L.

In

(b) De Geographie van *La Croix*, 1fte Deel, pag. 49.

of Aardryks-beschryvinge.

In **Groenland** en de Arctische Landen zyn nog verscheide Golven, waar onder men ook reekenen kan de Bay van Hudshon, Baffins Bay en andere.

De **Caspische Zee**, tusschen Persien en Moscovien, is binnen in 't Land beslooten: de gedaante van deeze Zee zou eenigzins na een Monster of Dier als een Kat gelyken, die van 't Noorden na 't Zuiden liep, indien 't Hoofd niet te groot, of te mismaakt was; van 't Zuiden na 't Noorden strekt dezelve zig omtrent 177 Duitsche mylen uit; de breedte, Oost en West, is ongelyk; by Apcheron is dezelve maar omtrent 20 Hollandsche mylen breed, en op andere plaatsen tweemaal meer; in 't Zuiden, ook op de hoogte van Astracan, is die nog wyder. Welk een gedaante *Ptolomeus*, *Abulfeda*, *Jan Struys*, en *G. de l'Isle* eertyds aan deeze Zee gaven, en hoe ongemeen veel die Afbeeldingen van de waarheid afweeken, kan men nazien in een Kaart, in de Memorien van de Fransche Academie van 't Jaar 1721 (c). De Keizer van Groot-Rusland, *Petrus de Eerste*, heeft de Kusten en ondieptens van de gemelde Zee naaukeurig doen onderzoeken, door Mr. *Carel van Verden*, in de Jaaren 1719, 1720 en 1721.

(Binnenlandsche Zeën.)

(3.) *Van de Straaten.*

Als tusschen twee Wateren een enge doortogt van Water is, word dit genoemd een Straat: Driederley Straaten kan men aanmerken; 1. daar men van de eene Zee door in de ander kan komen, 2. of uit de Zee in een Golf, 3. of om van de eene Golf in de ander te geraaken.

(3.) Van de Straaten.

1. Een van de bekendste Straaten is die van Gibralter, tusschen Spanjen en Africa, dewelke men door moet zeilen, om uit den Oceaan in de Middelandsche Zee te komen.

2. In Deenemarken heeft men de Zond, ook de groote en de kleine Belt, waar door men uit de Noord-zee in de Oost-zee komt.

3. In Turkyen zyn de Dardanellen, daar een doortogt is, om uit de Archipel te komen in de Zee, die men Marmora noemt.

4. By Constantinopolen is een Straat, waar door men uit de laatstgemelde Zee in de Zwarte Zee komt.

5. Het

(c) Tusschen pag. 330 en 331, de Druk van Amsterdam.

Inleiding tot de algemeene Geographie,

5. Het Waigat is een doortogt tuſſchen Nova Zembla en Muſcovien, vermaard wegens de vrugtelooze poogingen, om daar door na Ooſt-Indiën te geraaken: de groote Kuſten en Bergen van Ys, die daar byna nooit, of ten minſten zeer zelden, wegſmelten, ſchynen 't voornaamſte beletzel geweeſt te zyn.

6. In Indiën zyn verſcheide Straaten; als de Straat van Malacca, zynde tuſſchen Malacca en 't Eyland Sumatra; de Straat Sunda, tuſſchen Sumatra en Java; de Straat van Macaſſer, tuſſchen Borneo en Celebes.

7. In 't Noorder America is de Straat Davids, bekend wegens de Walviſchvangſt, door dezelve komt men uit de Noord-zee in de Baffins Bay.

8. De Straat van Hudshon, waar door men uit de Noord-zee in de Bay van Hudshon kan komen.

9. De Straat van Bell' Iſle, of 't Schoon Eiland, is een doortogt uit de Noord-zee na de Golf van St. Laurent.

10. In voorige tyden had men veel op met de Straat Magellānes, aan de Zuidzyde van 't Zuider America, die in 't Jaar 1520 ontdekt wierd: men zeilde door dezelve, om uit de Atlantiſche Zee in de groote Zuid-zee te komen; dog tegenwoordig word die niet bevaaren, om dat men een beter weg gevonden heeft, die zoo gevaarlyk niet is, en daar de tegenwinden zoo veel niet kunnen hinderen, alzoo men nu de ruime Zee houd, en bezuiden Terre de Feu omzeilt.

Wy gaan, om de kortheid, veel andere Straaten voorby, en zullen nu de beweeging van 't Water gaan beſchouwen: de twee voornaamſte zyn de Eb en Vloed, en de Wind.

4. Van de Eb en Vloed.

4. Van de Eb en Vloed. Hoe dat in de tyd van ruim een Etmaal, van wegens de zwaartekragt, door de werking van de Zon en de Maan, het Water tweemaal moet op- en neêr-vloeijen, of hoog en laag worden, heeft de uitſteekende Wiskonſtenaar *Izak Newton* het eerſt aangetoond (*d*). De Zon doet het Water omtrent twee voeten, en de Maan byna negen voeten opryzen; de kragt van de Aarde alleen zou de vogten

op

(*d*) Philoſoph. Natur. Princ Math.

of Aardryks-beschryvinge.

op de Maan omtrent 10½maal hooger verheffen; verminderde de zwaarheid maar $\frac{1}{711}$ deel, dan zou de Zee tot de hoogte van 88902 voeten opklimmen (e): door de dagelykfche ondervinding ziet men de werking van de Zon en Maan op het Water; niet van ieder in 't byzonder, maar vermengd; in de tegenftand en zaamenftand verzaamen die kragten, en maaken de grootfte Eb en Vloed; in de Quartier-Maanen verhoogt de Zon het Water, dat de Maan nederdrukt; door deeze tegenftrydige werkingen heeft men dan de minfte Eb en Vloed; dit noemt men Doode Tyen: ook hangt de kragt der uitwerking van beide die Ligten af van haar afftand, die zy van de Aarde hebben; in de kleinfte afftanden zyn die uitwerkingen 't grootfte, en dat in drievoudige reden van haar fchynbaare Middelynen (f); dat is de reden van de Teerlingen; daarom, in de Winter, de Zon in 't naafte punt zynde, maakt dat de Vloed een weinig grooter is in de zaamenftanden, en in de Quartier-Maanen wederom wat minder als in de Zomertyd; ook maakt de Maan, wanneer die in zyn naafte punt komt, een grooter Vloed, als 15 dagen voor of na die tyd, wanneer die op 't verft van de Aarde is: ook hangt de uitwerking van deeze Ligten af van haar afwyking van den Evenaar, zoo dat, een weinig voor het begin der Lente, en een weinig na het begin der Herfft, de hoogfte Springtyen zyn: ten andere hangt het zelve ook af van de breedte, die een plaats heeft; want de Noordelyke geweften hebben meer deel aan de Noordelyke, en de Zuidelyke wederom aan de Zuidelyke Vloed (g); en daar uit komt voort, dat de Vloed by beurten grooter en kleiner word, op ieder plaats buiten den Equinoctiaal, te weeten, op zulke, daar de Zon en Maan altyd op- en ondergaat; de grootfte Vloed komt omtrent in de 3de uur, na dat de Maan in de Middaglyn geweeft is, dewelke boven de Zigt-einder is: 't grootfte verfchil der Vloeden is in de tyd als de Zon in de Keer-punten, en de Maans klimmende Knoop in 't begin Aries is. Door de Waarneemingen, in de Noordelyke Landen, vind men ook, dat, in 't midden van de Zomer, de Vloed van den avond of overdag, die van 's nagts of in den morgenftond te boven gaat;

O en

(e) 'sGravef. Phyf. Elem. Math., pag. 196, Lugd. Batav. 1710.
(f) Philof. Natur. Princ. Mathem., prop. 24, theor. 19, pag. 391.
(g) De zelfde Schryver, pag. 392.

en wederom, in de Winter zyn de nagt- of morgen-vloeden, op de Nieuwe en Volle Maan, grooter, als die van den dag (*h*); tot Plymouth verfcheelt dit byna een Engelfche voet, en tot Briftol de hoogte van byna 15 Engelfche duimen: de tegenwerpingen, die men tegen 't voorgaande heeft ingebragt, zyn wederleid door den Heer *Joh. Theoph. Desaguliers* (*i*).

De Eb en Vloed op alle plaatzen niet eveneens.

Hoe de nabuurige Straaten, daar 't Water door moet loopen, op zommige plaatzen verandering in de Eb en Vloed maakt, blykt uit een Haven in 't Koninkryk Tunquin, genaamt Batsham, op de Noorder Breedte van 20 graad., 50 min., daar het Water op dien dag, als de Maan door de Equinoctiaal gaat, dikwils ftil ftaat; als nu de Maan naderhand na 't Noorden afwykt, dan begint het Water op en af te loopen; de afwyking meer toeneemende, zoo vermeerdert de Vloed tot aan de 7de of 8fte dag; dog naderhand, in de volgende 7 dagen, neemt die met de zelfde trappen wederom af, zoo als die te vooren toenam: dit word veroorzaakt door 't Water dat uit de Sineefche Zee komt, en tuffchen 't Vafte Land en 't Eiland Luconia doorloopt; en door het Water dat uit de Indifche Zee, tuffchen 't Vafte Land en 't Eiland Borneo doordringt.

De hoogte der Vloed komt ook door de legging der Landen.

In de Zeën, die van 't Ooften na 't Weften heel wyd zyn, als in de groote Zuid-zee, in de Atlantifche Zee, buiten de Keerkringen, is 't Water gewoon te klimmen tot 6, 9, 12, of 15 voeten; dog in de groote Zuid-zee, die diep en wyd is, zegt men, dat de Vloed nog grooter is: in de Ethiopifche Zee is de opklimming van 't Water, tuffchen de Keerkringen, minder als in de getemperde Lucht-ftreeken; van wegens de naauheid der Zee, tuffchen Africa en 't Zuider America, in 't midden van de Zee, kan het Water zoo hoog niet opzwellen, als aan beide de Stranden; en om die oorzaak is de Eb en Vloed niet veel op de Eilanden, die ver van de Wal leggen: in eenige Havens, daar 't Water, over ondiepe Plaatzen of Straaten, met groot geweld uit de Zee of Zee-boezems komt aandringen, daar is de Eb en Vloed wederom grooter, als in Plymouth, Avranches, te Pegu en Cambaya in Ooft-Indiën, daar het Water met een groote fnelligheid op- en afloopt,

(*b*) Memoir. de l'Acad. de Scienc., Ao. 1720, pag. 472.
(*i*) De Natuurkunde uit Ondervindingen opgemaakt, van pag. 420 tot pag. 430.

of Aardryks-beschryvinge.

loopt, dan het Strand bedekkende, en dan het zelve wederom veel mylen droog laatende, zoodanig, dat op de Aarde plaatzen zyn, daar 't Water 50 voeten en nog meerder ryft of daalt; ook kan de Wind, (daar wy hier na van zullen fpreeken) als die de Vloed bevordert of tegenftaat, een merkelyke verandering daar in maaken.

5. *De Diepte der Zee.*

Dat de Zee op de eene plaats veel dieper is als op de andere, blykt door de Klippen, die onder Water zyn, door de Zandbanken, en andere ondieptens; dog tot nog toe kan men niet weeten, waar dezelve op zyn diepft is, of eigentlyk bepaalen, de diepte, die de groote Zuid-zee, de Indifche Zee, of de Atlantifche Zee, in 't midden hebben, of ver van eenig Land; het fchynt, dat de diepte, daar die op het meeft is, niet veel de verheventheid der hoogfte Bergen zal overtreffen. Men heeft getragt, om de diepte der Zee te meeten, door een houten Kloot, die waterdigt was, waar aan men een gewigt gehaakt had, in een kram, op zoodanigen wys, dat, als 't gewigt, met de kloot daar aan, zagtjes in de Zee, by ftil weêr, losgelaaten werd, dat dan de kloot, als 't gewigt op de grond quam, los raakte, en na boven dreef; uit de verloopen tyd, tufschen 't nederzinken en opkomen, zou men dan eenigzins de diepte kunnen befluiten, door andere proefneemingen, met de zelfde kloot, op bekende diepten (*k*); dog hier zyn verfcheide zwaarigheden in; 't zou beter zyn, dat men 't nette oogenblik wift, als de kloot wederom begint na boven te dryven; 't welk niet onmogelyk fchynt om uit te vinden; maar eerft zou men verfcheide proef-neemingen daar van moeten doen. Nog een andere manier, om de diepte van de Zee te meeten, vind men in de Philofophifche Tranfactien (*l*). De ondieptens, om de Schipbreuken te myden, en de bequaame Anker-gronden, om veilig te leggen, worden, tot nut der Stierlieden, in de Zeekaarten aangeweezen.

5. De Diepte van de groote Zee is niet bekend.

Digt

(*k*) Philofoph. Tranfact., Num: 9, pag. 148, en Num. 24, pag. 439; 't welk ook in 't Nederduitfch vertaald is, in de Natuurkundige Aanmerkingen, gedrukt tot Amfterdam, in 't Jaar 1735.

(*l*) Num. 405, van pag. 559 tot pag. 562.

Eenige Diepten. Digt aan Land, of daar de Zee niet wyd is, kan men op zommige plaatzen de diepte weeten: de Noord-zee, tuſſchen Engeland en Holland, is aan verſcheide Oorden 30 vademen, of 180 voeten diep; op andere plaatzen 24 vademen, of daar omtrent, behalven op een Zand, voor de Kuſt van Holland, daar doorgaans maar 14 vademen op gevonden word, en daarom de Breê-Veertien genoemt word; na de Noordweſt-kant, van de Doggers Bank, is 50 vademen diepte; in 't Canaal omtrent van 50 tot 60; tuſſchen Vrankryk en Yrland, 80; en nog wat verder, in de open Zee, van 100 tot 120, en 140 vademen (*m*): de Ooſt-zee, beooſten Stokholm, is van 50 tot 60 vademen diep; dog Zuidelyker is dezelve op veel plaatzen ondieper.

6. *Van de Rivieren.*

6. Van de Rivieren. Het Water, dat van zekere plaatzen des Aardryks geſtadig door een langwerpige weg na beneden vloeit, noemt men Rivieren; daar die in de Zee vloeijen, is de Mond; de Armen of Takken zyn Rivieren, die zig in dezelve uitſtorten; de grond der Rivieren loopt meerendeels ſchuin af, en is aan de Zee-kant op 't laagſt: de grootſte Rivieren waſſen van geringe beginzelen aan, door andere, die van plaats tot plaats daar in vloeijen; verſcheide ontlaſten zig in groote binne-wateren, voor dat die in de Zee vallen.

Watervallen. Indien de grond van de ſnelloopende Rivieren op de eene plaats ſchielyk veel laager is als op de andere, dan ziet men 't Water met een groot geweld na beneden ſtorten; dit noemt men een Waterval. In Italien is die van den Berg del Marmore (*n*), en die van Teveroni, te Tivoli; ook heeft men een Waterval in den Rhyn, by Schafhuizen, en drie in den Donauw, tuſſchen Columbas en 't Eiland Banul (*o*); in Zweeden, in de Rivier Tornea, van Pello tot de Stad Tornea, zyn agt Watervallen (*p*); ook zyn Watervallen in Africa, in de Rivier Senegal, omtrent op 11 graaden lengte, daar van de een 120, en de andere 100 voeten hoog is; ook in de Nyl,

in

(*m*) Philoſoph. Tranſact., Num. 352, pag. 591.
(*n*) Tegenwoordige toeſtand van 't Pauſſelyke Hof, 3de Deel, Utr. 1697.
(*o*) Danub. Pann. Myſ. ab Aloyſ. Ferd. Com. Marſ., **Hag.** 1726.
(*p*) *Maupert*, pag. 184.

in Egipten (*q*); maar ongemeen veel Watervallen zyn in 't Noorder America; in de Rivier Miſſiſipi, is die van St. Antoni; tuſſchen 't Meer van de Kat en 't Meer Ontaria, is die van Niagara, daar breed van opgegeeven word, als of 't Water daar van 6, 7 of 800 voeten hoogte zou nedervallen (*r*); maar Mr. *Boraſſaw* heeft in 't Jaar 1721, door laſt van den Gouverneur van Canada, dezelve gemeeten, en vond, dat het Water, met een groot geruiſch, een perpendiculaare hoogte van 26 vademen, of 156 voeten, nedervielˮ; de Rivier is daar omtrent ½ van een Engelſche myl wyd (*s*): in Nieuw-Jork, in de Rivier Scheneƈteda, is een Waterval, daar 't Water een perpendiculaare hoogte van 40 of 50 voeten nedervalt (*t*); in 't Zuidland, op een klein Eiland, by Nieuw Zeeland, ſtort het Water met twee ſtraalen, en een groot geraas, in Zee (*v*).

't Getal der Rivieren is zoo groot, dat het te lang zou zyn, om die alle aan te haalen; laat ons dan maar eenige van de aldervoornaamſte beſchouwen: In Europa heeft men den Donauw, die by Brukelrein, in de Bergen van 't Zwarte Woud, zyn oorſpronk heeft, dewelke zig, door verſcheide openingen, in de Zwarte Zee ontlaſt, en een lengte heeft van ruim 250 Duitſche mylen; de Graaf *Marſigli* heeft, in zes Deelen, deeze Rivier naaukeurig beſchreeven, en de andere, die daar in vloeijen, als de Draw, de Teys, de Save, de Morava, de Pruth, enz.: by de Brug van Petrowaradin is de Donauw omtrent 7 roeden diep; als de bovenſte ſnelte 12 is, dan is die in 't midden 26, en beneden op de gemelde plaats 30; de ſnelte in 't benedenſte deel van de geheele Rivier is omtrent driemaal grooter als in 't bovenſte deel. De Rivier de Teys is by de Brug van Betz omtrent 6 roeden diep; en dit is de grootſte diepte; beneden loopt deeze Rivier zesmaal ſnelder als boven (*x*).

Rivieren in Europa.

(*q*) Paul. *Lucas* Voyage du Levant, pag. 95, la Haye 1705.
(*r*) De Baron *de Labontan* in zyn Voyage, pag. 107, la Haye 1703, ſchryft van 700 of 800 voeten; *Hennepin*, pag. 45, heeft meer als 600 voeten; in de Kaart van de Miſſiſipi, in 't Jaar 1718 tot Parys gedrukt, heeft men 600 voeten.
(*s*) Philoſoph. Tranſaƈt., Num. 371, pag. 70. (*t*) Ibidem, pag. 71.
(*v*) *Montanus* beſchryving van America, pag. 579, uit de Reis van *Abel Tasman.*
(*x*) Danub. Pann. Myſ. ab Aloyſ. Ferd. Com. Marſil., Hagæ 1726.

Indien men de Rivieren in Duitsland wilde optellen, zoo zou men de Rhyn kunnen laaten volgen, daar hier vooren reets van gewag gemaakt is: op veel plaatzen, aan de kanten van deeze Stroom, zyn ongemeene sterke Vestingen, daar de Krygs-vernuftelingen naaukeurige aftekeningen van gemaakt hebben, waar uit men besluiten kan, dat, als 't Water op gewoonlyke hoogte is, dat dezelve te Philipsburg, Bon en Keulen, omtrent 1000 Paryssche voeten breed is (y). De Takken van de Rhyn zyn de Waal, de Leck, enz.; de Maas komt uit Champagne, in Vrankryk, en loopt, by den Briel, in de Noord-zee; voor Namen is dezelve omtrent 800 voeten, Rhynlandsche maat, breed: in Duitsland heeft men ook de Oder, en de Weser. De voornaamste Rivieren van Vrankryk zyn, de Rhône, de Loire, de Garonne, en de Seine. In Italien is de Pô, de Arno, en de Tyber. In Spanjen en Portugaal, de Douro, de Minha, de Taag, de Guadiania, de Guadalquivir, en de Iber. In Engeland, de Humber, de Saverne, en de Teems. In Poolen, de Weissel, enz.: veel andere kleine Rivieren en Takken van de groote voorby gaande, zal ik hier eenige Rivieren van Asia laaten volgen; waar in men dient aan te merken, dat de lengte maar ten ruwen gesteld is, om twee redenen; vooreerst, om dat van veele de waare oorspronk, en de mond, daar dezelve in de Zee

(y) Mr. *Buache*, de Schoonzoon van Mr. *de l'Isle*, die ook deszelfs plaats bekleed, verhaalt, (in de Memoir. de l'Acad., Ao. 1731, pag. 171, Amst. 1735.) dat het Leger van de Koning van Vrankryk, in 't Jaar 1672, den Rhyn, in tegenwoordigheid der Vyanden, overtrok, op een plaats, daar dezelve een breedte had van omtrent een vierendeel van een myl, of 3000 Paryssche voeten: zoo hier mede gemeend word, het doorwaaden der ondieptens, by het Tolhuis, dan schynt de wydte van de Rivier met vergrooting verhaald; want in een Kaart, in 't Jaar 1636, door den Ingenieur *Johannes Jacobus Schort*, van 't omleggende Land gemaakt, was de breedte, voor het Tolhuis, omtrent 80 Rhynlandsche roeden; dat is nagenoeg 927 Paryssche voeten, ('t Leeven van *Fredrik Hendrik*, door *J. Commelin*, Amst. 1651.): men heeft my een andere getekende Kaart gezonden, die gemaakt is, den 1sten October 1661, door *Frans Seenbem*, Landmeeter te Cleef, waar in ik de Rhyn, over het Tolhuis, ook 80 roeden breed vond; by de Spuy-Kribbe, komende van Cleef, aan de andere zyde van het Spyk, was toen de Rhyn wyd 190 roeden (ik reeken by ordinair Water, als dezelve binnen zyn boorden is); dog men kan dit voor geen doorgaande wydte reekenen, maar wel als een inbreuk in het Land. In 't Jaar 1724 is de Dyk, in het Spyk, na de Oostzyde verleid; de oude Waal is nu byna weg, en zoo droog, dat men zomtyds met Laarzen daar door kan gaan: de Rhyn, voor het Tolhuis, heeft tegenwoordig de breedte van 108 Roeden.

of Aardryks-beschryvinge.

Zee loopen, of in andere Rivieren vallen, nog niet door de Sterrekonstige Waarneemingen bepaald is; ten tweeden, om dat de bogten van eenige niet al te wel in de Kaarten vertoond worden.

1. De Jenisca, in 't Muscovisch Tartaryen, loopt met bogten van 't Zuiden na 't Noorden, omtrent 375 Duitsche mylen; de Mond is in de Ys-zee; de voornaamste Takken zyn aan de Oostzyde, in 't Land der Tongusen, waar onder de Angara, die uit het Meer Baikal komt, en voor dat dezelve in 't gemelde Meer valt, de Selinga genoemt word (z). *De voornaamste Rivieren van Asia.*

2. De Oby of Kem valt tegen over Nova Sembla in een groote Zeeboezem; en is omtrent zoo lang als de Jenisca; een voornaame Tak daar van is Irtis of Ertchis (a).

3. De Len of Lena loopt in de Ys-zee.

4. In Muscovien is de Wolga, die by Astrakan in de Caspische Zee loopt; een voornaame Tak daar van, na de kant van Siberien, is de Kama.

5. De Dnieper en de Don loopen in de Zwarte Zee; de laatste heeft wonderlyke bogten, als te zien is in de Kaart, die de Czaar van Groot-Rusland, in 't Jaar 1699, daar van heeft laaten maaken.

6. De voornaamste Rivieren van Indostan, en daar omtrent, zyn de Indus, de Ganges, de Rivier van Ava, de Menancon, die door Laos en Cambodia loopt; deeze alle stroomen van 't Noorden na 't Zuiden, dog met eenige bogten, en loopen in de Indische Zee; in Persien heeft men de Euphraat en de Tigris: een menigte van Rivieren, die korter zyn, gaa ik voorby.

7. In Sina is de Hoanho of Geele Rivier, die meer als 300 Duitsche mylen lengte heeft; ook is in Sina de Kian, die beide in de Sineesche Zee vallen.

8. In

(z) De oorspronk van de Selinga stelt *P. Gaubil* op 49 graad., 20 min., Noorder breedte, 94 graad., 51¼ min. beoosten Parys; volgens de Waarneemingen van P. *Jartoux*, *Fredeli* en *Bonjour*, passeert dezelve op 49 graad., 6¾ min, Noorder breedte, 101 graad., 0 min. beoosten Parys; volgens *P. Gaubil* valt dezelve in 't Meer Paical, op 54 graad., Noorder Breedte, 105 graad., 21½ min. beoosten Parys: de oorspronk van de Jenisca is, volgens den zelfden Schryver, op 53 graad., Noorder breedte, 99 graad., 51¼ min. beoosten Parys.

(a) *P. Gaubil* stelt de oorspronk op 49 graaden, 30 min., Noorder breedte, 95 graad., 21½ min. beoosten Parys; op ruim 65 graad., Noorder breedte, valt die in de Zee: de oorspronk van de Irtis is, volgens P. *Jartoux* en *Gaubil*, op 46 graad., 4 min., Noorder breedte, 92 graad., 21¼ min. beoosten Parys.

8. In 't Ooſtelyk Tartaryen is de Amur of Onon; de Mond van de Rivier is in de Golf of Zee van Kamtſchatka (b).

Rivieren in Africa. Een van de bekendſte Rivieren van Africa is de Nyl, die op twee plaatzen in Abiſſinien begint (c); uit ieder oorſpronk, na eenige bogten, valt die Zuidwaarts aan, en vloeit naderhand in 't Meer Dambea, en uit het zelve verder na 't Zuid-ooſten (d); daar na Weſtwaard; voorts met verſcheide bogten na 't Noorden, tot aan de Watervallen (e); en dan, nog verder Noordwaarts loopende, zoo valt dezelve eindelyk, door zeven openingen (f), waar van twee de voornaamſte zyn, in de Middelandſche Zee; de lengte van de geheele Rivier is omtrent 375 Duitſche mylen (g); alle Jaaren, in de Maanden Juny, July en Auguſtus, vloeit dezelve over, en maakt het omleggende Land in Laag Egipten vrugtbaar.

De Niger of Senegal is, volgens de laatſte Kaart, die men onlangs daar van uitgegeeven heeft, in 't geheel omtrent 240 Duitſche mylen lang (h); van de Mond (i) af te reekenen, zoo hebben de Franſchen omtrent 180 Duitſche mylen ver op deeze Rivier geweeſt: in voorige tyden meende men, dat de Niger gemeenſchap met de Nyl had, om dat die op eenen tyd overvloeijen; maar dit komt my gantſch niet ſchynbaar voor.

De Rivier Gambie loopt even als de voorgaande, omtrent van 't Ooſten

(b) De oorſpronk, volgens *P. Gaubil*, is op 48 graaden, 50 min., Noorder breedte, 107 graad., 1¼ min. beooſten Parys.
(c) Omtrent op 12 graad., Noorder breedte.
(d) Tot omtrent 10½ graad, Noorder breedte.
(e) Die zyn op 23½ graad, Noorder breedte; Memoir. de l'Acad., Ao. 1708, pag. 482, Amſt.
(f) *Virgilius* in zyn Eneas, 6de Boek, en *Diod. Sicul.*, lib. 1, pag. 32, verhaalen, dat de Nyl zeven monden heeft; dat men ook in veel andere oude Schryvers vind; maar *Ptolomeus*, die 't mede wel zal geweeten hebben, ſchryft, dat die negen openingen heeft; twee daar van zullen met de hand gegraaven, of van weinig belang geweeſt zyn, en ligtelyk weder droog geraakt; althans in een nieuwe Kaart van *Paul. Lucas* vind men zeven openingen.
(g) De oorſpronk van de Nyl is niet op 10 graad., Zuider breedte, als men heeft in *Varenius*, pag. 185, Cantab. 1681, en bygevolg is dezelve geen 630 Duitſche mylen lang, of, met de bogten, 750 van die mylen.
(h) Ten minſten is dezelve niet verder bekend; *Varenius* ſtelt de lengte 630 Duitſche mylen en nog meer, als men de kromte mede reekent.
(i) Dit is op 15¾ graad Noorder breedte, en 1⅓ graad lengte, te reekenen van l'Iſle de Fer.

of Aardryks-beschryvinge.

Oosten na 't Westen, en valt, na dat die omtrent 150 Duitsche mylen gevloeid heeft, beneden de Niger, in de Atlantische Zee (*k*).

De voornaamste Rivier, in 't Noorder America, is de Missisipi, die van 't Noorden na 't Zuiden meer als 300 Duitsche mylen afdaalt, en door drie openingen, daar van de middelste de eigentlyke en de voornaamste is, in de Mexicaansche Golf uitvloeit; aan beide de zyden storten in de zelve voorname Rivieren; aan de Westzyde de Missouri, of de Breede Rivier, ook de Roode Rivier, die meer als 150 mylen lang is; aan de Oostzyde is de Schoone Rivier, die omtrent 170 Duitsche mylen lengte heeft: daar zyn nog veel andere, te lang om hier aan te haalen. Ook loopt in de Mexicaansche Golf, de Noord-Rivier, die van 't Noorden na 't Zuiden, volgens de verhaalen, 300 Duitsche mylen zou voortvloeijen, tusschen deeze Rivier en de Missisipi zyn nog veel andere Rivieren, die alle in de Mexicaansche Golf uitloopen: aan de Oostzyde van de Rivier Missisipi, (of St. Louis, zoo als zommige die noemen,) is een Rivier, genoemd La Mobile, die van 't Noorden na 't Zuiden, tot in de Mexicaansche Golf loopt; de lengte is wat minder als 100 Duitsche mylen (*l*).

Rivieren in America.

De Rivier van St. Laurens, die met een wyde Mond in de Noord-zee valt, is, van Quebecq af te reekenen, omtrent 75 Duitsche mylen lang; en als men de Rivier der Iroquisen daar by neemt tot het Meer Ontario, nog geen 150 Duitsche mylen (*m*).

In 't Zuider America is bekend, de Rivier der Amazoonen, daar een groote menigte van andere invloeijen; verscheide oorsprongen heeft dezelve in de hooge Gebergtens, die men Andes noemt; in Peru zyn eenige, die de Rivier van Moyobamba uitmaaken, dewelke, na een loop van omtrent 150 Duitsche mylen, in de Amazoonenvloed valt; andere oorsprongen zyn in de Provincie van Quito:

P de

(*k*) Op 13 graaden, 18 min., Noorder breedte.
(*l*) Volgens een Waarneeming, gedaan door *M. Baron*, den 6den November 1730, is de Mond van die Rivier 90 graad., 16½ min. bewesten Parys. Memoir. de l'Acad. des Scienc, Ao. 1731, pag. 236, Amst. 1735.
(*m*) *Varenius*, pag. 271, de Druk van Amsterdam, en pag. 187, de Druk van Cant. 1681, stelt de lengte niet minder als 600 Duitsche mylen, dog in die tyd was 't Noorder America nog zoo bekend niet als hedendaags.

de eigentlyke Amazoonen-vloed, die zeer breed is, loopt, omtrent van 't Weften na 't Oosten, meer als 300 Duitfche mylen, tot in de Noord-zee; de meefte en grootfte Wateren, die daar in ftorten, zyn aan de Zuidzyde, en veele daar van loopen van 't Zuiden na 't Noorden, waar onder de Madera of Hout-Rivier, die men wil, dat meer als 150 Duitfche mylen lengte heeft: de Paranaiba loopt op de zelfde plaats als de Amazoonen-vloed in Zee; de lengte van dezelve is niet regt bekend, de een ftelt die veel langer als de ander.

Nog is Rio de la Plata een voornaame Rivier, in 't Zuider America; de lengte is wel 225 Duitfche mylen: een menigte van andere vloeijen daar in; de Mond is ongemeen wyd (*n*).

Rivieren onder de Aarde. Eenige Rivieren loopen voor een gedeelte onder de Aarde, dat men die niet zien kan, en komen op een andere plaats wederom te voorfchyn, als die van St. Francifcus, in Brazil; de Rivier Hotomni, in Sina (*o*); en verfcheide andere.

7. Van de Meeren, Fonteinen, enz.

7. Van de Meeren. Op eenige plaatzen, binnen in 't Land, vind men Wateren, die men Meeren noemt. In 't Noorder America zyn de voornaamfte de vyf volgende, die alle gemeenfchap met malkander hebben: 1. Het bovenfte Meer. 2. 't Meer Michigan; dit is van 't Zuiden na 't Noorden omtrent 56, en van 't Oosten na 't Westen omtrent 24 Duitfche mylen wyd. 3. 't Meer Huron; dit is niet kleiner. 4. 't Meer Erie, of de Kat. 5. 't Meer Ontaria. Men verhaalt, dat dezelve van zoet Water zyn; ten minsten vind ik dit zoo in de Reis van *Hennepin* (*p*); maar hier twyffel ik aan: 't kon zyn, dat het niet heel zout was; want het eene Water is veel zouter als het andere: dog byna alle Meeren zyn van zout Water, als in ons Land, 't Haarlemmer Meer. Zommige Zeën of Meeren ontfangen verfcheiden Rivieren, en daar fchynen geen andere wederom uit te gaan,

(*n*) *P. Feuillée*, in zyn Reis, tuffchen pag. 282 en 383, ftelt de wydte 40 mylen.
(*o*) *P. Gaubil* ftelt de oorfpronk op 35 graaden, 50 min., Noorder breedte, 82 graad., 51¼ min. beoosten Parys, 3¾ graad Noordelyker, en 1 graad Oostelyker, verlieft dezelve zig in 't Zand.
(*p*) Nouvel. Decouv., pag. 40, Utrecht 1697.

of Aardryks-beschryvinge.

gaan, als de Caspische Zee, de Doode Zee, het Meer daar de Stad Mexico op gebouwd is, en 't Meer Titicaca, in Peru, 't welk gemeenschap heeft met het Meer Paria; maar zou 't niet kunnen zyn, dat dezelve door verborgene Canaalen in andere Rivieren of Zeën uitliepen? De Heer *Halley* meent, dat de Wateren van de groote Zee en van de laatstgemelde Meeren, van tyd tot tyd zouter worden, en dat men daar uit, in 't vervolg van tyd, de Ouderdom van de Aarde zou kunnen ontdekken (*q*); doch ik vertrouw, dat weinige dit zullen toestemmen, en dat men te vergeefs dit op deeze wys zoekt uit te vinden: dan verhaalt de gemelde Heer *Halley*, dat het wel zou kunnen gebeuren, dat men de Aarde veel Ouder vond als men tegenwoordig dagt; en geeft een schets, hoe men, in dit geval, de dagen van de Schepping, by Moses, moet verstaan. Een gevoelen, dat niet alleen by my, maar by veel andere, niet goedgekeurd kan worden.

Als de Meeren klein zyn, dan noemt men die ook wel stilstaande Wateren of Poelen; te weeten, als dezelve geen uitloop hebben, of dat andere Wateren daar in vloeijen.

In Carniola, digte by Zirchnits, is een Meer van die naam, 't welk ruim een Duitsche myl lang, en half zoo breed is: omtrent den 25sten July, of 't begin van Augustus, loopt het Water weg door eenige gaten, en 't Meer word t'eenemaal droog, tot dat in October of November het Water wederom te voorschyn komt: zoo lang als 't Water daar is, dan word 'er veel Vis in gevangen; dog de komst van 't Water houd geen volkomen vaste streek; zomtyds is 't wel driemaal leedig in een Jaar, ook wel drie of vier Jaaren na malkander vol; maar nooit is 't een geheel Jaar droog (*r*). Op 't Eiland St. Paul, tusschen de Kaap de Goede Hoop en 't Zuidland, is een Water of Kom, daar aan de eene zyde Baars in zwemt, en aan de andere zyde is het Water zoo heet, dat men die daar in kan kooken; ten minsten gebeurde dit zoo, den 29sten November, en den 2den December, in 't Jaar 1696 (*s*).

(*q*) Philosoph. Transact., Num. 344, van pag. 296 tot pag. 300.
(*r*) De Beschryving van dit Meer is gedaan door *Weichard Valvassor*, Philosoph. Transact., Num. 191, pag. 411, en in 't Nederduitsch, in de Natuurkundige Aanmerkingen, van pag. 85 tot pag. 103.
(*s*) Journaal wegens een Reize na 't Zuidland, pag. 9 en 10, Amst. 1701.

Fonteinen. Op veel plaatzen vind men Fonteinen; dezelve zyn uit de Natuur, of door Konst gemaakt. Wat de veelheid van 't Water aangaat, die uit even groote openingen vloeit, deeze is, als men 't Beletzel van Lugt, en de Wryving van 't Water in de Buizen niet reekent, als de Vierkante Wortel uit de Water-hoogte boven de opening. Indien een Waterbak, daar de Fontein door opspringt, één voet boven de opening is, en een andere 81 voeten, zoo zal deeze laatste Fontein, als de openingen even wyd zyn, in de zelfde tyd, 9maal meer Water uitwerpen als de eerste: een sprong, die, zonder Beletzel van de Lugt, en de Aanwryving van 't Water in de Buizen, 33 voeten hoog gaan zou, die komt, door de tegenstand van de Dampkring, maar tot de hoogte van 30 voeten (t).

De Mineraale Wateren, die men in de Bergagtige Landen vind, of een menigte van verscheide Vogten, die met andere Stoffen vermengd zyn, zal ik hier niet optellen: eenige zyn heet, andere zyn kout; aan veele eigent men een geneezende kragt toe voor verscheide gebreeken, als die van 't Spa, Aken, 't Bath, Pyrmont, en andere.

XI. HOOFDSTUK.

Van de Aardkloots Dampkring, enz.

1. Van de Dampkring.

Van de Aardkloots Dampkring. Dat de Aarde omringt is met een dikke Lugt, die, verder na boven toe, geduurig dunder word, blykt, door de hedendaagsche Proefneemingen: het deel daar van, 't welk 't digst aan de Aarde is, noemt men de Aardkloots Atmosphere of Dampkring. Was de Aarde daar van ontbloot, Menschen nog Dieren zouden daar niet op kunnen leeven; was de Dampkring weg, wat zou het 's morgens schielyk dag, en 's avonds schielyk nagt worden? de Menschen zouden niet kunnen hooren, daar nu, om dat de deelen van onze Dampkring een Uitzettende of Veerige Kragt hebben, de klank

---

(t) Korte inhoud van de Philosoph. Lessen door *J. Theoph. Desaguliers*, pag. 103, Amst. 1731.

of Aardryks-befchryvinge. 117

klank vry fnel, met een golvende beweeging, de Werktuigen van ons Gehoor nadert; want de Lucht is een Vloeiftof. Volgens de ondervindingen, vordert de klank, in een fecunde tyd, omtrent 1070 Paryffche voeten; 's Winters gaat die een weinig traager voort als Zomers (*v*); een fterke Wind kan ook eenig beletzel aan deszelfs fnelheid geeven, dog niet veel, om dat de klank nog meer als 13maal fnelder als de alderzwaarfte Storm voortvliegt (*x*); 't geluid, komende voor of tegen de wind, maakt, dat wy 't zelve verder of digter, en duidelyker of flaauwer kunnen hooren.

Hoe hoog dat onze Dampkring is, kan men niet bepaalen, om dat dezelve allengs dunder word; maar uit de fchemering, die men 's morgens voor 't opkomen van de Zon, en 's avonds na 't ondergaan, gewaar word, zoo blykt, dat de Aardkloots Dampkring, hooger als $\frac{1}{7}$ deel van de Aardkloots halve middelyn, boven de oppervlakte van de Aarde, zoo dun is, dat dezelve van ons niet kan verligt gezien worden: nog verder na boven toe, is dezelve nog veel dunder, zoo dat het ligter door getallen is uit te drukken als met gedagten te begrypen (*y*).

Dat de Lugt zwaarte heeft kan door verfcheide Proefneemingen getoond worden; dog de eene tyd is die zwaarder als de ander, gelyk blykt door de Barometer, waar in het Quikzilver dan hoog, dan laag is. Een Lugt-Colom weegt zomtyds zoo veel als een Colom met Water van de zelfde wydte, die 32 voeten hoog is (*z*): ftelt men ieder Cubicq-voet Regenwater zwaar te zyn 64 pond (*a*), zoo moet een Lugt-Colom, daar van de grond één voet in 't vierkant is, volgens de voornoemde Ondervindingen meer als 2000 pond weegen. *De Lugt heeft zwaarte.*

Als een Lichaam, omtrent de oppervlakte van de Aarde, van boven na beneden regt neêr valt, zoo doorloopt het zelve, in gelyke tyd, geen gelyke wydtens; maar t'elkens word een nieuwe beweeging daar in gedrukt. Hier van heeft *Galileus* ontdekt, dat, als *Hoe de Lighaamen by de Aarde vallen.*

P 3

(*v*) *Newton* Philofoph. Natur. Princ. Math., pag. 344, en *'s Gravefande* Elem. Phyf., pag. 183, daar heeft men 1080 voeten.
(*x*) Of 48maal fnelder als een fterke Wind, als volgt uit een Proefneeming van de Heer *Boerhaven*, in zyn Beginzelen van de Chymie.
(*y*) *Newton* Traitè d'Optique, pag. 520.
(*z*) *Nieuwentyd* Regt gebruik der Wereldbefchouwingen, pag. 321.
(*a*) *Muffchenbroek* Beginzelen der Natuurkunde, pag. 390.

als men de weêrſtand van de Lugt niet in agt neemt, nog die van de middelſtof, dat dan de Vierkanten der Tyden evenredig zyn met de wydtens, die 't Lichaam doorvalt (*b*); dog de tegenſtand van de Lugt doet in 't kort de toeneemende beweeging vertraagen. Door de Proefneemingen kan men nagenoeg ontdekken, wat weêrſtand dat de Lugt doet aan de vallende Lighaamen van verſcheiden zoorten (*c*); ook, hoe veel beletzel dat die in 't Water ontmoeten: men heeft waargenoomen, dat een kleine ronde kloot, gevult met Quikzilver, in 4 ſecunden tyd, 220 Londonſche voeten neêrvalt; 't welk, volgens de Beſchouwing van *Galileus*, in den zelfden tyd, een hoogte van 257 voeten zou moeten nederdaalen. Wanneer een Lighaam regt na omhoog geſchooten word, de zelfde wydtens, die het in 't opklimmen doorgaat, zal het ook, in gelyken tyd, wederom doorgaan in 't nedervallen; maar word het ſchuins opgeworpen, dan leid de Centertrekkende-kragt het zelve van de regtlieniſche beweeging af, en doet het nagenoeg in een kromme lyn loopen, die de Meetkonſtenaars een Parabole van 't eerſte geſlagt noemen (*d*); want de linien van Directie, hoewel dat die in 't middelpunt van de Aarde te zaamen komen, zoo kan men die als evenwydige aanmerken. Neemt men, door middel van een Lugt-pomp, de Lugt weg uit een glaze Pyp, dan kan men zien, dat een ſtuk Goud, en een Veer van een Vogel, in den zelfden tyd, gelyke wydtens zullen doorvallen (*e*). Om de kortheid, andere Eigenſchappen van de Lugt voorby gaande, zoo laat ons bezien, hoe dat de Ligtſtraalen, in de doorſchynende Lighaamen, buigen.

2. *Van de Straalbuiging.*

2. Van de Straalbuiging in verſcheide Lighaamen.

Als een Ligtſtraal van de eene Stof overgaat in een andere, die digter of ylder is, zoo buigt de Straal: dit geſchied door de aantrekkragt; daar meer Stof is, daar worden de Ligtſtraalen na toe getrokken; dog in Oly en Zwavelagtige Lighaamen zyn de Straalbuigingen veel grooter, als in andere van de zelfde digtheid. Laat in de IIIde Afbeelding, fig. 4, PQR een vlakte zyn uit zeker

Lig-

(*b*) Galil. Syſt. Coſm., pag. 154 en 155, Lugd. Batav. 1699.
(*c*) *Newton* Philoſoph. Nat. Princ., 326.
(*d*) Gal. Mechan. Dialog. 4.
(*e*) *'s Gravesande* Elem. Phyſ., pag. 19, Lugd. Bat. Ao. 1720.

of Aardryks-befchryvinge. 119

Lighaam, daar een Ligtftraal AC doorvalt, en van daar, door de vlakte van een ander Lighaam, dat veel digter is, zoo dat men in O de Straal uit het laatfte vlak ziet uitgaan; als QC perpendiculaar op PR, AB op QC, en DO op PR is, dan zal CD kleinder als AB zyn: de Ligtftraal, die uit een ylder Stof komt in een digter, gaat fneller in deeze laatfte Stof voort, of loopt met meer fnelheid door de Lighaamen als door het leedige: laat PQR een vlakte van Lugt verbeelden, die een gelyke digtheid heeft, zoo als dezelve omtrent de oppervlakte van de Aarde gevonden word; PRS in 't zelfde vlak; en laat dit een gedeelte van een valfche Topaas vertoonen, als AC een Ligtftraal is, die uit de Lugt, door C, in de gemelde Topaas komt, dan leert de ondervinding, dat AB tot CD is, als 23 tegen 14: ftelt men nu, dat AC zeer fchuin valt, zoodanig, dat de hoek ACP oneindig klein is, dan kan men AB gelyk aan PC of AC neemen: nu is AC of CO $1\frac{9}{14}$maal CD; als men CD gelyk 1 neemt, dan is 't Vierkant van DO, 't welk 't Straalbreekend Vermoogen van 't Lighaam verbeeld, $1\frac{559}{1000}$; als de Denfiteit en de Specifique Zwaarheid van 't Regenwater 1 is, dan vind men die van de valfche Topaas $4\frac{27}{100}$: door deeling ontdekt men, dat het Straalbreekend Vermoogen van deeze Steen is 3979. Op de voorgaande manier heeft de beroemde *Newton* een Tafel opgemaakt van 22 doorfchynende Lighaamen (*f*), op de volgende wys: Ik zal, om de kortheid, maar alleen zes daar van aantrekken.

Refringeerende Lighaamen.	De Proportie van de Sinus der invallende Straal, en Straalbuiging van 't geele Ligt.	't Refringeerend Vermogen van de Lighaamen.	De Denfiteit en Specifique Zwaarheid der Lighaamen.	't Refringeerend Vermogen ten opzigt van de Denfiteit.
De Lugt	3201 tegen 3200	0,0006¼	0,0012	5208
Gemeen Glas	31 tegen 20	1,4025	2,58	5436
Yslands Criftal	5 tegen 3	1,778	2,72	6536
Salpeter	32 tegen 21	1,345	1,9	7079
Regenwater	529 tegen 396	0,7845	1,	7845
Diamanten	100 tegen 41	4,949	3,4	14566

Onder alle doorfchynende Lighaamen, die men tot nog toe gevonden heeft, buigen de Straalen 't aldermeeft in de Diamanten.

3. *Van*

(*f*) Opticks or Treatife of the Reflexions, &c. of Light, pag. 73, Lond. 1704.

3. Van de Regenboog.

Dat al de Straalen van de Zon niet even buigzaam zyn, blykt door de Prisma, zynde een driekantig Glas, daar *Seneca* reets kennis van had; want hy fchryft, dat, als de Zon op de kant daar door fcheen, dat men dan de Couleuren van de Regenboog gewaar wierd (g). Als in de voorgaande Figuur PQR een vlakte van de Lugt, en PSR van 't Water verbeeld, indien CD genoomen word op 81 deelen, dan is in de alderbuigzaamfte Straalen AB 109, en in de alderonbuigzaamfte AB 108 van die deelen, de meer of minder buigzaamheid van de Straalen word waarfchynelyk veroorzaakt door dat de eene Straal grouter Ligt-deeltjes heeft, als de andere, die evenwel met de zelfde fnelte voortgedreeven worden; de grootheid van de beweeging moet malkander dan overtreffen, en daarom word de een zoo ligt niet van zyn weg afgetrokken als de ander. Hier door kan men reden geeven van de Regenboog, 't welk de vermaarde *Newton* 't eerft volkomen ontdekt heeft, die aantoonde, dat de onderfte en helderfte Boog, die door de levendigfte Couleuren gemaakt word, door een enkele weêrkaatzing in de droppelen Regenwater, en dat de buitenfte, die flaauwer is, en de Couleuren aan de tegenovergeftelde zyde heeft, gefchied door twee weêrftuitingen. Laat in de IIIde Afbeelding, Fig. 5, een druppel Regenwater, of van een ander doorfchynend Lighaam, vertoond worden, door de Globe of Cirkel BNFG, die uit het middelpunt C befchreeven is; AN word aangemerkt als een van de Zons Straalen, vallende op deeze Globe in N, die van daar buigt, en gaat in F, daar hy uit de Globe komt met Refractie, of wederom geftuit word na G, en gaat daar met Refractie uit, of word wederom geftuit tot in H, en vervolgens met Refractie uitloopt na S, verlengt AN en RG, tot dat die malkander ontmoeten in X, laat op AX en FN vallen de Perpendiculaaren CD en DE: om de uiterfte bepaaling van de binnenfte boog te vinden, zoo ftelt men, dat het punt, daar de Straal in komt, als N, geduurig voortgaat tot in L; men moet dan vinden, wanneer dat de hoek AXR op 't aldergrootfte is, ftellende de halve middelyn $NC = a$, de Sinus van de

hoek

(g) Queft. Nat., lib. 1, cap. 7.

hoek, die de invallende Straal maakt, $= m$, de Sinus van de hoek der geboogen Straal $= n$, 't getal der Reflexien $= s - 1$, dan ontdek ik, door de Reekening van Fluxien, of de Calcul Differentieel,

dat EN is $= \dfrac{as \sqrt[2]{mm-nn}}{m \sqrt[2]{ss-1}}$, of men kan 't zelve in Logarithmus getallen veranderen: Stelt $m+n=q$, $m-n=p$, $s+1=t$, $s-1=v$; dan is EN = de Log. a + Log. s − Log. m + ½ van de Log. qp − ½ Log. tv; NE is tot ND als sn tot m: neemt men nu de Straalen in 't Regenwater die 't minst buigzaam zyn, dan is de proportie der Sinuffen van m tot n als 4 tegen 3; in geval van een Reflexie is $s = 2$, dan zal NE zyn $a\sqrt{\tfrac{7}{11}}$, dat is, in deelen van van de Sinus Tafel, 76376. Dit zelfde kan men op de volgende wyze door de Logarithmus vinden:

```
    Log. qp of 7 =  0,845098
    Log. tv of 3 =  0,477121
                    ———————— Sub.
                    0,367977
                 2  ————————
                    0,183988
    Log. s/m of 2 = 0,301030
                    ———————— Sub.
                  − 0,117042
    Log. a =      + 5,000000
                    ———————— Ad.
    Log. NE         4,882958
                    ————————
    NE   76376
```

Als p, q, t, en v groote getallen zyn, dan kan men van ieder in 't byzonder de Logarithmus zoeken, en door Additie de Logarithmus van pq en tv vinden.

De Boog hier van is 49 graaden, 18 minuten, voor de hoek NCE: nu is NE tot ND als 3 tot 2; daarom NE 50917 van de gemelde deelen, of de hoek NCD 30 graad., 37 min.: dit getrokken uit 90 graaden, zoo blyft daar over voor de hoek DNC, 59 graad., 23 min.; deeze geteld by het dubbeld van de hoek NCE; de Zom uit 180 graaden getrokken, de rest is voor de hoek NXC, 21 graad., 1 min.; het dubbeld daar van is de hoek NXR, 42 graad., 2 min., voor de buitenste halve middelyn van de binnenste Regenboog, als de Zon als een enkeld punt in de Lugt gezien wierd; maar nu moet daar de Zons halve middelyn nog by,

122 *Inleiding tot de algemeene Geographie*,

zoo vind men 42 graad., 17 min. : in geval van twee Reflexien, dan is $s = 3$, de reft als vooren; daarom NE : 4 √ 3½, in Sinus getallen 70156; ND is = ⅘ van NE, of in Sinus getallen 31130; dan is de hoek NCD 18 graad., 10 min., en de hoek NCE 44 graad., 33 min.; het dubbeld van deeze laatfte hoek is 89 graad., 6 min. : voor de Boog NLF deeze driemaal genomen, de Uitkomft van 360 graaden getrokken, zoo reft de Boog HN 92 graad., 42 min.; de helft is voor de hoek NCY 46 graad., 21 min. : dit getrokken van de hoek DNC 71 graad., 50 min., reft de hoek NYC 25 graad., 29 min.; het dubbeld daar van is 50 graad., 58 min. voor de hoek NYH of de hoek SYA; hier af de Zons halve middelyn, reft 50 graad., 43 min. voor de binnenfte halve middelyn van de uitwendige Regenboog: indien men in plaats van 4 en 3 gebruikt de proportie van 109 tegen 81, zoo vind men, op de zelfde manier, de hoek AXR 40 graad., 17 min., en de hoek AYS 54 graad., 7 min.; van de eerfte hoek de Zons halve middelyn afgenomen, en by de laatfte gedaan, komt 40 graad., 2 min. voor de binnenfte halve middelyn van de binnenfte Regenboog, en 54 graad., 22 min. voor de buitenfte Diameter van de uitwendige Regenboog, daar uit volgt, dat de breedte van de binnenfte Regenboog is 2 graad., 15 min, en van de buitenfte 3 graad., 39 min. Indien men onderftelde, dat het Regenwater de zelfde Straalbuiging had als 't gemeen Glas, dan kon men, volgens de voorgaande Formule, door de Logarithmus ligtelyk ontdekken, dat de buitenfte halve middelyn van de binnenfte Boog zou moeten zyn 19 graad., 41 min., de breedte van dezelve 3 graad., 6 min.; de buitenfte halve middelyn van de uitwendige Boog 97 graad., 10 min., de breedte 3 graad., 45½ min. : is de Zon in den Horizont, dan zyn de Regenboogen een halve Cirkel, dog minder als de Zon boven dezelve is.

Door de Straalbuiging kan men van veel dingen Reden geeven. Om dat de Lugt van de Aarde af na boven toe geduurig dunder word, zoo kunnen de Ligtftraalen daar niet regtliniefch doorgaan, maar buigen zig in een kromme lyn; daar door fchynen de Hemelfche Lighaamen, die digt aan den Zigteinder gezien worden, hooger als die inderdaad zyn, om dat wy die volgens de Raaklynen befchouwen; by ons bedraagt dit verfchil omtrent 32 of 33 minuten; onder de Linie omtrent ¼ deel minder (*h*); by de Noorder Pool

(*b*) Hiftoir. de l'Acad., Ao. 1700, pag. 140.

Pool Cirkel is 't byna eveneens als te Parys (*i*); dog op de eene tyd is die wel wat meerder als op de andere: door deeze Straalbuiging kan men begrypen, hoe dat het komt, dat men zomtyds de Zon en de Maan in 't geheel te gelyk boven den Horizont ziet, daar de Maan evenwel reets voor een gedeelte verduifterd is, waarom dat men de Maan niet altyd geheel uit het gezigt verlieft, al vervalt die volkomen in de Aardkloots Schaduw; zonder de Straalbuiging zouden de Straalen niet in de grond van 't Oog verzamelen, zoo dat Menschen en Beeften maar een verward Ligt zouden zien, en genoegzaam blind zyn.

4. *Van de Wind.*

De Wind is een beweeging in onze Dampkring, en van geen geringe noodzaakelykheid; want, of schoon 't Water, dat tot de Regen noodig is, uit de Zee oprees, zonder Wind zouden de Wolken niet verspreiden, maar nagenoeg op de zelfde plaats wederom nederdaalen. Hoe zouden dan zoo veel Velden en Akkers bevogtigd worden, en ver van de Zee en hooge Bergen alles kunnen groeijen? ook zuivert dezelve dikwils de Lugt van quaade Dampen. Had men geen Wind, hoe zou men de groote Zeën konnen doorkruiffen, en in korten tyd de Aarde rond zeilen? Een fnelle Wind vorderde, volgens een genoomen Proefneeming, in één fecunde tyd, 22¼ voet (*k*): de Zeevaart hangt t'eenemaal daar van af, en men trekt nut uit dezelve door de Moolens. De Wind dient meede om 't Zaad van veel Planten te verspreiden, op dat die op meer plaatsen kunnen groeijen, en niet t'eenemaal uitgeroeid worden. De Wind waait ook niet by geval, of zonder eenig beftier, over de geheele Aarde: hoe worden de verzengde Lugtftreeken door duurzaame en frische Winden verkoeld? waren die in de groote Zee of tuffchen de Keerkringen zoo veranderlyk, als by ons, wat moeite zou men dikwils hebben om na Ooftindien te zeilen, en wederom daar uit te komen? De ervaarentheid heeft de plaatsen doen kennen, daar men zomtyds groote ftiltens vind,

---

(*i*) Mefure du Degré du Meridien au Circle Polaire, par *M. de Maupertius*, pag. 132 & pag. 145, Paris 1738.
(*k*) *Boerhaven* Elem. Chym.

124 *Inleiding tot de algemeene Geographie*,

om die te myden, en andere, daar men de Wind ontmoet, die dienftig is om de voorgenoomen reis te volbrengen.

De be-
naaming
der
Winden.
Om de benaaming van de Wind te kennen, ten opzigt van de hoek daar die uit blaaft, zoo geeft men acht op de Hoofdftreeken, als 't Zuiden en Noorden, dat is, daar de Zon op 't hoogft en op 't laagft is, 't welk regt tegen malkander over ftaat; de verdeeling verbeeld men in 't gemeen op de Horizontaale Cirkel, een vierde van een kring van 't Zuiden of Noorden, na die zyde van Zons opgang, of 't punt daar de Zon in de Evennagts-tyd opkomt, is het Ooft, en regt daar tegen over is het Weft: de Wiskonftenaars verdeelen de voornoemde vierdedeelen van Cirkels in graaden en minuten; dog de Zeelieden door boogen, die in 't top beginnen, en ieder vierdedeel in agt gelyke deelen fnyden, zoo dat het geheele Uitfpanzel, of ook de Zigtbaare helft, en de Horizontaale Cirkel daar door in 32 gelyke ftukken gefneeden word; dit noemt men Compasftreeken: de ftreek, die net in het midden, tuffchen het Noorden en 't Weft is, noemt men Noordweft; die tuffchen 't Noorden en 't Noordweft is, Noord-Noordweft; de naafte ftreek van 't Noorden na de Weftzyde is Noord ten Weften; een ftreek Noordelyker als 't Noordweft, noemt men Noordweft ten Noorden; en zoo met al de andere.

Oorzaak
van de
alge-
meene
Paffaad-
winden.
Buiten de Keerkringen heeft men veranderlyke Winden, dog binnen dezelve is meer ftaat daar op te maaken, en daar onderfcheid men die in tweederlei zoort: 1. Die altyd uit een hoek waaijen; by de Zeevaarende Paffaat-winden genoemt. 2. De beurthoudende Paffaat-winden, die omkeeren, of die 't een half Jaar van de eene, en 't andere half Jaar van de andere zyde komen, in 't gemeen Moufons genoemt. Men heeft ondervonden, dat van 30 graaden Noorder tot 30 graaden Zuider Breedte, in de groote Zuidzee, in het deel van de Indifche Zee, bezuiden de Linie, in een gedeelte der Noordzee, en in de Æthiopifche Zee, altyd een Ooften-paffaat waait; dog bezuiden de Middelyn is die Zuidelyker, te weeten, omtrent Ooft-Zuidooft; en benoorden de Linie Noordelyker, of byna Ooft-Noordooft. Dat hier van de Paffaat-wind gezeid word, is te verftaan in de ruime Zee; want in de groote Zuidzee, aan de Weftkant van 't Zuider America, is de regte Ooftte-paffaat wel 150 of 200 Hollandfche mylen van de Wal: dit komt waarfchynelyk eensdeels door 't Land, en ten anderen

door

door 't beletzel van de hooge Bergen, die men de Andes noemt, dog aan de zelfde zyde, op Noorder Breedte maar omtrent 30 mylen; dit zal komen om dat nieuw Spanjen een fmalle ftreek Land is: aan de Ooftzyde van de Kuften waait de Paffaad tot digt op het Strand, en vermengt zig wel met de Winden op de Kuften; want hier is aan de Ooftzyde geen beletzel: aan de Noordzyde van de Indifche Zee waait de gewoone Paffaat van October tot April; 't andere half Jaar is de Wind regt daar tegen over: maar om van alle de veranderingen, en de gevallen daar die van de Regel afwyken, volkomen reden te geeven, zoo ver is men nog niet gekomen; dog ten opzigt van de oorzaak der algemeene Paffaatwind, zoo meent de Heer *Hadley* (*l*), dat dezelve voortkomt door 't draaijen van de Aarde, en door de werking van de Zon; 't welk vry aanneemelyk fchynt: wat de laatfte kragt aangaat, de Zon maakt een verdunning in de Lugt, daar de ftraalen loodregt neêrvallen, word een grooter graad van hitte veroorzaakt als op andere plaatzen, daarom word de Lugt daar zoortelyk ligter als rondom de koude Lugt, doordien de laatfte digter en zwaarder is zoo fchuift die de andere voort, om deszelfs plaats te vervullen, en doet de ligter Lugt na boven ryzen: de beweeging der Aarde dan ter zyden ftellende, zoo zou aan de Noordzyde van de Aarde de Lugt na 't Zuiden, en aan de Zuidzyde der Aarde na 't Noorden ftroomen, de loop van de Lugt zal van alle kanten weezen, na die plaatzen daar de Zon op 't heetfte is; 's morgens zou men een Noordweften, en na de middag een Noordooften Wind hebben by beurten; aan deeze kant van de Evenwydige aan de Linie Equinoctiaal, die door de Zon ging, en Zuidweft en Zuidooft aan de andere kant; maar dat de geduurige beweeging van de Lugt, na 't Weften, niet enkel en alleen door de Zon veroorzaakt word, blykt, als men onderftelt, dat de Aarde ftilftaat; want dan zou men aan de Lugt een gelyke hoeveelheid van beweeging met een tegenftrydige Directie moeten toefchryven, dat bezwaarlyk is om toe te ftaan. Neemt men nu de dagelykfche beweeging der Aarde in overweeging, en ftelt men, dat de Lugt daar meede in alle deelen een gelyke beweeging houd, dan zal alles ftil zyn, en geen Wind ver-

---

(*l*) Philofoph. Transact.. Num. 437, van pag. 58 tot pag. 62.

veroorzaakt worden, dan alleen die, dewelke door de Zon voort komt, daar hier vooren van verhaald is; zoo dat op deeze wys de generaale Paſſaat ook niet is uit te leggen. De Evenwydige Cirkels, aan de Evennagts-lyn, worden grooter, na maate dat die digter daar aan zyn, zoo dat die onder de Evennagts-lyn tot die onder de Keerkringen nagenoeg is als 12 tegen 11, of de Evennagts-lyn is omtrent 450 Duitſche mylen langer als een Keerkring. De Oppervlakte van de Aarde beweegt dan ſnelder onder de Evennagts-lyn, als de Oppervlakte van de Aarde met de Lugt onder de Keerkringen: daar uit volgt, dat de Lugt, die van de Keerkringen na de Evennagts-lyn beweegt, met een minder ſnelheid dan de deelen der Aarde, die dezelve ontmoet, met de laatſtgemelde deelen een beweeging zal maaken, die tegenſtrydig is met de dagelykſche beweeging van de Aarde, 't welk te zaamen, met de beweeging omtrent de Evennagts-lyn, een Noordooſten Wind zal veroorzaaken aan deeze kant, en een Zuidooſten Wind aan de andere kant van de Evennagts-lyn: als de Lugt nader aan de Evennagts-lyn komt, dan zal die Ooſtelyker worden, en regt Ooſt onder de Evennagts-lyn; 't welk met de ondervinding overeen komt.

Op de zelfde wyze kan men de voortbrenging van Weſt-Paſſaat-Winden uitleggen, buiten de Keerkringen: De Lugt verdund zynde door de hitte der Zon, omtrent de Evennagts-lyn, en verſchooven, om plaats te maaken voor de Lugt van kouder deelen, moet opwaards van de Aarde ryzen, en, een vloeibaare Stof zynde, zal zig over de andere Lugt verſpreiden; bygevolg moet de beweeging na 't Noorden en 't Zuiden weezen van de Evennagts-lyn; welke Lugt, een zekeren afſtand van de Oppervlakte der Aarde af zynde, zal een groot deel van zyn hitte verliezen, en daar door een genoegzaame digtheid en zwaarheid verkrygen, om de Oppervlakte van de Aarde wederom te naderen; 't welk men onderſtellen kan, dat geſchied, als dezelve in die deelen komt, buiten de Keerkringen, daar de Weſtelyke Winden gevonden worden, indien men onderſtelt, dat dezelve in 't eerſt een ſnelheid heeft, gelyk de Oppervlakte van de Aarde omtrent de Evennagts-lyn, zoo zal die ſnelte grooter zyn, als de deelen daar 't nu aankomt, en daar door een Weſtelyke Wind veroorzaaken; 't welk, na verſcheiden om-

loopen,

of Aardryks-befchryvinge.

loopen, tot een zekere graad gebragt word, als men ook kan onderftellen dat gefchied is met de Ooftelyke Winden omtrent de Evennagts-lyn: aldus zal de Lugt geduurig omgevoerd worden, en een fnelte verkreegen hebbende, zal die wederom verliezen by beurten, door de Oppervlakte van de Aarde en de Zee, als dezelve de Evennagts-lyn nadert en daar van afwykt: hier uit kan men befluiten, dat de Noordooften en Zuidooften Winden binnen de Keerkringen wederom vergoed worden, door zoo veel Noordweften en Zuidweften Winden in de andere deelen, dat daar door geen verandering in de dagelykfche beweeging der Aarde kan veroorzaakt worden. De Heer *Halley*, en andere, ftellen, dat de Zon alleen de oorzaak van de generaale Paffaat-wind is; maar dan komt het my wonderlyk te vooren, dat de generaale Paffaat op 0 graaden Breedte, in de groote Zeën, volgens den Equinoctiaal, en niet volgens de Ecliptica, loopt.

Langs de Kuft van Peru en Chili heerfcht de meeften tyd een Zuiden Wind; ook langs de Kuft van Monomotapa en Angola: omtrent de Kuft van Guinée, digt by het Land, heeft men byna altyd een Zuidweften Wind; de generaale Winden en Moufons worden in de Kaarten vertoond (*m*).

De Winden langs de Kuften, geheel digt aan de Wal, onder- Zee- en fcheid men in Land- en Zee-winden; de Zee-wind begint op veel Land-winden. plaatzen 's morgens omtrent ten 9 uuren, vermeerderende tot op de middag; waar na dezelve wederom afneemt, en omtrent ten 3 uuren, na de middag, ophoud: dezelve waait by helder weêr in 't gemeen regt op de Kuft aan; de Land-winden, in 't tegendeel, komen by nagt, en waaijen byna regt van 't Land af: de fterkfte Land winden word men in de diepe Baaijen gewaar; dog weinig op de uitfteekende hoeken.

Groote Stormwinden, fchielyke Rukwinden, of ook die na alle Storm-kanten rond draaijen, en by de Zeevaarende bekend onder de winden. naam van Travados, Orcaanen, en andere bewoordingen; ook

R   de

(*m*) Ziet de Philofoph. Tranfact., Num. 183, van pag. 153 tot pag. 168, of de keurige Mengelftoffen der Natuurkunde, van pag. 96 tot pag. 128, door *Ed. Halley* Amfterdam; ook *Dampiers* Reizen, 2de Deel, van pag. 205 tot pag. 227, Amft. 1717, daar men berigten van de Winden vind, meerendeels uit eigen ondervinding op-gemaakt; dog te lang om hier te plaatzen.

de Winden, die by de Donderbuien ontftaan, zyn van geen lange duur: een fterke Wind belet een gedeelte van de Centertrekkende kragt, en doet het Quikzilver in de Pyp van de Barometer nederdaalen. De fnelfte beweeging der Lugt, in de alderzwaarfte Storm, is, volgens de ondervinding van de Heer *Derham*, geen Engelfche myl in een minuut tyd (*n*), dat is nog geen $\frac{1}{17}$deel van de fnelte, waar meede de plaatzen op de Aarde, onder den Evenaar, omdraaijen.

XII. HOOFDSTUK.

Behelzende het Tweede Deel der Algemeene Geopgraphie, zynde het Betrekkelyke Deel der Aardrykskunde.

1. *Van 't Jaar en deszelfs Getyden.*

Van de Vier Getyden.

De geheele kring, die de Zon 's Jaarlyks door de Sterren fchynt te loopen, noemt men de Ecliptica of de Zons weg, zynde het midden van de Zodiac, dat is een breede Riem, daar de Zon, de Maan, en de Planeeten zig oogfchynlyk in beweegen: de Ouden verdeelden dezelve in 12 gelyke ftukken; de Sterren, in ieder deel begreepen, wierden door Beelden onderfcheiden, waar van de Tekens en Naamen zyn, als volgt:

♈ Aries, de Ram.
♉ Taurus, de Stier.
♊ Gemini, de Tweelingen.
♋ Cancer, de Kreeft.
♌ Leo, de Leeuw.
♍ Virgo, de Maagd.

♎ Libra, de Weegfchaal.
♏ Scorpius, de Schorpioen.
♐ Sagittarius, de Boogfchutter.
♑ Capricornius, de Steenbok.
♒ Aquarius, de Waterman.
♓ Pisces, de Viffchen.

De Zon in de Ram treedende, dat is tegenwoordig omtrent den 20ften Maart, dan begint de Lente, en de dag en nagt is op alle plaatzen van de Aarde nagenoeg even lang; ik zeg nagenoeg, om dat de Zon veel grooter als de Aarde is; ook zondert men de Poolen uit. Als de Zon in de Kreeft komt, dan begint by ons de

(*n*) Philofoph. Tranfact., Num. 437, pag. 61.

of Aardryks-befchryvinge.

Zomer; op dien dag is de Zon in de Noordelyke Landen net op de middag op 't alderhoogft, dat is omtrent den 21ften Juny. De Zon in de Weegfchaal gaande, omtrent den 23ften September, dan is dag en nagt wederom op alle plaatzen van de Aarde byna even lang. Wanneer de Zon in het Teken des Steenboks komt, dat is omtrent den 21ften December, dan begint by ons de Winter, en de Middag-zon is in de Noordelyke Landen op 't alderlaagft. Draaide de Aarde, volgens een As, die regthoekig door 't vlak ging, 't welk de Zons middelpunt in de Aardkloots weg maakt, men zou geen verandering van Zaizoenen gewaar worden; maar de Opperfte Maaker heeft het anders en beter gefchikt, zoodanig, dat, volgens de hedendaagfche Waarneemingen, de Aarde dagelyks draait, in een vlak, 't welk 23 graad., 28 min., en 24 fec. verfcheelt met de vlakte van de Aardkloots weg. De Ridder *de Louville* meende, dat in de oude tyden, de helling wat meer is geweeft; ten minften de oude Waarneemingen, indien men daar op fteunen kan, fchynen dit te beveftigen (*a*). *Ticho Brahe* vond de gemelde helling in 't Jaar 1595 te zyn, 23 graad., 32 min.; voor omtrent 2000 Jaaren wierd die gevonden nagenoeg 23½ graad (*b*). Het Evennagts-punt, of 't begin van Aries, ftaat niet ftil, ten opzigt van de Vafte Sterren, maar loopt in een Jaar omtrent 7/72 van een graad te rug; zoo dat de Beelden van de Sterren nu omtrent een geheel Teken voortgefchooven zyn; want tegenwoordig is 't Evennagts-punt omtrent 29 graaden voor de eerfte Ster van Aries. De beroemde *Newton* heeft aangetoond, dat de langronde gedaante der Aarde de oorzaak van deeze beweeging is (*c*).

De lengte van 't Jaar. Door 't verfchil, tuffchen de Oude en Nieuwe Waarneemingen, vind men de lengte van 't Sterre-Jaar, of de loop van de Aarde om de Zon in 365 dagen, 6 uur., 9½ min. (*d*); en door de gemelde veragtering, van 7/72 graad 's Jaars, de lengte van 't Jaar, volgens de Lentfnee, nagenoeg 365 dagen, 5 uur., 49½ min., te weeten, als men door malkander reekent; want het eene Jaar is eenige fecunden langer of korter als 't andere Jaar: nu zyn de Jaaren, in de

---

(*a*) Act. Erud., Jan. 1719, pag. 294. (*b*) De laatft aangetrokken plaats.
(*c*) Philof. Nat. Prin. Math., lib. 3, prop. 39, pag. 437, Amft. 1714.
(*d*) *Keil* Introd. ad Ver. Aftronom., pag. 439, Oxon. 1718.

130 *Inleiding tot de algemeene Geographie,*

de gemeene Tyd-reekeningen, by ons zoodanig gefchikt, dat, als drie Jaaren van 365 dagen malkander volgen, dat dan het vierde, 't welk een Schrikkel-Jaar genoemd werd, is 366 dagen: de telling, op deeze wyze, noemt men de Juliaanfche of Oude Styl; maar om dat een Jaar, door malkander, nagenoeg 10½ minuut langer gereekent word als het waarlyk is, en dat daar door de Kerkelyke Feeften, die nu in de Winter komen, in 't vervolg van tyd in de Zomer zouden vallen, zoo heeft Paus *Gregorius* de Dertiende, na dat hy met de Sterrekundige daar over geraadpleegt had, de Styl verandert, zoodanig, dat die tegenwoordig 11 dagen verfcheelt, of den 12den Juny Oude Styl is den 23ften Juny Nieuwe Styl: nu zyn 400 Jaaren van de Oude Styl 4320 minuten te lang, dat is 72 uuren, of 3 dagen; daarom gebood de voornoemde Paus, dat de nette honderden van Jaaren, die niet door 400 deelbaar waren, als 1700, 1800 en 1900, voor geen Schrikkel-Jaaren zouden gereekend worden.

2. *Hoe Zomer en Winter veroorzaakt word.*

Van de Zomer en Winter. De Ondervinding leert, dat in de Landen, daar de Zon omtrent het Toppunt komt, het veel heeter is, als daar dezelve op 't hoogft maar eenige graaden omtrent den Zigteinder ryft; dit komt, om dat op de eerfte plaatfen de Zons ftraalen fteilder neêrvallen, en met de zelfde hoeken wederom opftuiten. Laat in de IIIde Afbeelding, Fig. 6, ABCD de Aardkloots weg zyn, WO regthoekig op 't vlak ABCD, PZ de As van de dagelykfche, en WO of IX van de Jaarlykfche beweeging; dan is de hoek PIX 23 graaden, 28½ min.: als de Aarde in C, of in het Teken des Kreefts is, dan draait de plaats S tweemaal de lengte van de boog SV door het ligt, en tweemaal de boog VT door het duifter; om dat de Zon grooter als de Aarde is, zoo word ruim de helft van de Aarde door de Zon verligt; in S zyn dan lange dagen en korte nagten, en men zeid daar, dat het Zomer is: indien R het midden tuffchen P en Z is, dan is op die plaats dag en nagt even lang; want RI is gelyk IY: een plaats als G heeft op de zelfde tyd korte dagen en lange nagten, en het is daar Winter, terwyl het in S Zomer is; woonde iemand in P, die zou op die tyd daar een geduurige dag hebben, en in meer als zes Maanden, van wegens de

Straal-

of Aardryks-beſchryvinge. 131

Straalbuiging, gaat de Zon aldaar niet onder, terwyl in Z de Zon onder de Kimmen is. Maar hoe is alles verandert, als de Aarde in A is, of als de Zon in het Teeken des Steenboks treed? dan zyn in S korte dagen en lange nagten, of het is by haar Winter, daar het in G Zomer is; want dan zyn op de laatſte plaats lange dagen en korte nagten, in Z is het geduurig dag, en in P geduurig nagt; maar in R blyft dag en nagt, het geheele Jaar door, even lang. Als de Aarde in B of D is, dat is, als de Zon zig in Aries of Libra bevind, dan is, de punten P en Z, en daar omtrent, uitzonderende van wegens de Dampheffing, dag en nagt over de geheele Aarde byna even lang, ten opzigt van de ſnelligheid, daar de plaatzen, volgens de dagelykſche beweeging, mede omdraaien, die in P en Z veranderen; maar door de Jaarlykſche beweeging, even als de Aardkloots middelpunt: de plaatzen onder R I Y draaien 't alderſnelſt, te weeten, in één ſecunde tyd, omtrent 123 Rhynlandſche roeden, daar Amſterdam, in die zelfde tyd, maar 75 Rhynlandſche roeden voortgaat. 't Middelpunt der Aarde vordert in zyn weg, in ieder ſecunde tyd, omtrent 2⅐ Hollandſche myl.

3. *Van eenige Linien en Punten, die aan den Hemel, en op de Aarde in aanmerking genomen worden.*

Die met aandagt de Sterren beſchouwt, zal bevinden, dat die oogſchynlyk in 24 uuren omloopen van 't Ooſten na 't Weſten, zommige in groote, andere in kleine ronden, of dat dezelve op een gemeene As rond gaan; de Noordſter draait een kleine Cirkel om de Pool, daar van de halve middelyn, op 't end van 't Jaar 1738, geweeſt is omtrent 2 graad., 5¼ min.; het middelpunt van deeze Cirkel is de Noord-pool. *De Sterren ſchynen te loopen.*

Die in de IIIde Afbeelding, Fig. 7, verbeeld word door A: indien een lyn uit A getrokken word door 't middelpunt der Aarde, als AB, dit is de As daar de Aarde op draait; B noemt men de Zuid-pool. *Poolen.*

Als AD, DB, BC en AC, ieder een vierendeel van een rond is, 't vlak, of de Cirkel C♎D♈, regthoekig door de As AB, zoo noemt men C♎D♈, de Linie Equinoctiaal of Evenaar: wanneer DF, DH, CE, CG, AK, AI, BM en BL alle aan malkander gelyk zyn, en ieder in 't byzonder zoo veel als de Zons *Linie Æquinoctiaal.*

grootſte

132 *Inleiding tot de algemeene Geographie,*

grootfte afwyking, zynde 23 graad., 28½ min.; als dan de Cirkels IK, EF, GH en LM evenwydig zyn aan de kring CD, verders het rond ♈F♎G regthoekig, door een lyn, die men onderftelt dat door I en M gaat, zoo heeft men de verbeelding van een Sphera, na de manier der Ouden, met een ftilftaande Aarde, die in T is.

Ecliptica. G♈F♎ is de Ecliptica, of Zons weg; I en M zyn de Poolen daar van: in deeze laatftgemelde kring vorderde de Zon, na haar meening, dagelyks iets minder als een graad, terwyl dezelve door de dagelykfche beweeging, volgens die ftelling, een rond moeft loopen, nagenoeg evenwydig aan CD.

Keerkringen. EF is de Keerkring van Cancer, en GH die van Capricornus.

Pool-Cirkels. IK noemt men de Circulus Arcticus, en LM de Circulus Antarcticus.

De As van de Aarde verandert. De As van de Aarde blyft, ten opzigt der Vafte Sterren, niet altyd in een ftand; 't welk veroorzaakt word door de te rug gang van 't Evennagts-punt. Indien men, volgens de Waarneeming van *Flamfteed*, ftelt, dat in 't begin van 't Jaar 1690, Oude Styl, de Afcenfio Recta van de Noordfter, dat is, deszelfs plaats in lengte, volgens den Evenaar, was 8 graad., 17 min., 30 fec.; de afftand van de Pool 2 graad., 21 min., 20 fec.; de plaats, volgens de Ecliptica, in Gemini 24 graad., 14 min., 43 fec., met een Noorder Breedte van 66 graad., 4 min., 10 fec. (*e*); de te rug gang van 't Evennagts-punt 50 fec. in een Jaar; de afftand, tuffchen de Pool van de Ecliptica en Noord-pool, 23 graad., 28½ min.; de Noorder Breedte van Amfterdam 52 graad., 23 min.; dan vind ik, dat de Noordfter op een plaats, die op de zelfde Breedte als Amfterdam leid, 5575 Jaaren voor Chriftus, door het Top geloopen heeft, en tegenwoordig de Pool nog nadert; 't welk duuren zal tot het Jaar 2104, alsdan zal dezelve op het digtfte aan de Pool zyn, zoodanig, dat de afftand maar 26½ minuut zal weezen: na die tyd verwydert dezelve wederom, tot dat in 't Jaar 9782 die wederom door het Top zal loopen, op een plaats, die de zelfde Noorder Breedte als Amfterdam heeft.

De

(*e*) Hiftor. Cœleft., vol. 3. Stell. inerrant Catal. Britan., pag. 51, Lond. 1725.

of Aardryks-beschryvinge. 133

De gemelde Kringen zyn van de Ouden ook op de Aarde over- Quingebragt; zy verdeelden de Aarde in vyf Riemen of Streeken. que Zona. Als dan ADBC, in plaats van den Sterren-Hemel, de Aarde verbeeld, zoo was de eerste de koude Lugtstreek, zynde de oppervlakte, die afgesneeden word door de Cirkel IK, na de zyde van 't Punt A; de tweede is de getemperde Lugtstreek, of de oppervlakte, bepaald tusschen de Cirkels IK en EF; de derde is de verbrande of heete Lugtstreek, zynde de oppervlakte beslooten tusschen de Kringen EF en GH; de vierde is weder een gemaatigde Lugtstreek, bepaald door de Cirkels GH en LM; de vyfde is een koude Lugtstreek, die afgesneeden door de Cirkel LM, na de zyde van B: voortyds meende men, dat de gemaatigde Lugtstreek maar alleen door Menschen kon bewoond worden, dat de andere al te kout, of al te heet waren (*f*); dog de ondervinding heeft dit anders doen zien. Die de Meetkonst verstaan, kunnen dan ligtelyk de grootte van ieder Zona uitreekenen; als een koude 2069 deelen is, dan zal ieder getemperde zyn 12973, en beide, de Heete of verbrande te zaamen, die voortyds maar voor een gereekend wierden, of de oppervlakte, tusschen de Cirkels EF en GH, 19916 deelen (*g*).

4. Wat door de voorschreeve Linien onderscheiden word.

By die onder den Evenaar woonen, schynen de Sterren regt op Sphæra te klimmen, en daalen wederom regt neder; dag en nagt is daar Recta. nagenoeg altyd even lang.

Onder de Poolen schynen de Sterren evenwydig aan den Zigt- Sphæra einder te loopen, en een meenigte van Etmaalen kan men daar de Parallele. Zon boven de Kimmen zien, en dan blyft die wederom een langen tyd onzigtbaar.

Op alle andere plaatsen, buyten de voorgaande, schynen de Sphæra Sterren schuin op en onder te gaan, en de langste dag, ook de Obliqua. langste nagt, is daar minder als 24 uuren.

Aan-

(*f*) *Plin.*, lib. 2, cap. 68, pag. 27. *Virgil.* in 't eerste Boek van zyn Landgedigten.
(*g*) De getallen zyn volgens *Tacquet* Geom. Pract., 't 3de Boek, pag. 123, Antw. 1669. Hy reekent de Zons grootste afwyking 23½ graad.

Climata. De Ouden, wien maar een gedeelte der Aarde bekend was, verdeelden gemeenlyk, 't geen toen ontdekt was, in zeven Climaaten, door Linien, die evenwydig aan den Evenaar liepen: de eerfte ging over plaatzen daar de langfte dag was 13 uuren; de tweede, daar de langfte dag was $13\frac{1}{2}$ uur, en zoo van half uur tot half uur; na maate dat zy nog meer Landen in 't Noorden ontdekt hadden, zouden zy nog meer Climaaten daarby gevoegt hebben, tot 24 uuren toe, en dan van dagen en maanden; dog over de plaatzen, daar deeze Linien over moeften gaan, waren zy niet eens: maar al voor lang is een andere onderfcheiding ingevoerd, die veel netter is.

Verdeeling in lengte en breedte. De legging der plaatzen word nu bepaald door lengte en breedte: Laat in de IIIde Afbeelding, Fig. 8, RDZC de omtrek van de Aarde zyn, R de Noordpool, Z de Zuidpool, DC den Evenaar; als de vierdedeelen van de Cirkels RC, ZC, ZD, en DR ieder in negen gelyke ftukken gefneeden worden, en daar ronden door getrokken, evenwydig aan den Equinoctiaal, zoo zyn dit de Cirkels der breedte van 10 tot 10 graaden: als men door een vaft punt, als A, een groote

De hoek tuffchen de Meridiaan en Verticaal is $= \frac{mq}{r}$.

$$\text{Tang. } 45°: 0' \text{ of } m = 10{,}000000$$
$$\text{Sinus } 35°:16' \text{ of } q = 9{,}761463$$

$$\frac{pq}{r} = 9{,}731847$$
$$k = 10{,}136758$$

$$1 \mid 9{,}761463$$

De hoek tuff. de Mer. en Vert. 30 gr., 0 min.

$$19{,}868605$$
$$d = 10{,}099566$$

Sin. Comp. $9{,}769039$

De Styls verheffing 54 gr., 1 min.

In de Verticale Zonnewyzers is $e = r$, $b =$ nul, en daarom de Tangens van de hoek, tuffchen de Meridiaan en Subftilaar, $= \frac{ps}{r}$, 't Sinus Comp. van de Styls hoek $= \frac{ns}{r}$; de Verticaal is de lyn van 12 uuren.

In de Verticale tegen 't Zuiden en Noorden, is de Verticaal de Subftilaar; ook is $n = r$, of de hoek van de Styl $= s$; in die tegen 't Oost en Weft, is de hoek van de Styl nul, of evenwydig aan 't vlak.

In de hellende tegen 't Oost en Weft, is m oneindig groot, en daarom kan de lyn van 12 uuren daar niet in vallen; n is $=$ nul, en $g = r$; daarom de Tangens van de hoek, tuffchen de Verticaal en Subftilaar, $= \frac{sp}{r}$, de Tangens van de Styls hoek $= \frac{ks}{e}$.

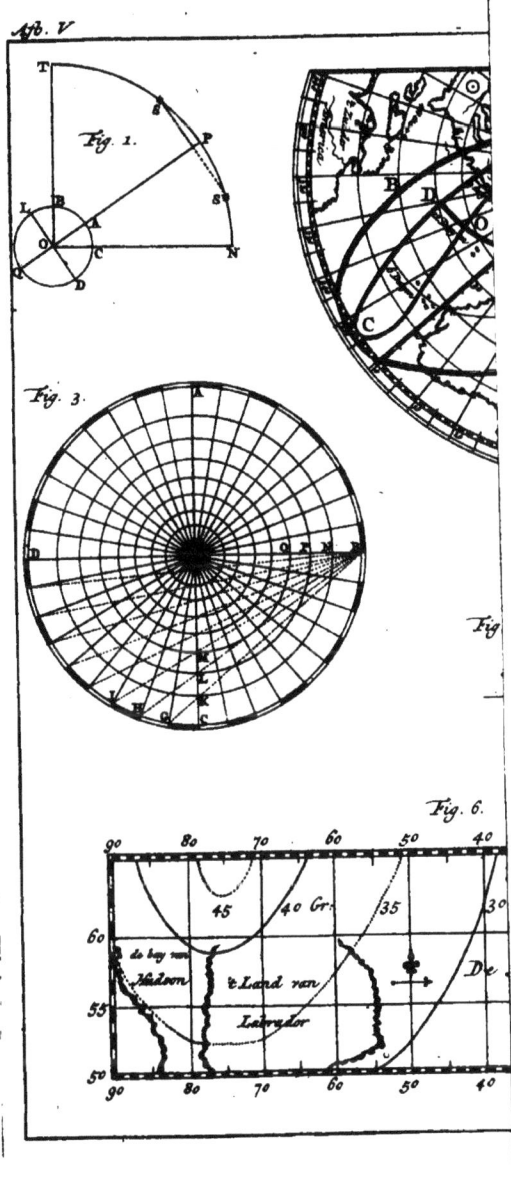

groote Cirkel zig verbeeld, als RAZ, die de Evennagts-lyn fnyd in O; zoo dan, van dit punt af, den Evenaar in 36 gelyke ſtukken verdeeld word, en door deeze punten Cirkels, die door de Poolen van den Evenaar gaan, zoo noemt men deeze Cirkels Meridiaanen, of Middagſtreeken van 10 tot 10 graaden: de Kringen der lengte en breedte kan men op deeze wys van graad tot graad, en van minuut tot minuut zig verbeelden.

Indien A een zeer hooge Berg op 't Eiland Teneriffe verbeeld, die men de Piek van Canarien noemt, zoo is RAZ de eerſte Meridiaan, in de Hollandſche Kaarten; de Franſchen trekken dezelve door het Eiland Fero, zynde 't Weſtelyke van de Canariſche Eilanden (m): de Engelſche Zeeluiden tellen de lengte van London (n); andere wederom van andere plaatzen: men reekent die altyd van 't Weſten na 't Ooſten, en de breedte van de Linie af na de Poolen toe; de plaats S, zegt men, dat op 20 graad. Noorder Breedte, en op 20 graaden lengte leid; en W op 30 graaden Zuider Breedte, en 60 graaden lengte; ook worden de Menſchen, die de Aarde bewoonen, ten opzigt van malkander, onderſcheiden, als volgt: *De eerſte Meridiaan.*

In die op een en de zelfde zyde van de Aarde woonen, ten aanzien van de Poolen en den Evenaar, op een breedte, en onder de zelfde middagſtreek; als 't by de een Zomer is, dan is het by de ander ook Zomer, en zoo is het ook met de Winter, de Lente, en de Herfſt; dog als het by de een Dag is, dan is het by de ander Nagt. *Periæci.*

De Tegen-over-woonders: deeze zyn ook onder een Middagſtreek, aan de zelfde zyde; dog de een op zoo veel Noorder, als de andere op Zuider Breedte; haar Middag is op een en de zelfde tyd; maar als het by den een Winter is, dan is het by de ander Zomer. *Antæci.*

Die ten opzigt van 't Middelpunt der Aarde, onder een Middagſtreek, regt tegen over malkander woonen; dat is, de een op zoo veel Noorder, als de ander op Zuider Breedte: deeze noemt men *Antipodes.*

S 2　　　　　　　Tegen-

(m) Volgens een Order, van *Louis de 13de* gegeeven den 25ſten April, in 't Jaar 1634. Methode pour Etudier la Geograph., tom. 1, pag. 14, Amſt. 1718.
(n) A Compleat Syſtem of General Geography, pag. 677, London 1733; ook *Wodes Rogers* en *Dampiers* Reizen.

138 *Inleiding tot de algemeene Geographie*,

Tegenvoeters, om dat, als op beide de plaatzen Menfchen woonden, zoo zouden die met de voeten malkander het naafte zyn, en met het hoofd het verfte; alles hebben die het tegendeel: als het by de een Dag is, dan is het by de ander Nagt; en by de een Zomer zynde, dan is het by de ander Winter.

5. *De Breedte van een Plaats te vinden.*

De Breedte te bepaalen.
Vde Afbeeld.,
Fig. 1.

De Breedte is net zoo veel als 't Aspunt of de Pool boven den waaren Zigteinder verheven is. Laat in de Vde Afbeelding, Fig. 1, L A D Q de Aarde zyn; als iemand in B ftaat, dan is T zyn Toppunt, T N een vierdedeel van een Cirkel; dan verbeeld O N een lyn, die den waaren Horizont doorfnyd: als dan P de Pool is, en getrokken door 't middelpunt der Aarde, de lyn P O Q; dit is de Pool-linie, en A een plaats op de Aarde, regt onder de Pool: laat dan A L en A D ieder een vierdedeel van een Cirkel zyn, zoo verbeeld de Cirkel L D den Evenaar, en B L de breedte van de plaats B; de Boog P N is 't geen de Pool daar boven den waaren Horizont is: als men nu van A L en B C, die ieder een vierdendeel van een Rond zyn, afneemt de gemeene Boog A B, zoo blyft daar de Boog L B gelyk aan de Boog A C, dewelke het zelfde deel van de Cirkel is, als de Boog P N; om dan de Breedte van een plaats te vinden, zoo meet door een Quadrant of Werktuig, dat niet te klein is, de hoogte van een Ster, als S, wanneer die op 't hoogft en op 't laagft is; maar om dat de Sterren hooger fchynen als die inderdaad zyn, van wegens de Straalbuiging; ook om dat die op alle plaatzen en tyden niet evenveel is, zoo dient men die naukeurig te weeten, om de Waarneeming daar door te verbeteren, de helft van 't verfchil, tuffchen de twee waargenomen Hoogtens, geteld by de Sters hoogte, doe die op 't laagft was, de Zom is de begeerde Breedte; dog indien de Ster gefchooten wierd met een Werktuig, daar men den Horizont van nooden had, gelyk als een Graadboog, of iets anders, dan moet nog het volgende in agt genomen worden.

Het daalen van de zigtbaa-
're Horizont.

Als men op een plaats is, daar men de ruime Zee, by ftil weêr, ziet, de Linie, die de Lugt van 't Water fchynt af te fcheiden, noemt men de fchynbaare of zigtbaare Horizont, die men onderfcheiden moet van de waare, of die uit de reden beftaat, dewelke

aan

of Aardryks-befchryvinge. 139

aan alle zyden, in 't middelpunt der Aarde, regte hoeken maakt met de Lootlyn of het Toppunt van de plaats, daar men ftaat; hoe hooger dat men op de Aarde komt, ten opzigt van de Zee, hoe laager dat de zigtbaare Horizont fchynt te daalen: als de voeten gegeeven zyn, die men boven de Oppervlakte van de Zee vind, dan is het niet ongemakkelyk, om uit te reekenen, hoe veel dat de zigtbaare Horizont beneeden de waare is, als men de gezigtftraalen regtliniefch ftelt; maar het zyn kromme lynen. Mr. *Bouguer* ftelt de Zomerfche Straalbuiging 33 minuten, en vind, door de volgende Formule, het daalen van den zigtbaaren Horizont. Stelt de Radius of Straal $=r$; de voeten, die 't Oog van de Waarneemer van 't middelpunt der Aarde is, $=b$; de voeten, die de Aardkloots halve middelyn lang is, $=a$, $\frac{111}{111}=c$; 't Sinus Complement, van 't geen de zigtbaare Horizont beneeden de waare is $=x$: dan is de Sinus Logarithmus van $x=$ de Logarithmus $b-$ de Logarithmus a; de reft gemultipliceert door c (o): hier uit heb ik de volgende Tafel bereekend; de voeten, die men boven de Oppervlakte der Zee is, zyn Rhynlandfche maat:

Voeten	′ ″	Voeten	′ ″	Voeten	′ ″	Voeten	° ′ ″
1	1 : 2	9	3 : 1	80	9 : 0	700	— : 26:39
2	1 : 28	10	3 : 11	90	9 : 33	800	— : 28:29
3	1 : 45	20	4 : 30	100	10 : 4	900	— : 30:12
4	2 : 1	30	5 : 31	200	14 : 15	1000	— : 31:50
5	2 : 15	40	6 : 22	300	17 : 26	2000	— : 45: 2
6	2 : 28	50	7 : 8	400	20 : 8	4000	1 : 3:40
7	2 : 40	60	7 : 48	500	22 : 31	8000	1 : 30: 3
8	2 : 51	70	8 : 26	600	24 : 40	16000	2 : 7:20

Indien men boven op de Piek van Canarien ftond, daar zou, volgens de voorgaande ftelling, de zigtbaare Horizont 1 graad, 58 min., 4 fec. laager als den waaren Horizont zyn.

§ 3.   XIII. HOOFD-

(o) Des Corrections de la Hauteur aparente des Aftres, pag. 71, Par. 1729. In plaats van $\frac{111}{111}$, die Mr. *Bouguer* heeft, neem ik $\frac{11}{11}$, dat nagenoeg is, en korter om te werken; op 30 voeten hoogte verfcheelen de regtliniefche en kromliniefche Straalen omtrent ½ minuut; op 2988 voeten hoogte, Paryfche maat, volgens de regte lynen, daalt de Horizont een graad; dog, volgens de kromme lynen, gefchied dit op de hoogte van 3428 Paryfche voeten.

XIII. HOOFDSTUK.

Behelzende het Derde of het Vergelykende Deel der Aardrykskunde, en byzonderlyk de verscheide wyzen, om de lengte der Plaatzen te vinden, enz.

1. Door de Zon-Eclipzen.

<small>De lengte door de Zon-Eclipzen te vinden.</small>

Men kan de lengte door de Zon-Eclipzen vinden: het is byna aan ieder een bekend, dat, als de Maan tuſſchen ons Oog en de Zon komt te ſtaan, dat dan de duiſtere zyde van de Maan na ons toegekeerd is: indien dezelve alsdan 't gezigt van de Zon in 't geheel of ten deele belet, dan noemt men dit een Zon-Eclips, of Zons-Verduiſtering. Door de ondervinding weet men ook, dat die op alle plaatzen niet op 't zelfde oogenblik beginnen; de een ziet dezelve vroeger, de andere laater; de een 's morgens, de ander 's middags, de andere met de Zons ondergang. Laat in de Vde <small>Vde Afbeeld., Fig. 2.</small> Afbeelding, Fig. 2, ABCQSTA de uitgeſtrektheid van alle de Landen zyn, die de Zon-Eclips van 't Jaar 1715, in 't geheel of ten deele, gezien hebben; op de plaatzen onder de lyn ABC moet de Zon in den Zigteinder zig vertoond hebben, zonder eenige verduiſtering, zoodanig, dat de Zons en Maans rand malkander raakende voorby gingen: op de plaatzen, onder de lyn ADC, is de Zon, in 't opgaan, aan den waaren Horizont in 't midden van zyn verduiſtering gezien; al de Landen, begreepen door de kromme lynen ADCOA, hebben 't midden, 't einde, en een gedeelte van 't begin kunnen zien; onder ABCDA niet anders als een gedeelte van 't einde; dog die het meeſte, dewelke het digſt na ADC leggen; die onder de lyn CQS leggen, zagen de Zon en Maan boven den Horizont malkander raaken, zonder te verduiſteren; de Duuring is daar maar een oogenblik, (ik onderſtel, dat de Lugt helder is geweeſt): alle de Landen, begreepen tuſſchen AOCQSPA, hebben 't begin, 't midden, en 't einde van de Eclips kunnen zien; onder APS is 't einde van de Eclips, met de Zons ondergang,

gezien;

of Aardryks-beschryvinge.

gezien; onder ARS, die zagen de Zon ondergaan in 't midden van de Eclips; onder ATS was de uitterste raaking in den Horizont; die tusschen ARSTA zagen maar een gedeelte van 't begin der Verduistering; die tusschen ARSPA zagen 't begin, 't midden, en een gedeelte van 't einde. Als men dan een Zon-Eclips waarneemt, en die vergelykt met de Waarneeming van de zelfde Verduistering, op een plaats daar men de lengte en breedte van weet, dan kan men door een Figuur(*p*), of door de Reekening, de lengte van de eerstgemelde plaats ontdekken (*q*). Ik zal hier de manier, om dit te doen, niet bybrengen, alzo dit door andere Waarneemingen gemakkelyker uitgevoerd word.

2. *Door de Maan-Eclipzen.*

De gemeenste weg, om de lengte der plaatzen te ontdekken, was voortyds door de Maan-Eclipzen, dat is, als de Maan in de Aardkloots schaduw loopt. Genomen dat het begin van een Maan-Eclips op een plaats waargenomen wierd net te 8 uuren, en op een andere plaats net te 10 uuren, zoo weet men daar uit, dat de eerste plaats twee uuren laater middag heeft, of dat het verschil in lengte 30 graaden is, 't welk de eerste Westelyker leid als de laatste; ook kan

Door de Maan-Eclipzen.

(*p*) Memoir. de l'Academ. de Scien., Ao. 1715, pag. 341.
(*q*) In 't gemeen worden op twee manieren de Zon-Eclipzen bereckend, door 't Verschilzigt, 't welk wat moeielyk is, of door een Figuur; maar de laatste manier is zoo net niet als de eerste; want de Zon-Eclips van 't Jaar 1738, den 15den Augustus, heb ik op beide de wyzen onderzogt, en vind het begin door de eerste manier drie minuten laater als door de laatste, en 't midden drie minuten vroeger; dog het einde was eveneens: maar om zoo veel moeite te doen, diende men de Maans loop ook nog wel wat netter te weeten. Men wil, dat de Heer *Halley* Tafels bedagt heeft, waar in de Æquatien van *Newton*, volgens de Wetten van de Zwaarte-kragt, gebruikt worden; 't welk de tyd zal leeren. Althans als ik een kleine verbetering doe aan de Aanvangtyd in de Tafels van *Whiston*, en dan de Æquatien van de vermaarde *Newton* in agt neem, en de Maans wegs middelpunt een Inrond doe draaijen, dan vind ik, dat 25 Maan-Eclipzen, die onlangs gebeurd zyn, wonderlyk na uitkomen; en al quamen die in eenige gevallen niet volmaakt overeen, zoo geeft dit niet te kennen, dat het aan de Æquatien van *Newton* schort; maar aan de andere beginzelen, daar de Tafels uit opgemaakt zyn. Doe men voor eenige tyd de Æquatie van de succesfive Voortzetting van 't Ligt, by de Uitreekening der Eclipzen, die de eerste Satelliet van Jupiter ondergaat, wilde byvoegen, zoo verscheelden de Uitreekeningen nog meer als te vooren met de Waarneemingen; maar doe de Heer *Pound* de Middeloop verbeterde, had men alles veel nader.

kan men 't einde van de Eclips daar toe gebruiken: maar om dat het bezwaarlyk is, om naukeurig 't begin, of 't einde van een Verduiftering in de Maan waar te neemen, zoo bediend men zig, in de Totaale Verduifteringen, ook van de tyd als de Maan haar ligt geheel verlieft, en als het ligt wederom begint aan te neemen; dog om veel Waarneemingen uit een Eclips te hebben, zoo tekekenen de Sterrekundige de tyd aan op beide de plaatsen, als de voornaamfte plekken in de Schaduw vervallen, of daar wederom uit komen; is de plek groot, als *Plato* of andere, dan word aangemerkt, wanneer het begin, 't midden, of 't einde daar van in de fchaduw vervalt, of daar uit komt; hebben dan beide de Waarneemers een en de zelfde plek, dat dikwils gebeurt, om dat ieder maar de voornaamfte neemt, zoo toont het verfchil van tyd, het verfchil der lengte aan; alle Verduifteringen zyn niet even dienftig, om dat het uitterfte der Schaduw op de eene tyd zig veel netter en duidelyker vertoont als op de andere.

3. *Door de Maan-Bergen.*

Door de Maanbergen. Dog, om dat de Zon- en Maan-Eclipzen niet dikwils gebeuren, zoo word tegenwoordig voorgefteld, om 't verfchil der lengte te vinden, door de tyd, op dewelke men de Toppen der Bergen, by de fcheiding tuffchen 't ligte en 't duiftere deel, ziet te voorfchyn komen, of verdwynen.

4. *Door de Omloopers van Jupiter.*

Door de Omloopers van Jupiter. In 't kort heeft men de lengte van veel plaatsen ontdekt, door de Omloopers van Jupiter: ieder Waarneemer tekent naukeurig aan, op wat tyd, by hem, de Omlooper in de Schaduw van Jupiter treed, of daar weder uitkomt; 't verfchil van de tyd in graaden gebragt, zal het verfchil der lengte zyn; dog de Waarneemingen moeten gedaan worden door Verrekykers, die nagenoeg even lang zyn; want als die veel verfcheelen, dan kan men door de grootfte, ingeval van een Immerfie, de Satelliet nog zien, als men meent, door de kleinfte, dat die reeds in de Schaduw vervallen is; en in de Emerfien zal men die door de grootfte eerder zien uit de Schaduw komen als door de kleinfte: de Tyd, wanneer dat de eerfte Satelliet uit de Schaduw van Jupiter moet komen, of daar weder in gaan,

of Aardryks-beschryvinge. 143

gaan, op een plaats daar de lengte van bekend is, kan op een gemakkelyke manier door Tafels bereekend worden (r); dat de Waarneeming vroeger of laater valt, is het verschil der lengte; dog de onmiddelyke Waarneemingen zyn veel beter: want als de Tafels 4 minuten in den tyd missen, zoo verscheelt het een graad in de lengte; maar als men die niet heeft, dan word de Reekening uit de Tafels verbeterd, door de naaste waargenomen Eclips: waren de Tafels uitneemend net, en kon men de Verduisteringen der Omloopers van Jupiter, op de Zee, naukeurig waarneemen, dan was dat beroemde Voorstel, wegens de lengte van 't Oost en West, tot groot nut van de Zeevaart, gevonden, daar zoo veele, op hoop van Belooning, of om de Eer, te vergeefs na gezogt hebben: of schoon de beschouwing, die zy daar van hadden, redelyk goed was, zoo heeft het dog altyd aan de Uitvoering gefeild; de een meende het te vinden, door 't waarneemen van de Maans plaats; andere wederom door Zandloopers of Uurwerken; hoe dat men die zou moeten toestellen, om op de bequaamste manier daar door de lengte op de Zee te vinden, is nog onlangs aangetoond (s); ook vond men Menschen, die zulke vreemde manieren voorstelden, om het zelve te ontdekken, die gantsch niet na de zaak geleeken.

5. *Door de Vaste Sterren.*

Men kan ook de lengte vinden, als de Vaste Sterren door de Maan bedekt worden, als te zien is in de Memorien van de Fransche Academie (t).

<small>Door de Vaste Sterren als die agter de Maan gaan.</small>

6. *De Legging van eenige Plaatzen, volgens de Breedte en Lengte.*

Indien men nette Kaarten van 't Aardryk begeert te maaken, zoo is 't noodzaakelyk, dat de Breedte en Lengte van de voornaamste Plaatzen onderzogt word; maar dikwils is 'er, door de slegte Werktuigen, of om dat die te klein zyn, of door ruwe bepaalingen, vry wat verschil in de Waarneemingen van de een of de ander;

<small>De Breedte en Lengte van eenige plaatzen.</small>

T

(r) Philosoph. Transact., Num. 361, van pag. 1021 tot 1034.
(s) Piece qui a remp. le Prix de l'Acad., l'An. 1725, & Prop. sur une Pendule 1721.
(t) Ao. 1705, pag. 255, de Druk van Amsterdam.

Inleiding tot de algemeene Geographie,

ander; voornaamentlyk als de plaatzen wat ver afgelegen zyn: een merkelyk onderfcheid is tuffchen *Feuillée* en *Peralta*, in de lengte en breedte van Lima in Peru; dog wie gelyk heeft, zal, na alle waarfchynelykheid, nu haaft geweeten worden, door de Franfche Sterrekundige, dewelke, omtrent die Geweften, de grootte der graaden, op de Aarde, gemeeten hebben; zelfs vind men verfchil in plaatzen die digter by zyn: by voorbeeld, Mr. *Chazelles* vond Liffabon op 38 gr., 45 min., 25 fec., Noorder Breedte, 12 gr., 57¼ min. beweften Parys (v); dog *Johan. Baptifte Carbone* befluit uit een menigte van Waarneemingen, die my veel netter fchynen, dat het Koninglyke Paleis, te Liffabon, leid op 38 graad, 42 min., 20 fec., Noorder Breedte, 15 graad., 2½ min., Weftelyker als Toulon, dat is, 11 graad., 27¼ min. beweften Parys (x), 't welk in de lengte omtrent 6 minuten in tyd verfchilt. Ik zal de Lengte en Breedte van de voornaamfte Plaatzen hier laaten volgen: daar een C voor ftaat, zyn uit de Connoiffance des Temps, van 't Jaar 1738; een F, uit *Feuillée*; een L, uit *Lieutand*; een D, uit *Desplaces*; H A, uit de Hiftorie van de Franfche Academie; E T, uit de Engelfche Tranfactien; A P, uit die van de Academie van Petersburg; daar een Sterretje by ftaat, zyn door de Leden van de Franfche Academie waargenomen. Ik heb in de Breedte, of de Lengte, de fecunden daar niet by gefteld, eensdeels, om dat men van weinig Plaatzen nog maar zekerheid heeft; en ten anderen, om dat de plaats in ieder Stad, daar de Waarneeming gedaan is, naukeurig moet aangeweezen worden, als men de fecunden daar by wil ftellen; want indien 't mogelyk was, om een Waarneeming tot één fecunde te doen, dan zonden twee Waarneemers, die Zuiden en Noorden, 98$\frac{7}{11}$ voet, Rhynlandfche maat, van malkander afftonden, één fecunde verfchil in de Breedte moeten vinden; en nog meer verfcheelt die afftand in de Lengte, als die Ooft of Weft, op de zelfde Breedte, buiten de Linie Equinoctiaal is, zoodanig, dat dit, op 60 graaden, 2 fecunden bedraagt. N betekent Noorder, en Z Zuider Breedte; O Oostelyker, en W Weftelyker, als 't Obfervatorium van Parys.

Abbe-

(v) Memoir. de l'Acad., Ao. 1700, pag. 224 & 225.
(x) Philofoph. Tranfact., Num. 394, pag. 301, & Num. 401, pag. 412.

of Aardryks-befchryvinge.

Tafel der Breedte en Lengte van eenige Plaatzen.

A

Plaats		graad : min		graad : min		
Abbeville	C	50 : 7	N	0 : 27	W	L
Agde	D	43 : 19	N	1 : 8	O	
Agra, in 't Mogolsland	C	26 : 43	N	74 : 24	O	(a)
Aix, in Provence	C	*43 : 31	N	* 3 : 12	O	
Alby	C	*43 : 55	N	* 0 : 12	W	
Alencon	C	48 : 25	N	2 : 15	W	
Aleppo, in Syrien	C	35 : 45	N	85 : 0	O	L
Alexandrien, in Egipten	C	31 : 11	N	27 : 56½	O	
Algiers	C	36 : 49½	N	7 : 15	W	
Almerie, in Spanjen	F	*36 : 51	N			
Amiens	C	*49 : 55	N	* 2 : 12	W	
Amsterdam	C	52 : 23	N	2 : 39	O	L
Angers	C	47 : 29	N	2 : 54	W	
Antibes	C	*43 : 34	N	* 4 : 48	O	
Antwerpen	C	51 : 13½	N	2 : 10	O	
Archangel, in Moscovien	.	64 : 34	N	36 : 37	O	(b)
Arica, in Peru	F	18 : 27	Z	73 : 31	W	
Arles	C	43 : 34	N	2 : 21	O	L
Arras	C	50 : 18	N	0 : 24	O	
Avignon	C	*43 : 57	N	2 : 32	O	
Avranches	C	48 : 41	N	3 : 43	W	
Aurillac	C	*44 : 55	N	0 : 7	O	
Auxerre	F	47 : 46	N	1 : 10	O	(c)

B.

Barcelona	C	41 : 26	N	0 : 7	W	
Basel	C	47 : 55	N	5 : 15	O	
Bayeux	C	49 : 16	N	3 : 3	W	
Bayonne	C	*43 : 30	N	* 3 : 49	W	laHire enL
Beauvais	C	49 : 26	N	0 : 15	W	
Berlyn	C	52 : 33	N	11 : 7	O	
Bezancon	C	47 : 18	N	3 : 30	O	
Beziers	C	43 : 20	N	0 : 53	O	

Boca

(a) *P. Gaubil.* heeft de Breedte 26 graad., 48 min.
(b) Comm. Acad. Petrop., tom. 3, pag. 464.
(c) *La Hire* heeft de Breedte 47 graad., 35 min.

146 *Inleiding tot de algemeene Geographie*,

Plaats		graad.	min.		graad.	min.		
Boca Chica, in America	F	10	20	Z	77	52	W	
Boulogne, in Italien	C	44	30	N	*9	17	O	
Bourdeaux	C	*44	50	N	3	5	W	
Boulogne, in Picardien	C	50	42	N	0	40	W	
Bourges	C	*47	5	N	0	4	O	
Breslaw, in Silezien	C	51	3	N	14	47	O	
Brest	C	48	23	N	6	54	W	
Brugge	F	51	11	N	0	47	O	
Brussel	C	50	51	N	2	5	O	(d)
Buenos Aires	ET	34	35	Z	60	18	W	(e)

C.

Plaats		graad.	min.		graad.	min.		
Caap de Goede Hoop		*34	15	Z	*17	45	O	DenL(f)
Cabo Verde	DenL	*14	43	N	*19	30	W	DenL
Cadix	C	36	37	N	8	10	W	
Caen	C	*49	11	N	2	45	W	
Cairo, in Egipten	C	*30	2½	N	29	6	O	
Cajenne, in America	C	*4	56	N	55	30	W	
Calais	C	*50	57	N	*0	32½	O	
Cambrai	C	50	10	N	0	54	O	
Cambridge, in Nieuw Engeland		—	—		73	57	W	ET(g)
Candalax, in 't Moscov. Lapland		67	10	N	—	—	O	AP(h)
Candia	F	*35	19	N	22	58	O	
Canee	D	35	29	N	21	52	O	
Canton, in Sina	HA	23	8	N	112	10	O	(i)
Cargapol, in Moscovien	AP	61	29	N				
Carthagena, in America	HA	*10	26½	N	*77	46	W	(k)
Carthagena, in Spanjen	F	37	36	N	75	35	W	
Caye St. Louis, op St. Domingo	F	18	18	N	75	35	W	
Cayenne, in America	C	4	56	N	55	30	W	
Ceulen	C	50	55	N	4	45	O	
Chandernagor, in Bengale	HA	22	54	N	86	9	O	(l)
Clermont, in Auvergne	C	45	42	N	0	49	O	
Cola, in 't Moscovisch Lapland		68	54	N	—	—	O	(m)
Conception, in Chili	C	*36	43	Z	*75	32	W	

Con-

(d) De lengte 1 graad, 55 min. volgens L en D.
(e) Num. 370, pag. 4. (f) In ET, Num. 361, is 16 graaden.
(g) Num. 363, pag. 1113. (h) Tom. 3, pag. 464.
(i) Ao. 1699, pag. 103. (k) Ao. 1729, pag. 52.
(l) Ao. 1732, pag. 680. (m) Tom. 3, pag. 464.

of Aardryks-beschryvinge.

		graad. min.		graad min.		
Conftantinopolen	HA	41 : 0	N	*26 : 33½	O	(n)
Colmogerod, in Moscovien	AP	64 : 15	N			(o)
Coppenhagen	C	55 : 41	N	10 : 25	O	
Coquimbo, in Chili.	F	29 : 54	Z	73 : 36	W	
Cracou	C	50 : 10	N	17 : 30	O	

D

Dantzik	C	54 : 22	N	16 : 11	O
Dieppe	C	*49 : 57	N	* 1 : 11	W
Dijon	C	47 : 20	N	2 : 30	O
Duinkerken	C	*51 : 1½	N	* 0 : 1	O

E.

Edenburg, in Schotland	C	55 : 58	N	5 : 25	W	
Embrun	C	44 : 40	N	4 : 40	O	
Erzerum	HA	39 : 56	N	46 : 24	O	(p)

F.

Ferarra	C	*44 : 54	N	9 : 20	O	
Fero, 't West. van de Can. Eil.	F	28 : 5	N	20 : 0	W	(q)
La Fleche	C	*47 : 42	N	2 : 28	W	
Florencen	C	*43 : 46½	N	9 : 0	O	
Frankfort	C	49 : 55	N	6 : 15	O	

G.

Gend	C	*51 : 3	N	1 : 35	O	
Geneve	C	46 : 12	N	4 : 0	O	
Genua	C	*44 : 25	N	* 6 : 16	O	
Goa, in Oostindien	C	*15 : 31	N	*71 : 25	O	
Gottenburg, in Zweeden		57 : 41	N			(r)
Grenoble	C	45 : 11	N	3 : 12	O	
Greenwich, 't Observatorium		51 : 29	N	2 : 23	W	(s)

(n) Ao. 1733, pag. 404. (o) Tom. 3, pag. 464.
(p) Ao. 1699, pag. 105.
(q) P. *Feuillée* heeft dit in 't Jaar 1724 aldus bepaald, als te zien is in de Comment. Acad. Scient. Petropol., tom. 1, pag. 480: voor dien tyd hebben de Leden van de Fransche Academie altyd, als een vaste Regel, 't verschil der lengte gestelt, op 22 graad., 3 min. Hist. de l'Acad., Ao. 1699, pag. 105.
(r) Num. 429, pag. 134. (s) *Newton* stelt 2 graad., 19 min.

148 *Inleiding tot de algemeene Geographie,*

H.

		graad. min.		graad. min.		
Den Haag	F	52 : 4	N	2 : 19	O	D
Havana	HA	23 : 12	N	84 : 8½	W	(t)

I.

| Jerufalem | C | 31 : 50 | N | 33 : 0 | O | |
| Ispahan | C | 32 : 25 | N | 50 : 30 | O | L |

K.

Kebec, in Canada	C	*46 : 55	N	*72 : 13	W	
Kiam-Cheu, in Sina	HA	35 : 37	N	109 : 36	O	(v)
Kiemi }		64 : 58	N			
Kieritte } in Mofcovien		66 : 18	N			AP (x)
Kilduin }		69 : 22	N			
Koveda }		66 : 43	N			

L.

Langres	C	47 : 51	N	3 : 0	O	
Lima, in Peru	F	12 : 1	Z	79 : 10	W	(y)
Lions	C	45 : 45	N	* 2 : 25	O	
Lisbon	ET	38 : 42	N	11 : 27	W	(z)
Lifieux	C	49 : 11	N	2 : 5	W	
Livorno	D	43 : 33	N	8 : 2	O	
London	C	*51 : 31	N	* 2 : 21¼	W	(a)
Louvo, in Siam	F	14 : 42	N	98 : 41	O	
Luik	C	50 : 36	N	3 : 15	O	
Lypzig	C	51 : 19	N	10 : 0	O	

M.

Macao, in Sina	C	22 : 12	N	110 : 48	O	
St. Marie, in Port du Prince		21 : 26	N	80 : 40	W	HA (b)
Madrid	C	40 : 26	N	5 : 30	W	

Malacca

(t) Ao. 1729, pag. 538.   (v) Ao. 1699, pag. 102.   (x) Tom. 3, pag. 464.
(y) *Peralta* heeft 5 min. meer Breedte.
(z) Num. 385, pag. 189, en Num. 394, pag. 88.
(a) 't Verfchil der Obfervatoriums, door 33 Eclipzen van de eerfte Satelliet van Jupiter.
(b) Ao. 1729, pag. 534.

of Aardryks-beschryvinge.

		graad. min.		graad. min.		
Malacca, in Indien	C	*2 : 12	N	*99 : 45	O	
Mahon, op Minorca	F	39 : 54	N	4 : 30	W	
St. Malo	C	*48 : 38½	N	*4 : 30	W	
Malta	C	*35 : 54	N	*12 : 10	O	
Le Mans	C	47 : 58	N	2 : 15	W	
Marly	F	48 : 52	N	0 : 14	W	
Marseille	C	*43 : 19½	N	3 : 7	O	
Martenique	C	*14 : 43	N	63 : 19	W	
St. Marthe, in America		11 : 27	N	76 : 24½	W	HA(c)
Ments	C	49 : 54	N	0 : 0	O	
Mexico, in America	C	20 : 0	N	106 : —	W	L en D
Milaanen	C	45 : 25	N	7 : 0	O	
Milo, in de Archipel	F	36 : 41	N	22 : 40	O	
Modena	C	44 : 34	N	8 : 52	O	
Montpellier	C	*43 : 37	N	*1 : 32	O	
Moscow	L	55 : 36	N	38 : 0	O	
Munchen	C	48 : 2	N	9 : 15	O	

N.

Nancy	C	48 : 40	N	3 : 45	O	L
Nantes	C	*47 : 13	N	*3 : 52½	W	
Napels	C	40 : 48	N	12 : 20	O	
Nankin, in Sina	HA	32 : 4	N	116 : 57	O	(d)
Narbonne	C	*43 : 11	N	*0 : 41	O	
Neurenberg	C	49 : 26	N	8 : 44	O	
Nica	D	43 : 41	N	5 : 4	O	
Nieuw Orleans, in Louisania		29 : 58	N	92 : 19	W	HA(e)
Nieuw Jork	ET	40 : 40	N	76 : 22	W	(f)
Nimes	D	43 : 51	N	2 : 1	O	F
Ningpo, in Sina	HA	29 : 56	N	119 : 15	O	(g)
Nova Ladoga } in Moscov.	AP	60 : 7	N		O	}(h)
Nova Totma }		60 : 9	N		O	

O.

Olinde, in Bazel	C	8 : 13	N	37 : 30	W	L en D
Oostende	D	51 : 11	N	0 : 31	O	

Ostiou.

(c) Ao. 1719, pag. 539.
(d) Ao. 1699, pag. 102. P. Noël heeft de lengte 116 graad., 4 min.
(e) Ao. 1731, pag. 234. (f) Num. 385 & Num. 394, pag. 90.
(g) Ao. 1699, pag. 102. (h) Tom. 3, pag. 464.

150 *Inleiding tot de algemeene Geographie,*

		graad. min.		graad. min.		
Oftiouga, in Moſcovien	A P	60 : 46	N			(i)
Oxfort	D	51 : 45	N	3 : 34	W	(k)

P.

Panama	H A	8 : 59	N	82 : 6	W	(l)
Parys, 't Obſervatorium	C	*48 : 50	N	0 : 0	—	(m)
Pau, in Bearn	C	43 : 15	N	2 : 54	W	
Pekin, in Sina	.	*39 : 54	N	113 : 51½	O	(n)
Perpignan	C	*42 : 41	N	* 0 : 33½	O	
Petersburg	A P	59 : 56	N	27 : 57	O	(o)
St. Pieter, een Eil. by Sardaig.	F	39 : 9	N			
Piſa	F	43 : 42	N	8 : 1	O	
Poitiers	C	46 : 34	N	2 : 5	W	
Porto Bello, in America	F	9 : 33	N	82 : 10	W	
Porto Cabeillo.	F	10 : 31	N	69 : 52	W	
Port Royal, in Jamaica	E T		N	78 : 55	W	(p)

R.

Rennes	C	48 : 3	N	4 : 5	W	
Rheims	L	49 : 15	N	1 : 45	O	C
Rodez, in Vrankryk	C	*44 : 21	N	* 0 : 14	O	
Rochel	C	46 : 10	N	3 : 23	W	
Romen	C	41 : 54	N	10 : 20	W	
Rotterdam	F	51 : 56	N	2 : 30	O	La Hire
Rouen	C	*49 : 27½	N	1 : 15	W	D en L
Roquette, in Spanjen	F	36 : 50	N			

S.

Saint Eſprit	H A	21 : 57½	N	77 : 10	W	(q)
Sens	C	48 : 11	N	0 : 54	O	L
Sienne, in Italien	D	43 : 22	N	9 : 0	O	
Si-nghan-fu, in Sina	.	34 : 17	N	105 : 12	O	(r)
Smirna	C	*38 : 28	N	*25 : 0	O	
Somma, in Moſcovien	A P	64 : 16	N			(s)

Stokholm

(i) Tom. 3, pag. 464. (k) *Harris* heeft de lengte 3 graad., 25 min.
(l) Ao. 1729, pag. 524. (m) De Breedte 48 graad., 50 min., 10 ſec.
(n) De lengte is volgens *P. Gaubil.* (o) Tom. 1 en 2, pag. 480 en 512.
(p) Num. 375, pag. 236. (q) Ao. 1729, pag. 533.
(r) De lengte is volgens *P. Gaubil.* (s) Tom. 3, pag. 464.

of Aardryks-beschryvinge. 151

		graad. min.		graad. min.		
Stokholm	C	59 : 20	N	17 : 5	O	L
Straatsburg	C	48 : 35	N	5 : 25	O	
Su-cheu-fu, in Sina	HA	34 : 17	N	107 : 4	O	(t)
Suratte	C	21 : 10	N	70 : 0	O	D en L

T.

Thessalonica	F	40 : 41	N	20 : 48	O	
St. Thomas	F	18 : 22	N	66 : 53	W	
Tornea, in Lapl., op 't Eil. Swentz.	*65 : 50½	N	20 : 45	O	(v)
Toulon	C	43 : 7	N	*3 : 35½	O	
Toulouse	C	*43 : 37	N	0 : 55	O	
Tours	C	47 : 23	N	1 : 40	W	
Trebisonde	HA	41 : 4	N	42 : 58	O	D en L (x)
La Trinité, op 't Eil. Cuba		21 : 48	N			
Tripoly, in Barbaryen	F	32 : 54	N	10 : 45	O	
Troyes, in Champag.	C	48 : 15	N	6 : 40	O	
Turin	C	44 : 50	N	5 : 20	O	L (y)

V.

Valparaiso, in Chili	F	33 : 0	Z	74 : 39	W	
Venetien	C	45 : 25	N	10 : 20	O	
Vera Crux, in America	ET	19 : 12	N	99 : 48	W	(z)
Versailles	C	48 : 48	N	0 : 13	W	
Vologdo, in Moscovien		59 : 20	N			AP (a)

W.

| Warschauw | C | 52 : 14 | N | 18 : 45 | O | |
| Weenen, in Oostenryk | C | *48 : 14 | N | 14 : 32 | O | |

X.

| Xamhay, in Sina | HA | 31 : 16 | N | 119 : 39 | O | (b) |

Y.

| Ylo, in Peru | F | 17 : 36 | Z | 73 : 33 | | |

V   7. De

(t) Ao. 1699, pag. 103.   (v) Observ. Astron., par *Maupert*.
(x) Ao. 1699, pag. 105.   (y) Heeft de Breedte 10 min. minder.
(z) Num. 401, pag. 38 en 389.   (a) Tom. 3, pag. 464.
(b) Ao. 1699, pag. 103.

7. De Afstand tusschen twee plaatzen te bepaalen.

De Afstand tusschen twee plaatzen. Om de Afstand tusschen twee plaatzen te bepaalen moet bekend zyn de Breedte van beide de plaatzen, en 't verschil der Lengte: indien men stelt, dat de Aarde volmaakt Sphærisch rond is, en men de kortste afstand begeert, die dezelve hebben, volgens de rondte der Aarde, zoo trekt de Breedte der gegeeven plaatzen, ieder van 90 graaden, 't geen daar overblyft is de afstand van de Pool; dit zyn de twee zyden van een klootze Driehoek, daar van de hoek tusschen beide 't verschil der lengte is, en de zyde over deeze hoek de begeerde afstand, die door de gemeene Regels van de klootze Driehoeken gevonden kan worden. Ik heb een andere manier ontdekt, die niet moeilyk is om te onthouden: als de Radius of Straal $= r$ gesteld word, de Sinus of Hoekmaat van de eene zyde $= a$, de Sinus van de andere zyde $= b$, 't Sinus Complement of de Schilboogs Hoekmaat van de eene zyde $= c$, 't Sinus Complement van de andere zyde $= d$, 't Sinus Complement van de hoek tusschen de zyden $= m$; dan is het Sinus Complement van de begeerde zyde $= \dfrac{cd}{r} + \dfrac{abm}{rr}$: als 't verschil der lengte meer als 90 graaden is, of als een der zyden meer als 90 graaden is, en de bekende hoek tusschen de zyden minder als 90 graaden; dan is het teken —, anders +. Hier uit volgt deeze Regel: Addeert de Sinus Logarithmus Complementen van beide de zyden te zaamen; trekt van de uitkomst de Straal; zoekt met welk een getal dat deeze laatstgevonden Logarithmus overeenkomt; dit noem ik A: addeert ook de Sinus Logarithmus der gegeeven zyden en de Logarithmus van 't Sinus Complement des hoeks te zaamen; trekt van de Zom de dubbelde Straal; zoekt het getal van de overblyvende Logarithmus; dit noem ik B: addeert of substraheert A en B na dat het teken uitwyst; de Zom of de rest in de gemeene Sinus Tafel gezogt, de graaden, minuten en secunden, die men vind, van 90 graaden afgetrokken, zoo heeft men de begeerde afstand. Ik zal een uitgewerkt voorbeeld hier by voegen: Indien gevraagt wierd, hoe ver dat Parys van Pekin, in Sina, is, volgens de rondte van de Aarde te rekenen? als 't Observatorium van Parys leid op 48 graad., 50 min, 10 sec.

of Aardryks-beschryvinge. 153

Noorder Breedte, dat is 41 graad., 9 min., 50 fec. van de Noordpool, en 't huis van de Franfche Jefuiten, te Pekin, op 39 graad.,
54 mfh., 10 fec. Noorder Breedte; 't verfchil der lengte 113 graad.,
51 min., 30 fec.; dan is 't Werk aldus:

```
           graad.  min.  fec.
Sinus    -   41 :  9 : 50 | 9818368  -  Sin. Comp. | 9876697
Sinus    -   50 :  5 : 50 | 9884871  -  Sin. Comp. | 9807187
Sinus Comp. 113 : 51 : 30 | 9606893                 ----------
                           ----------              1 | 9683884
                         2 | 9310132
                           ----------              A    48293
                         B    20424                     20424
                                                        ------ Subftr.
                                                        27869
```

De begeerde afftand 73 gr., 49 min., 4 fec.

Dat is 1107 4/17 Duitfche mylen: hoe de Tafels van de Hoekmaaten,
Raaklynen en Snylynen gemaakt worden, zal hier na volgen.

8. *Van de Aardfche Globe.*

De Aarde word door een Globe, op de befte manier nagebootft; Van de
Aardfche
Globe.
daar door kan men de legging der plaatzen; de afftand, die de eene
plaats van de andere heeft; verfcheide dingen, die twee plaatzen
eveneens of tegenftrydig hebben; de Tegenvoeters van een plaats,
en wat dies meer is; ook de algemeene legging, die de Landen
ten opzigt van malkander hebben, op de aldergemakkelyfte en dui-
delykfte wyze bevatten: hoe dat op reepen Papier de aftekening
daar van gedaan word, en dan op de Globe geplakt, is in verfcheide
Schryvers te vinden (c), daarom zal ik dit hier niet verhaalen; nog
ook, hoe dat men die moet gebruiken.

9. *Van 't maaken der Kaarten.*

Volgens de Regels der Doorzigtkunde, kan men de Aarde in Behalve
twee platte Kaarten vertoonen; ten opzigt der Landen benoorden Aarde uit
de Linie, word gefteld, dat het Oog in de Zuidpool is, en dat te zien.

V 2   van

(c) *P. Maarz. Smit*, 3de Hoofddeel, van pag. 13 tot pag. 58.

154 *Inleiding tot de algemeene Geographie*,

van binnen door de Aarde gezien word, dat de afteekening gefchied op het rond, daar de Evennagts-lyn de omtrek van is, 't welk men in de Perfpectief het Glas noemt. Om de Zuidelyke helft van de Aarde af te fchetzen, word het oog in de Noordpool gefteld; wil men 't werk uitvoeren, zoo trekt een Cirkel, van die grootte als men de Afbeelding begeert, en een ander, uit het zelfde middel-

In de Vde Afbeelding, Fig. 3.
punt O, digt daar aan (zie de Vde Afbeelding, Fig. 3.); verdeelt deeze laatftgetrokken Cirkel in vier gelyke ftukken, als AB, BC, CD en DA, en dezelve ieder wederom in negen andere gelyke deelen; trekt uit het middelpunt O tot de laatftgemelde deelen, de Linie OG, OH, OI, enz; dit zyn de Meridiaanen van 10 tot 10 graaden: dan uit B Linien tot de punten G, H, I, enz. die fnyden OC in K, L, M, enz.; trekt uit O, als middelpunt, met OK, OL, OM, enz. als ftraalen, de Cirkels der Breedte van 10 tot 10 graaden: men kan dit van graad tot graad maaken, of tot zulke kleine verdeelingen toe, als men begeert; dan is de Kaart gemaakt, daar de Landen, Steden, enz. volgens de waargenomen Breedte en Lengte, in gefteld worden.

Mappemonde.
De Aarde word ook in twee Ronden voorgefteld, in 't eene is afgetekend Europa, Afia en Africa, en in 't ander, het Noorder en Zuider America; 't Oogpunt word genomen in den Equinoctiaal, 90 graaden van de eerfte Meridiaan, en de Aftekening op de Cirkel, die door de eerfte Meridiaan, en de boog van 180 graaden lengte, beflooten is, volgens de onderftelling, dat men van binnen door de Aarde ziet; de werking gefchiet op de volgende manier:

In de IIIde Afbeelding, Fig. 8.
Verdeelt de Cirkel RCZD (IIIde Afbeelding, Fig. 8.) in 36 gelyke deelen; trekt uit R linien tot al de punten van de verdeeling, die in 't vierdendeel van de Cirkel CZ zyn, die fnyden DC in K, L, H, enz.; doet zoo ook aan de andere zyde in de quart-cirkel DZ; of men kan de wydtens CK, KL, LH op DC overbrengen, van D te beginnen: trekt dan Cirkel-boogen, die door alle de laatftgevonden punten, en door beide de Poolen R en Z gaan; maakt dan RN, RP, RQ, enz. gelyk aan CK, CL, CH, enz. trekt van de punten der verdeeling, in het buitenfte Rond, Cirkel-boogen door punten N, P, Q, enz. (*d*) dan heeft men het begeerde.

In

(*d*) Hoe dit op een korte manier gedaan word, is te zien in *Dirk Rembrontz*

Meet-

of Aardryks-befchryvinge.

In de Aftekening, daar men de Aarde uit de Poolen ziet, vertoonen zig de Landen digt aan de Linie veel grooter en uitgeftrekter als die waarlyk zyn, in vergelyking van de geene, die digter na de Noordpool leggen, en in de laatftvoorgaande aftekening, zyn de Landen aan de zyden te groot, na maate van die in het midden leggen.

Men vertoont ook wel een groot gedeelte van de geheele Aarde in een Kaart; dan verbeelt men zig als of de oppervlakte van de Aarde een Cylinder was, en dat men die opengerold had; de Landen digt aan de Poolen komen daar niet in; de Cirkels der lengte, die anders in de Poolen te zaamen komen, worden hier door Evenwydige regte lynen afgebeeld, die alle ook even wyd aan malkander zyn; de Cirkels der Breedte zyn hier regte lynen, evenwydig aan den Evenaar; maar de graaden der Breedte maakt men, na de Poolen toe, hoe langer hoe wyder, op dat die met de graaden der lengte aldaar nagenoeg de zelfde proportie hebben als op de Aarde. *Een gedeelte der Aarde in een Kaart.*

De byzondere Kaarten worden op verfcheide manieren gemaakt; by voorbeeld, die van Europa, daar in maakt men zomtyds de lynen der Breedte regt en even wyd van malkander; dan word op ieder 5 of 10 graaden breedte uitgerekend, hoe wyd dat de Liniën, die tuffchen de lengte van 5 tot 5, of van 10 tot 10 graaden gevonden worden, moeten zyn; deeze wydtens in de Kaart overgebragt zynde, zoo worden daar de Linien der lengte doorgetrokken; zomtyds maakt men de Linien der lengte regt, en die van de Breedte krom, of op andere manieren, als in de Kaarten zelf te zien is. *Byzondere Kaarten.*

XIV. HOOFD-

Meetkonftige Befchryving van 't Aardryk, pag. 54, Amft. 1669, en by *P. Maarz. Smit*, pag. 119, Amft. 1698.

XIV. HOOFDSTUK.

Van de Scheepvaart.

1. *Deszelfs Nuttigheid, en het geen daar toe vereyscht word.*

Nuttigheid van de Scheepvaart. Om dat dikwils in andere Landen, over de groote Zee gelegen, gewassen of goederen zyn, dewelke men van nooden heeft, die in 't Land dat men bewoond niet kunnen groeijen, of voortkomen, en dat by ons goederen of gewassen gevonden worden, daar men in andere Landen gebrek aan heeft, zoo hebben al lang de Menschen, op hoop van winst, en om de gebreeken van hun Land te vervullen, met Scheepen over de groote Zee gevaaren; dat blykt onder anderen zelfs uit de Scheepvaart ten tyde van Koning *Salomon.* Tot twee voornaame eindens worden de Scheepen gebruikt; om Koopmanschappen of Reizigers te vervoeren; of om te Oorlogen. 't Voornaamste, dat in een Schip vereischt word, is, dat het zelve wel zeilt, en gezwind kan wenden en keeren, dat het goed duurzaam Hout is, voor 't verderf en de Wormen wel verzorgt, en in staat om een zwaare Storm te wederstaan; ten anderen, dat het niet onvoorzien is van al de noodige behoeftens, als Ankers, Touwen, enz. en ruimte beneffens gemak heeft, volgens het oogmerk daar het toe gebouwd is; maar alles is hier in nog niet volkomen ontdekt, na verscheide dingen gist men nog maar, welk dat de beste manier zou zyn, om de Scheepen te bemasten, en de hoogte der zelve: daar zyn onlangs verscheide Aanmerkingen over gemaakt, by gelegentheid van de Pryzen, die de Fransche Academie van tyd tot tyd uitdeelt (*e*).

2. *Van de Zwaarte en 't Meeten der Scheepen.*

De zwaarte en 't meeten der Scheepen. Als een Schip in 't Water leid, zoo drukt het zelve net zoo veel water weg als 't Schip weegt, met alles dat daar in, op en aan is: indien

(*e*) De la Mature des Vaisseaux, Par. 1727.

of Aardryks-befchryvinge.

indien men dan by ftil weêr naauwkeurig afmeet, hoe diep het zelve zig onder water bevind, en dan zoo naa als 't mogelyk is, den inhoud zoekt van 't lighaamlyk gedeelte, 't welk beneden de oppervlakte van 't Water gezonken is, zoo moet dit vermenigvuldigt worden, door de ponden, die een cubicq voet Water op die plaats weegt (*f*); dan zal men de zwaarte van 't geheele Schip hebben. Om nu te weeten, hoe veel gewigt of zwaarte, dat in een leedig Schip gelaaden moet worden, op dat het zelve niet te veel of te weinig belaft word, daar omtrent is men nog niet eens; in de Memorien van de Franfche Academie (*g*) vind men, dat Mr. *La Mothe*, den 1ften January, 1717. gefchreeven heeft aan de Raad der Zeezaaken, in Vrankryk, dat de Hollanders voor omtrent 30 Jaaren deeden werken, aan een manier om de Scheepen te meeten, daar men zig in 't Jaar 1721 nog van bediende; dat eenige Wiskonftenaars 18 Maanden tot dit werk gebruikt zyn, en dat de verfcheide werkingen, die zy daar over gedaan hebben, meer als 400000 livres gekoft hebben; dat zy een korte manier gevonden hadden, die zoo zeker was als dezelve kon zyn; dog dit komt my gantfch niet waarfchynelyk te vooren; zou men in het geld ook een nul of twee te veel gefchreeven, of gedrukt hebben? De Graaf van *Touloufe*, groot Admiraal van Vrankryk, heeft deeze manier uit Holland ontbooden; dog indien dezelve zoo was, als men daar van opgeeft, hoe komt het, dat men die in Vrankryk niet gebruikt? Men heeft my berigt, dat men eens eenige kogels, daar 't gewigt van bekend was, in een Scheepje gedaan heeft, om te vinden, hoe veel zwaarte, dat men daar ordentelyk in kon laaden; maar op verre na is zoo veel tyd, nog geld daar aan verfpilt, als hier boven gemeld is. Voor ieder fatzoen van Scheepen dient men een byzondere Regel te hebben: indien men hier een manier had, die t'eenemaal zeker was, hoe komt het, dat, nog niet lang geleden, de Weftindifche Compagnie alhier, met die van Zeeland, daar over eenig verfchil gehad hebben? de Admiraliteit van Amfterdam heeft een andere manier van meeten als de Weftindifche Compagnie;

by

(*f*) Een cubicq voet, Rhynlandfche maat, Regenwater, weegt, in de Zomer, omtrent 64 pond, en 's Winters byna 65 pond; 't Zeewater weegt omtrent 2 pond. meer, te weeten, omtrent onze Geweften.

(*g*) Memoires de l'Acad. Royale des Sciences, Ao. 1721, pag. 127, Amft. 1725.

by de Admiraliteit gebruikt men de volgende Regel: In een Fluit of Fregat vermenigvuldigt men de lengte binnen Stevens, door de wydte, en de uitkomst wederom vermenigvuldigt, door de diepte of holte, na dat eerst het vierdendeel van 't Deks hoogte daar by gedaan is; de laatste uitkomst deelt men door 300 cubicq voeten, die, in dit geval, voor een last gereekent worden; dan vind men 't begeerde. Men heeft te Amsterdam, volgens de gemelde order, een Fluit gemeeten, die bevonden wierd binnen Stevens lang te zyn 110 voeten, de wydte 28 voeten, 5½ duim, de holte 11 voeten, de hoogte van 't Dek 6 voeten, 8 duim: volgens de voorgaande Regel was dan de grootte van 't Schip 132¹¹⁄₂₅ last. Het zelfde Schip wierd ook gemeeten, volgens de order, die op deeze plaats in gebruik is by de Westindische Compagnie; men vond de lengte over Steven 115 voeten, 5 duim, de wydte 29 voeten, 8 duim, de holte 13 voeten, 1 duim, de hoogte van 't Dek 6 voeten, 8 duim; dit laatste word by de holte geteld, de zom vermenigvuldigt door de lengte, de uitkomst door de wydte, 't laatstgevonden getal door 400 gedeelt, een vierdendeel van de laatste uitkomst afgetrokken, zo is de rest een weinig meer als 127½ Last: voor de grootte van 't Schip, 't welk omtrent ₁⁄₁₂ deel met het voorgaande verscheelt, een Fregat gemeeten, volgens 't gebruik van de Admiraliteit, was lang binnen Stevens 88 voeten, 3 duim, hol 10 voeten, 3 duim, 't Dek 4 voeten, 6 duim, de grootte, door de gemelde manier, wat minder als 81₁⁄₁₂ Last: door de order van de Westindische Compagnie is het zelfde Schip gemeeten, lang over Steven 94 voeten; de wydte 25 voeten, 6 duim; de holte 12 voeten, 1 duim; 't Dek 4 voeten, 6 duim; dan vind men 't zelve een weinig meer als 74₁⁄₁₂ Last.

3. *Van de Zeilsteen.*

Van de Zeil-steen. Hoe bezwaarlyk zou het zyn, by dag of by nagt, als men een langen tyd een regenagtig weêr had, om een zekere koers te houden, die noodig was om 't oogmerk van een Reis door de groote Zee te voldoen; want als men daar geen Zon, Maan, of Sterren ziet, dan zou men niet kunnen weeten, na welk een weg dat men zeilde, indien een der Eigenschappen van den Zeilsteen dit gebrek niet nagenoeg vergoede. Al van Ouds was de Zeilsteen bekend; dezelve heeft veel overeenkomst met het Yzer en Staal. *Plinius* heeft uit *Nican-*
der

ler, dat een Veehoeder, *Magnus* genaamt, de onderlinge neiging tuſſchen 't Yzer en deeze Steen, het eerſt op den Berg Ida zou ontdekt hebben (*b*); *Lucretius Carus* wiſt al, dat, als men vylſel van Yzer in een koper Bekken deed, en daar een Zeilſteen onder hield, dan hier, dan daar, dat zulks het vylſel in beweeging bragt (*i*): hoe dat de Zeilſteenen op malkander werken, en ook op het Yzer; de ſtrekking van 't Yzer, dat aan de Zeilſteen geſtreeken is, na een zeker Geweſt van de Wereld; de werking van 't Yzer op ander Yzer, dat aan de Zeilſteen geſtreeken is of niet; de kragt van het Zeilſteenig Yzer, en hoe lang dat het in die ſtaat blyft, hier over zyn een menigte van Proefneemingen gedaan door de Heer Profeſſor Muſſchenbroek (*k*), en andere geleerde Mannen: de Heer *A. Marcel* heeft ook een middel uitgevonden, om, zonder behulp van eenen Zeilſteen, de Magnetiſche kragt aan Yzer en Staal mede te deelen (*l*). Een Schaar of Dryf-yzer, gegloeid en geleſcht zynde, heeft geen Zeilſteenige kragt; maar op een Ambeeld, door eenige hamerſlagen, verkrygt het de zelve; ook komt de kragt van zelfs door den tyd daar in (*m*). Hoe dat de voornaamſte Wysgeeren zig bevlytigt hebben, om reden te geeven van al de Eigenſchappen, die de Zeilſteen heeft, evenwel kan men niet zeggen, dat dit haar gelukt is; en die de meeſte moeite daar over gedaan hebben, geloven zelfs, dat deeze verborgentheid der Natuur onbevatlyk is: al de nieuwe Proeven, die zy namen, dienden anders nergens toe, als om hun te overtuigen, dat zy nog wel verre waren van die te begrypen. Ik zal maar in 't kort een van de Eigenſchappen aanroeren, die de Zeevaart betreft.

4. *Van 't Compas.*

Dit is een Yzerdraat aan de Zeilſteen, op de bekende wys geſtreeken, waarop een rond Papier gedaan word, daar van de omtrek in 32 gelyke ſtreeken verdeelt is, 't welk met het middelpunt op een kopere pen draait; in 't gemeen word dit in een houte doos, met

(*b*) Lib. 36, cap. 16, pag. 765. (*i*) Lib. 4, pag. 700, Amſt. 1701.
(*k*) Diſſert. de Magnete van pag. 1 tot pag. 270, Leid. 1729.
(*l*) Zie de Uitgeleeze Natuurkundige Verhandelingen, by *Iſaak Tirion*, Iſte Deel, pag. 261.
(*m*) Memoir. de l'Acad., Ao. 1723, pag. 116 en 119, Amſt. 1730.

met een glas daar over, beflooten; altyd zal de eene zyde van 't Yzer, daar een Lely regt boven getekent is, ten naaftenby na 't Noorden draaijen, hoe dat men de Doos ook draait of keert. Gelooft men de Sineefche Hiftorien, dan zou, ruim 1100 Jaaren voor Chriftus, de Voogd van de Keizer van Sina, dewelke in die tyd regeerde, zoodanig een Werktuig aan de Gezanten van Cochinchina vereerd hebben (*n*), *Albert de Groot*, die in 't Jaar 1240 leefde (*o*), verhaalt, dat de Stierlieden in de tyd van *Ariftoteles* het Compas al kenden (*p*); maar dit komt my gantfch niet waarfchynelyk voor: wanneer 't Compas in Europa bekend wierd, blykt ook niet al te klaar; men wil, dat het zelve in de 13de Eeuw van de Franfchen reets op de Scheepen gebruikt wierd (*q*), en dat men de Zeilfteen, of het Compas, doe *Marinette* noemde, 'twelk afkomftig fchynt van het Franfch woord *Marine*; 't bewys word uit een Digter gehaald, dewelke omtrent dien tyd leefde (*r*); hy fchryft aldus:

Icolle eftoille ne fe muet (*s*),	Maar deeze Ster (*t*) beweegt zig niet,
Un art font qui mentir ne puet,	En maakt een konft die niet kan liegen,
Par vertu de la Marinette, dat is	Door de Eigenfchap der Zeilfteen (*v*),
Une Pierre laide & Noirette,	Een leelyke en zwarte Steen,
Ou li fers volontiers fe joint.	Daar 't Yzer zig vrywillig aan hegt.

in

(*n*) P. Coupl. Monarch. Sin. Tab. Chron., pag. 10, Par. 1686, daar heeft men aldus: *Cheu-cum Magneticum indicem ad reditum Auftrum verfus dirigendum donat.*
(*o*) Dit blykt uit de Comeet, die hy in dit Jaar in Saxen zag, tom. 2, lib. 1, Meteor., Tract. 3; hy ftierf, volgens *Moreri*, in 't Jaar 1280.
(*p*) Dit zou uit een ftuk van *Ariftoteles* zyn, dat nu verlooren is; 't welk hy verhaalt in 't laatfte Capittel van 't 2de Boek der Mineraalen; dog ik meen, dat men hier geen ftaat op kan maaken; want van dat verlooren gefchrift vind men geen gewag by andere Schryvers.
(*q*) Dit vind men in de Hiftoire de l'Acad. Fran., Ao. 1712, pag. 22.
(*r*) By *Fauchet* Antiqui. de la France, en by *Perrault* Paralelle des Anciens & Modernes, tom. 3; ook in *Gaffendus*, tom. 1, pag. 193, word de Digter genoemt *Gujotus Provineus*, die omtrent het Jaar 1180 zou geleeft hebben.
(*s*) In 't vervolg van *Morery*, op het woord *Aiman*, vind men *Mais celle* in plaats van *Icolle*, daar word het vers toege-eigend aan *Hugo van Bercy*; ook is de 4de Regel uit gelaaten.
(*t*) 't Schynt dat men doe een Ster in plaats van een Lely op 't Compas had.
(*v*) Iemand meent, dat men door 't woord *Marinette* 't Compas verftaan moet; maar heeft het Vers dan wel een goede zin?

Thevenot getuigt, dat hy een Brief gezien heeft, gefchreeven in 't Jaar 1269, waar uit bleek, dat de Zeilfteenige Naald doe 5 graaden van 't regte Noorden na het Oosten afweek (*x*); de meefte willen evenwel, dat *Johannes de Goya* van Amelphi, omtrent het Jaar 1300, eerft het Compas in gebruik gebragt heeft. Als de Lely van 't Noorden na 't Oosten afwykt, dit noemt men Noordoostering, en van 't Noorden na 't Westen, Noordwestering: een Stuurman van Dieppe, genoemd *Crignon*, fchreef in 't Jaar 1532, over de afwyking van den Naald, die aan de Zeilfteen geftreeken was (*y*); in 't Jaar 1536 vond *Hartman* die, in Duitsland, 10¼ graad (*z*); en eindelyk ontdekte men, dat de miswyzing van 't Compas, op een zelfde plaats, niet altyd eveneens bleef; maar van tyd tot tyd veranderde; 't welk men ten deele aan *Gaffendus* verfchuldigt is (*a*): om nu de veranderingen, die in 't vervolg van tyd zouden voorvallen, beter te merken, zoo heeft de Heer *Halley* een Kaart gemaakt, waarin de miswyzing, in alle de groote Zeën, van 60 graaden Noorder tot 60 graaden Zuider Breedte gevonden word, zoo als die geweeft is in 't Jaar 1701; de linien van de miswyzing, in de groote Zuidzee, waren eerft regt; dog in een andere Kaart, die naderhand, onder 't opzigt van den laatftgemelden Heer, gemaakt is, zyn 't kromme linien (*b*); twee of drie linien waren, in die tyd, op de Aarde, daar men geen miswyzing had; de eerfte ging door Sina, Luconia en Nieuw Holland; aan de Oostzyde was Noordoostering, en aan de Westzyde Noordwestering; de linien der miswyzing, die van 5 tot 5 graaden in de Kaart zyn, loopen met wonderlyke bogten; 't welk eensdeels kan komen, om dat men op Zee de lengte zoo naukeurig niet kan weeten; en ten anderen, om dat alle de Waarneemingen van de miswyzing niet even net zyn: en al was het, dat men op de Zee nagenoeg de kromme linien der miswyzing in een gefchikte order vond, zoo twyffel ik, of op het vafte Land dit wel gefchieden zou; want men heeft 't onder- von-

(*x*) In zyn Recueil. de Voyages, pag. 30, Par. 1681, verhaalt hy, dat hy zulks geleezen had in een Manufcript, daar van de Titel was, *Epiftola Petri Adfigerii in fuper rationibus Naturæ Magnetis*.
(*y*) Hiftoire de l'Acad. des Scienc., Ao. 1712, pag. 23, Amft. 1715.
(*z*) *Muffchenbroek* Differt. de Magnete, pag. 151.
(*a*) Hiftoire de l'Acad., Ao. 1712, pag. 24.
(*b*) Natuurkundige Aanmerkingen uit de Eng. Tranfact., Amft. 1734.

vonden, dat op de hooge Bergen in Bohemen, en by Oud-Brizac; ook, zoo men zegt, in Saxen, de miswyzing op de toppen der Bergen 10, 20, 50, ja 90 graaden meer was, als aan de voet van dezelve (c): of dit nu voortkomt door 't Yzer, dat in eenige Bergen verborgen is, of door andere oorzaaken, is wel waardig om te onderzoeken. De tweede Linie, zonder miswyzing, gaat door de Atlantifche Zee; aan de Weftzyde heeft men Noordooftering. De derde Linie, daar men geen miswyzing heeft, is in de Zuidzee, bezuiden California; dog 't kan zyn, dat deeze maar een deel van de voorgaande is, om dat, aan beide de zyden, de Lely, van 't waare Noorden, na 't Ooften afwykt: dat de Linie, zonder miswyzing, ook op Zuider Breedte in de groote Zuidzee gevonden is, blykt uit *Willem Cornelifz Schouten*, die in 't Jaar 1616, den 3den April, op 15 graad., 12 min., Zuider Breedte, dezelve pafleerde, een week voor dat hy aan 't Honden Eiland quam (d). Door de Scheepvaarden van Engeland na de Bay van Hudshon, tuffchen de Jaaren 1721 en 1725 gedaan, heb ik een Kaartje van de miswyzing opgemaakt, om daar uit te zien, hoe veel dat dezelve in ruim 20 Jaaren verandert is; ziet de Vde Afbeelding, Fig. 6: als men dit vergelykt met de Kaart van de Heer *Halley*, dan merkt men, dat de kromme Linien der miswyzing niet alleen na 't Ooften loopen; maar dat dezelve ook iets na 't Zuiden daalen; want de kromme Linie van 20 graaden miswyzing, die in 't Jaar 1701 tot omtrent 48 graaden, Noorder Breedte, zig op 't laagfte uitftrekte, die is 20 Jaaren daar na ver beneden de 50 graaden geweeft (e); de Linien der miswyzing, na de zyde van de Zuidpool, tekent *Frezier* als een zoort van een Spiraal, daar van de Pool is op ruim 58 graaden Zuider Breedte, 50 graaden bewesten Parys. In 't algemeen fchynt aan de Zuidpool zoo veel verandering in de miswyzing niet voor te vallen als aan de Noordpool; in 't Jaar 1550 had men te Parys 8 graaden Noordooftering; in 't Jaar 1580 was
die

(c) *Muffchenbroek* Differtatio de Magnete, pag. 159, uit *Muller*. Colleg. Experim., pag. 237.
(d) In zyn Reis, pag. 82.
(e) De Heer *Maupertuis* vond, in 't Jaar 1737, de miswyzing te Torneo, in Lapland, 5 graad., 5 min. ten Weften; zoo dat dezelve daar iets fchynt te verminderen, en na de kuften van Africa nog iets toe te neemen.

of Aardryks-befchryvinge. 163

die 11 graad., 30 min.; dog in 't Jaar 1610 had men daar wederom 8 graad. Noordooftering; na dien tyd nam dezelve wederom af tot tot het Jaar 1666, doe had het Compas op die plaats geen miswyzing; na dien tyd is dezelve na het Weften geweeken, zoodanig, dat men in de Jaaren 1716 en 1717, te Parys, 12 graad., 20 min. Noordweftering had; in 't Jaar 1731, den 5den December, was die 14 graad., 45 min. (*f*); in 't Jaar 1736, den 1ften May, zoo week een Naald van 4 duim, te Parys, van 't Noorden na 't Weften 15 graad., 0 min.; in 't volgende Jaar, den 5den May, zoo was de afwyking 14 graad., 45 min.; in 't Jaar 1738 was die 15 graad., 10 min. (*g*), of nu dezelve aldaar te rug zal keeren, of verder na het Weften afwyken, kan men met geen zekerheid zeggen; althans de Heer Profeffor *Muffchenbroek* verhaalt, dat dezelve te Utrecht begint te verminderen; dat die, in 't Jaar 1738, veeltyds was 12 graad., 15 min.; en vier of vyf Jaaren te vooren, 15 graaden: tot Utrecht, in 't Jaar 1729, in de Maand Juny, verfcheelde de kleinfte afwyking met de grootfte, 1 graad, 28 min. (*h*). Mr. *Graham* zag in de Jaaren 1722 en 1723, te London, dat de afwyking niet alleen veranderde op verfcheide tyden van 't Jaar; maar ook op verfcheide uuren van den dag; dog dat zulks gebeurde door Oorzaaken die hem onbekend waaren: de verfcheiden gefteltheden der Lugt, de hitte of koude, de droogte of vogt, de wind of ftil weêr, gaven geen verandering daarin; alleen zag hy in 't generaal, dat de afwyking, op een zelfde dag, op 't grootfte was, van de middag af tot 4 uuren, en op 't kleinfte, tuffchen 6 en 7 uuren, na de middag: in 't Jaar 1722, den 8ften Maart, vond hy, na de middag ten 3 uuren, de miswyzing van een Compas, 't welk in een kopere doos was, 14 graad., 25 min., en 3½ uur daar na, maar 13 graad., 40 min.; dog een Naald, aan de zelfde Zeilfteen, en op dezelfde manier geftreeken, had, in een houte doos, omtrent 5 minuten minder afwyking (*i*). Men heeft ondervonden, na een zwaare Donderflag en Blixem, die op een Schip viel, dat de Lelyen van

(*f*) Memoir. de l'Acad. des Scienc., Ao. 1731, pag. 724, Amft. 1735.
(*g*) Connoiffance des Temps 1737, 1738 & 1739, pag. 196.
(*h*) Philofoph. Tranfact., Num. 425, pag. 357; ook in 't eerfte deel van de Uitgeleezen Natuurkundige Verhandelingen, by *Ifaak Tirion*, pag. 186.
(*i*) Philofoph. Tranfact., Num. 383, van pag. 96 tot pag. 107.

164   *Inleiding tot de algemeene Geographie,*

van de Compaſſen, in plaats van na 't Noorden te wyzen, na 't Zuiden weezen, en als men die na 't Noorden draaide, zoo ging dezelve, als men 't Papier los liet, evenwel na 't Zuiden; op een ander Compas wees de Lely na het Weſten (*k*). In 't Jaar 1730, den 19den May, terwyl het Blixemde, verloor de Magnetiſche Naald, van de Heer Profeſſor *Muſſchenbroek*, zyn kragt t'eenemaal (*l*).

Hoe eenige de miswyzing uitleggen.

Al voor lang, om de miswyzing uit te leggen, zoo ſtelde men twee punten, de een by de Noordpool, en de andere by de Zuidpool, daar de Compaſſen na toe zouden wyzen: *Sanutus* nam ieder punt 24 graaden van de Poolen, en *Nautonnier* 22½ graad (*m*). G. *Whiſton* ſtelt de Noordelyke Magnetiſche Pool van de Noordpool der Aarde 13½ graad (*n*). Doe men nu zag, dat de miswyzing zoo merkelyk in een korten tyd veranderde, zoo eigende men aan de Poolen van de Zeilſteenige Naald een beweeging toe. *Philips* meende, dat die in 370 Jaaren; *Bond*, in 600; de Heer *Halley*, in omtrent 700; en *Whiſton*, dat die in 1920 Jaaren hun omloop volbragten; maar dit is niet zeker; ik twyffel, of men dit wel ooit ontdekken zal, en of 'er wel zulke Poolen zyn. In 't Jaar 1576 meende *Robert Norman* uitgevonden te hebben, dat de Zeilſteenige Naald een helling had, die te London was 71 graad., 50 min.; 'twelk *Gilbertus* verhaalt: naderhand, en zelfs nog onlangs, heeft men veel moeite gedaan, om de oorzaak, als ook de veranderingen, die men daar in waarnam, te ontdekken; dog nu heeft iemand ondervonden, dat deeze helling maar voortkomt, door de meer of minder kragt van de Zeilſteen, daar de Naald, op een zekere manier, aan geſtreeken is; ook van de lengte der Naald: men kan, op de Zeilſteen, de Naalden zoodanig ſtryken, dat die loodregt op- en neêr-hangen, de helling kan dan niet dienen, om de Zeilſteenige Poolen, die eenige meenen, dat in de Aarde zyn, te bepaalen; daarom houden zommigen nu op met verder Waarneemingen daar over te doen.

§. *Kort*

(*k*) Philoſoph. Tranſact., Num. 127, pag. 647, & Num. 157, pag. 520.
(*l*) Uitgeleezen Philoſophiſche Verhandelingen, Iſte Deel, pag. 294, Ao. 1735.
(*m*) Mecometrie de l'Eymant, pag. 9, Ed. 1604.
(*n*) Longitude and Latitude found, by the Dipping-needle, pag. 53.

5. Kort Begrip van de Konst der groote Zeevaart.

Ik zal hier niet spreeken van de plicht, die ieder te betragten heeft, zoo wel die gebieden, als die gehoorzaam moeten zyn; maar voornamentlyk, 't geen een Stuurman behoorde te weeten. In twee deelen kan men dit onderscheiden: eerst, in de Ondervinding, die hier noodzaakelyk is; en ten tweeden, in de beschouwing der Konst. Wat het eerste aangaat, hy moet de Passaatwinden, Moussons, Kust-winden en Stroomen kennen; ook goede gissing kunnen maaken van de wydte, die een Schip, in een zekeren tyd, zeild, 't zy dat de Wind veel of weinig is, en wat voor strekking dat die ook heeft, ten opzigt van de weg, die men zeilt: nog dient hy kennis te hebben van de Gronden, van de Klippen en Ondieptens, van de opdoeningen der voornaame Kusten, omtrent de plaatzen daar hy moet aanlanden, of door toeval mogt in 't gezigt krygen; hy moet het gebruik weeten van de Touwen en andere Werktuigen, die tot het zeilen van 't Schip dienen; hy moet voorzien zyn van Compassen, Passers, een Boek en zyn toebehooren, om ordentelyk Dag-regifter in te houden, een Graad-, Hoek-, of Spiegel-boog, of ander Werktuig, om de Zons of Sters hoogte boven den Zigt-einder te vinden; maar vooral dient hy de beste Zee-kaarten te hebben; want daar is een groot onderscheid in; veel Banken, Eilanden, Vaste Kusten en Volk-plantingen in verre Landen, daar langen tyd op gehandeld is, leggen, ten opzigt van de lengte, maar als by de gis in de Kaart; om dat de Stuurlieden doorgaans zoo weinig kennis van de Hemelsloop hebben, en niet genoegzaam aangemoedigd worden, om de waare lengte en breedte der plaatzen te onderzoeken, zoo blyven de Kaarten by de voorige misslagen, waar door zomtyds de Scheepen komen te Stranden, daar men dezelve gemakkelyk zou konnen verbeteren, om dat men, op het Land zynde, door verscheide manieren, die niet moeielyk zyn, de Lengte en Breedte van een plaats kan vinden. Zomtyds maakt men nieuwe Kaarten, die nog erger zyn als de oude; in 't Jaar 1728 is te London een Zee-Atlas gedrukt (o):

De Konst der Zeevaart.

(o) Atlas Maritimus & Commercialis. California is hier als een Eiland gesteld; in Mexico zouden wel 1000 Zilvermynen zyn (de Schryver voegt daar by, dat het wel

Inleiding tot de algemeene Geographie,

in een van die Kaarten vind men de Kuſt van Holland, en de Eilanden, die daar omtrent zyn, op een mismaakte wyze verbeeld; voor meer als 70 Jaaren had men reets van onze Kuſten netter Kaarten (*p*). Als men dan de Klippen en Banken eens naukeurig onderzogt heeft, en in Kaarten geleid, zoo moet men, na verloop van tyd, het zelve op nieuws wederom onderzoeken, om te zien, of alles nog in de voorige ſtand is, of de dieptens vermeerderd of verminderd zyn : in de Land-Kaarten word de ſchaduw, die dient, om de ſcheiding tuſſchen 't Land en 't Water beter te zien, in 't Water of in de Zee gemaakt; maar in de Zee-Kaarten, op het Land, om de Rotzen, Klippen, en kleine Eilanden, die digt aan de Wal zyn, duidelyker te onderkennen. De Zee-Kaarten zyn tweederlei; gelykgraadige, en die waſſende graaden hebben ; in de gelykgraadige zyn de graaden der lengte en breedte overal even groot, en worden gebruikt omtrent den Evenaar ; dog dat die Kaarten niet net zyn, blykt, om dat de Aarde een byna ronde gedaante heeft, en daarom worden de graaden der lengte, na de Poolen toe, hoe langer hoe naauwer : evenwel maakt men die in de waſſende graade Pas-Kaarten ook even groot; dog van minuut tot minuut is berekend, hoe veel dat de minuten der Breedte grooter moeten gemaakt worden, om de Kuſten, volgens de ſtreeken van 't Compas, behoorlyk daarin te leggen; men noemt dit de Tafels der vergrootende Breedte (*q*). Of nu op deeze wyze de gedaante der Landen geheel anders word, als die waarlyk zyn, de Zeeman heeft daar niet meede te doen : de afſtand van twee

wel Fabelagtig ſchynt), daar in 10 Jaaren tyd uitgekomen is 40 millioenen Stukken van Agten ; een overgroote meenigte van Menſchen zouden daar in werken (ziet pag. 335) : maar is dit wel waarheid ?

(*p*) Ziet de Zee-Atlas of Water-Wereld, by *H. Donker*, te Amſterdam, in 't Jaar 1660.

(*q*) *Eduard Wrigt* heeft, in 't Jaar 1599, deeze Tafels 't eerſt uitgevonden ; de Heer *Halley* heeft, met behulp van de bedendaagſche Algebra, en de Oneindige vervolgen, aangetoont, dat dezelve op 't end, digt aan de 90 graaden, niet volmaakt zyn ; want de vergrootende Breedte van de laatſte minuut, dat is, 89 graad., 59 min., is niet, als de voornoemde *Wrigt* heeft, 323485,279 ; nog 302498, als *Ougtred* vind; ook niet 303643, als *Jonas Moor:* Dirk Rembrantze van Nierop, en andere Nederduitſche Boeken van de Zeevaart, hebben maar 30374,963431 1414228643. Ziet de Philoſophiſche Tranſact., Num. 219, pag. 211.

of Aardryks-beſchryvinge. 167

twee plaatzen, in deeze Kaarten, word gemeeten door een Schaal, die, volgens de verſcheide breedtens, na de Linie Equinoctiaal naauwer toeloopt; dog men heeft een gelyke Schaal, als de Kaart getekent is volgens de rondheid der Aarde; maar dan zyn de Compas-ſtreeken kromme lynen (r). Om de voortgang van 't Schip te giſſen, in een bepaalde tyd, zoo laaten zommige een houte Scheepje, daar Lood in is, met een lyn agteruit dryven, terwyl door een Zandlooper, die ſchielyk uitloopt, de tyd afgemeeten word, in dewelke de geheele lyn, of een bekend gedeelte daar van, afgeloopen is. De Heer *Saumarez van Geurnſey* meent een beter Werktuig uitgevonden te hebben (s); maar het komt my gantſch niet waarſchynelyk te vooren, dat dit het gewenſchte oogmerk zal voldoen.

't Voornaamſte, dat in het Beſchouwelyke Deel der Konſt van de groote Zeevaart voorkomt, kan men in vier leden verdeelen: *Waarin de Theorie van de Zeevaart beſtaat.*

1. Om de tyd te berekenen, wanneer dat het hoog en laag Water is, in de Havens, die men uit en in zeilen moet; 't welk eerſt door de Ondervinding, en verders door de Werking van de Zon, en van de Maan, en door derzelver loop bepaald word; hoewel de Stierlieden maar alleen die van de Maan, als de voornaamſte, in agt neemen, en dat nog uit den ruwen; reekenende de Maans ouderdom door de Epacta.

2. Een Stuurman moet door de Middag-hoogte der Zon, of Sterren, als die in 't Zuiden of Noorden zyn, de breedte van de plaats vinden daar hy is, op de manier, die hier vooren geleerd is: de hoogte van de Zon word in 't gemeen genomen met een Graadboog, Hoekboog, of Quadrant; dog de Heer *John Hadley* heeft onlangs een Werktuig bedagt, daar men de Aftekening en Beſchryving van vind in de Philoſophiſche Tranſactie (t); gelykmeede in de Uitgeleeze Filozoofiſche Verhandelingen (v), daar de verbeteringen, die men naderhand aan 't Inſtrument gedaan heeft bygevoegd zyn: op order van de Lords der Admiraliteit, in Engeland, zyn veel Waarneemingen met dit Werktuig, aan boord van

---

- (r) Atlas Maritimus & Commercialis.
- (s) Philoſoph. Tranſact., Num. 391, pag. 411, & Num. 394, pag. 69.
- (t) Num. 425, van pag. 147 tot pag. 157.
- (v) IIde Deel, van pag. 5 tot pag. 32, Amſt. 1736.

van het Chatham-Jacht, gedaan: onder 82 Obfervatien waren 62 die minder als twee minuten verfcheelden, en 40, daar van 't verfchil nog minder als één minuut was; dog het Inftrument moet naukeurig gemaakt zyn, of men moet een Tafeltje daar by hebben, om de misflagen, zoo in de verdeeling als anders, te zien, en daar door de gevonden hoogtens te verbeteren; door een toeval aan 't Spiegeltje, in het Werktuig, daar een gedeelte van de voorgaande Waarneemingen door gedaan zyn, zoo vond men, dat het verfchil was van 1 graad tot 1 graad, 6 min. (x): om het zelve te gebruiken, zoo moet men den Horizont kunnen zien; maar al was die niet zigtbaar, zoo heeft de gemelde Heer een Werktuig bedagt, daar men evenwel de hoogte van de Zon, op het Water, tot op 3 of 4 minuten na, door zou kunnen vinden (y).

3. Om op geen valfche Coers te zeilen, is 't noodig, dat men de miswyzing van 't Compas vind, 't welk 't meeft gedaan word, door 't waarneemen van de Zons-ftreek in 't op en ondergaan, zoo veel graaden als de Zon of Sterren, die beneden onzen Zigt-einder komen, behoorden of bezuiden 't Ooft opgaan, zoo veel graaden moeten die ook benoorden of bezuiden 't Weft ondergaan, als de Ligten, in 't op en ondergaan, aan de zelfde zyde, ten opzigt van 't Zuiden of Noorden, maar met onderfcheiden graaden gemeeten worden; de helft van 't verfchil is de miswyzing: maar als de Zon of Ster éenige graaden benoorden 't Ooft opgaat, en naderhand, volgens de Peiling, bezuiden 't Weft ondergaat, of dat die gepeild word, bezuiden 't Ooft op te komen, en benoorden 't Weft onder te gaan: in deeze gevallen is de helft van de Zom der graaden, de Miswyzing; in 't eerfte heeft men Noordweftering, en in 't laatfte Noordooftering; dog als men door een regthoekige klootze Driehoek uitreekent, waar dat de Zon of Sterren moeten op- of ondergaan, dan kan men, by helder weêr, 's morgens of 's avonds, als men maar een peiling doet, door een enkelde aftrekking de Miswyzing vinden.

4. Wegens de voortgang van 't Schip, moet men op een Kaart van tyd tot tyd die aantekenen, en 't volgende daar in opmerken:

1. Die

(x) Philofoph. Tranfact., Num. 425, pag. 346 & 347.
(y) Philofoph. Tranfact., Num. 430, pag. 167.

1. Die regt Zuiden of Noorden vorderen, veranderen maar alleen in de Breedte; de Duitfche mylen, die men gezeild heeft, door 15 gedeeld, zoo vind men de graaden; en de mylen, die daar overfchieten, door 4 vermenigvuldigd, de minuten, die men in Breedte veranderd is.

2. Die Ooft en Weft zeilen, veranderen maar alleen in Lengte; onder de Linie Æquinoctiaal vordert men op een groote Cirkel van de Aarde, en na de Poolen toe, op kleinder: om de veranderde lengte te bepaalen, zoo is het Sinus Complement van de Polus Hoogte, tot de gezeilde verheid, als de Straal tot de begeerde Lengte, in mylen, die men, door de bovenftaande manier, in graaden en minuten verandert.

3. Maar die buiten de gemelde Koerffen zeilt, verandert in Lengte en in Breedte, en vordert, op een kromme Lyn, die men Loxodromique noemt, dewelke, (als men 't Schip als een oneindig klein punt aanmerkt, en de Aarde, als een volmaakte ronde kloot, aan alle kanten even hoog met Water overdekt,) volgens de manier van fpreeken, in de Meetkonft gebruikelyk, oneindige omloopen om de Pool doet: om de lengte van deeze kromme Lyn te vinden, van een gegeeven Punt tot in de naafte Pool, zoo heeft de vermaarde *Jacob Bernoulli*, die zoo veel Eigenfchappen van de kromme Lynen, en voornaamentlyk van de Spiraalen, heeft uitgevonden (z), de volgende Regel gegeeven: de Straal' is tot de Snylyn van de Hoek, die men beooften of beweften 't Noorden zeilt, als men op Noorder Breedte is, als de mylen, die de afgezeilde plaats van de Pool is, tot de lengte van de geheele Loxodro-

---

(z) In welke Uitvindingen hy zoodanig een behaagen fchepte, dat hy verzogt, dat men op zyn Graf een Logarithmifche Spiraal zou uithouwen, met deeze woorden: *Eadem mutata refurgo*; zinfpeelende op de hoop van de Chriftenen, na dit leeven, die eenigzints door de Eigenfchap van deeze kromme Lyn afgebeeld word: hier in volgde hy *Archimedes* naa, die, voor omtrent 19½ Eeuw, doe *Marcellus* Syracufa innam, gedood wierd, dewelke van zyn vrienden verzogt, dat men, na zyn dood, de Uitvinding, die hy gedaan had, wegens de Sphæra en Cylinder, op zyn Graf zou doen ftellen; 't welk ook gefchied is, als blykt uit *Cicero*, in zyn *Quæft. Tuscul.*, lib. 5, die verhaalt, dat hy 't Graf, met de Sphæreen Cylinder daarop verbeeld, als ook een gedeelte van de Infcriptie, nog gezien heeft; dit was omtrent 138 Jaaren na de dood van *Archimedes*: zie *Plutarchus*, in 't Leeven van *Marcellus*, pag. 307, Frank. 1599. P. Rami. Schol. Mathem., pag. 26, Frank. 1599. Memoires de Litter. de l'Acad., tom. 3, pag. 399.

dromiæ (a), of de gezeilde verheid, tuſſchen de afgevaaren plaats en de Pool, om een gedeelte van de laatſtgemelde kromme Lyn te vinden; als de Koers gegeeven, en de Breedtens, daar het deel, dat men begeert te vinden, tuſſchen beſlooten is, dan zegt men, de Radius ſtaat tot de Secans, van de Hoek, die men beooſten of beweſten het Noorden zeilt, als de mylen, die men in Breedte verandert is, tot het gezogte deel van de kromme Lyn (b): indien men, uit alle de Punten van de Loxodromique, Perpendiculaaren laat vallen tot op het vlak van den Evenaar, dan zal daar de Logarithmiſche Spiraal door gemaakt worden.

In de Vde Afbeeld., Fig. 7. In 't gebruik van de Konſt der Zeevaart, heeft men de volgende manieren: Laat in de Vde Afbeelding, Fig. 4, van de regthoekige Driehoek ABC, bekent zyn de regte hoek B; de hoek BAC, zynde de Koers, die men buiten het Zuiden of Noorden zeilt; AC, de gegiſte Verheid; dan is de Straal tot AC, als het Sinus Complement van de hoek BAC, tot de veranderde Breedte AB: als men in deeze Regel van Driën, in plaats van 't Sinus Complement, de Sinus neemt, de uitkomſt toont aan 't verſchil der Lengte, tuſſchen de afgezeilde en bekomen plaats, volgens de platte Kaart; maar, om dit laatſte in de waſſende Graade-kaart te vinden, zoekt, uit de Tafel der vergrootende Breedte, 't verſchil tuſſchen de plaatzen A en B; dat is, de Lengte van AB in tiendedeelen van minuten; dan is de Straal, in de zelfde Reden, tot AB, als de Raaklyn van de hoek BAC tot de veranderde Lengte. Men kan dit ook zonder rekenen doen, en 't ſtuk voort in de platte Kaart leggen, aldus: Legt een Werktuig, 't welk, hoe dat men 't ook verſchuift, twee evenwydige Linien maakt, zoodanig, dat de kant van de eene Lyn komt op de ſtreek, die men gezeild heeft, en de andere Lyn, op 't afgezeilde Punt A; ſtelt uit A, langs deeze laatſte Lyn, de gezeilde Verheid, als AC, zoo is C de bekomen Plaats. De Stuurlieden verrigten dit in 't gemeen door twee Paſſers, daar van de een zoo wyd open is als de digtſte afſtand, tuſſchen 't afgezeilde Punt en de evenwydige Linie, aan de Koers, die men gezeild heeft; volgens de zelfde ſtand, word
die

(a) Act. Erudit., Ao. 1691, menſ. Jun., pag. 283.
(b) Dechal. Mund. Mathem. tom. 3, lib. 4, pag. 234, Lugdun. 1690.

of Aardryks-beschryvinge.

die langs de Koers-lyn getrokken, tot dat die de voet van de andere Passer ontmoet; deeze laatste Passer staat de eene voet in 't afgezeilde Punt A, en de opening is de gezeilde Verheid; in de wassende Kaart neemt men de Verheid in de graaden der Lengte, en stelt die op de Lyn AC: genomen dat die in R eindigt; trekt DR regthoekig op AB, neemt de Lengte van AD, en meet, hoe veel graaden van de Lengte, of van de Linie Equinoctiaal, dit bedraagt, zoo heeft men de veranderde Breedte, of het Punt B is dan bekent; trekt BC evenwydig DR, zoo is C het begeerde Punt. De Stuurlieden doen dit ook door twee Passers.

Vind men naderhand, door de Hoog-meeting, dat het Schip Zuidelyker of Noordelyker gekomen is, als 't stuk in de Kaart leid, zoo stelt men, volgens 't Oude gebruik, de verbetering regt Zuiden of Noorden aan; want, of men schoon de gezeilde Verheid niet regt weet, de Koers kan ook niet voor onfeilbaar gehouden worden, om dat de Stroom dikwils het Schip merkelyk doet afdryven.

XV. HOOFDSTUK.

Van de Sinus, Tangens en Secans, en van de Logarithmus Tafel.

1. *Van de Sinus, Tangens, en Secans.*

Ik heb hier vooren gewag gemaakt van de Hoekmaaten, Raaklynen en Snylynen, en onderstelt, dat men wist, wat zulks betekende; maar voor de geene, die daar onkundig in zyn: dezelve dienen te weeten, dat de Wiskonstenaars zig verbeelden, dat de Straal of halve Middelyn van een rond, als (de Vde Afbeelding, Fig. 5.) AC, AB of AS, verdeeld is in 100000 gelyke deelen; als nu SC een vierdendeel van een Cirkel is; de hoek SAC regt; BO uit een onbepaald Punt B, getrokken regthoekig op AC; DC evenwydig aan BO, tot dat die de verlengde van AB, snyd in D; dan BR evenwydig AO; zoo noemt men BO de Sinus of

Van de Sinus, Tangens en Secans.

In de Vde Afbeeld., Fig. 5.

Hoek-

Hoekmaat; DC, de Tangens of Raaklyn, en AD, de Secans of Snylyn van de Boog BC, of de hoek BAO. Nu heeft men Tafels gemaakt, waarin deeze drie gemelde Lynen van minuut tot minuut uitgereekent zyn; zelfs ook van 10 tot 10 fecunden: en op dat de bewerking gemakkelyker zou vallen, zoo zyn de grootheden in Logarithmus getallen overgebragt (a): welke Tafels van een uitneemend groot nut in de Wiskonſt zyn; voornamentlyk in de Hemelsloop, de Zeevaart, en het Landmeeten; BR noemt men 't Sinus Complement van de Boog BC: om met weinig moeite de Sinus Tafelen naukeurig te bereekenen, zoo behoeft men maar de volgende generaale Regel: Stelt de begeerde Sinus gelyk x; het dubbelt van AC, of 2, gelyk d; deelt de graaden van de Sinus, die men zoekt, door 30; ſtelt de Uitkomſt n, dan is

$$2x = n + \frac{1-nn}{2:3:d^2}A + \frac{9-nn}{4:5:d^2}B + \frac{25-nn}{6:7:d^2}C + \frac{49-nn}{8:9:d^2}D + \frac{81-nn}{10:11:d^2} + \text{enz.:}$$

A betekent de eerſte Term; B, de tweede; C, de derde, en zoo voort: de voorſte getallen, in de Teller, zyn de Vierkanten van de oneven getallen, zoo als die malkander in order volgen; de getallen, in de Noemer, volgen malkander twee aan twee (b). Tot een voorbeeld: zal ik de Sinus van één graad vinden, dan is

$$2x = \tfrac{1}{15} + \frac{1-\tfrac{1}{15}}{6:4}A + \frac{9-\tfrac{1}{15}}{20:4}B + \frac{25-\tfrac{1}{15}}{42:4}C + \frac{49-\tfrac{1}{15}}{72:4}D +, \text{enz.}$$

A	0,3333333	Om door 't getal A,
B	138734	het getal B te vinden,
C	15606	zoo werkt, als volgt:
D	2323	
E	395	A 3333333
F	73	
G	14	$\tfrac{1}{n}$ is 138889
H	2	$\tfrac{1}{15}$ is 155
		——— Subſt.
$2x =$	0,3490480	B 138734
2		
$x =$	174524	

Om

(a) Trigonometria Artificialis, Gouda Ao. 1633.
(b) Analyſis per Quantitatum Series, Fluxiones, ac Dif., Lond. 1711.

of Aardryks-beschryvinge.

Om de Tangens van de Boog BC te vinden, zoo zegt: het Sinus Complement van deeze Boog, als AO, is tot de Sinus BO, als de Straal AC tot de begeerde Raaklyn.

Om de Secans te vinden, zoo telt, by 't Vierkant van de Straal AC, het Vierkant van de Raaklyn DC, zoo vind men 't Vierkant van AD: de vierkante Wortel hier uit, is de begeerde Snylyn. Om deeze Wortel op een korte manier naukeurig te trekken, zoo werkt, als volgt: Laat $\frac{1}{4}pp+q$ 't getal zyn daar men de Wortel uit moet trekken, en dat $\frac{1}{2}p$ de naaste Wortel daar uit is, in geheele getallen; stelt $\frac{pp}{q}+2=a$, $a^2-2=b$, $b^2-2=c$, $c^2-2=d$, en zoo voort; dan is de begeerde Wortel zeer na gelyk aan dit vervolg: $\frac{1}{2}p+\frac{q}{p}-\frac{1}{a}A-\frac{1}{a^2-2}B-\frac{1}{b^2-2}C-\frac{1}{c^2-2}D-$, enz. tot in 't oneindig (c); A is $=\frac{q}{p}$, B verbeelt de derde Term, C de vierde, en zoo voort; mits dat de Tekens blyven als in de Formule: indien men de vierkante Wortel uit 2 begeerde te trekken, dan is $p=2$, en $q=1$, door de voorschreeve Formule, zoo is de Wortel $1+\frac{1}{2}-\frac{1}{2:6}-\frac{1}{2:6:34}-\frac{1}{2:6:34:1154}-\frac{1}{2:6:34:1154:1331714}-$, enz.; dit komt door deeze zes Termen goed, tot in de 23ste Cyffer, en is gemakkelyk om uit te werken; geduurig doet men maar een enkelde Divisie. Als men de vierkante Wortel uit 21 wil trekken, dan is $p=8$, en $q=5$; de Wortel is $+\frac{1}{4}-\frac{5:5}{8:74}-$, enz.: deeze Termen alleen zyn $4\frac{141}{771}$; 't welk na de zes eerste Cyffers eerst begint te verscheelen: men kon ook $p=9$ genomen hebben; dan is $q=\frac{1}{4}$, en daarom de Wortel $4\frac{1}{2}+\frac{1}{72}-\frac{1}{12:110}-$, enz.: dit alleen komt goed tot in de 8ste Cyffer; en nog één Term daarby voegen,

---

(c) Philosoph. Transact., Num. 452, pag. 617.

voegen, te weeten, $-\dfrac{1}{1340:11058}$, tot in de 15de Cyffer. Begeert men de vierkante Wortel uit 24 te trekken, dan is $p=8$, en $q=8$; de Wortel is $4 + 1 - \frac{1}{16} - \frac{1}{74} -$, enz.: deeze vier Termen zyn te zaamen $4\frac{111}{112}$. Dit kan veel korter gemaakt worden; als $p=10$ gesteld word, dan aanmerkt men, dat de Wortel getrokken moet worden uit $\frac{1}{4}pp - q$, dan is $q=1$; als men dan $\dfrac{pp}{q} - 2 = a$ stelt, dan is de Wortel $\frac{1}{2}p - \dfrac{q}{p} - A\dfrac{1}{a} - B\dfrac{1}{a^2-2} -$, enz.; dat is, in getallen, $5 - \frac{1}{10} - \frac{1}{74} -$, enz.

2. Van de Logarithmus Tafels.

Van de Logarithmus Tafels.
De Logarithmus Tafels zyn zeer noodig in de geheele Wiskonft, en dienen voornaamentlyk om de groote Multiplicatien, Divifien en Worteltrekkingen, op een korte manier te doen. *Johannes Nepperus* heeft die 't eerft uitgevonden, en *Briggius* heeft die in beter order gebragt; de Koningin van Engeland, *Elizabeth*, heeft dezelve doen uitreekenen (d). Het zal niet noodig zyn, om hier te verklaaren de Natuur en Eigenfchap van deeze getallen, en hoe men die voortyds gevonden heeft; dit is in veel Schryvers duidelyk uitgeleid (e): Ik zal in 't kort maar iets aanhaalen, zoo als men die tegenwoordig reekent. De proportie der Logarithmus, tuffchen 1 en $1+y$, is $y - \frac{1}{2}y^2 + \frac{1}{3}y^3 - \frac{1}{4}y^4 + \frac{1}{5}y^5 -$, enz.; 't geen *Nicolaas Mercator* 't eerft gevonden heeft (f): en de proportie der Logarithmus van 1 tot $1-x$, is $-y - \frac{1}{2}y^2 - \frac{1}{3}y^3 - \frac{1}{4}y^4 - \frac{1}{5}y^5 -$, enz. tot in 't oneindig: om door het eerfte vervolg de Hyperbolifche Logarithmus van 2 te vinden, zoo ftel ik $x=1$; dog, om dit korter te doen, zoo kan men dit vervolg gebruiken: $\frac{1}{4} - \dfrac{1A}{4:3} + \dfrac{2B}{4:5} - \dfrac{3C}{4:7} + \dfrac{4D}{4:9} - \dfrac{5E}{4:11} +$, enz. (g):

volgens

(d) *Ignat. Gaft. Pardies*, in zyn Elem. de Geom., verhaalt, dat 20 Menfchen daar 20 Jaaren aan zouden gearbeid hebben; maar is dit niet wat lang?
(e) Arith. Logarith. de *A. Vlacq*, Goud. 1628.
(f) Philofoph. Tranfact., Num. 38, pag. 760.
(g) Methodus Differentialis *Newtoniania* Illuftrata authore *Jacobo Stirling*.

of Aardryks-befchryvinge.

volgens de manier van *Izak Newton* betekent A, de eerſte; B, de tweede; C, de derde Term, en zoo voort, mits dat men de tekens laat blyven als in Formule, die zyn by beurten + en —; de Hyperbolifche Logarithmus van 2 is dan 0,6931471805599483: begeert men de Hyperbolifche Logarithmus van $\frac{1}{10}$ te vinden, zoo is in de tweede Formule $1 - x = \frac{1}{10}$ of $x = \frac{9}{10}$; de waarde van het vervolg is dan 2,302585092994045684. Het teken omgekeert, zoo heeft men de Hyperbolifche Logarithmus van 10; dit is 't getal daar men zig van bedient in de Logarithmus van *Nepperus* (b): als men 't zelve deelt in 1, zoo vind men 0,4342944819032518127; welk getal men in de Logarithmus van *Briggius* gebruikt. Ik ſtel dit getal $= p$; dan is de Hyperbolifche Logarithmus van 10, hier boven gevonden, tot de Hyperbolifche Logarithmus van 2, als de Logarithmus van 10, uit de Tafels, die *Briggius* op 1 ſtelt, tot de Logarithmus van 2, uit de Tafels, 0,30102999566398119521. *Abraham Scharp* heeft de Logarithmus getallen tot 20 toe vervolgt, tot aan de 60ſte Cyffer: begeert men, door de Logarithmus van 10, de Logarithmus van 11 te vinden; ſtelt $10 + 11$ of $21 = c$, en vermenigvuldigt dit vervolg, $\frac{1}{c} + \frac{1}{3c^3} + \frac{1}{5c^5} + \frac{1}{7c^7} +$, enz. door $2p$, als volgt:

$\frac{1}{1} p = A =$ 0,041361379228881   A = 0,041361379228881
$\frac{1}{21} A = B =$ 93189975576 $\frac{1}{3} B =$ 31263325192
$\frac{1}{21} B = C =$ 212675681 $\frac{1}{5} C =$ 42535136
$\frac{1}{21} C = D =$ 482258 $\frac{1}{7} D =$ 68894
$\frac{1}{21} D = E =$ 1094 $\frac{1}{9} E =$ 121

Log. van 10 = 1,

De Logarithmus van 11 = 1,041392685158224

Begeert men door de Logarithmus van 22 en 24 (die openbaar zyn door die van 2, 3 en 11) de Logarithmus van 23 te vinden; ſtelt $22 = a$, $23 = d$, en $24 = b$; dan is $\frac{1}{2} a + \frac{1}{2} b = d$: Laat $dd + ab = r$ zyn, dan moet men by de helft der Logarithmus van *a* en *b*, dat is

---

(b) De Heer *Halley* noemt hem *Napeir*.

de Logarithmus van $\sqrt[2]{ab}$, nog by tellen de waarde van 't onderstaande vervolg; daar in A, de eerste; B, de tweede; C, de derde Term betekent, en zoo voort:

$$\frac{p}{r} + \frac{A}{3rr} + \frac{B}{\tfrac{1}{7}rr} + \frac{C}{\tfrac{1}{7}rr} + \frac{D}{\tfrac{1}{9}rr} +,\text{ enz.};$$

welk vervolg zeer sterk afneemt: door de twee eerste Termen alleen vind men, met weinig moeite, de Logarithmus van 23 te zyn 1,361727836; als men de drie volgende Termen mede gebruikt, dan zal de Logarithmus goed komen tot de 32ste Cyffer; of men kon de Logarithmus van 23 op deeze manier vinden: stelt het verschil der Logarithmus van 22 en 24, $=q$; dan moet by de halve Zom der Logarithmus van de twee laatstgemelde getallen nog bygevoegt worden de waarde van dit vervolg: $\dfrac{q}{4d} + \dfrac{A}{6dd} + \dfrac{7B}{15dd} +,$ enz.; A verbeelt de eerste, en B de tweede Term. Deeze Formule is zeer dienstig om de Tafels van *Vlack* grooter te maaken: als d grooter is als 1000, dan is de eerste Term $\dfrac{q}{4d}$ genoeg om 't begeerde getal tot 13 of 14 Cyffers te vinden; is d boven de 10000, dan komt het getal tot 18 Cyffers goed; en d boven de 20000 zynde, zoo is daar byna geen andere moeite aan, als om het getal te schryven: een menigte van andere manieren gaa ik, om kortheid, voorby.

E I N D E.

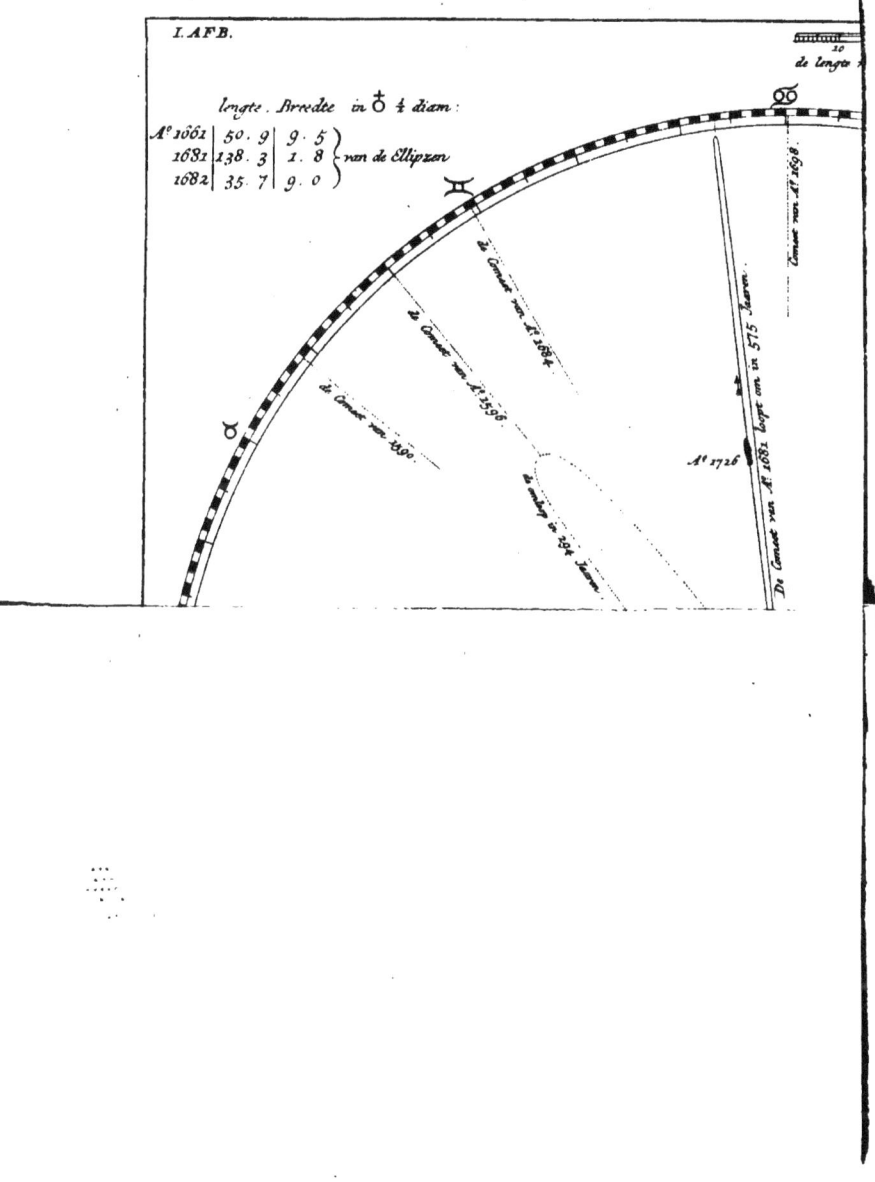

INLEIDING
TOT DE
ALGEMEENE KENNIS
DER
COMEETEN,
OF
STAARTSTERREN.

De Wysgeeren van den ouden tyd hadden verscheide gevoe- *Wat* lens over de Comeeten, daar ik de voornaamste maar van *eenige* zal aanhaalen. De *Pythagoristen* hielden dezelve voor dwaal- *wys-* sterren, maar die niet wederom gezien wierden, als na *geeren* verloop van een langen tyd (*a*). De *Chaldeen* stelden ze meede onder *Comee-* 't getal der Planeeten, en hebben haaren loop gekend (*b*). De Keizer *ten dag-* *Julianus* verhaalt, dat de Egyptenaaren een Ster kenden, die zy *ten.* *Asaph* noemden, dewelke om de 400 Jaaren maar eens gezien wierd (*c*). *Apollonius van Myndus* was van gevoelen, dat de Comeeten Sterren waaren, die door de hoogste Gewesten van de Wereld liepen, en van ons maar konden gezien worden, als ze in 't benedenste deel van haar kring kwamen (*d*); en dat in 't vervolg van tyd nog iemand zou aanwyzen, in wat voor plaatzen dezelve doolden, en waarom de eene zoo ver haar loop van de andere verwyderde, hoe groot, en hoedaanig dat die waren (*e*). *Seneca* heeft voorzeid, dat

---

(*a*) *Aristoteles*, Lib. 1. Meteor. Cap. 6. (*b*) *Seneca*, Nat. Quest. Lib. 7. Cap. 3.
(*c*) *J. F. Mayer*, betrub. en getröstetes kind Gottes, 1ste Deel, Pag. 266.
(*d*) *Seneca*, Nat. Quest. Lib. 7. Cap. 17. (*e*) Ibid. Cap. 26.

dat na lange Jaaren, door naarstigheid, dit alles nog ontdekt zou worden; en laat daar op volgen, Dan zullen de Nakomelingen zig verwonderen, dat wy die dingen niet geweeten hebben (*f*). Maar vooral is het verhaal van *Diodorus Siculus* aanmerkenswaardig, wanneer hy aldus schryft van de Comeet, die 373 Jaaren voor Christus (*g*) gezien wierd: Een groot ligt, 't welk men een vuurigen balk noemde, vertoonde zig een meenigte van nagten aan den Hemel; eenige onder de Natuurkundigen zeiden, dat dit zoort van verschynsels noodzakelyk binnen een zeekeren tyd wederom koomen moesten; en dat de *Chaldeen* van Babilonien en andere Sterrewikkers zich niet verwonderden, als zy dezelve gewaar wierden; maar dat zy zig veel meer zouden verwonderd hebben, als die niet op den gezetten tyd wierden gezien; alzoo zy oordeelden, dat de Comeeten regelmatig omliepen (*h*). Zulke goede gronden heeft men verzuimt, en *Aristoteles* gevolgt, die voorgaf, dat de Comeeten niet anders waaren, als bovenmaansche dampen en lugtige verhevelingen: Doe nam byna niemand de moeite meer, om die naukeurig gade te slaan, als denkende, dat in een doolende en onzeekere beweging, niets bestendigs te vinden is; en nog veel minder zouden wy daar van geweeten hebben, indien verscheide Historie-Schryvers die niet aangeteekent hadden uit Bygeloof, als of dezelve veel onheilen beteekenden. De meeste Schryvers van de laatstvoorgaande Eeuw meenden, dat de Comeeten, Pest, Oorlog, Dieren Tyd, de Dood van voorname Vorsten, en andere ongelukken voorspelden; daar *Chæremon*, de Stoifche Wysgeer, uit de Geschied-Schryvers zogt aan te toonen, dat dezelve niet anders als heil en geluk beteekenden (*i*). Van dit laatste gevoelen waren ook de Keizer *Augustus*, en *Plinius*; hoewel de eerste zulks uit Staatkunde deed (*k*); en de laatste by die gelegentheid aanmerkt, dat men menschen vond, die geloofden, dat de Comeeten altyd duurden, en een vasten omloop hadden (*l*).

Newton heeft de   Voor ruim een Eeuw begon men eerst de Comeeten met ernst na-

---

(*f*) *Seneca*, Lib. 7. Cap. 25. (*g*) Ær. Vulg.
(*h*) *Diodor. Sicul.*, Biblioth. Histor. Lib. 15. Pag. 365. & Pag. 483. Ed. *Steph.*
(*i*) *Origen.*, cont. Celf. Lib. 1.
(*k*) Pens. divers. sur les Comet. Pag. 221. Rotterd. A°. 1683.
(*l*) *Plin.*, Lib. 2. Cap. 25. Pag. 13. Aurel. all. A°. 1606.

of Staartſterren.

na te ſpeuren. *Ticho Brahe* onderzogt die van 't Jaar 1577 (*m*). De ware herſteller van de Hemelloopkunde, *Joannes Keplerus*, beſloot uit de manier gevonden om waarneemingen van den voornoemden Sterrekundigen, dat de Comeeten een beweging hadden, die niet veel van de regtlinieſche verſcheelde wegen der Comeeten af te teekenen. de (*n*). *Hevelius* ſtemde dit byna toe; maar beklaagde zig evenwel, dat zyn uitrekeningen niet overeen quamen met het geen dat hy aan den Hemel waarnam; en wierd gewaar, dat de wegen der Comeeten na een kromme lyn helden, die na de Zon uitgehold was. In 't kort, haar loop was nog niet ontdekt; ieder had byna een byzonder gevoelen daar van: De Wysgeeren, als *Deſcartes* en andere, gaven ſchynredenen, die zy zelfs niet verſtonden (*o*), tot dat eindelyk de groote Comeet, in 't end van 't Jaar 1680, gezien wierd, die alle nevelen van onwetentheid deed opklaaren: De grootſte Sterrekundigen namen die met keurlyke werktuigen, en groote oplettentheid waar (*p*). En dit zou alles nog niet geholpen hebben, had de onvergelykelyke Wiskonſtenaar, *Izak Newton*, niet zoo diepzinnig over de zwaarheid gedagt, dat dit hem aanleiding gaf tot dat beroemde Werk, *Philoſophiæ Naturalis Principia Mathematica*, of Wiskonſtige Gronden der Natuurlyke Filoſofie; daar in ontdekte hy de waare wetten, die de Hemelſche ligchaamen in haare beweging opvolgen; dat de Comeeten in lang-ronden om de Zon loopen, en met de ſtraalen, uit de Zon getrokken, inhouden beſchryven, die evenredig zyn aan de Tyden; ook dat de Zon in 't brandpunt van de Ellipſis gevonden word. De Comeeten loopen dan op dezelfde wys als de Planeeten, maar in vlaktens, die meerendeels ver buiten de Ecliptica zyn, en in veel langwerpiger omtrekken; dog 't wonderlykſte dat zig in haaren loop opdoet, is, dat met de zelfde ſnelte, na maate dat zy van de Zon af zyn, de een met, en de ander tegen de order der teekenen voortgaat. Hier door vervallen de ingebeelde draaikringen van *Deſcartes* (*q*). Maar de Menſchelyke wetenſchap ſchiet te kort, de Aarde is te klein, de Comeeten, voor het grootſte gedeelte, te ver van ons af, om de lengte en breedte van de Ellipzen, die zy loopen, te bepaalen, ten zy dat haar omloop bekend zy. Daarom on-

---

(*m*) T. *Brahe*, de Mund. Æth. (*n*) Aſtron. Opt. Cap. 10.
(*o*) *Deſcartes*, Princ. Philoſ.
(*p*) *Flamſteed*, Hiſtor. Cœleſt. Vol. 1. Pag. 104. & ſeq. Lond. Ao. 1725.
(*q*) Princip. Philoſop. in 't 3de Deel.

Van de Comeeten,

onderftelde de hier vooren gepreezen *Izak Newton*, het deel van haar kring 't naaft aan de Zon een Parabole te zyn, 't welk geen merkelyk verfchil kan geven; en vond een ongemeen konftig Voorftel uit, waar door hy de grootheid in zyn verftand deed blyken, te weten, om door drie nette waarneemingen, volgens de voorfchreeven onderftelling, den weg van een Comeet meetkonftig af te teekenen (r). Op deezen grond heeft de groote Sterrekundige, *Edmund Halley*, de wegen van 24 Staartfterren uitgereekend (s); en de Hr. *Bradley*, Hoogleeraar in de Sterrekonft te Oxford, den weg van die, dewelke in 't Jaar 1723 gezien is (t).

De Comeeten hebben altyd geen ftaarten. Als men de Hoofden van de Comeeten door een verrekyker befchouwt, zoo bevind men, dat dezelve door een Dampkring omringt zyn, die, als de Comeet de Zon nadert, mindert, en als rook en damp van de Ster opgaat, na genoeg na de tegenovergeftelde zyde van de Zon; even als hier op de Aarde de rook van een brandend ligbaam byna regt opryft, fchuins als het zelve in een regte lyn bewoogen werd, en met een kromte, als men 't ligbaam op deeze laatfte wys omflingert; zoo dat de hitte van de Zon de ftaarten te voorfchyn brengt. En het is waarfchynlyk, dat de meefte Comeeten, in het naderen na de Zon, by de weg van Mars, of nog veel verder, na beneeden geen ftaart hebben, of ten minften een van zeer weinig belang. *Philoftorgius* zag in 't Jaar 389 een ligte Star zonder ftaart; daar na zag hy daar een ftaart aanwaffen, die de gedaante van een groot zwaard had (v). En dit blykt nog klaarder uit de groote Comeet, die in 't Jaar 1680, den 4den November, ouden Styl, gezien wierd te Coburg in Saxen, zonder eenigen ftaart (x). Op dien tyd was dezelve tuffchen Mars en ons, of omtrent ½ deel verder van de Zon, als de Aarde, daar op de zelfde afftand, doe de Comeet van de Zon afging, 't heldere ligt van den ftaart nog meer was als 20 graaden (y).

De ftaarten zyn zomtyds. De Staarten zyn zómtyds ongemeen lang, niet alleen oogfchynelyk, maar ook inderdaad; die van 't Jaar 1680, was den 12den December,

(r) Philof. Natur. Princ. Math. pag. 452. Amft. Ao. 1714. *David Gregorii*, Aftron. Phyf. & Geom. Elem. lib. 5. Oxon. Ao. 1702.
(s) Philof. Tranf. No. 297. pag. 1882. (t) Ibid. No. 382. pag. 48.
(v) Phil. Ecclef. Hiftor. pag. 524. ed. mog. (x) No. 342. pag. 170.
(y) *Newton*, Philofoph. Nat. Princ. Mathem. pag. 466.

of Staartsterren.

cember, ouden Styl, omtrent ⅓ van de lengte, die de Zon van de Aarde is. Dat nu weinig stoffe of weêrschynende deelen van den Dampkring der Cometen, genoeg is, om zulke groote en breede staarten te maaken, komt, om dat dezelve yl of dun zyn; want stelt men, dat de staart, op den voornoemden dag, de gedaante van een kegel had, zoo moet de dikte van dezelve in het midden, tusschen het hooft en 't end, regthoekig door de As geweest zyn, omtren 19 maal de afstand tusschen de Maan en de Aarde; dus kan men eens bedenken, hoe dun of yl de stof van dezelve was, nademaal men zonder vermindering van klaarheid, de vaste Sterren daar door zag schynen; en dat dezelve evenwel gezien kon worden, komt, om dat de lugt daar boven onbegrypelyk fyn is, als door de uitreekening van *Izak Newton* blykt (z). *zeer lang en ongemeen dun of yl.*

Onder de hedendaagse Wysgeeren schynen eenige te meenen, dat de Cometen allenks de Zon naderen in ieder omloop, en dat die na verloop van een langen tyd daar in zullen vallen, en als tot de voedzel van de zelve verstrekken; zoo zou die van 't Jaar 1680, na 2 of 3 omloopen, zulks moeten ondergaan (a). En alhoewel het my toegescheenen heeft in eenige Cometen, als of die in voorigen tyd de Zon zoo na niet gekomen zyn, als in haar laatste verschyning; zoo meen ik egter, dat de bewyzen nog niet kragtig genoeg zyn, om hier met zekerheid op te vertrouwen, en dat dit in de volgende Eeuwen eerst ontdekt zal worden. *Het is niet zeker, dat de Cometen in de Zon zullen vallen.*

Verscheide voornaame Sterrekundigen hebben getragt, om den omloop van eenige Cometen te vinden, als de Hr· *Bernoulli* (b), *Cassini* (c), en *Kirchius* (d); maar ik meen, dat, behalven de Cometen van de Jaaren 1661, 1680, en 1682, voor zoo veel als men uit de gedrukte Schriften kan merken, tot nog toe niemand den omloop van een derzelve ontdekt heeft; want, dat de manieren van de beroemde Mannen, *Izak Newton* en *Edmund Halley*, om de wegen van de Staartsterren te bepaalen, de waare zyn, blykt, als men de waarneemingen, over die, van de Jaaren 1664, 1681, 1682, *Tot nog toe heeft men den Loop van niet meer dan drie Cometen ontdekt.*

A 3   1683

(z) *Newton*, Traité d'Optique. pag. 520. Amst. Ao. 1720.
(a) *J. Th. Desaguliers*, korte Inhoud van zyn Lessen, pag. 51 en 52. Amst. Ao. 1731.
(b) Conam. nov. Syst. Comet. Amst. Ao. 1682.
(c) Memoir. de l'Acad. Ao. 1699. pag. 65 & 66. Histoir. de l'Acad. pag. 90. Ed. Amst.
(d) Philosoph. Transf. Ao. 1723. No. 375. pag. 240.

1683 (e), en van 't Jaar 1723, met de uitrekeningen vergelykt (ƒ); dan ziet men, hoe naukeurig dat die overeenkomen; daar alle, die de eerſtgemelde Schryvers ons opgeeven, ligtelyk te wederleggen zyn. Het zekerſte dat de Hr. Caſſini daar in meende ontdekt te hebben, was, dat de Comeet van 't Jaar 1652 de zelfde geweeſt zou zyn, als die van 't Jaar 1698 (g); maar volgens de tafel van den Hr. *Halley*, die men een ſchat voor de Sterrekonſtenaars van de toekomende Eeuwen mag noemen, loopt de een, uit de Zon te zien, met de order, en de ander tegen de order der Teekenen. Ook meende de Hr. *Caſſini*, dat de Comeet, die in 't Jaar 1668 in Brazil gezien wierd, in 34 Jaaren omloopt, dat dezelve zig in 't Jaar 1702 wederom vertoond heeft; ook, dat ze 373 Jaaren voor Chriſtus (h), in de Winter, s'avonds in 't Weſten gezien is (i); dog met regt geeft de Hr. *Fontenelle* deeze twyffeling op, dat het vreemd ſchynt, dat een Ster, die zulk een korten omloop heeft, en bygevolg zoo dikwils moet wederom komen, zoo zelden gezien word. In 't Jaar 1736 is dezelve ook niet vernoomen. En 't geen my nog het meeſt verwondert, is, dat lang naderhand de Hr. *Caſſini* de Zoon, in de Gedenkſchriften van de Franſche Academie van 't Jaar 1731, den loop van de Cometen zoodanig tragt voor te ſtellen, en uit te leggen, als of die, uit de Zon te zien, alle na een en dezelfde zyde liepen, om de Draaikringen van *Deſcartes* ſtaande te houden; maar het waar te wenſchen, dat die Heer op alle de waargenoomen tyden, de plaatzen van de Staartſterren had uitgereekend, en dan met de waarneemingen vergeleeken, even als de Engelſche Sterrekundigen gedaan hebben; dan zou men eerſt regt gezien hebben, hoe wonderlyk veel de waarneemingen van de uitreekeningen verſcheelden; ook is de Hr. *Caſſini* op verſcheide plaatzen door de Comeetſchryvers misleid; dog om de kortheid zal ik maar alleen deeze volgende hier ter nederſtellen. Pag. 428 verhaalt de laatſtgemelde Sterrekundige, dat *Appianus*, in 't Jaar 1533, den 18den Juny, een Comeet waarnam, die hy den 25ſten van die Maand 't laatſt zag in den 15den graad van Taurus; nu heeft *Ricciolus* (k) uit *Appianus*,

dat

(e) *Newton*, Philoſoph. Nat. Princ. Mathem. pag. 459, 478 & 479.
(ƒ) Philoſ. Tranſ. Ao. 1724. Num. 382. pag. 47.
(g) Memoir. de l'Acad. Ao. 1699. pag. 66.
(h) Ær. vulg. (i) *Ariſtotel*. Lib. 1. Meteor. Cap. 6. &c.
(k) Lib. 8. Sect. 1. de Cometis, pag. 10.

of Staartsterren.

dat de Comeet den 18den Juny was 3 graaden 40 minuten in Gemini, met 32 graaden Noorder Breedte, van de Zon af zynde 66 graaden; om dat alle andere Schryvers, van dien tyd, eenpaarig verhaalen, dat de Comeet de geheele Maand July gezien is (*l*), of van het end van Juny tot den 4den Augustus (*m*); daarom heb ik de Zons plaats bereekent, in 't Jaar 1533, den 18den July, 's avonds te 10 uuren, en vond dezelve in Leo 5 graaden 1½ minuit; bygevolg de Comeet van de Zon in lengte, volgens de Ecliptica, 61 grad. 21½ min., en in breedte 32 graaden. Door de klootse driehoeks reekening vind men den afstand tusschen de Zon en de Comeet 66 grad. 1 min., 't welk met *Appianus* overeen komt, dat het niet zou hebben kunnen doen, als men gesteld had, dat de waarneeming den 18den Juny geschied was; de Text spreekt niet alleen in dit geval, maar ook in 't volgende zig zelfs tegen. Den 25sten Juny was volgens *Hevelius* en *Ricciolus*, de Comeet in den 15den graad van Taurus, met 43 graaden Noorder Breedte, zynde 88 graaden van de Zon; maar door de Tafels vind men de Zon den 25sten July 11 graden 55 min. in Leo; zoo dat door de uitreekening blykt, dat de Comeet doe 87½ graaden van de Zon was, 't welk na genoeg met *Appianus* overeen komt: en het is zeker, dat in den laatstgemelden Auteur, in plaats van Juny, moet geleezen worden July, zoo dat daar geen misslag in den dag by *Cornelius Gemma* is, als de Hr. *Cassini* meent; en bygevolg moet de uireekening, op den aangeweezen misslag van *Appianus* gegrond, verworpen worden. Op 't Jaar 1582 verwart de Hr. *Cassini* verscheide Comeeten met malkander; ook heeft het gantsch geen schyn, dat de Comeeten van de Jaaren 1533 en 1596 de zelfde zouden zyn. In 't Jaar 1618 zyn geen 4 Comeeten gezien, maar 2. De Hr. *Cassini* verhaalt, dat men geen Gedenkschriften heeft, die van een Comeet gewag maaken tusschen de Jaaren 1619 en 1652; maar *Hevelius* heeft een redelyke lange beschryving van een Staartster, die men in 't Jaar 1647, den 29sten September, te Marienburg in Pruissen gezien heeft (*n*); ook is die waargenoomen te

Am-

(*l*) *W. van Goudhoeven*, in zyn Kronyk, pag. 593. *Pauli Langii*, Chron. Numb. Col. 86. Lipz. Ao. 1728. *Hevelius*, Cometog. pag. 848. uit *Gemma Fris*, de Rad. Astr. Cap. 19.
(*m*) *J. B. Ricciol.* uit *Petrus Surdus*.
(*n*) Cometograph. Lib. 12. pag. 886.

Amsterdam (o). Eindelyk zou men kunnen vraagen: is het waar, dat de Comeeten zoo digt by de aarde loopen, als de Hr. *Cassini* in zyn Figuur gelieft te stellen? hoe komt het dan, dat veele maar zoo weinig tyd gezien worden? Ik zal my niet ophouden om de andere Comeeten van *Cassini* en *Kirchius* te wederleggen; 't blykt van zelfs genoeg; evenwel is hun yver prysselyk, *In magnis voluisse sat est*, in groote dingen is de wille genoegzaam; en of schoon op deeze klippen die groote Mannen verzeild zyn, zoo heeft het my egter de hoop nog niet benoomen, om den omloop van eenige te ontdekken; en ik meen, dat het onderzoek, dat ik daar over gedaan heb, niet t'eenemaal vrugteloos is geweest, als uit het vervolg zal blyken. Indien het waar is, dat de Engelsche den omloop van de drie gemelde Comeeten gevonden hebben, zoo moeten dezelve in voorige tyden, ieder op haar beurt, ook gezien zyn; 't welk als tot een proef verstrekt, voornaamentlyk voor zulken, die de Meetkonstige uitreekeningen niet kunnen begrypen; daarom heb ik deeze in de Geschiedenissen nagegaan, en byna geduurig op den behoorlyken tyd gevonden; maar de gemeene Historien van de Comeeten kunnen daar toe niet dienen, van wegens de verdigtzelen en misslagen die daar in zyn. Dog laat ons een voorbeeld neemen, om de natuur van die misslagen te zien: ik zwyg van *Lubienietsky* en andere Beuzelaars, en zal maar *Hevelius* aantrekken; die verhaalt uit *Rockenbag* (p), en uit *Eckstormius*, die het zelve uit *David Herlicius* heeft, dat 1930, of 1920 Jaaren voor Christus, doe Abraham 70 Jaaren oud was, een Comeet in 't Landschap Chaldea gezien wierd, omtrent de Planeet Mars, in het teeken van Aries, die 22 dagen blonk; men vind dit ook in *Keckermannus* (q), die aantrekt *Bernhardus Tornheuserus*, dewelke over de Comeet van 't Jaar 1577 geschreven heeft; en dit schynt een van die Bronnen, daar men die verzierde dingen uit geput heeft: al de omstandigheden, als van Mars, het teeken van Aries, en de 22 dagen, zyn verdigt, en 't kan uit geen goede Schryvers beweezen worden; van de Comeet zelfs heeft men geen zeekerheid, en de grond daar die

op

(o) Beschryv. van Amsterd., door *Commel.*, 2de Deel, 6de Boek, pag. 1183.
(p) Dit vind men in zyn Exemp. Cometarum, pag. 114 en 115. Witeb. Ao. 1602. Deeze Schryver leefde nog Ao. 1600, en haalt byna niemand aan.
(q) Syst. Phys. Lib. 6. pag. 1722. Genev. Ao. 1614.

op bedagt is, meen ik, dat genomen is uit de Heilige Schrift (r). Dit reeken ik dan voor drie misflagen; Hevelius en Ricciolus hebben een Comeet uit *Haly Ben Rodoan*, op 't Jaar 1200, maar dat dezelve in den Jaare 1006, den laatften April, gezien is, heb ik door de plaats van de Planeeten, die de Schryver daar by ftelt, bereekent; hebbende *Scaliger* dit ook al gemerkt (s). Hevelius verhaalt uit *Lavatherus*, en die uit de Scheepvaart van *Aloyfius Cadamuftus*, dat in 't Jaar 1500, in January, een Comeet gezien is; maar ik vind in den laatftgemelden Schryver, dat deeze Staartfter, in 't Jaar 1500, den 12den Mey, het eerft zig aan hun vertoonde (t); en dit laatfte komt met de andere Schryvers van dien tyd overeen; zoo dat ik hier vyf miftaftingen aangeweezen heb. In 't geheel vind ik 174 misflagen of verdigtzelen in 't 12de Boek van de Befchryving der Comeeten, door *Joannes Hevelius*: Ik zeg dit niet om den roem van dien voortreffelyken Waarneemer en grooten Sterrekundigen te verduifteren; maar om aan te toonen, dat men de Comeet-fchryvers met omzigtigheid moet gebruyken, en liever, 't geen men des aangaande noodig heeft, by de Gefchiedfchryvers zelfs zoeken.

De Comeet die 't laatft, in 't Jaar 1682, gezien is, doet haar omloop in omtrent 75 Jaaren; zoo dat die van de Jaaren 1531, en 1607, de zelfde zullen geweeft zyn: de wegen zyn aldus door Reekening gevonden:

De omloop van de Comeet van 1681.

	Tyd van 't Perih.	de Nod. van de 1fte Ster van ♈	de helling van de kring.	'tPer. in de kr. van de 1fte Ster van ♈	't Perih. van de Zon.	
	dag uur min.	o / //	o / //	tek. o / //		
In 't Jaar 1531 Aug.	24:21:18¼	22:50: 8	17:56:0	8: 5: 4: 8	56700	De loop uit de Zon te zien tegen de order der Teekenen.
In 't Jaar 1607 Oct.	16: 3:50	22:43:40	17: 2:0	8: 4:38:40	58680	
In 't Jaar 1682 Sept.	4: 7:39	22:35:47	17:56:0	8:14:12: 2	58328	

Men ziet dus dat al de deelen, die de wegen uitmaaken, na genoeg overeen komen; en daar uit heeft *Izak Newton* beflooten, dat dezelve omtrent 't Jaar 1758 wederom zal gezien worden (v). De omloop, tuffchen 't Jaar 1531, en 1607, is gefchied in

B

(r) Genef. XV, vers 17. (s) In zyn Voorreden op *Manilius*.
(t) Cap. 67. pag. 48. Ed. 1555. (v) Philof. Tranf. Num. 297. pag. 1897.

Van de Comeeten,

76 Jaar, 1¼ Maand, en daar na in 1¼ Maand minder als 75 Jaaren, 't welk ruim 15 Maanden verfcheelt; egter is het zeeker genoeg, dat dit geen verfcheide Comeeten geweeft zyn. Hielden de Comeeten in haaren loop geen vaften ftreek, eenige dingen mogten by geval in derzelver wegen overeenftemmen, maar niet zoo veele te zaamen; dit zou zeer veel tegen één zyn. Onderzoekt men nu in vroeger tyd, omtrent de vaftgeftelde Periode, of die ook gezien is, dan vind men iets, dat aanmerkenswaardig is, in de Kronyk van *Thomas Ebendorf van Hafelbag;* deeze verhaalt, dat in 't Jaar 1456, in den nagt, die na den 3den Juny volgde, een Comeet gezien wierd, die hy eerft den 6den van die Maand ontdekte, omtrent den 12den graad van de Tweelingen; 't hoofd was by de vafte Ster, die in de voet van Perfeus is; de lengte van de Staart wierd door afmeeting gevonden 10 graaden, zig uitftrekkende tegen de order der Teekenen, na de zyde van 't hoofd van Medufa. Eerft vernam men de Staartfter voor der Zonne opgang, en naderhand na der Zonne ondergang; na een Maand tyd wierd ze uit het gezigt verlooren (*x*). Stellen wy nu, dat deeze Comeet de zelfde weg, als die van 't Jaar 1682, geloopen heeft; en in 't Jaar 1456, in Juny, 6 dagen, 13 uuren, volgens de Tydreekening van London; dat is in Ooftenryk omtrent 2 uuren na den middernagt, gezien wierd, in lengte 12 graaden in Gemini; zoo volgt door de uitreekening, dat de Noorder Breedte van de Staartfter geweeft moet zyn, 17 graad., 4 min., 13 fecund. (*y*); of de plaats een weinig benoorden de Ster, die de Schryver meld. Omtrent 8 dagen te vooren was dezelve op 't naaft aan de Zon; en een Maand daar na moet men die gezien hebben, digt aan den Zigteinder, by de vleugel van de Maagd, die na 't Zuiden is, maar verder na beneeden daalende, zoo kon men ze niet langer zien; 't welk alles met de befchryving volkomen overeen komt. De omloop tuffchen 't Jaar 1456, en 't Jaar 1531, is gefchied in 75 Jaaren, en een weinig minder als 4 Maanden; nog een omloop vroeger, of in 't Jaar 1382, is ook een Staartfter verfcheenen (*z*),

In

(*x*) Chron. Auftriac. Col. 877. Lipz. 1725.
(*y*) De Manier, hoe dit gereekent word, zal ik hier na door een voorbeeld aanwyzen.
(*z*) *Benfin.*, dec. 3. lib. 1. pag. 378. Ed. Baf. 1568. *Petrus Ranzan.* Epitome Rer. Hung.

of Staartsterren. 11

In 't Jaar 1305, op 't Paasfeest, wierd ook een Comeet gezien (*a*); nog een omloop vroeger, of in 't Jaar 1230, heeft men ook een Staartster vernomen (*b*), als meede in 't Jaar 1155, den 5den Mey (*c*), en in vroeger tyden vind men ook teekenen dat dezelve gezien is.

De Hr. *Halley* vind ook gewigtige reeden, om te gelooven, dat de Comeet, die *Appianus* zag in 't Jaar 1532 (*d*), de zelfde was, die in 't Jaar 1661 gezien wierd; de bepaaling van de wegen is aldus:

De omloop van de Comeet, die in 't Jaar 1661 gezien is.

	de Nod. van de 1ste Ster van ♈	hell. van de k.	't Perihel van de 1ste Ster van ♈	Perih. van de Zon.	
	tek. ° / //	° / //	tek. ° / //		
In 't Jaar 1532	1:23:52: 0	32:36: 0	2:24:32:10	50910	De Loop uit de Zon met de order der Teekenen.
In 't Jaar 1661	1:24: 7:48	32:35:50	2:27:35:58	44851	

Gaan wy te rug in de Historien, zoo vind men klaare blyken, dat in meer dan 1000 Jaaren, niet alleen van Tyd tot Tyd een Comeet gezien is, om de 129 Jaaren; maar men ontdekt ook byzonderheden, die voornamentlyk aan de Comeet van 't Jaar 1661 eigen zyn: van 16 omloopen, meen ik, dat men 'er elf in de oude Schryvers, die tot nog toe bekend zyn, zal aantreffen; dog het is te lang, om alle deeze Staartsterren in 't byzonder natespeuren.

De groote Comeet, die op het end van 't Jaar 1680, en in 't begin van 't Jaar 1681 gezien is, meenen de Engelsche Sterrekundigen, dat in 575 Jaaren eens omloopt; 't welk maar uit het gelyk getal van Jaaren, de grootte van de Staart, en andere byzonderheden beflooten is, en niet door een Meetkonstige uitreekening van den weg, die dezelve loopt: Laat ons die Staartster, die zeer voornaam geweest is, in 't kort eens nagaan. Vyfhonderd en vyf en zeeventig Jaaren voor 't Jaar 1681, dat is in 't Jaar 1106, wierd in February een Comeet in 't Zuidwesten gezien; de Ster was klein, maar de glans of Staart, die aan de Noordoostzyde van de Ster uitquam, was helder, en van een buitengewoone lengte, als een geheele groote Balk: in 't eerst ging de Ster voort onder; maar naderhand kon men dezelve tot in den middernagt zien: haar loop

De omloop van de Comeet van 't Jaar 1680.

B 2 was

(*a*) *Joan Func.*, Chronol. pag. 156 *Bunting.* Chron.; ex Chron. Sax., de Kronyk van *Mansveld*, fol. 324. (*b*) *Dubrav.*, lib. 15. pag. 124.
(*c*) Chron. Monast. Admont. Col. 188. (*d*) Astron. Cæsar.

was met de order der Teekenen, dog de glans van de ftaart nam van dag tot dag af, tot dat dezelve ten einde van 55 dagen zoo flaauw geworden was, dat het maar een dunne fchuim geleek (e). Een meenigte van Schryvers verhaalen van deeze Comeet (f); en al de byzonderheden komen met die van 't Jaar 1680 overeen. Indien het dan zeeker is, dat deeze Staartfter in 575 Jaaren omloopt, zoo moet zig dezelve ook omtrent het Jaar 531 vertoond hebben. De Hr. *Halley* heeft dezelve in *Malela*, een Grieks Schryver, gevonden, en zegt, dat het te wenfchen geweeft waar, dat hy ons den tyd van 't Jaar berigt had. Ik heb deeze Comeet nog in verfcheide Schryvers ontdekt (g); ook in *Theophanes*, die in 't begin van de 9de Eeuw nog leefde, dewelke verhaalt, dat men dezelve in 't Jaar 530, in September, zag (h); dog na een naukeurige overweging en vergelyking tegens andere verhaalen, zoo meen ik, dat men mag befluiten, dat men hier November keezen moet. *Cedrenus* en *Glycas*, ftellen de Comeet in 't 4de Jaar van *Juftinianus*; dog *Zonares* in 't 5de. Na 't verhaal van de Comeet volgt in *Theophanes* en *Malela*, dat de vreede met de Perfianen geflloo-

---

(e) Gefta Franc. Expug. Hier. pag. 593. & Hift. Hierof. pag. 607.
(f) *Sigebert. Gemblac.*, pag. 612. Append. Marian. Scot. pag. 466. Chron. Saxon. col. 281. Georg. Codin., de Orig. Conft. pag. 8. Annales Sax. col. 611. Lipz. 1723. *Fulcher Carnot.*, pag. 419. Auctor apud Urfp. pag. 248. *Albert. Krantf.* Saxo. lib. 5. cap. 21. pag. 119. Chron. Luneb. col. 1357. Ed. Lipz. *Ricobaldi* Hiftor. Imper. col. 1164. Lipz. 1723. Simeon. Dunelmenfis Hiftor. pag. 230. *Math. Weftmonaft.* & *Florent. Wigorn.*, pag. 652. Annales de Margan. pag. 4. Oxon. 1687. Annales Waverlei. pag. 144. Ed. Oxon. Chron. *Thomæ Wikes*, pag. 25. Chron. *Johan. Bromfton*, col. 1002. *Polydor. Virgil.* Angl. Hiftor. pag. 241. *Ricobaldi* Hiftor. Pontif. Romanor. col. 215. *Magn.* Chron. Belgi. pag. 118. Alle deeze Schryvers ftellen de Comeet op 't Jaar 1106. *Anna Comnena* Alexiad. lib. 12. pag. 355. *Anonymi Monachi Cafinenfis* Chron. pag. 507. Panormi 1723. *Falcon. Benovent.* Chronicon. pag. 302. Panormi 1723. De twee laatfte Schryvers ftellen de Comeet op 't Jaar 1105; dog dit is na de manier van de Kerkelyke: Uit de Indictie die men daar by vind, blykt, dat het 1106 moet zyn volgens de tegenwoordige reekening. Chron Foffæ Novæ, pag. 66. Panormi 1723; dog hier word de Comeet 2 Jaaren te laat gefteld. Fragm. Hiftor. a *Robert.* ad Mort. *Philip.* pag. 93. *Oliveri* Hiftor. Reg. Terr. Sanct. col. 1362. *Romualdi Salernit.* Chron. Murat. tom. 7. col. 178. *Bernardi Thef.*, Col. 73. In Murat. tom. 7. Chron. Cavenfe, col. 923.
(g) Ziet, behalven *Malela* pag. 190, *Cedrenus* pag. 369. Ed Par. Typ. Reg. 1647. *Glycæ* Annal. 270. *Joann. Zonar.*, Annal. 61.
(h) Chorograph. pag. 154.

geflooten was, en dat de Gezanten uit Perfien te rug gekoomen waren; dit gebeurde in 't 6de Jaar van *Juftinianus*; doe vielen de Hunnen in 't Roomfe Ryk. *Procopius* ftelt deeze Comeet by een anderen inval van de Hunnen, in 't 13de Jaar van *Juftinianus*; omtrent welken tyd ook de Comeet van 't Jaar 1677 moet gezien zyn, ten waare ook de laatftgemelde Schryver de eene met de andere verward hadde. Uit den tyd van 't Jaar en andere byzonderheden blykt genoegzaam, dat al de Bizantynfche Schryvers en *Procopius* maar van de zelfde Comeet fchryven. 't Verhaal van den laatftgemelden is aldus: Daar verfcheen een Comeet, die in 't begin zig zoo groot als een Man vertoonde, en naderhand grooter wierd; 't hoofd ftrekte na 't Oosten, de ftaart na 't Westen; zy was in 't Teeken van den Boogfchutter, en volgde de Zon, die in het Teeken van den Steenbok zig bevond; men zag die meer als 40 dagen (*i*): Andere verhaalen, dat de Ster, die in het Weften was, een lange witte ftaart na om hoog wierp, die 20 dagen blonk (*k*); dog deeze fchynen maar geteld te hebben; dat de Ster 's avonds zig vertoonde. De Sineefche Jaarboeken fchryven van een Comeet, die omtrent 't Jaar 530, in November, gezien wierd (*l*). Doe de Jooden in Perfien deeze groote Staartfter gewaar wierden, zoo meenden zy, dat de Vuurkolom, die hunne Voorouders in de Woeftyne zagen, wederom voor hun vernieuw'd wierd; dit zette hen aan om iets groots te beginnen, en zy ftonden onder *Rabbi Meir* op tegen *Cavades* de Koning van Perfien (*m*). Indien dan al de byzonderheden van deeze Staartfter, met die van 't Jaar 1680 vergelykt, zal in alle deelen een groote overeenkomft vinden. Gaan wy nog een omloop of 574 Jaaren te rug, dan komt men op 't 44fte Jaar voor Chriftus; omtrent deezen tyd, te weeten, na 't vermoorden van *Cæfar*, wierd een voornaame Comeet gezien, die zig zeven dagen ver-

---

(*i*) *Procopii Cafaren*. de Bello perf. lib. 2. pag. 95. Par. 1662.
(*k*) *Theophan. Cedren.*, *Glyc. Zonares* & *Malela* op de aangehaalde plaatzen.
(*l*) *Monarch. Sini.* Tab. Chron. pag. 50. Ed. 1686, daar ftaat, de 9de Maan Pag. 19 vind ik een Zon-Eclips op de 8fte Maan, die den 23ften October, 26 Jaaren voor Chriftus, voorgevallen is; en pag. 38 een ander op de 9de Maan, die in 't Jaar 30, den 14den November is voorgevallen.
(*m*) Zeder Olam Zuta cum Not. Meieri vid. Imbon. Bibliot. Rabbin. tom. 5. pag. 46. 't Vervolg op *Flav. Jofeph*, , door *J. Bafnage*, 't 8fte boek, pag. 1544. Amft. 1727.

Van de Comeeten,

vertoonde (*n*), tuffchen 't Noorden en 't Weften (*o*), toen men te Romen de Spelen van *Venus*, de Voortbrengfter, vierde, die door *Auguftus* ingefteld waaren, of den 23ften September (*p*), byna onder de laatfte Ster, in de ftaart van den grooten Beer; en 't geen aanmerkenswaardig is, dat die voor de eerftemaal te voorfchyn quam, op het elfde uur van den dag, of één uur voor der Zonne ondergang, als uit *Seneca* en de woorden van den Keizer *Auguftus* zelfs blykt, die men in *Plinius* vind. 't Gemeen geloofde, dat dit de Ziel van *Cæfar* was, die toen onder 't getal van de onfterffelyke Goden wierd aangenomen; daarom verfierde *Auguftus* 't hoofd van 't Beeld, het welk hy van hem in den Tempel deed ftellen, met een Staartfter (*q*); de Comeet word ook op de Gedenkpenningen gevonden (*r*). Men moet niet denken, dat dit verfchynzel alleen zeven dagen gezien is, maar veel langer: de duuring fchynt uit de voornoemde Spelen oorfpronkelyk. *Dion Caffius* verhaalt, niet lang na deeze Comeet, dat een Ster, die te vooren niet gezien was, een menigte van dagen verfcheen (*s*). Om dat geen andere daar gewag van maaken, zoo kan hy uit verfcheide berigten éene Staartfter wel tweemaal befchreeven hebben. Indien men dit nu alles vergelykt met de weg, welke de Comeet van 't Jaar 1680 geloopen heeft, dan zal men geen onderfcheid vinden: Dezelve moet in 't geweft van den Hemel gezien zyn, dat door de Schryvers gemeld word; en het is zekerlyk de Staartfter, die tot ons oogmerk dient. Maar eer wy verder gaan, zoo laat ons nog iets aanmerken: De Hr. *Halley* zegt, dat dit op geenerhande manier te verftaan is, of het woord (*Diei* of) dag moet daar uitgelaaten worden; maar ik vind eenige zwaarigheid in deeze verbeetering; want in *Sigebert van Gembloers* heeft men, in 't Jaar 1106 *quarta Non. Februar*.

Stella

(*n*) *Seneca*, lib. 7. Natur. Queft. cap. 17. *Plutarchus* in *Cæfar*, pag. 740. Ed. Lugd. Bat. 1655. *Caj. Sueton. Tranq.*, pag. 107. & 108. Ed. Traj. ad Rhen. 1703. *Plinius*, lib. 2. cap. 25. pag. 13. Ed. Aur. Alloh, 1606. *Jul. Obfequens*. pag. 198. Ed. Lugd. Bat. 1720. Ovidii Metamorp. lib. 15. pag. 501. Brux. 1676.
(*o*) *Dion. Caffii* Rom. Hiftor. lib. 45. pag. 309.
(*p*) *Halley* uit *Gautier*, pag. 135. *Gaffend*. tom. 5. pag. 562.
(*q*) *Plinius*, lib. 2. cap. 25.
(*r*) *Oudaan* Roomfche Mogentheid, pag. 470, Gouda 1706.
(*s*) Roman. Hiftor., lib. 45, pag. 316. *Joan. Xiphil*. Epitome pag. 32. Ed. Steph. 1591.

Stella per diem visa est in cœlo, ab hora tertia usq. ad horam nonam quasi Cubito distans à Sole: dat is, in 't Jaar 1106, den 2den February, wierd over dag een Ster in den Hemel gezien van de derde tot de negende uur, zynde omtrent $1\frac{1}{2}$ voet van de Zon (*t*); dog wat is dit voor een Ster geweest? Onder alle vaste Sterren en Planeeten kan *Venus* maar alleen met het bloote Oog over dag gezien worden; wanneer de duistere zyde van de Planeet na ons toegekeerd is, dan blyft ze onzigtbaar, en geheel verligt, of byna een volle Maan gelykende, dan is dezelve omtrent zesmaal verder van de Aarde, of de schynbaare Oppervlakte te klein, om zig by dag als een Ster te vertoonen. Indien men nu *a* stelt voor de afstand tusschen de Zon en Aarde, *b* voor de wytte tusschen Venus en de Zon, en *x* voor 't geen Venus van de Aarde is, dan kan men door de Algebra of Stelkonst, volgens de Regels van de aldergrootste en de alderkleinste, ligtelyk ondekken, als $x = -2b + \sqrt{3aa + bb}$ is, dat dan het ligt op 't aldergrootst ons moet toeschynen. Zoo men voor *a* neemt 100 gelyke deelen, dan is *b* na genoeg $72\frac{1}{2}$, en $x = 43$, of Venus van de Zon uit de Aarde te zien omtrent 40 graaden, met een schynbaaren middellyn van omtrent 50 secunden; waar uit men genoegzaam kan opmaaken, als het meeste ligt ons toeblinkt, dat dan de gedaante zal zyn, gelyk de Maan, als die vyf dagen oud is, en dat een weinig meer, als een vierdedeel van de verligte Oppervlakte, gezien word (*v*), egter nog omtrent viermaal grooter ligt, als dat de geheele verligte zyde na ons toegekeerd is. Venus dan omtrent deezen stand zynde, en de lugt ongemeen helder, heb ik dezelve dikmaal by dag gezien; en zelfs nog onlangs, te weeten, in 't Jaar 1734, den 22sten January, van 's middags te een uur tot den avond; ook den 28sten van de zelfde Maand. De Historien geven ons te kennen, dat zulks ook in voorige tyden geschied is (*x*). Verders vind men door het voorgaande, dat in 't Jaar 1106, den 2den February, het zigtbaare ligt van Venus $\frac{7}{12}$ deelen van 't grootste ligt uitmaakte, dat deeze Ster aan ons kan vertoonen; en dat dezelve moet gezien zyn meer dan veertig graa-

den

(*t*) *Sigebert Gembl.* Chron. pag. 611. Fankfort 1613.
(*v*) Philosoph. Transf. 1716. No. 349. pag. 467.
(*x*) *Sigebert Gembl.* Chron. pag. 603. *Annal. Godfrid. Monach.* pag. 247. Frankfort 1624.

den van de Zon: Hoe kan dit nu overeen gebragt worden met de maat van één en een halve voet, zoo als *Sigebertus* ons opgeeft? daar het evenwel waarschynelyk is, dat hy dit zelfs heeft opgemerkt; alzoo men zeeker genoeg weet, dat hy zes Jaaren daar na gestorven is (y). Is het dan Venus niet geweest, wat is dan anders overig, als toevlugt tot de Comeet te neemen? Uit de eerste verschyning van dezelve kan men afleiden, dat deeze in 't Jaar 1106, den 3den February, op 't naast aan de Zon moet geweest zyn. *Matheus van Parys* schynt ook van meening geweest te hebben, dat de Ster over dag, en de Comeet een en de zelfde was; want men leest by hem aldus, *Cometa apparuit, à Sole distans quasi Cubito uno, ab hora tertia, usque ad horam nonam, radium ex se longum emittens* (z), dat is, daar verscheen een Comeet omtrent 1½ voet van de Zon, van de derde tot negende uur, die een lange straal van zig uitwierp. Deeze Schryver is in 't Jaar 1259 gestorven, en heeft het verhaal uit een ander moeten overneemen. De vermaarde *Izak Newton* meende, dat men in plaats van de derde uur, hier moest leezen de zesde uur (a); maar dat deeze verbeetering geen plaats kan grypen; en dat daar meede de Text niet goed is te maaken, blykt klaar genoeg door de woorden uit *Sigebert van Gembloers*, daar dezelve uit afkomstig schynen; ja daar is zelfs een plaats, waar uit men zou konnen twyffelen, of niet wel de Zon, de Comeet en Venus te gelyk zig vertoond hebben. Meent iemand, dat het hoofd van de Comeet met derzelver dampkring te klein is, om zoo veel ligt aan ons te geeven, als Venus op 't meest aan ons vertoont, die gelieve in gedagten te neemen, dat de Hemelsche Lichaamen, die door de Zon verligt worden, en in verre gewesten daar van af zyn, haar glans verminderen in een viervoudige reeden; te weeten, in tweevoudige reeden van hunne afstanden van de Zon, en in een andere tweevoudige reeden van wegens de vermindering van hunnen schynbaaren middellyn (b). Die dan de uitreekening opmaakt, om te vinden, hoe groot dat de Middellyn van de Comeet moet zyn, om in de nabyheid van de Zon ten minsten zoo veel

ligt

(y) *Anselmus Ab. Gemblac.*, pag. 615.
(z) Anglor. Histor. pag. 61. Ed. Tiguri 1589.
(a) *Newton* Philosoph. Natur. Princip. Mathem. pag. 474.
(b) Ibid. pag. 441. Amst. 1714.

of Staartsterren.

ligt wederom te kaatzen, als Venus op zyn meest doet, die zal maar zeer weinig fecunden vinden. De Comeet van 't Jaar 1680 was in zyn Perihelium, nog minder als een zesde deel van de Zons Diameter, van de Zon af (c). Men kan dan eens de klaarheid van 't ligt, en de gloeientheid van de Comeet bedenken; zoo dat dit geen beletzel aan de stelling zal geven. Staat men dan toe, dat de Staartster van 't Jaar 1106 by dag gezien is, waarom kon die, welke na de dood van *Cæsar* te voorschyn quam, dan ook niet by den dag gezien zyn? want het was de zelfde Comeet. De Sterrekundigen van dien tyd hebben uyt den schynbaaren voortgang eenigzins kunnen besluiten, dat de Staartster, die zy by avond zagen, digt van de Zon is afgekomen, en dat het de zelfde is geweest, die door hun op het laatste uur van den dag gezien is. Indien men de Comeet in nog vroeger tyd wil nafpeuren, een omloop voor deeze laatstgemelde komt omtrent 621 Jaaren voor Christus; dat is, volgens *Marsham*, drie Jaaren voor dat *Jojakim*, de Koning van Juda, na Babel weggevoerd wierd (d). Nu vinden wy iemand, die dagt, dat de Staf, die *Jeremias* zag (e), niet in een gezigt of droom was, maar op die wys, als *Abraham* de Sterren aanschoude (f); of dat het een Comeet geweest is (g). Nog een omloop vroeger, of 1194 Jaaren voor Christus: omtrent dien tyd is, volgens de meeste Chronologisten, Troyen verwoest (h); daar vind men Historien van, die, met Poëtische verdigtzelen omswagteld zynde, ons verhaalen, dat *Electra*, na het verbranden van Troyen, bedroefd zynde, dat haar Nakomelingen uit Dardanus uitgeroeid waaren, van 't Zevengesternte verplaatst wierd, tot in de Circulus Arcticus, alwaar zy zig langen tyd, als een groote Comeet, of Hairige Ster vertoonde (i). *Virgilius* in *Eneas* gedenkt ook van deeze Comeet (k); 't welk *Joost van Vondel* aldus in Nederduitsch Digt heeft overgebragt (l):

C   En

(c) *Newton* Philosoph. Natur. Princip. Mathem. pag. 480.
(d) *Marsham* Canon Chron. pag. 530. (e) *Jerem.* I. vers 11 (f) *Genes.* XV. vers 5.
(g) *Bekker* in zyn Onderzoek over de Cometen, pag. 58.
(h) *Marsham* Canon Chron. 296. Volgens *Timæus* is Troyen verbrand 417 Jaaren voor de eerste Olympiade.
(i) *Hygini* Poët. Astron. pag. 214. Ed. 1589.
(k) Publ. Virg. Mar. Æneas lib. 2. pag. 230. Rotterd. 1704.
(l) *Eneas* 't 2de boek, pag. 193. 1660.

,, ——— ——— ——— Een fter verfchoot terftond by duifter,
,, Om hoog en aan de Lugt, die als een toorts haar luifter,
,, Met eenen langen ftaart, vaft fleepte na zig heên;
,, Wy zagen ze over 't dak van 't huis af, naar beneên
,, Gedaalt, zig in het Bofch van Ida gaan verfteeken,
,, Een vierfpoor trecken, en een padt met ligt beftreeken,

Het is bekend, dat tegenwoordig nog grooter verfchil als te vooren over de Tydreekening is opgekomen; *Izak Newton*, by voorbeeld, meent, dat Troyen veel laater verwoeft is (*m*); en andere wederom vroeger (*n*); maar my dunkt, dat de Comeet een nieuwe kragt aan 't oude gevoelen geeft. Die luft in giffingen heeft, kan nog verder voorwaarts gaan. Nog een omloop vroeger, of 1769 Jaaren voor Chriftus, omtrent dien tyd regeerde *Ogyges* (*o*), onder den welken een groote Watervloed gefchiede, die na zyn naam genoemd wierd; wy vinden, dat onder deezen Vorft, Venus van verf, van grootheid, van gedaante, en van loop veranderde (*p*): dit zou men voor een Comeet kunnen opnemen: andere ftellen, dat *Typhon* omtrent deezen tyd leefde (*q*); en dan zou het fchynen, of het de Comeet was, die *Plinius* verhaalt, dat in Egipten en Ethiopien gezien wierd (*r*). Wy zullen ons niet verder in deeze dingen inlaaten; maar tot een andere Comeet overgaan.

De omloop van de Comeet, die in 't Jaar 1652 gezien is.

In 't Jaar 1652, den 15den December, Nieuwe Styl, wierd in America een Comeet gezien. Den 16den wierd dezelve waargenomen op het Recif in Brazil, met een Staart, daar de vafte Sterren door heên fcheenen (*s*). Den 18den zag *David Chriftianus* die te Gieffen in Heffen (*t*). Den 20ften vernam *Hevelius* dezelve by den linker Schouder van den Reus; 't Hoofd van de Ster was omtrent 30 minuten, of van grootte, als de Zon; 't ligt was

flaauw

(*m*) Chron. Abreg. pag. 31. Par. 1728.
(*n*) Recueil des Differt. de P. Souciet. pag. 6. Par. 1726.
(*o*) Marsham Canon Chron. pag. 85.
(*p*) Auguft. van de Stadt Gods, 't 8fte cap. van 't 21fte boek, pag. 79. die dit heeft uit *Marcus Varro*, en deeze wederom uit *Caftor Adraf.* en *Dion. Neapolit.*
(*q*) Buthner. Epiftol. vid. Lubien. tom. 1. pag. 836.
(*r*) Lib. 2. cap. 25. (*s*) 't Vervolg van *Brachelius*, pag. 598.
(*t*) Phyf. Aftron. Hift. pag. 8.

of Staartſterren.

flaauw en bleek, even eens, als of men de Maan door een Wolk zag; de Staart had de lengte van zes of zeven graaden (*v*). Den 24ſten December was die by de Zevenſter (*w*); den 26ſten onder den Voet van Perſeus (*x*); doe bevond hy 't Hoofd nog 24 min. (*y*); den 2den January was 't Hoofd nog maar zeven of agt minuten; den 9den van die Maand, zag hy dezelve voor de laatſtemaal met het bloote oog, omtrent 1½ graad benoorden Perſeus; en de volgende dag nog eens met een verrekyker (*z*). De weg van deeze Staartſter is door de Hr. *Halley* bereekent; de uitkomſten vind men in zyn Tafel van de Comeeten; de middelloop om de Zon heb ik gevonden, dat geſchied in omtrent 138 Jaaren; de langſte Diameter van de Ellips, die deeze Comeet om de Zon beſchryft, is 53,⁕, en de kortſte 13,⁕ van die deelen, daar van 1 de middel-afſtand tuſſchen de Zon en de Aarde is. Door de waarneeming van den 23ſten December, zoo volgt, dat het Hoofd van de Comeet was op dien tyd 49950 Engelſche mylen, te weeten, zoo wel de kern als deszelfs dampkring, om dat die niet wel waaren te onderſcheiden. Duidelyke teekenen vind ik, dat in vroeger tyden deeze Comeet zig ook vertoond heeft; en al de byzonderheden komen zoo eenpaarig overeen met de laatſte Waarneemingen, dat daar de minſte reden van twyffeling niet overblyft, of dit wel één en de zelfde Comeet geweeſt zy; en zy, die omtrent 't Jaâr 1790 leeven, zullen die wederom zien verſchynen. Het is aanmerkenswaardig, 't geen *Auguſtinus Riccius* uit Rabbi *Abraham Zachut*, een voornaam Sterrekundige, heeft; deeze ſchryft, dat men door de overleevering der Indiaanen weet, dat in den Hemel twee Sterren zyn, regt tegen over malkander, die haar loop tegen de order der Teekenen, niet dan in 144 Jaaren volbrengen (*a*); ieder Jaar nu gereekent op 354 dagen (*b*), leevert dit uit ruim 139½, of zoo men Arabiſche, of Turkſe Jaaren neemt, omtrent 139¼ Juliaanſche Jaaren (*c*); is het dan niet waarſchynelyk, dat de Comeet

van

(*v*) *Hevelius* Comet. lib. 1. pag. 1.
(*w*) Idem pag. 3. (*x*) Pag. 8. (*y*) Pag. 14. (*z*) Pag. 16.
(*a*) *Hend. Cornel. Agrippa de Vanit. Scient.*
(*b*) *Ricciol* Chronol. lib. 1. pag. 52.
(*c*) Hiſtor. Cœleſt. van *Ticho Brahe*, pag. 34. door de Eclipſen, die *Ibn Jonis*, de Egyptenaar, heeft waargenomen.

van 't Jaar 1652, een van die twee Sterren was? want tuffchen de Jaaren 1100 en 1240, ook tuffchen 960 en 1100, heeft ze na genoeg de zelfde tyd gebruikt, om rond te gaan; de fchynbaare loop is in 't Jaar 1652 ook geweeft tegen de order der Teekenen. Nu zullen wy onderzoeken, of deeze Staartfter ook te vooren, omtrent den tyd, die uit myn ftelling zou vloeyen, gezien is: Vooreerft blykt, dat een groote Ster, of Comeet, van natuur als de Maan, om na de wys van de Sterrewikkers van dien tyd te fpreeken, zig omtrent 't Jaar 1515 vertoond heeft (*d*). Een omloop vroeger, of in 't Jaar 1378, is die ook gezien (*e*). In 't Jaar 1240 zag *Albert de Groot*, met veel andere, een Comeet in Saxen, ver buiten het Dierrond, omtrent de Noordpool; de Staart was tuffchen 't Ooften en 't Noorden, dog ftrekte meeft na 't Ooften (*f*). Een ander verhaalt, dat in 't Jaar 1240, in February, 's avonds een duiftere Ster in 't Weften gezien wierd, die een ftraal na 't Ooften uitwierp; veele verzekerden, dat het een Comeet was (*g*). Ook fchynt het, dat dezelve zig vertoonde in 't Jaar 1100, den 25ften February (*h*). Nog één omloop vroeger, dat is, in 't Jaar 960, toen ftierf, in November, de Keizer van 't Ooften, *Conftantinus* den 8ften (*i*); kort voor zyn dood wierd een Comeet gezien, zynde droevig van ligt, met een duiftere Staart (*k*). *Cedrenus* ftelt, dat deeze Keizer één Jaar vroeger gefturven is (*l*), daar wy niet over in gefchil zullen treeden. Nog één omloop te rug vind ik daar niets van aangeteekend, waar over men zig niet behoeft te verwonderen, alzoo die in 't midden van de Zoomer kan voorby gaan, dat de middellyn van 't Hoofd niet grooter zal fchynen als 2 minuten, en de flaauwe Staart byna niet zigtbaar. Neemen wy dan twee omloopen, of 276 Jaaren voorwaarts, zoo komt

---

(*d*) *Hevelius* Cometographia, lib. 12. pag. 844.
(*e*) *Joban. Aventin.* Annal. Bojor. pag. 640.
(*f*) Tom. 2. lib. 1. Metor. Tract. 3. cap. 5.
(*g*) *Matbæi Parif.* Anglor. Hiftor. pag. 506. Tiguri 1589. *Matbæi Weftmonaft.* Flor. Hift. pag. 302. Frankf. 1601.
(*h*) Auctor apud Ursperg, pag. 231. Annal. Sax. col. 577. Chron. Reg. S. *Pantal.* col. 909. Ed. 1723.
(*i*) *Conftant. Porpbyr.* Incert. Continuat. pag. 289. *Symeon.* Magift. & Logoth. Annal. pag. 496.
(*k*) Ziet de laatft gecit. plaats. (*l*) Pag. 641. Par. 1647.

of Staartsterren.

komt men op 't Jaar 684, doe wierd tusschen Kerstyd en 't Feest van de Driekoningen een Ster of Comeet gezien by 't Zevengesternte, die zoo overschaduwt was als de Maan, wanneer die zig door een Wolk vertoont (*m*). Hoe kennelyk doet zig deeze Comeet hier op? de tyd van 't Jaar, de duuring, de plaats, de grootheid, en 't ligt, alles komt overeen; hoe veel zou het tegen één zyn, dat deszelfs ongemeene grootte, de plaats by de vaste Sterren, de langduurigheid van de vertooning, beneffens de flaauwheid van 't ligt, met de nette omloop van de Jaaren, zoo gevallig overeenstemden? Nog vier omloopen of 552 Jaaren te rug, zoo vind men 't Jaar 132, toen wierd een nieuwe Ster gezien, daar de vleyers van den Keizer *Hadrianus* van voorgaven, dat het de Ziel van *Antinous* was (*n*); dan moet dezelve ook gezien zyn vyf of zes Jaaren voor de tegenwoordige Tydreekening. In de nieuwe Sineesche Chronologische Tafelen, van *Joannes François Foucquet*, die onlangs te Romen gedrukt zyn, vind ik, dat vyf Jaaren voor de gemeene Tydreekening een nieuwe Ster in den Hemel gezien wierd; dog om de kortheid, en om geen oorzaak tot twist te geven, gaa ik liever twee omloopen voorwaarts, dat is, 277 of 276 Jaaren, dan komt men 145 of 146 Jaaren voor Christus; doe vertoonde zig, volgens het schryven van *Seneca*, een Comeet, zoo groot als de Zon, die veel ligt gaf, dewelke in grootheid langzaam afnam, en eindelyk verdween (*o*); maar wegens het ligt, dit is met vergrooting verhaald; hy had veel ligt van nooden om zyn bewys kragt te geven, of hy verwart een ander verschynzel met deeze Comeet: By *Julius Obsequens* vind men alleen, dat een Ster 32 dagen brande (*p*). De tyd, dat deeze Staartster in de eene omloop zomtyds langer weg blyft, als in de andere, is omtrent twee Jaaren.

Ook vind ik genoegzaame reden, om te gelooven, dat de Comeet, die *Hevelius* in 't Jaar 1677, den 27sten April, gewaar wierd (*q*), in omtrent 94¼ Jaaren, na zyn middelloop, rond gaat: De om-loop van eenige andere

(*m*) *Paul. Warnefrid.* de Gest. Longob. lib. 6. pag. 224. Anastas. Biblioth. de Vir. Pontif. Roman. pag. 57. *Platina*, pag. 87.
(*n*) *Joann. Xiphil.* Epitome Dion. pag. 262.
(*o*) *Seneca* Natural. Quest. lib. 7. cap. 15. pag. 756.
(*p*) Pag. 74. Ed. Lugd. Bat. 1720. (*q*) Philosoph. Transact. Num. 135. pag. 869.

Van de Comeeten,

Comeeten aan 't onder zoek der Sterrekundigen overgelaaten.
Degeen, die *Philoftorgius* in 't Jaar 418, in den Zomer, zag, in dat deel van den Hemel, daar de Zon opgaat, als die in 't evennagtspunt is, die van daar opwaarts rees, en de laatfte Ster in de Staart van de groote Beer te boven ftygende, verders langzaam na 't Weften ging, dewelke hy een glans, of vlammend ligt noemde (*r*). Deeze heeft, myns bedunkens, veel overeenkomft met die, welke in 't Jaar 1596, den 9den July, gezien is (*s*); en 't is niet buiten reden, om te ftellen, dat dezelve in ruim 294 Jaaren omloopt. In 't Jaar 1264 wierd, in den morgenftond, een wonderlyke groote Comeet gezien, by de Sterren in 't Hoofd van den Stier (*t*), die na drie Maanden digte by de vafte Sterren van dit Hemelsteeken verdweenen is (*v*), daar een menigte van Schryvers gewag van maaken (*x*) Ik geef aan de Sterrekundigen in bedenken, of dit niet wel de Comeet kon geweeft zyn, die in 't Jaar 1585, van den 8ften October tot den 8ften November, gezien is (*y*); en of die niet in omtrent 321 Jaaren rond loopt? Ook fchynt het my toe, dat ik de omloop ontdekt heb van de Staartfter, die in 't Jaar

(*r*) *Philoftorg.* Hiftor. Epit. Conf. à Photio Patr. *Henr. Val.* Interp. pag. 535 & 536. Mogunt. 1679.
(*s*) *Hevelius* Cometograp. pag 876. *Gaffend.* in vit. *Ticho Brahe*, tom. 5. pag. 444.
(*t*) Obfervat. in *Pachamyr.* pag. 454.
(*v*) *Nicephor Gregor.* Hiftor. Byzant. lib. 4. cap. 5. pag. 58. Ed. Par. 1702.
(*x*) Chron. Belgic. pag. 154 Compilat. Chronol. pag. 745. *Johan.* vit. *Duran.* Chron. col. 1744. Lipz. 1723. Annal. Domin. Colmar. pag. 8. Monach. Padua, pag. 620. Chron. Salisb. col. 369. 1723. Chron. Clauf. Neob. col. 464. Lipz. 1721. Paltrami feu vatz. Conful. Vienn. Chron. Auftr. col. 716. Lipz. 1723. *Ricobald.* Hiftor. Imper. col. 1178. & Comp. Chron. Ricob. col. 1286. *Auger. de Bitter* Hiftor. Pontif. Roman. col. 1779. Lipz. 1723. Martin. Minor. col. 1626. Lipz. Chron. Monaft. Mellic. col. 241. *Maffey* Chron. Mund. lib. 17. pag 239. *Anonymi Leobien.* Chron. lib. 1. pag. 828. Lipz. 1721. *Abrah. Bzovius* Annal. Ecclef. tom. 13. pag. 707. Append. *Matbæ.* Par. pag. 967. *Andr. Ratisb.* & *Joan Chraf.* Chron. col. 2086. Lipz. 1723. *Palmer.* pag. 126. Chron. *Auguft.* pag. 382. *Georg. Pachamyr.* Hiftor. lib. 3. cap. 23. pag. 149. Hiftoire de *St. Louis*, pag. 366. Amft. 1685. *Henr. Steron.* Althenf. Annal. pag. 195. in *Canifius.* Chron. Bohem. *Neplach.* abbat. opat. col. 1033. Lipz. 1725. *Johan. Iperii* Chron. Sanc. Bert. col. 740. Chron. *St. Ægidii*, pag. 592. Excerp. Hift. ex vetus. Kal. Ital. Rer. Scrip. Murat. tom. 1. par. 2. pag. 235. Mediol. 1725. Chron. *Cavenfe*, col. 928. Chron. *Parmenfe*, col. 779. in *Murat.* tom 9. Annal. *Cæfenat.* col. 938. in *Murat.* tom. 14. *Giovan. Villani* Hift. Flor. lib. 6. col. 223. in *Murat.* tom. 13. *Ptolom. Luc.* Epifc. Tercel. Breves Annal. col. 1284. in *Murat.* tom. 11. Annal. vet. *Mutin.* col. 66. Chron. di Bolog col. 276. in *Murat.* tom. 18.
(*y*) *Chriftoph. Rothman* in Defcript. Com. 1585.

Jaar 1665 gezien is, dat dezelve gefchied in omtrent 149½ Jaaren; in dewelke iets voorkomt, dat veel opmerking verdient. Meent iemand, dat dit maar giffingen zyn; het is niet van dat zoort, waar van men den uitflag nooit zal weeten; want zoo dit gefchrift niet verlooren word, zal men in vervolg van tyd zien, wat ik wel of qualyk begreepen heb; de uitreekening en redenen, die my aanleiding tot het bovenftaande gegeven hebben, gaa ik om de kortheid voorby.

De 1fte Afbeelding dient, om de groote uitgeftrektheid van ons Stelzel te zien.

Hevelius heeft van de Zondvloed af, tot het Jaar 1665, omtrent 250 Comeeten; hoe naarftig dat ik ook gezogt heb, en niet tegenftaande, dat ik nog verfcheide Comeeten in de Hiftorien gevonden heb, die hem onbekend waaren, zoo heb ik, in dien tyd, niet meer dan ruim 170 Comeeten kunnen vinden; te weeten, zulke, daar men eenige zekerheid van heeft; want wie kan ons aantoonen, dat de Fakkels van *Titus Livius*, *Dion Caffius*, en *Julius Obfequens*, alle Comeeten zyn geweeft; van eenige kan men het befluiten, en van andere niet. De Staartfterren uit de Sineefche Schryvers, moet men flegts zoo maar aanneemen, vertrouwende, dat de Schryvers of Vertaalders ons geen leugens in de hand ftoppen, nog in de Tydreekening verbyfterd zyn, uitgenomen die, welke men ook in onze Hiftorien vind. Ook zyn alle de voorgaande Comeeten geen onderfcheidene geweeft, om dat die van tyd tot tyd wederom komen: Hier op zou men kunnen vragen na het getal van de onderfcheiden Comeeten, die in het Stelzel van de Zon zyn, te weeten, die, dewelke de Aarde zomtyds zoo digt naderen, dat men dezelve door de Verrekykers zien kan? maar dit is nog niet om te doen; indien ik dit wilde onderneemen, zou men ligtelyk tegens my zeggen, dat *Plinius* wel eer tegen *Hipparchus* inbragt, als de laatftgenoemde een Regifter van de vafte Sterren gemaakt had (z). Dog is 't geoorloft om daar na te giffen, dan redeneer ik op de volgende wys: De Comeeten, daar de omloop van bekend is, door malkander gereekend zynde de tyd, die zy befteeden om haar geheele kring af te loopen, is omtrent

(z) Natur. Hiftor. Lib. 2. cap. 25. pag. 14. Ed. Aur. Allob. 1605.

Van de Comeeten,

trent 222 Jaaren, zoo dat in 2000 Jaaren, de een door den ander gereekend, ieder negenmaal in de nabyheid van de Zon komt; die van 't Jaar 1681 heeft maar 3½ maal in die tyd zyn weg omgeloopen; en die van 1682 meer als 26 maal; nu zyn van 't Jaar 1647 tot 1736 gezien 17 Comeeten, zoo wel met het bloote Oog, als door de Verrekykers; zoo men hier nog by doet voor de Comeeten van de Zuidelyke Landen, die men daar, en niet hier, door de Verrekykers zou hebben kunnen zien, of die hier ons onderzoek ontglipt zyn, het getal van 12, en dat men stelt, dat in 88 Jaaren, geduurig 39 Comeeten zig vertoonen, dat is in 2000 Jaaren omtrent 900, dan zou het wel schynen, dat de Staartsterren, die zig in 't Stelzel van de Zon bevinden, te weeten, die uit de Aarde zigtbaar zyn, omtrent het getal van 100 uitmaaken, waar van men, na gissing, omtrent ⅓ deel met het bloote Oog zien kan. Indien men niet ophoud de Comeeten waar te neemen, dan meen ik, dat men, eer 600 Jaaren ten einden zyn, de omloop van byna alle de Comeeten in ons Zamenstel, die onder 't bereyk van onze Verrekykers kunnen vallen, al zal ontdekt hebben; dog hier is nog Zand om te tellen; dan zal men door de voorgaande Comeeten kunnen ontdekken, of in 3000 Jaaren ieder omloop ook iets verandert, of dezelve in ieder omwenteling van hun geheele weg iets nader aan de Zon komen, en veel andere byzonderheden, die men nu nog niet weet. 't Schynt dat de Engelsche Hemelloopkundige geen lust hebben om de Comeeten te bereekenen, die door de Franschen waargenomen zyn; de tyd ontbreekt my, anders zou ik dit ondernomen hebben; aan de andere kant, of schoon de Fransche Sterrekundigen zien, dat de Engelsche de waare manier hebben om de wegen van de Comeeten te bepaalen, zoo begeeren zy die nogtans niet te volgen; want indien dit uitgevoerd was van alle de Comeeten, daar men de nette waarneemingen van heeft, volgens de stelling van een Parabolische weg, wanneer een van dezelve wederom gezien wierd; zoo zou men door een enkelde Waarneeming van de plaats in lengte en breedte; of ten hoogsten door twee, de omloop van dezelve kunnen ontdekken, en zig zelfs verzeekeren, of het wel die Comeet was, dewelke men tot een grond van zyn onderzoek nam. Om dit met een voorbeeld te toonen, zoo onderstel ik, dat in 't Jaar 1683, den laatsten July, oude Styl,

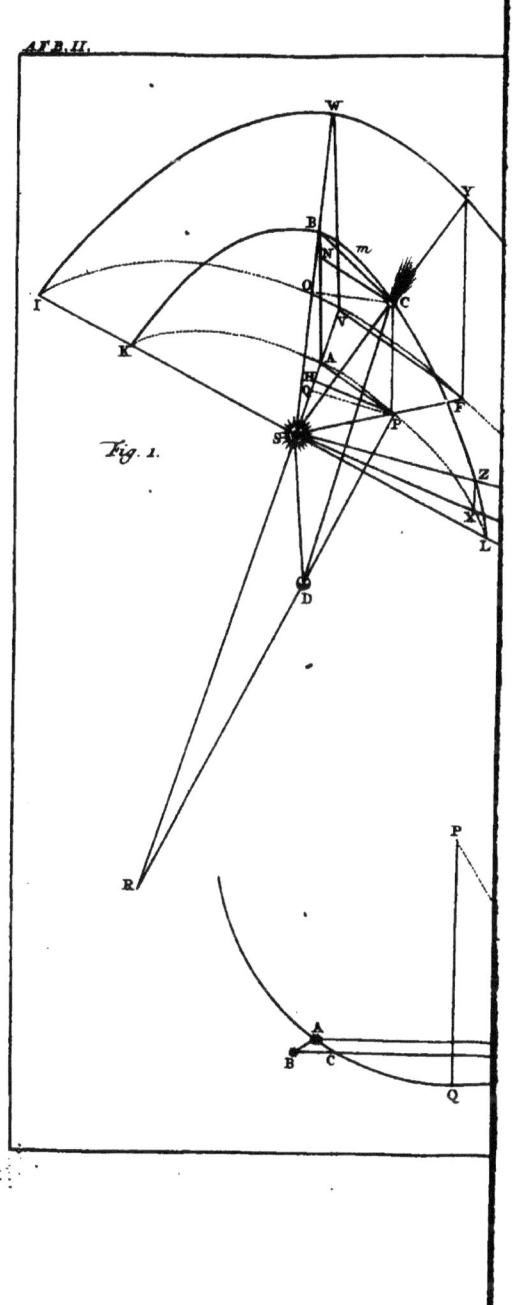

Fig. 1.

of Staartsterren.

Styl, volgens de Tyd van London, 's avonds ten 9 uuren, 42 min., doe de Zons plaats in Leo was, 18 grad., 9 min., 22 fecund., een Comeet waargenomen wierd in Gemini, 27 grad., 54 min., 24 fecund., met 26 grad., 22 min., 25 fecund., Noorder Breedte: als nu in voorige tyden de Parabolifche weg van deeze Comeet bepaald was als volgt; de klimmende knoop 23 grad., 23 min., in Virgo; de helling van de kring, met het vlak van de Ecliptica, 83 grad, 11 min.; 't Perihelium in de Tweelingen, 25 grad., 29 min., 30 fecund., de afftand tuffchen 't Perihelium en de Zon 56020 deelen, daar van 100000 de middelafftand tuffchen de Zon en de Aarde zyn. Ik zal dan alleen door de waargenomen lengte de breedte van de Comeet onderzoeken, en wanneer die in zyn Perihelium geweeft is. De Vraag is dan voor eerft na de Breedte van de Comeet:

In de IIde Afbeeldinge, Fig. 1, is S de Zon, KBCL de Comeets weg, K de klimmende knoop, en L de nederdaalende, C de Comeet op de tyd van de waarneeming, IWT in 't zelfde vlak met de Comeets weg, IVT in 't vlak van de Ecliptica; als men zig verbeeld, dat uit alle punten van de Comeets weg perpendiculaaren op dit vlak vallen, zoo zullen dezelve de kromme lyn KAL uitmaaken, 't welk meede een Parabole is; de hoek WSE is regt, dan is SZ een toegepafte van de Parabole, die de Comeets weg verbeeld, en SX van de Parabole in 't vlak van de Ecliptica; D verbeeld de Aarde, HP een Applicaat, of toegepafte van KAL; AR is de middellyn, en RD in de verlengde van DP; ftellende de Sinus van de hoek $PHR = a$, van de hoek $PRH = b$, van de hoek $HPR = c$, de regte zyde van de Parabole $KAL = r$, de Logarithmus van $AR = p$, $RP = x$, dan is $PH = \frac{cx}{a}$, $HR = \frac{cx}{a}$, $AH = p - \frac{cx}{a}$, en by gevolg $rp - \frac{rcx}{a} = \frac{bxx}{aa}$, of $xx = -\frac{arc}{b}x + \frac{aarp}{b}$; als 't nu gebeurt, dat deeze vergelyking twee waare wortels heeft, of dat de Parabole KAL van de lyn DP in twee punten doorfneeden word, dan zal men twee verfcheide breedtens vinden; en door een andere Waarneeming wederom twee verfcheide breedtens; dan door ieder van deeze de tyd dat de Comeet in 't Perihelium zou kunnen geweeft zyn. Onder de vier Tyden moeten twee gelyk zyn, en deeze zyn de waare tyd, en de breedte, daar dezelve uit voortgevloeit is, de waare breedte; dog dit is hier in dit voorbeeld niet van nooden.

D   fin.

Van de Comeeten,

```
         sin.                sin.                                sin.
R...IW 87:53:30...∠WIV 83:11        R...BS 56020...∠SBA 7:8:1½
       9999706                            4748343
       9996919                            9094072
       ─────────                          ─────────
       9996615                            3842415
WV of ∠BSA 82:51:58¼                AS    6957
              90
        ∠SBA 7: 8: 1½

         sin.                sin.      SC                  SC
R...TE 2:6:30...∠ETG 83:11        WV 82:51:58¼...R...IW 87:53:30
       8565718                            8565718
       9996919                            9094072
       ─────────                          ─────────
       8562637                            9471646
EG of ∠ZSX 2: 5:36                  IV 72:46: 4
              90
        ∠SZX 87:54:24
```

Tek. ° ′ ″
Comeets plaats 2:27:54:24
☉ plaats 4:18: 9:22

∠SDP   50:14:58
        180:—
∠SDR 129:45: 2

```
       SC                SC
EG 2: 5:36...R...TE 2: 6:30
          9999706
          9999710
          ─────────
          9999996
       TG 0:15: 0
       IV 72:46: 4
       ─────────
          73: 1: 4
          180: 0: 0
```

∠ASX 106:58:56 of ∠AHP
de Sinus daar van of a is = 9980637½

klimm. knoop van ♈ 173:23:—
      IV 72:46: 4
Perih. in de Eclipt. 100:36:56
    ☉ van ♈ 138: 9:22
∠RSD 37:32:26
∠SDR 129:45: 2
      167:17:28
      180
∠SRD 12:42:32

                   sin.   sin.
∠SRD 12:42:32...SD 5005511...∠SDR 129:45:2
               9881833
              14891344
               9342417
             ─────────
              5548927
SR   353938
AS   6957
AR   360895 of p = 5557380

                                   ∠PHR

of Staartsterren. 27

∠PHR 73: 1: 4
∠PRH 12:42:32
─────────
85:43:36
180:—
─────────
∠HPR 94:16:24
of c= 999791

a = 9980637½
r = 6255751
c = 9998791
─────────
26235179½
bb = 18684834
─────────
7550345½ / 3
─────────
4550345½
─────────
35509. 577

aa = 19961275
r = 6255751
p = 5557380
─────────
31774406
bb = 18684834
─────────
13089572 / 6
─────────
7089572
─────────
12290572

Stellende 1000 y = x, zoo is yy = — 35509, 577 y + 12290572, of y = 342 $\frac{11}{44}$, dan is x = 342810, voor de lengte van RP, in de △PSR zyn bekent de Zyden RS 353938, PR 342810 de ∠PRS 12gr. 42 m. 32 sec. Men vind door de driehoeksmeeting de ∠RPS 91:48:25, de ∠PSR 75 gr. 29 min. 3 sec. de Zyde PS 77905

|V   180:—:—
     72:46: 4
VT 107:13:56
∠ASP 104:30:57   Tang.
R...TF 2:42:59...∠FTY 83:11
     8675707
    10922495
    ─────────
     9598202 Tang.

FY of de ∠CSF 21:37:35

R...PS 77905...∠CSP 21:37:35
    4891565
    9598202
    ─────────
    4489767

CP 30886

∠DRS 12:42:32...DS 5005511...∠RSD 37:32:26
    9784847
    ─────────
    14790358
    9342418
    ─────────
    5447940
    RD 280505

PR 342810
RD 280505
─────────
PD 62305...R...CP 30886
                4489767
                4794523
                ─────────
                9695244

De Comeets breedte 26 gr. 22 min. 9 sec.
De waargenome breedte 26 gr. 22 min. 25 sec.

Om te vinden wanneer de Comeet in 't Perihelium geweest is:

  sin.
R...RP 342810...∠PRQ 12:42:32
    5535054
    9342417
    ─────────
    4877471
PQ 75417

  sin. o
R...RP 342810...∠QPR 77:17:28
    5535054
    9989227
    ─────────
    5524281
QR 334411½
AR 1360395
AQ 26483½

Van de Comeeten,

R...BS 56020...∠BSA 82:51:58¼

```
        4748343
        9996625
        ───────
        4744968

   AB    55586
CPofAN   30886
        ───────
   BN    24700
```

sec.

R...BS 77905...∠CSP 21:37:35

```
        4891565
       10031700
       ────────
        4923265
        ────────
   SC    83804
```

```
BC    83661
OB    27796           | Logar.
BC+OB 111457  5047.07
BC−OB  55865  4747140
                     ─────────
                      9794247
                    Log. OC 4897123
                                 2
```

In de △ BSC zyn de drie zyden bekend BS 56020, BC 83661, en SC 83804; men vind het ftuk BO 27796, OS 28224, en de Perp. CO 78908

```
½ OB         18531
½ OS         14112
½ OB + ½ OS  32643
             4513790
Log. OC      4897123
Log. BmCS    9410913
```

Als een Comeet zoo ver in zyn naafte punt van de Zon is, als de Aarde in middeldiftantie, dan loopt dezelve in 109 2/3 1/4 dagen de fpatie van de Parabole, tuffchen de Top en de Perpendiculaar, op de As, uit het Brandpunt; de Logar. daar van is 2039871: om dat nu in de Planeeten, Comeeten, en Satelliten de Cubicquen van de afftanden in de zelfde Reeden zyn als Vierkanten van de Tyden der omloopen, zoo werkt als volgt:

```
BS    56020                 Log. BS  4748343
                                              2
Log.  4748343                         9496686
             3              Log. ⅔   0124939
     14245029               Log. Inh. BmZSB 9621625
         15
     ────────
     0754971
```

't Vierkant van PQ geteld by 't vierkant van AQ, zoo vind men 't vierkant van AP, dan is AP 79932; door CP en SP vind men, volgens de 47 Prop. van 't Ifte Boek Euclides, CS 83804, door AP of NC en BN vind men op de zelfde wys BC 83661

2039871

of Staartsterren.

	2039871	
	————	
	2	
	4079742	
hier boven gevond.	0754971	
	————	
	3324771	
	·2	
	————	
	1662385½	

Log. van de Tyd die de Comeet van nooden heeft om
van B tot Z te loopen.

Inh. B = ZSB	Log. van de tyd	
9621625 ...	1662385½ ...	Log. B m C S 9410913
	9410913	
	————	
	11073298½	
	9921625	
	————	
	1451673½	
Dagen 28	291	
	24	
	———	
uur. 6	984	
	60	
	———	
min. 59	040	

```
                                dag  uur  min.
De Tyd van de Waarn. Jul.       31 : 9  : 42
De Comeet na het Perihel.       28 : 6  : 59
                                ———————————
De Tyd van 't Perihel. Jul.      3 : 2  : 43
```
Dit is 7 min. minder als
de Heer *Halley* door andere Waarneemingen beslooten heeft, 't
welk evenwel nagenoeg overeen komt. Hier uit kunnen dan alle
Waarneemingen bereekend worden, waar meede de uitkomsten
moeten overeenstemmen, als het een en de zelfde Comeet is.

AANMERKINGEN
OVER DEN
LOOP
VAN
JUPITER.

Als ik de plaats van deeze Planeet door de Sterrekundige Tafelen bereekende, zoo verdroot het my menigmaal, dat de Uitkomsten zoo veel met de Waarneemingen verscheelden. Door de Tafels van *La Hire* vind men in 't Jaar 1714 een verschil van omtrent 18 minuten, in 't Jaar 1715 ruim 15 min.; die van *Whiston* verscheelen in 't Jaar 1713, in de plaats in lengte, omtrent 13 minuten, in 't Jaar 1717 omtent 18 minuten, in 't Jaar 1683 ruim 9 minuten; die van *Keplerus* op dit laatste Jaar ruim 15 minuten. Om dit te verbeeteren, zoo heb ik daar toe verkooren 43 nauwkeurige Waarneemingen, die over deeze Planeet gedaan zyn, tusschen de Jaaren 1711 en 1719, en alles op nieuws bepaald; waar door ik gevonden heb, dat men de aanvangtyd, op het begin van 't Jaar 1713, Oude Styl, volgens de Tyd van London, uit de Zon te zien moest neemen, van Aries 10 Tekens, 21 graden, 31 minuten, 46 secunden; 't verste punt, op die tyd, van Aries 6 Tekens, 9 grad., 13 min., 20 sec.; de middelloop van de Æquinoctiaal, in de tyd van 12 Jaaren, 12 Tekens, 4 grad., 22 min., 52 secunden; (dog dit is de algemeene middelloop niet, die is iets traager) de Uitmiddelpuntigheid vind ik 25257 deelen, daar van 100000 de middelafstand, tusschen de Zon en de Aarde, uitmaaken; de plaats van de Noordknoop, op 't begin van 't Jaar 1719, in Cancer, 7 grad., 57 min.: en onderstel, dat dezelve stil staat ten opzigt van de vaste Sterren; de helling van de kring, 1 graad, 18 min., 50 sec. Het vaststellen van de

Aanmerkingen over den Loop van Jupiter.

voorgaande getallen heeft my meer moeite gekost, als ligtelyk iemand in de eerste opslag zou denken. Volgens deezen grond heb ik op den tyd van de Waarneemingen, de plaats van Jupiter bereekend: de Zons plaats neem ik uit de Tafels van *Whiston*; de afstand tusschen Jupiter en de Zon, uit die van *Streetius*, die men ook in *Whiston* vind; om de Planeets plaats uit zyn weg, tot de plaats in de Ecliptica over te brengen, gebruik ik de Tafel van *Keplerus*, of de 39ste Tafel van *La Hire*; de aanvangtyd en middelloop, volgens myn stelling; en de Æquatie van de Uitmiddelpuntigheid, uit de Tafel die hier na volgt, dewelke ik door de Algebra bereekend heb; daar door vond ik, dat geen eene Waarneeming met de uitreekening een minuut in lengte verscheelde; daar waaren 'er 29 onder, daar van 't verschil minder was als 10 secunden; in de breedte was 't grootste verschil maar 42 secunden: zesendertig Observatien verscheelden minder als 20 secunden, en 21 minder als 10 secunden. Ook zal men gelieven aan te merken, dat ik geen eene Waarneeming daar uitgelaaten heb, om dat die met de Rekening te veel verscheelde, maar neem die alle zonder onderscheid: en op dat zou blyken, dat ik ter goeder trouw handel, zoo zal ik die van woord tot woord hier laten volgen. Ik heb ook de Waarneemingen bereekend, die zedert ruim honderd Jaaren gedaan zyn, als Jupiter by eenige vaste Sterren gezien is; onder andere die van *Gassendus*, in 't Jaar 1633, in December; 1634, in February, en van 1643, in July en September *, en vind dezelve zeer na overeen te komen. Hier volgt de Tafel van de Middelloop in Jaaren, en de Æquatie, die Jupiters Uitmiddelpuntigheid betreft. De Middelloop, omtrent de tyd, van de volgende Waarneemingen, in 20 Jaaren, is 8 Tekens, 7 grad., 18 min., 7 sec.

Jaaren	tek. ° : ′ : ″		° : ′ : ″		° : ′ : ″
10	10 : 3 : 36 : 34	January	0 : 0 : 0	July	15 : 2 : 51
11	11 : 3 : 57 : 14				
12	0 : 4 : 22 : 52	Febr.	2 : 34 : 38	Augustus	17 : 37 : 19
13	1 : 4 : 43 : 32	Maart	4 : 54 : 18	Septemb.	20 : 12 : 6
14	2 : 5 : 4 : 11				
15	3 : 5 : 24 : 51	April	7 : 28 : 56	October	22 : 41 : 45
16	4 : 5 : 50 : 30	May	9 : 58 : 35	Novemb.	25 : 16 : 24
17	5 : 6 : 11 : 10				
18	6 : 6 : 31 : 49	Juny	12 : 33 : 12	Decemb.	27 : 46 : 2

* Reb. Cœlest. Comm. pag. 162, 174, 446 en 447.

Aanmerkingen over de

Subſtraheert.

	0			1			2			3			4			5			
	°	′	″	°	′	″	°	′	″	°	′	″	°	′	″	°	′	″	
0	0	0	0	2	38	32	4	40	19	5	33	22	4	57	48	2	56	6	30
1	0	5	30	2	43	24	4	43	10	5	33	39	4	55	2	2	50	50	29
2	0	11	0	2	48	13	4	46	17	5	33	51	4	52	10	2	45	31	28
3	0	16	30	2	52	59	4	49	9	5	33	57	4	49	13	2	40	8	27
4	0	21	59	2	57	41	4	51	57	5	33	54	4	46	10	2	34	43	26
5	0	27	28	3	2	20	4	54	39	5	33	51	4	43	2	2	29	15	25
6	0	32	56	3	6	57	4	57	16	5	33	39	4	39	47	2	23	42	24
7	0	38	24	3	11	31	4	59	49	5	33	20	4	36	26	2	18	7	23
8	0	43	51	3	16	4	5	2	17	5	33	55	4	33	59	2	12	29	22
9	0	49	17	3	20	32	5	4	40	5	32	24	4	29	26	2	6	48	21
10	0	54	42	3	24	56	5	6	57	5	31	47	4	25	46	2	1	4	20
11	1	0	7	3	29	18	5	9	8	5	31	3	4	22	3	1	55	17	19
12	1	5	31	3	33	37	5	11	15	5	30	14	4	18	16	1	49	28	18
13	1	10	54	3	38	51	5	13	17	5	29	19	4	14	25	1	43	36	17
14	1	16	17	3	42	3	5	15	13	5	28	17	4	10	29	1	37	41	16
15	1	21	38	3	46	12	5	17	4	5	27	8	4	6	27	1	31	44	15
16	1	26	58	3	50	17	5	18	49	5	25	53	4	2	18	1	25	46	14
17	1	32	16	3	54	18	5	20	29	5	24	33	3	58	5	1	19	47	13
18	1	37	32	3	58	15	5	22	3	5	23	7	3	53	47	1	13	45	12
19	1	42	47	4	2	8	5	23	31	5	21	34	3	49	24	1	7	42	11
20	1	48	1	4	5	57	5	24	53	5	19	54	3	44	54	1	1	39	10
21	1	53	13	4	9	41	5	26	10	5	18	8	3	40	21	0	55	32	9
22	1	58	23	4	13	23	5	27	21	5	16	17	3	35	44	0	49	24	8
23	2	3	32	4	17	0	5	28	26	5	14	20	3	31	2	0	43	16	7
24	2	8	38	4	20	33	5	29	26	5	12	18	3	26	15	0	37	7	6
25	2	13	41	4	24	1	5	30	10	5	10	9	3	21	23	0	30	57	5
26	2	18	44	4	27	26	5	31	7	5	7	53	3	16	26	0	24	46	4
27	2	23	44	4	30	46	5	31	49	5	5	31	3	11	27	0	18	35	3
28	2	28	42	4	34	2	5	32	26	5	3	2	3	6	24	0	12	24	2
29	2	33	38	4	37	13	5	32	57	5	0	28	3	1	17	0	6	12	1
30	2	38	32	4	40	19	5	33	22	4	57	48	2	56	6	0	0	0	0
	11			10			9			8			7			6			

Addeert.

Hier volgt de Middelloop in dagen:

dag	°	′	″	dag	°	′	″	dag	°	′	″	dag	°	′	″
1	0	4	59	9	0	44	53	17	1	24	47	25	2	4	42
2	0	9	58	10	0	49	52	18	1	29	47	26	2	9	41
3	0	14	57	11	0	54	51	19	1	34	47	27	2	14	41
4	0	19	57	12	0	59	51	20	1	39	46	28	2	19	40
5	0	24	57	13	1	4	51	21	1	44	45	29	2	24	39
6	0	29	56	14	1	9	50	22	1	49	44	30	2	29	38
7	0	34	55	15	1	14	49	23	1	54	43	31	2	34	37
8	0	39	54	16	1	19	48	24	1	59	42				

De Middelloop in uuren, minuten en fecund., komt met alle de Aſtronomiſche Tafelen overeen, en daarom onnodig hier te ſtellen.

De

Loop van Jupiter.

De dertien eerste Waarneemingen vind men in de *Philosoph.Transact.* No. 337, *Pag.* 70, 71, 72 en 73; dezelve zyn gedaan in 't Observatorium te Greenwig even buiten London; zoo dat de tyd, volgens de Meridiaan van de laatstgemelde plaats is, en de plaats volgens de Ecliptica is door my zelfs bereekend.

	De tyd van de Waarneemingen, uur. min.	Afcensio Recta. ° ′ ″	Afstand van de Noordpool. ° ′ ″	De plaats in lengte. Tek. ° ′ ″	In breedte. ° ′ ″
1	1711 May 26 : 13 : 4	270 : 19 : 0	113 : 11 : 50	9 : 0 : 17 : 28	N. 0 : 17 : 9
2	— 27 : 13 : 0	270 : 11 : 0	113 : 11 : 40	9 : 0 : 10 : 7	0 : 17 : 20
3	— Juny 3 : 12 : 24	269 : 15 : 0	113 : 12 : 50	8 : 29 : 18 : 39	0 : 16 : 3
4	— 4 : 12 : 20	269 : 7 : 0	113 : 13 : 0	8 : 29 : 11 : 18	0 : 15 : 51
5	— 9 : 11 : 59	268 : 25 : 0	113 : 13 : 15	8 : 28 : 32 : 42	0 : 15 : 16
6	— 10 : 11 : 54	268 : 16 : 45	113 : 13 : 25	8 : 28 : 25 : 7	0 : 15 : 1
7	— July 14 : 9 : 13	264 : 12 : 30	113 : 12 : 40	8 : 24 : 40 : 43	0 : 9 : 55
8	— 15 : 9 : 9	264 : 7 : 45	113 : 12 : 40	8 : 24 : 36 : 21	0 : 9 : 43
					Zuyder.
9	1712 July 3 : 12 : 47	306 : 9 : 20	110 : 0 : 30	10 : 3 : 40 : 12	0 : 39 : 31
10	— 15 : 11 : 55	304 : 34 : 35	110 : 0 : 30	10 : 2 : 8 : 21	0 : 41 : 24
11	— Sept. 17 : 7 : 38	299 : 43 : 0	111 : 25 : 30	9 : 27 : 29 : 1	0 : 44 : 14
12	— 19 : 7 : 32	299 : 45 : 0	111 : 25 : 5	9 : 27 : 30 : 55	0 : 44 : 12
13	— Oct. 6 : 6 : 31½	300 : 39 : 0	111 : 14 : 10	9 : 28 : 22 : 24	0 : 43 : 42

In de Historia Coelestis van *Flamsteed*, het 2de Deel, en aldaar in de Apendix Tabularum, *Pag.* 50, de Druk van London, van 't Jaar 1725, daar de plaats van Jupiter uit de Waarneemingen bepaald word, na dat dezelve van de Straalbuiging gezuivert zyn, vind men de meeste van de bovenstaande Observatien; dog daar is eenige verandering in gemaakt, als uit het volgende blykt:

	Appar. tyd. uur. min.	Asc. Rect. ° ′ ″	Asst. van de P. ° ′ ″	Lengte. Tek. ° ′ ″	Breedte. ° ′ ″	Verschil in lengte. ° ′ ″
1	1711 May 26 ; 13 ; 4	270 ; 18 ; 30	113 ; 11 ; 25	9 ; 0 ; 17 ; 4	0 ; 17 ; 34	✠ 0 ; 39
2	— 27 ; 12 ; 58	270 ; 10 ; 40	113 ; 11 ; 15	9 ; 0 ; 9 ; 54	0 ; 17 ; 44	✠ 0 ; 38
3	— Juny 3 ; 12 ; 27	269 ; 15 ; —	113 ; 12 ; 25	8 ; 29 ; 18 ; 39	0 ; 16 ; 28	✠ 0 ; 0
4	— 4 ; 12 ; 21	269 ; 6 ; 30	113 ; 12 ; 35	8 ; 29 ; 10 ; 50	0 ; 16 ; 14	— 0 ; 26
5	— 9 ; 11 ; 58	268 ; 25 ; 10	113 ; 12 ; 50	8 ; 28 ; 32 ; 21	0 ; 15 ; 40	✠ 0 ; 29
6	— 10 ; 11 ; 54	268 ; 17 ; 0	113 ; 13 ; —	8 ; 28 ; 24 ; 48	0 ; 15 ; 25	— 0 ; 23
9	1712 July 3 ; 12 ; 47	306 ; 9 ; 30	110 ; 0 ; 10	10 ; 3 ; 40 ; 23	0 ; 39 ; 23	— 0 ; 31
10	— 15 ; 11 ; 55	304 ; 34 ; 10	110 ; 2 ; 30	10 ; 2 ; 8 ; 0	0 ; 41 ; 17	— 0 ; 17
12	— Sept. 19 ; 7 ; 31	299 ; 46 ; 0	111 ; 24 ; 45	9 ; 27 ; 32 ; 8	0 ; 44 ; 1	— 1 ; 12
13	— Oct. 6 ; 6 ; 32	300 ; 39 ; 10	111 ; 13 ; 50	9 ; 28 ; 22 ; 30	0 ; 43 ; 30	✠ 0 ; 41

Aanmerkingen over den

De Waarneeming van den 19den September 1712, is hier vooren in de Afcenfio Recta 1 minuut minder. Door de Uitreekening blykt, dat 299 grad., 45 min. het regte is; 't welk uit het verfchil in lengte volgt, te weeten, myn reekening, en de Waarneeming van *Flamfteed*.

De vyf volgende Obfervatien zyn meede tot Greenwig gedaan; men vind die in de *Philofoph. Tranfact.* No. 344, Pag. 288 en 289; de lengte en breedte is door de Obfervateurs zelfs bereekend.

		uur. min.	♃ plaats In lengte	Z. Breedte.
			° ′ ″	° ′ ″
14	1713 Aug.	9 : 12 : 46	in ♓ 9 : 26 : 0	1 : 25 : 8
15	—— ——	10 : 12 : 42	9 : 18 : 17	1 : 25 : 40
16	—— Oct.	26 : 7 : 36	3 : 16 : 0	1 : 19 : 8
17	—— ——	27 : 7 : 31	3 : 17 : 58	1 : 19 : 0
18	—— ——	29 : 7 : 23	3 : 22 : 41	1 : 18 : 49

Om te toonen, op welk een manier de voorgaande Waarneemingen gedaan zyn, zoo zullen wy de omftandigheden van de 2de, in 't Jaar 1713, hier by voegen.

Tempor. per Horol.	Temp. Correcta.	Die Lunæ Augufti 10, 1713.	Diftantia a Vertice.
hor. ′ ″	hor. ′ ″		° ′ ″
12 : 36 : 21	12 : 33 : 55	Aquarii λ tranfiit.	60 : 32 : 50
12 : 44 : 26	12 : 42 : 0	Jovis centrum tranfiit.	60 : 52 : 0
12 : 48 : 53	12 : 46 : 27	Aquarii 73tia tranfiit.	

	° ′ ″
Afcenfio Recta ♃	341 : 26 : 5
Diftant a Polo	99 : 25 : 5
Longitudo Jov. ♓	9 : 18 : 17
Latitudo Auftr.	1 : 25 : 40

Tyd door 't Uurw.	Nette Tyd.	Maandag den 10den Augustus 1713, Oude Styl.	Afftand van 't Top.
uur. min. fec.	uur. min. fec.		° ′ ″
12 : 36 : 21	12 : 33 : 55	De Ster geteek. λ ging door 't Middagrond	60 : 32 : 50
12 : 44 : 26	12 : 42 : 0	Het Middelpunt van Jupiter ging door	60 : 52 : 0
22 : 48 : 53	12 : 46 : 27	De 73fte uit de Waterman pafleerde.	

	° ′ ″
♃ Evenaars lengte	341 : 26 : 5
Afftand van de Pool	99 : 25 : 5
De lengte van ♃ in ♓	9 : 18 : 17
De Zuider Breedte	1 : 25 : 40

De volgende Obfervatien zyn gedaan door den Heer *Jacobus Pound*, en men vind die in de *Philofoph. Tranfact.*, voor de drie laatfte laatste Maanden van 't Jaar 1716, No. 350, Pag. 507 en 508, als volgt:

19. *Ao. 1716 Aug. 14, 15 hor., 0 min., Jupiter præcedebat Propoda, uno tantum minuto, cum declinatione bor. minore 14 min., 26 sec.*

In 't Jaar 1716, in Augustus 14 dagen, 15 uuren, 0 min., ging Jupiter 1 min. voor de Ster Propus door 't Zuiden, met een kleine afwyking na 't Noorden, van 14 min., 26 sec.

Volgens de Catalogus van *Flamsteed*, was Propus, in 't begin van 1690, in ♊ 26 gr., 37 min., 24 sec., met 12 min., 19 sec. Zuider breedte. Hier door vind ik de plaats van ♃ in ♊ 26 gr., 58 min., 21 sec., met 26 min., 43 sec. Zuider breedte; de voorsz. en ook de volgende Observatien zyn gedaan tot Wansted, omtrent zes Engelsche Mylen van London, of eigentlyk van 't Observator. te Greenwig, tusschen 't Noord ten Oosten en Noord Noordoost, in tyd 28 sec. Beoosten 't Observatorium.

20. *Aug. 19, 13 hor., 2 min., Jupiter præcedebat fixam Telescopicam quæ vocetur b 50 min., 8 sec., eandem havens Declinationem accuratè.*

In Augustus 19 dagen, 13 uuren, 2 min., ging Jupiter 50 min., 8 sec. vroeger door 't Zuiden, als een Verrekykers Ster, die ik *b* noem, en had de zelfde Declinatie of afwyking.

Dan moet Jupiter geweest zyn in ♊ 27 grad., 41 min., 28 sec., met 27 min., 19 sec., Zuider Breedte.

21. *Aug. 24, 12 hor., 19 min., Jupiter Micrometro distabat a prædictâ b 5 min., 54 sec., simulque ab aliâ Fixâ clariore a 7 min., 17 sec., Distantia fixarum 12 min., 31 sec., Tunc minor Jovis diameter 0 min., 38 sec.*

In Augustus 24 dagen, 12 uur., 19 min., Jupiter stond door een kleinmeeter van de voorzeide Ster *b* 5 min., 54 sec., en van een andere vaste Ster, die klaarder was, *a* 7 min., 17 sec.; de afstand tusschen de vaste Sterren 12 min., 31 sec.; alsdoen was de kleinste middellyn van Jupiter 0 min., 38 sec.

De uitwerking, om de lengte en breedte van ♃ te vinden, volgt op de andere zyde.

NB. *Stellas illas Telescopicas a & b vocatas, haberi in Catalogo Fixarum Britannico D. Flamsteedii, ubi ipsi a locus datur, ad Annum scil. 1690 ineuntem ♊ 27 gr., 54 min., 29 sec. cum Lat. Austr. 0 gr., 21 min., 55 sec.; alteri vero b ♊ 28 gr., 5 min., 24 sec. cum Lat. Austr. 28 min., 5 sec.*

Aanmerkingen over den

NB. De Sterren *a* en *b* genoemt, heeft men in 't Regifter van de vafte Sterren, door den Heer *Flamfteed*, daar de plaats van *a* op 't begin van 't Jaar 1690 gegeven word in Gemini 27 gr., 54 min., 29 fec., met 0 gr., 21 min., 55 fec. Zuider Breedte; en de andere *b* in 't zelfde Teeken 28 gr., 5 min, 24 fec., met 28 min., 5 fec. Zuider Breedte.

Laat in de 2de Figuur van de IIde Afbeelding, D C een gedeelte van de Ecliptica zyn, de Ster *a* word hier door A, en de Ster *b* door B beteekend; de plaats van B, op de tyd van de Obfervatie, was in ♊ 28 gr., 17 min., 36 fec., en A 28 gr., 16 min., 41 fec.; P is Jupiter; BD, PV, CA Perpendiculaar op DC; AK is evenwydig DC; PR en DT Perpendiculaar op AB en zyn verlengde; dan is DC 10 min., 55 fec.; AC 21 min., 55 fec.; BD 28 min., 5 fec.; AB 12 min., 31 fec.; BP 5 min., 54 fec; en AP 7 min., 17 fec. Deeze kleine boogen kunnen, om de kortheid, als regte lynen aangemerkt worden; door DC en AC vind men, na dat alles in fecunden gebragt is, de lengte van AD 1469 fecunden; in de △ ABP zyn de drie zyden bekend, daar door vind men AR 419 fec., en de Perpendiculaar RP 124 fec.; ook zyn in de △ ABD de drie zyden bekent; men vind AT 78 fec., en de Perpendiculaar DT 1467 fec.; de △ken RSP en BDT zyn gelykhoekig.

$$\begin{array}{l} AB\ 751'' \\ AT\ 78'' \\ \hline DT\ 1467''\dots BT\ 829''\dots RP\ 124'' \\ \hline RS\ 70 \\ AR\ 419 \\ \hline AS\ 349 \\ \\ DT\ 1467\dots DB\ 1685\dots PR\ 124 \\ \hline SP\ 142 \end{array}$$

$$\begin{array}{l} AB\ 751''\dots AK\ of\ DC\ 655''\dots AS\ 349'' \\ AL\ of\ VC\ \ 5':\ 4'' \\ \ \ \ \ \ \ \ \ \ \ 2:28:16:41 \\ \hline 2:28:21:45\ de\ lengte\ van\ ♃ \\ \\ BD\ 1685 \\ AC\ of\ DK\ 1315 \\ AB\ 751\dots BK\ 370\dots AS\ 349 \\ LS\ 172 \\ SP\ 142 \\ \hline LP\ 314\ of\ 5':14'' \\ AC\ of\ AV\ 21:55 \\ \hline VP\ 27:\ 9\ de\ Zuider \\ \ \ \ \ \ \ \ \ \ \ \ \ \ Breedte\ van\ Jupiter. \end{array}$$

22. *Novemb. 20, 6 hor., 18½ min., Jupiter regreſſus eſt ad Stellas a & b, ad quas Obſervatus eſt Aug. 24, & diſtabat à b 6 min., 21 ſec., ab a vero 11 min., 36 ſec.*

In November 20 dagen, 6 uuren, 18½ min., Jupiter is wederom gekomen by de Sterren *a* en *b*, by dewelke hy waargenomen
is

is den 24ften Auguftus, de afftand van *b* was 6 min., 21 fec., en van *a* 11 min., 36 fec.

Laat dan in de voornoemde Figuur Jupiter in Q zyn, men vind BW 149, QW 350, QG 402, AG 394, WG 198, BG 49, IK 43, en QI 8 fecunden, dan is de lengte van de Planeet, op de voorfz. tyd, geweeft in ♊ 28 gr., 28 min., 31 fec., met 0 gr., 21 min., 47 fec. Zuider Breedte.

23. *Novemb. 21, 7 hor., 38 min., Jupiter diftabat à b 9 min., 19 fec., & ab a 3 min., 48 fec., Fixæ inter fe 12 min., 30 fec., Jovis diameter minor five axis 0 min., 44 fec.*

In November 21 dagen, 7 uuren, 38 min., Jupiter was van *b* 9 min., 19 fec., en van *a* 3 min., 48 fec.; de vafte Sterren van malkander 12 min., 30 fec.; de kleinfte Middellyn van Jupiter 0 min., 44 fec.

De plaats van Jupiter vind ik op de voorgaande manier in ♊ 28 gr., 20 min., 41 fec., met 0 gr., 21 min., 32 fec., Zuider Breedte.

24. *Deinde hora 18, 50 min., visa eft Stella a limbo Jovis quafi adhærere eratque quafi ⅓ femidiametri vel 0 min., 15 fec. centro Jovis borealior.*

Naderhand te 18 uuren, 50 min., is de Ster *a* gezien, raakende byna de rand van Jupiter, omtrent ⅓ van de halve diameter of 15 fec. was 't Middelpunt van Jupiter Noordelyker.

Daar uit vind men de plaats van ♃ in ♊ 28 gr., 17 min., 8 fec., met 0 gr., 21 min., 40 fec. Zuider Breedte.

25. *Juxta has autem Obfervationes conftat medium occultationis Fixæ, interpofito Jovis corpore contigiffe, Nov. 21, 19 hor., 55 min., vel proxime.*

Uit de voorgaande Waarneemingen blykt, dat het midden der bedekking van de vafte Ster, door tuffchenkomen van Jupiters Ligbaam, gefchied is in November 21 dagen, 19 uuren, 55 min. ten naaften by.

Hier door vind men ♃ plaats in lengte in ♊ 28 gr., 16 min., 54 fec.

		h. ′			′ ″	′ ″	Jupiters plaats. ° ′ ″	Z Breedte. ° ′ ″
26	Nov. 30:	5:41	♃ præced.	Propoda	12:36 Auftral.	7:36	ii ♊ 27:11: 6	0:20:10
28	Dec. 4:6:	0	♃ fequeb. eam	—	22:49	7:47	— 26:38:39	0:19:36
29	Dec. 5:6:	0 repet.	—	—	31:35	7:50	— 26:30:37	0:19:26
30	Dec. 6:6:	0 repet.	—	—	40:30	7:52	— 26:22:15	0:19:16
31	Dec. 7:6:	0 iterum	—	—	49:15	7:54	— 26:14:12	0:19: 5

26 Nov.

		uur.	min.					′		″
26	Nov. 30	5	41	Jupiter ging voor Propus	12 : 36	Zuidelyker	7 : 36
28	Dec. 4	6	:	— Jupiter volgde de zelfde	22 : 49	———	7 : 47
29	Dec. 5	6	:	— wederom	31 : 35	———	7 : 50
30	Dec. 6	6	:	— herhaalt	40 : 30	———	7 : 52
31	Dec. 7	6	:	— op nieuws	49 : 15	———	7 : 54

De lengte en breedte van Jupiter, in de voorgaande Obfervatien, is door my gecalculeert.

27. *Ex his ultimis Obfervationibus liquet, Jovem & Propoda eandem habuiſſe longitudinem Dec.* 1, 15 *hor.*, 29 *min.*, *quo tempore Jupiter Auſtralior erat Stella* 7 *min.*, 40 *fec.*

Uit deeze laatfte Waarneemingen blykt, dat Jupiter en Propus de zelfde lengte hadden, in December 1 dag, 15 uur., 29 min., op welken tyd Jupiter 7 min., 40 fec. Zuidelyker als de Ster was.

De lengte van Jupiter moet dan geweeft zyn in Gemini 26 gr., 59 min., 30 fec., met 19 min., 59 fec. Zuider Breedte.

32. Uit de Obfervatien van de voorgaande dagen befluit de Heer *Pound*, in de *Philofoph. Tranfact.*, No. 351, Pag. 547, dat Jupiter een kleine vafte Ster bedekte, in 't Jaar 1717, in January 11 dagen en 13 uuren, Oude Styl; maar op de tyd van de Conjunctie was 't Centrum van Jupiter omtrent 18 fec. Zuidelyker, als de Ster. Deeze vafte Ster vind men niet by *Flamfteed* of andere, dog was op die tyd, volgens den Heer *Pound*, in ♊ 22 gr., 13 min., met 13½ min. Zuider Breedte. Indien de lengte en breedte net tot fecunden toe bepaald geweeft had, dan zou ik alle de Obfervatien, daar 't befluit uit opgemaakt is, ook bereekent hebben; de plaats van Jupiter is dan geweeft in ♊ 22 gr., 13 min., met circa 13 min., 48 fec. Zuider Breedte.

33. *Ao.* 1717, *Aprilis* 15, 9 *hor.*, 49 *min.*, *Temp. æq. Obfervavit D. Pound, apud Wanfted Jovem jam reverfum ad Stellam illam, quam Nov.* 22, 1716, *mane corpore fuo texerat, de qua vide* Philof. Tranf., No. 350, *pag.* 508, *Jovis autem centrum tum temporis diftabat ab ea Stella (quæ tertia eft Geminorum in Catalogo Britannico)* 23 *min.*, 22 *fec. boream verfus, fimulque ab alia viciná, quæ quarta eft Geminorum dicto Catalogo* 27 *min.*, 11 *fec.*, *atque huic fere conjunctus erat Planeta.* Vide Philof. Tranf., No. 357, Pag. 848.

In 't Jaar 1717, in April 15 dagen, 9 uur., 49 min., gelyke tyd, nam

Loop van Jupiter.

nam de Heer *Pound*, tot Wansted Jupiter waar, doen hy wederom gekomen was by de Ster, die hy den 22ften November, in de morgenstond, in 't Jaar 1716, door zyn lighaam bedekte; waar over men nazien kan de *Philos. Transf.*, Num. 350, Pag. 508; het middelpunt van Jupiter was in die tyd van de zelfde Ster (die de derde is in 't Register van Brittanien) 23 min., 22 sec. na het Noorden, en op de zelfde wys van een andere, die daar digte by was, dewelke de vierde is in Gemini, in 't voorzeide Register, 27 min., 11 sec., en de Ster was nagenoeg in de samenstand met de Planeet.

In deeze Waarneeming is de driehoek, die de Planeet met de vaste Sterren maakt, zoodanig, dat ieder secunde, die tusschen ieder vaste Ster en Jupiter gemist is, wel 3 secunden in de lengte van Jupiter verscheelt; de uitreekening maakende, zoo vind ik de Planeets plaats in Gemini 28 gr., 27 min., 27 sec., met 0 min., 54 sec. Zuider Breedte. Zoo de 35ste Observatie, die hier na nog volgen zal, wel gedaan is, dan zou de breedte in deeze maar 0 min., 45 sec. geweest moeten zyn, om dat de Planeet nagenoeg in conjunctie, volgens de lengte, met de Ster *b* was, zoo volgt, als de stand van deeze Planeet wel bepaald is, dat de afstand, tusschen dezelve en de Planeet, nagenoeg moet geweest zyn 27 min., 20 sec.; door de Observatie vind men 27 min., 11 sec., zoo dat hier de breedte niet dienen kan om de lengte van Jupiter te vinden; maar door de Ster *a*, en de bereekende breedte, is zyn plaats in Gemini 28 gr., 28 min., 26 sec.; dog uit het voorgaande schynt te volgen, dat de afstand tusschen Jupiter en *a*, even eens als die tusschen Jupiter en *b*, omtrent 11 sec. meer moet zyn; zoo stellen wy die 23 min., 33 sec., dan komt de plaats van Jupiter in Gemini 28 gr., 28 min., 49 sec., dat ons nog netter dunkt te zyn als het voorgaande.

34. *Aprilis 25to sequente, eodem Observatore ac loco, 10 hor., 3 min., Temp. æq., Jupiter apud quatuor Fixas exiguas visus est eas omnes præcedens, & in ipso quasi principio Cancri, Centrum autem Planetæ distabat ab e 13 min., 0 sec., ab h 13 min., 50 sec., ab f 19 min., 53 sec., & á g 9 min., 27 sec.*
Tres autem Stellæ h, g, e, sunt 10ma, 11ma, & 12ma Geminorum in Cat. Brit., juxta quem tum temporis situm habuere h in ♋ 0 gr., 22 min., 55 sec., cum lat. Bor. 0 gr., 11 min 25 sec. Et g in ♋ 0 gr., 28 min., 25 sec., Lat. Bor. 0 gr., 3 min., 40 sec., e vero in ♋ 0 gr., 29 min., 20 sec., cum Lat. Aust. 0 gr., 8 min., 5 sec.; Distat. autem quarta f á Stella g 11 min., 40 sec., ab e 12 min., 50 sec., ac denique ab h 20 min., 36 sec., unde constabit locus ejus.

Den 25sten April, te 10 uur., 3 min., gelyke tyd, zag de zelfde Waarneemer, op de gemelde plaats, Jupiter by vier kleine vaste
Ster-

Sterren, omtrent het begin van den Kreeft; het Middelpunt van de Planeet ſtond van *e* 13 min., 0 ſec., van *h* 13 min., 50 ſec., van *f* 19 min., 53 ſec., en van *g* 9 min., 27 ſec.

De drie Sterren *h, g, e*, zyn de 10de, 11de, 12de van de Tweelingen in 't Regiſter van Brittanien, de ſtand van de Sterren was op die tyd *h* in de Kreeft, 0 gr., 22 min., 55 ſec., met een Noorder Breedte van 0 gr., 11 min., 25 ſec.; *g* in 't zelfde Teeken 0 gr., 28 min., 25 ſec., met 3 min., 40 ſec. Noorder Breedte; *e* in de Kreeft 0 gr., 29 min., 20 ſec., met 8 min., 5 ſec. Zuider Breedte; de vierde Ster *f* ſtond van *g* 11 min., 40 ſec., van *e* 12 min., 50 ſec., en eindelyk van *h* 20 min., 36 ſec., daar uit is deszelfs plaats vaſt te ſtellen.

<small>Door de afſtand tuſſchen de Sterren *b* en *e* van de Ster *f*, vinden wy de plaats van *f* in ♋ 0 gr., 39 min., 35 ſec., met 0 min., 26 ſec. Zuider Breedte; en door de afſtand, die *g* en *e* van *f* zyn, vind men *f* in ♋ 0 gr., 39 min., 27 ſec., met 0 min., 11 ſec. Zuider Breedte; zoo dat men kan beſluiten, als de Sterren *b*, *g* en *e* wel bepaald zyn, dat de Ster *f* nagenoeg is geweeſt in ♋ 0 gr., 39 min., 31 ſec., met 0 min., 18 ſec. Zuider Breedte; dog door deeze breedte, en de afſtand tuſſchen *b* en *f*, vind men de plaats van de Ster *f* in ♋ 0 gr., 40 min., 25 ſec., en door de zelve breedte, met de diſtantie tuſſchen *f* en *g*, vind men *f* in ♋ 0 gr., 39 min., 23 ſec.; zoo dat de Obſervatien ook niet volkomen onder malkanderen overeenkomen. Het midden tuſſchen deeze twee neemende, komt de Ster *f* in ♋ 0 gr., 39 min., 54 ſec., om dat het verſchil van de breedte, tuſſchen Jupiter en deeze Ster, weinig is, zoo is die Ster, als zyn afſtand van Jupiter wel gemeeten is, de bequaamſte, om de lengte van de Planeet te vinden, die hier door komt in ♋ 0 gr., 20 min., 2 ſec., door de afſtanden tuſſchen *g* en *b*, ook door de breedte van Jupiter, beſlooten uit de volgende Obſervatie, met de afſtand tuſſchen Jupiter en *g*, ook tuſſchen Jupiter en *e*, vind men drie plaatzen van de Planeet, die, door malkanderen genomen, zyn plaats geeven in ♋ 0 gr., 20 min., 3 ſec.; de breedte is niet naukeurig te bepaalen, om dat door de eene Ster, die meer, en door de andere, die minder gevonden word; maar zal niet veel verſcheelen van 0 gr., 16 min. Noorder Breedte.</small>

35. *Poſtridie vero April. 26, 9 hor., 7 min., Jovis Centrum diſtabat ab e* 8 *min.*, 35 *ſec., ab* f 9 *min.*, 0 *ſec., à* g 4 *min.*, 5 *ſec., & ab* h 13 *min.*, 50 *ſec.*

De volgende dag, zynde in April 26 dagen, 9 uuren, 7 min., Jupiters Middelpunt ſtond van *e* 8 min., 35 ſec., van *f* 9 min., 0 ſec., van *g* 4 min., 5 ſec., en van *h* 13 min., 50 ſec.

<small>Door de afſtand van de Sterren *e* en *g*, als zynde de digtſte by Jupiter, vind men de plaats van de Planeet in ♋ 0 gr., 30 min., 50 ſec., met 0 min., 23 ſec. Noorder Breedte; door deeze breedte, en den afſtand van de Ster *b*, vind men</small>

Loop van Jupiter.

men deszelfs plaats ♋ 0 gr., 31 min., 16 fec.; het midden tuffchen deeze twee uitreekeningen ingenomen, zoo kan men befluyten, dat de plaats van Jupiter geweeft is in ♋ 0 min., 31 min., 3 fec.

36. *Ao.* 1718 *Jan.* 15, *hor.* 8, 0 *min.*, *T. æq. Jupiter præcedebat* η *in pectore Cancri* 3 *gr.*, 30 *min.*, 50 *fec. Afc. Rect. Fixâque Auftralior erat* 14 *min.*, 15 *fec. Hinc provenit Jovis Locus Canc.* 28 *min.*, 20 *fec. cum Latitudine Boreal.* 36 *min.*, 45 *fec.*

In 't Jaar 1718, in January 15 dagen, 8 uuren, 0 min., gelyke tyd, ging Jupiter door 't Zuiden voor de Ster, die in de Borft van de Kreeft is, geteekent met de Griekfe Eta, 3 gr., 30 min., 50 fec., volgens de regte klimming; de vafte Ster was 14 min., 15 fec. Zuidelyker; daar uit volgt, dat de plaats van Jupiter was in de Kreeft 28 min., 20 fec., met 36 min., 45 fec. Noorder Breedte.

37. *Ao.* 1718, *Sept.* 17, 16 *hor.*, 51 *min.*, *T. æq. Jovis centrum aberat à Cord. Leo* 24 *min.*, 22 *fec.*; & 17 *hor*, 6 *min.*, 20 *fec.*, *erat diff. Declin.* 12 *min.*, 43 *fec.*, *Dein poft horam*, *nempe* 17 *min.*, 54 *fec.*, *facta eft diftantia* 24 *min.*, 44 *fec.*; *ac* 18 *hor.*, 7 *min.*, *differentia Declinationum inventa eft* 12 *min.*, 35 *fec.*, *Hinc fupputante Dom.* Pound, *fit. Sept.* 17, 18 *hor.*, 0 *min. T. æq. Jovis Locus* ♌ 26 *gr.*, 11 *min.*, 7 *fec.*, *cum Lat. Bor.* 45 *min.*, 39 *fec.*

In 't Jaar 1718, in September 17 dagen, 16 uuren, 51 min., was Jupiter van 't Hart van den Leeuw 24 min., 22 fec.; en te 17 uur., 6 min., 20 fec., was 't verfchil van de afwyking 12 min., 43 fec.; naderhand te 17 uuren 54 min., was de afftand 24 min., 44 fec.; en te 18 uuren, 7 min., wierd het verfchil van de afwyking gevonden 12 min., 35 fec.; hier door reekende de Heer *Pound*, dat in September 17 dagen, 18 uuren, gelyke tyd, de plaats van Jupiter was in Leo 26 gr., 11 min., 7 fec., met 45 min., 39 fec. Noorder Breedte.

De volgende Obfervatien zyn uit de *Philofoph. Tranfact.*, No. 363, voor de laatfte Maanden van 't Jaar 1719, Pag. 1110 en 1111; den 10den October, in 't Jaar 1718, wierd Jupiter by vyf kleine vafte Sterren gezien, die door den Heer *Pound* op de volgende wys bepaald zyn.

F

Lengte.   Noord. Breedte.

		°	′	″	°	′	″
d	♌	29	59	43	1	7	50
e	♍	0	6	13	1	10	18
c	♍	0	3	13	0	32	50
a	♍	0	25	41	1	28	54
x	♍	0	5	43	0	51	56

38. *Ao.* 1718, *Octob.* 9, 17 *hor.*, 50 *sec. Temp. æq. Jovis limbus Orientalis attigit lineam Stellas* e *&* c *jungentem simul centrum, ejus distabat ab* e 21 *min.*, 20 *sec.*, *&* à c 16 *min.*, 25 *sec.*, *statimque aberat à* d 19 *min.*, 35 *sec.*, *Parvula* x *Jovi proxima latuit, luce ejus obumbrata.*

In 't Jaar 1718, in October 9 dagen, 17 uuren, 50 sec., gelyke tyd, raakte Jupiters Oostelyke Rand de lyn, getrokken tusschen de Sterren e en c; op den zelfden tyd was zyn Middelpunt van e 21 min., 20 sec., en van c 16 min., 25 sec., en aanstonds van d 19 min., 35 sec.; de kleine Ster x was zoo digt by Jupiter verborgen, dat deszelfs ligt daar door overschaduwd wierd.

Als de stand van de Sterren e en c wel bepaald was, dan moet de Som van de twee afstanden, te weeten, tusschen Jupiter en e, en tusschen Jupiter en c, geweest zyn 37 min., 36 sec.; door de Observatie is gevonden 37 min., 45 sec. Op twee manieren (daar van een door de bereekende breedte is, die in dit geval, al had men een minuut, dat veel is, daar in gemist, evenwel geen 5 sec. verschil kan geeven) is dit gedaan, en gevonden Jupiter in ♍ 0 gr., 4 min., 2 sec., met 49 min., 12 sec. Noorder Breedte.

39. *Ao.* 1719, *Febr.* 11, *circa horam septimam, Jovis Limbus Orientalis attigit lineam per* x *&* e *productam; Jupiter itaque tunc habuit* ♍ 0 *min.*, 6 *sec., cum Latitudine Boreal.* 1 *gr.*, 16 *min.*, 30 *sec.*

In 't Jaar 1719, in February 11 dagen, omtrent te 7 uuren, Jupiters Oostelyke Rand raakte een linie, die door x en e getrokken wierd, daarom was Jupiter in Virgo 0 gr., 6 min., met 1 gr., 16 min., 30 sec. Noorder Breedte.

De plaats in lengte vind ik, door de geobserveerde breedte, dat hier zeer na door moet komen in ♍ 0 gr., 6 mln., 9 sec.; want ¼ minuut in de breedte missende, dat kan geen secunde verschil geeven.

40. *Feb.*

Loop van Jupiter.

40. *Feb.* 13., 8 *hor.*, 0 *min.*, *Temp. æq. Declinatio centri Jovis Micrometrò menfurata Borealior erat ea Stellæ utriusque* d & e 11 *min.*, 37 *fec.*, & 8 *hor.*, 20 *min.*, *eadem differentia inventa eft* 11 *min.*, 36 *fec.*, *Horâ vero* 8, 48 *min.*, *centrum Jovis diftabat ab* e 17 *min.*, 40 *fec.*

In February 13 dagen, 8 uuren, 0 min., gelyke tyd, was de afwyking van Jupiters Middelpunt, gemeeten zynde door de Kleinmeeter, van beide de Sterren *d* en *e* 11 min., 37 fec. na de Noordzyde; te 8 uuren, 20 min., is het zelfde verfchil gevonden 11 min., 36 fec.; te 8 uuren, 48 min., ftond het middelpunt van Jupiter van *e* 17 min., 40 fec.

Uit de Calculatie volgt, dat de breedte, in deeze Obfervatie, maar 7 fecunden meer moet geweeft zyn als de voorgaande, en doe is door de Waarneeming gevonden 1 gr., 16 min., 30 fec., daarom ftellen wy in deeze Obfervatie de breedte 1 gr., 16 min., 37 fec. Door deeze breedte en diftantie, tuffchen Jupiter en de Ster *e*, vind men de plaats van de Planeet in lengte, 's avonds ten 8 uuren, in ♌ 29 gr., 49 min., 55 fec.; de geobferveerde breedte is niet wel te ontdekken.

41. *Maji* 16, 8 *hor.*, 0 *min.*, *T. æq.* ♃ *fequebatur Cor. Leonis* 1 *gr.*, 34½ *fec.*, *Afcenfionis rectæ; Borealior. autem erat Stellâ illâ* 0 *min.*, 41½ *fec.*, *Temporis, hoc eft*, 10 *min.*, 7 *fec.*, *Arcus cæleftis.*

In May 16 dagen, 8 uuren, 0 min., gelyke tyd, volgde Jupiter 't Hart van den Leeuw 1 gr., 43½ min., volgens de regte klimming, en was Noordelyker als de Ster, 0 min., 41½ fec. in tyd, dat is 10 min., 7 fec. van een graad.

De Boog moet zyn 10 min., 22½ fec., of de Tyd 0 min., 40½ fec., anders accordeerd het niet; dit laatfte voor goed houdende, zoo vind ik de plaats van Jupiter in ♌ 27 grad., 18 min., 46 fec., met 1 gr., 7 min., 35 fec. Noorder Breedte.

42. *Junii* 7, 10 *hor.*, 15 *min.*, *T. app. Jupiter directus iterum reverfus eft ad Stellas Telefcopicas prædictas, & tum fequebatur Stellam* d 0 *min.*, 35 *fec.*, *Afcenfionis rectæ*, & 10 *hor.*, 30 *min.*, *diftabat Fixa à limbo Jovis proximo* 4 *min.*, 18 *fec.*

In Juny 7 dagen, 10 uuren, 15 min., fchynbare of waare tyd; Jupiter, alsdoen met de order der Teekenen loopende, is wederom by de gezeide Verrekykers Sterren gekomen, en volgde de Ster *d* 0 min., 35 fec., volgens de regte Klimming of den Evenaar;

te 10 uuren, 30 min., ſtond de Ster van den naaſten Rand van Jupiter, 4 min., 18 ſec.

Hier door vind men Jupiter in ♍ 0 gr., 2 min., 35 ſec., met 1 gr., 3 min., 59 ſec. Noorder Breedte.

43. *Poſtridie Junii 8, 10 hor., 20 min., Jupiter ſequebatur Stellam alteram e 1 min., 30 ſec., Aſcenſionis rectæ ac ſtatim diſtantia limbi Jovis proximi á Stella capta eſt Micrometro 7 min., 30 ſec.*

's Daags daar aan, in Juny 8 dagen, 10 uuren, 20 min., volgde Jupiter de andere Ster e 1 min., 30 ſec., volgens de regte klimming, en ten eerſten is de afſtand, tuſſchen de naaſte Rand van Jupiter en de Ster, door de Kleinmeeter gevonden 7 min., 30 ſec.

De plaats van Jupiter is dan geweeſt in ♍ 0 gr., 10 min., 40 ſec., met 1 gr., 3 min., 38 ſec. Noorder Breedte.

Om de plaats van de Planeet in lengte te vinden:

1. Vergaart tot de naaſte aanvangtyd de Middelloop van ♃ in de Jaaren, Maanden, en Dagen, die van nooden zyn om de gegeeven tyd te bekomen; van gelyke, telt by de plaats van 't verſte punt op de aanvangtyd, de loop van 't zelve van den Æquinoctiaal, dat is 50 minuten 's Jaars; doet ook op die wys met de Noordknoop, zoo heeft men op de gegeeven tyd de Planeet na zyn Middelloop van ♈, de plaats van 't verſte punt van ♈, en de Noordknoops plaats van ♈.

2. Trekt van de Planeet, na zyn Middelloop van ♈, 't verſte punt van ♈, zoo reſt de Planeet, na zyn Middelloop van 't verſte punt; zoekt hier op in de voorgaande Tafel, de Planeets voor- of agtering; als de Planeet meer als 6 Teekens van 't verſte punt af is, zoo telt 'er dit by; anders ſubſtraheert het van de Planeet na zyn Middelloop van ♈, zoo heeft men de plaats in zyn weg uyt de Zon te zien.

3. Subſtraheert van dit laatſte de Noordknoops plaats, zoo reſt daar de Planeet van de Noordknoop; hier op vind men de reductie.

4. Zoekt

4. Zoekt dan op de gegeeven tyd de Zons waare plaats, ook de Zons afstand van de Aarde in Logarithmus getallen.

5. Door de Planeet van 't verste punt, zoekt zyn afstand van de Zon in 't vlak van de Ecliptica, in getallen van de Logarithmus.

6. By de Zons plaats 6 Tekens bygeteld, zoo heeft men de Aardkloots plaats uit de Zon te zien; 't verschil tusschen dit laatste en de Planeets plaats, uit de Zon te zien, is de tusschenhoek van een driehoek, daar van hier vooren de twee zyden gevonden zyn, te weeten, de Zons en Planeets afstand in de Ecliptica, en de Zons en Aardkloots afstand; daar door vind men de hoek over deeze laatste zyde, dat is 't verschil van de Planeets plaats, of men die uit de Zon, of uit de Aarde ziet; door Additie, als de Aarde voorby de Conjunctie van de Zon en de Planeet is, en door Substractie, voorby de Oppositie, vind men de Planeets plaats in lengte.

Of men kan dit laatste Articul aldus doen; trekt de Zons plaats van de Planeets plaats, of de Planeets plaats van de Zons plaats, als 't restant maar minder als 6 Teekens is, neemt van 't verschil de helft, en zoekt hier de Tangens Logarithmus af, dit zullen wy A noemen; telt by de Logarithmus, van de distantie tusschen Jupiter en de Zon, de Radius; van deeze Som, trekt af de Logarithmus van de distantie tusschen de Zon en de Aarde, zoekt de graaden, minuten, enz. van de rest in de Tangens-tafel, en trekt daar van altyd 45 graaden, van de resteerende graaden, minuten en secunden; zoekt de Tangens, telt deeze by A; de graaden, &c. daar van, zoekt in de Tangens-tafel, en substraheert die van de halve Som der onbekende hoeken; de rest is 't geen, dat de Planeet zig digter of verder in de Ecliptica uit de Aarde vertoont, als of men die uit de Zon zag.

Tot een voorbeeld zullen wy neemen de 21ste Observatie, die gedaan is in 't Jaar 1716, tusschen den 24 en 25sten Augustus, Oude Styl.

	♃ van ♈	't aph. van ♈	☉ mid. van ♈	
	Tek. ° ′ ″	Tek. ° ′ ″	Tek. ° ′ ″	Tek. ° ′ ″
Ao. 1701	10:17: 8:54	6: 9: 3:20	Ao.1701 9:20:43:50	3:7:40:10
15	3: 5:24:51	12:30	15 11:29:22:26	12:30
Aug.	17:37:29	32	Aug. 24 7:23:35:54	32
Schrick. dag 24	2:24:42		uur 12 29:34	
uur 12 7/12	2:34	6: 9:16:22	min. 19 47	3:7:53:12
♃ na zyn mid.	2:11:18:30	♃ van ♈	5:14:12:31	
Loc. aph.	6: 9:16:22	Tek. ° ′ ″	3: 7:53:12	
		2:17:24:25		
♃ van 't aph.	8: 3: 2: 8	3: 7:49:58	2: 6:19:19	
add.	5: 5:36	11: 9:34:27	subſt. 1:45:24	
		Jupiter van		
♃ in zyn weg uit de ☉	2:17:24: 6	de Noordk.	5:12:27: 7	
	19		4	
♃ uit de ☉ in de Eclip.	2:17:24:25	☉ waare plaats 5:12:27: 3		
☉ waare plaats	5:12:27: 3			
	2:25: 2:38			
	42:31:19			
♃ diſt. van de ☉ 5707336		9826102		
♂ diſt. van de ☉ 5003068		9962386		
10704267		9788488		
78:49:25½		31:34: 7		
45		42:31:19		
33:49:25½		10:57:12		
9826102		2:17:24:25		

Tek. ° ′ ″
♃ plaats in lengte 2:28:21:37 door de Obſerv. vind men 2:28:21:45

Om de breedte van de Planeet te weeten, zoo moet de Inclinatie van deszelfs kring bekend zyn. In de Obſervatien, tuſſchen de Jaaren 1711 en 1719, zyn geen bekwaame Waarneemingen, om die, ten minſten voor die tyd, te bepaalen, daarom neemen wy een Obſervatie, die *Flamſteed* tot dien eynde gedaan heeft, in 't Jaar 1672, dewelke men vind in de *Philoſoph. Tranſact.*, No. 94, van Pag. 6033 tot Pag. 6036, daar uit beſloot hy, dat de grootſte Inclinatie, in die tyd, was 1 gr., 18 min., 20 ſec.; maar de Breedte van de Ster, daar dit uit bereekend was, heeft hy naderhand, in de *Catalog. Britann.*, 29 ſec. meer geſtelt; zoo
dat

Loop van Jupiter.

dat men kan ftellen, dat de Inclinatie, in die tyd, geweeft is
1 gr., 18 min., 50 fec.; dog dezelve fchynt zomtyds te veranderen, dan meer, dan minder wordende; 't naaft dat wy uit de Obfervatien, in de voorfchreeven 8 Jaaren, kunnen befluiten, is als volgt:

In 't Jaar 1711 | 1:18:50
1712 | 1:19: 5   } grootfte Inclin.
1713 | 1:19:20
1716 | 1:18:50

In 't Jaar 1717 | 1:18:40
1718 | 1:18:30 } grootfte Inclin.
1719 | 1:18:20

Eenige verandering fchynt ook de Noordknoops plaats onderworpen te te zyn; want uyt de Obfervatien, ftellende dat die wel gedaan zyn, zoo fchynt die in 't begin van 't Jaar 1711 geweeft te zyn in ♋ 7 gr., 33 min., in 't begin van 't Jaar 1716 omtrent 7 gr., 48 min., en in 't begin van 't Jaar 1719 circa 7 gr., 57 min. in 't zelfde Teeken. Nu zullen wy de Breedte in 't voorgaande Exempel vinden, als de helling van de kring 1 gr., 18 min, 50 fec. is.

In de IIde Afbeelding, Figuur 3, is S de Zon, P Jupiter, A de Aarde; de △ ASB is in 't vlak van de Ecliptica.

	Tek. ° ′ ″		fin. ° ′ ″	fin. ° ′ ″
♃ uit de ☉	2:17:24:25	R...	1:18:50...	20:25:33
Plaats van de ☊	3: 7:49:58			9542818
				8360398
♃ van de ☊	11: 9:34:27			
♃ voor de ☊	20:25:23			7903216 finus

♃ Breedte uit de ☉ te zien 0:27:31

	fin. ° ′ ″		fin. ° ′ ″		fin. ° ′ ″
∠ BSA	85:2:38	... ∠ BAS	74:5:26	... ∠ PSB	0:27:31
					7903230
hier voor gevonden	31:34: 7				9983038
	42:31:19				17886268
	74: 5:26				9998373
					7887895

De Breedte van ♃ 0:26:34
Door de Obfervatie 0:27: 9

Dat

Dat de Breedte in deeze Obfervatie, en in die van den 19den Auguftus, niet al te wel is, blykt niet alleen uit al de Obfervatien, die in December, in 't zelfde Jaar, gedaan zyn, maar ook uit die van den 14den Auguftus; doe is de geobferveerde Breedte geweeft 26 min., 43 fec.; dezelve moeft na die tyd afneemen, in vyf dagen, omtrent 10 fecunden; dan moet die den 19den Auguftus geweeft zyn 26 min., 33 fec., en den 24ften 26 min., 24 fec.; de ongeregeltheid blykt zelfs ook uit de Obfervatien, want van den 14den tot den 19den is ze, volgens de zelve Breedte, merkelyk toegenomen, daar nogtans de Planeet de Nodus naderde.

In de tegenoverftaande Tafel ziet men, hoe naukeurig dat de Uitreekening, volgens myn ftelling, overeen komt met de Waarneemingen, die in den tyd van 8 Jaaren gedaan zyn.

Dat ik de Uitmiddelpuntigheid na genoeg gevonden heb, blykt uit de Waarneemingen van 't Jaar 1711, in July, en 't Jaar 1717, in April; want doe was Jupiter omtrent in middelafftand van de Zon, aan beide de zyden van zyn kring; dan kan ook in de aanvangtyd niet veel gemift zyn; 't Aphelium is redelyk wel geplaatft, want als ik 11 minuten daar in gefeild had, dat zou in 't Jaar 1713, in October, nog wel 1 minuut, en in 't Jaar 1717 omtrent $\frac{7}{10}$ minuut in de plaats van de Planeet verfcheelen. De Tafels van *Streetius* miffen 't meeft in de aanvangtyd, en die van *La Hire* in de plaats van 't verfte punt. Dat ik ten opzigt van deeze Planeet gevonden heb, kan tot een grondflag verftrekken van hun, die in 't vervolg den loop daar van gelieven te onderzoeken; want als Jupiter omtrent in zamenftand met Saturnus komt, dan word zyn weg merkelyk verandert, de loop word fnelder, en wederom traager, de Uitmiddelpuntigheid grooter en keinder, 't Aphelium gaat onder de vafte Sterren dan voor, en dan agter uit; al deeze ongelykheden zyn gevolgen van de zwaartekragt, waar door de Planeeten weêrkeerig op malkander werken. Men befluit dit niet alleen door de befchouwing van de konft, maar ik heb ondervonden, dat dit altyd plaats grypt, door al de Waarneemingen, die *Flamfteed* over deeze Planeet gedaan heeft, en door andere, die ik zelfs waargenomen heb, tuffchen 't Jaar 1722, den 7den Juny, Nieuwe Styl, doe ik Jupiter, by de klaarfte, in 't hoofd van den Schorpioen gezien heb, en in 't Jaar 1731, den 19den May, doen ik dezelve wederom by een andere vafte Ster gewaar wierd.

Alle

	De Tyd van de Ob[servatie] Oude Styl, na d[en Meri] diaan van Lon[den]	Æquatie van 't Aphelium.	Æquatie van de Aardklootskring.
	dag	° ′ ″	° ′ ″
1	1711 May 26	sub. 5.29.10	ad. 2.50.17
2	—— 27	— 5.29.16	— 2.38.12
3	— Juny 3	— 5.29.48	— 1.12. 5
4	—— 4	— 5.29.52	— 0.58.54
5	—— 9	— 5.30.15	sub. 0. 3. 7
6	—— 10	— 5.30.19	— 0.15.41
7	— July 14	— 5.32.19	— 6.47. 2
8	—— 15	— 5.32.22	— 6.56.33
9	1712 July 3	— 5. 4.45	ad. 2. 3.21
10	—— 15	— 5. 2.15	sub. 0.20.56
11	— Sept. 17	— 4.47.22	— 10.33.22
12	—— 19	— 4.46.52	— 10.41.18
13	— Oct. 6	— 4.42.26	— 11.18. 3
14	1713 Aug. 9	— 2.52.18	ad. 2.21.59
15	—— 10	— 2.21.54	— 2. 8.54
16	— Oct. 26	— 2.17. 7	sub. 10.51. 1
17	—— 27	— 2.16.39	— 10.54.33
18	—— 29	— 2.15.45	— 11. 1.21
19	1716 Aug. 14	ad. 5. 3.34	ad. 10.25.22
20	—— 19	— 5. 4.35	— 10.42.47
21	—— 24	— 5. 5.36	— 10.57.12
22	— Nov. 20	— 5.20.27	— 3.31.39
23	—— 21	— 5.20.35	— 3.18.24
24	—— 21	— 5.20.39	— 3.12.31
25	—— 21	— 5.20.40	— 3.11.58
26	—— 30	— 5.21.48	— 1.23.10
27	— Dec. 1	— 5.21.59	— 1. 4.36
28	—— 4	— 5.22.20	— 0.30. 6
29	—— 5	— 5.22.27	— 0.16.49
30	—— 6	— 5.22.35	— 0. 3.32
31	—— 7	— 5.22.42	sub. 0. 9.46
32	1717 Jan. 11	— 5.26.43	— 7.11.11
33	— April 15	— 5.33. 3	— 8.49.23
34	—— 25	— 5.33.26	— 7.48.31
35	—— 26	— 5.33.27	— 7.42.16
36	1718 Jan. 15	— 5.16.29	— 1.32.45
37	— Sept. 17	— 4.21.34	ad. 6.49.25
38	— Oct. 9	— 4.15. 3	— 8.59.16
39	1719 Febr. 11	— 3.34.12	sub. 0.39. 5
40	—— 13	— 3.33.20	— 1. 4.34
41	— May 16	— 2.59. 4	— 10.41. 8
42	— Juny 7	— 2.50.25	— 9.38.33
43	—— 8	— 2.50. 1	— 9.34.19

Loop van Jupiter.

Alle de Waarneemingen, die *Flamsteed*, in 't Jaar 1714, over deeze Planeet gedaan heeft, heb ik ook bereekend, en vind als volgt:

Temp. App.	Geobſ Lengte.	Geobſerv. Breedte.	Bereekende Lengte.	Bereekend. Breedte.	Verſchil in Lengte	In Breedte.
dag uur m	° ′ ″	° ′ ″	° ′ ″	° ′ ″	′ ″	′ ″
1714 Sept. 26:12: 4	♈14:56:19	1:38:21	♈14:55:45	1:37:58	—0:34	—0:23
—— Oct. 9:11:10	—13:12:40	1:36: 6	—13:12:48	1:37: 2	+0: 8	+0:56
—— Nov. 2: 9:16	—10:44:54	1:33: 4	—10:44:31	1:32:19	—0:13	—0:45
—— 3: 9:22	—10:40:47	1:32:33	—10:40:43	1:32: 5	—0: 4	—0:28

In de vyf volgende Jaaren vind men in *Flamsteed* nog twintig Waarneemingen over deeze Planeet, die ik meede gereekend heb, waar onder een is, die 1½ minuut in lengte verſcheelt, en twee, daar 't verſchil ruim 1 minuut is; van al de andere is 't minder als een minuut; die ½ minuut en minder verſcheelen, zal ik hier laaten volgen:

Temp. App.	Geobſerv. Lengte.	Geobſerveerde breedte.	Geca!culeerde Lengte.	't Verſchil der Lengte.
dag uur min.	° ′ ″	° ′ ″	° ′ ″	° ′ ″
1715 Dec. 7: 9:16	♉17:21:30	1: 4:30 A	♉17:21:24	—0: 6
1716 —— 5:12: 5	♊26:28:12	0:19:28 A	♊26:28:22	+0:10
—— —— 6:12: 0	—26:20:22	0:19:12 A	—26:20:17	—0: 5
1717 Jan. 12: 9: 1	—22: 9:22	0:14:58 A	—22: 8:58	—0:24
—— 15: 8:47	—21:56:58	0:12:50 A	—21:57: 2	+0: 4
1719 Febr. 13:11:38	♌29:48:56	1:17:23 B	♌29:49: 3	+0: 5
—— Maart 15: 9:36	—26:32: 4	1:16:52 B	—26:31:34	—0:30

De Waarneemingen van *J. Pound* van 't Jaar 1716 tot 1719, of van den 19den tot den 43ſten zyn netter, alzoo die digt by de vaſte Sterren gedaan zyn; maar ik heb deeze laatſte uit *Flamsteed* bereekend, om te zien, wat ſtaat op zyn Waarneemingen te maaken is; en beſluit daar uit, dat dezelve op 't hoogſte, en dat nog maar in weinig gevallen, een minuut te veel, of een minuut te weinig zyn. Die nu tyd en luſt heeft, om al de andere Waarneemingen te bereekenen, en van Jaar tot Jaar op nieuws de geheele weg van Jupiter te bepaalen, die zal de veranderingen van de Uitmiddelpuntigheid, de plaats van 't verſte punt, en de andere byzonderheden gewaar worden; onder anderen, een kleine Æquatie, die by de Middelloop, omtrent de tyd van de Conjunctie met Saturnus, in agt genomen moet worden. Ik vind omtrent de Jaaren 1690 en 1691, de plaats van 't verste punt van ♈ 6 teekens, 10 graaden, 20 minuuten; de Æquatie van 't verste punt was omtrent $\frac{1}{3\circ\circ}$ deel grooter; de andere bepaalingen, van de loop en weg, laat ik zoo blyven, en heb op deeze voet alle de Waarneemingen van *Flamsteed*, die hy gedaan heeft in de Jaaren 1690 en 1691, uitgereekend: als de Calculatie de Obfervatie te boven gaat, dan stel ik voor 't verschil der lengte, dat men vind +, anders —; 't verschil der breedte is, om de moeite, hier niet bereekend, maar ik ben verzeekerd, dat die na genoeg overeen komt.

Temp. Appar.	Afcenfiq Rect	Declin.	Jupiters geobferv. lengte		breedte.	Verf. der lengte.
dag uur min. fec.	° ′ ″	° ′ ″	Tek.	° ′ ″	° ′ ″	′ ″
1690 July 20:15:53: 6	8:56:20	B 2:15:55	0:	9: 6:10	1:28: 4	+0:30
— Sept. 8:12:34:11½	5:22: 0	B 0:31:50	0:	5: 8: 0	1:39: 3	+0: 4
— ——15:12: 5:39	4:30:20	B 0: 9:20	0:	4:11:44	1:39: 4	—0:19
— ——20:11:45: 7	3:53:45	A 0: 6:30	0:	3:31:50	1:39: 3	—0:32
— Nov. 10: 8:11:53	359:51:30	A 1:41:25	11:29:11:47		1:29:38	—0:15
— Dec. 11: 6: 1:45	1: 0:15	A 1: 1:55	0:	0:30:37	1:20:47	+0: 0
1691 Oct. 17:12:28: 3	39:39:40	B 14: 3:20	1:11:39:50		1:22:18	+0:23
— ——26:11:47:56	38:27:50	B 13:41:30	1:10:27: 2		1:21:15	—0: 2
— ——29:11:34:18	38: 4: 0	B 13:34:10	1:10: 2:47		1:21: 8	+0: 2
— Nov. 23: 9:38:25	35:13:30	B 12:43:20	1: 7: 9: 8		1:16:22	+0:14
— Dec. 19: 7:38:53½	33:59:30	B 11:26: 5	1: 5:55:13		1: 8:58	—0:26

Al had ik de Æquatie van de Uitmiddelpuntigheid geen 300ste deel grooter genomen, zoo zou evenwel geen een Waarneeming 1 minuut met de Uitreekening verscheelen. In 't Jaar 1696 was de plaats van Jupiters verste punt omtrent 6 Teekens, 9¼ graad van ♈; zoo dat men in 't kort, als men niet ophoud met Obferveeren, dat groote geheim, van de loop der opperste Planeeten, nauwkeurig zal ontdekken. Ik wenschte dat de tyd my toeliet om hier verder in te werken.

Om te weeten, wat staat dat men kan maaken op de Tafels van Mr. *La Hire*, ten opzigt van de Planeet Jupiter, zoo heb ik de volgende Waarneemingen door zyn Tafels bereekend, welke Obfervatien alle van *Pound*, en *Flamsteed* zyn.

Temp.

Loop van Jupiter.

Temp. App., O.S., volgens Loudon en Wanft. dag uur min fec.	Waargen. plaats in lengte. Tek o ′ ″	In breedte. o ′ ″	Bereek. plaats in lengte. Tek. o ′ ″	In breedte o ′ ″	Verfchil in lengte. ′ ″	In breedt. ′ ″
1711 Juny 3:11:24: 0	8:29:18:39	N.0:16: 3	8:29:11:58	0:15:43	— 6:41	— 0:20
—— July 14: 9:13: 0	8:24:40:43	— 0: 9:55	8:24:37: 6	0: 9:40	— 3:37	— 0:15
1712 July 3:11:47: 0	10: 3:40:12	Z.0:39:31	10: 3:27:31	0:40:10	—12:41	+ 0:39
—— 15:15:11:55	10: 2: 8:11	— 0:41:24	10: 1:56:13	0:41:58	—12: 8	+ 0:34
—— Sept.19: 7:32: 0	9:27:30:55	— 0:44:12	9:27:23:27	0:44:11	— 7:28	+ 0: 9
—— Oct. 6: 6:31:30	9:28:22:24	— 0:43:42	9:28:16: 5	0:43:45	— 6:19	+ 0: 3
1713 Aug. 9:12:46: 0	11: 9:26: 0	— 1:25: 8	11: 9:10:29	1:25:30	—15:31	+ 0:22
—— 10:12:42: 0	11: 9:18:17	— 1:25:40	11: 9: 3: 5	1:25:42	—15:12	+ 0: 2
—— Oct. 26: 7:36: 0	11: 3:16: 0	— 1:19: 8	11: 3: 3:33	1:19:18	—12:27	+ 0:10
—— 27: 7:31: 0	11: 3:17:58	— 1:19: 0	11: 3: 5:23	1:19: 5	—12:35	+ 0: 5
1714 Sept. 26:12: 4: 0	0:14 56:19	— 1:38:21	0:14:38:15	1:38:28	—18: 4	+ 0: 7
—— Nov. 8: 9:22: 0	0:10:40:47	— 1:32:33	0:10:24:23	1:32:31	—16:24	— 0: 2
1715 Nov. 7:11:38: 0	1:20:43: 1	— 1:10:20	1:10:19:29	1:10:46	—13:32	+ 0:26
—— Dec. 7: 9:16: 0	1:17:21:30	— 1: 4:30	1:17: 6:19	1: 4:30	—15:11	+ 0: 0
1716 Nov. 10: 6:18:30	2:28:18:31	— 0:21:47	2:28:20:45	0:20:57	— 7:46	— 0:50
—— 21:18:50: 0	2:28:17: 8	— 0:21:40	2:28: 9:22	0:20:43	— 7:46	— 0:57
—— Dec. 4: 6: 0: 0	2:26:38:39	— 0:19:36	2:26:31:32	0:19: 6	— 7: 7	— 0:30
1719 Juny 7:10:15: 0	5: 0: 2:35	N.1: 3:59	5: 0: 6:20	1: 5:42	+ 3:45	+ 1:43

Dat verfcheide Waarneemingen zoo digt op malkander genomen zyn, is gefchied, om daar door te ontdekken, of ik ook eenige misflagen in 't reekenen mogt begaan hebben; omtrent 't Jaar 1690 en 1691 komen de Tafels van Mr. *La Hire*, voor deeze Planeet, redelyk wel met de Obfervatien overeen.

Ik heb hier vooren reets gezegt, dat de Middelloop, door my gevonden, doe Jupiter van de Quartierftand, na de Conjunctie met Saturnus, liep, de generaale Middelloop niet is, alzoo dezelve dan te fnel loopt; en na de Zamenftand begint te vertragen, 't welk blykt door de Obfervatien, na de Conjunctie van Saturnus en Jupiter, en voornamentlyk door die van 't Jaar 1731, den 19den May, doe de Planeet omtrent zoo veel na de Zamenftand was, als die op onze eerfte Uitreekeningen daar voor bevonden wierd. De voornaamfte Sterrekundige ftellen de generaale Middelloop, die zy van de particuliere niet onderfcheiden, als volgt:

$$\left.\begin{array}{l}\textit{Keplerus}\\ \textit{Bullialdus}\\ \textit{Streetius}\\ \textit{La Hire}\end{array}\right\}\text{In 20 Jaaren}\left\{\begin{array}{l}\text{Tek. gr. min. fec.}\\ 8:7:15:41\\ 8:7:15:40\\ 8:7:16:10\\ 8:7:15:40\end{array}\right.$$

Men heeft reets 21 oude Waarneemingen van de Sineezen, die Jupiter by de vafte Sterren gezien hebben; kon men daar ftaat op maaken,

52 *Aanmerkingen over den Loop van Jupiter.*

maaken, zoo zouden dezelve kunnen dienen, om de generaale Middelloop te verbeeteren.

Na dat ik zulk een merkelyk verschil in de plaats van Jupiter gevonden had, door de Tafels van Mr. *La Hire*, zoo vermoedde ik, of zyn Tafels over Saturnus ook niet gebreklyk waaren, alzoo deeze Planeet nog moeijelyker is om na te gaan; want de Tafels van *Streetius*, *Bullialdus*, en *Keplerus* verscheelen in de plaats van deeze laatste Planeet, tusschen de Jaaren 1711 en 1718, omtrent ⅓ graad, dat veel is, ten opzigt van een Ster die zoo langzaam loopt; dog Mr. *La Hire* is hier een andere weg ingeslagen, en neemt de Middelloop kort voor de Conjunctie met Jupiter, even als of dit de generaale Middelloop was; maar zeekerlyk is die te langzaam; ziet hier dezelve tegens andere vergeleeken:

	Tek. gr. min. sec.
Middelloop van ♄ in 20 Jaaren { *La Hire*	8 : 4 : 39 : 53
{ *Bullialdus*	8 : 4 : 41 : 29
{ *Streetius*	8 : 4 : 41 : 58

Mr. *Cassini*, in de Memorien van de Fransche Academie van 't Jaar 1718, Pag. 119, getuigt, dat de Tafels van Mr. *La Hire* de tegenstanden van Saturnus en de Zon, tusschen de Jaaren 1675 en 1709, redelyk wel verbeelden; maar als men die gebruiken wil in de alderoudste Waarneemingen, dan vind men tusschen de waare geobserveerde plaats van Saturnus, en de bereekende plaats uit de Tafels, een verschil van omtrent 3 graaden; dit is al te veel, dat de Waarneemers tot zulke misslagen zouden vervallen; daarom, zegt de Heer *Cassini*, wil men de Tafels van Mr. *La Hire* voor net houden, zoo moet men al de oude Observatien als gebreklyk verwerpen, of stellen dat Saturnus zedert verscheide Eeuwen allenks begint te vertraagen; dog het is veiliger, dat men dit nog wat uitstelt. 't Schynt dat de laatstgemelde Tafels, in de Jaaren 1717 en 1718, al wat van de waarheid beginnen af te wyken; want ik vind, dat de Heer *Pound* twee nette Waarneemingen van Saturnus, digt by de vaste Sterren, gedaan heeft, (ziet de *Phil. Transf.*, Num 357, Pag. 850) die hier onder volgen, met de Uitreekening door de voorsz. Tafels:

Tyd van London, Oude Styl. dag uur min.	Observatie in lengte. Tek. ° ′ ″	In breedte. ° ′ ″	Calculatie in lengte. Tek. ° ′ ″	In breedte. ° ′ ″	Verschil in lengte. ′ ″	In breedt. ′ ″
1717 Dec. 5 : 18 : 30 T. M.	6 : 29 : 16 : 21	2 : 21 : 21	6 : 29 : 31 : 13	2 : 22 : 15	+14 : 52	— 0 : 6
1718 Maart 11 : 10 : 36 —	7 : 0 : 18 : 34	2 : 44 : 8	7 : 0 : 34 : 53	2 : 44 : 15	+16 : 19	+ 0 : 7

VER-

VERHANDELING
VAN DE
GROOTTE DER AARDE,

Zoo als die door de Oude en Hedendaagſe gevonden is.

De grootſte zwaarigheid, om de Grootte der Aarde, volgens 't gevoelen der Ouden, te bepalen, is, om uit de Schryvers te ontwarren, hoe lang dat de Maaten in voorige tyden geweeſt zyn, in vergelyking van een der hedendaagſe, die bekend is; en het beſluit dient zoodaanig te weezen, dat het aan alle kanten proef houd. Om dit te ontdekken, zoo begin ik met *Cteſias*, die omtrent 400 Jaaren voor Chriſtus leefde, en in Perſien gewoond heeft: Hy verhaalt, dat de omtrek van *Babylon* was 360 Stadien (*a*); *Herodotus* (*b*), *Apollonius* en *Oroſius* ſchryven van 480 Stadien; hier door blykt, dat de lengte van de Babyloniſche Stadie tot de Griekſe, of die van *Herodoot* was als vier tot drie. De laatſtgemelde Schryver verhaalt, dat ieder zyde van de grootſte Pyramide, die nog tegenwoordig by *Cairo* gezien word, de lengte had van 800 voeten, of 1⅕ Stadie, dat is net een Stadie van *Babylon*. *Eratoſthenes* ſtelt de afſtand tuſſchen *Rhodus* en *Alexandrien* op 3750 Stadien (*c*); dit waren Stadien van de laatſtgemelde plaats. *Cleomedes* neemt deeze afſtand uit den zelfden Schryver op 5000 Griekſe Stadien (*d*); daar uit volgt, dat die van Alexandrien en de Griekſe mede was als vier tot drie: Dit word beveſtigd door *Suidas*, daar hy verhaalt, dat de Babyloniſche voet 16 duim was, dat is 1⅓ Griekſe voet; dan zyn ook de Stadien van Babylon in Chaldea, en die van Alexandrien even groot

Van de Oude Maaten.

(*a*) *Diod.* Sicul., lib. 8, pag. 68. (*b*) Lib. 1, cap. 178.
(*c*) *Strabo*, lib. 2, pag. 86. (*d*) Lib. 1, pag. 159, Baz. 1547.

Verhandeling van de

groot geweeft, waar over men zig niet behoeft te verwonderen, alzoo *Diodorus* verhaalt, dat de Chaldeen een Volkplanting uit Egipten waren (*e*). De vermaarde Reiziger *Thevenot* berigt ons, dat ieder zyde van de groofte Pyramide is 682 Paryfche voeten (*f*); maar na dien tyd is een verandering in de Steenhouwers voet van Parys voorgevallen, dezelve wierd op een Toifes, of 6 voeten, $\frac{1}{11}$ duim afgekort (*g*), zoo dat dit 686 van de hedendaagfe Paryfche voeten uitmaakt. De Engelfche Wiskonftenaar *Greaves*, die naukeurig, door driehoeken, de zyden van de Pyramiden gemeeten heeft, met een uitfteekend werktuig van 10 voeten middellyns, op die wys als de Wiskonftenaars de ongenaakbaare afftanden bepaalen, reekent ieder zyde van de grootfte 693 Engelfche voeten (*h*); waar van 5000 een Engelfche Myl, of 5280 Londonfche voeten zyn (*i*); dat is ieder zyde 686 Paryfche voeten. Mr. *Chazelles* heeft met een koord de zyden gemeeten, en vond die op een oneffen grond, die in 't midden wat hooger was, 690 Paryfche voeten, waar van hy zeid, dat iets afgenomen moet worden, om de waare lengte te hebben (*k*); neemen wy nu 5 voeten daar af, zoo vind men voor de lengte van de Egiptifche, of Babylonifche Stadie, 685 van deeze tegenwoordige Paryfche voeten, en de Stadie van *Herodoot* 513¼ Paryfche voeten; ieder van de laatftgemelde voeten op 1440 gelyke deelen neemende, dan is de voet van *Alexandrien*, of van *Babylon*, 1644 deelen; de hedendaagfe voet van *Cairo* in Egipten is, volgens *Eduard Bernardus*, 1641½ van de bovengemelde deelen (*l*). De voet van *Herodotus* is, door de uitreekening, dan 1233 deelen; de oude Roomfche voet, die men in de Wyngaard van *Mattei* tot Romen, op het Graf van *Coffutius* vind,

De Roomfche voet.

(*e*) *Diod. Sic.*, lib. 1, pag. 51. (*f*) Voyage de Levant, tom 2, pag. 413, Amft.
(*g*) Mr. *Aufout* de Menfuris, pag. 368. Zie div. Ouvrag. de Mathemat., Par. 1693.
(*h*) Defcript. des Pyramides d'Egipte, par *Jean Greaves*, dans les Relat. de div. Voyag. Cur. de Mr. *Thevenot*, tom. 1, pag. 7, Par. 1696. *Marsham* Can. Chron., pag. 51.
(*i*) *Whifton* Prælect. Aftron., pag. 12, de Druk van 't Jaar 1707.
(*k*) Reg. Scient. Hiftor., lib. 4, pag. 428, Par. 1701. Als men ftelde, dat het Zand in de gedaante van een gelykbeenige Driehoek op de platte grond is, dan zou de Perpendiculaare hoogte van 't zelve, in 't midden nog meer als 40 voeten zyn, om de geheele grond vyf voeten korter te maaken.
(*l*) *Eiffenfchmid* de Menfur., cap. 4, pag. 117, Argent. 1708.

Grootte der Aarde.

vind, is, volgens de naukeurige afmeeting van Mr. *Auzout*, 1315 van de gemelde deelen (*m*); en *Plinius* heeft het wel, als hy ons verhaalt, dat de Konings voet van *Babylon* drie duim grooter was, als de gemeene voet van Romen (*n*), 'twelk wederom tot een proef verftrekt, en volkomen met het voorgaande overeen komt. De zelfde Schryver geeft de maat van de Pyramiden op volgens de voeten van *Herodoot*; dit blykt klaar uit de tweede in grootte, die by hem gefteld word op 737 voeten (*o*), waar van ik voor de oneffen weg afneem 3½ voet, zoo blyft daar 733½ van de laatftgemelde voeten; nu is de evenredigheid van de Egiptifche of Babylonifche voet tot die van *Herodoot* als vier tot drie, dan moet ieder zyde van deeze Pyramide zyn 550 Egiptifche voeten, dat is 631 van de hedendaagfe Paryfche voeten, 't welk met de Maat van *Thevenot* overeen komt (*p*); te weeten, als men 't geen dat de Paryfche voet nu kleinder is, 't welk op de geheele lengte omtrent 3½ voet bedraagt, neemt voor de hoogte van 't Zand en de ongelykheid van de grond. De grootfte Pyramide is ieder zyde, volgens *Plinius*, *Octingentos Octoginta tres pedes*, of agt honderd en drie en tagtig voeten (*q*); maar het woord *Octoginta* (tagtig) moet daar uitgelaten worden, en zal door een misflag daar ingekomen zyn, met hetzelve, om de overeenkomft met het voorgaande woord, voor een gedeelte tweemaal te fchryven, als dikwils gebeurt; want anders zou 'er de zelfde evenredigheid geen plaats hebben tuffchen de oude en hedendaagfe afmeetingen: dus zal ieder zyde zyn 803 voeten, waar van drie voeten voor de ongelyke grond, zoo blyft daar nog 800 voeten, 't welk met de Maat van *Herodoot* overeen komt (*r*); zoo dat *Plinius* ons de Maat van de Pyramiden

in

(*m*) *Auzout* de Menfuris, pag. 369, Par. 1693. Nog een andere oude voet is te Romen, in de Tuin van *Belvedere*, op het Graf van *Statilius Menfor*, die 1311 van die deelen is, daar 1440 een Paryfche voet van maaken; deeze is verdeeld in duimen, maar om dat de verdeeling niet heel net is, zoo neem ik liever de eerfte voet, die onverdeeld is; volgens de afmeeting van 1315 deelen, zoo moet de Roomfche palm, of ¼ voet, zyn 986¼. Mr. *Auzout* heeft die op 't Capitool gemeeten 988¼; volgens de zelfde Schryver is de Roomfche voet van *Lucas Pætus* 1306, of 1307 van de gemelde deelen, zoo dat de palm door het dikwils nameeten iets grooter fchynt geworden te zyn.
(*n*) *Plin.*, lib. 6, cap. 26, pag. 126. (*o*) Lib. 36, cap. 12, pag. 760.
(*p*) Voyage de Levant, pag. 423. (*q*) Loc. Cit.
(*r*) Ieder zyde van de kleinfte van de drie Pyramiden, als men na Maat van *Plinius* te werk gaat, is 270 Egiptifche voeten, dat is een Stadie van *Xenophon*, van *Ariftoteles*, of van *Delphos*.

Verhandeling van de

in geen onbekende voeten opgeeft, als de Heer *Caſſini* meent (s); en de beſchuldiging van den laatſtgemelden Heer tegen *Greaves*, als of die meer als 30 Paryſche voeten gemiſt had in ieder zyde van de grootſte Pyramide (t), vervalt van zelfs; want de Heer *Caſſini* reekent op Londonſche voeten, daar *Greaves* ſchryft van Engelſche voeten, die in de Landmaaten gebruikelyk zyn.

De Voet van *Hercules*. Men vind dat 4500 voeten van Alexandrien gelyk waaren aan 5400 Italiaanſche voeten (v); deeze laatſte zyn uit Griekenland afkomſtig, of dit zyn de voeten van *Hercules* geweeſt, waar van de 600 één Stadie maakten, die de lengte had van 625 Roomſche voeten (x). De voet van *Hercules* is dan 1370 van de meergemelde deelen; de Stadie van *Delphos* zal 600 van deeze voeten geweeſt zyn, dog men verdeelde daar de Stadie in 1000 voeten (y); de voet van *Delphos* is dan 739½ deelen; dezelve werd ook gebruikt door *Xenophon* en *Ariſtoteles*, gelyk blykt uit de onderneeming van *Cyrus*, die *Xenophon* verhaalt, door de geheele weg, en ook door ieder van de Plaatzen in 't byzonder, die nog kenbaar zyn; als men die volgens hun waare lengte en breedte in opmerking neemt, zoo blykt, dat by de Perſiaanen en Grieken de voeten in dien tyd maar de helft waren van 't geen daar die naderhand op gereekend zyn, of dat men tweederley voeten heeft gehad, groote en kleine, waar van de eene tweemaal langer was als de andere; ten opzigt van de kleinſte voeten, vind men in *Xenophon*, dat de Stadie van Perſien, of 600 voeten, by hem uitmaakt 666⅔ voet (z); daar uit volgt, dat de Perſiaanſche voet, of die van Babylon tot die van *Xenophon* was als 10 tot 9; als de Perſiaanſche kleine Stadie 300 voeten van Alexandrien is geweeſt, dan is die van *Xenophon* 270 van die voeten, en de grootte van deeze laatſte voet, even als die van *Delphos* 739½ van de meergememelde deelen. Het dubbeld van deezen voet

De Voet van *Druſus*. is ook al lang in gebruik geweeſt in Duitsland, daar men die de voet van *Druſus* noemde, dewelke zoo lang was als 1½ Roomſche voet (a); de voet van *Hercules* 1370 deelen zynde, dan is de Room-

---

(s) Suite des Memoir. de Mathem., van 't Jaar 1718, pag. 193.
(t) Id., pag. 191. (v) Hero Mechan. in Iſagoge.
(x) *Plinius*, lib. 2, cap. 23, pag. 13. Cenſor. de die Natal., cap. 11. ſub. fin.
(y) Cenſor. Loc. Citat. (z) De Cyri minor. Exped., pag. 168 & 190.
(a) Hygin. de Limit Conſtit.

Grootte der Aarde.

Roomfche voet 1315½, of 1½ voet 1479½ van de voorgaande deelen, 't welk het dubbeld is van 739½. De voet van *Drufus* is ook in Perfien gebruikt, en fchynt daar uit afkomftig; dezelve was omtrent 't Jaar 827 nog niet veel in grootte veranderd; want *Abulfeda* verhaalt, dat door de Wiskonftenaars van den Caliph van Babylon Almamon, in de Vlaktens van Singar, digt by de Zee, een graad van de Aarde afgemeeten is, en dat zy die vonden net 56 mylen, en in 't vervolg een andere graad 56⅓ (*b*), of 56⅔ myl als een ander heeft (*c*). Indien zy 55⅓ gevonden hadden, dan was de grootte van de Voet net het zelfde geweeft. *Albategnius* verhaalt dat een graad op de Aarde omtrent 85 mylen is (*d*), de proportie van de mylen uit *Abulfeda* is tot die van *Albategnius*, als men de laatfte afmeeting voor zeeker houd, als 3 tot 2; heeft deeze laatfte myl dan even als die van *Abulfeda* 4000 Cubiten, of 6000 voeten gehad, dan is de voet van *Albategnius* 986⅔ deelen, 't welk net ⅔ voet van Romen is, of de Palm van die plaats; de Stadie is dan gelyk aan 360 voeten van Alexandrien.

De Oude voet van *Rhodus* is tot de voet van *Herodoot*, als 7 tot 8; want *Strabo* (*e*) en *Plinius* (*f*) verhaalen, dat het Coloffus Beeld van de Zon hoog was 70 Cubiten, en volgens 't Opfchrift op de voet van 't Coloffus zelfs, was de hoogte 80 Cubiten (*g*). *De voet van Rhodus.*

Het fchynt dat de oude Hebreeuwfche voet, ook die van de Egiptenaars geweeft zal zyn. De Heer. *Newton* ftelt de Cubit 21½, of byna 22 Engelfche duimen (*h*), 1½ voet van Alexandrien, of 1 Cubit vind ik omtrent 21 11/12 Engelfche duimen. Indien men uit een plaats van Ezechiel befluit, dat de grootfte Cubit tot de gemeene was, als 6 tot 5 (*i*), dan komt de gemeene voet van de Jooden over een met die van *Hercules*, dog dit is niet geheel zeker. *De oude Hebreeuwfche voet.*

De lengte van de voornaamfte oude voeten, die meeft uit de Egiptifche afkomftig fchynen, zyn dan in deelen, daar van de 1440 de hedendaagfche Paryfche voet uitmaken.

H   De

(*b*) *Alfrag.*, cap. 10, pag. 41.   (*c*) *R. Abraham*, de Zoon van *Chaia*, cap. 9.
(*d*) De Num. Stellar. & Motib., pag. 26, Bono. 1645.
(*e*) Lib. 14, pag. 449.   (*f*) Lib. 34, cap. 7, pag. 714.
(*g*) *Georg. Cedrenus* Hiftor. Comp., pag. 355.
(*h*) *Newton* Chronol. des Anc. Royaum., pag. 360, Par. 1728.
(*i*) Cap. 43, vs. 13.

Verhandeling van de

	Deelen.		Egipt. voet.
De Egiptifche, de Babylonifche Konings voet van *Samos*	1644	—	600
De Perfiaanfche voet, die van *Drufus* en *Almamon*	1479½	—	540
De Siciliaanfche, daar *Diodor.* de Pyr. mede befchryft (k)	1409		
De oude Griekfe van *Hercules*	1370	De lengte van de Sta-	500
De Griekfe van *Herodotus*	1233	die van 600 voeten.	450
De oude voet van *Rhodus*	1079		
Die van *Archimedes* en *Albategnius*, of de Roomfe palm	986⅓	—	360
De Griekfe van *Xenophon*, van *Delphos*, en van *Ariftoteles*	739½	—	270
De Roomfe voet	1315	een Stadie van 625 voet is	500

Heden-
daagfe
voeten. Van de hedendaagfche voeten en andere kleine maaten, zal ik om de kortheid maar eenige weinige ftellen: hoe veel verfcheide foorten zyn alleen in ons land, dat zoo weinig uitgeftrektheid heeft (l), door vergelyking van dezelve, tegens de oude voeten, zou men de oorfpronk van zommige kunnen ontdekken, en 't verval of de duurzaamheid daar uit kennen.

	Deelen.		Deelen.
De voet van Bologne	1682	De Palm van Genua	1113
Van Denemarken	1404	De Palm van Palermo	1073
De Rhynlandfche voet	1390	De Roomfche Palm	990
De voet van London	1350	De Bras van Bologne	2640
De Engelf. voet, volg. de ord.	1425 (m)	De Bras van Florence	2430
De vóet van Sweeden	1316	De Bras van Parma en Plaifance	2423
Van Dantzik	1272	De Bras van Reggio	2348½
Van Amfterdam	1258	De Bras van Brefcio	2075
De Palm van Napels	1169	De Bras van Mantua	2062

Van de
Mylen
In de ou-
de tyd. In oude tyden had men ook grooter maaten, waar van de bekendfte mylen genoemt wierden. Hier zou men nu kunnen vragen, of de groote maaten uit de kleine, dan of de kleine uit de groote oorfpronkelyk waren? Het fchynt my toe, dat 'er in 't eerft wel kleine maaten in gebruik zyn geweeft, maar dat naderhand door de Sterrekundige waarneemingen, de grootte van een of meer graaden van de Aarde bepaald zynde, dat als doen de gevonden wydte, in een effen getal van Stadien en voeten wierd verdeeld, en zoo de maaten meerendeels opgekomen zyn, die wy in de oude Schryvers

(k) *Diod. Sicul.* Bibl. Hiftor., lib. 1. pag. 55.
(l) *Van Nifpen* van de Landmaaten.
(m) *Whifton* Prælect. Aftron., pag. 12; de andere zyn uit het vervolg der Hiftor. van de Franfche Academie van 't Jaar 1718.

vers vinden. Voortyds maakte men in Egipten een groot werk van de Hemelsloop (n), dog alles wierd geheim gehouden, en is nu meeft verlooren. Men leeft dat *Phidon* de Koning van Argos, die de 10de was van *Hercules*, dewelke voor ruim 25 Eeuwen leefde (o), de maat uitvond, die na hem genoemd wierd (p); wat kan men daar anders uit verftaan, als dat hy door zyn Waarneemingen, of door die van Babylon, of van de Egiptenaaren, de waare lengte van van de myl, ftadie, of voet, volgens de Sterrekonft in Griekenland herfteld heeft.

De Myl van Alexandrien was in de tyd van *Hero* $7\frac{1}{2}$ ftadie, of De Myl 4500 Egiptifche voeten (q). 't Schynt dat dit een kleine myl ge- van weeft is, en dat de groote 10 Stadien had, of 6000 Egiptifche voe- Alexandrien. ten, even als die in Babylon: nu reekende de Egiptifche Sterrekundigen net 500 ftadien in een graad, als hier na breeder zal getoond worden. Stelt men dat in voorige tyden, de voet daar ook de helft kleinder was, dan is de verdeeling by hun aldus geweeft: Een graad reekende men 100 mylen, ieder myl 10 ftadien, en ieder ftadie 600 kleine, of 300 groote voeten; de kleine myl van Alexandrien maakt net 10 ftadien van Herodotus.

De Roomfche Mylen in de tyd van *Xenophon*, waaren de helft De van de kleine myl van Alexandrien, of 2250 Egiptifche voeten, dog Roomfche die met fteenen op de wegen aangeweezen wierden, waaren 4000 Myl. voeten van Alexandrien, of 4800 voeten van *Hercules*, of 5000 Roomfche voeten, dat is 8 ftadien (r), dan volgt door het voorgaande, dat men 75 mylen in een graad had, of 5 van deeze mylen maaken de Duitfche myl uit, zoo dat men hier de oorfpronk ziet van de laaftgemelde myl, en alle de voornoemde bepaalingen fchynen uit de Hemelloopkunde afkomftig.

Ariftoteles de afftand tuffchen de oppervlakte en 't middelpunt De van de Aarde van noden hebbende, begroot dezelve op 3500 My- Griekfe. len (s); dat hy hier maar de effen honderden neemt, of liever tot het volle

H 2

(n) *Diod. Sicul.* Biblioth. Hiftor., lib. 1, pag. 44.
(o) *Newton* Chron. des Anc. Royaum., pag. 41, Par. 1728. *Marsham* Canon Chron., pag. 447.
(p) *Strabo*, lib. 8, pag. 247.
(q) *Hero Mech.* in *Izagoge*, *Suidas*, & *Phot. Byzant.*
(r) *Suidas* & *Plin.*, lib. 2, cap. 23, pag. 12, en cap. 108, pag. 40.
(s) *Meteor.*, lib. 2.

60 *Verhandeling van de*

volle half duizend toe, blykt klaar genoeg: ftellen wy, om de kortheid de omtrek van 't rond tot de Middellyn, als 22 tegen 7, en de halve middellyn van de Aarde $3436\tfrac{4}{11}$ mylen van Ariftoteles, dan is de omtrek 21600 mylen, of ieder graad wierd in 60 mylen verdeeld, 't welk nog by de Franfche Zeeluiden in den Oceaan gebruikt word. Ieder myl van *Ariftoteles* is dan geweeft 10 ftadien van *Hercules*, ieder ftadie van 600 voeten: hier ftryd niet tegen 't geen dezelfde Schryver verhaalt, dat de Wiskonftenaars ftellen, dat de omtrek van de Aarde is 400000 ftadien (*t*), dit waaren ftadien van Delphos.

In Perfien. In Perfien had een Parafange, in de tyd van *Xenophon*, 3 Perfiaanfche of 4 Roomfche mylen, of de Perfiaanfche myl had 3000 Egiptifche groote voeten, of 10 ftadien, ieder van 600 kleine, of 300 groote voeten van Alexandrien.

Hadden de Oude ons wat nauwkeuriger de befchryving van hun maaten nagelaaten, wy zouden nu veel zaaken klaarder verftaan, en in de legging en grootte der Steeden, ook in andere byzonderheden van dien tyd, zoo onzeker niet zyn. Hier valt nog veel in te onderzoeken, maar het voorgenome beftek laat my niet toe om hier langer in te weiden, 't voorgaande kan tot een grondflag verftrekken; evenwel zal ik hier nog twee Aanmerkingen byvoegen, dienende tot opheldering van 't geen dat zoo aanftonds gezeid is; het eerfte over den Tempel van *Venus* in *Vrankryk*, en het tweede over *Babylon* in *Chaldea*.

De grootte van Vrankryk. *Strabo* ftelt, dat de lengte van Vrankryk aan de Middelandfche zee was 2600 ftadien, dog andere zegt hy, voegen daar nog 100 ftadien by (*v*); ik neem daar voor het midden, of 2700 ftadien: dit zullen Griekfche geweeft zyn, of hy heeft dezelve tot die maat overgebragt; want volgens de hedendaagfe afmeetingen, is die lengte omtrent 60 Duitfe mylen, dan is de laaftgemelde ftadie tot de Egiptifche geweeft, als 3 tot 4, en de ftadien daar *Strabo* gewag van maakt, zyn die van *Herodotus*, dewelke ieder lang zyn $513\tfrac{1}{2}$ van de hedendaagfe Paryfche voeten. Nu blykt uit *Polybius* (*x*) dat voortyds daar omtrent de afftanden, als by de Grieken in ftadien gereekend wierden, 't welk niet vreemd voorkomt, als men in

aan-

(*t*) Lib. 2, de Cœlo, cap. 14. (*v*) Lib. 4, pag. 123. (*x*) Lib. 3, cap. 39.

Grootte der Aarde.

aanmerking neemt, dat die van Marfeille en daar omtrent, Colonien van de oude Grieken waaren. *Strabo* (y) ftelt, dat de afftand tuffchen *Narbonne* en de Tempel van *Venus* 63 mylen was: zoo hier 3 mylen voor de omwegen afgenoomen word, wegens de Zee en 't Water *Sigean*, dan blyft daar 60 mylen; nu met *Strabo*, 8 van de voorgaande ftadien voor een myl reekenende, zoo maakt dit 41100 Toifes, ieder van 6 Paryfche voeten. De afftand in een regte lyn, tuffchen *Narbonne* en *Port-Vendre*, bepaalen de Franfche Academisten op 41000 Toifes (z); zoo dat Port-Vendre zekerlyk de Haven van Venus is geweeft, en niet Port de la Selve in 't Noordelykfte van de Caap Creux, als de Heer *Caffini* meent (a). De Tempel van Venus zal dan niet ver van de Haven Vendre af geweeft zyn: 't geen *De Marca* in *Plinius* verbeterd heeft, is van waarde, en alles komt volmaakt overeen; de hedendaagfe naam van de laatft-gemelde Haven, geeft ook genoegzaam te kennen, wat men van deeze zaak oordeelen moet.

Ten opzigt van de grootte van Babylon, verhaalt *Ctefias* van *Gnide*, als hier vooren reets gezegt is, dat het zelve een vierkant was, daar van ieder zyde de lengte had van 90 Stadien; de laatft-gemelde Schryver was niet alleen een Tydgenoot van *Xenophon*, maar ook met hem in de onderneeming van den Jongen *Cyrus* tegen *Artaxerxes Mnemon*, daar hy ook gevangen wierd, en langen tyd daar na nog aan 't Hof van den laatftgemelden Vorft geweeft is, uit welkers Archiven hy, volgens zyn voorgeven, een Hiftorie van dat Land voor de Grieken heeft opgefteld. Het komt dan zeer waarfchynelyk te vooren, dat zyn Stadien ook de zelfde lengte hadden als die van *Xenophon*; en dan is ieder zyde van Babylon geweeft 1 7/12 Duitfe Myl, of de omtrek 5 2/3 van die Mylen; maar de Plaats was van binnen niet digt bebouwd, men had daar in veel Zaaylanden, Thuinen, en Ruimtens (b). De omtrek van Peking in China is tegenwoordig omtrent 3 1/2 Duitfe Myl, en heeft de gedaante van een langwerpig vierkant (c). Zoo dat Babylon ruim twee-

De grootte van Babylon.

(y) Lib. 4, pag. 113. (z) *Suite* de Mem. de Ao. 1718, pag. 187.
(a) Memoir. de l'Acad. Roy. de Scien., Ao. 1702, pag. 25. *Suite* des Memoir. de 1718, pag. 189.
(b) *Quint. Curt.*, 't 5de boek, pag. 306.
(c) Obferv. Geograph. de la Chine, pag. 136 & 137, Par. 1729.

tweemaal zoo veel plaats in zig begreep als Peking, en agtmaal zoo veel als in deezen tyd de Stad Parys (*d*); dat is, vyftienmaal grooter als Amfterdam, te reekenen na de buitenfte Paalen in het Y (*e*). Om nu eenigermaaten te giffen, hoe veel Volk in zoo een wonderbaare groote Stad geweeft zy, zoo vergelyk ik die tegen Ninive; de gedaante van deeze laatfte Plaats was een langwerpig vierkant, de twee langfte zyden waren ieder 150, en de twee kortfte zyden ieder 90 Stadien (*f*); onderftelt men nu, dat die Stadien even groot waren als die van *Xenophon*, dan was de grootte van Ninive tot die van Babylon als 5 tegen 3; waren in Ninive dan 120000 kinderen, die nog van regts, nog van flinks wiften (*g*), (indien wy nu hier voor neemen de kinderen onder de vier Jaaren, en volgens de hedendaagfe Aanteekeningen ftellen, dat die $\frac{1}{17}$ deelen van 't getal des Volks uitmaaken) dan zouden in de laatfte Plaats geweeft zyn 1000000 Menfchen; dog neemen wy 't getal der Menfchen in de zelfde reden als de grootte der Plaatzen, dan zou 't getal der Menfchen in Babylon ruim 600000 geweeft zyn; dat is nog minder als ik gis dat tegenwoordig in London gevonden worden. De Heer *Newton* befluit uit *Herodotus*, dat ieder zyde van Babylon was 15 Mylen (*h*); maar om dat hier de grootte van deeze Mylen niet gemeld word, zoo kan men daar niets van zeggen. *Humfrey Prideaux*, daar hy den omtrek van Ninive befchryft, reekent, dat 8 Stadien een Engelfche Myl zyn (*i*); maar dan zou de laatftgemelde Plaats wel tagtigmaal grooter als Amfterdam geweeft moeten zyn, daar volgens myn reekening maar vyfentwintigmaal komt.

De Gedaante van de Aarde. Tot dus verre dan van de Maaten afgehandeld hebbende, zoo gaa ik over tot de Gedaante en Grootte van de Aarde. Dat de Aarde na genoeg een ronde Kloot is, de Bergen, hooge Landen, en Kuilen uitgezonderd, blykt door de Maan-Eclipzen, en door de Reizen die om de dezelve gedaan zyn. Eigentlyk is dezelve ten naaften by een langwerpige ronde Kloot, of Sphæroide. De Heer
Newton

(*d*) Memoir. de l'Acad. Royal. des Scien., Ao. 1715, pag. 75, Amft. 1732.
(*e*) De Befchryving van Amft., door *Commel.*, 3de boek, pag. 240, Amft. 1694.
(*f*) *Diodor. Sicul.*, lib. 2, pag: 89.
(*g*) De Propheet *Jonas*, 't laatfte vers van 't 4de Capittel.
(*h*) Chron. des Anc. Royaum., pag. 351. (*i*) Pag. 53.

Newton meende, dat die aan de Poolen wat platter is, dat de Middellyn door de Poolen $\frac{1}{134}$ deel kleinder is als die door de Evenaar getrokken word (*k*). De Franfche Sterrekundige houden het tegendeel ftaande; 't eerfte befluit fteunt op de lengte van de Slingers in de Uurwerken; en 't laatfte op de afmeetingen, die in Vrankryk gedaan zyn. Hoe dat dit ook zy, het fchynt althans, dat men de uitflag in 't kort zal weeten, alzoo de laatftgemelde tegenwoordig bezig zyn, om eenige graaden van de Aarde in Peru en Lapland af te meeten.

Ten opzigt dan van de Grootte der Aarde, meen ik, dat al in oude Tyden door de Egiptifche Sterrekundigen, de lengte van een graad op de Aarde gevonden is; dat die verdeeld wierd in 1000, en naderhand in 500 Stadien van Alexandrien, en dat daar de lengte van de Stadie uit afkomftig is; dat ieder zyde, op de grond van de grootfte Pyramide, de waare lengte van de Sterrekundige Stadie aanwees: en bygevolg, behalven andere zaaken, daar dit groote Gebouw toegedient heeft, ook een gedenkteeken was, hoe groot dat zy de Aarde gevonden hadden: ieder Stadie nu, wierd in 600 voeten verdeeld. *Marinus van Thyr*, en *Theon van Alexandrien*, reekende ook 500 Stadien in een graad (*l*). En het is aanmerkelyk, 't geen dat *Ptolomeus* verhaalt, dat men door naaukeurige Waarneemingen gevonden heeft, dat een graad 500 Stadien van Alexandrien is (*m*); de toeftemming van deeze laatfte Schryvers is van zoo veel te meer gewigt, om dat hun de lengte van een Egiptifche Stadie niet onbekend geweeft zal zyn, en dat zy de lengte en breedte der Plaatzen ook na genoeg geweeten hebben. In vroeger Tyden heeft *Anaximander* de Grootte van de Aarde al onderzogt (*n*). *Ariftoteles* fchryft, dat de Wiskonftenaars de omtrek van de Aarde gevonden hebben 400000 Stadien (*o*); dit zyn waarfchynelyk de Griekfe van *Delphos* geweeft, die net 180000 Stadien van Alexandrien uitmaaken. *Archimedes* verhaalt, dat men

De Grootte van de Aarde door de Ouden.

(*k*) Philof. Nat. Princ. Mathem., pag. 382, Amft. 1714.
(*l*) Deeze Sterrekundige heeft in 't Jaar 364, den 16den Juny, een Zon-Eclips tot Alexandrien waargenomen, niet als *Ricciolus* heeft in 't Jaar 365, den 10den Maart.
(*m*) Geograph., lib. 7, cap. 5, pag. 176, Col. 1597.
(*n*) *Diog. Laërtius* in *Anaxim*.
(*o*) Lib. de Cœlo, cap. 14.

de Grootte van de Aarde gevonden heeft 300000 Stadien (p); is ieder Stadie 600 voeten, en de voet de zelfde als die van *Albategnius*, of de Roomſche Palm, dan maakt dit net 180000 Stadien van Alexandrien. *Eratoſthenes* ondervond, dat tot Syene, een Stad op de Grenzen van Æthiopien, de Stylen, die regthoekig op de grond ſtonden, net op den middag geen ſchaduw gaven, als de Zon het Keerpunt van de Kreeft bereikt had; en dat zulks ook daar omtrent geſchiede 150 Stadien in 't rond. Doe de Zon te Alexandrien, in Egipten, den zelven dag op 't hoogſt was, week de ſchaduw van een regtopſtaande Styl af $\frac{1}{75}$ſte deel van een Cirkel, waar van de Styls lengte de halve Middellyn was; en hier uit beſloot hy, dat de afſtand tuſſchen de twee laatſtgemelde Plaatzen $\frac{1}{75}$ſte deel van den omtrek der Aarde moeſt zyn. Men verhaalt van *Poſſidonius*, die omtrent twee Eeuwen laater leefde, of in den tyd van *Pompejus de Groote*, dat zyn oogmerk was, om den omtrek van de Aarde te vinden, door de Ster Canopus, die in 't Roer van 't Schip is, dewelke zig tot Alexandrien $\frac{1}{1}$ſte deel van de geheele Hemel boven den Zigteinder vertoonde, en tot Rhodus maar even aan dezelve te zien zou zyn, en aanſtonds onderging. Dog zou *Poſſidonius* ook aan zig hebben laaten leunen, of heeft men uit zyn Schryven wel begreepen, dat hy de omtrek van de Aarde door de voornoemde Ster gevonden had. Hoe kon hy dit in 't werk ſtellen?. wat voor middel heeft hy aan de hand gehad om den afſtand over Zee te bepaalen? Door de hedendaagſe Waarneemingen, en uit die van *Ptolomeus*, blykt, dat de gemelde Ster tot Rhodus, daar *Poſſidonius* woonde, niet even aan de kimmen, maar hoger boven den Horizont moeſt komen; of kon hy aldaar den waaren Horizont niet zien? Uit *Cleomedes* blykt genoegzaam, dat hy maar, by wyze van redeneering, de Ster Canopus, als tot een voorbeeld neemt; want hy zegt, is de afſtand tuſſchen Rhodus en Alexandrien minder, dan zal ook de omtrek van de Aarde, na de zelfde reden, minder zyn (q).

Dog

(p) De Num. Aren.

(q) *Cleomedis de Mundo* ſive Circul. inſpect. Meteor., lib. 1, pag 159, Baſ. 1547. *Ricciol*. in zyn Almag., pag. 363, meende, dat *Cleomedes* leefde omtrent 565 Jaaren voor Chriſtus; dit trok hy uit de Zon-Eclips, die de gemelde Auteur, pag. 260, beſchryft, dewelke in de Helleſpont Totaal was, en tot Alexandrien 10 duim; maar hoe kan dit zyn? Alexandrien was doe nog niet geboud; als hy zoo vroeg geleeft had, kon hy *Eratoſthenes*, *Poſſidonius*, en andere Schryvers niet

Grootte der Aarde.

Dog zou het ook niet op deeze manier begreepen kunnen worden, dat *Poſſidonius* niet anders gedaan heeft, als *Eratoſthenes* te verbeteren, dat hy aanmerkte dat de Zon geen enkeld punt in den Hemel is, maar dat de fchaduw van een Styl, door de Zon veroorzaakt, minder is, dan of die alleen uit het middelpunt van dezelve afkomſtig was, wegens het ligt dat van de Zons hoogſte rand afſtraalt, en dat hy daar uit beſloot, dat de afſtand tuſſchen Alexandrien en Syene, in plaats van een vyftigſte deel, genomen moeſt worden op een agtenveertigſte deel van den geheelen omtrek, zynde in Stadien van Alexandrien 3750, of 5000 van *Herodotus* (r). Zoo dat hy de geheele omtrek van de Aarde ſtelt op 180000 Egiptifche Stadien (s); hebbende op deze wys dan de oude afmeetingen eenigzins herſtelt. De voornaame Sterrekundige *Hipparchus*, meende, dat men by de vinding van *Eratoſthenes*, die wy uit *Cleomedes* op 250000 Stadien zullen behouden, (hoewel andere daar nog 2000 Stadien meer voor ſtellen,) nog moeſt byvoegen, wat minder als 25000 Stadien, dan komt de omtrek wat minder als 275000 Stadien: is dit laatſte nu geweeſt de Maat van Rhodus, 't Vaderland van *Hipparchus*, zoo maakt dit na genoeg 240000 Stadien van *Herodoot*, of 180000 Stadien van Alexandrien, als hier vooren in de Verhandeling van de Maaten getoond is.

Men ziet dan, dat al de voornaame Sterrekundigen en Aardrykbefchryvers van den ouden tyd, genoegzaam overeen te brengen zyn, en dat zy de omtrek van de Aarde reekenen op 180 duizend Stadien van Alexandrien, welke Stadie hier te vooren gevonden is 685 van de hedendaagſe Paryſche voeten, dat is 57083$\frac{1}{3}$ Toiſes (die ieder 6 van de gemelde voeten hebben) in een graad; of de geheele omtrek van de Aarde 7096$\frac{1}{2}$ Hollandſche Mylen, ieder van 1500 Rhynlandſche Roeden; 't welk wonderlyk na met de hedendaagſe afmeetingen overeen komt. 't Verwyt tegens die groote Mannen

I van

---

aantrekken. De Heer *Caſſini* meent, dat de voornoemde *Cleomedes* in de zelfde Eeuw leefde als *Poſſidonius*; maar dit zou zwaar vallen om te bewyzen. *Voſſ*. de Scient. Mathem., pag. 165, Amſt. 1660, ſtelt zyn leeftyd omtrent 't Jaar 427$\frac{1}{2}$ zoo dat hy van de Eclips zal ſchryven, die in 't Jaar 418, den 19den July, gebeurd is, dewelke men vind in 't Chronicon. Paſchale, pag. 310. *Philoſt*. Eccleſ. Hiſtor., lib. 12, cap. 8, pag. 555. *Marcel*. Com. Chron., pag. 62.

(r) Cleom. Loc. cit. (s) *Strabo*, lib. 2, pag. 65.

van den Ouden Tyd, als of zy op een ongemeene ruwe wys de Grootte van de Aarde opgeeven, komt dan t'eenemaal te vervallen, en men moet bekennen, dat zy een beter denkbeeld daar van gehad hebben, als men tot nog toe gemeend heeft.

<small>De Hedendaagfe manier om de Grootte van de Aarde te vinden.</small> Om naukeurig de Grootte van de Aarde te vinden, zou men dit Land kunnen verkiezen, vermits het zelve vlak en effen is, ook om dat de wateren dikwils toevriezen. *Willebordus Snellius*, voortyds Profeffor tot Leiden, onderzogt door de driehoeksmeeting den afftand tuffchen Alkmaar en Bergen op Zoom, volgens de ftrekking van 't middagrond, in roeden en graaden, en vond ieder graad van de Aarde 28500 Rhynlandfche roeden (*t*); naderhand, denkende of hy ook gemift had, zoo is het werk door hem op nieuws, in 't Jaar 1622, hervat, meetende de grond van den eerften driehoek, op dat die net zou zyn, op het Ys af; na de uitreekening, zoo was 't befluit, dat ieder graad van de Aarde moet zyn 28488 Rhynlandfche roeden (*v*). Maar als men van de Toren van Utregt na Leiden ziet, dan word men twee Torens digte by malkander gewaar; de Heer Profeffor *Muffchenbroek* meent, dat *Snellius* den eenen Toren voor den anderen genomen heeft; want de laatftgemelde Schryver vind de hoek tuffchen Leiden en Gouda, uit Utregt te zien, 27 gr., 26 min. (*x*), daar de Heer *Muffchenbroek*, die een Verrekyker op zyn Werktuig had, en daarom wel verzekerd was wegens de Toren van Leiden, dezelve vind 27 gr., 45 min. (*y*); maar 't kon ook wel zyn dat *Snellius*, in plaats van 46, door een misflag, 26 minuten had gefchreeven. Na de noodige verbeteringen vind de Heer *Muffchenbroek* ieder graad van de Aarde een weinig meer als 29514 Rhynlandfche roeden (*z*), of de geheele omtrek na genoeg 7083 Hollandfche mylen, ieder van 1500 Rhynlandfche roeden (*a*). Mr. *Picard* vond een graad van de

Aarde

(*t*) *Eratofth*. Batav., pag. 198. (*v*) *Mufch*. de Magn. Ter., pag. 419.
(*x*) *Eratofth*. Batav., Lib. 2, pag. 173.
(*y*) De Magn. Ter. pag. 406, Lugd. Batav. 1729.
(*z*) Idem pag. 483.
(*a*) In *Snellius*, Eratofth. Batav., ftaat, dat de omtrek van de Aarde is 8640 Hollanfche Mylen, dog dit is een Drukfout, men moet leezen 6840; deeze misftelling is ook in Varen. Geograph. Gener., in de Druk van Amfterdam, op drie plaatzen, te weeten, pag. 32. 38 en 39. ook in de druk van London in 't Jaar 1681, op pag. 24.

Aarde 57060 Toifes, ieder van 6 Paryſſche voeten (b). De Leeden van de Franſche Academie, in het trekken van de Middaglyn door Parys en geheel Vrankryk, bepaalen ieder graad, de een door den ander gereekend, op 57097 Toiſes (c); zoo dat de Duitſche myl, van 15 in een graad, is 23660 voeten Rhynlandſche maat (d): dan is de omtrek van de gantſche Aarde, als men die volmaakt rond ſtelt, 7098 van de gemelde Hollandſche mylen, 1183 Hollandſche mylen zyn dan 900 Duitſche mylen, of 60 graaden (e), dat is ieder graad 19:¾ Hollandſche Mylen, of 71 van deeze laatſte maaken omtrent 54 Duitſche mylen; de Franſche mylen van 25 in een graad zyn 2284 Toiſes; de Zee-mylen van 20 in een graad, 2855 Toiſes, of 17745 Rhynlanſche voeten, die in eenige Kaarten uuren gaans genoemd worden. Dus ziet men eindelyk, en wie zou zulks ooit gedagt hebben, dat door de hedendaagſe afmeetingen, de Aarde maar 1½ Hollandſche myl in den omtrek grooter gevonden word, als de oude Egiptenaaren die bepaald hebben, 't welk maar 1/711 van den geheelen omtrek verſcheelt.

Als de Diameter in een Cirkel geſteld word op 10000000, dan zal de omtrek na genoeg zyn 31415926½ (f); de platte inhoud van de grootſte Cirkel, die uit de Aarde kan geſneeden worden, moet dan beſtaan uit 4009240½ vierkante mylen (g); viermaal de inhoud van deeze Cirkel maakt des Aardkloots oppervlakte uit (h); zynde 16036963 vierkante mylen; dan is de inhoud van de geheele Aarde 6038 millioenen, 888 duizend, 507 zulke plaatzen, die de gedaante van een Teerling hebben, daar van ieder zyde een Hollandſche myl lang is. Hoe groot dit ook ſchynt, zoo is de Aarde nogtans klein ten opzigt van de Zon, Jupiter, of Saturnus, gelyk aan de Sterrekundigen bekend is.

De oppervlakte en inhoud van de Aarde.

(b) Suite des Memoir. de 1718, pag. 346.
(c) Id. pag. 483.
(d) In Varen. Geograp. Gener. in de druk van London, pag. 13, en in die van Amſterdam in 't Jaar 1664, pag. 16, vind men dat een Duitſe myl is 14000 1/3 Rhynlandſche voeten, dog dit is niet wel gereekend; ook was de oude Roomſche myl geen 4000, maar 4732 voeten Rhynlandſche maat.
(e) Door 't voorgaande.
(f) Ludolf van Keulen, van de Cirkel, fol. 14.
(g) Archimedes, in zyn Tractaat van de Cirkel.
(h) De 30ſte Prop. 't 1ſte Boek van Archimedes, over de Cylinder en holle Kloot.

ONDERZOEK
OVER DE
MAANS ATMOSPHERA,
OF
DAMPKRING.

Daar is geen gering verschil onder de Sterrekundige over de Atmosphera, of Dampkring van de Maan; de een meent, dat de Maan een Dampkring heeft; andere, en die geenzins van de minste zyn, ontkennen dit rond uit. Ik zal my niet ophouden met al de redenen by te brengen, die zy over en weder geven; iemand, die de Zon, in 't Jaar 1706, in Zwitzerland Totaal zag verduisteren, besloot uit zyn Waarneeming, dat de Maan een Atmosphera had, dat dezelve niet hooger was als $\frac{1}{155}$ of een zeshondertste deel van de Maans Diameter (a); door de Totale Zon-Eclips van 't Jaar 1715, die te London waargenomen wierd, vorderde men niet veel, de gevoelens waren verdeeld; evenwel zag men een verschynzel, waar uit bleek, dat de Maans Rand zoo glad en effen niet is, als men zig verbeeld (b). De Zon-Eclips van 't Jaar 1733, den 13den May, was Totaal tot Gotthenburg in Zweeden, *Birgerus Vaffenius* heeft dezelve daar waargenomen, en verhaalt ons, dat hy, doe de Zon geheel verduisterd was, door een Verrekyker van 21 Zweedsche voeten, verscheide vlekken in de Maans Atmosphera gezien heeft, waar van
eenige

(a) Philosoph. Transf., Num. 306, pag. 2241.
(b) Philosoph. Transf., Num. 343, pag. 249.

Atmosphera, of Dampkring.

eenige waardig waren om te aanschouwen; aan de Zuidwestzyde vertoonden zig drie of vier roodagtige vlekken, onder dewelke een die veel grooter was als de andere, die te zamengesteld scheen uit drie deelen, of Wolken, die evenwydig waren, van ongelyke lengte, met eenige schuinheid ten opzigt van de Maans omtrek; de Waarneemer beschoude dit met vermaak de tyd van 40 secunden, en voegt daar by, dat men niet behoefde te denken, dat dit een gebrek aan de Verrekyker of aan de Oogen was (c). In 't Jaar 1699, den 7den Maart, Nieuwe Styl, zag *P. Fueille* te Marseille, 's avonds te 9 uuren, 39 minuten, dat een Ster van de Hyades door de Maan bedekt wierd. Het byzonderst in deeze Waarneeming was, dat, na dat de Ster de ligte Rand van de Maan raakte, en bygevolg bedekt moest worden, dat dezelve niet naliet, om nog eenige secunden op de verligte vlakte van de Maan te verschynen, en daar op voort te gaan; daar na verdween dezelve: Mr. *Cassini* verhaalt, dat dit gemakkelyk is om uit te leggen, als men onderstelt, dat de Maan een Dampkring heeft (d). Mr. *La Hire* zag nog in 't zelfde Jaar, den 19den Augustus, 's morgens, Aldebaran op de verligte oppervlakte van de Maan (e).

Van de bovenstaande Waarneemingen zou men konnen zeggen, dat men tot nog toe van de Maans Atmosphera geen zekerheid had; want of schoon de Ridder de *Louville* meende, dat hy die zag in de Totaale Zon-Eclips van 't Jaar 1715, zoo heeft men hem getoond, dat dit een andere oorzaak had (f). De grootste Sterrekundigen ontkennen rond uit, dat de Maan een Dampkring heeft, en Mr. *La Hire* (g) zegt, dat men daar niets zou kunnen tegen inbrengen, als te zeggen, dat de Stof daar van zoo dun is, dat dezelve de straalen, die daar door heen gaan, niet merkelyk van hun weg kan afleiden, en dat men daarom die nog niet gemerkt heeft; hier zou men nog kunnen byvoegen, dat de Dampkring ligtelyk niet hoog of wyduitgestrekt is, voornamentlyk voor zoo ver als die 't vermogen heeft, om de straalen te buigen; 't welk volgens

Mr.

(c) Philosoph. Transf., Num. 429, pag. 135.
(d) Histoire de l'Acad. Royale des Sciences, pag 96, Amst. 1699.
(e) Idem, pag. 103.
(f) Memor. van de Fransche Academie van 't Jaar 1715.
(g) Ibid., pag. 214.

Mr. *Caſſini*, hier op de Aarde maar omtrent is tot de hoogte van 2000 Toiſes (*b*), dat is een weinig meer als ¼ Duitſche myl. In de Totaale verduiſtering van de Maan, die in 't Jaar 1718, den 9den September, Nieuwe Styl, voorviel, zag Mr. *Caſſini* te 8 uur., 45 min., 40 ſec., dat een kleine vaſte Ster door de Maan bedekt wierd, na dat dezelve meer als een minuut tyd op de Ooſtelyke Rand van de Maan, die men zeer duidelyk kon onderkennen, gezien was; in onze Lugt, en op de Maan was het zoo helder, dat doe de Maan geheel verduiſterd was, men evenwel de voornaamſte plekken nog zien kon; te 8 uur., 56 min., 40 ſec., begon iets van de Maan te verligten (*i*); Mr. *La Hire* zag de Immerſie van de gemelde vaſte Ster, te 8 uuren, 45 min., 37 ſec., na dat die Ster zig digte by de twee minuuten tyd op de kant van de Maan vertoond had (*k*); de gemelde Franſche Sterrekundigen ſchryven dit toe aan de kragt van het ligt, dat de Maan had, hoewel dat zy geheel verduiſterd was, om dat de vermeerdering van de beeltenis der Ster zoo groot was (*l*). Zou men nu wel mogen vraagen, hoe dat het komt, dat dit niet altyd zoo gebeurde, als 't duiſtere deel van de Maan over een Ster loopt? Mr. *Maraldi* zag ook, dat de gemelde vaſte Ster eenige tyd op den Rand van de Maan vertoefde, en verhaalt, dat dit een verſchynzel was, dat hy nooit gezien had in de andere Conjunctien van de Maan met een vaſte Ster: kan men niet eenige twyffeling opvatten, of de uitlegging van de bovengemelde Heeren wel regt gedaan is? en is hier mede dit verſchynzel volkomen opgeloſt? zou het niet eenigzins waarſchynelyker zyn, als men het zelve verklaarde door de ſtraalbuiging in de Maans Atmoſphera? Het is bekend, dat in de Maan hooge bergen en diepe kuilen zyn; het Appeninſch gebergte, dat een ſchuine opgaande

---

(*b*) Memoir. de l'Acad. Franc., Ao. 1714, pag. 47, Ed. Amſt.
(*i*) Memoir. de l'Acad. Royal. des Scien., Ao. 1718, pag. 356.
(*k*) Idem, pag. 362.
(*l*) De eigen woorden van den Heer *Caſſini*, daar hy van 't vertoeven van de Ster op de Maans Rand ſpreekt, zyn aldus: ,, Ce qui a été cauſé apparement ,, par la Lumiere de la Lune, qui quoiqu' éclipſée, étoit aſſez forte pour ,, augmenter ſon image, & la faire paroître plus grande qu'elle n'eſt effectivement". Die van den Heer de *La Hire* luiden: ,, Ce qui eſt une preuve de la force de la ,, Lumiere que la Lune avoit quoi qu'elle fût éclipſée, puisque l'augmentation ,, de ſon image étoit, ſi grande dans l'œil.

Atmosphera, of *Dampkring*.

gaande weg fchynt, word van *Hevelius* voor 't hoogfte van de Maan gehouden (m); de uitreekening, volgens zyn figuur (n) opmaakende, vind ik het hoogfte daar van omtrent ½ Duitfche myl boven de oppervlakte verheven; dog ik zou twyffelen of het zelve wel zoo hoog is: verfcheide andere bergen heb ik bereekend, dat omtrent ¼ Duitfche myl hoog zyn. De Heer *Keil* (o), *Ricciolus* volgende (p), reekent dat de berg St. Catharina in de Maan hoog is 9 Engelfche mylen; maar in twee deelen is de eerftgemelde Heer misleid door de laatfte Schryver, eerft in de Waarneeming, en dan in de Uitreekening, die maar voor de Quartieren is, en niet beftaan kan, de Maan vier dagen oud zynde; want keurt men de Waarneeming voor goed, dan zou door de waare uitreekening volgen, dat de gemelde berg hoog moeft zyn 16¼ Engelfche myl, dat is meer als 3⅕ Duitfche myl, 't welk veel te hoog is; evenwel moet men bekennen, dat zommige van dezelve vry hoog zyn, en ten minften zoo hoog als de bergen op de Aarde. Het is dan niet om te verwonderen, dat men niet altyd de vafte Sterren in de bedekkingen van de Maan op de Rand ziet vertoeven; ja ook de zelfde Ster niet, om dat die in ieder bedekking byna geduurig een ander oord van de Maan aantreft; 't voornaamfte deel van de Maans Atmosphera houd zig als fchuil agter de hooge landen, en tuffchen de hooge bergen. De voorgaande Waarneeming fchynt een zonderling geval te zyn, daar de ligtftraalen van de Ster, door de Maans Dampkring, langs een valley of effen vlakte, of zonder beletzel van de hoogtens en bergen, tot ons overgekomen zyn: ook blykt uit de Obfervatie genoegzaam, dat de Horizontaale Refractie op de Maan veel weiniger is als by ons, en dat de vafte Sterren en Planeeten, hun Couleur niet moeten veranderen, als die agter de Maan gaan. De Heer *Pound* heeft tot Wanfted waargenomen, dat de bedekking van de meergemelde Ster, aldaar gefchiede ten 8 uur., 36 min., 13 fec., beneden de *Palus Mareotis* van *Hevelius*; de Ster vind men niet in *Flamfteed:* de Heer *Pound* ftelt die op die tyd 17 graad., 16 min. in *Pisces*, met omtrent 1 graad, 6½ min. Zuider Breedte, de Maan begon uit de fchaduw te komen

ten

(m) Selenograph., pag. 394. (n) Pag. 392.
(o) Introduct. ad Ver. Aftron., pag. 116.
(p) Almag., Lib. 4, pag. 208.

ten 8 uur., 48 min., 18 fec. (q). 't Schynt dat tot London en Wanfted, dat daar digte by is, ook tot Bologne de Ster ten eerften agter de bergen gegaan is.

Om dat de Heer *Pound* de langte en breedte van de Ster maar ten naaften by ftelt, zoo zal ik die wat naukeuriger, door de bedekking en uitkomft, ten opzigt van de Maan, onderzoeken; de Maans plaats, uit de Tafels, verbeter ik door de Waarneemingen van de Eclips, 17 fecunden, en vind als volgt:

In 't Jaar 1718, O.St., Auguftus 19.	Wanfted. uur min. fec.	Temp. Med. uur min. fec.	London. uur min. fec.	☾ Pl. uit de Taf. ° ′ ″	☾ Z. B. ′ ″
Temp ap. Conj. ☉ en ☾	7:55:42	7:52:47	7:52:19	♓ 16:39:27	3:39
Immerfie van de Ster	8:36:13	8:33:18	8:32:50	♓ 16:59:24	5:24½
Emerfie van de Ster	9:28:45	9:25:50	9:25:22	♓ 17:25:15	7:48½

Correctie.	Nette ☾ plaats. ° ′ ″	☉ waare plaats. ° ′ ″
0:17	In ♓ 16:39:44	In ♍ 16:39:53
0:17	In ♓ 16:59:41	In ♍ 16:41:31
0:17	In ♓ 17:25:32	In ♍ 16:43:39

Hier door vind ik de Maans zigtbaare plaats tot Wanfted, op de tyd van de Immerfie, in ♓ 17 gr., 6 min., 39 fec., met 56 min., 50 fec. Zuider Breedte; en op de Emerfie, in ♓ 17 gr., 27 min., 27 fec., met 57 min., 37 fec. Zuider Breedte, en befluit daar uit, dat de plaats van de Ster op dien tyd was in ♓ 17 gr., 16 min., 41 fec., met 1 gr., 7 min., 44 fec. Zuider Breedte. Dit dan als vaftgefteld zynde, de Breedte van 't Obfervatorium tot Parys neemende op 48 gr., 50 min., 10 fec., zoo vind ik, dat *de bedekking van de Ster*, op de laatftgemelde plaats gefchied moet zyn, ten 8 uur., 44 min., 12 fec.; en men heeft die Ster nog omtrent 1½ minuut gezien, na dat die al agter de Maan was; vind men naderhand door de Waarneeming, in de plaats van de Ster eenige weinige fecunden verfchil, dit zou moeten voortkomen door eenige verfchil in de Maans breedte, of in zyn afftand, of diameter, ten opzigt van de Tafels, vergeleken met de Waarneemingen; want de Maans halve Diameter, door de Tafels, is 14 min., 46 fec.; en door de Waarneeming ten 10 uur., 30 min., vond men die 14 min., 52½ fec.; doch evenwel kan ik niet veel fout hebben in

de

(q) Philofoph. Tranfact., Num. 357, pag. 856 & feqq.

Atmosphera of Dampkring. 73

de ſtand van de Ster, als blykt uit de volgende Obſervatien, die ik ook bereekend heb.

De Heer *Manfredi*, die te Bologne deeze Eclips waarnam, zag dat de voornoemde vaſte Ster daar door de Maan bedekt wierd, ten 9 uur., 42 min., 31 ſec., die paſſeerde daar veel nader aan de Zuidelyke Rand van de Maan; Bologne ſtellende op 44 gr., 30 min. Noorder Breedte, 9 gr., 17 min. Ooſtelyker als Parys, en de Ster als hier vooren gevonden is, dan op de laatſtgemelde tyd de zigtbaare Maans plaats aldaar uitreekenende, zoo vind ik, dat het Centrum van de Maan aldaar van de Ster afſtond 14 min., 46 ſec., en bygevolg geſchiede op die tyd de bedekking. De Heer *Blanchini*, die tot Urbino, in Italien, deeze Eclips obſerveerde, verhaalt, dat doe de Ster byna in famenſtand was met het middelpunt van de Maan; dat dezelve zoo digt aan de Zuidelyke Rand paſſeerde, dat zy de Maan ſcheen te raaken, zonder daar door bedekt te worden, Urbino neemende op 43 graad., 53 min. Noorder Breedte, 12 graad., 51 min. Beooſten London, dan vind ik, dat aldaar ten 9 uur., 25 min., 5 ſec., Temp. Med., de zigtbaare Maans plaats geweeſt is in ♓ 17 gr., 7 min., 11 ſec., met 52 min., 32 ſec. Zuider Breedte; ten 9 uur., 44 min., 14 ſec., Temp. Med., was de zienlyke Maans plaats in ♓ 17 gr., 12 min., 46 ſec., met 52 min., 43 ſec. Zuider Breedte; hier uit volgt, dat op de tyd van de Conjunctie, de Maans middelpunt 52 min., 51 ſec. Zuider Breedte moet gehad hebben; dan is de Ster 7 ſecunden van de Maans Rand gepaſſeerd, of maar ½ ſecunde daar van, als men de Maans middellyn volgens de Obſervatie neemt: hier door ziet men, dat ik in 't bepaalen van de Sters lengte en breedte niet veel kan gemiſt hebben; en my dunkt, dat de verdwyning van de Ster tot Parys, met geen goede reden, ten opzigt van de verdwyning tot Wanſted, en op andere plaatzen, is uit te leggen, ten zy dat men onderſtelt, dat de Maan een Dampkring heeft; doch indien iemand dit op een ander manier kan verklaaren, ik wil gaaren myn gevoelen voor een beter verwiſſelen; de Maans Diameter 29 min., 45 ſec. zynde, zoo is een berg van een halve Duitſche myl, op de Maan nog geen 2 ſecunden; en om dat de meeſte allenks ſchuin oploopen, en de een geduurig agter de ander volgt, zoo ziet men ligtelyk, waarom dat de Maans Rand door de kleine Verrekykers zoo glad en effen ſchynt,

K

schynt. Uit de bedekking van Parys kan men besluiten, dat de hoogte van de Maans Atmosphera, tot zoo ver als die bequaam is om de ftraalen zigtbaarlyk te buigen, moet zyn omtrent $\frac{1}{4}$ Duitfche myl. Om nu de onderftelling van de Maans Atmosphera waarfchynelyker te maaken, zal ik hier niet bybrengen, 't geen *Francifcus Blanchini*, in 't Jaar 1725, den 16den Auguftus, tot Romen gezien heeft, in de vlek Plato in de Maan, door een Verrekyker van *Jofeph Campani*, lang 150 Roomfche palmen; dat is omtrent 107 voeten Rhynlandfche Maat (*r*), noch dat verfcheide Perfoonen, doe in 't Jaar 1715 de Zon geheel verduiftert was, door Verrekykers Onweeren in de Maan gezien hebben (*s*); maar zal alleen hier aantekenen, dat de Heer *Caffini*, in 't Jaar 1720, tuffchen den 21 en 22ften April, een Ster, die *Bayer* met γ tekend, in de Maagd, door de Maan heeft zien bedekken: *Flamfteed* ftelt deeze Ster op 't eind van 't Jaar 1689, 5 gr., 52 min., 11 sec. in ♎, met 2 gr., 48 min., 53 sec. Noorder Breedte. Uit deeze Obfervatie befluit de Heer *Caffini*, dat de Maan geen Dampkring heeft; maar zyn Waarneeming wyft niet anders aan, als dat de Dampkring van de Maan, voor zoo ver die bequaam is om de ftraalen te buigen, de hooge bergen en landen van de Maan niet te boven gaat, het welk ik gaarne toeftaa: het is een dubbelde Ster, of die uit twee Steeren beftaat, daar de Maan over liep, door een Verrekyker van 11 voeten fcheen het een Ster die wat langagtig was, en door een van 16 voeten, twee Sterren; de afftand tuffchen dezelve, vertoonde zig zoo wyd, als de middelyn van ieder Ster in 't byzonder. 25 min., 14 sec. na de middernagt zag men de Immerfie van de Westelyke Ster, in de donkere Rand van de Maan: $\frac{1}{2}$ minuut na dien tyd wierd de Oostelyke Ster bedekt, even als de andere, in minder als een halve fecunde tyd: men was zeer oplettend, om de uitgang van deeze Sterren van agter de verligte Rand van de Maan te zien, en men wierd die beide te gelyk gewaar, 51 min., 16 sec., na de middernagt, zynde dezelve byna evenwydig aan de Rand van de Maan (*t*), daar op de Immerfie dezelve fchuins ftonden, ten opzigt van de Maans Rand; en alhoewel, door het groote ligt van de

---

(*r*) Philofoph. Tranfact., Num. 396, pag. 181 & 182.
(*s*) Memoir. de l'Academ. Royale des Sciences, Ao. 1715, pag. 127. Ed Amft.
(*t*) Memoir. de l'Academ. Royale des Sciences, Ao. 1720, pag. 184.

Maan, het ligt van de Sterren zeer verminderd wierd, en dat de Verrekyker een gedeelte van de ftraalen weg nam, die men met het bloote oog ziet, zoo befluit evenwel de Heer *Caſſini*, dat de fchynbaare Diameter van ieder Ster, tot de waare middellyn is, als 30 tegen 1, en dat de fchynbaare oppervlakte negen hondertmaal grooter was als dezelve zig zou vertoonen wanneer die ontbloot waren van de ftraalen, die haar omringen; ik wil de vergrooting van het ligt, of de proportie tuffchen de fchynbaare en waare Diameter van ieder Ster, in 't minft niet tegenfpreeken; maar ik meen, dat het voorgaande befluit van de Heer *Caſſini*, uit deeze Waarneeming niet is op te maaken; want laat in de IIde Afbeeld., Fig. 2, P het middelpunt van de Maan zyn, A Q O een gedeelte van deszelfs omtrek, die ik hier als een volmaakt rondsdeel ftel; A en B de twee Sterren, doe A door de Maan bedekt wierd, O en D de zelfde Sterren in haar Emerfie; als men trekt de regte lyn D O, dan moet de perpendiculaar, die op het midden van dezelve getrokken word, als P I door de Maans Centrum gaan; A B is evenwydig O D: nu is door de Maans fchynbaare loop, en de vertoeving van de Sterren agter de Maan, de lengte van A O of B D nagenoeg te vinden: dat nu de onderfte Ster ½ minuut tyd minder agter de Maan geweeft is, komt, om dat C D kleiner als A O is; want na dat de Maan A bedekt heeft, zoo moet het punt van de rand C nog tot B loopen, om B te bedekken; hier toe is, volgens de Waarneeming, 30 fecunden tyd van nooden geweeft, of B C is nagenoeg 17 fecunden van een graad; nu is de ∠ A O D, of ook de ∠ A B C, ten naaften by openbaar, en daar uit kent men de ftand van de Sterren; door de reekening blykt, dat de middelpunten van de Sterren geen 4½ fecunden van malkander af zyn, dan is de fchynbaare Diameter van ieder Ster 2¼ fecunde; ftelt men nu de Diameter van ieder Ster, na de ontblooting van de ftraalen, volgens de Obfervatie, op ¼ fecunde van een graad, (hoewel dat hier geen zekerheid in is; want minder als ¼ fecunde tyd is te kort om wel af te meeten,) dan zou volgen, dat de Diameter negenmaal grooter wierd door de verfpreiding van 't ligt, of de oppervlakte eenentagtigmaal, dat nog al veel van negen hondertmaal verfcheelt; ook dient men in agt te neemen, dat het met een Verrekyker, en niet met het bloote oog waargenomen is. Als men met de Heer *Caſſini* ftelde, dat de middelpunten van de Sterren, 30 fecunden in tyd, of 17 fecunden van een graad van malkander ftonden, dan zou de langfte Diameter van de Ster, die zy te zamen met het bloote oog, of door een Verrekyker van 11 voeten vertoonen, 51 fecunden moeten zyn, dat is omtrent ¼ grooter als de middellyn van Jupiter: hoe komt dit overeen met een Ster van de derde grootte, gelyk de Heer *Caffini* die zelfs befchryft? en met het geen, dat men in de Hiftorie van de Franfche Academie (v) vind, daar in verhaald word, dat, al ziet men de vafte Sterren door de Verrekykers, dat men ter naauwernood een vind, die een middellyn heeft van 5 of 6 fecunden? als de Ster A in C geweeft was op zyn bedekking, dan zou 't befluit van den laatftgemelden Sterrekundigen kunnen beftaan; maar dit blykt uit de Obfervatie anders: want hy verhaalt, dat die fchuins ten opzigt van de Maans Rand waren; dan zou ook de Weftelyke Ster eerder als de Ooftelyke agter de Maan uitgekomen zyn, en niet gelyk met de andere.

(v) Zict Ao. 1720, pag. 122.

ON-

ONDERZOEK
OVER EENIGE
ZON-en MAAN-ECLIPZEN,
Dienende tot Opheldering van de Hiftorien
en de Chronologie.

De Zon- en Maan-Eclipzen uit te reekenen is niet alleen een loutere befpiegeling, om aan te toonen, hoe naukeurig dat onze Uitreekeningen met de fchynbaare loop van de Zon en Maan overeen komen, maar een van de alderzekerfte fteunzels, om de Tyd-reekening vaft te ftellen; doch veeltyds misbruikt men die, om dezelve wonderlyk te verwarren: hier van zou ik overvloedige voorbeelden kunnen geeven, hoe in *Calvifius*, *Ricciolus*, en andere, verkeerde Eclipzen aangeweezen worden, op welk een manier dat zy de Texten verdraijen, hoe dat zy met het gezag van de Hemelsloop tegens een meenigte van Schryvers, die de zaak wel befchreeven hebben, op een verkeerde grond zig aankanten; ook zyn de Lyften der waargenomen Eclipzen nog zeer onvolmaakt; befchryvende dikwils een Eclips verfcheidemaalen, en zommige op verkeerde Jaaren; behalven dat ik in de oude Hiftorien, als men de Sineefche uitzondert, noch een meenigte van Zon- en Maan-Eclipzen gevonden heb, daar zy niet van melden. *William Whifton*, voortyds Profeffor te Cambridge, als hy een Eclips uit de Hiftorie-Schyvers niet volgens zyn gedagten kan overeen brengen, dan befluit hy ten eerften dat die bovennatuurlyk was, of veroorzaakt door een Comeet, die voor de Zon, of voor de Maan gekomen was; hier telt hy onder de Eclips uit *Plutarchus*, doe *Xerxes* over de Hellespont trok, die in de zamenkomft van Utica voorviel, die uit *Aurelius Victor* by de dood van *Nerva* (*a*), en verfcheide andere; maar op deeze wys zou men alle

(*a*) Six Differtations by *William Whifton*, pag. 167 en 239, London 1734.

alle onderzoek over deeze Eclipzen komen af te snyden.

Men zal hier in 't korte eenige Aanmerkingen over verscheiden van deeze verduisteringen vinden. Ik heb ook nagegaan wanneer, of na hoe veel tyd dat de verduisteringen op den zelfden dag van 't Jaar, en ten naasten by met dezelfde grootheid, wederom komen; en vind dat dit geschied na dat de Maan 6444 maal zyn kring rond geloopen heeft, dat is net 521 Juliaansche Jaaren; in dien tyd neemt de Maans breedte maar omtrent 4 minuten toe, of de grootheid neemt omtrent 1½ duim, wat meer of minder, af, te weeten, als in de voorgaande Eclips de breedte toeneemt, anders is alles het tegendeel: deeze Periode is van een groote nuttigheid in de Chronologie; want om een Eclips, die in de lang voorleden tyd geschied is, of in 't vervolg geschieden zal, op te zoeken, zoo kan men ten eersten den dag en ook na genoeg het uur aanwyzen; men behoeft maar 521 Jaaren daar af te trekken, of daar by te doen, en dan agt te geeven op het Schrikkeljaar, en wegens 't uur op de plaats van de Maans verste punt; by voorbeeld, in 't Jaar 418, den 19den July, is een groote Zon-Eclips geschied, trek daar 521 volle Jaaren af, zoo vind men wederom een Zon-Eclips 104 Jaaren voor Christus, die *Julius Obsequens* verhaalt, op den zelfden dag als die van 't Jaar 418, vind men die door de reekening; dog telt men 521 Jaaren by 't Jaar 418, zoo komt 't Jaar 939, den 19den July; op deezen dag is een groote Zon-Eclips voorgevallen, daar veel Schryvers gewag van maaken; en wederom 521 Jaaren daar na, dat is van wegen 't *Schrikkeljaar*, in 't Jaar 1460, den 18den July, doe heeft men ook een Zon-Eclips gezien. Op de zelfde wys reekent men ook de Maan-Eclipzen, die men nog veel langer kan nagaan.

De Zon- en Maan-Eclipzen, die onlangs in Europa gebeurd zyn, heeft men 521 Jaaren vroeger byna op de zelfde wys, en den zelfden dag, ook in 't gemelde deel van de Aarde gezien: om dit te bewyzen, zal ik, uit een groote meenigte van verduisteringen, om de kortheid, maar alleen de onderstaande bybrengen: dat men die niet alle, zonder een te missen, wederom aantreft, komt eensdeels, als een Zon- of Maan-Eclips, zomtyds iets vroeger of laater valt, als de voorgaande of volgende in de Periode, dat die dan wel gezien word, maar op plaatzen die wat Oostelyker of Westelyker zyn;

Zon- en Maan-Eclipzen.

ten anderen, heeft men juist alle verduisteringen, zoo wel oude als nieuwe niet kunnen waarneemen; ook gaat meenig een voorby, wegens een betrokken Lugt, zonder dat men daar iets van kan merken.

Waargenomen Verduisteringen.

In 't Jaar
- 1154 January 1. (a)
- —— Juny 26. (b)
- —— December 21. (c)
- 1160 Augusty 18. (d)
- 1162 February 1. (e)
- 1163 July 3. (f)
- 1168 September 18. (g)
- 1172 January 12. (h)
- 1176 October 19. (i)
- 1178 Maart 5. (k)
- —— September 13. (l)
- 1185 May 1. (m)
- 1186 April 5. (n)

In 't Jaar
- 1675 January 1.
- —— Juny 26.
- —— December 21.
- 1681 Augusty 18.
- 1683 February 1.
- 1684 July 2.
- 1689 September 18.
- 1693 January 12,
- 1697 October 19.
- 1699 Maart 5.
- —— September 13.
- 1706 May 1.
- 1707 April 5.

In
(a) Chron. Monast. Mellicens., col. 232. Auctor. incerti Chron. Austr., col. 559. Anonymi Chron. Boemorum, col. 1804. In Menk. Scrip. Rer. German., tom. 3.
(b) *Robert de Monte* Append. ad Sigeb. Gemb., pag. 632. Chron. Norman., pag. 991, Par. 1619. Chron. Franc. Pipini, col. 626. Murator., tom. 9.
(c) *Rob. de Monte*, pag. 633. Chron. Saxon., pag. 305. Chron Norman., pag. 990; maar daar staat dezelve een jaar te vroeg.
(d) Chron. Franc. Pipini, col. 626.
(e) Chronog. Saxo., pag. 307.
(f) Anonymi Monachi Casinensis Chronicon, pag. 512, Panormi 1723.
(g) Annales de Margan, pag. 8.
(h) Chron. Mont. Sereni, col. 193, Lipz. 1728. Chronogr. Saxo., pag. 310. Chron. Luneb., col. 1393.
(i) *Rob. de Monte*, pag. 671. Erphurd. Antiquit. Varil., col. 479, Lipz. 1728. Chron. Sampetr. Erfurt., col. 214.
(k) *Rob. de Monte*, pag. 671. Romualdi Salernitani Chron., 240.
(l) *Rob. de Monte*, pag. 671. Annal. Godfrid. Monach., pag. 237. Romualdi Salernitani Chron., col. 244. In Murator., tom. 7.
(m) Annal. Waverleiens., pag. 162. Annal. de Margan, pag. 9. Radulf de Diceto, col. 628. Chron. Gerv., col. 1475. Rigord. de Gest. Francor., pag. 172. Breve Chron. Elnonense S. Amandi, col. 1399.
(n) Chron. Gervas., col. 1479. Rad. de Diceto, pag. 630. Rigord. de Gest. Franc., pag. 178.

In 't Jaar			In 't Jaar	
1187 Maart 25.	(o)		1708 Maart 24.	
— September 4.	(p)		— September 3.	
1189 February 2.	(q)		1710 February 2.	
1192 November 20.	(r)		1713 November 20.	
1194 April 22.	(s)		1715 April 22.	
1201 Juny 17.	(t)		1722 Juny 17.	
1203 May 12.	(v)		1724 May 11.	
1204 October 10.	(x)		1725 October 10.	(y)
1208 February 3.	(z)		1729 February 2.	
1211 November 21.	(a)		1732 November 20.	
1215 Maart 16.	(b)		1736 Maart 15.	
1216 February 19.	(c)		1737 February 18.	

De tyd is Oude Styl; in de Maan-Eclipzen dient men aan te merken, dat, als in de voorschreeven Lyst, een verduistering in de Maan gevonden word, by voorbeeld, den 5den April, zoo versta

ik

(o) Rigord. de Gest. Franc., pag. 177. Chron. Fr. Pipini, col. 627. In Murat., tom. 9.
(p) Rigord. de Gest. Franc., pag. 181. Chron. August., pag. 362. Gervas. Chron., col. 1505. Annal. Godfr. Monachi, pag. 251. Chron. Menast. Mellicense, col. 234. Chron. S. Petri Erfurt., col. 230. In Menk., tom. 3. Excerp. Histor. ex Vetust. Kal. Manus. Ambros. Biblioth. Ital. Rer. Script. Murat., tom. 1, par. 2, pag. 236, Mediol. 1725. Chron. Franc. Pipini, col. 627.
(q) Chronograph. Saxo., pag. 378, Hanov. 1710. Chron. Gervas., col. 1539. Rigord. de Gest. Phil. Aug. Franc., pag. 185. Breve Chron. Elnonense S. Amandi, col. 1399.
(r) Rigord., pag. 192.
(s) Chron. Gervasii, col. 1588.
(t) Radulf de Diceto, pag. 706.
(v) Met de Zons opgang, Traité de l'Astronomie Chinoise, tom. 3, pag. 352, Par. 1732.
(x) Chron. Salisburgense, col. 349.
(y) Observ. fait. a la Chine, pag. 45.
(z) Math. Paris. Angl. Hist., pag. 216. Excerp. ex Vetus. Chron. Weich. Steph., col. 403, Lipz. 1725.
(a) Paltrami seu Vatzon. Chron. Aust., col. 710. Chron. Claus. Neoburgense; dog in de laatste leest, in plaats van November, December.
(b) Annal. Godfrid. Monach., pag. 282. Rigord. de Gest. Franc., pag. 224. Chron. Saxo., pag. 491.
(c) Contin. Histor. Bell. Sacra, lib. 3, cap. 3; uit de Centur. Magdeb., cent. 13, cap. 13, col. 1257.

Zon- en Maan-Eclipzen.

ik daar door, dat die voorgevallen is 's nagts, tuſſchen den 5den en 6den April; ik zou ook kunnen aantoonen, hoe men door de Zon-Eclipzen, de Maan-Eclipzen kan ontdekken, die op den zelfden dag voorvallen, door middel van een Tydkring, groot 270 Jaaren; ook hoe men op die wys de Zon-Eclipzen door de Maan-Eclipzen vind, mits dat men op de Maans breedte agt geeft; maar dit zou ons te ver uit het fpoor leiden.

De Heer *Halley* meent, dat men zou kunnen beſluiten door de Babiloniſche Maan-Eclipzen, vergeleken met die van *Albategnius* en de hedendaagſe, dat de Maan nu ſnelder begint te loopen, als in voorige tyden (d): om te zien wat ſtaat daar op gemaakt kan worden, zoo zal ik een kort Uittrekzel geeven van 't onderzoek, door my daar over gedaan. Byna alle de voornaame Sterrekundigen hebben de negentien oude Maan-Eclipzen, die *Ptolomeus* ons nagelaaten heeft, uitgereekend, en evenwel heeft men die niet nagenoeg met de Tafels kunnen overeen brengen, 't welk my niet verwondert; behalven de klaarblykelyke tegenſtrydigheden, die reets door *Bullialdus* en andere, in de Texten van *Ptolomeus* ontdekt zyn, heb ik nog andere zwaarigheden gevonden; want als ik door Tafels, die doorgaans de verduiſteringen, zoo oude als nieuwe, redelyk wel vertoonden, de uitreekening opmaakte, zoo zag ik, dat in drie Maan-Eclipzen, die malkander in een Jaar of anderhalf gevolgt zyn, als een of twee met de reekening nagenoeg overeen quamen, dat dan zomtyds de derde wel een half uur, of ook wel een uur met andere verſcheelden; dit kan men immers aan de Maans Middelloop niet toeëigenen, nog aan de ongelykheden die dezelve onderhevig is. De Sterrekundigen van de voorgaande Eeuw, om de Babiloniſche Waarneemingen beter met die van *Ptolomeus* te doen overeen komen, ſchynt dat hun toevlugt genomen hebben, met Babilon veel Ooſtelyker te ſtellen als het zelve geweeſt is; tot een voorbeeld dient *Keplerus* (e), die ſtelt Babilon 2 uur., 51 min. Ooſtelyker als Uraniburg; de laatſte plaats is 51 min., 26 ſecunden in tyd Ooſtelyker als 't Obſervatorium tot Greenwig (f), dan moeſt Babilon 3 uuren, 42 min., 26 ſec. Ooſte-

---

(d) *Newton* Philoſoph. Natur. Princip., pag. 481, Amſt. 1714.
(e) In zyn Tab. Rudolp., pag. 33. (f) Greg. Aſtr., pag. 332, Oxon. 1702.

Oostelyker als Greenwig zyn; maar volgens Mr. *Maraldi*, in de *Connoissance des Temps*, van 't Jaar 1737, getrokken uit de Waarneemingen van *Chazelles*, daar de andere van deezen tyd ook nagenoeg mede overeen komen, is Alexandrien beoosten Parys 1 uur, 51 min., 46 sec. *Bullialdus* (g) heeft uit *Theophil. Collect. de Mund. Revel.*, dat Babilon 54 min. tyd Oostelyker als Alexandrien was; Mr. de *l'Isle* stelt 54½ min.; indien men dit laatste volgt, dan moet Babilon 2 uuren, 55 min., 42 sec. Oostelyker als London geweest zyn.

Ziet hier nu myn gedagten over de gemelde oude Waarneemingen: ik neem tot een grond de Vier Maan-Eclipzen, die *Ptolomeus* heeft waargenomen, en de eene, die in de leeftyd van *Hipparchus* is voorgevallen, om dat het niet schynbaar is, dat zy beide hun eigen Waarneemingen zullen veranderd of verdraaid hebben; ook is het middagrond van Alexandrien en Rhodus, ten opzigt van andere plaatzen, nagenoeg bekend. Door de Tafels van *Whiston* vind ik het verschil in de Maans plaats, op het midden van de Eclips, als volgt; maar voor de Natuurkundige Æquatie gebruik ik die van *Newton*, te weeten, die afkomstig zyn van de Aardkloots ovaale weg: als de Maan door de Tafels te ver in zyn kring komt, dan stel ik +, anders —; de twee laatste Colommen zyn de verschillen, die *Streetius* en *Bullialdus* gevonden hebben; A beduid avond, en M morgenstond, te weeten, de tyd van het midden.

	Maan Eclipzen.	Myn Uitr.	Streetius.	Bullialdus.
Tot Rhodus voor Christus	141 Januar. 27 A	+ 1 : 24	+ 3 : 30	+ 18 : 30
	125 April 5 A	— 0 : 25	+ 10 : 58	— 14 : 15
Alexand: in Egipten, 't Jaar	133 May 6 A	+ 0 : 21	+ 8 : 47	+ 2 : 10
	134 Octob. 20 A	— 2 : 25	+ 2 : 11	— 2 : 6
	136 Maart 6 M	+ 2 : 43	+ 25 : 27	+ 35 : 0

In de Waarneeming van 't Jaar 125, schynt het, dat *Ptolomeus* het begin, en niet het midden heeft aangetekend; en op deeze grond is de bovenstaande reekening van de gemelde Verduistering; in die van 't Jaar 133 is de verbetering gedaan, die hier na volgt: Van de eerste Eclips vind ik het midden tot Rhodus te 10 uur, 7 min., 49 sec.; *Ptolomeus* (h) rekent uit de Waarneeming, het mid-

---

(g) Astron. Philol., lib. 10, pag. 467. (h) Almag., lib. 6, cap. 5, pag. 134.

Zon- en Maan-Eclipzen.

midden 10 uur., 10 min. In de derde Eclips, of die van 't Jaar 133, zouden de Tafels omtrent een half uur van de Waarneeming, afwyken; dog dit blykt genoegzaam door de andere Verduisteringen, dat zulks niet wel is: men kan het doen overeen komen, als men in *Ptolomeus*, in plaats van 45, leest 15 minuten. Wat nu de andere veertien Eclipzen aangaat, ik meen dat het zeven Babilonifche, en zeven Griekfe zyn; dog in de Babilonifche is men ten opzigt van de tyd onzeker; want het schynt my toe, dat de Grieken eenige daar van gebruikt hebben, en in hun tyd veranderd, om de Maans loop, met behulp van hun eigen Waarneemingen, daar uit te ontdekken; de eerste en derde komen vry wel overeen met de Tafels, als men Atheenfe tyd reekent; de andere vyf schynen Babilonifche tyd te zyn; maar in de drie laatfte van deeze Verduisteringen, vermoed ik, dat het begin, en niet het midden is aangeteekend; in de eerste en derde is de tyd-bepaaling te ruw, daarom heb ik die daar uitgelaaten; in de derde word zelfs het uur niet gemeld; de Uitreekening levert het volgende uit:

	Maan-Eclipzen.	Myn Reek.	Streetius.	Bullialdus.
		′ ″	′ ″	′ ″
Jaaren voor Christus.	720 Maart 8 A	+ 1 : 56	+ 11 : 9	+ 0 : 42
	621 April 22 M	− 11 : 50	+ 13 : 53	+ 6 : 12
	523 July 17 M	− 5 : 20	− 30 : 6	− 26 : 50
	502 Nov. 20 M	− 1 : 17	+ 6 : 17	− 10 : 12
	491 April 26 M	+ 0 : 54	− 6 : 4	+ 19 : 56

Zoo dat in het minste uit deeze Verduisteringen, of uit die van *Ptolomeus*, niet blykt, dat de Maan snelder begint te loopen.

Wat de Griekfe Waarneemingen aangaat; de drie Verduisteringen in Maan, dewelke zig vertoonden 383 en 382 Jaaren voor Christus, die zyn uit *Hipparchus* afkomstig; daar worden de Archontes van Athenen, en de Attifche Maanden aangeteekend; de Sterrekundigen hebben de Jaaren van *Nabonassar* daar by gedaan, om die tegens andere Waarneemingen te vergelyken; zoo dat *Ptolomeus* het niet wel zal hebben, als hy meent, dat het Babilonifche tyd is, wordende daar niets in gevonden, dat na de Babilonifche Tyd-reekening gelykt: de drie Maan-Eclipzen, die 201 en 200 Jaaren voor Christus gebeurd zyn, heeft *Ptolomeus* ook uit *Hipparchus*; door de Tydkring van *Calippus* schynt immers dat het

Griekfe zyn: maar hoe komt het, dat *Hipparchus* en *Ptolomeus* zoo veel verfcheelen in de tyd, die van de eene Verduyftering tot de andere verloopen is? Ziet hier dezelve beneffens de Uitreekening door de Tafels, in gelyke tyd:

Maan-Eclipzen.	Door de Taf.	Hipparchus.	Ptolomeus.
	dag uur min.	dag uur min.	dag uur min.
201 Sept. 22	178 : 6 : 9	178 : 6 : —	178 : 6 : 50
200 Maart 19			
200 Sept. 11	176 : 1 : 27	176 : 1 : 20	176 : 0 : 24

Men ziet dan, dat *Hipparchus* beter met de hedendaagfe reekening overeen komt als *Ptolomeus*, daarom heb ik de eerfte en de derde, volgens zyn fchryven, door middel van de tweede bepaald: dat de Reekening van *Ptolomeus* niet heel net is in de Eclips, die 174 Jaaren voor Chriftus gebeurd is, blykt, om dat hy van 't begin tot het end, de tyd 3 uuren ftelt, daar volgens de Tafels, de duuring maar $2\frac{1}{2}$ gemeene uur, of $2\frac{1}{2}$ tyduur tot Atheenen was: volgens deeze laatfte plaats heb ik de onderftaande Verduifteringen bereekend, en 't verfchil in de Maans plaats gevonden, als volgt:

	Maan-Eclipzen.	Myn Reek.	Streetius.	Bullialdus.
		′ ″	′ ″	′ ″
	383 Dec. 23 M	+ 9 : 54	— 12 : 28	— 1 : 26
	382 Juny 18 A	+ 0 : 21	— 13 : 54	— 6 : 15
	— Dec. 12 A	+ 0 : 58	— 0 : 23	— 6 : 52
Voor Chriftus	201 Sept 22 A	— 3 : 38	+ 8 : 27	— 10 : 9
	200 Maart 20 M	— 1 : 34	+ 11 : 35	+ 19 : 7
	— Sept. 12 M	+ 4 : 10	+ 15 : 7	— 10 : 5
	174 May 1 M	+ 5 : 24	+ 0 : 41	+ 18 : 26

Nu laat ik aan 't oordeel van de Sterrekundigen over, of zy de gemelde verbeeteringen goedkeuren, of verwerpen; ten minften, op deeze wys komt alles vry na overeen. Om nog klaarder te zien, dat men de Texten van *Ptolomeus*, in verfcheide gevallen, niet volmaakt na de letter moet opneemen, en dan de fchuld, wegens 't groote verfchil, dat men vind, op de Sterrekundige Tafels leggen, zoo kan men aanmerken, dat na drie Perioden, of 1563 Jaaren, de Verduifteringen, die *Ptolomeus* waargenomen heeft, wederom op dezelfde dagen zig moeten vertoond hebben; men vind ook, dat de drie eerfte door *Flamfteed* te Greenwig zyn waarge-

Zon- en Maan-Eclipzen. 85

~~genomen~~, en de laatfte tot Parys (i). Het is bekend, dat men de Maans plaats, in nieuw of vol, tot op zeer weinig minuten, voor den tegenwoordigen tyd, door de Tafels kan vinden. In de drie volgende Verduifteringen heb ik maar eenvoudig de Tafels van *William Whifton* gebruikt, op die wys als hier vooren gezegt is, en om de moeite, de andere Æquatien van *J. Newton* niet in agt genomen.

Waargenomen Verduifteringen.							Verfchil in de Maans plaats, tuffchen de Waarneem. en de Uitreekening.	
				dag	uur min. fec.		′	″
☽ 125	April	5	A	1688 April	5: 8: 1:42	't end tot Gr.	— 0:	47
☉ 133	May	6	A	1696 May	6:12: 1:55	't mid. tot Gr.	+ 0:	8
☽ 134	Octob. 20		A	1697 Oct.	19: 7:42:20	't mid. tot Gr.	— 3:	3
☉ 136	Maart	6	M	1699 Maart	5: 7:22:43	't mid. tot Par.	— 0:	8

Om dat in 1563 Jaaren, of 19332 Maanefchynen, die tuffchen ieder van deeze Verduifteringen verloopen zyn, geen verfchil, dat iets van belang is, in de middelloop gevonden word, zoo meen ik, dat men geruft kan befluiten, dat de Maan nu niet fnelder nog niet traager loopt als in voorige tyden; de Zon-Eclipzen, die *Albategnius* tot Arracta waargenomen heeft, verfterken ons ook in dit laatfte gevoelen; want die van 't Jaar 898, den 8ften Augustus, reeken ik het begin, op de laatftgemelde plaats, 's morgens ten 11 uuren, 23½ minuut, het midden ten 1 uur, 8½ min., het einde ten 2 uuren, 32½ min.; volgens de Waarneeming is het midden geweeft te 1 uur, 7½ min., dat maar 1 minuut met de Uitreekening verfcheelt: de Zon-Eclips, die de voorfchreeven Sterrekundige tot Antiochien, in 't Jaar 901, den 23ften January, waarnam, reekent hy, dat tot Arracta het midden gezien moet zyn, 's morgens ten 8 uuren, 32 min.; ik vind, door de Tafels, het midden ten 8 uur., 38 min., 't welk omtrent 3 minuten in de Maans plaats verfcheelt; maar men mogt zeggen, dat de Maan nu fnelder begint te loopen, heeft de Heer *Halley* uit de twee Maan-Eclipzen van *Albategnius* beflooten; dog uit de voorgaande Zon-Eclipzen, ook door die, dewelke in 't Jaar 978, den 8ften Juny, tot Cairo, in Egipten, is waargeno-

L 3 men

(i) Hiftor. Cœleftis, vol. 1, pag. 345; vol. 2, pag. 303 en 304, ook pag. 334; en de Memoir. de l'Acad. Roy. des Sciences, in 't Jaar 1699, van pag. 31 tot pag. 41, de Druk van Amfterdam.

men, blykt genoegzaam, dat de Texten van de Maan-Eclipsen, zoo als men die uit het Arabifch vertaald heeft, niet kunnen blyven; zouden het ook maar Uitreekeningen in plaats van Waarneemingen zyn? of heeft de Schryver dezelve na zyn Tafels verboogen? of zou men ook, in plaats van 1 5/12 uur na de middag, moeten leezen 3½ tyduur na de middernagt? dan is het verfchil in de Maans plaats, tuffchen de Waarneeming en de Reekening, geen 2 minuten; want volgens *Albategnius* (k) was Arracta op 36 gr., 1 min., Noorder Breedte, 40 min. tyd Oostelyker als Alexandrien in Egipten (l): is die van 't Jaar 883, den 23ften July, 't midden, in plaats van 8,¼ uur na de middag, ook voorgevallen 2½ tyduur, na 6 uuren gelyke tyd, dan zou 't verfchil in de Maans plaats ook omtrent ½ min. zyn.

 Dit dan vooraf gezegd hebbende, zoo zal ik eenige Verduifteringen laaten volgen, alle genomen uit de Gefchiedeniffen van Europa, en daar omtrent, de zulke, die men in de Chronologiften, als *Petavius*, *Calvifius*, *Mercator*, *Scaliger* en *Ricciolus*, niet vind; ook zulke, daar zy de Text wel van aantrekken, maar die niet door haar uitgereekend zyn; en dan nog, die zy op verkeerde Jaaren aantekenen: als ik die te regt gefteld heb, zoo noem ik dit een nieuwe Eclips, om dat niemand van de Schryvers, die my bekend zyn, die onderzogt heeft, en teken die, om onderfcheid te maaken, met een N; dan volgt een lyft van de bekende Eclipzen uit de Chronologiften, dog ik gaa niet verder als tot het Jaar 1485; want na dien tyd vind men dezelve uitgereekend door verfcheide Sterrekundigen: de laatfte Tafels zyn alle nieuwe Verduifteringen, door my zelfs ontdekt; en dit meen ik dat genoeg zal zyn, om te zien, hoe men de Eclipzen tot nog toe behandeld heeft, en hoe noodzakelyk het was, dat alles van nieuws onderzogt wierd, op dat de Chronologie, en de Hiftorien een vafte grond hebben, voornamentlyk in die zaaken, dewelke door de kennis van de Hemelsloop kunnen beflegt worden.

 Wat de Zon- en Maan-Eclipzen aangaat; die, zoo men voorgeeft, in China waargenomen zyn, in lang voorleeden tyden, ik gaa die byna alle voorby, hoewel dat ik veele daar van bereekend heb,

(k) Cap. 27, pag. 67.
(l) Zie ook cap. 4, pag. 14, 15, en pag. 204, de Druk van Bonen. 1645.

Zon- en Maan-Eclipzen.

heb, om dat dezelve tot onze Geschiedenissen weinig of niet kunnen dienen; ook schynt het my toe, dat het byna alle geen waargenomen, maar berekende Eclipzen zyn; ik zal, om de kortheid, maar een voorbeeld hier van bybrengen: in de Kronyken van Hoogduitsland vind men, dat in 't Jaar 1277, den 18den May, 's avonds een Totaale Maan-Eclips geschied is; in de Verhandeling van de Chineesche Sterrekonst, dewelke in 't Jaar 1732 tot Parys in 't Fransch gedrukt is, word pag. 369 verhaald, dat de Sterrekundige van Yuen deeze Verduistering tot Pekin waargenomen hebben, als volgt: de eerste Colom is myn uitreekening, door de Tafels; de laatstgemelde plaats stel ik met *P. Gaubil* 7 uur., 45 min., 8 sec. Oostelyker als London.

	Uitreek.	Waarneem.	Verschil.
	uur : min : sec	uur : min : sec	′ : ″
't Begin	12 : 18 : 53	12 : 25 : 12	+ 6 : 19
Geheel Verduisterd	13 : 28 : 35	13 : 42 : 36	+ 14 : 1
't Midden	14 : 5 : 2	14 : 11 : 0	+ 5 : 58
't Begin van de Verligt.	14 : 41 : 29	14 : 39 : 24	— 2 : 5
't End	15 : 51 : 11	15 : 56 : 48	+ 5 : 37

De Totaale duuring, volgens de Uitreekening, is 1 uur, 12 min., 54 sec., en volgens de zoogenaamde Waarneeming, zou dezelve maar geweest zyn 56 min., 48 sec., 't welk al te veel verscheelt, zoo dat men reden heeft om te denken, dat de Zendelingen ons geen Waarneeming opgeeven, maar een Uitreekening door de Chineesche Tafelen.

De Zon Eclipzen, op een voorgestelde plaats, die hier volgen, zyn, om de overgrote moeite te myden, door een Figuur afgepast, als de Zons en Maans middelpunt, op de zelfde tyd een perpendiculaar op de Maans weg maaken; welke weg ik stel regt te zyn, dan reeken ik, dat het midden van de Eclips is, en daar is de grootheid ook door bepaald; wanneer nu de gemelde middelpunten zoo ver van malkander zyn, als de Som van de Zons en Maans halve middellyn, dit reeken ik voor het begin en end, en bekommer my niet met de kleine verbeeteringen, die men hier aan zou moeten doen, alzoo men tot nog toe de Maans loop niet tot de uiterste volmaaktheid ontdekt heeft: dit is de reden waarom dat men maar alleen de minuten daar by vind, en geen secunden.

Hier

Hier volgen de Verduisteringen, daar hier vooren van gewag gemaakt is.

☉
In 't Jaar voor Christus 1218. Juny 6. N.

In Troyen wierd een Zon Eclips gezien. *Philostratis Heroica*, *pag.* 683.

Geen ouder Zon-Eclips is in onze Historien te vinden; men verhaalt, dat die geschied is in de belegering van Troyen: 't is waarschynelyk, dat die in 't eerst van het beleg moet voorgevallen zyn, om dat *Philostrates* schryft, ten opzigt van deeze Eclips, dat als toen *Palamedes* het eerst aan de Grieken de hoedanigheden van de Verduisteringen uitleide. *Marsham* (a) besluit uit veel welgegronde bewyzen, die men daar kan nazien, dat Troyen ingenomen is in 't Jaar 3505, volgens de Juliaansche Periode, dat is 1209 Jaaren voor Christus; dan is de belegering begonnen 1219 Jaaren voor Christus. In 't volgende Jaar, dat is 1218 Jaaren voor Christus, den 6den Juny, vind ik een Zon-Eclips, het midden uit de Aardkloots Centrum te zien, volgens den Tyd van London, ten 2 uuren, 54 min., 23 sec.; de Zons halve Diameter 15 min., 50 sec.; de Maans halve Diameter 14 min., 45 sec.; de Maans Horizontaale verschilzigt 54 min., 23 sec. Nu stel ik, dat Troyen gelegen heeft op 39 gr., 55 min. Noorder Breedte, 1 uur, 47 min., 52 sec. beoosten London; dan is 't begin van de Eclips aldaar geschied ten 5 uur., 20 min. na de middag, het midden ten 6 uuren, 31 min., de grootheid 11 duim, 18 min.; de Zon is op dien dag aldaar aan den waaren Horizont geweest ten 7 uur., 14 min.; doe was dezelve nog 4 duim verduisterd: drie van onze Perioden, of 1563 Jaaren na dien tyd, dat is in 't Jaar 346, op den 6den Juny, is ook een Zon-Eclips geschied, als uit *Theophanes* en *Cedrenus* blykt; en wederom een andere in 't Jaar 1388, den 5den Juny, die men in Hongaryen na de middag heeft kunnen zien; tusschen deeze Eclips en die van Troyen zyn verloopen vyf Perioden, of 2605 Jaaren; de Eclips die in 't Jaar 1216 voor Christus, den 9den October geschied is, kon men in Troyen niet zien.

☉
In 't Jaar voor Christus 581, Maart 16.

Thales van Milesien heeft in 't 4de Jaar van de 48ste Olympiade een Zon-Eclips voorzeid, die voorgevallen is in 't 170 Jaar na de bouwing van Romen; *Eudemus*, of *Clemens* voegt daar by, dat die gebeurde omtrent de 50ste Olympiade. *Euseb. Chron.*, *pag.* 52, *Basil.* 1542. *Plin.*, *lib.* 2, *cap.* 12, *pag.* 8. *Clem. Alexand.*, *lib.* 1, *pag.* 302. *Solin.*, *cap.* 20. *Herodot.*, *lib.* 1, *cap.* 74.

De

(a) Canon. Chron., pag. 330.

Zon- en Maan-Eclipzen.

De Tyd van de Verduiftering is naukeurig genoeg bepaald: dat het een voornaame Eclips geweeft is, blykt uit *Herodotus*, die verhaalt, dat dezelve voorviel in 't 6de Jaar' van den Oorlog tuffchen den Koning van Lydiën, *Alyattes*, en *Cyaxares*, of *Afueros*, de Koning der Meeden (*b*); terwyl zy, in het Midden van een Veldflag, met malkander handgemeen waaren, veranderde, door een Verduiftering in de Zon, de dag in nagt; daarom hielden zy op met Stryden en maakten Vreede, die beveftigd wierd door 't Huwelyk van *Darius* de Meder, de Zoon van *Afueros*, die ook *Aftyages* genoemd wierd (*c*), met *Ariane*, de Dogter van *Alyattes*. Dat *Aftyages* bekend was onder den naam van *Darius*, blykt uit *Cedrenus*, en *Suidas* zegt, dat Thales onder Darius de Zon-Eclips voorzegd heeft (*d*). Het is om te verwonderen, hoe verward dat de Aftronomiften en Chronologiften in deeze Eclips zyn. *Calvifius*, door *Herodotus* misleid, meent, dat deeze Verduiftering gebeurd is in het begin van 't 2de Jaar van de 43fte Olympiade, dat is 607 Jaaren voor Chriftus, den 30ften July, 1 uur, 55 min., 24 fec. na de middag van Mefopotamia, de grootheid 8 duim, 38 min. E. *Souciet* (*e*) volgt *Petavius*, die dezelve brengt op 597 Jaaren voor Chriftus, den 9den July, 's morgens ten 6 uuren, de grootheid 9 duim, 22 min., volgens de Tafels van *Ticho Brabe* (*f*); maar dat dit de regte Eclipzen niet zyn, blykt vooreerft, om dat de Jaaren te veel met de oude Schryvers verfcheelen; ook konden die zulk een groote duifternis niet geeven; want al is de Zon 9 duim verduiftert, zoo kan men de verandering van 't ligt niet veel zien, gelyk *Louis le Comte* te regt aantekent (*g*); daarom houd zig de laatfte Schryver aan *Ricciolus*, die meent, dat deeze Eclips gebeurd is 585 Jaaren voor Chriftus, den 28ften May, tot Sardis, na de middag ten 6 uuren (*h*). De beroemde *Izak Newton*, in zyn Chronologie van de oude Koninkryken (*i*), ftelt deeze Eclips ook in 't zelfde Jaar, en op den zelfden dag. Ik heb de Uitreekeningen gedaan, en vond dat het end maar in Europa zigtbaar was; dat de Zon in Barbaryen, Beweften Carthago, omtrent daar in de Kaarten van de *l'Ifle* Conftantine is, Centraal en Totaal verduiftert is ondergegaan; dat de lyn van de uiterfte raaking door de Archipel liep: zoo dat men tot Sardis, nog in geheel klein Afia, en verder Ooftwaart na 't Ryk der Meden, in 't minft van deeze Eclips niet heeft kunnen zien: het blykt dan klaar, dat dit de Verduiftering niet is, die men zoekt. De Eclips, die *Scaliger* en *Buntingus* daar voor opgeeven, kan ook de regte niet geweeft zyn; zy ftellen die 583 Jaaren voor Chriftus, den 1ften October.

(*b*) *Marsbam* Canon. Chron., pag. 605. Frankf. 1696.
(*c*) Chronicon. Pafchale, pag. 141. (*d*) Pag. 426. Bas. 1581.
(*e*) Differt. contre *Is. Newton*, pag. 21, Paris 1726.
(*f*) *Petav.* Ration. Tempor., lib. 3, pag. 149, Frankf. 1700.
(*g*) Nouv. Mem. fur l'Etat de la Chine, pag. 306, Amft. 1698.
(*h*) Zie *Almageft.*, tom. 1, cap. 19, pag. 362, Bon. 1651, en Chron. Magn. & Sele&., pag. 14. Bon. 1669.
(*i*) Pag. 41, en pag. 340, Paris 1728.

De Heer *Fr. Chr. Maier* heeft bereekend, dat het nagt was op de plaats van de ftryd, doe deeze Eclips voorviel. De Heer *Theophil. Sigfr. Bayer* verhaalt, dat de Heer *Maier* alle de Zon-Eclipzen van 608 tot 556 Jaaren voor Chriftus onderzogt heeft (k), en befluit daar uit, dat de Verduiftering, daar de Schryvers van melden, gefchied is in 't Jaar der Wereld 4111 of 603 Jaaren voor Chriftus, den 17den May, 's morgens ten 8 uuren, 18 min.; volgens de tyd van Uraniburg, de Samenftand van de Zon en Maan in Taurus 19 gr., 14 min.; de plaats van de Noordknoop in 't zelfde Teeken 14 gr., 42 min.; de Maans fchaduw begon 't Aardryk te raaken op 1 gr., 40 min. Noorder Breedte, en 23 gr. lengte, van 't Eiland Fero af te reekenen, en ging van daar over de mond van den Nyl, zoo dat die 's morgens omtrent ten 9 uuren op 't Eiland Ciprus quam; vorders door Cilicien en Cappadocien, en 's morgens omtrent 10½ uur over Trebisonde; van daar, door 't midden van Afien, tot in de groote Zuidzee, alwaar de fchaduw de Aarde verliet. Ik heb deeze Eclips ook bereekend door de Tafels van *Whifton*, en vind die op den zelfden dag, het midden uit de Aardkloots Centrum te zien, volgens de tyd van London, 's morgens ten 9 uuren, 19 min., 36 fec.; de Maans toeneemende Noorder Breedte 26 min., 40 fec.; de Zons halve middellyn 15 min., 50 fec.; de Maans halve middellyn 16 min., 50 fec.; de Zamenftand van Zon en Maan in Taurus 19 gr., 31 min., 51 fec.; en daar uit befluit ik, dat de Zon Centraal en Totaal verduiftert is opgegaan, op 3 gr., 54 min. Noorder Breedte, omtrent 27¾ graad Beweften London; de Centraale lyn liep over Africa, en quam van daar in de Middellandfche Zee, tuffchen de plaatzen daar nu Tunis en Tripoli zyn; van daar over Morea, 't Eiland Negropont, door 't bovenfte van de Archipel; en een weinig voor de middag, Benoorden Byzantium, door de Pontus Euxinus, over 't byna Eyland de Crim; verders door Tartaryen, tot dat de Zon in Sineefch Tartaryen, omtrent daar nu Nicritia gefteld word, geheel verduiftert is ondergegaan: zoo dat de Totaale verduifterings-lyn, volgens myn reekening, dan niet in klein Afia gevallen is, en bygevolg niet op het Slagveld. De nette plaats, daar de ftryd voorviel, is onzeeker; de Heer *Maier* meent, dat het omtrent de Rivier Halys was; dog zou 't niet kunnen zyn, dat het nog digter na de Cafpifche Zee geweeft is? want in 't 1fte Jaar, van de 58fte Olympiade, als Cyrus zeer magtig geworden was, en de zaaken van *Crefus* al na den ondergang helden, doe trok evenwel de laatftgemelde Vorft nog over de voorfchreeven Rivier. Maar hoe kan men toeftaan, dat de Eclips van de Heer *Maier* de regte is, daar de de oude Schryvers te tyd eenpaarig genoeg aanwyzen, en de zyne daar veel Jaaren van verwyderd is: ook kan de ongerymtheid aldus getoond worden. Uit de Canon van *Ptolomeus* blykt, dat Babylon ingenomen wierd in 't 209de Jaar van *Nabonnaffer* (l); of volgens *Izak Newton*, in 't 210de Jaar, na die

zelfde

(k) Comment. Acad. Petropol., tom. 3, pag 328.
(l) Ziet de Voorreeden van de Hiftor. Cœleftis van *Ticho Brahe*.

zelfde Tydreekening (m), dat is 538 Jaaren voor Chriſtus; doe was *Darius de Meder* 62 Jaaren oud (n): dan is hy, om maar by volle Jaaren te reekenen, 600 Jaaren voor Chriſtus gebooren; hoe kan hy dan 603 Jaaren voor Chriſtus getroud zyn, als de Heer *Maier* wil, daar uit de verduiſtering, die ik voor de waare opgeef, en door een proef van agteren zal bewyzen, volgt, dat hy getroud is in 't 19de of 20ſte Jaar van zyn ouderdom?

Humfrey Prideaux, in zyn Aaneenſchakeling der Geſchiedeniſſen van 't Oude en Nieuwe Teſtament, (o) volgt *Uſſerius*, die meent, dat deeze Zon-Eclips gebeurd is 601 Jaaren voor Chriſtus, den 20ſten September, (eigentlyk den 19den, alzoo dit een Schrikkeljaar was): de Heer *Maier* verwerpt met reden deeze verduiſtering, alzoo de ſchaduw te ver na 't Noorden viel, ver boven Pontus Euxinus (p). Ik heb dezelve ook bereekend, en vond de Maans Noorder Breedte 47 min., 32 ſec.; de Zons en Maans plaats, op de tyd van de Zamenſtand, in Virgo 20 gr., 49¼ min., op 35 gr. Noorder Breedte, 43 graaden Beooſten London, 't welk niet zeer ver van 't Slagveld geweeſt zal zyn, vind ik het begin 's morgens ten 10 uur., 36 min.; 't midden ten 11 uur., 23 min.; 't end ten 12 uur., 34 min.; de grootheid 3⅗ duim: dit kon immers geen duiſterheid van belang geeven: de Jaaren verſcheelen ook te veel met *Plinius*, *Eudemus*, of *Clemens*. De Vertaalder van *Prideaux*, de Heer *Driebergen*, wederlegt in de aanteekeningen den Schryver, die hy vertaald heeft (q), en meent met *Ricciolus*, dat deeze Verduiſtering 585 Jaaren voor Chriſtus geſchied is; dog dit is hier vooren wederleid.

Wat myn meening aangaat, ik ſtel vaſt, dat deeze Eclips voorgevallen is 581 Jaaren voor Chriſtus, den 16den Maart; op deezen dag heb ik bereekend dat de Zon Centraal verduiſterd is opgegaan in Afrika, omtrent op 13 graad. Noorder Breedte, en 14 graaden lengte; van daar door hoog Egipten, door de Roode Zee, langs de Zuidzyde van 't Steenagtig Arabien, door wdeſt Arabien, door Meſopotamia, omtrent Arbela; verders Beweſten 't Koningryk der Meden, tot midden door de Caſpiſche Zee; voorts door Tattaryen, tot omtrent op 70 graaden Noorder Breedte, en 140 graaden lengte, daar de Zon Centraal verduiſterd is ondergegaan. Op de plaats, die ik hier vooren onderſteld heb, te weeten, 35 graaden Noorder Breedte, 43 graaden Beooſten Londen, vind ik, dat de Verduiſtering begonnen is, 's morgens ten 9 uur., 17 min.; het midden ten 10 uur., 49 min.; het end ten 12 uur., 24 min.; de grootheid byna Centraal; dog op de Centraale plaatzen Annulair: aan de Weſtzyde van de Caſpiſche Zee, omtrent op 40 graaden Noorder Breedte, was de Zon omtrent ¼ uur na den middag Centraal verduiſterd. Deeze tyd, of die van de eerſte plaats, komt ook wel overeen met het geen dat in de Hiſtorie volgt, namelyk, dat zy, in plaats van te ſtryden, te zamen ge-

(m) *Newton* Chron., pag. 327. (n) Daniel 6 vers 1.
(o) Pag. 34, in de 2de Druk van de Nederduitſe Vertaaling.
(p) Comment. Acad. Petrop., tom. 3, pag. 332.
(q) Uit *Vignol*. Epiſt. Chron. advers. Hard., pag. 167.

gegeten en gedronken hebben, en vrolyk waren; zoo dat de minſte reden van twyffeling niet kan overblyven, en men genoegzaam verzekerd kan zyn, dat ik het regte wit getroffen heb.

Ook ſchynt deeze Eclips de oorzaak geweeſt te zyn, dat *Thales* een wyze genoemd wierd; want volgens *Plutarchus*, in 't Leeven van *Solon* en *Auguſtinus* (r), verkreeg hy dien eernaam, niet door het werkſtellig maaken van de Zedekunde, maar door zyn beſchouwende geleerdheid, of door zyn kennis van de Hemelsloop: hy was, volgens het getuigenis van *Eudemus*, *Plinius* en andere, de eerſte, die onder de Grieken een Eclips kon voorzeggen; op zyn Graflas men een Opſchrift, waar door men te kennen gaf, *dat het Graf wel nauw, maar de roem van den aldervernuftigſten Sterrekundigen* Thales *zeer groot was*; en aan den voet van een Beeld, tot zyne eer opgeregt, ſtond zyn lof, waar van de zin was: *Dit is de Meliziaanſche* Thales, *die in de Sterreloopkunde alle menſchen overtrof*. Is het dan niet waarſchynelyk, dat hy de Zon-Eclips, daar *Plinius* gewag van maakt, voorzeid hebbende, en als die naderhand, volgens zyn uitreekening, gebeurde, dat men doe eerſt klaar merkte, hoe ver dat hy anderen in de kenniſſe van de Hemelsloop te boven ging; en dat hem daarom dien eernaam gegeeven wierd? 't welk volgens *Laërtius* geſchiede, toen *Damaſus* Vorſt tot Athenen was (s); dat is geweeſt in 't 3de Jaar van den 49ſte Olympiade, 581 Jaaren voor Chriſtus, zynde net het zelfde Jaar in dewelke wy de Zon-Eclips gevonden hebben; het welk als tot een proef van van myne ſtelling verſtrekt. 521 Jaaren daar na, of 60 Jaaren voor Chriſtus, is wederom een Zon-Eclips den 16den Maart gezien.

☉ In 't 2de Jaar van *Cambyſes* geſchiede een Zon-Eclips. *Chronicon. Paſchale*, pag. 144, *Par*. 1688.

In 't Jaar voor Chriſtus 527, April 18. N.

Deeze Verduiſtering vind ik 527 Jaaren voor Chriſtus, den 18den April, 's morgens het midden uit de Aardkloots Centrum te zien, volgens den tyd van London, ten 5 uuren, 28 min., 27 ſec.; de Zon is in zyn Centraale verduiſtering opgekomen in Africa, omtrent op 1 graad Noorder Breedte, en 51 graaden lengte; van daar liep de Centraale verduiſterings-lyn door de Indiſche Zee, tot omtrent de vloed Indus, en verders door 't Ooſtelyk gedeelte van de Perſiaanſche Golf, tot op 55¾ graad Noorder Breedte, omtrent 175 graaden beooſten London, daar de Zon Centraal verduiſterd is ondergegaan. Van deeze Eclips verhaalen ook de Chineezen; dezelve is daar berekend, door de Sterrekundigen van Tang en Yuen (t).

☉ In 't 15de Jaar van *Darius Hyſtaspes* zag men een Zon-Eclips. *Chron. Paſchale*, pag. 146, *Par*. 1688.

In 't Jaar voor Chriſtus 509, April 28. N.

In plaats van 't 15de, moet men hier leezen 't 13de Jaar; ik heb dezelve be-

(r) De Civit. Dei, lib. 8, cap. 2. (s) Zie het Leven van *Thales*.
(t) Traité de l'Aſtron. Chinoiſe, pag. 251, Paris 1732.

bereekend, en gevonden 509 Jaaren voor Chriſtus; den 28ſten April; de Zamenſtand van Zon en Maan, volgens den tyd van London, zeer na omtrent de middag; de Zon is Centraal verduiſterd opgegaan omtrent de Linie Æquinoctiaal, op 295 graaden lengte; van daar liep de Centraale lyn, door den Oceaan, tot door het Noordelykſt van Spanjen, door het midden van Vrankryk, Duitsland en Poolen, en zoo voorts tot boven de Caſpiſche Zee; zoodaanig, dat op 49 graaden Noorder Breedte, en 90 graaden lengte, de Zon Centraal verduiſterd is ondergegaan.

Doe *Xerxes* in 't begin van de Lente tegen de Grieken optrok, geſchiede een Zon-Eclips. *Herodotus*, lib. 7, pag. 398.

☉
In 't Jaar voor Chriſtus 480, April 9. Bereekende. N.

Uit *Dionyſius van Halicarnaſſe*, *Diodorus Siculus*, en veele andere Schryvers, blykt, dat dit geſchied moet zyn 480 Jaaren voor Chriſtus; de verduiſtering zal niet waargenomen, maar alleen bereekend zyn, om Aſtrologiſche voorzeggingen daar uit op te maaken; want de Wyzen wierden om raad gevraagt: althans ik vind, dat in het gemelde Jaar, den 9den April, de Zon in de Zuidelyke Landen geheel verduiſterd is geweeſt, met eenige duuring; 't midden uit de Aardkloots Centrum te zien, volgens de tyd van Conſtantinopolen, 50¼ min. na de middernagt; de Zons halve Diameter was 15 min., 57 ſec.; de Maans halve Diameter 16 min., 50 ſec.; de Maans Zuider Breedte 28 min., 53 ſec. *Whiſton* (v) ſtelt, dat een Comeet, of een andere duiſterheid voor de Zon geſchooven is; dog ik zou deeze Eclips liever opneem als een voorſpelling; en dan kan men de Text op deeze wys uitleggen, dat de Zon (in de Zuidelyke Landen) zyn ſchynzel zou verliezen, en al waren daar geen wolken, en al was 't helder weêr, dat de dag in nagt zou veranderen. Uit de gemelde voorleezingen van *Whiſton* is in 't geheel geen nut te trekken, om dat hy de Verduiſteringen niet bereekend heeft, en zoo wel de waargenomen als de bereekende Eclipzen, byna zonder onderzoek, als onzeker, of valſch te boek ſtelt (x) in 't gemelde Tractaat.

De Zon verduiſterde aan den Hemel. *Herod. Calliope*, lib. 9, pag. 224, Steph. 1566.

☉
In 't Jaar voor Chriſtus 480, October 2.

Calviſius vind deeze Eclips 480 Jaaren voor Chriſtus, den 2den October, omtrent 2 uur., 27 min. na de middag; de grootheid 7 duim, 43 min. *Ricciolus*, niet gemerkt hebbende, dat *Calviſius* 2 Jaaren open laat voor de tegenwoordige wys van tellen by de Chriſtenen, ſtelt een Zon-Eclips 478 Jaaren voor Chriſtus, den . den October; maar op deeze dag is geen verduiſtering ge-

---

(v) Prælectiones de Eclipſibus Antiquis, pag. 405, London 1716.
(x) Zie pag. 417, 431 en 432; pag. 435 verwart hy drie Eclipzen met malkanderen, en ſtelt dezelve als onzeker.

geschied. *Petavius* (y) reekent de Eclips op den zelfden dag die *Calvisius* meld; het begin tot Sardis 24 min. na de middag; het midden ten 1 uur, 53 min.; het end te 3 uur., 15 min.; de grootheid 7 duim, 14 min.

☉ In 't 4de Jaar van de 78ste Olympiade verduisterde de Zon.
In 't Jaar *Chronicon Paschale*, pag. 162.
voor
Christus In *Eusebius* (z) vind men een Zon-Eclips een Olympiade laater, 't welk
463, waarschynelyk de zelfde zal geweest zyn. 't Schynt dat *Georg. Syncell.* (a) ook
April 30. van deeze Eclips schryft. *Plinius* (b) verhaalt, dat *Anaxagoras* van *Clasomene*, door zyn groote kennis, die hy van de Hemelsche Wetenschappen had, voorzeid heeft, in 't 2de Jaar van de 78ste Olympiade; op welk een tyd dat een Steen uit de Zon zou vallen; 't welk ook zoo gebeurd is: maar de kennis van de Hemelsloop kon *Anaxagoras* niet helpen om dit te voorzeggen; dit was 't gevoelen van 't gemeene volk. *Aristoteles* (c) verhaalt, dat de Steen door een zwaaren wind van een Berg daar neêrgestort is. *Plutarchus*, in 't Leeven van *Lyzander*, spreekt met meer onderscheid van de zaak, en berigt ons, dat *Anaxagoras* voorzeid hadde, dat een van de Lichamen of Sterren, dewelke hy oordeelde dat een zoort van Steenen waren, zou afgerukt worden van den Hemel. Zou het dan wel onwaarschynelyk zyn, dat hy een Comeet voorzeid had; vindende in de oude Historien, op verscheide tyden, twee Staartsterren, die op eenen tyd van 't Jaar gezien wierden, waar de loop volkomen overeenstemde, en dat hy die voor een en de zelfde genomen heeft? want uit *Aristoteles* blykt, dat men in zyn tyd al dagt, dat de Cometen een vastgestelde omloop hadden; dog den netten dag te voorzeggen, wanneer dat een Staartster zig voor de eerstemaal zal vertoonen, is genoegzaam onmooglyk, en zal ligt voor altyd aan 't menschelyk geslagt verborgen blyven. Is 's niet aanneemelyker, dat hy een Zon-Eclips voorspeld heeft, en daar de dag en uur van noemde, daarby voegende, onder bedekte termen, dat een Comeet zou verschynen; dog zonder nette tydbepaaling? Dat hy van de Eclipzen wel kennis had, blykt uit zyn Leerling *Pericles*; dit volgt ook uit *Philostrates*, in 't Leeven van *Apollonius*, die schryft, dat *Anaxagoras* voorzeid had, dat op den vollen dag een schielyke nagt zou opkomen, en alles met duisterheid vervuld worden: dit geeft immers een Totaale Zon-Eclips te kennen; geen grooter Verduistering is by zyn leeven voorgevallen tot Athenen, als die, dewelke gebeurd is in 't 1ste Jaar van de 79ste Olympiade, dat is drie Jaaren na de gemelde voorzegging. Ik vind dezelve door de reekening, 463 Jaaren voor Christus, den 30sten April; het midden uit de Aardkloots Centrum te zien, volgens de tyd van Londen, 1 uur., 47 min.;

na

(y) Doctr. Temp., lib. 8, cap. 13, pag. 489, in tom. 1.
(z) Chron., pag. 56. (a) Chronograp., pag. 254.
(b) Lib. 2, cap. 58, pag. 24. (c) Lib. 1, met cap. 7, pag. 536.

na de middag; de Maans afneemende Noorder Breedte was 20 min., 16 fec., de Zons halve Diameter 15 min., 53 fec.; de Maans halve Diameter 16 min., 37 fec.; de Maans Horizontaale Parallaxis 60 min., 35 fec.; doe was *Anaxagoras* omtrent 36 Jaaren oud, en woonde tot Athenen: ik ftel deeze plaats op 37 gr., 40 min. Noorder Breedte, 1 uur, 30 min., 38 fec. beooften London; de Verduiftering is tot Athenen begonnen na de middag ten 3 uuren, 40 min., het midden ten 4 uur., 47 min.; de Zon was Centraal en Totaal verduifterd, met een duuring van 2 min., 31 fec.; het end van de Eclips ten 5 uur., 47 min. *Calvifius* vind dié ook op deezen dag, in Afia ten 4 uuren na de middag, de Zon geheel verduifterd. *Petavius*, die met zyn Tafels dikwils ver van de waarheid afwykt, vind het begin tot Athenen na de middag ten 1 uur., 48 min., het midden te 3 uur., 1 min., het end ten 3 uur., 56 min., de grootheid omtrent 11 duim. In *Seneca* (*d*) is een aanmerkelyke plaats: *Veel Cometen*, zegt hy, *ziet men niet, om dat die door de ftraalen van de Zon verdonkerd worden: zoo verfcheen'er een, terwyl de Zon verduifterde, die door de nabyheid van de Zon te vooren bedekt bleef, gelyk* Poffidonius *verhaalt.* Nu blykt uit *Ariftoteles, Plinius,* en *Plutarchus*, dat, toen de voorzegging van *Anaxagoras* zyn uitflag had, dat op die tyd een Comeet verfcheen. *Seneca* (*e*) verhaalt, dat *Anaxagoras* een groot en ongewoon ligt aan den Hemel zag, als een groote Balk, 't welk een meenigte van dagen blonk: nu vind ik van den tyd van *Poffidonius*, of van *Pompejus den Grooten* af, voorwaarts in de Hiftorien, door de Periode, of door de Reekening, geen een Zon-Eclips omtrent Athenen of Griekenland, daar de geleerdheid doe zyn zetel had, daar men met reden van zou kunnen vermoeden, dat het de Eclips was daar *Poffidonius* van verhaalt, ten zy dat men deeze neemt; en dat komt zoo veel fchynbaarder te vooren, om dat ik meen ontdekt te hebben, dat de Comeet van 't Jaar 418 in 294 of 295 Jaaren omloopt, dat dezelve ook gezien is in 't Jaar 1301; in beide hebben de Schryvers de benaaming van *Fulgor* of glans gebruikt, alzoo de Ster byna niet was aan te merken; voorts heeft die zig vertoond in 't Jaar 1596, ook 169 Jaaren voor Chriftus; nog 294 Jaaren voorwaarts, dan komt men op het Jaar daar deeze groote Zon-Eclips in gezien is.

521 Jaaren na deeze Eclips, dat is in 't Jaar 59, doe is den 30ften April wederom een groote Zon-Eclips gezien; maar om dat de Maans Breedte afneemt, en te weinig word, zoo loopen de volgende Eclipfen, in de gemelde Periode, te ver na 't Zuiden, en men vind geen Waarneemingen daar van; dog 1563 Jaaren na deeze laatfte verduiftering, dat is in 't Jaar 1622, op den zelfden dag, Oude Styl, is, door de Tafels, een groote Zon-Eclips gevonden, aan de Eilanden van Cabo Verde (*f*).

Doe

(*d*) Natur. Queft., lib. 7, cap. 20. *Multos Cometas non videmus, quod obfcurantur radiis Solis: quo deficiente quemdam Cometam apparuiffe, quem Sol vicinus obtexerat,* Poffidonius *tradit.*
(*e*) Ibid., lib. 7, cap. 5, pag. 753.
(*f*) *Ricciolus* Almag., pag. 390.

Als *Carneades* ſtierf, zeid men, dat een verduiſtering in de Maan geſchiede. *Diogenes Laërtius in Carneades, pag.* 112.

In 't Jaar voor Chriſtus 129. Nov. 5.

Volgens *Apollodorus* ſtierf *Carneades* in 't 4de Jaar van de 162ſte Olympiade, dat is 129 Jaaren voor Chriſtus. Over de tyd, wanneer deeze Wysgeer geſturven is, zyn 't de Schryvers niet eens; uit eene paſſagie van *Cicero* beſluiten eenige, dat hy een tydgenoot van *Epicurus* geweeſt is; maar dit was de zelfde *Carneades* niet, of *Cicero* heeft gemiſt; gelyk zulks uit zyn eigen Schryven kan opgemaakt worden: want hy verhaalt, dat *Diogenes de Stoicyn* van Seleucien, (wiens Leermeeſter *Chriſippus*, volgens het getuigenis van *Apollodorus*, geſturven is in de 43ſte Olympiade) *Carneades*, en *Critolaus* de Peripatetiſche Wysgeer, in 't 2de Jaar van de 156 Olympiade, doe *Publius Scipio* en *Marcus Marcellus* Conſuls waren, dat is 155 Jaaren voor Chriſtus, te Romen quamen, als Gezanten van de Atheners, om de boete af te bidden, of te doen verminderen, dewelke de Romeinen, die van Athenen opgeleid hadden, over het plunderen van de Stad Orope. *Plutarchus* verhaalt, dat als toen *Cato*, de Tuchtmeeſter reets een oud Man was. Volgens *Apollodorus* is *Carneades* 85 Jaaren oud geworden; dan moet hy op de tyd van 't Gezantſchap 59 Jaaren oud geweeſt zyn; en *Bayle* oordeelt met regt, in 't leven van *Carneades*, dat men met geen goede grond de Tydreekening, die *Laërtius* ons opgeeft, kan veranderen; zoo dat *Ricciolus* t'eenemaal mis heeft, als hy de Maan-Eclips, en bygevolg de dood van den laatſtgemelde Wysgeer, ſtelt op 't 4de Jaar van de 130ſte Olympiade, 256 Jaaren voor Chriſtus. *Stanley*, door *Cicero* misleid zynde, beſluit onvoorzigtig, dat men by *Laërtius*, in plaats van zyn ſterftyd, moet leezen de tyd van zyn geboorte; en meent, dat *Carneades* geſturven is in 't 1ſte Jaar van de 184ſte Olympiade *: op verſcheide wyzen kan men aantoonen dat dit niet waar is; want *Cicero* getuigt zelfs, dat, zoo dra als hy de eerſte Schoolen verlaaten had, dat hy doe een toehoorder wierd van *Philo*; 'twelk omtrent de 173ſte Olympiade moet geweeſt zyn: nu was *Philo* een Leerling geweeſt van *Clitomachus*, en deeze laatſte wederom een Leerling van *Carneades*, die hy ook in zyn School is opgevolgt; dan is *Carneades* immers al lang voor de 173ſte Olympiade geſturven. Nog kan op de volgende manier zyn leeftyd eenigzins bepaald worden. *Arceſilaus* ſtierf in 't 4de Jaar van de 134ſte Olympiade; na hem volgde in 't School *Lacydes*, die ſtierf in 't 2de Jaar van de 141ſte Olympiade; na hem volgde *Evander*, en na deezen, deszelfs Leerling *Egeſinus*, die *Clemens* van Alexandrien *Hegiſelaus* noemt; daar na volgde *Carneades*; ook blykt de leeftyd van den laatſtgemelde Philoſooph na genoeg op deeze wys: *Lyco* ſtierf in de 137ſte Olympiade, en *Ariſto* is hem in 't School gevolgt; na hem volgde *Critolaus*, een van de gemelde Afgezanten. *Petavius* (g) ſchryft, dat *Carneades* overleeden is 128 Jaaren voor Chriſtus, den

2den

---

* *Stanley* in 't Leven van *Carneades*, pag. 191, Leiden 1702.
(g) Doctr. Temp., tom. 2, lib. 13, pag. 375.

2den May ; dat op deszelfs overlyden de Maan verduifterde tot Athenen, ten 5 uuren 46 min.; het begin kon men daar zien, en van de geheele Verduiftering alleen maar een gedeelte, bygevolg in de morgenftond: dog ik heb dezelve ook bereekend, en gevonden, dat die eerft begonnen is tot Athenen een half uur na de Zons opgang; het midden ruim 2½ uur na dat de Zon op die plaats in 't opgaan aan den waaren Horizont gezien wierd ; zoo dat men tot Athenen niets van deeze Eclips heeft kunnen merken : ook ftelt *Petavius*, dat deeze Eclips voorgevallen is in 't 1fte Jaar van de 163fte Olympiade, daar het op de tyd, die hy zelfs reekent, eerft het 4de Jaar van de 162fte Olympiade was. De 163fte Olympiade is, volgens *Calvifius*, gehouden 128 Jaaren voor Chriftus, den 30ften July; en de laatfte Schryver meen ik, dat het regte wit getroffen heeft, die deeze Eclips vind 129 Jaaren voor Chriftus, den 5den November, na de middernagt, van Athenen 2 uuren, 55 min.; de grootheid 7 duim, 54 min.

Daar gefchiede een Verduiftering aan de Maan. *Flavius Jofeph.*, 't 17de boek, 't 8fte cap.

In 't Jaar voor Chriftus 4. Maart 13.

Jofephus verhaalt, dat dezelve voorviel in de zelfde nagt doe de Oproerige verbrand wierden, die tot Jeruzalem de Arend van den Tempel afrukten: dit gefchiede op 't gerugt van *Herodes* dood, die men weet dat kort daar na, omtrent het Paafch-Feeft, ftierf : geen andere Maan-Eclips, die men daar zien kon, is omtrent dien tyd van 't Jaar voorgevallen, dan 4 Jaaren voor de tegenwoordige Tydreekening, den 13den Maart; het begin, volgens *Whifton* (b), tot Jeruzalem na de middernagt, ten 2 uur., 2 min., 50 fec.; 't midden ten 3 uur., 21 min., 26 fec.; 't end ten 4 uur., 40 min., 2 fec.; de grootheid 5 duim, 44 min. *Calvifius*, ten opzigt van de Oproerige, trekt *Flavius Jofephus* aan, met deeze woorden : *Et vivi cremantur, die 9 Januarii, feriâ fextâ cum fequenti noêle incideret Eclipfis Lunæ* : maar in *Jofephus* word de Maand, Datum, of Dag van de Week niet bepaald; volgens de meening van *Calvifius* is die gebeurd 1 Jaar voor de tegenwoordige Tydreekening, den 10den January, een uur na de middernagt, de Maan geheel verduiftert. *Ricciolus* en andere denken, dat dezelve gebeurd is twee dagen voor het punt van den tyd daar wy hedendaags van beginnen te reekenen, den 29ften December; maar in beide deeze gevoelens moet men aanmerken, dat het Jaar of de Maand met de dood van *Herodes* niet overeen komt (i); zoo dat zekerlyk deeze laatfte Eclipzen de regte niet zyn. Ik heb de laatfte evenwel bereekend, en vind het midden tot Jeruzalem ten 5 uur., 9 min., 2 fec.; het end ten 6 uur., 25 min., 44 fec.; de grootheid 7 duim, 44 min.; de Zon was in 't ondergaan aan den waaren Horizont ten 5 uur., 2 min., 20 fec. : van deeze Eclips kon men wel zeggen, dat die in de avondfchemering, of in de avondftond gezien was, maar niet in de nagt, als *Jofephus* heeft.

Dion

(b) Prelect. Aftronom. (i) Zie *Petavius* en *Keplerus*, over 't waare Jaar van Chriftus Geboorte.

De Eclipzen na Christi Geboorte.

☉
In 't Jaar
na Christus 13,
April 29.
door de
Uitreekening.

Dion Cassius verhaalt, dat voor de dood van *Augustus* een Totaale Zon-Eclips geschied is; maar in 't Jaar 14 is dezelve niet te vinden. In 't Jaar 13, den 29sten April, is in de Westelyke Landen een Centraale en Annulaire Zon-Eclips voorgevallen; 't midden uit de Aardkloots middelpunt, volgens den Tyd van London, 8½ uur na de middag; de Maans Noorder Breedte was 29 min., 23 sec.; tot Romen heeft men niets daar van kunnen zien: indien deeze de regte Verduistering is, dan is hy maar berekend, en niet waargenomen.

☉
In 't Jaar
na Christus 31,
May 10.

In 't 28ste Jaar van de 46ste Tydkring, op den laatsten dag van de 3de Maan, verduisterde de Zon. *Monarch. Sin. Tab. Chron.* pag. 38.

Ik vind deeze Eclips in 't Jaar 31, het midden uyt de Aardkloots Centrum te zien, volgens de apparente Tyd van London, in May 9 dagen, 14 uuren, 54 min., 25 sec.; de Zons plaats, op de tyd van de Nieuwe Maan, in Taurus 16 gr., 17 min., 53 sec.; de Maans Noorder toeneemende Breedte 25 min., 25 sec.; de Zons halve Diameter 15 min., 52 sec.; de Maans halve Diameter 14 min., 54 sec.; de Maans Horizontaale Parallaxis 54 min., 57 sec. Tot Canton, in China, is dezelve begonnen 's morgens, den 10den May, ten 8 uur, 8 min.; het midden ten 9 uur, 39 min.; het end ten 11 uur, 12 min.; de grootheid 9¼ duim: in 't Koninkryk Klein Laos is de Zon 's morgens ten 8 uuren, 42 min., Centraal en Annulair verduisterd geweest; zoo dat men (Venus uitgezonderd) geen Sterren heeft kunnen zien. *Christiaan Kirchius* (k) heeft deeze Eclips ook berekend, en op den zelfden dag, door de *Rudolphinse* Tafels, gevonden het midden tot Pekin 's morgens ten 8 uur., 55 min.; de grootheid 6 duim, 42 min.: tot Canton 't midden ten 7 uur., 59 min.; de grootheid 9 duim, 26 min.: hy oordeelt, dat, door 't gebrek van de Tafelen, dezelve op deeze laatste plaats wel 11 duim kon geweest zyn: in de Text van Couplet word daar by gesteld, dat dezelve *Gedenkwaardig en Totaal* was, en dat een zekere *Kin* of *Sineesche Heilig* verhaalt, dat dezelve voor de behoorlyke tyd quam. *P. Bouvet* meende, dat dit de Eclips was, die by 't Lyden van Christus gezien wierd; doch de woorden *Memorabilis en Totalis* schynen een byvoegzel van de Missionarissen te zyn; men vind die niet in de Text van de Sineesche Astronomie (*l*): hoe kan men ook een Annulaire Eclips Totaal noemen? ik vind niets in deeze Eclips, dat dezelve gedenkwaardiger als andere Verduisteringen zou maaken; in 't tegendeel, op de meeste plaatzen in China is dezelve weiniger verduisterd geweest als in verscheide andere
Eclip

(*k*) Miscel. Berolin. (*l*) Tom. 2. pag. 163.

Eclipſen, die men in de Sineeſche Chronol. vind; en of men zig wil behelpen, met te zeggen, dat de Verduiſtering voor de tyd gekomen is, dat kan wel zyn, dat die een uur of twee vroeger quam, als haare gebrekkelyke Tafels aanwezen; maar geen halve Maaneſchyn: want het is immers bekend, dat Chriſtus gekruiſt is omtrent de volle Maan; en bygevolg, de Verduiſtering by 't Lyden van Chriſtus, is geen Zon-Eclips geweeſt, volgens de gewoone order van de Natuur. Die van 't zelfde Gezelſchap als *Bouvet* zyn, hebben hem uit de Sineezen wederlegd (m); ook komt de Maand, en vooral de uur van de dag niet overeen: want doe deeze Eclips in China gebeurde, was het tot Jeruzalem tuſſchen de middernagt en de Zons opgang. In de Tartariſche Overzettting ſtaat, dat deeze Eclips geſchied is in 't Jaar van de Witte Haas, op de dag van het Zwarte Varken. *Calviſius* reekent, dat Chriſtus gekruiſt is in 't Jaar 33, den 3den April, dat op dien dag een Maan-Eclips is voorgevallen, 't midden tot Jeruzalem een weinig voor de Maans opgang, ten 5 uur., 49 min. na de middag; de grootheid 8 duim, 29 min.

De Maan, tegens de gewoone order, zag men tweemaal verduiſteren, te weeten, de 4de en de 7de dag. *Joan. Xiphil. Epitom. Dion.*, *pag.* 207.

In 't Jaar na Chriſtus 69, April 25.

Het is zeker genoeg, dat dit in 't Jaar 69 geſchied moet zyn; de Text is duiſter, en t'eenemaal onverſtaanbaar: ik meen, dat de oorſpronk is, dat men die uit een Latynſch Schryver genomen heeft, en doe in 't Griek overgezet, zonder agt te geven op de Romeinſche manier van de Datum aan te teekenen; daar na heeft men iets willen verbeteren, en zoo is alles in de war geraakt. In 't Jaar 69 vind ik, door de Sterrekundige Tafelen, dat een Zon- en Maan-Eclips malkander in 15 dagen gevolgd zyn; te weeten, de Verduiſtering in de Zon, den 4den Idus van April, in de Zuidelyke Landen, des nagts, volgens de tyd van Romen; de Maan-Eclips, den 7den Kalend. van de volgende Maand; deeze was tot Romen zigtbaar. *Calviſius* heeft die uitgereekend den 25ſten April, 5 uuren na de middernagt, de Maan byna 12 duim verduiſterd. *Dion Caſſius*, of *Xiphilinus*, of den Autheur daar zy dit uit hebben, vreemd te vooren komende van een Zon-Eclips in de nagt, hebben waarſchynelyk een Maan-Eclips daar van gemaakt: dit zal de waare reden van dat wonderlyk ſchryven zyn, dat onder deeze Verduiſteringen niet begreepen is de Maan-Eclips, die in 't zelfde Jaar, den 18den October gebeurde, blykt vooreerſt uit de Datum, en ten anderen, om dat *Xiphilinus* die naderhand verhaalt. *Hevelius* (n), daar hy van de gemelde Eclipzen uit *Xiphilinus* ſpreekt, voegt daar by, *maar andere Schryvers maken ook van deeze geen gewag*: hy ſtelt die op 't Jaar 71.

(m) Zie de Chineeſche Aſtron., tom. 2, van pag. 163 tot pag. 173.
(n) Cometograph., lib. 12, pag. 804.

In 't Jaar na Chriſtus 71, Maart 20.

In de Zon-Eclips, die onlangs gebeurde, dewelke aanſtonds na de middag begon, blonken de Sterren in verſcheide deelen van den Hemel. *Plutarchus de Facie in Orbe Lunæ*, pag. 931, Frankf. 1599. *Plin. Hiſt. Natur.*, lib. 2, cap. 13, pag. 8, Ed. Aur. Alleb. 1606.

Eerſt zal ik van de Eclips uit *Plinius*, en dan van die uit *Plutarchus* ſpreeken: in de Druk van *Plinius*, die hier boven aangetrokken is, vind men, dat de Zon- en Maan-Eclips malkander in 12 dagen gevolgd zyn, dat onmogelyk is; dog uit eenige Manuſcripten blykt, dat dit 15 moet zyn: dan kan de verbetering van *Calviſius* geen plaats grypen, die meende, dat men voor 12 dagen moeſt leezen 15 dagen en 12 uuren. *Calviſius* en *Ricciolus* verdraaijen de Text; ten minſten, in de Druk, die ik heb, ſtaat, dat *Veſpaſianus* voor de derdemaal Conſul was, en niet voor de vierdemaal, gelyk zy ſchryven. *Calviſius* heeft evenwel de Eclipzen op 't regte Jaar uytgereekend; maar in de Chronol. van *Ricciolus* (o) vind men het volgende: *In geen ander Jaar, omtrent dien tyd, vertoonen ons de Sterrekundige een Zon- en Maan-Eclips binnen de tyd van 15 dagen, dan in 't Jaar 72; doe verduiſterde de Zon in Italien voor de middag, en den 22ſten van de zelfde Maand, verduiſterde de Maan, omtrent 1½ uur na de Zons ondergang, tot Romen.* Maar hoe kan een Hoogleeraar in de Hemelsloop ons zulke verhaalen opgeeven? ik heb dit nagereekend, en vind de Nieuwe Maan, in 't Jaar 72, den 7den February, volgens den tyd van Romen, ten 11 uuren, 51 min., 35 ſec. na de middag; de Maans Zuider Breedte was 1 graad, 22 min., 58 ſec.; dan is het immers onmogelyk, dat deeze Eclips in Italien, of zelfs in 't Noordelyk halfrond van de Aarde kon gezien worden: nergens heeft men iets daar van kunnen merken, als digt aan de Zuidpool; op 't meeſt is de Zon op 't Aardryk maar 2 duim verduiſterd geweeſt. De Maan-Eclips vind ik in 't Jaar 72, den 22ſten February, volgens de tyd van Romen, het begin 1 uur, 22½ min., na de Zons opgang; het midden 9 uuren, 47 min., 58 ſec. na de middernagt, en bygevolg in Italien onzigtbaar.

't Verwondert my, dat de Eclips uit *Plutarchus*, tot nog toe van de Sterrekundige niet ontdekt is; de moeite, die de ſchrandere *Keplerus* daarom gedaan heeft, zal hun ligt afgeſchrikt hebben; want het (p) blykt, dat hy veel Zon-Eclipzen, omtrent 100 Jaaren na Chriſtus, onderzogd heeft, om deeze te vinden, en ontmoet geen ſchynbaarder, die daar beter na zou gelyken, als een Verduiſtering, die voorgevallen is in 't Jaar 113, den 1ſten Juny, beginnende tot Uranienburg, 's morgens ten 7 uuren, 37 min.: hy (q) ſchryft, dat

---

(o) Pag. 161. *Nullus autem annus circa illud tempus intra dies 15 exhibet Aſtronomis Eclipſis Solis ac Lunæ, niſi annus 72, Epocha Chriſti, cujus die 8 Februarii Sol defecit in Italia ante meridiem, & die 22 ejusdem menſis Luna defecit ſuſquibora ferè poſt occaſum Solis Romæ.*
(p) Tab. Rudolph. Præcep. 158, pag. 104, Ulm 1627.
(q) Præcep. 167, pag. 107.

Zon- en Maan-Eclipzen.

dat de Totaale Verduisterings-lyn liep door de Atlantifche Zee; van daar door het midden van Europa, door Duitsland en Lithauwen; en daar op laat hy volgen, het zy dat *Plutarchus* tot Chæronea geweest is, of tot Athenen, of op een andere plaats in Griekenland, hy heeft de Zon niet geheel en al bedekt kunnen zien; en hy befluit, dat die de Eclips uit *Plutarchus* wil vinden, dezelve zoeken moet voor 't Jaar 93, of na 't Jaar 120. Volgens *Hieronimus*, heeft *Plutarchus*, doen hy oud was, in 't Jaar 119, zyn dagen op de plaats daar hy geboren was geëindigt; dan moet men de Verduistering niet na 't Jaar 120 zoeken. De Eclips van 't Jaar 113, den 1sten Juny, heb ik ook bereekend, en vind het midden, uit de Aardkloots Centrum te zien, volgens de tyd van Romen, 11 uuren, 37½ min. na de middernagt; de Maans Noorder afneemende Breedte 28 min., 51 fec.; de Zons halve Diameter 15 min., 50 fec.; de Maans halve Diameter 16 min., 5½ fec.; de Totaale Verduisterings-lyn begon op 23 gr., 55 min. Noorder Breedte; 70 gr., 58 min. beweften Romen; van daar liep dezelve door Vrankryk, omtrent Parys, door Duitsland en Polen, omtrent daar tegenwoordig Warschau is, door het bovenste van de Cafpische Zee, tot op 29 gr., 56 min. Noorder Breedte; 85 gr., 18 min. beoosten Romen, daar is de Zon geheel verduisterd ondergegaan; tot Romen was de Zon maar ruim 8 duim verduisterd; tot Chæronea was de grootheid omtrent 7 duim: en al dagt men, dat *Plutarchus* op deezen tyd in 't Noordelykst van Illyrien dezelve beschouwd had; daar is de Verduistering nog geen 11 duim geweest; en op geen van deeze plaatzen heeft men de Sterren kunnen zien: volgens 't Chronicon Paschale (*r*) bloeide *Plutarchus* in 't Jaar 67, en omtrent 't Jaar 81 is hy tot Romen gekomen. Nu heb ik veel Eclipzen, die in zyn leeftyd voorgevallen zyn, onderzogd, en befluit daar uit, dat het geen andere geweest kan zyn, als die uit *Plinius*, dewelke in 't Jaar 71, den 20sten Maart, gebeurd is; ik laat met de Heer *Halley*, het Centrum van de Maans weg een Epicycle draaijen, en heb, als te zien is in *Izak Newton* (*s*), al zyne Æquatien gebruikt, en dan nog by de aanvangtyd in *Whifton* 1 min., 12 fec. bygeteld, en op de gemelde wys de Uitreekening gedaan. Dat ik zulks niet in 't werk gesteld heb in alle de Eclipzen, is om de langwyligheid van de Reekening, en om dat het verschil niet groot is: de Centraale en Totaale Verduisterings-lyn in een Kaart geleid, zoo vind ik, dat de Zon geheel verduisterd is opgegaan, omtrent op 10 gr. Noorder Breedte, 46 gr., 35 min. beweften Romen; van daar is deeze Lyn geloopen door Africa; 's morgens omtrent ten 10; uur is 't Centrum van de schaduw in de Middellandsche Zee gekomen, omtrent de plaats daar nu Tripoli in Barbaryen is; het zelfde punt passeerde omtrent 11 uuren de Noordwestzyde van Peloponefus; van daar door Griekenland over Beotien, en aldaar over Chæronea, de geboorteplaats van *Plutarchus*; verders door Macedonien en Thracien, daar de Zon, omtrent de middag, geheel verduisterd moet gezien

(*r*) Pag. 240. (*s*) Philosoph. Natur. Princip. Mathem., pag. 423, Ed. Amst. 1714.

gezien zyn; kort na de middag een weinig bewesten Byzantium; dan door Sarmatien tot aan 't Oostend van Nova Sembla op 68¾ graad Noorder Breedte, 83 gr., 51 min. beoosten Romen, daar de Zon geheel verduisterd is ondergegaan. Gaa ik deeze Eclips na met de Periode van 521 Jaaren, zoo vind ik die den 19den Maart van 't Jaar 592; ook in 't Jaar 1113, op de zelfde dag: de Historien geven ons te kennen, dat men die op de voornoemde tyden gezien heeft; en wederom in 't Jaar 1634, op de zelfde dag, zou die zig in Japan moeten vertoond hebben, volgens de uitgereekende Lysten van de Eclipzen die men in de Almag. van *Ricciolus* vind.

De Eclips van 't Jaar 71 schynt wel te gelyken na de Eclips die *Phlegon Trallianus* verhaalt; maar als dit de zelfde zou zyn, dan moet men onderstellen, dat in de Text van de gemelde *Phlegon* net X Olympiaden verzuimd of uitgelaaten zyn: over de Eclips van *Phlegon* is verschil gekomen tusschen *Arthur Ashley Sykes*, en *W. Whiston*, die in de Jaaren 1732, 1733 en 1734, ieder twee Verhandelingen daar over tot London hebben laaten drukken.

Op den zelfden dag, doe *Coccejus Nerva* stierf, geschiede een Zon-Eclips. *Sext. Aurel. Victor Epitome*, pag. 259, *Amst.* 1659.

In 't Jaar na Christus 97, Octob. 23. Bereekende N.

Uit *Seutonius* blykt, dat *Titus Vespasianus* in 't Jaar 81, den 13den September gesturven is; na hem volgde *Domitianus*, die, volgens *Victor*, 15 Jaaren regeerde; doe volgde *Nerva*, die regeerde alleen, volgens den zelfden Schryver (t), 13 Maanden en 10 dagen, dan komt het end van zyn Alleenheersching in 't Jaar 97, den 23sten October: op deezen dag vind ik een Zon-Eclips, het midden uit de Aardkloots Centrum te zien, volgens de Tyd van Romen, 11 uuren, 44 min., 2 sec. na de middag; de Maans Noorder Breedte 1 gr., 9 min., 12 sec.; de grootste verduistering op 't Aardryk was 7 duim, 7 min.; tot Romen was niets daar van te zien: zoo dat deeze Eclips door de Sterrekundige van dien tyd bereekend zal zyn, om 'er Astrologische Voorzeggingen uit te maaken. *Eutropius* (v) verhaalt, dat *Nerva* 16 Maanden en 8 dagen geregeerd heeft: volgens de laatste Schryver is *Trajanus* door *Nerva* tot het Keyzerryk aangenomen; na dien tyd leefde *Nerva* nog 3 Maanden. *Dion Cassius* stelt de geheele regeering van *Nerva*, te weeten, zyn Alleenheersching, en met *Trajanus* te gelyk, 1 Jaar, 4 Maanden en 9 dagen; 't welk een dag minder is als *Victor*, en een dag meer als *Eutropius* heeft: nu is het zeker genoeg dat *Domitianus* om 't leeven gebragt is in 't Jaar 96, den 18den September, als blykt uit de Maans plaats, die *Seutonius* daar by voegt (x); dan heeft de laatstgemelde Keizer 15 Jaaren en 5 dagen geregeerd; zoo dat *Victor* de regeering van deeze Keizer 5 dagen te kort, en de alleenheersching van *Nerva* 5 dagen te lang stelt. *Nerva* is, volgens *Dion Cassius*, gesturven in 't Jaar 98, den 27sten January, en heeft, volgens den zelfden Schryver, in 't geheel geregeerd

(t) Pag. 258. (v) Lib. 8, pag. 347. (x) Pag. 115.

Zon- en Maan-Eclipzen.

jaar, 4 Maanden en 9 dagen, als hier boven reets gezegd is; dan moet hy nog 3 Maanden en 4 dagen geleefd hebben na dat hy *Trajanus* tot mede Keizer heeft aangenomen; 't welk na genoeg met *Victor* overeen komt, die maar volle Maanden reekent. Men ziet dan klaar, dat al de zwaarigheden, daar de Chronologisten zoo om gestreeden hebben, van zelfs verdwynen (y); zoo dat *Victor* maar alleen verbeterd moet worden, en dat de Eclips ziet op 't aanvaarden van de regeering door *Trajanus*, en niet op de dood van *Nerva*. *Calvisius* heeft dan 't regte wit niet getroffen, als hy meent, dat de Zon-Eclips gebeurd is in 't Jaar 98, den 21sten Maart, 53 dagen na de dood van *Nerva*, ten 5 uur., 15 min. na de middag, volgens de tyd van Romen; de grootheid 3 duim, 3 min.

Onder *Commodus*, in de Kalend. van January, geschiede een schielyke duisternis. *Lamprid. in Commodo Anton.*, pag. 161, *Frankf.* 1588. ☉ In 't Jaar na Christus 186, Dec. 28. N.

Scaliger heeft deeze Eclips niet kunnen vinden, en stelt die onder de Verduisteringen die nooit gebeurd zyn: ik vind dezelve in 't Jaar 186, den 5den Kal. van January, of den 28sten December; de Zons plaats op den tyd van de Zamenstand, in Capricornus 6 gr., 34 min., 58 sec.; de Maans Noorder toeneemende Breedte 28 min., 26 sec.; de Maans Horizontaale Parallaxis 54 min., 30 sec.; de Zons halve Diameter 16 min., 22 sec.; de Maans halve Diameter 14 min., 47 sec.; het midden, uit de Aardkloots Centrum te zien, volgens de tyd van Romen, ten 3 uur., 1 min., 9 sec. na de middag; het begin van de Verduistering, op de laatstgemelde plaats, is geweest ten 3 uur., 17 min. na de middag; ten 4 uuren, 29 min. was de Zon aldaar in 't ondergaan aan den waaren Horizont, zynde 9½ duim verduisterd; dit was een weinig voor 't midden van de Eclips: in 't Zuidelyk deel van Italien, en in Sicilien is deeze Zon-Eclips grooter geweest; omtrent het Eiland Malta was dezelve Centraal en Annulair. Twee Perioden, of 1042 Jaaren na deeze Eclips, dat is in 't Jaar 1228, heeft *Calvisius* bereekend, dat een Zon-Eclips gebeurd is, den 28sten December, 's morgens ten 7 uuren, 55 min., een weinig na de Zons opgang tot Napels; de grootheid 9 duim, 19 min.

In de zamenkomst (van de Geestelyke) tot Utica wierd het ligt van de Zon byna uitgedoofd. *Scaliger de Emend. Temp. in de Voorreeden*, pag. LI., *uit het schryven van Tertullianus aan Scapula*. ☉ In 't Jaar na Christus 197, Juny 3. N.

Scaliger verhaalt die onder verscheide andere Verduisteringen, die hy niet heeft kunnen vinden, waarom hy meende, dat die nooit gebeurd zyn. Het blykt klaar genoeg, dat de Keizer *Severus* doe de Christenen nog niet opentlyk

(y) *Ricciol.* Chronol., pag. 193.

lyk vervolgde; zoo dat die moet voorgevallen zyn voor 't Jaar 202. Ik vind dezelve in 't Jaar 197, den 3den Juny, op 41 gr., 54 min. Noorder Breedte; 51 min. in tyd beoosten London, dat is, tot Romen is 't begin geweest 18 min. na de middag; het midden ten 1 uur., 49 min.; het end ten 3 uur., 18 min.; de grootheid was als de geheele Maan, te weeten, Centraal en Annulair tot Utica, in Africa, daar tegenwoordig Bizerte is, 't welk (z) op 37 gr., 4 min. Noorder Breedte leid, en 9 gr., 42 min. beoosten London, daar is 't midden geweest een weinig na half twee uuren; de grootheid ruim 10¼ duim. 521 Jaaren na deeze Verduistering, dat is in 't Jaar 718, den 3den Juny, is een groote Zon-Eclips in Spanjen gezien, zoodanig, dat de Sterren verscheenen, als blykt uit *Vaseus*: wederom 521 Jaaren na deeze laatste Verduistering, dat is in 't Jaar 1239, den 3den Juny, is een Zon-Eclips geschied, daar een menigte van Schryvers gewag van maaken, voornamentlyk de Italiaansche; op veel plaatzen heeft men de Sterren gezien.

In 't Jaar na Christus 319. May 6. N.

Licinius V, en *Crispus Cæsar*, Burgermeesters zynde, geschiede een duisterheid over dag, op de negende uur. *Idatii Episcopi Fasti Consulares*, pag. 30, *Amst.* 1658.

Deeze Eclips is niet geschied onder de bovenstaande Consuls; maar in 't volgende Jaar, doe de Keizer *Constantinus* voor de vyfdemaal, en de jonge *Licinius* (die ook *Cæsar* was) Consuls waaren. 't Verwondert my, dat *Petavius* en *Calvisius* deeze Zon-Eclips niet gevonden hebben: *Idatius* heeft deeze Eclips zelfs niet gezien, alzoo die voor zyn tyd geschied is, in de Romeinsche Historien, die tot ons overgekomen zyn, vind men die ook niet: hy zal die dan uit de Schryvers van zyn land, of daar omtrent aangeteekend hebben; men wil, dat hy Bisschop van Chaves, in Portugaal, was; welke plaats leid omtrent op 41¼ graad Noorder Breedte, 30½ graad bewesten London. Ik reeken dat deeze Verduistering geschied is in 't Jaar 319, den 6den May; het midden, uit de Aardkloots Centrum te zien, volgens de tyd van London, na de middag ten 3 uur., 2 min., 2 sec.; de Zons plaats in Taurus 15 gr., 10 min., 34 sec.; de Maans Noorder afneemende Breedte 31 min., 9 sec.; de Zons halve Diameter 15 min:, 53 sec.; de Maans halve Diameter 16 min., 26 sec.; de Maans Horizontaale Parallaxis 60 min., 13 sec.: te Chaves was 't begin na de middag ten 2 uuren, 39 min; het midden ten 3 uuren, 47 min.; het end ten 4 uur., 50 min.; de grootheid 9 duim, 26 min. Het komt my waarschynelyk te vooren, dat hy de Verduistering in een Fransch Schryver gevonden heeft; want in 't Noorden van Vrankryk is de Zon geheel verduisterd geweest, met een duuring van byna 2 min.: tot Parys, vind ik, dat het begin geweest is na de middag ten 3 uur., 20 min.; het midden ten 4 uur., 28 min.; de Zon zynde

Totaal,

(z) Volgens een nieuwe Kaart van 't Koninkryk Tunis, die men vind in de Philos. Transf. Nom. 411, pag. 176.

Zon- en Maan-Eclipzen.

Totaal, en na genoeg Centraal verduisterd, met een duuring van 1 min., 56 fec.; het end ten 5 uur., 30 min. 521 Jaaren voor deeze Eclips, dat is 203 Jaaren voor Christus, den 6den May, is ook een Verduistering aan de Zon geschied: wederom 521 Jaaren na de Eclips van 't Jaar 319, dat is in 't Jaar 840, den 5den May, (van wegens 't Schrikkeljaar) is zoodaanig een Zon-Eclips geschied, dat de Sterren zig aan den Hemel vertoonden, gelyk de Fransche en Duitsche Schryvers verhaalen: nog 521 Jaaren na deeze laatste Eclips, dat is in 't Jaar 1361, den 5den May, doe is wederom een Zon-Eclips gezien, dat de Sterren in den Hemel verscheenen, als uit de Turkse Jaarboeken blykt.

In 't 10de Jaar van *Constantinus de 2de*, geschiede, in de Maand Juny, een Zon-Eclips, op de 3de uur van den dag, zoodaanig, dat de Sterren verscheenen. *Theophanes Chronogr.*, pag. 31; *Cedrenus*, pag. 298; *Herman. Contract*, pag. 112; *Chron. Salisb.*, col. 325; *Chron. Monast. Mellic.*, col. 183, Lipz. 1721.

☉
In 't Jaar
na Chri-
stus 346.
Juny 6.

Door de Consuls, en uit de datum, weet men zeker genoeg, dat *Constantinus de Groote* in 't Jaar 337, den 22sten May, gesturven is, als blykt uit *Idatius* (a): *Eusebius* (b) verhaalt, dat dit geschiede op den Pinxterdag. Nu is in 't Jaar 337 het Paaschfeest gevierd den 3den April, en bygevolg Pinxter den 22sten May; zoo dat men in 't Jaar 346, in de Maand Juny, schreef het 10de Jaar van *Constantinus de 2de*. In dit Jaar vind ik een Zon-Eclips, den 6den Juny; het midden, uit de Aardkloots Centrum te zien, volgens de tyd van Romen, 's morgens ten 6 uur., 47 min., 14 sec.; de Zons plaats, op de tyd van de Zamenstand, in Gemini 14 gr., 52 min., 39 sec., de Maans Horizontaale Parallaxis 60 min., 49 sec.; de Zons halve Diameter 15 min., 50 sec.; de Maans halve Diameter 16 min., 32 sec. ; de Maans toeneemende Noorder Breedte 39 min., 12 sec.; de Zon is Centraal verduisterd opgegaan, in Africa, op 29 gr., 20 min. Noorder Breedte; 6 gr., 3 min. bewesten Romen; loopende de Centraale Lyn van daar in de Middelandsche Zee, omtrent daar tegenwoordig Tripoli is; voorts over 't Noordwestelyk deel van Morea, door de Archipel, en de Dardanellen, over Constantinopolen, daar de Zon 's morgens ten 6 uuren, 42 min. Totaal, met eenige duuring, verduisterd is geweest; van daar over 't byna Eiland Crim, even bewesten, daar nu Asoph is, tot door Tartaryen, en door 't onbekende Noorder America, tot in de groote Zuidzee, daar de Zon Totaal en Centraal verduisterd is ondergegaan: de Zons middelpunt is op dien dag, 's morgens, aan den waaren Horizont geweest, tot Constantinopolen, ten 4 uur., 31 min., 12 sec.; de derde uur van den dag, op die plaats, begon, na onze wys van reekenen, 's morgens omtrent ten

(a) Fast. Consl., pag. 30, daar staat dat hy stierf den 11den Kal van Juny.
(b) De vita Constant., lib. 4, pag. 559.

ten 7 uuren: de voornaamfte Sterren, die men heeft kunnen zien, zyn geweeft de Slinkervoet van de Reus, 't Stiers Oog Aldebaran, en Hircus. *Calvifius* vind deeze Eclips op den zelfden dag, 's morgens ten 6 uur, 26 min., 23 fec.; de grootheid 11 duim, 7 min: *Petavius* (c) vind het begin 's morgens ten 4 uur., 44 min.; het midden ten 5 uur, 31 min.; 't end ten 6 uur, 18 min., volgens de tyd van Conftantinopolen; de grootheid 7 duim, 36 min.; maar hy moet zig noodzaakelyk in de Reekening vergift hebben. *Ricciolus* (d), om de Uitreekening van *Petavius* nog wat fchyn te geeven, verhaalt, dat het geen wonder is, dat *Theophanes* fchryft, dat de Sterren gezien zyn, alzoo de Zon in zyn verduiftering is opgegaan; maar dit is niet waar: *Petavius* fchryft zelfs, dat de Zon eerft begon te verduifteren omtrent een quartier na deszelfs opgang; en in een verduiftering van 7½ duim kan men geen Sterren zien.

In *Cedrenus* (e) vind ik een Zon-Eclips, zoodanig, dat de Sterren gezien wierden; die word verhaald in 't 20fte Jaar van *Conftantinus de Groote*. *Calvifius* meent, dat dezelve gebeurd is in 't Jaar 324, den 6den Auguftus, ten 4 uur., 23 min., 27 fec. na de middag; de grootheid 7 duim, 52 min. Ik vind de verduiftering Annulair; de Centraale Lyn ging meeft over Landen en Zeën, in die tyd onbekend, en quam in Africa, omtrent daar tegenwoordig Marocco is; loopende van daar tot op 13 gr. Noorder Breedte, en 21 gr. beooften Romen, daar de Zon in zyn Centraale verduiftering is ondergegaan; dog doe had *Conftantinus* nog maar 18 Jaar en 12 dagen geregeerd: geen Ster, behalven Venus, kan men in een Zon-Eclips van 8 duim zien; hoe naarftig dat *Le Comte* ook zogt, in een Verduiftering van 11¼ duim, by kon, Venus uitgezonderd, die men wel, buiten de Eclipzen, over dag ziet, geen een Ster vinden.

Onmiddelyk voor deeze Zon-Eclips, word in *Cedrenus* verhaald van een Aardbeeving, die in Campania dertien Steeden omver wierp: in de zelfde Schryver vind men, by de Zon-Eclips van 't Jaar 346, dat in Campania een Aardbeeving gefchiede, waar door twaalf Steeden vergingen; dit vind men ook op 't zelfde Jaar in *Theophanes*. *Hieronymus*, in zyn Kronyk (f), verhaalt, dat in 't Jaar 346 een Aardbeeving veel Steeden in Campania befchaadigde: om dat nu zoodanig een groote Zon-Eclips, omtrent 't Jaar 324, niet te vinden is door de Sterrekundige Tafelen, en dat, omtrent dien tyd, by andere Schryvers van de gemelde Aardbeeving, in Campania, geen gewag gemaakt word, zoo befluit ik, dat *Cedrenus* deeze Eclips tweemaal befchryft; eens op 't regte Jaar 346, en dan op het 20fte Jaar van *Conftantinus de Groote*: maar dit zal een misflag zyn; hy zal de Vader in plaats van de Zoon aangeteekend hebben, alzoo de naamen niet veel van malkander verfcheelden; want het 20fte Jaar van *Conftantius* (de Zoon van *Conftantinus de Groote*, te weeten, van die tyd af dat hy *Cæfar* wierd) komt op 't Jaar 346.

Hie-

(c) Doctr. Temp., pag. 528. (d) In zyn Almag., pag. 368.
(e) Pag. 285, in de Druk van Parys. (f) Pag. 85 en pag. 183, in de Uitgift van *Scaliger*.

Zon- en Maan-Eclipsen.

Hieronimus, in zyn Vervolg op de Kronyk van *Eusebius* (g), verhaalt een Zon-Eclips, die gebeurd is in 't 10de Jaar van *Constantius*, het 3de Jaar van de 281ste Olympiade: dit is dan de Verduistering die in 't Jaar 346, den 6den Juny, gezien is; maar uit de Jaaren van *Abraham*, en uit de Aardbeeving zou volgen, dat de Eclips, uit *Hieronimus*, in 't Jaar 348 gezien moest zyn. *Petavius* heeft drie oude Drukken van deeze Kronyk gezien, waar onder twee, waar in de Eclips staat op de zelfde Jaaren van *Constantius*, en de Olympiaden, die hier boven gemeld zyn; maar in een andere staat deeze Verduistering een Jaar laater, en dit meent hy, dat de beste leezing is: door de Uitreekening zou, volgens zyn gedagten, de Eclips geschied zyn in 't Jaar 347, den 20sten October; het begin, tot Romen, ten 3 uur., 25 min. na de middag; het midden ten 4 uur., 22 min.; het end ten 5 uur., 15 min.; de grootheid ruim 7 duim (*b*). *Calvisius* is ook van dit gevoelen, en vind de Verduistering op den zelfden dag ten 4 uur., 26 min., 28 sec. na de middag; dog hy noemt geen plaats daar hy op gereekend heeft: maar komt het niet wat vreemd te vooren, dat *Hieronimus* van drie Zon-Eclipzen, die in drie agtereen volgende Jaaren gebeurd zyn, juist maar de kleinste zou beschryven? is het niet waarschynelyker, dat de Zon-Eclips, uit *Hieronimus*, in 't Jaar 346 of 348 geschied is? en nog komt my het eerste Jaargetal veel aanneemelyker te vooren, als het laatste. In de zelfde verwarring zou men gekomen hebben door *Theophanes*, met de Zon-Eclips van 't Jaar 348, had hy de dag van de Week daar niet bygesteld.

In 't 1112 Jaar van *Nabonassar*, den 22sten dag van de Maand Paumi, geschiede een Zon-Eclips, die *Theon*, de Vader van *Hypatia*, tot Alexandrien in Egipten, waarnam; het begin na de middag ten 2 uuren, 50 min.; het midden ten 3 uuren, 45 min.; het end omtrent ten 4½ uur, als *Theon* verhaalt, in zyn Aanteekeningen over 't 6de Boek van *Ptolomeus*. *Ricciol. in zyn Almages. pag.* 369.

In 't Jaar na Christus 364, Juny 16. N.

In de Text zyn de Maanden van de Tydreekening na *Diocletianus*, met de Jaaren van *Nabonassar*, verward; want daar ontbreekt iets: en na het woord *Nabonassari*, zoo moet daar tusschen gevoegt worden, *Die 23 Thoth Anno Diocletiani LXXX*; dit zal de reeden geweest zyn, dat niemand tot nog toe deeze Verduistering gevonden heeft. Ik ben verwonderd, dat *Ricciolus* schryft, dat deeze Eclips gebeurd is in 't Jaar 365, den 10den Maart: op deezen dag kon geen verduistering in de Zon geschieden, alzoo de Maan te ver van de Noordknoop was. Het 1112de Jaar van *Nabonassar* is begonnen in 't Jaar 364, den 24sten

O 2

(*g*) Pag. 183, in de Uitgift van *Scaliger*.
(*h*) Doctr. Temp., tom. 1, lib. 8, cap. 13, pag. 529; en tom. 2, lib. 11, cap. 45, pag. 205.

24ften Maart, (niet den 24ften May, als *Calvifius* heeft in de Druk van Frankfort van 't Jaar 1629): in de Obfervat. in *Theonis Faftos* (i) word deeze Zon-Eclips gefteld op 't Jaar 365. Ik vind deeze Eclips in 't Jaar 364, den 16den Juny; de Zamenftand van Zon en Maan, volgens de Meridiaan van Alexandrien, in Egipten, ten 3 uur., 19 min., 40 fec.; de Zon in Gemini 25 gr., 19 min., 9 fec.; het midden, uit de Aardkloots Centrum te zien, ten 3 uur., 16 min., 57 fec. na de middag; de Maans Horizontaale Parallaxis 60 min.; 47 fec.; de Maans halve Diameter 16 min., 28 fec.; de Zons halve Diameter 15 min., 50 fec.; de Maans Noorder toeneemende Breedte 34 min., 53 fec.: dezelve is tot Alexandrien begonnen, na de middag ten 3 uur., 59 min.; het midden ten 4 uur., 45 min.; het end ten 5 uur., 41 min.; de grootheid 4¼ duim. Is deeze Eclips waargenomen, dan is 't waarfchynelyk, dat de uuren in de Text, Tyd-uuren zyn geweeft: de Zon is op dien dag tot Alexandrien opgegaan 's morgens ten 4 uuren, 59 min.; het begin zou dan, volgens de waarneeming, in gelyke uuren zyn, na de middag ten 3 uur., 19 min.; het midden ten 4 uur., 23 min.; het end ten 5 uur., 16 min.: dat deeze Waarneeming niet net is, en ligtelyk maar bereekend, of na de reekening wat verboogen, blykt, om dat van het begin tot het midden is 1 uur, 4 min.; van het midden tot het end 53 min.; daar ik, door de Uitreekening, het verfchil, tuffchen 't begin en 't midden, vind 46 min.; en tuffchen 't midden en 't end 54 min.; maar wie kan het midden, ja zelfs het begin en end, in een kleine Zon-Eclips, met het bloote oog naukeurig waarneemen.

⑦
In 't Jaar na Chriftus 393, Nov. 10.

Theodofius III, en *Abundantius* Confuls zynde, de 6de Indictie gefchiede, op de 3de uur van den dag, een Zon-Eclips. *St. Profp. Aquitan. Chron. Integr.*, col. 737, *Ed. Par.* 1711. *Marcell. Comit. Chron.*, pag. 60. *Zozim. Hift.*, lib. 4, pag. 84, *Ed. Bafil.*

Deeze laatfte Schryver verhaalt, dat het in 't midden van een ftryd was, zoodanig, dat het eerder nagt dan dag fcheen; of by de groote overwinning van *Theodofius*, die, volgens *Socrates* (k), gebeurd is in 't Jaar 394, den 6den September: maar zou *Eugenius*, die ruim twee Jaaren Keizer is geweeft, ook twee Veldflagen gedaan hebben; de eerfte in 't Jaar 393, den 20ften November; en de laatfte, daar hy zyn leven verloor, in 't Jaar 394, den 6den September?

Calvifius vind in 't Jaar 393, den 20ften November, een Zon-Eclips, te Romen 's morgens ten 9 uur., 43 min., 40 fec.; de grootheid 9 duim, 38 min.; en *Petavius*, op den zelfden dag, het begin, te Romen, 's morgens ten 8 uur., 30 min., 44 fec.; het midden ten 9 uur, 37 min., 44 fec.; het end ten 10 uur., 49 min., 44 fec.; de grootheid 9 duim, 31 min.: tot Conftantinopolen vind hy het

(j) Amft. apud *J. Boom*, Ao. 1735.   (k) Lib. 5, pag. 295.

het begin 's morgens ten 11 uur, 15 min., 31 sec., het midden 27 min., 31 sec. na de middag; het end ten 1 uur., 29 min., 31 sec.; de grootheid 10 duim, 44 min.; dog deeze tyd is te laat: zoo dat het verhaal, van de twee eerste Schryvers, afkomstig zal zyn, uit een Historie, van een Land dat veel Westelyker is.

Omtrent de Pinxter dagen, doe de Zon verduisterde. *Baron.*, ☉
tom. 4, pag. 671, *ex Hieronim. Epistol.* 61, *ad Pam. Adverf. Joan.* In 't Jaar
Episcop. na Christus 395. April 6. N.

De geheele tyd, tuſſchen Christus Hemelvaart en Pinxter, wierd in die dagen, ook zelfs van *Hieronimus*, Pinxter genoemd (*l*). *Calvisius, Ricciolus*, nog *Scaliger*, hebben deeze Eclips niet kunnen vinden. *Baronius* meende, dat *Hieronimus* hier van de zelfde Eclips sprak, daar *Prosper* en *Marcellinus* op 't Jaar 393 van verhaalen; maar de tyd van 't Jaar komt niet overeen. *Hieronymus* heeft de tyd niet naukeurig uit het hoofd geweeten, als uit het woord *Circa* blykt. Ik vind in 't Jaar 395, tuſſchen Paaſch en Pinxter een Zon-Eclips, te weeten, den 6den April; (na dat het den 25sten Maart Paaſch geweest was, en den 14den May de Pinxter inviel) het midden, uit de Aardkloots Centrum te zien, volgens de tyd van Romen, 's morgens ten 6 uur., 9 min.; de Maans Noorder afneemende Breedte 33 min., 24 sec.; de Zons en Maans plaats, op de tyd van de Zamenstand, in Aries 16 gr., 26 min., 59 sec.; de Maans Horizontaale Parallaxis 59 min., 12 sec.; de Zons halve Diameter 16 minuten min een Secunde; de Maans halve Diameter 16 min., 7 sec.: het midden tot Alexandrien in Egipten, 's morgens ten 6 uuren, 7 min., zynde omtrent 22 minuten na de Zons opgang; het end ten 7 uur., 9 min.; de grootheid 9¼ duim: tot Bethlehem was de grootte van de Verduistering byna het zelfde; het midden 's morgens omtrent ten 7¼, en 't end omtrent ten 8¼ uur; de Totaale en Centraale Verduistering begon met de Zons opgang, op 17 gr., 13 min. Noorder Breedte; 17 gr., 53 min. beoosten Romen, of in Africa, in 't Landschap Nubiën; van daar liep 't middelpunt van de schaduw door 't midden van de Roode Zee, door Arabien, en het Zuidoostelyke deel van Persien, tot door Tartaryen, &c.

In 't 10de Jaar van Keizer *Theodosius de Jonge*, de 1ste Indictie, ☉
doe *Honorius* voor de 12de, en *Theodosius de Jonge* voor de 8ste- In 't Jaar
maal Burgermeesters waren, op een Vrydag, den 19den July, of na Christus 418.
den 14den Kal. van Augustus, omtrent de 8ste uur van den dag, July 19.
verduisterde de Zon, zoodanig, dat eenige Sterren gezien wierden.
Philostorg. Ecclesiaſ. Histor., lib. 12, cap. 8, *Interpr. H. Valeſ.*,

(*l*) Zie *Scalig.* Emend. Temp., lib. 7, pag. 697.

pag. 535. *Chron. Pafchale*, pag. 310. *Idat. Epifc.*, pag. 23, Amft. 1658. *Marcel. Com. in Onuph. Pan.* 62, & pag. 38, *in de Ed. van Scaliger van* 1658. *Herman Contract. Chron.*, pag. 116, Ed. Frankf. 1613. *Chron. Mellicen.*, col. 189. *Chron. Salisburg.*, col. 327.

Dog eer dat wy verder gaan, zoo laat ons eerft de klagten van de Heer *de Mairan* hooren, in zyn Verhandeling van 't Noorder Ligt (m), daar verhaalt hy van deeze Verduiftering, die hy gevonden heeft in *Nicephorus Califtus*, waar van hy zelfs getuigt, dat het geen van de allergeachtfte Schryvers is; daar op vervolgt de zelfde Heer (n) aldus: ,, Een nette Uitreekening van
,, deeze Eclips, het uur, de grootheid, en andere bepalingen, zouden een
,, gedeelte van de zwaarigheden oploffen, (te weeten, die geene, dewelke
,, de laatftgenoemde Heer zig zelven, even van te vooren, had opgegeven)
,, en 't kon zyn, dat die zoo veel bybragten, dat die al de overigen zouden
,, ophelderen; maar behalven, dat de plundering van Romen, door *Alaric*
,, 't welk men in 't gemeen vaftftelt op 't Jaar 410, zoo onbetwiftbaar niet is,
,, of daar worden deftige Schryvers gevonden, die daar over onder malkander
,, verfcheelen (o), zoo blyft 'er nog een andere onzekerheid in de Text van
,, *Nicephorus*, dat is, dat men in 't alderminft niet ziet, hoe ver van de voor-
,, noemde Term," (te weeten, de gezeide Plundering) ,, en waar dat men
,, de Eclips, daar 't gefchil over is, moet ftellen, onder zulk een meenigte
,, van voorvallen, voorzeggingen, en ongelukken, die de Hiftorie-Schryver
,, op deeze plaats bybrengt: men begrypt wel, dat een gedeelte daar van
,, voor de inneeming van Romen gefchied zyn, en een ander gedeelte, die
,, gevolgd zyn; maar het is niet gemakkelyk, om die te onderfcheiden; ook
,, vind men geen Sterrekundige, nog Chronologift, die zig de moeite gege-
,, ven heeft, om deeze Zon-Eclips uit te reekenen, in de Regifters, die an-
,, ders zeer wydloopig zyn, en waar in zy ons gegeven hebben een meenigte
,, van andere Eclipzen, die gebeurd zyn in de lang voorleeden Eeuwen, zoo
,, brengen zy deeze maar eenvoudig by; de een op het Jaar 410, als *Ricciolus*;
,, de andere op 't Jaar 409, of op 't Jaar 413, als *Hevelius*; of op 't Jaar 412,
,, als zelfs *Hevelius* of *Lycofthenes*, &c.: wy gelooven dan, dat men ons vry
,, zal fpreeken, dat wy die langen arbeid niet gedaan hebben, die men zou
,, moeten ondergaan, om iets zekers over deeze Stoffe te bepaalen." Tot dus verre heb ik de Heer *de Mairan* vertaald: maar het is immers bekend, dat *Nicephorus Califtus*, die in de 14de Eeuw leefde, geheele Hoofdftukken uit *Philoftorgius* heeft nagefchreeven, en onder andere verhaalen, meede deeze Zon-Eclips. De laatftgemelde Schryver, die waarfchynelyk een ooggetuigen geweeft is, alzoo hy op die tyd omtrent 50 Jaaren oud was (p), verhaalt, dat
dezelve

(m) Zie *La Suite des Memoires de l'Academie Françoife de* 1731, pag. 312, &c. Amft. 1735.
(n) Pag. 314. (o) *Petav.* Doctr. Temp., lib. 11. cap. 50.
(p) Zie zyn 10de Boek, 't 6de cap., en 't 9de Boek, 't 8fte cap.

Zon- en Maan-Eclipzen.

dezelve geschied is, den 19den July, op de 8ste uur van den dag; 't Jaar is daar ook uit te ontdekken, door de ouderdom van *Theodosius*; dog 't Chronicon. Paschale beschryft het Jaar, de dag, het uur, de Indictie, en de Burgermeesters; zoo dat men een duidelyk verhaal van deeze Eclips heeft; ook mist de Heer *de Maitan*, als hy schryft, dat geen Chronologist dezelve bereekend heeft. *Calvisius* vond die in *Marcellinus*, en rekende, dat in 't Jaar 418, den 19den *July*, 's morgens ten 10 uuren, 30 min., 27 sec. de Zon tot Rheims, in Vrankryk, geheel verduisterd is geweest. *Petavius* heeft die ook uit *Marcellinus*, en dan nog uit het Chronicon. Paschale, als meede uit *Idatius*, en hy wyst ook aan (q), dat die ook in *Philostorgius* te vinden is: hy reekent het begin, tot Romen, op 't Jaar en de dag hier vooren gemeld, 's morgens ten 11 uur., 31 min., 32 sec.; het midden 25 min., 52 sec. na de middag; het end ten 1 uur, 20 min., 12 sec.; de grootheid 11½ duim.

Ik heb deeze Eclips ook berekend, en vind die in 't Jaar 418, den 19den July; het midden, uit de Aardkloots Centrum te zien, volgens de tyd van London, 's morgens ten 11 uur., 17¼ min.; de Zons en Maans plaats in Cancer 26 gr., 43½ min.; de Maans Horizontaale Parallaxis 60 min., 36 sec.; de Zons halve Diameter 15 min., 53 sec.; de Maans halve Diameter 16 min., 22 sec., de Maans Noorder toeneemende Breedte 22 min., 23 sec.: het begin tot Constantinopolen 20 min. na de middag; het midden ten 1 uur., 51 min.; het end ten 3 uur., 3 min.; de Zon was daar omtrent, en in Cappadocia, Centraal en Totaal verduisterd. De Zon is geheel verduisterd opgegaan in America, omtrent de Eilanden, die men tegenwoordig de Lucayes noemt; van daar loopt de Totaale en Centraale Verduisterings-lyn over het Noordelyk deel van Spanje, door het midden van Italien, en 't Noordelykste van Griekenland, omtrent Constantinopolen; van daar door Cappadocien, het Vaderland van *Philostorgius*; eindelyk door Persien en Indien, tot dat de Zon geheel verduisterd is ondergegaan, omtrent de Kust, die tegenwoordig Cormandel genoemd word, en aldaar by 't Koninkryk Golconda.

Ricciolus stelt een Zon-Eclips in 't Jaar 421, uit de kleine Kronyk van *Prosper*, die door *Pithoeus* uitgegeeven is. *Scaliger* (r) heeft dezelve bereekend, en vind die in 't Jaar 421, den 17den May: ik vind de Nieuwe Maan op dien dag, volgens de tyd van London, 1 uur, 39 min. na de middag; de Maans Zuider Breedte was, op die tyd, 4 min., 25 sec.: dan is de Eclips te ver na de Zuidelyke Landen gevallen, en in Europa niet zigtbaar geweest. In de opregte Kronyk van *Prosper* (s) vind ik de Zon-Eclips niet; maar in de Chron. Prosp. Tiron. Aquit. (t) vind men een verduistering in de Zon, op 't 25ste Jaar van *Honorius*; die van 't Jaar 418, is in 't 24ste Jaar van die Keizer voorgevallen; zoo dat deeze laatste Kronyk, daar niet veel staat op is te maken,

alzoo,

(q) Doctr. Tempor., tom. 1, lib. 8, cap 13, pag. 534, Ed. Antw. 1703.
(r) Emend. Temp., lib. 6, pag. 611. (s) In de Druk van Parys 1711.
(t) De Druk van 't Jaar 1711, pag. 213.

(alzoo dezelve *Pseudo-Chronicon* genoemd word) een Jaar verbeeterd moet worden; ook moet men de Eclips van 't Jaar 421 verwerpen. *Hevelius* mist dan 5 of 9 Jaaren in deeze Verduistering (*v*); *Ricciolus* 8 Jaaren, als te zien is in zyn Almagest. (*x*); en nog eens, met *Scaliger* 3 Jaaren. In *Cleomedes* (*y*) vind men een Zon-Eclips, die in de Hellespont Totaal was, en tot Alexandrien 10 duim: *Vossius* (*z*) verhaalt, dat *Cleomedes* geleeft heeft omtrent 't Jaar 427. Het is dan niet onwaarschynelyk, dat hy van deeze Eclips schryft: *Ricciolus* meent, dat de laatstgemelde Autheur hier de Verduistering in 't oog heeft, doe *Cyaxares* en *Halyattes* streeden (*a*); maar dit is ongerymd: hier voren hebben wy reets gezeid, dat de Eclips, op de tyd van die stryd, in de Hellespont niet Totaal was.

De Zon scheen schrikkelyk, zoodaanig, dat naulyks een derde deel daar van ligte. *Gregor. Turonen.*, *lib.* 2, *cap.* 3, *fol.* 11.

In 't Jaar na Christus 485, May 29.

Jos. Scaliger (*b*) zeid, dat *Gregorius van Tours* aanteekent, dat deeze Eclips gebeurd is in 't eerste Jaar van de Keizer *Marcianus*; maar dit is in den laatstgemelden Schryver niet te vinden. *Scaliger* meent, dat de Eclips gebeurd is in 't Jaar 450, den 27sten April; daarom heb ik die bereekend, en vind het midden, uit de Aardkloots Centrum te zien, volgens de tyd van London, ten 7 uur., 31 min., 49 sec. na de middag; de Maans Noorder Breedte was niet meer als 0 min., 25 sec.: nu kunnen die, dewelke kennis van de Hemelloop hebben, ligtelyk zien, dat de Verduistering-lyn, van 8 duim, niet door Europa ging; maar zeer ver uit het deel van de Aarde misliep: in Vrankryk heeft men niets van deeze Eclips kunnen zien. *Gregorius* verhaalt de Verduistering even voor de dood van *Honoricus*, die andere *Hunericus* noemen: hier door, en door *Eugenius*, blykt klaar genoeg, dat de Eclips omtrent 't Jaar 485 moet voorgevallen zyn. *Calvisius* vind die in 't zelfde Jaar, den 29sten May, tot Parys, ten 7 uur., 5 min. na de middag; de grootheid 8 duim, 41 min.: het is waar, dat *Gregorius van Tours* na de Eclips eerst verhaalt van *Attila* en de Hunnen; maar dit zal hy gedaan hebben, om de Historie, van dit volk, beter agter malkander af te handelen; zoo dat *Scaliger* 35 Jaaren in deeze Eclips verbeterd moet worden. *Ricciolus* stelt deeze Eclips, zekerlyk uit *Scaliger*, (om dat hy aanstonds daar na hem noemt) op 't Jaar 450; maar hy voegd daar by, dat *Gregorius* aanteekent, dat dezelve geschied is in 't 1ste Jaar van de Keizer *Marcianus*, doe *Valentinianus* voor de zevendemaal en *Auienus* Consuls waaren, de 3de Indictie; dog dit is in *Gregorius van Tours* niet te vinden.

In

(*v*) Zie zyn Cometograph., pag. 808. (*x*) Tom. 1, pag. 369.
(*y*) De Mund. sive Circ. Inspect., lib. 2, pag. 260, Bas. 1547.
(*z*) De Scient. Mathem., pag. 165, Amst. 1660. (*a*) Ziet hier vooren, pag. 64 en 89.
(*b*) Emend. Temp., lib. 6, pag. 613, Genev. 1629.

Zon- en Maan-Eclipzen.

In de Kal. van October verduifterde de Zon, dat geen vierdendeel van zyn Ligt overbleef. *Gregor. Turonenſ.*, lib. 4, cap. 31, pag. 83. In 't Jaar na Chriſtus 563, Octob. 3. N.

Gregorius van Tours verhaalt die kort voor de dood van de Keizer *Juſtinianus*, die men weet dat in 't Jaar 565 overleeden is: by de Eclips word ook een Comeet verhaald. *Ricobald* (c) fchryft ook van een Comeet voor de dood van *Juſtinianus*: ik vind, dat in 't Jaar 563, den 3den October, een Zon-Eclips gefchied is; het midden, uit de Aardkloots Centrum te zien, volgens de tyd van London, 's morgens ten 8 uur., 31½ min. ; de Maans halve Diameter 15 min., 7 fec.; de Zons halve Diameter 16 min., 12 fec.; de Maans Horizontaale Parallaxis 55 min., 45 fec.; de Zon is ¾ verduiſterd in Yrland opgegaan; van daar liep de Lyn van 9 duim door 't midden van Engeland, door Friesland, Saxen, 't Zuidelykſt van Poolen, klein Tartaryen, &c. ; zoo dat deeze Verduiſtering dan waargenomen moet zyn in de Noordelykſte Landen, die toen onder de Koningen van Vrankryk behoorden: tot Parys vind ik de grootheid maar 7 duim, 34 min. *Scaliger* (d) heeft deeze Eclips met dezelfde woorden uit *Paulus Diaconus* (e), en zeid, dat het hem verwondert, dat in 't volgende Capittel gewag gemaakt word van de dood van *Juſtinianus*, die hy meent, dat in 't Jaar 575 overleeden is; en daarom fchryft hy, dat de voornoemde Eclips gebeurd is in 't Jaar 574, den 1ſten September, maar ik reeken, dat de Nieuwe Maan op dien dag voorgevallen is, 's morgens omtrent een quartier voor 7 uuren, volgens de tyd van London, zynde dezelve meer als 7 gr. voorby de Zuidknoop, en bygevolg had die omtrent 40 min. Zuider Breedte: dan was 't immers onmogelyk, dat men deeze Eclips in Europa kon zien, alzoo dezelve voorviel in Zeën en Landen die omtrent de Zuidpool zyn; zoo dat *Scaliger* miſt, en zyn verbeetering geen plaats heeft; ook miſt *Ricciolus*, die hem navolgt, zonder de zaak eens te onderzoeken; en door hem wederom de Schryver van de Hiſtor. Cœleſt. van *Ticho Brahe*; en op deeze wys doet de een den ander vallen.

In de loopende Maand van October verduiſterde de Zon, zoodanig, dat dezelve zig verligt vertoonde, als de Maan op de 5de dag: de Conſtantinopolitaanſche Schryvers verhaalen, dat de Zon byna geheel verduiſterde. *Gregor. Turonenſ.*, lib. 10, cap. 23, pag. 234. *Theophilact. Hiſt.*, lib. 5, cap. 16, pag. 140. *Theophan. Chronogr.*, pag. 225. *Joann. Zonar. Annal.*, pag. 76. *Hiſtor. Miſcel.*, lib. 17, pag. 117. In 't Jaar na Chriſtus 590, Octob. 4.

In *Gregorius van Tours* vind men geen Jaargetal; maar in 't volgende, of in 't 24ſte Capittel vind men 't 16de Jaar van *Childebert*, en 't 24ſte Jaar van

Guntram.

(c) Compilat. Chronol., pag. 1260.
(d) Emend. Temp., lib. 6, pag. 617. (e) Lib. 2, cap. 31.

Guntram. Childebert is in 't Jaar 575, op Pinxter, tot Mets, als Koning van Auftrafien gekroond; zoo volgt, dat men in 't Jaar 590, in October, fchreef 't 16de van *Childebert:* de Conftantinopolitaanfche Schryvers verhaalen, dat dezelve voorgevallen is in 't 9de Jaar van de Keizer *Mauricius;* 't welk, ten opzigt van October, overeenkomt met 't Jaar 590: en evenwel fchynt het my toe, dat de laatfte Autheuren die verwarren met de Verduiftering die in 't Jaar 592, in Maart, gebeurd is; althans ik vind de Zon-Eclips, uit *Gregorius van Tours,* in 't Jaar 590, den 4den October, het midden, uit de Aardkloots Centrum te zien, volgens de tyd van London, 14 min. voor de middag; de Maans halve Diameter 14 min., 53 fec.; de Zons halve Diameter 16 min., 12 fec.; de Maans Horizontaale Parallaxis 55 min., 3 fec.; de Zons plaats in Libra 13 gr., 17 min., 11 fec.; de Maans Noorder Breedte 43 min., 29 fec.; de Zon is in Groenland op 79 gr., 38 min. Noorder Breedte, 38 gr., 15 min. beweften London, Centraal verduiftert opgegaan; van daar liep de Centraale Lyn door de Noordzee, over Noorwegen en Zweeden, over de plaats daar nu Stokholm is; voorts door de Oostzee, en verders over daar nu Koningsbergen is, door Poolen en Moldavien, tot een weinig beweften de monden van den Donauw, door een gedeelte van Mæfien; voorts paffeerde de Centraale Lyn door de Zwarte Zee over 't Afiatifche Turkyen, daar nu Angori is, en door Cappadocien; verders door Aleppo, door Arabien, tot aan 't Zuidweftelyk deel van de Perfiaanfche Golf; van daar liep dezelve byna Ooft aan, tot op 23 gr., 28 min. Noorder Breedte, 73 gr., 51 min. beooften London, daar de Zon Centraal en Annulair verduiftert is ondergegaan. *Petavius* heeft deeze Eclips uitgereekend, en vind het begin tot Parys, op den gemelden dag, 's morgens ten 9 uur., 7 min.; het midden ten 10 uur., 5 min.; het end ten 11 uur., 3 min.; de grootheid omtrent 7 duim. *Scaliger* (f) reekent, dat deeze Eclips, uit *Gregorius van Tours,* gebeurd is in 't Jaar 597, den 16den November: ik vind de Nieuwe Maan, op dien dag, 's morgens omtrent ten 6 uuren; de Maans Zuider Breedte was 43 min.; maar met zoodanig een Breedte kan geen Zon-Eclips in Europa gezien worden; zoo dat hy hier het fpoor zeer ver byfter is.

☉ In 't Jaar 655 gefchiede een Zon-Eclips, en de Sterren wierden in 't Zuiden gezien. *Rodericus Tolet. de Reb. Hifpan.,* lib. 2, pag. 178. *Joann. Vafæi Hifpan.,* pag. 568, Ed. Frank. 1579.

In 't Jaar na Chriftus 655. April 12. N.

Ik vind deeze Eclips in 't zelfde Jaar, den 12den April; het midden, uit de Aardkloots Centrum te zien, volgens de Tyd van London, 's morgens ten 7 uur., 45 min., 28 fec.; de Maans Noorder Breedte 48 min., 20 fec.; de Zons halve Diameter 15 min., 58 fec.; de Maans halve Diameter 16 min., 16 fec.; de Zons plaats, op de tyd van de Zamenftand, in Aries 24 gr., 21 min., 24 fec.;

(f) Emend. Temp., lib. 6, pag. 620.

24 fec.; de Maans Horizontaale Parallaxis 59 min., 59 fec.; de Zon is geheel verduiſterd opgegaan op 37¼ gr. Noorder Breedte, 14½ gr. beweſten Madrid; van daar is de Centraale Lyn in Portugaal gekomen, een weinig benoorden Lisbon; voerts door Spanjen, een weinig benoorden Madrid, daar het middelpunt van de ſchaduw, 's morgens, een weinig over half zeven uuren, paſſeerde; daar na bezuiden Saragoſſa: dog alzoo de Totaale Lyn in Spanjen ruim 30 Duitſe Mylen breed was, zoo is de Zon op alle de laatſtgenoemde plaatzen geheel verduiſterd geweeſt: verders ging de Centraale Lyn over Vrankryk door Languedoc, door 't Dauphiné, door Savoyen, Duitsland, Poolen, Moſcovien, en over Nova Sembla, tot op 67 gr., 56 min. Noorder Breedte, en 165 gr. beooſten Madrid, daar de Zon Totaal en Centraal verduiſterd is ondergegaan: ten opzigt van de Sterren, die men in Spanjen heeft kunnen zien, moet Mercurius digt by de Zon geweeſt zyn; Venus ſtond in 't Zuidooſten, Mars bezuiden de Zon in Aries, en Jupiter in 't Zuidweſten; de voornaamſte vaſte Sterren, die zig kunnen vertoond hebben, zyn geweeſt Lyra, Fomahand, en de klaarſte in den Arend; de twee laatſte na de Zuidkant, en de eerſte byna in het Top; zoo dat alles zeer wel met de Text overeenkomt. In de Jaarboeken van *Aſſerius* (g) vind ik een Zon-Eclips in 't Jaar 654, dat waarſchynelyk de zelfde is.

In 't Jaar 664, den 3den May, geſchiede een Zon-Eclips, omtrent de 10de uur van den dag. *Beda Eccleſ. Hiſt.*, lib. 3, cap. 27, col. 79. *Paulus Warnefrid. de Geſt. Longob.*, lib. 6, pag. 620, *Lugd. Batav.* 1595. *Marian. Scot. Chron.*, pag. 429. *Herman. Contract. Chron.*, pag. 124. *Chron. Regin.*, lib. 1, pag. 15. *Martin. Minorat. Chron.*, col. 1601, daar ſtaat in 't 27ſte Jaar van *Conſtans de 2de*; dog dit moet het 23ſte zyn. *Chron. Monaſt. Mellicen.*, col. 202. *Chron. Salisburgenſe*, col. 332. *Chron. Monaſt. Admont.*, col. 168. *Ricobaldi Compilat. Chron.*, col. 1262. *Bedæ Presb.*, tom. 2, *de ſex Ætatibus*, pag. 116, *Col. Agrip.* 1612. *Math. Weſtmonaſt. Flor. Hiſtor.*, pag. 121.

In 't Jaar na Chriſtus 664, May 1.

Buntingus heeft deeze Eclips door de Prutenische Tafels bereekend, en vind die in 't Jaar 664, den 1ſten May, ten 3 uuren, 45 min. na de middag; de grootheid 11 duim, 48 min. *Beda*, en al de Schryvers die hem volgen, moeten dan twee dagen in deeze Eclips verbeeterd worden.

1. *Ricciolus* ſchryft (b) dat deeze Eclips gebeurd is in 't Jaar 605, en heeft de paſſagie uit *Reginon*, die hy ook aantrekt; dog deeze laatſte Schryver verhaalt niet, dat deeze Eclips in 't Jaar 605 gebeurd is, maar in de tyd van *Conſtantin. de 5de*, die hy meent, dat in 't Jaar 605 heeft begonnen te regeeren:

in

(g) Pag. 146. (b) Almageſt., tom. 1, pag. 370.

in zyn Chronologie van de Keizers is hy t'eenemaal verward, en verfcheelt veel Jaaren met de andere Schryvers; men weet zeker genoeg, dat de voornoemde *Conftantin* in 't Jaar 668, den 15den July, Keizer geworden is: uit de Maand en dag blykt evenwel, dat *Reginon*. de Eclips van 't Jaar 664 befchryft; dog men leeft niet by hem den 5den May, zoo als *Ricciolus* verhaalt, maar den 5den der Nonen, dat is den 3den May; zoo dat *Ricciolus* deeze Eclips 59 Jaaren te vroeg fteld.

2. Nog vind men in zyn Almageft. (*i*), in 't Jaar 682, *Solis Eclipfis* V *Nonas Maii*, uit *Lycofthenes*; maar op dit Jaar, en deeze dag, was de Maan omtrent 20 dagen oud; hoe kon het dan Zon-Eclips zyn? zoo dat hy nog eens de Verduiftering van 't Jaar 664 verhaalt.

3. Ook vind men in zyn Chronologie (*k*), in 't Jaar 680, *Poft Lunæ Eclipfim ac deinde Solis* 3 *Maii, &c.*: uit de woorden kan men merken, dat dit uit *Paulus Warnefridus* afkomftig is: in 't voorfchreeven Jaar, op den gemelden dag was het geen Nieuwe Maan, maar op den volgenden dag; dog alzoo de Maan doe 40 gr. van de Noordknoop was, zoo kon daar geen Eclips gefchieden; en hy verhaalt wederom de Verduiftering van 't Jaar 664: 't fchynt dat alles, het geen men van deeze Eclips weet, alleen uit *Beda* afkomftig is.

4. *Calvifius* verhaalt, dat *Beda* in zyn 2de Deel fchryft, dat een Zon-Eclips gefchiede een Jaar na dat het Synode, door Paus *Martinus* beroepen, gehouden was: hy reekent deeze Verduiftering in 't Jaar 650, den 6den February, in Engeland ten 3 uur. na de middag; de grootheid 10 duim, 25 min.: ik vind in *Beda*, dat het Synode wierd gehouden in 't 9de Jaar van *Conftans*; eenige tyd daar na quam de Keizer te Romen op de VIde Indictie: dit is in 't Jaar 663 geweeft; 't welk *Calvifius* ook zelfs op dit Jaar aldus befchryft, en dan volgt in *Beda*, dat een Jaar daar na de gemelde Eclips gefchiede: zyne woorden zyn aldus, *Sequento anno facta eft Eclipfis Solis, quam noftra ætas meminit, quafi decima hora diei* V *nonas Maias* (*l*). Men ziet dan klaar, dat hy hier de Eclips van 't Jaar 664 meld, en dat men die van *Calvifius* verwerpen moet.

5. Nog verhaalt *Calvifius*, dat *Beda* getuigt, dat hy de Eclips van 't Jaar 664 gezien heeft; dit is onmogelyk: *Beda* verhaalt zelfs, dat hy zyn Hiftorie van Engeland eindigde in 't Jaar 731, toen hy 59 Jaaren oud was; dan is de Verduiftering voor zyn geboorte gefchied, en *Beda* meent in zyn Eeuw.

De Text van de Maan- en Zon-Eclips, uit *Paulus Warnefridus*, is aldus, *His Temporibus per indictionē octavam Lunæ Eclipfin, paffa eft Solis quoque Eclipfis eodem penè tempore, hora diei quafi decima, quinto nonas Maias effecta eft*. Al de gevallen, die de Schryver omtrent deeze Eclipzen verhaalt, zyn omtrent in 't Jaar 680 gebeurd; en evenwel blykt uit de woorden klaar genoeg, dat dit de Zon-Eclips van 't Jaar 664 is: hy zal dezelve in *Beda* gevonden hebben, en wel de bovenftaande paffagie, zonder Jaargetal; en alleen maar de 7de Indictie; en de Maan Eclips, uit een ander Schryver, op de 8fte Indictie: de

Zon-

(*i*) Tom. 1, pag. 370. (*k*) Pag. 97. (*l*) Tom. 2, pag. 116.

Zon- en Maan-Eclipzen.

Zon-Eclips zal hy de geheele omloop van de Indictie, of 15 Jaaren te laat geplaatft hebben; want lange Jaaren voor of na 't Jaar 680 kan men geen Eclips vinden, die eenigzins met de Text overeenkomt, als die van 't Jaar 664.; de Eclips in de Zon, in 't Jaar 691, den 3den May, is voorgevallen toen 't nagt in Europa was; ook die van 682, May 13; en die van 't Jaar 680, den 27ften November. *Calvifius*, op 't Jaar 679, meld, dat de Hiftoriefchryvers (zonder dat hy die noemt) een Eclips in de Zon aantekenen, omtrent de 8fte Indictie, den 3den Maart, op de 10de uur van den dag: hy reekent, dat die gebeurd is in 't Jaar 679, den 13den July, ten 4 uuren na de middag; de grootheid 6 duim, 6 min.; dog voor Maart zal men May moeten leezen; de Text zal uit *Warnefridus* zyn: ik kan niet zien dat zyn uitreekening de Text voldoet.

6. De Kronyk van 't Kloofter, *Melk.*, en van Salisburg, moeten ieder twee Jaar in deeze Eclips verbeeterd worden; de *Chron. Reg. S. Pantal.* ftelt deeze Eclips op 't Jaar 670, met de woorden uit de *Chron. van Reg.*, en bygevolg zes Jaar te laat.

7. Nog vind ik in *Calvifius*, op 't Jaar 693, *Cum Eclipfis Solis effet, inquit Diacomus Rodoaldus Dux Beneventanus in Calabria, Tarentum & Brundufium, & alia Romanis eripit.* Deeze Hiftorie vind ik in *Paulus Warnefridus* (m); maar daar word van de Zon-Eclips niet gemeld: de Hiftorien, die daar verhaald worden, zyn omtrent 't Jaar 680 gebeurd; zoo dat *Calvifius* deeze Eclips qualyk zal geplaatft hebben.

Wat de Maan-Eclips aangaat, die *Warnefridus* op de 8fte Indictie befchryft, het fchynt my toe, dat die in 't Jaar 680 gebeurd is; dog wil men zig ftipt aan de Text houden, en onderftellen, dat die ook, als de Zon-Eclips, uit een Engelfche Schryver afkomftig is, en omtrent de tyd van de Zons-verduiftering voorgevallen, dan zou de Maan-Eclips gefchied zyn, de 8fte Indictie, in 't Jaar 665, den 30ften September; 't begin tot London ten 1 uur., 22 min., 32 fec. na de middernagt; de Maan Totaal verduiftert ten 2 uur., 26 min., 6 fec.; het midden ten 3 uur., 15 min., 59 fec.; 't begin van de verligting ten 4 uur., 5 min., 52 fec.; 't end van de Eclips ten 5 uur., 9 min., 26 fec.; de Zons plaats was in Libra 9 gr., 46 min., 2 fec.; de Maans Zuider afneemende Breedte 8 min., 2 fec.

521 Jaaren na de Zon-Eclips van 't Jaar 664, dat is in 't Jaar 1185, den 1ften May, doe heeft men wederom in Engeland, en in Vrankryk, een Zon-Eclips waargenomen, als uit de Schryvers van die Landen blykt. Nog 521 Jaaren na deeze laatfte Eclips, dat is in 't Jaar 1706, den 1ften May, Oude, of den 12den May, Nieuwe Styl, is in Vrankryk en Duitsland een groote Zon-Eclips gezien: in de Memorien van de Franfche Academie, van dat Jaar (n), word verhaald, dat men waargenomen heeft, dat die Totaal geweeft is tot Tarafcon, Marfeille, Avignon, Geneve, en Zurich; ook tot Valence

(m) Lib. 6, cap. 1, pag. 217. (n) Pag. 331.

in Dauphiné, tot Grenoble, in het Oostelyk deel van Savoyen, tot Sion in Zwitserland, tot Augsburg en Regensburg, in Boheemen en Pruissen, in 't Noordelyk deel van Moscovien, en in groot Tartaryen; tot Arles was de Totaale duuring ruim 5 min.; op de meeste van de gemelde plaatzen zag men Saturnus, Venus, en Mercurius digt by de Zon; dog tot Arles zag men ver van de Zon nog een groot getal andere Sterren.

In 't Jaar na Christus 755. Nov. 23. In 't Jaar 756, den 8sten Kal. van December, wierd de Maan met een roode bloedagtige coleur overtrokken, en liep over de naaste ligte Ster, zoodanig, dat de gemelde Ster, na de Verduistering, zoo veel aan de eene zyde van de Maan stond, als dezelve, voor de Verduistering, aan de andere zyde was. *Simeon. Dunelmens. Histor.*, pag. 105. *Roger. de Howed.*, fol. 231.

De Maan-Eclips vind ik in 't Jaar 755, den 23sten November; de volle Maan was, volgens de Tyd van London, 's avonds ten 6 uuren, 32 min., 59 sec. na de middag; de plaats van de Maans Centrum, volgens de Ecliptica, uit het middelpunt van de Aarde te zien, op de gemelde tyd, in Gemini 5 gr., 1 min., 52 sec.; het begin van de Eclips, tot London, na de middag ten 4 uur., 40 min., 59 sec.; het begin van de Totaale Verduistering ten 5 uur., 51 min., 18 sec.; het midden ten 6 uur., 34 min., 19 sec.; 't begin van de verligting ten 7 uur., 17 min., 20 sec.; het end van de Eclips ten 8 uur., 27 min., 39 sec.: op de tyd van de volle Maan vind ik de zigtbaare plaats van de Maans middelpunt, tot London, in Gemini 5 gr., 27 min., 17 sec., met 57 min., 55 sec. Zuider Breedte: een half uur vroeger, vind ik, tot London, de Maans zigtbaare plaats in Gemini 5 gr., 13 min., 24 sec., met 59 min., 24 sec. Zuider Breedte; om dat ik op de gemelde plaatsen, in de Lugt geen voornaame vaste Ster vond, zoo quam my in gedagten, of het niet wel de Planeet Jupiter geweest mogt zyn, die door de Maan bedekt wierd; daarom heb ik, op de tyd van de volle Maan, de plaats van deeze Planeet berekend, door de Tafels van *Whiston*, en vind, zonder eenige verbetering daar aan te doen, de lengte in Gemini 5 gr., 29 min., 52 sec.; (de plaats van de Noordknoop door de oude Waarneemingen verbeterd zynde) de Zuider Breedte, uit de Aarde te zien, 43 min., 37 sec.; zoo dat, volgens deeze reekening, Jupiter agter de Maan gegaan is ten 6 uuren, 30 min.; en wederom te voorschyn gekomen ten 6 uur., 57 min.

Calvisius tekent, uit *Roger. van Howeden*, aan, dat in de Maan-Eclips van 't Jaar 755, den 23sten November, de Maan over de Ster liep, die men 't Oog van de Stier noemt; dog door zyn reekening vond hy, op die tyd, de Maan 11 gr. van de gemelde Ster: hy beschuldigt de Schryver te onregt, als of die qualyk geschreeven had: daar word in de Text wel gewag gemaakt van een ligte Ster, maar in 't minst niet van het Stiers Oog; de woorden zyn

Zon- en Maan-Eclipzen.

zyn aldus, *Nam. mirabiliter ipsam Lunam sequente Lucida Stella, & pertranseunte tanto spatio eam antecedebat illuminatam quanto sequebatur antequam esset obscurata.* De zelfde woorden heeft ook *Simeon* de Monnik van Durham; dog beide deeze Schryvers moeten ieder een Jaar in deeze Eclips verbeeterd worden, alzoo zy die op 't Jaar 756 ftellen, 't geen klaar genoeg uit de Datum blykt, die in beide den 8ften Kal. van December is: de verbetering, die *Schikardus* tragt te doen (*o*), met deeze Eclips te ftellen op 't Jaar 756, tuffchen den 12den en 13den November, heeft gantfch geen grond: het is wel waar, dat in 't Jaar 756, den 11den November, een Maan-Eclips gefchied is; 't begin, volgens den Tyd van London, na de middag ten 4 uur., 2 min., 51 fec.; het midden ten 5 uur., 46 min., 36 fec.; het end ten 7 uur., 30 min., 21 fec.; de grootheid 11¼ duim: dog ik vind dezelve by de Hiftoriefchryvers niet; een betrokken Lugt zal ligt het gezigt daar van belet hebben: de Maans Noorder Breedte was op het midden van de Eclips 25 min., 2 fec.; 't Verfchilzigt, nog de Maans halve Diameter, kon zoo veel niet bybrengen, dat de Maan het Noorder Oog van de Stier zou kunnen bedekken; welke Ster 2⅞ gr. Zuider Breedte heeft, ik laat ftaan, Aldebaran, daar de Zuider Breedte van is 5½ gr.: ook komt de Datum niet overeen; ten anderen is de Eclips, uit de Engelfche Schryvers, Totaal geweeft.

521 Jaaren na de Eclips van 't Jaar 755, te weeten, in 't Jaar 1276, den 9ften November, is wederom een Totaale Maan Eclips in Engeland gezien, als uit *Balaeus* blykt.

Omtrent de dood van de Keizer *Leo*, gefchiede een groote Maan-Eclips. *Georg. Cedren. Hift. Comp.*, pag. 498. *Baf. Joann. Zonar. Annal.*, tom. 3, fol. 155, Frankf. 1578.

In 't Jaar na Chriftus 911, July 14. Door de Reeken. N.

't Schynt my toe, dat dit geen waargenomen, maar een bereekende Eclips geweeft is: de gemelde Keizer is gefturven in 't Jaar 911, den 11den May; als hy van de Sterrekundige wilde weeten, wat deeze Eclips, die men voorzaid had, beteekende, zoo wierd hem tot antwoord gegeven, dat dit zyn ongeluk of dood voorfpelde; maar als hy den 13den July, van 't gemelde Jaar, te boven kon komen, dat hy dan niets te vreezen had; zoo dat die Sterrewikkers waarfchynelyk gezien hebben op een Totaale Maan-Eclips, die ik, door de reekening, vind, dat gebeurd moet zyn in 't Jaar 911, in July 13 dagen, en omtrent 10½ uur na de middag, volgens de Tyd van Conftantinopolen; dog dezelve was daar onzigtbaar. *Calvifius* fchryft, als of *Cedrenus* verhaalt, dat de Maan-Eclips, die de dood van de Keizer beteekende, in 't Jaar 994 gezien is; maar dit is in den laatftgemelde Schryver niet te vinden.

Daar

(*o*) Zie Hiftor. Cœleftis van *Tycho Brahe*, de Druk van Regensburg 1672.

In 't Jaar na Christus 912, Juny 17. N.

Daar geschiede een Zon-Eclips, een geheel uur van den dag. *Roder. Toletan.*, *lib.* 5, *cap.* 7, *pag.* 216. *Joann. Vasæi Brug. rer. Hisp. Chron.*, *pag.* 598, *Frankf.* 1579.

By deeze Eclips word geen Jaargetal gevonden; dog volgens *Vaseus* moet dezelve geschied zyn tusschen 't Jaar 905 en 915: hy verhaalt dezelve na de groote Slag, die *Ranimirus* tegen de Mooren won, den 6den Augustus, op een Maandag, zynde 't Feest van de H. *Justus & Pastor* (p): nu kan omtrent die Jaaren deeze dag op geen Maandag vallen, als in 't Jaar 910; zoo dat zekerlyk die Slag, daar zoo veel Mooren in vielen, in dat Jaar gebeurd moet zyn, en dat de Zon-Eclips tusschen 't Jaar 910 en 915 gezogt moet worden: ik vind wel, dat in 't Jaar 910, den 8sten Augustus, een Zon-Eclips in de Zuidelyke Landen moet voorgevallen zyn; maar in Spanjen was 'er niets van te merken; daar evenwel uit het verhaal genoegzaam volgt, dat de Eclips, die zy beschryven, daar zigtbaar was. *Calvisius* verhaalt uit *Vaseus*, dat een weinig voor den gemelden Slag, de Zon-Eclips geschiede; maar dit is in *Vaseus* niet te vinden: hy beschryft de Verduistering aan de Zon, na dat hy 't geheele berigt van de Slag geëindigt heeft, met deeze woorden: *Hoc tempore fuit Eclipsis Solis per horam integram*. Nu reekent *Calvisius*, dat deeze Zon-Eclips gebeurd is in 't Jaar 916, den 5den April, 's morgens met de Zons opgang; de grootheid 6 duim, 7 min.: in dit zelfde Jaar stelt hy ook de groote Slag; maar ik heb de Verduistering nagereekend, en vind de Zamenstand van Zon en Maan, volgens de tyd van London, tusschen den 4den en 5den April, ¼ uur na de middernagt; de Maans Noorder Breedte was 49 min., 37 sec.; zoo dat men niets van deeze Eclips in Spanjen heeft kunnen zien.

Ik meen dan, dat de Zon-Eclips, daar de voorschreeven Historien gewag van maaken, gebeurd is in 't Jaar 912, den 17den Juny; want op dien dag vind ik, door de reekening, dat in Spanjen een groote Verduistering aan de Zon geschied moet zyn, zoodanig, dat men het helder weêr, op veel plaatzen, de Sterren zal hebben kunnen zien: de Centraale en Totaale Lyn ging over Spanjen; tusschen Bilbao en Burgos; te Leon, is de Verduistering begonnen na de middag ten 5 uur., 50 min.; het midden ten 6 uur., 44 min.; het end ten 7 uur., 37 min.; de grootheid Totaal, dog met een korte duuring; de Zon is daar, in 't ondergaan, ten 7 uuren, 34 min., 40 sec., aan den waaren Horizont geweest, zoo dat, door de Dampheffing, het end daar nog zigtbaar was. 521 Jaaren na deeze Verduistering, is op de zelfde dag, tegens den avond, de Zon in Duitsland wederom geheel verduistered.

Doe

(p) Dat dit Feest op dien dag gevierd word, blykt ook uit de *Martyrloge Romain.*, pag. 225; 't waren Kinderen, die hun Boeken in 't School wierpen, en na de Martelplaats gingen, om gedood te worden.

Zon- en Maan-Eclipzen.

Doe *Nicephorus Phocas* Keizer was, geschiede zoodanig een Zon-Eclips, dat zelfs de Sterren gezien wierden. *Mich. Glycæ Annal.*, pars 4, pag. 307. *Cedrenus*, pag. 662. *Herman. Contract. Chron.*, pag. 134. *Chron. Monast. Mellicens.*, col. 219. *Chron Salisburg.*, col. 339. *Anonymi Leobiens. Chron.*, lib. 1, col. 759. *Lupi Protospat. Chron.*, pag. 36, Ed. Panormi 1723. *Chron. Monast. Admont.*, col. 175, Lipz. 1725. *Chron. Cavense*, col. 920, in *Murat.*, tom. 7.

In 't Jaar na Christus 968. Dec. 22.

De Jaarboeken van *St. Gal.* stellen deeze Eclips twee Jaaren te laat; de tyd van de Eclips van 't Jaar 970, den 8sten May, heeft hun ligt verward: in *Harman.* Contract. en de Kronyk van 't Mellicens. Klooster moet men in plaats van December leezen January. *Lupi. Protosp.* en de Kronyk van 't Admont. Klooster stellen deeze Eclips een Jaar te laat: in de *Anonym. Leobien. Chron.* word deeze Eclips met die van 't Jaar 977 verward; want het Jaar is daar 977, en de Maand en Dag van deeze Eclips, die van 't Jaar 977, is gebeurd *Idib.* van December: in de *Chron. Cavense* staat deeze Eclips een Jaar te laat.

Ik vind deeze Eclips in 't Jaar 968, den 22sten December; het begin tot Constantinopolen, 's morgens ten 9 uuren, 7 min.; het midden ten 10 uuren, 25½ min; het end ten 11 uuren, 49 min.; de grootheid 11 duim, 16 min.: de Totaale en Centraale Verduisterings-lyn ging over de Archipel; en van daar een weinig benoorden, daar nu Smirna is, in 't Asiatische Turkyen, passeerde dezelve daar voortyds Philadelphia was, niet ver van daar nu Allachars is, daar de Zon 3½ min. Totaal verduisterd is geweest. Het is geen wonder, dat de Bizantynsche Schryvers (die alle juist niet tot Constantinopolen gewoond hebben, of hun berigten opgemaakt hebben alleen uit Schryvers van die plaats) verhaalen, dat de Sterren gezien zyn. Ik heb deeze Eclips ook bereekend op Rheims, in Champagne; 't begin was daar met de Zons opgang; 't midden 's morgens ten 8 uuren, 23½ min.; het end ten 9 uuren, 34 min.; de grootheid 10 duim, 55 min.

In *Riciolus* (q) heeft men: *Ao. 957, Solis Eclipsis XV. Kal. Januarii, anno 3 Lotharii tanta; ut Stellæ a prima hora usque ad horam tertiam apparerent, ex vita Lotharii, & Keplero* (r), *Mihi Solis anomalia tunc gr.* 185, *& Lun.* 206. *Ideoq. Diameter tam Solis quam Lunæ* 33 min., 8 *sec.; ac Totalis precisè Eclipsis*: pag. 386 word dit bovenstaande nog eens herhaald op deeze wys: *Ao. Christi* 957, *Decembris* 17, *in qua Auctor vitæ Lotharii ait: Eclipsis Solis facta est ut Stellæ à prima hora usq. ad horam tertiam apparerent; Erat tunc Anomalia Solis gr.* 185, *& Lunæ* 206. *Ideoq. Diameter Solis mihi* 33 min., 8 *sec.; & Lunæ* 33 min., 6 *sec. Impræstabili discrimine; atq. adeò inter Totales precisè numeranda est*: pag. 388 word het voor-

---

(q) Almag., tom. 1, lib. 5, de Lunæ & Solis Eclips. pag. 370.
(r) Astron. Optica, pag. 255, Francof. 1604.

voorgaande nog eens te boek gesteld, na dat eerst vooraf gaat: *De qua Auctor Ludovici Pii, & Lotharii ait.* Zou men nu niet meenen, dat de Eclips van 't Jaar 957, den 17den December voorgevallen was, en dat *Ricciolus* dezelve had bereekend? maar op die dag is geen Eclips geschied, en in dit Jaar is maar een kleine Verduistering in de Zon in Vrankryk te zien geweest; het midden, uit de Aardkloots middelpunt te zien, volgens de schynbaare tyd van Parys, in 't Jaar 957, in July 29 dagen, 4 uur., 32 min., 5 sec. na de middag; de Maans toenemende Noorder Breedte 21 min., 53 sec.; de Zons plaats, op de tyd van de Nieuwe Maan, in Leo 10 gr., 55 min., 55 sec.; de Maans Horizontaale verschilzigt 61 min., 58 sec.; de Zons halve Diameter 15 min., 54¼ sec.; de Maans halve Diameter 16 min., 49 sec.; het begin tot Parys, na de middag ten 4 uur., 49 min.; 't midden ten 5 uur., 22 min.; 't end ten 5 uuren, 53 min.; de grootheid 2 duim, 4 min.: maar deeze Eclips heeft gantsch geen overkomst met de Text die *Ricciolus* opgeeft; in 't Leeven van *Ludovicus Pius* is ook de gemelde Text niet te vinden; maar ik heb die ontdekt in de Fragm. Hist. Franc. (*s*), daar vind men een Totaale Maan-Eclips, die voorgevallen is in 't 3de Jaar van *Lotharius*; volgens deeze Fragm. in 't Jaar 955, den 4den der Nonas van September; dog dezelve is eigentlyk gebeurd in 't Jaar 955, den 4den September: daar na volgt, dat in 't zelfde Jaar, in de Maand Juny, een wonderlyk Teken in den Hemel verscheen, te weeten, een groote Draak zonder hoofd, waar op aanstonds de dood van *Hugo*, de Prins van de Franken, Burgundiers, Britten en Normannen, gevolgd is; dan volgt, *Eodem Anno Eclipsis Solis facta est XV. Kal. Januarii, & Stellæ à prima hora usque ad horam tertiam apparuerunt:* en zonder dat iets tusschen beide komt, volgt, dat *Lotharius* in 't Jaar 985 overleeden is. Men ziet ligtelyk, dat deeze voorvallen in verscheide Jaaren van deezen laatstgemelden Vorst gebeurd zyn; want het is geen order, eerst van September, dan van Juny, en eindelyk van Juny in 't zelfde Jaar te spreeken: indien men dan, in plaats van XV., leest den XI. Kal. van January, zoo volgt, dat hier gesproken word van de Zon-Eclips, die in 't Jaar 968, op den laatstgemelden dag, is voorgevallen, van de 1ste tot de 3de uur; daar van verhaald word, dat men de Sterren zag: indien deeze laatste de regte Eclips niet was, men zou immers zulk een merkwaardige Verduistering in meer Schryvers gevonden hebben.

In 't Jaar na Christus 977, Dec. 13. N.
In 't Jaar van de vlugt van *Mahomet* 367, op een Vrydag, den 28sten van de laatste Maand Rabie, zoo wierd tot Cairo, de hoofdplaats van Egipten, het begin van een Zon-Eclips waargenomen, doe de Zon hoog was 15 gr., 43 min.; de grootheid van de Verduistering was 8 duim; doe dezelve eindigde, was de Zon hoog boven den Horizont 33½ graad. *Histor. Cælest. ex Schickard. in Manuscrip. qui ad*

(*s*) Pag. 414, de Ed. van Parys 1588.

Zon- en Maan-Eclipsen.

adjungit tempus respondere diei 13 *Decemb.*, *& duratione assignat à hora* 8½, *usque ad* 10¼.

Deeze Eclips vind ik in 't Jaar 977, den 13den December: als men 't verschil der Meridiaanen, tusschen London en Cairo, met *Lieutaud* steld op 2 uur., 8 min., 12 sec.; de Noorder Breedte van die plaats 30 gr., 2 min.; dan moet het begin, volgens myn uitreekening, door de Tafels, aldaar geweest zyn 's morgens ten 7 uuren, 38 min.; het midden ten 8 uuren, 54 min.; het end ten 10 uur., 5 min.; de grootheid 9¼ duim; daar het begin, zoo men op de waarneeming vertrouwen mag, zou moeten geweest zyn ten 8 uuren, 25 min.; het end ten 10 uur., 45 min.; het verschil tusschen de Uitreekening en de Waarneeming is in 't begin van de Eclips 47 min., en in 't end 40 min., in de grootheid 1¼ duim: dit verschil kan niet door de Maans Middelloop komen; want dan zou de volgende Eclips ook zoo veel moeten verscheelen; dog om dat de geen, die dit waargenomen heeft, zelfs ook Sterrekundige Tafels heeft te zamengesteld, zoo heeft hy ligtelyk de Waarneeming een weinig verdraaid, om dat dezelve beter met zyn Tafels overeen zou komen.

Het Jaar van de vlugt van *Mahomet* 367, op een Zaturdag, den 29sten van de Maand Sywal, gebeurde een Zon-Eclips; de grootheid was 7½ duim; in 't begin van de Verduistering was de Zon omtrent 56 gr. hoog, en in 't end, de Zon na zyn ondergang hellende, hoog 26 gr. *Histor. Cœlest.*, *pag.* 34, *ex Schikard. in Manuscrip.* In 't Jaar na Christus 978, Juny 8. N.

In de voorschreeven Histor. Cœlest. is deeze Eclips gesteld in 't Jaar na Christus 977; dog dit moet verbeterd worden: dezelve is voorgevallen in 't Jaar 978, den 8sten Juny; het begin tot Cairo, volgens de Sterrekundige Tafels, na de middag ten 2 uur., 23 min.; het midden ten 3 uur., 57 min.; het end ten 5 uur., 2 min.; de grootheid 6 duim: en door de Waarneeming, volgens de hoogte van de Zon, bereeken ik het begin ten 2 uur., 30 min.; het end ten 4 uur., 50 min. na de middag; dat, behalven de grootheid, vry wel overeen komt, als men aanmerkt, dat het begin en 't end van een Zon-Eclips, met het bloote Oog niet naukeurig is waar te neemen.

In 't Jaar van de vlugt 368, op een Vrydag, den 14den dag van de Maand Sywal, ging de Maan verduisterd op; de grootheid was 5½ duim; in 't end van de Eclips was de Maan 26 graaden boven den Horizont. *Histor. Cœlest.*, *pag.* 34, uit *Schikard.*, die de Text verbeterd heeft, en daar by voegt, dat de tyd overeenkomt met 't Jaar na Christus 979, den 14den May. In 't Jaar na Christus 979, May 14. N.

Ik vind het midden van de Eclips op dien dag, volgens de fchynbaare tyd, tot Cairo in Egipten, ten 4 uur., 16 min., 58 fec. na de middag; de grootheid 8¼ duim; dog het midden heeft men daar niet kunnen zien, alzoo de Zon in 't ondergaan op dien dag ten 6 uur., 48 min., 4 fec. aan den waaren Horizont is geweeft; het end van de Eclips, volgens de Sterrekundige Tafels, was ten 7 uuren, 50 min., 26 fec.; 't geen omtrent ¼ uur met de Waarneeming verfcheelt; zoo dat het waarfchynelyk is, dat men in plaats van 26 gr., in 't end van de Verduiftering, zal moeten leezen 16 gr.; en dan komt de tyd nagenoeg overeen. De Autheur, daar deeze drie laatfte Eclipzen uit getrokken zyn, vind men in de gemeene Bibliotheek te Leiden, onder de met de hand gefchreeven Boeken, hebbende dit Opfchrift: *Tabulæ Aftronomicæ Infcriptæ Hakimo Regi Ægipti, una cum variarum Obfervationum Hiftoria, & Cœleftis motus fupputandi ratione, aut. Ibn Jonis Ægiptio. No. 48.*

In 't Jaar Chrifus 1013, July 29.

In 't Jaar 1000 na 't Lyden onzes Heeren den 3den Kal. van July, op een Zaturdag, zynde 't Feeft van de H. Petrus en Paulus, den 28ften dag van de Maan, de 6de uur, gefchiede een Zon-Eclips, die tot de 8fte uur duurde; het bovenfte deel van de Zon geleek na de Maan op den 4de dag. *Glabri Rudolphi, lib. 4, cap. 9, pag. 49. Helgaldi Flor. Epitom., pag. 77. Herman. Contract. Chron., pag. 136. Chron. Reg. S. Pantaleon., col. 902. Arnulphi Geft. Medional., pag. 733. Anonym. Monach. Cafinen. Chron., pag. 595, Ed. Panorm. 1723. Sigeb. Gemblac. Chron., pag. 595. Annal. Hildes., pag. 726. Chron. Monaft. Mellic., col. 223. Chron. Auguft., pag. 345. Chron. Clauft. Neoburg., col. 437. Auctor. Incert. Chron. Auftr., col. 551. Chron. Monaft. Admont., col. 176, Lipz. 1725. Chron. Vet. Cell. Min., col. 437, Lipz. 1728. Chron. Saxo., pag. 243, Ed. Han. 1710. Chron. Cavenfe, col. 920. Romual. Salernit., col. 167.*

Deeze Eclips vind ik in 't Jaar 1033, den 29ften Juny, te St. Germain in Auxerre, daar *Glaber*, volgens *Morery*, een Geeftelyk Perzoon geweeft is; het begin 's morgens ten 10 uur., 17 min.; het midden ten 11 uur., 50 min.; het end ten 1 uur., 23 min.; de grootheid van de Verduiftering, over de Zuidzyde, 11½ duim; 't verligte deel van de Maan, op de 4de dag, is, volgens de Selenographia van *Hevelius* (†), omtrent 1⅞ duim, of de grootheid van de Verduiftering 10⅜, dat weiniger is als de Uitreekening: maar kan men wel verzekerd zyn, dat de Waarneeming juift net op 't midden van de Eclips gefchied is? *Glaber* heeft naderhand ook tot Cluny gewoond; daar is

de

(†) Pag. 298.

de Verduiſtering Centraal en Annulair geweeſt omtrent 5 minuten tyd; het begin, midden, en end wat laater. *Helgaldus* was een Monnik van Fleury, op de Rivier de Loire, niet ver van Orleans, op de zelfde breedte als Auxerre; dan moet de grootte op beide die plaatzen nagenoeg evencens geweeſt zyn.

Ricciolus (v) ſtelt in 't Jaar 1032, den 3den Kal. van July, een Zcn-Eclips uit *Lycoſthenes*; maar de laatſtgemelde Autheur zal door *Sigebertus* misleid zyn, die een Jaar verbeterd moet worden; want de Eclips is in 't Jaar 1033 gebeurd: de zelfde misſlag begaat hy nog eens in zyn Chronol. (x), daar hy een Zon-Eclips in 't Jaar 1032, den 29ſten Juny, ſtelt; nog vind men daar, dat een Zon-Eclips aangetekend word door *Sigebertus*, in 't Jaar 1032, den 22ſten December; maar in *Sigebertus* ſtaat den 3de Kal. van July, en bygevolg verhaalt hy van de Eclips die in 't Jaar 1033 gezien is. In 't Jaar 1032, den 22ſten December, was 't omtrent 2½ dag na de Volle Maan; en zelfs ſchryft *Ricciolus* (y), dat in 't Jaar 1033, den 29ſten Juny, de Zon-Eclips uit *Glaber* en *Helgaldus* gebeurd is.

Door deeze Eclips verwarren *Calviſius* (z), *Petavius* (a), en *Ricciolus* (b) op een wonderlyke wys de Franſche Hiſtorien, om dat *Helgaldus* (c) ſchryft, dat *Robertus*, de Koning van Vrankryk, overleeden is den 20ſten July, op den 3den Feria, 21 dagen na de groote Zon-Eclips, die in 't Jaar 1033, den 29ſten Juny is voorgevallen; zoo dat *Calviſius* miſt, als hy verhaalt, dat *Glaber* dit ſchryft; dan zou deeze Koning geſturven moeten zyn in 't Jaar 1033, den 20ſte July; maar dat ſtryd zelfs tegen *Helgaldus*; want het is op de laatſtgemelde datum, den 6den Feria geweeſt; daar, volgens de toeſtemming van byna alle de Kronyken, hy geſturven is in 't Jaar 1031, den 20ſten July; op deeze dag was het de 3de Feria; 't welk met *Helgaldus* overeenkomt: dog indien men mogt zeggen, hoe komt het dat *Helgaldus* hier twee Jaaren miſt? ik meen dat dit de oorſpronk is, dat men in die tyd al gezien heeft, dat de Jaaren na Chriſtus Geboorte niet wel gereckend zyn, te weeten, zoo als men die in 't gemeen gebruik telt, dat daarom *Glaber*, of een ander voor hem, dit twee Jaaren vroeger geſteld heeft, en gereekend, volgens zyn meening, na 't waare Jaar van Chriſtus Geboorte; want de Maan-Eclips, die in 't Jaar 1044, den 8ſten November, gebeurd is, als uit de Reekening en uit de Fragm. Franc. (d) blykt, verhaalt *Glaber*, dat gebeurd is *Anno Quadrageſimo ſexto poſt Milleſimum*, dat is in 't Jaar 1046. *Helgaldus* zal uit de geen, die dit het eerſt geſchreeven heeft, ligt zonder onderzoek maar overgenomen hebben, dat *Robertus* geſturven is in 't Jaar 1033, volgens 't waare Jaar van Chriſtus Menſchwordinge, te weeten, dat is, volgens de gemelde Schryver,

---

(v) In zyn Almageſt. (x) Pag. 391. (y) Chron. Mag. & Seleƈt, pag. 138.
(z) Op 't Jaar 1033, pag. 158. (a) Ration. Temp. lib. 8, pag 460, Fran. 1700.
(b) Chron. Magn & Seleƈt. pag. 138; en in zyn Chronol., lib. 9, pag. 391.
(c) In zyn Flor. Epitome, pag. 77. (d) Pag. 86.

in 't Jaar 1031, na de gemeene Tydreekening: ook mist *Glaber* twee Jaaren, als hy schryft, dat de Eclips van 't Jaar 1039, gebeurd is vier Jaaren na de Eclips van 't Jaar 1033.

Mezeray (e) schryft, dat de Koning *Robert* gesturven is in 't Jaar 1031, den 20sten July; 't zelfde heeft ook *Pere Daniel* (f); ziet ook *Mabillon* (b). De Chron. *Cavense* stelt deeze Eclips een Jaar te laat.

☉
In 't Jaar na Christus 1086, Feb. 16. N.

In 't Jaar 1086, den 16den Dag van February, tuschen de 6de en de 9de uur verduisterde de Zon de tyd van 3 uuren, zoodanig, dat die geen die in de huizen bezig waren om iets te werken, niet voort konden vaaren zonder ligt aan te steeken. *Gaufredi Monach.*, lib. 3, pag. 226, Ed. Panorm. 1723. *Histor. Sarafenico-Sicula*, pag. 278, *in Murat.*, tom. 1, par. 2.

In de Text staat in 't Jaar 1084: het schynt een groote Eclips geweest te hebben; maar de Schryver zal die zelfs niet gezien hebben; want al reekent men 't Jaar na de wys van die tyd, zoo moet hy evenwel nog een Jaar verbeterd worden: doordien zyn Historie gevonden word in een verzaameling van Siciliaansche Schryvers, zoo heb ik de Zon-Eclips bereekend op Messina, en vind, dat dezelve aldaar begonnen is in 't Jaar 1086, den 10den February, na de middag ten 1 uur., 29 min.; het midden ten 2 uur., 41 min.; 't end ten 3 uur., 50 min.; de grootheid 10½ duim; aan den Zuidoostelyken hoek van Sicilien was de grootheid 11½ duim; maar dit kon nog zulk een duisterheid niet maaken als den Autheur schryft: dog zou 't niet kunnen zyn, dat hy dit getrokken heeft uit een berigt van die deeze Eclips gezien hebben op een van de Eilanden in de Archipel, of in 't Asiatische Turkyen? want was de Eclips omtrent Italien zoo groot geweest, dan zouden waarschynelyk meer Schryvers daar van verhaald hebben; althans ik vind, volgens de meergemelde Tafels, dat de Centraale en Totaale Verduisterings-lyn liep over de plaats daar nu 't Koninkryk Tunis is, en zoo voorby de Westzyde van Candia, over verscheide van de Zuidoostelyke Eilanden van de Archipel, en dwars door 't Asiatisch Turkyen: onder deeze Lyn is de Zon 2½ minuut geheel verduisterd geweest, zoo dat men met een heldere Lugt aldaar de Sterren zou hebben kunnen zien.

☉
In 't Jaar na Christus 1133, Aug. 2.

In 't Jaar 1133, den 2den Augustus, is een groote Verduistering aan de Zon in Europa, omtrent de middag, gebeurd; op veel plaatzen in Duitsland heeft men de Sterren gezien; ook in Engeland

---

(e) Histoire de France, 1ste Deel, pag. 383, de Druk van Parys van 't Jaar 1643.
(f) Histoire de France, pag. 355, de Ed. van Amst. van 't Jaar 1720.
(b) In Diplomat., pag. 202.

Zon- en Maan-Eclipzen.

land; op een andere plaats, in 't zelfde Ryk, scheen de Zon als de Maan op de derde dag. *Annal. de Margan.*, pag. 6, *Ed. Oxon. Chron. Waltheri Hemingford*, pag. 478. *Annal. Waverleienf.*, pag. 151, *Ed. Oxon. Chron. Thom. Wikes*, pag. 26. *Johan. Prior. Haguſteld.*, pag. 263, *Roger. de Howed.*, pag. 275. *Math. Weſtmonaſt. Flor. Hiſtor.*, pag. 242. *Math. Pariſ. Hiſt. Anglor.*, pag. 69. *Annaliſto Saxo*, col. 666. *Chron. Reg. S. Pantal.*, col. 929. *Chron. Luneburg.*, col. 1374. *Chron. Alberici*, par. 2, pag. 271, *Ed. Hanov.* 1710. *Dodechin. Append. ad Marian. Scot.*; pag. 471. *Chron. Pegav. Col. & Continu.*, col. 133, in *Menk.*, tom. 3, *Lipz.* 1730. *Anſelm. Albat. Gemblac. Append. ad Sigebert.*, pag. 624. *Chron. Clauſtro Neoburgenſe.*, col. 444. *Paltrami ſeu Vatzonis Conſulis Viennenſis Chron.*, col. 707. *Monaſt. Hirſaug. Chron. Joh. Trithem.*, pag. 124. *Chron. Vet. cellenſe minus*, col. 438, *Lipz.* 1728. *Annal. Boſovien.*, col. 1010. *Chron. Sampetri Erfurt.*, col. 213. *Chron. Salisburgenſe*, col. 343. *Chron. Zwetlenſe Vetuſtius*, col. 522 & col. 975. *Anonymi Leobienſis Chron.*, lib. 1, col. 780. *Anonymi Chron. Boëmorum.*, col. 1802, in *Menk.*, tom. 3. *Auctor. incerti Chron. Auſtriacum*, col. 557. *Chron. Monaſt. Mellicen.*, col. 229, *Lipz.* 1721. *Anonymi Monachi Caſinenſe Chron.*, pag. 508; *Ed. Panorm.* 1723. *Chron. Mont. Sereni*, col. 174, *Lipz.* 1728. *Achilles Pirm. Gaſſari Annal. Augſtb.*, col. 1417, *Lipz.* 1728. *Chron. Monaſt. Admontenſis*, col. 185, *Lipz.* 1725. *Excerpta ex Catalogo. Rom. Pontif. & Imp. Conradi Cænob. Schyrenſis*, col. 408, *Lipz.* 1725. *Annal. Hildesh.*, pag. 741. *Chronograph. Saxo* pag. 243. *Williem. Malmesb. Hiſtor. Nov.*, lib. 1, fol. 100, *Lond.* 1596; dit was een ooggetuigen, die heeft de Eclips zelfs gezien.

Deeze Eclips vind ik op den zelfden dag als de Schryvers melden; het midden, uit de Aardkloots middelpunt te zien, volgens de ſchynbaare tyd van London, was in 't Jaar 1133, den 2den Auguſtus, 's morgens ten 11 uuren, 45 min., 47 ſec.; de Zons plaats, op de tyd van de Nieuwe Maan, in Leo 15 gr., 57 min., 4 ſec.; de Maans Noorder afneemende Breedte 32 min., 52 ſec.; de Zons halve Middellyn, 15 min., 55 ſec.; de Maans halve Middellyn 16 min., 34 ſec.; de Maans Horizontaale Verſchilzigt 61 min., 2 ſec.; van dat de Maans Penumbra 't Aardryk begon te raaken tot dat dezelve daar afging, is 5 uuren tyd verloopen; de Centraale Schaduw is 2¼ uur op de Aarde geweeſt; de ſnelheid van de Schaduwe op 't Aardryk was in een minuut tyd, als men door malkander reekent, omtrent 10¼ Duitze Myl; dat is, in een

een feconde tyd, omtrent de lengte van 150 Roeden; om dat de Aarde niet ftil ftaat, terwyl dat de Schaduw voortgaat, zoo is de loop van de Schaduw in 't eene Landfchap veel fnelder als in 't ander, en voornamentlyk 't fnelfte by die, dewelke de Zon digt aan den Horizont zien; ook komt dit voort na dat de Schaduw meer of minder met de gemeene koers van de Aarde loopt.

Door de generaale Reekening vind ik, dat de Zon Totaal en Centraal verduifterd is opgegaan in 't Noorder America, op de Noorder Breedte van 52 gr., 13 min.; 86 gr., 48 min. beweften London; de Centraale en Totaale Verduifterings lyn pafleerde door de Noordzee over 't Zuidlykft deel van Groenland; van daar over Schotland, en is 's morgens, omtrent ten 10 uur., 48 min., gekomen tuffchen Glascow en Falkirk; van daar over Northumberland omtrent Alenwik, omtrent 11 uuren; tot Durham is de Zon, met een weinig duuring, geheel verduifterd geweeft; tot Edenburg was de Totaale duuring omtrent 1½ minuut; aan de Noordzyde was Dunkeld een van de plaatzen daar de Verduiftering Totaal, dog zonder duuring is geweeft; voorts liep de Totaale en Centraale Verduifterings lyn over de Noordzee, over Franeker in Friesland, over Overyffel ten 11¾ uur; en de plaats daar nu Coeverden is, door 't Graaffchap Tekelenburg, over de Stad Paderborn net op de middag; een weinig bezuiden Caffel, door een gedeelte van Saxen, over de Stad Culmbag door 't Koninkryk van Boheemen, langs de Zuidweftelyke Grenzen van 't zelfde Ryk, byna midden door Oostenryk, pafleerende den Donauw tuffchen Lints en Weenen: ik vind dat de Lyn, aan de Noordzyde, over de plaatzen daar de Zon geheel, dog zonder duuring, verduifterd is geweeft, loopt over de Mond van de Eems, door Munfterland, door 't Hertogdom Brunswyk over Hamelen; voorts omtrent door 't midden van Saxen, omtrent Jena, door Boheemen over Rakonik, en van daar over Weenen in Oostenryk omtrent ½ uur na de middag; aan de Zuidzyde liep deeze Lyn door 't Noordelyk deel van Westvriesland, over de Zuiderzee tuffchen Deventer en Zutphen; van daar over Grol, in 't Bisdom Munfter over Dulmen, midden door 't Hertogdom Westphalen, door 't Landgraaffchap van Heflen, wat bezuiden Fulda, in de Frankifche Kreits over Schweinfurt; van daar over Regensburg, in Oftenryk over Judenberg: het is dan geen wonder dat zoo veel Schryvers deeze Eclips verhaalen; verders ging de Totaale en Centraale Verduifterings-lyn door 't Europifche Turkyen, over de Dardanellen en Satalia, over 't Eiland Cyprus en Syrien, omtrent 2¼ uur na de middag; verders door 't woeft en gelukkig Arabien, tot voorby de Noordelykfte van de Maldivifche Eilanden, op 9 gr., 16 min. Noorder Breedte, 74 gr., 35 min. beooften London, daar de Zon Totaal en Centraal verduifterd is ondergegaan.

In de Anonymi Leobienf. Chron. (*b*), en in de Anonymi Cænob. Zwetlenfe Chron. (*i*), word deeze Eclips gefteld op 't Jaar 1129; maar beide de plaatzen moeten uit die Kronyken uytgelaaten worden, alzoo zy deeze Eclips ook

op

(*b*) Col. 380. *i*) Col. 675.

Zon- en Maan-Eclipzen.

op het regte Jaar, dat is in 't Jaar 1133, befchryven; de onbekende Monnik van de Berg Cassin fteld deeze Eclips een Jaar te vroeg; als ook de Jaarboeken van *Margan*, 't getal van de Nonen is daar vergeeten: in de Kronyk van Hemingfort moet men in plaats van Kal. leezen Non; *Roger* van *Hoveden* ftelt deeze Eclips een Jaar te laat; in *Anfelmus*, de Abt van Gembloers, moet men in plaats van *Feria fexta* leezen *Feria quarta*; de Chron. Nebburgenfe en Paltrami verhaalen, dat de Eclips op de 9de uur van den dag gebeurd is; maar dit zal waarfchynelyk uit een Schryver zyn, die dezelve in Syrien gezien heeft, en ligtelyk uit een Monnik, die meede op de Kruisvaart geweeft is.

In 't Jaar 1140, den 13den Kal. van April, de 9de uur van den dag, op een Woensdag, gefchiede in Engeland een groote Zon-Eclips, zoodanig, dat verfcheide Sterren omtrent de Zon gezien wierden. *Annales de Margan*, pag. 7. *Chron Gervafii*, pag. 1349. *Math. Paris. Hift. Anglor.*, pag. 75. *Williel. Malmesb. Hiftor. Nov.*, fol. 105, Lond. 1596. Dit is de Schryver daar de Annales van *Margan* hun verhaal uit hebben.

In 't Jaar na Chriftus 1140, Maart 20.

Deeze Eclips vind ik in 't Jaar 1140, den 20ften Maart, het begin tot London ten 1 uur., 25 min. na de middag; het midden ten 2 uur., 36 min.; het end ten 3 uur., 44 min.; de grootheid 11¼ duim. *Calvifius* vind deeze Eclips tot London ten 1 uur., 47 min., 42 fec. na de middag; de grootheid 11 duim, 38 min. *Whifton*, in de Figuur, die hy over de Zon-Eclips van 't Jaar 1715 uitgegeeven heeft, ftelt deeze Eclips tot London 1¾ uur na de middag; de grootheid 11½ duim. De Zon is, na myn Reekening, Centraal en Totaal verduifterd opgegaan, in Noorder America, op 20 gr., 42 min. Noorder Breedte, 92 gr., 12 min. beooften London, dat is omtrent Yucatan; van daar ging de Totaale Lyn over 't Weftelykft van Cuba, midden door de Lucayes; verders door den Ocean. In Engeland midden door 't Prinsdom van Wallis, over Carmarthen, bezuiden Ligtfield over Tamwood, en over Grantham, gaande een weinig benoorden Bofton: aan de Noordzyde liep de Totaale Lyn, zonder duuring, over Wexford in Yrland, in Engeland, een weinig bezuiden Harleg, over Chefter, tot een weinig benoorden Hul: aan de Zuidzyde komt de Lyn, zonder duuring, omtrent Biddifort; van daar over Briftol, een weinig benoorden Oxford, over Cambrits; verders een weinig bezuiden Norwich en Yarmouth; zoo dat de Schaduw van de Maan byna midden door Engeland is gekomen, en op al de plaatsen, tuffchen de Lynen aan de Noord- en aan de Zuidzyde, heeft men met een heldere Lugt de Sterren kunnen zien: uit Engeland is 't Centrum van de Schaduw geloopen over de Noordzee, over Jutland, door 't Noordelykft van Eiland Zeeland, wat benoorden Koppenhagen; voorts over Schoonen,

over

over de Oostzee, door 't Noordelykst van Poolen, omtrent Memel, door 't Landschap Samogitien tot in Muscovien, op 56 gr., 12 min. Noorder Breedte, 42½ graad beoosten London; dat is omtrent Nisi Novogrod; daar is de Zon Totaal en Centraal verduisterd ondergegaan. De Kronyk van *Gervasius* stelt de Eclips een Jaar te vroeg: by deeze Eclips stelt *Matheus* van Parys het gevangen neemen van Koning *Stephanus*; dog uit andere Schryvers blykt klaar, dat dit geschiet is in 't Jaar 1141, den 2den February. *Calvisius* trekt ook *Matheus* van Parys niet getrouwelyk aan.

In 't Jaar na Christus 1239, Juny 3.

In 't Jaar 1239, den 3den van de Nonen van Juny, op de zesde uur, verduisterde de Zon, zoodanig, dat de dag in nagt verannderde, en de Sterren aan den Hemel verscheenen. *Gassend. de Reb. Cœlest.*, pag. 350. *Notit. Eccles. Din.*, pag. 710. *Inscript. apud. Gass. de Reb. Cœlest.*, pag. 350. *Massey Chron. Chron. Salisburgense*, col. 356. *Ricobald. Histor. Imperat.*, col. 1172. *Math. Paris.*, pag. 471. *Chron. Elwagense*, pag. 456. *Chron. Belg.*, pag. 234. *Richard. de Germano Chron.*, pag. 616, Ed. *Panormi* 1723. *Monachi Padua. Chron.*, lib. 1, pag. 10, *in Albert. Mussat. Aventin. Annal. Bojor.*, lib. 7, pag. 669. *Ingols.* 1554. *Math. Westmonast. Flor. Histor. Specileg. Ravennat. Histor.*, pag. 578, *in Murat.*, tom. 1, par. 2, dog een Jaar te vroeg. *Chron. Parmense*, col. 768, *in Murat.*, tom. 9. *Chron. Januense Jacobi de Varagine*, col. 47, *in Murat.*, tom. 9; deeze Schryver was een kind doe hy de Eclips zag. *Memoriale Potestatum Regiensum*, col. 1111, *in Murat.*, tom. 8. *Chronicon Mutinense Auctore Johanne de Bazano*, col. 556, *in Murat.*, tom 15. *Caffari Annal. Genuen.*, lib. 6, col. 481, *in Murat.*, tom. 6. *Annales Cæsenates*, col. 1097, *in Murat.*, tom. 14, de Zon was tot Cesena geheel verduisterd. *Chron. Estense*, col. 309, *in Murator.*, tom. 15. *Giovanni Villani Histor. Flor.*, lib. 6, col. 173, *in Murat.*, tom. 13, dog de Eclips is hier een Jaar te vroeg gesteld. *Ptolomæi Lucensis Histor. Ecclesias.*, lib. 21, cap. 27, col. 1139. *Annal. Veter. Mutin.*, col. 61, *in Murat.*, tom. 11. *Johannes de Mussis Chron. Placent.*, col. 463, *in Murat.*, tom. 16. *Cronica di Bologna*, col. 260, *in Murat.*, tom. 18. *Mathæi de Griffonibus Memoriale Histor.*, col. 112, *in Murat.*, tom. 18. *Tristani Calchi Hist. Patriæ*, lib. 13, col. 309. *Thesau. Antiq. & Hist. Ital.*, tom. 2, pars 1.

Richardus de Germano en *Ricobaldus* schryven, dat de Eclips omtrent de 9de uur geschied is; de laatste en de Belgische Kronyk verhaalen, dat de Sterren gezien zyn. *Gassendus* uit de Martyrologe, en uit de Kerkelyke Aanteekeningen

Zon- en Maan-Eclipsen.

geh van *Digne* in Provence, heeft, dat omtrent de middag de dag in nagt veranderde, en dat de Sterren gezien wierden; daarom heb ik de Verduistering op deeze laatste plaats bereekend: ik stel die op 43½ graad Noorder Breedte, 6 gr., 32 min. beoosten Londen, en vind, dat dezelve aldaar begonnen is, den 3den Juny, voor de middag ten 11 uuren, 15 min., het midden ten 12 uuren, 34½ min.; het end ten 1 uur, 52 min.; de grootheid 11 duim, 43 min.; alzoo de Maans halve Diameter was 16 min., 49 sec., en de Zons halve Diameter maar 15 min., 50 sec., zoo volgt uit de Figuur, dat maar een klein gedeelte van de Zons rand verligt moest zyn: 't verwonderd ons dan niet, dat daar omtrent de Sterren gezien wierden; de Centrale en Totaale Verduisterings-lyn liep over de Noordzyde van 't Eiland Corsica omtrent Bastia, een weinig benoorden 't Eiland Elbe; van daar in Italien over Piombine en Massa, gaande voorby de Noordzyde van Perousa; verders in Dalmatien, tusschen Ragusa en Narente. *Calvisius* heeft deeze Eclips ook bereekend, en vind dezelve tot Rheims, in Vrankryk, 26 min., 24 sec. voor de middag; de grootheid 9 duim, 25 min.; op de Centrale plaatsen is de Zon 3½ minuut geheel verduistert geweest.

In 't Jaar 1241, daags voor de Nonen van October geschiede een Zon-Eclips, en daar was zulk een duisternis, dat omtrent de negende uur de Sterren aan den Hemel verscheenen. *Annal. Domin. Colmar.*, *pag.* 6. *Chron. August.*, *pag.* 374. *Annal. Bamberg*, *col.* 159. *Anonymi Swetlicense Chronicon*, *col.* 880. *Chronicon Monast. Admont.*, *col.* 198. *Chronicon Claust. Neoburgense*, *col.* 458, *in de Anonymi Leobiens. Chronicon*, *lib.* 1, *col.* 815, vind men de zelfde woorden als in deeze Kronyk, maar 't Jaar is daar 1239, zoo dat de Kronyk van de Anonymi twee Jaar verbeterd moet worden. *Paltrami seu Vatzonis Consulis Viennensis Chronicon Austriacum*, *col.* 712. *Annal. Veterum Landgrav. Thuring.*, *col.* 425. *Excerpta ex Vetust. Chron. Weichen Stephan.*, *col.* 403, *Lipz. Chron. Bohem. Auctore Neplachone Abbate Opatovicense*, *col.* 1031, *Lipz.* 1725. *Achilles Pirminii Gassari Annales Augstburgensis*, *col.* 1444, *Lipz.* 1728. *Chronicon Vetero-cellense minus*, *col.* 440, *Lipz.* 1728. *Chron. Thomæ Wikes*, *pag.* 44. *Chron. Salisburgense*, *col.* 357, dog deeze Kronyk stelt de Eclips een Jaar te laat, en 't Uittrekzel uit de Kronyk van *Weichen Stephanensi* een Jaar te vroeg. *Breve Chron. Lobiense*, *col.* 1428. *Chron. S. Petri seu Sampetrinum Erfurtense*, *col.* 259, *in Menk.*, *tom.* 3. *Math. Paris. Angl. Histor.*, *pag.* 390. *Avent. Annal. Bojor.*, *lib.* 7, *pag.* 669. *Ingol.* 1554. *Georg. Fabric. Annal. Urb. Misn.*, *pag.* 110.

In 't Jaar na Christus 1241. Octob 6.

Verscheide Schryvers verhaalen, dat de Verduistering omtrent de middag gezien is; andere, na de middag; wederom een ander, tusschen de 6de en de 9de uur, de Kronyk van Thuringen heeft op de 11de uur van den dag; dog dit moet verbeterd worden, ten zy men daar door verstaan wil, dat de Eclips in dat Land begonnen is, 's morgens ten 11 uuren: wat de eerste uuren aangaat, die zyn na de legging van de plaatzen; tot Staden, in Saxen, in Boheemen, en de Oostenrykse Provincien, heeft men de Sterren kunnen zien; de Kronyk van Erfurt verhaalt, dat de Zon geheel verduisterde: ik heb deeze Eclips berekend, en vind die in 't Jaar 1241, den 6de October; de Centraale en Totaale Verduisterings-lyn liep door 't Hertogdom Sleeswyk over Frederikstad; van daar door 't Holsteinse, een weinig beoosten Hamburg, zoo dat tot Staden de Zon ook geheel verduisterd is geweest; verders liep de Centraale Lyn over Lunenburg; van daar omtrent Maagdenburg, een half uur na de middag; verders beoosten Leipzig, door Boheemen; omtrent drie Duitze Mylen bewesten Praag: de Centraale en Totaale Lyn passeerde den Donauw, omtrent Melk in Oostenryk, daar is de Zon 2 min., 10 fecunden Totaal verduisterd geweest; van daar liep de Centraale Schaduw door Stirien omtrent Grats; verders door Slavonien, en zoo voort: als men stelt, dat Weenen leid op 48 gr., 14 min. Noorder Breedte, 1 uur., 7 min., 48 sec. beoosten London, dan vind ik, dat de Eclips aldaar begonnen is, 's morgens ten 11 uur., 46 min.; het midden ten 12 uur., 58½ min.; het end ten 2 uur., 10 min.; de Zon was geheel verduisterd, maar de Totaale duuring was niet lang. *Calvisius* heeft deeze Zon-Eclips uit de Abt van Staden, en reekent, dat die gebeurd is 13 min., 2 sec. na de middag; de grootheid 11 duim: hy noemd geen plaats; dog hy zal waarschynelyk op Staden gereekend hebben; de Annales van Thuringen, en die van Colmar, stellen deeze Eclips een dag te laat.

☽ In 't Jaar 1337 is een Maan- en Zon-Eclips malkander in zestien
In 't Jaar dagen gevolgt; de Maan-Eclips gebeurde doe de Zon in de eerste
na Christus graad van Pisces was, en de Zon-Eclips, doe dezelve zig in de
1337 15de graad van dat Teken bevond. *Nicephor. Gregoras Histor.*
Feb. 15. *Byzant.*, lib. 11, cap. 3, pag. 329, Par. 1702, & pag. 243, Ed.
N. *Bas.* 1562.
en
☉ De gemelde Schryver verhaalt (k), dat in zyn tyd de Zon in 't Evenagts
In 't Jaar quam den 17den Maart, zoo dat hy omtrent 5 gr. in de Zons plaats verscheelt;
na Christus want door de hedendaagse Tafels blykt, dat de Zon in 't Jaar 1337, den
stus 12den Maart, omtrent 2½ uur na de middag in het Teeken van Aries is ge-
1337. komen. *Calvisius* vind de Zon-Eclips in 't Jaar 1337, den 2den Maart,
Maart 2. 's mor-

(k) Lib. 8, cap. 13, pag. 225, Ed. van Parys 1702.

's morgens ten 10 uuren, 22 min.; de grootheid 10 duim, 25 min. De Maan-Eclips heb ik gevonden in 't Jaar 1337, den 15den February, het begin tot Conftantinopolen 's nagts ten 11 uur., 20 min.; het midden den 16den February, 17 min. na de middernagt; het end ten 1 uur, 14¼ min.; de grootheid 3¼ duim: ik ben verwonderd, daar de Text zoo duidelyk is, dat *Calvifius* dezelve verdraait, en fchryft, dat deeze Maan-Eclips gebeurd is in 't Jaar 1338, den 5den February; het is waar, dat op dien dag wel een Maan-Eclips is voorgevallen, dog men heeft tot Conftantinopolen maar een gedeelte daar van kunnen zien; want ik reeken, dat die op de laatftgemelde plaats begonnen is, ten 1 uur., 28 min. na de middag; Totaal verduifterd ten 3 uur., 25 min.; 't begin van de verligting ten 5 uur., 0 min., gaande de Zon op dien dag aldaar onder ten 5 uur., 12¼ min.; de Zons plaats was 25 gr., 49 min. in Aquarius; de Maan opkomende ten 5 uur., 14 min; het end van de Eclips ten 5 uur., 57 min.; de Zons plaats komt met de befchryving van Gregoras gantfch niet overeen; ook is geen Zon-Eclips daar zo kort op gevolgt: het is waarfchynelyk, dat een duiftere Lugt het gezigt van deeze laatfte Eclips zal belet hebben, om dat hy daar geen melding van maakt.

In 't Jaar 1339, den 7den July, was een groote verduiftering aan de Zon, een weinig na de negende uur, zoodanig, dat nauwlyks een zeftigfte deel van de Zon gezien wierd. *Chronicon Veronenfe*, col. 651, *in Murat.*, tom. 8. *Trithem. Chron.* pag. 221. *Andr. Ratisbon. & J. Chrafti Chronicon*, col. 206. *Chron. Clauf. Neoburg.*, col. 489.

In 't Jaar na Chriftus 1339, July 7.

Ik vind, door de Uitreekening, dat de Eclips op den gemelden dag is voorgevallen; het midden, uit de Aardkloots Centrum te zien, 1 uur., 26 min., 45 fec. na de middag, volgens de tyd van London; de Zons plaats van Aries 3 tekens, 22 gr., 12 min., 32 fec.; de Maans Noorder Breede 56 min., 54 fec.; de Zons halve Middellyn 15 min., 50 fec.; de Maans halve Middellyn 15 min., 39 fec.; de Maans Horizontaale verfchilzigt 57 min., 42 fec.; tot Verona (daar ik de lengte van bepaald heb, door middel van Bologne) is 't begin geweeft na de middag ten 1 uur., 30 min; het midden ten 2 uur., 49 min.; het end ten 4 uur., 5 min.; de grootheid 10 duim, 35 min.: volgens de Kronyk van die plaats, zou de grootheid geweeft zyn, ten minften 11¼ duim; 't welk vry veel verfcheelt: had men, door de reekening, het midden van de Verduiftering omtrent 42 min. Tyd laater gevonden, of de Maans Breedte 4 min. minder, dan zou de grootheid nagenoeg overeen gekomen hebben; dog men weet immers zeker genoeg, dat de Tafels, die ik gebruik, zoo ver niet van de waarheid kunnen afwyken: het komt ook wat vreemd te vooren, dat men in die tyd zulk een klein deel van de Zon zoo naukeurig kon bepaalen; men zou eerder gezeid hebben, dat dezelve byna

134   *Onderzoek over eenige*

verduifterd was : de woorden in de Text, ten opzigt van de grootheid, luiden aldus; *Et in tantum quod vix* LX. *pars Solis videbatur :* het fchynt my toe, dat men in plaats van LX, moet leezen IX; dan zou de grootheid, volgens de Waarneeming, geweeft moeten zyn, omtrent 10½ duim; 't welk nagenoeg met de uitreekening overeen komt.

In 't Jaar na Chriftus 1386, Jan. 1. N.   In 't Jaar 1389, den eerften dag van January, verduifterde de Zon byna geheel, daar waaren veel Wolken in de Lugt; op de 3de uur van den dag moeft men ligt aanfteeken in de groote Huizen, als in het Hof van den Prins, in de Kerken, en in de Kloofters; de Schryver getuigt, dat hy dit zelfs gezien heeft. *Johan. de Muffis Chron. Plac.*, *col.* 552, *in Murat.*, *tom.* 16., *Ant. Bonfin. rer. Ungari.*, *Dec.* II., *lib.* 9, *pag.* 339., *Baf.* 1568.

In de eerfte Kronyk vind men 't voorgaande Jaargetal; dog hier is een misflag van net drie Jaaren in de Tyd : want ik vind, door de Sterrekundige Tafels, deeze Verduiftering in 't Jaar 1386, den 1ften January; het midden, volgens de Tyd van Plaifance, uit de Aardkloots Middelpunt te zien, 's morgens ten 10 uur., 45 min., 8 fec.; de Maans Noorder Breedte was 54 min., 30 fec.; de Zons halve Middellyn 16 min., 50 fec.; de Maans Verfchilzigt in den Zigteinder 62 min., 5 fec.; de Zons plaats van Aries 9 tekens, 19 gr., 33 min., 3 fec.; 't begin, op de laatftgemelde plaats, 's morgens ten 9 uur., 2 min.; het midden ten 10 uur., 18 min.; het end ten 11 uur., 47 min.; de grootheid 11 duim, 35 min.

In de Jaarboeken van Milaanen (*l*) word deeze Eclips ook gefteld op 't Jaar 1389, op de 3de uur van den dag; verders worden daar byna de zelfde uitdrukkingen gebruikt, als in de bovenftaande Verduiftering; dat men ligt opfteeken moeft in de groote Huizen, in 't Hof van den Hertog, en in de plaatzen van de Geeftelyke; maar in plaats van den 1ften January, zoo vind men daar, dat die gebeurd is in de Maand October; de Schryver getuigt, dat hy die zelfs in Milaanen gezien heeft : maar hoe kan dit moogelyk zyn? hy zal ligtelyk de Eclips van 't Jaar 1386 meenen; want ik vind, door de reekening, dat in 't Jaar 1389, den 19den October, een Zon-Eclips voorgevallen is; het midden, uit de Aardkloots Middelpunt te zien, volgens de de Tyd van London, na de middag ten 5 uur., 56 min., 9 fec.; de Maans Noorder Breedte 1 gr., 2 min., 12 fec.; maar tot Milaanen was niets daar van te zien, de Zon was daar al ondergegaan.

Karel de Derde wierd in 't Jaar 1385, den 5den December, in 't Koninklyk Alba, tot Koning van Hongaryen gekroond : kort na de Krooning gefchiede een Zon-Eclips, zoodanig, dat in die Eeuw daar geen grooter gebeurd was:
de

(*l*) Col. 813, in Murat., tom. 16.

de Voorzeggers, uit de Sterren, gaven voor, dat dit de kortheid van zyn Regeering beduide; hy wierd in 't Jaar 1386, den 12den February, gewond, en is kort daar na gefturven; dit zal ook de Zon-Eclips van 't Jaar 1386 geweeft zyn: ik vind ook het begin, op de laatfte plaats, 's morgens te 9 uur., 33 min.; het midden ten 10 uur., 49 min.; het end ten 12 uur., 9 min.; de grootheid 11 duim.

In *Balæus* (m) vind ik, dat geen merkwaardiger Zon-Eclips gezien is zedert het Lyden van Chriftus, als die, dewelke in 't Jaar 1382 gebeurd is; nu blykt door de uitreekening, dat in 't zelfde Jaar wel een verduiftering aan de Zon is voorgevallen, den 15den Maart; de Zamenftand van Zon en Maan, volgens de gelyke Tyd van London, 7 uur., 2 min., 45 fec. na de middag; de Maans Noorder Breedte 52 min., 34 fec.; maar in Engeland heeft men niets daar van kunnen zien; het is ook niet fchynbaar, dat dit de Zon-Eclips van 't Jaar 1384, den 17den Auguftus, geweeft is; doe was de Zon, tot London, nog geen ¼ verduiftert; is het dan wel onwaarfchynelyk, dat hy de Zon-Eclips van 't Jaar 1386 befchryft, daar hier vooren van verhaald is? althans ik vind, door de reekening, dat die in 't Weften van Engeland, tot Falmouth, begonnen is, den 1ften January, 's morgens omtrent de Zons opgang; het midden ten 9 uur., 4 min.; het end ten 10 uur., 17 min.; de grootheid 11 duim, 40 min.

Nu zal ik de Lyft laaten volgen van de Eclipzen, die *Calvifius*, *Petavius*, *Ricciolus*, en andere ons vertoonen; dog om dat de Tafels, die zy gebruikt hebben, zomtyts wat ver van de waarheid afwyken, en dat *Calvifius* veeltyds de plaats niet noemd, daar hy de Zon- of Maan-Eclips op gereekend heeft; ook de meeften tyd het midden maar aantekent, en de Schryvers ook wel op een algemeene wys aantrekt, met te zeggen, de Engelfche, of de Franfche Schryvers verhaalen; zoo heb ik zelfs 93 Verduifteringen daar van uitgereekend: dat ik al de Schryvers, en de Kronyken, daar ik die in gevonden heb, daar by voeg, is gefchied, om de tydrekening in dezelve, door deeze onwrikbaare ftippen vaft te ftellen, of te verbeeteren.

(m) De Script. Brit., pag. 516.

LYST
VAN DE
ZON-en MAAN-ECLIPZEN,
Die men vind in de
CHRONOLOGISTEN.

Die uit *Calvifius*, dewelke door hem zelfs, of door *Buntingus* gereekend zyn, teken ik met een C; die *Petavius* bepaald heeft, met een P; *Ricciolus* met een R; *Bullialdus* met een B; en die door my zelfs uitgereekend zyn, met een O, als hier onder te zien is; de tyd word van de middag af gereekend, als de Sterrekundige.

Rek.	Zoort.	Plaatzen.	voorChr. Jaaren.	Maanden en Dagen.	het begin. uur. min. fec.	't midden. uur. min. fec.	't end. uur. min. fec.	grootheid. duim min.	cit
O	●	Babylon	721	Maart 19	8.41.24	10.33.55	12.26.26	Totaal.	(a)
O	●	——	720	Maart 8	11.19. 3	11.55.59	12.32.55	1. 5	(b)
O	●	——	—	Sept. 1	9.10.53	10.17.34	11.24.15	5. 4	(c)
O	●	——	621	April 21	17.26. 9	18.21.57	19.17.45	2.36	(d)
O	●	——	523	July 16	11.20.51	12.47.26	14.14. 1	7.24	(e)
O	●	——	502	Nov. 19	11.32.47	12.20.50	13. 8.53	1.52	(f)
O	●	——	491	April 25	11.29.10	12.12.15	12.55.20	1.44	(g)
O	●	Athenen	431	Aug. 3	5.36.—	6.35.—	onzigtbaar	11. 0	(h)
C	●	——	425	Octob. 9		6.45.—		Totaal.	(i)
P	●	——	424	Maart 20	19. 7.24	20.17.24	21:41:24	9. —	(k)
									Rek.

(a) Ptolom., lib. 4, cap. 6, pag. 88, Baf. 1551. (b) Op de aangetrokken plaats. (c). Als vooren. (d) De zelfde Schryver, lib. 5, cap. 14, pag. 117. (e) De zelfde Schryver op de aangetrokken plaats. (f) Ptolom., lib. 4, cap. 9, pag. 95. (g) Als vooren. (b) Tbucid., lib. 2. Plutarcbus in Pericles, pag. 171. Quint. Inftit., cap. 10, pag. 55. *Valer Maxim.*, lib. 8, cap. 11. (i) *Calvifius* uit *Ariftopbanes*. (k) *Tbucid.*, lib. 4. *Calvifius* vind de grootheid 3¼ duim minder, en 't midden meer als 3 uuren laater, zoo dat een van beide zig zal vergift hebben.

Lyst van de Zon- en Maan-Eclipzen, &c.

Rek.	Zoort.	Plaatzen.	voorChr. Jaaren.	Maanden en Dagen.	het begin. uur. min. sec.	't midden. uur. min. sec.	't end. uur. min. sec.	grootheid. duim min.	cit.
P	●	Athenen	413	Aug. 27	8.27.27	10.15.27	11.55.27	Totaal.	(*l*)
P	●	―――	406	April 15	6.57.30	8.50.―	10.42.30	Totaal.	(*m*)
P	◐	―――	404	Sept. 2	19.44. 0	21.12.―	22.22.―	8.40	(*n*)
P	◐	Gnide	394	Aug. 13	21. 7.―	22.17.―	23.44.―	11.―	(*o*)
O	☽	Athenen	383	Dec. 22	18.21.43	19. 6.18	19.50.53	2. 1	(*p*)
O	☽	―――	382	Juny 18	7.31.19	8.53.36	10.15.53	6.15	(*q*)
O	●	―――	382	Dec. 12	8.38.50	10.20.54	12. 2.58	Totaal.	(*r*)
O	◐	Thebe	364	July 12	22.36.―	23.51.―	25. 7.―	6.10	(*s*)
C	◐	Syracuza	357	Feb. 28	―――	22.―.―	―――	3.33	(*t*)
C	☽	Zante	―	Aug. 9	―――	7.29.―	―――	4.21	(*v*)
C	◐	―――	340	Sept. 14	―――	18 omtrent	―――	9.―	(*x*)
P	●	Arbela	331	Sept. 20	8.20.―	10. 9.―	11.58.―	Totaal.	(*y*)
C	◐	bySicilien	310	Aug. 14	―――	20. 5.14	―――	10.22	(*z*)
P	◐	Mysia	219	Maart 19	12.18.27	14. 5.27	15.52.27	Totaal.	(*a*)
C	◐	Pergam.	218	Sept. 1	―――	na d'(opg.	―――	Totaal.	
B	◐	Sardinien	217	Feb. 11	―――	1.57.―	―――	9. 6	(*b*)
P	◐	Frusini	203	May 6	1.37.―	2.52.―	3.57.―	5.40	(*c*)

S   Rek.

(*l*) *Diodor. Sicul.*, pag. 143 en pag. 147, Ed. Steph. *Thucid.* Hiftor., lib. 7, pag. 442, Genevæ 1600.
(*m*) *Xenophon* Hiftor. Græc., lib. 1, pag. 442, Lut. Parif. 1625.
(*n*) *Xenophon* Hift., lib. 2, pag. 461.
(*o*) *Xenophon* Hiftor., lib. 4, pag. 353, Baf. 1545. *Plutarchus* in *Agefilaus*, pag. 605.
(*p*) *Ptolom.*, lib. 4, cap. 11, pag. 97; de reekening van *Petavius* verfcheelt met de Waarneeming, zoo als hy zelfs uit *Ptolomeus* trekt, 1 uur., 24 min.; daar op gaat hy zig over de laatfte Schryver beklagen, dat men 'tgeen hy daar voor Waarneemingen opgeeft nooit met de Tafels kan doen overeen komen.
(*q*) *Ptolom.*, lib. 4, cap. 11, pag. 98. *Bullial.* Aftron. Phil., pag. 144.
(*r*) *Ptolom.*, lib. 4, cap. 11, pag. 98.
(*s*) *Plutarch.* in *Pelopide*, pag. 295. *Diodor. Sicul.* Biblioth. Hift., lib. 15, pag. 719, Han. 1611.
(*t*) *Plutarch.* in *Dion.*, *Ricciol.* in zyn Almag., pag. 36, meent, dat deeze Eclips voorgevallen is 404 Jaaren voor Chriftus, den 3den September; maar hier is hy het fpoor zeer ver byfter.
(*v*) *Plutarchus* in *Dion.* *Calvifius* noemt de plaats niet daar hy op gereekend heeft; maar de Eclips is op 't Eiland Zante gezien.
(*x*) *Jul. Obfequens* Prodig., lib., pag. 14, Lugd. Batav. 1710.
(*y*) *C. Plin. Sec.* Nat. Hift., lib. 2, cap. 70, pag. 28, Aur. Allobr. 1606. *Quint. Curt.* lib. 4, col. 1580. *Plutarchus* in *Alexand.*, fol. 300
(*z*) *Juftin.*, lib. 22, pag. 183, Lugd. 1594. *Diod. Sicul.*, pag. 749, & pag. 735, Ed. Steph.
(*a*) *Polyb. Megal.* Hift., lib. 5, pag. 410. Ik heb niet onderzogt wie van beiden dat hier de regte Verduiftering gevonden heeft.
(*b*) *Tit. Livius*, lib. 3, pag. 154.
(*c*) Uit de zelfde Schryver; dog het gelykt meer na een verfchynzel, dat zig met de byzonnen vertoont, als na een Zon-Eclips.

Lyſt van de Zon- en Maan-Eclipzen,

Rek. Zoort	Plaatzen.	voorChr. Jaaren.	Maanden en Dagen.	het begin. uur. min. fec.	't midden. uur. min. fec	't end. uur. min. fec	grootheid. duim min.	cit.
P ☉	Cumis	202	Oct. 18	21.53.—	22.24.—	22.55.—	1. circa	(d)
O ☽	Athenen	201	Sept. 22	5.41.38	7.14.17	8.46.56	8.58	(e)
O ☽	——	200	Maart 19	11.22.43	13. 8.49	14.54.55	Totaal.	(f)
O ☽	——	200	Sept. 11	13. 0.22	14.48.18	16.36.14	Totaal.	(g)
C ☉	Romen	198	Aug. 6			13. circa		(h)
B ☽	——	190	Maart 13		18. circa		11. 0	(i)
C ☽	——	188	July 16		20.38.—		10.48	(k)
O ☽	Athenen	174	April 30	13.17. 3	14.32.32	15.48. 1	7. 1	(l)
P ☽	Macedon.	168	Juny 21	5.59.—	8. 2.—	10. 5.—	Totaal.	(m)
O ☽	Rhodus	141	Janu. 27	9.12. 2	10. 7.49	11. 3.36	3.26	(n)
C ☉	Romen	104	July 18		22.—.—		11.52	(o)
O ☽	——	63	Oct. 27	4.28.52	6.22.28	8.16. 4	Totaal.	(p)
O ☉	Gibralter	60	Maart 16		☉ onderg.		byna Cen.	(q)
P ☽	Romen	51	Maart 7		2.12.—		9. ruim	(r)
O ☽	——	48	Janu. 18	8. 2.24	9.59.41	11.56.58	Totaal.	(s)
C ☽	——	45	Nov. 6		14 omtrent		Totaal.	(t)
C ☽	——	36	May. 19		3.52.—		6.47	(v)
C ☉	——	31	Aug. 20		☉ onderg.		gr. Eclips	(w)

Rek.

(d) *Tit. Liv.*, 3de boek, pag. 343. *Jul. O'ſequens*, pag. 30.
(e) *Ptolom. Almag.*, lib. 4. cap. 11, pag. 98. (f) De zelfde Schryver, pag. 99.
(g) Als vooren. (h) *Jul. Obſequens de Prod.*, lib., pag. 32.
(i) *Tit. Livius*, 't 4de boek, pag. 455.
(k) *Tit. Livius*, 't 4de boek, pag. 490. *Jul. Obſeq.*, pag. 40. Traité de l'Aſtron. Chinoiſe, pag. 257.
(l) *Ptolom.*, lib. 6, cap. 5, pag. 134.
(m) *Titus Livius*, lib. 5, pag. 600. *Plin. Natur. Hiſt.*; lib. 2, cap. 12, pag. 8. *Plutarchus* in *Paul. Æmil.*, pag. 264. *Pomp. Trog. Epitom. Hiſtor.*, lib. 33, pag. 240, Lugd. 1594. *Polybii Frag.*, pag. 1016.
(n) *Ptolom.*, lib. 6. cap. 5, pag. 134.
(o) *Jul. Obſequens Prod.*, lib., pag. 123.
(p) *Cicero*, lib. 2. de ſuo Conſulate. *Calviſius* meent, dat deeze Eclips gebeurd is 64 Jaaren voor Chriſtus, den 7den November, 2 uuren, 24 min. na de middernagt; de grootheid omtrent 9 duim.
(q) *Jul. Obſequens Prod.*, lib., pag. 184.
(r) *Dion.*, lib. 41, pag. 179. In 't Jaar 49 vind ik nog een Zon-Eclips, den 9den Auguſtus, op 44 gr., 24 min. Noorder Breedte, en de zelfde lengte als Romen, is 't begin geweeſt 's morgens ten 10 uuren, 15 min.; 't midden ten 11 uuren, 15 min.; 't end ten 12 uuren, 15 min.; de grootheid 2½ duim.
(s) *Lucanus*. (t) *Ovid. Metamorph.*, lib. 15, pag. 499, Brux. 1677.
(v) Chron. Paſchale, pag. 190, Par. 1688.
(w) Chronicon Paſchale, pag. 190.

die men vind in de Chronologisten.

Rek.	Zoort.	Plaatzen.	naChrift. Jaaren.	Maanden en Dagen.	het begin. uur. min. sec.	't midden uur. min. sec.	't end. uur. min. sec	grootheid. duim. min.	cit.
P	☉	Romen	5	Maart 28	3.21.—	4.13.—	5. 2.—	4.45	(x)
P	●	Pannonien	14	Sept. 26	15.18.32	17.14.32	19. 6.32	Totaal.	(y)
C	☉	Romen	45	July 31	———	22. 1.30	———	5.17	(z)
O	●	———	46	Dec. 31	8. 3. 2	9.52.22	11.41.42	Totaal.	(a)
O	☉	———	59	April 30	1.45.—	3. 8.—	4.22.—	10.38	(b)
O	☽	———	69	Oct. 18	9.13.20	10.43. 6	12.12.52	10.49	(c)
C	☽	———	71	Maart 4	———	8.32.—	———	6 d. omt.	(d)
O	☉	Ephesen	95	May 21	———	———	16.49.22	1 duim	(e)
O	☽	Alexand.	125	April 5	8.33.58	9.16.20	9.58.42	1.44.	(f)
O	———	———	133	May 6	9.58. 2	11.44.16	13.30.30	Totaal.	(g)
O	———	———	134	Oct. 20	9.27.24	11. 4.35	12.41.46	10.19	(g)
O	———	———	136	Maart 5	14.47. 4	15.55.39	17. 4.14	5.17	(h)
O	☉	byBologn.	237	April 12	———	———	———	Totaal.	(i)
O	☉	Romen	238	April 1	19.18.—	20.20.—	21.20.—	8.45	(i)
P	☉	Carthag.	290	May 15	2. 2.10	3.19.40	16.32.10	11.10	(k)
C	●	Romen	304	Aug. 31	———	9.36.—	———	Totaal.	(l)
O	☉	Constant.	316	Dec. 30	———	19.53.—	20.29.—	2.18	(m)
O	☉	om.Toledo	334	July 17	———	op middag.	———	Centraal. Rek.	(n)

(x) *Dion. Casfius*, lib. 55.
(y) *Dion. Casfius* Roman. Histor., pag. 643. *Tacit.* Annal., lib. 1, pag. 23, Amst. 1691.
(z) *Dion. Casfius* Roman. Histor., lib. 60, pag. 784.
(a) *Sext. Aurel. Victor de Cæsar.*, pag. 218, Amst. 1625.
(b) *C. Plinius Sec.* Nat. Hist., lib. 2, cap. 70, pag. 28. *Joan. Xiphil.* Epito. *Dion.*, pag. 165. *Tacit.* Annal., lib. 14.
(c) *Joan. Xiphil.*, pag. 209. (d) *C. Plin.* Nat. Histor., lib. 2, cap. 13, pag. 8, Aur. Aſ. 1606.
(e) *Apoll Tyan.*, lib. 8, pag. 413. Ik heb deeze Eclips wel bereekend; maar de Text, die zommige voor een Zon-Eclips opneemen, schynt in 't minste daar niet na; het zullen Byzonnen geweest zyn: op de tyd, die ik hier boven aanteken, was de Zon in 't opgaan aan den Horizont, zynde 1 duim verduistert, en kort daar na was het end.
(f) *Ptolom.*, lib. 4, cap. 6, pag. 91. (g) Als vooren.
(h) De zelfde Schryver op de gemelde bladzyde.
(i) *Jul. Capitol.*, pag. 230, Frankf. 1588: hy verhaald maar een Zon Eclips; dog hy schynt de twee Verduisteringen met malkander te verwarren, die in een Jaar, min 11 dagen, malkander gevolgt zyn, beschryvende de Consuls op de tyd van de eene Eclips, met de grootheid van de andere.
(k) *Idatii Episcopii* Fasti Consular., pag. 30, in *Euseb.* Pamph. Thes. Temp., Amst. 1658.
(l) *Ricciol.* uit *Baron.* in Act. *S. Felicis, Martyr & Episcop. Afric.*
(m) *Sect. Aurel. Victor de Cæsar.*, pag. 245, Amst. 1625.
(n) *Julius Firmicus.* pag. 5. Bas. 1551: de Centraale Verduisterings lyn begon in America op 30 gr, 6 min. Noorder Breedte, 90¼ graad bewesten Romen; gaande van daar door de Ocean, tot door het midden van Spanjen; omtrent Toledo en Valencia is de Zon net op de middag Centraal en Annulair verduistert geweest; verders passeerde 't Centrum van de Schaduw door

140 *Lyst van de Zon- en Maan-Eclipzen,*

Rek.	Zoort.	Plaatzen.	naChrist. Jaaren.	Maanden en Dagen.	het begin. uur. min. fec.	't midden uur. min. fec.	't end. uur. min. fec.	grootheid. duim min.	cit.
P	☉	Constant.	348	Oct. 8	18.28.—	19.24.—	20.31.—	8.—	(o)
O	☉	by Ispahan	360	Aug. 27	———	18. circa	———	Centraal.	(p)
C	☽	Alexandr.	364	Nov. 25	———	15.24.—	———	Totaal.	(q)
P	☉	Romen	402	Nov. 10	19.36.—	20.33.—	21.42.—	10.30	(r)
O	☉	Compost.	417	Dec. 22	23.23.—	24.46.—	26. 9.—	11.—	(s)
O	☽	———	451	April 1	15.26.15	16.34.21	17.42.27	9.52	(t)
O	☽	———	—	Sept. 26	———	6.29.34	8. 1.30	10. 2	(v)
O	☉	Chaves	458	May 27	21.52.—	23.16.—	24.39.—	8.53	(x)
O	☽	Compost.	462	Maart 1	11.32.34	13. 2.33	14.32.32	11.11	(y)
O	☉	Chaves	464	July 19	17.51.—	19. 1.—	20.20.—	10.15	(z)
C	☉	Constant.	497	April 18	———	6. 5.—	———	7.57	(a)
O	☽	———	512	Juny 28	21.45.—	23. 8.—	24.38.—	11.50	(b)
C	☉	in Engel.	538	Febr. 14	———	19.—.—	———	8.23	(c)
O	☉	London	540	Juny 19	19.19.—	20.15.—	21.20.—	8.—	(d)

Rek.
door de Middellandfche Zee, tot in Africa, omtrent daar tegenwoordig Algiers is, en zoo by de oorfprong van de Nyl, door Abiffinien, tot in de Indifche Zee, op 0 gr., 49 min. Noorder Breedte, 47 gr., 54 min. bewesten Romen, daar de Zon Centraal verduisterd is ondergegaan.

(o) *Marc. Aurel. Cassiod.* Chron., pag. 449. Amst. 1625. *Theophan.* Chron., pag. 32.
(p) *Ammian. Marcel.*, lib. 20. Monarch. Sin. Tab. Chron., pag. 45 : de eerste Schryver spreekt met veel ophef van deeze Eclips ; de Zon is Centraal en Annulair verduisterd opgegaan, op 32 gr., 15 min. Noorder Breedte, 41 gr., 8 min. beoosten Romen.
(q) *Jos. Scal.* Emend. Temp. uit de Comm. van *Toeon* over 't 6de boek van *Ptolom.*, pag 496, Genev. 1629.
(r) *Idatii Episcop.* Fasti Consul., pag. 23, Amst. 1658.
(s) *Idatii Episcop.* Chron., pag. 24, in de Thesaur. Temp. *Euseb. Pamph.*
(t) *Nicol. Olabu*, cap. 6.
(v) *Idat* Chron., pag. 25, Amst. 1658. *Sigebert Gembl.* Chron., pag. 499, *Nicol. Olabu*, cap. 6.
(x) *Idat.* Episcop. Chron., pag. 27, Amst. 1658.
(y) *Idatii Episcop.* Chron., pag. 27 en 28, Amst. 1658. (z) *Idat.* Chron., pag. 28, Amst. 1658.
(a) *Marcell.* Comit. Chron. pag. 46, Amst. 1658.
(b) *Marcell.* Comit. Chron., pag. 69 : de Zon is geheel verduisterd opgegaan, op 17 gr., 53 min. Noorder Breedte, 65 gr., 13 min. bewesten Constantinopolen ; van daar liep de Totale Verduisterings-lyn over de Oostelykste van de Canarifche Eilanden, over dat deel van Barbaryen daar nu de Stad Algiers is; daar na raakte dezelve 't Noordelykst deel van 't Eiland Sicilien, en 't Zuidelykst deel van Italien, tot door Griekenland ; gaande verders omtrent 7¼ Duitse Myl bezuiden Constantinopolen, en dan langs de Zuidzyde van de Zwarte Zee, tot door Persien, bezuiden de Caspische Zee, en verders door de Indostan, tot op 14 gr., 23 min. Noorder Breedte, 77 gr., 48 min. beoosten Constantinopolen, daar de Zon Centraal en Totaal verduisterd is ondergegaan.
(c) *Math. Westmonast.* Flor. Hist., pag. 105, Ed. 1601, *Florent.* Wigorn., pag. 551.
(d) Epitome *Bedæ* col. 148. Ik vind, door de reekening, dat de Zon tot Romen geheel verduisterd is geweest ; in de Text staat, dat op het midden van de derde uur de Sterren verscheenen.

die men vind in de Chronologiſten. 141

Rek.	Zoort.	Plaatzen:	naChriſt Jaaren.	Maanden en Dagen.	het begin uur. min. ſec.	't midden. uur. min. ſec.	't end. uur. min ſec.	grootheid. duim min.	cit.
O	☽	Tours	577	Dec. 10	16. 8. 9	17. 27. 58	18. 47. 47	6. 46	(e)
P	☽	Parys	581	April 4	11. 53. —	13. 33. —	15. 13. —	6. 42	(f)
P	●	—	582	Sept. 17	10. 45. —	12. 41. —	14. 37. —	Totaal.	(g)
P	☽	Conſtant.	592	Maart 18	20. 54. —	22. 6. —	23. 23. —	10. —	(h)
P	☽	Parys	603	Aug. 12	2. 3. —	3. 3. —	4. 3. —	11. 20	(i)
C	☽	—	644	Nov. 5		0. 30. —		9. 53	(k)
C	☽	—	680	Juny 17		12. 30. —		Totaal.	(l)
C	☽	—	683	April 16	9. 30 cir.	11. 30. —	13. 30. —	Totaal.	(m)
O	☽	Conſtant.	693	Oct. 4		23. 54. —		11. 54	(n)
C	☽	—	716	Janu. 13	5. iets lat.	7 omtrent	9 omtrent	Totaal.	(o)
C	☽	—	718	Juny 3		1. 15. —		Totaal.	(p)
C	☽	in Engel.	733	Aug. 13		20. —. —		11. 1	(q)
C	●	—	734	Janu. 23		14. —. —		Totaal.	(r)

S 3 Rek.

(e) *Gregor. Turonen.*, lib 5, cap. 24, pag. 107, verhaald, dat men de Maan, in een Jaar tyd, dikwils zag zwart worden : in 't Jaar 574, den 21ſten February, vind ik, door de reekening, dat de Maan tot Tours, 's avonds ten 5 uur., 17 min., 14 ſec., 6 1/7 duim verduiſtert is geweeſt, en in 't Jaar 575, den 10den February, Totaal ; het midden ten 11 uuren, 42 min., 3 ſec.; zoo dat deeze laatſte ligtelyk de Verduiſteringen zyn, die hy beſchryft.

(f) *Gregor. Turon.*, lib. 5, cap. 42, pag. 115.

(g) *Gregor. Turon.*, lib. 6, cap. 21, pag. 133.

(h) Chron. *Fredeg. Scholaſt.*, pag. 123. *Aimoino*, pag. 343. *Sigebert. Gembl.* Chron., pag. 524, en waarſchynelyk ook de Bizantynſche Schryvers, die in de Eclips van 't Jaar 590 aangetrokken zyn; de Centraale Lyn liep door de Middellandſche Zee, een weinig beweſten Morea, door Griekenland, wat beweſten Conſtantinopolen, langs de Weſtkant van de Zwarte Zee, een weinig benoorden den Donauw, daar dezelve de Centraale Lyn van de Eclips, in 't Jaar 590, zou doorſneeden hebben, indien die beide zigtbaare ſtreepen nagelaaten hadden.

(i) Chron. *Fredeg. Scholaſt.*, pag. 125. *Aimoino* de Geſt. Franc., pag. 348.

(k) *Cedrenus*, pag. 431.

(l) *Anaſtaſ.* Biblioth. de Vit. Pontif. Roman., pag 54, Par. 1649, & pag. 142, in *Murat* tom. 3.

(m) *Anaſtof.* de Vit. Pontif. Roman., pag. 57, & pag. 145, in de Uitgaaf van *Murat.*, tom. 3. *Marian.* Scoti Chron., pag. 430. *Balæus*, pag. 77.

(n) *Theophan.* Chron., pag. 306. *Cedrenus*, pag. 442. *Sigeb. Gembl.*, pag. 541; deeze laatſte Schryver ſteld de Eclips twee Jaaren te laat: de Totaale en Centraale Lyn liep over Rochel en Lions, door Savoyen en 't Milaneés, door 't bovenſte gedeelte van de Venetiaanſche Golf, door Albanien en Romanien; omtrent twee Duytze Mylen bezuiden Conſtantinopolen is de Zon Totaal, dog zonder duuring, verduiſterd geweeſt.

(o) *Anaſt.* de Vit. Pontif., pag. 67, & pag. 154, in *Murat.*, tom. 3. *M. Ant.* Coc. Sabel. lib. 7, pag. 562.

(p) *Joan. Vaſæi* Hiſpan. Chron., pag. 581. Frank. 1579. *Ricciolus* ſteld de Eclips een Jaar te laat.

(q) *Continuat. Beda*, col. 150. *Simeon Dunelmenſ.* Hiſtor., pag. 100. *Roger. van Howeden*, fol. 230. *Math. Weſtmonaſt.*, pag. 138. *Lambert. Schafnab.* Hiſtor. Germ., pag. 152.

(r) De drie eerſte Schryvers van de laatſtvoorgaande Eclips, en *Aſſerii* Annales, pag 152.

142 Lyſt van de Zon- en Maan-Eclipzen,

Rek.	Zoort.	Plaatzen.	naChriſt. Jaaren.	Maonden en Dagen.	het begin. uur. min. ſec.	't midden. uur. min. ſec	't end. uur. min. ſec.	grootheid. duim min.	cit.
C	☉	in Engel.	752	July 30	———	13. —. —	———	Totaal.	(s)
C	☽	———	753	Janu. 8	———	22. —. —	———	10. 35	(t)
C	☽	———	753	Janu. 23	———	13 omtrent	———	circa Tot.	(v)
C	☉	———	760	Aug. 15	———	4. —. —	———	8. 15	(x)
C	☉	———	764	Juny 4	———	omt. midd.	———	7. 15	(y)
P	☉	Conſtant.	787	Sept. 14	19. 31. —	20. 43. —	21. 55. —	9. 47	(z)
C	☽	———	796	Maart 27	15. 30. —	16. 22. 30	17. 15. —	Totaal.	(a)
P	☉	Parys	806	Sept. 1	7. 57. —	9. 59. —	12. 1. —	Totaal.	(b)
P	☉	Angouleſ.	807	Feb. 10	20. 24. —	21. 24. —	22. 24. —	9. 42	(c)
P	☽	Parys	———	Feb. 25	11. 58. —	13. 43. —	15. 28. —	Totaal.	(d)
P	☽	———	———	Aug. 21	8. 26. —	10. 20. —	12. 14. —	Totaal.	(e)
C	☽	———	809	Dec. 25	———	8. circa.	———	Totaal.	(f)
C	☽	———	810	Juny 20	———	8. —. —	———	Totaal.	(g)
C	☉	———	———	Nov. 30	———	0. 12. —	———	Totaal.	(h)
C	☽	———	———	Dec. 14	———	8. —. —	———	Totaal.	(i)
P	☉	Conſtant.	812	May 14	1. —. —	2. 13. —	3. 26. —	9. —. —	(k)

Rek.

(s) *Simeon Dunelm.* Hiſtor., pag. 104. *Roger. de Howeden*, fol. 231. *Math. Weſtmonaſt.*, pag. 141.
(t) Contin. *Beda*. col. 150. (v) De zelfde Schryver.
(x) *Theophan.* Chron., pag. 362. Hiſtor. Miſcel., lib. 22, pag. 158, in *Murat. Herman. Contract.* Chron., pag. 128. Chron. Monaſt. Admont., col. 170, Lipz. 1725. Chron. Monaſt. Mellicen., col. 208. Chron. Salisburgenſe, col. 334. *Mart. Minor.* Flor. Temp., col. 1604., Lipz. 1723.
(y) *Adelm. Bened.* Franc. Reg. Annal, pag. 386. *Herman. Contract.* Chron., pag. 128. *Mart. Minor.* Flor. Temp., col. 1604; ook Chron. Saliſh. Admon. & Mellic.
(z) Annal. Franc. Fuldenſ., pag. 7 *Cedrenus*, pag. 470. Annaliſta Saxo., col. 156. *Herman.* Contract. Chron., pag. 128; dog hy ſteld de Eclips een Jaar te vroeg: door hem is de Saxiſche Jaarboek-Schryver verward; zoo dat die een Eclips tweemaal beſchryft. *Lamber. Schafnab.*, pag. 153. Chron. Mon. Mell., col. 209, & Admont., col 170; dog beide twee Jaaren te vroeg; de Kron. van Zaltzb. drie Jaaren te vroeg. Chron. *Cavenſe*, col. 919. *Mart. Minor*, col. 1605. Chron. Quedlinb., pag. 275.
(a) *Simeon. Dunelm.* Hiſtor., pag. 113.
(b) Annal. Rer. Lud., pag. 35. *Adonis* Chron., pag. 221. Chron. Regin., lib. 2, pag. 36. Annal. Saxo., col. 179.
(c) Annal. Rer. Ludov., pag. 35. Annal. Bertinian., pag. 506, in *Murat.*, tom. 2. *Adelm.* de Geſt. Franc., pag. 409 *Adonis* Chron., pag. 221. Chron. Reginon., lib. 2, pag. 36. *Herman.* Contract. Chron., pag. 129. Annal. Saxo., col. 169. Chron. Monaſt. Admont., col. 171.
(d) De zelfde Schryvers als in de voorgaande Eclips. (e) De zelfde Schryvers.
(f) Annal. Rer. Lud., pag. 38. *Adelm.* Annal., pag. 411. Chron. Reginon., pag. 38.
(g) De zelfde Schryvers als in de voorgaande Eclips, behalven *Herm. Contract.*, en de Kronyk van 't Klooſter Admont.
(h) De zelfde Schryvers als in de Zon-Eclips. (i) De zelfde Schryvers.
(k) *Theophan.* Chronograph., pag. 420. Hiſtor. Miſcellæ, in *Murat.*, pag. 176. Annal. Bertini., pag. 509, in *Murat.*, tom. 2. *Adelm.* de Geſt. Franc., pag. 414. Annal. Franc. Ful-

die men vind in de Chronologiſten. 143

Rek.	Zoort.	Plaatzen.	naChrist. Jaaren.	Maanden en Dagen.	het begin. uur. min. sec.	't midden. uur. min. sec.	't end. uur. min. sec.	grootheid. duim min.	cit.
P	☉	Cappad.	813	May 3	16.22.—	17.15.—	18. 8.—	10.35	(*l*)
O	☽	Parys	817	Febr. 5	3.57.42	5.41.42	7.25.42	Totaal.	(*m*)
C	☉	—	818	July 6		18. circa.		6.55	(*n*)
C	●	—	820	Nov. 23		6.26.—		Totaal.	(*o*)
O	●	—	824	Maart 18	6.12.10	7.54.50	9.37.30	Totaal.	(*p*)
C	●	—	828	Juny 30		15.—		Totaal.	(*q*)
C	●	—	—	Dec. 24		13.45.—		Totaal.	(*r*)
O	☽	—	831	April 30		6.18.43	8. 1.46	11. 8	⎫
C	☉	—	—	May 15		23.—.—		4.24	⎬ (*s*)
O	☽	—	—	Oct. 24	9.17. 5	11.17.46	12.58.27	Totaal.	⎭
O	●	Fulda	832	April 18	7. 9.15	8.59.58	10.50.41	Totaal.	(*t*)
P	☉	Parys	840	May 4	22.29.—	23.22.—	24.15.—	9.20	(*v*)
P	●	—	842	Maart 29	12.48.—	14.38.—	16.28.—	Totaal· Rek.	(*x*)

Fuldenſ., pag. 12. Annal. Rer. Ludov., pag. 39. Chron. Reginon., pag. 40. Annal. Saxo., col. 180. Annal. Quedlingburg., pag. 277, in tom 2. Script. Bruns. Illuſtra.

(*l*) *Theophan*. Chronog., pag. 424. Hiſtor. Miſcellæ, pag. 178.

(*m*) *Adelm*. Bened. Franc. Reg. Annal., pag. 418. Annal. Franc. Fuldenſ., pag. 12. Annal. Bertini, pag. 511, in *Murat*., tom. 2. *Martin*. Fuldenſ. Chron., col. 1661, Lipz. 1723. Annal. Rer. Lud., pag. 42, Frank. 1584.

(*n*) Annal. Bert., pag. 512, in *Murat*., tom. 2. Annal. Franc. Fuldenſ., pag. 13. *Adelm*. Bened. Franc. Reg. Annal., pag. 419. Chron. Quedlingb., pag. 277, & col. 176, in Menk., tom. 3. *Aimoino*, pag. 243. Annal. Rer. Geſ. Lud.

(*o*) Annal. Bertin., pag. 513, in *Murat*., tom. 2. *Aimoino*, pag. 246. Annal. Rer. Geſ. Lud., pag. 45. *Adelm*. Bened. Franc Reg. Annal., pag. 421.

(*p*) *Adelm*. Bened. Franc. Reg. Annal., pag. 426. *Aimoino*, lib. 4, cap. 112, pag. 252. Annal. Bertini, pag 516, in *Murat*., tom. 2. Annal. Rer. Geſt. Lud., pag. 49, Frank. 1584.

(*q*) Annal. Rer. Ludov., pag. 53. *Adelm*. Bened. Franc. Reg. Annal., pag 451. *Aimoino*, pag. 260. Annal. Bertini, pag. 519, in *Murat*., tom. 2. Chron. Alberici, pag. 171.

(*r*) *Adelm*. Bened. Franc. Reg. Annal., pag. 451. *Aimoino*, pag. 260. Annal. Bertini., pag. 519, in *Murat*., tom. 2. Annal. Rer. Lud., pag. 53. Chron. *Alberici*, pag. 172.

(*s*) *Calviſius* verhaald, dat hy deeze Eclipzen in de Franſche Jaarboeken gevonden heeft: 't verwonderd my, dat ik die niet ontdekt heb.

(*t*) Annal. Bertini., pag. 520, in *Murat*, tom. 2. Annal. Franc. Fuldenſ., pag 16; dog men moet daar in plaats van *Juny* leezen *May*, als uit de Annales van Bertin., en door de Uitreekening blykt.

(*v*) Annal. Franc. Fuld.; dog men moet daar *Nonas* in plaats van *Id.* leezen. Annal. Bertini., pag. 527, in *Murat*. tom. 2. Vita *Ludovicii Pii*, pag. 281, Par. 1588. Breve Chron. Norman., col. 1448. *Aimoino* de Geſt. Franc., pag. 307, Par. 1603. *Herman*. Contract., pag. 130. *Rupert*. Monach. S. Galli, pag. 16. Hepid. Cœnob. S. Galli pag. 8. Annal. Saxo, col. 192. Romual. Salernit., col. 158. *Andræ* Presb. Chron. Breve, col. 96, Lipz. 1728. Chron. Monaſt. Mellic., col. 213. Chron. Saliſburg., col. 336. Chron. Monaſt Admont., col. 171; de drie laatſte Kronyken ſtellen de Eclips een Jaar te vroeg. *Mariani* Scoti Chron., pag. 441.

(*x*) Annal. Franc. Fulden., pag. 19.

Lyst van de Zon- en Maan-Eclipzen,

Rek.	Zoort.	Plaatzen.	naChrist Jaaren.	Maanden en Dagen	het begin. uur. min. sec.	't midden. uur. min. sec.	't end. uur. min. sec.	grootheid. duim min.	e.z.
C	●	Parys	878	Oct. 14	——	16. —. —	——	Totaal.	(y)
C	●			Oct. 29	——	1. circa.	——	11. 14	(z)
O	●	Arracta	883	July 23	——	7. 44. 30	——	11. —	(a)
O	●	Constant.	889	April 3	——	17. 52. —	19. circa.	9. 23	(b)
O	●		891	Aug. 7	22. 6. 30	23. 48. —	25. 21. 30	10. 30	(c)
O	●	Arracta	901	Aug. 2	——	15. 7. 21	——	Totaal.	(d)
O	●	London	904	May 31	9. 52. 55	11. 47. 20	13. 41. 45	Totaal.	⎫(e)
O	●			Nov. 25	7. 14. 16	8. 59. 32	10. 44. 48	Totaal.	⎭
C	●		912	Janu. 6	——	15. 12. —	——	Totaal.	(f)
O	●	Parys	926	Maart 31	13. 27. 59	15. 16. 55	17. 5. 51	Totaal.	(g)
C	●		934	April 16	——	4. 30. —	——	11. 36	(h)
C	●		939	July 18	——	19. 45. —	——	10. 7	(i)
O	●	Rheims	961	May 16	19. 2. —	20. 13. —	21. 30. —	9. 18	(k)
O	●	Messina	985	July 10	2. 45. —	3. 52. —	4. 35. —	4. 10	(l)

Rek.

(y) Annal. Franc. Fuld., pag 42. Fragm. Hist. Franc., pag. 408. Chron. Regin., pag. 57. Annal. Saxo., col. 217. *Florent.* Wigorn., pag. 171; dog twee Jaaren te laat.

(z) Annal. Franc. Fuld., pag. 42. Fragm. Hist. Franc., pag. 408. Chron. Regin., lib. 2, pag. 57. Annal. Saxo., col. 217. *Mariani* Scoti Chron., pag. 444. Chron. Tornac. *S. Martini*, col. 1454. *Herman. Contract.*, pag. 131. Chron. Monast. Mellicen., col. 215. Annalista Saxo, col. 219. Chron. Salisburg., col. 336. Annal. Hildesh., pag. 716, in de Scrip. Rer. Bruns. Chron. *Engellusii*, pag. 1068, in de Script. Bruns. Illust., tom. 2. *Sigeber*. Gemblac. Chron. pag. 570. *Simeon. Dunelmens.*, pag. 119 & pag. 147. *Herm. Contr.* de Saxische Annalist de Chron. Monast. Mellic.: die van Saltsburg en *Simeon* de Monnik stellen deeze Eclips een jaar te laat ; *Sigebert* van Gembloers, twee Jaaren ; de Saxische Annalist, door hem misleid zynde, beschryft tweemaal de zelfde Eclips.

(a) *Albaten.* de Scien Stell., pag. 91, Bon. 1645.

(b) *Symeon.* Magis. & Logoth. Annal., pag. 462. *Cedrenus*, pag. 595 ; in de Text zyn twee Eclipzen met malkander verward.

(c) *Leon* Grammat. Chron. pag. 476. Incert. Contin. Leon. Basil. Fil., pag. 219. Glyca Annal., pag. 198. *Albaten.* de Scien. Stel., pag. 91.

(d) Id, pag. 92. (e) *Florent.* Wigorn., pag. 598.

(f) *Calvisius* uit een Engelsch Schryver. (g) Chron. *Frodoardi*, pag. 173, Par. 1588.

(h) *Calvisius* uit *Tritbem* ; maar ik heb op dit Jaar in die Schryver geen Zon-Eclips kunnen vinden.

(i) Annal. Cænob. St. Gal, pag. 10. *Lupi Protesp.* Chron., Panor. 1723. Chron. Riddagesh., pag. 74, in de Script. Brunsw. *Sigeb. Gemblac.* Chron., pag. 581. Annal. Saxo, col. 273. Chron. Pisan., col. 107, in *Murat.*, tom. 6 ; ziet ook col. 962, in tom. 7 ; in *Sigeb.* en de Saxische Annal. is die vyf Jaaren te laat.

(k) *Lupi Protesp.* Chron., pag. 36. Chron. Reg., lib. 2. pag. 80. Annal. Saxo, col. 301. *Herman. Contract.* Chron., pag. 134. Chron. Monast. Mell., col. 219. Chron. Monast. Admont., col. 175. Lipz 1725. Chron. Reg. S. Pantaleon., col. 894.

(l) *Lupi Protesp.* Chron., pag. 37. Panorm. 1723 ; dog het is twyffelagtig of hy hier niet de Zon Eclips van 't Jaar 990 in 't oog heeft ; 't Jaar staat by hem 987.

Lyst van de Zon- en Maan-Eclipzen, &c.

Rek.	Zoort.	Plaatzen.	naChrift. Jaaren.	Maanden en Dagen.	het begin. uur. min. fec.	't midden. uur. min. fec.	't end. uur. min. fec.	grootheid. duim min.	zie.
O	☉	Conftant.	979	May 28	5.58.—	6.54.30	onzigtbaar	8.40	(m)
O	☉	———	990	Oct. 20	22.58.—	24.45.—	26.30.—	10. 5	(n)
O	☉	Ferrare	1009	Oct. 6	9.47.38	11.38.17	13.28.56	Totaal.	(o)
O	☉	Zuid. Lan.	1017	April 28	———	———	———		(p)
O	☉	Ceulen	1020	Sept. 4	9.42. 6	11.38. 8	13.34.10	Totaal.	(q)
O	☉	London	1023	Jan. 23	22.15.—	23.29.—	24.45.—	11.—	(r)
O	☉	Parys	1037	April 17	19.20.—	20.45.—	22.17.—	10.45	(s)
O	☉	Auxerre	1039	Aug. 21	22.15.—	23.40.—	25. 1.—	11. 5	(t)
O	☽	———	1044	Nov. 7	14.42.44	16.11.51	17.40.58	10. 1	(v)
O	☉	Cluny	——	Nov. 21	20.41.—	22.12.—	23.52.—	11.—	(x)
O	☉	Neuremb.	1056	April 2	10.24.27	12. 9. 2	13.53.33	Totaal.	(y)
O	☉	Augsburg	1074	Oct. 7	8.16.10	10.13.28	12.10.46	Totaal.	(z)

T   Rek.

(m) Deeze is maar bereekend om de volgende uit *Cedrenus* te vinden.
(n) Annal. Saxo., col 347, 348, 351. Hy maakt van deeze eene Verduiftering drie verfcheide. Chron. *Ditbm*. Epifcop. Merfep., lib. 4, pag. 71, Helms. 1667 ; dog hy fteld de Eclips een Jaar te vroeg. *Cedrenus*, pag. 694. *Mich. Glycæ* Annal., pag. 367. Chron. Quedlingbur., col. 184, in Menk., tom. 3, Lipz. 1730.
(o) *Ricobald*. Ferrar. Chron., col. 276.
(p) *Alper.* de diverf. Temp., col. 118. Dit fchynt geen waargenomen, maar een bereekende te zyn. In 't Jaar 1017 is het Paafch geweeft, den 21ften April : met de zelfde woorden, als *Alpertus*, vind men in de Belgifche Kronyk deeze Eclips op 't Jaar 1015. *Calvifius* meent, dat die in 't laatftgemelde Jaar gebeurd is, den 19den Juny, 's morgens met de Zons opgang; de grootheid 5 duim, 37 min.: maar in de Text ftaat, in de Paafch week.
(q) *Calvifius*; dog hy noemd geen Schryver.
(r) *Florent. Wigorni.*, pag. 620. Tuffchen Antwerpen en Bergen op Zoom reeken Ik, dat de Zon Centraal verduiftert is geweeft ¼ uur na de middag.
(s) Fragm. Hiftor. Franc., pag. 85. Chron. *Alberici*, pag. 68. In deeze laatfte Schryver is de Eclips een Jaar te vroeg ; omtrent S. Malo was de Zon Centraal en Annulair verduiftert.
(t) *Glaber. Rudolphi*, lib. 4, cap. 9, pag. 49; dog twee Jaaren te vroeg. Excerp. Necrol. Fuld., pag. 768. Chron. Mon. Mell., col. 223. Auctor. incer. Chron. Auftr., col. 552. *Herman. Contract*. Chron , pag. 137. Annal. Saxo., pag. 471. Chron. Reg. S. Pant., col. 903. 't Jaargetal is in de laatfte Kronyk vergeeten ; daar door fchynt het, als of de Eclips op 't Jaar 1038 verhaald word. Chron. Vet. Cell. Min., col. 437, Lipz. 1728. Chron. Clauft. Neoburg., col. 438. Chron. Monaft. Admont, col. 176. *Ach. Pirm. Gaffar.* Annal. Augftb., col. 1393.
(v) *Glaber. Rudolph.*, pag. 56. Fragm. Hiftor. Franc., pag. 86; dog in de laatfte Text moet men in plaats van *December*, leezen *November*.
(x) Fragm. Hiftor. Franc., pag 86. *Glab. Rudolph*. Hiftor., lib. 5, cap. 3, pag. 57. Necrol. Fuldenf., pag. 768, in de Script. Brunsw. Illuft.; omtrent de plaatzen, daar nu Rochel en Angouleme is, moet de Zon Centraal en Annulair verduiftert geweeft zyn. *Calvifius* vind deeze Eclips omtrent 1 uur vroeger.
(y) Chron. Belgic., pag. 116, Frankf. 1654.
(z) Chron. Auguf., pag. 349.

Lyst van de Zon- en Maan-Eclipzen,

Aak.	Zoort.	Plaatzen.	naChrist. Jaaren.	Maanden en Dagen.	het begin. uur. min. sec.	't midden. uur. min. sec.	't end. uur. min. sec.	grootheid. duim min.	cit.
O	☉	Augsburg	1093	Sept. 22	21.17.—	22.35.—	24. 1.—	10.12	(a)
O	☉	Gembloers	1096	Febr. 10	14. 9.20	16. 3.31	17.57.42	Totaal	(b)
O	☉	Augsburg	1096	Aug. 6	onzigtbaar	8.21.27	10. 9.26	Totaal	(c)
O	☉	———	1098	Dec. 24	23.49.—	25.25.—	27.58.—	10.12	(d)
O	☉	MontCassin	1099	Juny 5	onzigtbaar		8.35.—	Totaal	(e)
O	☉	London	1110	May 5	9. 6.41	10.51.35	12.36.29	Totaal	(f)
O	☉	Jerusalem	1113	Maart 18	18. 6.—	19. 0.—	20. 2.—	9.12	(g)
O	☉	London	1114	Aug. 17	13.40.48	15. 4.37	16.54.26	Totaal	(h)
O	☉	Trier	1117	Juny 15	11.40. 8	13.25.37	15.11. 6	Totaal	(i)
O	☉	———	——	Dec. 10	10.58.12	12.50.39	14.43. 6	Totaal	(k)
C	☉	———	1121	Sept. 27		16.47.—		Totaal	(l)

Rek.

(a) Chron. Reg. S. Pantal., col. 909. Annal. Saxo., col. 575. *Siffrid.* Presb. Epitom., lib. 1, pag. 692, Frankf. 1613. Chron. August., pag 355. Chron. *Alberici*, par. 2, pag. 141. *Dodech.* Appen. ad Marian. Scot. Chron., pag. 461. Erphur. Antiq. Vari., col. 475. Chron. Salisburg., col. 342. Chron. Riddagesh., pag. 77. Chronogr. Saxo., pag. 272, Hanov. 1710. Chron. Fossæ Novæ, pag. 66, Panor. 1723. Chron. *Sampet.* Erfurt., col. 204. Magn. Chron. Belg., pag. 118. *Romuald. Salert.*, col. 177.
(b) *Sigeber.* Gemb. Chron., pag. 608. Chron. *Alberici*, pag. 147.
(c) Chron. August., pag. 356. Annal. Saxo., col. 576. *Sigebert.* Gembl. Chron., pag. 608. Chron. Cavense, col. 922, in *Murat.*, tom. 7. *Romual. Salerni.* Chron., col. 177.
(d) Chron. Auguf., pag. 356, Frank. 1624. *Calvisius* vind het midden te 11 uuren, 18 min.; hy trekt de voornoemde Kronyk aan, als of daar stond, *in Meridie* ; dog men leest daar, *post Meridiem*.
(e) Anonym. Monach. Cassin. Chron., pag. 507, Panorm. 1713; dog dezelve staat daar een Jaar te vroeg.
(f) Annal. Saxo., col. 625. Annal. Waverl., pag. 145. Oxon. Frag. Hist. Franc., pag. 95. *Matb. Westmonast.* Flor. Hist., pag. 238. *Matb. Par.* Hist. Angl., pag. 61, Tig. 1589. Chron. Reg. S. Panta., col. 924.
(g) *Fulcher. Carnot.* Gest. Pereg., pag. 423. *Oliveri* Hist. Reg. Ter. Sanct., col. 1563, Lipz. *Sicardi* Episcop., col. 589, in *Murat.*, tom. 7, in de Almag. van *Ricciol.*, tom. 1, lib. 5, pag. 371 & pag. 386, vind men in 't Jaar 1113, den 4den Nonas van Augustus, een Zon-Eclips uit *Sigebertus*, *Dodechinus*, en *Keplerus*; maar hier is hy 20 Jaaren vergist: zy verhaalen die van 't Jaar 1133. De Schryver van de Histor. Cœlest. van *Ticho Brahe*, door *Ricciolus* misleid, volgt ook deeze misslag. De Zon is in 't Landschap Candahar geheel verduistert geweest, 's morgens te 9 uur., 12 min.
(h) *Matb. Paris.* Anglor. Hist., pag. 63. *Matb. Westmanast.* Flor. Hist., pag. 239.
(i) Chron. *Sampet.* Erfurt., col. 208. *Dodechin.* App. ad *Morian.* Scoti Chron., pag. 469. *Oliveri* Hist. Reg. Ter. Sanct., col. 1364, Lipz. Anonym. Monach. Cafinen. Chron.; dog een Jaar te vroeg. *Johan. Trithem.* Monaf. Hirfaug. Chron., pag. 100. *Romual. Salern.* Chron., col. 181.
(k) *Anselm.* ab. Gemb., pag. 617. *Dodech.*, pag. 469. Erphur. Antiq., col. 476. Chron. *Walth. Hemingfort.*, pag. 467. *Trithem.* Hirf. Chron., pag. 100. *Matb. Paris.*, pag. 46. *Rom. Saler.*, col. 181.
(l) *Matb. Paris.*, pag. 66.

die men vind in de Chronologisten. 147

Rek.	Zoort.	Plaatzen.	naChrist. Jaaren.	Maanden en Dagen.	het begin. uur. min. sec.	't midden. uur. min. sec.	't end. uur. min. sec.	grootheid. duim min.	cit.
O	●	Praag	1122	Maart 24	10.13.10	11.20. 7	12.27. 4	3.49	(m)
O	●	London	1124	Aug. 10	22.12.—	23.29.—	24.50.—	9.58	(n)
C	●	———	1135	Dec. 22	18.38.—	20.11.—	21.44.—	Totaal	(o)
O	●	Avranches	1147	Oct. 25	21.16.—	22.38.—	24. 6.—	7.30	(p)
O	●	MontCassin	1150	Maart 14	14. 0. 6	15.57.44	17.55.23	Totaal	(q)
O	●	Augsburg	1153	Jan. 25	23. 4.—	24.42.—	26.14.—	11.—	(r)
O	●	Parys	1154	Juny 26	14.17.31	16. 0.41	17.43.51	Totaal	(s)
O	●	Romen	1161	Aug. 7	onzigtbaar	8.15. 3	10.12. 9	Totaal	(t)
O	●	Ceulen	1172	Jan. 11	11.37.17	13.30.41	15.24. 5	Totaal	(v)
C	●	———	1178	Maart 5	———	na ☉ ond.	———	7.52	(x)

T 2 Rek.

(m) Chron. Bohem., col. 1029, Lipz. 1725. Cosmæ Pragen., lib. 3, col. 2115. *Calvisius* stelt de Eclips uit deeze laatste Schryver, op 't Jaar 1121, den 4den April, 's avonds ten 9 uur., 42 min.

(n) *Thom. Wikes* Chron., pag. 26. Oxon. Annal. Saxo., col. 655, Lipz. Cosmæ Prag. Chron., lib. 3, col. 2126, Lipz. 1728. Chron. Mont. Seren., col. 167, Lipz 1728. Chronograph. Saxo., pag. 386. Chron. Stederburg., pag. 854. *Calvisius* vind de grootheid maar 7 duim; 't welk niet na de nieuwe Maan gelykt.

(o) *Calvisius* uit *Matheus van Parys*. In de laatstgemelde Schryver vind men ook, dat een Maan-Eclips gebeurd is in het zelfde Jaar, den 4den Kal. van Augustus; maar op die datum kan geen Verduistering voorgevallen zyn: den 27sten Juny is de Maan geheel verduisterd; dog in Engeland kon men die niet zien.

(p) Chron. Monast. Ser., col. 180. Chron. Reg. S. Pantal., col. 931. Chron. *Sampet*. Erfurt., col. 217. Annal. Bosovien., col. 1013, Lipz. 1723. Deeze Schryven alle den 7den Kal. van November; 't welk de regte datum is. Anonym. Monach. Casinen. Chron., pag. 510, Panorm. 1723; dog een Jaar te vroeg, en de datum den 4den Kal. van November. Excer. ex Cat. Pontif. *Conr. Cœnob.* Schyr, die steld de Eclips een Jaar te laat, en de datum den 5den Kal. van November. Andere hebben den 8sten Kal. van die Maand; als *Rob. de Monte*, pag. 628; 't Uittreksel uit de Chron. Monast., col. 1437: in de Kronyk van de Normannen, pag. 982, staat deze Eclips in 't Jaar 1145, den 5den Kal. van November; in Barbaryen, omtrent 36 Duitze mylen, in 't Zuidwesten van Tripoli, is de Zon Centraal en Annulair verduisterd geweest.

(q) Anonymi Monachi Casinen. Chron., pag. 510, Panormi 1723.

(r) *Dodech.*, pag. 474. Chron. August., pag. 359. Henr. Steron. Althen. Annal., pag. 173. Chron. Salisburg., Col. 344. Anonym. Monach. Casin. Chron., pag. 510, Panorm. 1723. Chron. Monast. Admont., col. 188: in de Kron. van *Sampet.*, col. 218, staat de Figuur van de Zon op deeze wys ☽. In de Kronyk van de Normannen, pag. 987, is deeze Eclips twee Jaaren te vroeg.

(s) *Rob. de Monte*, pag. 632. Chron. Norman., pag. 991, Par. 1619; dog daar staat dat deeze Eclips in de Maand July gebeurde.

(t) Anonym. Monach. Casin. Chron., pag. 511, Panor. 1723. Chron. Monas. Admont., col. 188. Chron. Mutinense Auct. *J. de Bazano*, col. 556, in *Murat.*, tom. 15.

(v) Chron. Mont. Sereni, col. 193, Lipz. 1728. Chronog. Saxo., pag. 310. Chron. Luneb., col. 1393.

(x) *Rob. de Monte*, pag. 671. *Romuel. Salernit.* Chron., col. 240.

Lyst van de Zon- en Maan-Eclipzen,

Rek.	Zoort.	Plaatzen:	na Chrift. Jaeren.	Maanden en Dagen.	het begin. uur. min. fec.	't midden. uur. min. fec.	't end. uur. min. fec.	grootheid. duim min.	cit.
C	☉	Ceulen	1178	Sept. 12	———	———	———	10.51	(y)
C	☽	———	1179	Aug. 18	———	14.28.—	———	Totaal	(z)
O	☉	Avranches	1180	Jan. 28	2.55.—	4.14.—	onzigtbaar	10.34	(a)
C	☉	Rheims	1185	May 1	———	1.53.—	———	9.—	(b)
C	☽	Ceulen	1186	April 5	———	6. circa.	———	Totaal	(c)
C	☉	Frankfort	———	April 20	———	17. 9.—	———	4.—	(d)
O	☉	Parys	1187	Maart 25	14.51.17	16.17. 0	17.42.43	8.42	(e)
C	☉	Engeland	———	Sept. 3	———	21.54.—	———	8. 6	(f)
C	☽	———	1189	Febr. 2	———	10. circa	———	9.—	(g)
C	☽	———	1191	Juny 23	———	0.20.—	———	11.32	(h)
C	☽	Vrankryk	1192	Nov. 20	———	14.—.—	———	6. circa	(i)

Rek.

(y) Append. ex Codice March. *Jaratanæ* ad Ultim., cap., lib. 4. Hiftor. *Gaufr. Malaterræ*, pag. 250. *Rob. de Monte*, pag. 671. Annales de Margan, pag. 9. *Math. Paris.*, pag. 93. *Math. Weftmon.*, pag. 253. *Radulf de Diceto*, pag. 601. Chron. Gerva., col. 1445. Chron. Cavenfe, in *Murat.*, tom. 7, col. 925 : een gedeelte van deeze Eclips is ook in *Remual. Salert.*, col. 244. Calvifius fteld de plaats niet daar hy op gereekend heeft, nog de tyd, hoe laat dat die gefchied is ; in Italien zag men omtrent ten 3 uuren, na de middag de Sterren.

(z) Annal. *Godfrid* Monach., pag 247. Chron. Gervas., col. 1457. Chron. Foffæ Novæ, pag. 71, Panormi 1723. Chron. *Sampetr.*, col. 225. *Rob. de Monte*, pag. 671. Erphurd. Antiq., col. 479, Lipz. 1728.

(a) *Robert de Monte*, pag. 671.

(b) Annal. Waverlelen., pag. 162. Annal. de Margan., pag. 9. *Radulf de Diceto*, col. 628. Chron. Gervas., col. 1475. Rigord. de Geft. Franc., pag. 172. ·Breve Chron. Elnonenfe S. Amandi, col. 1399.

(c) Chron. Gervas., col. 1479. Ymag. Hift. *Radulf de Diceto*, pag. 630. Rigord. de Geft. Franc., pag. 178.

(d) De zelfde Schryvers.

(e) *Rigord.* de Geft. Franc., pag. 177. Chron. *Fran. Pipini*, col. 627, in Murat., tom. 9.

(f) *Rigord.* de Geft. Franc., pag. 181. Chron. Auguf., pag. 362. Chron. Gervas., col. 1505. Annal. *Godfr.* Monach., pag. 251. Chron. Monaf. Mellicen., col. 234 ; dog een Jaar te laat. Chron. S. *Petr.* Erfurt., col. 230, in Menk., tom. 3. Excerp. Hiftor. ex Vetuft Kal. Manufcript. Ambrof. Biblioth. Ital. Rer. Script. *Murat.*, tom. 1, par. 2, pag. 236. Mediol. 1725. Chron. *Franfis. Pipini.*, col. 627.

(g) Chron. Saxo., pag. 378, Hanov. 1710. Chron. *Gervas.*, col. 1539. Rig. de Geft. Franc., pag. 185. Breve Chron. Elnon., col. 1399.

(h) Annal. *Godfr.* Monach, pag. 259. Excerp. ex Catal. Roman. Pont., col. 410. *Henr.* Ster. Alth., pag. 177. Job. Trithem. Chron. Sponh., pag. 258. Siffrid. Presb. Epitom., lib. 1, pag. 693. Ricobal. Comp. Chron., col. 1281, & Hift. Imper., col. 1167. Annal. Vet. Land. Thuring., col. 395. *Adami Urfini*, Chron. Thur., col. 1274, in Menken., tom. 3. Anonym. Leob. Chron., liv. 1, col. 797 ; dog twee Jaaren te vroeg : de Kron. van Thur., en de Chron. Aug., een Jaar te laat ; de Chron. Meilic., col. 238, twee Jaaren te laat. *Rigord.* de Geft. Franc., pag. 199. *Math. Paris.* Anglor. Hiftor.·, pag. 115. Chron. Auguft., pag. 363. *Gervafii* Chron., col. 1571.

(i) *Rigord.* de Geft. Philip. Auguf. Franc. Reg., pag. 192.

die men vind in de Chronologisten.

Rek.	Zoort.	Plaatzen.	naChrist. Jaaren.	Maanden en Dagen.	het begin. uur. min. sec.	't midden. uur. min. sec.	't end. uur. min. sec.	grootheid, duim min.	cit.
C	☉	Vrankryk	1193	Nov. 10	—	5.27.—	—	Totaal	(k)
C	☉	Engeland	1204	April 15	—	12.39.—	—	Totaal	(l)
C	☉	Rheims	1207	Febr. 27	—	10.49.38	—	10.20	(m)
C	☉	—	1208	Febr. 2	—	5.10.—	—	Totaal	(n)
C	☉	Ceulen	1215	Maart 16	—	15.35.—	—	Totaal	(o)
O	☽	Damiaten	1218	July 9	8.13.12	9.45.45	11.18.18	11.31	(p)
C	☉	Napels	1228	Dec. 27	—	19.55.—	—	9.19	(q)
C	☉	—	1230	May 13	—	17. circa.	—	Totaal	(r)
O	☽	London	—	Nov. 21	11.54.3	13.21.27	14.48.51	9.34	(s)
C	☉	Rheims	1232	Oct. 15	—	4.29.—	—	4.25	(t)
C	☉	—	1245	July 24	—	17.46.39	—	6.—	(v)
C	☉	London	1248	Juny 7	—	8.49.—	—	Totaal Rek.	(x)

T 3.

(k) De zelfde Schryver, pag. 194. *Vinc.*, lib. 9, cap. 53.
(l) *Math. Paris.*, pag. 147. Chron. Salisburgense, col. 349; dog men moet in deeze laatste Kronyk, in plaats van *April*, leezen *May*.
(m) *Rigord.* de Gest. Phil., pag. 206. Chron *Alber.*, pag. 444. Annal. *Godfr.* Monach., pag. 276. Chron. Bohem. Auct. *Neplacbone* Abb. Opatov., col. 1030, Lipz. 1725. *Tritbem.* Chron. Sponheim., pag. 261, en Monast. Hirsaug. Chron., pag. 168. *Math. Paris.*, pag. 216. Al de voorgaande Schryvers verhaalen de Eclips op 't Jaar 1206; dat is na de wys van de Kerkelyke, zoo dat zy 't begin van 't Jaar niet reekenen van den 1sten January; *Tritbem.* en *Godfrid.* schynen de hedendaagse teiling van de uuren gebruikt te hebben. *Math. van Westmuns.*, in zyn Flor. Histor., pag. 268. stelt deeze Eclips een Jaar te laat; in de Excerpta ex Catal. Rom. Pontif. & Imper. *Conrad.* Cænob. Schyr., col. 411, Lipz. 1725, vind men Ao. MCCVII, II. Kal., *Martii visa est Luna Sanguinea*; dog na het woord *Martii* schynt iets in de Text te ontbreeken, 't welk goed kan gemaakt worden, als men daar tusschen voegt, *Eclipsis Solis facta est, & Ao.* 1208, of anders word hier een Zon en Maan Eclips met malkander verward.
(n) *Math. Paris.* Anglor. Hist., pag. 216. Excerp. ex Vetust. Chron. Weichen Stephan. col. 403, Lipz. 1725.
(o) Annal. *Godfr.* Monach., pag. 282. *Rigord.* de Gest. Franc., pag. 224. Chronograph. Saxo., pag. 491.
(p) Histor. Cap. Dam., pag. 439. *Oliveri* Histor. Damiat., col. 1402, Lipz. 1723. *Bernar.* Thesau. de Acquis. Ter. Sanctæ, col. 826, in *Murat.*, tom. 7.
(q) *Calvisius* heeft deeze Eclips uit de Maagdenburgse Kerkelyke Geschied-Schryvers, daar vind ik dezelve op 't Jaar 1228, den 6den Juny; zy trekken *Hartman. Schedelius* aan, die de Kronyk van Neuremburg geschreeven heeft, daar vind ik, fol. 209, dat de Zon-Eclips gebeurd zou zyn in 't Jaar 1238, den 6den Juny; zoo dat *Calvisius* zeer verward is: hier word de Zon Eclips verhaald, die voorgevallen is in 't Jaar 1239, den 3den Juny.
(r) *Math. Paris.* Angl. Hist., pag. 251. Annal *Godfr.* Monach., pag. 297; dog de Eclips is daar een Jaar te laat; ook moet men in plaats van *Juny*, leezen *May*.
(s) *Math. Paris.* Hist. Angl., pag. 354.
(t) Annal. *Godfr.* Monach., pag. 298. Chron. *Tritbem.* Sponheim., pag. 233 & 234.
(v) Chronic. *Alberti* Stadensis, col. 315, in Schilter. Rer. German. Script.
(x) *Math. Paris.* Hist. Angl., pag. 723.

Lyst van de Zon- en Maan-Eclipzen,

Rek.	Zoort.	Plaatzen.	na Chrift. Jaaren	Maanden en Dagen	het begin uur. min. fec.	't midden uur. min. fec	't end uur. min. fec.	grootheid duim min.	cit.
C	●	London	1255	July 20	—	9. 47. —	—	Totaal	(y)
O	☉	Conftant.	—	Dec. 30	1. 16. —	2. 52. —	4. 14. —	Annulair	(z)
O	☉	Augsburg	1258	May 18	9. 32. 42	11. 17. 15	13. 1. 48	Totaal	(a)
C	●	—	1263	Aug. 5	—	3. 24. 15	—	11. 17	(b)
O	☉	Conftant.	1267	May 24	21. 41. 30	23. 11. —	25. 32. —	11. 40	(c)
O	☉	Weenen	1272	Aug. 10	6. 2. 55	7. 27. 17	8. 51. 39	8. 53	(d)
C	●	—	1274	Jan. 23	—	10. 39. —	—	9. 25	(e)
C	●	—	1276	Nov. 22	—	15. circa	—	Totaal	(f)
C	●	Frankfort	1279	April 12	—	6. 55. —	—	10. 6	(g)
C	●	Wittenb.	1290	Sept. 4	—	19. 37. 7	—	10. 30	(b)
R	●	Conftant.	1302	Jan. 14	8. 43. 30	10. 25. 30	12. 7. 30	Totaal	(i)
C	●	Wittenb.	1310	Jan. 31	—	2. 2. 30	—	10. 10	(k)
C	●	—	1312	July 4	—	19. 49. —	—	3. 23	(l)
C	●	—	1321	Juny 25	—	18. 1. —	—	11. 17	(m)

Rek.

(y) *Matb. Paris.* Hift. Angl., pag. 879.
(z) *Georgii Pachymeris* Hiftoriæ, lib. 1, cap. 13, pag. 19, Rom. 1666. *Matb. Paris.*; Hift. Anglor., pag. 891. In *Pachymeris*, pag. 501 en 502, vind men de geheele Uitreekening, door de Rudolph. Tafelen, het begin tot Nicea, in 't Jaar 1255, den 30ften December, na de middag ten 3 uur., 1 min., 57 fec.; het midden ten 4 uur., 16 min., 8 fec.; 't end ten 6 uur., 0 min., 54 fec.; de grootheid 9 duim, 36 min.
(a) Chron. Auguft., pag. 380; dog de Eclips is een Jaar te laat. Chron. Bohem. Auct. *Neplach.* Abb. Opatovienfe, col. 1033, Lipz. 1725; maar hier is dezelve twee Jaaren te laat. *Calvifius*, in de Druk van Frankfort, in quarto, plaatft deeze Eclips op 't Jaar 1257, daar zyn Uitreekening evenwel op het Jaar 1258 paft.
(b) *Paltrami* feu Vatzo. Conful. Vienn. Chron., col. 716. Anonymi Leob. Chron., col. 827. *Martin.* Minor., col. 1626. Chron. Vet. Cellenf. Min., col. 440, in Menk., tom. 2. Compil. Chronol., pag. 744: deeze fteld de Eclips een Jaar te vroeg. Chron. S. Ægidii, pag. 591. Monachi Paduan. Chron., lib. 3, pag. 619. Annales Waverleienfis, pag. 211: beide deeze Kronyken ftellen de Eclips een Jaar te laat. *Matb. Weftmonaft.* Flor. Hiftor., pag. 384. Chronicon Clauftro Neoburgenfe, col. 464. Chron. Salisburgenfe, col. 369.
(c) *Nicephor. Gregor.* Hiftor. Byzant., pag. 64, Par. 1702: in de Text ftaat, dat de Zon byna 12 duim verduifterde, en dat veel Sterren aan den Hemel verfcheenen. Chron. Salisburgenfe, col. 370. *Paltrami* feu Vatzon. Conf. Vien. Chron. Auft., col. 716.
(d) *Ger. Mercat.* Chronol., pag. 303. Col. Agrip. 1569; uit een oud gefchreeven Boek. Traité de l'Aftron. Chinoife, pag. 369.
(e) *Gerard. Mercat.*, pag. 303. (f) Cent. Magdeb., cap. 60, Append., pag. 376.
(g) *Gerard. Mercat.*, Chron., pag. 304. (h) *Calvifius* uit Spangenberg. (i) *Georg. Pachym.*, pag. 211. (k) *Theod. de Niem.* Chron., col. 1477. *Paltrami* feu Vatz. Chron. Auft., col. 716. Chron. Sampet. Erfurt., col. 322, in Menk., tom. 3. *Calvifius* uit Spangenberg. Annal. *Ptolom. Luc.*, col. 1232. *Guil. Ventur.* Chron. Aften., cap. 54, col. 226, in *Murat.*, tom. 11.
(l) *Calvifius* uit *Platina*.
(m) Chron. Monaft. Mellic., col. 245. Chron. Bohem. Auct. *Neplach.* Abb. Opat., col. 1038, Lipz. 1725. Chron. Sampert. Erfurt., col. 326. Chron. *Engelbufii*, col. 1126. Chron. Aulæ Reg., pag. 34. Epiftol. de Leprof. in Chron. Aulæ Reg., pag. 35.

die men vind in de Chronológisten. 151

Rek.	Zoort.	Plaatzen.	naChrist. Jaaren.	Maanden en Dagen.	het begin. uur. min. sec.	't midden. uur. min. sec.	't end. uur. min. sec.	grootheid. duim min.	ek.
C	☉	Wittenb.	1324	April 23	———	16.35.—	———	8. 8	(n)
C	●	Constant.	1327	Aug. 31	———	18.26.—	———	Totaal	(o)
C	☽	———	1328	Febr. 25	———	13.47.—	———	11. omtr.	(p)
C	☉	———	1330	July 16	———	4. 5.—	———	10.43	(q)
C	●	Praag	———	Dec. 25	———	15.49.—	———	Totaal	(r)
C	☉	———	1331	Nov. 29	———	20.26.—	———	7.41	(s)
C	☽	———	———	Dec. 14	———	18.—.—	———	11. byna	(t)
C	☉	Wittenb.	1333	May 14	———	3.—.—	———	10.18	(v)
C	☉	———	1349	Juny 30	———	12.20.—	———	Totaal	(x)
C	☉	———	1354	Sept. 16	———	20.45. 9	———	8.43	(y)
C	☉	Constant.	1361	May 4	———	22.14.32	———	8.54	(z)
C	☽	———	1406	Juny 1	———	13.—.—	———	10.31	(a)
C	☉	———	———	——— 15	———	18. 1.—	———	12.38	(b)
C	●	———	1409	April 15	———	3. 1.26	———	10.48	(c)

(n) Chron. Aulæ Reg., pag. 42.
(o) Nicepb. Gregor. Histor. Byzant., pag. 236, Par. 1702; & pag. 174, Baf. 1562.
(p) Chron. Aulæ Reg. de *Johan.* Reg. Bohem., pag. 61. *Nicep. Greg.* Histor. Byzant., pag. 237, Par. 1702; & pag. 175, Baf. 1562.
(q) Nicepbor. Gregor. Histor. Byzant., lib. 9, pag. 280, Par. 1702; & pag. 206, Baf. 1562. *Giovan. Villan.* Histor. Floren., lib. 10, cap. 159, col. 701. Chron. Aul. Reg., pag. 73. *Lycosthen.*, pag. 454.
(r) Chron. Aulæ Reg. de *Johan.* Reg. Bohem., pag. 77. *Lycosthen.*, pag. 454.
(s) Nicepbor. Gregor. Histor. Byzant., lib. 9, pag. 283, Par. 1702; & pag 209, Baf. 1562. Hy verhaald, dat de Eclips voorgevallen is, zoo veel dagen voor het Overlyden van de Keyzer als hy Jaaren oud geworden is: nu blykt uit pag. 87, dat hy geleeft heeft 74 Jaaren, en gesturven is in 't Jaar 1332, den 13den February; dan moet de Eclips geschied zyn in 't Jaar 1331, den 30sten November. Chron. Aul. Reg. de *Johan.* Reg. Bohem., pag. 83.
(t) De zelfde Schryvers als de Zon-Eclips in dat Jaar.
(v) Chron. Aulæ Reg., pag. 81. *Giovan. Villani* Hist. Flor., lib. 11, col. 765. In *Calvifius*, in de Druk van Frankfort, in quarto, moet men in plaats van *Maart*, leezen *May*.
(x) Annal. Henr. Rebdorf, pag. 445.
(y) *Theodor. de Niem* Chron., col. 1006. Istor. de *Matteo Villani*, col. 252, in *Murat.*, tom. 14.
(z) *Theodor. de Niem* Chron., col. 1513; maar op 't Jaar 1362, den 4den April. *Calvifius* heeft deeze Eclips uit de Turkfe Jaarboeken; daar word verhaald, dat de Sterren gezien wierden: in *Werner. Rolew.* Fasc. Temp., fol. 85, staat, in 't begin van April; en in *Balæus*, dat het een groote Zon-Eclips geweest is. Ik heb niet onderzogt, wie hier verbeeterd moet worden.
(a) Chron. Engelbufii, pag. 1139. Chron. Belg.
(b) *Hermani. Corner.* Chron., col. 1188. Chron. S. Ægidii, pag. 595. *Jab. Tritbem.* Chron. Sponheim., pag. 342. *Thoma Ebendorf.* de Haselbag Chron. Austr., col. 827. *And. Ratisb.* & *J. Chrasti* Chron., col. 2126. Probat. Histor. Geneal. Vet. Landgr. Thurin, col. 465. Histor. de Landgr. Thuring., pag. 952. Compilat. Chron., pag. 748. Chron. *Engelbufii*, pag 1139. Annal. Estensis *Jac. de Delayto*, col. 1041.
(c) Chron. Forolov. Auctore Fratre *Hieronymo* Forol. Ordin. Predicat., col. 878. Annal. Forol. Anonym. Auctore ex Manuscrip. Cod. Comit. Brandolini, col. 206; in *Murat.*, tom. 22.

152 *Lyst van de Zon- en Maan-Eclipzen,*

Rek. Zoort. Plaatzen.	naChrist. Jaaren.	Maanden en Dagen.	het begin. uur. min fec.	't midden. uur. min. fec	't end. uur. min. fec.	grootheid. duim min.	cit.
C ⊙ Wittenb.	1415	Juny 6	——	6.42.39	——	byna geh.	(d)
C ⊙ ——	1424	Juny 26	——	3.57.—	——	11.20	(e)
C ⊙ ——	1433	Juny 17	——	na 5 uuren	——	Totaal	(f)
C ⊙ ——	1438	Sept. 18	——	20.58.45	——	8. 7	(g)
C ⊙ Tubingen	1448	Aug. 28	——	22.23. 3	——	8.53	(h)
C ⊙ Weenen	1457	Sept. 3	——	11. 7.—	——	Totaal	(i)
C ⊙ Oostenryk	1460	July 3	——	7.31.—	——	5.23	(k)
C ⊙ ——	——	July 17	——	17.32.—	——	11.19	(l)
C ⊙ byWeenen	——	Dec. 27	——	13.30.—	——	Totaal	(m)
C ⊙ ——	1461	Juny 22	——	11.50.—	——	Totaal	(n)
C ⊙ Viterbo	1462	Juny 11	——	15.—.—	——	7.38	(o)
C ⊙ Norimb.	1485	Maart 16	——	3.52.47	——	11. omt.	(p)

In *Ricciolus* (*q*) vind men een verzameling van bereekende Eclipzen, door verscheide Reekenaars en Tafels, van 't Jaar 1485 tot het Jaar 1700; als men uit *Calvifius* de verkeerde Verduisteringen, en die, dewelke meer als eenmaal verhaald worden, wegneemt, dan zyn daar digt by de 250, zoo Zon- als Maan-Eclipzen; niet, als in de Titul staat, omtrent 300. De nieuwe Eclipzen, die ik ontdekt heb, de Sineesche uitgezonderd zynde, maaken te zamen 146: ik zal hier de Lyst van laaten volgen, te weeten, alleen van die, dewelke hier vooren niet aangeteekend zyn; verscheide aanmerkingen, die ik over ieder in 't byzonder zou kunnen maaken, gaan ik om de kortheid voorby.

LYST

(*d*) Chron. Forolov. Auct. Frat. *Hieron.*, col. 885, in *Murat.*, tom. 19. *Gaffend* de Reb. Cœles. ex Marg. Martyrol. Ecclef. Din. & Not. Ecclef. Dinien., pag. 715; ex Hist. Polon. Magn. Chron. Belg., pag. 339. Anonymi Vien. Breve Chron. Austria., col. 549. *Achil. Firm. Gaffar.* Annal. Augstburg., col. 1455.
(*e*) *And. Ratis. & Job. Chraf.* Chron., col. 2153.
(*f*) *Steph.* Infess. Senat., col. 1877. Chron. di Bologna, col. 646. *Hartm. Sched.* Chron. Norimb., fol. 243. *Georg. Fabri.* Orig. Stirp. Saxo., pag. 750, Jen. 1597. Annal. Turci. *Andr. Ratisb. & J. Chraf.* Chron., col. 2164. *Ach.* Pirmini Gass. Annal. Augstb., col. 1585. Compil. Chronol., pag. 749.
(*g*) *Calvifius* uit *Marian. Sched.* Sext. Æt. Mund., fol. 242.
(*h*) Chron. di Bologna, col. 683. *Anton de Ripalta* Annal. Placent., col. 897, in *Murat.*, tom. 20. *Origan.* in Prefat. *Steph.* Diar. Urb. Rom., col. 1884. *Ach. Pirm. Gaffar.* Annal. Augst., col. 1605. Chron. *S. Ægidii*, *J. Tritb.* Chron. Sponheim., pag. 365.
(*i*) Histor. Cœles. van *T. Brahe*, pag. 41. (*k*) De zelfde.
(*l*) De Turksche Jaarboeken. (*m*) Histor. Cœles., pag. 42.
(*n*) Histor. Cœles., pag. 43. (*o*) Als vooren, pag. 44.
(*p*) Histor. Cœles., pag. 53. *Math. Deering.* Contin. Chron. *Theod. Engelbusti*, col. 42.
(*q*) Almag., tom. 1, van pag. 389 tot pag. 392 incluis.

LYST
VAN DE
ZON- en MAAN-ECLIPZEN
UIT DE
GESCHIEDENISSEN,

Daar de Chronologiften niets van melden, of die zy niet door de Tafels onderzogt hebben, dewelke ik bereekend heb.

Als men hier vind het begin van een Zon-Eclips May 30, uur. 23, min. 58, en 't end uur 26, min. 59, zoo verftaat men daar door dat het begin geweeft is den 31ften May, 's morgens ten 11 uur., 58 min., en het einde ten 2 uur., 59 min., na de middag.

Zoort.	Plaatzen.	Jaaren.	Maanden en Dagen.	het begin. uur. min. fec.	't midden. uur. min. fec.	't end. uur. min. fec.	grootheid. duim min.	
◐	Romen	401	Juny 11	15. 15. 39	———	niet zigtb.	Totaal	
◐	——	——	Dec. 6	10. 20. 28	12. 14. 39	14. 16. 40	Totaal	(a)
◐	——	402	Juny 1	7. 15. 41	8. 43. 21	10. 11. 1	10. 2	
◐	——	——	Nov. 25	11. 18. 34	11. 48. 54	12. 19. 14	0. 40	
◐	——	442	Oct. 5	6. 6. 23	8. 0. 53	9. 5. 23	4. 15	(b)
◐	Compoft.	451	April 1	15. 26. 15	16. 34. 21	17. 42. 27	9. 52	(c)
☉	Conftanc.	484	Jan. 13	18. 46. —	19. 53. —	21. 3. —	10. —	(d)
☉	——	486	May 19	0. 0. —	1. 10. —	2. 15. —	5. 15	
☽	Parys	590	Oct. 18	5. 3. 10	6. 30. 22	7. 57. 30	9. 25 Zoort.	(e)

(a) *Claud.* de Bell. Getl., pag. 114, Ed. Par. 1602.
(b) *Werner.* Rolew. Sext. Æt. Chrift., fol. 52; dezelve ftaat daar tuffchen de Jaaren 434 en 444; maar uit de Comeet, die hy aantrekt, fchynt het Jaar 442 te zyn.
(c) *Nicol. Olahu* in Att., cap. 6.
(d) *Procli* Philof. vita Scriptore Marin. Neapol., pag. 76, Lond. 1702.
(e) *Aimon.* de Geft. Franc., pag. 342.

154 *Lyst van de Zon- en Maan-Eclipzen*

Zoort.	Plaatzen.	Jaaren.	Maanden en Dagen.	het begin. uur. min. fec.	't midden. uur. min. fec.	'tend. uur. min. fec.	grootheid. duim min.	cit.
☉	Conftant.	622	Febr. 1	9.41.56	11.28. 9	13.14.22	Totaal	(f)
☽	London	760	Aug. 30	14.16.52	15.50.24	17.23.56	10.40	(g)
☽	———	770	Febr. 14	5.24.52	7.11.32	8.58.12	Totaal.	(h)
☽	Romen	774	Nov. 22	12.58.49	14.37.29	16. 5.40	11.58	(i)
☽	London	784	Nov. 1	12.18. 0	14. 2.15	15.46.30	Totaal	(k)
☽	Romen	800	Jan. 15	7.25.32	9. 0.29	10.35.26	10.17	(l)
☉	Parys	809	July 15	20.13.—	21.33.—	23. 3.—	8. 8	(m)
☉	———	838	Dec. 4	13.54.21	15.35.49	17.17.17	Totaal	(n)
☉	———	841	Oct. 17	———	18.58.30	19.54. 0	5.24	(o)
☉	———	843	Maart 19	———	7. 1.10	8.38.47	Totaal.	(p)
☉	———	861	Maart 29	13.23. 7	15. 7.13	16.51.19	Totaal.	(q)
☉	———	955	Sept. 4	9.32.11	11.18.20	13. 4.29	Totaal.	(r)
☉	Conftant.	970	May 7	17.39.—	18.38.—	19.46.—	11.22	(s)
☽	London	976	July 13	13.22. 1	15. 7.25	16.52.49	Totaal.	(t)
☽	Fulda	990	April 12	8.44.27	10.21.48	11.59. 9	9. 5	(v)
☽	———	—	Oct. 6	13.31.50	15. 3.53	16.35.56	11.10	(x)
☽	Augsburg	995	July 14	9.47.11	11.27.29	13. 7.47	Totaal.	(y)
☉	Meffina	1010	Maart 18	4.32.—	5.41.—	———	9.12	(z)
								Zoort.

(f) Hiftor. Mifcel., lib. 18, pag. 125, in *Murat.*, tom. 1, part. 1.
(g) *Flor. Wigorn.*, pag. 142; dog daar ftaat, *Kal. Auguft.*
(h) *Ricciol.* Aftron. Reform., lib. 2, pag. 96, Bon. 1665, uit een gefchreeven Almanach voor het Werk van *Beda* de Ration. Temp.
(i) Chron. *Cavenfe*, col. 919, in *Murat.*, tom. 7; dog het fchynt dat een Zon- en Maan-Eclips met malkander verwart is, dat men voor *September* moet leezen *December*, voor de 5de dag van de Maan de 15de.
(k) *Ricciol.* Aftron. Reform., lib. 2, pag. 96, Bon. 1665, uit de bovengemelde Almanach.
(l) Compil. Chron., pag. 62, in de Script. Rer. Bruns.
(m) *Adonis* Chron., pag. 214. Baf. 1568. *Herman. Contract.* Chron., pag. 129, en veel andere Schryvers. Over deeze Verduiftering valt niet weinig te zeggen.
(n) Annal. Bertinian., pag. 524, in *Murat.*, tom. 2.
(o) *Nithard.* Hiftor., lib. 2, pag. 97, in *Schilter.* Rer. German. Script., en pag. 338; de Druk van Parys van 't Jaar 1588.
(p) *Nithard.* Hiftor., lib. 4, pag. 108, in *Schilter.* Script. German., en pag. 375, in de Druk van Parys.
(q) Annal. Bertin., pag. 506, in *Murat.*, tom. 2.
(r) Fragm. Hiftor. Franc., pag. 414, Par. 1588.
(s) *Mich. Glyc.* Annal., par. 4, pag. 309.
(t) Chron. Auguft., pag. 343.
(v) Excerpta Necrolog. Fuldenf., pag. 765, in de Scriptor. Bruns. Illuft.
(x) Excerpta Necrolog. Fuld., pag. 765, in de Script. Bruns. Illuft.
(y) Chron. Auguft., pag. 343, Frank. 1624.
(z) Monachi Cafinent. Chron., pag. 505; maar de Eclips ftaat daar een Jaar te laat.

uit de Geschiedenissen.

Soort	Plaatzen	Jaaren	Maanden en Dagen	het begin. uur. min. sec.	't midden. uur. min. sec.	't end. uur. min. sec.	grootheid. duim mjn.	cit.
	Nimwegen	1016	Nov. 16	14.55.15	16.39.30	18.23.45	Totaal	(a)
	——	1017	Oct. 22	0.44.—	2. 8.—	3.19.—	6.—	(b)
	Romen	1030	Febr. 20	10. 6.18	11.42.50	13.19.22	Totaal	(c)
	Parys	1031	Febr. 9	9.58. 0	11.51.14	13.44.28	Totaal	(d)
	——	1033	Dec. 8	9.42.53	11.11.23	12.39.53	9. 17	
	Milanen	1034	Juny 4	7.13.30	9. 8. 0	11. 2.30	Totaal.	(e)
	Romen	1042	Jan. 8	14.44.54	16.38.40	18.32.26	Totaal.	(f)
	——	1063	Nov. 8	10.24.20	12.15.47	14. 7.14	Totaal.	(g)
	Constant.	1080	Nov. 29	9.43.39	11.11.46	12.39.53	9. 36	(h)
	London	1082	May 14	9. 2. 1	10.32.12	12. 2.23	10. 2	(i)
	Constant.	1086	Febr. 16	2.55.—	4. 7.—	5.22.—	Totaal	(k)
	Napels	1089	Juny 25	——	6. 5.38	7.53.25	Totaal	(l)
	——	1099	Nov. 30	3. 6. 5	4.58.15	6.50.25	Totaal	(m)
	Romen	1103	Sept. 17	8.32.42	10.18. 6	12. 3.30	Totaal	(n)
	Erfurt	1106	July 17	9.51. 6	11.28.20	13. 5.34	11.54	(o)
	Napels	1107	Jan. 10	11.30. 5	13.15.32	15. 0.59	Totaal	(p)
	Erfurt	1109	May 30	23.58.—	25.30.—	26.59.—	10.20	(q)
	Napels	1118	Nov. 29	14.36.35	15.45.53	16.55.11	4. 11 Zoort.	(r)

V 2

(a) *Albertus* de Diverf. Temp., col. 118. Chron. Fossæ Novæ, pag. 66, Ed. Panormi 1723.
(b) *Chronograph. Saxo.*, pag. 231. Chron. *Ditmari* Episcop. Mersep., lib. 8, pag. 237, Ed. Helmst.
(c) Anonymi Monachi Casinensis Chronicon, pag. 505.
(d) Fragm. Histor. Franc., pag. 85; dog men vind hier maar een Eclips, na de dood van *Robertus*. Door de Comeet, die toen verscheen, die men ook in *Cedrenus* vind, hoewel daar ook op de Text iets te zeggen valt, zoo schynt het, dat die van 't Jaar 1033 de regte Verduistering is.
(e) *Arnulphi* Gest. Mediolan., pag. 733.
(f) Anonymi Monachi Casinensis Chronicon, pag. 506, Ed. Panorm. 1723, in het Byvoegsel op de Chron. *Cavense*, col. 962, en aldaar in een Almanach die in 't Jaar 1062 eindigt.
(g) Anonymi Monachi Casinensis Chron., pag. 506, Ed. Panormi 1723.
(h) Mich. *Glycæ* Annal., pag. 331.
(i) Florent. *Wigorni.*, pag. 640. *Marian. Scot.* Chron., pag. 456, Frank. 1613.
(k) *Annæ Comnenæ* Alexiados, lib. 7, pag. 193 Par. 1651.
(l) *Romualdi Salernitani* Chron., col. 176, in *Murat.*, tom. 7.
(m) *Romuald. Salern.* Chron., col. 178; maar deeze Verduistering is daags voor de Kal. van December geschied, en niet den 7den Kal. van December, als in de Text is.
(n) Chron. Fossæ Novæ, pag. 66, Ed. Panormi 1723.
(o) *Annalista Saxo.*, col. 615, Lipz. 1723. Anonymi Monach. Casin. Chron., pag. 507, Panormi 1723.
(p) Chron. *Cavense*, col. 923, in *Murat*, tom. 7.
(q) *Annalista Saxo.*, col. 623. Chron. Reg. S. Pantaleon., col. 924.
(r) *Romual. Salerni.* Chron., col. 182; dog de Eclips staat daar een Jaar te laat.

Lyst van de Zon- en Maan-Eclipzen,

Zoort.	Plaatzen.	Jaaren.	Maanden en Dagen	het begin. uur. min. fec.	't midden. uur. min. fec	't end. uur. min. fec.	grootheid. duim min.	
☉	Erfurt	1124	Febr. 1	5.18.18	6.43.25	8. 8.32	8.39	(s)
☽	—	1132	Maart 3	6.19.42	8.13.55	10. 8. 8	Totaal	(t)
☽	Praag	1133	Febr. 20	15.41.41	16.40.35	17.39.49	3.23	(v)
☽	Romen	1142	Febr. 11	13.52.29	14.16.53	16.41.17	8.30	(x)
☽	—	1143	Febr. 1	4.51. 4	6.35.34	8.20. 4	Totaal	(y)
☽	Bari	1149	Maart 25	12.36.51	13.53.36	15.10.21	5.29	(z)
☽	Einbek	1151	Aug. 28	10.53.13	12. 3.58	13.14.53	4.29	(a)
☉	M. in Oost.	1154	Jan. 1	———	5.45. 4	7.38.26	Totaal	(b)
☽	Parys	—	Dec. 21	7.18. 9	8.29.37	9.41. 5	4.42	(c)
☽	Avranch.	1155	Juny 16	8.17.41	8.45. 5	9.12.29	0.53	(d)
☽	Romen	1160	Aug. 18	6.27.45	7.53.11	9.18.37	6.49	(e)
☽	Erfurt	1162	Febr. 1	5.29.11	6.40.25	7.51.39	5.36	(f)
☽	—	—	July 27	11.24.11	12.30.18	13.36.25	4.11	(f)
☉	Mont. Cassi.	1163	July 3	6.34. 0	7.40.—	9. 3.—	2.—	(g)
☽	Milaanen	1164	Juny 6	8.19.35	10. 0.59	11.42.33	Totaal	(h)
☽	London	1168	Sept. 18	12. 8.15	13.59.59	15.51.43	Totaal	(i)

Zoort.

(s) Annalista Saxo., col. 653, Lipz. 1723. Chron. *Hildesh.*, pag. 740. *Dodech.* Append. ad *Marian. Scot.* Chron., pag. 470; dog in de laatste Schryver is dezelve twee dagen te laat.
(t) Chron. Bohem. Auct. *Neplach.* Abb. Opatov., col. 1029, Lipz. 1715. Annal. Saxo., col. 665, Lipz. 1723. *Falcon.* Benev. Chron., pag. 340, Panormi.
(v) Chron. Bohem. Auct. *Neplach.* Abb. Opat., col. 1029.
(x) Chron. Fossæ Novæ. pag 68, Panormi 1723.
(y) Anonymi Monachi Casinensis Chron., pag. 509, Panormi 1723. Chron. Fossæ Novæ, pag. 68.
(z) Anonymi Barensis Chronicon, pag. 156, in *Murat.*, tom. 5. *Lycosth.* de Prod. & Ostent., pag. 449. *Robert de Monte* App ad *Sigeb.*, pag. 630. In deeze Schryver zyn veel misslagen; deeze Verduistering is daar vier dagen te vroeg, en de tyd schynt uit een Italiaansch Schryver.
(a) Chron. *Engelbusii*, pag. 1099.
(b) Chron. Monast. Mellic, col. 232. Actor. Incerti Chron. Austr., col 559. Anonymi Chron. Boemorum, col. 1824, in Menk. Script. Rer. German., tom. 3.
(c) *Robert de Monti* Arpend. ad S'geb. Gembl., pag. 633. Chron. Saxo., pag. 305. Chron. Normann., pag. 990. Paris 16.9.
(d) *Robert de Monte* App, pag. 633.
(e) Chron. Fran. Pipini, col. 626, in *Murat*, tom. 9. *Lycosth.*, pag. 415.
(f) Chronograph. Saxo., pag. 307; om dat de Maand nog dag daar niet by is, zoo heb Ik beide de Eclipzen bereekend die in dat Jaar gezien konden worden.
(g) Anonymi Monachi Casinensis Chron., pag. 512, Panormi 1723.
(h) *Tristani Calchi* Historiæ Patriæ, lib. 11, col. 265. Thesaur. Antiq. & Hist. Ital., tom. 2, pars. 1.
(i) Annales de Margan., pag. 8.

Zoort.	Plaetzen.	Jaaren	Maanden en Dagen.	het begin. uur. min. sec.	't midden. uur. min. sec.	't end. uur. min. sec.	grootheid. duim min.	cit.
☽	Avranch.	1176	April 25	—	7. 2.16	8.32.28	8. 6	(k)
☽	—	—	Oct. 19	9.55.48	11.20.11	12.44.34	8.53	(l)
☽	—	1178	Aug. 29	12.33.45	13.52.12	15.10.39	5.31	(m)
☉	—	1181	July 13	2.13.—	3.15.—	4. 2.—	3.48	(n)
☽	—	—	Dec. 22	7.44.40	8.57.54	10.11. 8	4.40	(o)
☉	London	1194	April 22	1: 8.—	2.15.—	3.18.—	6.49	(p)
☽	—	1200	Jan. 2	15.49.32	17. 2.11	18.14.50	4.35	(q)
☽	—	1201	Juny 17	13.20.16	15. 4.27	16.48.38	Totaal	(r)
☽	Zaltsburg	1204	Oct. 10	—	6.31.57	8.43.33	Totaal	(s)
☽	Weenen	1211	Nov. 21	12.12.18	13.56.50	15.41.22	Totaal	(t)
☉	Acre	1216	Febr. 18	19.48.—	21.15.—	22.55.—	11.36	(v)
☽	—	—	Maart 5	8.19.39	9.38.30	10.57.21	7. 4	(x)
☽	Romen	1222	Oct. 22	12.35.47	14.27.53	16.19.59	Totaal	(y)
☽	Colmar	1223	April 16	6.40. 4	8.12.52	9.45.40	11. 0	(z)
☉	Weenen	1261	Maart 31	21.21.—	22.40.—	24. 9.—	9. 8	(a)
☽	—	1262	Maart 7	—	5.50.43	8. 6.48	Totaal	(b)
☽	—	—	Aug. 30	12.54.51	14.39.29	16.24. 7	Totaal	(c)

(k) *Robert de Monte* Append. ad *Sigeb. Gembl.*, pag. 671.
(l) De zelfde Schryver als in de voorgaande Eclips; maar hy steld de Eclips een Jaar te vroeg. Ziet ook Antiquit. Erphurd., col. 479, Lipz. 1728. Chron. Sampetr. Erfurt., col. 224.
(m) *Rob. de Monte* App. ad *Sigeb.*, pag. 671. Annal. Godfrid. Monachi, pag. 237. *Romual. Salernit.* Coron. col. 243, in *Murat.*, tom. 7.
(n) *Robert de Monte* App. ad Sigeb., pag. 671. In de Text ontbreekt de Maand; de duuring steld hy 1 uur., 38 min., gelyke Tyd; volgens de Tafels is die 1 uur., 49 min.
(o) De zelfde Schryver, op dezelve bladzyde.
(p) Chron. *Gervasii*, col. 1588. (q) Ymag. Histor *Radulf de Diceto*, pag. 766.
(r) *Radulf de Diceto*, pag. 705. (s) Chron. Salisburgense, col. 349.
(t) Paltrami seu Vatz. Chron. Austr., col. 710. Chron. Clauf. Neoburgense, col. 451. In de eerste Kronyk moet men in 't Jaargetal, in plaats van X, leezen M; en in de laatste, voor *November*, leest *December*.
(v) Contin. Histor. Bell. Sacra, lib. 3, cap. 3, uit de Centur. Magdeb., cent. 13, cap. 13, col. 1157.
(x) De zelfde Schryver.
(y) In 't Byvoegzel op *Sicardi* Episcopi Chron., *Murat.*, tom. 7. Excerp. Histor. ex Vetustis. Kal. Manus. Ambros. Biblioth., pag. 236, in *Murat.*, tom. 1.
(z) Annal. Dominic. Colmar., pag. 5.
(a) *Paltrami* Conf. Vien. Chron., col. 715. Anonymi Leoblen. Chron., col. 826. Anonymi Cænob Zwetl., col. 983. Guil. Venturæ Chron. Astense, col. 156, in *Murat.*, tom. 11.
(b) Anonymi Leob. Chron., col. 826. Chron. Clauf. Neoburgen, col. 463.
(c) Chron. *S. Egidii*, pag. 501. Chron. Clauf. Neoburg., col. 463. Anonymi Leob. Chron., col. 826. Compil. Chron., pag. 744.

Zoort.	Plaatzen.	Jaaren.	Maanden en Dagen	het begin. uur. min. sec.	't midden. uur. min. sec.	's end uur. min. sec.	Grootheid. duim min.	
☉	Weenen	1263	Febr. 14	5.28.25	6.52.20	8.10.15	6.29	(d)
☉	—	—	Aug. 20	—	7.34.39	9. 0. 6	9. 7	(e)
☉	—	1265	Dec. 23	14.44.22	16.24.48	18. 5.14	Totaal	(f)
☉	by Wenen	1270	Maart 22	17.44.—	18.47.—	19.56.—	10.40	(g)
☽	Lauben	1275	Dec. 4	5.13.50	6.19.35	7.25.20	4.29	(h)
☽	Weenen	1277	May 18	—	—	9.13.51	Totaal	(i)
☽	London	1280	Maart 17	10.17.20	12.12.12	14. 7. 4	Totaal	(k)
☽	Regio	1284	Dec. 28	14.45.17	16.11. 3	17.36.49	9.13	(l)
☽	London	1291	Febr. 14	8. 8.25	10. 1.53	11.55.21	Totaal	(m)
☉	Ferrara	1307	April 2	21.55.—	22.18.—	23. 5.—	0.54	(n)
☉	Dantzik	1309	Febr. 11	—	—	met ☉ opg.	½ duim	(o)
☽	London	—	Febr. 24	15.55.18	17.44.10	—	Totaal	(p)
☽	Luca	—	Aug. 21	8.40.49	10.31.41	12.22.33	Totaal	(q)
☽	Torcello	1310	Febr. 14	—	4. 7.56	5.39.23	10.20	(r)
☽	—	—	Aug. 10	14. 6. 7	15.33.21	17. 0.35	7.16	(s)
☉	Plaisance	1312	Dec. 14	5.26.46	7.19.19	9.11.52	Totaal	(t)

Zoort.

(d) Chron. Clauf. Neoburg., col. 464. Anonymi Leob. Chron., col. 827.
(e) Paltrami feu Vatz. Conf. Vien. Chron. Auftr.; col. 716. Anonymi Leob. Chron., col. 827. Chron. Salisb., col. 369.
(f) Paltrami feu Vatz. Chron., col. 716.
(g) Chron. Clauft. Neoburg., col. 465. Anonymi Leobienf. Chron., col. 833. Anonymi Cœnob. Zwetl. Chron., col. 984.
(h) Anonymi Leobienfis Chron., col. 846.
(i) Anonymi Cœnob. Zwetl. Chron., col. 986. Anonymi Leobienfe Chron., lib. 2, col. 847; dog in deeze Kronyk staat dezelve twee Jaaren te vroeg.
(k) Balæus de Script. Angl., cent. 4, cap. 60, pag. 346.
(l) Memoriale Poteftate Regienfium, col. 1166, in Murat.
(m) Thom. Wikes Chron., pag. 112.
(n) Ricobaldi Compilat. Chron., col. 1293. In deeze Schryver vind men de Maand., maar geen Jaargetal; dog in de Annal. Forolov., col. 189, in Murat., tom. 22, daar heeft men, dat in 't Jaar 1310, op de 10de uur van den dag, in de Maand April, een Zon-Eclips gefchied is, zoo dat deeze paffagie, en die uit Ricobaldus, zien op de Zon Eclips van 't Jaar 1310, die op 't zelfde uur van den dag is voorgevallen; dog in de Maand is een misflag: myn uitreekening dient maar om de twyffelingen weg te neemen.
(o) Lycofth. de Prodig. & Oftent., pag. 449; dog deeze en de twee volgende Maan Eclipzen zyn daar twee Jaaren te vroeg.
(p) De zelfde Schryver.
(q) Dezelfde, en Ptolom. Lucenf. Epifcop. Torcel. Hift. Ecclef., col. 1232, in Murat, tom. 11.
(r) De zelfde Schryver.
(s) Als vooren, col. 1233. Chron. Eftenfe, col. 367; maar de Eclips ftaat hier een Jaar te vroeg.
(t) Ptolomæi Lucenfis Hiftor. Eccleflaft., col. 1239, dog de Verduiftering is hier een dag te laat. Johan de Muffis Chron. Placent., col. 489, in Murator., tom. 16.

uit de Geschiedenissen. 159

Soort	Plaatzen	Jaaren	Maanden en Dagen	het begin. uur. min. sec.	't midden. uur. min. sec.	't end. uur. min. sec.	grootheid: duim min.	
☽	Torcello	1313	Dec. 3	7. 20. 43	8. 58. 3	10. 35. 23	9. 34	(v)
☉	Modena	1316	Oct. 1	13. 13. 19	14. 55. 16	16. 37. 13	Totaal	(x)
☉	Florence	1323	May 20	13. 48. 19	15. 23. 37	16. 58. 55	Totaal	(y)
☉	—	1324	May 9	4. 32. 4	6. 3. 4	7. 34. 4	Totaal	(z)
☉	—	1330	Juny 30	13. 41. 27	15. 9. 54	16. 38. 21	7. 34	(a)
☽	Cefena	1334	April 19	8. 40. 30	10. 32. 32	12. 24. 34	Totaal	(b)
☽	Conftant.	1341	Nov. 23	11. 11. 12	12. 23. 15	13. 40. 39	Totaal	
☉	—	— Dec. 8	21. 6. —	22. 15. —	23. 31. —	6. 30	(c)
☽	—	1342	May 20	12. 42. 0	14. 26. 51	16. 11. 42	Totaal	
☉	Alexand.	1344	Oct. 6	onzigtbaar	18. 40. —	19. 55. —	8. 55 Zoort.	(d)

(v) *Ptolom. Lucenf.* Hift. Ecclef., col. 1241.
(x) Chronicon Mutinenfe Auctore *Johanne de Bazano*, col. 578, in *Murat.*, tom. 15.
(y) *Giovan. Villani* Hift. Flor., lib. 9, cap. 204, col. 535, in *Murat.*, tom. 13.
(z) De zelfde Schryver, in 't zelfde Boek, cap. 251, col. 554.
(a) De zelfde Schryver, lib. 10, cap. 159, col. 701.
(b) Annal. Cæfen., col. 1160, in *Murator.*, tom. 14.
(c) *Nicephor. Gregor.* Hift. Byzantinæ, lib. 12, pag. 389, Par. 1702. Van de twee eerfte Verduifteringen maakt ook gewag *Johan. de Bazano* in de Chron. Mutin. col. 556; dog de Maan-Eclips ftaat drie of vier dagen te vroeg.
(d) *Johan Vitodurani* Chron., col. 1905. Chron. Clauft. Neoburgenf., col. 489. Deeze Eclips wierd door de Sterrekundige van die tyd voorzeid, als een fchrikkelyke Verduiftering, dat dezelve voor zou vallen in 't jaar 1344, den 7den Oktober: de Voorzeggers gaven voor, dat een fterke wind daar op zou volgen, en zulk een zwaare Peftyd, dat meer als een derde deel van de menfchen daar door zoude omkomen; men voegde daar by, dat de Eclips in Duitsland drie dagen zou duuren, en dat de duifterheid zoo groot zou zyn, dat men malkander niet zou kunnen zien; in de gewesten van den Rhyn ftelde men op veel plaatzen Vaft- en Bede-dagen aan, men hield klaagelyke ommegangen, en andere dingen meer, die men dienftig oordeelde, om 't volk tot boete op te wekken, om daar door, was het mogelyk, de quaade invloed van de Sterren af te weeren. Op den dag, die hier vooren gemeld is, volgens 't verhaal van de voorgaande Kronyken, heeft men byna niets van de Eclips in Oostenryk kunnen zien, ten minften geen merkelyke duifterheid; het was de geheele dag helder weer. Door de Uitreekening vind ik, dat de Zon tot Weenen, in Oostenryk, op de meergemelde dag, 's morgens ten 6 uur., 39 min., 16 fec., aan den waaren Horizont, in 't opkomen, is geweeft, zynde nog 3 duim, 36 min. verduiftert; het einde aldaar ten 7 uuren; zoo dat de geene, die op de voornoemde plaats wat laat opgeftaan zyn, daar niets van hebben kunnen zien; dat ik ook op Alexandrien, in Egipten, gereekend heb, is, om dat de voorzegging uit Africa of Afia afkomftig was: aan de Ooftzyde van Perfien, in 't Landfchap Segeftan, is de Zon Centraal en Annulair verduiftert geweeft. Is nu de Eclips daaromtrent uitgereekend, en geheel groot gevonden, zoo zullen ligtelyk andere in Duitsland gedagt hebben, dat die daar ook zoo groot zou zyn; 't welk evenwel gantfch geen vafte regel is. In dat vooroordeel zyn nog zommige menfchen, die meenen, dat de verduiftering aan de Zon waarlyk, en niet fchynbaarlyk is. Dit zelfde vind ik ook in *Guil. Ventur.* Chron. Aftenfe, cap. 3, col. 156, daar de Zon Eclips van 't Jaar 1261 verhaald word, luiden de woorden aldus: *circa nonam, pars Solis per univerfum Mundum obfcura fieret.* De Chineezen ftellen de Zon-Eclips van 't Jaar 1344, op de eerfte dag van de 9de Maand, volgens de reekening van *Hing-jun-lou,* 's morgens tuffchen 9 en 11 uuren. Traité de l'Aftronomie Chinoife, pag. 162, Par. 1732. De reekening is niet net, de Verduiftering is daar laater voorgevallen.

Lyſt van de Zon- en Maan-Eclipzen

Zoo t.	Plaatzen.	Jaaren.	Maanden en Dagen.	het begin. uur. min. sec.	't midden. uur. min. sec.	't end. uur. min. sec.	grootheid. duim min.	cit.
●	Florencen	1356	Febr. 16	9.59.40	11.43.11	13.26.42	Totaal	(e)
●	Siene	1367	Jan. 16	6.34.12	8.27.12	10.20.12	Totaal	(f)
☉	London	1384	Aug. 16	23.22.—	24.48.—	26. 4.—	8.45	(g)
●	Eugibin.	1389	Nov. 3	15.26.36	17. 5. 9	18.43.42	Totaal	(h)
●	Weenen	1395	Dec. 26	11. 4.38	12.52.52	14.41. 6	Totaal	(i)
☉	Augsburg	1396	Jan. 10	23. 1.—	24.16.—	25.18.—	6. 22	} (k)
●	———	———	Juny 21	9.19.51	11.10.16	13. 0.41	Totaal	
☉	Forli	1399	Oct. 28	23.18.—	24.43.—	26.10.—	9.—	(l)
☉	Cadix	1405	Jan. 1	———	omt⊙opg.	———	1½ d.om.	(m)
☉	Forli	1408	Oct. 18	20.34.—	21.47.—	23. 0.—	9.32	(n)
●	Weenen	1410	Maart 20	11.31.20	13.13.15	14.55.10	Totaal	(o)

Zoort.

(e) *Matteo Villani*, col. 362, in *Murat.*, tom. 14. 't Jaar word daar met de Kerkelyke op 1355 gefteld.
(f) Chron. Sanefe, col. 190, in *Murat.*, tom. 15. 't Jaar is daar 1366, en de dag den 15den January, 't welk een dag te vroeg is.
(g) *Dav. Orig. Ephemer.* in Præf.
(h) Chron. Eugibin., col 942, in *Murat.*, tom. 21.
(i) Chron. Salisburg., col. 431. Ik heb de Uitreekening maar op Weenen gefteld; het is ligt om die in de tyd van Saltsburg over te brengen.
(k) *Achil. Pirm.* Gaffari Annal. Augftb., col. 1536. Het fchynt dat hier een Zon- en Maan-Eclips met malkander verward worden, en daarom heb ik die beide bereekend.
(l) Annal. Forolivi. Anonymi Auctore ex Manufcr. Codice Comit. *Brandolini*, col. 200, in *Murat.*, tom. 22, Mediol. 1733; dog daar is een misflag in de datum, alzoo men daar vind den 2den Cal. van October.
(m) *Stephen*. Infeffuræ Senat. Popul. Roman. Scrib. Diar. Urb. Romæ, col. 1867. Het fchynt een bereekende, en geen waargenomen Eclips te zyn, en evenwel zyn de Jaaren nog de regte niet, of hier worden twee Zon Eclipzen met malkander verward; want de vertaaling van de Text is aldus: *In de Maand January van 't Jaar 1403, op de eerfte dag van 't Jaar, verduifterde de Zon zoodanig, dat men de Sterren aan den Hemel zag, en dat het gelyk als nagt was, tuffchen de derde en de negende uur.* Ik vind wel, dat in 't Jaar 1405, den 11ten January, een Zon Eclips gefchied moet zyn, volgens de Sterrekundige Tafels; dog tot Romen kon men daar niets van zien. In 't Zuidelyk deel van Portugaal moet de Zon, in deszelfs opgang, omtrent 2 duim verduifterd geweeft zyn. In de Landen die digter na den Evenaar leggen, als in Africa, is de Eclips grooter geweeft.
(n) Chron. Forolivienfe Auct. Fratre *Hieronymo* Forolivi. Ordin. Prædicat., col. 877, in *Murat.*, tom. 19, daar ftaat, dat de Eclips gebeurde een uur, of daar omtrent, voor de middag, en dat dezelve duurde 1 uur, 55 min.; dog 't begin of end van een Zon Eclips is met het bloote oog niet wel te merken, of dit is ligt door haar Uitreekening op die wys bepaald.
(o) *Thomæ Ebendorf*. de Hafelbach. Chron. Auftr., col 480; maar in plaats van *Meridiem*, moet men daar leezen, *Mediam noctem*, en dan word daar door verftaan 't end van de verduiftering; of men moeft het uitleggen, dat het end was 3 uuren na dat de Maan in 't Zuiden is geweeft. In de zelfde Schryver vind men aanftonds na de gemelde Maan-Eclips, dat in de volgende zamenftand van Zon en Maan, op de dag van *S. Ambrofius*, een Zon Eclips gefchiede op de derde uur. Ik vind, door de Tafels, het midden, uit de Aardkloots Centrum

te

uit de Geschiedenissen.

Zoort.	Plaatsen.	Jaaren	Maanden en Dagen.	het begin. uur. min. sec.	't midden. uur. min. sec.	't end. uur. min. sec.	grootheid. duim min.	eft.
☉	Frankf.	1419	Maart 25	21. 20. —	22. 5. —	23. 12. —	1. 45	(p)
●	Forli	1421	Febr. 17	6. 9. 16	8. 1. 31	8. 53. 46	Totaal	(q)
☽	———	1422	Febr. 6	6. 43. 14	8. 26. 2	10. 8. 50	11. 7	(r)
☉	———	1431	Febr. 12	1. 20. —	2. 4. —	2. 36. —	1. 30	(s)
●	Romen	1442	Dec. 17	onzigtbaar	3. 55. 36	5. 35. 13	Totaal	(t)
●	Constant.	1450	July 24	5. 9. —	7. 19. 45	9. 30. 30	Totaal	(v)
●	Romen	1461	Dec. 17	———	———	5. 21. 4	Totaal	(x)
☉	Viterbo	1462	Nov. 20	23. 7. —	24. 10. —	24. 54. —	2. 6	(y)
●	Padua	1464	April 21	11. 5. 40	12. 42. 53	14. 20. 6	Totaal	(z)

X Zoort.

te zien, volgens de tyd van Weenen, in Oostenryk, ten 3 uur., 34 min., 44 sec.; de Maans Noorder Breedte 1 gr., 2 min., 22 sec.; zoo dat dit een bereekende, en geen waargenomen Eclips zal geweest zyn; want door een Figuur vind ik, dat in Oostenryk daar niets van te zien was.

(*p*) In de Voorreden van de Ephemer. door *D. Origan*.
(*q*) Chron. Forolivienſe Auct. Frat. *Hieron*. Foroliv., col. 889.
(*r*) De zelfde Kronyk, col. 898.
(*s*) Chron. Foroliv. Auct. Frat. *Hier*., col. 903. Annal. Foroliv., col. 216, in *Murat*., tom. 22; dog men moet daar in plaats van *Maart*, leezen, *February*. *Stephan*. Infeſſ. Senat. Pop. Diar. Urb. Rom., col. 1875; maar in plaats van *January*, moet men leezen *February*.
(*t*) Het zelfde Dag-regiſter als de voorgaande Eclips, col. 1882; maar daar ſtaat, dat de Verduiſtering geſchiede op den 8ſten December, de dag van *S. Ambroſius*; dog deeze dag word, volgens de Martyrologe Romain., pag. 350, geviert den 7den December: dit word genomen volgens de tyd dat by Biſſchop van Milaanen geworden is. Het Dag-regiſter miſt dan 10 dagen in de tyd van deeze Eclips.
(*v*) Georg. Phranſe, lib. 3, cap. 20, Ingolſtad 1604.
(*x*) *Johannes Regiomontanus* heeft deeze Eclips tot Romen waargenomen; als te zien in de Hiſtor. Cœleſtis van *Ticho Brahe*, en aldaar in de Voorreden, pag. 43. Hy beſloot, door de hoogte van de Sterren, dat het end van de Verduiſtering was 54 min. na de Zons ondergang; nu reekende hy Romen op 42 gr. breedte; zoo dat het end, volgens zyn waarneeming, geweeſt moet zyn ten 5 uur., 22 min. Door myn Uitreekening vind ik 5 uur., 21 min., 4 ſec., 't welk maar 56 ſec. met de Obſervatie verſcheeld. Door de Tafels van de Koning *Alphonſus* vind men 't end van deeze Verduiſtering 1 uur, 2 min. laater als de Waarneeming.
(*y*) Het end van deeze Eclips is waargenomen tot Viterbo, by Romen; de Zons hoogte boven den Zigteinder, wierd door een naukeurige afmeeting gevonden 14 gr., 36 min.: de Zons Zuider Declinatie was 21 gr., 42½ min.; de Polus hoogte ſtel ik 42 gr., 18 min.; dan volgt door de reekening, dat het end geweeſt moet zyn 52 min., 32 ſec. na de middag. Zie de Hiſtor. Cœleſt. van *Ticho Brahe*, pag. 44.
(*z*) Hiſtor. Cœleſt. van *Ticho Brahe*, pag. 44. De waarneeming is tot Padua gedaan; in 't begin van de Eclips vond men 't Hart van de Scorpioen voor de Meridiaan, hoog boven den Horizont 12 gr., 45 min.: dit is gemeeten met een groot Quadrant; hier door reeken ik dat het begin dan moet geweeſt zyn, 's avonds ten 11 uur., 1 min., 17 ſec. Men had beter gedaan, dat men de hoogte van een Ster gevonden had, die ſteilder opreeſt. Deeze en de twee voorgaande Eclipzen heb ik niet onder de nieuwe geſteld.

162 *Lyst van de Zon- en Maan-Eclipzen uit de Geschiedenissen.*

Zoort.	Plaatzen.	Jaaren.	Maanden en Dagen.	het begin. uur. min. sec.	't midden. uur. min. sec.	't end. uur. min. sec.	grootheid. duim min.	cit.
☉	Romen	1465	Sept. 20	4. 5. —	5.15. —	onzigtbaar	8.40	(a)
☾	———	——	Oct. 4	onzigtbaar	5.12.33	6.58.56	Totaal	(b)
☾	———	1469	Jan. 27	5.27.33	7. 8.41	8.49.49	Totaal	(c)

(a) *Stepb.* Inseff. Sen. Pop. Rom., col. 1893. Histor. Senensis Fran. Thom., col. 63, in *Murator.*, tom. 20.

(b) *Stepb.* Inseff. Sen. Pop. Rom., col. 1893; dog de Maan-Eclips is niet den 25sten November voorgevallen, maar den 4den October.

(c) De zelfde Schryver, col. 1894. In de Text staat *den 23sten January*, dog men moet leezen, *den 27sten*. In de Histor. Cœlest. van *Ticho Brahe* vind men nog drie Eclipzen, te weeten, een Maan-Eclips in 't Jaar 1471, den 2den Juny; een Zon-Eclips in 't Jaar 1473, den 27sten April; en nog een andere Zon Eclips in 't Jaar 1478, den 29sten July: deeze heb ik niet bereekend, om dat dezelve niet tot de Historien kunnen dienen.

KORTE

AANHANGSEL
Op 't ONDERZOEK over eenige
ZON- EN MAAN-ECLIPZEN.

Eustachius Manfredius heeft Dag-tafelen gemaakt van de Hemelsloop, en naderhand nieuwe, van 't Jaar 1726 tot het Jaar 1750, die in 't Jaar 1725 te Bononien gedrukt zyn; hy heeft daar in de Tafelen van Mr. *Cassini* gebruikt: wegens zyn eerste Ephemerides, van 't Jaar 1715 tot het Jaar 1725, verhaalt hy eenige Waarneemingen, om te doen zien, hoe veel die met zyn Tafels verscheelen.

In 't Jaar 1718, den 9den February, Nieuwe Styl, bedekte de Maan een Vaste Ster, daar uit bleek, dat de Maans plaats was in Gemini 5 graaden, 50 min., 53 sec., met 4 graaden, 55 min., 20 sec. Zuider Breedte: in de Ephemerides van *Manfredius*, door de Tafels van *Cassini* uitgereekend, vind men de Maans plaats, 6 graad., 9 min. in Gemini, met 4 graad., 52 min. Zuider Breedte. In 't Jaar 1719, January 30, ging Aldebaran agter de Maan; de gemelde Ephemerides stellen de Maan 12¼ min. van een graad verder in haar weg, met 1 minuut minder Breedte, als uit de Waarneeming volgt: de twee opperste Planeeten komen door de Tafels van *Cassini* zomtyds ook niet wel overeen; want door 18 Waarneemingen van ♄, die *Manfredius* verhaalt, dewelke gedaan zyn in de Maanden Juny en July, van 't Jaar 1724, blykt, dat telkens ieder Waarneeming met de Uitreekening 18 of 19 minuten in lengte verscheelt; in 't Jaar 1715 verscheelden de Tafels van *Cassini*, in de plaats van de Planeet Jupiter, 7 of 8 minuten; in de Jaaren 1718 en 1719 maar een minuut; dog in 't Jaar 1724 verscheelen al de Waarneemingen, die zes in 't getal zyn, ieder omtrent 17 of 18 minuten; de andere Planeeten komen wat nader met de Observatien overeen: in 't Jaar 1724 verscheelde Mercurius zomtyds met de Waarneemingen omtrent 7 minuten.

De Maan-Eclips van den 10den November, in 't Jaar 1715, is, volgens zyn berigt, 6 min. vroeger gekomen als de Reekening; die van 't Jaar 1721, den 13den January, 't end 8½ min. vroeger als zyn Reekening: de Maan-Eclips van 't Jaar 1724, den 31sten October, volgens de Waarneeming van Neuremburg, is 't begin 8 of 9 minuten, en het end 16 min. vroeger als de Tafels; dog, volgens de Waarneeming van Lisbon, de lengte verbeterd zynde, het begin 9, en 't end 13 min. vroeger als *Manfredius* heeft; die van 't Jaar 1725, in October, quam de Maan omtrent 6 min. eerder uit de Schaduw als de Tafels aanweezen; de Zon-Eclips van 't Jaar 1722, den 8sten December, is omtrent 17½ minuut vroeger gekomen als in de Ephemerides van *Manfredius*, gelyk de Schryver zelfs verhaalt: de Maan-Eclips in 't Jaar 1730, den 2den February, is 't end omtrent 13 min. vroeger gekomen als de Reekening; de Maan-Eclips van 't Jaar 1729, den 9den Augustus, is omtrent 6 min. vroeger als de Uitreekening gekomen; zomtyds komen de Uitreekeningen nagenoeg met de Observatien overeen. 't Verschil tusschen de Waarneemingen en Uitreekeningen doorgaans nog meer zynde, als door

Aanhangsel op 't Onderzoek

de Tafels, volgens de befchouwing van *Horroxius* of *Whiston*, zoo heb ik de laatfte verkooren; want dezelve komen, in lang voorleeden tyden, of als men door malkander reekent, nagenoeg met de Waarneemingen overeen; ook weet ik niet, of de Tafels van de Heer *Caffini* wel op de waare Wetten van de Hemelfche beweegingen gegrondveft zyn, en of die niet voortkomen uit Waarneemingen door malkander, waar uit men bezwaarlyk de Æquatien, ieder in 't byzonder, kan afleiden: de verbeteringen, die de beroemde Mannen, *Izak Newton* en *Edmund Halley*, aan de Maansloop gedaan hebben, kunnen een Verduiftering in de Maan ruim 10 minuten vroeger of laater doen komen, als men door de reekening van *Whiston* vind. Om nu te zien, of men de Equatien van de vermaarde Natuur- en Sterre-kundigen *Newton* en *Halley* verzuimen moet of niet, zoo heb ik 25 Maan-Eclipzen, die zedert 64 Jaaren waargenomen zyn, uitgereekent, door de manier, die gemeld word in ons Onderzoek over eenige Zon- en Maan-Eclipzen, pag. 101: de halve Diameter van de Epicycle is gefteld op 352 deelen. Ik heb, in de Uitreekening, de Tafel van de Uitmiddelpuntigheid, en de Æquatie van de Maans Verfte Punt, die in de Aftronomifche Leffen van *Whiston*, pag. 356, te vinden is, niet gebruikt; maar een andere Tafel gereekent, daar ik de kleinfte Uitmiddelpuntigheid, met *Newton*, neem 43319, en de grootfte, 66782 (a); de aanvangtyd van de Zons Middeloop, op 't begin van 't Jaar 1701, Oude Styl, neem ik 10 fecunden minder als *Whiston*. De voornoemde Eclipzen zyn niet uitgezogt; maar alle genomen, daar men de Waarneemingen op een zekere wys van heeft kunnen doen: 20 Eclipzen verfcheelden minder als ½ minuut in de Maans plaats, en de 5 andere geen 1½ minuut van een graad.

Ik zal hier de Zon- en Maan-Eclipzen, die zigtbaar in Amfterdam zullen zyn, laaten volgen, dewelke in 25 Jaaren tyd, na het begin van 't Jaar 1740, zullen voorvallen, waar door ik de Liefhebbers de moeite fpaar, om die van nieuws af aan uit te reekenen; ik heb maar alleen de manier gebruikt, die op pag. 87 verhaald word: de tyd heeft my niet toegelaaten, om alle de Æquatien van *Newton* en *Halley* daar by te doen, hoewel ik weet, dat dezelve netter zouden zyn, indien ik dat gedaan had. Als daar een V voor ftaat, zoo betekent dit voormiddag, en N, namiddag. *W. Rogers* heeft in 't Jaar 1738, den 18den July, te London een Kaartje uitgegeeven, waarin vertoond word de grootte en het midden van alle de Eclipzen, die van bovengemelde tyd af tot het Jaar 1760, in of omtrent London te zien zyn: de twee Totaale Maan-Eclipzen, die *Rogers* in 't Jaar 1754 ftelt, zal men in London of Amfterdam niet kunnen zien; de Maan Eclips van 't Jaar 1760, in May, vind ik meer als een uur laater, en de Verduiftering niet over de Zuid-, maar over de Noordzyde. De Maan-Eclips van 't Jaar 1764, en de Zon-Eclips van 't Jaar 1743, den 17den October, zyn, volgens de Tafels van *Whiston*, bereekend door de Heer *John May Junior*; 't midden van de Zon-Eclips omtrent te 3 uuren, na de middag; de grootheid,

(a) *D. Gregorj* Aftron., lib. 4, pag. 334, Lond. 1702.

over eenige Zon- en Maan-Eclipzen.

te Amsterdam, $\frac{1}{4}$ duim; dog als de Noordknoops Æquatie, volgens *Newton*, daarby gedaan word, dan is de grootheid maar $\frac{1}{4}$ duim. Een gedeelte der Centraale en Annulaire Verduisterings-lyn van de Zon-Eclips, die in 't Jaar 1764 zal voorvallen, is door *G. Whiston* in een Kaart geleid; dezelve loopt over 't Zweeds Lapland en 't Zuidelykst van Noorwegen; over Gravesend; van daar over een gedeelte van Bretagne, in Vrankryk, door een gedeelte van Spanjen en Portugaal, een weinig bewesten Lisbon, en zoo voort: de generaale vertooningen, over de geheele Aarde, van de Zon-Eclipzen, in de Jaaren 1743, 1748 en 1750, vind men in *Manfredius*.

Zon- en Maan-Eclipzen van 't Jaar 1740 tot het Jaar 1764.

Te Amsterdam.	't Begin. uur. min.		Emer. uur. min.	't End. uur. min.	Grooth. duim. min.
1740 Jan. 13	N 8 : 5	Immer. 9 : 56	11 : 40	12 : 46	Totaal
1741 Jan. 1	N 10 : 44	't Mid. 12 : 12		13 : 49	6 : 28
—— Nov. 2	V 1 : 45	Immer. 2 : 43	4 : 23	5 : 21	Totaal
1744 April 26	N 7 : 26	't Mid. 8 : 55		10 : 24	8 : 34
1746 Maart 7	N onzigtb.	't Mid. onzigtb.		5 : 40	9 : 18
—— Aug. 30	N 11 : 7	't Mid. 12 : 22		13 : 37	6 : 19
1747 Febr. 25	V 3 : 43	Immer. 4 : 44	6 : 22	onzigt.	Totaal
1748 July 25	V 9 : 25	't Mid. 10 : 58		12 : 35	10 : 30
—— Aug. 8	N 10 : 25	't Mid. 11 : 33		12 : 41	5 : 11
1749 Dec. 23	N 7 : 19	't Mid. 8 : 24		9 : 29	4 : 21
1750 Jan. 8	V onzigtb.	't Mid. 8 : 59		10 : 10	8 : 40
—— Juny 19	N onzigtb.	't Mid. 9 : 13	9 : 47	10 : 54	Totaal
—— Dec. 13	V 4 : 57	Immer. 5 : 55	7 : 33	onzigt.	Totaal
1751 Juny 9	V 0 : 21	't Mid. 1 : 59		3 : 36	10 : 17
—— Dec. 2	N 8 : 56	't Mid. 10 : 0		11 : 24	8 : 51
1754 April 17	N onzigtb.	't Mid. 6 : 55		8 : 7	5 : 20
—— Octob. 26	V 8 : 49	't Mid. 10 : 0		11 : 10	8 : 0
1755 Maart 27	N 11 : 44	't Mid. 13 : 1		14 : 18	7 : 5
1757 Febr. 4	V 5 : 56	't Mid. 7 : 20		onzigt.	6 : 36
—— July 30	N 10 : 52	Imm. 12 : 19	12 : 31	13 : 58	Totaal
1758 Jan. 24	V 4 : 49	Immer. 5 : 54	7 : 38	onzigt.	Totaal
1759 Jan. 13	V 7 : 5	't Mid. onz. 8 : 26		onzigt.	6 : 29
1760 May 29	N 10 : 12	't Mid. 10 : 57		11 : 41	1 : 38
—— Juny 13	V 6 : 58	't Mid. 7 : 41		8 : 35	4 : 54
—— Nov. 22	N 8 : 11	't Mid. 9 : 25		10 : 39	6 : 30
1761 May 18	N 8 : 52	Immer. 9 : 59	11 : 34	12 : 41	Totaal

166* *Aanhangsel op 't Onderzoek over eenige Zon-, enz.*

Te Amsterdam.		't Begin. uur. min.		Emer. uur. min.	't End. uur. min.	Grooth. duim. min.
☽ 1762	May 8	V 1 : 58	't Mid. 3 : 31		onzigt.	9 : 53
☉ ——	Octob. 17	V 7 : 10	't Mid. 8 : 4		9 : 6	6 : 30
☽ ——	Nov. 1	N 7 : 20	't Mid. 8 : 52		10 : 25	6 : 42
☽ 1764	Maart 17	N 10 : 34	't Mid. 11 : 56		13 : 18	8 : 15
☉ ——	April 1	V 9 : 41	't Mid. 11 : 10		12 : 41	10 : 55

Ik zal hier nog 20 Zon Eclipzen byvoegen, uit de Sineefche Chronologie, dewelke in Sina zouden gezien zyn, van 143 Jaaren voor, tot 70 Jaaren na Chriftus: de Aanmerkingen daar over, gaa ik, om de kortheid, voorby. Zie hier de Uitkomften, zoo als ik die bereekend heb:

Jaaren.			Plaatz.	't Begin. uur. min.	't Midden. uur. min.	't End. uur. min.	Grooth. duim. min.
☉ VoorChr. 143	Aug.	28	Pekin	N 3 : 46	4 : 53	5 : 55	10 : 40
—— —— 54	May	9	Canton	N 2 : 19	3 : 41	4 : 41	Totaal
—— —— 29	Jan.	5	——	N 2 : 36	4 : 2	5 : 11	11 : 0
—— —— 28	Juny	19	Pekin	V 10 : 29	11 : 48	N 1 : 12	Totaal
—— —— 26	Octob.	23	Canton	N 2 : 58	4 : 16	5 : 23	11 : 15
—— —— 24	April	7	Pekin	N 3 : 17	4 : 11	4 : 53	2 : 0
—— —— 16	Nov.	1	——	N 4 : 37	5 : 13	onzigtb.	2 : 8
—— —— 2	Febr.	5	Canton	V 6 : 53	8 : 8	9 : 26	11 : 42
☉ Na Chrift. 1	Juny	10	Pekin	V 11 : 44	N 1 : 10	2 : 30	11 : 43
—— —— 27	July	22	Canton	V 7 : 44	8 : 56	10 : 10	Totaal
—— —— 30	Nov.	14	——	V onzigt.	7 : 20	8 : 20	10 : 30
—— —— 40	April	30	Pekin	V onzigt.	5 : 50	6 : 50	7 : 34
—— —— 46	July	22	——	V 9 : 38	10 : 25	11 : 11	2 : 10
—— —— 49	May	20	——	N 6 : 11	7 : 16	onzigtb.	10 : 8
—— —— 53	Maart	9	Canton	V 7 : 26	8 : 42	10 : 9	11 : 6
—— —— 55	July	13	Pekin	V 8 : 46	9 : 50	11 : 2	6 : 40
—— —— 56	Dec.	25	Canton	V 10 : 53	0 : 28	2 : 4	9 : 20
—— —— 60	Octob.	13	——	N 1 : 43	3 : 31	5 : 1	10 : 30
—— —— 65	Dec.	16	——	V 8 : 31	9 : 50	11 : 27	10 : 23
—— —— 70	Sept.	23	——	V 7 : 55	9 : 13	10 : 54	8 : 26

Onder de voorfchreeven Eclipzen zyn 8 geweeft, daar van de Seleniten, of de geen die men zou kunnen onderftellen dat op de Maan woonen, de Maans waare Schaduw op 't Aardryk niet hebben kunnen zien; maar alleen een gedeelte, of de geheele Penumbra: op 't grootft zien zy maar de waare Schaduw als een rond, daar van de Middelyn omtrent $\frac{1}{71}$ deel van de Aardkloots Middelyn is, omringt met een flaauwe Penumbra (*b*).

(*b*) *Gregor.* Aftr. Phyf. & Geom. Elem., lib. 6, pag. 480, London 1702.

KORTE BESCHRYVING
van alle de
COMEETEN
of
STAARTSTERREN,

Die ik in de Geschiedenissen heb kunnen vinden.

O ns Zamenstel dat voor omtrent 60 Jaaren nog zoo een- *De Historie van de Comeeten is dienstig tot de Hemelsloop.* voudig scheen, dat men 't zelve gemakkelyk in een kleine afbeelding zeer duidelyk kon vertoonen, daar vinden wy nu een menigte van Lichaamen in; te weeten, de Comeeten, of Staartsterren, die een regelmaatigen omloop hebben; zommige volgen byna de zelfde streek als de Planeeten; andere een tegenstrydigen, wederom andere van onderen, van boven, en schuins van alle kanten daar door streevende, dewelke in wyde en naauwe, groote en kleine Ellipzen, hun weg om de Zon volbrengen, zoo dat men de loop van ieder in 't byzonder, maar niet van die alle te gelyk, op papier, zonder verwarring, kan verbeelden: het was dan zeer noodzaakelyk dat men een Sphæra maakte, daar die beneffens de Planeeten in vertoond wierden; dit zou een klaarder denkbeeld geeven, als door de platte tekeningen. Wat zouden de oude Sterrekundige, indien die nog leefden, met verwondering opzien van zoodanig een gestel? zy zouden zekerlyk toestemmen, dat de beroemde *Izak Newton* de Sterrekundige geweest is, die *Apollonius* voorzeid heeft (*a*). Waar de Comeeten eigentlyk toe dienen, word wel gegist, maar het zelve is tot nog toe aan niemand vol-

(*a*) Zie onze Inleiding over de Comeeten, pag. 1.

Korte Beschryving van alle de Comeeten,

volkomen bekend. De loop van de Comeeten dan het alderverhevenfte en voornaamfte deel van de Hemelsloop wordende, en een oeffening voor de Sterrekundigen van de volgende Eeuwen, zoo is 't wel waardig, om een korte befchryving van alle de Comeeten te doen; want als men in deeze tyd een Staartfter waarneemt, en de weg volgens de ftelling van een Parabole bepaalt; zoo men dan in vroeger tyd, een, of meer waarneemingen van een Comeet vind, daar men gedagten van heeft, dat het wel de zelfde kon zyn, dan kan men die door de manier, die ik hier vooren aangeweezen heb (*b*), onderzoeken, of het wezentlyk de zelfde is: dit dan vindende, zoo heeft men de Jaaren, daar een, of meer omloopen in opgeflooten zyn, met dewelke men dan te rug gaat in de Hiftorien. Zoo 't nu een Comeet is, die met het bloote oog veeltyds gezien kan worden, (want dit hangt dikwils van de ftand der Aarde af, na dat die aan de een, of aan de andere zyde van zyn kring is,) dan zal men die zomtyds wederom vinden; daar na de Comeeten, ieder in 't byzonder, in de gevonden tuffchentyd nagaande, deelende de Jaaren door 2, 3, 4, 5, &c. dan zal men uit de waarneemingen, of eenvoudige berigten van de Staartfterren, de meeften tyd zoo veel kunnen trekken, dat men vind in hoe veel Jaaren dat een omloop gefchied; daar uit is dan de lengte en breedte van de Ellips, of de geheele weg van de Comeet openbaar. Ik heb dit hier bygevoegd, om de noodzaakelykheid van een goed verhaal van alle de Comeeten, ten opzigt van de Sterrekonft aan te toonen.

<small>De Hiftorie van de Comeeten is nut in de Chronologie.</small> Ook kunnen de Comeeten dienen tot de Tyd-reekening in de Hiftorien; want ik heb in de oude Schryvers van Europa, en daar omtrent, voorvallen gevonden, die zonder Jaargetal verhaald wierden, of eenige andere gewiffe bepaalingen, daar men de tyd aan kon merken, daar niets anders by was, als dat op de zelfde tyd, of ook wel even te vooren, een Comeet gezien wierd, daar zy dan, de een meer, en de andere minder, een befchryving van doen. Uit de Schryvers zelfs was dan het Jaar, dat de Staartfter zig vertoonde, niet naukeurig te ontdekken; ieder Chronologift, en Hiftorie-fchryver, als hy de gemelde voorvallen van nooden had, voegde daar de Jaaren na zyn meening by, 't welk dikwils mis was.

(*b*) Van pag. 25 tot pag. 29.

of Staartsterren, uit de Geschiedenissen.

was. Op deze wys wierden de Historien verward, en de Cometen vermeenigvuldigd. Daar ik zomtyds in de Schryvers van andere Geweften, de zelfde Comeet zeer duidelyk befchreeven vond, de tyd wanneer die zich vertoonde, en andere byzonderheden, dat men klaar genoeg kon merken, dat dit de eerstgemelde Staartster was; zoo heb ik, door de Bizantynfche Schryvers, nu en dan de tyd in de Engelfche en Franfche gefchiedeniffen ontdekt; en door de Sineefche, ook in andere Schryvers van deeze geweften.

Om nu een Hiftorie van de Comeeten te maaken, fchynt in den eerften opflag niet zwaar, en is door veele in voorige tyden ondernomen; maar hoedanig dat die zyn, en hoe weinig men daar op vertrouwen kan, daar vind men hier vooren reeds eenige ftaaltjes van aangetekend. Als de vermaarde *Izak Newton* de groote Staartfter van 't Jaar 1106, uit *Hevelius*, van nooden had, zoo fchryft hy, uit voorzigtigheid, de Staartfter die in 't Jaar 1101, of 1106 gezien is (*c*); want *Hevelius* verhaalt net met de zelfde woorden, zoo wel de tyd van 't Jaar, de dag van de week, de langduurigheid van de vertooning, 't geweft van den Hemel daar men die zag, een Staartfter op 't Jaar 1101, en op 't Jaar 1106 (*d*); dog uit een meenigte van Schryvers kan men bewyzen, dat men 't eerfte Jaargetal verwerpen moet, en dat dit een en de zelfde Comeet geweeft is. De Schryvers voor *Ricciolus* en *Hevelius*, trekken byna geen Hiftorien aan, daar zy de Cometen in gevonden hebben; en waaren 't nog alle eenvoudige verhaalen, maar men heeft daar verdigtzels by gedaan, voornaamentlyk in de alderoudfte Comeeten; ook zyn verfchynzels by eenige Schryvers, (die evenwel van andere zaaken zeer wel gefchreeven hebben,) als Comeeten te boek gefteld, daar men uit andere ontdekken kan, dat het geen Comeeten geweeft zyn; zommige hebben zulke twyffelagtige benamingen, dat men niet weet wat men daar van oordeelen zal; de zekerfte zyn, daar de tyd by uitgedrukt word, hoe lang men die gezien heeft. Nog veel andere zwaarigheden, die ik hier niet en meld, zal men in 't opmaaken van een Hiftorie vinden. In 't eerft, om te minder misflagen te begaan, dagt ik alleen de Comeeten aan te roeren, die volkomen zeker waren; dog overdenkende, dat, als men in een ge-

Een Hiftorie van de Cometen, zonder misflagen te maaken, is niet wel om te doen.

(*c*) Philofoph. Natur. Princip. Mathem., pag. 474. (*d*) Cometogr., pag. 821.

loofwaardig Schryver vind, dat een Comeet gezien is, al zyn geen meerder omftandigheden daar by, dat het dan evenwel een Staartfter geweeft kan zyn. Maar een verhaal te doen van alle de Comeeten, zonder eenige dooling, is tot nog toe genoegzaam onmogelyk; myn Hiftorie zal daar ook niet t'eenemaal vry van zyn, hoewel ik zorgvuldig getragt heb om die te myden; dog men komt maar by trappen tot de weetenfchap; zomtyts ontbreekt het aan de Schryvers, die men daar toe van nooden heeft, dewelke alle juift niet te bekomen zyn: veel groote Mannen hebben niet alleen in de Comeeten van de oude tyd, maar zelfs in die van de twee voorgaande Eeuwen geen geringe misflagen begaan; dog ik zal die voor het meeftendeel niet aanwyzen, en maar een kort verhaal opgeeven, zoo als ik de Comeeten tot nader ondervinding gefteld heb. Indien men deeze Hiftorie met de andere Comeetfchryvers, die tot nu toe gedrukt zyn, vergelykt, dan zal men kunnen zien waar dat men 't beft ftaat op kan maaken.

Door de Comeeten kan men de waare afftand, en grootte van de Zon en de Planeeten vinden.

Een gedeelte der weg van zommige Comeeten legt zoo digt aan den Aardkloots kring, dat zy by wylen de Aarde heel digt komen te naderen; dan ziet men dezelve met een groote fnelligheid voortloopen: indien dit nu eens gebeurde, dan zou men door de hedendaagfe naukeurige waarneemingen, de Parallaxis of 't Verfchilzigt van de Comeet kunnen vinden, en daar door deszelfs waare grootte, en afftand op een gegeeve tyd kunnen ontdekken; hier toe zyn, behalven veele andere, bequaam, de Staartfterren van de Jaaren 1066, 1402, 1472, 1618, 1652, 1680, en 1684; daar door weet men dan ook de waare afftand, en grootte, van de Zon, en van de Planeeten, hoewel dit alles op een ander manier kan gevonden worden; maar dan zal men moeten wagten tot het Jaar 1761, wanneer zig een fchoone gelegentheid zal opdoen, om de Zons Verfchilzigt tot op een veertigfte part van een fecunde te bepaalen; de middel-afftand tuffchen de middelpunten van de Zon en de Aarde, die men nu tot nader ondervinding neemt op 20626 Aardkloots halve middellynen, zal men dan tot op 50 van die halve middellynen na kunnen weeten; want in 't gemelde Jaar, den 26ften May, Oude Styl, 's morgens ten 5 uuren, 55 minuten, volgens de tyd van London, zal de Planeet Venus als een duiftere plek in de Zon te zien zyn, bezuiden de Zons middelpunt 4 min., 15 fec.;

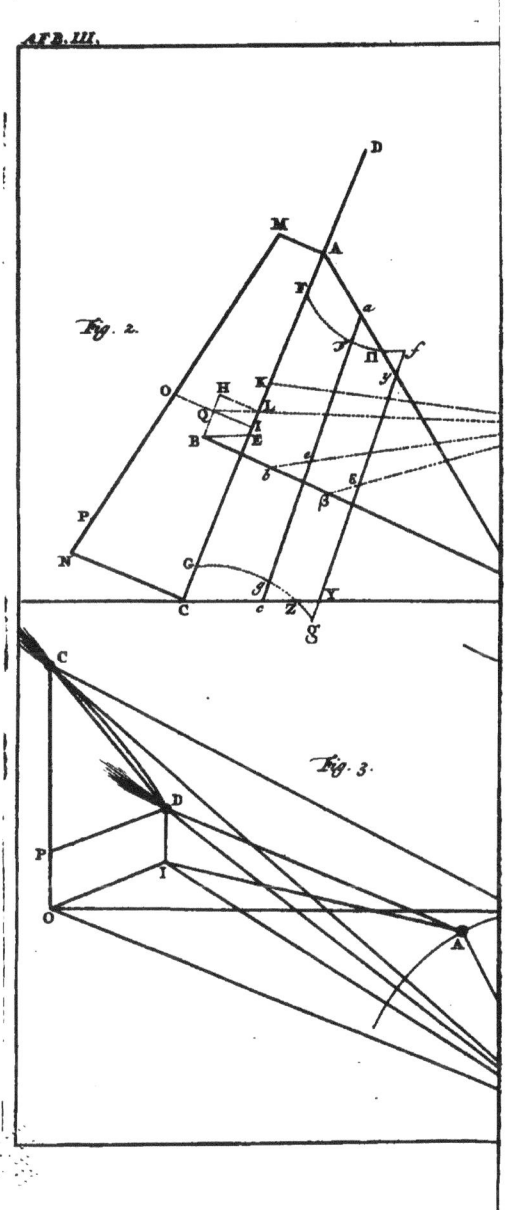

15 fec.; wanneer nu een Sterrekundige zig op die tyd bevind in de Bay van Hudfon, omtrent Nelzonshaven, op 56 gr. Noorder Breedte, 90 graaden beweften London, en tegens den avond door een verrekyker Venus in een donkere kamer in de Zon ziet gaan, en de volgende morgen, na verloop van 7 uur., 23 min., 52 fec., wederom van de Zon ziet afgaan; als een ander op de zelfde tyd in Ooft-Indien, omtrent de mond van de Ganges, op 22 graaden Noorder Breedte, 90 graaden beooften London, vind, dat Venus op de Zon vertoefde 7 uuren, 8 min., 42 fec., dan zou men daar uit kunnen opmaaken, dat de Zons Horizontaale Verfchilzigt moeft zyn $12\frac{1}{2}$ fecunden (e): is het verfchil, dat Venus op de eerfte plaats langer op de Zon blyft als op de andere, meer als 15 min., 10 fec., dan is de Zon nader, en minder zynde, wederom verder van de Aarde; dog geen verfchil vindende, dan is men niet in ftaat om de Zons afftand te ontdekken; maar dit laatfte zal niet gebeuren, alzoo 't Verfchilzigt van Mars en Venus, na maate van hun afftand, na genoeg overeen komt, met het geen dat nu voor de Zons Verfchilzigt genomen word (f). Men heeft door de Planeet Mars aan de Heer *Halley* reeds getoond, dat de Zons Verfchilzigt niet kleinder kan zyn als 9, en niet grooter als 12 fecunden (g). Op dat dan in 't Jaar 1761 dit uitneemend fraay verfchynzel, door een donkere Lugt, niet vrugteloos voorby gaat, zoo moeft men waarneemingen op verfcheide plaatzen in Afia en America doen. In 't Jaar 1769, den 23ften May, Oude Styl, 's morgens ten 11 uuren, volgens de tyd van London, zal Venus wederom in de Zon gezien worden; dog om de Parallaxis te vinden, zoo moeten de Waarneemers dan in 't Noordelykft van Noorwegen, en in Peru of Chili zyn. Mislukken nu beide deeze onderneemingen, dat niet te denken is, dan zal men door deeze manier geduld moeten hebben tot 't Jaar 1874, den 27ften November, Oude Styl; maar zekerlyk zal in die lange tyd, al een, of meer Comeeten zig zoo digt by de Aarde vertoond hebben, dat men daar uit het begeerde reeds nagenoeg ontdekt zal hebben.

Om dat in 't Nederduits nog byna niets van de Uitreekening
der

(e) Philof. Tranf., Num. 348, pag. 454.
(f) Memoir. de l'Acad. des Scien., 1722, pag. 308.
(g) Philofoph. Tranf., Num. 366, pag. 114.

Korte Beschryving van alle de Comeeten,

der Comeeten geschreeven is, zoo zal ik voor die eerst in dat deel van de Hemelsloop willen beginnen, want aan geoeffende is dit bekend, verklaaren, op wat wys de generaale Tafel van de Comeeten, door de Heer *Halley* bedagt, gemaakt word, en hoe dat men die gebruikt, om van alle Comeeten, op een gegeeven tyd, de plaats in lengte en breedte te vinden, te weeten, van die, daar de Parabolische weg reeds van bepaald is, door de gronden van den beroemden *Newton*.

Om de generaale Tafel van de Comeeten te bereekenen.

Hoe de generaale Tafel van de Comeeten bereekend word.

Laat in de Afbeelding III, Fig. 1, S de Zon zyn, POC de weg van een Comeet, die wy hier onderstellen dat een Parabole is; P het top, PR de middellyn, dan is S het Brandpunt; indien de Comeet in een onbepaald punt van de Parabole als C is, zoo verbeeld AC de raaklyn op de Parabole in 't zelfde punt, CQ, OS, en DN zyn perpendiculaaren op AQ; CR is perpendicular op AC; verders zyn getrokken de lynen SC, SD; en CP; dog eer wy tot de zaak komen, zoo zal ik eerst de drie volgende bewyzen vooraf laaten gaan: 't eerste betreft de Raaklyn van de Parabole, 't tweede de Inhoud, en 't derde dat $CS = RS$ is.

1. Stelt de regte zyde van de Parabole $= r$, $PQ = x$, en $CQ = y$; dan is door de eigenschap van dezelve $yy = rx$ (b). Door de reekening van de Fluxien vind men de onder-raaklyn van de Parabole $AQ \frac{x\dot{y}}{\dot{y}}$, en uit de Æquatie van de Parabole $2y\dot{y} = r\dot{x}$; uit dit laatste zal men vinden $\frac{\dot{x}}{\dot{y}} = \frac{2yy}{r}$, maar yy is $= rx$, dan is de onder-raaklyn $AQ = 2x$, dat is tweemaal zoo lang als PQ.

2. Als men een simpele krommelyn PHC heeft, daar van de Æquatie is $rx^{\frac{m}{n}}$, zoo zal de inhoud van 't stuk QCHP zyn $\frac{rn}{m+n} x^{\frac{m+n}{n}}$ (i).

De Æquatie van de bovengemelde Parabole is $yy = rx$ of $y = rx^{\frac{1}{2}}$, dan

(b) *Apollonii* Pergæi Conic., lib. 1, pag. 32, Oxon. 1710.
(i) *Newton* Anal. per Quantit. Ser. Fluxion., pag. 1, Lond. 1711.

of Staartſterren, uit de Geſchiedeniſſen.

dan is $m=1$, en $n=2$, bygevolg de inhoud van 't ſtuk QCHP $\frac{1}{3}rx^{\frac{3}{2}}$, maar $rx^{\frac{1}{2}}$ is $=y$, dan zal de inhoud QCHP zyn $\frac{1}{3}xy$; de inhoud van de driehoek QCP is $\frac{1}{2}xy$, daarom 't Segment van de Parabole CHPC $= \frac{1}{3}$ van de inhoud des driehoeks CQP.

3. De △ AQC is gelykhoekig aan de △ RCQ (k), dan zal AQ $2x$ tot CQ $\sqrt{rx}$ zyn, als CQ $\sqrt{rx}$ tot de vierde evenredige RQ, die men daar door vind $\frac{1}{2}r$; SP is $\frac{1}{4}r$, dan is QS $x - \frac{1}{4}r$, en 't vierkant van QS $xx - \frac{1}{2}rx + \frac{1}{16}rr$; hier by gedaan 't vierkant CQ rx, zoo vind men 't vierkant CS $xx + \frac{1}{2}rx + \frac{1}{16}rr$, dan is CS $x + \frac{1}{4}r$; nu is RP $x + \frac{1}{2}r$, hier afgenomen SP $\frac{1}{4}r$, zoo blyft daar voor RS $x + \frac{1}{4}r$, zynde de zelfde waarde die voor CS gevonden is, en daarom zyn die even lang.

Stellende voor SP de digtſte afſtand tuſſchen de Zon en de Comeet 1, dan is de regte zyde van de Parabole CHP 4, OS is 2, de inhoud van de driehoek SPO 1, de inhoud van 't Parabolifche ſtuk SOHPS zal dan zyn $1\frac{1}{3}$; als men nu ſtelt, dat de Comeet in C is, en driemaal meer tyd gebruikt heeft om van P tot C, als om van P tot O te komen, zoo is de inhoud van 't Parabolifche ſtuk SCHPS 4, 't vierkant van CQ yy gedeelt door de regte zyde 4, zoo vind men QP $\frac{1}{4}yy$; dit vermenigvuldigd met de helft van CQ $\frac{1}{2}y$, dan vind men de inhoud van de △ QCP $\frac{1}{8}y^3$, een derdendeel daar van is $\frac{1}{24}y^3$ voor 't Parabolifche ſegment COHPC, de helft van CQ is $\frac{1}{2}y$; dit vermenigvuldigd met SP 1, zoo vind men de inhoud van de driehoek CSP $\frac{1}{2}y$; hier by geteld het laatſt gevonden Parabolifche ſegment COHPC, de zom is voor 't ſtuk van Parabole SCHPS $\frac{1}{24}y^3 + \frac{1}{2}y$, dit is $=4$, als hier vooren gevonden is, bygevolg $y^3 + 12y = 96$; de waarde van y, uit deeze vergelyking, vind men 3, $7177\frac{11}{12}$ voor CQ, de Logarithmus hier af, is 0,57028 $\frac{3}{4}$; vermenigvuldigt dit door 2, zoo heeft men de Logarithmus van 't vierkant op CQ 1,140567; trekt hier van de Logarithmus van de regte zyde 4, die is 0,602059, zoo is daar nog over 0,538508 voor de Logarithmus van PQ, 't getal daar van is

(k) 8 Prop., 6 Boek *Euclid.*

is 3,45548; hier afgenomen SP 1, zoo reſt daar QS 2,45548; by dit laatſte geſteld RQ 2, zoo vind men RS, of CS de Comeets afſtand van de Zon 4,45548, de Logarithmus daar van is 0,648894, 't welk nagenoeg overeenkomt met de Tafel, als op de middelloop van 300 te zien is.

Om de hoek te vinden, die 't naaſte punt met de Comeet maakt, uit de Zon te zien, zoo zegt:

```
     Log.                    Log.                    Log.
CS 0,648894 .... Rad. Q 10,000000 .... CQ 0,570283½
                        0,570283½
                       ──────────
                       10,570283½
                        0,648894
                       ──────────
                        9,921389½
                  ∠CSQ 56:33.23½
                  180. —. —
```

∠CSP 123.26.36½ 'tWelk met de Tafel op de voornoemde middeloop overeen komt.

Als men zig verbeeld, dat de inhoud SOHPS in 100 gelyke deelen geſneeden is, uit het punt S, indien 't ſtuk van de Parabole SDPS een van die deelen is, de inhoud daar van is $\frac{1}{11}$, is dan $DN = y$, zoo vind men op de voorgaande wys de inhoud SDPS $\frac{1}{12} y^3 + \frac{1}{2} y = \frac{1}{11}$, of $y^3 + 12 y = 0,32$; als het ſtuk SDPS $\frac{1}{100}$ deel van SOHPS is, dan is $y^3 + 12 y = 0,64$; zoo nu SDPS $\frac{1}{100}$ deel van SOHPS is, dan zal de Æquatie zyn $y^3 + 12 y = 0,96$, en zoo voort; de twee eerſte Termen blyven altyd de zelfde, maar de laatſte, of 't gemeene getal klimt geduurig met 0,32 op. Alle deeze Æquatien dan oploſſende, en de Zons afſtand van de Comeet zoekende, ook de hoek, die zy met het naaſte punt maakt, zoo kan men de generaale Tafel volmaaken, die hier agter te vinden is.

Indien men onderſtelt dat TBIK de Aardkloots kring is, dat een Comeet langs de Parabole TWL liep, en zyn naaſte punt zoo ver van de Zon was als de Aardkloot in middel afſtand, dan is de ſnelligheid van de Comeet in haar weg, of de inhoud die de Comeet

in

in een dag befchryft, tot de inhoud die de Aarde in een dag befchryft, dewelke nagenoeg een rond loopt, als $\sqrt{2}$ tegen 1 (*l*):
als nu S T 1 is, en de Proportie van de middellyn des ronds tegen
de omtrek gefteld word als 113 tegen 355, dan zal de inhoud van
't rond T B I K zyn $3,14159$, de inhoud van 't ftuk van de Parabole
L W T S L is door het voorgaande $1\frac{1}{3}$; deelt dan de inhoud van 't
Rond door 1, en de inhoud van de Parabole door $\sqrt{2}$, de uitkomften
zyn $3,14159$, en $\sqrt{\frac{1}{3}}$; dit is de Proportie van de Tyden in dewelke
de Aarde de Cirkel T B I K, en de Comeet het Stuk van de Para-
bole T W L afloopt, 't punt L is in de verlengde van O S; nu
loopt de Aarde om de Zon in 365 dagen, 6 uur., 9 min.; daarom
zegt, $3,14159$ ftaat tot 365 dagen, 6 uur., 9 min., als $\sqrt{\frac{1}{3}}$, of
$0,94281$ tot 109 dagen, 14 uur., 46 min., dat is $109\frac{444}{716}$ dag,
zynde de tyd die de Comeet van nooden heeft, om van T tot B te
loopen; dan gezeid, in deeze laatftgemelde tyd loopt de Comeet
100 gelyke deelen, daar men onderfteld dat het ftuk van de Parabole L W T S L in verdeeld is, hoe veel dan in een dag? zoo vind
men $0,912280$ voor de middelloop van de Comeet in een dag; de
Logarithmus daar van is — $0,039872$, dog om dat dit getal ont-
kennende is, of afgetrokken moet worden, zoo kan men 't zelve
van $10,000000$ aftrekken, de reft is $9,960128$; dit addeert men
in 't uitwerken altyd, maar dan moet van de Zom wederom
$10,000000$ afgenomen worden. Is nu 't naafte punt van de Comeet verder, of digter aan de Zon, als de Aardkloot in middel-
afftand van dezelve, dan moet men in agt neemen, dat in de verfcheide Parabolen, de Cubicquen van de afftanden in de zelfde
reden zyn, als de vierkanten van de Tyden, die ieder van nooden
heeft, om een gelyk gedeelte van haar kring af te loopen; want
de Comeeten, diens naafte punt digt aan de Zon is, loopen omtrent haar Perihelium veel fnelder, als die geen, dewelke haar naafte
punt veel verder van de Zon is.

Y 2   Om

(*l*) *Newton* Philof. Natur. Princip. Mathem., Lib. 1, Prop. 16, Cor. 7, pag. 36.
Amft. 1714.

Om door drie Waarneemingen van een Comeet, deszelfs afftand van de Aarde, en van de Zon, Meetkonftig af te Tekenen.

Verkieft drie Waarneemingen, zoodanig, dat de Tuffchen-tyd, in dewelke de Comeet traager beweegt, wat grooter is, als de Tyd tuffchen de twee andere Waarneemingen. Laat in de IIIde Afbeelding, Fig. 2, S de Zon zyn, T, t, en T drie plaatzen van de Aarde in zyn kring, op de tyd der waarneemingen, TA, tB, en TC drie waargenomen lengtens van de Comeet, V de tyd tuffchen de eerfte en tweede waarneeming, W de tyd tuffchen de tweede en derde, X de lengte die de Comeet de geheele tyd zou befchryven met de fnelligheid, als dezelve zoo ver van de Zon was als de Aarde in de middel-afftand (m); tV is regthoekig op de Corda TT, in de middelfte waarneeming tB; neemt het punt B voor de plaats van de Comeet in 't vlak van de Ecliptica (n); trekt de lyn BS, en maakt daar in BE, dewelke moet zyn tot de Pyl tV; als 't vermenigvuldigde van SB met het vierkant van St, tot de Cubicq van de fchuine zyde eens regthoekige driehoeks, welkers zyden aan de regte hoek zyn SB, en de raaklyn van de breedte des Comeets in de tweede waarneeming; indien men tB als ftraal aanmerkt, trekt dan door het punt E de regte lyn AEC, welkers deelen AE en EC, die door de regte lynen TA en TC beflooten worden, tot malkander zyn, als de tyden V en W, zoo zullen A en C ten naaften by de plaatzen van de Comeet in Ecliptica zyn, indien het punt B wel genomen is.

Op AC in tween gefneeden in I, regt op de Perpendiculaar IQ, trekt BQ evenwydig AC, trekt SQ, fnydende AC in L, trekt de raam ILHQ, maakt IK zoo lang als driemaal IL, en door de Zon trekt de Lyn KSR, zoodanig, dat KR zoo lang is als driemaal SK + driemaal IL, veegt de letteren A, E, C en I uit, van het

---

(m) Philof. Natur. Princ. Math., Lib. 3, Prop. 40, Cor. 3, pag. 445.
(n) Hoe men te werk moet gaan, om niet te ver van de waarheid af te wyken, zoo ziet van pag. 451 tot pag. 454 in de Philof. Natur. van *Newton*, of in Gregor. Aftron. Phyf. & Geom. Elem., lib. 5, van pag. 434 tot pag. 443.

of Staartsterren, uit de Geschiedenissen. 173

het punt B trekt de nieuwe verborge lyn BE, dat die tot de eerste BE is, als 't vierkant van BS tot het vierkant SH + ⅓ QL; door 't laatstgevonden punt E trekt de regte lyn AEC ten tweedemaal, met de zelfde wet als vooren, dat is, dat deszelfs deelen AE en EC tot malkander zyn, als de tyden tusschen de waarneemingen V en W, zoo zal A en C, de plaatzen van de Comeet, veel netter zyn als te vooren.

Op AC in tween gesneeden in I, regt op de Perpendiculaaren AM, CN, IO, waar van AM en CN zyn de raaklynen van de breedtens in de eerste en derde waarneeming, TA en TC voor straalen aangemerkt zynde, trekt MN snydende IO in O, maakt de raam ILHQ als vooren, in de verlengde van AI, maakt ID zoo lang als SH + ⅓ QL, trekt de verborge lyn OD, dan in MN na de zyde van N, maakt MP, dewelke tot de bovengevonden lengte X moet zyn, in de zelfde reden als de vierkante wortels uit de middel-afstand tusschen de Aarde en de Zon, en de lengte van OD; zoo het punt P snyd in het punt N, dan zullen A, B en C drie plaatzen van de Comeet zyn, door dewelke men deszelfs weg, volgens de vlakte van de Ecliptica, bepaalen kan; zoo het punt P niet snyd in het punt N, zoo maakt in de regte lyn AC het stuk CG zoo lang als NP, zoodanig, dat de punten G en P aan de zelfde zyde van de regte lyn NC komen.

Op de zelfde manier als de punten E, A, C en G uit het genomen punt B gevonden zyn, zoo vind men, neemende andere punten b en β, de nieuwe punten e, a, c en g, en ϵ, γ, Y en g, daar na zoo trekt door G, g en g een boog van een Cirkel, die snyd de regte lyn TC in Z, zoo zal Z de plaats van de Comeet zyn in 't vlak van de Ecliptica; in AC, ac, en Yy, maakt AF, af, γf, die gelyk moeten zyn aan CG, cg, en Yg; door de punten F, F, en f trekt een Cirkel, die snyd de regte lyn AT in П, dan zal 't punt П een andere plaats van de Comeet zyn in 't vlak van de Ecliptica; maakt op de punten П en Z Perpendiculaaren, zoo lang als de raaklynen van de breedte; als men TП en TZ voor straalen aanmerkt, zoo heeft men twee plaatzen van de Comeet in haar eigen kring; beschryft door dezelve met S, als Brandpunt, een Parabole, dit zal de begeerde weg van de Comeet zyn.

Y 3 Dit

Dit is de manier die de beroemde *Newton* bedagt heeft, om door drie waarneemingen de weg van een Comeet Meetkonstig af te tekenen; hier door heeft hy nagenoeg de weg van de Comeet van 't Jaar 1680 bepaald; gebruikende daar toe een groote Figuur, daar van de halve middellyn van de Aardkloots weg was $16\frac{1}{7}$ duim van een Engelsche voet; welke halve Diameter hy nam op 10000 gelyke deelen, en vond daar door de afstand tusschen de Comeet, en de Aarde in 't vlak van de Ecliptica, in de eerste waarneeming 4775, en in de derde 11322, van die deelen, en getuigt, dat de Heer *Halley* naderhand de weg nog netter bepaald heeft, door de uitreekening met de getallen, alzoo zulks met de beschryving van de Linien zoo wel niet te doen is. Hoe deeze laatste uitreekening gedaan kan worden, zal ik hier laaten volgen.

Indien men zwaarigheid mogt maaken, om 't getal, dat hier vooren X genoemt word, te vinden, als men de Uitmiddelpuntigheid tusschen de Zon en de Aarde op 10000 gelyke deelen stelt, dan is de geheele omtrek nagenoeg $62831\frac{17}{25}$, de Logarithmus daar van is 4,798180, de Aarde loopt om de Zon in 365 dagen, 6 uur., $9\frac{1}{2}$ min., dat is $8766\frac{17}{25}$ uur., de Logarithmus daar af, is 3,942809; dit van de laatst voorgaande Logarithmus afgetrokken, zoo blyft daar 0,855371; dit is de Logarithmus van 't geen de Aarde, volgens de Middelloop, in een uur beschryft. Om een voorbeeld aan te wyzen, zoo neem ik de Comeet van 't Jaar 1680; de verloopen tyd tusschen de eerste en derde waarneeming, daar de Ridder *Newton* de weg door bepaald heeft, is 35 dagen, 1 uur., $22\frac{1}{2}$ min., gelyke tyd, of $841\frac{17}{25}$ uur., dat is nagenoeg 841, 38 uuren.

De Logarithmus van 841, 38 is - 2,924992
De Logarithmus van $\sqrt{2}$ is - - 0,150515
De Logarithmus hier vooren gevonden 0,855371
—————
3,930878

't Getal is - 8528,6 't Welk nagenoeg met de laatstgemelde Schryver overeen komt.

Om

of Staartsterren, uit de Geschiedenissen.

Om de weg van een Comeet te bepaalen, als men door de Aftekening, in twee Waarneemingen, de afstand tusschen de Comeet en de Aarde gevonden heeft.

Eerst zal ik de afstand tusschen de Zon en de Comeet in beide de Waarneemingen onderzoeken, en tot een voorbeeld neemen, de Comeet van 't Jaar 1723; de eerste Waarneeming heb ik genomen den 9den October, Oude Styl, 's avonds ten 8 uur., 5 min., volgens de tyd van London; doe zag men de Comeet in Aquarius 7 gr., 22 min., 15 sec., met 5 gr., 2 min. Noorder Breedte; de derde Waarneeming den 8sten November, Oude Styl, 's avonds ten 7 uuren, 6 min.; doe was de plaats van de Comeet in Aquarius 4 gr., 29 min., 36 sec., met 24 gr., 4 min., 30 sec. Noorder Breedte. Op de tyd van de eerste Waarneeming vind ik de Zons plaats in Libra 26 gr., 51 min., 50 sec.; de afstand tusschen de Zon en de Aarde in Logarithmus getallen 4,997488; op de derde Waarneeming was de Zons plaats in Scorpius 26 gr., 57 min., 42 sec.; de afstand tusschen de Zon en de Aarde in Logarithmus getallen 4,994333: als nu de afstand van de Zon gesteld word op 10000 gelyke deelen, en men dan door 't voorgaande voorstel gevonden heeft, de afstand tusschen de Aarde en de Comeet in 't vlak van de Ecliptica, op de tyd van de eerste Waarneeming, 2564, en op de tyd van de derde Waarneeming, 11886 van de gemelde deelen, zoo laat in Afbeelding III, Fig. 3, S de Zon zyn, A de Aarde in de eerste Waarneeming; D op die tyd de Comeet in haar weg, I haar plaats in de Ecliptica; B de Aarde op de tyd van de derde Waarneeming, C de Comeet op' die tyd in haar weg, O haar plaats in de Ecliptica; neemende nu wederom de middel-afstand tusschen de Aarde en de Zon op 100000 deelen, om de netheid, en om met de voorgaande Logarithmus getallen overeen te komen, dan is AI 25640, BO 118860, de hoek IAS 100 gr., 30 min., 25 sec., zynde 't geen de Zon en de Comeet, volgens de Ecliptica, in de eerste Waarneeming van malkander zyn, uit de Aarde te zien, in de driehoek IAS zyn dan bekend, de twee zyden AI en AS, en de hoek tusschen beiden IAS; hier door vind men de

hoek

Korte Beschryving van alle de Comeeten,

hoek ISA 13 gr., 36 min., 47 fec., de hoek AIS 65 gr., 52 min., 48 fec., en de zyde IS 107108.

```
                         Tang.
                         °  ′  ″
R .... AI 25640 .... L IAD 5 : 2 : 0    IS 107108 .... R .... DI 2258
       4408918                                             3353770
       8944852                                             5029820
       ─────────                                          ──────────
       3353770                                            8323950 Tang.
       ─────────
       DI 2258                  Comeets breedte uit de Zon L ISD 1:12:28½
```

```
                         Sec.
                         °   ′   ″
           R .... IS 107108 .... L ISD 1 : 12 : 28½
           ─────────────────────────────────────────
           DS 107132 de Comeet in zyn weg van de Zon.
```

In de derde Waarneeming is de Comeet van de Zon uit de Aarde te zien, volgens 't vlak van de Ecliptica, 67 gr., 31 min, 54 fec., dat is de hoek OBS; dan is in de driehoek OBS bekend de laatstgemelde hoek, de zyden BS en OB; daar door vind men de hoek OSB 64 gr., 7 min., 24 fec., de hoek BOS 48 gr., 20 min., 42 fec., de zyde OS 122077.

```
                            Tang.
                            °   ′   ″
R .... OB 118860 .... L OBC 24: 4:30    OS 122077 .... R .... OC 53106
       5075035                                                4725146
       9650111                                                5086633
       ─────────                                             ──────────
       4725146                                                9638513 Tang.
       ─────────
       CO 53106                Comeets breedte uit de Zon L OSC 23:30:37
 DI of OP 2258
       ─────────                                 Tek.  °   ′   ″
       CP 50848                Zons plaats uit B te zien 7:26:57:42
                               Zons plaats uit A te zien 6:26:51:50

                          Secans.              L ASB 30: 5:52
                          °   ′   ″            L OSB 64: 7:24
R .... OS 122077 .... L OSC 23:30:37
                                               L OSA 34: 1:32
   CS 133128 de Comeet in zyn weg van de Zon   L ISA 13:36:47

                                               L OSI 20:24:45
```

Dan zyn in de driehoek OSI bekend de zyden OS, SI, en
de

AFB. IV.

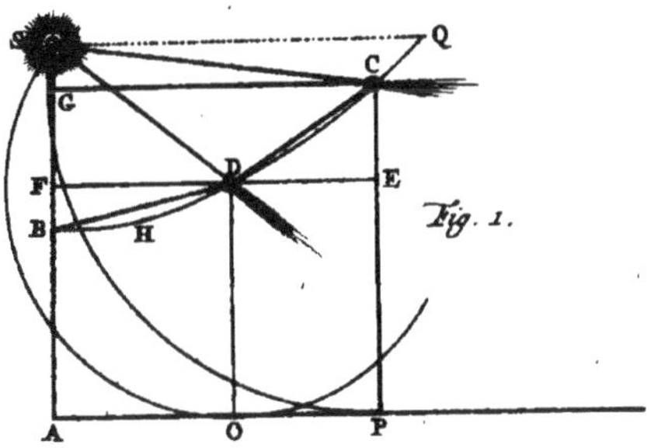

Fig. 1.

Fig. 5.

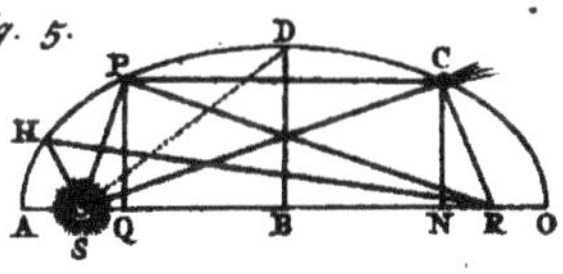

Fig.

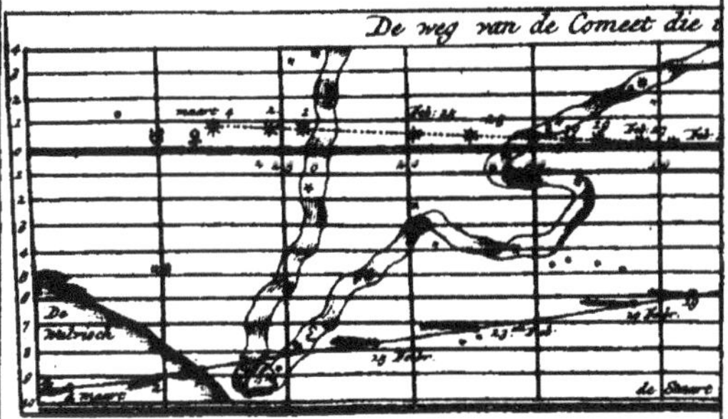

De weg van de Comeet die

de laatſt gevonden hoek OSI, daar door vind men de zyde OI of PD 43199; om dat de hoek CPD regt is, zoo vind men door CP en PD, de regte lyn DC 66721.

Om door het voorgaande de regte zyde te vinden van de Parabole, die men onderſtelt dat de Comeet beſchryft.

Laat in Afbeelding IV, Fig. 1, BDC een gedeelte van de Parabole zyn die de Comeet loopt, S de Zon, D de plaats van de Comeet op de eerſte Waarneeming, C op derde Waarneeming, BS de middellyn van de Parabole; als nu uit D als middelpunt, met DS als half-middellyn, een rond beſchreeven word, en dan uit C als middelpunt, met CS als ſtraal, een ander rond; indien een lyn getrokken word die beide de ronden raakt, als in P en O, die zal de verlengde middellyn van de Parabole ontmoeten met een regte hoek SAP, zoodanig, dat AB = BS zal zyn; ('t welk bekend is aan de geen die de onbepaalde meetkonſtige plaatzen door de Algebra hebben gewerkt.) Laat DO, en CP evenwydig aan AS zyn, (deeze laatſte lyn is de middellyn van de Parabole,) trekt GC, FDE, en SQ evenwydig aan AP, dan SC, SD, DC, en BD, ſtelt SC of CP = a, SD of DO = b, DE of OP = c, de regte lyn DC = d, BS = x, dan is $aa - 2ab + bb + cc = dd$, de regte zyde = $4x$, en BG $a - x$, 't vierkant van GC is $4ax - 4xx$; dan BF vermenigvuldigt met de regte zyde $4x$, zoo vind men 't vierkant op FD $4bx - 4xx$, en daarom is $\sqrt{4ax - 4xx} = c + \sqrt{4bx - 4xx}$; hier door vind men $ddxx = \frac{1}{2}a + \frac{1}{2}b$, $ccx - \frac{1}{4}c$; ſtelt, om de kortheid, $\frac{1}{2}a + \frac{1}{2}b = p$, $\frac{1}{2}p + \frac{1}{4}d = q$, en $\frac{1}{2}p - \frac{1}{4}d = t$, dan heeft men $x = \frac{cc}{dd}\frac{1}{2}p + \sqrt{qt}$.

Korte Beschryving van alle de Comeeten,

SC of CP .... $a = 133128$
SD of DO of EP $b = 107132$

$EC\ a - b = 25996$

DC 66721
EC 25996

DC + EC 92717 de Log. is 4,967159
DC — EC 40725 4,609861

$\dfrac{9,577020}{2} = \text{Log.}\ cc$

Log. DE of $c = 4,788510$

Log. $q = 4,885050$
Log. $t = 4,637340$

$\dfrac{\text{Log.}\ qt = 9,522390}{2}$

Log. $\sqrt{qt} = 4,761195$

$\sqrt{qt} = 57702\tfrac{1}{2}$
$\tfrac{1}{2}p = 60065$

$\tfrac{1}{2}p + \sqrt{qt} = 117767\tfrac{1}{2}$

$a = 133128$
$b = 107132$

$a + b = 240260$

$\tfrac{1}{2}a + \tfrac{1}{2}b = 120130 = p$

$\tfrac{1}{2}p = 60065$
$\tfrac{1}{4}d = 16680$

$q = 76745$
en $t = 43835$

De Log. van $\tfrac{1}{2}p + \sqrt{qt}$ is $= 5,071025$
Log. $cc = 9,577020$

$14,648045$
Log. $dd = 9,648525$

Log. $x = 4,999520$

$BS = 99883$ de digtste afſtand, tuſſchen de Zon en de Comeet, dat is $\tfrac{1}{4}$ van de regte zyde.

De Heer *Bradley* vind BS 99865; men zou nu de Comeets digtſte afſtand van de Zon, zoo als ik die gevonden heb, kunnen verbeteren door de andere Waarneemingen; dog myn oogmerk is maar om aan te toonen, hoe na dat men de Comeets weg op deeze wys kan bepaalen; maar dit hangt ook af van de netheid, daar alle drie de Waarneemingen meede gedaan zyn: dat ik die van den 8ſten November verkooren heb, was, om dat, volgens de Heer *Bradley*, de uitgereekende lengte maar 18 ſecunden meerder, en de uitgereekende breedte 10 ſecunden meerder was als de Waarneeming. Volgens zyn getallen reeken ik de lengte 46 ſec. meerder, en de breedte 1 ſecunde meerder als de Waarneeming; die van den 9den October reckent de Heer *Bradley* de lengte 49 ſecunden minder, en de breedte 47 ſecunden meerder als de Waarneeming, daar ik, volgens zyn eigen getallen, de lengte volmaakt vind overeen te komen, en de bereekende breedte 21 ſecunden meer als de waargenomen breedte; en zoo 't geen reeken-fouten in een van beide zyn, dan zal dit verſchil waarſchynelyk voortkomen, dat wy beide de zelfde Tafels niet gebruikt hebben, om de Zons plaats te vinden.

of Staartsterren, uit de Geschiedenissen.

Om de Plaats van de Noordknoop te vinden.

Laat in Afbeelding III, Fig. 4, BHN een gedeelte van de Ecliptica zyn, P de Pool van dezelve, D de Comeet op de eerste Waarneeming, uit de Zon te zien, C op de tweede Waarneeming; dan is N de Noordknoop, uit de Zon te zien, DH de breedte van de Comeet in de eerste Waarneeming, 1 gr., 12 min., 28½ sec., dan is DP 88 gr., 47 min., 31½ sec., BC de breedte van de Comeet in de tweede Waarneeming, 23 gr., 30 min., 37 sec., dan is PC 66 gr., 29 min., 23 sec.; de boog CQ is regthoekig op HP, de boog BH is 20 gr., 24 min., 45 sec.

```
         Sin.              Sin.         SC.                      SC.
         °  '  "           °  '  "      °  '  "                  °  '  "
R .... PC 66:29:23 .... ∠CPD 20:24:45   CQ 18:39: 8 .... R .... PC 66:29:23

         9962364                                                 9600879
         9542547                                                 9976569

         9504911                                                 9624310

      CQ 18:39: 8                                             PQ 65: 6: 2
                                                              DP 88:47:31½

                                                              DQ 23:41:29½


         Sin.              Tang.             Sin.              Tang.
         °  '  "           °  '  "           °  '  "           °  '  "
   DQ 23:41:29½ .... R .... CQ 18:39; 8   R .... DH 1:12:28½ .... ∠HDN 40: 1:58

                        9528341                                  9924318
                        9604023                                  8323978

               Tang.    9924318                        Tang.     8248296

       ∠CDQ of HDN 40: 1:58                            HN 1: 0:53
```

                                          Tek. °   '   "
De Aarde uyt de ☉ te zien op de 1ste Waarneeming   0.26.51.50
De Comeet van de Aarde in de Ecliptica uit de ☉ - 13.36.47

De Comeet van Aries op de 1ste Waarneeming uit de ☉   0.13.15. 3
De Comeet van Noordknoop in de Ecliptica uit de ☉   1. 0.53

De plaats van de Noordknoop uit de ☉ te zien -   0.14.15.56 't Welk zeer na met de Heer *Bradley* overeen komt, die dezelve gevonden heeft in Aries 14 graad., 16 min.

Om de hoek te vinden, die de Comeets weg met de Ecliptica maakt, uit de Zon te zien.

```
         °   ′   ″
  B H   20 : 24 : 45
  H N    1 :  0 : 53                    Tang.
                                         °   ′   ″
Sin. BN  21 : 25 : 38  .... R ....  BC  23 : 30 : 37

                                       9638515
                                       9562672
                                      ─────────
                                      10075843 Tangens.
```

∠BNC 49 ‹ 58 : 40 De hoek die de vlakte van de Comeets weg met de Ecliptica maakt, 't welk maar 20 fecunden minder is als de Heer *Bradley* daar voor gevonden heeft.

Om de Plaats van 't Perihelium te vinden, in de Weg van de Comeet.

Ziet Afbeelding IV, Figuur 1.

```
                          A S  199766  Dit is het dubbeld van B S
                          S C  133128  of C P of A G

          S C 133128 .... R ..,. S G   66638

                                      4,823722
                                      5,124270

                          ∠ S C G   30:  2:12
                                        90
De Comeet van 't Perih. in zyn kring ∠ B S C  59:57:48

                 SC.                   SC.
                 °   ′   ″            °   ′   ″
    R .... BN  21:25:38 ,...   BC  23:30:37  Ziet Figuur 4, in de IIIde Afbeelding.

                                   9,962364
                                   9,968895
                                   ─────────
                                   9,931259 Sin. Com.
```

De Comeet op de 3de Obferv. van de Noordk. 31:23:37 CN
De Noordknoop van Aries, pag. 179 gevonden 14:15:56

De Comeet van Aries in zyn kring ——— 11:12:52:19
De Comeet van 't Perihelium in zyn kring   1:29:57:48

't Perihelium van Aries ——— ——— ——— 1:12:50: 7 De Heer *Bradley* vind het zelve in Taurus 12 gr., 52 min., 20 fec., 't welk 2 min., 13 fec. meerder is.

Om

of Staartsterren, uit de Geschiedenissen. 181

Om de Tyd te vinden doe de Comeet in 't Perihelium geweest is.

De IVde Afbeelding, Figuur 1.

```
SC of CP of AG 133128     BS   99883              BS    99883
        AB     99883                 2
               ─────     AS  199766     De Log. is 4,999491
        BG     33245     AG  133128     Log. 4     0,602060
                         ─────          Log. BG    4,521726
       ⅔BG    22163     SG   66638                ─────────
       ½SG    33319                               10,123277
                                                       2
      ⅔BG+½SG 55482                     Log. GC   5,061638
                                        Hier nevens 4,744152
    De Logarithmus 4744152
                         De Logarithmus SCHBS 9,805790
```

Op de zelfde manier vind men de Inhoud SDHBS in Logarithmus getallen 9,439759; de proportie van deeze laatst gevonden Logarithmus getallen is tot malkander als 63942½ tot 27527, de tyd, die verloopen is tusschen de 1ste en 3de Waarneeming, vind men 29 dag., 23 uur., 1 min., of 43141 minuten.

```
                       min.
  63942½   36415½ .... 43141 ....  27527
  27527                            4439759
  ─────                            4634890
  36415½                           ───────
                                   9074649
                                   4561286
                                   ───────
                                   4513363
```
  32611 min., dat is 22 d., 15 u., 31 m.

Deeze laatst gevonden tyd is de Comeet na het Perihelium, in de eerste Waarneeming, geweest, daarom, dezelve getrokken van de 9 dagen, 8 uuren, 5 min. in October, Oude Styl, zoo moet de Comeet in 't Perihelium geweest zyn in September 16 dagen, 16 uur., 34 min., Oude Styl; de Heer *Bradley* heeft gevonden 16 dagen, 16 uur., 10 min.: deeze 24 minuten tyd kan omtrent het Perihelium, daar de Comeet op 't snelst loopt, geen 1½ minuut in de plaats van 't Perihelium verscheelen, uit de zon te zien.

Als de Weg van een Comeet bepaald is, om op een gegeeven tyd de plaats uit te reekenen, daar men dezelve uit de Aarde zien moet.

Ik zal de Comeet van 't Jaar 1723 tot een voorbeeld neemen, en gebruiken de getallen daar de weg, volgens de stelling van een Parabole, door bepaald is, zoo als de Heer *Bradley* dezelve heeft gevonden; en vraag dan na de plaats van deeze Comeet in November 5 dagen, 5 uur., 53 min., Oude Styl, volgens de tyd van London? dat is 49 dagen, 13 uur., 43 min. na het Perihelium, of $49\frac{733}{1440}$ dagen; dit zyn 71383 deelen, daar van 1440 een dag uitmaaken; trekt dan de digtste afstand van de Comeet en de Zon, zynde in Logarithmus getallen 9,999414 van 10,000000, zoo rest daar 0,000586; dit, volgens de regel van *Keplerus*, vermenigvuldigd door $1\frac{1}{2}$, zoo vind men 0,000879; telt hier by 't Logarithmus getal, dat in alle Comeeten dient, 9,960128, en dan nog de Logarithmus van 71383, zynde 4,853595, de Zom is, na dat men de voorste 1 daaraf gelaaten heeft 4,814602; trekt daar van de Logarithmus van 1440, zynde 3,158362, zoo blyft daar 1,656240; 't getal van deeze Logarithmus, 't welk de middelloop verbeeld, is 45,315; zoekt hier op in de generaale Tafel van de Comeeten, hoe veel graaden dat de Comeet in zyn weg van 't Perihelium is, uit de Zon te zien, men zal vinden 57 graad., 32 min., 16 sec.; en hoe ver de Comeet in zyn weg van de Zon is, in Logarithmus getallen, 't welk daar nevens staat, men zal vinden 0,114423; de plaats van 't Perihelium, uit de Zon te zien, is, volgens den Heer *Bradley*, in Taurus 12 graad., 52 min., 20 sec.; trekt hier af, om dat de Comeet, uit de Zon te zien, tegen de order der Tekenen loopt, de hier vooren gevonden 57 graad., 32 min., 16 sec., zoo blyft daar 11 tek., 15 graad., 20 min., 4 sec. van Aries, voor de Comeets plaats in zyn weg, uit de Zon te zien; de klimmende knoop, uit de Zon te zien, is, volgens de Heer *Bradley*, van Aries 14 graad., 16 min.; bygevolg de Comeet voorby de klimmende knoop 28 graad., 55 min., 56 sec., uit de Zon te zien; de hoek, die 't vlak van de Comeets weg met de Ecliptica maakt, is

door

of Staartsterren, uit de Geschiedenissen.

door den voornoemden Sterrekundigen bepaald 49 graad., 59 min.;
dan werkt men als volgt:

```
        Sin.           Sin.                    Sin.              Sin.
        °  /  //       °  /  //                °  /  //          °  /  //
R .... 28:55:56 .... 49:59: 0         21:44:48 .... R .... 28:55:56
        9,684643                                           9942103
        9,884148                                           9967936
        ─────────                                          ─────────
        9,568791                                           9974167
```

Com. Breedte 21:44:48 uit de Zon te zien.   Com. in deEcl.van deNoordk. 19:34: 0
                                             De Noordknoop van Aries 14:16: 0

De Comeets plaats uit de Zon in de Eclipt. 11 tek., 24 gr., 42 min.

Dan zoekt men de Zons en Comeets afstand, in 't vlak van de Ecliptica, als volgt:

De afstand tusschen 't Perihelium en de Zon in Logarithmus getallen — 4,999414
Hier voor uit de Tafel gevonden ─────────────────────────────── 0,114423
Sin. Comp. 21 gr., 44 min., 48 sec., de Com. Breedte, uit de Zon te zien, 9,967936

De afstand tusschen de Zon en de Comeet in de Ecliptica in Logarithmus 4,081773

Nu zoekt men de Zons plaats, op de tyd van de Waarneeming.

```
               Zons Middel.              Plaats en loop van 't verste punt.
             Tek.  °    /    //               Tek.  °    /   //
't Jaar 1721   9 : 20 : 52 : 54                3 :  7 : 56 : 50
Jaaren   2    11 : 29 : 31 : 20                        1 : 40
Novemb.  5    10 :  4 : 33 : 54                             42
Uuren    5              12 : 19                ──────────────────
Minut.  53               2 : 11                3 :  7 : 59 : 12
```

Zon na zyn mid. van Aries   7 : 25 : 12 : 38
Verste punt van Aries ───   3 : 7 : 59 : 12

Zon van 't verste punt ─   4 : 17 : 13 : 26   hier op vind men 4,994599 voor de afstand
Æquatie van de Uitmiddelp. sub. 1 : 12 : 59   tusschen de Aarde en Zon in
                                                      Logarithmus getallen.
Zons waare plaats van Aries 7 : 23 : 52 : 39

Dan is de Aardkloots plaats, uit de Zon te zien, van Aries
1 teken, 23 graad., 52 min., 39 sec.; de Comeets plaats, uit de
Zon te zien, in 't vlak van de Ecliptica, is hier vooren gevonden,
van Aries 11 tekens, 24 graad., 42 min., 0 sec.; dan is de afstand
                                                         tusschen

tusschen de Comeet en de Aarde, uit de Zon te zien, volgens 't vlak van de Ecliptica, 59 graad., 10 min., 39 fec.; dit is de tusschen-hoek van een regtliniefche driehoek, daar van de twee zyden, die deeze hoek maaken, bekend zyn; de eene is de afftand tusschen de Zon en de Comeet in de Ecliptica, hier vooren gevonden, in Logarithmus getallen, 5,081773, en de andere zyde is de afftand tusschen de Zon en de Aarde, zynde, in Logarithmus getallen, 4,994599; dan vind men, op de zelfde wys als in de Planeeten (o), de Comeets plaats, uit de Aarde te zien, in Aquarius 4 graad, 16 min., 47 fec., met 23 graad., 38 min., 1 fec., Noorder Breedte, de lengte is 17 fecunden meer als de Waarneeming, en de breedte 32 fecunden minder: de Heer *Bradley* reekent de lengte 18, en de Breedte 10 fecunden meerder als de Waarneeming. Als 't Perihelium van de Comeet verder van de Zon is als de Aarde, 't welk voorviel in de Staartfter, die men op 't end van 't Jaar 1664 gezien heeft, dan werkt men als volgt:

	Log. getal.
Logarith. van de afftand tusschen 't Perih. en de Zon	10,011044
	10,000000
	0,011044 gemultipl. door $\frac{1}{2}$
	0,016566
	10,000000
't Logarithmus getal in alle Comeeten	9,983434
Logarithmus van de dagen voor of na 't Perihelium	9,960128
	1,985862
Logarithmus van de middelloop	1,929424 de reft is als vooren.

Maar als 't Perihelium van een Comeet ongemeen digt aan de Zon is, als die van 't Jaar 1680, dan gebruikt men om de netheid, de Tafel van de Comeeten niet; men doet, in dit geval, de reekening uit grond zelfs, in 't maaken van de generaale Tafel der Comeeten; als de middelloop 3 is, dan is hier vooren gevonden $\frac{1}{12} y^3 + \frac{1}{2} y = 1\frac{1}{2}$ maal de middelloop, of $= 4$; genomen dat men de plaats van de laatftgemelde Comeet begeerde te reekenen, in 't Jaar

---

(o) Pag. 45, in de Aanmerkingen over de loop van Jupiter.

of Staartſterren, uit de Geſchiedeniſſen. 185

Jaar 1681, den 5den January, Oude Styl, 's avonds ten 6 uur, 12 min., 9 ſec., gelyke tyd, dat is 28 dagen, 6 uur., 8 min., 9 ſec. na 't Perihelium; de Logarithmus van deeze laatſte dagen is 1,451105; als de middel-afſtand, tuſſchen de Zon en de Aarde, geſteld word op 10000 deelen, dan is, door de uitreekening van den Heer *Halley*, de regte zyde van de Parabole, die de Comeet beſchryft, 243 deelen (*p*); de afſtand, tuſſchen 't Perihelium en de Zon, is dan 60,75; dog om dat hier vooren de geheele, om in de Tafel van de middelloop geplaatſt te worden, ieder in 100 gelyke deelen geſneeden zyn; daarom, als men de Logarithmus van de middelloop, volgens de Tafel gevonden heeft, zoo neemt de Logarithmus van 100, zynde 2,000000 daar af, als hier onder te zien is:

Van 10000 is de Logarithmus	4,000000
Van 60,75 is de Logarithmus	1,783546
	2,216454 gemultipl. door $\frac{3}{2}$ of $1\frac{1}{2}$
	3,324681
Logarithmus getal van alle Comeeten	9,960128
Logarithmus van de dagen na 't Perih.	1,451105
	4,735914
	2,000000
Logarithmus van de middelloop	2,735914
De middelloop	544,39½
$\frac{1}{3}$ deel	181,46½
$1\frac{1}{4}y^3 + \frac{1}{2}y =$	725,86
$y^3 + 12y =$	17420,64
Daar uit vind men $y =$	25,7688½ dat is in Afb. III, Fig. 1, de lengte CQ
Logarithmus CQ	1,411095
Logarithmus van 't vierkant CQ	2,822190
Logarithmus van 4 de regte zyde	0,602060
Logarithmus PQ	2,220130
PQ	166,008

(*p*) Philoſoph. Natur. Princip. Mathem., pag. 459, Amſt. 1714.

$$PQ\ 166,008$$
$$SP\ \ \ 1,$$
$$QS\ 165,008\ \ldots\ R\ \ldots\ CQ\ 25,7688\tfrac{1}{2}$$
$$\angle CSQ\ \ 8.52.33$$
$$180$$

De Comeet van 't Perihelium uit de ☉ te zien $\angle CSP$ 171. 7.27

$$\angle CSQ\ \overset{90}{8.52.33}$$
$$\angle QSC\ 81.\ 7.27\ \ldots\ QS\ 165,008\ \ldots\ R$$

$$2217505$$
$$9994768$$

Logarithmus SC 2222737
De Logarithmus van 60,75 is 1783546

$$4006283$$

CS 10145½ dat is 10145⅞ als men de middel-afftand, tuffchen den Zon en de Aarde, op 100000 fteld.

Wat het overige van 't Werk aangaat, dit gefchied op de zelfde wys als in de Comeeten, die door de Tafel uitgewerkt worden, daar hier vooren een voorbeeld van uitgewerkt is, en daarom onnoodig om dit wederom te herhaalen. Ten einde van de Reekening, zoo vind ik de Comeets plaats in Aries 8 gr., 49 min., 5 fec., met 26 gr., 15 min., 0 fec. Noorder Breedte; de lengte is 5, en de breedte 26 fec. minder als de Waarneeming van *Flamfteed* (*q*).

Dit dunkt my genoeg te zyn tot verklaaring van de Uitreekening der Comeeten, laat ons dan tot de Hiftorie van dezelve overgaan. Ik heb hier vooren (*r*) gezegt, dat ik, van 't begin af tot het Jaar 1665, gevonden heb 170 Comeeten daar men zekerheid van had; dog in de volgende Hiftorie heb ik die in Sina gezien zyn, de Fakkels van *Titus Livius* en *Obfequens*, ook andere, daar ik gedagten van had dat Comeeten geweeft zyn, of fchoon de befchryving daar van zoo duidelyk niet was als van de voorgaande, evenwel daar by gedaan, om dat die in vervolg van tyd kunnen te pas komen;

(*q*) Vol. 1, pag. 107, Lond. 1725.   (*r*) Pag. 23.

men; daar en boven heb ik zedert nog eenige nieuwe ontdekt: zoo dat ik, van 't begin af tot het laatftgemelde Jaar, vind 205 Comeeten; van 't Jaar 1665 tot het Jaar 1737 zyn nog gezien 24 Staartfterren, dat is te zaamen 229; hier onder zyn, van 't begin af tot het Jaar 1500 toe, 44 Comeeten die andere niet ontdekt hebben; zoo dat *Hevelius* en *Lubienietsky* niet meer moeften befchreeven hebben als 161 Comeeten, daar de laatftgemelde Schryver verhaald, dat van 't begin af tot het Jaar 1665 gezien zyn 415 Comeeten. De Engelfche Sterrekundigen hebben de omloop gevonden van die, die in de Jaaren 1661, 1680 en 1682 zig vertoond hebben. Ik meen, behalven die, nog ontdekt te hebben, de omloop van de Comeeten, die gezien zyn in de Jaaren 1580, 1585, 1596, 1652, 1664, 1665, 1677 en 1686. Als men met de Jaaren der omloopen van deeze Comeeten in de Hiftorien te rug gaat, zoo kan men daar door, indien in geen een van deeze omloopen gemift is, van 89 Comeeten, die voor het Jaar 1683 gezien zyn, aanwyzen in hoe veel Jaaren dat die om de Zon loopen. Wat nu de 8 Comeeten aangaan, daar ik de omloop van bepaald heb; ik zoek met voordagt niemant in 't minft iets te misleiden, of dezelve waarfchynelyker te maaken als 't behoort; maar zal opregtelyk myn meening daar van zeggen: Drie daar van zyn, myns oordeels, volkomen zeker, en daar blyft de minfte twyffeling niet over, of dezelve wel gevonden zyn; tot drie andere is een zeer groote waarfchynelykheid; en de twee, die dan nog overig zyn, of fchoon dezelve zoo klaar niet kunnen beweezen worden, zoo heb ik die evenwel zoo onzeker niet geägt, dat ik ze behoorde voorby te gaan.

Hiftorie van alle de Comeeten, of Staartfterren.

Als een O voor op de kant ftaat, dit betekend dat de omloop bekend, of ontdekt is; en indien men een N vind, dat het een nieuwe is, daar *Hevelius*, nog *Ricciolus*, geen gewag van maaken.

Na het inneemen van Troyen is een Comeet met een lange ftaart gezien, als een geheele weg die met ligt beftreeken was. *Publ. Virgil. Mar. Æneid.*, lib. 2, pag. 230, Rott. 1704. *Hygin. Poet. Aftron.*, pag. 214, de Druk van 1589.

Jaaren voor Crhiftus 1194.

O

Is dit de Comeet van 't Jaar 1681 geweest? dan moet dezelve gezien zyn omtrent 15 Jaaren na 't inneemen van Troyen. Dat deeze Comeet in de Maand Augustus, in het Teken van de Tweelingen gezien zou zyn, zoo als *Hevelius* uit *Rockenbag* heeft, kan met geen grond beweezen worden; het is een verdigtzel, 't welk de Astrologisten daarby gevoegt hebben. *Hevelius* beschryft deeze Comeet nog eens 1180 Jaaren voor Christus, doe *Tentamus* Koning van Assyrien was, uit *Rockenbag*, dat dezelve in het Teken van Aries zig vertoonde, en 43 nagten brande; dit laatste is wederom verdigt: onder de Regeering van den laatstgemelden Vorst, die andere *Tautanus* noemen, is Troyen verwoest (*a*).

Omtrent 975 Jaaren voor Christus In Ethiopien en Egipten verscheen, in de tyd van *Typhon*, een Comeet, als een vuurige knoop, dewelke als een Slang in een gerold was. *Plin. Sec. Nat. Hist., lib.* 2, *cap.* 25, *pag.* 13, *Aurel. Allob.* 1606.

De tyd, wanneer dat deeze Comeet gezien is, kan met geen zekerheid vastgesteld worden. *Typhon* is een Griekse naam, die in 't Egiptisch *Seth*, ook wel *Sethosis*, of *Sesostris* beteekent; by de Jooden *Sesac*: volgens *Marsham* heeft deeze Vorst geregeerd omtrent 967 Jaaren voor Christus, want doe quam hy op tegen Jerusalem; zoo dat hy wel wat vroeger zal hebben beginnen te regeeren; en 't zou wel eenigzins schynen, of dit de zelfde Comeet was die in 't Jaar 1652 gezien is, van grootte als de Maan, daar men byna geen staart aan kon merken: het in een rollen als een Slang; zal waarschynlyk 't verscheide ligt geweest zyn in de Dampkring van de Comeet. *Hevelius* stelt deeze Comeet, uit *Rockenbag*, 1718 Jaaren voor Christus, en voegt daar by, uit *David Herlicius*, dat die, omtrent Jupiter, in het Teken van den Boogschutter verscheen (*b*); 't welk verdigtzels zyn: buiten *Plinius* is van deeze Comeet niets te vinden. 't Schynt dat de meeste verdigtzels gevoegt zyn by de aldeoudste Comeeten; ligtelyk meenden zy 't bedrog dan beter te kunen bedekken. Men vind in *Hevelius* (*c*), uit *Rockenbag*, dat 2292 Jaaren voor Christus, even voor de Zondvloed, een Comeet verscheen in het Teken van Pisces, die in een Maand tyd de 12 Tekenen van de Zodiac doorliep, dewelke den 16den April is verdweenen; waar op aanstonds de Zondvloed volgde: en of dit nog niet net genoeg was, zoo word, uit *David Herlicius* en *Eckstormius*, daar by gevoegd, dat dezelve omtrent Jupiter verscheen, en in 29 dagen de geheele Tekenkring doorliep; maar uit wat voor Schryver is dit getrokken? hoe kan men dit weeten? de Maanden, de Planeeten, en de Tekenen van de Zodiac, hadden die doe al de zelfde naamen als tegenwoordig? of wie heeft dezelve in onze benaamingen overgebragt? *Seneca* getuigt

(*a*) *Eusebius* Pamph. Chron., lib. Post., pag. 91, Amst. 1658.
(*b*) Cometogr., lib. 12, pag. 795. (*c*) Cometogr., lib. 12, pag. 794.

of Staartsterren, uit de Geschiedenissen. 189

getuigt immers (d), dat nog geen 1500 Jaaren voor zyn tyd, dat is omtrent 1450 Jaren voor Christus, de Grieken de Sterren in Beelden hebben onderscheiden, en die naamen gegeeven, dewelke dezelve nog hedendaags voeren. Ik zal my niet langer ophouden met die ongerymde dingen te wederleggen, aan de kenners van Geschiedenissen blykt dit van zelfs genoeg.

525 Jaaren voor Christus verscheen een Comeet, in de Winter, Beweften de Scorpioen; dezelve ging na de Melkweg. *Traité de l'Astronomie Chinoise*, pag. 25, Par. 1732; uit een Sineesch Schryver, genoemt *Tse-kieou-min*. Voor Christus 525 Jaar. O. N.

Het is zeker genoeg, dat dit de Comeet van 't Jaar 1661 geweest is, die in omtrent 129 Jaaren om de Zon loopt. De schynbaare loop van de laatstgemelde, was tegen de order der Tekenen; den 3den February, in 't Jaar 1661, was die onder den Dolphyn; den 20sten Maart zag men die in de Vleugel van den Arend, by de Melkweg: indien dezelve wat vroeger in 't Perihelium gekomen was, dan zou de loop gescheenen hebben met de order der Tekenen. Is nu de Staartster, in Sina, omtrent het begin van January 't eerst gezien, zoo moet dezelve zig, op dien tyd, omtrent de Sterren van den Scorpioen vertoond hebben, en dan voortgegaan zyn na de Melkweg, daar die van 't Jaar 1661 ook verdweenen is: zoo dat hier een wonderlyke overeenkomst ontdekt word; om dat de Zendelingen de loop van de Cometen, zoo als die door den beroemden *Newton* gevonden is, niet volgen, zoo kan men in 't minst geen agterdogt wegens deeze Waarneeming hebben.

Een menigte van nagten zag men een brandende Spies, als de Krygsluiden gebruiken, in den Hemel. *Jul. Obseq. Prod.*, *lib.* pag. 6. De Consuls die *Lycosth.* daar by voegt, zyn *Posth. Tubertus* II, *Agrip. Men. Lanatus*. Voor Christus 502 Jaar. O. N.

Dit is de Comeet van 't Jaar 1682 geweest.

Doe de Grieken by Salamine streeden, wierd een Comeet gezien, welker Staart de gedaante van een Hoorn had. *Plin. Sec. Nat. Hist. lib. 2, cap 25, pag. 13.* Voor Christus 480 Jaar.

Dit zal de Comeet geweest zyn, die *Aristoteles* verhaalt, dat in de leeftyd van *Æschylus* gezien wierd.

Charimander, in zyn Boek, dat hy van de Cometen gemaakt heeft, Voor

(d) *Nat. Quest.*, lib. 7, cap. 15.

Christus heeft, verhaalt, dat *Anaxagoras* een groot en ongewoon ligt in
463 Jaar. den Hemel zag, als een groote balk, 't welk een menigte van dagen
O. blonk. *Luc. An. Seneca Nat. Quest.*, lib. 7, cap. 5, pag. 753.

Dit zal de Comeet geweest zyn, die 't laatst in 't Jaar 1596 gezien is (e).
Anaxagoras is gebooren in 't eerste Jaar van de 70ste Olympiade, dat is 500
Jaaren voor Christus, en gestorven in 't eerste Jaar van de 88ste Olympiade,
dat is 428 Jaaren voor Christus (f). *Ricciolus* (g) is vergist, als hy meent,
dat dit de zelfde Comeet was, die 373 Jaaren voor Christus gezien wierd.
Plinius (h), *Aristoteles* (i), en *Plutarchus* (k) verhaalen van een Comeet, die 75
nagten gezien wierd, als een groote vuurige Wolk, die niet stil stond, maar
geduurig van plaats veranderde; dezelve zou zig vertoond hebben, doe de
Steen uit de Zon viel, dewelke *Anaxagoras* voorzeid had; volgens *Eusebius* (*)
is de Steen gevallen in 't 4de Jaar van de 78ste Olympiade, dat is 465 Jaaren
voor Christus; zoo dat dit ook de voorgaande Comeet is, om dat, na omtrent
58 Jaaren, op de zelfde plaats, daar men meende dat de Steen gevallen is,
Lyzander de Atheensche Zeemagt overwon; zoo verhaalt *Plutarchus*, dat zommige meenden, dat dit een voorteeken daar van was.

Voor   In 't 45ste Jaar van de 38ste Tydkring, verscheen, volgens 't
Christus verhaal van de Sineezen, een Comeet. *Monarch. Sini. Tab. Chron.*,
432 Jaar. *pag.* 14, Par. 1686.
O. N.

Deeze Comeet heeft zig in 't Jaar 1665, in de Maand April, wederom
vertoond.

Voor   *Eucleo*, de Zoon van *Molion*, *Archontes* tot Athenen zynde, zoo
Christus verscheen, omtrent de Maand January, doe de Zon ten naastenby
428 Jaar. in 't Wintersche Keerpunt was, een Staartster in het Noorden.
O.   *Aristotel.*, lib. 1, cap. 6.

In de Lyst van *Archontes* tot Atheenen, vind men geen *Eucleo*; dog wel
Euclides 428, en een anderen, van dien zelfden naam, 402 Jaaren voor Christus; maar al was dit de regte naam, hoe kan men weeten welke van deeze
de Zoon van *Molion* geweest is? *Mizaldus* meent, dat men uit de Text verstaan moet, dat *Molion* zelfs *Archontes* tot Atheenen was; en dan zou de Comeet gezien zyn 362 Jaaren voor Christus: dit zal ligtelyk de Comeet geweest
zyn

(e) Wegens de omloop van dezelve kan men nazien 't Onderzoek over de Zon- en Maan-Eclipzen, pag. 95.
(f) *Diogen. Laërt.*, pag. 28. (g) *Almag.*, tom. 2, lib. 8, pag. 4.
(h) *Nat. Hist.*, lib. 2, cap. 58, pag. 24. (i) *Lib.* 1, *Meteor.*, cap. 7, pag. 536.
(k) In *Lyzander*, pag. 439, Lugd. Batav. 1655. (*) *Chron.*, lib. post., pag. 131, Amst. 1658.

zyn daar *Aristoteles* van verhaalt, die in de leeftyd van *Democritus* en *Hippocrates* verscheen. Ik vind iets, waar door my het zekerste schynt, dat de Comeet 428 Jaaren voor Christus gezien is; want het is te vermoeden, dat dit de Comeet van 't Jaar 1682 geweest is; de verloopen tyd tusschen beiden, is 2109 Jaaren: nu is de Comeet van 't Jaar 1682, ook gezien in 't Jaar 1155, in de Maand Mey; de verloopen tyd is 527¼ Jaar, waar in de Comeet zeven omloopen gedaan heeft; dan zyn 28 omloopen net 2109 Jaaren, dat wonderlyk wel overeen komt; en 't geen nog meer dit gevoelen versterkt, is, dat omtrent 74 Jaaren na 428 Jaaren voor Christus, of 354 Jaaren voor Christus, wederom een Comeet gezien wierd, daar van de Staart de gedaante van een Spies had, 't welk niet qualyk met die van 't Jaar 1682 overeen komt; nog 151 Jaaren daar na, dat is 203 Jaaren voor Christus, is een brandende Fakkel aan den Hemel gezien; 75 Jaaren daar na, dat is 128 Jaaren voor Christus, heeft zig wederom een brandende Fakkel vertoond; nog 75 Jaaren na die tyd, dat is 53 Jaaren voor Christus, doe vertoonde zig een Fakkel, die van 't Zuiden na 't Oosten liep; en 't geen zeer aanmerkenswaardig is, dat 502, of 503 Jaaren voor Christus, ook een Fakkel aan den Hemel gezien wierd, die meede de gedaante van een Spies had; tusschen dit laatstgemelde Jaar, en 't Jaar 1682, zyn verloopen 2184 Jaaren; in die tyd heeft de Comeet 29 volle omloopen om de Zon gedaan, dat is ieder omloop, door malkander, 75 Jaaren, 3¼ Maand; als men de zeven laatste omloopen door malkander reekent, dan is ieder omloop 75 Jaaren en 4 Maanden; zoo dat het schynt, dat de Comeeten nu niets van belang traager, of snelder loopen, als in voorige tyd.

Doe *Aristeus Archontes* tot Athenen was, verscheen, in de Winter, 's avonds, in het Westen een Comeet, de Staart was als een weg van ligt, en strekte zig tot een derdendeel van den Hemel uit. Deeze Staartster klom op tot den gordel van den Reus, daar dezelve is verdweenen. *Aristotel., lib.* 1. *Meteor., cap.* 6. *Seneca, lib.* 7. *Nat. Quest., cap.* 5 *et* 16. *Plinius, lib.* 2, *cap.* 26, *pag.* 13, *Aurel. Aͤ.* 1606. *Diodor. Sicul., lib.* 15, *pag.* 365 *et pag.* 483, *Ed. Steph.*

Voor Christus 373 Jaar.

De laatste Schryver stelt de Comeet, als een voorteken van het geen dat in 't eerste Jaar van de 102de Olympiade gebeurd is. Het is niet om te gelooven, 't geen *Ephorus* verhaalt, zoo als *Seneca* ook zeer wel aanmerkt, dat deeze Comeet zig in twee Sterren zou verdeeld hebben; maar is 't wel onwaarschynelyk, dat, doe de Staartster zig vertoonde, dat omtrent de zelfde plaats een ligt te voorschyn quam, 't welk de nagt als in dag veranderde, even als in 't Jaar 1719, den 20sten Maart, in deeze Landen gezien is, en dat men meende, dat dit van de Comeet afkomstig was? dit zal de Schryver, daar *Diodorus* zyn verhaal uit heeft, aanleiding gegeeven hebben, om te fchryven, dat de Comeet zulk een groot ligt had, en dan zyn alle de zwaarigheden weggenomen. Dit fchynt de Comeet geweeft te zyn, die de laatftemaal in 't end van 't Jaar 1664, en 't begin van 't Jaar 1665 gezien wierd.

Voor Chriftus 360 Jaar. N.
360 Jaaren voor Chriftus is in Sina een Staartfter in het Weften gezien. *Monarch. Sini. Tab. Chron.*, pag. 15.

Voor Chriftus 354 Jaar. O.
In 't Jaar 398, na de bouwing van Romen, verfcheen een Comeet, daar van de Hairen veranderde in de gedaante van een Spies. *Plinius*, lib. 2, cap. 25, pag. 13.

Deeze Comeet moet dan gezien zyn 355, of 354 Jaaren voor Chriftus. In de Jaaren van Romen, en in de Olympiaden, als de Maand niet bepaald is, zoo is het byna op geen Jaar te weeten; want hoe kan men befluiten of het in 't begin, of in 't end van zoodanig een Jaar geweeft is? *Plinius* voegt by de Jaaren van Romen, dat de voorgaande Comeet gezien zou zyn in de 108fte Olympiade; maar dit komt met de Jaaren van Romen niet overeen. Zouden dit ook twee Comeeten geweeft zyn, en dat men het woordtje, &, daar uitgelaaten had? dan zou 't kunnen zyn, dat het de volgende Comeet was die *Ariftoteles* verhaalt: dog dan kon men vraagen, hoe komt het, dat de laatfte Schryver ook van de eerfte Staartfter geen gewag maakt? maar hy verhaalt evenwel, dat hy een Ster zag in de Dye van de kleine Hond, die een donkere en bleeke Staart had (*l*); dit zal een Comeet geweeft zyn die begon te verdwynen; dan fchynen dezelve ftil te ftaan, en de Staart is zoo flaauw, dat men twyffelt, of men wat ziet of niet; op deeze wys meenden de Egiptenaaren, dat zy Staarten aan de Vafte Sterren gezien hebben. 't Gevoelen van *Descartes* komt my niet waarfchynlyk te vooren, als dat dit een buitengewoone wanfchaduwing in de Lugt, of een gebrek in de oogen van *Ariftoteles* was; door ouderdom zal 't niet gekomen zyn; want 354 Jaaren voor Chriftus, doe was de laatftgemelde Wysgeer omtrent 29 Jaaren oud. *Ricciolus* (*m*) verhaalt, uit *Juftinus*, dat doe *Alexander de Groot* gebooren wierd, en doe hy begon te Regeeren, dat op beide die tyden een Staartfter 70 dagen blonk; dit fchryft ook *Hevelius* (*n*), die *Rockenbag* aantrekt, daar men 't zelve ook vind (*o*); maar de eerfte Comeet ftelt hy, dat in Leo verfcheen; en de tweede, in de 19de graad van de Boogfchutter, dat die zig 19 dagen vertoonde; 't welk verdigtzels zyn: dog evenwel verhaalt *Rockenbag* niet, dat hy

---

(*l*) Lib. 1, cap. 6, pag. 535, Par. 1619.
(*m*) Chron. Magn. & Select., pag. 17; en in zyn Almageft., lib. 1, Sect. 1, pag. 4.
(*n*) Cometograph., lib. 12, pag. 797. (*o*) Exemp. Cometar., pag. 122 en 123.

hy dezelve in *Juftinus* gevonden heeft; hy trekt de laatftgemelde Schryver aan, over de tyd, doe *Alexander* begon te regeeren: in *Juftinus* is niets van een Staartfter by de geboorte, of het begin der Regeering van den laatftgemelden Vorft, te vinden.

Als *Nicomachus Archontes* tot Athenen was, verfcheen een Comeet weinig dagen, omtrent de Linie Æquinoctiaal. *Ariftot. lib.* 1, *cap.* 7. *Plutarchus in Timoleon*, pag. 239, *Frankf.* 1599.

<small>Voor Chriftus, 341 Jaar. o.</small>

't Kon ook wel zyn, dat *Plinius* van deeze Comeet gewag maakt (*p*), want in de Aantekeningen over deezen laatften Schryver, door *Harduinus*, in de Druk van Parys, van 't Jaar 1723, heeft men, dat in de Bibliotheek van 't Vaticaan, en in die van de Koning van Vrankryk; ook in de gedrukte Exemplaaren gevonden word, dat de Staartfter gezien wierd in de 108fte Olympiade; dog in 't Manufcript van *Colbert* leeft men de 109 Olympiade: nu is de Staartfter uit *Ariftoteles* en *Plutarchus* gezien in 't 4de Jaar van de gemelde Olympiade: *Bayle* (*q*) de paffagie uit *Plutarchus*, na de overzetting van *Amyot*, verhaald hebbende, laat daar op volgen: *Ce narré de* Plutarque *auroit pu être plus net, mais néanmoins on y trouve affez clairement, lors qu'on en pefe les circonftances, que tout cela ne fut qu'un Songe, & qu'il n'y eût point de feu actuel qui marchât devant la Flote comme un Guide. Ainfi on ne pourroit point faire un Paralèlle entre cette avanture, & la Colonne qui marchoit devant les Israëlites, ou l'Etoile qui mena les Mages à Bethléem*; in 't tegendeel, het blykt duidelyk uit *Plutarchus*, dat deeze Fakkel niet in een droom, maar wezentlyk aan den Hemel gezien is; want hoe kon die haar anders op de Reis van Corinthen na Italien verzeld hebben, en de zelfde loop houden; om dat zy voor de wind hadden, zoo zullen zy niet lang onderweeg geweeft zyn; de duuring komt dan met de vertooning van de Comeet, die *Ariftoteles* befchryft, overeen. Dit zal de zelfde Comeet geweeft zyn, die 't laatft in 't Jaar 1585 gezien is.

341 Jaaren voor Chriftus is die gezien.
1282

942 na Chriftus is een Comeet gezien.
322

1264 is dezelve digt by de Aarde geweeft.
321

1585 is dezelve ook gezien.

(*p*) Lib. 2, cap. 25, pag. 13. (*q*) In *Timoleen*, pag. 2743.

Voor Chriſtus 304 Jaar. O. N. 304 Jaaren voor Chriſtus is in Sina een Comeet gezien. *Monarch. Sini. Tab. Chron.*, *pag.* 15.

Dit zal de Staartſter van 't Jaar 1686 geweeſt zyn.

Voor Chriſtus 302 Jaar. O. N. 302 Jaaren voor Chriſtus is een Comeet in Sina gezien. *Monarch. Sini. Tab. Chron.*, *pag.* 15.

Als men de weg van de Comeet, die in 't end van 't Jaar 1580, en in 't begin van 't Jaar 1581 gezien is, naukeurig beſchouwt, daar een Figuur van opmaakt, en dan geſteld, dat de Comeet van 't Jaar 1346 de zelfde weg geloopen heeft, dan ſchynt het, dat dit een en de zelfde Comeet geweeſt is, en dat de omloop, als men die door malkander reekent, geſchied in ruim 235 Jaaren. 't Naaſte punt aan de Zon, in de Comeet van 't Jaar 1580, was zoo ver na 't Noorden, en de hoek, tuſſchen 't vlak van de Comeets weg en de Ecliptica, zoo groot, dat die op alle tyden van 't Jaar in 't Perihelium boven de Zon kan gezien worden, zoo dat dezelve ook zomtyds niet ondergaat. Nu vind men juiſt, dat byna alle de Comeeten, in de zelfde Periode, met die eygenſchappen beſchreeven worden; had *Gregoras*, of de Italiaanſche Schryvers, de dag en plaats, van de Comeet in 't Jaar 1346, wat naukeuriger bepaald, dan zou men, door een Wiskonſtige Reekening, 't beſluit hebben kunnen opmaaken, 't geen men nu maar als zeer aanneemelyk kan ſtellen, om dat alles zoo eenpaarig overeen komt. Ik zal de voortgang hier onder laaten volgen:

302 Jaaren voor Chriſtus, in Sina.
706
———

In 't Jaar 405 of 402, uit *Claudianus*, van 't Ooſten, door 't Noorden, na 't Weſten.
471
———

876 is een Comeet gezien.
234
———

1110 in 't Noordooſten, zonder onder te gaan.
236
———

1346 by de Kop van de Beer, en 't Hooft van Meduſa.
235 of 234.
———

1581 en 1580 daar de Weg van waargenomen, en uitgereekend is.

Voor Chriſtus 204 Jaar. 204 Jaaren voor Chriſtus is een Fakkel in den Hemel gezien, die van het Ooſten tot het Weſten uitgeſtrekt was. *Titus Livius, & Jul. Obſeq. Prodig. Libel.*, *Pag.* 29. *Lugd. Batav.*

of Staartsterren, uit de Geschiedenissen.

203 Jaaren voor Christus is een brandende Fakkel in den Hemel gezien. *Tit. Liv. & Jul. Obseq.*, *pag.* 30, *Lugd. Batav.* 1720.   Voor Christus 203 Jaar. O.

Dit zal de Comeet van 't Jaar 1682 geweest zyn.

Doe *Claudius* en *Petellus* Consuls waren, wierd een Fakkel aan den Hemel gezien. *Tit. Liv. & Jul. Obseq.*, *pag.* 52, *Plinius*, *lib.* 2, *cap.* 25, *pag.* 14.   Voor Christus 176 Jaar.

De 43ste Tydkring, in 't 6de Jaar, de 8ste Maan, verscheen een Comeet in 't Oost. *Monarch. Sini. Tab. Chron.*, *pag.* 18, *& Synop. Chron.*, *pag.* 18.   Voor Christus 172 Jaar. N.

169 en 167 Jaaren voor Christus zyn brandende Fakkels aan den Hemel gezien. *Tit. Liv. Rom. Hist.*, *& Jul. Obseq.*, *pag.* 55 *&* 56.   Voor Christus 169 en 167 Jaar. O.

't Kon zyn, dat de eerste van deeze Cometen, die van 't Jaar 1596 geweest is, of die van 't Jaar 1664, dat men niet kan onderscheiden.

In de 43ste Tydkring, het 24ste Jaar, vertoonde zig een Comeet in 't Westen. *Monarch. Sini. Tab. Chron.*, *pag.* 18.   Voor Christus 154 Jaar. N.

Outrent 146 Jaaren voor Christus brande een Ster 32 dagen, de grootte was niet minder als de Zon. *Jul. Obseq.*, *pag.* 74, *Lugd. Bat.* 1720. *Seneca Nat. Quest.*, *lib.* 7, *cap.* 15, *pag.* 756.   Voor Christus 146 Jaar. O.

De Sineesche Schryvers schynen deeze Comeet ook opgetekend te hebben; want men vind, dat in 't 59ste Jaar, van de 43ste Tydkring, een Ster als de Zon verscheen (*r*); dog het is zeker, dat dezelve hier niet op 't regte Jaar gesteld is; want na deeze Comeet word nog een andere groote Comeet beschreeven, die in 't 43ste Jaar, van de gemelde Tydkring, in 't Oosten gezien zou zyn; maar het is geen order, eerst van 't 59ste, en dan van 't 43ste Jaar te verhaalen; ook vind ik daar twee Zon-Eclipzen in de zelfde Tydkring, de een op 't 30ste Jaar van die Tydkring, de 10de Maan, en de ander in 't 32ste Jaar van de zelfde Tydkring, de 10de Maan; dat onmoogelyk is: door de uitreekening blykt, dat dit maar een Zon-Eclips geweest is, dewelke voorviel in 't 31ste Jaar van die Tydkring, de 10de Maan; 't begin tot Pekin, 's morgens, den 10den November, 147 Jaaren voor Christus, ten 11 uur., 11 min.; het midden 37½ min. na de middag; het end ten 2 uur., 4 min.; de

(*r*) *Monarch. Sin. Tab. Chron.*, *pag.* 18.

de grootheid 11 duim, 48 min. over de Zuidzyde. De bovenftaande Comeet is die van 't Jaar 1652 geweeft.

Voor Chriftus 137 Jaar. Onder de Regeering van *Attalus* verfcheen een Comeet, die in 't eerft klein was, dewelke naderhand aanwies, en tot den Æquinoctiaal quam, daar dezelve tot een wonderlyke grootheid zig uitbreide. *Seneca*, lib. 7. Nat. Quef., cap. 15, pag. 756. *Jul. Obfeq. Prod. Libel.*, pag 80. Lugd. Batav. 1720.

Hipparchus zag in zyn tyd een Nieuwe Ster verfchynen, die niet ftil ftond, maar voortliep. *Plin*, lib. 2, cap. 26.

Het is waarfchynelyk, dat dit een Comeet geweeft is zonder Staart, of daar van men de Staart met het bloote oog niet heeft kunnen zien; 't Jaargetal moet men aan de nakomelingen overlaaten om te ontdekken.

Voor Chriftus 137 en 128 Jaar. O. In 't Jaar doe *Mithridates* gebooren wierd, en in 't zelfde Jaar doe hy begon te regeeren, heeft op beide die tyden een Comeet 70 dagen in den Hemel geligt. *Juftin. Hiftor.*, lib. 37, pag. 253, Lugd. 1594.

De Schryvers verfcheelen in den leeftyd van deezen Vorft. In *Eutropius* (s) vind men, dat hy 60 Jaaren regeerde, en 40 Jaaren tegen de Romeinen Oorlog had; dog in *Juftinus* (t) heeft men, dat hy 46 Jaaren tegen haar den Oorlog voerde : indien men daar uit befluit, dat hy 66 Jaaren geregeerd heeft, en dan 't Schryven van *Orofius* goedkeurt, die verhaalt, dat hy 75 Jaaren geleefd heeft, dan is hy in den Ouderdom van 9 Jaaren tot de Regeering gekomen, en 62 of 63 Jaaren voor Chriftus geftorven zynde, gelyk men zeker genoeg weet, dan is hy 137 Jaaren voor Chriftus gebooren, en heeft 128 Jaaren voor Chriftus beginnen te regeeren, en in dit Jaar is een brandende Fakkel aan den Hemel gezien (v); dog wil men *Eutropius* volgen, die fchryft, dat *Mithridates* 72 Jaaren geleefd heeft; is hy dan 63 Jaaren voor Chriftus geftorven, zoo moeft hy 135 Jaaren voor Chriftus gebooren zyn. In dit Jaar fchryven de Sineezen, dat een groote Comeet in het Ooften gezien is (x); ligtelyk zal men uit de Sineefche Schriften, in 't vervolg van tyd, nog ontdekken, welke van de voorfchreeven Jaaren dat *Mithridates* gebooren is, en heeft beginnen te regeeren. De Fakkel, die 128 Jaaren voor Chriftus gezien is, zal waarfchynelyk de Comeet van 't Jaar 1682 geweeft zyn.

(s) Hiftor. Roman., lib. 6, pag. 336. (t) Lib. 37, pag. 252.
(v) Jul. Obfeq. Prod. Lib., pag. 94, Lugd. Bat.
(x) Monarch. Sin. Tab. Chron., pag. 18.

of Staartſterren, uit de Geſchiedeniſſen.

In 't Jaar 100, voor Chriſtus, wierd een brandende Fakkel ge- Voor Chriſtus 100 Jaar.
zien. *Jul. Obſeq. Prod. Lib.*, *pag.* 130.

94 Jaaren voor Chriſtus verſcheen een Fakkel in den Hemel. Voor Chriſtus 94 Jaar.
Jul. Obſeq. Prod. Lib., *pag.* 147.

63 Jaaren voor Chriſtus zag men een brandende Balk in 't Weſten. Voor Chriſtus 63 Jaar.
Jul. Obſeq., *pag.* 180. *Dion. Roman. Hiſtor.*, *lib.* 37, *pag.* 46.

L. Philip. en *Cn. Marcel.* Conſuls zynde, ging een Fakkel, die Voor Chriſtus 56 Jaar.
in 't Zuiden te voorſchyn quam, na het Noorden. *Dion. Roman. Hiſt.*, *lib.* 39, *pag.* 111.

Calvinus en *Meſſala* Conſuls zynde, liep een Fakkel van 't Zuiden Voor Chriſtus 53 Jaar. O.
na 't Ooſten. *Dion. Roman. Hiſt.*, *lib.* 40, *pag.* 159.

Dit zal de Comeet geweeſt zyn, die in 't Jaar 1682 gezien is.

Omtrent 49 Jaaren voor Chriſtus heeft men een Comeet gezien. Voor Chriſtus 49 Jaar.
Lucan., *lib.* 1, *pag.* 36. *Amſt.* 1651. *Virgilius* 2. *Georg. Tit. Petron. Satyr.*, *cap.* 122, *pag.* 578. *Trajeƈt. ad Rhen.* 1700. *Dion. Roman. Hiſtor.*, *lib.* 41, *pag.* 179.

44 Jaaren voor Chriſtus is een groote Comeet gezien. Over de Voor Chriſtus 44 Jaar. O.
Schryvers en de byzonderheden daar van kan men nazien de Inleiding
tot de algemeene kennis van de Comeeten, *pag.* 14.

Dit is de groote Comeet van 't Jaar 1680 geweeſt.

In 't Jaar van de Stad Romen 721, vertoonde zig een Fakkel een Voor Chriſtus 32 Jaar.
menigte van dagen boven de Griekſe Zee. *Dion. Caſ. Rom. Hiſt.*,
lib. 50, *pag.* 483. *Synop. Chron. Monarch. Sin.*, *pag.* 18.

In 't Jaar van de Stad Romen 723, doe verſcheenen Comeeten. Voor Chriſtus 30 Jaar. O.
Dion. Roman. Hiſt., *lib.* 51, *pag.* 521.

Een van deeze zal de Comeet van 't Jaar 1677 geweeſt zyn.

In 't Jaar van de Stad Romen 737, wierd een Fakkel aan den Voor Hemel

Christus Hemel gezien. *Dion. Roman. Hiftor.*, *lib.* 54, *pag.* 611. *Jul.*
16 Jaar. *Obseq. Prod. Libel.*, *pag.* 213.

Men zou eenigzins kunnen twyffelen, of dit wel een Comeet geweeft is.

Voor In de 45fte Tydkring, 't 46fte Jaar, de 7de Maan, wierd in
Chriftus Sina een Comeet in 't Oosten gezien; tot Romen heeft die zig ook
12 Jaar.
O. een meenigte van dagen vertoond. *Monarch. Sin. Tab. Chron.*,
pag. 19, *Par.* 1686. *Synop. Chron.*, *pag.* 18, *Par.* 1696. *Dion.*
Roman. Hiftor., *lib.* 54, *pag.* 621.

In 't 44fte Jaar van de gemelde Tydkring, de eerfte Maan, de laatfte dag, verhaalen de Sineezen een Zon-Eclips. Ik vind, dat dezelve voorgevallen is, 14 Jaaren voor Chriftus, den 18den Maart, beginnende, tot Canton, na de middag ten 3 uur., 30 min.; het midden ten 4 uur., 44 min.; het end ten 5 uur., 50 min.; de grootheid 10 duim, 4 min.; dan volgt, dat de Comeet 12 Jaaren voor Chriftus, in Auguftus gezien moet zyn. Dit is de zelfde Staartfter geweeft die zig de laatftemaal in 't Jaar 1661 vertoonde.

Voor 5 Jaaren voor Chriftus is in Sina een nieuwe Ster gezien. *Uit*
Chriftus *de Chronol. Tafelen van Joan. Franc. Foucquet.*
5 Jaar.
O. N.

Dit is de Comeet geweeft die 't laatft in 't Jaar 1652 gezien is.

De Comeeten na Chriftus geboorte.

Na Verfcheide Comeeten blonken te gelyk. *Dion. Roman. Hiſt.*,
Chriftus *lib.* 56, *pag.* 671.
10 Jaar.

Na Hairige en bloedige Sterren blonken. De Sineezen verhaalen,
Chriftus dat een Comeet 20 dagen brande. *Dion. Roman. Hiftor.*, *lib.* 56,
14 Jaar.
pag. 675. *Joann. Xiphil. Epitome*, *pag.* 218. *Joan. Zonar. Annal.*,
pag. 543. *M. Manil. Aftron.*, *lib.* 1, *pag.* 28. *Synopſ. Chronol.*
pag. 21.

Na In het 13de Jaar van de 46fte Tydkring, de laatfte dag van de
Chriftus 7de Maan, gefchiede een Zon-Eclips, en in 't 16de Jaar zag men een
19 Jaar.
O. N. Comeet. *Monarch. Sin. Tab. Chron.*, *pag.* 38.

De Verduiftering in de Zon vind ik, door de Reekening, in 't Jaar 16,
den

of Staartſterren, uit de Geſchiedeniſſen. 199

den 21ſten Auguſtus, op de Noorder Breedte van 34 gr., 16¼ min., 107 gr., 3¾ min. beooſten Parys, dat is tot *Si-ngban-fu*, de Hoofdſtad van de Provincie Xenſi, daar is dezelve begonnen, 's morgens ten 9 uur, 54 min.; 't midden ten 11 uur., 18 min.; het end o uur., 22 min. na de middag; de grootheid 7 duim; dan moet de Comeet in 't Jaar 19 gezien zyn. Dit zal de Staartſter geweeſt zyn, die wederom gezien is de laatſtemaal in 't Jaar 1665, in de Maand April.

In 't Jaar 54 zag men een Comeet in 't Noorden, dewelke na de Ooſtkant liep, en geduurig na om hoog klom; dezelve wierd, hoe langer, hoe duiſterder. *Seuton, lib. 5, cap. 46, pag. 491, Trajeƈt ad Rhen. 1708. Seneca Queſ. Nat., lib. 7, cap. 21, pag. 758, & lib. 7, cap. 29.* _{Na Chriſtus 54 Jaar.}

In 't Jaar 60 verſcheen wederom een Comeet in 't Noorden, die een lange tyd gezien wierd, dewelke door het Weſten na 't Zuiden vorderde. *Seneca, lib. 7. Nat. Queſt., cap. 21, pag 758, & lib. 7, cap. 29. Tacit. Annal., lib. 14.* _{Na Chriſtus 60 Jaar.}

Dit is ook de zelfde Staartſter daar *Seneca* met deeze woorden van Schryft: *Fecit is Cometes qui Paterculo & Vopiſco Conſulibus apparuit.* Dit blykt uit de Aardbevingen, die hy (y) verhaalt; zoo dat deeze Burgermeeſters alleen voor de eer waren, of in plaats van *Lentulus* geſtelt zyn, om dat men dezelve niet vind in de gemeene lyſten.

Op het end van 't Jaar 64 is verſcheiden nagten een Staartſter gezien. *Tacit. Annal., lib. 15. Caj. Seuton. Tranq., lib. 6, cap. 36, pag. 542.* _{Na Chriſtus 64 Jaar. O.}

Dit zal de Comeet van 't Jaar 1677 geweeſt zyn, die in 94 of 95 Jaaren om de Zon loopt.

In 't Jaar 1677 is dezelve 8 dagen gezien.
  95
 ―――
1582 is dezelve gezien 4 dagen; volgens andere, 15 dagen.
 191
 ―――
1391 is een Comeet gezien by de groote Beer.
  93
 ―――
1298

(y) In 't 1ſte boek, het 6de cap.

Korte Beschryving van alle de Comeeten,

In 't Jaar 1298 is een Comeet 3 dagen gezien by de Zon, in 't Noorden.
95

1203 D. *Herlicius* verhaalt, dat in 't Jaar 1202 een Comeet gezien is.
94

1109 is die in Engeland, by de Melkweg gezien, in December.
94

1015 in February, in Italien gezien.
191

824 *Lavatberus* heeft op dit Jaar, uit *Seuſſanus*, een Comeet.
95

729 in January, in Engeland, 14 dagen lang.
571

158 uit *P. Jan. Twisk*.
94

64 op 't end van 't Jaar is een Staartſter gezien.
93

Voor Chr. 30 zyn Comeeten verſcheenen.

Na Chriſtus 69 Jaar. In 't Jaar 69 verſcheen een Comeet. *Joan. Xiphilin. Epitom. Dion.* pag. 207. *Flav. Joseph. verſ. Gelen.* 1593, *lib.* 6, *cap.* 13, *de Bel. Jud.* & pag. 228 *in verſ. Ruff. Zonar.*, pag. 302. *Haimon. Hiſt. Ecclef.*, *lib.* 3, *pag.* 27, *Helm.* 1671.

't Jaar volgt uit de Maan Eclipzen, die *Xiphilinus* verhaalt. Het is niet om te gelooven, dat de Staartſter een geheel Jaar lang gezien is, zoo als *Josephus* ſchryft; men zal moeten leezen, *een Maand;* of de waare Text behoorde te zyn, dat een Jaar lang, voor de verwoeſting van Jeruzalem, veel Tekenen gezien zyn, waar onder deeze Comeet.

Na Chriſtus 76 Jaar. Doe de Roomſche Keizer, *Titus Flavius Veſpaſianus*, voor de vyfdemaal Burgermeeſter was, verſcheen een Comeet; de Staart was als een vuurige Straal, en had de gedaante van een Werpſpies. De Sineezen verhaalen dat een Comeet gezien is in de 46ſte Tydkring, het 13de Jaar, de 8ſte Maan, dat is omtrent September. *Plinius*, *lib.* 2, *cap.* 25, *pag.* 13, *Aur. Allob.* 1606. *Monarch. Sin. Tab. Chron.*, *pag.* 39, *Par.* 1686.

In

of Staartsterren, uit de Geschiedenissen.

In 't Jaar 78, omtrent de Maand January, heeft zig een Comeet vertoond. *Monarch. Sini. Tab. Chron.*, pag. 39, *Par.* 1686. *Sueton.*, lib. 8, cap. 23, pag. 648. *Ultraj. ad Rhen.* 1708. *Joan. Xiphil. Epitom. Dion.*, pag. 223. *Sext. Aurel. Victor*, pag. 256.

<small>Ná Christus 78 Jaar.</small>

De Sineezen stellen deeze Comeet in de 47ste Tydkring, het 14de Jaar, de 12de Maan, en dan volgt een Zon Eclips op 't 17de Jaar van de gemelde Tydkring, de 2de Maan; ik vind, door de Reekening, dat dezelve moet voorgevallen zyn in 't Jaar 80, den 10den Maart; het begin, tot Pekin, na de middag ten 4 uur., 8 min.; 't midden ten 5 uur., 6 min.; het end ten 5 uur., 54 min.; de grootheid 4 duim, 47 min.; en bygevolg komt de Comeet op 't begin van 't Jaar 78, dat is omtrent 1½ Jaar voor de dood van den Keizer *Vespasianus*; want hy is in 't Jaar 79, den 24sten Juny, gestorven. Toen hy de Comeet zag, zoo spotte hy met de Voorzeggingen, die zommige daar van deeden, en zeide, dat die zyn dood niet aangingen, van wegens zyn kaalheid, maar de dood van de Koning van Persien, of van de Parthen, zoo als *Xiphilinus* heeft, die veel hair hadden.

In 't Jaar 132 quam een nieuwe Ster te voorschyn. *Joann. Xiphil. Epitom. Dion.*, pag. 262.

<small>Ná Christus 132 Jaar. O.</small>

Dit is de Comeet van 't Jaar 1652 geweest, die meest een Ster genoemd word.

In 't Jaar 162 is een Comeet in Sina gezien. *Histor. Sin.*, pag. 25.

<small>Ná Christus 162 Jaar. N.</small>

In *Eusebius* (z) vind men, op 't zelfde Jaar, dat een Vuur in den Hemel van 't Oosten na 't Westen liep; in de Kronyk van Zaltsburg (a), en 't Klooster Melk (b), staat dit vuur op 't Jaar 165; dog op de eerste Schryver is beter te vertrouwen, voornamentlyk, om dat die ook overeenstemt met de Sineezen.

In 't Jaar 168 is een Comeet gezien. *Hist. Sin.*, pag. 25.

<small>Ná Christus 168 Jaar. O. N.</small>

Deeze is die van 't Jaar 1665 geweest, die zig in April vertoonde. In 't Jaar 158 vind ik een Staartster, in 't Comeet-boekje van *P. Jans. Twisk* (c), maar hier is geen zekerheid in, alzoo hy niemand aantrekt; 't kon evenwel de Staartster van 't Jaar 1677 geweest zyn.

In 't Jaar 186 is een Comeet gezien. *Æl. Lamprid.*, pag. 161. *Herodian.*, lib. 1, pag. 77, *Bas.*

<small>Ná Christus 186 Jaar. N.</small>

(z) Chron., pag. 169. (a) Col. 321. (b) Col. 173. (c) Pag. 8, Hoorn 1665.

Na Christus 203 Jaar.
In 't Jaar 203, of 204, onder de Keizer *Severus*, is tot Romen een Comeet, een menigte van dagen, gezien. *Joann. Xiphil.*, *pag.* 331. *Monarch. Sin. Tab. Chron.*, pag. 42, *Par.* 1686.

Na Christus 206 en 207 Jaar. N. N.
In de Jaaren 206, en 207, zyn in Sina Staartsterren gezien. *Monarch. Sin. Tab. Chron.*, pag. 42, *Par.* 1686.

Na Christus 218 Jaar.
Onder *Macrinus*, schynt het, dat zig ook een Staartster vertoont heeft. *Joann. Xiphil.*, pag. 363.

Na Christus omtrent 316 Jaar.
Doe de Kettery van *Arrius* begon is een Comeet gezien. *Ludov. Lavather. Catalog. Cometar.*, uit *Peucer.*, *in Lib. de Devinat.*

Volgens de Kardinaal *Baronius* is de gemelde Kettery begonnen in 't Jaar 316. 't Zal de zelfde Comeet geweest zyn, die de laatstemaal gezien is in 't Jaar 1665, in de Maand April.

Na Christus 336 Jaar.
In 't Jaar 336 is een groote Comeet gezien. *Eutrop. Histor. Roman.*, lib. 10, pag. 362. *Glyc. Annal.*, par. 4, par. 251. *Ricobaldi Compil. Chron.*, col. 1249. *Monarch. Sin. Tab. Chron.*, pag. 45, *Par.* 1686.

De Schryvers uit deeze Gewesten stellen de Comeet als een voorteken van de dood van *Constantinus de Groote*, die in 't Jaar 337 gestorven is; maar volgens de Sineezen, moet de Staartster op 't Jaar 336 gebragt worden. Dat onder *Jovianus* Comeeten op klaar ligten dag gezien zouden zyn, omtrent het Jaar 363, als *Ammian. Marcell.* verhaalt (d), ga ik voorby; 't is veel waarschynelyker, dat het de Planeet Venus geweest is.

Na Christus 375 Jaar.
In 't Jaar 375; omtrent de Maand Augustus, blonk een Staartster. *Ammian. Marcel.*, lib. 30. *Histor. Sin.*, pag. 34.

Dit zal de Staartster van 't Jaar 1661 geweest zyn.

Na Christus 390 Jaar.
In 't end van 't Jaar 389, of 't begin van 't Jaar 390, wierd in de morgenstond, omtrent het Dierrond, by de Planeet Venus, een ligte Ster gezien, die niet veel kleiner als Venus was, daar een groote Staart aanwies; de loop strekte schuins na om hoog, van regter na de linkerhand, of dezelve klom op na het Noorden; ten einde

(d) Lib. 25.

einde van 40 dagen zag men die in 't midden van de groote Beer verdwynen. *Ex Ecclef. Philoftor. Hiftor. Epitom. conf. à Phot. Patr. Henr. Valef. interp. mogunt.*, *pag.* 524. & 525. *Marcel. Comit. Chron.*, *pag.* 60, *Heid.* 1588. *Profp. Aquit. Chron. integ.*, *pag.* 736, *Par.* 1711; dog men moet daar in plaats van *Columba*, leezen, *Columna. Chron. Profp. Tyr. Aquit.*; *pag.* 211, *Par.* 1711.

Marcellinus schynt deeze Comeet tweemaal te beschryven; de Sineezen schynen de Comeet drie Jaaren te laat te stellen.

In 't Jaar 400, of 402, of 405, is een Comeet in 't Oosten gezien, die door de Noordelyke Sterren na het Westen liep. *Philoftorg. Hiftor. Ecclef.*, *lib.* 11, *cap.* 7, *pag.* 530. *Mogunt. Claudian. de Bel. get. five de Victor. Stilich*, *pag.* 114, *Par.* 1602.

Na Christus 400, of 402, of 405 Jaar. O.

Dit schynen twee Comeeten geweest te zyn. *Ricciolus* stelt die, uit *Claudianus*, op 't Jaar 405.

In 't Jaar 418 is een Comeet meer als 4 Maanden gezien; de Sineezen verhaalen, dat dezelve zig vertoonde op de 4de Maan, dat is omtrent Juny; van 't Oosten liep dezelve door de Staart van den grooten Beer, en van daar langzaam na 't Westen. *Philoftorg. Ecclef. Hift.*, *lib.* 12, *cap.* 8, *mog.*, *pag.* 535 & 536. *Marcell. Comit. Chron. in Onuph. Panv.*, *pag.* 62. *Profp. Tyron. Aquit.*, *col.* 213. *Monarch. Sin. Tab. Chron.*, *pag.* 46, *Par.* 1686. *Hiftor. Sin. dec. Sec.*, *pag.* 35, *Par.* 1696. *Harman. Contract: Chron.*, *pag.* 116, *Frankf.* 1613. *Chron. Monaf. Mellic.*, *col.* 189.

Na Christus 418 Jaar. O.

Dit zal de Comeet van 't Jaar 1596 geweest zyn.

In 't Jaar 422, in de Maand Maart, verscheen in de morgenstond, na 't haanegeschrey, een Ster, die omtrent 10 nagten na malkander een lange witte straal uitwierp. *Chron. Paschale*, *pag.* 313, *Par.* 1688.

Na Christus 422 Jaar. N.

't Schynt dat nog meer Comeeten omtrent deezen tyd gezien zyn, om dat *Marcell.* (*e*) op 't Jaar 423 verhaalt, dat dikwils Hairige en brandende Sterren verscheenen, ten zy dat hy hier de Staartsterren van 418, en 422, in 't oog heeft, en dezelve als voortekens van de dood van *Honorius* aanmerkt.

(*e*) Pag. 39, in de Uitgift van Scaliger.

204   *Korte Beschryving van alle de Comeeten,*

Na Chriſtus 442 Jaar.   In 't Jaar 442 begon, in de Maand van December, een Comeet te verſchynen, die eenige Maanden gezien wierd. *Idatii Epiſcop. Chron.*, pag. 24. *Marcell. Comit. Chron.*, pag. 64. *Werner. Rolewin.*, fol. 52.

Dit zal waarſchynelyk de Comeet van 't Jaar 1664 geweeſt zyn.

Na Chriſtus 451 Jaar.   In 't Jaar 451, den 18den Juny, begon een Comeet te verſchynen, die den 29ſten Juny, in de morgenſchemering, in het Ooſten gezien wierd; den 1ſten Auguſtus vertoonde die zig in het Weſten. *Idatii Epiſcop. Chron.*, pag. 25, *in Euſeb. Pamph.*, *Amſt.* 1658. *Nicol. Olahus in Attila*, cap. 6, pag. 114, *Baſil.* 1568. *Sigebert. Gembl. Chron.*, pag. 499 & 500; dog hy ſtelt de Comeet een Jaar te laat.

't Schynt ook dat deeze Comeet beſchreeven word door *Agnelli* (ƒ); hy verhaalt, dat die 30 dagen brande.

Voor de dood van *Attila* is een Comeet 21 nagten gezien. *Nicol. Olahu*, *in Attila*, pag. 889; in de Druk van Bazel van 1568, pag. 114. *Callimachus*, *in Attila*, pag. 865, *Baſ.* 1568.

Het komt my voor, dat dit de zelfde Comeet geweeſt is, daar hier vooren op 't Jaar 451 van gewag gemaakt word; want zommige neemen de voortekens wat lang; ook, indien dit een andere was, zou *Idatius* die wel aangetekend hebben.

Na Chriſtus 467 Jaar. O. N.   In 't Jaar 467, de 5de Indictie, verſcheen, 's avonds, een groote Comeet, de tyd van 40 dagen. *Chronicon Paſchale*, pag. 323, *Par.* 1688. *Theophan. Chron.*, pag. 99. *Victor Tunenſis*, pag. 323, in *Caniſius*, & pag 5, in de Druk van Amſterdam van 't Jaar 1658; de duuring is daar 10 dagen. *Glycæ Annal.*, pag. 164. De Conſtantinopolitaanſche Schryvers eigenen aan de Comeeten van de Jaaren 389, 904 en 912, ook een duuring van 40 dagen toe.

Dit is de Comeet van 't Jaar 1665 geweeſt, die in April gezien is; doe was van de aldereerſte verſchyning, tot de alderlaatſte, die ik heb kunnen vinden, verloopen 34 dagen; maar men had op de laatſtgemelde tyd verrekykers;

(ƒ) Lib. Pontif., pan. 1, pag. 68, in Murat. Ital. Rer. Script., tom. 2.

of Staartsterren, uit de Geschiedenissen.

kykers; dog op de eene tyd van 't Jaar kan een Comeet zig veel langer vertoonen, als op de andere, ook leid Constantinopolen op eene andere breedte.

Omtrent het Jaar 488 verscheenen ongemeene Cometen aan den Hemel. *Ludov. Lavather. Catal. Cometar.*, Tig. 1596, uit *Sebast. Frank.*
Na Christus omtrent 488 Jaar.

In de Hollandsche Kronyk (g) vind men, dat onder de Keyzer *Zeno*, tusschen de Jaaren 478 en 493, de Maan verduisterde, en dat zig een groote Comeet openbaarde. Ik weet niet waar dit uit afkomstig is; tusschen de laatstgemelde Jaaren zyn verscheide Maan-Eclipzen geschied; zoo dat, zonder nader bepaaling, dit niet kan dienen om 't Jaar vast te stellen; evenwel reeken ik, dat de Maan verduisterd is in 't Jaar 488, den 6den October, tot Constantinopolen was 't begin van de Totaale Verduistering, na de middag ten 6 uur., 19 min., 56 sec. (dat was omtrent 37 min. na de Zons ondergang); 't midden ten 7 uur., 10 min., 40 sec.; 't begin van de verligting ten 8 uur., 1 min., 24 sec.; 't end van de Verduistering ten 9 uur., 5 min., 56 sec.

Voor de dood van *Aurelius*, Koning van Brittannien, wierd een Comeet gezien. *Hevelius Cometograph.*, pag. 810, uit *Hector Boethius*, lib. 9, fol. 153. *Zonar. Annal.*, pag. 56. *Sigeb. Gembl. Chron.*, pag. 502, Frankf. 1613.
Na Christus 503, of 504 Jaar. O.

Sigebertus stelt deeze Comeet 46, of 47 Jaaren te vroeg, en door hem is *Hevelius* misleid, die tweemaal, op verscheide Jaaren, de zelfde Staartster beschryft. Dit is de Comeet van 't Jaar 1661 geweest. *Zonares*, op de aangetrokken plaats, verhaalt, dat de Comeet gezien is voor overwinning, die de Bulgaaren in Illyrien verkreegen; uit *Marcellinus* (h) blykt, dat dit geschied is doe *Johannes Gibbo* Consul was, de 7de Indictie, dat is in 't Jaar 499; ziet ook *Theophanes* (i). Zoo dat het wel zou kunnen zyn, dat de Comeet uit *Zonares* de zelfde niet was, maar een andere.

In 't 1ste Jaar van *Justinus*, de 12de Indictie, wierd een Comeet in het Oosten gezien. *Chron. Paschale*, pag. 331. *Johan. Ant. Malela*, pag. 132. Oxon. 1691. *Theoph. Chronogr.*, pag. 142. *Cedrenus*, pag. 364. *Joan. Zonar. Annal.*, pag. 59.
Na Christus 519 Jaar.

In 't *Chron. Paschale* vind men, dat dezelve gezien wierd in de uiterste deelen

---

(g) Fol. 23. (b) Pag. 47. (i) Chronograph., pag. 123.

deelen van 't Oost: men zal ligt 't Zuidoost hier door verstaan. Men vind in *Glycæ Annal.* (k), ook in *Cedrenus*, dat in 't Jaar 525 een Ster boven 't Keyzerlyk Paleis 26 dagen verscheen; dog het is niet zeker dat dit een Comeet geweest is.

Na Christus 531 Jaar. In 't 4de Jaar van *Justinianus* is een groote Comeet gezien. Over de byzonderheden, en de Schryvers, die dezelve verhaalen, kan men nazien de Inleiding tot de Kennis der Cometen, pag. 12 en 13.

Dit is de groote Comeet van 't Jaar 1680 geweest.

Na Christus 556 Jaar. Het 30ste Jaar van *Justinianus*, de 5de Indictie, in de Maand November, verscheen een Comeet, die de gedaante van een Spies had, dewelke van het Noorden tot het Westen uitgestrekt was. *Historiæ Miscellæ*, lib. 16, pag. 109, in *Murat*, tom. 1. par. 1. *Joan. Ant. Malelæ*, pag. 233, *Oxon.* 1691. *Sigebert. Gembl. Chron.*, pag. 518; maar hier is dezelve een Jaar te vroeg. *Albert. Stadens. Chron.*, pag. 171, op 't Jaar 555.

Na Christus 563 Jaar. Men zag een Comeet, waar van de Staart de gedaante van een Zwaard had. *Gregor. Turonen.*, lib. 4, cap. 31, pag. 83. *Ricobald. Compil. Chron.*, col. 1263; *Lipz.* 1723.

Men vind die in de eerste Schryver na de verduistering in de Zon, dewelke in 't Jaar 563, den 3den October, is voorgevallen; dog men moet niet denken, dat de Comeet een heel Jaar lang gezien is; 't zal waarschynelyk een Maand moeten zyn. *Ricobaldus* verhaalt, dat de Staartster gezien is voor de dood van Keizer *Justinianus*.

Na Christus 581 Jaar N. De Maan die verduisterde, en daar verscheen een Comeet. *Gregor. Turonen.*, lib. 5, cap. 42, pag. 115.

Na Christus 582 Jaar N. In 't 7de Jaar van *Childebert*, en 't 21ste Jaar van *Guntram*, in de dagen van het Paasch-Feest, wierd in 't Westen, op de eerste uur van de nagt, een Comeet gezien, die een wonderlyke groote en blinkende Staart had. *Gregor. Turon.*, lib. 6, cap. 14, pag. 131. *Aimoin.*, pag. 107.

In 't Jaar 582 is het Paasch-Feest gevierd den 29sten Maart. Het is
Aimoinus

(k) Pag. 266, Par. Typ. Reg. 1660.

Aimoinus die verhaalt, dat de Comeet alsdoen gezien wierd; uit *Gregorius van Tours* fchynt het, dat de Comeet in January, of February, zig het eerſt vertoonde, en onmiddelyk, na de Staartſter, volgt, dat men in de dagen van Paaſſchen tot Soiſſons den Hemel zag branden; dit zal waarſchynelyk 't Noorder Ligt geweeſt hebben. In 't zelfde Jaar, dat de Comeet verfcheen, verhaalt *Gregorius van Tours*, dat tot Parys bloed uit de Wolken vloeide, en op de kleederen van de menfchen viel, als ook van Ziektens en andere ongevallen. *Sigebert van Gembloers* verhaalt dit met de zelfde woorden, als ook de Comeet, volgens 't fchryven van *Aimoinus*, op het Jaar 541; dog hy zal de eene *Childebert* met de ander verwart hebben; althans hy ſtelt de voorgaande Staartſter 41 Jaaren te vroeg; door hem zyn *Matheus van Weſtmunſter*, *Hevelius*, en veel andere Schryvers misleid.

In 't 3de Jaar van *Childebert*, in de Maand January, verſcheen een Comeet, die 's morgens en 's avonds een geheele Maand gezien wierd. *Aimoin. de Geſt. Franc. Chron. Fredeg. Schol. Theophilact. Hiſt.*, lib. 7, cap. 6, pag. 173. *Paulus Warnefrid. de Geſt. Longob.*, lib. 4, pag. 265, *Hamb.* 1611, & pag. 457, in *Murat.*, tom. 1. *Triſtani Calchi Hiſtoriæ Patriæ*, lib. 4, col. 159. *Theſaur. Antiq. & Hiſtor.*, tom. 2, pars prior.

Na Chriſtus 595 Jaar.

Doe de Keizer *Mauritius* van *Phocas* droomde, in de zelfde nagt wierd een Comeet gezien, die de gedaaute van een Zwaard had. *Theoph. Chronogr.*, pag. 240. *Cedrenus*, pag. 402. *Joann. Zonar. Annal.*, pag. 78. *Hiſtor. Miſcel.*, lib. 17, pag. 121, in *Murat.*, tom. 1. *Paulus Warnefrid. de Geſt. Long.*, lib. 4, cap. 33, pag. 271, *Hamb.* 1611, en pag. 463, in *Murat.*, tom. 1., maakt gewag van een Staartſter, die in de Maanden April en May gezien wierd.

Na Chriſtus 602 Jaar.

Of dit nu ook de voorgaande is, of dat men deeze laatſte op 't Jaar 604 moet brengen, kan men met geen zekerheid zeggen; aanſtonds na de Comeet volgt, in *Warnefridus*, dat *Agilulfus* de vreede met de Romeinen maakte. in de aantekening vind men, dat dit in 't Jaar 606 gefchied is.

In de Maanden November en December vertoonde zig een Comeet. *Paulus Warnefrid. de Geſt. Long.*, pag. 271. *Paulus Diacon. de Geſt. Roman.*, pag. 411. *Platina de Vit. Pontif.*, pag. 74. *Balæus de Script. Angl.*, pag. 68, de Druk van *Baſ.*, *Car. Sig.*, pag. 31.

Na Chriſtus omtrent 604 Jaar.

Omtrent

Na Chriſtus omtrent 615 Jaar. O.

Omtrent dien tyd, doe *Chosroës* Jeruzalem innam, wierd een Comeet gezien, de Ster was van gedaante als Venus. *Hevelius Cometograph.* pag. 812, uit *Mizaldus*, pag. 188, en uit verſcheide andere Schryvers; dog alle die onlangs geleefd hebben.

In 't Jaar 614 omtrent de Maand Juny, is Jeruzalem door de Perſiaanen ingenomen, als te zien is in 't Chronicon Paſchale (*l*).

Na Chriſtus 626 Jaar. twyffelagtig.

In 't 16de Jaar van de Keizer *Heraclius*, de 14de Indictie, wierd in de Maand Maart, na de Zons ondergang, een blinkende Ster in het Weſten gezien. *Chron. Paſchale*, pag. 391, de Druk van Parys.

Ik zou twyffelen of dit wel een Comeet geweeſt is, om dat in de Text daar geen melding van gedaan word, ook om dat door de Uitreekening blykt, dat Venus juiſt op die tyd de Avondſter was; dat is, dat deeze Planeet zig dan 's avonds in 't Weſten moet vertoond hebben.

Na Chriſtus 632 Jaar. O.

In 't 23ſte Jaar van *Heraclius* vertoonde zig een Comeet aan de Zuidzyde van den Hemel, de Staart, die de gedaante van een Balk had, was uitgeſtrekt na de Noordzyde; men zag die 30 dagen. *Theophan. Chronograph.*, pag. 279. *Cedrenus*, pag. 425, de Druk van Parys. *Sigebert. Gembl.*, pag. 530.

Dit is de Comeet van 't Jaar 1661 geweeſt.

Na Chriſtus 648 Jaar. N.

In 't Jaar 648, de 4de Maan, verſcheen in Sina een Comeet. *Hiſtor. Sin.*, pag. 47.

Na Chriſtus 664 Jaar. N.

Doe de Koning *Theodoricus* begon te regeeren verſcheen een Comeet de tyd van twee Maanden. *Vita St. Leodegardi in Corp. Hiſt. Franc.*, tom. 1. *Balæus de Script. Angl.*, pag. 81, *Baſ.*

Balæus ſtelt de Comeet op 't Jaar 664. *Clovis*, de 2de Koning van Vrankryk, is in 't Jaar 660 geſtorven; na hem is *Clotarius* gekomen, die 4 Jaaren regeerde, als blykt uit *Fredegarius* (*m*); dit beveſtigt ook de Vervolger van *Aimoinus*, de Kronyk van *Moiſſac*, en andere; zoo dat *Theodoricus* omtrent het Jaar 664 heeft beginnen te regeeren. Ik voeg dit hier by, om dat eenig verſchil is over de Jaaren die *Clotarius* geregeerd heeft.

In

(*l*) Pag. 385. (*m*) Pag. 93.

of Staartsterren, uit de Geschiedenissen.

In 't Jaar 673, in de Maand Maart, blonk een Vuur 10 dagen aan den Hemel. *Centuria. Magdeburg.*, *cent.* 7, *cap.* 13, *pag.* 564.

Na Christus 673 Jaar. N.

In 't Jaar 678, in de Maand Augustus, verscheen een Comeet in het Oosten, van 't Haanegeschrey tot in den Morgenstond, de tyd van drie Maanden. *Beda*, *tom.* 3, *lib.* 4, *cap.* 12, *pag.* 95. *Paulus Warnefrid. de Gest. Longob.*, *pag.* 274, Hamb. 1611, & *lib.* 5, *pag.* 485, *in Murat.*, *tom.* 1. *Joan. Diacon Chron.*, *pag.* 305. *Catalogus Paparum non diu post Ao.* 1048 *confectus*, *col.* 1637, Lipz. 1723. *Anastasius Biblioth. de Vit. Pontificar. Roman*, *pag.* 53. *Sigebert. Gemblac. Chron.*, *pag.* 537. *Polychronicon Ranulphi Higdeni*, *pag.* 240, Oxon. *Asserii Annal.*, *pag.* 146, Oxon.

Na Christus 678 Jaar.

Sigebertus mist een Jaar in deeze Comeet, en *Anastasius* moet verbeterd worden, alzoo dezelve niet gezien is doe *Donus* tot Paus verkoren wierd, maar doe hy gestorven is.

In 't Jaar 684 wierd, in 't end van December, een Comeet gezien. Over de byzonderheden, en de Schryvers daar van, kan men hier vooren nazien, *pag.* 21.

Na Christus 684 Jaar. O.

Dit is de Comeet van 't Jaar 1652 geweest.

In 't Jaar 685, den 14den February, liep een Ster door het Zuiden, die na het Oosten afweek. De zelfde Schryvers als in de voorgaande Comeet.

Na Christus 685 Jaar. N.

Of dit een ander verschynzel, of een Staartster geweest is, kan met geen zekerheid bepaald worden, ten zy dat men andere Schryvers vind, die meer byzonderheden melden. Ik stel dezelve maar om geen Comeeten over te slaan.

Daar verscheen een Staartster, daar van de Staart na 't Noorden gekeerd was. *Sabell.*, *Ennead.* 8, *lib.* 7, *pag.* 562.

Na Christus 716 Jaar. N.

In 't Jaar 729, in de Maand January, zyn twee Comeeten gezien; de een, voor de Zons opgang, in 't Oosten; en de ander, na de Zons ondergang, in het Westen; de vertooning duurde 14 dagen. *Bedæ Ecclesiast. Histor.*, *tom.* 3, *lib.* 5, *cap.* 24, *pag.* 146. *Johan. Fordun. Scotor. Hist.*, *pag.* 649, Oxon. 1691, *Anastas. Biblioth.*

Na Christus 729 Jaar. O.

Dd

blioth. de vita Romanor. Pontif., pag. 157, in Murat., tom. 3, Mediolan. 1723. Polychron. Ranulph. Higden,, pag. 248. *Afferii Annales*, pag. 152, *Oxon. Hiftor. German. Lambert. Schafnab.*, pag. 152. *Bonfin.*, pag. 129.

Om dat in de Texten, die alle, behalven die van *Anaftafius*, uit *Beda* afkomftig fchynen, niet verhaald word, dat de Comeeten te gelyk gezien zyn, zoo meen ik, dat dit maar een Comeet geweeft is. Deeze Comeet is de laatftemaal in 't Jaar 1677 wederom gezien.

Na Chriftus 744 Jaar. In 't Jaar 744 is een groote Comeet in Syrien gezien. *Theophan. Chron.*, pag. 353. *Cedren.*, pag. 379, *de Druk van Bafel*, en pag. 461, *de Druk van Parys*.

Deeze laatfte Schryver verhaalt ook een Teken, dat een Jaar te vooren aan den Hemel, in 't Noorden, zig vertoonde. Dit vind men ook in *Anaftafius* (n), die daar by voegt, dat het in de Maand Juny was. Of dit nu de zelfde Staartfter is, als de voorgaande, of een andere, of ook eenig ander verfchynzel, is tot nog toe met geen zekerheid te zeggen.

Na Chriftus 760 Jaar. In 't Jaar 760 wierd een Comeet als een Balk, in 't Ooftelyk deel van den Hemel, 10 dagen gezien, en naderhand in 't Weften, 21 dagen. *Theophan. Chronogr.*, pag. 362. *Hiftor. Mifcel.*, pag. 158, *in Murat.*, tom. 1. *Cedrenus*, pag. 464.

Na de Comeet volgt, in *Theophanes*, de Zon-Eclips, die in 't Jaar 760, den 15den Auguftus, is voorgevallen.

Na Chriftus 762 Jaar. O. In 't Jaar 762 wierd wederom een Comeet als een Balk gezien. *Theoph. Chronograph.*, pag. 363.

Dit is de Comeet van 't Jaar 1661 geweeft.

Na Chriftus 813 Jaar. In 't Jaar 813, den 4den Auguftus, wierd een Comeet gezien als twee zamengevoegde Maanen, die naderhand van malkander fcheiden, en op verfcheide manieren veranderden. *Theophan. Chronogr.*, pag. 423. *Joann. Zonar.*, pag. 127. *Symeon. Magift. & Logoth. Annales*, pag. 404. *Werner. Rolew. Faftic. Temp.*, fol. 65, *Frank.*

(n) Hiftor., pag. 139.

of Staartsterren, uit de Geschiedenissen.

Frank. 1613. *Histor. Miscel., lib.* 24, *pag.* 177, *in Murat., tom.* 1; 't verwonderd my, dat men hier vind den 5den November.

De Maanen moet men niet als *Lubienietsky* verbeelden, dat ruggelings aan malkander vast waren (*o*), maar met de punten; en dan is van alles reden te geeven: de eene Maan is 't verligte deel van 't Hoofd des Comeets geweest, 't welk uit de Aarde zigtbaar was; de andere Maan was de aanwassende Staart, die eenigzins in de rondte zal geweest zyn, als van dat zoort, die men Baardsterren noemt (*p*). Doe nu 't verligte deel van 't Hoofd verminderde, om dat de Staartster meer tusschen de Zon en ons zal gekomen zyn, doe moeten de Maanen los gescheenen hebben (*q*); en naderhand 't ligt van 't Hoofd geheel weg zynde, zoo verwondert het my niet, dat de Schryvers verhaalen, dat de Comeet wel een Man zonder Hoofd geleek.

In 't Jaar 817, den 5den February, geschiede een Verduistering aan de Maan, en in de zelfde nagt verscheen een Comeet, in het Teken van de Boogschutter, die de gedaante van een Zwaard had. *Annal. Adelm. Bened., pag.* 418. *Annal. Bertinian., pag.* 511, *in Murat., tom.* 2. *Annal. Rer. Gest. Ludov. Annal. Franc. Fulden., pag.* 12.

Na Christus 817 Jaar. N.

In deeze laatste Jaarboeken alleen, vind men, dat de Comeet in de zelfde nagt verscheen, doe de Maan verduisterde.

In 't Jaar 824 is een Comeet gezien. *Lavatherus uit Seussanus.*

Na Christus 824 Jaar. O. N.

Men moet dezelve een korte tyd vernomen hebben, om dat ik die by andere Schryvers niet vind. 't Zal die van 't Jaar 1677 geweest zyn, die zomtyds maar drie of viermaal gezien word.

In 't Jaar 837, in de Herfst, is een Comeet, voor de Zons opgang, in het Teken van Libra verscheenen; men zag die maar drie nagten. *Annal. Franc. Fuldens., pag.* 17. *Hect. Boeth. Hist. Scot., lib.* 10, *fol.* 206. *Eckstorm. uit Cardan. de Rer. Var., lib.* 15, *cap.* 78. *Sigebert. Gemblac., pag.* 563; deeze laatste Schryver moet een Jaar in de tyd van de verschyning verbeterd worden.

Na Christus 837 Jaar.

In de Jaarboeken van *Fulda* vind men, dat deeze Comeet verscheen, den 3den Idus van April; maar uit de Schotse Schryvers blykt klaar genoeg, dat deeze

(*o*) Ziet Fig. 4, in de IVde Afbeelding. (*p*) Fig. 2, in de IVde Afbeelding.
(*q*) Fig. 3, in de IVde Afbeelding.

deeze datum tot de volgende Comeet behoort, en dat deeze verfcheenen is in de Herfft; want als een Comeet in tegenftand met de Zon is, dan zou zig die de geheele nagt moeten vertoonen, en men zou daar van niet konnen zeggen, dat dezelve 's morgens voor de Zon ging; ten andere is het ook waarfchynelyk, dat men die dan langer als drie nagten zou gezien hebben.

Na Chriftus 838 Jaar. In 't Jaar 838, den 11den April, of zoo als een ander fchryft, op 't Paafch-Feeft, 't welk dit Jaar op den 14den van die Maand gevierd is, verfcheen een Comeet in het Teken van Virgo, in dat deel van het Teken, daar de Vleugel van de Maagd, de Raaf, en de Staart van de Waterflang digt by malkander zyn; in 25 dagen liep deeze Ster door Leo, Cancer, en Gemini, tot het Hooft van de Stier, daar dezelve, onder de Voeten van de Wageman, zyn vierig Hoofd, met de groote Staart afleide, en verdween. *Auctor. Ludov. Pii. Aimoinus de Geft. Franc.*, pag. 300.

Deeze Staartfter heeft men ook in *Theganus* nagenoeg met de zelfde woorden als in *Aimoinus*, maar in de Text van den laatfte Schryver vind men *Confringunt*, daar in *Theganus* gevonden word *Conftringit*. In Annal. Franc. Metens., in 't Corpus van de Franfche Hiftorien, ftaat die Comeet op 't Jaar 838, zoo als *Hugo* die ook gefteld heeft; op 't zelfde Jaar vind men die ook in de Kronyk van *Mausfeld* (r), en in *Herm. Corner*. Chron. (s); de Annal. Franc. Fuldens. (t), en *Sigebert. Gemblac.* (v), ftellen deeze Comeet op 't Jaar 839; deeze verhaalen beide, dat de Comeet in Aries verfcheen; dog het is waarfchynelyk, dat men hier door alleen zal moeten verftaan, dat de Zon in dat Teken was doe de Comeet verfcheen. *Hector Boethius* (x) fchryft, dat deeze Staartfter, in de Lente, 's avonds de Zon volgde. Men vind die in *Avent. Annal. Bojor.* (y), en *Eckftormius* heeft die uit *Cardan. de Rer. Var.* (z).

Hevelius, en veel andere Schryvers over de Comeeten, verhaalen, dat *Albumafar* in 't Jaar 844 een Comeet boven Venus zou waargenomen hebben: te vergeefs heb ik in de laatfte Schryver daar na gezogt; in zyn Inleiding tot de Hemelsloop, gedrukt te Venetien, in 't Jaar 1506, vind ik (a), dat *Albumafar* in het midden van de 12de Eeuw leefde.

Na Chriftus 841 Jaar. In 't Jaar 841, den 25ften December, vertoonde zig een Comeet in het Weften, na de Zons ondergang; de een fchryft, dat men die het eerft vernam in het Teken van de Scorpioen; de ander verhaalt, in de Waterman. *Nithardus* tekent aan, dat dezelve door

(r) Fol. 91. (s) Col. 456, Lipz. 1713. (t) Pag. 17. (v) Pag. 564.
(x) Lib. 10, fol. 206. (y) Pag. 398, Ingolft. 1554. (z) Lib. 15, cap. 78.
(a) In 't 1fte cap. van 6de boek, en in 't 12de cap. van 't zelfde boek.

of Staartsterren, uit de Geschiedenissen. 213

door 't midden van de Visschen opklom, en tusschen de Gesterntens, die van eenige de Lyr, en van andere Andromeda genoemt wierden, en tusschen Bootes, van tyd tot tyd donkerder wordende, is verdweenen; men zag die nog in de Maand February, van 't Jaar 842; een ander verhaalt, dat dezelve zig 37 dagen liet zien. *Nithard. Nepot. Car. Mag.*, pag. 374, *in het tweede Deel van 't Corpus van de Fransche Historien, of pag.* 102, *in de Druk van Straatsburg van 't Jaar* 1702. *Lubieniets. uit de Fragm. Chron. Fontanel.*, tom. 2. *Annal. Franc. Fuld.*, pag. 18, Frank. 1624. *Sigebert. Gemblac. Chron.*, pag. 564. *Chron. Alberi.*, pag. 178.

't Schynt dat de Waarneemers de Sterren niet naukeurig gekend hebben; in plaats van *Andromeda* zal men *Hercules* moeten leezen. 't Komt my voor, dat de Staartster in dit laatste Gesternte, of omtrent de Noorder Kroon verdweenen is, en dat het Teken van de Scorpioen behoort tot de verdwyning, en niet tot de plaats daar dezelve 't eerst gezien is. In *Aimoinus* (b) vind men, dat in 't Jaar 840, in January, (dat is, na de tegenwoordige manier van Schryven in deeze Landen, in 't Jaar 841) niet lang na de Zons ondergang, een Comeet in het Teken van de Scorpioen verscheen. Dit is de zelfde geweest die ik hier boven heb beschreeven.

Cusentinus schryft, dat een Comeet verscheen in 't Oosten, daar van de Staart na 't Westen was, doe *Benedictus de 3de*, de Paus van Romen, stierf. *Martin. Fuldensis Chron.*, col. 1664, Lipz. 1723. *Ptolom. Lucens. Histor. Ecclesiaf.*, lib. 16, cap. 9, col. 1013, *in Murat*, tom. 11. Na Christus 858 Jaar. N.

Deeze Paus is gesturven in 't Jaar 858, in de Maand February, en tot de Regeering gekomen in Jaar 855, den 17den July.

In 't Jaar 868 heeft zig een Comeet eenige nagten vertoond. *Annal. Franc. Fulden.*, pag. 32, Frank. 1624. *Simeon. Dunelmen. Histor.*, pag. 142. *Rerum Alaman. Cœnob. St. Galli*, pag. 9. *Herman. Contract. Chron.*, pag. 130. *Sigebert. Gemblac. Chron.*, pag. 567. *Marian. Scot. Chron.*, lib. 3, pag. 442. *Glycae Annal.*, pag. 293. Na Christus 868 Jaar. O.

De Comeet van 't Jaar 1335 moet omtrent deeze tyd gezien zyn; hoewel dat men niet verzekerd kan zyn of dit wel de zelfde is.

(b) De Gest. Franc., pag. 302, en in de Annal. Rer. Gest. à Lud., pag. 62.

Na Chriſtus 875 Jaar. In 't Jaar 875, den 6den Juny, op de 5de uur van de nagt, vertoonde zig een Comeet in 't Noordelyk deel van den Hemel, in het Teken van Aries, die een ongemeene lange en blinkende Staart had; een ander verhaalt, dat dezelve de geheele Maand Juny, 's morgens en 's avonds, gezien is. *Chron. Monaſt. Novalicienſis*, col. 756, *in Murat.*, tom. 2, par. 2. *Annal. Franc. Fuldens.*, pag. 39, de Druk van Frankfort. *Chron. Vulturnenſe*, lib. 3, pag. 403. *Annal. Saxo.*, col. 212. *Andr. Presbyt. Chron. Breve*, pag. 100, Lip. 1728. *Sigebert. Gemblac. Chron.*, pag. 569. *Herman. Corner. Chron.*, col. 496.

Dog in beide deeze laatſte Kronyken ſtaat de Comeet een Jaar te laat, en de Text is het zelfde: de eerſt aangetrokken Kronyk verhaalt, dat dezelve 14 dagen ligte; 't Jaar is daar 874, en de 3de Indictie: de andere Schryvers hebben de 8ſte Indictie; en dan moet het Jaar 875 zyn.

Na Chriſtus 876 Jaar. O. N. In 't Jaar 876, in de Maand Maart, verſcheen een Comeet in 't Weſtelyk deel van den Hemel, in het Teken van Libra; dezelve ligte 14 dagen; maar die was zoo blinkend niet als de geen die in 't voorgaande Jaar verſcheen. *Chronicon Monaſterii Novalicienſis*, col. 756, *in Murat.*, tom. 2, par. 2.

De Text ſchynt tegenſpraak onderworpen; want in de Maand Maart, 's avonds, dan is het Teken van Libra niet in 't Weſten, maar in 't Ooſten; dog men kan de Text op deeze wys uytleggen, dat de Comeet 't eerſt 's avonds in 't Weſten gezien is, en naderhand met een ſnelle loop na het Teken van Libra is voortgegaan, daar men 't zelve meeſt zal gezien hebben, wegens de nabyheid der Aarde; van daar moeſt die in 't laatſtgemelde Teken na 't Zuiden daalen, te weeten, als het de Comeet geweeſt is die men 't laatſt gezien heeft in 't Jaar 1580; zoo dat hier zeer veel overeenkomſt is: de omloop geſchied in omtrent 235 Jaaren. 't Zal ook de zelfde Comeet zyn, daar *Hector Boethius* (c) van verhaalt, die in 't Jaar 874, in de Maand April, gezien wierd; dog hy zal twee Jaar in de Tydreekening moeten verbeterd worden.

Na Chriſtus 882 Jaar. In 't Jaar 882, den 18den January, wierd, na de Zons ondergang, of op de eerſte uur van de nagt, een Ster met een Staart gezien. *Annal. Franc. Fuldens.*, pag. 44. *Aventin. Annal. Bojor.*, pag. 452., Ingol. 1554.

In

(c) In zyn Hiſtorie van Schotland.

of Staartsterren, uit de Geschiedenissen. 215

In 't Jaar 891, in de Vasten, den 21sten Maart, vertoonde zig een Comeet, die een wonderlyke groote straal uitwierp; men zag die een menigte van nagten door den Zodiac opklimmen. *Annal. Saxo*, col. 229, *Lipz.* 1723. *Math. Westmonast. Flor. Histor.*, pag. 177. *Anonymi Benevent. Histor. Longobar.*, pag. 95, tom. 9, par. 1. *Thesau. Antiquit. Ital.* Na Christus 891 Jaar. O. N.

Dit is de Comeet van 't Jaar 1661 geweest.

In 't 19de Jaar van de Keizer *Leo*, (dat is in 't Jaar 904) omtrent September, doe wierd zyn Zoon *Constantinus* gebooren; op de zelfde tyd wierd een Comeet 40 nagten gezien, de Staart was na het Oosten. *Leon. Grammat.*, pag. 483. *Cedrenus*, pag. 601. *Symeon. Magist. & Logoth. Ann.*, pag. 466. *Incerti Continuat. Constant. Porphyrogeni.*, pag. 289. Na Christus 904 Jaar.

In 't Jaar 905, in de Maand May, quam omtrent het Noord-westen een Comeet te voorschyn, die een straal of staart uitwierp, die de lengte van een Spies had, dewelke tusschen Leo en Gemini de Zodiac doorsneed; men zag die omtrent 23 dagen. *Fragm. Histor. Franc. ex Vetust. Membr. Floriac. Cœnob. apud Pithæum. Aimoin. Sup.*, lib. 5, cap. 41, pag. 439. *Regino. Chron.*, pag. 72. *Annalis. Saxo*, col. 236. Na Christus 905 Jaar.

In de *Histor. Sinen.* (d) vind men, dat dezelve in 't Jaar 905, op de 5de Maan, in 't Noordwesten verscheen; uit *Matth. Westmonast.* (e), *Florent. Wigorn.* (f), en de *Antiquit. Britt.* (g) blykt genoegzaam, dat men deeze Staartster van de voorgaande moet onderscheiden.

In 't Jaar 912 verscheen een Comeet in het Westen, die de gedaante van een Zwaard had; men zag die de tyd van 15 dagen. *Georg. Monach. Nov. Imper.*, pag. 563. *Leon. Grammat. Chron.*, pag. 487. *Cedrenus*, pag. 608. *Symeon. Magist. & Logoth. Annal.*, pag. 471. *Rer. Alaman. Cœnob. St. Galli, Frankf.* 1606. *Annalista Saxo*, col. 24. *Herman. Contract.*, pag. 132. *Chron. Monast. Mellicen.*, col. 217. *Chron. Quedlinburg.*, col. 179. Na Christus 912 Jaar. N.

Het is waarschynelyk, dat deeze Staartster gezien is op 't end van 't Jaar 911,

(d) Pag. 53. (e) Flor. Histor., pag. 18. (f) Pag. 598. (g) Pag. 73.

911, of het begin van 't Jaar 912. In *Glycæ Annal.* (b) vind men, dat onder *Conſtantinus*, de Zoon van *Leo*, een Comeet gezien is, dat is tuſſchen de Jaaren 912 en 917; maar de beſchryving gelykt na de voorgaande, zoo dat dit de zelfde wel kon geweeſt zyn dog uit de tyd van de omloopen volgt, dat tuſſchen de laatſtgemelde Jaaren, of omtrent het Jaar 916, een Comeet moet gezien zyn, te weeten, die van 't Jaar 1665.

Na Chriſtus 930 Jaar. O.
In 't Jaar 930 heeft zig een Comeet vertoond. *Lubienietsky* uit *Eckſtormius*.

Dit zal de Comeet van 't Jaar 1682 geweeſt zyn.

Na Chriſtus 942, of 943 Jaar. O.
In 't Jaar 943 is een Comeet gezien, van den 18den October tot den 1ſten November; en in Italien heeft zig een groote Staart-ſter, 8 nagten vertoond. *Annaliſt. Saxo*, *col.* 272, *Lipz.* 1723. *Anonymi Leobien. Chron.*, *lib.* 1, *col.* 756. *Chron. Monaſt. Mell.*, *col.* 218, *Lipz.* 1721; in deeze Kronyken ſtaat de Comeet op 't Jaar 943. *Herman. Contract. Chron.*, *pag.* 133. *Append. Reginon. Chron.*, *pag.* 77. *Chron. Bohem. Auct. Abb. Opatov.*, *col.* 1028, *Lipz.* 1725; in deeze Schryvers vind men dezelve op 't Jaar 942, in de drie volgende vind men geen Jaargetal: *Witichind. Geſt. Saxon.*, *lib.* 2, *pag.* 23, *Frank.* 1577; uit deeze Schryver blykt, dat meer als een Comeet omtrent die tyd gezien is. *Centur. Magdeb.*, *cent.* 10, *cap.* 13, *pag.* 681. *Luitphran. Ticinen.*, *pag.* 140, & *lib.* 5, *fol.* 30, *in de Druk van* 1515; deeze verhaalt van de Comeet in Italien, dog daar is geen Jaargetal by; de volgende Schryvers brengen die op het Jaar 944. *Sigebert. Gemblac. Chron*, *pag.* 581. *Annaliſta Saxo*, *col.* 273. *Herman. Corn. Chron.*, *col.* 528.

In de *Rer. Alam. Cœnob. St. Gal.* (i) vind men, dat in 't Jaar 941 een wonderlyk Teken in den Hemel verſcheen; zoo dat het ſchynt, dat de Schryvers hier verſcheide Comeeten met malkander verwarren: indien men geen ligt uit de Sineeſche verhaalen, of uit andere Hiſtorien kan trekken, zoo zal men dit niet ligt ophelderen. Onder deeze Comeeten zal die van 't Jaar 1585 ſchuilen.

Na Chriſtus 945 Jaar.
In 't Jaar 945, zag men een ligt teken door den Hemel loopen, 't welk de lengte had van een en een halve voet. *Frodoard. Chron. in 't Corp. van de Franſche Hiſtorien.*

David

(b) Pag. 300, Par. 1660. (i) Pag. 10, Frankf. 1605.

of Staartsterren, uit de Geschiedenissen.

David Christianus (k) verhaalt, dat onder de Regeering van Keizer *Otto de Eerste*, in 't Jaar 945, een nieuwe Ster by Cassiopea verscheen; uit welke Schryver hy dit heeft is my onbekend. De voornoemde *Christianus* was in 't Jaar 1653 Hoogleeraar in de Wiskonst en Wysbegeerte tot Giessen.

In 't Jaar 959 is een Comeet gezien, van een droevig of duister ligt. *Constantin. Porphyr. incerti Continuat.*, pag. 289. *Symeon. Magist. & Logoth. Annal.*, pag. 496.

Na Christus 959 Jaar. O. N.

Is de Comeet net op de dood van de gemelde Keizer gezien, dan moet die omtrent het midden van November zig vertoond hebben. Dit is de Comeet geweest die in 't Jaar 1652 gezien wierd.

In 't Jaar 975 zag men, van Augustus tot October, een Comeet, die men een Baartster noemt. *M. Glycæ Annal.*, pag. 308. *Cedrenus*, pag. 683. *Simeon. Dunelmens. Histor.*, pag. 160. *Chron. August.*, pag. 343. *Burkhardi Monach. St. Galli*, pag 111.

Na Christus 975 Jaar.

In 't Jaar 981, in de Herfst, wierd een Comeet gezien. *Annales Cænobit. St. Galli*, pag. 12. *Joan. Baleus de Scriptor. Angl.*, pag. 139, *Basil.*

Na Christus 981 Jaar.

Hevelius heeft uyt *Pratorius* een Comeet, omtrent het Jaar 983; en *Platina* een, onder Paus *Johannes de* 16de; dog ik weet niet wat staat daar op kan gemaakt worden.

In 't Jaar 990 verscheen een Ster tegen 't Noorden, de glans daar van, die de lengte van een schreede had, strekte na het Zuiden; en na weinig dagen verscheen de zelfde Ster wederom in het Westen, en de Staart strekte na het Oosten. *Romualdi Salernit. Chron.*, col. 164, *in Murat*, tom. 7.

Na Christus omtrent 990 Jaar. N.

De Saxische Annalist (l) verhaalt, dat in 't Jaar 989 Comeeten verscheenen. In de Histor. Sin. (m), en in Monarch. Sin. Tab. Chron. (n) vind men een Comeet, die op de 8ste Maan gezien wierd, in 't Jaar 991, dewelke zig niet lang vertoond heeft.

In 't Jaar 995, den 10den Augustus, verscheen een Comeet. *Monast. Hirsaugien. Chron. Johan. Trithem.*, pag. 42. *Annal. Cænob.*

Na Christus 995 Jaar.

(k) Annal. Cometar., pag. 76, Giess. 1653.
(l) Col. 347, Lipz. 1723. (m) Pag. 58. (n) Pag. 69, Par. 1686.

Cænob. St. Galli, pag. 12. Florent. Wigornien. Hist., pag. 610. Frank. 1601.

De Sineezen, in de hier vooren aangetrokken Schriften, ftellen een Comeet op 't Jaar 998, daar ik niet weet of men ftaat op kan maaken; dog dezelve is evenwel niet t'eenemaal te verwerpen; want ik vind in de Kronyk van Vriefland, door *Winfenius*, dat in 't Jaar 999 een Comeet boven Vriefland 10 nagten gezien is.

Na Chriftus 1003 Jaar. N.

In 't Jaar 1003, in de Maand February, wierd een Comeet gezien, die niet ver van de Zon afweek, dewelke maar weynig dagen, omtrent het aanbreeken van den dag zig vertoonde. *Annal. Cænob. St. Galli, pag. 13.*

Na Chriftus 1005 Jaar.

In 't Jaar 1005, in de Maand van September, wierd een groote Comeet in 't Zuiden gezien, die zig drie Maanden vertoonde. Een ander verhaalt, dat dezelve eerft in 't Weften te voorfchyn quam. *Sigebert. Gemblac Chron.*, pag. 591. *Herman. Corner. Chron.*, pag. 559. *Hiftor. Ecclef. Magdeb.*, cent. 11, pag. 660, uit de *Saxifche Kronyk*. De drie volgende Schryvers ftellen de Comeet op 't Jaar 1004, te weeten: *Schedel. Chron. Norimb.*, fol. 182. *Urspergen.*, pag. 386, & *Chron. Vetero cellenfe Minus*, col. 436, Lipz. 1728, *vid. Menken. Rer. German.*, tom. 2.

Dog om dat *Alpertus* (o) verhaalt, dat de Comeet gezien is, niet in het 3de Jaar van *Henricus de 2de*, maar drie Jaaren na dat hy tot de Ryks-Troon verheeven was, en om dat men zeker genoeg weet, dat hy in 't Jaar 1002 Keizer geworden is; en *Dithmarus* (p) verhaalt, dat hy den 6den Juny gekroond is; zoo dunkt my, dat het aannemelykfte is, dat de Comeet in 't Jaar 1005 gezien is. In de *Breve Chron. Leoblenfe* (q) vind ik, dat in 't Jaar 1006 een Comeet langen tyd gezien wierd, maar 't Jaar zal tot de volgende Comeet behooren, en de duuring tot deeze. In de Jaarboeken van *St. Gal*, die in 't Jaar 1062 eindigen, of door andere zoo ver vervolgt zyn, vind ik, dat in 't Jaar 1012 een groote en wonderlyke Comeet drie Maanden lang gezien is, in de uiterfte deelen van het Zuiden, buiten al de Tekenen van de Zodiac; maar hier is waarfchynelyk een misflag in 't Jaar; want al de andere Schryvers van die tyd zouden zodanig een groote Comeet niet verzweegen hebben.

Doe

(o) De Diverfitate Tempor., col. 96.
(p) Kronyk van de Biffchoppen van Merspurg, pag. 110. (q) Col. 1416.

of Staartsterren, uit de Geschiedenissen. 219

Doe *Haly Ben Rodoan* een Jongeling was, zag hy een Comeet in de 15de graad van de Scorpioen, 't hoofd was driemaal grooter als Venus, dezelve liep tegen de order der Tekenen, en quam tot de 15de graad van de Maagd: in Duitsland zag men deeze Staartster, omtrent het Paasch-Feest, 13 nagten. *Haly Ben Rodoan Tract. Sec.*, *cap.* 9, *pag.* 47, & *Hieron. Cardan. Comment. in Ptolom. de Astr. Jud.*, *lib.* 2, *pag.* 274. *Math. Palmer. Chron.*, col. 118. *Ricciol. & Hevel. uit Prætorius.*

Na Christus 1006 Jaar.

De plaats van de Planeeten stelt *Haly Ben Rodoan* als hier beneden volgt: het waar te wenschen geweest, dat hy de Waarneeming wat netter beschreeven had, voornamentlyk ten opzigt van de tyd van de eerste verschyning, en de breedte van de Comeet; men zou een groot ligt daar uit hebben kunnen trekken ten opzigt van de generaale Kennis der Staartsterren; want deeze schynt wel de Comeet geweest te zyn die in 't Jaar 1682 gezien is. Door de plaats van de opperste Planeeten vind ik, dat het 't Jaar 1006 zyn moet; verders verhaalt hy, dat de Zon en de Maan in de 15de graad van Taurus was. Ik reken dat dit geschied moet zyn in 't laatstgemelde Jaar, den 30sten April, 's morgens ten 9 uur., 10 min., volgens de Tyd van London; de eerste Colom, die hier na volgt, is de plaats van de Planeeten, zoo als *Haly Ben Rodoan* die stelt; de tweede is de plaats, zoo als ik door de Reekening vind, volgens de Tafels van *Whiston*, zonder eenige verbeetering, op 't Jaar 1006, den 30sten April, na de middag ten 5 uuren, volgens de Tyd van London, dat is omtrent ten 7¼ uur, volgens de Tyd van Egipten.

		Verschil. gr. min.
☉ en ☽ in de 15de graad van ♉	☉ plaats in ♉ 15 gr., 2¼ min.	+ 0: 2¼
♄ in Leo 12 gr., 11 min.	♄ in ♌ 11 gr., 51 min.	— 0: 20
♃ in Cancer 11 gr., 21 min.	♃ in ♋ 10 gr., 29 min.	— 0: 52
♂ in Scorpio 21 gr., 9 min.	♂ in ♏ 15 gr., 45 min.	— 5: 14
♀ in Gemini 12 gr., 28 min.	♀ in ♊ 12 gr., 43 min.	+ 0: 15
☿ in Taurus 5 gr., 25 min.	☿ in ♉ 5 gr., 1 min.	— 0: 24
De ☊ van de ☽ in Sagit. 23 gr., 38 m.	De ☊ van de ☽ in ♓ 23 gr., 40 m.	+ 0: 2

't Welk alles vry wel overeenkomt, behalven de plaats van Mars, daar de Text ligt bedurven is, of een misreekening door *Haly* begaan zal zyn. Volgens 't schryven van *Hevelius* en *Ricciolus* vertoonde zig de Comeet op het Paasch-Feest. In 't Jaar 1006 is het Paasch geweest den 21sten April.

Na In 't Jaar 1010, op het end van May, zoo blonk een Comeet.
Christus *Annalista Saxo*, col. 417, Lipz. 1723. *Chron. Quedlinburg*, pag. 192.
1010 In de twee volgende Schryvers is die op 't Jaar 1009: *David Christia.*
Jaar. *Annal. Comet.*, pag. 77. *Histor. Eccles. Magd.*, cent. 11, cap. 13,
pag. 660, uit de *Saxische Kronyk*.

Na In 't Jaar 1015, in de Maand February, verscheen een Comeet.
Christus *Lupi Protespatæ breve Chronicon*, pag. 422, tom. 9. *Thesaur. Anti-*
1015 *quit. Ital.*
Jaar.
N. Dit zal de Staartster van 't Jaar 1677 geweest zyn.

Na In 't Jaar 1018, in de Maand Augustus, heeft zig by de Sterren
Christus van de Wagen een Comeet vertoond, die een lange en bleeke
1018 Staart had; de een verhaalt, dat die meer als 14 dagen gezien is;
Jaar. een ander, 30 nagten; *Sigebertus* heeft 4 Maanden. *Chron. Dit-*
O. *marii Episcop. Mersepur.*, lib. 8, pag. 250, *Helmst. Simeon. Dunelm.*
Histor., pag. 30, *Lond.* 1652. *Annalis. Saxo.*, col. 450, *Lipz.*
Georg. Fabric. Annal. Misn, lib. 1, pag. 85. *Rer. Alamann. Cænob.*
S. Galli, pag. 14, *Frank.* 1606.

In *Sigebertus Gemblac.* (r) vind men, dat deeze Comeet in 't Jaar 1017 gezien zou zyn; maar al de voorgaande Schryvers stellen 't Jaar 1018. Hem is
ook gevolgt *Herman. Corner.* (s). *Alpertus* (t) verhaalt ook van deeze Staartster. Uit de Maan- en Zon-Eclips, die daar even voor gaat, blykt klaar,
dat de Comeet in 't Jaar 1018 gezien is. Men vind die ook, dog zonder
Jaargetal, in de *Fragm. Histor. Aquitan.* 't Zal de zelfde Comeet geweest zyn
die in 't Jaar 1661 gezien is.

Schriverius verhaalt, dat men in de Kronyk van Kameryk en Atrecht,
geschreeven door *Baldericus* (v), vind, dat vier Maanden lang voor een Veld-
slag, die in 't Jaar 1018, den 29sten July voorviel, een ongewoone wonderlyke Comeet gezien wierd, als een geheele groote Balk; dan zou de Staartster op het end van Maart eerst te voorschyn moeten gekomen zyn; of word
de Comeet van 't Jaar 1018 ook met een van de voorgaande verwart? of
zyn ook twee verscheide Comeeten gezien, de een in 't Jaar 1017, en de
ander in 't Jaar 1018?

In

(r) *Chron.*, pag. 592. (s) In zyn Kronyk, col 566, Lipz. 1723.
(t) *De Diversitate Temp.*, cap. 19, col. 118, Lipz. 1723.
(v) In 't 3de boek, en 't 19de capittel.

of Staartsterren, uit de Geschiedenissen. 221

In 't Jaar 1033, den 28sten February, vertoonde zig een Ster, die van het Noorden na het Zuiden liep, dewelke men zag tot den 15den Maart; in Vrankryk wierd men die gewaar den 9den Maart, twee uuren voor de Zons opgang; de Staart had de gedaante van een vuurige Spies, en men beschoude die tot dat den dageraad aanbrak; dog in 't geheel kon men dezelve daar maar drie dagen zien. *Cedrenus, pag.* 730. *Par. Typ. Reg. Frag. Histor. Franc., pag.* 85.

<small>Na Christus 1033 Jaar.</small>

In beide de Schryvers werd geen Jaargetal gevonden; dog eeven voor de Comeet, in *Cedrenus*, vind men, dat in 't Jaar der Wereld 6540, den 13den Augustus Zondag was, dat is, na de manier zoo als men in deeze Landen schryft, 't Jaar 1032; aanstonds na de Comeet volgt: *Martii die VI. quæ feria fuit tertia, terra motus extitit.* Door de uitrekening volgt, dat dit op 't Jaar 1033 geweest moet zyn; en bygevolg is de Comeet in dit laatste Jaar gezien.

In 't Jaar 1042 is een Comeet gezien, den 6den October, die de geheele Maand ligte, en van het Oosten na het Westen voortging. *Glycæ Annal., pag.* 318. *Cedrenus, pag.* 754.

<small>Na Christus 1042 Jaar.</small>

In de Kronyk van *Herm. Corner.* (*x*) vind men een Comeet op 't Jaar 1060; maar *Rockenbag* stelt die op 't Jaar 1043, en voegt daar by, dat die 's morgens gezien is. Waarschynelyk word hier de eene *Henricus* met de ander verward; de vertooning is daar ook een Maand; zoo dat ik meen, dat men de Comeet van 't Jaar 1060 verwerpen moet.

In 't Jaar 1053 verscheen een Comeet. *Johan. Sifard. Cygn. in Speculo Cometar., pag.* 20, *Lipz.* 1605.

<small>Na Christus 1053 Jaar.</small>

Ik weet niet waar hy dit uit getrokken heeft; dog indien dit de Comeet van 't Jaar 1664 geweest is, dan zou 't wel schynen of die in 't Jaar 1052 gezien was.

In 't Jaar 1066, den 24sten April, zag men een Staartster; eerst vernam men die in het Oosten, de Staart was na 't Zuiden, en naderhand in het Westen, de Staart na 't Oosten; met een wonderlyke snelligheid is die tegen de order der Tekenen voortgeloopen; het Hoofd was zoo groot als de Maan als die vol is; de volgende dag, zag men daar een Staart aanwassen; na maate dat de Staart

<small>Na Christus 1066 Jaar. O.</small>

(*x*) Col. 596, Lipz. 1723.

Staart grooter wierd, zoo zag men 't Hoofd verminderen; de grootste glans duurde 7 dagen. De Duitze Schryvers verhaalen, dat men die 14 dagen zag; dog in een Kronyk vind men 30 dagen. De Constantinopolitaansche Schryvers hebben 40 dagen; maar dit schynt wel een duuring die zy aan veel Comeeten toeëigenen. *Romual. Salernit. Chron.*, col. 171, *in Murat.*, tom. 7. *Glycæ Annal.*, pag. 325. *Zonar. Annal.*, pag. 274. *Lambert. Schafnaburg. de reb. German.*, pag. 176. *Monast. Hirsaug. Chron. Joh. Trithem.*, pag. 60. *Chron. Reg. S. Pantaleon.*, col. 906. *Chronogr. Saxo.*, pag. 257. *Marian. Scot. Chron.*, pag. 452. *Berthol. Constant.*, pag. 343; maar hy beschryft deeze Comeet tweemaal. *Sup. Aimoin. de Gest. Franc.*, lib. 5, pag. 515. *M. Adami Histor. Eccles.*, lib. 4, pag. 118, Helmst. 1670. *Ingulphi Histor.*, pag. 511. *Simeon. Dunelmens. Histor.*, pag. 193. *Radulf. de Diceto abbrev. Chron.*, pag. 479. *Knygton Chron. Lycest.*, pag. 2338. *Chron. Joh. Bromston Ab. Jornal.*, col. 961. *Annal. Waverleiensis*, pag. 129. *Chron. Thom. Wikes*, pag. 22, Oxon. *Sigebert. Gemblac. Chron.*, pag. 600. *Joan. Curopal.*, pag. 817. Ziet *Cedrenus in 't Corp. Bizant. Chron. Augusten.* pag. 348. *Otho Frising.*, lib. 6, cap. 35, pag. 137. *Anonymi Monachi Casinensis Chronicon.*, pag. 521, Panorm. 1723. *Chron. Monast. Admont.*, Lipz. 1725. *Arnulphi Histor. Mediol.*, lib. 3, cap. 16, pag. 31, *in Murat*, tom. 3. In de Jaarboeken van Bamburg, door *Hofman*, lib. 2, col. 80, is de tyd, dat dezelve gezien is, 20 dagen. *Aventin. Annal. Bojor.*, pag. 555, Ingol. 1554. *Tristani Calchi Historiæ Patriæ*, lib. 4, col. 197. *Thesaur. Antiq. & Hist. Ital.*, tom. 2, pars prior.

Dezelve word verhaald onder de regeering van Paus *Alexander de 2de*; de tyd van de vertooning is daar een Maand. Ik meen dat dit de Comeet geweest is, die in 't Jaar 1665, in April, gezien is; deeze laatste scheen, uit de Aarde te zien, met de order der Tekenen voort te gaan; in 't Jaar 1066 is dezelve laater in 't Perihelium gekomen, de Aarde was aan de andere zyde van de Comeets weg, en dan moet de loop zig tegen de order der Tekenen vertoonen; door de groote van 't Hoofd volgt, dat de Comeet digt aan de Aarde moet geweest zyn, en den 24sten April, in 't Jaar 1066, voor het Perihelium, om dat die nog geen Staart had. De Comeet van 't Jaar 1665 was den 6den April van de Aarde omtrent 57 deelen, daar van 100 de middelafstand tusschen de Zon en de Aarde zyn; nu kan deeze Comeet de Aarde wel tweemaal nader bykomen, en 't Hoofd met een groote van 12 minuten

of Staartſterren, uit de Geſchiedeniſſen. 223

gezien worden; en bygevolg kan dezelve zig aan den Horizont wel zoo groot vertoond hebben als de Maan, wanneer die ver genoeg boven den Horizont is, op die wys als de volle Maan zomtyts grooter ſchynt; de ſnelte van de Comeet van 't Jaar 1665 was, tuſſchen den 6den en 7den April, ruim 4 graaden; maar in 't Jaar 1066, de Comeet veel digter aan de Aarde zynde, zoo moet die met een wonderlyke ſnelle loop uit het Oosten na Gemini geloopen hebben: in dit Teken heeft men dezelve in Duitsland gezien; de grootheid van de glans, die van de zelfde duuring was als die van 't Jaar 1665, geeft te kennen, dat deeze Comeet, in zyn Perihelium, digt aan de Zon moet geweeſt zyn; zoo dat 'er veel overeenkomſt tuſſchen deeze Staartſterren is.

Tuſſchen de Jaaren 1071 en 1078 verſcheenen dikwils Hairige Sterren. *Joan. Curopal.*, *pag.* 956.

<small>Na Chriſtus tuſſchen de Jaaren 1071 en 1078.</small>

In *Hiſtor. Sini.* (y) vind men, dat in 't Jaar 1076 een Comeet gezien is.

In 't Jaar 1097, den 29ſten September, wierd 's avonds een Comeet in het Weſten gezien, daar van de Staart de gedaante van een Spies had; den 2den October ſtond de Comeet in 't Zuidweſten; omtrent den 7den van de zelfde Maand zag iemand die in 't Zuidelyk deel van den Hemel; de geheele vertooning duurde 15 dagen. In Italien is dezelve den 27ſten September gezien. *Anonymi Monach. Caſinen. Chron.*, *pag.* 50*, *Panorm.*; maar hy verhaalt deeze Comeet tweemaal, en ſtelt dezelve nog eens een Jaar te vroeg. *Chron. Foſſæ Novæ Panorm.* 1723. *Lupi Protoſpatæ Chron.*, *pag.* 47, *in Murat.*, *tom.* 5, *Mediol.* 1724; dog in beide deeze Kronyken is de Comeet een Jaar te laat geſtelt; in de drie volgende Schryvers is geen Jaargetal: *Robert. Monach. Hiſtor.*, *lib.* 5, *pag.* 244. *Fragm. Hiſtor. Franc. à Robert. ad mort. Philip.*, *pag.* 89. *Urſperg.*, *pag.* 221. *Chron. Reg. S. Pantal.*, *col.* 909, *Lipz.* 1723. *Annal. Saxo.*, *col.* 576; maar hy beſchryft deeze Comeet tweemaal; in de paſſagie, daar hy de woorden gebruikt, die men in de Schryver by *Urſperg* vind, moet hy, beneffens de *Chron. Reg. S. Pantal.*, een Jaar in deeze Comeet verbeterd worden; in de volgende Schryvers word de Comeet op 't Jaar 1097 geſteld: *Sigebert. Gemblac. Chron.*, *pag.* 609. *Math. Palmer. Chron.*, *pag.* 120. *Chron. Auguſt.*, *pag.* 356. *Annaliſta Saxo.*, *col.* 581. *Chron. Luneburg.*,

<small>Na Chriſtus 1097 Jaar.</small>

(y) Pag. 61.

neburg., *col.* 1352. *Chron. Johan. Bromston.*, *pag.* 993. *Knygton. Chron. Lycest.*, *pag.* 2369. *Rog. de Howeden*, *fol.* 268. *Annal. Waverleien.*, *pag.* 140, *Oxon. Annales de Margan.*, *pag.* 3, *Oxon.* 1687. *Chron. Walther. Hemingfort.*, *pag.* 467. *Wil. Malmesbur. de Wil. Sec.*, *lib.* 4, *fol.* 71.

Men moet uit de Engelfche Schryvers niet begrypen, dat de Comeet twee Staarten had; maar, doe de Staart groot was, dat dezelve doe na 't Ooften ftrekte, en, doe dezelve kleiner geworden was, na 't Zuidooften. *Achill. Pirmin. Gaffar.* (z) ftelt deeze Comeet op 't Jaar 1097, in November; maar hier zal men *September* moeten leezen: de Comeet die hy op Jaar 1098, in October ftelt, is in 't Jaar 1097 in die Maand gezien (a).

Na Chriftus 1100 Jaar. O.
Het derde Jaar na de voorgaande Comeet, dat is in 't Jaar 1100, doe wierd, den 25ften February, een andere ongewoone Ster in 't Ooften gezien. *Auctor. apud Ursperg*, *pag.* 231. *Chron. Reg. S. Pant.*, *col.* 909, *Lipz.* 1723. *Annal. Saxo.*, *col.* 577.

Dit is de Comeet van 't Jaar 1652 geweeft, die meeftentyd een Ster genoemd word, om dat byna geen Staart daar aan te merken is.

Na Chriftus 1106 Jaar. O.
In 't Jaar 1106, in February, is een groote Comeet gezien. *Magnum Chron. Belg.*, *pag.* 118. *Breve Chron. Leobienfe*, *col.* 1420. *Sicard. Epifc. Chron.*, *col.* 589; hier word verhaald dat dezelve 50 dagen gezien is. *Romuald. Salerni. Chron.*, *col.* 178, in *Murat.*, *tom.* 7. *Bernar. Thefaur. de Acquis. Ter. Sanct.*, *col.* 738, in *Murat.*, *tom.* 7; en dan nog in de Schryvers die men vind in de *Aantekeningen op pag.* 12, *van de Inleiding tot de algemeene kennis van de Comeeten*; men vind op de zelfde bladzyde ook eenige byzonderheden; de reft zyn te lang om hier alle aan te haalen.

In de *Hiftor. Sini.* (b) vind men ook een befchryving van deeze Staartfter. In *Ludov. Cavitellii* (c) vind men, dat deeze Staartfter verfcheen, de eerfte Vrydag in de Vaften, in 't Zuidweften, en dat die 25 dagen gezien wierd; maar in 't zelfde Jaar befchryft hy die naderhand nog eens, als of 't een andere Comeet was, dat dezelve zig 40 dagen vertoonde. Het is de Comeet van 't Jaar 1680 geweeft.

In

(z) *Annal. Augftburg.*, col. 1412. (a) *Monarch Sin. Tab. Chron.*, pag. 72, Par. 1686.
(b) Pag. 62.
(c) *Cremon. Annal.*, col. 1194. *Thef. Antiq. Ital.*, tom. 3, pars. Poft., Lugd. Batav. 1704.

of Staartsterren, uit de Geschiedenissen.

In 't Jaar 1109, in de maand van December, vertoonde zig een Comeet by de Melkweg; de Staart was na 't Zuiden gekeerd. *Simeon. Dunelmens. Histor.*, pag. 232. *Florent. Wigorn. Histor.*, pag. 654. *Chron. Walteri Heming f.*, pag. 472, Oxon. *Anonymi Monach. Casinens. Chron.*, pag. 507, Panormi 1723.
Na Christus 1109 Jaar. O.

Dit is de Comeet van 't Jaar 1677 geweest.

In 't Jaar 1110, den 8sten Juny, verscheen een Comeet, in 't Noord-oosten, de Staart was na 't Zuid-westen; dezelve klom na om hoog, en vertoonde zig de geheele nagt; men zag die drie weeken. *Chron. Walteri Heming f.*, pag. 472. *Simeon. Dunelm. Histor.*, pag. 232. *Florent. Wigornien.*, pag. 654. *Henric. Hunton. Histor.*, lib. 7, fol. 218. *Math. Parisien. Angl. Histor.*, pag. 62. *Knygton Chron. Lycestren. de eventib. Angl.*, lib. 2, col. 2379. *Roger. de Howeden*, pag. 71. *Sigebert. Gemblac.*, pag. 614, *Frank.* 1613. *Chron. Luneb.*, col. 1360. *Chron. Reg. S. Pantaleon.*, col. 924., *Lipz.* 1723. *Annalista Saxo*, col. 625, *Lipz.* 1723. *Annal. Waverleiens.*, pag. 145, Oxon. *Fulcher. Carnot.*, pag. 421. *Secun. pars Histor.*, pag. 609. *Chron. Monast. Casin.*, pag. 573. *Romualdi Salernit. Chron.*, col. 179.
Na Christus 1110 Jaar. O.

In de *Chron. Reg. S. Pantal.* (d) vind men, dat in het Jaar 1112 een Comeet verscheen; maar om dat geen omstandigheden daar by zyn, en andere daar geen gewag van maaken, zoo kan men daar niet op vertrouwen; 't zal ligt de volgende Staartster geweest zyn. Men vind ook een Comeet op 't Jaar 1110 in de *Histor. Sinic.* (e). 't Schynt my toe, dat deeze Comeet in ruim 235 Jaaren omloopt.

In 't Jaar 1114, in 't end van May, wierd een Ster gezien, die een lange Staart had, dewelke verscheide nagten ligte. *Math. Paris. Anglor. Histor.*, pag. 63. *Annales Waverleiensis*, pag. 146, *Oxon. Histor. Sinic.*, pag. 62.
Na Christus 1114 Jaar.

In 't Jaar 1126 verscheen een Comeet. *Chron. Pegavien. Collat. & Con.*, col. 131, in *Meuk.*, tom. 3. *Dubrav. Histor. Bohem.*, lib. 11, pag. 288, Frankf. 1687.
Na Christus 1126 Jaar. N.

Ff

De

(d) Col. 925. (e) Pag. 62.

De laatſte Schryver ſtelt de Comeet, zonder Jaargetal, even voor dat *Boleslaus de 6de* Koning van Boheemen geworden is, ('t welk, volgens *Coſm. Pragen.* (*f*), geſchied is in 't Jaar 1125, den 16den Kal. van May;) dog, indien dit waar was, dan zou men de Comeet wel in de laatſte Kronyk gevonden hebben, die nog in dat Jaar eindigt; daarom behoud ik liever 't Jaar 1126, dat men in de eerſte Kronyk vind.

Na Chriſtus 1132 Jaar. In 't Jaar 1132, den 2den October, verſcheen in Duitsland een Comeet; in Engeland zag men dezelve den 8ſten van die Maand, en daar vertoonde zig die 7 dagen. *Annalis. Saxo.*, *col.* 665, *Lipz.* 1723. *Chron. Luneburg.*, *col.* 1374. *Continuat. Florent. Wigorn.*, *pag.* 664. *Johann. Prior. Hagulſtend.*, *pag.* 259, *Lond.* 1652.

Lycoſth. (*g*) verhaalt, dat in 't Jaar 1141 Comeeten gezien zyn; in de *Hiſtor. Sini.* (*h*) heeft men, dat omtrent 't Jaar 1143, op de 12de Maan, een Comeet verſcheen.

Na Chriſtus 1145 Jaar. In 't Jaar 1145, den 16den Maart, verſcheen een Ster met een groote Staart aan den Hemel. *Excerpta Hiſtor. ex Vetuſtiſſimo Kalend. Manus. Ambroſia. Biblioth.*, *in Murat.*, *tom.* 1. *Chron. Mutinenſe Auct. Johan. de Bazano*, *col.* 556, *in Murat.*, *tom.* 15. *Append. Marian. Scot.*, *pag.* 473; dog men moet, als 't Jaargetal goet is, in plaats van May, daar leezen Maart; of 't zou kunnen zyn, dat men in plaats van 1145, moeſt leezen 1155, en dan volgt de Comeet hier na.

Na Chriſtus 1146 Jaar. O. In 't Jaar 1146, omtrent de Maand July, is een menigte van dagen een Comeet, 's avonds, in 't Weſten gezien; de Sineezen verhaalen, op de 6de Maan. *Math. Paris. Angl. Hiſtor.*, *pag.* 77. *Math. Weſtmonaſt. Flor. Hiſtor.*, *pag.* 244, *Frank.* 1601. *Will. Tyrens. Arch. Hiſt.*, *lib.* 16, *cap.* 17, *pag.* 900. *Chron. Reg. S. Pantal.*, *col.* 932, *Lipz.* 1723. *Monaſt. Hirſaug. Chron. Johan. Trithem.*, *pag.* 130. *Monarch. Sini. Tab. Chron.*, *pag.* 73, *Par.* 1686. *Annal. Hildesh.*, *pag.* 731.

Deeze Comeet, of de voorgaande, is de Staartſter geweeſt die in 't Jaar 1661 gezien is. *Lublenietsky* (*i*) ſtelt dezelve 1000 Jaaren te vroeg, 't welk ook zoo gevonden werd in *Keckerman.* (*k*).

In

(*f*) Col. 2130. (*g*) De Prodig. & Oſtent., pag. 407. (*h*) Pag. 63.
(*i*) Tom 2, pag. 56. (*k*) Syſt. Phyſ., lib. 6, col. 1702, Gen. 1614.

of Staartsterren, uit de Geschiedenissen. 227

In 't Jaar 1155, den 5den May, heeft zig een Comeet vertoond. *Chron. Monast. Admonten.*, *col.* 188.

Na Christus 1155 Jaar. O. N.

Dit zal de Staartster van 't Jaar 1682 geweest zyn.

In 't Jaar 1165, in de Maand Augustus, verscheenen twee Comeeten voor de Zons opgang, de een in 't Zuiden, en de ander in 't Noorden. *Roger. de Howeden Annal. pars poster.*, *pag.* 284. *Cardanus in Ptolom. de Jud. Astr.*, *lib.* 2, *text.* 54, *pag.* 276; hier word verhaald, dat het een Comeet was met twee lange staarten; maar uit de eerste Schryver blykt het tegendeel.

Na Christus 1165 Jaar.

In 't Jaar 1208, den 23sten Juny, is een Ster met een Staart gezien. *Excerpta ex Vetust. Chron. Weichen. Stephanense*, *col.* 403, *Lipz.* 1725. *Chron. Alberici*, *pag.* 447.

Na Christus 1208 Jaar. N.

In 't Jaar 1211, in de Maand May, vertoonde zig een Comeet 18 dagen, by de Polus Arcticus. *Cromer. de Reb. Polon.*, *lib.* 7, *pag.* 128. *Lavath. Mat. de Michov.*, *tom.* 2, *pag.* 84. *David Christianus Annal. Comet.*, *pag.* 80, *Gies.* 1653.

Na Christus 1211 Jaar.

In 't Jaar 1215, den 6den Maart, is een Staartster gezien. *Annal. Godfridi Monach.*, *pag.* 282, *Frank.* 1624. *Johann. Trithem.*, *pag.* 171. *Cardan. in Ptolom. de Jud. Astr.*, text. 54, *pag.* 277.; hy verhaalt dit als twee Comeeten, die in Schotland gezien zyn, daar van de eene voor de Zon opquam, en de andere de Zon volgde.

Na Christus 1215 Jaar.

In 't Jaar 1217, in de Herfst-tyd, heeft zig, na de Zons ondergang, een Ster in 't Zuiden vertoond, die eenigzins na 't Westen week, en na de andere zyde van de Noorder Kroon voortging; doe dezelve grooter wierd, quam een heldere straal daar uit opryzen, die tot in het Firmament opklom, als een geheele groote Balk; men zag die verscheide dagen, tot dat de Staart en Ster kleinder wierd, en eindelyk verdween. *Chron. Abbat. Ursperg.*, *pag.* 245, *Argent.* 1609. *Hartman. Sched. Chron. Norimb.*, *fol.* 208, *Norimb.* 1493. *Excerpta ex Vetust. Chron. Weichen Stephan.*, *col.* 403.

Na Christus 1217 Jaar. O.

Dit is de Comeet van 't Jaar 1665 geweeft. Deeze Staartfter is dan in 't Jaar 1217 omtrent het Teken van de Scorpioen gezien, en doe verder na 't Weften, of na de Zon gaande, zoo moet, als het de Comeet van 't Jaar 1665 geweeft zal zyn, dezelve 't Perihelium na weinig tyd bereikt hebben: dan ziet men klaar, hoe dat het quam, dat de Staart zoo na omhoog klom, en zoo groot wierd; de helderheid van de Staart, in 't Jaar 1217, geeft ook te kennen, dat het Perihelium van deeze Comeet, even als die van 't Jaar 1665, niet ver van de Zon geweeft zal zyn. Op 't alderklaarfte is dit alles uit te leggen, als men een Figuur opmaakt, volgens de Uitreekening van 't Jaar 1665, en dan met de Texten vergelykt, mits dat de tyd van 't Jaar in agt genomen word.

Na Chriftus 1222 Jaar.
In 't Jaar 1222 is, in de Maanden van Auguftus en September, een Staartfter in het Weften gezien; een ander verhaalt in het Noorden. In Italien is dezelve den 8ften September gezien. *Excerpta Hiftor. ex Vetuftiſſimo Kalend. Manufcript. Ambros. Biblioth.*, pag. 236. *Italic. Rer. Script. Murat.*, tom. 1, p. 2, *Mediol.* 1725; aanftonds na de verfchyning van de Comeet zoo volgt: *En naderhand zoo wierd de Maan byna uitgedoofd, en gaf geen ligt, en was by de voorzeide Ster;* of hier door nu de verduiftering in de Maan verftaan word, die in dat Jaar den 22ften October gebeurd is, kan men met geen zekerheid zeggen. *Ubbo Emmi. Rer. Fris. Hiftor.*, lib. 9, pag. 129, *Lugd. Batav.* 1616. *Hevelius Cometograph.*, pag. 825, *uit Erasm. Bartholin. de Comet.*, pag. 88, *& Bartholin. uit Petr. Refen. in Edda Island. Monachi Paduani Chron.*, lib. 1, pag. 584. *Annal. Waverleiens*, pag. 187, *Oxon. Richardo de S. Germ. Chron.*, pag. 571, *Panormi* 1723. *Chron. Eftenfe*, col. 304. *Chron. Bohem. Auctor. Neplach. Abb. Opatovienfe*, col. 1031, *Lipz* 1725. *Chron. Monaft. Mortui-maris Ord. Cifter.*, col. 1444. *Meferay*, pag. 523, *Amft.* 1685; alle de voornoemde Schryvers ftellen de Comeet op het Jaar 1222. *Ricob. Compilat. Chron.*, col. 1281, *Lipz.* 1723, ftelt deeze Staartfter een Jaar te laat, en *Polydor. Virgil.* een Jaar te vroeg. In de drie volgende Schryvers vind men geen Jaargetal: *Guil. Briton. Arm.*, lib. 12, pag. 388. *Rigord. de Geft. Philip. Aug. Franc.*, pag. 225. *Math. Paris. Ang. Hift.*, pag. 305. *Math. Weftmonaft. Flor. Hiftor.*, pag. 283, *Frankf.* 1601. *Chron. Mediol. feu Manip.*, *Flor.*, col. 668, *in Murat.*, tom. 12; hier is de Comeet op 't Jaar 1222, als ook in de volgende Schryvers:

Annal.

of Staartsterren, *uit de Geschiedenissen.* 229
Annal. Cæsen., *col.* 900, *in Murat.*, *tom.* 14. *'t Vervolg op Sicardus,*
in Murat., *Lud. Cavitellii Cremonens. Annal.*, *col.* 1333.

Rigordus verhaalt, dat deeze Comeet begon te verschynen doe de Koning van Vrankryk, *Philippus*, ziek wierd, dewelke, volgens zyn verhaal, gestorven is in 't Jaar 1223, den 14den July. Hier uit neemen *Hevelius* en andere Comeetschryvers reeden, om te stellen, dat de Comeet in 't Jaar 1223, omtrent de laatstgemelde Maand, gezien is; dog de langduurige ziekte van de voorschreeven Koning heeft hun misleid; hy had een vierdendaagse Koorts, daar hy byna een Jaar aan quynde, eer dat hy stierf.

In 't Jaar 1230 wierd een Staartster gezien. *Dubrav.*, *lib.* 15, *pag.* 124., *en pag.* 407, *Frankfort* 1687.

Na Christus 1230 Jaar. O.

Een weinig eer de Staartster verhaald word, zoo staat op de kant, 't Jaar 1230; en onmiddelyk voor de Comeet vind men, in de laatstgemelde Schryver, een Watervloed in Vriesland, daar in 100000 Menschen verdronken zouden zyn, en dan volgt: *Præterea Cometem dein visum*; maar 't getal van 't volk is met vergrooting verhaald; dog dit komt hier niet op aan, ik breng dit maar by om 't Jaargetal vast te stellen. In 't Jaar 1280, den 17den February, is een groote Watervloed in Vriesland geweest, als blykt uit de Nederlandsche Geschiedenissen, door *Emanuel van Meteren* (*k*), uit de Hollandsche Divisie Kronyk (*l*), *Andreas Cornelius Staurensis* (*m*); ook heeft men dit gevonden in de Oude Schriften van 't Klooster te Dokkum, *Petrus Montanus*, in zyn Byvoegzelen op *Guiccardin*; nog heeft men die in *Oudenhoven*, in zyn Cimberse Oudheden (*n*), als te zien is in *Gabbama*, de Nederlandsche Watervloeden (*o*). Dit zal de Staartster van 't Jaar 1682 geweest zyn.

In 't Jaar 1240 is, in February, 's avonds, een Comeet in het Westen gezien; en zelfs schynt nog een andere Staartster, tegen 't Noorden, omtrent deeze tyd beschreeven te zyn, die met de voorgaande verward word. *Behalven de byzonderheden en de Schryvers, daar pag.* 20 *van gemeld word*, zoo vind men nog van deeze Comeet of Comeeten, *in Georg. Acrop.*, *pag.* 34. *Histor. Sini.*, *pag.* 64. *Richard. de S. German. Chron.*, *pag.* 618. *Panorm.* 1723. *Monach. Paduan. Chron.*, *lib.* 1, *pag.* 12, *tom.* 6, *par.* 1. *Thesaur. Antiq. Ital. Chron. Estense*, *col.* 309, *in Murat.*, *tom.* 15. *Polyd. Virg.*, *lib.* 16, *pag.* 305.

Na Christus 1240 Jaar. O.

Ff 3   In

(*k*) Het 3de boek, fol. 59, Amst. 1652. (*l*) Fol. 92. (*m*) Lib. 1.
(*n*) Pag. 91. (*o*) Van pag. 70 tot 73.

In *Ludov. Cavitel.* (p) heeft men, dat 't Jaar 1239, den 3den Juny, een Staartſter gezien is: op deeze dag is een groote Zon-Eclips geſchied; maar by andere vind ik geen Comeet.

Na Chriſtus 1250 Jaar. In 't Jaar 1250 verhaalt men, dat een blinkende Comeet verſcheen. *Caffari. Annal. Genuen.*, lib. 6, col. 517, *in Murat.*, tom. 6; maar om dat andere daar niets van melden, zoo is daar geen ſtaat op te maaken.

't Zal ligtelyk een ander verſchynzel, of de volgende Comeet geweeſt zyn.

Na Chriſtus 1254 Jaar. O. In 't Jaar 1254 wierd in Duitsland, eenige Maanden, een Comeet gezien. *Abrah. Bzovits Annal.*, tom. 11, pag. 601. *Aventin. Annal.*, lib. 7, pag. 563. *Polydor. Virgil.*, pag. 399.

Deeze laatſte Schryver ſtelt dezelve na het Jaar 1254; zoo dat het ſchynt, dat deeze Staartſter in 't begin van 't Jaar 1255 gezien is. 't Kon zyn dat dit de Comeet van 't Jaar 1664 geweeſt is.

Na Chriſtus 1264 Jaar. O. In 't Jaar 1264, in de Maand July, is een wonderlyke groote Comeet gezien, in de morgenſtond; 't Hoofd was klein en donker, de Staart geleek na een zeil van een Schip; na maate dat dezelve langer wierd, zo nam de breedte af: 't Hoofd van de Comeet is, ten opzigt van de Vaſte Sterren, weinig voortgegaan; den 21ſten September, voor dat de dageraat aanbrak, was de Ster in 't Zuiden, (en bygevolg omtrent de Sterren van de Stier;) de lengte van de Staart was tot omtrent het Weſten, en de breedte een en een halve voet. By het Teken van Taurus is de Comeet het eerſt gezien, en wederom by de Vaſte Sterren van dit Hemelsteken verdweenen. Behalven de Schryvers die van deeze Comeet melden, dewelke men pag. 22 heeft, zoo vind men die ook in *Jacob. Malvec. Chron.*, col. 438, *in Murat.*, tom. 14. *Hiſtor. Florent.*, lib. 6, col. 223, *in Murator.*, tom. 13. *Ptolom. Lucens. Epiſcop. Torcel. Breve Annal.*, col. 1264, *in Murat.*, tom. 11; hy verhaalt, dat de lengte van de Staart was omtrent een vierdendeel van onze Hemisphere, en dat dezelve 't eerſt in Cancer gezien is: dit kan niet zyn; de Zon was in dat Teken doe de Comeet zig begon te vertoonen. *Abraham Bzovius* verhaalt, dat de Comeet, den 27ſten

July,

(p) Cremon. Annal., col. 1339.

of Staartsterren, uit de Geschiedenissen.

July, in de 2de graad van Leo gezien is; maar het is onmogelyk; men zal in plaats van *Leo* moeten leezen *Gemini*, als klaar blykt uit *Gregoras*, en een ooggetuigen, die op de kant van 't Manuscript van *Pachymeris*, den laatsten Schryver verbeterd heeft; ook zou de Comeet zig dan ook 's avonds vertoond hebben, en veel Noorder Breedte gehad moeten hebben; de strekking van de Staart zou dan anders geweest moeten zyn, als de Schryvers ons die opgeeven: verders vind men de Comeet in de *Histor. Sini.*, pag. 64. *Memoriale Potest. Reg.*, col. 723. *Jacob. de Varagini Chron. Jan.*, col. 50, in *Murat.*, tom. 9. *Guil. Vent. Chron. Astense*, cap. 5, col. 157. in *Murat.*, tom. 11; dog daar staat dezelve op 't Jaar 1263. *Johan. de Mussis Chron. Placent.*, col. 473, in *Murat*, tom. 16. *Tristani. Calchi Histor. Patriæ*, lib. 16, col. 348, in *Thesaur. Antiq. & Hist.*, tom. 2, pars prior Lugd. Batav. 1704. *Georg. Fabric. Annal. Urb. Misn.*, pag. 111.

De Comeet van 't Jaar 1264 kon wel die van 't Jaar 1585 geweest zyn, en de omloop geschieden in 321 Jaaren. 't Schynt dat deeze Comeet digt aan Aarde geweest is; de passagie uit *Cardanus* (q), wegens een Comeet in 't Jaar 1268; en die *Hevelius* uit *Hector Boethius* heeft, op 't Jaar 1269, behooren tot de voorgaande Comeet: de Ster uit de *Annal.* van *Colmar.* (r), die in 't Jaar 1267 gezien zou zyn, is een ander verschynzel, en geen Comeet geweest.

In 't Jaar 1274, den 7den Maart, stierf *Thomas Aquinas*; weinig dagen voor zyn dood wierd een Comeet gezien, die op zyn overlyden verdween. *Laurentii Suri Vitæ Sanctorum*, tom. 2, pag. 77. Col. Agrip. 1570.

Na Christus 1274 Jaar. O. N.

Bubuerus (s) verhaalt, dat de Jaarboeken van Ysland een Comeet beschryven op 't Jaar 1273. Nu zal de bovenstaande Comeet voornamentlyk te zien geweest zyn in 't Jaar 1274, in February, dat is, na de wys der Kerkelyke, nog in 't Jaar 1273. In de gemelde Jaarboeken zyn al de andere Comeeten, die men daar in vind, op de regte tyd gesteld, te weeten, die van de Jaaren 1066, 1222, 1240, 1264 en 1301. Men vind de Comeet van 't Jaar 1274 ook

---

(q) In *Ptolom.* de Jud. Astror., lib. 2, text. 54, pag. 277.
(r) Pag. 8, de Druk van Frankf. 1585.
(s) In zyn Brief van den 26sten September 1665, aan *Lubieniesky*, die men vind in 't eerste Deel van den laatstgemelden Schryver, pag. 441.

ook in *Wern. Rolewink* (t). Dit zal de zelfde Staartſter geweeſt zyn, die zig de laatſtemaal in 't Jaar 1661 vertoond heeft.

Na Chriſtus 1285 Jaar.
In 't Jaar 1285 verſcheen een groote Comeet, die zyn Staart na het Weſten en Noorden wende. *Ptolom. Lucens. Hiſtor. Eccleſ., lib. 24, cap. 1193, in Murat., tom. 11. Werner. Rolewink. Faſcicul. Temp., fol. 83.*

Lubienietsky (v) heeft uit *Georg. Barthol. Pontan.*, dat in 't Jaar 1285, den 5den April, een Ster gezien wierd boven de eene Hoorn van de Maan. Zou dit ook de Comeet geweeſt zyn? maar om dat het op de laatſtgemelde dag nagenoeg nieuwe Maan was, zoo meen ik, dat de voornoemde datum niet wel is; ligtelyk zal men moeten leezen, den 5den *Idus van April*. In de *Cent. Magdeb:* (x) vind men een Comeet in 't Jaar 1286. In *Lycoſtb.* (y) vind men, dat in 't Jaar 1285 een groote Comeet verſcheen.

Na Chriſtus 1294 Jaar.
In 't Jaar 1294, in de Winter, met een ſtrenge Vorſt, zoo zag men een groote Comeet; de Sineezen verhaalen op de eerſte Maan, dat is omtrent het end van January. *Annal. Fland., pag. 98. Monarch. Sin. Tab. Chron., pag. 77, Par. 1686. Hiſtor. Sin., pag. 67*; hier word verhaald, dat dezelve een geheele Maand gezien is.

Na Chriſtus 1297, of 1298 Jaar. O.
In 't Jaar 1297, den 15den Juny, doe de Zon in het Teken van den Leeuw zyn weg vervolgde, wierd een hairige Ster in den Hemel gezien, die de Grieken een Comeet noemen. De Engelſche Schryvers verhaalen, dat in 't Jaar 1298 een Comeet in het Noorden verſcheen, die een breede ſtraal na het Oosten uitwierp, dewelke binnen drie dagen na de Zon vertrokken is. Of dit nu de zelfde geweeſt is, die andere Schryvers op 't Jaar 1297, of 1296 brengen, kan men met geen zekerheid zeggen. *Ferret. Vicent. Hiſtor., in Murat., tom. 9, col. 994*; dog in plaats van den 17den *Kal. van July*, zal men moeten leezen, den 17den *Kal. van Auguſtus*; want in de *Chron. Cavenſe, col. 930, in Murat., tom. 7*, ſtaat, dat in 't Jaar 1294, in de Maand July, een Comeet gezien wierd; dog het Jaar behoort tot de voorgaande Comeet: of keurt men dit niet goed, dan moet het Teken, daar de Zon in was, verandert worden,

en

(t) Faſcicul. Temp., fol. 82. (v) In zyn Hiſtor. Comet., pag. 246.
(x) Cent. 13, cap. 13. (y) De Prod. & Oſtent., pag. 446.

en in plaats van *de Leeuw*, moet men leezen, *de Kreeft*. In de *Anonymi Leobiens. Chron.*, lib. 3, col. 871, vind men een Comeet op 't Jaar 1296; de twee volgende Schryvers ftellen die op 't Jaar 1298: *Math. Weftmonaft. Flor. Hiftor.*, pag. 431, *Frank.* 1601. *Sched. Chron. Norimb.*, fol. 220. In de volgende Schryver vind men die op 't Jaar 1299: *Joh. Bal. de Scrip. Augl.*, pag. 357. *Abrah. Bzovius Annal. Ecclef.*, tom. 13, pag. 1069, maakt ook gewag van deeze Comeet, dog zonder Jaargetal.

Prætorius heeft een Comeet op 't Jaar 1298, in de Zomer; zoo dat het maar een Comeet fchynt geweeft te zyn, en dat dezelve in 't laatftgemelde Jaar gezien is. De Comeet van 't Jaar 1677 moet omtrent 't Jaar 1298 gepafleerd zyn.

In 't Jaar 1301, omtrent den 1ften October, verfcheen een Comeet, 's avonds, in het Teken van de Schorpioen, die, volgens 't verhaal van de Schryvers, langen tyd door den Hemel doolde. *Siffridus* verhaalt, dat dezelve, voor Kerstyd, (een ander fchryft in December) 's avonds, in het Weften te voorfchyn quâm, en voor de middernagt onderging; dat die zig 15 nagten vertoonde: dan zou dezelve wel drie Maanden gezien zyn. *Anton. Arch. Flor. Hift.*, tit. 20, cap. 8, fol. 85, *Baf.* 1502; hy verhaalt, dat de Comeet omtrent den 1ften September zou verfcheenen zyn; maar uit andere Schryvers blykt genoegzaam, dat men hier *October* leezen moet. *Chron. Flor.*, lib. 8, pag. 206. *Giovan. Vill.*, pag. 47, *in Murat.*, tom. 13. *Monaft. Hirfaug. Chron. Johan. Trithem.*, pag. 206. *Theod. de Niem. Chron.*, col. 1467, *Lipz.* 1723. *Math. de Michov. Hift.*, tom. 2, pag. 137. *Bernard. Guidon. vit. Bonif. Pap.*, pag. 671, *in Murat.*, tom. 3. *Johan. de Muffis Chron. Placent.*, col. 484, *in Murat.*, tom. 16. *Mezeray Hiftor. van Vrank.*, pag. 652, *Amft.* 1685. *Annal. Henric. Steron. Altahen.*, pag. 404. *Johann. Hevel. Cometogr.*, pag. 818, uit *Erasm. Barthol. de Comet.*, pag. 88, en die uit *Petr. Refen. Ed. Island. Annal. Fland.*, lib. 10, pag. 114. *Werwer. Rolewink. Fafcic. Temp.*, pag. 83. *Georg. Pachymer. Hiftor. Andron.*, lib. 4, cap. 14, pag. 209. *Typ. Barb. Rom.* 1670. In de *Hiftor. Sinic.*, pag. 67, vind men, dat in 't 5de Jaar van de Keizer *Chim-cum*, op de 9de Maan, dat is omtrent October, een Comeet gezien wierd, dat is in 't Jaar 1301, en 't zal

Na Chriftus 1301 Jaar. O.

Korte Beschryving van alle de Comeeten,

ook waarschynelyk de zelfde Staartster zyn, van dewelke men kort daar na in deeze Historie, en in de *Sineesche Chronologie*, pag. 77, vind, dat een Comeet zig 76 dagen vertoonde. *Siffridi Presb. Epitome*, pag. 702. *Ricobal. Comp. Chron.*, col., 1290, *Lipz*. 1723. *Vite de Duchi di Venezia*, col. 582, *in Murat.*, tom. 22.

't Schynt dat dit de Comeet van 't Jaar 1596 geweest is.

Na Christus 1305 Jaar.
O.

In 't Jaar 1305 wierd een Staartster gezien, van den 15den tot den 21sten April. *Joann. Func. Chron.*, pag. 156.

Ik vind in de Kronyk van *Mansveld* (z), dat deeze Comeet gezien is drie dagen voor, en drie dagen na Paaschen : het Paaschfeest wierd in dat Jaar gevierd, den 18den April. *Buntingus* heeft deeze Comeet ook uit de Saxische Kronyk. *Lavatherus* (a) stelt een Comeet op 't Jaar 1307; maar ik weet niet waar dit uit afkomstig is. De Comeet van 't Jaar 1682 moet omtrent het Jaar 1306 gezien zyn, en ligtelyk is die van 't Jaar 1307 de zelfde, als die op 1305 beschreeven word ; dan zou door de omloop volgen, dat men die in 't Jaar 1306 gezien had; doe was het Paaschen den 3den April, en de verschyning van de Comeet is dan van den laatsten Maart tot den 7den April.

N1 Christus 1313 Jaar.

In 't Jaar 1313, den 16den April, verscheen, in de morgenstond, een Comeet in het Teken van Gemini ; de Staart was na het Westen, en had de lengte van 20 voeten; van dag tot dag zag men die verminderen, tot dat, ten einde van 20 dagen, dezelve is verdweenen. *Albertini Mussati Histor. August.*, lib. 15, rubr. 4, col. 554, *in Murat.*, tom. 10.

De Sineezen verhaalen (b), dat deeze Comeet op de 3de Maan gezien is. In *Ludov. Lavath. Comet.* vind men deeze Comeet ook op 't Jaar 1313, uit *Funccius*. Op dit Jaar word dezelve ook gesteld door *Milicbius* (c); zoo dat *Buntingus* (d), die deeze Staartster, uit een Saxische Kronyk, op 't Jaar 1312 brengt, moet verbeterd worden, als ook *Hevelius* (e). *David Herlicius* schryft, dat de Comeet in Cancer gezien wierd. Op 't Jaar 1313 vind men die in *Rober. Betunien.* (f).

Na Christus 1314 Jaar.

In 't Jaar 1314, in de Maand October, verscheen een Comeet in 't Noorden, byna in 't end van Virgo ; men zag die de tyd van

(z) Fol. 324. (a) In zyn Annal. Cometar. (b) Histor. Sinic., pag. 68.
(c) In zyn Aantekeningen over 't 2de boek, 't 25ste cap., van *Plinius*, ook door *Schnrr*. Differ. de Com. ex Chron. Basil. & August., in de Kronyk van *Winsen.*, pag. 190.
(d) Fol. 456. (e) Cometograph., pag. 829. (f) Annal. Fland., pag. 136.

of Staartsterren, uit de Geschiedenissen. 235

van zes weeken. *Bunting. Chron.*, *fol.* 456. *Paul. Lang. Chron. Citizense*, *pag.* 826. *Anton. Arch. Florent. Histor.*, *tit.* 21, *cap.* 3, *fol.* 97, *& Chron. Floren.*, *lib.* 9, *cap.* 64, *fol.* 135. *Hartman. Sched. Chron. Norim.*, *fol.* 123; deeze verhaalt, dat de Comeet 3 Maanden gezien is. *Math. Palmer. Chron.*, *pag.* 129.

In 't Jaar 1315, den 2den December verscheen een Comeet, die na de Polus Arcticus liep; den 27sten December stond dezelve van de Pool 18 graad., 37 min., 53 sec. In 't Jaar 1316, den 15den January, doe stond dezelve maar van de Pool 9 graad., 48 min., 39 sec. Andere verhaalen, dat de Comeet den 21sten December gezien is; dat dezelve een doorschynende Staart na zig sleepte, en dat die gezien is tot February; dat kort daar na een andere te voorschyn quam in 't Oostelyk deel van den Hemel, niet ver van de Planeet Mars; dog dat deeze laatste zig niet lang vertoonde. *Albertini Mussati de Gestis Italicorum*, *lib.* 7, *rub.* 14, *col.* 672; in de laatste Waarneeming staat, *Jan.* 15, *hora* 17. *Annal. Henr. Rebdorf.*, *pag.* 409. *Theod. de Niem. Chron.*, *col.* 1485. *Hevel. Cometograph.*, *pag.* 830, *ex Thaddæo Hagecio in suâ dialexi de Nova Stella*, *pag.* 56. *Anonymi Leobien. Chron.*, *lib.* 5, *col.* 917, Lipz. 1732. *Chron. Duc. Brabant. Had. Barland.*, *pag.* 52. *Albert. Krant. Metrop.*, *lib.* 9, *cap.* 2, *pag.* 231. *Geor. Fabric. Annal. Urb. Misn.*, *pag.* 125. *Chron. Cavense*, *col.* 932, *in Murat.*, *tom.* 7. *Mezeray Histoire de France*, *pag.* 356, Par. 1685. *Johan. de Mussis Chron. Placent.*, *col.* 491, *in Murat.*, *tom.* 6. In *Ludov. Cavitel Crem. Annal.*, *col.* 1364, daar word ook van twee Staartsterren verhaald. *Math. de Michov. Hist. Polon.*

Na Christus 1315 Jaar.

Wat de tweede Comeet aangaat; men kan niet eerder Wiskonstig zeggen, dat dit twee verscheide Staartsterren geweest zyn, voor dat men de omloop van de eerste, of de laatste ondekt heeft. Had men duidelyker verhaal van deeze Staartster, ten opzigt van de plaats, daar dezelve 't eerst verscheenen is, en naderhand verdween; ook de lengte van die plaatzen, daar de breedte zoo naukeurig van bepaald schynt; dit zou veel kunnen helpen, om de omloop te ontdekken.

In 't Jaar 1335, de 7de Maan, verscheen in Sina een Comeet, die roodagtig was, met een blinkende Staart, dewelke de lengte had van vyf Cubiten. *Histor. Sinicæ*, *pag.* 70.

Na Christus 1335 Jaar.

De 7de Maan is omtrent de Maand Augustus. Dat dit de Comeet van 't Jaar 1337 niet geweest is, blykt, om dat die in de gemelde Historie eerst naderhand verhaald word op de 4de Maan; de glans van de Staart geeft te kennen, dat het Perihelium van deeze Staartster niet ver van de Zon geweest moet zyn. 't Schynt dat dit de Comeet geweest is, die men naderhand gezien heeft in de Jaaren 1569 en 1686; want de plaats, daar die van 't Jaar 1569, den 8sten November, zig vertoonde, komt zeer wel overéén met de weg, dewelke die van 't Jaar 1686 geloopen heeft: dat men maar twee nette Waarneemingen had van die, dewelke in Jaar 1569 gezien is, dan zou men Wiskonstig konnen vinden, of de twee laatstgemelde verscheiden Comeeten waren, of dat het de zelfde geweest is, en dat die in 117 Jaaren om de Zon loopt. De weg van de Comeet van 't Jaar 1686, daar is 't Perihelium zoo digt by de Zon, en de hoek tusschen de Ecliptica en 't vlak van de Comeets weg zoo weinig, dat die ligtelyk kan voorby gaan, zonder dat men die in deeze gewesten merkt; in korten tyd loopt dezelve na 't Zuiden. Laat ons evenwel bezien, of men egter nog iets kan vinden, dat na deeze Staartster gelykt, als men in de Historien te rug gaat.

In 't Jaar 1686 is die gezien in Oostindiën, en in Duitsland 27 dagen.
117

1569 in Duitsland gezien 19 dagen.
117

1452 in Italien.
117

1335 in Sina.
351

984 omtrent 't Jaar 983, is, volgens *Præt.* en *Platina*, een Comeet gezien.
117

867 in Engeland en Duitsland is in 't Jaar 868 een Comeet eenige nag-
467   ten gezien.

400 tot Constantin. zag men, omtrent 't Jaar 400, een Comeet.
703

VoorChr. 304 is in Sina een Comeet gezien.

Zomtyds, om dat in de oude Historien dikwils zoo weinig byzonderheden gemeld worden, zoo zou men in deeze optellingen wel een verkeerde Staartster kunnen opgeeven; als men de omloop van de meeste weet, dan zal men dezelve nog beter kunnen onderscheiden.

In

of Staartsterren, uit de Geschiedenissen.

In 't Jaar 1337, doe de Zon het Zomersche Keerpunt bereikt had, begon aanstonds, na de Zons ondergang, een Comeet te verschynen in 't Noordelyk deel van den Horizont; 't was van dat zoort, die men Baardsterren noemt: het eerst zag men die by de voeten van Perseus, dewelke digt by de rug van de Stier zyn. De Staart was breed na 't Oosten uitgestrekt; van daar zag men de Comeet byna dagelyks regt na omhoog klimmen; ieder dag vorderde dezelve ten naastenby drie graaden, gaande voorby de Polus Arcticus; daar na liep dezelve door de kleine Beer, door de Kronkel van de Draak, en raakte de regter voet van Hercules; in 't vervolg ging dezelve door de Noorder Kroon, en de flinkerhand van de Slangdraager; toen verder na beneden daalende, zoo is die verdweenen. *Nicephor. Gregor. Histor. Byzant.*, lib. 11, cap. 5, pag. 333, *Par.* 1702, & pag. 245, *Baf.* 1562. *Chron. Citiz.*, pag. 834. *Palmer.*, pag. 130. *Scip. Claram. Hist. Casen.*, tom. 7, part. 2, lib. 13, pag. 324. *Thesaur. Antiqui. Ital. Joan. Avent. Annal. Bojor.*, lib. 7, pag. 621. *Guil. & Albrig. Cortus. de Nov. Padi & Lomb.*, tom. 6, lib. 7, cap. 1. *Thesaur. Antiquit. Italic. Ludov. Cavitel. Cremonens. Annal.*, tom. 3, part. 2, col. 1380. *Thesaur. Italic.*; dog de Comeet is daar een Jaar te laat gesteld. *Anonymi Leob. Chron.*, lib. 6, col. 948; maar de Comeet staat hier een Jaar te vroeg. *Annal. Hainri. Rebdorf*, pag. 426, *Frankf.* 1624. *Anton. Bonfin. Rer. Ungar.*, dec. 2, lib. 9, pag. 351, *Baf.* 1568. *Achill. Pirmini Gaffar. Annal. Augstb.*, col. 1483, *Lipz.* 1728. *Giovan. Villani Histor. Florent.*, lib. 11, col. 806, *in Murat.*, tom. 13. In *Histor. Sinic.*, pag. 70, vind men, van 4de tot de 7de Maan.

In *Hevelius* (g), en *Lubienietsky* (h) vind men, in de Text van *Gregoras*, 't volgende: *Ortum à pedibus Pegasi ducebat, qui à Spinâ Tauri parum absunt;* maar dit heeft geen zin: in beide de Drukken, die ik heb, dewelke hier boven aangetekend zyn, vind men: *Ortum autem à Persei pedibus, maxime ducere videbatur, qui à Spini Tauri parum absunt;* ook heeft *Hevelius*, dat *Andronicus de Jonge* in 't Jaar 1338 overleeden is; om dat hy *Gregoras* aantrekt, zou 't schynen, als of hy dit daar in gevonden had; maar in de Druk van Basel (i), en de Druk van Parys (k), vind men 't sterven van de gemelde Keizer aldus: *Ac Junii die decimo quinto, ante Solis Ortum defunctus est, Anno Sexies millesimo*

(g) *Cometogragh.*, pag. 830. (h) *Histor. Comet.*, pag. 258.
(i) Pag. 253. (k) Van 't Jaar 1702, pag. 346.

octingentesimo quadragesimo nono; dat is, volgens de reekening die in deeze Landen gebruikt word, in 't Jaar 1341, den 15den Juny.

Het is jammer, dat *Gregoras* de nette tyd niet aangetekend heeft, doe de Comeet by de Vaste Sterren verscheen, die hy meld; de Heer *Halley* beklaagt zig daar ook over (*l*); hy heeft dezelve daar maar ingevoegd om de oudheid, en niet om dat de bepaalde weg zeer naukeurig is; zyn uitkomsten ziet men in de bovengemelde *Transactie* (*m*), in de *Act. Erudit.* (*n*), en in *Whiston.* (*o*). De Comeet is in 't Perihelium geweest, in 't Jaar 1337, in Juny 2 dagen, 6 uur., 25 min., volgens de tyd van London; de middel-afstand, tusschen de Zon en de Aarde, op 100000 deelen stellende, zoo was 't Perihelium van de Zon 40666; de Noorder Breedte van 't Perihelium 22 graad., 40 min., 30 sec.; 't Perihelium in de kring van de Comeet, in Taurus 7 graad., 59 min.; en in de Ecliptica, in 't zelfde Teken 12 graad., 45 min., 15 sec.; de helling van de Comeets weg 32 graad., 11 min.; de klimmende Knoop 24 graad., 21 min., in Gemini; de loop, uit de Zon te zien, tegen de order der Tekenen.

Niceph. Gregoras (*p*) heeft, dat in zyn tyd de Zon in 't Evennagts-punt quam den 17den Maart; zoo dat hy omtrent 5 graaden in de Zons plaats verscheelt; want de Zon is in 't Jaar 1337, den 12den Maart, omtrent 2¼ uur na de middag in 't begin van Aries gekomen; volgens de meening van *Gregoras*, heeft dan dezelve in dat Jaar, den 18den Juny, het begin van Cancer bereikt. Op deezen dag, 's avonds ten 7 uuren, 25 min., volgens 't middagrond van London, heb ik de plaats van de Comeet bereekend, volgens de weg, zoo als die door den Heer *Halley* bepaald is, en gevonden, in Gemini 5 gr., 6 min., 34 sec., met een Noorder Breedte van 19 gr., 39 min., 33 sec.; 't welk niet wel overeenkomt met de beschryving van *Gregoras*: zoo dat het schynt, dat men moet stellen, dat de Comeet omtrent vier dagen vroeger in 't Perihelium is geweest als de Heer *Halley* gereekend heeft; in alle de deelen van de weg zal dan ook een verandering komen.

Een Italiaansch Schryver verhaalt, dat deeze Comeet 4 Maanden gezien wierd, en dat, terwyl men deeze nog zag, dat doe een ander te voorschyn quam, die zig 2 Maanden vertoonde; maar om dat *Gregoras*, dewelke een Sterrekundige was, en in die tyd leefde, niets daar van meld, en dat hy al de andere Comeeten, die hy gezien heeft, vry naukeurig beschryft; ook om dat de Sineezen van geen twee verscheide Comeeten op dit Jaar melden, zoo kon 't zyn, dat de laatste die van 't Jaar 1340 was, of de Planeet Venus, die, volgens 't verhaal van de Sineezen, in 't Jaar 1337, op de 7de Maan, over dag gezien wierd.

In

(*l*) In de Philosoph. Transac. van 't Jaar 1705, num. 297, pag. 1881. (*m*) Pag. 1882.
(*n*) Van 't Jaar 1707, pag. 226. (*o*) Prælec. Phys. Mathem., pag. 361.
(*p*) Lib. 8, cap. 13, pag. 225, Par. 1702.

of Staartſterren, uit de Geſchiedeniſſen. 239

In 't Jaar 1340, (de Zon in Aries zynde) in 't end van de Maand Maart, zag men een Staartſter, die de gedaante van een Zwaard had, by de Voorſchaaren van de Schorpioen, en de Koornäir van de Maagd; ieder dag vorderde dezelve 5 graaden, tot dat die by de Leeuw quam, en aldaar verdween. *Nicephor. Gregor. Hiſtor. Byzant.*, lib. 11, cap. 7, pag. 338, *Par.* 1702, & *Baſil.*, pag. 248. *Monaſter. Hirſaug. Chron. Johann. Trithem.*, pag. 221; deeze verhaalt, dat dezelve verſcheen omtrent de 4de Zondag in de Vaſten; de gemelde Zondag is in dat Jaar op den 26ſten Maart gekomen. *Math. Palmer. Chron.*, pag. 130. *Ludov. Cavitel. Cremon. Annal.*, tom. 3, par. 2, col. 1380. *Theſaur. Antiquit. Ital. Anton. Bonfin. Reg. Ungar.*, dec. 2, lib. 9, pag. 351, *Baſ.* 1568. *Giov. Vilan. Hiſtor. Flor.*, lib. 11, col. 839, in *Murat.*, tom. 13.

Na Chriſtus 1340 Jaar.

In de *Hiſtor. Sinic.* (q) vind men omtrent deeze tyd een Comeet, die 32 dagen gezien wierd.

In 't Jaar 1346, in de Maand Auguſtus, doe 't Geſternte van Orion opgong, begon een Comeet in den Hemel te verſchynen, als een Zwaard, by 't Hoofd van de groote Beer, die van dag tot dag, de Zodiac naderde, tot dat dezelve aan 't end van Leo quam, daar de Zon doe omtrent was; op deeze plaats is die verdweenen. In de Kronyk van Florencen vind men, dat dezelve 15 dagen gezien is. *Niceph. Gregor. Hiſtor. Byzant.*, lib. 15, cap. 5, pag. 480, *Par. Typ. Reg.* 1702. *Schedel. Chron. Norimb.*, fol. 225; hier vind men, dat de Comeet 2 Maanden gezien is. *Giov. Villan. Hiſtor. Flor.*, lib. 11, col. 976.

Na Chriſtus 1346 Jaar. O.

't End van de Staart was in de 16de graad van Taurus; 't Hoofd van de Staartſter by 't Hoofd van Meduſa; doch hier uit ſchynt te volgen, dat de Comeet in Italien vroeger waargenomen is als tot Conſtantinopolen. Om dat deeze Staartſter veel overeenkomſt met die van 't Jaar 1580 ſchynt te hebben, zoo heb ik by de Comeet van 304 Jaaren voor Chriſtus de Staartſterren geſteld, die dezelfde zouden geweeſt zyn, als men de omloop van 235 Jaaren, of daar omtrent, voor goed keurt.

In 't Jaar 1351, in de Maand van December, zag men een Comeet in 't end van Cancer. *Matteo Villani Libro Sec.*, cap. 44, col.

Na Chriſtus 1351 Jaar.

(q) Pag. 70.

col. 134, *in Murator., tom.* 14. *Hartm. Schedel. Chron. Norim.,*
col. 229. *Johann. Trithem. Monaſt. Hirſ. Chron.,* pag. 226. *Ludov.*
Cavitel. Cremon. Annal., col. 1383. *Tom.* 3, *Theſaur. Antiq. Ital.*
Werner. Rolewink. Sex. Ætas Chriſ., fol. 85. *Theod. de Niem*
Chron., col. 1505, *Lipz.* 1723.

Als de reſt van 't Manuſcript van *Gregoras* gedrukt word, dan zal men ligt nog netter verhaal van deeze Staartſter vinden. In de *Hiſtor. Sonic.* (*r*) vind ik, dat in 't Jaar 1356, op de 8ſte Maan, een Comeet gezien wierd, van een loodagtige couleur, die op de 12de Maan verdween.

Na Chriſtus 1362 Jaar.

In 't Jaar 1362, in de Maand Maart, verſcheen, in de morgenſtond, een Comeet by de Sterren van de Viſſchen, die een lange Staart had; dezelve ſtond tuſſchen 't Noorden en 't Ooſten; de Staart was na 't Noorden. Een ander verhaalt, dat dezelve, den 11den Maart, in 't end van 't Teken van Aquarius, by de Planeet Venus verſcheen, en vyf weken gezien wierd. *Mathias de Michov. Hiſtor. Polon.,* pag. 167. *Matteo Villan.,* lib. 10, cap. 93, col. 680. *Theodor. de Niem. Chron.,* 'col. 1511, *Lipz.* 1723. *Annal. Hainr. Rebdorf.,* pag. 452, *Frankf.* 1624. *Herman. Corneri Chron.,* col. 1101; dog hier is de Comeet een Jaar te vroeg.

In *Matteo Villani* ſtaat, dat de Comeet in het Teken van de Viſſchen verſcheen; maar uit de plaats, en de ſtrekking van de Staart, zoo als *Theodorus de Niem* die beſchryft, zoo komt het my voor, dat men moet verſtaan, dat de Comeet aldaar 't eerſt zig by de Noorder Vis moet vertoond hebben: keurt men 't ſchryven van *Michovius* voor goed, zoo moet hy dit hebben uit een Schryver, die de Comeet vroeger gezien heeft; en dan is de ſchynbaare loop geweeſt met de order der Tekenen. Men vind ook van deeze Staartſter in de *App. ad Anonymi Monac. Caſin. Chron.* (*s*). *Anonymi Cœnob. Zwetlen. Chron.* (*t*), daar word de Comeet verhaald onder de geſchiedeniſſen van 't Jaar 1360; maar daar ontbreekt iets in deeze Kronyk; en daar na word een Verſchynzel beſchreeven, dat in de nagt van *St. Lucie*, op de volle Maan, gezien wierd: nu word dit Feeſt geviert den 13den December; bygevolg moet dit in 't Jaar 1361 geweeſt zyn; dan word van de volgende Winter gemeld, en daar na, dat een Comeet, omtrent den 25ſten Maart, weinig dagen gezien wierd. Het is dan zeker genoeg, dat de Staartſter, uit deeze Kronyk, op 't Jaar 1362 geſteld moet worden. In de gemelde Kronyk zal nog meer ontbreeken; want na de Comeet volgt nog een Jaar, en dan word op 't Jaar 1386 geſprongen

(*r*) Pag. 71. (*s*) Pag. 521, Panor. 1723. (*t*) Col. 1001, Lipz. 1721.

of Staartsterren, uit de Geschiedenissen. 241

gen, en daar meede is de Kronyk uit, of de rest ontbreekt. In de *Histor. Sinic.* (v) is de duuring 34 dagen.

In 't Jaar 1368, in Maand January, verscheen een groote Comeet, en in de Maand April een andere tusschen het Noorden en het Westen; in Italien zag men die 15 dagen; de Staart was na het Oosten. *Meseray Histoire de France;* hy verhaalt, dat dezelve gezien wierd in de Week voor Paasschen: in dit Jaar is het Paasch geweest den 9den April. *Johan. Trithem. Hirsaug. Chron.*, pag. 234. *Johan. de Mussis Chron. Placent.*, col. 509, *in Murat.*, tom. 16. *Monarch. Sin. Tab. Chron.*, pag. 79, Par. 1686. De laatste is de Comeet geweest die naderhand in 't Jaar 1665, in April, gezien is. De Sineezen verhaalen, dat in 't Jaar 1368, op de eerste Maan, dat is, in January, zig een Comeet vertoonde; dat men die drie Maanden zag: in de *Histor. Sinic.*, pag. 71, vind men drie Jaaren; maar dit is een misslag. De Italiaansche Schryvers, die hier volgen, verhaalen, dat in 't Jaar 1370, of 1371, den 15den January, zig een wonderlyke groote Comeet in 't Noorden vertoond heeft, daar van de Staart na 't Zuiden was: *Chron. sive Annales Laurentii Bonicontrii, col.* 19, *in Murat.*, tom. 21. *Giornali Napolitan.*, col. 1035, *in Murat.*, tom. 21; maar het komt gantsch niet schynbaar te vooren, dat alle de andere Schryvers daar niets van zouden gemeld hebben.

Na Christus 1368 Jaar. O. N.

Uit de beschryving van de Sineezen schynt te volgen, dat men in plaats van 1370, of 1371, moet leezen 1368, en dat men in 't laatstgemelde Jaar twee verscheide Comeeten gezien heeft; de eerste in January, en de andere in April.

Omtrent het Jaar 1378 is een Staartster gezien. *Joann. Aventin. Annal. Bojor.*, pag. 640, Bas. 1580, & pag. 800, Ingolst. 1554.

Na Christus 1378 Jaar. O.

Dit is de Comeet van 't Jaar 1652 geweest, dewelke zig nooit langen tyd vertoond.

In 't Jaar 1382, in de Maand Augustus, twee uuren voor de Zons opgang, verscheen een Comeet, daar van de Staart na boven strekte, dezelve had de gedaante van een Lans, en was van een

Na Christus 1382 Jaar. O.

H h

(v) Pag. 71.

een witachtige kleur; men zag die 14 dagen. *Annal. Vicentini Conforti Pulicis, col.* 1258, *in Murat., tom.* 13; de Schryver van deeze Jaarboeken was een oog-getuigen: hy verhaalt, dat hy dezelve zag met zyn huisgenooten, en een menigte uit die Stad, en 't geheele Gebied hebben die ook gezien. Men vind ook van deeze Staartster in de *Kronyk van Mansveld, fol.* 347, *in Petr. Ransan. Epit. Rer. Hung. Bonfin.*, dec. 3, pag. 352. *Achill. Pirmin. Gaffar. Annal. Augstb.*, col. 1522, *Lipz.* 1728. *Annales Foroloviensis Anonym. Auctore ex Manuscripto Codice Comitis Brandolini*, col. 129, *in Murat., tom.* 22.

Is dit de Comeet van 't Jaar 1682 geweest? daar dezelve wel na schynt te gelyken, dan doen zig nog grooter ongelykheden in de omloop van de Cometen op, als ik in 't eerst gedagt had; dog de loop herstelt zig weder, anders zou men kunnen denken, of die van 't Jaar 1682 ook een Jaar te vooren gepasseerd was.

Na Christus 1391 Jaar. O.

In 't Jaar 1391, in de Maand May, verscheen een donkere en kleine Comeet, omtrent de Sterren van de groote Beer, die door den Hemel doolde; de Staart was niet heel ligt. *Annales Foroloviensis Anonym. Auctore ex Manuscripto Codice Comitis Brandolini*, col. 198, *in Murat., tom.* 22. *Werner. Rolewink. Fasc. Temp.*, pag. 87; hier staat dezelve-tusschen 't Jaar 1384 en 1394. *Prætorius, en Rockenbach, in zyn Exemp. Comet.*, pag. 194, brengen deeze Comeet ook op 't Jaar 1391.

De gemelde Comeet is die van 't Jaar 1677.

Na Christus 1399 Jaar. N.

In 't Jaar 1399, in de Maand November, zag men een Staartster van een ongemeene glans, draaijende haar Staart na 't Westen; zy verscheen maar een week lang. *Mezeray Historie van Vrankryk, de Druk van Amsterdam*, pag. 831.

In de *Historie van de Landgraaven van Thuringen* (x) vind men, dat in 't Jaar 1399, by Eysenach, drie groote Staarten van vuurige Cometen gezien wierden. Dit zal ook de zelfde Staartster geweest zyn, die men in Vrankryk zag; dog wat de drie Staarten aangaat, men zal by Eysenach dezelve op drie verscheide avonden gezien hebben, en om dat de Staart zig niet alle dagen even groot vertoond, zoo zal de Schryver gedagt hebben, dat die van drie

(x) Pag. 950.

of Staartsterren, uit de Geschiedenissen. 243

drie verscheiden Comeeten afkomstig waren. *Hevelius* heeft ook deeze laatste passagie, en twyffelt zeer, of de drie Staarten wel gelyk gezien zyn; hy meende, dat het de Staarten van Byzonnen waren, en niet van Comeeten.

In 't Jaar 1402, den 11den February, 't welk de eerste Zaturdag was na de Vasten, zoo verscheen een Staartster in het Westen, daar van de Staart na omhoog was; de geheele Vasten vermeerderde die van dag tot dag, tot dat dezelve zig als een lange maatstok vertoonde; dog in de Week voor Paasschen, zoo wies de Staart, in drie dagen, tot een wonderlyke grootheid aan; de tweede dag was die viermaal zoo lang als de eerste, en de derde dag tweemaal zoo groot als de tweede: na dien tyd zag men dezelve nog 8 dagen 's morgens, tot Woensdags voor Paasschen, doe vernam men deeze Comeet 't laatst, digt by de Zon, met een Staart van omtrent drie voeten. *Annales Mediolan.*, col. 837, in *Murat.*, tom. 16. En met de zelfde woorden vind men die agter *Ricobal. Comp. Chronol.*, welkers Chronologie eindigt met het Jaar 1313; verders vind men die in de *Histor. Landg. Thur.*, pag. 952. *Annal. Fland.*, pag. 251. *Annal. Estensis Jac. de Delayto*, col. 968, in *Murat.*, tom. 18. *Anton. de Ripalta Annal. Placent.*, col. 869, in *Murat.*, tom. 20. *Chron. sive Annal. Laur. Bonincontrii Miniatensis*, col. 88, in *Murat.*, tom. 21. *Annales Forolovien. Anonym. auctore ex Manuscripto Codice Comitis Brandolini*, col. 201, in *Murat.*, tom. 22. *Theod. de Niem de Schismate*, pag. 83. *Poggii Bracciolini Histor. Florent.*, lib. 4, pag. 87, in tom. 8, *Thesaur. Antiq. Ital. Chron. di Bologne*, col. 569. *Chron. Carion.*, lib. 5, pag. 829. *Bunting. Chronolog.* pag. 467. *Magn. Chron. Belg.*, pag. 345. *Chron. Monast. Mell.*, col. 250. *Herman. Corn. Chron.*, col. 1185, Lipz. 1723. *Thom. Ebendorff. de Haselbach. Chron. Austriacum*, col. 826, Lipz. 1725. *Bonfin. rer. Hungar.*, pag. 409. *De Kronyk van Mansfeld*, fol. 352. *Achill. Pirmini Gaßar. Annal. Augstb.*, col. 1541, Lipz. 1728. *Paltrami seu Vatzon. Chron.*, col. 728, Lipz. 1721. *Compil. Chronol.*, pag. 748. *And. Ratisbon. & J. Crafti Chron.*, col. 2126.

Verscheide van deeze laatste Schryvers stellen de Comeet op 't Jaar 1401; maar dit zal na de wys van de Kerkelyke gereekend zyn. In *Duc. Mich. Nep.* (y) vind men, voor de Slag tusschen *Bajazet* en *Temir-Len*, een Co-

meet,

(y) Pag. 34.

meet, die 't eerst gezien wierd doe de Zon in Gemini was, en zig vertoonde tot dat de Zon in Libra quam; men kon die, volgens zyn verhaal, ook zien in Duitsland, Spanjen en Italien; maar om dat andere Schryvers, op 't Jaar 1401, van zoodanig een Comeet geen gewag maaken, zoo volgt genoegzaam, dat hy de Tekens, daar de Zon in was, qualyk zal gesteld hebben. In 't Jaar 1402 is het den 26sten Maart Paasschen geweest; dan is de Comeet 46 dagen gezien: een ander verhaalt, 6 weeken; dat nagenoeg overeen komt. Het is de zelfde Comeet die men in 't Jaar 1661, van den 3den February tot den 28sten Maart heeft waargenomen; maar in 't Jaar 1402 is die digter by de Aarde geweest.

Na Christus 1408 Jaar. In 't Jaar 1408 verscheen een Comeet. *Werner. Rolewink. Fasc. Temp., fol.* 81, *Frankf.* 1613. *Philip. de Lignanime Chron.*, *col.* 1303. In de *Belgische Kronyk* staat die op 't Jaar 1407.

Na Christus 1410 Jaar. N. In 't Jaar 1410, den 10den Maart, wierd tot Cremona een hairige Ster gezien. *Ludovici Cavitellii Cremonens. Annales, col.* 1401. *Thesaur. Antiq. & Histor. Ital.*, *tom.* 3, *pars Post.*

Dit zal ligt de zelfde Comeet geweest zyn die op 't Jaar 1408 verhaald is.

Na Christus 1432 Jaar. In 't Jaar 1432, omtrent den 2den February, verscheen een kleine Staartster, daar van de Staart na 't Noorden uitgestrekt was. *Math. de Michov. Histor. Polon.*, *tom.* 2, *pag.* 198.

Na Christus 1433 Jaar. In 't Jaar 1433, den 12den October, zag men in Italien een Comeet, 's avonds, in 't Westen, die zig naderhad van den avond tot den morgenstond vertoonde; men zag dezelve een Maand. *Georg. Fabrit. Orig. Stirp. Sax.*, *pag.* 750, *Jen.* 1597. *Math. de Mich. Histor. Polon.*, *lib.* 2, *pag.* 199. *Annal. Turc. Hartman. Sched. Chron. Norimb.*, *fol.* 243. *Cromer. de Reb. Polon.*, *lib.* 20. *pag.* 310. *Lycosth.*, *pag.* 476. *Joan. Func. Chron.*, *pag.* 162; hier vind men, dat de Comeet drie Maanden gezien is. *Annal. Forol.*, *col.* 217, *in Murat.*, *tom.* 22. *Ludov. Cavitel. Cremonens. Annal.*, *col.* 1420. *Thes. Antiq. & Hist. Ital.*, *tom.* 3; dog de Comeet staat daar een Jaar te laat.

Na Christus 1439 Jaar. In 't Jaar 1439 verscheen een Comeet in Poolen. *Joan. Funccius*, *pag.* 163. *Ludov. Cavitel. Cremonens. Annal.*, *col.* 1431. *Thesaur. Antiq. & Hist. Ital.*, *tom.* 3, *pars Post.*

of Staartsterren, uit de Geschiedenissen.

Georg. Phranfa (z) verhaalt, dat in 't Jaar 1450, in de Zomer, een Comeet gezien wierd; dog uit de beschryving, die hy daar van doet, schynt het my toe, dat het geen Staartster, maar eenig ander verschynzel is geweest.

In 't Jaar 1452, in de Maand Juny, is een Comeet gezien. *Ludov. Cavitel. Cremonens. Annal.*, col. 1453.

Na Christus 1452 Jaar. O. N.

Indien 't Jaar en de Maand, van deeze Comeet, wel beschreeven is, zoo zal 't ligtelyk die van 't Jaar 1335 geweest zyn; 't kon weezen dat dit ook de zelfde was daar *Phranfa* van verhaald.

In 't Jaar 1456, den 29sten May, wierd een Comeet gezien: in de Turkse Jaarboeken word melding gemaakt van twee Cometen, daar van de een voor de Zon opkwam, en de ander zig vertoonde na de Zons ondergang; dog dit zal een en de zelfde geweest zyn. 't Voornaamste van de beschryving, 't welk *Thomas Ebendorff van Hazelbag* over deeze Comeet doet, vind men hier vooren, pag. 10. Men vind dezelve ook in de *Annal. Turc.*, pag. 329. *Duc. Mich. Nep. app.*, pag. 199. *Cromer. de Reb. Polon.*, pag. 358. *Hartm. Sched. Chron. Norim. Math. Palm.*, pag. 138. *Viti Arenpeckii Chron. Austria.*, pag. 1262, Lipz. 1721. *Ludov. Cavitel. Cremonen. Annal.*, col. 1456, tom 3, par. 2. *Thes. Antiq. Italic. Chron. Monast. Mellic.*, col. 258, Lipz. 1721. *Philip. de Lignam. Chron.*, col. 1307, Lipz. 1723. *Stephan. Infes. Sen. Pop. Rom.*, col. 1890, Lipz. 1723. *Anonymi San-Petren. Chron. Salisb.*, col. 429, Lipz. 1725. *Achilles Pirm. Gassar. Annal. Augstb.*, col. 1260, Lipz. 1728; hy verhaalt, dat de Comeet in Cancer en Leo gezien is. *Annal. Fland.*, lib. 16., pag. 366. *Chron. de Bologn.*, col. 720, Mediol. 1731. *Annal. Forolov. Anonym. Auct.*, col. 224, in Murat., tom. 22. *Anton. de Ripalta Annal. Placent.*, col. 905.

Na Christus 1456 Jaar. O.

Behalven 't verhaal van de Comeet, zoo vind men in de laatstgemelde Schryver, dat in 't Jaar 1456, in de Maand December, en in 't Jaar 1457, in January, vier wonderlyke Sterren verscheenen, die van 't Oosten na 't Westen voortgingen, byna in de gedaante van een Kruis. 't Zullen ligt eenige Vaste Sterren, en een, of meer Planeeten geweest zyn. *Ludov. Cavitel.* verhaalt van een Comeet, die in 't Jaar 1456, den 5den December, gezien zou zyn, en van een ander, in January: dit schynt getrokken te zyn uit

(z) Lib. 3, cap. 20, Ingolst. 1604.

146 *Korte Beschryving van alle de Cometen*,

uit de voorgaande Sterren. Die Comeet, die men in de *Belgische Kronyk* (a) vind, dewelke in 't Jaar 1426, in Juny, tot Luyk gezien zou zyn; uit de Historien, die men daar vind, ziet men klaar, dat dit de Comeet van 't Jaar 1456 geweest is.

Na Christus 1457 Jaar.
In 't Jaar 1457, den 8sten Juny, in de morgenscheemering, voor de Zons opgang, begon een Comeet te verschynen, in de 5de graad van Gemini, met een Noorder Breedte van omtrent 5 graaden, by de Ster die in de Wortel van de eene Hoorn des Stiers is; 't Hoofd van de Comeet was klein; de Staart had in 't begin de lengte van 15 graaden, van een groote cirkel, en strekte na 't Zuiden, regt na de Ster in de linker Schouder van de Reus, die men Bellatrix, of de Oorlogsheldin noemt; de gedaante was als een Lans, de kleur zwart en duister, als of het lood was; de Comeet liep met de order der Tekenen, en quam in drie Maanden van de gezeide plaats, tot het end van Cancer, in 't midden van deszelfs loop veranderde de breedte met de Ecliptica; zoodanig, dat die op 't laatst zoo Zuidelyk was, als in 't begin Noordelyk. *Thom. Ebendorff. de Haselbach Chron. Austri.*, col. 883; deeze Schryver had kennis van de Hemelloop: dit blykt niet alleen uit de voorgaande Waarneeming, maar ook uit een lange Redenvoering, die hy over de betekenis van de Cometen doet: *ziet van de 877ste tot de 880ste colom, en wederom van 883ste tot de 884ste colom.* Men vind die Staartster ook in *Anton. Histor.*, tit. 22, cap. 15, fol. 175, daar hy ook meld van de Comeet die in 't voorgaande Jaar gezien is. *Æneæ Silvii Pii Pontif. Epist.*, lib. 1, pag. 785. *Math. Palmer. Chron.*, fol. 138. *Hartman. Schedel. Chron. Norimb.*, fol. 250. *Bunting. Chron.*, pag. 475. *Achilles Pirmin. Gass. Annal. Augstb.*, col. 1622, *Lipz.* 1728.

Eenige Schryvers verhaalen op dit, andere op het voorgaande Jaar, dat een Comeet in de 20ste graad van de Visschen zou te voorschyn gekomen zyn; dog zoo 't al een Comeet geweest is, dan moet die weinig tyd gezien zyn; want anders zou *Thomas Ebendorf* die wel waargenomen hebben: hy meld evenwel (b), dat hy had hooren zeggen van geloofwaardige Mannen, dat 's nagts, voor de dood van *Ladislaus*, Koning van Boheemen, een Comeet gezien is: deeze Koning is gesturven, den 21sten November 1457; Ligtelyk is dit geen Staartster, maar een ander verschynzel geweest.

In

(a) Pag. 363. (b) Col. 885.

of Staartsterren, uit de Geschiedenissen. 247

In 't Jaar 1460, den 2den Augustus, zou ook een Comeet zig vertoond hebben. *Hevelius Cometogr.*, pag. 836 & 837, uit *Prætorius en Hector Boethius*.

Na Christus 1460 Jaar.

Deeze Staartster moet niet lang gezien zyn; 't zou evenwel kunnen zyn, dat dit de Comeet geweest is, die naderhand wederom gezien is in 't end van 't Jaar 1664.

In de *Annal. Fland.* (c) vind men, dat in 't Jaar 1466, in de Maand Juny, een Comeet een langen tyd in 't Westen gezien is; maar zou dit ook de Staartster geweest zyn, die zig vertoonde in 't Jaar 1456.

In 't Jaar 1468, den 12den October, begon tot Augsburg een Comeet te verschynen: een ander verhaalt, dat dezelve ver boven het Teken van de Visschen verscheen, en byna opgekomen is omtrent het Teken van de Kreeft; dat die weinig gezien wierd, wegens 't regenagtig weêr; de Staart was na 't Oosten. *Achilles Pirmin. Gass. Annal. Augstburg.*, col. 1666, Lipz. 1728, in *Menken. Scriptor. rer. German.*, tom. 1. *Comp. Chron.*, pag. 753.

Na Christus 1468 Jaar.

In *Cromer. de Reb. Polon.* (d) vind men, omtrent het Jaar 1468, een Comeet, die 15 dagen in 't Noordoost gezien wierd, en naderhand verscheen een andere, (zekerlyk zal het dezelfde Comeet geweest zyn,) die zig ook zoo veel dagen in 't Westen vertoonde. In de *Compil. Chron.* is een Drukfout; men moet in plaats van *'t Jaar* 1467, leezen, *'t Jaar* 1468. In *Ludovic. Cavit.* (e), daar vind men, dat dezelve in 't begin van October gezien wierd.

In 't end van 't Jaar 1471, en in 't begin van 't Jaar 1472, is een Comeet gezien, omtrent 80 dagen lang; het Hoofd was groot, en de Staart in 't eerst kort; dog naderhand is die tot 50 graaden aangewassen. *Regiomontanus* heeft dezelve waargenomen.

Na Christus 1471 Jaar.

Uit een meenigte van Schryvers, behalvens de geene die *Hevelius* reeds heeft bygebragt, kan men bewyzen, dat de Text in *Zieglerus* bedurven is, en dat men in plaats van MCCCCLXXV, moet leezen MCCCCLXXII. De Heer *Halley* heeft de weg, volgens de stelling, dat dezelve een Parabole is, uitgereekend, en gevonden, dat de Comeet in 't Perjhelium is geweest, in 't Jaar 1472, in February, 28 dagen, 22 uur., 23 min., volgens de Tyd van

---

(c) Lib. 16, pag. 366. (d) Lib. 27, pag. 401.
(e) Cremon. Annal., col. 1459. Thesaur. Antiq. & Histor. Ital., tom. 3, pars Post.

248 *Korte Beschryving van alle de Comeeten*,

van London; de afstand, tusschen 't Perihelium en de Zon, 54273 deelen, waar van 100000 de middel-afstand tusschen de Zon en de Aarde uitmaaken; de Zuider Breedte van 't Perihelium, uit de Zon te zien, 4 graad., 25 min., 50 sec.; 't Perihelium, in de Ecliptica, in Taurus 15 graad., 40 min., 20 sec.; 't Perihelium, in de kring van de Comeet, in 't zelfde Teken 15 graad., 33 min., 30 sec.; de hoek van de Comeets weg, met het vlak van de Ecliptica 5 graad., 20 min.; de klimmende Knoop in het Teken van de Steenbok 11 graad., 46 min., 20 sec.; de loop, uit de Zon te zien, tegen de order der Tekenen.

Na Christus 1476 Jaar. In 't Jaar 1476, in 't begin van December, is een Comeet gezien. *Joseph. Ripam. Histor. Urb. Mediol.*, *lib.* 6, *col.* 647. *Thesaur. Antiq. & Histor. Ital.*, *tom.* 2, *pars Poster. Lugd. Batav.* 1704. *Chron. Carion.*, *lib.* 5, *pag.* 899. *Ludovici Cavitelli Cremonensis Annales*, *col.* 1461. *Thesaur. Antiq. & Histor. Ital.*, *tom.* 3, *pars Post.*

De laatstgemelde Schryver verhaald ook en Comeet, die in 't Jaar 1478 zig zou vertoond hebben (*f*). Dit zal de voorgaande Staartster geweest zyn. *Keckerman.* (*g*) schryft, dat de loop van de Comeet, die in 't Jaar 1477 gezien wierd, in 't begin snel was, en naderhand traager. Dit zal waarschynelyk tot de Comeet van 't Jaar 1476, in December, behooren.

Na Christus 1491 Jaar. In 't Jaar 1491, den 17den January, tusschen de 6de en de 7de uur, verscheen een Comeet, omtrent het begin van Aries; dezelve had Zuider Breedte: men zag die tot Romen, Venetien, Florencen; ook tot Milaan, daar vertoonde die zich 7 dagen. *Ticho Brahe Histor. Cælest. Proleg.*, *pag.* 57, *uit de Waarneeming van Waltherus. Joan. Func.*, *pag.* 165. *Hevelius Cometogr.*, *pag.* 841, *uit de Histor. Polon.*, *tom.* 2, *pag.* 223 *&* 237. *Steph. Infess. Senat. Popul. Rom.*, *col.* 1999, *Lipz.* 1723. *Tristan. Calch. Histor. Mediol.*, *col.* 517. *Thesaur. Antiquit. Ital.*, *tom.* 2. *Ludov. Cavitel. Cremon. Annal.*, *col.* 1468. *Thesaur. Antiq. & Hist. Ital.*, daar staat, dat dezelve in 't begin van January gezien wierd, en een witte Staart had.

Na Christus 1500 Jaar. In 't Jaar 1500, in de Maand April, vertoonde zig een Comeet in Duitsland; ook aan de geen die op Zee waren om na Oostindien

te

(*f*) Col. 1462. (*g*) Systema. Phys., col. 1731.

of Staartsterren, uit de Geschiedenissen.

te vaaren, van den 12den tot den 22sten May. *Aloysius Cadamus: Navig.*, cap. 67, pag. 48, *de Druk van* 1555. *Cromer. de Reb. Polon.*, lib. 30, pag. 447. *Chron. Carion.*, pag. 901, Ed. 1615. *Joan. Func. Chronol.*, pag. 166. *Bunting. Chron.*, fol. 480. *Hevelius Cometograph.*, pag. 842, uit *Michov. Histor. Polon.*, tom. 2, pag. 242. *Chron. Monast. Mellic.*, col. 275, Lipz. 1721.

In de *Kronyk van Mansveld* (b) word verhaald, dat in 't Jaar 1506, den 12den April, een Comeet verscheen onder de kleine Beer, in het Teken van Leo en Virgo, dat die 25 dagen zig vertoonde; maar den 12den April behoort tot de Staartster van 't Jaar 1500, en de rest tot die van 't Jaar 1506. Hier door schynt ook *Lavatherus* misleid te zyn, als hy na die van 't Jaar 1506, in Augustus, verhaalt, dat in 't zelfde Jaar, in de Maand April, een Comeet gezien wierd.

In 't Jaar 1506, den 8sten Augustus, verscheen een Comeet by de Pool, boven de Sterren van de Wagen; de volgende dag zag men die tusschen de gemelde Sterren in; verders liep die door Cancer, Leo, en Virgo; in 't geheel zag men dezelve 18 dagen; de Staart was lang en breed. *Hevelius Cometogr.*, pag. 843, uit *Michov. Histor. Polon.*, tom. 2, pag. 254. *Paul. Lang. Chron. Citizense*, pag. 890. *Muti. Chron. German.*, lib. 30, pag. 313. *Bunting. Chron.*, pag. 482. *Cromer. de Reb Polon.*, lib. 30, pag. 457. *W. van Goudhoeven*, in zyn *Kronyk*, pag. 570, 's Gravenhage 1636. *Achill. Pirmini Gass. Annal. Augst.*, col. 1743, Lipz. 1728. *Paul. Lang. Chron. Numburg.*, col. 57, Lipz. 1728. *Antonii Gatti de Comet.*, pag. 63, Rom. 1587, uit *Seussan.*; hy verhaalt, dat de Comeet den 3den Augustus al gezien is. *Philip. Melanch. Chron.*, lib. 5, pag. 695.

Ricciolus heeft uit *Petrus Surdus*, dat van 't end van December 1513 tot den 19den February van 't volgende Jaar, een Comeet gezien wierd, die van 't end van Cancer tot het end van Virgo liep; dog het komt my voor, dat hier de voorgaande en de volgende Comeet met malkander verward worden. Of zou dit ook de Comeet van 't Jaar 1315 geweest zyn?

In 't Jaar 1514, of 't Jaar 1515, waarschynelyk omtrent het end van 't eerste, of 't begin van 't laatste Jaar,) heeft zig een Comeet ver-

Na Christus 1506 Jaar.

Na Christus 1514, of 1515 Jaar.

(b) Fol. 403.

vertoond. *Hevelius, uit Mizaldus,* pag. 192. *De Kronyk van Johannes van Trittenheim, Abt te Spanheim, de Hoogduitsche Druk,* pag. 695. *Franf. Vicomerc. Comment. in quat. Lib. Meteor. Aristotel.,* pag. 89, Par. 1666.

De Comeet van 't Jaar 1652 moet omtrent deeze tyd gezien zyn: en het is aanmerkenswaardig, 't geen men vind in *Ludov. Cavitel.* (i), dat, omtrent het Jaar 1514, twee nagten lang, twee Maanen gezien zyn. 't Een zal de Maan, en 't ander de Comeet van 't Jaar 1652 geweest zyn.

Na Christus 1516 Jaar. In 't Jaar 1516 is verscheide nagten een Comeet gezien. *De Kronyk van Mansfeld,* fol. 408. *Histoire de la Conquête de Mexique,* liv. 2, pag. 128, la Haye 1691.

In *Ludovic. Cavitel.* (k) vind ik, dat in 't begin van Maart, van 't Jaar 1518, zig een bleeke Comeet vertoond heeft. Dit zal ligt ook de Comeet van 't Jaar 1516 geweest zyn.

Na Christus 1521 Jaar. In 't Jaar 1521, in de Maand April, verscheen in 't midden van den Hemel, aan 't end van Cancer, een Comeet met een korte Staart. *Ricciol. de Comet.,* lib. 8, pag. 9, *in zyn Almag.,* tom. 2. *Keckerman. Syst. Phys.,* col. 1690, Genev. 1614. *Francis. Vicomercati Comment. in Quat. Lib. Meteor. Aristot.,* pag. 19, Par. 1566.

In *Francis. Vicomercati* (l) vind ik, dat in 't Jaar 1512, in de Maanden Maart en April, een Comeet gezien wierd: dit komt met *Petrus Surdus* over een; dog zou men in die beide Schryvers, in plaats van 1512, ook moeten leezen 1521. De voornoemde *Surdus* heeft in 't Italiaansch over de Comeet van 't Jaar 1577 geschreeven: hy verhaalt ook van een Staartster, die in 't Jaar 1526, van den 23sten Augustus tot den 7den September, zou gezien zyn; maar by andere vind ik daar niets van: *Ricciolus* is door hem misleid, als hy een Comeet op 't Jaar 1530 stelt; de beschryving behoort tot de Comeet van 't Jaar 1531. Ik weet wel, dat in Italien zig zomtyds Comeeten vertoonen die men hier niet zien kan; maar *Surdus* schynt my al te slordige Schryver, om daar op te vertrouwen.

Na Christus 1528 Jaar. In 't Jaar 1528, in de Maand January, zag men te Noto, in Sicilien, een Comeet 10 dagen lang, van de 3de tot de 5de uur van

(i) Annal. Cremon., col. 1506.
(k) Annal. Cremon., col. 1518. Thesaur. Antiq. & Histor. Ital. (l) Pag. 89.

of Staartſterren, uit de Geſchiedeniſſen. 251

van de nagt; de couleur was witachtig; dezelve vorderde na de Weſtzyde van dat Eiland. *Vincentinii Littaræ de rebus Netinis, lib. 2, col. 62. Theſ. Antiq. Sicil., vol. 12.*

Ricciolus heeft op dit Jaar een Comeet uit *Petrus Surdus.*

In 't Jaar 1531 heeft *Appianus* een Comeet waargenomen van den 6den tot den 23ſten Auguſtus.

Na Chriſtus 1531. Jaar. O.

Door de Waarneemingen van deeze Sterrekunndige heeft de Heer *Halley* de weg van de Comeet, volgens de onderſtelling dat dezelve een Parabole is, bereekend, en vind, dat deeze Staartſter in zyn Perihelium geweeſt is, volgens de Tyd van London, in Auguſtus 24 dag., 21 uur., 18 min., 30 ſec.; de afſtand, tuſſchen 't Perihelium en Zon, 56700 deelen, daar van 100000 de middel-afſtand tuſſchen de Zon en de Aarde uitmaaken; de Noorder Breedte van 't Perihelium 17 graad., 3 min., 5 ſec.; de plaats van 't Perihelium, in de Ecliptica, in Aquarius 0 gr., 48 min., 15 ſec.; en in de Comeets weg, in 't zelfde Teken, 1 gr., 39 min.; de helling, of de hoek, tuſſchen 't vlak van de Comeets weg en de Ecliptica, 17 gr., 56 min.; de klimmende Knoop, in Taurus, 19 gr., 25 min.; de loop, uit de Zon te zien, tegen de order der Tekenen: den 14den Auguſtus was de lengte van de Staart omtrent 17 graaden. Dit is de zelfde Comeet geweeſt die men in 't Jaar 1682 wederom gezien heeft. *Ludovic. Cavitel.* (m) ſtelt deeze Comeet een Jaar te vroeg; zoo vind men ook in *Francis. Maurolycus* (n) dat in de Jaaren 1530, 1531, en 1532, in de Maanden Juny, July, en Auguſtus, Comeeten gezien zyn.

In 't Jaar 1532 heeft de zelfde Sterrekundige wederom een Staartſter waargenomen, van den 25ſten September tot den 20ſten November; den 3den October was 't Hoofd van de Comeet in Virgo 1 graad, 25 min., met 10 graad., 12 min. Zuider Breedte; de plaats daar de Staart eindigde was in Leo 26 graad., 44 min., met 13 graad., 8 min. Zuider Breedte.

Na Chriſtus 1532 Jaar. O.

De Heer *Halley* heeft op de onderſtelling, hier boven gemeld, gereekend, dat dezelve op 't naaſt aan de Zon geweeſt is, volgens de Tyd van London, in October 19 dag., 22 uur., 12 min., zynde van de Zon af 50910 deelen, daar van 100000 de middel-afſtand tuſſchen de Zon en de Aarde uitmaaken; de Noorder Breedte van 't Perihelium, uit de Zon te zien, 15 gr., 57 min.;

't Pe-

(m) Annal. Cremon., col. 1544.
(n) Sicanicæ Hiſt., lib. 6, col. 293 & 294. Theſ. Antiq. Sicil., vol. 4.

't Perihelium, in de kring van de Comeet, in Cancer 21 gr., 7 min., en in de Ecliptica 16 gr., 59 min., 40 sec., in 't zelfde Teken; de hoek tusschen 't vlak van de Comeets weg en de Ecliptica 32 gr., 36 min.; de klimmende Knoop, in Gemini, 20 gr., 27 min.; de loop, uit de Zon te zien, tegen de order der Tekenen. Dit is de zelfde Comeet die naderhand zig wederom in 't Jaar 1661 vertoond heeft. *Ludovic. Cavitel.* (*o*) stelt deeze Comeet een Jaar te vroeg, en dan nog eens op 't regte Jaar (*p*).

Na Christus 1533 Jaar. In 't Jaar 1533, in de Maand July, heeft *Appianus* viermaal een Comeet waargenomen; den 21sten van die Maand was de lengte van de Staart omtrent 15 graaden; de plaats van 't Hoofd des Comeets vond hy, als volgt:

Den 18den July in ♊ 3 gr., 40 min., met 32 gr., 0 min. Noorder Breedte.
—— 21sten —— in ♉ 19 gr., 20 min., met 36 gr., 10 min. Noorder Breedte.
—— 23sten —— in ♉ 21 gr., 30 min., met 40 gr., 30 min. Noorder Breedte.
—— 25sten —— in ♉ 15 gr., 0 min., met 43 gr., 0 min. Noorder Breedte.

By deeze laatste Waarneeming staat het woord *circa*, of *omtrent*, alzoo het slegt weêr was; in de Text vind men ten opzigt van de Maand, doe dezelve verscheen *Juny*, maar dat men hier *July* moet leezen is hier vooren, *pag.* 6, beweezen: in 't end van Juny wierd die het eerst gezien; in 't begin van July was dezelve omtrent 5 gr. in Gemini, met 24 graaden Noorder Breedte: uit Taurus is de Comeet in Aries geloopen, door de Stoel van Cassiopea, tot de Sterren van de Zwaan, daar dezelve is verdweenen. *Behalven de Schryvers die pag. 6 gemeld zyn, zoo vind men die ook in Ludovic. Cavitel. Cremon. Annal.*, col. 1549. *Hevelius uit Corn. Gemma Cosmocrit.*, *cap.* 8, *pag.* 211. *Ludov. Lavather. Catal. Comet. Ed. Tigur. Daniel Santbech Probl. Astronom. & Geom*, *prop.* 19, *pag.* 61, *Bas.* 1561. *Achil. Pirmin. Gassar. Annal. Augstburg.*, col. 1796, *Lipz.* 1728.

Na Christus 1538 Jaar. In 't Jaar 1538, den 17den January, verscheen een Comeet; die *Appianus* op dien dag zag in de 5de graad van de Visschen, met 17 graaden Noorder Breedte; de Staart was regt na het *top-punt* uitgestrekt, en had de lengte van 30 graaden. In de Saxische Kronyk

(*a*) Annal. Cremon., col. 1547. (*p*) Col. 1549.

of Staartsterren, uit de Geschiedenissen. 253

Kronyk vind men, dat dezelve 's avonds in 't Zuidwesten, in het Teken van Pisces, gezien is; dat de Staart zig uitstrekte van de vleugel Pegasi tot deszelfs voet; dat die redelyk snel na omhoog ging tot boven Andromeda, daar die na weinig dagen is verdweenen. Tot Augsburg zag men dezelve 't laatst den 30sten January. *Achill. Pirmin. Gassar. Annal. Aug stb.*, col. 1809, *Lipz.* 1728; deeze heeft een beschryving van de Comeet gemaakt, als *Ludov. Lavath.* verhaalt, in zyn *Catal. Comet. Hevelius uit Appianus Astron. Cæs.*, *David Chytræus*, zyn *Saxische Kronyk, de Hoogd. Druk*, pag. 636.

Ricciolus verhaalt uit *Petrus Surdus*, dat de Comeet, van 't Jaar 1528, verscheen in het Teken van Pisces, in tegenstand met Saturnus; maar deeze beschryving schynt te behooren tot de Comeet van 't Jaar 1538; want in dit laatste Jaar was Saturnus in Virgo.

In 't Jaar 1539 wierd een Comeet gezien van den 30sten April tot den 28sten May; den 8sten May zag men dezelve in Cancer. *Gemma Frisius* nam dezelve waar, en vond die in de 5de graad van Leo, met 12 graaden Noorder Breedte: den 17den May vond *Appianus* de Comeet in de 1·de graad van Leo, met 3 graaden Zuider Breedte; van daar liep dezelve verder na 't Zuiden. *Hevelius ex Appianus Astron. Cæs., Ludovic. Cavitellii Cremon. Annal.*, col. 1556. *Achill. Pirmin. Gass. Annal. Aug stb.*, col. 1814, *Lipz.* 1728. Het 5de Deel van de uitgeleezene Kronyk, de Hoogduitsche Druk van 't Jaar 1566, pag. 757. *Francisci Maurolyci Sicanicæ Histor.*, lib. 6, col. 304. *Thes. Antiq. Sicil.*, vol. 4; hy verhaalt, dat dezelve in May gezien wierd, by het Teken van de Leeuw, een weinig benoorden de Æquator.

<small>Na Christus 1539 Jaar.</small>

In 't Jaar 1556 is een Comeet waargenomen, van den 4den tot den 17den Maart, door *Paulus Fabritius*.

<small>Na Christus 1556 Jaar.</small>

Deeze Comeet is ook waargenomen door *Joh. Hommelius, Cyprian. Leovit.*, en *Cornelius Gemma*: de lengte van de Staart was 4 graaden, en 't Hoofd van de Comeet was grooter als Jupiter. De Heer *Halley* heeft dezelve, op die wys als meermaal gemeld is, bepaald, en vond, dat die in 't Perihelium geweest is, in April 21 dagen, 20 uur., 3 min., volgens de Tyd van London; de afstand, tusschen 't Perihelium en de Zon, 46390 deelen, waar van 100000 de middel-afstand tusschen de Zon en de Aarde uitmaaken; de

Noorder Breedte van 't Perihelium, uit de Zon te zien, 31 graad., 10 min., 20 fec.; 't Perihelium, in de kring van de Comeet, in Capricornus 8 graad., 50 min., en in de Ecliptica, in 't zelfde Teken, 11 graad., 6 min.; de hoek, tuffchen 't vlak van de Comeets weg en de Ecliptica, 32 graad., 6 min., 30 fec.; de klimmende Knoop, in Virgo, 25 graad., 42 min.; de loop, uit de Zon te zien, met de order der Tekenen. Uit de *Annal. van Aug ftb.* (q) blykt, dat men in 't end van February de Comeet al gezien heeft. *Ludovic. Cavitel.* trekt niet alleen deeze Comeet aan, maar hy heeft ook (r), dat in 't Jaar 1555 een Staartfter, een Maand lang, gezien is: dit is ligtelyk een misflag; althans ik vind by andere niets daar van.

Hevelius (s) heeft uit *Camerar.* (t), dat in 't Jaar 1557, in de Maand October, in 't Weften zig een Comeet in het Teken van den Boogfchutter vertoond heeft. Dezelve moet men niet lang hebben kunnen zien, om dat ik geen andere byzonderheden daar van vind by andere Schryvers.

Na Chriftus 1558 Jaar. In 't Jaar 1558 heeft zig, van den 6den tot den 24ften Auguftus, een Staartfter vertoond. *Cornelius Gemma* vond dezelve, den 17den van de zelfde Maand, 's avonds, in Virgo 13 graad., 36 min., met een Noorder Breedte van 26 graad., 23 min.: den 20ften zag de Landgraaf van Heffen, 's avonds omtent ten 9 uuren, die in de 21fte graad van Virgo, met 31 graaden Noorder Breedte; den 21ften Auguftus is dezelve gekomen tot de 23fte graad van 't gemelde Teken; de breedte was byna niets verandert: den 23ften Auguftus zag hy die voor de laatftemaal in de 28fte graad van Virgo, met 35½ graad Noorder Breedte. *Tych. Brahe, lib.* 1. *Epiftol. Aftronom., pag.* 126. *Hevelius Cometograph., pag.* 854, *uit Cornel. Gemma Cosmocrit., lib.* 2, *cap.* 1; hier is de eerfte Waarneeming uit die hier boven verhaald is; dog *Hevelius* fchynt dezelve op den 20ften Auguftus te brengen; maar uit al de andere blykt klaar genoeg, dat men die op den 17den moet ftellen. *Mézeray in zyn Hiftoire de France, pag.* 1139, verhaalt, dat deeze Comeet gezien is van den 14den July tot den 6den September. Men vind ook van deeze Staartfter in *J. Aug. Thuan. Hiftor. Sui Temp., lib.* 21, *pag.* 577' *in David Chytræus Chron. Sax., lib.* 19. *Bunting. Chron., pag.* 492. *Achill. Pirmin. Gaff. Annal. Augfburg, col.* 1884, *Lipz.* 1728. Tot Augsburg zag men die 't eerft verfchynen onder de Staart van de groote Beer; het 5de Deel van

(q) Col. 1080. (r) Col. 1582. (s) In zyn Cometograph., pag. 853. (t) Pag. 6.

of Staartsterren, uit de Geschiedenissen.

de uitgeleezene Kronyk, de Hoogduitsche Druk van 't Jaar 1566, pag. 815.

Zommige verhaalen dat in 't Jaar 1560, den 28sten December, een Comeet gezien zou zyn: ik vind dit in *Thuan. Histor. sui Tempor.* (v); dog dat dit geen Comeet, maar een ander Verschynzel geweest is, blykt zonneklaar uit het verhaal van *Gassarus*, daar hy 't Verschynzel beschryft, dat op de zelfde nagt zig tot Augsburg vertoonde (x); de Text is al zoo ver verbastert, dat *Hevelius* schryft, dat dezelve zig 28 dagen vertoond heeft. Dat in voorige tyden veelderhande Verschynzels de naam van Cometen toege-eigend wierden, blykt klaar; maar het schynt hedendaags nog niet geheel afgesturven; want in de *Philosoph. Transact.* (y) vind men een Verschynzel, dat in 't Jaar 1732, den 29sten February, Oude Styl, gezien wierd op 34 graad., 28 min. Zuider Breedte, 12 graad., 35 min. bewesten de Kaap de Goede Hoop, 't welk in omtrent 5 min. tyd van 't Westen na 't Oosten vloog, en een vuurige Straal agter zig sleepte; maar dit is immers geen Comeet geweest.

In 't Jaar 1566, den 10den Juny, op de 15de uur, zou tot Turin een Comeet gezien zyn (z); maar na de wys, zoo als Italiaanen reekenen, was het dag, en bygevolg zal het de Planeet Venus geweest zyn; ook zoo blykt, door de Uitreekening, dat de Planeet, op de gemelde dag, omtrent de stand was, daar dezelve zyn moet, op dat men die by dag ziet.

In 't Jaar 1569 is, van 't begin van November tot den 20sten van die Maand, tot Passau en Saltzburg, ook in Sicilien, en in de Levant een Staartster gezien: den 8sten November was die in de 5de graad van de Steenbok, digte by de ligte Ster van de Boogschutter. *Jacob. August. Thuan. Histor. Sui Temp., lib. 44, pag. 516. Hevelius Comet., pag. 855, uit Cornel. Gemma. Ludovic. Cavitel. Cremon. Annal., col. 1611.*

Na Christus 1569 Jaar. O.

In 't volgende Jaar verhaalt de laatstgemelde Schryver (a) een Comeet, daar de Staart twee voeten breed van was; dog dit zal een ander Verschynzel geweest hebben. Nog schryft hy van een schrikkelyke Staartster, die in 't Jaar 1573, in 't laatste deel van Pisces zou verscheenen zyn; maar op zulke verhaalen, als geen andere Schryvers ons daar duidelyker berigt van geeven, kan men geen staat op maaken; voornamelyk als daar niet by gemeld word, dat

---

(v) Lib. 27, pag. 14. (x) Ziet de Annal. Augstb., col. 1891, Lipz. 1728.
(y) Num. 425, pag. 393.
(z) *Philiberti Pingonii* Augustæ Taurinorum Chron. & Antiquit. Thesaur. Antiq. Ital.; tom. 9. pars 6.
(a) Col. 1612.

dat de Staartſter meer als een nagt gezien is. 't Geen men in *Ricciolus* en *Hevelius* vind, uit *Keplerus* (b), als of de Comeet van 't Jaar 1569 uit Cancer zou gekomen zyn; dat in 't end de loop met de order der Tekenen was, en dat die in de 4de graad van Sagittarius ſcheen ſtil te ſtaan, en daar verdween, is een misſlag; dit behoord tot de Comeet van 't Jaar 1598. *Abraham Rockenbach* (c) verhaalt, dat men de Comeet van 't Jaar 1569, den 9den November, na de Zons ondergang, in de 12de graad van Capricornus zag, by Jupiter.

Na Chriſtus 1577 Jaar.
In 't Jaar 1577 is een Comeet waargenomen door *Ticho Brahe*, van den 13den November tot den 26ſten January 1678; *de Verhandeling, die hy daar over uitgegeeven heeft, is groot 465 bladzyden in Quarto.*

In Peru zag men deeze Comeet den 1ſten November, als blyk uit *d'Acoſta*. Dezelve is ook waargenomen door *Mæſtlinus*; de Staart was 30 graaden lang: den 13den November was 't Hoofd van de Comeet omtrent 7 minuten, en de lengte van de Staart 22 graaden. De Heer *Halley* heeft de Parabolifche weg van dezelve bereekend, en vind, dat dezelve op 't naaſt aan de Zon geweeſt is, volgens de Tyd van London, in October 26 dagen, 18 uur., 45 min., zynde toen van de Zon 18342 deelen, daar van 100000 de middelafſtand tuſschen de Zon en de Aarde uitmaaken; de Zuider Breedte van 't Perihelium, uit de Zon te zien, 69 graad., 35 min., 20 ſec.; 't Perihelium, in de kring van de Comeet, in Leo 9 graad., 22 min., en in de Ecliptica, in Virgo 7 graad., 53 min.; de helling van de Comeets weg 74 graad., 32 min., 45 ſec.; de klimmende Knoop 25 graad., 52 min. in Aries; de loop, uit de Zon te zien, tegen de order der Tekenen. In Italien is dezelve ook het eerſt den 13den November gezien, als blykt uit *Ludovic. Cavitel*. (d).

Na Chriſtus 1580 Jaar. O.
"In 't Jaar 1580 is een Comeet gezien; in 't begin vertoonde die zig 's avonds, en daar na 's morgens. *Mæſtlinus* heeft dezelve waargenomen van den 2den October tot den 10den December; in 't eerſt kon men geen Staart daar aan bemerken: den 10den October was de lengte van de Staart 4½ graad; na die tyd is dezelve tot meer als 12 graaden aangewaſſen: den 15den December was de middellyn van 't Hoofd des Comeets met de Dampkring te zamen 16½ minuut. *Mathias Meine*, Profeſſor tot Koningsbergen, heeft deeze Staartſter waargenomen van den 16den October tot den 11den January van het volgende Jaar.

De

(b) Comet. Phiſiol. 114. (c) In zyn Exemp. Comet., pag. 225.
(d) Annal. Cremon., col. 1640.

of Staartsterren, uit de Geschiedenissen. 257

De Heer *Halley* heeft de weg volgens een Parabole bereekend, en vind, dat dezelve op 't digst aan de Zon geweeft is, in November 28 dagen, 15 uuren, zynde als doen van de Zon 59628 deelen, waar van 100000 de middel-afftand tuffchen de Zon en de Aarde uitmaaken; de Noorder Breedte van 't Perihelium, uit de Zon te zien, 64 graad., 40 min.; 't Perihelium, in de kring van de Comeet, in Cancer 19 graad., 5 min., 50 fec., en in de Ecliptica, in 't zelfde Teken, 19 graad., 17 min., 10 fec.; de helling van de Comeets weg 64 graad., 40 min.; de klimmende Knoop, in Aries, 18 graad., 57 min., 20 fec.; de loop, uit de Zon te zien, met de order der Tekenen. Deeze Comeet fchynt wel te gelyken na die geene, dewelke in 't Jaar 1346 gezien is: indien 't de zelfde was, dan zou de omloop in omtrent 235 of 236 Jaaren zyn. De Cometen in vroeger tyden, in de zelfde Periode, komen vry wel daar meede overeen; als men op de plaats van de Aarde agt geeft, dan zyn die alle gezien daar de Comeet van 't Jaar 1580 zig moeft vertoond hebben.

In 't Jaar 1582 is een Cômeet gezien, van 't begin van Maart tot in het midden van April; eerft zag men dezelve 's morgens, en naderhand 's avonds; den eerften dag van Maart, doe de Zon in de 12de graad van Pisces was, zag men 't Hoofd van de Comeet 6 graaden in Taurus; den 10den was deszelfs verblyf boven den Horizont, van Romen 14 uuren, 10 min.; de Noorder Declinatie was 17 graaden; de Zon, die doe in de 20fte graad van de Viffchen was, ging onder ten 5 uuren, 48 min.; de Comeet quam in 't Middagrond ten 2 uur., 50 min. na de middag. *Scipio Claramont. Cæfen. de Sede Sublunar. Comet.*, pag. 107. *Ricciol. Almag.*, lib. 8, fect. 1, *de Comet.*, pag. 13, uit *Anton. Santut.*, lib. 1, pag. 8.

Na Chriftus 1582 Jaar. Ifte Comeet.

Mr. *Cafsini* (e) fchryft, dat *Keplerus* ook van deeze Comeet gewag maakt (f); dat hy verhaalt, dat deeze Comeet Retrograde was in 't begin van Sagittarius, na dat die eerft had ftilgeftaan; 't welk de Heer *Cafsini* gemakkelyk meent te kunnen vertoonen door zyn ftelling. Het is waar, dat men dit zoo in de Latynfche Overzetting vind (g); maar buiten deeze paffagie zou 't zwaar vallen om te bewyzen, dat men de Comeet in Sagittarius gezien heeft; 't is een Schryffout in 't Manufcript, of een Drukfout in de voornoemde Overzetting: men moet in *Keplerus*, in plaats van 't Jaar 1582, leezen; 't Jaar 1580, dan komt alles volmaakt overeen.

K k In

(e) In 't vervolg van de Memorien van de Franfche Academie van 't Jaar 1731, pag. 436, de Druk van Amfterdam van 't Jaar 1735.
(f) In zyn Phifiol., pag. 120. (g) In de Druk van Augsburg van 't Jaar 1619.

Korte Beschryving van alle de Comeeten,

Na Christus 1582 Jaar. 2de Comeet. O.

In 't Jaar 1582, in de Maand May, is wederom een andere Comeet gezien in de 12de graad van de Tweelingen, by Capella, met een straalende Staart, die boven, en nog verder als de regter Schouder van de Wageman, zig uitstrekte. In Duitsland zag men die van den 14den tot den 18den May; een ander verhaalt, dat dezelve van den 12den tot den 27sten May zig vertoonde. *Camden., part.* 3. *Histor. Elisab., pag.* 350, *Lugd. Batav. Ticho Brahe, in zyn Brieven, pag.* 143. *Gassend., in 't Leven van Ticho Brahe, pag.* 408. *Abrah. Rockenbach Exemp. Comet., pag.* 231. *Lubienietski, tom.* 2, *pag.* 282, *uit Bucholzerus. Ludov. Cavitel. Cremon. Annal., col.* 1662; de tyd van de vertooning is hier 15 dagen, maar om dat de Maand niet gemeld word, zoo weet men niet of dit ook toepasselyk is op de eerste Comeet van 't Jaar 1582.

Dit is de Comeet geweest die zig in 't Jaar 1677, in de Maand April, vertoond heeft, als hier vooren (*b*) reeds aangetekend is; de Omloop geschied in de tyd van 95 Jaaren, dan iets meer, en dan wederom een weinig minder: als men de middel-afstand, tusschen de Zon en de Aarde, 1 deel stelt, dan is de langste middellyn van de Ellips, die deeze Comeet loopt, omtrent 41¼, en de kortste ruim 6¼ van die deelen: om dat *Camden* de nette dag daar niet by stelt, zoo onderstel ik, dat dezelve, in 't Jaar 1582, den 16den May, 's avonds ten 10 uuren, volgens de Tyd van London, gezien is 11 graad., 30 min. in Gemini, en dat de Comeet in 't laatstgemelde Jaar de zelfde weg geloopen heeft als die van 't Jaar 1677; dan heb ik, door de munier die hier vooren (*i*) vertoond word, onderzogt, hoe veel dat de Breedte, op de onderstelde tyd van de Waarneeming, moet geweest zyn, en vind, door de Uitreekening, 17 gr., 29 min., 33 sec. Noorder Breedte; dan moet de Comeet zig vertoond hebben by de Ster, op de Hand van de Wageman, die met de letter ζ getekend is; 't welk zeer wel overeen komt, zoo ten opzigt van de plaats van 't Hoofd, als van de strekking des Staarts, die men door de Zons plaats nagenoeg kan bepaalen: omtrent den 23sten May is deeze Staartster dan in zyn Perihelium geweest. Laat ons nu eens bezien of de Comeeten in de voorgaande tyd, omtrent de gevonden Periode, eenigzins na deeze gelyken: een Omloop vroeger, of omtrent het Jaar 1487, vind ik niets aangetekend; dog men zal dit nog wel in de Historien ontdekken: als de Comeet in 't end van May gezien word, dan zou dezelve zig vertoond hebben omtrent de Sterren van de groote Beer; nu vind men in de Kronyk van *Forli*, dat in 't Jaar 1391, in de Maand May, by de gemelde Sterren, zig een Comeet heeft laaten zien: 't verschil in de Tyd is twee

Perio-

(*b*) Op pag. 21. (*i*) Van pag. 25 tot pag. 29.

of Staartsterren, uit de Geschiedenissen. 259

Perioden, of 191 Jaaren: de Comeet van 't Jaar 1298 (of 't Jaar 1297) was ook digt by de Zon; men zag die maar drie dagen. *Hevelius* heeft ook uit *David Herlicius*, dat in 't Jaar 1202 een Comeet gezien is: indien de Comeet omtrent December te voorschyn komt, dan moet die zig vertoonen by 't Hoofd van den Boogschutter, omtrent de Melkweg, zoo als die in Engeland, in 't Jaar 1109, in de Maand December, gezien is. 94 Jaaren vroeger, dat is in 't Jaar 1015, in de Maand February, heeft zig ook een Comeet vertoond, die men niet geheel lang zal gezien hebben, om dat ik die maar in een Schryver vind. Twee Omloopen, of 191 Jaaren te vooren, heeft men ook een Comeet gezien, dat is in 't Jaar 824. Als de Comeet van 't Jaar 1677 verschynt in de Maand January omtrent zyn klimmende Knoop, dan moet men die 't eerst 's morgens verneemen voor opgaande Zon; en omtrent 14 dagen daar na, als de Comeet by zyn nederdaalende Knoop komt, dan verschynt die 's avonds na de Zons ondergang: zoo heeft *Beda* dezelve, in 't Jaar 729, in de Maand January gezien. In de zelfde Periode vind ik ook de Cometen die in 't Jaar 158, op 't end van 't Jaar 64, en die, dewelke omtrent 30 Jaaren voor Christus geboorte gezien wierden; zoo dat alles wonderlyk wel overeen komt, en men genoeg verzekerd kan zyn, dat ik in de Omloop van deeze Comeet niet gemist heb; dezelve moet dan omtrent het Jaar 1772 wederom te voorschyn komen.

In 't Jaar 1585 is een Staartster waargenomen, van den 8sten October tot den 8sten November, Oude Styl. *Ticho Brahe* zag dezelve van den 18den October tot den 15den November, Oude Styl; de geheele grootte van de Ster, zoo wel de Kern als deszelfs Dampkring, was van grootte als Jupiter, dog van een flaauw ligt; den 20sten en 22sten October scheen een flaauwe Staart daar aan nauwlyks een span lang. *Na Christus 1585 Jaar. O.*

De Heer *Halley* heeft de weg van deeze Comeet op de meergemelde wys bereekend, en heeft gevonden, dat die op 't naast aan de Zon geweest is, in September, Oude Styl, 27 dagen, 19 uur., 20 min.; de afstand, tusschen 't Perihelium en de Zon, 109358 deelen, daar van 100000 de middel-afstand tusschen de Zon en de Aarde uitmaaken; de Zuider Breedte van 't Perihelium 2 graad., 55 min., 25 sec.; 't Perihelium, in de kring van de Comeet, in Aries 8 graad., 51 min., en in de Ecliptica, in 't zelfde Teken, 8 graad., 59 min., 10 sec.; de helling van de Comeets kring 6 graad., 4 min.; de klimmende Knoop, in Taurus, 7 graad., 42 min., 30 sec.; de loop, uit de Zon te zien, met de order der Tekenen.

In 't Jaar 1590 heeft *Ticho Brahe* een Comeet waargenomen, van den 23sten February tot den 6den Maart. *Epistol. Astron.*, pag. 176. *Na Christus 1590 De Jaar.*

Kk 2

De Heer *Halley* heeft de weg bereekend, en gevonden, dat die op 't naaft aan de Zon geweeft is, in January, Oude Styl, 29 dagen, 3 uur., 45 min., volgens de Tyd van London ; de afftand , tuffchen de Comeet en de Zon, was op die tyd 57661 deelen , waar van 100000 de middel-afftand tuffchen de Zon en de Aarde uitmaaken ; de Zuider Breedte van 't Perihelium , uit de Zon te zien, 22 graad., 45 min., 50 fec.; 't Perihelium, in de Ecliptica, in Schorpius 2 graad., 55 min., 50 fec., en in de kring van de Comeet, in 't zelfde Teken, 6 graad., 54 min., 30 fec.; de hoek, tuffchen de Comeets weg en de Ecliptica, 29 graad., 40 min., 40 fec.; de klimmende Knoop, in Virgo, 15 graad., 30 min., 40 fec.; de loop, uit de Zon te zien, tegen de order der Tekenen; de Staart was 10 graaden, doe die op 't langft was.

Na Chriftus 1593 Jaar. In 't Jaar 1593 heeft zig een Comeet vertoond, van den 2den tot den 24ften Auguftus. *Ticho Brahe* heeft die niet waargenomen wegens het geduurig fchynen van 't Noorder Ligt. *Ticho Brahe vit.*, lib. 4. *Gaffend.*, tom. 5, pag. 441.

Abraham Rockenbach fchryft, dat deeze Staartfter verfcheen den 10den July, voor de Zons opgang, doe de Zon in de laatfte graad van Cancer was; dezelve liep van de Keerkring van Cancer, na de Circulus Arcticus, tegen de order der Tekenen; van Cancer, door Gemini en Taurus, zoodanig, dat die den 17den Auguftus in Taurus gezien wierd, by Cepheus ; den 21ften Auguftus is die verdweenen (k). Ik beken, dat deeze Schryver veel beuzelachtige dingen verhaalt, en byna geen Schryvers aantrekt; maar om dat hy, omtrent die tyd, Profeffor in de Wiskonft, tot Frankfort, was, als uit de Titel van zyn Boek blykt, en de Comeet nog verfch in 't geheugen van de Sterrekundige was, zoo meen ik, dat hy deeze ten minften opregt zal befchreeven hebben.

Na Chriftus 1596 Jaar. O. In 't Jaar 1596 is een Comeet waargenomen door *Meftlinus* en *Rothmannus*, van den 9den July tot den 13den Auguftus.

De Heer *Halley* heeft de weg uitgereekend, en gevonden, dat die op 't naaft aan de Zon geweeft is, in July 31 dagen, 19 uur., 55 min., Oude Styl, volgens de Tyd van London, zynde op die tyd van de Zon 51293 deelen, daar van 100000 de middel-afftand tuffchen de Zon en de Aarde uitmaaken; de Noorder Breedte van 't Perihelium, uit de Zon te zien, 54 gr., 44 min., 30 fec.; 't Perihelium, in de Comeets kring, in Schorpius, 18 gr., 16 min., en in de Ecliptica, in 't zelfde Teken, 22 gr., 44 min., 35 fec.; de helling van de Comeets weg 55 graad., 12 min.; de klimmende Knoop, in

(k) *Exemp. Cometar.*, pag. 233, Witteb. 1602.

in Aquarius, 12 graad., 12 min., 30 fec.; de loop, uit de Zon te zien, tegen de order der Tekenen. De Omloop van dezelve fchynt te zyn in ruim 294 Jaaren.

In 't Jaar 1607 is door *Keplerus*, en andere Sterrekundige, een Comeet waargenomen van den 26ften September tot den 26ften October, Nieuwe Styl. *J. Kepler. de Comet., van pag.* 25 *tot* 36, *Aug. Vind.* 1619. *Wendelinus* zag dezelve nog den 5den November, de Staart was omtrent 7 graaden. *Na Chriſtus 1607 Jaar. O.*

De Heer *Halley* heeft de weg bereekend, en gevonden, dat dezelve op 't naaſt aan de Zon geweeſt is, in October 16 dagen, 3 uur., 50 min., Oude Styl, volgens de tyd van London, zynde op die tyd van de Zon 58680 deelen, waar van 100000 de middel-afſtand tuſſchen de Zon en de Aarde uitmaaken; de Noorder Breedte van 't Perihelium, uit de Zon te zien, 16 graad., 10 min., 5 fec.; 't Perihelium, in de kring van de Comeet, in Aquarius, 2 graad., 16 min., en in de Ecliptica, in 't zelfde Teken, 1 gr., 29 min., 40 fec.; de helling van de Comeets weg 17 gr., 2 min.; de klimmende Knoop, in Taurus, 20 gr., 21 min.; de loop, uit de Zon te zien, tegen de order der Tekenen. Dit is de Comeet van 't Jaar 1682 geweeſt.

In 't Jaar 1618, den 25ſten Auguſtus, Nieuwe Styl, 's morgens omtrent ten 3 uuren, verſcheen een Comeet in Opper-Hongarien; den 1ſten September zag *Keplerus* die tot Lints, in Ooſtenryk, een weinig beneeden de voorſte linker Voet van de groote Beer, afwykende na 't Hoofd van de Leeuw, of dezelve was in de 10de graad van Leo, met 21½ graad Noorder Breedte; een dag daar na was dezelve omtrent een graad, tegen de order der Tekenen, voortgegaan; de breedte was omtrent het zelfde: den 3den September zag men dezelve boven een Vaſte Ster, van de 4de grootte, die *Ticho Brahe* ſtelt 8 graad., 10 min. in Leo, met 20 graad., 42 min. Noorder Breedte; den 6den September kon men met het bloote Oog daar geen Staart aan merken, maar wel door een Verrekyker: na die tyd begon de loop te vertraagen; den 21, 22 en 23ſten September paſſeerde die beneeden een kleine Vaſte Ster, daar de plaats op 't Jaar 1600 van was 29 graad., 42 min. in Cancer, met 23 graad., 41 min. Noorder Breedte; den 23ſten was die 't digſt aan dezelve; de afſtand tuſſchen beiden was zoo veel als de Maans halve middellyn: den 25ſten September is deeze *Na Chriſtus 1618 Jaar. 1ſte Comeet.*

Staartſter omtrent de 28ſte gr. van Cancer, op de Noorder Breedte van 23½ graad verdweenen. *Joan. Kepler. de Comet.*, pag. 48, *Aug. Vind.* 1619.

<small>Na Chriſtus 1618 Jaar. 2de Comeet.</small> In 't zelfde Jaar, in de Maanden van November en December, als ook in January van 't Jaar 1619, is een wonderlyke groote Comeet gezien; den 10den December, van 't Jaar 1618, was de Staart 104 graaden. *Dit laatſte verhaalt Longomont.*, cap. 10, *de Novis Cæli Phænon.*, pag. 32.

De gemelde Schryver heeft ook deeze Staartſter waargenomen beneffens alle de voornaame Sterrekundige van die tyd, als *Keplerus*, *Snellius*, *Gaſſendus*, *Cyſatus*, en veel andere. In 't Jaar 1618, den 7den November, zag men deeze Comeet al in Ooſt-Indien, by Jacatra, als blykt uit de Reisbeſchryving door *Pieter van den Broek* (*l*). De Heer *Halley* heeft de weg, volgens een Parabole, bereekend, en vind, dat dezelve op 't digſt aan de Zon geweeſt is, in 't Jaar 1618, in October 29 dagen, 12 uur., 23 min., zynde op die tyd van de Zon 37975 deelen, daar van 100000 de middelafſtand tuſſchen de Zon en de Aarde uitmaaken; de Zuider Breedte van 't Perihelium, uit de Zon te zien, 35 graad., 50 min.; 't Perihelium, in de Comeets weg, in Aries, 2 graad., 14 min., en in de Ecliptica, in 't zelfde Teken, 6 gr., 10 min.; de helling van de Comeets weg 37 gr., 34 min., de klimmende Knoop, in Gemini, 16 gr., 1 min.; de loop, uit de Zon te zien, met de order der Tekenen.

<small>Na Chriſtus 1647 Jaar.</small> In 't Jaar 1647, den 29ſten September, is te Marienburg, in Pruiſſen, na de Zons ondergang, 's avonds ten 8 uur., 30 min., een Comeet gezien in de Hairvlegten van Berenice, zynde omtrent 5 of 6 graaden boven den Horizont; de plaats was omtrent 8 graaden in Libra, met 26 graaden Noorder Breedte; de Ster van de Comeet ſcheen, met het bloote oog te zien, wat kleiner als Arcturus; de Staart was na omhoog, en had de lengte van omtrent 12 graaden; de Comeet liep, na de Ecliptica, tegen de order der Tekenen; men zag die maar twee avonden. *Joann. Hevel. Comet.*, pag. 886, *Gedan.* 1668.

<small>Na Chriſtus 1652 Jaar. O.</small> In 't Jaar 1652 is, van den 15den December tot den 10den January 1653, een Comeet gezien. *Een korte Beſchryving van dezelve vind men hier vooren*, pag. 18 en 19.

De

(*l*) Pag. 91.

of Staartsterren, uit de Geschiedenissen.

De Heer *Halley* heeft de weg, volgens een Parabole, uitgereekend, en vind, dat die op 't digst aan de Zon geweest is, in 't Jaar 1652, in November, Oude Styl, 2 dagen, 15 uur., 40 min., zynde dezelve op die tyd van de Zon 84750 deelen, waar von 100000 de middel afstand tusschen de Zon en de Aarde uitmaaken; de Zuider Breedte van 't Perihelium 58 gr., 14 min.; de plaats van 't Perihelium, in de kring van de Comeet, in Aries, 28 gr., 18 min., 40 sec., en in de Ecliptica, in Gemini, 10 gr., 41 min., 35 sec.; de helling van de Comeets weg 79 gr., 28 min.; de klimmende Knoop, in Gemini, 28 gr., 10 min.; de loop, uit de Zon te zien, met de order der Tekenen. In omtrent 138 Jaaren doet dezelve een keer om de Zon, als hier vooren reeds verhaald is.

In 't Jaar 1661 heeft *Hevelius* een Comeet waargenomen, van den 3den February tot den 28sten Maart; 't Hoofd was omtrent zoo groot als Jupiter, en de Staart byna 6 graaden.
_{Na Christus 1661 Jaar. O.}

De Heer *Halley* heeft de weg, volgens een Parabole, bereekend, en vind, dat die op naast aan de Zon geweest is, in 't Jaar 1661, den 17den January, Oude Styl, 's morgens ten 11 uur., 41 min., volgens de tyd van London, zynde dezelve op die tyd van de Zon 44851 deelen, daar van 100000 de middel afstand tusschen de Zon en de Aarde uitmaaken; de Noorder Breedte van 't Perihelium, uit de Zon te zien, 17 gr., 17 min.; de plaats van 't Perihelium, in de Comeets weg, in Cancer, 25 gr., 58 min., 40 sec., en in de Ecliptica, in 't zelfde Teken, 21 gr., 37 min., 30 sec.; de helling van de kring 32 gr., 35 min., 50 sec.; de klimmende Knoop, in Gemini, 22 gr., 30 min., 30 sec.; de loop, uit de Zon te zien, met de order der Tekenen. Deeze Comeet komt op het alderverste omtrent 5½maal verder van de Zon als Saturnus. Op pag. 11 is reets gezegt, dat die in 129 Jaaren rond loopt; laat ons dan eens te rug gaan, en zien, of die ook in vroeger tyd zig vertoond heeft omtrent de gemelde Periode; ik reeken maar by Jaaren, om dat de Maand dikwils niet bekend is.

In 't Jaar 1661 is die waargenomen door *Hevelius*, en veel andere Sterrekundige.
129
———
1532 is die waargenomen door *Appianus*, en andere.
127

1402 heeft men die gezien in Duitsland, en in Italien.
128

1274 is die gezien in Duitsland, en in Ysland.
129
———
1145

Korte Beschryving van alle de Comeeten,

In 't Jaar 1145 of 1146 in Italien, in Engeland, en in Duitsland.

127

1018 in Engeland, Duitsland, en Vrankryk.

127

891 in Engeland, Duitsland, en in Italien is die gezien.

129

762 in Constantinopolen is die gezien.

130

632 zag men die in Constantinopolen.

128

504 zag men dezelve in Schotland, en in Constantinopolen.

129

375 heeft men die in Italien gezien.

386

12 voor Christus, zag men die tot Romen.

513

525 voor Christus, zag men dezelve in Sina.

Hier uit ziet men dat de Comeet de eene Omloop snelder doet als de andere: om dat de lichaamen van dezelve niet groot zyn, zoo zal ligtelyk de Attractie, of aantrekkragt, als dezelve, in 't aannaderen na de Zon, of in 't verwyderen van dezelve, digt by een van de Planeeten komen voorby te gaan, die beroering in haar loop veroorzaaken.

Na Christus 1664 Jaar. O.

In 't Jaar 1664, van den 14den December tot den 11den Maart van 't Jaar 1665, is een Comeet gezien, die door *Hevelius* naukeurig is waargenomen; de lengte van de Staart was omtrent 14 graaden.

De Heer *Halley* heeft dezelve, volgens de stelling van een Parabole, bereekend, en vind, dat dezelve op 't digst aan de Zon geweest is, in 't Jaar 1664, in November 24 dagen, 11 uur., 52 min., Oude Styl, volgens de Tyd van London, zynde alsdoen van de Zon 102575½ deel, daar van 100000 de middel-afstand tusschen de Zon en de Aarde uitmaaken; 't Perihelium, in de kring van de Comeet, 10 gr., 41 min., 25 sec. in Leo, en in de Ecliptica 8 gr., 40 min., 35 sec., in 't zelfde Teken; de Zuider Breedte daar van, uit de Zon te zien, 16 gr., 1 min., 50 sec.; de helling van de kring met

het

of Staartsterren, uit de Geschiedenissen. 265

het vlak van de Ecliptica 21 gr., 18 min., 30 sec.; de klimmende Knoop 21 gr., 14 min. in Gemini; de loop, uit de Zon te zien, tegen de order der Tekenen. Om aan te toonen, hoe weinig dat de bereekende van de waargenomen plaatzen verscheelen, zoo heeft de Heer *Halley*, op de tyden van de onderstaande Waarneemingen, gevonden, als volgt:

Tyd van de Waarneeming tot Dantzik.	Waargenomen lengte van de Comeet.	Waargenomen breedte.	Bereekende lengte.	Bereekende breedte.	Diff. in lengte.	Diff. in breedte.
dag uur min.	° ′ ″	° ′ ″	° ′ ″	° ′ ″	′ ″	′ ″
1664 Dec. 3. 18. 29½	♎ 7. 1. 0	Z. 21.39. 0	♎ 7. 1.29	Z. 21.38.50	+0.29	—0.10
—— 4. 18. 1¼	6.15. 0	22.24. 0	6.16. 5	22.24. 0	+1. 5	—0. 0
—— 7. 17.48	3. 6. 0	25.22. 0	3. 7.33	25.21.40	+1.33	—0.20
—— 17.14.43	♌ 2.56. 0	49.25. 0	♌ 2.56. 0	49.25. 0	+0. 0	—0. 0
—— 19. 9.25	♊ 28.40.30	45.48: 0	♊ 28.43. 0	45.46. 0	+2.30	—2. 0
—— 20. 9.53½	13. 3. 0	39.54. 0	13. 5. 0	39.53. 0	+2. 0	—1. 0
—— 21. 9. 9¼	2.16. 0	33.41. 0	2.18.30	33.39.40	+2.30	—1.20
—— 22. 9. 0	♉ 24.24. 0	27.45. 0	♉ 24.27. 0	27.46. 0	+3. 0	+1. 0
—— 26. 7.58	9. 0. 0	12.36. 0	9. 2.18	12.34.13	+2.28	—1.47
—— 27. 6.45	7. 5.40	10.23. 0	7. 8.54	10.23.13	+3.14	+0.13
—— 28. 7.39	5.24.45	8.22.50	5.27.52	8.23.37	+3. 7	+0.47
—— 31. 6.45	2. 7.40	4.13. 0	2. 8.20	4.16.25	+0.40	+3.25
1665 Jan. 7. 7.37½	♈ 28.24.47	N. 0.54. 0	♈ 28.24. 0	N. 0.53. 0	—0.47	—1. 0
—— 24. 7.29	26.29.15	5.25.50	26.28.50	5.16. 0	—0.25	+0.10
—— Maart 1. 8. 6	29.17.20	8.37.10	29.18.20	8.36.12	+1. 0	—0.58

De weg van deeze Comeet is digt aan de Aarde; als dezelve in December in zyn Perihelium komt, dan moet men die langen tyd kunnen zien, en de Staart zeer groot zyn; maar indien dezelve in Juny zig vertoond, dan is de Aarde aan de andere zyde van zyn kring, en men kan bezwaarlyk daar iets van merken. My dunkt, dat deeze Staartster een groote overeenkomst heeft met de geen die *Aristoteles* beschryft, dewelke 373 Jaaren voor Christus, in de Winter, gezien wierd, die een Staart had van 60 graaden, dewelke opklom tot de Gordel van de Reus, en daar verdween; dog doe schynt de Comeet wat laater in 't Perihelium gekomen te zyn, en bygevolg nog digter aan de Aarde: en dat dezelve, na de klimmende Knoop, niet meer gezien, of ten minsten niet verder beschreeven is, zulks kon eenige weinige dagen betrokken lugt belet hebben; ook had men doe geen Verrekykers. Die van *Aristoteles* klom ook van 't Zuiden na 't Noorden op, even als die van 't Jaar 1664; de plaats, daar die beide verdweenen zyn, komt, als men op de verscheide standen van de Aarde agt geeft, zeer wel overeen. Ik vraag dan aan de Sterrekundige, of het wel onwaarschynlyk is, dat deeze Staartster in 203 of 204 Jaaren om de Zon zyn loop volbrengt? Laat ons nu eens bezien, of in voorige tyden, omtrent de gemelde Periode, ook Cometen gevonden worden, in de Maand December, of daar omtrent, die eenige overeenkomst met deezen schynen te hebben; dog altyd moet men die niet verwagten, om de reeden, die hier vooren vermeld is.

In 't Jaar 1664 in December, dezelve wierd drie Maanden gezien.
204

1460 in Auguſtus, *Hevelius* uit *Prætorius* en *Boethius*.
205

1255 of 1254, eenige Maanden in de Winter.
203

1052 in 't Jaar 1053 heeft *Sifardus* een Comeet.
610

442 in December, is eenige Maanden een Comeet gezien.
610

Voor Chr. 169 is een Comeet gezien; dog 't kon die van 't Jaar 1596 geweeſt zyn.
204

Voor Chr. 373 de Comeet van *Ariſtoteles*.

Na Chriſtus 1665 Jaar. O. In 't Jaar 1665 heeft *Hevelius* een Comeet waargenomen, van den 6den tot den 20ſten April; de Staart was in 't begin omtrent 17 graaden.

De Heer *Halley* heeft de weg bereekend, en gevonden, dat die op 't naaſt aan de Zon geweeſt is, in 't gemelde Jaar, den 14den April, Oude Styl, ten 5 uur., 15¼ min. na de middag, volgens de tyd van London, zynde alsdoen van de Zon 10649 deelen, daar van 100000 de middel-afſtand tuſſchen de Zon en de Aarde uitmaaken; de plaats van 't Perihelium, in de kring van de Comeet, in Gemini 11 gr., 54 min., 30 ſec., en in de Ecliptica, in Taurus 24 gr., 6 min., 35 ſec.; de Noorder Breedte, uit de Zon te zien, 23 gr., 8 min.; de helling van de kring 76 gr., 5 min.; de klimmende Knoop, in het Teken van de Schorpioen, 18 gr., 2 min.; de loop, uit de Zon te zien, tegen de order der Tekenen: den 8ſten April vond *Hevelius* de middellyn van 't Hoofd des Comeets 6 min., en de middellyn van de kern, dat is, de Ster van de Comeet zelfs, tuſſchen de 12 en 13 ſeconden; 't buitenſte is maar de Dampkring: dan is de middellyn van de Ster des Comeets, tot de middellyn van de Maan, als 40 tegen 29. Ik heb hier vooren (*m*) gezegd, dat ik meen, dat deeze Comeet in byna 150 Jaaren om de Zon loopt. Laat ons nu eens bezien, als men met deeze Jaaren te rug gaat, of dan in vroeger tyden Comeeten gevonden worden, die eenige overeenkomſt met deeze hebben.

(*m*) Pag. 23.

In 't Jaar 1665 in April, 14 dagen gezien, op veel plaatzen.
149

1516 gezien in Weſt-Indien, en in Italien.
148

1368 gezien in April, de tyd van 15 dagen, in Italien, Vrankryk, &c.
151

1217 gezien in Duitsland.
151

1066 gezien in May door geheel Europa; 't Hoofd zoo groot als de Maan.
150

916 gezien tot Conſtantinopolen.
151

765
150

615 gezien tot Conſtantinopolen.
148

467 gezien tot Conſtantinopolen.
151

316 gezien tot Conſtantinopolen.
148

168 gezien in Sina.
149

19 gezien in Sina.
450

432 voor Chriſtus, gezien in Sina.

De Comeet, die 't laatſt hier aangetrokken is, is ligtelyk die, dewelke *Carion* (n) verhaalt, of *Philippus Melanchton* (o), die gezien zou zyn even voor de Peloponneſiſche Oorlog: hy ſchryft, dat die 60 dagen brande. Deeze duuring is te lang, ten opzigt van de Comeet van 't Jaar 1665; ik weet niet waar

(n) In zyn Chronyk, pag. 61, in de Druk van Aarnhem, in 't Jaar 1629.
(o) Lib. 2, pag. 72.

waar dat die uit getrokken is; 't verwondert my, dat ik die in geen ouder Schryvers gevonden heb.

Verscheide Schryvers over de Comeeten, hebben een Staartster in de alderoudste tyden weeten te vinden; dog op een lossen grond. Als men nu nog 7 Omloopen van deeze Staartster vroeger gaat, als die, dewelke hier 't laatst verhaald is, dan zou men hun gevoelen eenige kragt kunnen byzetten. Tusschen 't Jaar 168 en 't Jaar 1665, zyn verloopen 1497 Jaaren; in deeze tyd heeft de Comeet tienmaal zyn weg rond geweest: als men nu nog 10 Omloopen vroeger, als 432 Jaaren voor Christus, neemt, en men stelt, dat die ook in 1497 Jaaren geschied zyn, (dat evenwel op geen Jaar of drie na te weeten is,) dan komt men omtrent de zelfde tyd, daar hier vooren (p) van verhaald is.

Na Christus 1668 Jaar. In 't Jaar 1668, in de Maand Maart, is een Comeet in de Zuidelyke Landen gezien.

P. *Valentyn Estancius* vernam deeze Staartster den 5den Maart, tot St. Salvador, in Brazil, ('t welk leid op 12 gr., 47 min. Zuider Breedte,) 's avonds ten 7 uuren, in het West, een weinig boven den Horizont; de Staart begon onder de twee ligte Sterren, die in den Rug van de Walvis zyn, te weeten, de 15de en 16de, en eindigde aan de 8ste en 9de, in 't diepst van de Buik; zoo dat dezelve een lengte had van omtrent 23 graaden: de strekking was byna Horizontaal, van 't Westen na 't Zuyden; 't ligt van de Staart was zoo klaar, dat de geen, die aan de Strand stonden, gemakkelyk de weêrschyn daar van in de Zee konden bekennen; de grootste glans duurde maar drie dagen, na die tyd nam dezelve merkelyk af; en onderwyl dat die verminderde, zoo vermeerderde de grootheid van de Staart; 't Hoofd was klein en duister, zoo dat het naulyks om te zien was: den 8sten, 10den en 11den zag hy dezelve van de Haas, en de Vloed Eridanus loopen. Men heeft deeze Comeet ook gezien omtrent de Kaap de Goede Hoop, te Ispahan, Romen, en op andere plaatzen: een Maand te vooren had zig ook een Staartster in de Zuidelyke Landen vertoond, 't welk waarschynelyk de zelfde geweest zal zyn (q); in Portugal was 't Hoofd niet te zien, maar men zag een gedeelte van de Staart, lang zynde omtrent 45 graaden. Mr. *Cassini* zag de Staart van deeze Comeet, van de Walvisch tot Eridanus, ruim 30 graaden lang; P. *Landen* heeft die tot Goa, in Oost-Indien, gezien, van den 5den tot den 21sten Maart (r). *Robert Knox* (s) verhaalt, dat in 't Jaar 1666, (dog hier moet men 't Jaar 1668 leezen,) in de Maand February, (dit zal Oude Styl geweest zyn)

(p) Pag. 8. (q) Philosoph. Transac., No. 105, pag. 91.
(r) Philosoph. Transac., Num. 35, pag. 683. Memoir. de l'Acad. Royal. des Scien. 1702. pag. 136; Amst.
(s) In zyn Beschryving van Cylon, pag. 88.

of Staartsterren, uit de Geschiedenissen.

in Cylon een Comeet in 't Westen gezien wierd; 't Hoofd, of de Ster bleef onder de Horizont; anders geleek dezelve wel na de groote Comeet, die in 't Jaar 1680, in de Maand December, zig vertoonde; de Koning van Cylon zond volk op de hoogste Bergen, om te verneemen, of men de Ster zelfs niet konde zien; maar zulks was onmooglyk, dewyl ze zig onder den Horizont verborgen hield.

De helderheid van de Staart, en de grootte van dezelve, geeven genoegzaam te kennen, dat deeze Comeet, even als die van 't Jaar 1106, in zyn Perihelium geheel digt aan de Zon geweest is; de grootheid van de Staarten kan men op tweederley manier aanmerken: de Comeeten daar men geheele lange Staarten aan ziet, waar van zommige weezentlyk groot zyn, als die van 't Jaar 1106, en andere; maar als by toeval, gelyk die van 't Jaar 1264: in dit laatste geval komt de Comeet zoo digt voorby de Aarde te loopeh, dat, al is de Staart niet geheel groot, zoo vertoont, door de nabyheid, dezelve zig evenwel wonderlyk groot; maar deeze laatste hebben een flaauw ligt. Wat de eerste zoort aangaat, als 't een Staartster is, die in een redelyk deel van zyn kring, voornamentlyk, dat hy doorloopt, na dat hy in 't naaste punt geweest is, in een zeker Gewest van de Aarde zigtbaar is, zoo zal men die naderhand in 't zelfde Gewest, in ieder Omloop, wederom zien, of in voorige tyden in de Historien van dat Gewest vinden, onderstellende, dat men daar Schryvers gehad heeft, die de Comeeten hebben opgetekend, en dat hun verhaalen tot ons zyn overgekomen. Wil men nu met de Heer *Cassini*, dat deeze Staartster in 34 Jaaren omloopt; hoe komt het dan, dat men deeze groote Comeet in de Jaaren 1634 en 1600 niet in Oost-Indien, of in 't Zuider America heeft gezien? of dat *Gassendus* en *Ticho Brahe*, dewelke in die Jaaren zoo vlytig de Sterren waarnamen, de Staart in deeze Gewesten niet gezien hebben? Wat die van de tweede zoort aangaat, daar men die van 't Jaar 1668 niet onder tellen moet, al zyn 't Comeeten, die in hun weg zigtbaar zyn in deeze Landen, als de weg van dezelve digt aan de Aarde leid, en daar buiten om is; wanneer dan op die tyd, als de Comeet in 't Perihelium komt, met weinig Noorder Breedte, en de Aarde aan de andere zyde, of op het verst van 't Perihelium, dan kan de Comeet ligtelyk voorby gaan zonder dat men die merkt.

In 't Jaar 1672 heeft men een Comeet gezien, van den 2den tot den 8sten Maart. *Philosoph. Transac.*, No. 81, pag. 4017.

Na Christus 1672 Jaar.

In Vrankryk heeft men deeze Staartster waargenomen, van den 16den tot den 26sten Maart, Nieuwe Styl; de Observatien, van den 2den tot den 8sten Maart, Nieuwe Styl, zyn door *Hevelius* gedaan. De Heer *Halley* heeft de weg van deeze Comeet uitgerekend, en vind, dat die op 't naast aan de Zon geweest is, in February 20 dagen, 8 uur., 37 min., O. Styl, zynde alsdoen van de Zon 69739 deelen, waar van 100000 de middel-afstand tusschen de Zon en de Aarde uitmaaken; de Noorder Breedte van 't Perihelium, uit de Zon te zien, 69 graad., 27 min., 40 fec.; de plaats van 't zelve, in de Comeets kring, in Cancer, 16 graad., 59 min., 30 fec., en in de Ecliptica, in 't zelfde Teken, 9 gr., 26 min.; de helling, van deszelfs kring met de Ecliptica, 83 graad., 22 min., 10 fec.; de klimmende Knoop, in Capricornus, 27 graad., 30 min., 30 fec.; de loop, uit de Zon te zien, met de order der Tekenen.

Na Chriſtus 1677 Jaar. O.

In 't Jaar 1677 is een Comeet gezien, van den 27ſten April tot den 5den May; de Staart was omtrent 6 graaden lang, en de breedte, aan 't end, ¼ van de Maans middellyn. *Flamſteed* heeft dezelve waargenomen den 22ſten en 23ſten April, Oude Styl; men vind de Obſervatien in de *Hiſtor. Cæleſt.*, *pag.* 103 & 104, *Lond.* 1712; en tom. I, *pag.* 103, *in de Druk van 't Jaar* 1725.

Hevelius heeft deeze Comeet waargenomen, van den 27ſten April tot den 1ſten May, en Mr. *Caſſini*, van den 28ſten April tot den 5den May; de Waarneemingen vind men in de *Philoſoph. Tranſac.* (t). De Heer *Halley* heeft de weg, volgens de ſtelling van een Parabole, bereekend, en vind, dat die op 't naaſt aan de Zon geweeſt is, in April 26 dagen, o uur., 37¼ min., O. Styl, zynde alsdoen van de Zon af 28059 deelen, waar van 100000 de middel-afſtand tuſſchen de Zon en de Aarde uitmaaken; de Noorder Breedte van 't Perihelium, uit de Zon te zien, 75 gr., 44 min., 10 fec.; 't Perihelium, in de Comeets kring, in Leo 17 gr., 37 min., 5 fec., en in de Ecliptica, in Cancer 16 gr., 21 min., 5 fec.; de helling, van de kring met de Ecliptica, 79 gr., 3 min., 15 fec.; de klimmende Knoop, in Schorpius, 26 gr., 49 min., 10 fec.; de loop, uit de Zon te zien, tegen de order der Tekenen. Hoe dat deeze Comeet, volgens myn uitvinding, in omtrent 95 Jaaren om de Zon loopt, en wanneer dezelve ook in vroeger tyden gezien is, vind men by de 2de Comeet van 't Jaar 1582.

Na Chriſtus 1680 Jaar. O.

In 't Jaar 1680 is een van de aldervoornaamſte Comeeten gezien, die men in de Hiſtorien vind; 't eerſt is dezelve ontdekt tot Coburg, in Saxen, den 4den November, Oude Styl, in de morgenſtond; den 11den van die Maand was de Staart een halve graad lang; den 17den November, Oude Styl, was de Staart omtrent 15 graaden lang; verders liep de Comeet na de Zon, en was wonderlyk na aan dezelve, den 8ſten December, Oude Styl; na die tyd wierd de Staart zoo groot, dat die een lengte had van meer als 60 graaden; in 't Jaar 1681, den 9den Maart, Oude Styl, heeft

(t) Num. 135, van pag. 867 tot pag. 875.

heeft men dezelve voor de laatstemaal, door een Verrekyker van 7 voet, nog kunnen zien. 't Was *Godfried. Kirch* die de Comeet het eerst gezien heeft, als blykt uyt de *Philosoph. Transac.*, No. 342, pag. 171 & 172.

Alle de voornaame Sterrekundige van die tyd, *Newton*, *Flamsteed*, *Cassini*, en zeer veel andere, hebben deeze Comeet waargenomen. De beroemde *Newton* heeft de weg van de Comeet door aftekening bepaald, en de Heer *Halley* heeft, door de Waarneemingen van *Flamsteed*, dezelve bereekend: de eerstgemelde vind, dat die op 't naast aan de Zon is geweest, in 't Jaar 1680, in December 8 dagen, 0 uur., 4 min., Oude Styl, volgens de tyd van London, zynde alsdoen van de Zon 6075 deelen, daar van 1000000 de middel-afstand tusschen de Zon en de Aarde uitmaaken; de klimmende Knoop 1 gr., 53 min. in Capricornus; 't Perihelium in Sagittarius 27 gr., 43 min., met 7 gr., 34 min. Zuider Breedte: dit uit *Newton* (v), 't welk gevonden is door de afmeeting op een Schaal. De Heer *Halley* (x) heeft dit een weinig anders, door de Rekening; hy stelt het Perihelium van de Zon 612½ deel, daar van 100000 de middel-afstand tusschen de Zon en de Aarde uytmaaken; 't Perihelium, in de kring van de Comeet, in Sagittarius 22 gr., 39 min., 30 sec., in de Ecliptica, in 't zelfde Teken, 27 gr., 26 min., 50 sec.; de Zuider Breedte, uit de Zon te zien, 8 gr., 11 min., 10 sec.; de klimmende Knoop, in Capricornus 2 gr., 2 min.; de helling, van de kring met de Ecliptica, 60 gr., 56 min.; de loop, uit de Zon te zien, met de order der Tekenen. Men heeft reden, om te denken, dat deeze Comeet in 575 Jaaren om de Zon loopt; dan moet dezelve op 't verst 14½maal verder van de Zon zyn als de Planeet Saturnus. Ziet hier de Waarneemingen van *Flamsteed*, vergeleeken met de Uitreekeningen van de Heer *Halley*.

(v) Philosoph. Natur. Princip. Mathem., pag. 458, Amst. 1714.
(x) In zyn Tafel van de Comeeten.

272 *Korte Beschryving van alle de Cometen,*

Tyd van de Waarneeming, volgens London, O. S.	Geobserveerde lengte.	Geobserv. Noorder breedte.	Berekende lengte.	Berekende breedte.	Differ. in lengte.	Differ. in breedte.	Comeet van de ☉
dag uur min. sec	° ′ ″	° ′ ″	° ′ ″	° ′ ″	′ ″	′ ″	
1680 Dec. 12. 4.46. 0	♑ 6.31.21	8.26. 0	♑ 6.29.25	8.26. 0	—1.56	+0. 0	28028
—— 21. 6.36.59	♒ 5. 7.38	21.45.30	♒ 5. 6.30	21.43.20	—1. 8	—2.10	61076
—— 24. 6.17.52	18.49.10	25.23.24	18.48.20	25.22.40	—0.50	—0.44	70008
—— 26. 5.20.44	28.24. 6	27. 0.57	28.22.45	27. 1.36	—1.21	+0.39	75576
—— 29. 8. 3. 2	♓ 13.11.45	28.10. 5	♓ 13.12.40	28.10.10	+0.55	+0. 5	84021
—— 30. 8.10.26	17.39. 5	28.11.12	17.40. 5	28.11.20	+1. 0	+0. 8	86661
1681 Jan. 5. 6. 1.38	♈ 8.49.10	26.15.26	♈ 8.49.49	26.15.15	+0.39	—0.11	101440
—— 9. 7. 0.53	18.43.18	24.12.42	18.44.36	24.12.54	+1.18	+0.12	110959
—— 10. 6. 6.10	20.40.57	23.44. 0	20.41. 0	23.44.10	+0. 3	+0.10	113162
—— 13. 7. 8.55	25.59.34	22.17.36	26. 0.21	22.17.30	+0.47	—0. 6	120000
—— 25. 7.58.42	♉ 9.35.48	17.56.54	♉ 9.33.40	17.57.55	—2. 8	+1. 1	145370
—— 30. 8.21.53	13.19.36	16.40.57	13.17.41	16.42. 7	—1.55	+1.10	155303
—Febr. 2. 6.34.51	15.13.48	16. 2. 2	15.11.11	16. 4.15	—2.37	+2.13	160951
—— 5. 7.14.41	16.59.52	15.27.23	16.58.25	15.29.13	—1.27	+1.50	166686
—— 25. 8.19. 0	26.18.17	12.46.52	26.15.46	12.48. 0	—2.31	+1. 8	202570
—Maart 5.11.21. 0	29.20.51	12. 3.30	29.18.35	12. 5.40	—2.16	+2.10	216205

De laatste Colom zyn deelen, daar van 100000 de middel-afstand tusschen de Zon en de Aarde uitmaaken. De Heer *Halley* reekent, dat de Comeet 2 minuten laater in 't Perihelium gekomen is, als hier boven gemeld word: de Waarneemingen van *Flamsteed* vind men in zyn *Histor. Cœlest.* (y); de Waarneeming van den 30sten December is daar in Pisces 17 gr., 37 min., 5 sec.; dog dit zal een Drukfout zyn.

Dat de Cometen, die zig vertoonen, zoo schielyk verdwynen, en eerst na verloop van langen tyd wederom van ons gezien worden, komt, om dat dezelve digt aan de Zon zoo snel loopen, en ver van de Zon af traag; want de Comeet van 't Jaar 1680 loopt de benedenste helft, of die 't digst aan de Zon is, af in omtrent 104½ Jaar, en de bovenste helft, of die 't verst van de Zon is, in 470½ Jaar. Laat ons de snelte in verscheide punten van de weg eens beschouwen: ziet de 5de Figuur, op de IVde Afbeelding.

De snelte in D is tot de snelte in C als $\sqrt{SC}$ tot $\sqrt{RC}$ ⎫
De snelte in H is tot de snelte in D als $\sqrt{HR}$ tot $\sqrt{HS}$ ⎬ (z)

De snelte in H is tot de snelte in C als $\sqrt{SC}$ maal $\sqrt{HR}$ tot $\sqrt{RC}$ maal $\sqrt{HS}$.

Indien

(y) Tom. 1, van pag. 104 tot pag. 107, de Druk van London van 't Jaar 1725.
(z) Keil. Introd. ad ver. Astron., pag 143.

of Staartsterren, uit de Geschiedenissen. 273

Indien 't punt H net zoo hoog was als 't punt C, of dat het zelve in P was, zoodanig, dat de Perpendiculaaren PQ en CN gelyk waren, dan is de snelte in P tot de snelte in C als SC tot CR, daar uit volgt, dat de snelte in A is tot de snelte in O als SO tot AS.

Als de middel-afstand, tusschen de Zon en de Aarde, op 100000 gelyke deelen gesteld word, dan is ieder van deeze deelen nagenoeg 177$\frac{11}{12}$ Duitsche myl; de middelloop van de Aarde, in een uur, is 71,675$\frac{1}{2}$ van de gemelde deelen; de Logarithmus is 1,855370: telt hier by de Logarithmus van 177$\frac{11}{12}$, zynde 2,248647; de Zom is 4,104017: trekt hier af de Logarithmus van 3600, zynde 3,556302, zoo blyft daar over 0,547715; 't getal daar van is 3$\frac{72}{175}$ voor de Duitsche mylen, die de Aarde in een secunde tyd voortloopt.

Logarithmus van de afstand tusschen de Zon en de Aarde 5,000000
Logar. van de digtste afstand tusschen de Comeet en de Zon 2,787106
———————— sub.
                                                        2,212894
            De Logarithmus van 2 ... 0,301030
                                                        ————————
                                                        2,513924
                                                      2
                                                        1,256962
                     Hier boven gevonden 0,547715
                                                        ————————
                                                        1,804677

De snelte van de Comeet in A, in een secunde tyd, 63,779, dat is nagenoeg 63$\frac{3}{4}$ Duitsche myl, als men de vertraaging, die de Zons Atmosphera daar aan zou kunnen geeven, niet in agt neemt.

Om de snelte in O te vinden, zoo is AO 13830000; trekt daar af AS 612$\frac{1}{2}$, zoo blyft daar over voor OS 13829387$\frac{1}{2}$; deelt dit door AS 612$\frac{1}{2}$; de uitkomst is 22578$\frac{1}{2}$: de Comeet loopt dan 22578$\frac{1}{2}$ maal snelder in A als in O; nu is een Duitsche myl 23660 voeten Rhynlandsche maat (*a*).

Mm   Lo-

(*a*) Pag. 67.

```
Logarithmus 23660    .... 4,374015
Hier vooren gevonden .... 1,804677
                         ─────────
                         6,178692
Logarithmus 22578½   .... 4,353695
                         ─────────
                         1,824997
```

De snelte van de Comeet in O 66,834 Rhynlandsche voeten, dat is nagenoeg 66⅘ voet, in ieder secunde tyd.

De snelheid in D is tot de snelheid in A als $\sqrt{AS}$ tot $\sqrt{OS}$, zoo dat de Comeet ruim 150maal traager in D loopt als in A; in D vordert dezelve in ieder secunde tyd 10242 voeten, Rhynlandsche maat.

Genomen dat men vraagt, hoe veel mylen dat de Comeet van 't Jaar 1680 geloopen heeft in de tyd van 40 minuten, na dat dezelve op 't naast aan de Zon geweest is, als de middel-afstand tusschen de Zon en de Aarde is 100000; de regte zyde van de Parabole, die de weg van de Comeet verbeeld 2430? dan zal de Inhoud, die de Comeet in een uur beschryft, zyn 396517, dat is in 40 minuten tyd 264345. Stelt nu in de IIIde Afbeelding, de 1ste Figuur, de Perpendiculaar $DN = y$, de Inhoud SDHPS $264345 = c$, $2430 = a$; dan is $SP \frac{1}{4} a = 607\frac{1}{2}$: door de eigenschap van de Parabole is $NP \frac{yy}{a}$, en bygevolg $SN \frac{1}{4} a - \frac{yy}{a}$; multipliceert de helft van $SN + \frac{1}{2}$ van NP, door ND, zoo vind men voor de Inhoud SDHPS $\frac{1}{4} ay + \frac{y^3}{6a} = c$, of $y^3 = -\frac{3}{2} aay + 6ac$; voor de letters getallen gesteld, dan is $y^3 = -4428675 y + 3854150100$; hier uit vind men DN $y = 768$: de lengte van de Parabolische boog DHP wort uitgedrukt door dit oneindig vervolg, $y + \frac{2y^3}{3a^2} - \frac{2y^5}{5a^4} + \frac{4y^7}{7a^6} - \frac{10y^9}{9a^8} +$ &c.: nu is in dit geval $\frac{yy}{aa}$ nagenoeg $= \frac{1}{10}$. Indien de eerste term van 't voorgaande vervolg A genoemd word, de tweede B, de derde term C, en zoo voort, dan word het voorgaande vervolg aldus: $y + \frac{1}{15} A - \frac{1}{25} B + \frac{2}{35} C - \frac{5}{45} D +$ &c.

$$y = 768,0$$

$y = 768,0$

$\tfrac{1}{17}$ A $= 51,2$ $\qquad$ $\tfrac{1}{13}$ B $= 3,1$

$\tfrac{1}{4}$ C $= 4$ $\qquad\qquad$ $\tfrac{1}{3}$ D $= 1$

$\phantom{\tfrac{1}{17}}\,\overline{819,6}$ $\qquad\qquad\phantom{\tfrac{1}{13}}\,\overline{3,2}$

$\phantom{\tfrac{1}{17}A=}3,2$

816,4 voor de lengte van de Parabolifche boog DHP; ieder van deeze deelen is 177$\tfrac{11}{13}$ Duitfche mylen; dan is de geheele lengte, die de Comeet in 40 minuten tyd afgeloopen heeft 144727 Duitfche mylen; dat is meer als 26maal de omtrek van de Aarde, of omtrent 2$\tfrac{2}{3}$maal zoo ver als de Maan in middel-afftand van de Aarde is.

Als men ftelt, dat de Comeet een Ellips loopt, en men begeerde in de 5de Figuur, van de IVde Afbeelding, de lengte van de Elliptifche boog DC te vinden, als bekent is: de kortfte halve middellyn $BD = r$; 't vierkant van BO gedeeld door $BD = c$; ftelt $BN = x$, en $CN = y$: dan is $BO = \sqrt{cr}$, $AN \times + \sqrt{cr}$, en $NO - x + \sqrt{cr}$; de □ ABO cr is tot het vierkant BD rr, als de □ ANO $cr - xx$ tot het □ CN yy; dan is $crr - rxx = cyy$. De Differentie genomen, komt $-2rx\dot{x} = 2c y \dot{y}$; gequadrateert, komt $4r^2 x^2 \dot{x}^2 = 4c^2 y^2 \dot{y}^2$, of $\dfrac{r^2 x^2}{c^2 y^2}\dot{x}^2 = \dot{y}^2$; ftelt in de noemer voor cyy de waarde, of $crr - rxx$, zoo is $\dfrac{r^2 x^2 \dot{x}^2}{c^2 r^2 - crx^2} = \dot{y}^2$; hier bygedaan $\dot{x}^2$, zoo heeft men $\dot{y}^2 + \dot{x}^2 = \dfrac{r^2 x^2 + c^2 r^2 - crx^2}{c^2 r^2 - crx^2}\dot{x}^2$; de teller door de noemer gedeeld, komt $\dot{y}^2 + \dot{x}^2 = 1 + \dfrac{x^2}{c^2} + \dfrac{x^4}{c^3 r} + \dfrac{x^6}{c^4 r^2} + \dfrac{x^8}{c^5 r^3} + \&c.$ maal $\dot{x}^2$; de vierkante wortel uit dit oneindig vervolg getrokken, zoo vind $\dot{x}$ maal.

$$\left.\begin{array}{l}1+\dfrac{1}{2c^2}x^2+\dfrac{1}{2c^3 r}x^4+\dfrac{1}{2c^4 r^2}x^6+\dfrac{1}{2c^5 r^3}x^8+\dfrac{1}{2c^6 r^4}x^{10}+\&c.\\[4pt]\quad\; -\dfrac{1}{8c^4}x^4-\dfrac{1}{4c^5 r}x^6-\dfrac{3}{8c^6 r^2}x^8-\dfrac{1}{2c^7 r^3}x^{10}+\&c.\\[4pt]\quad\qquad +\dfrac{1}{16c^6}x^6+\dfrac{3}{16c^7 r}x^8+\dfrac{3}{8c^8 r^2}x^{10}+\&c.\\[4pt]\qquad\qquad\quad -\dfrac{5}{128c^8}x^8-\dfrac{5}{32c^9 r}x^{10}-\&c.\\[4pt]\qquad\qquad\qquad\quad +\dfrac{7}{256c^{10}}x^{10}+\&c.\\[4pt]\qquad\qquad\qquad\qquad \&c.\end{array}\right\}$$ 't Element van de Elliptifche boog D C.

De Integral daar van genomen, zoo vind men de begeerde lengte van de boog DC:

$$x+\dfrac{1}{6cc}x^3+\dfrac{1}{10c^3 r}x^5+\dfrac{1}{14c^4 r^2}x^7+\dfrac{1}{18c^5 r^3}x^9+\dfrac{1}{22c^6 r^4}x^{11}+\&c.$$

$$\quad -\dfrac{1}{40c^4}x^5-\dfrac{1}{28c^5 r}x^7-\dfrac{1}{24c^6 r^2}x^9-\dfrac{1}{22c^7 r^3}x^{11}-\&c.$$

$$\qquad +\dfrac{1}{112c^6}x^7+\dfrac{1}{48c^7 r}x^9+\dfrac{3}{88c^8 r^2}x^{11}+\&c.$$

$$\qquad\quad -\dfrac{5}{1152c^8}x^9-\dfrac{5}{3520c^9 r}x^{11}-\&c.$$

$$\qquad\qquad +\dfrac{7}{2816c^{10}}x^{11}+\&c.$$

$$\qquad\qquad\quad \&c.$$

Om de order te weeten, daar dit vervolg in voortgaat, zoo moet men aanmerken, dat de getallen in de noemers, van de bovenfte regel, geduurig vier opflaan; 't begin is zes: om de colommen regt op en neer te vinden, zoo laat m de dimenfie van c betekenen in de bovenfte colom, dan is 't vervolg van de gebrookens

in

in deeze order $\frac{\frac{1}{2}m-1}{2}, \frac{\frac{1}{2}m-3}{4}, \frac{\frac{1}{2}m-7}{6}, \frac{\frac{1}{2}m-8}{8}$, &c.: by voorbeeld, om de getallen te vinden, die onder de 6de term van de eerste regel moeten komen, dan is $m=6$ en $\frac{\frac{1}{2}m-1}{2}=1$; dit vermenigvuldigt door het getal van de zesde term $\frac{1}{11}$, komt ook $\frac{1}{11}$, $\frac{\frac{1}{2}m-3}{4}$ is $=\frac{1}{8}$; dit met $\frac{1}{11}$ gemultipliceert, komt $\frac{1}{11}$ voor het derde getal, van boven af te reekenen: nu $\frac{\frac{1}{2}m-5}{6}$ of $\frac{1}{11}$ gemultipliceert met de laatstgevonden $\frac{1}{11}$, komt $\frac{1}{111}$ voor 't vierde getal, en zoo op deeze wys met al de andere.

Als men door de Elliptische boog zyn Sinus CN begeerde te vinden: laat de boog $DC=z$ zyn, en de rest als vooren; dan moet de voorgaande uitkomst veranderd worden in een ander vervolg, dat gelyk is aan x, en aangedaan met z, men zal vinden;

$$CN = z - \frac{1}{6c^2}z^3 - \frac{1}{10rc^3}z^5 - \frac{1}{14r^2c^4}z^7 - \&c.$$
$$+ \frac{13}{120c^4}z^5 + \frac{71}{420rc^5}z^7 + \&c.$$
$$- \frac{493}{5046c^6}z^7 - \&c.$$

Indien men, in plaats van DC, gevraagt had na de lengte van de Elliptische boog OC, als de regte zyde is $=r$, $e=\frac{r}{AO}$, en $ON=x$.

Stelt $CN=y$, zoo is $AO\frac{r}{e}$ en $AN\frac{r}{e}-x$, de □ ANO $\frac{rx}{e}-xx$ is tot het vierkant CN yy als $AO\frac{r}{e}$ tot r; dan is $yy=rx-exx$: de differentie daar van genomen, zoo is $2y\dot{y}=r\dot{x}-2ex\dot{x}$, of $\dot{y}=\frac{r-2xe}{2y}\dot{x}$, en $\dot{y}^2=\frac{rr-4erx+4eexx}{4yy}\dot{x}^2$ voor $4yy$ gesteld $4rx-4exx$,

zoo

zoo is $\dot{y}^2 = \frac{rr - 4erx + 4eexx}{4rx - 4exx} \dot{x}^2$; hier by gedaan $\dot{x}^2$, zoo vind men $\dot{x}^2 + \dot{y}^2 = \frac{rr - 4erx + 4eexx + 4rx - 4exx}{4rx - 4exx} \dot{x}^2$; de teller door de noemer gedeelt, zoo is $\dot{x}^2 + \dot{y}^2 = \frac{r}{4x} - \frac{3e}{4} + \frac{eex}{4r} + \frac{e^3 x^2}{4rr} + \frac{e^4 x^3}{4r^3} + \&c.$ maal $\dot{x}^2$
$+ 1$

Om de eerste term 1 te krygen, zoo vermenigvuldigt het bovenstaande oneindige vervolg door $4xx$, en deelt de uitkomst door rx, dan zal men vinden:

$$\dot{x}^2 + \dot{y}^2 = 1 - \overset{A}{\frac{3ex}{r}} + \overset{B}{\frac{eqxx}{rr}} + \overset{C}{\frac{e^3 x^3}{r^3}} + \overset{D}{\frac{e^4 x^4}{r^4}} + \&c. \text{ maal } \frac{rx}{4xx}\dot{x}^2$$
$+ \frac{4x}{r}$

Om nu de vierkante wortel uit dit oneindig vervolg te trekken, zoo teken ik, om de verwarring te myden, de termen met de letteren A, B, C, D, &c.; dan in de generaale Formule, om een onbepaalde wortel uit een oneindig vervolg te trekken, die men vind in de *Analyse Demontrée* (a), voor *a* gestelt 1, en in plaats van *n* overal 2; ook in plaats van de Italiaansche, Latynsche letters neemende; dan word de regel, om de vierkante wortel uit een oneindig vervolg te trekken, aldus:

$1 + \frac{1}{2}Bx - \frac{1}{8}B^2 x^2 + \frac{1}{16}B^3 x^3 - \frac{5}{128}B^4 x^4 + \frac{7}{256}B^5 x^5 + \&c.$
$\quad + \frac{1}{2}C \quad - \frac{1}{4}BC \quad + \frac{3}{16}B^2 C \quad - \frac{5}{32}B^3 C \quad - \&c.$
$\qquad\qquad + \frac{1}{2}D \quad - \frac{1}{8}C^2 \quad + \frac{3}{16}BCC \quad + \&c.$
$\qquad\qquad\qquad - \frac{1}{4}BD \quad + \frac{3}{16}BBD \quad - \&c.$
$\qquad\qquad\qquad + \frac{1}{2}E \quad - \frac{1}{4}CD \quad + \&c.$
$\qquad\qquad\qquad\qquad - \frac{1}{4}BE \quad + \&c.$
$\qquad\qquad\qquad\qquad + \frac{1}{2}F \quad - \&c.$

(a) Par *Charles Reyneau*, tom. 1, liv. 7, pag. 424, Par. 1708.

of Staartsterren, uit de Geschiedenissen.

Nu is $B = \frac{-3e+4}{r}$, $C = \frac{ee}{rr}$, $D = \frac{e^3}{r^3}$, $E = \frac{e^4}{r^4}$, $F = \frac{e^5}{r^5}$; deeze waardens, in de Formule, voor de Latynsche letters gesteld, dan zal men de begeerde wortel hebben. Tot meerder klaarheid, zal ik de uitwerking van de 5de term hierby voegen:

$$\begin{aligned}
-\tfrac{1}{12}B^4 &= -1\tfrac{1}{2}e^4 + 16\tfrac{2}{3}e^3 - 38\tfrac{4}{9}e^2 + 30e - 10 \\
+\tfrac{3}{8}B^2C &= +\tfrac{11}{8}e^4 - \tfrac{9}{2}e^3 + 3e^2 \\
-\tfrac{1}{8}C^2 &= -\tfrac{1}{8}e^4 \\
-\tfrac{1}{4}BD &= +\tfrac{1}{4}e^4 - e^3 \\
+\tfrac{1}{4}E &= +\tfrac{1}{4}e^4
\end{aligned} \Bigg\} \text{Alles gedeelt door } r^4$$

$$\frac{-1\tfrac{1}{12}e^4 + 11\tfrac{1}{6}e^3 - 30\tfrac{4}{9}e^2 + 30e - 10}{r^4} \text{ de vyfde Term.}$$

Op deeze manier worden ook de andere Termen gevonden: de uitkomst, dat is, de vierkante wortel uit het oneindig vervolg, moet door $\sqrt{rx}$ of $r^{\frac{1}{2}}x^{\frac{1}{2}}$ gemultipliceert, en door $2x$ gedeeld, dan vind men $\sqrt{x^2 + y^2} = $ aan $\dot{x}$ maal, dit onderstaande vervolg:

$$\tfrac{1}{2}r^{\frac{1}{2}}x^{-\frac{1}{2}} \Big\{ \tfrac{+2}{-\tfrac{1}{2}e} \Big\} \tfrac{1}{2}r^{-\frac{1}{2}}x^{\frac{1}{2}} \Big\{ \begin{matrix} -2 \\ +3e \\ -\tfrac{1}{8}e^2 \end{matrix} \Big\} \tfrac{1}{2}r^{-\frac{3}{2}}x^{\frac{3}{2}} \Big\{ \begin{matrix} +4 \\ -9e \\ -30e^2 \\ -\tfrac{1}{16}e^3 \end{matrix} \Big\} \tfrac{1}{2}r^{-\frac{5}{2}}x^{\frac{5}{2}} \Big\{ \begin{matrix} -10 \\ +30e \\ -30\tfrac{1}{4}e^2 \\ +11\tfrac{1}{6}e^3 \\ -1\tfrac{1}{12}e^4 \end{matrix} \Big\} \tfrac{1}{2}r^{-\frac{7}{2}}x^{\frac{7}{2}} \&c.$$

gedeelt door r ged. door r^2 gedeelt door r^3 gedeelt door r^4

De Integral hier van genomen, zoo zal men vinden, dat de Elliptische boog $OC = $ is aan 't gemultipliceerde van $r^{\frac{1}{2}} x^{\frac{1}{2}}$, of $\sqrt{ex}$, door dit onderstaande vervolg:

$$\frac{1 + \tfrac{2}{3}e \{ x \begin{matrix} -2 \\ +3e \\ -\tfrac{1}{8}e^2 \end{matrix} \} x^2 \begin{matrix} +4 \\ +9e \\ +5\tfrac{1}{4}e^2 \\ -\tfrac{1}{16}e^3 \end{matrix} \} x^3 \begin{matrix} -10 \\ +30e \\ -30\tfrac{1}{4}e^2 \\ +11\tfrac{1}{6}e^3 \\ -1\tfrac{1}{12}e^4 \end{matrix} \} x^4 \&c. \text{ tot in 't oneindig}}{}$$

gedeelt door $3r$ gedeelt door $5r^2$ gedeelt door $7r^3$ gedeelt door $9r^4$

In

280 *Korte Beschryving van alle de Comeeten*,

In 't Jaar 1682 is een Comeet gezien, van den 25ſten Auguſtus tot den 19den September, Nieuwe Styl.

Hevelius heeft dezelve geobſerveerd, van den 25ſten Auguſtus tot den 17den September, Nieuwe Styl; den 15den Auguſtus, Oude Styl, is die ook tot London gezien, en door *Flamſteed* waargenomen, van den 19den Auguſtus tot den 9den September, Oude Styl; de Waarneemingen vind men in zyn *Hiſtor. Cœleſtis* (b). De Heer *Halley* heeft deeze Comeet bereekend, en vind, dat dezelve op 't naaſt aan de Zon geweeſt is, in September 4 dagen, 7 uur., 39 min., Oude Styl, volgens de Tyd van London, zynde van de Zon 58328 deelen, daar van 100000 de middel afſtand tuſſchen de Zon en de Aarde uitmaaken; 't Perihelium, in de kring van de Comeet, in Aquarius 2 graad., 52 min., 50 ſec. (c), en volgens de Ecliptica, in 't zelfde Teken, 2 graad., 0 min., 30 ſec.; de helling, van de kring met de Ecliptica, 17 graad., 56 min.; de Noorder Breedte, uit de Zon te zien, 16 graad., 59 min., 20 ſec.; de klimmende Knoop, in Taurus, 21 graad., 16 min., 30 ſec.; de loop, uit de Zon te zien, tegen de order der Teekenen. Hier vooren is reets gezegt, dat deeze Comeet in 75 Jaaren om de Zon loopt: op het verſt komt die omtrent 35 maal verder van de Zon, als de Aarde in middel-Afſtand van Zon is. Op de waargenomen tyden, door *Flamſteed*, heeft de Heer *Halley* de plaatzen van de Comeet bereekend, en gevonden, als volgt;

Tyd van Londen, 1682, O. S.	☉ Plaats.	Bereekende lengte.	Bereekende Noorder breedte.	Geobſerveerde lengte.	Waargen. breedte.	Differ. in lengte.	Differ. in breedte.
dag uur min.	° ′ ″	° ′ ″	° ′ ″	° ′ ″	° ′ ″	′ ″	′ ″
Aug. 19. 16. 38	♍ 7. 0. 7	♌ 18. 14. 28	25. 50. 7	♌ 18. 14. 40	25. 49. 55	−0. 12	+0. 12
—— 20. 15. 38	7. 55. 52	24. 46. 23	26. 14. 42	24. 46. 22	26. 12. 52	+0. 1	+1. 50
—— 21. 8. 21	8. 36. 14	29. 37. 15	16. 20. 3	29. 38. 2	26. 17. 37	−0. 47	+2. 26
—— 22. 8. 8	9. 33. 55	♍ 6. 29. 53	26. 8. 42	♍ 6. 30. 3	26. 7. 12	−0. 10	+1. 30
—— 29. 8. 20	16. 22. 40	♎ 12. 37. 54	18. 37. 47	♎ 12. 37. 49	18. 34. 5	+0. 5	+3. 42
—— 30. 7. 45	17. 19. 41	15. 36. 1	17. 26. 43	15. 35. 18	17. 27. 17	+0. 43	−0. 34
Sept. 1. 7. 33	19. 16. 9	20. 30. 53	15. 13. 0	20. 27. 4	15. 9. 49	+3. 49	+3. 11
—— 4. 7. 22	22. 11. 28	25. 41. 0	12. 23. 48	25. 40. 58	12. 22. 0	+1. 2	+1. 48
—— 5. 7. 32	23. 10. 29	27. 0. 46	11. 33. 8	26. 59. 24	11. 33. 51	+1. 22	−0. 43
—— 8. 7. 16	26. 5. 58	29. 58. 44	9. 26. 46	29. 58. 45	9. 26. 43	−0. 1	+0. 3
—— 9. 7. 28	27. 5. 9	♏ 0. 44. 10	8. 49. 10	♏ 0. 44. 4	8. 48. 25	+0. 6	+0. 45

Als men met de omloop van deeze Comeet te rug gaat, en dan verzekerd kon weezen uit de omſtandigheden, dat men dezelfde Co-

(b) Pag. 108, 109 en 110, de Druk van London van 't Jaar 1712, en op de zelfde pag., in de Druk van 't jaar 1725, tom. I.
(c) In *Halley*, in de Tafel van de Comeeten, is 5 ſecunden minder als in *Newton*.

of Staartsterren, uit de Geschiedenissen. 281

Comeet had; dat ook de Maand van de verschyning aangetekend was, die in vroeger tyd wel verzuimd word, dan zou men kunnen zien, hoe veel dat de eene omloop zomtyds langer was, als dat men die door malkander rekent. Van 't Jaar 1155, in Mey, tot het Jaar 1682, in September, is verloopen 527 Jaar en 4 Maanden; in deeze tyd zyn 7 omloopen geschied, dat is ieder omloop, door malkander, in 75 Jaar en 4 Maanden; dit noem ik de middelloop. Ziet hier, hoe veel Maanden dat een, of twee omloopen, meer of minder komen als de middelloop.

	Jaar.	Jaar.		Jaar Maand	Middelloop.	Maanden.
Tusschen	1682 en	1607		74 : 10	Jaar Maand	— 6
———	1607 en	1531	een omloop	76 : 2	75 : 4	+ 10
———	1531 en	1456		75 : 3		— 1
———	1456 en	1305	twee omloopen	151 : 2	150 : 8	+ 5
———	1305 en	1155		149 : 11		— 9

Jaaren 527 : 4 Maanden.

Als de Staartster, die in 't Jaar 1006, den 30sten April, gezien wierd, ook de Comeet van 't Jaar 1682 geweest is, dan zou de middelloop zyn 75 Jaaren en 2 Maanden; is die van 't Jaar 1382, in Augustus, ook de zelfde geweest, dan zou de eene omloop 19 Maanden minder, en de volgende 24 Maanden meerder als de middelloop geweest zyn, dat wat te veel is om ten eersten toe te staan; de volgende omloopen zullen de Nakomelingen doen zien, of men dit aanneemen of verwerpen moet: maar om dat het zou kunnen zyn, dat die van 't Jaar 1382 de Comeet van 't Jaar 1682 geweest is, en dat de geen, die hier vooren op 't Jaar 1305 gesteld is, wel in 't Jaar 1306 kon gezien zyn, dan zou 't verschil van de middelloop zyn als volgt:

			Jaar Maand	Middelloop	Diff. Jaar Maand
Tusschen	1682 en	1607	74 : 10	Jaar Maand	— 0 : 6
———	1607 en	1531	76 : 2		+ 0 : 10
———	1531 en	1456	75 : 3	75 : 4	— 0 : 1
———	1456 en	1382	73 : 10		— 1 : 6
———	1382 en	1306	76 : 4		+ 1 : 0
———	1306 en	1155	150 : 11	150 : 8	+ 0 : 3

527 : 4

't Zou alles veel nader komen, als de Comeet van 't Jaar 1682 gezien is in 't Jaar 1381, in Augustus; maar waar zal men dit uit bewyzen: ook schynt de Comeet, daar verscheide Schryvers eenpaarig van getuigen, dat in 't Jaar 1382 gezien is, zeer wel te gelyken na de Comeet van 't Jaar 1682.

Als men nu stelt, dat de middelloop is $75\frac{1}{3}$ Jaar; om dan de lengte en breedte van de Ellips te vinden, die de Comeet loopt, zoo werkt als volgt:

		35,680		
Logarithmus $75\frac{1}{3}$ is	1,876987	't Perih. van de ☉ $583\frac{1}{4}$	de Log. is	2,765854
	──── 2			
	3,753974	35,096$\frac{1}{4}$		⁻4,545266
3 ────				
	1,251325			7,311120
			──── 2	
	17,84			3,655560
	──── 2			
De langste middellyn	35,68			4,5246

De kortste middellyn van de Ellips 9,0492

Op deeze manier is de grootte van de Ellipzen bepaald, die men vind in de 1ste Afbeelding.

Om de plaats van de Comeet te bereekenen, als dezelve een Ellips loopt: laat in de IVde Afbeelding, Figuur 5, ADO de helft van de Comeets weg zyn, AO de middellyn van de Ellips, S de Zon, B het midden van AO. Indien men vraagt, waar de Comeet van 't Jaar 1682 is, en hoe ver van de Zon, 25 Jaaren en 8 Maanden na dat dezelve op 't naast aan de Zon geweest is, of 12 Jaaren voor dat die op 't verst van de Zon is? Laat op die tyd C de plaats van de Comeet zyn, CN perpendiculaar op AO, $AB=q$, $DB=r$, $SO=t$, de dubbelde Inhoud $SCO=z$; dan is (d)

$$CN = \frac{1}{t}z - \frac{q}{6r^2t^4}z^3 + \frac{10q^2-9qt}{120r^4t^7}z^5 - \frac{280q^3+504q^2t-225qt^2}{5040r^6t^{10}}z^7 + \&c.$$

Stelt de eerste term van dit vervolg A, de tweede B, de derde C, en zoo voort, dan zal CN zyn $= A - \frac{q}{6r^2t^3}Az^2 - \frac{10q-9t}{20r^2t^3}Bz^2 - \&c.$,

als

(d) Volgens de Analysis per Quantit. Series, &c. pag. 26, Lond. 1711; of de Analyse Demontrée par *Charles Reyneau*, liv. 8, pag. 714, Par. 1708.

of Staartsterren, uit de Geschiedenissen. 283

als de middel-afstand, tusschen de Zon en de Aarde, 100 gelyke deelen is, dan is AB, of $q = 1784$, en DB, of $r = 452\frac{1}{2}$; nu is in dit geval S 't Brandpunt van de Ellips, of DS = AB, dan is AS $= q - \sqrt{qq - rr} = 58\frac{1}{2}$, en OS, of $t = 3509\frac{1}{2}$, als de middellyn van een rond 113 is, dan zal de omtrek nagenoeg 355 zyn: de oplossing, door de voorgaande Formule, kan dan op de volgende wys geschieden:

Log. 355 A │ 2,550228	Log. 114 - │ 2,053078	Log. t = 3,545266
Log. q - │ 3,251395	Log. 75¼ Jaar │ 1,876987	
Log. 2r - │ 2,956618		Log. t^3 = 10,635798 ⎫
Log. 12 Jaar │ 1,079181	3,930065	Log. r^2 = 5,311237 ⎭
		Log. 6 = 0,778151
9,837452	Log. z^2 = 11,814774	16,725186
3,930065	Log. q = 3,251395	
	Log. A = 2,362121	Log. $\frac{91-109}{20}$ = 2,837178
Log. z = 5,907387		
Log. t = 3,545266	17,428290	Log. z^2 = 11,814774
	16,725186	Log. B = 0,703104
Log. A = 2,362121		
A = 230,21	Log. B = 0,703104	15,355056
B = 5,05	B = 5,05	Log. $r^2 t^2$ = 15,947035 *
225,16		− 0,591979
C = − 0,26		2,000000
CN = 224,90		1,408021
		C = 0,26

$$\begin{array}{r} DB\ 452,5 \\ CN\ 224,9 \\ \hline DB + CN\ 677,4 \quad 2,830845 \\ DB - CN\ 227,6 \quad 2,357172 \end{array}$$

Log. □ BD 5,311237 tot Log. □ AB 6,502790 als de Log. 5,188017 zynde 't □ BD − □ CN
$$\begin{array}{r} 6,502790 \\ \hline 11,690807 \\ 5,311237 \\ \hline \text{Log. □ BN} \quad 6,379570 \\ \text{Log. BN} \quad 3,189785 \\ \text{BN} \quad 1548 \end{array}$$

284 *Korte Beschryving van alle de Comeeten,*

```
AB 1784,0      SN 3273,7 ..... Rad. ..... CN   224,9
AS   58,3                                    ─────────
                                              2351989
BS 1725,7                                     3515039
BN 1548,0                                    ─────────
─────────                          Tangens  8836950
SN 3273,7
           R .... SN 32737 .... ∠CSN 3gr. 55m. 47 sec.
           SC 3281,4 de afstand tusschen de Comeet en de Zon.
```

Als men de middel-afstand, tusschen de Zon en de Aarde, stelt op 17½ millioenen Duitsche mylen, dan bedraagt dit 574245000 Duitsche mylen; een wydte, die zoo groot is, dat, als een lighaam alle secunden, zonder vertraagen, een Duitsche myl voortvloog, dan zou het zelve nog meer als 18 Jaaren werk hebben, om deeze lengte in een regte lyn af te vliegen: en evenwel blyft deeze Comeet, in zyn verste afwyking, 'talderdigst aan de Zon van alle de Comeeten die tot nog toe bekend zyn; de snelte, als men die door malkander reekend, in de gemelde 25 Jaaren, 8 Maanden, is omtrent ¼ Duitsche myl in een secunde tyd. Het is niet noodig om de plaats te reekenen van de Comeet, uit de Aarde te zien; want op de gemelde afstand kunnen wy die niet in 't gezigt krygen; de hoek CNS kon ook door nadering gevonden worden, als te zien is in *Keil* (*e*).

Na Christus 1683 Jaar. In 't Jaar 1683 is wederom een Comeet verscheenen; den 13den July, Oude Styl, zag *Flamsteed* die voor de eerstemaal; de Ster, of 't Hoofd was niet veel meer als een Ster van de vierde grootte, maar bleek; de Staart had de lengte van 3 of 4 graaden, maar was zeer flaauw, zoo dat men die naulyks zien kon.

De Waarneemingen vind men in de *Historia Cœlestis* (*f*). Op de zelfde dag, doe *Flamsteed* die het eerst zag, zoo is die ook gezien tot Leipzig, door *Christoffel Arnold.* (*g*). *Hevelius* nam dezelve waar van den 30sten July tot den 4den September, Nieuwe Styl; de Waarneemingen zyn in de *Acta Eruditorum* (*h*) De Heer *Halley* heeft de weg, door de Observatien van *Flamsteed*,

(*e*) Introd. ad Ver. Astron., pag. 386, Lond. 1718.
(*f*) Van pag. 110 tot 113, in de Druk van van 't Jaar 1712; en ook op de zelfde bladzyden, tom. 1, in de Druk van London, van 't Jaar 1725.
(*g*) Biblioth. German., tom. 3, pag. 171, Amst. 1711.
(*h*) Van pag. 484 tot 491.

of Staartsterren, uit de Geschiedenissen. 285

steed, uitgereekend, en vind, dat de Comeet op 't naast aan de Zon geweest is, in July 3 dagen, 2 uuren, 50 min., zynde op die tyd van de Zon 56020 deelen, daar van 100000 de middel-afstand, tusschen de Zon en de Aarde uitmaaken; 't Perihelium, in de kring van de Comeet, in Gemini 25 graad., 29 min., 30 sec., en in de Ecliptica, in Cancer 10 graad., 36 min., 55 sec.; de Noorder Breedte van 't Perihelium 82 graad., 52 min.; de helling, van de kring met de Ecliptica, 83 graad., 11 min.; de klimmende Knoop, in Virgo, 23 graad., 23 min.; de loop, uit de Zon te zien, tegen de order der Teekenen. De Uitreekening van de Heer *Halley* vergeleeken tegen de Waarneemingen van *Flamsteed*, zal ik hier laaten volgen:

Tyd van Londen. 1683, O.S.	☉ Plaats.	Bereekende lengte van de Comeet.	Bereekende breedte.	Waargenomen lengte.	Waargenomen breedte.	Diff. in lengte.	Diff. in breedte.
dag uur min.	° ′ ″	° ′ ″	° ′ ″	° ′ ″	° ′ ″	′ ″	′ ″
July 13.12.55	♌ 1. 2.30	♋13. 5.42	N. 29.28.13	♋13. 6.42	N 29.28.20	+1. 0	+0. 7
— 15.11.15	2.53.12	11.37.48	29.34. 0	11.39.43	29.34.50	+1.55	+0.50
— 17.10.20	4.45.45	10. 7. 6	29.33.30	10. 8.40	29.34. 0	+1.34	+0.30
— 23.13.40	10.38.21	5.10.27	28.51.42	5.11.30	28.50.28	+1. 3	−1.14
— 25.14. 5	12.35.28	3.27.53	28.24.47	3.27. 0	28.23.40	−0.53	−1. 7
— 31. 9.42	18. 9.22	♊27.55. 3	26.22.52	♊27.54.24	26.22.25	−0.39	−0.27
— 31.14.55	18.21.53	27.41. 7	26.16.57	27.41. 8	26.14.50	+0. 1	−2. 7
Aug. 2.14.56	20.17.10	25.29.32	25.16.19	25.28.16	25.17.28	−0.46	+1. 9
— 4.10.49	22. 2.50	23.18.20	24.10.49	23.16.55	24.12.19	−1.25	+1.30
— 6.10. 9	23.56.45	20.42.23	22.47. 5	20.40.32	22.49. 5	−1.51	+2. 0
— 9.10.26	26.50.52	16. 7.57	20. 6.37	16. 5.55	20. 6.10	−2. 2	−0.27
— 15.14. 1	♍ 2.47.13	3.30.48	11.37.33	3.26.18	11.32. 1	−4.30	−5.32
— 16.15.10	3.48. 2	0.43. 7	9.34.16	0.41.55	9.34.13	−1.12	−0. 3
— 18.15.44	5.45.33	♉24.52.53	5.11.15	♉24.49. 5	5. 9.11	−3.48	−2. 4
— 21.14.44	9.35.49	11. 7.14 Z.	5.16.53	11. 7.12 Z.	5.16.50	−0. 2	−0. 3
— 23.15.52	10.36.48	7. 2.18	8.17. 9	7. 1.17	8.16.41	−1. 1	−0.28
— 26.16. 2	13.31.10	♈24.45.31	16.38. 0	♈24.44. 0	16.36.20	−1.31	+0.20

In 't Jaar 1684 is tot Romen een Comeet waargenomen, door de Abt *Blanchini*, van den 30sten Juny tot den 17den July. Na Christus 1684 Jaar.

De Waarneemingen vind men in de *Philosophical Transactions* (i) De Heer *Halley* heeft de weg van deeze Comeet bepaald, en gevonden, dat die in zyn Perihelium is geweest, in Mey 29 dagen, 10 uur., 16 min., zynde alsdoen van de Zon 96015 deelen, daar van 100000 de middel-afstand tusschen de Zon en de Aarde uitmaaken; de plaats van 't Perihelium, in de Comeets kring, in Schorpius 28 graad., 52 min., en in de Ecliptica, in Sagittarius 15 graad., 15 min., 25 sec.; de Zuider Breedte van 't Perihelium, uit de Zon te zien, 26 graad., 35 min., 20 sec.; de helling van de Kring, 65 graad., 48 min.,

(i) Num. 196, pag. 920.

48 min., 40 fec.; de klimmende Knoop, in Sagittarius 28 graad., 15 min.; de loop, uit de Zon te zien, met de order der Tekenen.

Na Chriſtus 1686 Jaar. O. In 't Jaar 1686, den 16den Auguſtus, wierd 's morgens, in 't Zuidooſten, in Siam een Comeet gezien; den 17den was de Staart omtrent 15 graaden lang.

De Waarneemingen zyn in de Hiſtorie van de Franſche Academie (k). *Chriſtoffel Arnold* nam dezelve waar, van den 6den tot den 12den September, tot Sommerfeld, by Lypzig; den 6den was de Staart omtrent 3 graaden. *Kirchius* zag deeze Comeet den 8ſten September; de Waarneemingen zyn in de *Act. Eruditor.* (l). De Heer *Halley* heeft de weg van deeze Comeet bereekend, en vind, dat die op 't naaſt aan de Zon is geweeſt, in September 6 dagen, 14 uur., 33 min., Oude Styl, volgens de Tyd van London, zynde op die tyd van de Zon 32500 deelen, daar van 100000 de middel-afſtand tuſſchen de Zon en de Aarde uitmaaken; de Noorder Breedte van 't Perihelium, uit de Zon te zien, 31 graad., 17 min., 35 ſec.; de plaats van 't Perihelium, in de Comeets weg, in ♊ 17 graad., 0 min., 30 ſec., en in de Ecliptica, in 't zelfde Teken, 16 gr., 24 min.; de helling, van de Comeets weg, 31 graad., 21 min., 40 ſec.; de klimmende Knoop, in Pisces 20 gr., 34 min., 40 ſec.; de loop, uit de Zon te zien, met de order der Tekenen. Zou dit ook de Comeet geweeſt zyn, die in 't Jaar 1569, in de Maand November gezien is?

Na Chriſtus 1689 Jaar. In 't Jaar 1689 is een Comeet in Ooſtindien gezien; *P. Richaud* zag de Staart van dezelve, den 8ſten December, tot Pondicheri, in de morgenſtond, op de Arm van Centaurus; den 10den wierd het Hoofd van de Comeet gezien in 't diepſt van de Bek des Wolfs, tuſſchen de Tong en het Kakebeen; den 14den was de Ster van de Comeet digt by de kleine Ster, die tuſſchen de Schouder en de Buik van de Wolf is; den 18den, 's morgens, paſſeerde de Staart door de Weſtelyke Knie van Centaurus, en door die Ster, dewelke in de Buik is; twee dagen te vooren ging dezelve door twee Sterren van de Knien: den 19den, 's morgens omtrent ten 4 uuren, was 't Hoofd van de Comeet by de Knie van de Wolf, en maakte, met de Ster in de eerſte Voet van Centaurus, een linie, evenwydig aan de lyn, die men kan trekkken van de Ster, die in de Buik is, tot aan de eerſte arm van het Kruis; de Staart was evenwydig aan

De

(k) Pag. 353, 354, en 355, de Druk van Amſt. 1693.
(l) Van 't Jaar 1686, voor de Maand November, pag. 565, 566, en 567.

de Voeten van Centaurus; den 20ften, 's morgens ten 5 uuren, was 't Hoofd by de Voet van Centaurus, en de Staart raakte het Kruis; den 21ften was de Comeet omtrent 1 graad van de Voet van Centaurus, en de Staart ging door de tweede Voet, en door de Oostelyke arm van het Kruis; de volgende dagen verscheen dezelve niet, om dat de Maan te veel ligt gaf: in 't begin van January zag men de Staart nog twee of drie dagen; maar 't Hoofd was verdweenen. Deeze Comeet liep van 't Noorden na 't Zuiden, dog helde wat na 't West, zoodanig, dat de weg met de Meridiaan een hoek van omtrent 20 graaden maakte, volgende ten naastenby een Cirkel, die door de laatste graad van de Schorpioen ging; de Staart was zomtyds 60 graaden. *Observ. Physiq. & Mathemat.* 1692, van pag. 401 tot pag. 403.

Den 8sten December is deeze Comeet ook tot Malacca gezien; de Zendelingen *Beze* en *Comille* zagen die daar 's morgens tusschen 4 en 5 uuren; eerst zag men de Staart maar, dog den 10den zag men 't Hoofd in de Bek van de Wolf, in de zaménkomst van twee linien, daar van de ééne quam van een Ster van de vierde grootte, die de Heer *Halley*, op 't end van 't Jaar 1677, stelt 14 graad., 59 min. in Schorpius, met 18 graad., 16 min. Zuider Breedte, en door de eerste van die, dewelke, volgens de Tafels van de Heer *Halley*, voor op de Hals van de Wolf is; de tweede linie ging door de Ster van de derde grootte, die de Heer *Halley* de eerste stelt, aan 't uitterste end van de Voet, en door de eerste in de Schouder van de Wolf, getekend ζ, de Staart was als een kromme Sabel, daar van het omgekromde Punt strekte tot een Ster van de vyfde grootte, die boven de Hand van Centaurus is; de Maan, die doe afnam, en niet ver daar van af was, verminderde veel 't ligt en de grootte van de Staart, zoo dat de lengte van de Staart doe niet meer was als 35 graaden van een groote Cirkel, den 11den, 12den, en 13den was 't een betrokken Lugt; den 14den was 't Hoofd van de Comeet byna op een Ster van de vyfde grootte, die de Oostelykste is van de drie, dewelke in de Schouder van de Wolf zyn; de Staart was ligter en veel langer als te vooren, gaande door het midden van Centaurus, tot aan de Voet van de Beeker, die op de groote Waterslang is: in 't vervolg vond men de lengte 68 graaden, den 15den, 16den, 17den, 18den, en 19den vervolgde dezelve zyn loop, in een regte lyn, op de rug van de Wolf, na de Ster van de eerste grootte, die op de Voet van Centaurus is; dezelve verminderde alle dagen; den 21sten en 22sten kon men die niet wel waarneemen; den 23sten zag men die voor de laatstemaal, raakende byna 't Noordwestelyk deel van de Voet van Centaurus. Hier door ziet men, dat de loop van 't Noorden na 't Zuiden was, op een linie, die omtrent 21 graaden

288 *Korte Beschryving van alle de Comeeten*,

na 't Weſten helde, zoo dat dezelve byna een Cirkel van de lengte volgde, en na de Pool van de Ecliptica liep: de ſchynbaare grootte van 't Hoofd was als een Ster van de vierde grootte, of op 't meeſt als een van de derde; het ligt daar van was duiſter en wolkagtig, de grootſte ſnelte van zyn beweging was tuſſchen den 14den en 15den December, doe vorderde dezelve een weinig meer als 3 graaden (*m*). Den 11den December, 's morgens ten 5¼ uur, zag men in 't Zuidooſt, tot Pekin, in China, van de Sterrekykers-Tooren, 10 of 12 voeten van de Comeets Staart; de breedte was byna een voet; zy eyndigde byna onder drie Sterren, die te zaamen een kleine gelykbeenige driehoek maakten in de Krul van de Staart des Waterſlangs; van daar ſtrekte dezelve zig uit na Centaurus, en paſſeerde over de twee Sterren van de regter Schouder; de reſt van de Comeet kon men niet zien; den 12den, 13den en 14den zag men nog een gedeelte van de Staart (*n*).

Na Chriſtus 1695 Jaar.   In 't Jaar 1695 heeft zig een Comeet in de Zuidelyke Landen vertoond; de Vader *Jacob*, Franſche Jeſuit, zag dezelve, 's morgens, den 28ſten October, in Brazil, in de Alderheiligen Bay, een uur voor de Zons opgang, in 't Ooſt, in het Geſternte van de Raaf; men kon geen Hoofd daar aan bemerken, daarom tekende hy de ſtand van 't punt aan, daar de ſtraalen van afgingen na het Weſten; den 29ſten, 's morgens, zoo vond hy, dat dit punt een Zuider Breedte had van 17 graaden; de Zon, zynde in de zesde graad van de Scorpioen, in 't begin was het punt, daar de ſtraalen van afquamen, 12 graaden van de Zon; den 30ſten October was het zelve 15 graaden van de Zon, en verwyderde zig nog meer, met een loop tegen de order der Tekenen; op dien dag wierd het Punt gezien tuſſchen de Koorn-air van de Maagd, en 't uiterſte einde van de Staart des Raafs, in de 16de graad van Libra; de Straalen, of Staart quamen tot het Teken van de Maagd, met 18 graaden Zuider Breedte; op dien dag zag Vader *Bouvet*, tot Suratte, deeze Comeet, zonder Hoofd, een half uur voor dat de morgenſchemering begon, de lengte was 18 graaden van een groote Cirkel; het uitterſte, daar men 't Hoofd behoorde te zien, was in de Bout van de Raaf; den volgende dag ſcheen de Comeet wat korter en flauwer van ligt, dat men toeſchreef aan de nadering van de Maan; 't uitterſte Capitaale Punt bevond zig in 't hoogſt van de regter

---

(*m*) Obſerv. Phyſ. & Mathem. 1692, pag. 404 en 405.
(*n*) Deſcrip. Geograph. Hiſtor. &c. de l'Emp. de la Chine, par *J. B. du Halde*, tom. 4, pag. 261, la Haye 1736.

of Staartsterren, uit de Geschiedenissen. 289

regter Poot des Raafs; den 1sten November zag men die tot Suratte veel vroeger als de voorgaande dagen, de Maan was doe omtrent 25 dagen oud; den 2den November, op de Eilanden van St. Anna, in America, na dat het de twee voorgaande dagen een betrokken Lugt geweest was, zag men, dat de Comeet met zyn punt de Ster raakte die op de Borst van de Raaf is, de Straal ging door de Bek van de Raaf, en door de Beeker, naderende de Keerkring van Capricornus; den 5den November raakte 't punt van de Comeet de Bek van de Raaf op de voorschreeven Keerkring; den 6den November, 's morgens ten 4 uuren, zynde de 10de dag van zyn verschyning, zag men hem de Ster passeeren, die in de Bek van de Raaf is, gaande met zyn straal door Hydra, tot byna op 25 graaden Zuider Breedte; na eenige wolkagtige dagen zag men de Comeet zyn weg, tegen de order der Tekenen, vervolgen; den 16den vertoonde zig dezelve op de Driehoek van de Waterslang; op de zelfde dag zag men die tot Suratte, tusschen de twee Sterren die 't Oostelykst zyn in de Driehoek, dewelke den 18den en 19den November beweften de Comeet waren; na die tyd zag men maar een flaauw overblyfzel van zyn Straal. *Memoir. de l'Academ. Royal. des Scien.* 1702, *pag.* 166, 167 *&* 168, *Amst.*

In 't Jaar 1698 is een Comeet gezien, die niet grooter was als een wolkagtige Ster van de derde grootte, met het bloote oog kon men geen Staart daar aan bekennen; maar door een Verrekyker van zes voeten, zag Mr. *La Hire* een korte Staart; hy heeft dezelve waargenomen van den 2den tot den 24sten September. Ziet de *Act. Erudit.* van 't Jaar 1699, *pag.* 181; ook *du Hamel Reg. Scient. Acad. Histor.*, *pag.* 516. Mr. *Cassini* heeft dezelve ook waargenomen.

Na Christus 1698 Jaar.

De Heer *Halley* heeft bereekent dat deeze Comeet op 't naast aan de Zon is geweest, in October 8 dagen, 16 uuren, 57 min., zynde op die tyd van de Zon 69129 deelen, daar van 100000 de middel-afftand tusschen de Zon en de Aarde uitmaaken; de Zuider Breedte van 't Perihelium, 0 graad., 38 min., 10 sec.; 't Perihelium in de kring van de Comeet, in Capricornus 0 graad., 51 min., 15 sec., en in de Ecliptica, in 't zelfde Teken, 0 graad., 47 min., 20 sec.; de helling van de kring, 11 graad., 46 min.; de klimmende Knoop, in Sagittarius 27 graad., 44 min., 15 sec.; de loop, uit de Zon te zien, tegen de order der Tekenen. De Heer *Halley* schryft van deeze

O o Co-

Comeet: *Ultimum vero anni sc. 1698 Parisienses soli conspexerunt, ejusque cursum insolito modo designarunt.*

Na Christus 1699 Jaar.
In 't Jaar 1699, den 17den February, is een Comeet in Sina gezien, door *P. Fontenay*, niet heel ver van de Noordpool des Equinoctiaals; de beweeging van dezelve was van 't Noorden na 't Zuiden, op de boog van een groote Cirkel, die, verlengt zynde, de Pool van de Ecliptica voorby ging, op een afstand van 14 graaden; den 19den February ontdekte men dezelve tot Parys, als een Ster van de derde grootte, onder de Sterren van de zesde grootte, by de Circulus Arcticus, boven 't Hoofd van de Wageman, omtrent zoo ver van de Arm van Perseus, als van 't Hoofd van de groote Beer; de loop was na Capella toe, zoo snel, dat dezelve ieder dag omtrent 7 graaden vorderde; vier dagen te vooren was dezelve op 't digst by de Pool van de Ecliptica. De Fransche Sterrekundige vonden de plaats van de Comeet, den 2osten February, 's morgens ten 6 uuren, in Gemini 15 graad., 51 min., met 37 graad., 25 min. Noorder Breedte; dezelve liep na 't Zuiden, op de Boog van een Cirkel, die omtrent regthoekig op den Æquinoctiaal was, en men zag die tot den 6den Maart. *Memoir. de l'Academ. Royal. des Scien.*, pag. 123, *Amst.* 1708; en die van 't Jaar 1702, pag. 59, *de Druk van Amsterdam.*

Na Christus 1701 Jaar.
In 't Jaar 1701, den 28sten October, is een Comeet gezien tot Pau, in Bearn, door *P. Pallu*; den 31sten heeft hy dezelve waargenomen, als ook den 1sten November, doe was dezelve tusschen de Gesterntens van de Maagd en de Beeker; ieder dag vorderde die 40 minuten. Zedert de eerste dag van de verschyning was de grootte merkelyk verminderd, de loop was van 't Noorden na 't Zuiden, de Staart kon men naulyks bekennen, en men verloor de Comeet in de klaarheid van de morgenschemering. *Memoir. de l'Acad. des Scien.*, Ao. 1701, pag. 287, *de Druk van Amsterdam.*

Na Christus 1702 Jaar.
In 't Jaar 1702, den 27sten February, is in America, aan de Mond van de Rivier Missisipi, een Comeet gezien; 's avonds ten 6 uuren stond die in 't West-Zuidwest, de Ster was groot, en de Staart stond schuins; den 28sten van de zelfde Maand, en den 1sten Maart, kon men dezelve nog zien: den 26sten February is de

Staart

Staatt van deeze Comeet in Italien gezien. Den 2den Maart zag Mr. *Maraldi*, tot Romen, een ftreek van ligt, lang 30 graaden, 't welk uit de avondfchemering begon op te gaan, omtrent de Sterren van de Walvis en de Vloed Eridanus; hy oordeelde, dat het de Staart van een Comeet geweeft is: tot Madrid heeft men dit Ligt 6 dagen gezien. *Memoir. de l'Academ, des Scien.*, Ao. 1702, pag. 288 & pag. 139. *de Druk van Amſterdam.*

Laat ons eens bezien, hoe wonderlyk dat de Franfche Sterrekundige van 't wederomkomen der Comeeten fpreeken: Mr. *Caffini* tragt te bewyzen, dat de Comeet, die in 't end van November, van 't Jaar 1680, gezien wierd, de zelfde niet was, die naderhand in December, zig zoo wonderlyk groot vertoonde (o); maar de vermaarde *Newton* toont immers door zyn uitreekening aan, dat het de zelfde geweeft is (p): verders verhaalt de Heer *Caffini* (q), dat in 't Jaar 1665, binnen de tyd van twee Maanden, vier Comeeten verfcheenen, daar van hy twee waarnam in 't Noordelyk deel van den Hemel, en twee andere wierden in America gezien; dog deeze laatfte zullen de twee voorgaande geweeft zyn, dewelke *Hevelius* beiden waargenomen heeft. Mr. *Caffini* oordeelde, dat de Comeet van 't Jaar 1680, de zelfde was, die in 't Jaar 1577 gezien is (r): verders vermoede hy, dat die van 't Jaar 1702, ook de zelfde zou zyn als die van de Jaaren 1698 en 1652, en dat die in 43 Maanden rond loopt; daar Mr. *Fontenelle* geen geringe zwaarigheden tegen opgeeft (s). Uit de Waarneemingen van Mr. *Caffini* en *Maraldi* word beflooten, dat de Comeet van 't Jaar 1707 is 512000maal grooter als de Aarde (t); daar nogtans de meeſte veel kleinder als de Aarde zyn. Mr. *Maraldi* fchynt in bedenken te neemen, of de Comeet van 't Jaar 1707 niet in 16 Jaaren rond loopt, en dat het die geweeft is, dewelke in 't Jaar 1723 gezien is (v). Mr. *Caffini*, de Zoon, de zaak dieper onderzogt hebbende, heeft een lange Redenvoering daar over, en gelooft, dat men met goede grond, de twee laatftgemelde Comeeten voor een en de zelfde kan neemen (x), en dat die in 16 Jaaren om de Zon loopt. Indien men door een bepaalde weg, die de Hr. *Caffini* voor deeze Comeet zal gelieven vaft te ftellen, volgens de onwederfpreekelyke Wetten, die de Hemelfche Lighaamen in hun beweegingen opvolgen, de Uitreekeningen met Waarneemingen, van die in de Jaaren

---

(o) Abregé des Obfervat. fur la Comete de Dec. 1680, pag. 6. Par. 1681.
(p) Philofoph. Natur. Princ. Mathem., pag. 463, Amft. 1714.
(q) In 't gemelde Tractaat, pag. 7 en 8.
(r) Memoir. de l'Academ. des Scien., Ao. 1699, pag. 65.
(s) Hiftoir. de l'Academ. des Scien., Ao. 1702, pag. 90.
(t) Hiftoir. de l'Academ. des Scien., Ao. 1707, pag. 132.
(v) Memoir. de l'Academ. des Scien., Ao. 1723, pag. 369.
(x) Hiftoir. de l'Academ. des Scien., van pag. 84 tot pag. 102.

ren 1707 en 1723 gezien zyn, zoo na kan doen overeen komen, als de Heer *Bradley* de laatstgemelde gedaan heeft, dan zal ieder een de meening van de Heer *Cassini* ligtelyk toestemmen.

Na Christus 1702 Jaar.

In 't Jaar 1702, den 20sten April, heeft *M. Bianchini* tot Romen een Comeet gezien, die niet grooter was als de wolkagtige Ster die in de Kreeft is; den 21sten April, 's avonds ten 11 uur, 23 min., doe was de Comeets plaats, in lengte, in Capricornus 10 graad., 21 min., met 40 graad., 30 min. Noorder. Breedte; in April 23 dagen, 11 uuren, 7 min., doe was de plaats in Sagittarius 17 graad., 30 min., met 32 graad., 30 min. Noorder Breedte; na die tyd is dezelve waargenomen, als volgt:

	dag	uur	min.	Afcen. Rect. ° ′	Declinatie. ° ′
In April	24	11	0	252 . 50	6 . 40 N.
— —	26	11	35	244 . 8	2 . 12 Z.
— —	27	10	40	242 . 11	2 . 14 —
— May	1	15	45	234 . 37	2 . 12 —
— —	2	10	10	233 . 45	2 . 32 —
— —	3	13	0	233 . 37	2 . 59 —
— —	4	10	15	231 . 52	3 . 14 —

Den 5den Mey is dezelve 't laatst door een Verrekyker gezien. Ziet de *Memorie van de Fransche Academie van 't Jaar 1702*, van pag. 156 tot pag. 160; en van pag. 171 tot pag. 173.

Na Christus 1706 Jaar.

In 't Jaar 1706, den 18den Maart, is een Comeet gezien, van grootte als de wolkagtige Ster, die in de Gordel van Andromeda is. Ziet hier de Waarneemingen, die tot Parys, door Mr. *Cassini* en *Maraldi*, gedaan zyn.

dag	uur	min.	Afcen. Rect. ° ′	Declin. N. ° ′	dag	uur	min.	Afcen. Rect. ° ′	Declin. N. ° ′
Maart 18.	12.	0	237. 20	36. 0	April 6.	11.	10	182. 0	12. 30
— 20.	11.	38	228. 19	34. 26	— 7.	10.	—	181. 26	12. 3
— 31.	8.	40	192. 19	19. 23	— 8.	9.	—	180, 26	11. 16
April 1.	8.	18	190. 18	18. 14	— 9.	9.	46	179. 21	10. 20
— 2.	11.	46	188. 14	16. 50	— 10.	9.	46	178. 26	9. 35
— 3.	11.	36	186. 38	15. 46	— 11.	—.	—	177. 37	8. 53
— 4.	11.	26	185. 4	14. 44	— 12.	9.	30	176. 49	8. 12
— 5.	11.	21	183. 38	13. 46	— 13.	—.	—	176. 6	7. 38

Den

of Staartsterren, uit de Geschiedenissen. 293

Den 14den en 16den April kon men de Comeet nog door een Verrekyker zien; den 16den was dezelve ontrent ⅐ graad Noordelyker, als de Ster die getekent is β, in 't Hoofd van Virgo; van dezelve, volgens den Æquinoctiaal, af zynde omtrent 1½ graad. *Memoir. de l'Acad. des Scien. de Paris,* van pag. 185 tot pag. 191, *de Druk van Amsterdam.*

Men heeft een Comeet gezien, van den 25sten November 1707, tot den 23sten January 1708; Mr. *Cassini* en *Maraldi* zagen dezelve den 28sten November, 's avonds ten 7 uuren, 30 min., als een Ster van de tweede grootte, by verscheide andere Sterren, die tusschen Antinous en Capricornus zyn; als men die door een Verrekyker van 12 voeten beschouwde, zoo scheen die vry klaar, dog de rand was niet duidelyk te zien, maar omringt met een zoort van wolkagtigheid, zonder eenige Staart; de plaats was alsdoen 6½ gr. in Aquarius, met een Noorder Breedte van 14½ graad. Ziet hier de Waarneemingen:

Na Christus 1707 Jaar.

dag uur min. sec.	Ascen. Rect. ° ′ ″	Declinatie. ° ′ ″	Plaats in lengt. ° ′ ″	Plaats in breedte. ° ′ ″
Nov. 29. 8. 7.50	304.31.10	16.45. 0 Z.	♒ 6.48. 0	18.53.40 N.
— 30.—	303.58.10	3.17.30	7. 8.30	22.29.—
Dec. 3. 7.24.—	302.43.45	10.55.30 N.	7.52.30	30.12.—
— 10. 6.—	300.46.40	20. 8.40	8.33.40	39.36.—
— 15. 7.20	299.43.55	23.22.10	8.28.—	42.57.40
— 17. 6.30	299.22.20	24.19.40	8.23.—	43.57.50
— 21	298.41.30	25.34. 0	7.59.20	45.46.40
— 22	298.30.50	25.52.40	7.56.—	45.40.30
— 25	298. 1.10	26.41.10	7.37.40	46.34.10

Na die tyd heeft men dezelve tot Parys niet meer gezien. *Suite des Memoir. de l'Academ. des Scien.,* Ao. 1707, van pag. 738 tot pag. 748. By verscheide Waarneemingen word het uur van den dag niet gemeld. Tot Bologne is deeze Comeet waargenomen van den 25sten November 1707 tot den 23sten January 1708, als te zien is in de *Memorie van de Fransche Academie van 't Jaar 1708,* van pag. 416 tot pag. 436. Hier volgen de Waarnemingen door Mr. *Manfredi* en *Stancari*, dog dezelve schynen met de voorgaande niet naukeurig overeen te komen; en 't verwondert my,

Korte Beschryving van alle de Cometeen,

dat die tot Bologne nooit op de zelfde dag waargenomen is als tot Parys.

			Afcen. Rect.	Declinatie.	Plaats in lengte	Plaats in breed.
	dag	uur min.	° ′	° ′ ″	° ′	° ′
1707. Nov.	25.	6.23	307.42	23.46.20 Z.	♒ 4.10	4.40 Z.
—	27.	6.41	305.49	9.51.—	5.44	8.56 N.
— Dec.	2.	8.—	303.5	8.46.—N.	7.41	28.1
—	7.	8.—	301.24	17.9.—	8.17	36.33
—	14.	7.—	299.50	22.43.—	8.21	42.18
—	20.	7.—	298.46	25.35.—	8.10	45.23
—	26.	8.—	297.50	26.53.—	7.28	46.48
1708. Jan.	1.	7.30	297.11	27.52.—	7.3	47.55
—	13.	6.45	296.46	29.38.—	7.15	49.42
—	17.	6.20	297.3	29.39.—	7.37	49.32

De Waarneeming van den 25sten November, die staat *in de Druk van Amsterdam, pag.* 433, de lengte 40 graad., 15 min. in ♒; dit is een Drukfout; ik reeken 4 gr., en omtrent 10 min. in ♒.

Na Christus 1717 Jaar.

In 't Jaar 1717, den 10den Juny, 's avonds ten 10½ uuren, Oude Styl, vernam de Heer *Halley*, by geval, een kleine Comeet, staande 17 graad., 12 min. in Sagittarius, met 4 graad., 12 min. Zuider Breedte; 't scheen of daar een klein straaltje van afging na 't Noordoosten, maar alzoo de Maan byna vol was, en niet heel ver van dit Verschynzel, kon men 't maar twyffelagtig zien; meer als een uur is deeze Comeet beschouwd, door de Heeren *Halley, Moses Williams, en Alban Thomas. Philos. Transf. van 't Jaar* 1717, *Num.* 354, *pag.* 721.

De Planeet Mars was op dien dag digt aan de Aarde: de Heer *Halley* zogt, om eenige vlekken in dezelve te zien, door een Verrekyker van 24 voeten; de plaats van de Planeet was in Sagittarius 17 graad., 30 min., met 3 graad., 48 min. Zuider Breedte; de Verrekyker na de Planeet wendende, zoo wierd hy, by geval, de Comeet gewaar; de plaats van dezelve was klaar om te ontdekken, door twee kleine Vaste Sterren, daar die digt by stond; de volgende dag zag de Heer *Halley* deeze twee Sterren wederom, maar de Comeet niet; den 15den Juny, de Lugt helder zynde, en de Maan nog niet op, zoo zogt de voornoemde Sterrekundige wederom na de Comeet, dog te vergeefs.

In

of Staartsterren, uit de Geschiedenissen. 295

In 't Jaar 1718 is tot Berlin een Comeet gezien, van den 18den January tot den 5den February; de eerstemaal zag de Heer *Kirchius* dezelve als een Ster van de tweede grootte, maar bleek; in 't geheel heeft men daar geen Staart aan gemerkt. Ziet de *Nov. Lit. Berolin. & de Philosoph. Transf.* van 't Jaar 1718, Num. 357, pag. 820 en 821.

De voornoemde Sterrekundige naderhand een misslag ontdekkende, zoo heeft hy daar over een brief aan de Heer *Halley* geschreeven, die gedrukt is in de *Philosoph. Transact.* (y), daar in stelt hy de plaats van de Comeet op 10 uuren, 's avonds, als volgt:

		° ′	° ′	
January	18	In ♋ 27 . 26	69 . 18	Noorder Breedte.
	21	— ♉ 16 . 25¼	48 . 42	
	23	— 9 . 28½	39 . 45	
	26	— 5 . 25½	32 . 55	
	27	— 4 . 41	31 . 24	
	28	— 4 . 4	30 . 13	
	30	— 3 . 4	28 . 23½	
	31	— 2 . 43	27 . 40	
February	1	— 2 . 25	27 . 1	
	2	— 2 . 10	26 . 22	
	3	— 1 . 39	24 . 53	

De Heer *Kirchius* meent, dat de omloop van deeze Comeet geschied in 81 Jaaren, dat het de zelfde geweest is die, men in 't Jaar 1556 gezien heeft; ook die, dewelke zig in 't end van 't Jaar 1471, en in 't begin van 't Jaar 1472 vertoond heeft; verkiezende, zoo het schynt, de bedurven Text van *Zieglerus*, in de laatstgemelde Comeet, om dat de Jaaren van ieder omloop dan gelyker uitkomen; maar een wonderlyk groot verschil doet zig op tusschen deeze Cometen: die van 't Jaar 1472 had een Staart van omtrent 50 graaden, en wierd op de zelfde tyd van 't Jaar gezien als die van 't Jaar 1718: hoe komt het dan, dat de Heer *Kirchius* daar geen Staart aan gemerkt heeft? die van 't Jaar 1472 liep tegen de order der Tekenen, en die van 't Jaar 1556 met de order der Tekenen, uit de Zon te zien. Hoeveel dat de andere deelen van haar weegen verscheelen, kan men in de Cometen zelfs nazien; in 't kort, dezelve hebben gantsch geen overeenkomst met malkander.

In

(y) Van de Maanden January en February van 't Jaar 1720, Num. 375, van pag. 098 tot pag. 240.

In de Maand December van 't Jaar 1722 was tot Amsterdam een gerugt, dat men op het platte Land, even buiten de Stad, ook buiten Leiden, een Staartster gezien had; niet lang daar na vond ik in de Amsterdamsche Courant, van den 2den January 1723, dat tot Krakou, in Poolen, in 't Jaar 1722, den 12den December, een Comeetster in 't Oost gezien wierd, dewelke zig na die tyd niet meer vertoond heeft. Dit is 't alles dat ik daar van vernomen heb.

Na Christus 1723 Jaar.
In 't Jaar 1723, den 1sten October, Oude Styl, zag men te Bombay, in Oostindien, een Comeet; drie dagen daar na wierd dezelve tot Lisbon gezien, met een Staart van omtrent drie spannen lang; den 9den October, Oude Styl, zag de Heer *Halley* dezelve, de Kern, of 't eigentlyke Hoofd van de Comeet was zeer klein, de Staart had de lengte van een graad; van die tyd af tot den 7den December, Oude Styl, zyn naukeurige waarneemingen daar over gedaan, door de Heeren *Halley*, *Pound*, en *Graham*. Ziet de *Philosoph. Transac.*, Num. 397, pag. 213; Num. 382, van pag. 41 tot pag. 53. *Memoir. de l'Academ. Royal. des Scien.* 1723, van pag. 360 tot pag. 372.

De Heer *Bradley* heeft de weg van de Comeet, volgens de stelling van een Parabole, bereekend, en vind de digtste afstand tusschen de Comeet en de Zon 99865 deelen, daar van 100000 de middel-afstand tusschen de Zon en de Aarde uitmaaken; de hoek, tusschen 't vlak van de Comeets weg en de Ecliptica, 49 graad., 59 min.; de plaats van 't Perihelium, in Taurus, 12 graad., 52 min., 20 sec.; de plaats van de klimmende Knoop, in Aries, 14 graad., 16 min.; de Comeet was op 't naast aan de Zon, in September, Oude Styl, 16 dagen, 16 uur., 10 min., gelyke Tyd, volgens 't Middagrond van London; de loop, uit de Zon te zien, geschiede tegen de order der Tekenen; de Comeet was in tegenstand met de Zon, den 1sten October, Oude Styl; den 3den van die Maand was dezelve op 't aldernaaste aan de Aarde, zynde doe 10maal digter by ons, als wy in de middel-afstand van de Zon zyn; de schynbaare beweeging zynde omtrent 20 graaden in een dag: doe dezelve 't laatst gezien wierd, was die ruim tweemaal verder van de Zon als wy zyn. Ziet hier de Uitreekeningen van de Heer *Bradley*, vergeleeken met de Waarneemingen:

of Staartsterren, uit de Geschiedenissen.

In 't Jaar 1728, gelyke Tyd, O.S. dag uur min.	Waargenomen lengte. ° ′ ″	Waargen. breedte. ° ′ ″	Berekende lengte. ° ′ ″	Bereekende breedte. ° ′ ″	Diff. in lengte. ′ ″	Diff. in breedte. ′ ″
Oct. 9. 8. 5	♒ 7.22.15	5. 2. 0	♒ 7.21.26	5. 2.47	+0.49	—0.47
—— 10. 6.21	6.41.12	7.44.13	6.41.42	7.43.18	—0.30	+0.55
—— 12. 7.22	5.39.58	11.55. 0	5.40.19	11.54.55	—0.21	+0. 5
—— 14. 8.57	4.59.49	14.43.50	5. 0.37	14.44. 1	—0.48	—0.11
—— 15. 6.35	4.47.41	15.40.51	4.47.45	15.40.55	—0. 4	—0. 4
—— 21. 6.22	4. 2.32	19.41.19	4. 2.21	19.42. 3	+0.11	—0.14
—— 22. 6.24	3.59. 2	20. 8.12	3.59.10	20. 8.17	—0. 8	—0. 5
—— 24. 8. 2	3.55.29	20.55.18	3.55.11	20.55. 9	+0.18	+0. 9
—— 29. 8.56	3.56.17	22.20.27	3.56.42	22.20.10	—0.25	+0.17
—— 30. 6.20	3.58. 9	22.32.28	3.58.17	22.32.12	—0. 8	+0.16
Nov. 5. 5.53	4.16.30	23.38.33	4.16.23	23.38. 7	+0. 7	+0.26
—— 8. 7. 6	4.29.36	24. 4.30	4.29.54	24. 4.40	—0.18	—0.10
—— 14. 6.20	5. 2.16	24.48.46	5. 2.51	24.48.16	—0.35	+0.30
—— 20. 7.45	5.42.20	25.24.45	5.43.13	25.25.17	—0.53	—0.32
Dec. 7. 6.45	8. 4.13	26.54.18	8. 3.55	26.53.42	+0.18	+0.36

In de Leidsche Courant, van den 22sten February 1726, vond ik, dat men uit Napels geschreeven had, den 29sten January, in 't zelfde Jaar, dat zedert eenige dagen daar 's avonds zig een Comeet vertoond had, die zeer veel ligt en klaarheid na het Oosten uitgaf.

In 't Jaar 1729, van den 31sten July tot den 21sten January 1730, Na Christus is een Comeet gezien; de grootte van 't Hoofd was 1½ min. Ziet 1729. hier de Waarneemingen, die de Heer *Cassini* daar over gedaan heeft; Jaar. men vind die in de *Memorien van de Fransche Academie van 't Jaar 1730, van pag. 284 tot pag. 298, in de Druk van Parys, of van pag. 406 tot pag. 425, in de Druk van Amsterdam.*

In de Figuur, daar de loop van de Comeet in afgebeeld word, staat, als of dezelve een regte lyn geloopen heeft, van den 31sten July tot den 19den October, tegen de order der Tekenen, en naderhand wederom een regte lyn, met de order der Tekenen, tot den 21sten January 1730, maakende met de eerste lyn een hoek van omtrent 50 graaden; de lengte van de laatste lyn is zoo veel als de afstand tusschen de plaatsen daar die 't eerst en 't laatst gezien is.

298 *Korte Beschryving van alle de Cometen,*

Tyd der Waarneminge. Nieuwe Styl. dag uur min.	Waargenom. lengte. ° ′ ″	Waargenom. N. breedte. ° ′ ″	Tyd der Waarneminge. Nieuwe S.yl. dag uur min.	Waargenomen lengte. ° ′ ″	Waargenom. N breedte. ° ′ ″
1729 Aug. 31. 9.34	♒ 8.34. 0	28.48. 9	1729 Nov.10. 8.24	♒ 3.42.37	32.57.17
— Sept. 2. 9.25	8. 3.10	29. 6.30	—— 14. 6.12	4. 8.27	33. 3. 9
—— 3. 9.28	7.48.42	29.14. 4	—— 16. 7.40	4.23. 5	33. 6. 2
—— 10. 8. 6	6.18.34	29.55. 7	—— 17. 6.37	4.29.55	33.10. 0
—— 11. 7.59	6. 6.49	30. 4.35	—— 18. 5.38	4.38.14	33.11.40
—— 12. 7.33	5.55.20	30. 9.32	—— 20. 9.12	5.54.33	33.16.30
—— 15. 8.28	5.21.29	30.24.45	—— 21. 6.28	5.10.31	33.18.40
—— 16. 8.24	5.11.22	30.29. 0	—— 24. 5.54	5.29.29	33.26. 0
—— 18. 7.55	4.50.51	30.39.25	—— 30. 7.55	6.27.23	33.39.34
—— 19. 7. 7	4.42.58	30.43.50	— Dec. 2. 6.54	6.50.20	33.43.58
—— 21. 7. 8	4.25.50	30.51.48	—— 3. 6.19	6.59.13	33.45.45
—— 23. 7. 0	4. 8.36	31. 0.17	—— 9. 6.17	8. 6.41	34. 1.52
—— 26. 7. 0	3.48.39	31.13.57	—— 14. 6. 0	9. 7.11	34.18.10
— Oct. 10. 7.10	2.38. 1	31.54.29	—— 19. 5.32	10. 6.46	34.32.38
—— 11. 7. 5	2.36. 5	31.56.10	—— 20. 5.29	10.19.16	34.37.14
—— 12. 7. 8	2.34.32	31.59.19	—— 24. 6.34	11.14.52	34.45.32
—— 14. 7.48	2.30.20	32. 3. 1	—— 27. 5.36	11.57.32	35. 1.39
—— 19. 6.40	2.16.13	32.15.13	1730 Jan. 7. 5.35	14.41.31	35.44.34
—— 22. 7. 7	2.33.42	32.21.31	—— 8. 6.10	14.57.23	35.48.50
—— 24. 6.15	2.34.17	32.23. 8	—— 16. 5.48	17. 1.29	36.27.30
—— 26. 6.32	2.36.46	32.28. 0	—— 17. 5.51	17.16.42	36.33.22
—— 27. 8.33	2.39.43	32.30. 0	—— 18. 5.57	17.34.16	36.38.50

Daar uit tragt de Heer *Cassiyi*, door zyn manier, de weg te bepaalen. 't Besluit van de Uitreekening is, dat, volgens de eerste Waarneemingen, de Knoop van de Comeets weg 10 graad., 16 mln. in Aquarius is, en volgens de laatste, 10 graad., 6 min. in 't zelfde Teken; de helling van de Comeets weg met de Ecliptica, door de eerste Waarneemingen, 76 graad., 56 min., en door de laatste, 76 graad., 34 min.; de middel afstand tusschen de Comeet en de Zon tot de middel-afstand tusschen de Zon, als 4800 tegen 1000; de Uitmiddelpuntigheid van de Comeets kring, eigent de voorschreeven Heer toe 1000 deelen, of de grootste middellyn van 't Ovaal, dat de Comeet loopt, tot de kleinste middellyn, als 5800 tegen 3800. Op deeze wys meent de Heer *Cassini*, dat men nagenoeg de loop van deeze Comeet kan uitleggen, en dat de omloop om de Zon in omtrent 10 Jaaren geschied. Dit is bereekend, op die onderstelling, dat de Comeet in drie Waarneemingen, die men verkooren heeft, een regte lyn loopt; vorderende daar op, in gelyke tyd, gelyke wydtens. Mr. *Bouguer*, Professor in de Hydrographie tot Havre de Grace, gelieft te zeggen, dat men in alle de manieren, die men tot nog toe voorgesteld heeft, om de wegen van de Comeeten te bepaalen, verpligt is om te wagten, tot dat de kromte van haar weg zig gevoelig openbaart; en dat dit de oorzaak is, dat men zomtyds een groot getal Waarneemingen van nooden heeft: een ongemak, dat gemeen is aan alle,

en

en zelfs aan die manier, dewelke ons de beroemde *Newton* leert (z). Verders zegt Mr. *Bouguer*, dat, hoe weinig dat men zig bedriegt in de kromte van dat klein deel, dat men bepaald heeft van de weg des Comeets, dat men daar door in 't vervolg tot zeer groote doolingen vervalt; en dat dit aan zyn manier niet eigen is: maar hier fpreekt de Heer *Bouguer* genoegzaam tegen zig zelfs, om dat hy drie Waarneemingen eifcht, die geheel digt by malkander zyn. Wyders tragt hy ons in te boezemen, als of dat wonder groote Verftand, ik meen *Izak Newton*, van zyn eigen beginzelen als afgedwaald was: maar als men een Parabole, of andere kromme lyn, moet trekken, door drie punten, die digt op malkander zyn, en nagenoeg in een regte lyn, dan zal men meer miffen, in de plaats van het Top, 't Brandpunt, en de middellyn, als dat de drie punten een merkelyke hoek maaken, en ver van malkander zyn; onderftellende, dat de misflag, in de ftelling der drie punten, in beide even groot was. Nog verhaalt de Heer *Bouguer*, dat hy, in plaats van maar alleen op de lengtens van de Comeet agt te geeven, zyn oplettendheid ook laat gaan over de lengtens en de breedtens: maar heeft dan de Ridder *Newton* dit ook niet gedaan (a)? de breedte in ieder Waarneeming heeft hy gebruikt; hoe zou men die ook kunnen verzuimen, en dan de Uitreekeningen met de Waarneemingen doen overeen komen, in een Comeet, daar van de weg een groote hoek met de Ecliptica maakt, en de fchynbaare loop dan zomtyds meeft in de breedte gezien word, te weeten, als de Aarde omtrent in een regte lyn met de weg van de Comeet is? In de *Hiftoire de l'Acad.* de 1733 (b), vind men, dat Mr. *Bouguer* een nieuwe manier voorftelt, daar de geheele Theorie van de Comeeten in opgeflooten is, en dat hy daar in doet komen een beginzel, dat men verzuimd had, of al te weinig aangemerkt; 't welk zyn de breedtens van de Comeet, daar men weinig reekening van hield, in vergelyking van de lengtens: en eindelyk, dat hy de geheele Ellips kan bepaalen, en de tyd, in dewelke de Comeet zyn geheele omloop om de Zon volbrengt. Was dit waar, 't zou een wonderlyk fraay voorftel zyn; dog hoe komt het dat men, tot meerder overtuiging, dit niet in 't werk ftelt op de Comeeten, die onlangs door *Flamfteed*, *Caffini*, *Bradley*, en andere voornaame Sterrekundige, zoo keurig zyn waargenomen, en op die van de Jaaren 1661 en 1682, daar de omloop van bekend is? dog zyn het niet maar woorden, en geen daaden? want wat is de grond daar men op gebouwd heeft? 't zyn geen onwederfpreekelyke ondervindingen, die altyd proef houden, maar alleen twee onderftellingen: de eerfte is, dat de lyn, die de Comeet loopt in drie Waarneemingen, die men verkooren heeft, regt is, of daar voor aangemerkt kan worden; het tweede, dat de Comeet, die met een gelyke fnelte, of eenvormige beweeging doorloopt: Stellingen, die beide

---

(z) Memoir. de l'Academ. Royal. des Scien., Ao. 1733, pag. 461, Amft.
(a) Ziet fn Philofoph. Natur. Princ. Mathem., pag. 452 en 453, Amft.
(b) Pag. 100.

Korte Beschryving van alle de Cometen,

beide niet waar zyn; want in ons Zamenftel kan geen Lichaam een regten lyn loopen, en alle Lichaamen, die de eene tyd verder van de Zon zyn als de andere, behouden nooit de zelfde fnelte: is het dan niet gevaarlyk om uit deeze twee onwaarheden iets goeds te befluiten? uit valfche onderftellingen vloeien in 't gemeen valfche befluiten; althans, hoe dat dit ook zy, Mr. *Bouguer* paft zyn manier toe op de Comeet van 't Jaar 1729, die hy verkooren heeft, om dat, volgens zyn zeggen, het onmoogelyk is, om een ander te verkiezen, die door wyzer oogen waargenomen is. Hy meent dan gevonden te hebben, dat de Comeet een Hyperbole loopt; dat zyn digtfte aannadering aan de Zon was 42306½ van die deelen, daar van 10000 de middelafftand tuffchen de Zon en de Aarde uitmaaken, en bygevolg dat de Comeet nooit wederom zal komen. Waarom nu niet al de eigenfchappen, die de Hyperbole bepaalen, aangetoond, en dan van dag tot dag, op ieder Waarneeming, de Uitreekening tegen dezelve vergeleeken? maar dit zou de proef niet kunnen uitftaan. 't Luft ons niet om van de Comeeten te handelen; die de Regel van *Keplerus* volgen, en niet volgen; want dit laatfte is maar een uitvlugt, dat, als de Uitreekening niet goed komt, dan is men vaardig, om te zeggen, deeze volgt de Regel van *Keplerus* niet: dog wil iemand de Wysbegeerte van *Descartes*, op onderftellingen gegrondveft, beter agten, als die, dewelke op de hedendaagfche proefneemingen fteunt, het is myn onverfchillig. Ik zou dit alles met ftilzwygen voorby gegaan hebben, indien men niet, met onregt, getragt had, om de roem van dat ongemeene konftige Voorftel te verduifteren, 't welk ons de eerfte kennis heeft gegeeven, om de Comeeten met geen minder naukeurigheid uit te reekenen als de Planeeten: is 't niet beter, dat wy, met de beroemde *Newton*, *Bradley*, en andere groote Mannen, edelmoedig bekennen, dat, tot nog toe, niemand in ftaat is, om uit de Waarneemingen van een Comeet, de waare Ellips te bepaalen, die dezelve om de Zon loopt, ten zy dat de Jaaren van de omloop bekend zyn. Eindelyk is myn meening, dat de Comeet, van 't Jaar 1729, wel wederom zal komen; dog ik verwagt dezelve niet in 't Jaar 1739. Ten laatften, zoo mogt men my tegenwerpen, dat de Uitreekening van de Engelfche ook op een onderftelling gegrond is, namentlyk, dat een Comeet een Parabole befchryft, daar dezelve nogtans een Ellips loopt; maar dan zal men in aanmerking gelieven te neemen, dat het ftuk van de Ellips, van dat kleine deel van de weg, daar wy de Comeet in kunnen zien, zoo naukeurig na de bereekende Parabole gelykt, dat men geen merkelyk verfchil daar in vinden kan; gelyk zulks kan getoond worden, als men de Comeet volgens een Ellips uitreekent; en dat verders alle de grondftellingen waarheden zyn.

Na Chriftus 1733 Jaar. N. ❧ In 't Jaar 1733, den 17den May, op een Zondag avond, in de Platvoet, wierd in Zee, op de Zuider Breedte van 34 graaden, 59 min., en 39 graaden lengte, in 't gezigt van 't Land van de Bay

of Staartsterren, uit de Geschiedenissen. 301

Bay Fals, in 't Noordweft ten Weften, een Ster met een Staart gezien; het Weêr was helder, en de Wind Weftelyk, de Straal of Staart ftrekte na boven, en fcheen voor het oog de lengte te hebben van omtrent twee voeten; men zag die een groot uur, tot dat dezelve onderging. *Dit is getrokken uit het gefchreeven Dag-regifter, gehouden in 't Schip Ypenroode.*

In 't Jaar 1737, den 9den February, Nieuwe Styl, is te Liffabon en Gibralter een Comeet gezien, die een Staart had, daar van de lengte omtrent 7 graaden was; tot Liffabon vond men dezelve, 's avonds ten 6 uur., 49 min., hoog boven den Horizont, 5 graad, 15 min.; Venus was hoog 20 graad., 40 min, en van de Comeet 18 graad., 5 min.; daar uit is de plaats van de Comeet bereekend, in Pisces 13 graad., 38 min., met 3 graad., 59 min., 40 sec. Noorder Breedte; den 15den February, Nieuwe Styl, zag men die in 't Weften van Engeland: Zaturdag avond, den 16den February, zag men die tot Parys, Amfterdam, Ooftzaanen, Zaandam, Affendelft, en Zaandyk; op de laatftgemelde plaats zag men die 's avonds ten 6 uuren, 30 min., fchuins onder Venus, zynde omtrent 4 graaden van dezelve; de verlengde Staart liep een weinig aan de Zuidzyde van Venus. Zondag, den 17den February, zagen de gebroeders *Gerrit* en *Adriaan Spinder*, Liefhebbers en Kenders van de Hemelsloop, dezelve by Crommenie; de Comeet ftond regt onder Venus; omtrent 4 of 5 graaden van deeze Planeet; Dingsdag, den 19den February, 's avonds ten 7 uuren, 40 min., zagen zy dezelve omtrent 6½ graad van Venus, met een Zuider Breedte van omtrent 6 graaden. Woensdag, den 20ften February, 's avonds ten 6¼ uur, heb ik die voor de eerftemaal gezien; met het bloote oog fcheen de Staart omtrent 2 graaden; den 23ften, 's avonds ten 7 uuren, zag ik, door een Verrekyker van 7 voet, dat het Hoofd van de Comeet, ten opzigt van de Horizont, omtren 7 min. Noordelyker was als een klein Vaft Sterretje; omtrent ½ graad Ooftelyker ftond nog een andere kleine Vafte Ster: Maandag, den 25ften February, zag ik, met helder Weêr, hoewel daar eenige Wind was, de Comeet door een Newtoniaanfche reflecteerende Verrekyker van 7 voeten, gemaakt door *George Hearne*, te Londen, by drie Vafte Sterren, die alle in de opening van de

Na Chriftus 1737 Jaar.

Verrekyker waren; A was 't Hoofd van de Comeet, de Staart scheen ruim ½ graad; dog met het bloote oog was 't als of die langer was; door de Staart zag men een Vaste Ster B schynen: de IVde Afbeelding, Figuur 6, verbeeld de vertooning, zoo als die gezien wierd door een Verrekyker die de voorwerpen omkeert; den 28sten February zagen de Mrs. *Spinder* dezelve boven de klaare Ster, in de Knoop van 't Lint, 't welk de Noorder- en Zuider-Vis aan malkander bind; zynde de Comeet 1; graad Noordelyker als de gemelde Vaste Ster: den 4den Maart, 's avonds ten 7½ uur, is die door hun 't laatst gezien, by de Ster in de Walvis, getekend met *r*; de Ster was omtrent 18 min. verder in de Ecliptica als de Comeet.

Volgens *Flamsteed* was deeze laatste Ster, op 't end van 't Jaar 1689, in Taurus 4 graad., 3 min., 9 sec., met 9 graad., 12 min., 26 sec. Zuider Breedte. G. *Whiston* (c) verhaalt, dat men tot Newcastle, den 22sten February, Oude Styl, zag, dat de Comeet de voornoemde Ster bedekte: verders verhaalt hy, dat andere die gezien hebben tot den 20sten Maart, Oude Styl, dat my gantsch onwaarschynelyk te vooren komt; en dat myn nog het meest verwonderd, is, dat men in zyn Boekje, en zelfs in het Titelblad, vind, dat de beroemde *Newton* deeze Comeet voorzeid had, dat dezelve in 68 Jaaren omloopt, en dat het die van 't Jaar 1668, en die van 't Jaar 1532 geweest is. In de Schriften van *Newton* vind men dit niet; 't steunt op een hooren zeggen: maar de Comeet van 't Jaar 1532 was die van 't Jaar 1661, als door de uitgereekende weg blykt; en het is onmoogelyk, om de Waarneemingen van de Comeet van 't Jaar 1737, volgens de weg van die van 't Jaar 1661, te doen overeen komen: de Comeet van 't Jaar 1531 kan het ook niet geweest zyn; want dit was de Comeet van 't Jaar 1682: die van 't Jaar 1533 klom hoog na 't Noorden op; en bygevolg is dit ook de Comeet van 't Jaar 1737 niet geweest: die van 't Jaar 1668 geleek daar ook niet na; en geduurig 68 Jaar te rug gaande, zoo vind men daar geen tekenen van, dewelke na de Comeeten van de Jaaren 1668 en 1737 gelyken; zoo dat deeze laatste zekerlyk twee verscheide Comeeten zyn: die van 't Jaar 1737 heeft ten naastenby die weg onder de Vaste Sterren geloopen, dewelke in de IVde Afbeelding, Figuur 7, te zien is; ik zeg ten naastenby, om dat de Waarneemingen te weinig, en niet net genoeg zyn, in vergelyking zoo als die hedendaags gedaan worden; 't Weer was tot Amsterdam ook gantsch niet gunstig, om dezelve waar te neemen, zoo dat ik die maar drie avonden heb gezien. Deeze Comeet is ook in 't Koninkryk Bantem, in Oostindien, gezien, als blykt door een Brief, uit Batavia, van den 3den April, 1737.

(c) In zyn Astronom. Year of the great Year 1736, gedrukt tot London 1737.

of Staartsterren, uit de Geschiedenissen. *299

Ik heb naderhand gevonden, dat deeze Comeet ook gezien is in 't Jaar 1737, den 6den February, Nieuwe Styl, op 't Eiland Jamaico, in Spanifch-Town; te Philadelphia, in Penfylvania, heeft men dezelve vernomen van den 7den tot den 14ften February, Oude Styl; te Madras, in Oostindien, zag Mr. *Sartorius* de Comeet den 20ften February, Nieuwe Styl; de Heer *Didaco de Revillas* heeft die ook te Romen gezien (a). Al het voorgaande zou niet genoeg geweeft zyn, om de weg van de Comeet te bepaalen (b); dog de Heer *James Bradley*, Hoog-Leeraar in de Sterrekunft te Oxford, heeft het geluk gehad, van deeze Staartfter naukeurig te kunnen waarneemen, van den 15den February tot den 22ften Maart, Oude Styl (c), welke Waarneemingen hier na volgen, en daar door heeft de gemelde Heer uitgereekend, volgens de onderftelling, dat de weg een Parabole is, dat de loop van de Comeet uit de Zon te zien was met de order der Tekenen; dezelve was op 't digts aan de Zon in January 29 dagen, 8 uuren, 20 minuten, Oude Styl, volgens de gelyke tyd van London; de helling van de Comeets weg, met het vlak van de Ecliptica, 18 graad., 20 min., 45 fec.; de plaats van de daalende Knoop in ♉ 16 graad., 22 min.; de plaats van 't Perihelium in ♒ 25 graad., 55 min., zynde van de daalende Knoop 80 graad., 27 min.; de digtfte afftand van de Zon 22282 deelen, waar van de 100000 de middel-afftand tufschen de Zon en de Aarde uitmaaken, in Logarithmus getallen 9,347960; de Logarithmus van de dagelykfche beweeging 0,938188. Ziet hier de Waarneemingen, vergeleken tegen de Uitreekeningen van den laatftgemelden Profeffor (d):

* P p Ox-

(a) Philofoph. Transact., Num. 446, van pag. 118 tot pag. 122.
(b) Over de Waarneeming te Liffabon, op pag. 301 verhaald, kan men nazien de Philofoph. Transact., Num. 446, pag. 123, en Num. 447, pag. 230.
(c) De Waarneémingen zyn in de gemelde Transactie, van pag. 111 tot pag. 115.
(d) De zelfde Transactie, pag. 117: de 1½ graad, pag. 302, reg. 9, is maar de afftand; want de Comeet was omtrent ⅔ graad verder in de Ecliptica, als de Vafte Ster, en had veel minder Zuider Breedte, zoo dat men de Comeet met het bloote Oog boven de Vafte Ster zag.

300* *Korte Beschryving van alle de Comeeten,*

Oxford, 't Jaar 1737. gelyke tyd, O. S. dag uur. m	Waargenomen lengte. ° ′ ″	Waargen. breedte. ° ′ ″	Bereekende lengte. ° ′ ″	Bereekend breedte. ° ′ ″	Verschil in lengte. ′ ″	Verschil in breedte ′ ″
Febr. 15.7.22	♈ 21.45. 7	7.53.27	♈ 21.45. 0	7.53. 1	—0. 7	—0.26
—— 17.7.33	26.30.30	8.27.21	26.30.44	8.28. 6	+0.14	+0.45
—— 18.7.14	28.18.14	8.44.20	28.17.46	8.43.57	—0.28	—0.23
—— 21.7.25	♉ 3.26.34	9.26.50	♉ 3.26.53	9.26.46	+0.19	—0. 4
—— 22.7.45	5. 4.53	9.40.—	5. 5.28	9.39.27	+0.35	—0.33
—— 25.7.45	9.42.18	10.12.21	9.41.19	10.12.22	—0.59	+0. 1
—— 27.8.45	12.36.43	10.31.42	12.36.16	10.31.13	—0.27	—0.29
Maart 4.8. 0	19. 3. 0	11. 6.46	19. 3. 5	11. 7. 8	+0. 5	+0.22
—— 12.8.25	27.49.58	11.43. 3	27.49.53	11.43.19	—0. 5	+0.16
—— 14.9.—	29.47.42	11.49.59	29.47.19	11.49.26	—0.23	—0.33
—— 17.8.40	♊ 2.30.57	11.56.31	♊ 2.30.50	11.56.49	—0. 7	+0.18
—— 19.7.50	4.12.36	12. 0.19	4.12.45	12. 0.47	+0. 9	+0.28
—— 19.9.—	4.15.11	12. 1.12	4.15.13	12. 0.52	+0. 2	—0.20
—— 20.8. 5	5. 3.10	12. 3. 5	5. 3.32	12. 2.33	+0.22	—0.32
—— 22.8.15	6.41.30	12. 6.15	6.41.19	12. 5.42	—0.11	—0.33

Na dien tyd kon men, wegens 't Ligt van de Maan, de Comeet niet meer zien; den 15den February, Oude Styl, of den 26sten February, Nieuwe Styl, was de Staart nog meer als een graad. Men ziet, door het voorgaande, tot welk een volmaaktheid de hedendaagsche Sterrekonst gekomen is, om de Comeeten uit te reekenen.

Comeet van 't Jaar 1739. Men heeft my berigt, dat de Heer *Bradley*, een kleine Comeet gezien heeft, in 't Gesternte van de Wageman, in 't Jaar *1739*, den 30sten May, en den 8sten Juny, Oude Styl, dezelve had weinig voortgang.

Ik heb hier vooren (e) gemeld, dat het my toescheen, dat de Comeet, die 373 Jaaren voor Christus gezien wierd, de zelfde was als die van de Jaaren 442 en 1664, en ik ben nog van dat gevoelen: van de eerste tot de tweede vertooning is 814 Jaar, en van de tweede tot de laatste 1222 Jaaren; hier uit volgt dan, dat in 407 Jaaren één of meer omloopen moeten geschied zyn. Ik heb hier vooren 't zelve genomen als twee omloopen, niet als of dit volkomen zeker was, maar als iets dat ik aan andere overliet, om na te speuren; dog alzoo ik naderhand eerst gevonden heb, dat in

de

(e) Pag. 265 en 266.

of Staartſterren, uit de Geſchiedeniſſen.

de Maand January, van 't Jaar 1528, een Comeet tien avonden in Sicilien gezien is, die tegens de order der Tekenen voortging, zoo twyffel ik, of men de 407 Jaaren niet in drien moet verdeelen, dan zou ieder omloop omtrent 136 Jaaren zyn; hier meede te rug gaande van 't Jaar 1664 af, dan vind ik nog ruim zoo veel waarſchynelykheid in deeze laatſte, als in de eerſtgeſtelde omloop; over ruim 60 Jaaren zal men weeten of de laatſte de regte is.

Engelbert Kæmpfers beſchryving van Japan, heb ik eerſt gekreegen na dat de Hiſtorie van de Comeeten reets gedrukt was: hy maakt gewag, uit twee Japanſche Chronyken, van eenige Comeeten, die in Japan gezien zyn, als die van de Jaaren 632, 1146, 1264, 1402, 1439, 1471, 1506, 1577, en 1618, en boven dat nog van een andere, die ik by onze Schryvers niet gevonden heb, dewelke gezien zou zyn in 't Jaar 1465, in de 2de Maand, met een Staart, dewelke drie vademen lang ſcheen: de Comeet van 't Jaar 1468, wierd daar gezien op de 10de dag van de 9de Maand, met een Straal meer dan een vadem lang; ook vind men daar eenige Zon- en Maan-Eclipzen, en dat in 't Jaar 641, op de 7de dag van de 2de Maand, een Ster agter de Maan ging (*f*); nog vind ik van een Ster die door de Maan bedekt wierd, in *Gregorius van Tours*, met deeze woorden: *Tunc & in Circulum Lunæ Quintæ Stellam ex adverſo veniens introiſſe viſa eſt* (*g*); 't zullen Plaņeten of groote Vaſte Sterren geweeſt zyn, die door de Maan bedekt wierden. 't Laatſte verhaal moet omtrent het Jaar 555 gebeurd zyn; ik heb de tyd niet gehad om 't zelve uit te reekenen: nog vind ik, in de zelfde Schryver: *Nam in medio Lunæ Stella fulgens viſa eſt elucere: et ſuper hanc ſubter Lunam aliæ Stellæ propinquæ apparuerunt* (*h*); een weinig anders vind men de Text in de Druk van Hanover; de geheele Text daar uit zal ik hier laaten volgen: *Poſt hæc in noĉte quæ erat tertio Idus Novembris apparuit nobis beati* Martini *Vigilias celebrantibus magnum Prodigium, nam in medio Lunæ Stellæ fulgens viſa eſt elucere: et ſuper ac ſubter Lunam, aliæ Stellæ propinquæ apparuerunt, ſed et circulus ille qui pluviam plerumque ſignificat, circa eam apparuit, ſed*

(*f*) pag. 121. (*g*) Lib. 4, cap. 9; pag. 72, Hanov. 1613.
(*h*) Folio 41, de Druk van 't Jaar 1512.

302 * Korte Beschryving van alle de Comeeten,

quæ hæc figuraverint ignoramus, nam et Lunam hoc anno sæpe in nigredinem versam vidimus (i). De oude Fransche Schryvers verscheelen zomtyds één dag met de telling zoo als wy hedendaags reekenen; dit blykt uit verscheide Verduisteringen, die *Aimoinus* en andere verhaalen. Twee Hoofdstukken na de Text word verhaald, van 't 3de Jaar van *Childebert*, en 't 17de Jaar van *Guntram* (k); nu is *Childebert* in 't Jaar 575, op Pinxter, tot Koning gekroond; in 't Jaar 577, tusschen den 11den en 12den November, schreef men 't 3de Jaar van *Childebert*. Ik heb bereekend, dat op de laatstgemelde tyd, de Planeet Jupiter gezien moet zyn, in 't midden, tusschen de Maan (die omtrent een dag daar na vol geweest is) en 't Stiers-Oog Aldebaran; maar of dit de waare zin van de Text wel is, daar zou men aan kunnen twyffelen, om dat de meeste Fransche Schryvers, de dood van *Samson*, de Zoon van *Fredegonda*, stellen op 't Jaar 579, of 580 (l), by welke gelegentheid 't gemelde Verschynzel verhaald word: ik weet wel, dat het onmogelyk is, om een Ster in 't midden van de Maan te zien; zou men ook moeten verstaan, in 't midden van de Maans duistere, of verligte Rand? of zou uit de Text iets by verzuim uitgelaaten zyn, dat men moest leezen: dat een ligte Ster blonk in 't midden, tusschen de Maan en een andere Ster? die lust heeft om dit uit te vinden, zou de Zaamenstanden van de Maan met de Planeeten, en de voornaamste Vaste Sterren, omtrent den 11den November, van 't Jaar 574, tot het Jaar 581, kunnen onderzoeken; en of ook twee Maan-Eclipzen gevonden wierden (m) in 't Jaar, daar een vertooning in ontdekt wierd, waar door men de gemelde passagie beter kan uitleggen.

Ik

(i) Lib. 5, cap. 24, pag. 107.
(k) Lib. 5, cap. 25, Fol. 41.
(l) Zie *Pere Daniel* Histoire de France, tom. 1, pag. 177, Amsterdam 1720. *Mezeray* Historie van Vrankryk, pag. 68.
(m) Dan zal men eerst zekerheid hebben, van 't geen in de eerste Aantekening van de Eclipzen, die men vind in Chronologisten, pag. 141, verhaald word.

of Staartſterren, uit de Geſchiedeniſſen. 303

Ik zal hier de Lyſten laaten volgen van de Comeeten, zoo als die door *Hevelius, Ricciolus*, en door my geſteld zyn; de Comeeten die men by hun vind, en niet in onze Lyſt, ſchynen misſlagen, of ten minſten berigten daar niet veel ſtaat op te maaken is.

HEVELIUS.	RICCIOLUS.	ONZE.	HEVELIUS.	RICCIOLUS.	ONZE.
Jaar. voor Chriſt.	Jaar. voor Chriſt.	Jaar. voor Chriſt.	Jaar. voor Chriſt.	Jaar. voor Chriſt.	Jaar. voor Chriſt.
2292			60	60 omtrent.	56
2191					53
1920			47	46	49
				45	
1820			41	44	44 in Septemb.
1718					32
			29		30
1495		194			
1200 in Auguſt		975 circa Dec.	27		16
1100		525 in de Wint.		13	12 in Septemb.
		502	23		5 in Decemb.
479	480	480	Jaaren na Chriſt.	Jaaren na Chriſt.	Jaaren na Chriſt.
	450 omtrent	463 April 30.	1		
430	431	432	10		10
			14	14	14
411 in January	410 in January	428 in January.			19
371 in de Wint.	373 in de Wint.	373 in de Wint.	40		
		360			
354	356	354	54	54	54
	348		60	60	60
339	341	341			
	336	304	64	64	64 op 't end.
		202	66		
220					
196		204			
194		203			
		176			
183					
174			71	70	69
172					
		172 in October.	76	76	76 in Septemb.
166 den 4 Sept.		169			
154		167	79		78 in January.
		154			
144	146	146 circa Dec.	128	130	132
			145		162
134	135	137 of 135			
	130	128	188		168
122	119				186
		100	204		203
111					206
		94			207
65		63	218		218

HEVE-

Korte Beschryving van alle de Cometen,

HEVELIUS.	RICCIOLUS.	ONZE.	HEVELIUS.	RICCIOLUS.	ONZE.
Jaaren na Chrift.	Jaaren na Chrift.	Jaaren na Chrift.	Jaaren na Chrift.	Jaaren na Chrift.	Jaaren na Chrift.
308			594 in January.	594	595 in January.
323		316	597		
337		336	599		
367	340		601 in Sept.		602 of 604 Apr.
370			604 in April.	603	604 in Novemb.
380 in M y.		375 in Auguft.	604 in Novemb.		615
384	383		613		626 in Maart.
389	386				632
390	390	390 omtr. Jan.	633	632	648 in April.
392	392				664
					673 in Maart.
396	396		676 in Auguftus	676	678 in Auguftus
			684 in Decemb	684	684 in Decemb.
400	400	400			685 Febr. 14.
402	405	402			716
409			729 in January.	729 in January.	729 in January.
of			745 in Decemb.	745 in Decemb.	744
413			761	761	760
418 Aug. 14		418 July 19.	763	763	762
		422 in Maart.			
442		442 in Decemb.	800		
448			814 in Novemb.	814	813 Aug. 4. of Nov. 5.
454	454	451 Juny 18.	830	829	817 Febr. 5.
of					824
457			837 op Paafch.	837	837 in de Herfft.
459		467	838 in de Herfft		838 April 11.
488	488 omtrent.		839 in de Lente	839	
504		504	842	842	841 Dec. 25.
519		519		843	
539 in Decemb.	538	530 in Decemb.	844	844	
541 op Paafchf.			868		858 in February
556	557	556 in Novemb.	874 in April.		868
		563			875 Juny 6.
570	570	581	875 Juny 6.	876 October 8.	876 in Maart.
589		582 in April.	882 January 18.	882 January 18.	882 Jan. 18.

HEVE-

of Staartsterren, uit de Geschiedenissen.

HEVELIUS.	RICCIOLUS.	ONZE.	HEVELIUS.	RICCIOLUS.	ONZE.
Jaaren na Chrift.	Jaaren na Chrift.	Jaaren na Chrift.	Jaaren na Chrift.	Jaaren na Chrift.	Jaaren na Chrift.
902		891 Maart 21.	1101		1100 Febr. 25.
904 in May.	906	904 in Sept. 905 in May.	1102 Febr. 22. of 1103		
908		912	1104		
930		930			
942 Nov, 17.		942 Octob. 17.	1106 in de Vaft.	1106 in de Vaft.	1106 in Febr.
945	945	945	1109		1109 in Dec.
962		959 in Novemb.	1110 July 6.		1110 Juny 8.
975 in Auguftus		975 in Auguft. 981 in de Herfft	1113 in May.		1114 't end May. 1126
983	983		1132 of 1133		1132 Octob. 2.
999 Dec. 12. of 1000		990 995 Auguft. 10.	1141	1141	1141 twyffelagt. 1143 in Dec. 1145 Maart 16.
1005 1009 end v. May.	1005 op Paafch. 1009	1003 in Februar. 1005 in Sept. 1006 April 30. 1010 't end May.	1145 in May. 1146		1146 in July. 1155 May 5.
1017		1015 in Februar. 1017 twyffelagt.	1165		1165 in Auguft.
1027	1027	1018 in Auguft.	1168 Dec. 24.	1169	
1031 1038		1033 Febr. 28.	1200	1200	
			1211 in May.	1211 in May.	1208 Juny 23. 1211 in May.
1042 Octob. 6. 1058		1042 Octob. 6. 1052	1214 in Maart. 1217 in de Herfft	1214	1215 Maart 6. 1217 in de Herfft
1066 op Paafch.	1066	1066 April 24.	1223 omt. St. Pet.		1222 in Auguft. 1230
1067 of 1068	1067		1240 in Febr.	1240	1239 twyffelagt. 1240 in Febr.
1071			1241 in January.		
1096 Octob. 1. of 1097		1076 1097 Sept. 29.	1245 op Hemelv. 1254 1255	1254	1254
1098 in Octob. of 1099	1098 of 1099		1264 in July. 1268	1264 in Auguft. 1267 in July. 1268	1264 in July. 1274 in Maart.

HEVELIUS.	RICCIOLUS.	ONZE.	HEVELIUS.	RICCIOLUS.	ONZE.
Jaaren na Chrift.	Jaaren na Chrift.	Jaaren na Chrift.	Jaaren na Chrift.	Jaaren na Chrift.	Jaaren na Chrift.
1284 omtrent.	1283	1285	1399 dubieux.		1399 in Nov.
		1294 in January.			
		1297 July 15.	1400 in de Vaft.		
1298 in de Zom.	1298 in Nov.	1298 in de Zom.	1401 in Febr.	1401	
1300			1402 in de Vaft.	1402	1402 Febr. 11.
1301 Dec. 1.	1301	1301 October 1.	1403		
1304	1303		1407 of	1407	
1305 op Paafch.	1305	1305 April 15.	1408		1408
1307					1410 Maart 10.
			1432 in Febr.		1432 Febr. 2.
1312	1312		1433	1433	1433 October 12.
				1434	
1313	1313	1313 April 16.	1439	1439	1439
			1444 in Juny.	1444 in Juny.	
1314 in October.	1314	1314 in October.	1450 in de Zom.	1450	1450 dubieux.
1315 in Dec.		1315 Decemb. 2.			1452 in Juny.
		1335 in Auguft.	1456 in Juny twe Cometen.	1456	1456 May 29.
1337 in April.	1337 in Juny.	1337 in Juny.			
1337 in Juny.	1337 in Juny.		1457 in Juny.	1457	1457 Juny 8.
1338 in Juny.					1457 Nov. 22. du.
1339 of 1340 in Maart. of 1341		1340 in Maart.	1460	1460	1460 Aug. 2. dub.
			1463		
	1341 in Maart.		1467 na St. Mich.		1468 October. 12.
1347 in Auguft.	1347 in Auguft.	1346 in Auguft.	1471 in Dec.	1470 in January. 1471 of 1472	1471 in Dec.
1351 in Dec.		1351 in Dec.			
1352 in Sept.	1352				
1353	1353	1356 in Oct. dub.	1477	1477	1476 in Dec. beg.
					1478 dubieux.
1362 Maart 11.	1363	1362 Maart 11.	1491 circ. 3 Kon.	1491	1491 Jan. 17.
		1368 in January.			
		1368 in April.	1500 in January.		
		1371 Jan. 15. dub.	1500 in April.	1500 in April.	1500 in April.
1375	1375	1378			
1380			1505 cir. S. Mich.		'tZal een Planeet geweeft zyn.
1382 in Auguft.		1382 in Auguft.	1506 April 12.	1506 in April.	
1394	1391	1391 in May.	1506 in Auguft.		1506 Auguft. 8.

of Staartsterren, uit de Geschiedenissen.

HEVELIUS.	RICCIOLUS.	ONZE.	HEVELIUS.	RICCIOLUS.	ONZE.
Jaaren na Chrift.	Jaaren na Chrift.	Jaaren na Chrift.	Jaaren na Chrift.	Jaaren na Chrift.	Jaaren na Chrift.
1511 May 30. of 1512 in Maart.	1512 in Maart.		1569 in Nov.	1569 in Novemb.	1569 in Nov.
1513 in Dec.	1513 in Decemb.	1514 circa Dec.	1577 Nov. 9.	1577 Nov. 10.	1577 Nov. 1.
1516		1516	1578 May 16.		
1521 in April.	1521 in April.	1521 in April.	1580 Oktober 2.	1580 1582 in Maart.	1580 Oktober 2. 1582 Maart 1.
1522			1582 May 14.		1582 May 12.
1523 in Nov.			1585 Oktober 8.	1585 Oktober 8.	1585 Oct. 18. N.S.
1526 Aug. 23.	1526 in Auguft 1527	Een Verfchynz.	1590 Febr. 23.	1590 Febr. 23.	1590 Febr. 23 O.S.
1528 January 18.	1528 in January.	1528 in Janaury.	1593 July 10.	1593	1593 Auguft. 1.
1529 zyn 4 gelyk gezien.	1529 zyn 4 gelyk gezien.	't Is een Onweer geweeft, of Chafma.	1596 July 9.	1596 twee Com.	1596 July 9.
			1597 July 16.	1597 July 16.	Dit zal de voor-gaande zyn.
			1607 Sept. 25.	1607 Sept. 25.	1607 Sept. 25.
1530 in Juny.	1530 Auguft. 6.	De zelfde die volgt.	1618 Aug. 25.	1618 Aug. 25.	1618 Aug. 25.
1531 Auguftus 6.	1531 Auguft. 6. 1531 Sept. 8.	1531 Auguft. 6.	1618 Nov. 10.	1618 Nov. 10.	De zelfde die volgt.
1532 Sept. 25.	1532 Sept. 25.	1532 Sept. 25.	1618 Nov. 22.	1618 Nov. 15.	1618 Nov. 7.
1533 in Juny.	1533 in Juny.	1533 Juny 30.	1618 Nov. 24.	1618 Nov. 24.	Dit is de voorg.
1538 in January.	1538 January 17	1538 January 17.	1647 Nov. 29.		1647 Sept. 29.
1539 May 6. 1541 Auguft. 21.	1539 May 6.	1539 April 30.	1652 Dec. 20.	Hier eindigt de Lyft van *Ricciol.*	1652 Dec. 15.
1542	1543		1661 Febr. 3.		1661 Febr. 3.
1545			1664 Dec. 14.		1664 Dec. 14.
1554			1665 April 6,		1665 April 6.
1556 Maart 5.	1556 Maart 5.	1556 Maart 4.	Hier eindigt de Lyft van *Hevel.*	1699 Febr. 17. 1701 Oktob 28. 1702 Febr. 27. 1702 April 20. 1706 Maart 18. 1707 Nov. 25. 1717 Juny 21. 1718 Jan. 18. 1722 Dec. 12.	1668 Maart 5. 1672 Maart 2. 1677 April 27. 1680 Nov. 4. 1681 Auguft. 25. 1683 July 23. 1684 Juny 30. 1686 Auguft. 16. 1689 Decemb. 8.
1557 in Oktober.	1557 in Oktober.	1557 in Oct. dub.			
1558 in Auguft.	1558 in Auguft.	1558 Auguft. 6.			
1559 in May.	1559 in May.				
1560 in Dec. 1564 July 25.		't Noorder Ligt 28 Decemb.	1729 July 31. 1733 May 17. 1737 Febr. 9.	1713 Oktober 1. 1726 January 25.	1695 Oktob. 28. 1698 Sept. 2.

Hier volgen de Tafels die tot het Uitreekenen der Comeeten noodig zyn.

Tafel van de Zons plaats, en de plaats van 't Verfte Punt.

Aanvangtyd.	☉ pl. van Aries. Tek. ° ′ ″	Plaats van 't Verfte Punt. Tek. ° ′ ″
Voor Chrift. 724	9 2 24 48	2 4 0 10
Na Chriftus 1	9 7 53 3	2 14 3 30
1501	9 19 13 9	3 4 53 30
1581	9 19 49 26	3 6 0 10
1601	9 19 58 30	3 6 16 50
1621	9 20 7 34	3 6 33 30
1641	9 20 16 38	3 6 50 10
1661	9 20 25 42	3 7 6 50
1681	9 20 34 46	3 7 23 30
1701	9 20 43 50	3 7 40 10
1721	9 20 52 54	3 7 56 50
1741	9 21 1 58	3 8 13 30
1761	9 21 11 2	3 8 30 10
1781	9 21 20 6	3 8 46 50
1801	9 21 29 11	3 9 3 30

Plaats en voortgang van 't Evenmagtspunt.

Jaaren.	Evennagt.p.v. ♈ Tek. ° ′ ″	Maanden.	Tek. ° ′ ″
1	0 5 19 20	January	0 0 0 0
1501	0 26 9 20	February	0 0 0 4
1581	0 27 16 0	Maart	0 0 0 8
1601	0 27 32 40	April	0 0 0 12
1621	0 27 49 20	May	0 0 0 16
1641	0 28 6 0	Juny	0 0 0 21
1661	0 28 22 40	July	0 0 0 25
1681	0 28 39 20	Auguftus	0 0 0 29
1701	0 28 56 0	Septemb.	0 0 0 33
1721	0 29 12 40	October	0 0 0 38
1741	0 29 29 20	Novemb.	0 0 0 42
1761	0 29 46 0	Decemb.	0 0 0 46
1781	0 30 2 40		
1801	0 30 19 20		
1901	0 31 42 40		
2001	0 33 6 0		

Tafel

of Staartsterren, uit de Geschiedenissen.

Tafel van de Zons Middelloop en de Beweeging van 't Verfte Punt.

Jaaren.	☉ Middelloop. Tek. ° ′ ″	Loop van 't Verfte Punt. Tek. ° ′ ″
1	11 29 45 40	0 00 00 50
2	11 29 31 20	0 00 01 40
3	11 29 17 00	0 00 02 30
4	00 00 01 48	0 00 03 20
5	11 29 47 28	0 00 04 10
6	11 29 33 08	0 00 05 00
7	11 29 18 48	0 00 05 50
8	00 00 03 36	0 00 06 40
9	11 29 49 16	0 00 07 30
10	11 29 34 57	0 00 08 20
11	11 29 20 37	0 00 09 10
12	00 00 05 26	0 00 10 00
13	11 29 51 6	0 00 10 50
14	11 29 36 46	0 00 11 40
15	11 29 22 26	0 00 12 30
16	00 00 07 14	0 00 13 20
17	11 29 52 54	0 00 14 10
18	11 29 38 34	0 00 15 00
19	11 29 24 14	0 00 15 50
20	00 00 09 4	0 00 16 40
40	00 00 18 8	0 00 33 20
60	00 00 27 12	0 00 50 00
80	00 00 36 16	0 01 06 40
100	00 00 45 20	0 01 23 20
200	00 01 30 41	0 02 46 40
300	00 02 16 1	0 04 10 00
400	00 03 1 22	0 05 33 20
500	00 03 46 42	0 06 56 40
600	00 04 32 3	0 08 20 00
700	00 05 17 23	0 09 43 40
800	00 06 2 44	0 11 06 40
900	00 06 48 4	0 12 29 00
1000	00 07 33 25	0 13 53 20
2000	00 15 6 50	0 27 46 40
3000	00 22 40 15	1 11 40 40
4000	01 00 13 41	1 25 33 20
5000	01 07 47 6	1 09 26 40

Tafel van de Zons Middelloop.

Dag	January. ☉ Middell. T. ° ′ ″	v.p. ″	February. ☉ Middell. T. ° ′ ″	v.p. ″	Maart. ☉ Middell. T. ° ′ ″	v.p. ″	April. ☉ Middell. T. ° ′ ″	v.p. ″
1	0 00 59 08	00	1 01 32 27	04	1 29 08 20	08	2 29 41 38	12
2	0 01 58 17	00	1 02 31 25	05	2 00 07 28	08	3 00 40 46	13
3	0 02 57 25	00	1 03 30 43	05	2 01 06 36	08	3 01 39 55	13
4	0 03 56 33	01	1 04 29 52	05	2 02 05 45	09	3 02 39 03	13
5	0 04 55 42	01	1 05 29 00	05	2 03 04 53	09	3 03 38 11	13
6	0 05 54 50	01	1 06 28 08	05	2 04 04 01	09	3 04 37 20	13
7	0 06 53 58	01	1 07 27 16	05	2 05 03 10	09	3 05 36 27	13
8	0 07 53 07	01	1 08 26 25	05	2 06 02 18	09	3 06 35 36	13
9	0 08 52 15	01	1 09 25 33	06	2 07 01 26	09	3 07 34 45	13
10	0 09 51 23	01	1 10 24 41	06	2 08 00 35	09	3 08 33 53	14
11	0 10 50 32	02	1 11 23 50	06	2 08 59 43	10	3 09 33 01	14
12	0 11 49 40	02	1 12 22 58	06	2 09 58 51	10	3 10 32 10	14
13	0 12 48 48	02	1 13 22 06	06	2 10 58 00	10	3 11 31 18	14
14	0 13 47 57	02	1 14 21 15	06	2 11 57 08	10	3 12 30 26	14
15	0 14 47 05	02	1 15 20 23	06	2 12 56 16	10	3 13 29 34	14
16	0 15 46 13	02	1 16 19 31	06	2 13 55 25	10	3 14 28 43	14
17	0 16 45 22	02	1 17 18 40	07	2 14 54 33	10	3 15 27 51	15
18	0 17 44 30	02	1 18 17 48	07	2 15 53 41	11	3 16 27 00	15
19	0 18 43 38	03	1 19 16 56	07	2 16 52 50	11	3 17 26 08	15
20	0 19 42 47	03	1 20 16 04	07	2 17 51 58	11	3 18 25 16	15
21	0 20 41 55	03	1 21 15 13	07	2 18 51 06	11	3 19 24 24	15
22	0 21 41 03	03	1 22 14 21	07	2 19 50 15	11	3 20 23 33	15
23	0 22 40 12	03	1 23 13 30	07	2 20 49 23	11	3 21 22 41	15
24	0 23 39 20	03	1 24 12 38	08	2 21 48 31	11	3 22 21 49	16
25	0 24 38 28	03	1 25 11 46	08	2 22 47 40	11	3 23 20 58	16
26	0 25 37 37	04	1 26 10 55	08	2 23 46 48	12	3 24 20 06	16
27	0 26 36 45	04	1 27 10 03	08	2 24 45 56	12	3 25 19 14	16
28	0 27 35 53	04	1 28 09 11	08	2 25 45 05	12	3 26 18 23	16
29	0 28 35 02	04			2 26 44 13	12	3 27 17 31	16
30	0 29 34 10	04			2 27 43 21	12	3 28 16 39	16
31	1 00 33 18	04			2 28 42 30	12		

Tafel

of Staartsterren, uit de Geschiedenissen.

Tafel van de Zons Middelloop.

Dag	May. ☉ Middell. T. ° ′ ″	v.p. ″	Juny. ☉ Middell. T. ° ′ ″	v.p. ″	July. ☉ Middell. T. ° ′ ″	v.p. ″	Augustus. ☉ Middell. T. ° ′ ″	v.p. ″
1	3 29 15 48	17	4 29 49 06	21	5 29 23 16	25	6 29 56 34	29
2	4 00 14 56	17	5 00 48 14	21	6 00 22 24	25	7 00 55 42	29
3	4 01 14 04	17	5 01 47 23	21	6 01 21 32	25	7 01 54 51	29
4	4 02 13 13	17	5 02 46 31	21	6 02 20 40	25	7 02 53 59	30
5	4 03 12 21	17	5 03 45 39	21	6 03 19 49	25	7 03 53 07	30
6	4 04 11 29	17	5 04 44 48	21	6 04 18 57	26	7 04 52 16	30
7	4 05 10 38	17	5 05 43 56	22	6 05 18 06	26	7 05 51 24	30
8	4 06 09 46	17	5 06 43 04	22	6 06 17 14	26	7 06 50 32	30
9	4 07 08 54	18	5 07 42 13	22	6 07 16 22	26	7 07 49 41	30
10	4 08 08 03	18	5 08 41 21	22	6 08 15 31	26	7 08 48 49	30
11	4 09 07 11	18	5 09 40 29	22	6 09 14 39	26	7 09 47 57	31
12	4 10 06 19	18	5 10 39 38	22	6 10 13 47	26	7 10 47 06	31
13	4 11 05 28	18	5 11 38 46	22	6 11 12 56	27	7 11 46 14	31
14	4 12 04 36	18	5 12 37 54	23	6 12 12 04	27	7 12 45 22	31
15	4 13 03 44	18	5 13 37 03	23	6 13 11 12	27	7 13 44 31	31
16	4 14 02 53	19	5 14 36 11	23	6 14 10 21	27	7 14 43 39	31
17	4 15 02 01	19	5 15 35 19	23	6 15 09 29	27	7 15 42 47	31
18	4 16 01 09	19	5 16 34 28	23	6 16 08 37	27	7 16 41 56	31
19	4 17 00 18	19	5 17 33 36	23	6 17 07 46	27	7 17 41 04	32
20	4 17 59 26	19	5 18 32 44	23	6 18 06 54	28	7 18 40 12	32
21	4 18 58 34	19	5 19 31 53	24	6 19 06 02	28	7 19 39 21	32
22	4 19 57 42	19	5 20 31 01	24	6 20 05 11	28	7 20 38 25	32
23	4 20 56 51	20	5 21 30 09	24	6 21 04 19	28	7 21 37 37	32
24	4 21 55 59	20	5 22 29 18	24	6 22 03 27	28	7 22 36 46	32
25	4 22 55 08	20	5 23 28 26	24	6 23 02 36	28	7 23 35 54	32
26	4 23 54 16	20	5 24 27 34	24	6 24 01 44	28	7 24 35 02	33
27	4 24 53 24	20	5 25 26 43	24	6 25 00 52	28	7 25 34 11	33
28	4 25 52 33	20	5 26 25 51	24	6 26 00 01	29	7 26 33 19	33
29	4 26 51 41	20	5 27 24 59	25	6 26 59 09	29	7 27 32 27	33
30	4 27 50 49	21	5 28 24 08	25	6 27 58 17	29	7 28 31 36	33
31	4 28 49 58	21			6 28 57 26	29	7 29 30 44	33

Tafel

Tafel van de Zons Middelloop.

Dag	September. ☉ Middell. T. ° ′ ″	v.p. ″	October. ☉ Middell. T. ° ′ ″	v.p ″	November. ☉ Middell. T. ° ′ ″	v.p. ″	December. ☉ Middell. T. ° ′ ″	v.p. ″
1	8 00 29 52	33	9 00 04 02	38	10 00 37 20	42	11 00 11 30	46
2	8 01 29 01	34	9 01 03 10	38	10 01 36 29	42	11 01 10 38	46
3	8 02 28 09	34	9 02 02 19	38	10 02 35 37	42	11 02 09 47	46
4	8 03 27 17	34	9 03 01 27	38	10 03 34 45	42	11 03 08 55	46
5	8 04 26 36	34	9 04 00 35	38	10 04 33 54	42	11 04 08 03	46
6	8 05 25 34	34	9 04 59 44	38	10 05 33 02	42	11 05 07 12	47
7	8 06 24 42	34	9 05 58 52	38	10 06 32 10	43	11 06 06 20	47
8	8 07 23 51	34	9 06 58 00	38	10 07 31 19	43	11 07 05 28	47
9	8 08 22 59	35	9 07 57 08	39	10 08 30 27	43	11 08 04 37	47
10	8 09 22 07	35	9 08 56 17	39	10 09 29 35	43	11 09 03 45	47
11	8 10 21 16	35	9 09 55 25	39	10 10 28 44	43	11 10 02 53	47
12	8 11 20 24	35	9 10 54 34	39	10 11 27 52	43	11 11 02 02	47
13	8 12 19 32	35	9 11 53 42	39	10 12 27 00	43	11 12 01 10	48
14	8 13 18 41	35	9 12 52 50	39	10 13 26 09	44	11 13 00 18	48
15	8 14 17 49	35	9 13 51 59	39	10 14 25 17	44	11 13 59 27	48
16	8 15 16 57	36	9 14 51 07	40	10 15 24 25	44	11 14 58 35	48
17	8 16 16 05	36	9 15 50 15	40	10 16 23 34	44	11 15 57 43	48
18	8 17 15 14	36	9 16 49 24	40	10 17 22 42	44	11 16 56 52	48
19	8 18 14 22	36	9 17 48 32	40	10 18 21 50	44	11 17 56 00	48
20	8 19 13 30	36	9 18 47 40	40	10 19 20 59	44	11 18 55 08	48
21	8 20 12 39	36	9 19 46 49	40	10 20 20 07	44	11 19 54 17	49
22	8 21 11 47	36	9 20 45 57	40	10 21 19 15	45	11 20 53 25	49
23	8 22 10 55	36	9 21 45 05	41	10 22 18 24	45	11 21 52 33	49
24	8 23 10 04	37	9 22 44 14	41	10 23 17 32	45	11 22 51 42	49
25	8 24 09 12	37	9 23 43 22	41	10 24 16 40	45	11 23 50 50	49
26	8 25 08 20	37	9 24 42 30	41	10 25 15 49	45	11 24 49 58	49
27	8 26 07 29	37	9 25 41 39	41	10 26 14 57	45	11 25 49 07	49
28	8 27 06 37	37	9 26 40 47	41	10 27 14 05	45	11 26 48 15	49
29	8 28 05 45	37	9 27 39 55	41	10 28 13 13	46	11 27 47 23	50
30	8 29 04 54	37	9 28 39 04	41	10 29 12 22	46	11 28 46 32	50
31			9 29 38 12	42			11 29 45 40	50

af Staartsterren, uit de Geschiedenissen.

Tafel van de Zons Middelloop.

Uur	°	′	″	Uur	°	′	″
0	0	00	00	30	1	13	55
1	0	02	28	31	1	16	23
2	0	04	56	32	1	18	51
3	0	07	24	33	1	21	19
4	0	09	51	34	1	23	47
5	0	12	19	35	1	26	14
6	0	14	47	36	1	28	42
7	0	17	15	37	1	31	10
8	0	19	43	38	1	33	38
9	0	22	11	39	1	36	06
10	0	24	38	40	1	38	34
11	0	27	06	41	1	41	02
12	0	29	34	42	1	43	29
13	0	32	02	43	1	45	57
14	0	34	30	44	1	48	25
15	0	36	58	45	1	50	53
16	0	39	25	46	1	53	21
17	0	41	53	47	1	55	49
18	0	44	21	48	1	58	16
19	0	46	49	49	2	00	44
20	0	49	17	50	2	03	12
21	0	51	45	51	2	05	40
22	0	54	13	52	2	08	08
23	0	56	40	53	2	10	36
24	0	59	08	54	2	13	03
25	1	01	36	55	2	15	31
26	1	04	04	56	2	17	59
27	1	06	32	57	2	20	27
28	1	09	00	58	2	22	55
29	1	11	27	59	2	25	23
30	1	13	55	60	2	27	50

In 't Schrikkel-Jaar, na February, zoo addeert een dag en de Middelloop van de Zon in de zelve; de aanvangtyden, in deeze Tafels, zyn volgens 't middagrond van London, Oude Styl.

Æquatie van de Uitmiddelpuntigheid.

Subſtraheert.

	Tek. 0			1			2			3			4			5			
	°	′	″	°	′	″	°	′	″	°	′	″	°	′	″	°	′	″	
0	0	00	00	0	56	56	1	39	28	1	56	20	1	41	34	0	59	2	30
1	0	01	58	0	58	39	1	40	28	1	56	20	1	40	33	0	57	14	29
2	0	03	57	1	0	21	1	41	27	1	56	20	1	39	30	0	55	26	28
3	0	05	56	1	2	3	1	42	24	1	56	17	1	38	26	0	53	37	27
4	0	07	55	1	3	43	1	43	21	1	56	13	1	37	20	0	51	47	26
5	0	09	54	1	5	22	1	44	15	1	56	4	1	36	11	0	49	55	25
6	0	11	53	1	7	0	1	45	8	1	55	54	1	35	1	0	48	3	24
7	0	13	51	1	08	37	1	45	58	1	55	42	1	33	49	0	46	10	23
8	0	15	48	1	10	13	1	46	47	1	55	28	1	32	36	0	44	16	22
9	0	17	46	1	11	48	1	47	33	1	55	12	1	31	20	0	42	21	21
10	0	19	44	1	13	22	1	48	19	1	55	53	1	30	3	0	40	26	20
11	0	21	40	1	14	53	1	49	1	1	54	32	1	28	45	0	38	30	19
12	0	23	36	1	16	24	1	49	42	1	54	10	1	27	25	0	36	32	18
13	0	25	33	1	17	53	1	50	22	1	53	46	1	26	3	0	34	34	17
14	0	27	29	1	19	22	1	50	59	1	53	19	1	24	39	0	32	36	16
15	0	29	24	1	20	49	1	51	34	1	52	50	1	23	14	0	30	36	15
16	0	31	19	1	22	14	1	52	7	1	52	19	1	21	47	0	28	37	14
17	0	33	13	1	23	38	1	52	38	1	51	46	1	20	19	0	26	37	13
18	0	35	7	1	25	0	1	53	8	1	51	11	1	18	48	0	24	36	12
19	0	37	1	1	26	22	1	53	35	1	50	35	1	17	17	0	22	34	11
20	0	38	54	1	27	42	1	54	0	1	49	56	1	15	44	0	20	32	10
21	0	40	44	1	28	58	1	54	23	1	49	14	1	14	10	0	18	30	9
22	0	42	35	1	30	4	1	54	44	1	48	32	1	12	34	0	16	28	8
23	0	44	26	1	31	29	1	55	3	1	47	47	1	10	57	0	14	26	7
24	0	46	16	1	32	42	1	55	21	1	46	59	1	9	19	0	12	22	6
25	0	48	5	1	33	54	1	55	35	1	46	10	1	07	39	0	10	19	5
26	0	49	52	1	35	03	1	55	48	1	45	20	1	05	58	0	08	16	4
27	0	51	40	1	36	12	1	55	59	1	44	26	1	04	16	0	06	12	3
28	0	53	26	1	37	19	1	56	9	1	43	31	1	2	32	0	04	8	2
29	0	55	11	1	38	24	1	56	15	1	42	34	1	00	43	0	02	4	1
30	0	56	56	1	39	28	1	56	20	1	41	35	0	59	3	0	00	00	0

| Tek. 11 | 10 | 9 | 8 | 7 | 6 |

Addeert.

De

of Staartsterren, uit de Geschiedenissen.

De Afstand tusschen de Zon en de Aarde, in Logarithmus getallen, op de Zon van 't Verste Punt.

	Tek. 0	1	2	3	4	5	
0	5.007287	5.006375	5.003778	5.000128	4.996381	4.993588	30
1	5.007286	5.006313	5.003669	4.999999	4.996267	4.993522	29
2	5.007284	5.006249	5.003559	4.999870	4.996154	4.993459	28
3	5.007280	5.006184	5.003447	4.999740	4.996042	4.993398	27
4	5.007273	5.006117	5.003334	4.999611	4.995931	4.993339	26
5	5.007264	5.006048	5.003220	4.999482	4.995822	4.993282	25
6	5.007253	5.005977	5.003105	4.999352	4.995714	4.993226	24
7	5.007240	5.005904	5.002989	4.999223	4.995607	4.993173	23
8	5.007225	5.005829	5.002872	4.999094	4.995501	4.993122	22
9	5.007208	5.005753	5.002755	4.998965	4.995397	4.993074	21
10	5.007189	5.005675	5.002636	4.998837	4.995294	4.993028	20
11	5.007167	5.005595	5.002516	4.998702	4.995193	4.992984	19
12	5.007144	5.005513	5.002396	4.998581	4.995094	4.992942	18
13	5.007119	5.005430	5.002275	4.998454	4.994996	4.992903	17
14	5.007092	5.005345	5.002153	4.998327	4.994899	4.992866	16
15	5.007062	5.005258	5.002030	4.998200	4.994804	4.992831	15
16	5.007030	5.005170	5.001907	4.998074	4.994711	4.992798	14
17	5.006997	5.005080	5.001787	4.997948	4.994619	4.992768	13
18	5.006961	5.004988	5.001659	4.997823	4.994529	4.992740	12
19	5.006923	5.004885	5.001534	4.997698	4.994441	4.992714	11
20	5.006883	5.004801	5.001408	4.997574	4.994354	4.992691	10
21	5.006842	5.004705	5.001282	4.997451	4.994269	4.992670	9
22	5.006798	5.004607	5.001155	4.997329	4.994186	4.992652	8
23	5.006752	5.004508	5.001028	4.997207	4.994105	4.992636	7
24	5.006704	5.004408	5.000900	4.997086	4.994025	4.992622	6
25	5.006654	5.004306	5.000772	4.996966	4.993947	4.992611	5
26	5.006602	5.004203	5.000644	4.996847	4.993871	4.992602	4
27	5.006548	5.004099	5.000515	4.996729	4.993793	4.992595	3
28	5.006492	5.003983	5.000384	4.996612	4.993726	4.992591	2
29	5.006434	5.003886	5.000257	4.996496	4.993656	4.992589	1
30	5.006375	5.003778	5.000128	4.996381	4.993588	4.992588	0
	Tek. 11	10	9	8	7	6	

De eerste Æquatie van de Tyd.

Substraheert van de Appar. als de Zon van 't Verste Punt is.

Tek.	0		1		2		3		4		5		
	′	″	′	″	′	″	′	″	′	″	′	″	
0	0	00	3	46	6	34	7	40	6	42	3	54	30
1	0	08	3	53	6	38	7	40	6	38	3	47	29
2	0	16	3	59	6	42	7	40	6	34	3	40	28
3	0	23	4	06	6	46	7	40	6	30	3	33	27
4	0	31	4	13	6	49	7	39	6	26	3	25	26
5	0	39	4	19	6	53	7	39	6	21	3	18	25
6	0	47	4	26	6	57	7	38	6	17	3	11	24
7	0	55	4	32	7	00	7	38	6	12	3	03	23
8	1	03	4	38	7	03	7	37	6	07	2	56	22
9	1	10	4	45	7	06	7	36	6	02	2	48	21
10	1	18	4	51	7	09	7	34	5	57	2	40	20
11	1	26	4	57	7	12	7	33	5	52	2	33	19
12	1	34	5	03	7	14	7	32	5	46	2	25	18
13	1	41	5	09	7	17	7	30	5	41	2	17	17
14	1	49	5	15	7	19	7	28	5	36	2	09	16
15	1	57	5	20	7	22	7	26	5	30	2	01	15
16	2	04	5	26	7	24	7	24	5	24	1	53	14
17	2	12	5	32	7	26	7	22	5	18	1	45	13
18	2	19	5	37	7	28	7	20	5	12	1	37	12
19	2	27	5	42	7	30	7	18	5	06	1	29	11
20	2	34	5	48	7	31	7	15	5	00	1	21	10
21	2	42	5	53	7	33	7	12	4	54	1	13	9
22	2	49	5	58	7	34	7	10	4	48	1	05	8
23	2	56	6	03	7	35	7	07	4	41	0	57	7
24	3	03	6	07	7	36	7	04	4	35	0	49	6
25	3	11	6	12	7	37	7	00	4	28	0	41	5
26	3	18	6	17	7	38	6	57	4	22	0	33	4
27	3	25	6	21	7	39	6	54	4	15	0	24	3
28	3	32	6	26	7	40	6	50	4	08	0	16	2
29	3	39	6	30	7	40	6	46	4	01	0	08	1
30	3	46	6	34	7	40	6	42	3	54	0	00	0
Tek.	11		10		9		8		7		6		

Addeert by de Appar. als de Zon van 't Verste Punt is.

De

of Staartsterren, uit de Geschiedenissen.

De tweede Æquatie van de Tyd.

Substraheert van de Appar. als Zons plaats is.

°	♈ ′	♎ ″	♉ ′	♏ ″	♊ ′	♐ ″	
0	0	00	8	24	8	46	30
1	0	20	8	35	8	36	29
2	0	40	8	45	8	25	28
3	1	00	8	54	8	14	27
4	1	19	9	03	8	01	26
5	1	39	9	11	7	49	25
6	1	59	9	18	7	35	24
7	2	18	9	25	7	21	23
8	2	37	9	31	7	06	22
9	2	57	9	36	6	51	21
10	3	16	9	41	6	35	20
11	3	34	9	45	6	19	19
12	3	53	9	49	6	02	18
13	4	11	9	51	5	45	17
14	4	29	9	53	5	27	16
15	4	47	9	55	5	09	15
16	5	04	9	55	4	50	14
17	5	21	9	55	4	31	13
18	5	38	9	54	4	12	12
19	5	54	9	52	3	52	11
20	6	10	9	50	3	32	10
21	6	26	9	47	3	12	9
22	6	41	9	43	2	51	8
23	6	55	9	38	2	30	7
24	7	10	9	33	2	09	6
25	7	23	9	27	1	48	5
26	7	36	9	20	1	27	4
27	7	49	9	13	1	05	3
28	8	01	9	05	0	43	2
29	8	13	8	56	0	22	1
30	8	24	8	46	0	00	0
	♓	♍	♒	♌	♑	♋	

Addeert by de Appar. als de Zons plaats is.

Generaale Tafel om de Comeeten te bereekenen.

De Loop der Comeeten in een Parabolifche weg.

M.	Hoek van 't Perih. ° / //	Log voor de ☉ Afft.	M.	Hoek van 't Perih. ° / //	Log. voor de ☉ Afft.	M.	Hoek van 't Perih. ° / //	Log. voor de ☉ Afft.
1	1 31 40	0.000077	36	48 25 33	0.079984	71	76 16 56	0.208612
2	3 3 15	0.000309	37	49 28 27	0.083600	72	76 51 43	0.212080
3	4 34 43	0.000694	38	50 30 19	0.087244	73	77 25 57	0.215529
4	6 6 0	0.001231	39	51 31 8	0.090910	74	77 59 41	0.218963
5	7 37 1	0.001921	40	52 30 56	0.094596	75	78 32 54	0.222378
6	9 7 43	0.002759	41	53 29 44	0.098300	76	79 5 35	0.225769
7	10 38 2	0.003745	42	54 27 32	0.102019	77	79 37 45	0.229142
8	12 7 54	0.004876	43	55 24 21	0.105752	78	80 9 23	0.232488
9	13 37 17	0.006151	44	56 20 12	0.109490	79	80 40 34	0.235809
10	15 6 7	0.007564	45	57 15 6	0.113240	80	81 11 16	0.239127
11	16 34 20	0.009115	46	58 9 3	0.116995	81	81 41 31	0.242416
12	18 1 54	0.010798	47	59 2 4	0.120756	82	82 11 19	0.245684
13	19 28 47	0.012609	48	59 54 11	0.124518	83	82 40 40	0.248933
14	20 54 54	0.014550	49	60 45 25	0.128278	84	83 9 34	0.252159
15	22 20 14	0.016607	50	61 35 45	0.132035	85	83 38 4	0.255366
16	23 44 44	0.018783	51	62 25 14	0.135792	86	84 6 8	0.258552
17	25 8 22	0.021072	52	63 13 52	0.139544	87	84 33 49	0.261720
18	26 31 8	0.023470	53	64 1 40	0.143291	88	85 1 5	0.264865
19	27 52 55	0.025969	54	64 48 38	0.147029	89	85 27 58	0.267989
20	29 13 47	0.028570	55	65 34 50	0.150762	90	85 54 27	0.271092
21	30 33 40	0.031263	56	66 20 13	0.154482	91	86 20 34	0.274176
22	31 52 32	0.034045	57	67 04 50	0.158192	92	86 46 20	0.277239
23	33 10 23	0.036916	58	67 48 22	0.161890	93	87 11 43	0.280284
24	34 27 12	0.039864	59	68 31 50	0.165578	94	87 36 45	0.283306
25	35 42 59	0.042892	60	69 14 16	0.169254	95	88 01 27	0.286308
26	36 57 41	0.045989	61	69 55 58	0.172914	96	88 25 49	0.289293
27	38 11 20	0.049154	62	70 36 56	0.176557	97	88 49 48	0.292252
28	39 23 54	0.052382	63	71 17 16	0.180188	98	89 13 32	0.295201
29	40 35 23	0.055668	64	71 56 56	0.183803	99	89 36 54	0.298122
30	41 45 47	0.059009	65	72 35 57	0.187404	100	90 00 00	0.301030
31	42 55 06	0.062400	66	73 14 15	0.190978	102	90 45 14	0.306782
32	44 3 20	0.065838	67	73 51 59	0.194540	104	91 29 18	0.312469
33	45 10 29	0.069319	68	74 29 6	0.198085	106	92 12 14	0.318060
34	46 16 35	0.072839	69	75 05 38	0.201614	108	92 54 4	0.323587
35	47 21 36	0.076396	70	75 41 35	0.205122	110	93 34 52	0.329042

De

of Staartsterren, uit de Geschiedenissen.

De Loop der Comeeten in een Parabolische weg.

M.	Hoek van 't Perih.			Log. voor de ☉ Afst.	M.	Hoek van 't Perih.			Log. voor de ☉ Afst.	M.	Hoek van 't Perih.			Log. voor de ☉ Afst.
	°	′	″			°	′	″			°	′	″	
112	94	14	40	0.334424	184	110	39	41	0.490022	330	125	35	34	0.679876
114	94	53	30	0.339736	186	110	58	44	0.493512	340	126	14	44	0.689568
116	95	31	22	0.344979	188	111	17	28	0.496965	350	126	52	12	0.698970
118	96	8	22	0.350153	190	111	35	55	0.500384	360	127	28	6	0.708104
120	96	44	30	0.355262	192	111	54	05	0.503769	370	128	2	33	0.716976
122	97	19	48	0.360306	194	112	11	58	0.507121	380	128	35	38	0.725606
124	97	54	17	0.365284	196	112	29	34	0.510441	390	129	7	27	0.734006
126	98	28	00	0.370200	198	112	46	55	0.513729	400	129	38	4	0.742186
128	99	00	57	0.375052	200	113	4	00	0.516984	410	130	7	34	0.750160
130	99	33	11	0.379842	204	113	37	25	0.523406	420	130	36	2	0.757930
132	100	4	43	0.384576	208	114	9	52	0.529705	430	131	3	30	0.765516
134	100	35	45	0.389252	212	114	41	23	0.535886	440	131	30	2	0.772918
136	101	5	48	0.393868	216	115	12	02	0.541958	450	131	55	41	0.780148
138	101	35	22	0.398428	220	115	41	51	0.547922	460	132	20	30	0.787216
140	102	4	19	0.402930	224	116	10	52	0.553782	470	132	44	32	0.794122
142	102	32	41	0.407380	228	116	39	7	0.559538	480	133	7	50	0.800882
144	103	00	31	0.411784	232	117	6	38	0.565199	490	133	30	25	0.807494
146	103	27	47	0.416132	236	117	33	27	0.570762	500	133	52	20	0.813969
148	103	54	31	0.420430	240	117	59	35	0.576233	520	134	34	18	0.826522
150	104	20	43	0.424676	244	118	25	5	0.581616	540	135	14	0	0.838600
152	104	46	22	0.428866	248	118	49	57	0.586912	560	135	51	28	0.850187
154	105	11	33	0.433012	252	119	14	14	0.592122	580	136	27	6	0.861369
156	105	36	16	0.437110	256	119	37	56	0.597252	600	137	00	57	0.872155
158	106	00	32	0.441164	260	120	1	6	0.602301	620	137	33	13	0.882575
160	106	24	23	0.445178	264	120	23	44	0.607274	640	138	3	58	0.892649
162	106	47	47	0.449144	268	120	45	52	0.612174	660	138	33	21	0.902401
164	107	10	44	0.453060	272	121	7	30	0.616998	680	139	1	29	0.911866
166	107	33	17	0.456936	276	121	28	39	0.621750	700	139	28	25	0.921012
168	107	55	27	0.460772	280	121	49	22	0.626438	720	139	54	16	0.929907
170	108	17	14	0.564208	284	122	9	38	0.631056	740	140	19	5	0.938549
172	108	38	37	0.468318	288	122	29	28	0.635608	760	140	42	56	0.946951
174	108	59	39	0.472030	292	122	48	54	0.640098	780	141	05	55	0.955124
176	109	20	20	0.475705	296	123	7	57	0.644525	800	141	28	3	0.963082
178	109	40	40	0.479340	300	123	26	36	0.648893	820	141	49	24	0.970836
180	110	00	40	0.482937	310	124	11	40	0.659559	840	142	10	00	0.978397
182	110	20	20	0.486498	320	124	54	36	0.669880	860	142	29	56	0.985771

De

Korte Beschryving van alle de Comeeten,

De Loop der Comeeten in een Parabolische weg.

M.	Hoek van 't Perih.			Log. voor de ☉ Afst.	M.	Hoek van 't Perih.			Log. voor de ☉ Afst.
	°	′	″			°	′	″	
880	142	49	10	0.992970	5000	160	1	12	1.521521
900	143	7	48	1.000000	5500	160	40	5	1.549874
920	143	25	51	1.006871	6000	161	14	24	1.575718
940	143	43	21	1.013586	6500	141	45	00	1.599460
960	144	00	18	1.020155	7000	162	12	34	1.621417
980	144	16	46	1.026583	7500	162	37	34	1.641838
1000	144	32	46	1.032876	8000	163	00	23	1.660922
1500	149	26	8	1.158188	8500	163	21	20	1.678834
2000	152	26	15	1.246058	9000	163	40	42	1.695708
2500	154	32	20	1.313703	9500	163	58	38	1.711662
3000	156	7	27	1.368678	10000	164	15	20	1.726784
3500	157	22	49	1.414974	50000	170	52	0	2.197960
4000	158	24	36	1.454950	100000	172	45	44	2.399655
4500	159	16	36	1.490125					

GISSINGEN
OVER DE
STAAT
VAN HET
MENSCHELYK GESLAGT.

Dat ik dit onderzoek Giffingen noem, is, om de onzekerheid; daar is nog weinig van bekend; men heeft geen Waarneemingen genoeg van alle Geweſten tot voorbeelden: het ſchynt my toe, dat men hier nog wonderlyke zaaken in ontdekken zal, die ons zullen opleiden, om een gedeelte van de overgroote Wysheid te zien, die de Schepper van 't Heel-Al heeft believen te gebruiken tot onderhouding van 't Menſchelyk Geſlagt; daar alles, 't geen de alderwyſte Menſchen hier in zouden kunnen bedenken, al was hun het vermogen gegeeven, om hun gedagten uit voeren, en zy dit in 't werk ſtelden, men niet anders te verwagten had, als dat alles in 't kort in verwarring zou raaken. Meent iemand, dat de zaaken zoo duiſter zyn, dat daar nog weinig ſtaat op gemaakt kan worden; wat kan men dan anders doen, als daar na giſſen; daar toe gebruikende, de weinige aantekeningen die men reeds heeft? En al was het ſchoon dat ik in eenige ſtellingen 't regte wit niet getroffen had, zoo zal dit ligtelyk andere aanmoedigen, die, na meer Waarneemingen, nog wel veel nieuwigheden daar door konden te voorſchyn brengen. Dit na te gaan, is niet onnut: men onderzoekt dikwils, met groote moeite dingen, die nergens toe kunnen dienen; waar van ik hier een voorbeeld zal bybrengen. *Claas Kammers* heeft een Nederduitſche Bybel uitgeſchreeven, en die vereert aan de Bibliotheek te Delft, waar in hy aantekende, dat hy geteld heeft in de Bybel, de volgende Capittels, Verſſen, Woorden, en Letteren:

Waarom Giſſingen genoemd.

	In 't Oude Teſtament.	In 't Nieuwe Teſtament.	Te zaamen.
Capittels	929	260	1189
Verſſen	23213	7979	31192
Woorden	592439	181253	773692
Letteren	2728100	838380	3566480

Het woord *Ende* vond hy in 't Oude Teftament 35543, en in 't Nieuwe Teftament 10684maal; is te zaamen 46227maal: in de Apocryphe Boeken vond hy 183 Capittels, 6081 Verffen, en 152185 woorden. Wat my aangaat, ik zal dit niet natellen, om te zien, of hy ook gemift heeft. Ik zoek hier niet meede te kennen te geeven, dat men 't onderzoek na de Speculative dingen t'eenemaal verwerpen moet. De Ouden hebben de eigenfchap der Kromme Lynen onderzogt, en wiften 't zelve nergens tot eenig nut toe te paffen, fchoon 'er tegenwoordig de groote nuttigheid van gezien word; byna in de geheele Hemelsloop, en in een groot deel der Natuurkunde, komen die te pas. Of fchoon de Vraagftukken, die *Diophantus* ons heeft nagelaaten, en nog veel moeijelyker van die zoort, dewelke men onlangs bedagt heeft, van geheel weinig nuttigheid zyn, zoo doen dezelve ons evenwel zien, hoe ver dat het menfchelyk verftand in die dingen, met behulp van de Algebra, komen kan.

De Reken-Konftenaars ftellen voor, om in een Vierkant, 't welk in andere kleine vierkanten verdeeld is, zoodanig, dat op ieder zyde evenveel vakken komen, alle de geheele getallen, van de Eenheid af, vervolgens in ieder vak te fchryven, zoodanig, dat als de Horizontaale, Verticaale, en Diagonaale reien opgeteld worden, dat dan de Zommen altyd gelyk zyn; dit noemt men een betooverd Vierkant:

7	11	14	2
6	10	15	3
12	8	1	13
9	5	4	16

Mofchopule (*a*), *Agrippa* (*b*), *Bachet* (*c*), *Frenicle* (*d*), *Arnauld* (*e*), *Preftet* (*f*), *Poignard* (*g*), *La Hire* (*h*), en *Sauveur* (*i*) hebben veel moeite aangewend, om de waare hoedanigheden daar van aan te wyzen. Mr. *Frenicle* heeft een Vierkant van 16 ruiten, als hier nevens te zien is, op 880 manieren vertoond (*k*); maar ik heb gevonden, dat hy op ver na het getal nog niet ontdekt heeft, zoo als men dit vierkant geduurig anders, en anders kan ftellen.

Verfcheide nieuwe Uitvindingen over de betooverde of konftige Vierkanten heeft *Pieter Karman*, Burgermeefter van de Ryp, gedaan; hoe men dezelve kan maaken door vouwen, verfchuiven, en andere manieren; ook, hoe veelmaal de getallen in dezelve verplaatft kunnen worden, zoodanig, dat die evenwel de eigenfchap behouden, daar hier vooren van gewag gemaakt

(*a*) Als blykt uit een Griekfch Handfchrift, dat bewaard word in de Bibliotheek van den Koning van Vrankryk.
(*b*) De Occult. Philofoph., lib. 2, cap. 22, van pag. 149 tot pag. 153.
(*c*) Problem. Plaif. 1624.
(*d*) Ouvrag. de Mathem. & Phyfique, Par. 1699, van pag. 423 tot pag. 507.
(*e*) Nieuwe beginzelen der Meetkonft, pag. 325, Amft. 1677.
(*f*) Nouv. Elem. der Mathem., Par. 1694, van pag. 417 tot pag. 428; ook de la Loubere defcript. du Royaume de Siam, van pag. 235 tot pag. 288.
(*g*) Traite des Quar. Sublim. Bruxel, 1704. (*h*) Memoir. de l'Acad., 1705.
(*i*) Memoir. de l'Acad., 1710, van pag. 124 tot pag. 184.
(*k*) Oeuvr. de Mathem., Par. 1693, van pag. 484 tot pag. 507.

maakt is : by voorbeeld, een Vierkant, dat drie ruiten op ieder zyde heeft, kan 8maal ; een van vier ruiten op ieder zyde, kan 5760maal veranderd worden, en zoo voort: het heeft ook wel geen nut; dog men ziet daar uit, welke wonderbaare eigenschappen dat de getallen hebben. Niet minder, en nog veel verborgender hoedanigheden zyn in de Meetkonft, voornamentlyk, daar dezelve in de Kromme Lynen gebruikt word : dog om niet te ver uit het fpoor te wyken, zal ik hier van geen voorbeelden geeven.

Om dan ter zaak te komen, zoo is de eerfte aanmerkenswaardige zaak, die ons, in opzigt van ons onderzoek, voorkomt, hoe groot ten naaftenby het getal moge. zyn der Menfchen, die omrrent deezen tyd te gelyk op de Aarde leeven ; dog dit is zeer bezwaarlyk om uit te vinden : hoe wonderlyk veel dat voornaame Schryvers daar in verfchillen, zal ik door een voorbeeld aanwyzen. De eerfte Colom heeft *Ricciolus* meerendeels uit *Botterus* (*l*), de tweede heeft *Hubner* uit *Voffius* (*m*), de derde is uit een Geographifche Tafel (*n*), en de vierde heeft *Rabus* uit *Voffius* (*o*).

't Getal der Menfchen.

	Millioenen.	Mill.	Mill.	Mill.
Spanjen	10	2	6	2
Vrankryk	19 of 20	5	20	5
Italien, Sicilien, en andere Eilanden	11	2	11	3
Groot-Brittannien	4	3	8	2
Duitsland, het bovenfte deel	20		20	5
De Nederlanden, of 17 Provincien	4	} 5	5	2
Sweeden, Denemarken, en Noorweg.	} 8	1	8	1
Mofcovien in Europa		4½	16	3
't Europ. Turkyen, Griekenland, &c.	16	5⅞	16	5½
Poolen en Pruiffen	6	1½	7	2½
In Europa is de Zom 99, dog hy fteld	100	30	117	31
In Afia	500	300		
In Africa	100	} 100		
In America	200			
Op de geheele Aarde	900	430		

Het eerfte uit *Botterus*, wegens Europa, is veel beter gegift als dat van *Voffius*, gelyk in 't vervolg nader zal blyken.

(*l*) In zyn laatfte Boek van de Geographie, pag. 679, Venet. 1672.
(*m*) *Hubner* Kort Begrip van de Oude en Nieuwe Geographie, pag. 15, Amft. 1707; uit *Voffius* Var. Obferv., Lond. 1685.
(*n*) In 't Jaar 1704, door *C. Specht*, tot Utrecht uitgegeeven.
(*o*) Vermaakelykheeden der Taalkunde, pag. 316, Rotterd. 1688 ; de een of de ander heeft in 't uittrekken, uit *Vosfius*, gemift.

Giſſingen over den Staat.

De plaats die al het volk zou beſlaan.

Men ſtelle nu eens met *Ricciolus*, dat op de Aarde zyn 900 millioenen Menſchen, (hoewel ik niet geloof dat daar zoo veel Menſchen zouden gevonden worden, alzoo my de giſſing van Aſia en America te groot voorkomt) en dat ieder Menſch, groot of klein, een vierkante plaats gegeeven wierd, daar van ieder zyde was twee voeten, Rhynlandſche maat, en men een vierkante vlakte had, daar van ieder zyde lang was 3½ Hollandſche myl, daar zouden al de Menſchen van 't-geheele Aardryk op kunnen geplaatſt worden. Indien al het Land van geheel Europa onder het getal van 100 millioenen Menſchen gelyk verdeeld wierd, dan zou ieder daar een ſtuk van kunnen hebben, groot 9 morgen, of een vierkant ſtuk, daar van ieder zyde lang is 74 roeden, Rhynlandſche maat.

't Volk in eenige byzondere Landſchappen van Vrankryk.

De Hartog van Bourgondien, Vader van den tegenwoordigen Koning van Vrankryk, *Louis* XV, verzogt aan zyn Grootvader, *Louis* XIV, die doe Vrankryk regeerde, dat de Intendanten een nette ſtaat van dat Ryk zouden opgeeven; 't welk gedaan wierd in 40 Boeken; maar alzoo het te veel moeiten was om te leezen voor den gemelden Hartog, en om dat zommige *Memorien* gantſch niet in order waren; andere hadden op de vraagen, die men haar deed, niet wel gelet; verſcheide gaven, door onkunde, verwarde verhaalen; daarom maakte de Graaf *De Boulainvilliers* voor de Hartog van Bourgondien daar Uittrekzels van, waar by hy zyn Aanmerkingen voegde, en daarop kreegen eenige Intendanten nieuwe orders, om een beter antwoord te geeven; want in 't antwoord op de vraagen, die 't getal van 't volk betreffen, verzuimden eenige de Vrouwen, andere de Kinderen, zommige de Geeſtelyke, wederom andere, die meenden dat deeze vraagen ten opzigt van den Oorlog geſchiede, die tekenden maar het getal van de jonge manſchap aan, en zelfs ſchynen daar onder geweeſt te zyn, die 't getal maar uit den ruwen gegiſt hebben. Laat ons in 't kort eenige van die antwoorden bezien: In de Generaliteit van Parys, de Stad en deszelfs Gebied daar buiten ſluitende, worden, in 52 Steeden en 3596 Gehugten, geſteld 856938 Zielen, waar onder 39441 Mansperzoonen van 15 Jaaren; maar dit laatſte is onmoogelyk; ik meen dat hier een cyffer uitgelaaten is, en dat men zal moeten leezen 239441; welk getal waarſchynelyk uit zal drukken de Mansperzoonen van 16 tot 56 Jaaren, of die bequaam zyn om de wapenen te draagen. In de Generaliteit van Rouan reekend men omtrent 700000 Menſchen (*p*), waar onder geen 50000 die hun brood met gemak eeten, de reſt ſlaapt op ſtroo. In de Generaliteit van Orleans wierd het getal der Mansperzoonen, boven de 20 Jaaren, opgegeeven 178571 (*q*); in Mets, Toul, en Verdun 350700 Perzoonen, waar onder niet begreepen de vreemde Knegts en Meiden (*r*); in 't Franſche Comté 336720 Perzoonen, behalven

4000

(*p*) l'Etat de France, par *M. le Comte de Boulainvilliers*, tom. 2, pag. 11, Lond. 1727; de Hoofdſtad, daar omtrent 66000 Menſchen in zyn, is daar niet onder gereekend.
(*q*) Idem, tom. 1, pag. 132. (*r*) Pag. 164.

4000 Geeftelyke (s); in 't Franfch Vlaanderen 201012 Perzoonen (t); in Bretagne 1700000 Perzoonen (v), daar Mr. *Basville* maar heeft 1241250 Inwoonders (x); in Bourges 291232 Perzoonen (y); in 't Bourbonnois 324232 Zielen (z); in de Stad Bourdeaux zyn 5000 Huizen, en omtrent 34000 Inwoonders. In de Generaliteyt van Pau 198000 Mannen en Vrouwen (a); in 't Lionnois 363000 Menfchen, waar van in de Stad Lions zyn 69000 (b); in 't Dauphiné 543585 Perzoonen (c); in Provence 1006976 Zielen, de Nieuwbekeerde 94079. Een merkelyke misflag is in de Lyft van de byzondere Plaatfen ten opzigt van Sifteron (d): Mr. *Basville* ftelt in de twee Generaliteiten, die in de Provincie van Languedocq zyn, 1441000 Inwoonders (e); dog volgens *De Boulainvilliers* was 't getal der Roomfche 1341487 Zielen; de Nieuwbekeerde 198493 Zielen (f); onder de laatfte waren 440 Familien van Adel; de Koning heeft 's Jaarlyks, 9 Jaaren lang, voor het Jaar 1697, uit deeze Provincie getrok-ken, als 't eene Jaar door het ander gereekend word, 17 millioenen, 613 duizend, 711 livres: de inkomften, die de Koning van Vrankryk uit Parys trok, omtrent den laatftgemelden tyd, daar de laften zwaarder zyn als in de Provincien, bedroegen in een Jaar 22 millioenen livres. In Alencon vond men 485817 Zielen (g); in Poitiers 612621 Perzoonen (h); in la Rochelle 360000 Zielen (i); in Tours 1066496 Zielen (k). Dit is genoeg om te zien, wat voor een groote meenigte van volk dat in Vrankryk is, en zal hier meede, na dat ik die van de Elfas, (zynde een Wingeweft van de Koning van Vrankryk) gefteld heb, de byzondere Volktelling van dit Ryk eindigen. Daar zyn in drie Landfchappen 66 Steeden, en 1065 zoo Burgten als Dorpen.

	Zielen.	Roomfe.	Luth.	Geref.	Jooden.
Briffac	65352	63180	1050	225	897
Straatsburg	122735	70970	45740	4558	1467
Landau	68913	37504	22258	7350	1801
	257000	171654	69048	12133	4165

(s) l'Etat de France, par *M. le Comte de Boulainvilliers*, tom. 1, pag. 289, Lond. 1727.
(t) Idem, pag. 383. (v) De zelfde Schryver, tom. 2, pag. 78.
(x) Memoir. du dit *Comte*, pag. 577. (y) Tom. 2, pag. 214.
(z) Idem, pag. 235. (a) Idem, pag. 350.
(b) Voor omtrent 100 Jaaren vond *Octavio May* in deeze plaats, by geval, door een ftreng Zyde in zyn mond te houden, het glanzen van de Zyde.
(c) De gemelde Schryver, tom. 2, pag. 444. (d) Idem, pag. 500.
(e) Memoir. de Mr. *Le Comte de Boulainvilliers*, 577.
(f) De zelfde Schryver, tom. 2, pag. 528; 't fchynt dat het getal van Mr. *de Basville* moet zyn 1541000.
(g) De zelfde Schryver, tom. 2, pag. 44. (h) Idem, pag. 111. (i) Idem.
(k) De zelfde Schryver, tom 2, pag. 151; 't getal van de Haardfteeden is 266524: verfcheide fchynen die maar alleen geteld te hebben, en reekenen dan net vier Perzoonen voor Ieder Haardfteede; andere byna vyf.

'tVolk in geheel Vrankryk. Doe nu de begrooting van 't Volk, op de voorgaande wys, niet na de zin van den Graaf *De Boulainvilliers* uitviel, zoo dagt hy dat het beter was, dat men de Intendanten zou beveelen, dat de Priefters, ieder in hun Parochie, het getal van 't Volk zouden opneemen: 't fchynt dat men dit uitgevoerd heeft; want in de *Memorie*, die Mr. *De Fougerolle* in 't Jaar 1711 aan de Koning van Vrankryk overgegeeven heeft, om de Impoften met meer gelykheid te doen draagen, vind men, dat, volgens 't opgeeven van de Intendanten der Provincien, in 't Jaar 1700, al de Inwoonders van dat Koninkryk beftonden in 19 millioenen, 385 duizend, 378 Perzoonen (*l*); 't getal van de Parochien is te zaamen 48012 (*m*).

In Groot-Brittannien. De Heer *King* reekent, dat in Engeland zyn 5 millioenen en 500000 Menfchen (*n*); 't getal van de Parochien is 9913, en de Zom van al de Huizen, zoo als die opgenoomen zyn in 't Jaar 1693, bedraagt 1175951 (*o*). Hier uit zou men kunnen giffen, dat het getal der Inwoonders ruim 6 millioenen is. Cap. *South* begroot het getal der Menfchen, in geheel Yrland, op 1034102 (*p*); en zou men wel veel miffen, als men ftelde, dat in Groot-Brittannien ten minften 8 millioenen Menfchen zyn? 't welk veel verfcheelt van 3 of 4 millioenen, zoo als *Voffius* of *Botterus* hebben.

't Venetiaanfche. In 't Venetiaanfche Gebied waren omtrent het Jaar 1672, al de Wooningen te zaamen 494325, waar in 2636900 Menfchen (*q*). In het Jaar 1556 waren in het Koninkryk Napels, in 1463 bewoonde plaatzen, 483478 Haardfteeden (*r*). Reekent men nu de Kerkelyke Staat, 't Groot-Hartogdom van Tofcanen, en veel andere Landen, die tot Italien behooren, daar by, dan ziet men dat de giffing van *Voffius* ver buiten het fpoor loopt.

Poolen en Pruisfen. De giffing van de zelfde Schryver, ten opzigt van Poolen en Pruiffen, is ongegrond; want door de geen die 's Jaarlyks in 't Gebied van de Koning van Pruiffen gebooren worden, en die daar fterven in een Jaar, als men geen buitengewoone Ziektens heeft, blykt zeker genoeg, dat in het Ryk van den laatftgemelden Vorft meer volk moet zyn, als hy in beide die Ryken te zaamen ftelt.

Sina. Men geeft voor, dat in Sina 200 millioenen Menfchen zyn; maar zou dit wel met de waarheid overeen komen? ten minften ontdek ik wonderlyke tegenftrydigheden in de verhaalen, die de Zendelingen ons daar van doen. In de voorgaande Eeuw heeft men, in de 15 Provincien van dat Ryk geteld 10128789 Huisgezinnen (*s*), of zoo een ander heeft, 11502872 (*t*): het getal der Mannen, boven de 20 Jaaren, zou men gevonden hebben 58 millioenen,

---

(*l*) Memoir. du *Comte de Boulainv.*, pag. 577, Lond. 1718. (*m*) Idem, pag. 547.
(*n*) *Derham* Godgeleerde Natuurkunde, pag. 193.
(*o*) The Prefent State of Great-Britain, by *John Chamberlayne*, par. 1, pag. 2.
(*p*) Philofoph. Tranf., Num. 261, pag. 520.
(*q*) *Ricciolus* Geograph., lib. 12, pag. 678, Venet. 1672.
(*r*) De zelfde Schryver, op de aangetrokken plaats.
(*s*) Monarch. Sin. Tab. Chron., pag. 106. (*t*) Idem, pag. 105.

nen, 916 duizend, 783 (v); hier onder waren niet begreepen die van 't Koninglyke Hof, de Zoldaaten, de Bonzen van beide de Sexen, de Bedelaars, en die op de Scheepen woonen: dat in dit laatſte getal niet veel gemiſt kan zyn, blykt, om dat de Zom door de byzondere Landſchappen is opgemaakt, en dat de Huisgezinnen daar tegen over ſtaan, die redelyk wel met de evenredigheid van 't Volk overeen komen: maar hoe kan ieder Huisgezin vyf Mannen uitleveren boven de 20 Jaaren? zou in ieder Huisgezin 18 of 20 Menſchen zyn? het komt my veel waarſchynelyker te vooren, dat het voorgaande getal uitdrukt alle de Mannen, Vrouwen en Kinderen, dewelke op die tyd in Sina gevonden wierden, behalven die geene, dewelke de telling niet onderworpen waren, die wy hier boven uitgeſlooten hebben: de Schattingen ſchynen eerder oorzaak geweeſt te hebben, dat men de Huisgezinnen en 't Volk geteld heeft, als den Oorlog; want in dit laatſte geval zou men van de Mannen nog hebben moeten uitzonderen, die boven de 56 Jaaren, of daar omtrent waren, als onbequaam zynde om den Krygsdienſt te beginnen. In 't Jaar 1015 heeſt men op de voorgaande wys, 't getal der Buitenlieden, of die op 't platte Land woonen, de Hoofden geteld, en gevonden, 21 millioenen, 976 duizend, en 965 (x): dan zouden in de Steeden, als men 't Volk, in de laatſtgemelde tyd, in 't geheele Ryk, zoo veel ſtelde als in de laatſtvoorgaande Eeuw, moeten zyn 37 millioenen Mannen boven de 20 Jaaren. *Le Comte* verhaalt, dat hy in Sina 7 of 8 Steeden gezien heeft zoo groot als Parys; dat daar meer als 80 Steeden van de eerſte order waren, als Lyon, of Bourdeaux; onder 260 van de tweede order zyn meer dan 100 als Orleans; en onder 1200 van de derde order, vind men 5 of 600 zoo groot als La Rochelle of Angoulesme (y). Nu zyn in de Stad Lyons 79000, en in Bourdeaux 34000 Menſchen: indien dan in 't geheel in Sina 200 millioenen Menſchen zyn, zoo zouden omtrent 125 millioenen in de Steeden moeten woonen, 't welk volgt door de voorgaande telling van 't Volk op 't platte Land; dan zou in ieder Stad, door malkander, omtrent 80000 Menſchen moeten zyn; 't geen immers t'eenemaal tegen 't verhaal van *Le Comte* ſtryd. Een ander verhaalt, dat in Sina 70 millioenen Menſchen zouden zyn, en 't getal der ſtrydbaare Mannen 25 millioenen, 709 duizend, en 603 (z): moet men voor dit laatſte getal ook leezen, 15709603? ten minſten komt dit beter met de voorgaande 58 millioenen overeen. Het is dan niet buiten reden, dat men ſtelt, dat in Sina driemaal meer Volk is als in Vrankryk; en als men doorgaans reekent ten opzigt van de grootte van ieder Ryk, zoo zoude de Volkrykheid van 't laatſte tegen die van het eerſte, zyn als 2 tegen 1. Dunkt iemand Sina Volkryker te zyn als ik geſteld heb,

om

(v) Monarch. Sin. Tab. Chron., pag. 105. (x) Hiſtor Sin., pag. 90.
(y) Nouv. Memoir. ſur l'Etat de la Chine, tom. 1, pag. 123, Amſt. 1698.
(z) *Leutholf*, pag. 371, uit *Savedra*, pag. 71; over 't laatſte trekt by *Nieuwhof* aan, maar pag. 9 vind men 58940284.

om dat daar zoo veel wonderbaare groote Steeden in gevonden worden, daar niet zonder ophef van gefchreeven is, die kan ook bedenken, dat het getal daar van, na maate van de groote der Landfchappen, veel minder is als in Vrankryk, of in de Nederlanden; ook is daar een andere zwier, die het gewoel van 't Volk vergroot.

Wat nu eenige andere deelen van Afia aangaat, als Arabien, 't Moscovifch Tartaryen, en Tartaryen op zig zelfs. Deeze wyd uitgeftrekte Landen zyn op verre na zoo volkryk niet als Sina; van ieder groot deel van Afia en van de Eilanden dan een overflag maakende, zoo fchynt het getal van 't Volk te zamen omtrent 250 millioenen: van Afrika is qualyk met grond te giffen; voortyds waren in Egipten 7 millioenen Menfchen (a): 't Noorder America is van binnen geheel weinig bewoond, en 't Zuider ook niet heel volkryk: zou men dan wel heel veel miffen, als men al het Volk van de geheele Aarde ftelde op 500 millioenen?

'tGe-
booren
worden
en fter-
ven.

Nu is de vraag, of het getal der Menfchen op de geheele Aarde, of in de groote Koninkryken, vermeerdert, vermindert, of het zelfde blyft? Ik verftaa daar door zulke Landen, waar in de toevloed der Vreemdelingen, en 't getal van die daar uittrekken, zeer weinig is ten opzigt van al het Volk dat daar in gevonden word. De Koning van Vrankryk, *Carel* IX, heeft voor omtrent 160 Jaaren, 't Volk in dat Ryk doen tellen, en men vond meer als 20 millioenen Menfchen (b): indien men nu het getal dat in 't Jaar 1701 minder gevonden is, neemt voor de uitgeweeken Gereformeerde, zoo volgt, dat in veel meer als 100 Jaaren, 't getal van het Volk daar niet van belang vermeerderd of verminderd is: dit komt ook niet onaanneemelyk te vooren, als men bedenkt, dat wanneer het volk al te veel in 't getal aangroeide, zoo zou het Land te vol worden, en veele niet aan de koft-kunnen komen, en indien het te fterk verminderde, zoo zou de Aarde leedig worden, 't welk beide tegen het oogmerk van den Schepper fchynt te ftryden, blyft dan na genoeg het zelfde getal van Menfchen op de Aarde. Zoo zou het in de eerfte opflag wel fchynen of daar in een Jaar ten naaftenby zoo veel gebooren wierden als daar fterven; 't welk ik nu zal onderzoeken. Men heeft tot Augsburg meer als 200 Jaaren na malkander 't getal der Dooden aangetekend (c); om dat nu zoodanig een plaats kan af, of toeneemen, zoo verkies ik het het getal der Dooden in 't begin, en op het laatfte van de eerfte hondert Jaaren, als die op het alderminfte geweeft zyn: deeze twee getallen te zaamen geteld, de helft van de Zom met 100 vermeenigvuldigd, de uitkomft is nagenoeg 't getal der Menfchen die daar geftorven zouden zyn, indien geen buitengewoone ziektens geregeerd hadden: deeze nu afgetrokken van 't getal,

de-

─────────

(a) *Diod Sicul.*, lib. 1. *Marsham* Can. Chron., pag. 420 en 421.
(b) Op het woord France, in de Diction. van *Moreri*, pag. 543. *Leusbolf* groot Toneel, pag. 488. *La Croix* in zyn Geographie, 't tweede Deel, pag. 9.
(c) Philofoph. Tranf., Num. 428, van pag. 94 tot 97.

van het Menschelyk Geslagt.

dewelke daar in 100 Jaaren gestorven zyn; dit overschot wyst aan, hoe veel de ongewoone ziektens weggerukt hebben; 't geen omtrent een vyfde deel uitmaakt, van alle de Perzoonen, die daar in 100 Jaaren overleeden zyn; dat is, te reekenen tusschen de aldergezondste tyd en de sterfte, zoo als die door malkander voorvalt; welk getal nagenoeg zoo veel zal zyn als de gezonde tyd gespaart heeft: tot het Jaar 1600 bleef Augsburg nagenoeg in de zelfde stand; maar in de volgende 100 Jaaren nam de volkrykheid merkelyk af, en evenwel vond ik wederom, dat in de laatstgemelde tyd een vyfde deel van al de gestorvene door besmettelyke of buitengemeene ziektens ten grave zyn gebragt. Ik heb dit ook onderzogt door de aantekeningen, die te Dresden, in Saxen, gehouden zyn, de tyd van 101 Jaaren (d), en ook het zelfde gevonden. In Amsterdam zyn in de 23 laatstvoorgaande Jaaren gestorven 187666 Perzoonen, dat is ieder Jaar door malkander 8159: de dooden zyn op 't alderminst geweest in 't Jaar 1735, doe zyn maar 6533 gestorven; 't welk nagenoeg tegen 8159 is, als 4 tegen 5. Te London zyn in 134 Jaaren tyd, van het Jaar 1604 tot het Jaar 1737, volgens de Lysten, gestorven 2431550 Perzoonen, waar onder 152302 aan de Pest; dat is een zestiende deel: in de laatste 58 Jaaren is daar niet een aan gestorven. 't Schynt dat 'er in een plaats, of Koninkryk, daar 't getal van 't volk niet veel af of toeneemt, 's Jaarlyks, in een gezonde tyd, of als geen ongemeene ziektens uit openbaaren, meer Menschen gebooren worden als sterven, en dat het getal, waar door anders de Menschen zouden vermeerderen, wederom door Pest, Oorlog, en ongemeene Sterftens, die van tyd tot tyd voorvallen, zoodanig verminderd word, dat het getal der Menschen nagenoeg het zelfde blyft (e).

Om te weeten, hoe veel Menschen van ieder ouderdom 's Jaarlyks sterven, zoo heeft men te London, zedert 10 Jaaren, naukeuriger aantekeningen daar van gehouden, als men voor die tyd gedaan had: Ik zal maar alleen op de andere zyde zeven Jaaren vertoonen, zoo als de dooden daar alsdoen opgegeeven zyn; waar uit blykt, dat het Jaar 1732 voor London een gezond Jaar was: in de Jaaren 1733 en 1734 was een ziekte onder de Kinderen; maar voor de geen, die boven de 30 Jaaren waren, in 't laatste Jaar uitneemend gezond: in 't Jaar 1733 was een sterfte onder de oude Luiden. In de vier eerste Jaaren zyn de doodgebooren, ieder Jaar door malkander, geweest 658; in de twee laatste Jaaren heb ik die ook zoo genomen, om dat het waare getal my onbekend is; 't zou veel zyn als men 20 Menschen daar in miste: de gestorvene Kinderen, onder de twee Jaaren, in de volgende Tafel, waren alle levendig gebooren.

Hoe veel van ieder ouderdom te London sterven.

Tt   In

(d) Philosoph. Transact., Num. 428, van pag. 89 tot 93.
(e) John Graunt verhaalt, pag. 61, dat op het platte Land, buiten London, omtrent 70 gebooren worden tegen 58 die sterven. Dit is te verstaan in een gezonde tyd.

Giſſingen over den Staat

In 't Jaar	1731	1732	1733	1734	1735	1736	1737
Onder de 2 Jaaren	9234	8865	11082	10091	9082	9922	9396
Van 2 tot 5	2096	1517	2409	2830	1963	2706	2613
— 5 — 10	932	716	957	1228	755	993	1008
— 10 — 20	806	611	754	829	691	816	885
— 20 — 30	1916	1627	1857	1718	1605	2139	2241
— 30 — 40	2351	2175	2564	2212	2158	2445	2652
— 40 — 50	2261	2121	2685	2154	2138	2357	2578
— 50 — 60	1839	1741	2196	1668	1684	2121	2270
— 60 — 70	1500	1581	1871	1324	1339	1666	1650
— 70 — 80	913	974	1188	793	872	1114	1164
— 80 — 90	628	660	804	484	565	557	556
— 90 — 100	108	121	198	66	84	83	127
boven de 100	5	12	12	4	12	4	5
	24589	22721	28577	25401	22948	26923	27165

Aan de Koorts geſtorv. 3225 | 2939 | 3831 | 3116
Aan de Kinderpokjes 2640 | 1197 | 1370 | 2688

Mr. *Maitland*, in zyn Hiſtorie van London, verhaalt, dat de Lyſten der Dooden, te London, zeer gebrekkelyk zyn (*f*), om dat daar geen andere op gevonden worden als de begravene op de Kerkhoven van de Parochien; waar onder niet begreepen, die in de St. Pauluskerk, in de Abdy van Weſtmunſter, in de verſcheide Kapellen, in de Gaſthuizen, en op de Kerkhoven van de Non-Conformiſten ter Aarde zyn beſteld (*g*): om dit *te verbeteren*, zoo heeft de voornoemde Schryver opgenomen, dat buiten de Lyſt, in 't Jaar 1729, te London en in de Voorſteden, op 63 plaatzen, nog begraven zyn, als volgt; waar onder 24 die men te Tyburn geregt heeft:

	Perzoonen.
In verſcheide Kapellen, Gaſthuizen, en Parochien buiten de Stad	1371
Op die van de Jooden, waar onder 85 van de Portugeeſche Natie	125
Op de Kerkhoven der Presbyteriaanen	770
Op die van de Quakers	246
Op die van de Doopsgezinden	210
Op die van de Independenten	118
Te zaamen	2840

Dog

(*f*) The Hiſtory of London, pag. 540.
(*g*) In 't Jaar 1562 heeft men voor de eerſtemaal 't getal der Dooden te London aangetekend, om te weeten, of de Peſt vermeerderde of verminderde, daar in 't zelve Jaar aan geſtorven zyn 20136, onder 23630 die begraven wierden. In 't Jaar 1592 quam de
Peſt

van het Menschelyk Geslagt.

Dog, om dat in 14 Jaaren tyd, van 't Jaar 1724 tot het Jaar 1737, ieder Jaar door malkander begraven zyn, volgens de gemeene Lyften, 26906 Perzoonen, en in 't Jaar 1729, volgens de Lyft, 29722, zoo blykt, dat de fterfte in 't laatfte Jaar wat meer als gemeen was, daarom verminder ik die buiten de Lyft zyn, na die proportie, tot het getal van 2543, en befluit, dat te London en in de Voorfteeden, zoo ver als de Sterf-Lyften ftrekken, tegenwoordig, door malkander, 's Jaars omtrent 29450 begraven worden (b), dat is, in proportie tegen die van Amfterdam, als 65 tegen 18.

Door de aantekeningen, gehouden te Breslaw, in vyf Jaaren tyd, van 't Jaar 1687 tot 1691, heeft de Heer *Halley* een Tafel opgemaakt, om de Lyfrenten te berekenen, en 't getal der Menfchen, van ieder Ouderdom, van Jaar tot Jaar daarin vertoond (i): 's Jaarlyks zyn daar door malkander gebooren 1238 Kinderen (k). In 't eerfte Jaar zyn 348 daar van geftorven; van 1 tot 6 Jaaren zyn 198 geftorven, zoo dat maar 692 van de geboorne Kinderen zes volle Jaaren geleefd hebben. Ik heb voor eenige tyd twee Tafels opgemaakt; de eerfte diende om de Proportie van de verfcheide Ouderdommen te weeten, die op een tyd leeven; en de andere, die met Nom. 2 getekend was, daar hier na van gemeld zal worden, voor de Lyfrenten, waarin ik de fterfte wat meer genomen had, als in de Tafel van de Heer *Halley*; dog, om dat de Mannelyke en Vrouwelyke door malkander waren, zal ik dezelve niet ftellen, alzoo ligtelyk een gelegentheid zig opdoen zal, dat ik die in 't byzonder kan geeven.

Volgens de Tafel van de Heer *Halley*, bereikt een vyfdendeel van 't Menfchelyk geflagt de ouderdom van 59½ Jaar. Ziet hier 't Sterven van eenige oude Menfchen op twee plaatzen in Duitsland:

Te Leipzig zyn in 2 Jaaren tyd geftorven 2294 Perzoonen, waar onder

296 van 60 tot 70 Jaaren.
132 — 70 — 80 ——
33 — 80 Jaaren en daar boven.

Te Lobau zyn in één Jaar geftorven 355 Perzoonen, waar onder

51 van 60 tot 70 Jaaren.
29 — 70 — 80 ——
9 — 80 Jaaren en daar boven.

Peft wederom; doe begon men 's Jaarlyks de generaale Lyft van de Dooden uit te geeven: twee Jaaren daar na gaf men de weekelyke Lyften van de gedoopte en geftorvene uit, behalven de generaale Lyft; dog de Peft opzehouden zynde, zoo wierden de Lyften niet vervolgd, tot het Jaar 1603, toen begon men wederom. In 't Jaar 1629 quamen daar by de verfcheyde ziektens en toevallen, daar de begravene aan geftorven waren: In 't Jaar 1728 wierder de Ouderdommen der geftorvene van 10 tot 10 Jaaren daar by gedaan, en van de Kinderen onder de 2 en 5 Jaaren

(b) De Lykfchouwfters, of die in haar plaats komen, bezien alle Lyken; maar de Klerken der Parochien tekenen geen andere op, als die in hun Parochie begraven worden.

(i) Philofoph. Tranfact., Num. 196, pag. 600.

(k) In de Lyften van Breslaw, zoo als die uitgetrokken zyn in de Engelfche Tranfactien; na 't Jaar 1717, vind men *Chriftened*, dat wil zeggen gedoopt.

332   *Giſſingen over den Staat*

Dog zomtyds is een groote ſterfte onder de Menſchen boven de 60 Jaaren. In 't Jaar 1733 zyn te London geſtorven 4073 Perzoonen boven de 60 Jaaren; in 't volgende Jaar is de Sterfte in 't geheel ⅓deel minder geweeſt als in 't voorgaande Jaar, doe zyn maar 2671 Menſchen boven de 60 Jaaren geſtorven; in 't eerſte Jaar zyn 210 Menſchen van 90 Jaaren en daar boven geſtorven, en in 't volgende Jaar maar 70; zomtyds is een ſterfte onder de Kinderen; in 't Jaar 1737 zyn te Weenen en in de Voorſteeden geſtorven 6735 Perzoonen, waar onder 2473 Kinderen, die nog geen Jaar oud waren, 1586 van 1 tot 10 Jaaren, 178 van 10 tot 20, 400 van 20 tot 30, 455 van 30 tot 40, 490 van 40 tot 50, 367 van 50 tot 60, 359 van 60 tot 70, 289 van 70 tot 80, 110 van 80 tot 90, 24 van 90 tot 100, en 4 van 100 Jaaren en daar boven.

Generatien.   't Schynt dat de oude Egiptenaaren in een plaats 't volk geteld hebben, en vonden, dat in een of meer Jaaren, door malkander, daar 's Jaarlyks 1/33 van 't getal des volks geſtorven is, dan zou in 100 Jaaren driemaal 't getal van de Menſchen, die op een tyd in de zelfde plaats leefden, geſtorven zyn. Zou dit ook de oorſpronk weezen van de Generatien, die voortyds daar in de Tydrekeningen gebruikt wierden? want *Herodotus* verhaalt, dat drie Generatien net 100 Jaaren duuren (*l*): meent men, dat door de Generatien verſtaan word de langduurigheid van de Regeeringen der Koningen en Vorſten, die malkander uit een geſlagt gevolgd zyn? daar vind ik zwaarigheid in, om dat de ondervinding aanwyſt, dat die door malkander maar 18 of 20 Jaaren Regeeren (*m*): drie Generatien, van de Vader tot de oudſte Zoon, maaken omtrent 75 of 80 Jaaren (*n*).

't Volk in London en Parys.   De Heer *Derham* zegt, dat in alle deelen van Europa een zekere bepaalde gelykmatigheid in de voorteeling van 't Menſchelyk geſlagt is; dat het getal der Huwelyken, ook van die gebooren worden en ſterven, nagenoeg eene evenredigheid houd, met het getal der Menſchen, die in een geheel Land zyn (*o*); maar deeze evenredigheid is tot nog toe bezwaarlyk om te vinden, en na de menigte van 't Volk giſt men op een ruwe wyze: by voorbeeld, de Aardrykbeſchryver *La Croix* ſtelde 't volk van Parys, in 't Jaar 1690, op twee Millioenen (*p*); *A. du Bois* neemt daar voor, omtrent deeze tyd, één Millioen (*q*); *William Petty* reekende, dat in de gemelde Stad, in 't Jaar 1686, waren 488055 Menſchen, volgens *Auzout* 487680 (*r*); *John Graunt* meende, dat het getal der Inwoonders, in en by London, in 't Jaar 1660, was 460000 (*s*): de voornoemde *Petty* reekende, dat, in 't Jaar 1686, aldaar zouden geweeſt zyn 695718 Menſchen (*t*); een ander meent, dat te Londen 1200000 Menſchen zyn

---

(*l*) *Herodotus*, lib. 2, pag. 64, Ed. Steph. 1566.
(*m*) *Newton* la Chronologie des Grecs, pag. 54, Paris 1728.
(*n*) De zelfde Schryver, pag. 56.   (*o*) Godgeleerde Natuurkunde, pag. 103.
(*p*) Geographie 2de Deel, pag. 193.
(*q*) La Geographie Moderne, par. 1, pag. 104, la Haye 1736.
(*r*) Philoſoph. Tranſact., Num. 185, pag. 237.
(*s*) Natural. and Political. Obſerv., pag. 57 & 58, Lond. 1662.
(*t*) Philoſoph. Tranſact., Num. 185, pag. 237.

van het Menschelyk Geslagt.

zyn (v) : Mr. *Maitland*, in zyn Historie van London, reekent, dat tegenwoordig in die Stad zyn 95968 Huizen (x), waar in woonen 725)03 Menschen (y); hy verhaalt, dat in 't Jaar 1631, op order van den Breeden Raad, 't volk in London geteld is, waar uit hy de Wyken genomen heeft, daar van bekend was, hoe veel Menschen daar in een Jaar gestorven zyn, en daar, volgens de opneeming van 't Jaar 1729, de onopgetekende, na maate van 't getal des volks, bygedaan, zoo vind hy, na de behoorlyke aanmerkingen, dat in de Wyken, by hem ieder in 't byzonder te zien, te zaamen zyn geteld 73126 Perzoonen; vier Jaaren voor, en vier Jaaren na 't Jaar 1631, zyn in de gemelde Wyken, ieder Jaar door malkander, gestorven 2976 Menschen, waar onder niet gereekent, die door de Pest weggerukt zyn, 't welk 53 Perzoonen waren, (men zou daar nog kunnen aftrekken 11 Menschen, die in een Jaar, onder de 2976, op de Scheepen van de Engelsche Oostindische Compagnie overleeden zyn): dit is de grond, daar de laatstgemelde Schryver het tegenwoordige volk van London door bepaald heeft: hy voegt daar by, dat het onmogelyk is om dit nader te weeten, ten zy dat men het volk telt; en hy zal, ten minsten voor die plaats, niet ver van de waarheid zyn: dan volgt, dat, buiten de Pesttyden, daar 't Jaarlyks omtrent ¼ deel van 't getal des volks sterft. 't Kon evenwel zyn, dat in andere Landen, 's Jaarlyks, wat minder sterven. Het is buiten reden, en niet om te bewyzen, dat uit *King* bygebragt word, als of 't getal der Menschen, in Engeland, alle 100 Jaaren, 880000 zou aangroeien: stelt men met de zelfde Schryver, dat in 't Jaar 1700, in dat Ryk 5½ millioen Menschen zyn geweest, dan vraag ik aan de geen, die die kennis van de Geschiedenissen hebben, hoe veel Menschen dat in de tyd van *Beda* wel in Engeland waren? of zelfs in 't begin van de 11de Eeuw?

Te Stoke Damarell, in 't Landschap Devon, in Engeland, heeft men, in 't Jaar 1733, geteld 3361 Menschen; in een Jaar tyd zyn daar gedoopt 122 Kinderen, en getrouwd 28 Paaren (z): maar wat staat kan men op de gedoopte maaken, om de verscheidentheid der Religien; ook zullen zekerlyk nog verscheide voor den Doop gestorven zyn; zoo dat hier niet anders uit te trekken is, als dat op die plaats, indien de volgende, of voorgaande Jaaren, daar meede nagenoeg overeen komen, het getal der gedoopte, door een kleinder getal als 27½, moet gemultipliceerd worden, wil men het getal van al het volk hebben: om 't getal van de Menschen door de geboorne vinden, is zoo ligt niet als in de eerste opslag wel schynt; want op de eene plaats trouwen, na maate van 't volk, meer Menschen als op de andere: om door 't sterven 't zelve te ontdekken, diende men agt te geeven op de alderminste en middelbaare sterfte; ook schynen in 't eene Land de Menschen doorgaans wat langer te leeven als in 't andere, en nog veel andere zwaarigheden, die ik alle niet zal aanhaalen; maar alleen de ongelyke proportie aantoonen,

die

Stoke-Damarell.

(v) The Present State of Great. Britain., pag. 84, Lond. 1707.
(x) Pag. 531. (y) Pag. 541. (z) Philosoph. Transact., Num. 439, pag. 171;

Giſſingen over den Staat

die in eenige Steeden en Landen tuſſchen de gedoopte, de geſtorvene, en begravene is.

Gouda. Vooreerſt zal ik Gouda voorſtellen, daar zyn in 32 Jaaren tyd, van 't Jaar 1701 tot het Jaar 1732 beide ingeſlooten, gedoopt 18272 Kinderen, getrouwt 5582 Paaren, en geſtorven 19227 Menſchen; 't getal der geboorne zal evenwel iets grooter zyn, wegens de geen, die voor den Doop ſterven, en de Mennoniten, die daar ook een Gemeente hebben: om de proportie van de verſcheyde Religien in die plaats te zien, zal ik alleen de gedoopte, de getrouwde, en de geſtorvene, in de vier laatſte Jaaren van de 32, die ik heb, hier nederſtellen:

In 't Jaar	Gereform.	Remonſtr.	Luterſche	Roomſche	Te zaamen	Paar. Getr.	Geſtorv.
1729	287	72	17	165	541	182	587
1730	347	87	19	174	627	182	705
1731	308	74	10	165	557	154	548
1732	359	65	12	162	598	189	544
	1301	298	58	666	2323	707	2384

De geſtorvene van 't Jaar 1726 tot het Jaar 1733 ingeſlooten, in 8 Jaaren tyd, zyn, ieder Jaar door malkander, 651.

Enkhuizen. De Stad Enkhuizen, die zedert 100 Jaaren merkelyk in Volkrykheid en Huizen is afgenomen, daar zyn in 10 Jaaren tyd, van 't Jaar 1728 tot het Jaar 1737, geſtorven 4116 Menſchen, getrouwt 1105 Paaren; gedoopt, by de Gereformeerden 2112, by de Luterſche 204; in de zeven laatſte Jaaren, zyn, ieder Jaar door malkander, by de Gereformeerde gedoopt 229 Kinderen, en in zeven Jaaren, van 't Jaar 1721 tot het Jaar 1727 ingeſlooten, 192 Kinderen, zoo dat het ſchynt, dat die Stad wederom begint toe te neemen; van 't Jaar 1728 tot het Jaar 1732, in de tyd van vyf Jaaren, zyn by de Luterſche gedoopt 73, en in de vyf volgende Jaaren 131: in Amſterdam worden 20maal meer Menſchen begraven, en daar trouwen 24maal meer als in Enkhuizen: volgens de Regel van de Heer Maitland, zouden in die Stad tuſſchen de 10 en 11 duizend Menſchen zyn, dat is door malkander vier Menſchen in ieder Huis.

Parys. De gedoopte, getrouwde, en begravene te Parys, in de vier onderſtaande Jaaren, zyn geweeſt, als volgt:

Jaaren	Gedoopte	Getrouwde Paaren	Dooden	Vondelingen
1733	17825	4132	17466	2414
1734	19835	4133	15122	2654
1735	18862	3876	16196	2577
1736	18877	3990	18900	2681
De Zom	75399	16131	67684	10326
Ieder Jaar	18850	4033	16921	2581

van het Menschelyk Geslagt. 335

In negen Jaaren, voor het Jaar 1736, zoo waren, ieder Jaar door malkander, de gedoopte 18688, de getrouwde paaren 4112, de Dooden 17804, de gevonden Kinderen 2471, zoo dat, omtrent deeze tyd, het getal der Doodea te Parys, tot het getal der Dooden te Amfterdam, is als 30 tegen 13; na maate van 't getal der Menfchen in ieder van die plaatzen, trouwen te Parys 's Jaarlyks minder Menfchen als te Amfterdam: in deeze laatfte Stad zyn in de Jaaren 1736 en 1737 getrouwd, te zaamen, 5001 Paaren; in de zeven voorgaande Jaaren, ieder Jaar door malkander, 2788 Paaren. Mr. *Maitland* reekent, dat in Parys zyn 437478 Menfchen; maar zouden de getallen van *Petty* en *Azout* niet nader aan de waarheid zyn? 't fchynt dat men hier de geboorne met omtrent 24 moet vermenigvuldigen, om 't getal van al het volk te hebben.

In 't Jaar 1698 zyn in alle de Domeynen van de Keurvorft van Brandenburg gedoopt 67763, getrouwd 18298 paaren, en begraven 44678 (*a*); dog na die tyd zyn nog eenige Landen onder 't gebied van die Vorft gekomen; zoo dat in de vier volgende Jaaren, in 't geheele gebied van de Koning van Pruiffen, de getallen aldus geweeft zyn:

Jaaren	Gebooren	Paaren Getrouwd	Begraven
1725	82393	19877	61586
1726	83396	20331	64745
1727	81553	20469	65236
1728	75970	22044	64936
Te Zaamen	323312	82721	256503
Ieder Jaar	80828	20628	64126

Mr. *Maitland* befluit, door zyn reckening, dat in alle de Landen van den Koning van Pruiffen, ten hoogften niet meer zyn als 1494488 Menfchen (*b*): wil men hier de Regel gebruiken, om de geboorne door 35 te vermenigvuldigen, dewelke iemand meent, dat dienftig is, om 't getal der Menfchen in geheel Holland, of te Amfterdam, Haarlem, en den Haag te bepalen, dan zou het getal van al het volk zyn 2828980: om dat de Dooden hier zoo weinig zyn, en zoo veel van de geboorne verfcheelen, zoo fchynt het my toe, dat, in 't Jaar 1698, omtrent ¼ deel van 't getal der Menfchen, en in de vier andere Jaaren ¼ deel, 's Jaarlyks gebooren wierd, en in beide ¼ deel geftorven; dan zou, voor 12 Jaaren, 't getal van 't volk omtrent 1920000 geweeft zyn.

De gemelde Heer *Maitland*, daar hy 't volk van Ninive begroot, verhaalt, Ninive. dat, volgens de hedendaagfche manier van reekenen, de Kinderen ¼ deel van
al

(*a*) Philofoph. Tranfact., Num. 261, pag. 508; hier ftaat gedoopte, en in de vier Jaaren, die hier boven te zien zyn, gebeorne, 't geen my vreemd voorkomt.
(*b*) The Hiftory of London, pag. 550.

336 *Gissingen over den Staat*

al de Menfchen uitmaaken, die in een plaats gevonden worden; maar dit moeft nader bepaald zyn: de Propheet *Jonas* fchryft van Kinderen, die nog van regts of flinks wiften, en bygevolg jonge Kinderen: Volgens de Tafel van de Heer *Halley*, maaken de Kinderen, die vyf Jaaren en daar beneden oud zyn, ⅙fte deel van 't volk uit; die 15½ Jaar oud zyn, en daar beneden, zyn 7/11 deelen van al de Menfchen, die in een plaats leeven; nu kan men de Kinderen, van 7 tot de geen die 15½ Jaar oud zyn, niet reekenen onder de geen daar de Propheet *Jonas* van gewag maakt; zoo dat de Heer *Maitland* meer als de helft minder Menfchen in Ninive ftelt, als uit de voornoemde Propheet volgt, dat daar in geweeft zyn; want hy begroot dezelve maar op 403000, en die van Babylon op 487921 Menfchen (c).

Milaanen. In 't Jaar 1726 heeft men 't volk in Milaanen opgenomen, en men vond 103000 Perzoonen, van de beide de Sexen boven, de zeven Jaaren; hier doet de Heer *Maitland* 47000 by, voor de Kinderen onder de zeven Jaaren; dan zouden 150000 Menfchen, volgens zyn meening, in die Stad geweeft zyn; dog volgens de Tafel van de Heer *Halley* nog geen 123500; volgens myn Tafel ruim 122000.

Hamburg. Voor het Jaar 1714 waren de Dooden in Hamburg, volgens Mr. *Maitland*, omtrent 3000; *Erdman Neumeifter*, Paftor in St. Jacobskerk te Hamburg, meende, dat, omtrent het Jaar 1716, in die plaats wel 240000 Zielen waren (d); dog dit is te veel: *Ricciolus* verhaalt (e), dat men door waarneemingen van lange Jaaren agtereen, ondervonden heeft, dat de geboorne te Bononien 's Jaarlyks een vyftiende deel des getals van al het volk uitmaaken; maar dit fchynt my te veel.

Gedoopte, getrouden, en geftorvene in eenige plaatzen. Ziet hier de proportie tuffchen de gedoopte, getrouwden, en geftorvene, op zommige plaatsen; dog in Infterburg is iets dat ik niet kan begrypen:

In 't Jaar		Gedoopt	Paaren getrouwd	Geftorven
1725	Venetien	4836		4816
1717	Weenen	4242		6110
1725	———	4708		5865
1723	Coppenhagen	2604	701	1914
1720	Infterburg, in Pruiffen	2386	336	1398
1721	———	2235	359	889
1722	———	2045	381	1013
1721	Berlin	2276	669	2426
——	Koningsbergen	1682	474	1402
——	Dantzik	1470	446	1579

1720

(c) The Hiftory of London, pag. 543.
(d) Heilige Wochen Arbeit, pag. 331, Hamb. 1724.
(e) In zyn Geographie, pag. 681, Venet. 1671.

van het Menschelyk Geslagt.

In 't Jaar	Gedoopt	Paaren getrouwd	Gestorven
1720 tot 1737 Haarlem doorm:		436	1587
1721 Neuremburg	1084		1063
1720 Brandenburg	936	213	576
1725 Frankfort aan de Main	731		843
—— Erfurt	659	188	612
1723 Lobau	226		171

Men ziet door het voorgaande, dat hier nog veel in valt te ontdekken, en dat men nog een menigte van netter Waarneemingen zal moeten hebben, om met zekerheid 't getal van 't volk in een Plaats of Land, zonder tellen, te vinden.

Geeft men agt op de geboorte der Kinderen, zoo zal men bevinden, dat in deeze Gewesten meer Jongens gedoopt worden als Meisjes; te London, meer als 80 Jaaren na malkander, van Jaar tot Jaar, zoo menigmaal als men daar 100 Jongens doopte, dan wierden op 't aldermeest 99, en op 't alderminst 89 Meisjes gedoopt (*f*); en in 101 Jaaren zyn in de laatstgemelde Plaats gedoopt 657899 Jongens, en 619925 Meisjes, dat nagenoeg is als 52 tegen 49; dog men mogt zeggen, is dit op andere Plaatsen ook ten naastenby volgens de zelfde evenredigheid? Tusschen de Jaaren 1717 en 1725 zyn in de onderstaande Steeden gedoopt, de volgende getallen van Jongens en Meisjes: de derde Colom met Cyffers verbeeld het getal van de Meisjes, die, ingevolge van 't gestelde getal der Jongens, gedoopt zouden moeten worden, indien altyd die order plaats greep, dat geduurig 49 Meisjes gedoopt wierden tegen 52 Jongens.

Order in beide de Sexen.

	Jongens	Meisjes	Meisjes na de order	Verschil
Coppenhagen	2651	2439	2498	+ 49
Breslaw	5105	4913	4811	— 102
Leipzig	1771	1657	1669	+ 12 (*g*)
Dresden	4240	4046	3995	— 51
Weenen	2185	2057	2059	+ 2
Te zaamen	15952	15112	15032	— 80

(*f*) *Nieuwentyd* Regt gebruik der Wereldbeschouwing, pag. 306 en 307. Ik was met verwondering aangedaan, als ik op de gemelde plaats, ook in de Engelsche Transactien, Num. 328, pag. 190, vond, dat in 't Jaar 1703. tot London, gedoopt zyn 7765 Jongens en 7683 Meisjes; en in 't Jaar 1704 maar 6113 Jongens, en 5738 Meisjes, daar in 't Jaar 1705 wederom gedoopt wierden 8366 Jongens, en 7779 Meisjes: hoe zou men van dit groote verschil reden kunnen geeven? dog uit de Sterflyst van 't Jaar 1704 blykt, dat in 't zelfde Jaar gedoopt zyn 8153 Jongens, en 7742 Meisjes.

(*g*) Philosoph. Transact., Num. 380, 381, 400 en 409.

338   *Giſſingen over den Staat*

Men ziet dan, dat het gebooren worden, in de voornoemde plaatzen, ten opzigt van London, nagenoeg overeen komt; van 't Jaar 1657 tot het Jaar 1737 ingeflooten, zyn in de laatſtgemelde plaats begraven 994656 Mannelyke, en 965298 Vrouwelyke (*b*); van 't Jaar 1628 tot het Jaar 1661 ingeflooten, in de zelfde plaats, 209436 Mannelyke, en 190474 Vrouwelyke (*i*)

Meisjes zyn vaſter van leeven als de Jongens.   Door de Sterflyſt van Breslaw, van 't Jaar 1717, heb ik het eerſt gemerkt, dat de Meisjes, als die door malkander gereekent worden, langer leeven als de Jongens, als men die ook door malkander reekent, op deeze wyze: als men 200 eerſtgebooren Kinderen opfchreef, te weeten, 100 Jongens, en 100 Meisjes, zoo is het zeker genoeg, dat doorgaans veel meer Meisjes de ouderdom van 10 Jaaren zullen bereiken als Jongens; dit blykt uit de aantekeningen van de drie onderſtaande Steeden: uit de twee eerſte Colommen, indien men die door malkander reekent, volgt, dat t'elkens 100 Jongens tegen 86 Meisjes, onder de 10 Jaaren, ſterven; de voorſchreeven Jongens en Meisjes waren alle leevendig gebooren: 't getal der Jongens vaſtgeſteld zynde, zoo drukt de derde Colom uit, de Meisjes, die, volgens de laatſtgemelde proportie, zouden ſterven; en de vierde Colom, 't getal der geene, die wezentlyk meer of minder als na die Regel geſtorven zyn:

	Jongens	Meisjes	Meisjes na de Regel	Verſchil
In Breslaw in 8 Jaren geſtorven	3090	2662	2657	— 5
Te Dresden in 5, en te Leipzig in 6 Jaaren	3705	3705	3180	+ 6

Jongens komen met meer gevaar leevendig ter Wereld dan Meisjes.   In onze Geweſten fchynt het, dat voor de Jongens meer gevaar is om leevendig ter wereld te komen als voor de Meisjes; want onder 10590 kinderen, in 8 Jaaren tyd te Breslaw gebooren, zyn dood ter Wereld gekomen 350 Jongens en 222 Meisjes; onder 7945 Kinderen, in 5 Jaaren te Dresden gebooren, waren onder de geen die dood te voorſchyn quamen 252 Jongens, en 182 Meisjes: in 6 Jaaren tyd zyn te Leipzig gebooren 5576; de doodgebooren Jongens zyn daar geweeſt 217, en de Meisjes 161: als men nu die van Breslaw, Dresden en Leipzig door malkander reekent, dan zyn de doodgebooren Jongens tot de doodgebooren Meisjes, nagenoeg als 13 tegen 9; volgens deeze order is 't verfchil aldus:

		Jongens	Meisjes	Meisjes na de Regel	Verſchil
Breslaw	⎫	350	222	242	+ 20
Dresden	⎬ Doodgebooren	252	182	175	— 6
Leipzig	⎭	217	161	150	— 11

Als 35 Kinderen te Breslaw gebooren worden, dan komen in 't gemeen twee dood ter wereld; te Leipzig word van de 14 of 15 één doodgebooren; dog te London van meer als 30 maar één.   Uit

(*b*) Mr. *Maitland* Hiſtorie van London, pag. 541.
(*i*) *John Graunt* Nat. & Pol. Obſ., pag. 44, Lond. 1661.

van het Menschelyk Geslagt.

Uit de Tafel van pag. 330 volgt, dat van 100 leevendig-gebooren Kinderen 't Sterven der Kinderen. nog meer als 50 of 51 beneden de 10 Jaaren sterven (k); en door andere plaatzen vind ik ook, dat doorgaans de helft van de Kinderen 10 Jaaren bereiken; in 8 Jaaren tyd zyn te Breslaw gestorven 11508 Menschen, waar onder 5752 Kinderen beneden de 10 Jaaren; de doodgebooren zyn hier en in de volgende aantekeningen niet onder begrepen: in 't Jaar 1718 zyn 't alderweinigst van de voornoemde Kinderen gestorven; want onder 1183 Menschen, die begraven zyn, waren maar 562 leevendig-gebooren Kinderen onder de 10 Jaaren. Ziet hier 't sterven der Kinderen in eenige plaatzen van Duitsland; de groote sterftens onder dezelve heb ik niet gesteld:

Leipzig.			Dresden.			Andere Steeden.		
In 't Jaar	Dood.	Kinder.	In 't Jaar	Dood.	Kinder.	In 't Jaar	Dood.	Kind.
1722	923	464	1723	1554	947	1722 Neuremburg	1045	513
1723	861	469	1724	1663	1030	1721 Regensburg	220	108
1724	900	531	1725	1556	790	1725 ———	213	108
1725	738	380				1720 Joh. Geor. Stad	243	120

Uit de Engelsche Sterflysten kan men een overslag maaken, wat deel van Ziektens de Menschen aan de voornaamste Ziektens sterven: de Koortzen, Kinder- en Toepokjens en Stuipen neemen meer als de helft van de Menschen weg; de twee vallen. eerste Ziektens gaan zeer ongelyk; in 49 Jaaren, daar ik de aantekeningen van heb, zoo zyn de Kinderpokjens, te London, op 't meest, of ten minsten 't gevaarlykst geweest, in 't Jaar 1710, doe waren, onder ieder 1000 dooden, daar aan gestorven 127; en op 't alderminste, in 't Jaar 1684, doe zyn onder 't zelfde getal maar zeven geweest, die daar aan gestorven zyn; doorgaans genomen, zoo maaken die omtrent $\frac{1}{14}$ deel van de Dooden uit. In 21 Jaaren, tusschen 1702 en 1734, zyn onder de Dooden geweest het $\frac{1}{14}$ deel, die aan de Mazelen gestorven waren, als men dezelve door malkander reekent; in 't Jaar 1704 waren die zoo weinig, dat de gestorvene daar van maar $\frac{1}{153}$ deel van de Dooden uitmaakten; dog in 't Jaar 1733 hebben dezelve aldaar op 't meest, binnen de voorschreeven Jaaren, gewoed, doe vond men, dat, onder de Dooden, $\frac{1}{14}$ deel daar aan gestorven waren; onder 83 Menschen stierven daar drie aan de Waterzugt; van de Vrouwen, die in de Kraam quamen, stierf omtrent het $\frac{1}{14}$ deel; onder 70 of 71 Kinderen, die gedoopt wierden, waren in 't gemeen een paar Tweelingen; te Haarlem, als men 33 Jaaren door m lkander reekent, onder de 76 een Paar: Ik verwonder my, dat tusschen de Jaaren 1702 en 1706, in vier Jaaren tyd, omtrent $3\frac{1}{2}$ maal meer Menschen gestorven zyn

---

(k) Om dat te London 's Jaarlyks meer sterven als gebooren worden, zoo schynt het, dat van 100 leevendig-gebooren Kinderen, daar doorgaans maar 47 boven de 10 Jaaren komen.

zyn door Pyn in 't Lyf, 't Colyk, en de Kronkel in de Darmen, als tuſſchen de Jaaren 1731 en 1734, beide ingeſlooten: heeft men in de eerſte Jaaren ook ander zoort van Ziektens daar onder geteld? of komt dit uit de verſcheide geſteldheid van de Lugt? of heeft men in de laatſte Jaaren daar ook beter hulpmiddelen tegen gehad?

De Onechte. De Baſtaarden maaken in Berlin omtrent $\frac{1}{10}$ deel van de gedoopte uit; en door 't geheele Land des Konings van Pruiſſen, omtrent $\frac{1}{17}$ deel: in Dresden waren, in 't Jaar 1721 en 1723, de Onechte ruim $\frac{1}{17}$ deel; dog in de Jaaren 1724 en 1725 ſcheenen de Zeden daar wat verergerd; want doe waren dezelve omtrent $\frac{1}{11}$ deel.

Om de Staat van 't Menſchelyk Geſlagt nader te kennen, zoo diende men te weeten, hoe veel ſtaande Huwelyken in ieder Plaats of Land zyn, hoe veel ongetrouwde, en zoo voort; in Duitsland worden op veel Plaatzen die onderſcheiden, onder de geen die begraven zyn: by voorbeeld, te Breslaw zyn in de volgende 8 Jaaren geſtorven:

't Jaar	Getrouwde Mannen	Getrouwde Vrouwen	Weduwnaars en Weduwen	Vryers	Vryſters	Kinderen onder de 10 Jaar	Geſtorv.
1717	226	144	157	60	57	816	1460
1718	238	141	122	60	60	562	1183
1720	385	186	285	113	113	645	1727
1721	301	157	208	92	82	572	1412
1722	231	149	150	57	52	1069	1708
1723	220	118	150	48	46	675	1257
1724	231	148	154	57	66	743	1399
1725	259	153	158	64	58	670	1362
	2091	1196	1384	551	534	5752	11508

In 8 Jaaren tyd zyn te Breslaw, door het ſterven van getrouwde Mannen, en getrouwde Vrouwen, gebroken 3287 Huwelyken, dat is ieder Jaar door malkander 411: om deeze Huwelyken te vervullen, zyn, in 6 Jaaren tyd, (want in de Jaaren 1717 en 1718 vind ik het getal der getrouwden niet) daar in den Echt verbonden 2460 Paaren, dat is ieder Jaar door malkander 410; 't welk nagenoeg met de gebroken Huwelyken overeen komt: zou men hier nu uit kunnen beſluiten, dat in een Plaats, die niet veel af- of toeneemt, in eenige Jaaren door malkander, nagenoeg zoo veel Paaren trouwen als daar Huwelyken door 't ſterven gebroken worden? als 't eerſte, in een Plaats, van Jaar tot Jaar, het laatſte overtrof, zou dan zoodanig een Plaats niet volder worden? en het laatſte geduurig minder zynde, zou dan die Plaats niet uitſterven? In 5 Jaaren tyd zyn te Dresden geſtorven, als volgt:

van het Menschelyk Geslagt.

't Jaar	Getroud. Mannen.	Getroud. Vrouwen	Weduwnaars.	Weduwen.	Vryers.	Vrysters.	Kinderen.	Te zaamen.
1720	255	182	52	189	88	84	811	1661
1721	274	206	42	238(*l*)	128	93	879	1860
1723	165	136	36	138	68	64	947	1554
1724	161	151	35	143	72	71	1030	1663
1725	225	174	36	65	99	167	790	1556
	1080	849	201	773	455	479	4457	8294

In de voorschreeven vyf Jaaren zyn aldaar 2100 Paaren getrouwt, en maar 1929 Huwelyken door het sterven gebrooken; dog de Jaaren zyn wat te weinig om iets zekers daar uit te besluiten. Het trouwen schynt hier zomtyds ongelyk te gaan; want in 't Jaar 1724 zyn 'er getrouwt 413 Paaren, en in 't Jaar 1725 was 't getal 519 Paaren; in 't Jaar 1721 schynt een sterfte onder de Vryers geweest te hebben, en in 't Jaar 1725 onder de Vrysters. In de drie volgende Jaaren zyn te Weenen gestorven, als volgt:

In 't Jaar	1722	1723	1724
Mannen	1038	1079	1007
Vrouwen	942	974	1433
Jongens	1551	1758	1865
Meysjes	1438	1632	1560
Te zaamen	4969	5443	5865

In 't Jaar 1724 schynt daar een sterfte onder de Vrouwen geweest te zyn.

Om door de Sterf-lysten van plaatzen, die veel toeneemen, als London, of andere Steeden, de Lyfrenten te bepaalen, moet men verdagt zyn, om door andere Waarneemingen de ongelykheden weg te neemen, die voortkomen door 't verblyf en de geduurige toevloed der Vreemdelingen. Te London sterven doorgaans driemaal meer Menschen tusschen de 30 en 40, als tusschen de 10 en 20 Jaaren: dit verschil zal zoo veel niet zyn in 't algemeen, of op plaatzen die niet af nog toeneemen; de oorzaak is, dat de proportie der levendige van de eerste tot de laatste zoort aldaar grooter is als die doorgaans gevonden word op plaatzen, die in een en de zelfde stand blyven, of daar geen Menschen van buiten inkomen. *Ricciolus* verhaalt, dat in Spanjen meer Vrouwelyke als Mannelyke; op andere plaatzen wederom meer Mannelyke als Vrouwelyke gebooren worden; en dat te Bononien, de plaats daar hy gewoond heeft, evenveel Mannelyke als

Ongelykheden in 't sterven.

Beide de Sexen in Bononien.

(*l*) Men vind dit in de Philosoph. Transact., Num. 381, pag. 30; dog ik meen, dat men in plaats van 238 zal moeten leezen 150; want anders kan de optelling, in de gemelde Transactie niet goed komen.

als Vrouwelyke te voorfchyn quamen; verders laat hy daar op volgen, dat, in 't Jaar 1654, in de Stad Bononien geteld zyn 26948 Mannelyke, en 29235 Vrouwelyke: in 't Jaar 1657 waren de Mannelyke, in de gemelde plaats, 26991, en de Vrouwelyke 30432: het komt my voor, dat dit geen onwaarheden zyn (hy was op deeze plaats Hoogleeraar); want ftelt men het tegendeel, dan zou hy immers by zyn Amptgenooten, en andere Luiden van die plaats, in kleinagting geraakt hebben; die ook, na alle waarfchynelykheid, is het niet alle, ten minften eenige daar van, die telling niet onbekend zal geweeft zyn. De zelfde Schryver verhaalt ook (m), dat in 't laatftgemelde Jaar, op het platte Land van Bononien, wierden gevonden 76996 Mannelyke, en 90815 Vrouwelyke: hier is 't verfchil der zoorten, na maate van het volk, nog grooter. In de Jaaren 1656 en 1657 is een Peft in Italien geweeft, die uit Sardinien quam, dewelke te Romen, Genua en Napels veel Menfchen weg nam (n); al had dezelve in 't Bononifche gebied ook op het platte Land gewoed, zoo is my niet bekend, dat daar meer van de Mannelyke zoort door weggerukt worden als van de Vrouwelyke.

Proportie van eenige Religien in Amfterdam. Om de proportie van 't volk der verfcheiden Religien, in Amfterdam, eenigzints te weeten, zoo heeft men, op myn verzoek, opgegeeven, 't getal der gedoopte in alle de Gereformeerde Kerken, in deeze Stad, van de Jaaren 1736 en 1737:

	In 't Jaar 1736	In 't Jaar 1737
In de Oude Kerk	439	437
—— Nieuwe Kerk	891	915
—— Noorder Kerk	652	576
—— Oofter Kerk	107	102
—— Zuider Kerk	515	473
—— Wefter Kerk	750	790
—— Amftel Kerk	221	222
—— Eilands Kerk	8	46
—— Oudezyds Kapel	14	18
—— Nieuwezyds Kapel	91	105
—— groote Waale Kerk	115	117
—— kleine Waale Kerk	53	31
—— Engelfche Kerk, op 't Bagynhof	1	0
Te zaamen	3857	3832

In de Oude Kerk zyn in 't Jaar 1736 gedoopt 219 Jongens en 220 Meisjes, en in 't volgende Jaar 223 Jongens en 214 Meisjes; dat in 't Jaar 1736 zoo weinig

(m) *Ricciolus* Geograph., pag. 678. (n) *Ricciolus* Chronol., pag. 319.

weinig in de Eilands Kerk gedoopt zyn, is gekomen door 't vernieuwen van de Kerk, daar eenige tyd niet in gepredikt is. Van het Jaar 1732 tot het Jaar 1737, beide ingeflooten, zyn by de Luterfche gedoopt 8319 Kinderen en 16 bejaarde Perzoonen, dat is, ieder Jaar door malkander, 1386 Kinderen; by de Remonftranten, in de Jaaren 1736 en 1737, te zaamen 53 Kinderen, dat is ieder Jaar 26 of 27; by de vereenigde Vlaamfche en Waterlandfche Mennoniten, zyn in 28 Jaaren tyd, van 't Jaar 1710 tot het Jaar 1737, gedoopt 1486 bejaarde Perzoonen, dat is ieder Jaar door malkander 53; 't getal der Ledemaaten is ruim 1600: by de Mennoniten in de Zon, zyn in 't Jaar 1736 gedoopt 13, en in 't volgende Jaar 21 Perzoonen; by de Vriefen, in 8 Jaaren, van 't Jaar 1730 tot het Jaar 1737, zyn gedoopt 34 Perzoonen; als men dan nog 6 Perzoonen neemt voor de geen die zig laaten dompelen, of die zig in 't geheel niet laaten doopen, en by de Dantzigers, dan is 't getal der Ledemaaten, die 's Jaarlyks aangenomen worden, by alle de geen die onder de Mennoniten gereekend worden, 80; zoo dat men kan giffen, dat het getal, van alle die tot de gemelde Gezintheid behooren, is omtrent 4800, daar 's Jaarlyks omtrent 175 Kinderen van zullen gebooren worden: Ik gaa de Quakers, of die hun Kinderen zelfs doopen, die van de Engelfche Biffchoppelyke Kerk, en die van de Armeniers voorby, alzoo alle deeze Gemeentens geheel klein zyn, en bygevolg weinig daar van 's Jaars zullen gebooren worden Van de Hoogduitfche en Poolfche Jooden, zyn, van 't Jaar 1734 tot het Jaar 1737, beide ingeflooten, te Muiderberg begraven, 1217 Perzoonen, en by Zeeburg 114, dat is te zaamen 1331, of ieder Jaar door malkander 332: uit de twee laatfte Jaaren (alzoo in de twee eerfte Jaaren onder hun de Kinderpokjens regeerden) befluit ik, dat dezelve omtrent ⅓ deel van al het volk in de Stad uitmaaken; de Portugeefche Jooden zyn omtrent ⅓ deel van 't getal der Hoogduitfche en Poolfche Jooden. De Roomfche oeffenen te Amfterdam op verfcheide plaatzen hun Godsdienft, waar onder drie of vier die een groote toeloop hebben: wift men nu, hoe veel dat 's Jaarlyks doorgaans van die Religie gebooren of gedoopt worden, of maar 't getal die ieder Jaar door malkander begraven worden, dan zou men nagenoeg de proportie van alle de Religien in Amfterdam weeten; zoo dat de Kinderen, dewelke in de laatftgemelde plaats in een Jaar gebooren worden, behalven die van de Roomfche, die zulk een ouderdom bereiken, als de Kinderen, die doorgaans in deeze Stad by de Gereformeerde en Luterfche gedoopt worden, nagenoeg zyn 5900; de leevendig geboorne zullen nog meer zyn, om dat verfcheide fterven voor de tyd in dewelke men dezelve in 't gemeen by de laatftgemelde Gezintens doopt: zoo menigmaal als 100 Gereformeerde in de Stad gevonden worden, dan is 't getal van de andere Religien, behalven de Roomfche, als volgt (o): dog dit is alleen uit het voorgaande beflooten.

Ge-

(o) Om 't getal der Luterfche te vinden, door de geboorne in die Gemeente met een zeker getal te multipliceeren, zou men deeze niet door een kleinder getal moeten vermenigvuldigen, als de geboorne by de Gereformeerden, om 't getal van de laatfte Religie te vinden?

Giſſingen over den Staat

		Perzoonen
Gereformeerde	——— ——— ———	100
Luterſche	——— ——— ———	36
Mennoniten, Remonſtranten, enz.	——— ruim	5
Portugeeſche Jooden	——— ——— ruim	3
Hoogduitſche en Poolſche Jooden	——— ſchaars	9

Hier uit blykt, dat, om de proportie van de Roomſche, ten opzigt van de andere Religien, door het Trouwen te vinden, t'eenemaal onzeker is; want in zes Jaaren tyd, van 't Jaar 1732 tot het Jaar 1737, beide ingeſlooten, zyn in de Gereformeerde Kerken te Amſterdam getrouwt 10077 Paaren, en op 't Stadhuis 5451 Paaren, dat is ieder Jaar door malkander, in de Gereformeerde Kerken, 1680 Paaren, en op 't Stadhuis 908 Paaren: in de voorſchreeven zes Jaaren zyn, ieder Jaar door malkander, in de Luterſche Kerk getrouwt 302 Paaren; 't welk gantſch geen overeenkomſt heeft met de geen die in de Gereformeerde Kerk trouwen, ten opzigt van die dewelke in beide de Religien gedoopt worden; dog dit komt ten deele om dat veele van de Luterſche maar alleen op 't Stadhuis, en niet in de Luterſche Kerk trouwen.

Hoe men netter aanteekeningen zou kunnen houden. Men zou verſcheide manieren kunnen voorſtellen, hoe dat men op de ligtſte wyze netter aantekeningen zou kunnen houden; maar om dat op alle plaatzen het niet even raadzaam zou zyn, om die uit te voeren, zoo zal ik maar deeze eene aantekenen, die dienſtig kan zyn voor Vorſten, om te weeten, of de Menſchen in een Plaats of Land vermeerderen of verminderen: Eerſt moeſt men het getal van 't volk opneemen, die in de plaats zelfs, en daar buiten gebooren waaren, ieder byzonder, en dan van Jaar tot Jaar opſchryven 't getal van die daar gebooren worden en ſterven, en onder de laatſte de Vreemdelingen onderſcheiden. Laat ons eens ſtellen, dat in een plaats geteld zyn 22000 Menſchen, waar onder 2000 die daar niet gebooren zyn; als men in 10 Jaaren tyd daar begraven heeft 6340 Inboorlingen, en 1290 Vreemde, of die op andere plaatzen gebooren zyn, dat daar tegen wederom ter Wereld gekomen zyn 7872: zoo men dan 't volk wederom telde, en men vond 18760 die daar gebooren waren, en 1684 van buitenplaatzen, daar uit volgt, dat het getal der Menſchen aldaar 1556 verminderd is, 242 zyn daar meer gebooren als geſtorven, 974 zyn van andere plaatzen daar ingekomen, en 277 Inboorlingen zyn daar uitgeweeken.

UITREEKENING
VAN DE
LYFRENTEN.

De Trap der Sterffelykheid, ten opzigt van 't Menschelyk Geslagt, Lyfrenten te kennen, kan in zommige gevallen van een groote nuttigheid ten zyn: had men die in voorige tyden beter gekend, men zou zoo veel ten honderd voor de Lyfrenten niet uitgekeerd hebben. In Engeland, onder de Koning *Willem de Derde*, gaf men nog 14 van 't honderd (a): de Raad-Pensionaris *De Wit* getuigde, dat de meeste Lyfrenten, die in zyn tyd nog ten lasten van 't Land liepen, uitgegeeven waren tegen Penning 9, dat is 11¼ ten honderd; daar nogtans door de ondervinding bleek aan eenige duizenden van Lyven, die hy had laten uittrekken uit de Registers van de Staaten, dat, als de Interest tegen 4 percento gereekend wierd, dat dan de Lyfrenten minder moesten zyn als tegen de Penning 16, of 6¼ van 't honderd; en dat op jeugdige Lyven niet meer als tegen de Penning 18, of 5⅝ ten honderd moest gegeeven worden. Dat het uitreekenen van de Lyfrenten altyd een groote moeite is geweest, weeten alle verstandige in de Konst genoegzaam: wat een verbaazend werk hebben twee Boekhouders van de Staaten van Holland gehad, om de uitreekening volgens de Stelling van den voornoemden Raad-Pensionaris op te maaken? zou het eenigzins na uitkomen, zoo moesten zy in 't begin groote getallen hebben, en vervielen daar door in moeielyke Multiplicatien, en zeer groote Additien (b). 't Voorstel was aldus: als men 99 half Jaaren na malkander, alle half Jaaren een gelyke Zom moest betaalen, by voorbeeld, 1 gulden; aan een ander, die zelfde gelyke Zom, 98 half Jaaren; aan een ander 97; nog aan een ander 96 half Jaaren, en zoo voort tot een toe: men vraagt, hoe veel dat al deeze Zommen in gereed geld zullen beloopen, als men de Interest reekent tegen

---

(a) Philosoph. Transact., Num. 196, pag. 604.
(b) De Waardy van de Lyfrenten, na proportie van de Losrenten, door *Jan de Wit*, van pag. 12 tot pag. 16, 's Gravenhage 1671.

Uitreekening van de Lyfrenten.

tegen 4 ten honderd in 't Jaar? 't half Jaar word gereekend volgens de middelevenredige: ftelt $100 = a$, $4 = b$; dan is $104 = a+b$: ftelt $p = 99$, $\sqrt{\dfrac{a}{a+b}} = r$,

dan $\dfrac{r}{1-r} = s$; zoo vind ik, dat de Contante Zom moet zyn $s : p - s + \overset{p}{r} s$;
door de Logarithmus word dan al dien langwyligen arbeid, op de volgende wys
weggenomen: r is $= 0,98058068$; dan is $1 - r = 0,01941932$: de Logarithmus
van r is $- 0,008517$: trekt hier af de Logarithmus van $1 - r$, zynde $- 1,717766$;
dan is de Logarithmus van $s = + 1,703249$, of $s = 50,4951$.

Log. $\frac{100}{104} = -0,017033\frac{1}{2}$	$p = 99$
$r = -0,008516\frac{3}{4}$	$\overset{p}{r} : s = 7,2460$
———— mult. door $99 = p$	$p + \overset{p}{r} : s = 106,2460$
Log. $\overset{p}{r} = -0,843150$	$s = 50,4951$
Log. $s = +1,703239$	
———— add.	$p - s + \overset{p}{r} : s = 55,7509$
$+ 0,860099$	De Log. daar van is $1,746352$
$\overset{p}{r} : s = 72,460$	Log. $s = 1,703249$
	$3,449501$
	Het begeerde $2815,\frac{1}{10}$ guld.

't welk met de Uitreekening van de voornoemde Boekhouders overeen komt.

Tontine. Op dat het zelve ook zou konnen dienen, als men een Tontine, of gelyke uitkeering aan de langftleevende van eenige Claffen, wilde uitreekenen, zoo heb ik een generaal Voorftel bedagt, om dit op een ligte wys te doen.

Als men 20000 guldens uit moet keeren, 80 Jaaren na malkander, aan een ander, de zelfde Zom, 70 Jaaren; wederom aan een ander 60 Jaaren; nog aan een ander 50 Jaaren; nog aan een ander, ook 20000 guldens, 40 Jaaren lang; aan andere ook die Zom 30 Jaaren; eindelyk nog aan een ander Claffe 't zelfde 20 Jaaren lang: men vraagt, hoe veel contant geld dat deeze fchuld beloopt, als men Intereft van Intereft rabatteert tegen $2\frac{1}{2}$ ten honderd in 't Jaar? Stelt $100 = a$, $2\frac{1}{2} = b$; $20000 = c$, $80 = d$, 't verfchil der Jaaren in een Arithmetifche Progreffie, daar e de afklimming van is, dan zal $e = 10$ zyn; de verfcheide Claffen daar aan betaald moet worden, die in dit Vraagftuk zeven zyn, $= p$; de begeerde contante Zom $= x$: laat dan $\dfrac{\overset{d}{a}}{\overset{-d}{a+b}} = r$, $\dfrac{\overset{-e}{a+b}}{a} = t$,

en

Uitreekening van de Lyfrenten.

en $t=s$ zyn, zoo vind ik de waarde van $x=p\dfrac{s-1}{e-1}\cdot\dfrac{ac}{b}r-$: door de Logarithmus kan men dan op een gemakkelyke manier ontdekken, dat de contante Zom is 3764828 guldens, 16 ſtuivers. In 't Uitreekenen van een Tontine dient men in agt te neemen 't getal der Menſchen in ieder Claſſe, om dat een van weinig Perzoonen, na alle waarſchynelykheid, zoo lang niet zal duuren, als een daar veel in zyn.

Deeze voorgaande Regel kan ook toegepaſt worden op het gemelde vraagſtuk van de Raad-Penſionaris *De Wit*; als men ſtelt, dat de Intereſt alle half Jaaren twee ten honderd is, dan is $p=99$, $a=100$, $b=2$, $a+b=102$; ſtelt $c=1000$: in dit geval is $e=1$, $d=p$, $\dfrac{a+b}{a}=t$, $t-1=\dfrac{b}{a}$, $r=\dfrac{a}{a+b}$, en de begeerde Zom $bp-a+ar:\dfrac{ac}{bb}$: door de Logarithmus vind men $ar=140794$; dan volgt, dat de Zom, daar men na zoekt, moet zyn 2801985. Uit het voorgaande volgt ook t'eenemaal 't volgende Voorſtel:

Als een zeeker Capitaal op Intereſt gegeeven word, daar men 's Jaarlyks vier percento van trekt; maar dat alle Jaaren zeven ten honderd van 't Capitaal afgeloſt word, met de Intereſt van 't laatſt gebruikte geld; in 't laatſte Jaar word de reſteerende twee ten honderd, met de behoorlyke Intereſt afgeloſt; de vraag is, hoe veel ten hondert opgeld iemand die 't zelve koopt, aanſtonds na dat het Contract ingegaan is, zou moeten geeven, op dat hy drie ten honderd 's Jaars, van 't uitgegeeven geld, Intereſt krygt?

Op verſcheide manieren kan men de Lyfrenten uitreekenen; de volgende, hoewel dezelve langwylig is, dunkt my duydelyk en eenvoudig te zyn: ik ſtel, dat het oogmerk van de Opneemers is om Lyfrenten te verkoopen aan 1000 Lyfren-Perzoonen die 30 Jaaren oud zyn, zoodanig, dat zy van 't gebruikte geld $2\frac{1}{2}$ ten honderd Intereſt geeven, en dat men een goede bepaaling heeft, hoe veel dat van Jaar tot Jaar doorgaans ſterven, van de geen daar de Lyfrenten op zyn: indien men ſtelt, dat na een Jaar daar van nog leevendig zoude gevonden worden 976 Perzoonen, zoo doet hier by $\frac{1}{40}$ deel voor de Intereſt; telt by de uitkomſt de Perzoonen die na twee Jaaren nog leeven; doet by de Zom wederom $\frac{1}{40}$ deel; dan by de uitkomſt de geen die na drie Jaaren nog leeven, en zoo op de zelfde wys voortgaande, geduurig de Intereſt daar by doende, tot dat al de Perzoonen geſtorven zyn; de laatſte uitkomſt zal ik A noemen: vermenigvuldigt dan de 1000 Perzoonen door 100 guldens, komt 100000 guldens; zoekt door de Logarithmus, hoe veel dat dit bedraagt, Intereſt van Intereſt tegen $2\frac{1}{2}$ ten honderd, volgens de Jaaren die in de tuſſchentyd begreepen zyn, van dat het geld op Lyfrenten genomen is, tot het Jaar

Hoe men de Lyfrenten kan reekenen.

in 't welke men onderfteld, dat de laatfte Perzoon geftorven is; de uitkomft deelt door het getal A, zoo zal men vinden, hoe veel ten honderd voor de Lyfrenten moet uitgekeerd worden aan Perzoonen van 30 Jaaren. Ik heb, volgens de Tafel die hier vooren met No. 2 getekend is, uitgereekend, dat als de Opneemers vier ten honderd van 't gebruikte geld Intereft wilden geeven, dat de Lyfrenten op iemand van 10 Jaaren iets minder moeten zyn als $5\frac{1}{2}$ ten honderd in 't Jaar; zoo dat onze Theorie zeer na met de ondervinding van de Raad-Penfionaris *De Wit* overeen komt.

Andere manieren. Meent iemand dat deeze manier wat lang is, op een menigte van wyzen kan men die verkorten; men kan 't fterven eenige Jaaren, die volgen, door malkander reekenen, en als het zelve meerder word, na maate van 't getal dat nog overig is, op nieuws hervatten: laat a 't getal der Perzoonen betekenen, die nog leeven een Jaar na dat de Lyfrenten zyn opgenomen, p de Penning van de Intereft, q 't getal der Jaaren, 't welk men verkieft, r 't getal van die 's Jaarlyks binnen de bepaalde tyd, door malkander fterven, $\dfrac{p+1}{p} = c$, en $cp + q - 1 = b$, dan word een gedeelte van 't voorgaande getal A, te weeten, tot het Jaar daar men eindigt, uitgedrukt door $\dfrac{ap - ppr:c + rb - a:p}{q}$. De Wiskonftenaars kunnen ligtelyk zien, hoe groot men q moet neemen, op dat men het getal A vind, zoodanig, dat men daar door ten eerften de Lyfrenten ontdekt. Verder werkt aldus:

't Capitaal dat op Lyfrenten genomen is, voegt daar by de Intereft van Jaar tot Jaar, zoo lang als men de tyd onderfteld heeft, 't welk door de Logarithmus gereekend word, Intereft van Intereft; zoo men deeze uitkomft deelt door de uitkomft van de laatft voorgaande Formule, dan zal men de Lyfrenten vry na hebben; dog begeert men die nog nader, *zoo kan men daar na de volgende Formule gebruiken*: $\dfrac{B + bp - rpp: c - bp + bpr}{q}$. Het getal B drukt nu uit, de geheele voorgaande Formule, of 't gevonden gedeelte van 't getal A; b is 't getal der Perzoonen, die een Jaar daar na nog Lyfrenten zullen trekken: de Jaaren die men nu voor de tweedemaal verkieft, ftel ik $= q$, de Sterfte, ieder Jaar door malkander, in de laatftgemelde tyd, $= r$, en de reft als vooren; dan op de voorgaande wys gewerkt, zoo zal men de Lyfrenten wonderlyk na vinden; en zelfs, indien het noodig was, zou men deeze laatfte Formule nog een of meermaal kunnen gebruiken; dog het behoeft niet, dat men de Lyfrenten tot zulke uitneemende groote gedeeltens uitreekend, om dat het fterven niet altyd zoo naukeurig de order volgt. Hoe groot men de q voor de tweedemaal moet neemen, en veel andere opmerkingen ga ik om de kortheid voorby. Tot nader verklaaring, laat ons s ftellen voor 't geen dat 's Jaarlyks van de Lyfrenten ten honderd genooten word; laat dan 10000 s zyn, 't geen alle de Perzoonen van de Lyfrenten met hun Intereffen zedert eenigen Jaaren ontfangen hebben; de Intereft ftel ik ik tien ten honderd; de Perzoonen, die in 't volgende Jaar nog Lyfrenten zullen trekken, 3000, en dat 's Jaarlyks, vier Jaaren agter malkander, daar 100 van sterven; dan is $10000 = a$, $b = 3000$, $r = 100$, $p = 10$, $c = \frac{11}{10}$, en $q = 4$; de uitwerking, door de gemeene manier, en volgens de Formule, is dan als volgt. Ten opzigt van de moeite, schynen die in dit geval weinig te verscheelen; maar als de Jaaren veel, en de Interest zwaare gebrookens zyn, dan is de Formule ligter, om dat men daar de Logarithmus in kan gebruiken.

$a =$	10000
$\frac{1}{10}$ deel	1000
	3000
Na 1 Jaar	14000
$\frac{1}{10}$ deel	1400
	2900
Over 2 Jaar	18300
$\frac{1}{10}$ deel	1830
	2800
Over 3 Jaar	22930
$\frac{1}{10}$ deel	2293
	2700
Over 4 Jaar	27923

$$b = 3000$$
$$rp = 1000$$
$$b - rp = 2000$$
$$p = 10$$
$$bp - rpp = 20000$$
$$a = 10000$$
$$a + bp - rpp = 30000$$
$$c^q = \frac{14641}{10000}$$
$$a + bp - rpp : c^q = 43923$$
$$- 16000$$

$$cp = 11$$
$$q - 1 = 3$$
$$pc + q - 1 = 14$$
$$pr = 1000$$
$$pc + q - 1 : pr = 14000$$
$$- bp = - 30000$$
$$- 16000$$

27923 het begeerde door de Formule.

Indien men een Tafel opmaakt van de Lyfrenten, op alle Ouderdommen, van 10 tot 10 Jaaren, eerst zonder Interest, dan tegen 2, $2\frac{1}{2}$, 3, 4, 5 en 6 ten honderd; de Trap der Sterfte neemende als in de Tafel No. 2, hier vooren gemeld, dan zal men de groote overeenkomst zien, die de Lyfrenten en de Interest hebben, dewelke zoodanig is, dat als men van de Lyfrenten maar weinig getallen, volgens verscheide Interest, bepaald heeft, dat dan ten eersten byna, als zonder reekenen, nagenoeg gevonden kan worden, (welke getallen van Jaaren, of van de bovenstaande Interessen men ook verkiest) hoe veel ten honderd dezelve moeten zyn.

Ik heb in voorige tyd een Regel gevonden, als 't Capitaal van een Perzoon, die ik A noem, op Interest wierd gegeeven, Interest van Interest; by voorbeeld, 1000 guldens tegen drie ten honderd 's Jaars; en op de zelfde tyd 1000 guldens, zynde 't Capitaal van een ander, die B genoemt word, weggegeeven word, waar voor B, en eenige van zyn Nakomelingen een Rente zullen trekken van 3[illegible] ten honderd 's Jaars; als 't ontfangen geld van de Renten op Interest gezet word tegen drie ten honderd 's Jaars, Interest van Interest: zoo nu na verloop van langen tyd bevonden wierd, dat A en B ieder even ryk waren, en men vroeg, hoe veel ieders Capitaal dan was? dat men dan niet anders behoefde te doen, als de Intereſt ten honderd 's Jaars af te trekken van 't geen men ten honderd 's Jaarlyks van de Renten ontfangt; de reſt als deelder van 't laatſtgemelde getal gebruikende, zoo is de uikomſt 25500000 1; dit met 1000 vermenigvuldigt, dan zal men ieders rykdom hebben. — Door de Logarithmus vind men, dat de Jaaren nagenoeg 655 zyn; maar als 't gebeurd, dat men op een plaats is, daar men geen Logarithmus Taffels by zig heeft, en men evenwel de Jaaren ten naaſtenby wilde reekenen, zoo ſnyd van 't getal, dat uitdrukt hoe veelmaalen dat het Capitaal vermeerderd is, de Cyffers 255 | 000 | 001 drie aan drie met ſtreepjes van agteren af, zoo veel ſtreepjes als men maakt, zoo veelmaal tien neemt men: in dit geval zyn twee ſtreepjes, met 10 gemultipliceerd, komt 20; verheft 2 tot zoodanig een magt, dat men de voorſte Cyffers omtrent vind; die zyn dan nagenoeg 2^8; telt daarom 8 by 20, komt 28; vemenigvuldigt dit met $70\frac{1}{4}$, komt 1967; deelt dit door drie ten honderd Intereſt, zoo vind men 655 Jaaren: op de laage Intereſſen kan men 't getal 70 behouden; omtrent vyf ten honderd, dan is 't 71; en tien ten honderd, 72; de Regel is het zelfde, hoe de Intereſt ook zyn mag; als verheffen van de magt 2 niet digt by de voorſte Cyffers komt, zoo reekent men 't naaſte gebrooken.

Als men 1388 guldens op Intereſt had gezet, tegen $4\frac{1}{2}$ ten honderd in 't Jaar, Intereſt van Intereſt, en na verloop van eenige tyd daar voor ontfangen had 59128 guldens, 16 ſtuivers, zoo vraagt men, hoe veel Jaaren dit geld op op Intereſt geſtaan heeft, 't Capitaal is dan $42\frac{1}{2}$ maal vermeerderd; als men de wortel 2 verheft, zoo ziet men, dat het gemelde getal is tuſſchen 2^5, en 2^6; nu is 2: $5\frac{1}{2}$ of 2: $11\frac{1}{2}$ ruim 45; dan komt het geen dat het Capitaal vermeerderd is, nagenoeg overeen met 2: $\frac{11}{2}$; multipliceert dan $70\frac{1}{4}$ door $5\frac{11}{12}$, en deelt de uitkomſt door de Intereſt, zynde $4\frac{1}{2}$, zoo zal men voor het begeerde vinden, 88 Jaaren en 5 Maanden; 't welk 't zelfde is als door de Logarithmus gevonden word.

Indien men een ſtukje Zilver op Intereſt had gegeeven, daar van de zwaarte was 111111111 deel van een cubicq voet Zilver van de zelfde zoort, Paryſche maat, (dit zou omtrent zoo groot als een Zantkoorn zyn) Intereſt van Intereſt tegen vier ten honderd in 't Jaar; zoo vraagt men, hoe lange Jaaren dit op Intereſt zou moeten ſtaan, op dat men voor de Intereſt een ſtuk van 't zelfde zoort van Zilver daar van ontfangen zou, zoo groot als de geheele Aarde? Indien men de Middellyn der Aarde ſtelt op 39231564 Paryſche voeten (c), dan is de grootte der Aarde tot de grootte van 't ſtukje Zilver, dat men op Intereſt gegeeven heeft, als 316, en nog 29 andere Cyffers tegen 1; zoo dat, als men nog omtrent $\frac{1}{4}$ Jaar Intereſt daarby voegde, dan zou de Intereſt, tot de waarde van 't geen men op Intereſt gezet had, nagenoeg zyn als 32, en

nog

(c) *Suite des Memoires de Mathem. & de Phyſ.* Ao. 1718, pag. 301.

nog 30 nullen daar agter tegen een; nu is 32 gelyk aan 2', en 3 gaat in de 30 net 10maal; multipliceert deeze 10 door 10, en trekt de 5 van de laatstgemelde magt daarby in, zoo is de uitkomst 105; multipliceert dit door 70½, en deelt de uitkomst door de 4 ten honderd, zoo vind men nagenoeg 1850 voor de begeerde Jaaren.

Deeze Regal kan ook dienen om een ruwe begrooting te maaken, hoe groot een Capitaal ten einde van veel Jaaren zyn zal, dat men op Interest gegeeven heeft, Interest van Interest; by voorbeeld, iemand heeft my gevraagt, als men een duit op Interest zette tegen vier ten honderd in 't Jaar, Interest van Interest, hoe veel dat zou beloopen ten einde van 5662 Jaaren? ik multipliceer deeze Jaaren door 4, zoo vind ik 22648; dit gedeeld door 70½, de uitkomst is 321; de laatste Cyffer agter afgesneeden, dan zyn de voorste 32; multipliceert deeze door 3, komt 96; om dat de laatste Cyffer 1 is, zoo geeft dit te kennen dat de eerste Cyfferletter van 't begeerde getal 2 is, en dat nog 96 andere Cyffers moeten volgen; dit getal is zoo onverbeeldelyk groot, dat als men de waarde van deeze duiten zou moeten betaalen met een stuk Zilver, in de gedaante van een Cubicq, daar van de symte was als onze guldens, indien dan een Lichaam, zonder eenige vertraaging, 1000maal snelder als een Kanonkogel langs een van de zyden des Cubicqs vloog (d), zoo zou, in honderd duizend miljoenen van Jaaren, dit Lichaam op ver na het honderd duizendstedeel van de zyde des Cubicqs nog niet bereikt hebben.

Dog om dat zomtyds ook Lyfrenten verkogt worden, op een onbepaalde Ouderdom, zoo dient men een menigte van zulke gevallen te hebben, die afgeloopen zyn, waar uit men aantekent, hoe veel, door het sterven, 't getal van Jaar tot Jaar verminderd is: men heeft my opgegeeven, hoe veel van 10000 Lyven, daar Lyfrenten op gekogt waren, ten einde van ieder Jaar gestorven zyn; van 40 tot 44 Jaaren was 't 146 Menschen ieder Jaar; in 't 45ste Jaar maar 144; van 't 46ste tot 49ste ingeslooten, ieder Jaar 140; in 't 50ste Jaar 132 Menschen, van 51 tot 53 Jaaren ingeslooten, ieder Jaar 132; in 't 54ste Jaar 131, en in 't 55ste Jaar 122; van 't Jaar 56 tot 58 ingeslooten, ieder Jaar 122, en in 't 60ste Jaar maar 110. Ik heb reden waarom dat ik de geheele Lyst niet in twyffel trek; maar ik meen evenwel, dat deeze aantekening, uit de Boeken van de Lyfrenten, van Jaar tot Jaar niet gedaan is; want in ieder Jaar, dat malkander volgde, zou juist niet evenveel Perzoonen sterven, en dan geduurig om 't 5de Jaar zoo weinig: het komt my voor, dat om de kortheid, maar van 5 tot 5 Jaaren 't getal der Dooden is opgenomen, dewelke zyn als volgt. De voorste Colommen betekenen die van 5 tot 5 Jaaren overblyven.

Onbepaalde Jaaren.

't Leeven

(d) volgens de onderstelling, dat dezelve, in ieder secunde tyd, 600 Parysche voeten vordert.

Uitreekening van de Lyfrenten.

't Leeven van 10000 Perzoonen.

Jaar.	Overig.	Geftor.	Jaar.	Overig.	Geftor.	Jaar.	Overig.	Geftor.
		663			724			548
5	9337		35	5160		65	1193	
		618			726			468
10	8719		40	4440		70	725	
		659			730			365
15	8060		45	3710		75	360	
		708			701			233
20	7352		50	3009		80	127	
		734			659			102
25	6618		55	2350		85	25	
		728			609			25
30	5890		60	1741		90	0	

Hier uit kan men ligtelyk een netter verdeelinge van de overblyvende maaken, als die, dewelke men my ter hand gefteld heeft: indien ik uit deeze Tafel, volgens de voorgaande manieren, bereeken, hoe veel dat de Lyfrenten moeten zyn, als de Losrenten aangemerkt worden tegen $2\frac{1}{2}$ ten honderd in 't Jaar, zoo vind ik byna $4\frac{3}{4}$ ten honderd; dog als men de Intereft tegen 4 ten honderd neemt, dan komen de Lyfrenten 6 ten honderd, 't welk na-genoeg overeen komt met de Penning 16, zoo als de Raad-Penfionaris *De Wit* uit de ondervinding heeft beflooten.

Geld in Payen tot Contant Geld te maaken. Door nog andere manieren kan men Lyfrenten reekenen; in een van dezelve heb ik 't ontfangen geld van de Lyfrenten aangemerkt als of 't in Claffen by Termynen te betaalen was, en tot gereed geld gebragt; daar is geen groote zwaarigheid in, om dit te doen, al zyn de Progreffien niet Tel- of Meetkonftig, als de Eigenfchap van dezelve maar bekend is: by voorbeeld, men vraagt, hoe veel dat de gereede Zom is, als de Payen alle de geheele Cubicq-getallen zyn van de Eenheid af tot n incluis; indien 't Rabatteeren Intereft van Intereft gereekend word, alle Jaaren, zoodanig, dat b guldens over 1 Jaar, a guldens in gereed geld waardig is? na de Uitwerking, zoo vind ik de Contante Zom, als volgt:

Uitreekening van de Lyfrenten.

$$\frac{ab}{b-a^2} + \frac{6aabb}{b-a^4}$$

$$\left. - \frac{\frac{6aa}{b-a^3} : \frac{bb}{b-a:a} + \frac{bn}{a} \cdot a:^{n+1}}{\frac{6ba : n-1 + b - b-a : n^2}{b-a^2} \cdot b:^n} \right\}$$

Als men de Intereſt tegens een zekere Penning overbrengt, dan is $b - a = 1$, en de Formule $ab + 6aabb - \frac{a:^{n+1}}{b:^n} : b + n \overset{3}{+} ab + an + nn - n : 6b$; of ſtelt men $ab = p$, dan is de Formule

$$p + 6pp - \frac{a:^{n+1}}{b:^n} : b + n \overset{3}{+} 6p : b + n + 6b : nn - n.$$

Neemt men voor a, b en n dan getallen, zoo kan men ligtelyk de deugd van deeze Regels aantoonen: is $n = 3$, $b = 11$, en $a = 10$, dan zal de Zom in gereed geld zyn $27\frac{111}{1331}$. Indien een overgroote menigte van Jaaren gegeeven was, en de Intereſt met zwaare gebrookens, zoo kan men, door behulp van de Logarithmus, het begeerde antwoord, met weinig moeite, nagenoeg vinden; 't welk genoegzaam onmoogelyk zou zyn, als men 't zelve zeer na, alleen door 't behulp van de gemeene Reekenkonſt begeerde te bepaalen: ſtelt men n oneindig, en $\frac{ab}{b-a^2} = p$, dan zal de gereede Zom zyn $6pp + p$; 't welk overeen komt met het geen dat de vermaarde *Jacob Bernoulli* voor dit laatſte gevonden heeft (*e*).

Als men Rabatteert tegen $2\frac{1}{2}$ percento, Intereſt van Intereſt, dan is de Contante Zom van al de Payen, tot in 't oneindig, 16139240 guldens; de 1000 eerſte Payen zyn te zaamen, in Contant Geld, maar 19 ſtuivers minder

---

(*e*) De Seriebus Infinitis, pag. 249, Baſil. 1713.

der waard, als de laatſtgemelde guldens; indien men 't Rabat tegen 1 per cento gereekend had, dan zyn alle Payen tot in 't oneindig, in contant geld meer als 613 milliocnen guldens; alle de laatſte Payen, na 1000, tot in 't oneindig, zyn te zaamen waardig 797789 guldens; men kan door het voorgaande, ook het volgende Voorſtel oploſſen:

Iemand is ſchuldig 1 gulden over een Jaar, 8 guldens over twee Jaar, 27 guldens over drie Jaar, 64 gulden over vier Jaar, en zoo voort, van Jaar tot Jaar, alle de geheele Cubicq-getallen, zoo als die malkander in order volgen; de vraag is, tegen hoe veel ten hondord dat men Rabatteeren moet, Intereſt van Intereſt, op dat de 1000 eerſte Payen, in Contant Geld, een Tonne Gouds minder bedraagen, als alle de Payen, tot in 't oneindig, in Contant Geld waardig zyn? het antwoord moet zoo naukeurig weezen, dat het geen vyf honderd duizenſte deel van een percent met de waarheid verſcheelt: Antwoord $1\frac{111}{243}$ ten honderd.

De Lyf- In 't Jaar 1729 is tot Amſterdam gedrukt een Uitreekening der Lyfrenten,
renten na proportie van de Losrenten, door *Izak de Graaf*, 't welk op onderſtellingen
moeten gegrondveſt is, zonder dat de verſcheide Trappen van Sterfte in agt genomen
door de word, zoo als men die door de naukeurige aantekeningen bepaald heeft.
onder- Het Sterven luiſtert niet na onze onderſtellingen; uit de ondervinding moet
vinding men die opmaaken, of men is altyd het ſpoor byſter; dog laat ons eens be-
opge- zien de grondſlag daar de voornoemde Schryver op bouwt. Het zyn twee
maakt Eiſchen, die hy doet, op dat men hem die, zonder verdere aanmerkingen
worden. daar over te maaken, toeſtaa; dezelve luiden van woord tot woord aldus:

1. „ Dat 's Menſchen leevens vermogen van de geboorte af op zyn grootſte
„ is. 2. Dat dit vermogen van het leeven te mogen continuēeren met de
„ Tyd, of halfjaarlyks afneemende is; eerſt zeer flaauw en als ongevoelig,
„ dog nooit ſtilſtaande of toeneemende, maar altyd verminderende; by ver-
„ loop van meerdere Jaaren ook wat meer, in de laatere Jaaren kragtiger,
„ in de laatſte op zyn aldermeeſte; in 't kort gezegd, zoodanig, dat de ver-
„ mindering van het volgende half Jaar, hoe weinig of hoe veel dat het ook
„ zoude mogen weezen, altyd meer is dan in het naaſt voorgaande half Jaar,
„ tot zoo lang 'er geen leevenskragt meer overig is: want by de te nietlooping
„ van dien, en niet eerder, ſtellen wy dat het leeven zal komen te eindigen.
Maar hoe kan men dit, zonder andere bepaalinge toeſtemmen; daar uit zou ſchynen te volgen, dat het voordeeliger was, Lyfrenten te koopen op jonge Kinderen, of die eerſt gebooren wierden, als op de geene, die reets 10 Jaaren bereikt had; dog ieder een weet het tegendeel genoegzaam: want als men 100 Kinderen optekent, die eerſt gebooren worden, zoo zyn daar in 't gemeen ten einde van 10 Jaaren nog maar 47; daar van 100, die 10 Jaaren oud zyn, ten einde van 10 Jaaren doorgaans nog 93 leeven: op Perzoonen van 30 Jaaren reekent de gemelde Schryver (f), als men de Intereſt van de

Los-

(f) Pag. 33.

Uitreekening van de Lyfrenten.

Losrenten aanmerkt tegen drie ten honderd, dat dan de Lyfrenten 's Jaarlyks moeten zyn 6,34632, dat is ruim 6¼ ten honderd. Van 50 Jaaren oud, de Intereft van de Losrenten als boven, vind de Heer *De Graaf* (g), voor de Lyfrenten 7,91189 ten honderd: De gemelde Schryver zoekt de fterfte uit het befluit van den Raad-Penfionaris *De Wit* te trekken; dog, om zeker te zyn in de trap der fterfte, zoo dient men, uit de Boeken der Lyfrenten, een groote menigte Menfchen, die reets geftorven zyn, uit te trekken, hoe oud die waren, doe de Lyfrenten opgenomen zyn; hoe lang dat ieder geleeft heeft; want op andere fteunende, die geeven zomtyds voor, dat zy dit gedaan hebben, daar het nogtans niet anders zyn als bloote onderftellingen, gelyk aan my door de ondervinding gebleeken is; zoo dat ik meer ftaat op de Tafel van pag. 352 zou kunnen maaken, indien ik verzekert was, dat men die wel uitgetrokken had.

De voorgaande werkingen kunnen ook dienen om eenige voorgeftelde Plans te onderzoeken: by voorbeeld, indien ons de volgende voorwaarden aangeboden wierden, dat men dan kan reekenen of dezelve aanneemelyk zyn, en tegen hoe veel ten honderd 's Jaars de Intereft van 't gebruikte geld gegeeven word: of 't kan ook dienftig zyn voor de Verkoopers, om de Plans te verwerpen, waar door zy te veel Intereft zouden betaalen. *Vraagftukken door 't voorgaande op te loffen.*

Op Perzoonen, die net 10 Jaaren oud zyn, wil men Lyfrenten verkoopen, de 10 eerfte Jaaren zal men geeven vier ten honderd 's Jaars, de 10 volgende Jaaren vyf ten honderd 's Jaars, de 10 volgende Jaaren zes ten honderd 's Jaars, en zoo voort, ieder 10 Jaaren geduurig één ten honderd meer; als in 't ontfangen der Lyfrenten, voor de Laften van 't Land, afgehouden worden een vyfdendeel, zoo vraagt men, tegen hoe veel ten honderd, 's Jaars, de Opneemers van 't gebruikte Geld dan Intereft zullen geeven?

Men vraagt het zelfde, als in de eerfte 10 Jaaren niets zou getrokken worden; de volgende 10 Jaaren vier ten honderd 's Jaars; de 10 Jaaren, die dan volgen, agt ten honderd 's Jaars; de volgende 10 Jaaren twaalf ten honderd 's Jaars; de 10 Jaaren daar na zeftien ten honderd 's Jaars, en zoo voort, geduurig alle 10 Jaaren vier ten honderd 's Jaars meer, de Laften als boven?

Op Perzoonen, oud 30 Jaaren, wil men geeven voor de Lyfrenten, de 10 eerfte Jaaren drie ten honderd 's Jaars; de volgende 5 Jaaren zes ten honderd 's Jaars; de volgende 5 Jaaren negen ten honderd 's Jaars; de 5 Jaaren, die dan volgen, twaalf ten honderd 's Jaars, en zoo voort, geduurig van vyf tot vyf Jaaren drie ten honderd meer, de Laften als vooren? men vraagt het zelfde?

Of de eerfte 10 Jaaren vyf ten honderd 's Jaars; de vyf volgende Jaaren 6½ ten honderd 's Jaars; de 5 Jaaren, die daar na volgen, agt ten honderd 's Jaars, en zoo voort, ieder 5 Jaaren geduurig 1½ ten honderd 's Jaars meer?

Als men Lyfrenten wil verkoopen op Kinderen, net 2 Jaaren oud, (of daar beneden) en men na 18 Jaaren eerft de Lyfrenten zal beginnen te trekken,

(g) Pag. 35.

in maniere, als volgt: de 10 eerfte Jaaren tien ten honderd 's Jaars; de 10 volgende Jaaren elf ten honderd 's Jaars; de volgende 10 Jaaren twaalf ten honderd 's Jaars, en zoo voort, geduurig van 10 tot 10 Jaaren één ten honderd 's Jaars meer; de Laften als vooren: de vraag is, hoe veel ten honderd de Opneemers dan Intereft geeven?

Als in 't voorgaande geval, de eerfte 10 Jaaren zeven; de volgende 10 Jaaren elf; de 10 Jaaren, die daar na volgen, vyftien ten honderd 's Jaars voor de Lyfrenten gegeeven wierd, en zoo voort, van 10 tot 10 Jaaren geduurig vier ten honderd 's Jaars meer, zoo vraagt men als boven?

Als men in 't voorgaande onderftelt, dat de Lyfrenten eerft zouden getrokken worden 28 Jaaren na dat dezelve opgenomen zyn; te weeten, de 10 eerfte Jaaren tien ten honderd 's Jaars; de 10 volgende Jaaren twintig ten honderd 's Jaars; wederom de volgende 10 Jaaren dertig ten honderd 's Jaars; de 10 volgende Jaaren veertig ten honderd 's Jaars, en zoo voort, geduurig alle 10 Jaaren tien ten honderd meer; de Laften, en de vraag is als vooren?

In een 15 Jaarige uitkeering, (die men zou kunnen voorftellen als een contract van overleeving) als de drie eerfte Jaaren betaald worden agt ten honderd 's Jaars; de drie volgende Jaaren negen ten honderd 's Jaars; de drie volgende Jaaren tien ten honderd 's Jaars; de drie Jaaren daar na elf ten honderd 's Jaars; en eindelyk de drie laatfte Jaaren twaalf ten honderd 's Jaars; de Laften als in 't voorgaande: men vraagt, hoe veel Intereft van 't gebruikte geld gegeeven word?

Als in een 30 Jaarige uitkeering, de vyf eerfte Jaaren drie, de vyf volgende Jaaren vier, de vyf Jaaren die volgen vyf, de tien navolgende Jaaren zes, en de laatfte vyf Jaaren zeven ten honderd 's Jaars betaald zal worden; de Laften als vooren: de vraage is na de Intereft die Opneemers geeven?

Als men Lyfrenten begeert te verkoopen, waar in deel konden neemen alle Menfchen, zonder onderfcheid van Jaaren; van al de geene die komen te fterven zal de helft van de Renten ten voordeele van de Verkoopers zyn, en de andere helft voor de geen die dezelve overleeven: indien men vyf percento 's Jaars van de Lyfrenten wilde geeven, mits dat voor de Laften van 't Land een vyfdendeel afgetrokken word, zoo vraagt men, hoe veel ten honderd Intereft de Verkoopers der Lyfrenten van 't gebruikte geld geeven; het fterven ftellende zoo als men 't zelve uit de Boeken van de Lyfrenten bepaalt? In de Contracten, die op deeze wys aangegaan worden, is een zwaarigheid voor de Verkoopers, dat onder een groot getal van Perzoonen, dikwils een van dezelve een ongemeene hooge ouderdom kon bereiken, 't welk tot een merkelyk nadeel aan haar zou verftrekken.

Ik zou hier de oploffing van deeze Voorftellen, die niet heel lang nog moeijelyk zyn; ook de Lyfrenten op twee, of meer Lyven, wel by doen; maar vreesde dat zulks den Leezer zou verdrieten, en daarom laat ik het hier by beruften.

Om

Uitreekening van de Lyfrenten.

Om de ledige Plaats te vullen zoo dient het volgende Voorftel:

Verfcheide Speelders, A, B, C, D, &c. daar van 't getal is $n+1$, fpeelen met gelyke kanffen, op deeze Voorwaarden: A en B beginnen, en zetten ieder 1 in; die overwonnen word daar komt C voor in de plaats, en zet meede 1 in; dewelke dan fpeelt tegen de geen die overwonnen heeft; die dan weder wint moet tegen D fpeelen, mits dat D ook 1 inzet, en zoo voort; als 't rond geweeft is, treed A wederom in 't Spel, als vooren 1 inzettende: op de zelfde wys volhard men tot dat iemand het Spel gewonnen heeft; 't welk is, als hy al die tegen hem fpeelen vervolgens overwonnen heeft: de vraag is na het voor- of nadeel van ieder Speelder?

Dit voorftel is zeer moeijelyk; voortyds heb ik maar alleen de Formule, zonder de werkinge, gegeeven; ik zal nu aantoonen, hoe dat ik die gevonden heb; dog, om de kortheid, maar een gedeelte van 't werk, en aanwyzen, waar men de reft kan vinden. De beroemde *Nicolaas Bernoulli*, onlangs Profeffor te Petersburg, vind de kanffen, die A of B hebben om 't Spel te winnen, tot de kanffen die C heeft, als $1 + 2^n$ tot 2^n (b). Stelt, om de kortheid $2^n = a$, $1 + 2^n = b$, $\frac{a}{b} = c$, zoo is $a = bc$; ftellende de kanffen van A en B ieder $= d$, dan zullen die van C zyn cd; van D, ccd; van E, $c^3 d$, en zoo voort: de Zom daar van moet de geheele zekerheid, of 1 uitmaaken; dat is, $d + d + cd + ccd + c^3 d + $ &c. tot $c^{n-1} d = 1$; de Termen, behalven de eerfte, zyn, in een Geometrifche Progreffie, daarom $1 + \frac{1-c^n}{1-c} = \frac{1}{d}$;

voor c wederom $\frac{a}{b}$ geftelt, zoo is $\frac{1}{d} = \frac{2b^n - ab^{n-1} - a^n}{b^{n-1}}$, of $d = \frac{b^{n-1}}{2b^n - ab^{n-1} - a^n}$;

ftelt de Noemer van dit gebrooken $= g$, zoo is $d = \frac{b^{n-1}}{g}$.

(b) Philofoph. Tranfact., Ao. 1714, voor October, November en December, Num. 341, pag. 134 en 135.

Uitreekening van de Lyfrenten.

Het voor- of nadeel van A of B dan x, van Cy, van Dz, van Eu, &c. stellende, zoo blykt, volgens de gemelde Professor (i), dát dan $y =$ zal zyn aan $\overline{x+d : a - ncd}\over b$, $z = \overline{y+cd : a-nccd}\over b$, en zoo voort met de andere: om nu de generale Formule te vinden, zoo sla ik de volgende weg in: stelt in de laatste Æquatien voor a wederom bc, zoo is $y = cx + dc - \overline{ncd \over b}$, of $y = cx + \overline{1 - \tfrac{n}{b}} : cd$,

$z = cy - \overline{1 - \tfrac{n}{b}} : ccd$, $u = cz + \overline{1 - \tfrac{n}{b}} : c^3 d$; stelt $\overline{1 - \tfrac{n}{b}} : cd = e$, zoo is

$A x = x = x$
$B x = x = x$
$C y = cx + e = cx + e$
$D z = cy + ec = ccx + 2ce$
$E u = cz + cce = c^3 x + 3cce$
$F w = cu + c^3 e = c^4 x + 4c^3 e$
&c. &c.

Als r de rang is die de Speelder in 't Spel treed, dat is $r =$ nul voor A en B, voor C is $r = 1$, voor D $r = 2$, en zoo voort; dan kan het voor- of nadeel, van welken Speelder dat men wil, uitgedrukt worden door $c^r x + r e c^{r-1}$.

De Zom van de eerste Colom $x + x + cx + ccx + c^3 x + $ &c., daar van de Termen zyn $n + 1$; is door 't voorgaande $\tfrac{gx}{b^{n-1}}$: de Zom van de tweede Colom vind men als volgt:

$$\left.\begin{array}{l} 1 + c + cc + c^3 + c^4 + \&c. \\ c + cc + c^3 + c^4 + \&c. \\ cc + c^3 + c^4 + \&c. \\ c^3 + c^4 + \&c. \\ c^4 + \&c. \\ \&c. \end{array}\right\} \text{tot } c^{n-2} \text{ is } \left\{\begin{array}{l} 1 - c^{n-1} \\ c - c^{n-1} \\ cc - c^{n-1} \\ c^3 - c^{n-1} \\ c^4 - c^{n-1} \\ \&c. \end{array}\right\} \text{ieder getal gedeelt door } 1 - c.$$

De eerste Colom is in een Geometrische Progressie, en daarom de Zom van beide die laatste Colommen te zaamen $\tfrac{1 - c^{n-1}}{1 - c} \cdot \tfrac{n-1 : c^{n-1}}{1-c}$; stelt voor c dan $\tfrac{e}{b}$,

(i) In de zelfde Transactie, pag. 138 en 139.

en voor $1-c$ ook $\frac{1}{b}$, 't welk daar aan gelyk is, zoo vind men $1+2c+3cc+4c^3+5c^4+$ &c. tot $n-1:c^{n-2}=\dfrac{\frac{b^{n-1}}{b^{n-1}}-a\frac{b^{n-1}}{a}}{\frac{b^{n-1}}{b^{n-1}}}-\dfrac{n-1:a^{n-1}}{\frac{b^{n-2}}{b^{n-2}}}$; de waarde van d, hierboven gevonden, gemultipl. door c of $\frac{a}{b}$, komt $cd = \dfrac{ab}{g}$; dit nog gemultipl. door $1-\frac{n}{b}$, zoo heeft men $e=\dfrac{\overline{b-n:a:b^{n-1}}}{g}$; dit wederom vermenigvuldigd door $\dfrac{\frac{b^{n-1}}{b^{n-1}}-a\frac{b^{n-1}}{b^{n-1}}}{\frac{b^{n-1}}{b^{n-1}}} \times$ komt $\dfrac{\overline{b-n:a}}{g}: b^{n-1}-a^{n-1}-\overline{n-2:a^{n-1}}$; hierby de waarde van de eerste Colom $\dfrac{gx}{b^{n-1}}$; deeze Zom, of het voor- en nadeel van al de Speelders, moet gelyk nul zyn; waar door men vind $x = \dfrac{b^{n-2}}{gg} : a: \overline{n-b:}$ $\overline{b^{n}-ba^{n-1}}-\overline{n-1:a^{n-1}}$; deeze waarde voor x gesteld, in 't generaal voor- of nadeel van ieder Speelder, te weeten, in $c^r x + rec^{r-1}$; ook voor e gesteld, $\dfrac{\overline{b-n:a:b^{n-1}}}{g}$; voor g dan $2b^n - ab^{n-1}-a^n$, en voor c ook $\frac{a}{b}$, dan vind men de begeerde Formule, die uitdrukt het voor- of nadeel, van welk een Speelder dat men wil, als volgt:

$$\dfrac{\frac{y}{b^{n-r}-x}{a^{-1}:a}}{2b^{n}-ab^{n-1}-a^{n}} : a - 2r : b^n - a^n b + a^r b^{n-1} + r + 1 - n : a^n.$$

By voorbeeld, als daar 5 Speelders zyn, om het voor- of nadeel van de 4de Speelder, of D te vinden, dan is $a = 16$, $b = 17$, $r = 3$, $n = 4$; de Term b^{n-r-2} is dat dan $=1$, en daarom zyn voordeel $4-17:16: \dfrac{2\overline{\cdot17}^4-\overline{16}^4: \overline{17}^3+17: \overline{16}^3:2-\overline{16}^4}{2\overline{\cdot17}^4-\overline{16}^4:\overline{17}^3-\overline{16}^4}$, of

$\dfrac{-3328:-20180}{22898}$, of $+\dfrac{1672:700}{11445:900}$; als men $+$ vind is 't voordeel, en $-$ nadeel; $r =$ nul

stellende, dan is het voor- of nadeel der 2 eerste, of van A en B, altyd $\overline{n-b}:\dfrac{b\cdot\overline{a\cdot b}^n-\overline{a}^n\cdot\overline{b-n-1:a}^{n-2}}{2\overline{b}^n-\overline{a:b}^{n-1}-\overline{a}^n}$, en voor de alderlaatste $a:n-b:\dfrac{\overline{a-2r:b}^{n-1}-\overline{a}^n+\overline{b}^{n-2}}{2\overline{b}^n-\overline{ab}^{n-1}-\overline{a}^n}$

De geheele Uitreekening der kansen kan tot twee generaale Voorstellen gebragt worden: het eerste is de menigte der Verkiezingen, en het tweede de Uitkooping der kansen: de twee generaale Formulen, die ik voortyds ten dien einde bedagt heb, vind men in de Uitreekening der Kansen (k); daar vloeien byna alle andere Voorstellen uit, die men begeert: by voorbeeld, als daar q Speelders zyn, die na een zelfde getal oogen werpen met eenige dobbelsteenen, om eenig geld te winnen; eerst zal A 1 werp doen, dan B 2, C 3, D 4, en zoo voort, in een Arithmetische Progressie, tot dat het rond geweest is, dan wederom A 1, B 2, C 3 werpen, &c. op de zelfde wys als vooren, tot dat iemand het Spel wint: indien b al de kansen der steenen zyn, c de kansen die ten eersten het Spel doen winnen, zoo vraagt men; wat gedeelte van 't ingezette geld, dat een Speelder toekomt, die r in rang volgt om te werpen? als men $\dfrac{b-c}{b}=a$ stelt, dan volgt, door de gemelde Formule (l), dat het begeerde deel van de Speelder zyn zal $\dfrac{-\tfrac{1}{2}rr-\tfrac{1}{2}r\cdot\tfrac{1}{2}rr+\tfrac{1}{2}r}{\tfrac{1}{2}qq+\tfrac{1}{2}q}$; laat dan 't getal der Speelders zoo groot zyn als men wil, en al is r ook een groot getal, zoo kan men door de Logarithmus ligtelyk het begeerde vinden.

(k) Pag. 47 en 56. (l) Pag. 56.

E I N D E.

Ge-eindigt met Drukken, den 15den April, in 't Jaar 1738.

AANHANGSEL
OP DE
GISSINGEN OVER DEN STAAT
VAN HET
MENSCHELYK GESLAGT,
EN DE
UITREEKENING DER LYFRENTEN.

Na dat in 't voorgaande aangetoond is, hoe men de Lyfrenten moet bepaalen, voor zoo ver als men uit het sterven van de Menschen kan besluiten, volgens 't geen men vind in de Schriften, die tot nu toe, myns weetens, daar van gedrukt zyn, Mannelyke en Vrouwelyke door malkander gereekend, zoo zal ik hier laaten volgen, hoe dat die door de ondervinding uitkomen, getrokken uit de Boeken van de Lyfrenten, de Mannelyke en Vrouwelyke ieder in 't byzonder, 't welk alleen de waare rigtsnoer is, daar men zig aan houden moet. *Lyfrenten door de ondervinding.*

Volgens een Resolutie van den 18den July 1672, zyn te Amsterdam Lyfrenten opgenomen, die men contant betaald heeft, als hier onder te zien is: *Opneeming van Lyfrenten.*

	Guldens.	
Van 1 tot 20 Jaaren	1000	
— 20 tot 30 —	950	
— 30 tot 40 —	900	
— 40 tot 45 —	850	
— 45 tot 50 —	800	
— 50 tot 55 — Exclusive	750	Voor 100 guldens Jaarlyksche Renten (a).
— 55 tot 60 —	675	
— 60 tot 65 —	600	
— 65 tot 70 —	500	
— 70 tot 75 —	400	
— 75 en daar boven	300	

Volgens een ander besluit van den 18den January 1673 zyn wederom Lyfrenten uitgegeeven, daar men contant voor betaalde, als volgt: *Andere opneeming Van*

(a) *Commelin* Beschryving van Amsterdam, 2de Deel, pag. 1205.

	Guldens.	
Van 1 tot 20 Jaaren	1000	
— 20 tot 30	950	
— 30 tot 40 — Exclufive	900 > Voor 100 guldens Jaarlykfche
—, 40 tot 45 —	850	Renten (b).
— 45 en daar boven	800	

De eerfte Negotiatie is begonnen den 29ften July 1672, en geëindigt den 9den September van 't zelfde Jaar; de tweede is begonnen den 20ften January 1673, en geëindigt den 28ften February 1674: in deeze twee Negotiatien zyn te zaamen opgenomen 1698 verfcheide poften Lyfrenten, te weeten, 891 op de Vrouwelyke Sexe, waar onder 443 beneden de 20 Jaaren, en 448 daar boven; 't getal der poften op de Mannelyke was 807, waar onder 461 beneden de 20 Jaaren, en 346 daar boven: van de Mannelyke waren in 't Jaar 1738 nog in 't leeven 45, en van de Vrouwelyke 55, dewelke byna alle Kinderen geweeft zyn beneden de 10 Jaaren, doe 't geld op haar lyven gegeeven is; en alhoewel de Jongens van de laatftgemelde ouderdom wel een vierdendeel meerder waren als de Meisjes van de voorfchreeven Jaaren, zoo ziet men evenwel, dat van de laatfte zoort nog veel meer leeven. 't Schynt dat de Menfchen toen liever op jonge Kinderen van de Mannelyke zoort Lyfrenten namen, dan op de Vrouwelyke van de zelfde ouderdom; daar nogtans het laatfte voor de Koopers veel voordeeliger is: de Vrouwsperzoonen beneden de 20 Jaaren hebben te zaamen 18552 Jaaren, of enkelde poften Lyfrenten getrokken, dat is door malkander ieder 41⅞ Jaar, en die boven de 20 Jaaren geweeft zyn, te zaamen 10904½ Jaar, dat is door malkander 24½ Jaar, in 't generaal de Vrouwelyke, oud en jong door malkander, ruim 33 Jaaren; de 461 Mannelyke beneden de 20 Jaaren, hebben door malkander fchaars 38⅞ Jaar de Lyfrenten getrokken, en die boven de 20 Jaaren 21¾ Jaar, dat is, oud en jong door malkander, 31⅛ Jaar; de Mannelyke en Vrouwelyke, oud en jong door malkander, 32¼ Jaar.

Derde Negotiatie. Nog heb ik 163 Poften gekreegen, die op Mansperzoonen van Jaaren meerendeels genomen zyn, van den laatften January 1686 tot den laatften Maart 1689; daar waren 'er maar twee onder beneden de 10 Jaaren, waar van nog één leeft, en 14 tuffchen de 10 en 30 Jaaren; van de 163 zyn 'er in 't geheel in 't Jaar 1738 nog drie in 't leeven geweeft. Verders zyn my behandigd 85 verfcheide Poften, byna alle op Vrouwen van Jaaren, die opgenomen zyn tuffchen den laatften January 1686 en den 6den Oftober 1688, daar was 'er niet een onder beneden de 10 Jaaren, en maar drie beneden de 30 Jaaren; in 't Jaar 1738 waren 'er nog twee van in 't leeven.

Om nu 't leeven van beide de Sexen te bepaalen, zoo heb ik dezelve alle genomen, die ik uit de Boeken van de Lyfrenten heb gekreegen, behalven de 183 daar hier na van zal gefproken worden; zynde 't getal van de Mannelyke 794, en die van de Vrouwelyke 876 Perzoonen, die weezentlyk Renten op hun lyven hebben gehad; en heb dezelve verdeeld in Claffen van 5 tot 5 Jaaren, als in de twee volgende Tafelen te zien is. 't Lee-

(b) *Commelin* Befchryving van Amfterdam, 2de Deel, pag. 1205.

't Leeven van 794 Mansperzoonen.

van 0 tot 4	van 5 tot 9	van 10 tot 14	van 15 tot 19	van 20 tot 24	van 25 tot 29	van 30 tot 34	van 35 tot 39	van 40 tot 44	van 45 tot 49	van 50 tot 54	van 55 tot 59	van 60 tot 64	van 65 tot 69	van 70 tot 74	van 75 tot 79	van 80 tot 84	van 85 tot 89	van 90 tot 94	van 95 tot 99
100	95 / 110	91 / 107	87 / 106	78 / 98	68 / 95	64 / 80	58 / 80	50 / 65	41 / 62	36 / 52	27 / 33	18 / 22	15 / 16	8 / 12	4 / 6	2 / 3			
	205	198 / 108	193 / 104	176 / 97	163 / 90	153 / 84	138 / 79	115 / 73	103 / 59	88 / 50	60 / 41	40 / 28	31 / 16	20 / 11	10 / 5	8 / 3	2 / 1		
		306	297 / 68	273 / 67	253 / 63	237 / 56	217 / 51	188 / 49	162 / 44	138 / 33	101 / 21	68 / 18	47 / 8	31 / 6	21 / 4	11 / 3	2 / 1		
			365	340 / 65	316 / 61	293 / 56	268 / 52	237 / 44	206 / 37	171 / 31	122 / 24	81 / 13	55 / 14	37 / 9	17 / 4	11 / 3			
				405	377 / 50	347 / 49	320 / 46	281 / 43	243 / 34	202 / 30	146 / 27	99 / 20	69 / 15	46 / 11	27 / 6	14 / 4	8 / 2		
					427	396 / 48	366 / 45	324 / 40	277 / 34	232 / 30	196 / 13	136 / 17	95 / 11	57 / 9	21 / 6	18 / 3	5 / 2		
						444	411 / 26	364 / 23	311 / 18	262 / 18	173 / 23	119 / 13	84 / 11	46 / 15	17 / 4	14 / 4			
							437	381 / 52	324 / 48	280 / 44	209 / 31	149 / 21	66 / 5	71 / 11	41 / 4	20 / 4			
								440	372 / 48	312 / 36	240 / 36	170 / 31	106 / 16	82 / 11	36 / 5	24 / 7			
									433	359 / 52	276 / 36	201 / 29	143 / 20	94 / 15	45 / 10	35 / 2			
										415	332	230 / 19	163 / 12	109 / 9	61 / 6	37 / 3			
												265	191 / 16	128 / 7	67 / 4	40 / 7			
													249 / 16	135 / 20	71 / 15	47 / 5			
													199 / 8	155	93 / 7	52	18	6	1
															86 / 15		17 / 1	5 / 1	1
																	15 / 2	4 / 1	
																	13 / 2	3	
																	13	3	
																	13	2	
																	9 / 4	2	
																	8	1	
																	5	1	
																	5	1	
																	3	1	
																	2		
																	2		
																	2		
																	1		
																	1		

363

564

't Leeven van 876 Vrouwsperzoonen.

van 0 tot 4	van 5 tot 9	van 10 tot 14	van 15 tot 19	van 20 tot 24	van 25 tot 29	van 30 tot 34	van 35 tot 39	van 40 tot 44	van 45 tot 49	van 50 tot 54	van 55 tot 59	van 60 tot 64	van 65 tot 69	van 70 tot 74	van 75 tot 79	van 80 tot 84	van 85 tot 89	van 90 tot 94	van 95 tot op
77	72 / 110	69 / 107	65 / 103	60 / 100	55 / 95	50 / 92	47 / 86	44 / 76	42 / 67	38 / 57	27 / 47	23 / 37	15 / 28	10 / 16	5 / 15	2 / 7	1 / 3	1	—
	182	176 / 111	168 / 107	160 / 103	150 / 95	142 / 89	133 / 84	120 / 79	109 / 62	95 / 55	74 / 44	60 / 35	43 / 26	26 / 18	20 / 12	9 / 5	4 / 2	1 / 1	—
		287	275 / 85	203 / 81	245 / 76	231 / 68	217 / 64	199 / 60	171 / 57	150 / 43	118 / 41	95 / 33	69 / 29	44 / 21	32 / 10	14 / 2	6 / 1	2	—
			360	344 / 62	321 / 60	299 / 52	281 / 49	259 / 43	228 / 40	193 / 33	159 / 29	128 / 26	98 / 22	65 / 15	42 / 12	16 / 5	7 / 2	2	—
				406	381 / 49	351 / 46	330 / 39	302 / 37	268 / 36	226 / 33	188 / 21	154 / 18	120 / 12	80 / 10	54 / 3	21 / 2	9 / 1	2	—
					430	397 / 14	369 / 70	339 / 63	304 / 59	259 / 49	209 / 43	172 / 37	132 / 33	99 / 23	57 / 12	23 / 4	10 / 3	2 / 1	—
						471	439 / 69	402 / 61	363 / 56	308 / 52	252 / 46	209 / 39	165 / 31	113 / 21	69 / 13	27 / 8	13 / 4	3	—
							508	463 / 59	419 / 56	360 / 46	298 / 40	248 / 31	196 / 23	134 / 17	82 / 15	35 / 6	17 / 2	4 / 1	1
								522	475 / 54	406 / 49	338 / 34	279 / 28	219 / 21	151 / 14	97 / 11	41 / 6	19 / 2	5 / 1	1
									529	455 / 59	372 / 54	307 / 41	240 / 32	165 / 23	108 / 12	47	21 / 3	6 / 2	1
										514	426 / 28	348 / 28	272 / 21	188 / 19	120 / 13	51 / 6	24 / 3	8	1
											454	376 / 22	293 / 21	207 / 12	133 / 4	57 / 3	27 / 2	8	1
												398	314 / 9	219 / 9	137 / 3	60 / 2	29 / 1	8	1
													323	228 / 3	140 / 2	62	30	8	1
														231	142 / 5	63 / 4	30 / 3	8 / 1	—

Menſchelyk Geſlagt, en de Uitreekening der Lyfrenten. 365

Door het uitgetrokkene uit de Boeken der Lyfrenten vind ik, dat 224 Poſten Lyfrenten, genomen op Meisjes onder de 10 Jaaren, daar onder waren 14 minder als een Jaar oud, 18 tuſſchen 1 en 2 Jaaren, 17 tuſſchen 2 en 3 Jaaren, 25 tuſſchen 3 en 4 Jaaren, 18 tuſſchen 4 en 5 Jaaren oud; de andere waren van 5 tot de 9 volle Jaaren: als men haar leeven alle door malkander reekent, zoo heeft ieder door malkander ruim $44\frac{1}{2}$ Jaar Lyfrenten getrokken; de 132 Poſten van 5 tot 9 Jaaren door malkander $45\frac{3}{4}$ Jaar, en de 92 eerſte ruim 43 Jaaren. *Hoe veel de Meisjes getrokken hebben.*

274 Poſten Lyfrenten, uitgegeeven op Jongens, waar onder 10 beneden 't Jaar, 29 tuſſchen 1 en 2 Jaaren, 30 tuſſchen 2 en 3 Jaaren, 29 van 3 tot 4 Jaaren, 25 tuſſchen 4 en 5 Jaaren; de overige waren van 5 tot 9 volle Jaaren: deeze alle hebben, door malkander, de Lyfrenten byna 41 Jaaren getrokken. *Hoe veel de Jongens.*

De bovenſtaande Poſten, zoo Mannelyke als Vrouwelyke, zyn te zaamen 498; deeze hebben, als men door malkander reekent, de Lyfrenten ieder ruim $42\frac{1}{2}$ Jaar getrokken; dog alleen neemende de 151 Poſten van de Jongens, tuſſchen de 5 en 9 volle Jaaren, en daar by doende de 132 Poſten van Meisjes, tuſſchen de 5 en 9 volle Jaaren, dan zal men vinden, dat van ieder Poſt, door malkander, getrokken is ruim $43\frac{1}{4}$ Jaar. *Door malkander.*

526 Poſten op Vrouwsperzoonen beneden de 20 Jaaren, daar is, door malkander, van ieder Poſt $41\frac{1}{4}$ Jaar de Lyfrenten van getrokken, en 547 Poſten op Mansperzoonen beneden de 20 Jaaren, door malkander, $38\frac{3}{4}$ Jaar; zoo dat van 1073 Poſten, op beide de Sexen, door malkander, van ieder Poſt zeer na 40 Jaaren Lyfrenten getrokken is. Men behoeft my niet tegen te werpen, dat de voorgaande getallen te klein zyn, om de Jaaren trekkens daar door te bepaalen; de geen die de waare reekening der Kanſſen verſtaan, kunnen ligtelyk het tegendeel zien. *Hoe veel die beneden de 20 Jaaren.*

Uit de Tafel van de Mannelyke Sexe merkt men, dat op 100 Jongens, van 0 tot 4 Jaaren, Lyfrenten is opgenomen; op 110 van 5 tot 9 Jaaren; op 108 van 10 tot 14 Jaaren, en zoo voort in de ſchuinte afgaande; daar nevens vind men, hoe veel dat geduurig van 5 tot 5 Jaaren nog in 't leeven zyn geweeſt, 't welk getrokken is uit ieders ſterftyd; dog om in de Lyfrenten te gebruiken, heb ik maar de volle half Jaaren gereekend, die dezelve geleefd hebben: de Horizontaale colommen, die naaſt de perzoonen zyn, die wezentlyk geld op hun lyf gehad hebben, noemt men gelyktydig, om dat die nagenoeg op een tyd geld op hun lyf genomen hebben; maar om de ongelyke ſterftens in de kleine getallen te myden, en om dat weinig Menſchen van hooge Jaaren geld op hun lyf neemen, en men dan de Lyfrenten op deeze Perzoonen niet nagenoeg zou kunnen uitreekenen, zoo voeg ik die by malkander, als in de Tafels te zien is, en onderſtel, dat de overige van 5 tot 5 Jaaren wederom nieuwe Lyfrenten koopen. De gemelde zommen vind men, dat met de gelyktydige op de zelfde Jaaren nagenoeg in een proportie zyn; en dit zal altyd zoo voorvallen, al voegt men Perzoonen van een ouder-

366 *Aanhangsel op de Gissingen over den Staat van het* ouderdom uit verscheide Negotiatien by malkander, mits dat men buitengewoone Sterftens uitsluit, want die zouden dikwils de eene opneeming treffen, en de andere niet, of ten minsten Menschen van verscheide Jaaren, en hier zou verandering door gebeuren.

Een menigte van fraaije beschouwingen zyn uit de voorgaande Tafels te trekken: 't Menschelyk leeven zal doorgaans nog iets langer zyn, als in de voornoemde Tafels, om dat ik maar de volle half Jaaren gereekend heb, die dezelve geleefd hebben, en dat ze reets in de Jaaren getreeden waaren, die opgegeeven zyn voor de ouderdom van ieder Perzoon; dog wederom zal het leeven doorgaans wat korter zyn, om dat Perzoonen, daar men Lyfrenten op koopt, als uitgezogt worden; ten minsten zullen dezelve niet heel ziek geweest zyn; doe men de Lyfrenten op haar gekogt heeft. Uit de voorgaande Tafels ziet men, dat het leeven van de Mannen en de Vrouwen veel verscheelt, zoo dat het de moeite wel waardig is, om dit in 't bereekenen van de Lyfrenten in agt te neemen; 't geen, myns weetens, nog niemand gedaan heeft; en daarom door my is ondernomen. De volgende Lyfrenten zyn niet gereekend na de posten, of zommen, die ieder genomen heeft; maar volgens de stelling, dat op ieder byzonder Perzoon, een gelyke zom is gegeeven; dat de zelfde zaak is: want of schoon in 't een meer gewaagd word als in 't ander, zoo is de kans, door malkander, op alle ouderdommen, daarom eveneens, onder voorwaarden, dat de Lyfrenten wel bepaald zyn.

Lyfrenten op de Vrouwelyke Sexe.

De waardy der Lyfrenten op de Vrouwelyke Sexe, van 5 tot 5 Jaaren oud, vind ik, als volgt:

	In Classen.	Door de Tafel.	Zonder Lasten.	Met Lasten.	Gelyke Uitkeering. Jaar. Maand.
Van 5 tot 9 Jaaren	ƒ 1936	ƒ 1931	ƒ 4 : 3	ƒ 5 : 4	37 : 6
— 10 — 14 —	- 1832	1840	4 : 7	5 : 9	34 : 8
— 15 — 19 —	- 1737	1733	4 : 12½	5 : 15½	31 : 7
— 20 — 24 —	- 1627	1630	4 : 18½	6 : 3	28 : 10
— 25 — 29 —	- 1524	1533	5 : 4½	6 : 10½	26 : 5
— 30 — 34 —	- 1448	1438	5 : 11½	6 : 19	24 : 2
— 35 — 39 —	- 1334	1328	6 : 0½	7 : 10½	21 : 8
— 40 — 44 —	- 1221	1203	6 : 13	8 : 6	19 : 1
— 45 — 49 —	- 1076	1077	7 : 8½	9 : 6	16 : 6
— 50 — 54 —	- 969	964	8 : 6	10 : 7½	14 : 6
— 55 — 59 —	- 884	851	9 : 8	11 : 15	12 : 5
— 60 — 64 —	- 753	733	10 : 18½	13 : 13	10 : 6
— 65 — 69 —	- 613	616	13 : —	16 : 4	8 : 8
— 70 — 74 —	- 493	493	16 : 5	20 : 6	6 : 9
A	B	C	D	E	

Menschelyk Geslagt, en de Uitreekening der Lyfrenten. 367
Verklaaring van de voorgaande Tafel.

De eerste Colom, getekend met A, verbeeld het contante geld, dat betaald moet worden voor een Jaarlyksche Lyfrenten van 100 guldens, daar een vyfdendeel afgaat voor de Lasten, dat is 80 guldens 's Jaars vry geld; de Interest van de Losrenten is gereekend tegen $2\frac{1}{2}$ ten honderd 's Jaars. Ik heb, om de kortheid, gesteld, dat de Lyfrenten maar van Jaar tot Jaar betaald worden, 't welk weinig verschil kan geeven; want 100 guldens contant geld, zal, ten einde van 40 Jaaren, alle Jaaren, Interest van Interest, tegen $2\frac{1}{2}$ ten honderd, waardig zyn 268 guldens en 10 stuivers; en de zelfde 100 guldens, ten einde van 80 half Jaaren, alle half Jaaren, Interest van Interest, tegen $1\frac{1}{4}$ ten honderd in 't half Jaar, bedraagt 270 guldens en 4 stuivers, dat maar 1 gulden, 14 stuivers meer is als 't voorgaande: of nu 't Capitaal, door de half jaarige Interest, omtrent $\frac{1}{171}$ deel vergroot, zoo word dit wederom byna t'eenemaal weggenomen, als men 't Rabatteeren tot contant geld ook by half Jaaren doet: de sterftens, tusschen ieder van de 5 Jaaren, heb ik in een geschikte order, zoo veel als 't mogelyk was, door de voorgaande en de volgende genomen; dog zoodanig, dat die geduurig om de 5 Jaaren wederom met de weezentlyke sterftens overeen quamen: de ongeregeltheden, die uit het ongelyk sterven opryzen; ook de geene, dewelke voortkomen, door dat in de Classen van 5 tot 5 Jaaren, in ieder Jaar juist niet net een gelyk getal van Perzoonen gevonden word, heb ik zoo laaten blyven, en niets daar aan verandert, om daar door te maaken dat de gereede waarde malkander in beter order zou vervolgen.

Om de ongelykheden te vergoeden, zoo reeken ik de Lyfrenten, uit de Tafel van 't leeven en 't sterven der Vrouwelyke, die hier na zal volgen (dewelke uit de voorgaande Tafel der Vrouwen opgemaakt is), eerst op die van $7\frac{1}{2}$, dan op die van $12\frac{1}{2}$ Jaar, en zoo geduurig 5 Jaaren meer; 't welk nagenoeg zal overeen komen met de Classen van 5 tot 9, van 10 tot 14 Jaaren, en zoo voort, om dat deeze uitkomsten, dewelke in Tafel B te zien zyn, vry geschikt malkander volgen; en ook, als men de ongeregeltheden uitsluit, die in de eerste Tafel zyn, nagenoeg met de ondervinding overeen komen, zoo blykt, dat in de Tafel der Vrouwen, die hier na gesteld zal worden, 't leeven der Vrouwelyke niet te kort of te lang genomen is.

De Colom, getekent met C, zyn de guldens en stuivers Lyfrenten, die ieder, tusschen de ouderdommen, die daar nevens zyn, 's Jaarlyks van 100 guldens moet trekken, als men geen Lasten reekent, en men $2\frac{1}{2}$ ten honderd 's Jaars van 't uitgeschooten geld Interest genieten zal; ieder post is maar tot op een halve stuiver na bepaald: de Colom D betekent het zelfde, als $\frac{1}{5}$de deel voot de Lasten afgehouden word.

De Colom, getekent met F, zyn de Jaaren en Maanden van de gelyke uitkeeringen, die van de zelfde waardy zyn als de Lyfrenten; by voorbeeld:

als

als de Lyfrenten op een Vrouwsperzoon, oud tuffchen de 10 en het volle 14de Jaar, waardig is 1840 guldens contant geld, daar van getrokken word 80 guldens 's Jaars vry geld, en men, om de onzekerheid van 't Menfchelyk leeven, dezelve aanftonds, na de Koop, begeerde te verruilen voor een vafte Renten van 80 guldens 's Jaars vry geld, te betaalen aan Kooper of zyn Erven; indien men dan vroeg, hoe lang dat deeze uitkeering zou moeten duuren? zoo werk ik, om dit te vinden, als volgt: eerft vermenigvuldig ik de 1840 guldens door $2\frac{1}{2}$, zynde 't geen de Kooper 's Jaarlyks van zyn geld Intereft ontfangen wil van ieder 100 guldens; de uitkomft is 4600 guldens: trekt dit van 80maal 100 of 8000 guldens; de reft is 3400 guldens: de Logarithmus van dit laatfte getal, getrokken van de Logarithmus van 8000, zoo blyft daar over 0,371611; dit gedeelt door de Logarithmus van $\frac{41}{40}$, zoo zal de uitkomft zyn 34 Jaaren en 8 Maanden; dog als men 't ontfangen der Lyfrenten en Interesten by half Jaaren reekent, zoo deelt door de Logarithmus van $\frac{81}{80}$, dan zal men byna 3 Maanden minder vinden.

De volgende Tafel, die voor 't Mannelyk geflagt dient, is op de zelfde wys te zaamen gefteld, en van 't zelfde gebruik als de voorgaande van de Vrouwen.

De Lyfrenten op de Mannelyke Sexe.

	In Claffen.	Door de Tafel.	Zonder Laften.	Met Laften.	Gelyke Uitkeering. Jaar. Maand.
Van 5 tot 9 Jaaren	ƒ 1856	ƒ 1823	ƒ 4 : 8	ƒ 5 : 10	34 : 2
— 10 — 14 —	1721	1714	4 : 13½	5 : 17	31 : 1
— 15 — 19 —	1600	1608	4 : 19¾	6 : 4¾	28 : 3
— 20 — 24 —	1503	1504	5 : 6¾	6 : 13	25 : 9
— 25 — 29 —	1417	1401	5 : 14	7 : 2¼	23 : 4
— 30 — 34 —	1303	1291	6 : 4	7 : 15	20 : 11
— 35 — 39 —	1162	1184	6 : 15	8 : 9	18 : 8
— 40 — 44 —	1057	1069	7 : 9½	9 : 7	16 : 6
— 45 — 49 —	944	955	8 : 7½	10 : 9½	14 : 4
— 50 — 54 —	809	840	9 : 10½	11 : 18	12 : 4
— 55 — 59 —	754	756	10 : 11½	13 : 4½	10 : 11
— 60 — 64 —	671	661	12 : 2	15 : 2½	9 : 5
— 65 — 69 —	577	575	13 : 18	17 : 8	8 : —
— 70 — 74 —	469	481	16 : 12½	20 : 16	6 : 7
	A	B	C	D	E

Als men de Intereft van de Losrenten aanmerkt tegen 4 ten honderd, dan vind ik, het midden neemende, tuffchen de Lyfrenten die de Meisjes van 5 tot 9 Jaaren moeten trekken, en die van 9 tot het end van 't 14de Jaar, 5⅜ ten honderd, dat is nagenoeg voor de Lyfrenten van een Meisje, oud 10

Menfchelyk Geflagt, en de Uitreekening der Lyfrenten.

Jaaren: Voor een Jongen, van den zelfde ouderdom, vind ik 5⅞ percento vry geld; zoo dat Jongens en Meisjes door malkander, van ieder zoort even veel, de Lyfrenten is 5 11/16 ten honderd; 't welk maar 7/16 percento meer is als ik door de Sterflyften van London gevonden heb.

De voorgaande Tafels en Reekeningen fteunen niet op onderftellingen, maar op wezentlyke ondervindingen, als zynde getrokken uit de Boeken der Lyfrenten, op order van de Heeren der Regeering: Ik heb dezelve getrouwelyk behandeld, en zou de Copyen daar van kunnen vertoonen, waar in 't Jaar en de dag gemeld is, doe ieder het opnam; ook de ouderdom van de geene daar de Lyfrenten op genomen zyn, en de nette tyd, als 't Jaar, de Maand, en de Dag, wanneer ieder van deeze laatfte geftorven is, en van eenige weinige vermifte, de tyd, tot dewelke die de Lyfrenten getrokken hebben; ook heb ik geen een overgeflagen, en het klein getal, die in 't Jaar 1738 nog leefden, de tyd, die zy waarfchynelyk daar na nog zullen geleefd hebben, door de Reekening der Kanffen daarby gedaan. Ik zeg dit, op dat men niet zou denken, dat ik deel had in 't verfchil, tuffchen de Heer en Mr. *Johan van der Burg*, Heer van Sliedregt, en de Heer *Willem Kerffeboom*, en zoo iets ten voordeel van de een of de ander had opgezogt: het is myn onverfchillig wie dat gelyk heeft; ik zoek alleen de waarheid, en meen, dat, als door oneenzydige Perzoonen, uit andere Boeken, in deeze Landen, als daar de myne uit zyn, de Lyfrenten opgenomen wierden, by Claffen, hoe veel Jaaren dat ieder die getrokken heeft, voornamentlyk, die omtrent het Jaar 1672 opgenomen zyn, als men alle de Perzoonen nam, op die wys, als ik hier vooren gedaan heb, dat dit nagenoeg met myn Reekening zou overeen komen: in vroeger tyden kon een Peft-tyd, voornamentlyk, als de Negotiatie nog niet lang geleden was, het uitkeeren van de Lyfrenten in 't generaal wat verminderd hebben; maar ik meen, dat zulke gevallen ten voordeele van den Lande behoorden te zyn, op dat, in een gezonde tyd, het zelve geen merkelyk verlies leid.

Nog dagelyks kan men Lyfrenten in den Haag bekomen, op Lyven, die men verkieft, tegen 6 ten honderd 's Jaars, dat is, na aftrek van de Laften, 5 7/16 ten honderd 's Jaars vry geld (c): die deeze Koop aangaan, op Meisjes van 5 tot 9 Jaaren, zullen (de buitengewoone Sterftens uitfluitende) 3⅞ ten honderd van hun uitgefchooten geld Intereft trekken, en op Jongens, van de zelfde ouderdom, 3⅞ ten honderd: op ieder Poft Lyfrenten, daar 80 guldens 's Jaars, vry geld, van getrokken word, wint de Kooper 362⅛ gulden contant geld, en op een Jongen, van die ouderdom, 254⅞ gulden, behalven de 2⅛ ten honderd, 't welk voor de Intereft 's Jaarlyks ontfangen word; de winft is volgens de Colom B gereekend; dezelve zou nog iets meer zyn, als men de Colom A verkieft.

A a a

Be-

(c) Volgens een Tractaat, gedrukt in den Haag, in 't Jaar 1738, pag. 25.

Lyfrenten op effen Jaaren. Begeert men de Lyfrenten te bepaalen op effen Jaaren, van 5 tot 5; want de andere kunnen ligtelyk daar tuſſchen in genomen worden, zoo reeken ik, door de Tafel van de Mannelyke, die hier na zal volgen, dat een Lyfrenten op een Jongetje, oud 5 Jaaren, waardig is 1832 guldens, en door de Tafel van de Vrouwelyke, dewelke na de voornoemde volgt, dat de Lyfrenten op een Meisje, van de zelfde ouderdom, waardig is 1928 guldens; in beide is de Intereſt van Losrenten gereekend tegen $2\frac{1}{4}$ ten honderd in 't Jaar. Wat de volgende Poſten aangaat, die vind ik, om de kortheid, aldus: tot een voorbeeld zal dienen, om de Lyfrenten te vinden op een Mansperzoon, die net 20 Jaaren oud is. In de Tafel, pag. 368, ziet men, dat 1608 guldens de Lyfrenten is van 't Claſſe tuſſchen 15 en 19 volle Jaaren, en 1504 guldens van 't Claſſe tuſſchen 20 en 24 volle Jaaren; de Zom is 3112, de helft daar van is 1556 guldens, voor de Lyfrenten die men gezogt heeft; en op deeze manier is met al de andere gewerkt. In de volgende Tafel, in Colom A, zyn de Lyfrenten op de Mannelyke, en in B, op de Vrouwelyke; in C, door malkander, van ieder zoort evenveel: daar nevens, in de Colom D, heb ik geplaatſt, de Lyfrenten, volgens de Tafel van de Heer *Halley*, Vrouwelyke en Mannelyke door malkander, zoo als die leeven; dezelve zyn naukeurig uitgereekend, door de Heer *Jan Frederik Berewout*.

	Mannelyke.	Vrouwelyke.	Door malkand.	Van de Hr. *Halley*.	Verſchil in guld.	Verſchil in guld.
Oud 5 Jaaren	ƒ 1832	ƒ 1928	ƒ 1880	ƒ 1816	— 64	
— 10 —	1768	1886	1828	1840	+ 12	
— 15 —	1661	1787	1724	1762	+ 38	— 3
— 20 —	1556	1682	1619	1665	+ 46	+ 5
— 25 —	1452	1582	1517	1557	+ 40	— 1
— 30 —	1346	1486	1416	1449	+ 33	— 8
— 35 —	1237	1383	1310	1341	+ 31	— 10
— 40 —	1127	1265	1196	1232	+ 36	— 5
— 45 —	1012	1140	1076	1121	+ 45	+ 4
— 50 —	898	1020	959	1009	+ 50	+ 9
— 55 —	798	908	853	901	+ 48	+ 7
— 60 —	708	792	750	774	+ 24	
— 65 —	618	674	646	638	— 8	
— 70 —	528	554	541	495	— 46	
	A	B	C	D	E	F

Wat de Lyfrenten op de jonge Kinderen, en de geheele oude Menſchen, aangaat, deeze volgen malkander niet in de zelfde order, in de Tafel van de Heer *Halley*, als in de myne, 't welk in de Colom E te zien is; dog de Perzoonen van 15 tot 55 Jaar, daar van is de Lyfrenten nagenoeg in een geſchikte order; maar 't ſchynt, dat de Menſchen te Breslaw doorgaans wat langer

Menschelyk Geslagt, en de Uitreekening der Lyfrenten. 371

ger leeven, als hier te Lande. Stelt men nu, dat van de Lyfrenten te Breslaw, op ieder Post, 41 gulden moet afgetrokken worden, wegens 't langer leeven te Breslaw, dan zal 't verschil, tusschen de Tafel van de Heer *Halley* en myn Uitreekening, zoo wonderlyk weinig zyn, als in de Colom F te zien is.

Om door de Tafel, daar de Colom B uitgereekend is, te vinden, hoe lang iemand, van een gegeeven ouderdom, de Lyfrenten zal trekken, als men tot de Sterftyd toe betaald: by voorbeeld, een Meisje van 5 Jaaren; in de gemelde Tafel zyn 694 van die ouderdom, ten einde van 1 Jaar zyn 11 daar van gestorven; ik stel, dat die alle net ½ Jaar na 't opneemen geleeft de Lyfhebben; dan 11 door ½ vermenigvuldigt, zoo hebben die 5½ Jaar de Lyfrenten getrokken: ten einde van 't volgende Jaar zyn wederom 8 gestorven; ik stel dan, dat ieder net 1½ Jaar de Lyfrenten getrokken heeft; de uitkomst is 12 Jaaren; en zoo geduurig van Jaar tot Jaar voortgaande, alle de Jaaren van de uitkomsten te zaamen geteld, en gedeeld door 694, dan vind ik 44 Jaaren, en 4 Maanden; en op Jongens, van de zelfde ouderdom, 40 Jaaren, en 2 Maanden; dan is de trekking van de Jongens en Meisjes, door malkander, van ieder zoort evenveel, 42¼ Jaar; dog de ondervinding levert omtrent 43 Jaaren uit. Ik heb dit maar gesteld, om aan te toonen, dat het leeven van Jongens en Meisjes van 5 Jaaren, in de meergemelde Tafels niet te lang genomen is.

<small>Jongens en Meisjes, hoe veel Jaaren die de Lyfrenten trekken.</small>

Uit het voorgaande konnen ligtelyk de Regenten van de Huizen, daar men de Kost koopt, opmaaken, hoe veel iemand, van een bepaalde ouderdom, voor Kostgeld moet betaalen: by voorbeeld, indien een Vrouwsperzoon, van 48 Jaaren, de Kost voor haar leeven wil koopen, in een Huis, daar de Kost, en 't geen daar by behoort, gewaardeerd word op 300 guldens 's Jaars, zoo vraagt men, hoe veel gereed geld daar voor betaald moet worden? de Lyfrenten, op een Vrouwsperzoon van 45 Jaaren, zyn 1140 guldens; en op een van 50 Jaaren, 1020 guldens; 't verschil is 120 guldens: dan zeg ik, in 5 Jaaren is 't verschil 120 guldens, hoe veel in 3 Jaaren? komt 72 guldens; dit getrokken van 1140 guldens, zoo blyft daar 1068 guldens voor de Lyfrenten op een Vrouwsperzoon van 48 Jaaren: verders zeg ik, om 80 guldens 's Jaars op de gemelde ouderdom te trekken, moet men 1068 guldens in gereed geld betaalen, hoe veel dan om 300 guldens 's Jaars te verteeren? komt 4005 guldens; had men by voorwaarde bedongen, om na 10 Jaaren, indien de voornoemde Vrouwsperzoon nog leefde, en het haar niet langer aanstond om daar te blyven, wederom uit het Kosthuis te gaan, mits dat de behoorlyke Zom wederom uitgekeerd wierd, zoo vind ik de Lyfrenten, op een Vrouwsperzoon van 58 Jaaren, 836⅔ gulden; dan zeg ik, 80 guldens Jaarlyksche Lyfrenten, is waardig 836⅔ gulden, wat dan 300 guldens? men vind 3138 guldens, dat wederom uitgekeerd moet worden, indien dezelve daar uitgaat; zoo dat zy in dit laatste geval maar 867 guldens verteert heeft; 't welk zeer weinig schynt; dog dit komt uit twee redenen:

<small>Hoe veel men geeven moet, om de Kost te koopen.</small>

Aaa 2   eerst

372 *Aanhangsel op de Gissingen over den Staat van het*

eerst, door 't gevaar dat zy, of haar Erven, gehad hebben, om 't geheele geld, in de voorschreeven 10 Jaaren, aan 't Kosthuis te verliezen; en ten tweede, door de Interest, die de Regenten van 't meeste gedeelte van 't ontfangen geld hebben kunnen trekken.

Tontine in Amsterdam opgenomen. In 't Jaar 1671, den 4den Maart, heeft men te Amsterdam 50000 guldens opgenomen, in 200 Posten, ieder van 250 guldens; het Capitaal was verlooren; maar daar voor zou 's Jaarlyks, den 15den Maart, te beginnen in 't Jaar 1672, betaald worden 2000 guldens, om te verdeelen onder alle de geene, die nog in 't leeven gevonden wierden; welke Jaarlyksche uitkeering niet ophouden zal voor dat de laatste gestorven is: een Perzoon, 45 Jaaren oud, nam 10 portien; een van 52 Jaaren, 2 portien; een van 47 Jaaren, 2 portien; een van 26 Jaaren, 2 portien; op drie, tusschen de 15 en 20 Jaaren oud, ieder 2 portien; en op twee Meisjes, de een 2, en de ander 6 Jaaren oud, wierden ook op ieder 2 portien genoomen: zoo dat deeze geheele Tontine bestond uit 183 verscheide Perzoonen: de ouderdom van ieder, toen 't geld opgenomen wierd, is, als volgt: daar nevens staan de Jaaren, doe ieder gestorven is. Als men een L vind, zoo betekent dit, dat de Perzoon nog geleeft heeft, na den 15den Maart, 1738; daar een M voor staat, betekent, dat de geen, daar 't geld op gegeeven is, van 't Mannelyk geslagt was; en daar een V gevonden word, van 't Vrouwelyke.

Ouderdom Jaaren.	Sterftyd. 't Jaar.	Ouderdom Jaaren.	Sterftyd. 't Jaar.	Ouderdom Jaaren.	Sterftyd. 't Jaar.	Ouderdom Jaaren.	Sterftyd. 't Jaar.	Ouderdom Jaaren.	Sterftyd 't Jaar.
M 45	1680	M 5	1676	V 4	L	V 4	1682	V 4	1692
M 34	1710	V 1	1731	V 6	1714	V 8	1738	M 8	1682
V 6	1729	V 5	L	M 4	1727	M 20	1710	V 18	1708
V 25	1722	M 4	L	M 26	1721	M 25	1677	M 9	1672
V 25	1706	M 11	1679	M 7	1699	M 13	1697	V 3	L
V 24	1682	V 4	L	M 15	1673	M 3	1706	M 22	1711
M 27	1692	V 9	1713	V	1680	V 5	1709	M 1	1724
V 13	1724	M 5	1713	V 34	1711	V 20	1726	V	1704
V 6	1729	V 4	1705	V 5	1702	M 18	1710	V	1704
V 4	1728	V 5	1694	M 6	1701	V 12	1706	V	1706
V 2	L	V 3	1685	V 36	1717	M 10	1707	V 8	1711
M 1	1673	M 4	1717	V 12	1720	V 8	1714	M	1689
M 31	1722	V 3	L	V 5	1685	V 5	L	M 18	1696
V 4	L	M 1	L	V 27	1704	V 2	1690	M	1721
M 5	1709	M 2	1727	M 26	1685	V 16	1692	V 27	1715
V 18	1682	M 1	1675	V 24	1692	M 15	L	V 22	1714
M 17	1702	M 26	1708	V 14	1727	M 11	L	M 4	1698
M 1	1730	V 31	1710	V 43	1679	V 8	1723	V 2	1700
M 2	1692	M 1	1714	V 5	1688	M 1	L	V 1	1733
M 9	1710	V 7	L	V 1	1735	V 5	1694	M 5	1672

Ou.

Menschelyk Geslagt, en de Uitreekening der Lyfrenten. 373

Ouderdom Jaaren.	Sterftyd. 't Jaar.	Ouderdom Jaaren.	Sterftyd. 't Jaar.	Ouderdom Jaaren.	Sterf tyd. 't Jaar.	Ouderdom Jaaren.	Sterftyd. 't Jaar.	Ouderdom Jaaren.	Sterftyd. 't Jaar.
M 13	1717	V 1	1721	M 10	1722	M 10	1725	V 10	1728
M 10	1731	M 3	1714	M 6	1704	V 9	1715	M 47	1694
M 13	1712	V 11	1682	V 11	1705	M 7	1728	V 16	1714
V 7	1684	V 7	1723	V 4	1710	V 3	1720	V 14	1710
V 11	1685	M 5	1709	M 17	1711	V 1	1693	V 12	1689
M 12	1683	V 8	1734	V 7	1728	M 8	1711	M 6	L
V 16	1694	V 12	1733	M 1	L	V 9	L	M 22	1714
M 12	1794	M 18	1682	M 15	1699	M 8	1691	V 40	1690
M 21	1718	M 13	1719	M 14	1718	V 6	1671	M 15	1688
M 19	1727	M 10	1712	V 6	1711	M 3	1687	M 19	1692
V 11	1709	V 5	1710	V 4	1734	M 1	1676	V 3	1718
M 5	1679	V 2	1704	V 10	1687	M	1700	V 16	1673
V 14	1692	V 1	1676	M 17	1702	M 8	1712	V 15	1715
M 11	1709	M 52	1694	M 4	1687	V 6	1704	V 13	1674
V 8	1728	V 50	1690	M 2	1724	M 10	1705	V 8	L
V 6	1730	V 2	1692	M 1	L	M 5	1709	V 6	L
M 1	1731	M 16	1694	M 12	1696	M 5	L		

De derde en negende Perzoon is de zelfde, daar twee Perzoonen ieder een Post op gegeeven hadden.

Ik heb dit zelfs getrokken uit de Boeken, die van deeze opneeming gehouden zyn, en zou de Copy en Perzoonen daar van met naam en toenaam kunnen vertoonen; ook, onder wien de gemelde Boeken tegenwoordig berusten: na den 15den Maart, 1739. zyn nog in 't leeven geweest 20 Perzoonen, die 16 byzondere toenaamen hebben. Het is aanmerkenswaardig, dat onder de 20 Perzoonen, die leeven, nog drie Broeders zyn; omtrent May, in 't laatstgemelde Jaar, is een Vrouwperzoon gestorven.

Onder de voornoemde 183 Perzoonen, waren 41 van 't Mannelyke, en 55 van 't Vrouwelyk geslagt, beneden de 10 Jaaren: indien men nu stelt, dat alle deeze geld op Lyfrenten hadden genomen, dan zouden die van de Mannelyke zoort, door malkander, ruim 38½ Jaar de Lyfrenten getrokken hebben, en die van de Vrouwelyke, ruim 46 Jaaren, dat is de 96 Perzoonen, door malkander, ieder byna 43 Jaaren (*d*); dog neemende die alle, tot de ouderdom van 20 Jaaren toe, op dat de getallen wat grooter zouden zyn, dan vind men, dat 70 Mansperzoonen, ieder door malkander, de Lyfrenten genieten 37 Jaaren, en 78 Vrouwsperzoonen, ieder door malkander, 41⅔ Jaar: in 't algemeen hebben dan de 87 Mannelyke, ieder door malkander,

Hoe veel ieder door malkander, als 't Lyfrenten waren.

Aaa 3 der,

(*d*) Dit komt nagenoeg uit met de 498 Jongens en Meisjes beneden de 10 Jaaren, daar hier vooren, op pag. 365, van gemeld is, die door malkander ruim 42¼ Jaar de Lyfrenten getrokken hebben.

der, ruim 36 Jaaren de Lyfrenten getrokken, en de 96 Vrouwelyke, ieder door malkander, 40 Jaaren; mits dat men voor de geen, die nog leeven, ftelt de Jaaren, die dezelve na alle waarfchynelykheid de Lyfrenten zullen trekken: in 't geheel zouden dan deeze 183 Perzoonen, door malkander, ieder meer als 38 Jaaren, de Lyfrenten getrokken hebben. Als ieder Perzoon één Poft Lyfrenten genomen had, en 2½ percento van zyn geld Intereft wilde trekken, dan zouden de Lyfrenten, door malkander, moeten geweeft zyn 4⅞ percento; dit is zoo veel als een gelyke uitkeering van 33⅓ Jaar, tegen 4⅞ percento 's Jaars. In geval van een Tontine, of ook in een verruiling van een vafte en bepaalde uytkeering, om daar, op Lyven die men verkieft, Lyfrenten voor te ontfangen, dan zullen 't meeft Kinderen of jonge Luiden zyn, daar men de Lyfrenten op neemt; want onder de voorgaande 176 verfcheiden Perzoonen, daar de ouderdom van gemeld word, waren 96 onder, beneden de 10 Jaaren, en 150, die niet ouder als 20 Jaaren geweeft zyn, dat is omtrent ⅞ van 't geheel.

Het aanwaffen der Renten. Het aanwaffen der Jaarlykfche Renten, in deeze opneeming, als ieder Perzoon maar een enkelde Poft opgenomen had, is geweeft, als volgt: na 38 Jaaren trok ieder 2maal meer als in 't eerfte Jaar, behalven 't voordeel van de verftorvene Portien, die meer als een Poft op hun lyf hadden, en zoo voort, als hier onder te zien is:

Na 46 Jaaren 3maal.   Na 59 Jaaren 6maal.
— 52 — 4—   — 61 — 7—
— 56 — 5—   — 63 — 8—

In 't Jaar 1738 heeft ieder Perzoon omtrent 10maal meer Renten getrokken als in 't eerfte Jaar; hier toe heeft eenigzints geholpen, *de dood van de* geene die meer als een Poft op haar lyf hadden, waar van de laatfte in 't Jaar 1729 is geftorven.

Sterven. De overblyvende, van 5 tot 5 Jaaren, zyn geweeft, als volgt:

Jaaren	Perzoonen	Jaaren	Perzoonen	Jaaren	Perzoonen
1671	183	1696	127	1721	52
1676	172	1701	116	1726	42
1681	166	1706	100	1731	27
1686	154	1711	79	1736	22
1691	144	1716	64	1739	20

Daalende Renten. Begeert men een Lyfrenten, daar 80 guldens 's Jaars van getrokken word, te veranderen in een vafte uitkeering, die geduurig afdaalt; namentlyk, dat de Trekker, of zyn Erfgenaamen, ten einde van 't eerfte Jaar zou ontfangen 80 guldens; ten einde van 't tweede Jaar 79 guldens; ten einde van 't derde Jaar 78 guldens, en zoo voort, geduurig ieder Jaar een gulden minder, tot dat

Menfchelyk Geflagt, en de Uitreekening der Lyfrenten. 575

dat het te niet loopt, reekent men de Intereft tegen $2\frac{1}{2}$ ten honderd 's Jaars, dat is tegen de Penning 40; als dan $40 = a$, en $80 = p$ is, dan zal de contante waarde van zoodanig een trekking zyn $ap - 1 - \dfrac{\frac{p}{a}}{\frac{p}{a+1}} : a^2$, dat is, in geld 1821 guld. $18\frac{2}{7}$ ftuiv.

Wil men contant geld veranderen in een klimmende Renten, daar na één Jaar van betaald zal worden 1 gulden; na twee Jaaren, 2 guldens, en zoo geduurig van Jaar tot Jaar een gulden meer; men vraagt, hoe lang deeze moet duuren, op dat de Kooper $2\frac{1}{2}$ percento 's Jaars van zyn geld Intereft ontfangt? als de contante Zom 1600 is, die ftel ik $= a$; de Penning van de Intereft, of 40 guldens $= p$, $p + 1$, of $41 = q$, de begeerde Jaaren $= x$; dan is $\dfrac{pq - a}{q + x} = \dfrac{\frac{p}{x+1}}{\frac{p}{q}}$: daar uit volgt, dat x nagenoeg gelyk is aan 99 Jaaren.

Klimmende Renten.

Door de Tafels, (Pag. 363 en 364,) kan men zien, als een groot getal van Perzoonen trouwen, daar de ouderdom van bekend is, hoe veel Paaren, na verloop van een bepaalde tyd, volgens alle waarfchynelykheid, daar nog van ftaande Huwelyk zullen leeven; onderftellende, dat de leevenskragten der getrouwden eveneens is, als die, daar men de Lyfrenten op genomen heeft: by voorbeeld, 100 Manserzoonen, van 30 tot 34 volle Jaaren oud, trouwen aan 100 Vrouwsperzoonen van de zelfde Ouderdommen; men vraagt, hoe veel Paaren, ten einde van 20 Jaaren, nog ftaande Huwelyk zullen leeven? Vooreerft onderftel ik, dat maar alleen de Mannen fterven, en zeg, van 444 Mannen, van 30 tot 34 Jaaren, zyn, volgens de eerfte Tafel, ten einde van 20 Jaaren nog 262 van in 't leeven, hoe veel dan van 100? men zal vinden 59; dit zyn de Paaren, die nog ftaande Huwelyk zouden leeven, indien niet een van de Vrouwen geftorven was: dan zeg ik, van 471 Vrouwen, van 30 tot 34 volle Jaaren, volgens de tweede Tafel, zyn, ten einde van 20 Jaaren, nog van overig 308, hoe veel° dan van 59? komt 39 voor de Paaren, die ten einde van 20 Jaaren nog ftaande Huwelyk zullen leeven. 100 Huwelyken, waar van de ouderdommen zyn tuffchen de 35 en 40 Jaaren, daar zullen, ten einde van 20 Jaaren, nog 28 Paaren van zyn, die ftaande Huwelyk zullen leeven; van de Mannen zullen dan 52, en van de Vrouwen maar 41 geftorven zyn; en indien de overige niet hertrouwd waren, zou men nog 20 Weduwnaars, en 31 Weduwen vinden. Indien 100 Mansperzoonen, oud tuffchen de 45 en 49 Jaaren, trouwen met 100 Vrouwsperzoonen van 15 tot 19 Jaaren, dan zullen, ten einde van 20 Jaaren, nog maar 25 Paaren ftaande Huwelyk leeven. Indien 100 Mansperzoonen,

Hoe veel Huwelyken overblyven.

van

376 *Aanhangsel op de Gissingen over den Staat van het*

van 50 tot 54 Jaar, trouwen met 100 Vrouwsperzoonen van 20 tot 24 Jaaren, daar zullen, ten einde van 20 Jaaren, nog maar 20 Paaren van staande Huwelyk leeven; zoo dat men hier uit kan besluiten, dat, als 100 Mansperzoonen, net 50 Jaaren oud, trouwen met 100 Vrouwsperzoonen, net 20 Jaaren oud, dat, ten einde van 20 Jaaren, daar nog maar 23 Paaren van staande Huwelyk zullen leeven. Men kan dit korter doen, door de Tafels, die hier na zullen volgen, en men zal ook 23 Paaren vinden; indien niet een hertrouwd was, dan zouden daar nog 8 Weduwenaars, en 52 Weduwen, ten einde van 20 Jaaren, in 't leeven zyn.

Als 100 Mansperzoonen, oud van 't begin van het 20ste tot het end van 't 24ste Jaar, trouwen met 100 Vrouwsperzoonen van de zelfde Ouderdom, en men vraagt, hoe veel Paaren dat daar van de Zilvere Bruiloft zouden kunnen geeven, zoo zeg ik, van 405 Mansperzoonen, zyn, ten einde van 25 Jaaren, nog maar overig 243, hoe veel dan van 100? komt 60; en dan, van 406 Vrouwsperzoonen, zyn, ten einde van 25 Jaaren, nog maar overig 268, hoe veel dan van 60? komt 40 Paaren voor het begeerde: en onder 1000 getrouwde Paaren, van de gemelde Ouderdom, zullen maar 23 Paaren de Goude Bruiloft kunnen geeven, of van de 43 Paaren, zal maar één Paar 't 50ste Jaar van hun Huwelyk bereiken.

Duuring der Huwelyken. Als een Paar trouwen, daar de ouderdom van bekend is, en A tegen B wed, dat, ten einde van een bepaalde tyd, zoodanig een Huwelyk, door het sterven van Man of Vrouw, zal gebrooken zyn; B wed het tegendeel; als ieder evenveel kans heeft om te winnen, zoo vraagt men, op hoe veel tyd dat gewed is? de ouderdommen der getrouwden zynde als hier onder in de twee eerste Colommen te zien is; door de uitkooping der kansen, als men die van Jaar tot Jaar reekent, om dat die niet altyd de zelfde blyven, (want de Trap der Sterfte vermeerdert in de hooge Jaaren,) zoo vind men, als volgt:

Ouderdom der Mansperzoonen. Jaaren.	Ouderdom der Vrouwsperzoonen. Jaaren.	Duuring der Huwelyken. Jaar. Maand.
25	20	19 : 5
30	25	17 : 5
35	30	15 : 4
40	35	13 : 3
45	40	11 : 2
50	45	9 : 1

De drie laatste uitkomsten kunnen 1 of 2 Maanden verscheelen, door de ongelykheid van 't afklimmen in de Tafel.

Indien een Mansperzoon van 50 Jaaren trouwt met een Vrouwsperzoon van 20 Jaaren, zoo heeft men gelyke kans om te wedden, dat zoodanig een

Menschelyk Geslagt, en de Uitreekening der Lyfrenten.

een Huwelyk 11¼ Jaar zal duuren: indien iemand wedden wilde, gelyk tegen gelyk zettende, dat zoodanig een Huwelyk 20 Jaaren zal duuren, die heeft 4 kanssen om te winnen, tegen 13 om te verliezen.

Om 't sterven van de Mannelyke en Vrouwelyke te zien, ieder in het byzonder, zoo dienen de twee volgende Tafels, dewelke opgemaakt zyn uit de Tafels van pag. 363 en 364.

Tafels van 't Leeven der Mannelyke en Vrouwelyke.

Tafel van de Mannelyke.

Jaar.	Perz	Jaar.	Perz	Jaar.	Perz	Jaar.	Perz	Jaar.	Perz	Jaar.	Perz.
5	710	20	607	35	474	50	313	65	142	80	33
6	697	21	599	36	464	51	301	66	132	81	29
7	688	22	591	37	454	52	289	67	123	82	25
8	681	23	583	38	444	53	277	68	114	83	22
9	675	24	575	39	434	54	265	69	105	84	19
10	670	25	567	40	424	55	253	70	97	85	16
11	665	26	558	41	414	56	241	71	89	86	13
12	660	27	549	42	404	57	229	72	82	87	10
13	654	28	540	43	393	58	217	73	75	88	8
14	648	29	531	44	382	59	206	74	68	89	6
15	642	30	522	45	371	60	195	75	61	90	4
16	635	31	513	46	360	61	184	76	54	91	3
17	628	32	504	47	349	62	173	77	48	92	2
18	621	33	494	48	337	63	162	78	43	93	1
19	614	34	484	49	325	64	152	79	38	94	

Tafel van de Vrouwelyke.

Jaar.	Perz	Jaar.	Perz	Jaar.	Perz	Jaar.	Perz	Jaar.	Perz	Jaar.	Perz.
5	711	20	624	35	508	50	373	65	205	80	55
6	700	21	617	36	500	51	362	66	194	81	47
7	692	22	610	37	492	52	351	67	183	82	40
8	685	23	603	38	484	53	340	68	172	83	34
9	679	24	596	39	476	54	329	69	161	84	29
10	674	25	588	40	468	55	318	70	150	85	24
11	669	26	580	41	459	56	306	71	140	86	20
12	664	27	572	42	450	57	294	72	130	87	17
13	660	28	564	43	441	58	282	73	120	88	14
14	656	29	556	44	432	59	271	74	110	89	11
15	652	30	548	45	423	60	260	75	100	90	8
16	647	31	540	46	414	61	249	76	90	91	6
17	642	32	532	47	404	62	238	77	81	92	4
18	636	33	524	48	394	63	227	78	72	93	2
19	630	34	516	49	384	64	216	79	63	94	1

De voorgaande Tafels zyn op deeze wyze te verſtaan: In die van de Mannelyke ziet men, als 'er 670 Jongens waren, net 10 Jaaren oud, dat ten einde van één Jaar nog maar 665 zouden zyn; ten einde van twee Jaaren, 660, en zoo voort: op de zelfde manier is het ook met de Vrouwelyke; ik heb de Kinderen van 0 tot 5 Jaaren daar niet bygedaan, om dat die uit de Boeken van de Lyfrenten niet kunnen ontdekt worden; dog neemt men die zoo als men tegenwoordig op het beſt kan beſluiten, dan zyn veel byzonderheden uit deeze Tafels te trekken, die ik alle niet zal aanhaalen; dog, om de kortheid, maar alleen de volgende voorbeelden:

Weêrbaare Mannen.

Begeert men te weeten, hoe veel weêrbaare Mannen, van 18 tot 56 Jaaren, onder een zeker getal Menſchen, jong en oud, gevonden zullen worden, *mits* dat $\frac{1}{12}$ deel voor de zieke en onbequaame afgaat, dan ontdekt men ligtelyk, dat onder 64 Menſchen, oud en jong, 15 Mansperzoonen zyn, die tot de Krygsdienſt in aanmerking kunnen komen.

De Jaaren en kanſſen om te leeven.

Wil men de kanſſen weeten, als de Jaaren bekend zyn, of ook de Jaaren die de Menſchen, van een bepaalde ouderdom, natuurlyker wyze nog hebben om te leeven, als men gelyk tegen gelyk, of meer tegen één zet, zoo kunnen de voorgaande Tafels dienen: by voorbeeld, als men 100 Perzoonen optekende, die alle even oud waren, en men vraagt, na hoe veel tyd dezelve tot op de helft afgeſtorven zouden zyn; want dan is 't gelyke kans, dat een voorgeſteld Perzoon onder de leevendige, of onder de dooden zal gevonden worden: ik verſtaa dit van Lyven die uiterlyk gezond ſchynen, of zulke daar in 't gemeen Lyfrenten op gekogt worden.

Ouderd. Jaaren.	Mannel. Jaaren.	Vrouwel. Jaaren.	door malk. Jaaren.	Ouderd. Jaaren.	Mannel. Jaaren.	Vrouwel. Jaaren.	door malk. Jaaren.
5	40½	46½	43½	40	18½	22½	20½
10	38¼	43¼	40¾	45	16	19¼	17¾
15	34¼	39¼	36¾	50	13½	16½	15
20	30¾	35½	33	55	11¾	14¼	13
25	27½	32	29¾	60	10	12	11
30	24¼	28¾	26½	65	8½	9¾	9
35	21¼	25½	23¼	70	7	7¾	7¼

Door het bovenſtaande ziet men, dat van een Mansperzoon, oud 50 Jaaren, kan gewed worden, gelyk tegen gelyk, dat hy nog 13½ Jaar zal leeven, en een Vrouw, van de zelfde ouderdom, nog 16½ Jaar, dat is door malkander 15 Jaaren: door de Tafel van de Heer *Halley* vind men ſchaars 17 Jaaren, te weeten, de Mannelyke en Vrouwelyke door malkander. Indien men wedden wilde, dat een Mansperzoon van 50 Jaaren, nog 20 Jaaren zal leeven, dan zal men 97 kanſſen hebben om te winnen, tegen 216 om te verliezen; als men op een Vrouwsperzoon van 50 Jaaren wedde, dat die nog 20 Jaaren zal leeven, als men gelyk tegen gelyk zet, dan zal men 21 kanſſen hebben

om

Menfchelyk Geflagt, en de Uitreekening der Lyfrenten. 379

om te winnen, tegen 31 om te verliezen. Volgens de Tafel van de Heer *Halley* heeft een Perzoon, oud 50 Jaaren, 71 kanssen om 70 Jaaren te worden, tegen 102 om voor die tyd te sterven. In 't Jaar 1738 is te London een Verhandeling uitgekomen, daar in de Leeftyd der Menschen van 10 tot 15 Jaaren gesteld word op 28 Jaaren; van 15 tot 20 Jaaren, op $27\frac{1}{2}$: van 20 tot 25 Jaaren, op $26\frac{1}{4}$, en zoo vervolgens van 5 tot 5 Jaaren, tot de 60 Jaaren toe, de afklimming geduurig $\frac{1}{4}$ Jaar meer, als de vyf voorgaande Jaaren (a); maar dit stryd tegen de ondervinding, en is de moeite niet waardig om te wederleggen.

Hoe lang de Menschen wel zouden leeven, als men dezelve alle door malkander reekent, oud en jong, of welk een gedeelte dat 's Jaarlyks sterft, als men die van de Steeden, Dorpen, en op 't platte Land te zaamen neemt, dit is nog niet volkomen beslegt: van 't eerste heb ik van jongs af aan op een wonderlyke wyze hooren spreeken; 't laatste is van de Engelsche Schryvers, in de voorgaande tyd, begroot op $\frac{1}{30}$ deel: maar behalven dat de eene tyd veel, en de andere tyd weinig sterven, zoo doen zig nog andere zwaarigheden op. Laat A en B twee Steeden zyn, daar evenveel volk in is, die onder een Climaat leggen, en daar het ook even gezond is; maar dat in de Stad B veel meer getrouwde Paaren zyn, als in de Stad A; dog dat in deeze laatste Stad meer geld is te winnen, als in de Stad B, zoo dat van tyd tot tyd verscheide jonge Menschen, die in A eenige dienst kunnen doen, uit B na A gaan woonen; als nu die Steeden eenige Jaaren na malkander niet af nog toe namen, of in de zelfde stand bleeven, zoo wel 't getal der Huwelyken, als dat van 't Volk; indien men in beide de Steeden, de Ouderdom van al de gestorvene optekende, dezelve, in ieder plaats in 't byzonder, zaamentellende, en deelde de Zom van ieder plaats door 't getal der gestorvene van de zelfde plaats, dan zou de uitkomst van de plaats A meerder zyn als die van de plaats B; en of schoon beide die plaatzen even gezond zyn, zoo zou het evenwel schynen, als of de plaats B veel ongezonder was als A: dit komt, dat in B meerder Kinderen gebooren worden, en sterven, die weinig Jaaren hebben. Nu heeft de Heer *Maitland*, door een wezentlyke telling, gevonden, dat 's Jaarlyks te London doorgaans $\frac{1}{31}$ deel van 't getal der Menschen sterft, en op de meeste Hollandsche Dorpen vind ik $\frac{1}{35}$ deel, als hier na zal getoond worden. Ik vraag dan aan Kenders, of men wel ver van de waarheid zou zyn, als men stelde, dat 's Jaarlyks, door geheel Holland, doorgaans $\frac{1}{33}$ deel van 't getal des Volks sterft? de Pesttyden uitgezondert: dog wil men, dat in de Hollandsche Steeden tusschen $\frac{1}{28}$ en $\frac{1}{30}$, of $\frac{1}{29}$ deel van 't getal des Volks 's Jaarlyks door malkander sterft, dat evenwel geen ondervinding is, dan zou 's Jaarlyks van 't getal des Volks, dat in geheel Holland is, door malkander, omtrent $\frac{1}{31}$ deel sterven; stelt men 't sterven in de gemelde Steeden, op $\frac{1}{28}$ deelen van 't Volk 's Jaarlyks, dan zal de sterfte, door geheel Holland, 's Jaarlyks $\frac{1}{32}$ deel van 't Volk zyn. Indien men

Wat voor gedeelte der Menschen 's Jaarlyks sterft.

Bbb 2

―――――――――

(a) An Essay to Ascertain value, of Leases, and Annuities for Years and Lives, &c. pag. 459, London 1738.

men van de gemelde Steeden A en B, zulke Sterf lyften had, als men te London uitgeeft, en men uit die van A de Lyfrenten op een kind van 5 Jaaren, of daar onder, wilde reekenen, dan zou men dezelve minder waard vinden, voor de Koopers, als die weezentlyk waardig zyn: het tegendeel zal men vinden, door de Sterf lyften van B, zoo dat de Lyfrenten moeten bepaald worden door de ondervinding der leeftyd van die geene, daar men Lyfrenten op gekogt heeft.

Doorgaans leeven te gelyk meer Vrouwelyke als Mannelyke. In de groote Plaatzen van deeze Gewesten, en zelfs op de Dorpen, als men lange Jaaren agtereen reekent, worden meer Jongens als Meisjens gebooren; indien nu de Meisjens doorgaans even lang leefden als de Jongens, zoo zou ten allen tyden meer van 't Mannelyk als van 't Vrouwelyk geflagt in 't leeven gevonden worden; maar om dat het merkelyk verfcheelt, dat de Vrouwelyke zoort langer leeft als de Mannelyke, zoo volgt genoegzaam, dat op de meeste Plaatzen, of doorgaans, als men beide de Sexen telde, dat daar meer van de Vrouwelyke zoort zouden gevonden worden als van de Mannelyke, ten zy op een geheel klein Dorp, een buitengewoone sterfte onder de Vrouwelyke geweest was. Geleerde Mannen hebben geoordeeld, dat het getal der Jongens, 't welk boven dat van de Meisjens gebooren word, diende tot den Oorlog, de Zeevaart, en reizen buiten 's Lands (b); maar dit gevoelen kan geen plaats hebben; want de geen die van de Mannelyke zoort meerder gebooren worden, zyn meerendeels in één Jaar tyd al gestorven, en op de Ouderdom van 10 Jaaren fchynt, in 't algemeen, het getal der Meisjens dat van de Jongens al te overtreffen. In 't Jaar 1674, in de 2de Maand, wierd, op uitdrukkelyk bevel van de Keizer van Japan, 't getal van al het Volk, als ook van ieder Religie in 't byzonder, in de Stad Miaco opgenomen, en men vond daar 405643 Menschen, waar onder 182070 van de Mannelyke, en 223573 van de Vrouwelyke zoort; dog den Dairo, met zyn Vrouwen, en verder Hofgezin, wierden daar niet onder gerekent (c); zoo dat het getal der Vrouwen, na maate van 't geheele Volk, hier nog meer is, als men in Bononien gevonden heeft (d).

Om te weeten, hoe de proportie is tusschen de Mannelyke en Vrouwelyke, in de warme Lugtstreeken, zou, indien iets naders bekend was, eenigzins kunnen dienen, de Volktellingen, die in Indiën op zommige plaatzen gedaan worden: by voorbeeld, in de Landvoogdy van Amboina, zyn in 't Jaar 1690, geteld, zoo wel de Dienaaren van de Oostindische Compagnie, (die een getal van 950 uitmaakten,) als de Amboineezen, en andere Natien, en gevonden 22231 Mansperzoonen, de Vrouwen en Kinderen waren te zaamen 55989 (e); uit andere Plaatzen van den zelfden Schryver, fchynt het, dat men door de

Mans-

(b) *Arbuthnott* in de Engelfche Tranfactien, Num. 328, pag. 189. *Nieuwentyd* regt gebruik der Wereld befchouwingen, pag. 307. *Derham* Godgeleerde Natuurkunde, pag. 193, in de Aantekeningen.
(c) De Befchryving van Japan, door *Engelbert Kempfer*, pag. 140, Amft. 1729.
(d) Pag. 342. (e) *Valentyn* Befchryving van Amboina, pag. 270.

Menschelyk Geslagt, en de Uitreekening der Lyfrenten.

Mansperzoonen moet verstaan, de weêrbaare Mannen; maar dan is wederom de zwaarigheid, binnen welke Jaaren dat men die bepaald heeft.

Veel Kinderen schynen kort na de geboorte te sterven; te Leipzig zyn in 't Sterven der jonge Kinderen. 6 Jaaren tyd gestorven 1563 Jongens, waar onder 325 eerstgeboorne Kinderen, of die voor den Doop gestorven zyn (*f*), en 1255 Meisjens, waar onder 237 eerstgeboorne; in 4 Jaaren tyd zyn in de laatstgemelde plaats gedoopt 3687 Kinderen, en gestorven 3690 Perzoonen; maar om dat de Ouderdom niet bepaald is, tot hoe veel dagen men die eerstgeboorne Kinderen gereekend heeft, zoo is dit niet genoeg. Het sterven der jonge Kinderen is tot nu toe nog niet al te wel bekend geweest; men heeft nog nooit opgegeeven, hoe veel van een bepaald getal, binnen een Maand, of nog minder tyd, sterven. Onder ieder 100 Menschen, die te Weenen in 't Jaar 1737 gestorven zyn, waren 37 beneden 't Jaar (*g*); maar om dat op het sterven van één, of weinig Jaaren niet veel staat is te maaken, en dat men ook wel diende onderregt te zyn van de netheid der aanteekeningen, zoo heb ik het zekerder geagt, om met de ondervindingen, die lange Jaaren agter een gedaan zyn, raad te pleegen; waar toe ik gelegentheid gevonden heb, door Mr. *Jacob Oostwoud*, te Oost-Zaandam, die my bezorgt heeft, de eigentlyke en naukeurige Aanteekeningen, die gehouden zyn, van 't Jaar 1654, tot deeze tegenwoordige tyd, te Broek in Waterland (*b*); waar in de nette tyd opgetekend is, van alle de geboorne Kinderen, en daar nevens, de tyd, als 't Jaar, Maand, en Dag, wanneer ieder gestorven is; zelfs is de tyd naukeurig nagevorscht, van die geene, dewelke, buiten die plaats, in vreemde Landen, of op Zee overleeden zyn, als meede de doodgeboorne Kinderen, Tweelingen, enz. Indien de Uittrekzels, die ik daar van gemaakt heb, niet te lang geweest waren, zoo zou ik die hier bygevoegd hebben; nu zal ik maar 't voornaamste stellen, dat ik daar door gevonden heb.

Te Broek, in Waterland, zyn, van 't begin van 't Jaar 1654 tot het eind De geboorne en gestorvene te Broek. van 't Jaar 1738, leevendig gebooren 1807 Kinderen, daar van op de laatstgemelde tyd nog als leevendig te boek stonden 546 Perzoonen; dog 't kon zyn dat eenige vermiste, in andere plaatzen, zonder dat men het wist, daar reets van gestorven waren: in de drie eerste Jaaren word de nette dag van 't overlyden niet gemeld, maar alleen het Jaar, daarom reeken ik maar van 't Jaar 1657 tot het het begin van 't Jaar 1738; in dien tyd zyn aldaar leevendig gebooren 867 Jongens, en 846 Meisjens; onder dezelve zyn 365 Jongens, en 283 Meisjens geen vol Jaar oud geworden; van ieder 100 Jongens zyn 43 gestorven, minder dan één Jaar oud; en van ieder 100 Meisjens ruim 33; dat is nagenoeg een derdendeel: in de geheele 85 Jaaren zyn daar leevendig geboo-

Bbb 3

(*f*) Onder driederlei benaamingen vind men dezelve in de Engelsche Transactien, als *Infants*, *Newborn*, *Chrysoms*.
(*g*) Pag. 332.
(*b*) Een voornaam Man, die daar woonde, heeft dit uit liefhebbery 't eerst gedaan, en 't word door zyn Nakomelingen vervolgt.

booren 922 Jongens, en 885 Meisjens; van deeze zyn in 't zelfde Jaar van haar geboorte geftorven 309 Jongens, en 240 Meisjens: indien dit doorgaan zoo gebeurde, dan zou in een plaats, daar van den 1ſten January tot den laatſten December gebooren wierden 922 Jongens, en 885 Meisjens, alle dagen nagenoeg evenveel, ten e'nde van 't Jaar reets 309 Jongens, en 240 Meisjens geſtorven zyn. Na de Ouderdom van een Jaar worden de Kinderen veel vaſter van leeven; in 79 Jaaren, van 't Jaar 1654 tot het Jaar 1732, zyn gebooren 810 Jongens, en 795 Meisjens, daar van zyn, beneden de Ouderdom van één Jaar, geſtorven 337 Jongens, en 262 Meisjens; tuſſchen de Onderdom van 1 en 2 Jaaren, 26 Jongens, en 25 Meisjens; tuſſchen 2 en 3 Jaaren, 24 Jongens, en 14 Meisjens; tuſſchen 3 en 4 Jaaren, 10 Jongens, en 10 Meisjens; tuſſchen 4 en 5 Jaaren, 6 Jongens, en 7 Meisjens; tuſſchen 5 en 6 Jaaren, 4 Jongens, en 6 Meisjens; zoo dat van de Jongens, beneden de 6 Jaaren, de helft, en van de Meisjens, beneden die Ouderdom, 41 ten honderd geſtorven zyn: na één Jaar Ouderdom, van wegens de kleine getallen, komen de Proportien, tuſſchen de Jongens en de Meisjens, zoo geſchikt niet als op de groote getallen; maar als ik neem de geboorne, van 't begin des Jaars 1654, tot het einde van 't Jaar 1728, zynde 801 Jongens, en 785 Meisjens; van de Jongens zyn beneden de 10 Jaaren geſtorven 415, en van de Meisjens 345, dat is van de Jongens 52, en van de Meisjens 44 ten honderd; dog om dat in de laatſte Jaaren meer buitengewoone ſterftens geweeſt zyn als in de eerſte, zoo reeken ik, dat van 't begin des Jaars 1657 tot het einde des Jaars 1706, dat is in 50 Jaaren tyd, gebooren zyn 529 Jongens, en 539 Meisjens, daar van zyn beneden één Jaar Ouderdom geſtorven 204 Jongens, en 157 Meisjens; tuſſchen 1 en 2 Jaaren, 16 Jongens, en 19 Meisjens; tuſſchen 2 en 3 Jaaren, 17 Jongens, en 11 Meisjens; tuſſchen 3 en 4 Jaaren, 6 Jongens, en 8 Meisjens; tuſſchen 4 en 5 Jaaren, 3 Jongens, en 5 Meisjens; van 5 tot 6 Jaaren, 3 Jongens, en 4 Meisjens; zoo dat van de Jongens onder ieder 100, beneden de 6 Jaaren, 47, en van de Meisjens 38 geſtorven zyn; 264 Jongens en 221 Meisjens zyn beneden de Ouderdom van 10 Jaaren geſtorven, dat is van de Jongens de helft, en van de Meisjens 41 ten honderd. In Duitsland zyn 12631 Kinderen, beneden de 10 Jaaren Ouderdom, geſtorven, waar onder telkens 50 Jongens tegen 43 Meisjens zyn geweeſt (f); zoo dat men dit zou kunnen behouden, om dat het op een grooter getal gevonden is, ten zy dat men wilde, dat in ons Land de proportie een weinig anders was als in Duitsland.

Geheele jonge Kinderen. Ten opzigt van de geheele jonge Kinderen, zoo vind ik, dat van 't Jaar 1657 tot het einde van 't Jaar 1738, leevendig gebooren zyn 878 Jongens, en 853 Meisjens; van de Jongens zyn 163, en van de Meisjens 132 niet ouder als een Maand geworden: onder dezelve hebben 51 Jongens, en 42 Meisjens niet langer als een week geleeft; en onder deeze laatſte wederom 32 Jongens,

(f) Zie pag. 338.

Menschelyk Geslagt, en de Uitreekening der Lyfrenten. 383

en 28 Meisjens niet langer als vier dagen. Als ik de hier voorens gemelde 85 Jaaren verdeel in 17 Classen, van 5 tot 5 Jaaren, zoo als die malkander in order volgen, dan vind ik, dat het nooit gebeurd is, dat minder als één vyfde deel van de geboorne beneden de Ouderdom van één Jaar gestorven zyn, maar altyd meerder.

Onder de 1807 Kinderen, daar hier vooren van gewag gemaakt is, waren 35 Paaren Tweelingen die leevendig gebooren zyn, te weeten, 10 paaren Jongens, 8 paaren Meisjens, en 17 paaren van beide de zoorten, behalven nog één paar, daar van een Meisjen dood ter Wereld is gekomen, en twee paaren, daar van ieder één Jongen dood ter Wereld quam; ook één paar Jongens, waar van de een één dag na den ander gebooren is; zoo dat onder 51 Kinderen, die leevendig gebooren worden, in 't gemeen één paar Tweelingen zyn zal: boven dat heeft, in 't Jaar 1667, een arme Vrouw van Hoorn, daar nog te gelyk leevendig ter Wereld gebragt, drie Jongens en één Meisjen. Onder de voorschreeven Tweelingen waren 13 paaren, daar maar één, ook niet één van gedoopt is, of die beide kort na de geboorte gestorven zyn; zoo dat men maar 25 paaren Tweelingen in de Kerk zou hebben kunnen doopen; en onder de 72 Kinderen, aldaar gedoopt, is telkens maar één paar Tweelingen geweest. *Tweelingen.*

Van 't Jaar 1654 tot het Jaar 1738 zyn te Broek gebooren 1882 Kinderen, waar onder waren 75 Doodgeboorne; van deeze laatsten zyn de Sexen niet alle gemeld; maar onder dezelve vind men aangetekend, 30 doodgebooren Jongens, en 15 doodgebooren Meisjens: in 't geheel maaken de doodgeboorne $\frac{1}{25}$ deel uit van alle die gebooren zyn. *Doodgeboorenen.*

In zes Jaaren tyd, van 't Jaar 1654 tot het Jaar 1659 inslooten, zyn daar leevendig gebooren, 75 Jongens, en 71 Meisjens; dog in 't Jaar 1660 maar 8 Jongens, en 22 Meisjens, 't welk een zonderling raar geval schynt, te meer, om dat in 't gebooren worden 13 Meisjens malkander gevolgt zyn, zonder dat een Jongen tusschen beiden quam, of men moet denken, dat door 't naschryven, op 't eind van 't Jaar, een misslag begaan was; want het schynt, dat men dan eerst dezelve optekende, uit een los Papier, of een ander Boekje, en dat op die wyze eenige Jongens in de lynen van de Meisjens gesteld waren; uit het Boek zelfs is dit niet uit te vinden, alzoo na 't Jaar 1661 eerst de Doopnaamen daar bygevoegt zyn: althans, hoe dat dit ook weezen mag, in de volgende 78 Jaaren zyn daar leevendig gebooren 839 Jongens, en 792 Meisjens, 't welk nagenoeg in proportie is als 52 tegen 49, daar ook de zes eerste Jaaren mede overeen komen. *Proportie tusschen de Jongens en de Meisjens.*

In de eene Maand worden meer Kinderen gebooren als in de andere; ziet hier de geboorne te Broek: *Hoeveel Kinderen ieder Maand gebooren worden.*

	Kind.		Kind.		Kind.		Kind.
January	162	April	140	July	118	October	219
February	125	May	110	Augustus	152	November	201
Maart	139	Juny	105	September	163	December	173

384 *Aanhangsel op de Gissingen over den Staat van het*

Geftor-
vene te
Broek.

In 85 Jaaren tyd zyn te Broek geftorven 911 Kinderen beneden de 10 Jaaren, en 1278 Perzoonen boven de 10 Jaaren; dan zyn 'er 381 meer geftorven als gebooren: van 't Jaar 1729 tot het Jaar 1738 ingeflooten, zyn daar gebooren 211 Kinderen, en geftorven 248 Perzoonen; zoo dat men hier de geftorvene met 23½, en de geboorne met 27½ zou moeten vermenigvuldigen, om 't getal van al het Volk te hebben; want in 't Jaar 1739 zyn te Broek geteld 580 Perzoonen: om dat hier veel meer Menfchen fterven als 'er gebooren worden, en dat in 100 Jaaren tyd de Huizen en 't getal des Volks, nagenoeg het zelfde gebleeven is, zoo volgt, dat daar van tyd tot tyd Menfchen van buiten ingekomen zyn. Mr. *Jacob Oostwoud* heeft voor my vernomen, dat in 43 Jaaren tyd, van 't begin des Jaars 1696 tot het einde van 't Jaar 1738, te Broek getrouwd zyn, 409 Paaren, van 't begin des Jaars 1729 tot den 11den October 1739, zyn, volgens 't opgeeven van de Secretaris, aldaar getrouwd 106 Paaren, waar onder 66 Paaren, daar van de Bruidegoms en de Bruiden, alle te Broek gebooren zyn; 15 Paaren, daar van de Bruidegoms te Broek gebooren zyn, en de Bruiden op andere plaatzen; 22 Paaren, daar van de Bruiden te Broek gebooren zyn, en de Bruidegoms op andere plaatzen; en drie Paaren, die alle buiten Broek gebooren zyn. In 72 Jaaren tyd, van 't Jaar 1657 tot het Jaar 1728, beide ingeflooten, zyn aldaar leevendig gebooren 1520 Kinderen; van deeze zyn 729 beneden de Ouderdom van 10 Jaaren geftorven. *Jan Zouw*, Mr. Schilder te Broek, heeft den 11den October, in 't Jaar 1739, geteld, dat, in 140 bewoonde Huizen, aldaar gevonden wierden, net 100 getrouwde Paaren, 16 Weduwnaars, 41 Weduwen, 282 Vryers, Vryfters, en Kinderen; de reft waaren Dienftboden. Uit het hier voorens gemelde Boek, vind ik, dat daar van 't Jaar 1723 tot het Jaar 1738, of in 16 Jaaren tyd, als men door malkander reekent, in 4 Jaaren, t'elkens 87 Kinderen gebooren zyn (k). Broek is een ongemeen Dorp, en niet als 't grootfte gedeelte van andere Dorpen; ieder een word hier niet toegeftaan om te komen woonen; *hier zyn veel welgegoede Kooplieden*: dit blykt uit een Collecte voor de arme Waldenfen, in 't Jaar 1731 gedaan, daar de Inwoonders van dit Dorp meer toe gegeeven hebben, als die van de Steeden Gouda en Woerden te zaamen, hoewel de Huizen van deeze laatfte Steeden wel ruym 28 maal meer waren als de Huizen te Broek. Twee aanmerkelyke zaaken komen in de telling van Broek te vooren, en 't fchynt, dat die ook op de zelfde wyze gevonden zullen worden, in de groote Steeden, daar veel volk na toe vloeit, als London, Amfterdam, en andere plaatzen; dog de proportie kan wel iets anders zyn: het eerfte is, dat, na maate van 't Volk, daar veel minder getrouwde Paaren zyn als op andere Dorpen, waar van hier na verhaald zal worden; en 't tweede, dat van een zelfde getal getrouwde Paaren, te Broek weiniger Kinderen in een Jaar gebooren worden als op de gemelde Dorpen; dog wat zou de reden

van

(k) Dat is omtrent ¼ deel minder als uit het zelfde getal van Huwelyken op de andere Dorpen, die hier na volgen zullen, gebooren worden.

Menfchelyk Geflagt, en de Uitreekening der Lyfrenten. 385

van dit laatfte zyn ? zou dit ook meerendeels komen, dat te Broek, of in Steeden die fterk toeneemen, na proportie meer bejaarde, of doorgaans wat ouder Menfchen trouwen, als op de Dorpen? of wat voor andere redenen zou men daar voor kunnen uitdenken?

Om dat het voor een byzonder Perzoon genoegzaam onmogelyk is, om 't Volk in de groote Steeden te tellen, en al de verfcheiden hoedanigheden daar van te weeten; en dat men door onderftellingen dikwils t'eenemaal van 't fpoor dwaalt, zoo heb ik getragt om ondervindelyk iets te ontdekken, door eenige voornaame Dorpen: ten dien einde heeft *Gerrit Spinder*, geadmitteerd Landmeeter te Crommenie, voor my opgenomen, by de Vroedvrouw van 't laatftgemelde Dorp, dat in 10 Jaaren tyd, van 't Jaar 1729 tot het Jaar 1738, beide ingeflooten, aldaar leevendig gebooren zyn, 1226 Kinderen; en in de zelfde Jaaren geftorven 1204 Perzoonen. 't Getal der Menfchen, in geheel Crommenie, heeft *Pieter Noomes*, in 't Jaar 1739, in de Maand Maart, naukeurig onderzogd, en gevonden als volgt:

'tVolk te Crommenie.

	Crommenie In 't byzonder.	Den Horn.	Geheel Crommenie.
Huizen, die door Menfchen bewoond zyn	420	83	503
Huisgezinnen	511	97	608
Menfchen	2050	374	2424
Waar onder beneden de 10 Jaaren	503	121	624(k)

De verfcheide Gezintheden waren daar als volgt:

	Crommenie.	Den Horn.	Te zaamen.
Gereformeerden	1076	324	1400
Mennoniten	367	28	395
Roomfche in het Dorp	175	22	629
Roomfche buiten het Dorp	432		
In 't geheel	2050	374	2424

Om 't getal der Mannelyke en Vrouwelyke te weeten; ook de getrouwde Paaren, Weduwenaars, en Weduwen, zoo heeft de voornoemde *Pieter Noomes*, in 't zelfde Jaar, den 1ften, 2den, en 3den July, met een groote naukeurigheid, de telling wederom op nieuws gedaan, en 8 Menfchen minder gevonden als hier vooren gemeld is: dit verfchil was geen misflag, maar is voortgekomen door de verandering, die de Menfchelyke zaaken onderworpen zyn; want behalven 't geen hy niet wift, zoo was hem reets bekend, dat zedert de eerfte opneeming, drie Huishoudingen uit Crommenie geweeken waren, waar van zig twee op den Horn neêrgezet hebben; ook fterven de eene tyd wel wat meer als de andere, of wat meer als 'er gebooren worden. Ziet hier de laatfte telling:

Mans-

(k) In eenige Dorpen, en op 't platte Land, in 't Markgraaffchap van Bergen op Zoom, zyn in 't Jaar 1725 geteld 10658 Perzoonen, waar onder 4678 beneden de 16 Jaaren. Zie het 2de Stukje van 't 12de Deel der Hedendaagfche Hiftorie, gedrukt by *Ifaak Tirion*, te Amfterdam, 1739. van pag. 173 tot pag. 191.

386 *Aanhangſel op de Giſſingen over den Staat van het*

	In 't eigentlyk Crommenie.	Op den Horn.	In geheel Crommenie.
Mansperzoonen, oud en jong	998	178	1176
Vrouwsperzoonen, oud en jong	1035	205	1240
Waar onder getrouwde Paaren	385	75	460
Weduwenaars	54	14	68
Weduwen	73	15	88

Volgens de order, die te Crommenie gehouden word, zoo mag geen Paar in de Gereformeerde Kerk trouwen, of beide moeten die niet alleen Gereformeerd zyn, maar ook beide den Doop in de Gereformeerde Kerk ontfangen hebben; de andere trouwen voor 't Geregt. Volgens 't opgeeven van de Secretaris, zyn in 14 Jaaren tyd, van 't Jaar 1725 tot het Jaar 1738 ingeflooten, voor den Geregte van Crommenie getrouwd 278 Paaren; dog hier onder zyn begreepen die Perzoonen van Crommeniedyk, dewelke voor 't Geregt van Crommenie moeten trouwen: deeze laatſte zyn nagenoeg $\frac{1}{7}$ deel van de 278 Paaren; dan volgt, dat de getrouwden van Crommenie voor 't Geregt zyn 238 Paaren. *Jan Cabel*, Schoolmeeſter en Voorzanger op die plaats, heeft my berigt, dat in de gemelde 14 Jaaren aldaar in de Gereformeerde Kerk getrouwd zyn 189 Paaren; deeze geteld by de 238 Paaren, hier vooren gevonden, komt 427 Paaren; zoo dat door malkander, in twee Jaaren tyd, telkens 61 Paaren trouwen, dat is 's Jaarlyks nagenoeg $\frac{1}{1}$ deel van de Paaren die ſtaande Huwelyk leeven.

De Ryp. In 't Jaar 1739, den 5den July, heeft *Pieter Karman*, Burgermeeſter van de Ryp, uitſteekend naukeurig onderzogt, hoe veel Volk aldaar was, als meede de verſcheide zoorten. In alle de Huishoudingen, zynde 546, wierden geteld 1870 Menſchen, te weeten, 894 van de Mannelyke, en 976 van de Vrouwelyke kunne, waar onder 388 getrouwde Paaren, 64 Weduwnaars, 83 Weduwen, 442 ongetrouwde van de Mannelyke, oud en jong, of Kinderen en Vryers, en 505 van de Vrouwelyke kunne, oud en jong, te weeten, Vryſters en Kinderen. In 't Jaar 1738 zyn, volgens de aantekening van de Vroedvrouw, aldaar leevendig gebooren 95 Kinderen; van meer Jaaren kon men niet weeten, alzoo dezelve daar niet langer geweeſt is; dog andere Vrouwen wiſten te berigten, dat het getal der geboorene, in één Jaar, daar doorgaans omtrent 100 was. De Huizen, behalven de Moolens, in de Ryp, zyn 514; in 't geheel zyn 'er, volgens 't Quohier, bekend, zoo Huizen, Pakhuizen, enz. 't getal van 575; waar van afgaat, zoo als door telling gevonden is, en in 't Quohier geſteld zyn, de onbewoonde Huizen, of die door Buitenlieden tot hun vermaak gehouden worden, de Pakhuizen, Stallen, Hekelhokken, en vordere Werkhuizen, het getal van 93; zoo blyven 'er nog over 482 Huizen, in dewelke woonen de voornoemde 546 Huishoudingen. In elf Jaaren tyd, van 't Jaar 1728 tot het Jaar 1738 ingeflooten, zyn daar getrouwd 371 Paaren, en geſtorven 1388 Perzoonen: in de vier eerſte Jaaren

zyn

Menschelyk Geslagt, en de Uitreekening der Lyfrenten. 387

zyn geftorven 657 Menfchen, en getrouwd 134 Paaren; zoo dat in die tyd buitengemeene Sterftens zyn geweeft: het fchynt my toe, dat na die Sterftens doorgaans, wegens de openvallende Koftwinningen, en andere redenen, ook meer Paaren trouwen; want in 't Jaar 1732 zyn daar getrouwd 44, en in 't volgende Jaar 51 Paaren; dan zyn in de negen andere Jaaren getrouwd 276 Paaren. In vier Jaaren, van 't Jaar 1734 tot het Jaar 1737, zyn daar getrouwd 106 Paaren: het Trouwen in de laatfte Jaaren is wat ongelyk, en in vroeger tyden kan 't getal der getrouwden, 's Jaarlyks, niet dienen, alzoo de gemelde plaats voortyds Volkryker fchynt geweeft te zyn. In 't Jaar 1632 telde men daar 641 Huizen en Gebouwen: door drie zwaare Branden, in de Jaaren 1654, 1657, en 1674, heeft dit Dorp veel geleeden; voornaamentlyk in de eerfte, doe brande het zelve meerendeels af. Dat een plaats zomtyds veel afneemt, blykt ook uit Schagen: omtrent het Jaar 1613 waren daar 432 Huisgezinnen; in dezelve zyn geteld 1619 Menfchen; op de Buitenbuurten 252 Huisgezinnen, waar in 1116 Menfchen; zynde te zaamen 2735: dit is behalven de Dienftbooden, Koftgangers, Slaapers, enz. (*l*). In 't Jaar 1673, is, op order van de Gecommitteerde Raaden van 't Noorderquartier, 't Volk aldaar geteld, en men vond 1803 Perzoonen; in 't Jaar 1703 zyn daar gevonden 1464 Menfchen: in 't Jaar 1632 waren in Schagen 516 Huizen (*m*), in 't Jaar 1708 maar 441, en in 't Jaar 1732 zyn daar geteld 397 Huizen, en 4 Moolens. In 76 Jaaren tyd, na 't Jaar 1632, is de Heerlykheid van Schagen, beftaande in Schagen, Barfinghorn, Colhorn, Haringhuizen, en Borghorn, 80 Huizen verminderd.

In 't Dorp Quadyk, op zig zelfs, zyn in 't Jaar 1739, in de Maand September, door *Sybrand Haas*, geteld 61 Huizen; de Menfchen, die daar in behoorden, waren als volgt: 37 getrouwde Paaren, 7 Weduwnaars, 14 Weduwen, en 113 ongetrouwde, zoo oud als jong; dat is te zaamen 208 Menfchen: onder de ongetrouwde waren 7 Dienftbaare van buiten, en 16 Ingeboorne, die op andere plaatzen buiten 't gemelde Dorp dienden; zoo dat daar maar 192 Menfchen in gevonden wierden, en hier wederom 't getal der getrouwde Paaren nagenoeg ⅕ deel van 't getal des Volks is. In 19 Jaaren, van 't Jaar 1720 tot het Jaar 1738, beide ingeflooten, zyn daar geftorven 274

Quadyk.

(*l*) Zie de Kronyk van Schagen, pag. 14, Hoorn 1736.
(*m*) De Kronyk van Medenblik, pag. 181. In 't vervolg van deeze Kronyk, pag. 333, vind ik 't getal der Huizen te Naarden, in 't Jaar 1732, geweeft te zyn 747; in de Lyft, die hier vooren, in de Inleiding tot de algemeene Geographie, pag. 40, te zien is, ftaat maar 480: om dat ik gemelde Lyft uit een zeer goede hand heb, zoo twyffelde ik, welk het regte getal is; dog 't zy dat een misflag in de Lyft was, of dat ik die zelfs in 't uitfchryven begaan heb, althans, ik ben onlangs te Naarden geweeft, en heb 't getal der Huizen opgenomen, en daar door gevonden, dat de Kronyk van Medenblik 't regte getal heeft: de Huizen, die ik in de Stad te weinig heb gefteld, zyn waarfchynelyk by my op de daar onder hoorende Dorpen te veel, om dat in de Lyft de Huizen van verfcheide kleine Steeden, met die van de Dorpen, dewelke daar onder behooren, in een Zom opgegeeven zyn.

388 *Aanhangsel op de Gissingen over den Staat van het*
Perzoonen, en getrouwd 60 Paaren. Van den 1ften January 1719 tot den laatften September 1739, zyn te Quadyk, in de Gereformeerde Kerk, gedoopt 175 Kinderen, en 16 Kinderen te Midlie, dewelke te Quadyk gebooren zyn; maar die, om dat in de Jaaren 1723, 1725, en 1726 de Predikants plaats in 't laatfte Dorp open was, na Midlie gebragt zyn, dat is te zaamen 191 Kinderen: te Quadyk zyn zeven Roomfche, en één Lutherfch Huisgezin; zoo dat hier 's Jaarlyks nagenoeg, door malkander, 10 Kinderen gebooren werden. Ik heb dit hier by gefteld, om de ftand der Menfchen te zien, op een klein Dorp, 't welk fterk afneemt. Dit bovenftaande is my gezonden door de voornoemde *Jacob Ooftwoud*. De Heer *Jan Frederik Beerewout* heeft my de Aantekeningen van de twee volgende Dorpen behandigt, dewelke, op zyn Ed. verzoek, gedaan zyn door de Eerwaarde Heeren Predikanten van de zelve Dorpen.

Spaarn-dam. Te Spaarndam wierden in 't Jaar 1739, in de Maand May, in 102 Huisgezinnen geteld, 350 Menfchen, oud en jong; onder de gemelde Huisgezinnen waren 17 Roomfche, en één Joodfch; de andere waren Gereformeerd: 't getal der gebooren Kinderen kon daar niet net bepaald worden, wegens de verfcheidentheid der Vroedvrouwen van andere plaatzen. Tuffchen den 1ften January van 't Jaar 1729, en den 1ften January van 't Jaar 1739, zyn aldaar in de Gereformeerde Kerk gedoopt 140 Kinderen, die alle binnen de Jurisdictie van Spaarndam gebooren zyn; van deeze Kinderen waren den 1ften May, in 't Jaar 1739, nog 73 in 't leeven: in 't geheele Dorp waren 72 Paaren, die ftaande Huwelyk leefden, waar onder één Jood, wiens Vrouw te Amfterdam woonde: in 10 Jaaren, van 't Jaar 1728 tot het Jaar 1738, zyn daar 57 Paaren getrouwd, waar onder 40 van Spaarndam, de reft van Sparewou, Haarlem, en andere plaatzen. Uit het Gravemaakers Boek blykt, dat aldaar van Paafch, in 't Jaar 1729, tot Paafch, in 't Jaar 1739, begraaven zyn 191 Lyken:

Te weeten $\begin{cases} 102 \text{ beneden} \\ 89 \text{ boven} \end{cases}$ de 10 Jaaren oud.

Wyk op Zee. In 't Jaar 1739, in 't eind van May, zyn te Wyk op Zee geteld 152 Huisgezinnen, te weeten, 42 Gereformeerde, en 110 Roomfche (*n*); daar in waren 578 Perzoonen, jong en oud, waar onder 129 getrouwde Paaren; 't getal der Gereformeerde was 182, en de Roomfche 396. In 10 Jaaren, van 't Jaar 1729 tot het Jaar 1738, beide ingeflooten, zyn in de Gereformeerde Kerk gedoopt 40 Jongens, en 47 Meisjes: door de Aantekeningen van de Vroedvrouw bleek, dat in de 10 laatftgemelde Jaaren daar ter Wereld ge-

(*n*) In Yrland zyn na proportie de Roomfche nog fterker; want men heeft daar onlangs geteld 105494 Proteftantfche, en 281423 Roomfche Huisgezinnen.

Menſchelyk Geſlagt, en de Uitreekening der Lyfrenten. 389

gekomen zyn 144 Jongens, en 159 Meisjens: in de zelfde tyd zyn daar begraaven 351 Perzoon; dog in 't Jaar 1730 is daar een Sterfte geweeſt; want doe zyn 68 Perzoonen de weg van alle Vleeſch gegaan: in 8 Jaaren, van 't Jaar 1731 tot het Jaar 1738, zyn daar begraaven 241 Perzoonen, dat is ieder Jaar door malkander nagenoeg 30, 't welk met de geboorte, als men 10 Jaaren door malkander reekent, zeer na overeen komt.

Door de Telling van de voornoemde Dorpen blykt, dat, zoo menigmaal als 'er 100 ſtaande Huwelyken zyn, dat men ook zoo veel maal 16 Weduwnaars, en 23 Weduwen zal vinden. Het gantſche getal der Menſchen te Crommenie, De Ryp, Wyk op Zee, en Spaarndam, is 5214; in ieder Jaar, door malkander, zyn te zaamen in deeze vier Dorpen gebooren 264 Kinderen; zoo dat de Proportie van al de Menſchen, tegen de Kinderen die daar in één Jaar gebooren worden, is als 79 tegen 4; 't welk met ieder Dorp in 't byzonder nagenoeg overeen komt, als hier onder te zien is: *Kinderen en ſtaande Huwelyken.*

	De Zom van al de Menſchen.	't Getal der ſtaande Huwelyken.	Jaarlyks gebooren Kinderen.	In 1 Jaar gebooren volgens de voorn. Proport.	's Jaarlyks geſtorven.
Crommenie	2416	460	122	122	120
De Ryp	1870	388	95	95	97
Wyk op Zee	578	129	30	29	30
Spaarndam	350	72	17	18	19

De Jaarlyks geſtorvene zyn bepaald met door malkander te reekenen, de tien laatſte Jaaren van Crommenie, de zeven laatſte Jaaren van De Ryp, de agt laatſte Jaaren van Wyk op Zee, en de 10 laatſte Jaaren van Spaarndam. 't Getal der ſtaande Huwelyken, op die Dorpen, is nagenoeg ⅕ deel van 't getal des Volks; zoo menigmaal als 'er vier ſtaande Huwelyken zyn, word 's Jaarlyks één Kind gebooren, te weeten, als de Onechte daar onder gereekend worden, of van 29 ſtaande Huwelyken 's Jaarlyks zeven wettige Kinderen.

't Getal der Weduwnaars en Weduwen hangt wel eenigzins af van 't getal der getrouwde Paaren, als voortkomende door het ſterven van Man of Vrouw; maar om dat de getrouwde Paaren op alle plaatzen niet even oud zyn, en dat op de eene plaats meer Weduwnaars en Weduwen hertrouwen als op de andere, zoo door de gelegentheid der Koſtwinningen als andere oorzaaken, zoo kan men nog niet weeten, hoe veel de Proportien op groote getallen kunnen veranderen, 't zy dat men 't getal der Weduwnaars en Weduwen neemt ten opzigt van 't getal der Huwelyken, of van dezelve in 't byzonder tegen malkander: volgens de Proportie van *King*, zoo menigmaal als te London 462 getrouwde Paaren zyn, zoo menigmaal zouden daar 50 Weduwnaars, en 175 Weduwen gevonden worden: maar zou dit geen giſſing zyn? althans het verſcheelt wonderlyk veel met Crommenie en De Ryp. *Weduwnaars en Weduwen.*

Dat

390 *Aanhangsel op de Gissingen over den Staat van het*

Meer Kinderen op de Dorpen. Dat op de Dorpen meer Kinderen zyn als in de Steeden, 'ten opzigt van 't getal des Volks, komt myns bedunkens niet, om dat de Vrouwen daar vrugtbaarder zouden weezen als in de Steeden, zoo als eenige ftellen; want 100 Huwelyken in de groote Steeden, meen ik, dat nagenoeg zoo veel Kinderen zullen geeven als 100 Huwelyken op de Dorpen, mits dat op beide de plaatzen de getrouwde van een Ouderdom zyn: de veelheid der Kinderen op de Dorpen komt meerendeels, om dat daar doorgaans meer getrouwde Paaren zyn als in de Steeden, na maate van 't Volk. Dit is ook de reden, dat 's Jaarlyks op de Dorpen een grooter gedeelte van 't Volk fterft dan in de Steeden.

't Getal der Menfchen op de Dorpen en 't platte Land van Holland. Na 't getal der Menfchen op de Dorpen en 't platte Land van Holland, wierd voortyds op een ruwe wys gegift, zoodanig, dat het uitneemend veel verfcheelde; dog door de voorgaande tellingen, meen ik, dat men 't zelve veel nader kan bepaalen: in 't Jaar 1732 heeft men op alle de Dorpen en 't platte Land van de gemelde Provintie geteld 72351 zoo Huizen als andere Gebouwen; maar om dat daar onder begreepen zyn Pakhuizen, Huizen van Tuinen, en andere Gebouwen, daar geen Menfchen in woonen, zoo ftel ik het getal der bewoonde Huizen, in de Dorpen en op het platte Land, 69000: is dit laatfte getal meer of minder, zoo kan men de onderftaande getallen daar na veranderen. Door de Huizen te Crommenie en de Ryp te zaamen, en 't getal der Menfchen die daar in woonen, vind ik, dat, door malkander, in 20 Huizen, 87 Menfchen zyn, en dat 10 Huishoudingen doorgaans 37 Menfchen uitleeveren; dan zou men, tot nader ondervinding, of tot dat het Volk wezentlyk geteld wierd (n), 't getal der Menfchen, en de byzondere ftanden, op al de Dorpen en 't platte Land van Holland, kunnen ftellen, als volgt: met voordagt zyn maar de effen duizenden aangetekend, om dat met de uitterfte naukeurigheid alles nog niet te weeten is. De Mannelyke en Vrouwelyke zyn door Crommenie en de Ryp te zaamen bepaald; dog 't kon zyn, dat de Vrouwelyke de Mannelyke nog wat meerder overtroffen.

        69000 Bewoonde Huizen.
        81000 Huisgezinnen.
Schaars 60000 Staande Huwelyken.
         9000 Weduwnaars.
        13000 Weduwen.
        77000 Kinderen onder de 10 Jaaren.
      300000 Menfchen in 't geheel.

                                                                                    145000

(n) In 't Jaar 1707 heeft men, in 't Keurvorftendom Saxen, op het platte Land, geteld 2326607 Perzoonen, en in de Steeden, 849896 Perzoonen, behalven de Geleerde; Geographie Moderne, par *Abraham du Bois*, par. 1, pag. 266: maar men vind daar, dat de Mansperzoonen van 18 tot 40 Jaaren zouden geweeft zyn 1800832; dog dit is te veel; ten minften moet de voorfte 1 daar af, en dan zou het uitdrukken de Mansperzoonen van 18 tot diep in de 50 Jaaren: 't getal der Kerken is 13978.

Menschelyk Geslagt, en de Uitreekening der Lyfrenten. 391

           145000 Van de Mannelyke zoort.
           155000 Van de Vrouwelyke zoort.
    Ruim   70000 Weêrbaare Mannen.
Wat minder als 15000 Kinderen worden 's Jaarlyks gebooren.
    Ruim   4000 Paaren trouwen 's Jaarlyks.

    't Getal van 't Volk op de Dorpen en 't platte Land, kan men ook eenigzins op de volgende manier bepaalen: de Huizen, Tuinen en Gebouwen, 't zy dat die bewoond worden, of niet, zoo als men die gevonden heeft, te weeten, de eerste telling van Schagen, en de laatste tellingen van Crommenie, De Ryp, Broek in Waterland, en Spaarndam, bedraagen te zaamen ruim 1900, waar in zyn geteld 7951 Menschen. Volgens deeze Proportie zouden in 72351, zoo Huizen, die bewoond worden, als andere Gebouwen, moeten zyn ruim 300000 Menschen, 't welk met het voorgaande overeen komt. Indien men stelt, dat de Proportie tusschen 't getal der Menschen, en de Kinderen, die 's Jaarlyks gebooren worden, in 't geheele Koninkryk van Pruissen, eveneens is, als op de laatstgemelde Dorpen, dan zouden in 't gemelde Koninkryk, omtrent 1600000 Menschen gevonden worden; maar om dat het schynt, dat men de geboorne in de Steeden met wat grooter getal zal moeten vermenigvuldigen, om 't getal van al 't Volk in dezelve te hebben, dan zouden 'er nog meer Menschen in Pruissen zyn als 't bovengemelde getal; dog zonder nader ondervinding is dit nog niet net te weeten.

    De Heer *Maitland*, daar hy London tegen Amsterdam vergelykt, reekent, uit de Sterfte, zoo als die in 9 Jaaren, van 't Jaar 1728 tot het Jaar 1736, beide ingeslooten, te Amsterdam door malkander geschied is, dat in de laatstgemelde plaats waren 217313 Menschen (*p*); dog als men 't Sterven neemt, als in de negen laatste Jaaren, van 't Jaar 1730 tot het Jaar 1738, dan zal men, volgens zyn regel, nog geen 207000 Menschen vinden: by gebrek van de noodige Aantekeningen, kan men hier nog niet wel over oordeelen. *'t Volk in Amsterdam volgens Maitland.*

    Wegens 't getal van 't Volk, dat in de Steeden van Holland in 't algemeen, of in ieder Stad in 't byzonder is, zal men nog nader Waarneemingen moeten afwagten, om met volkomen zekerheid daar van te spreeken; dog een overslag maakende van ieder plaats in 't byzonder, dan schynt het, dat in de Steeden omtrent tweemaal meer Menschen woonen, als op de Dorpen en het platte Land, en ik gis, dat het getal van de geen, die 's Jaarlyks in de gemelde Steeden gebooren worden, omtrent 23000 zal zyn. *Gissing wegens de Steeden.*

                                                                                         · Ten

(*p*) The History of London, Book 3. Political Account. pag. 549.

Het toeneemen der Menfchen.

Ten opzigt van 't toeneemen der Menfchen op de geheele Aarde, zou men kunnen denken, dat in de aldereerfte tyden, of toen 'er zeer weinig Menfchen op de Aarde waren, dezelve, na maate van 't getal, fterker toegenomen zyn als tegenwoordig; 't zy door 't langer leeven, of dat toen minder buitengewoone Sterftens geweeft zyn, of door beiden, of zelfs door andere oorzaaken; dog in deeze tegenwoordige tyd, fchynt het getal der Menfchen op de Aarde nagenoeg het zelfde te blyven, of fchoon *Graunt* befluit (*q*), dat, op het platte Land van Engeland, 't getal van 't Volk in 280 Jaaren verdubbeld word, en te London in omtrent 70 Jaaren; ik meen, dat dit niet zeker is, en voor geen Waarneeming kan doorgaan; ook ftryd dit tegen de Tellingen van Vrankryk.

Multa quidem detecta, sed quam plurima
Posteris sunt relicta.

(*q*) Natur. and Polit. Obferv., 't 46fte Artikel van 't Regifter.

E I N D E.

Drukfeilen aldus te Verbeteren.

In de Inleiding tot de Geographie.

Pag.	Reg.		Pag.	Reg.	
24.	24.	na het woord *vind*, voegt by *men*.			Geflagt, en de Uitreekening der Lyfrenten.
40.	27.	wegens de Huizen te Naarden, in 't Jaar 1732, ziet de verbetering in de Aantekening op pag. 387, in 't Aanhangzel op de Giffingen over den Staat van 't Menfchelyk	76.	8.	ftaat *Zilver*, leeft *Erts of Mynftoffe*.
			149.	34.	in plaats van *Bazel*, leeft *Brazil*, en in de Colom van de Breedte ftaat *N*, leeft *Z*.

In de overige Verhandelingen.

Pag.	Reg.		Pag.	Reg.	
32.	3.	van onderen, in de 3de Colom, ftaat 18, leeft 14.	242.	9 en 19, pag. 143, reg. 23, pag. 245, reg. 27; ook pag. 151, in de Aantekening, op een na de laatfte reg. ftaat *Forolovienfis*, leeft *Forolivienfes*.
39.	7.	na het woord *is*, moet volgen, *in Gemini*.		
44.	19.	ftaat *den Equinoctiaal*, leeft *de Lentfne*.	330.	13.	in de agterfte Colom, ftaat 556, leeft 576.
44.	20.	ftaat *minuten*, leeft *fecunden*.			
56.	7.	na het woord *zyn*, moet volgen, *geweeft*.	338.	22.	ftaat in de Colom der Meisjes, 3705, leeft 3174.
71.	4.	ftaat $\frac{7}{4}$, leeft $\frac{7}{12}$.			
122.	29.	ftaat *Juny*, leeft *January*.	350.	26.	ftaat a $^{\tau\tau}$, leeft 2 $5\frac{7}{16}$.
139.	18.	ftaat 16, in de 4de Colom, leeft 4.	371.	10 en reg. 16, ftaat 694, leeft 711.

Berigt voor den Binder.

De Inleiding tot de Geographie moet vooraan, en daar agter de Inleiding tot de Comeeten en de andere Verhandelingen geplaatft worden.

De Plaaten moeten alle tegen over de aangewezen Bladzyden geplaatft worden, zoo datze na de linker zyde buiten het Boek uitflaan.

Het Portrait van den Autheur tegen over den Tytel te plaatzen.

AFBEELDING I.	*Geographie.* In de Inleiding tot de Algemeene Geographie, tegen over Bladzyde	5
——— II.	———	15
——— III.	———	29
——— IV.	———	89
——— V.	———	137
AFBEELDING I.	Inleiding der Comeeten, tegen over Bladzyde	1
——— II.		25
——— III.	Korte Befchryving van alle de Comeeten, tegen over Bladzyde	167
——— IV.		177

Het halve Blad X * moet tuffchen de Lyft van de Zon- en Maan-Eclipzen en de korte Befchryving van alle de Comeeten, in het Blad X, na Bladz. 162, ingevoegd worden.

Het halve Blad *Pp moet in de korte Befchryving van alle de Comeeten, tuffchen Bladz. 302 en 303, ingevoegd worden.

By ISAAK TIRION is nieuwlings gedrukt en te bekomen

Gods Wysheid in de Werken der Scheppinge geopenbaard, te weeten, de hemelfche Lighaamen, Hoofdftoffen, Verhevelingen enz. in 't Engelfch befchreeven door JOHN. RAY, in zyn Leeven Lid van de Koninklyke Societeit te London, en nu volgens den IX druk vertaald, in 8vo.

Korte Inhoud der Filozoofifche Leffen van Dr. J. TH. DESAGULIERS, vervattende een kort begrip van de Beginzelen en Gronden der Proefondervindelyke Natuurkunde, in gr. 8vo. met Plaaten.

De Natuurkunde uit Ondervindingen opgemaakt, door Dr. J. TH. DESAGULIERS, Lid van de Koninklyke Societeit van London; uit het Engelfch vertaald door een Liefhebber van de Natuurkunde; en met XLIV keurlyke Plaaten opgehelderd, in gr. 4to. *Ten dienfte van de Liefhebbers zyn ook eenige Exemplaaren op fchoon Royaal Schryfpapier met de eerfte Plaatdrukken te bekomen.*

De Filozoofifche Onderwyzer, of Algemeene Schets der Hedendaagfche ondervindelyke Natuurkunde, handelende I. Van de Natuur en Eigenfchappen der Lichaamen in 't algemeen. II. Van de Hemelfche Lighaamen, Zon, Maan, Dwaalftarren, Staartftarren en Vafte Starren. III. Van de Lugt, en haare **Verhevelingen**, de Winden, Wolken, Regen, Donder, Blixem enz. en IV. Van den Aardkloot en 't geene 'er op en in gevonden wordt, als Bergftoffen, Water, Planten, Menfchen, Beeften, Vogelen, Viffchen enz. alles opgehelderd met Plaaten en Kaarten, door BENJAMIN MARTIN uit 't Engelfch Vertaald, in groot 8vo. met Kaarten en Platen opgehelderd.

Uitgeleeze Natuurkundige Verhandelingen, waarin Berigt gegeeven wordt van veele voornaame deelen van de Natuurkunde en natuurlyke Hiftorie; als meede van nieuwe Ondekkingen, Proeven en Waarneemingen, door voornaame Natuurkundigen in verfcheide gedeeltens des Aardryks genomen of befchreeven, in gr. 8vo., met verfcheide Plaaten opgehelderd. *Van dit Werk, 't welk van tyd tot tyd agtervolgd wordt, zien nu reeds 4 Deeltjens of Stukjens 't ligt.*

In 't I. Deels eerfte Stukje gaat vooraf eene Inleiding van de nuttigheid der Filofofie. Artikel 1. behelft een Berigt van de weegkundige Proeven omtrent de Planten, door Dr. *Desaguliers.* 2 Natuurlyke Hiftorie der **Motten**, door *Reaumur*. 3. Onderzoek der Oorzaaken, waar door de Deelen in een Lighaam famenhangen. 4 Aanmerkingen wegens de *Spina Bifida*. 5 Een Brief wegens de vergiftige Eigenfchap van Laurierwater. 6 C. Mortimers Proeven wegens het zelve met Honden genomen. 7 *P. v. Muffchenbroeks* Waarneemingen van het Weêr, en de in zwang gaande Ziekten in 1729. 8 Befchryving van de *Plica Polonica.*

I. Deels tweede Stukje behelft 9 *J. Lulofs* van den Oorfprong en de Eigenfchappen van het Noorderligt. 10 *S. Hales* Proeven met den Steen der Nieren en Blaaze. 11 Middel om zonder Zeilfteen den Magnetifche Kragt aan Yzer en Staal mede te deelen, door *A. Marcel.* 12 Waarneemingen van het Weêr enz. en de in zwang gaande Ziekten, geduurende 1730, 1731 en 1732, door *P. v. Muffchenbroek*. 13 *H. Boerhaave* Proefondervindingen omtrent het Kwikzilver. 14 *J. Lulofs* van de Kragten der bewogene Lighamen. 15 Dr. *Desaguliers* Proeve wegens de Dampen, Wolken en Regen.

Het II. Deels eerfte Stukje vervat de Inleiding over de Nuttigheid der Wiskunft. 1 **Befchryving** van een nieuw Inftrument om de Hoogte op Zee te neemen. 2. *A. Marcel over* 't Wapenen der Zeilfteenen enz. 3 't Vervolg van *S. Hales* Proeven met den Steen der Nieren en Blaaze. 4. Brief van *du Fay* over de Electriciteit. 5. Waarneemingen van *Curteis* omtrent de in 't Watergroejende Bollen, Planten en Zaaden. 6. Dr. *Desaguliers* Berigt van de te rugkaatfende Verrekykers. 7. Middel voor Byzienden om Verrekykers zonder Oogglazen te gebruiken, door *den zelfden*. 8. *C. Mortimer* Ontleding van het Wyfje van een Bever. 9. *H. Sloane,* Giffingen over de Betoverende kragt der Ratelflangen. 10. Natuurlyke Hiftorie van de Lugt en 't Weêr te Napels, door *N. Cyrillus.* 11. Verhaal van een Man die door 't eeten van het Kruid *Monnikskap* vergeven is, door *V. Bacon.*

In 't II. Deels tweede Stukje komt voor 1. Afbeelding en Befchryving van een Vreemd Zeefchepfel, door *J. S. Centen* 2. Een onderzoek van de Hulpmiddelen tegen de Motten, door *Reaumur.* 3. Verhaal van de Toevallen die op de beet van een Dollen Hond gevolgd zyn, door D. *P. de Wind*. 4. Dr. *J. Steenwyk's* Relaas van een Watervreeze. 5. *R. Jones* Proeven aan dolle Honden met Kwik. 6. *M. Mortene* aanmerkingen over de Kragten van Vryhewegene Lighaamen. 7. *H. J. Reyta*, Lift en Bedrog der **Piskykers** ontdekt. 8. *J. Natis.* Kort begrip van de Natuurlyke Hiftorie der Byën. 9. *J. Noppe* Waarneemingen van 't Weêr enz. op 't Huis *Zwanenburg* voor 1738. 10 *Bradley*, Wysgeerige Verhandeling van de Werken der Natuure.

De Liefhebbers, die geneegen mogten zyn om hunne Waarneemingen enz. ter bevordering der Natuurkunde mede te deelen, worden verzogt dezelven aan den Drukker deezes te doen toekomen.

Milton Keynes UK
Ingram Content Group UK Ltd.
UKHW050103170824
446977UK00006BA/73